山西省矿业联合会地质矿产系列丛书
Shanxi Mining Association Series on Geology and Mineral Resources

山西水气矿产资源

贺秀全　陈国芳　邸建雷　等 著

地质出版社
·北　京·

内容提要

本书是山西省内第一部关于水气矿产资源的基础性、实用性和系统性工具书著作。本书以山西自然地理及地质概况论述为基础，对全省水气矿产资源勘查史及所取得的主要成果进行了全面系统的总结；叙述了水气矿产资源概况，全面阐述了山西省水文地质条件、煤田水文地质条件及矿区水文地质特征；对地下水资源、地热资源、浅层地热能资源、干热岩资源、天然矿泉水资源进行了评价；对气体矿产资源勘查情况进行了介绍；对原生劣质地下水研究程度、成因类型、分布规律及危害进行了深入剖析；对典型地下水水源地及矿泉水水源地进行了介绍；全面分析了水气矿产资源的分布与演化规律；以历史资料为依据，简明扼要地记述了山西省水文地质领域的大事、要事，对水文地质专著内容进行了简介。

本书可供从事水气矿产资源勘查评价、开发、管理、保护方面的自然资源系统、水利系统、地质勘查系统、煤炭地质勘查系统等行业的技术人员及管理人员使用，也可供水文地质、环境地质、地质工程、勘查技术与工程、资源勘查工程、地下水科学与工程、地质资源与地质工程、地质矿产、地质勘查、地质勘探、地质学等专业的大专院校师生参考。

图书在版编目（CIP）数据

山西水气矿产资源/贺秀全等著．—北京：地质出版社，2024.10

ISBN 978-7-116-14344-9

Ⅰ.P578.4

中国国家版本馆CIP数据核字第2024XZ3160号

SHANXI SHUIQI KUANGCHAN ZIYUAN

责任编辑：肖莹莹　费详惠　赵俊磊
责任校对：关凤云
出版发行：地质出版社
社址邮编：北京市海淀区学院路31号，100083
电　　话：（010）66554528（邮购部）；（010）66554571（编辑室）
网　　址：https：//www.gph.clmpg.com
传　　真：（010）66554686
印　　刷：北京地大彩印有限公司
开　　本：889mm×1194mm　1/16
印　　张：34.5
字　　数：1092千字
版　　次：2024年10月北京第1版
印　　次：2024年10月北京第1次印刷
审 图 号：晋S（2024）007号
定　　价：298.00元
书　　号：ISBN 978-7-116-14344-9

《山西水气矿产资源》

著作单位

山西省矿业联合会
山西省第三地质工程勘察院有限公司

作者名单

贺秀全　陈国芳　邸建雷　张建德　张国文　张王东
赵邦强　王锦钰　赵润才　索万和　刘书勇　刘宝香
刘建华　郭景林　乔晋瑾　周卫博　王晓娟　于　磊
雷　鹏　王素兰　高云杰　郭　栋　雷晶晶　温志勇

第一作者简介

贺秀全，男，1958年3月出生，山西省兴县人。1983年毕业于河北地质学院水工系水文地质及工程地质专业，获工学学士学位。

1983年7月参加工作，1983年7月—1987年4月在山西省地质矿产局第三水文地质工程地质队工作；1987年5月以来在山西省地质环境监测和生态修复中心（原山西省地质环境监测中心）工作。长期以来在基层单位工作从事水文地质调查及评价、地下水动态监测、地热资源勘查、天然矿泉水勘查、地质灾害勘查及评价、地面沉降地裂缝调查评价、矿山地质环境调查及评价等工作，1989年12月起任职高级工程师，2000年12月起担任山西省地质环境监测中心副总工程师。

1983以来，主编完成全省和区域性地热资源调查报告、饮用天然矿泉水勘查报告、地质灾害危险性评估报告、地质灾害成因鉴定报告、矿山地质环境保护与恢复治理方案、地质灾害调查报告、地面沉降与地裂缝调查报告、地质灾害监测报告等160余份，其中在15个大、中型项目中担任负责人。

作者参加编写的《山西省高氟水分布及其形成研究》于1991年7月获地质矿产部科技成果三等奖，排名第三；以第一作者主编完成的《山西省地下热水调查》于1998年2月获地质矿产部地质勘查成果三等奖；以第一作者主编完成的《山西省地面沉降与地裂缝调查报告》于2014年1月获中国地质调查局地质调查成果二等奖。

作者参加了2000年2月出版的《山西省资源与可持续发展地图集》、2000年9月出版的《山西省历史地图集》、2002年10月出版的《山西省经济地图集》、2007年6月出版的《山西省灾害地图集》、2007年12月出版的《山西省环境保护地图集》、2012年12月出版的《山西省近现代史地图集》《山西省农业地图集》《汾河流域地图集》、2014年5月出版的《山西省能源地图集》等9部地图集有关内容的编制工作；1988—2015年在水文地质及地质灾害类学术刊物上发表学术论文15篇。

作者参加了2013年6月出版的《山西地下水资源与开发利用研究》、2013年10月出版的《国土资源监测成果集成评价与宏观部署研究》、2017年9月出版的《国土资源综合监测与评价——以大同盆地为例》、2021年2月出版的《山西断陷盆地地面沉降地裂缝研究》、2023年4月出版的《三晋大地之水韵华章》等5部专著有关内容的编写工作；参加了地质出版社出版的《中国地质调查局年鉴（2014、2015、2016）》有关内容的编写工作；2018—2021年受聘山西省地质调查院主编完成了《中国矿产地质志·山西卷·水气矿产篇》的编写工作。

2008年以来，入选山西省政府采购项目评审专家库、山西省国土资源厅油气资源勘查开发专家库、矿产资源储量评审专家库、"矿山开发利用、地质环境保护与土地复垦方案"评审专家库、地质勘查项目监理专家库、国土空间生态修复专家库、矿业权交易专家库、非油气矿产资源勘查开发专家库、绿色矿山建设专家库、地质灾害防治专家库、山西省矿业联合会专家委员会专家、山西省地学智库专家。

2008年以来，以专家身份受邀参加以下类型报告评审及项目监理、验收工作1370余次：水文地质勘查报告；煤矿矿井水文地质类型报告；煤矿隐蔽致灾因素普查报告；煤矿防治水"三区"管理报告；地质灾害危险性评估报告；地质灾害治理工程项目勘查、设计与验收；矿山地质环境保护与恢复治理方案；矿产资源开发利用、地质环境保护与土地复垦方案；矿产资源开发利用和矿山环境保护与土地复垦方案；矿产资源储量核实报告、矿业权价款勘查项目监理、绿色矿山建设实施方案、矿山环境治理恢复和土地复垦年度方案等。

序

山西既是煤炭资源大省，同时又是极度缺水地区，长期以来煤矿的大范围、高强度开采，在为全国提供大量煤炭资源、支撑国家经济建设的同时，也严重破坏了矿区水文地质条件，疏干了煤系地层及相邻含水层的地下水，改变了矿区所在地下水系统的水循环路径与水环境状况，进一步加剧了缺水的严重程度。中华人民共和国成立以来，省内外广大水文地质工作者开展了一系列卓有成效的调查研究，提交了丰硕成果，取得了辉煌成就，特别是在岩溶大泉与采煤保水研究方面达到了全国领先水平，有力支撑了山西省经济社会的高速发展。

山西地貌类型复杂多变，地质构造特征明显，地层岩性发育齐全且呈规律性分布，造就了“两山多盆”的独特区域水文地质条件，即东部的太行山区及西部的吕梁山区含水岩组以基岩裂隙水为主，其中碳酸盐岩类岩溶含水层广泛分布，占全省总面积的72.3%，因此从南至北发育了众多的岩溶泉，岩溶大泉多达19处，它们像璀璨的明珠，镶嵌在三晋大地，而且岩溶含水层也是地下水开发的主要取水层位，建有众多的大型水源地；位于中部的斜列式断陷盆地以松散岩类孔隙含水岩组为主，这里人口密集，经济社会较为发达。

山西水文地质工作在全省经济社会发展中发挥了基础性和先行性保障作用，但多年来一直缺少全省系统性的总结研究成果。鉴于此，山西省矿业联合会实施开展山西省水气矿产资源与开发利用研究，并以研究成果为基础，撰写了《山西水气矿产资源》专著。

以贺秀全高级工程师为核心的著作团队，长期从事山西省水文地质基础调查与研究，潜心钻研，严谨治学，学风朴实，又有着十分丰富的野外工作经验，形成了大量的研究成果，本次又精心遴选了一大批水源地、天然矿泉水产地、地热田典型案例，汇聚了大量的第一手基础资料，通过五年的归纳、总结及提升研究工作，完成这部专著的编写，其间多次虚心征求同行及专家意见，反复地修改补充完善，形成了呈现在我们面前的这部很有学术价值的专著。作者这种深入探究的科学精神和踏实严谨的治学态度是当今社会值得大力提倡的。该书是迄今为止山西省内第一部关于水气矿产资源的基础性、实用性、志书性著作。全书内容丰富，信息量大，充分利用大量而珍贵的水文地质剖面图、数据统计表和照片，全面展现了山西区域水文地质条件、煤田水文地质条件及矿区水文地质条件；系统总结了山西水气矿产资源勘查史、开发利用史，并指出了勘探、研究和开发过程中尚存在的不足和主要问题，进而提出了科学对策与建议；评价了水气矿产各类资源，介绍了典型案例；总结和概括了水文地质领域发生的大事；简要介绍了中华人民共和国成立以来研究山西水文地质及水气矿产资源的全部专著和获奖成果。

该著作从理论和实践上进一步提升了对山西水文地质条件的挖掘和认识，充分体现了集成与创新。不仅继承和发扬了老一辈水文地质学家在该学科领域的重要研究成果，而且对改革开放四十多年来，包括作者在内的广大水文地质工作者在山西省该学科领域取得的重要研究成果进行归纳总结，使之更好地服务于山西经济社会发展，促进学科发展与技术进步。因此，读者可从该书中窥探山西水文地质发展的全貌和脉络，更能全面查询到山西水文地质的基础资料或线索。该书具有很强的科学性和实用性，其出版为山西省水文地质事业发展做出了重要贡献，具有承前启后的里程碑意义。

可以说，《山西水气矿产资源》是关于山西水气矿产资源的集大成之作，作者用五年的时间，呕心沥血，辛勤耕耘，六易其稿，修成正果。这部专著显著的特点主要体现在以下三个方面：一是水文地质条件论述全面、深入、翔实，是进一步开展山西各类水文地质勘查研究的基础资料数据库；二是插图、统计表多，文、图、表、照片相互补充印证，相得益彰，插图编制精美、规范，具有典型性，可以作为全面了解山西省水文地质条件的工具书；三是水文地质资料时间跨度大，行业覆盖全面、信息量大、资料全面，是一部反映山西省水文地质事业发展历程的地方志书。

我作为全国水文地质勘探研究技术管理战线的一名老兵，在龙年新春之际，看到以河北地质学院校友贺秀全高级工程师为核心的水文地质团队著作即将付梓出版，为家乡有这样高水平的研究成果问世备感欣慰，很高兴将此书推荐给读者。并借此机会，祝愿山西省水文地质事业发展越来越好！

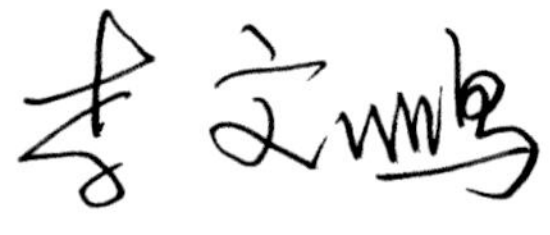

中国地质调查局水资源调查首席科学家

2023年3月20日于北京

前　言

矿产资源是国家经济社会发展的物质基础，而山西省处于经济转型跨越发展阶段，随着社会的发展与人口的增长（增加），水气矿产资源需求量处于急速增长时期，需求的量大、矿种多。全面掌握水气矿产资源的家底，是关乎山西省国计民生的大事。水气矿产主要包括：地下水资源、浅层地热能、中深层地热资源、干热岩、天然矿泉水、气体二氧化碳、气体硫化氢、氦气和氡气。

山西省地处中国内陆腹地，俗称表里山河，是我国著名的矿产资源大省，矿产资源极为丰富，水资源十分短缺，地下水资源尤其短缺，人均水资源仅268m^3，属于极度缺水地区。山西之长是煤，山西之短是水。煤矿开采又必然疏干地下水，这又进一步加剧了水资源的紧缺程度，如何扬长避短，编写一部能反映本省域水气矿产资源全貌和赋存特征、开发利用水平，依此提升水气矿产地质科学研究水平，为新时代水气矿产勘查开发提供科学基础支撑，成为水文地质工作者的自觉使命。

山西省矿业联合会是省内矿业行业的社会团体组织，长期致力于为山西省矿业发展和广大矿山企业尽心服务，搭建共同发展的交流合作平台。为了践行本会“为发展矿业服务，为矿业企业、事业单位服务”的宗旨，经多方调研及与会员单位讨论认为，目前山西省各类矿产资源勘查取得了大量丰硕成果，但大多为零散的内部资料，仅见有少数发表在各类期刊的学术论文，缺乏勘查成果的系统总结、综合分析与集成，造成社会大众参考使用比较困难，没有发挥这些勘查成果应有的作用，资源浪费严重。经会长办公会议研究决定，实施“山西省矿业联合会地质矿产系列丛书”编写计划，并在网上公开征集合作伙伴，《山西水气矿产资源》是该计划的首部专著，后续会将持续推出能源矿产资源、煤炭矿产资源、铝土矿矿产资源、金属矿产资源、非金属矿产资源等系列丛书，山西省第三地质工程勘察院有限公司是本专著的合作伙伴，我们诚挚地邀请省内外有关单位及个人积极地参与后续专著的编写工作。

本书是有关水气矿产资源的综合性著作，不仅总结和反映了山西省水气矿产资源实践与研究成果，而且吸收了国内最新理念和研究进展。全书10章48节及2个附录，第一章概略介绍了地质基础及水气矿产资源概况，读者可以对山西地质基础及水气矿产资源概况有一个简明扼要的了解；第二章精炼叙述了地下水资源的勘查开发历史、类型及含水岩组特征、地下水资源评价及开发利用现状，对典型水源地进行了介绍；第三章详细地论述了六大煤田及各个矿区水文地质条件，读者能够很快了解其要点；第四章归纳和总结了地热资源的勘查程度、地热资源特征及开发利用历史与现状，对地热资源进行了评价，对各个地热田及典型地热井、温泉进行了介绍；第五章总结了山西浅层地热能勘查及开发利用现状，对地热能资源进行了评价；第六章在简要论述山西干热岩资源勘查及开发利用情况的基础上，对其资源量进行了初步评价；第七章论述了矿泉水资源勘查开发历史、饮用天然矿泉水和理疗天然矿泉水的资源特征、储量及开发利用程度；第八章对原生劣质地下水分布及饮水型地方病发育情况、危害及地质环境条件进行了全面地论述与分析；第九章阐述了气体矿产资源勘查历史及现状，并对其前景进行了展望；第十章概括和总结了水气矿产资源分布特征及演化规律；后记简要论述了本书编写过程及反思的一些问题，简明扼要地叙述了在山西水文地质工作中有代表性和影响力的人与事，最后对本书编写提供资料及帮助的单位及个人进行了鸣谢。附录一全面梳理了山西在水文地质工作行政管理、勘查、项目成果获奖、学术研究及著作方面的大事记367条；为了增强本书的工具书功能，附录二给出了水文地质类现行标准规范一览表，列出标准、规范目录112项，供读者检索参考。

本书的特点是内容的全面性、资料的最新性及典型性，是一部全面研究山西水气矿产地质工作的基础性著作，就书的内容全面性而言，体现了水气矿产领域最新研究成果及进展；在内容的编排上，突出了煤田水文地质条件、水气矿产大事记等两方面的内容，充分体现了山西水气矿产特色；论述内容涉及水气矿产领域的方方面面，水文地质参数全面真实，数据海量，不但包括了新中国成立七十多年来全省水气领域主要项目成果，而且利用了大量的专著、学术论文研究成果，以及政府部门发布的公报数据；特别是在地下水水源地研究方面内容更加丰富，数据更加完善，不仅有文字论述，而且有大量的典型水文地质剖面图、典型数据统计表；不仅有点上的介绍，而且有面上的概括，规律性的总结。

《山西水气矿产资源》编写采用“以述为主，述论结合”的原则，实现叙实性与学术性结合，矿产资源叙述必实，规律论述有据，做到资料真实、全面、最新、可查，文字论述简练易懂，文、图、表、照片相映成辉。特别是大量的全省域范围的插图为了解山西省自然地理与地质基础条件、水气矿产资源概况增加了本书的可读性、直观性，亦成为其鲜明的特征。

恰逢2024(第二十六届) 中国国际矿业大会召开，谨以此书向大会献礼！

山西省矿业联合会秘书长

目　录

第一章　地质基础及水气矿产资源概况

第一节　自然地理与区域地质概况

自然地理条件中，气象、水文、地貌、地质等对地下水影响最为显著。大气降水是地下水的主要补给来源，降水的多寡直接影响到一个地区地下水的丰富程度。在气候湿润地区，降水量大，地表水丰富，对地下水的补给量也大，一般地下水也比较丰富；在干旱地区，降水量小，地表水贫乏，对地下水的补给相对较少，地下水一般较贫乏。另外，干旱地区蒸发强烈，浅层地下水浓缩，再加上补给少，循环条件差，多形成高矿化度的地下水。

一、自然地理

（一）地理位置

山西省地处华北地区西部，东有巍巍太行山为天然屏障，与河北省为邻；西、南皆以涛涛黄河为堑，与陕西、河南两省相望；北跨绵绵内长城，与内蒙古自治区毗连。四周几乎都为山河所环绕，素有“表里山河”之称，境界轮廓略呈现由东北斜向西南的平行四边形。山西省位于太行山之西，故称山西，简称“晋”，史称“三晋”。地理坐标为东经110°14′～114°33′，北纬34°34′～40°43′。南北长约680km，东西宽约380km，总面积为156550km^2，约占全国总面积的1.63%。2023年底常住人口为3465.99万人。现辖太原、大同、朔州、忻州、吕梁、阳泉、晋中、长治、晋城、临汾、运城11个地级市，共计117个市、县、区（11个县级市、80个县、26个市辖区），省会太原，省政府驻太原市小店区省府街3号，详见图1–1–1。

（二）气候、气象

1.气候分区

山西地处中纬度地区，境内地形复杂，地势北高南低，南北跨度约七个纬度（郭慕萍，2015）。水平气候带与垂直气候带交织在一起，各地气候差异甚大。中国气候区划中，山西省分别在中温带和暖温带两个气候亚区内，暖温带又分为北暖温带和南暖温带，全省划分为30个气候区，详见表1–1–1、图1–1–2。

表 1-1-1　划分温度带的指标体系及其划分标准表

序号	温度带及编码	主要指标		辅助指标	
		日平均气温稳定≥10℃持续日数/d	日平均气温稳定≥10℃积温/℃	最热月平均气温/℃	极端最低气温平均值/℃
1	中温带（Ⅰ）	≤170	≤3200	≤22	≤–25
2	北暖温带（Ⅱ）	170～200	3200～4000	22～25	–25～–15
3	南暖温带（Ⅲ）	≥200	≥4000	≥25	≥–15

中温带（Ⅰ）区域包括河曲—兴县—岚县—宁武—浑源一线以北的地区，分为5个气候区。地带性植被主要为温带干草原。作物一年一熟，无冬小麦种植，部分地区可种春小麦。气温偏高的平川及阳坡可种植喜温的玉米、谷子、高粱和水稻等；气温偏低的丘陵山地只能种植喜凉的马铃薯、胡麻及莜麦等；海拔较高的山区不能种植农作物，只能生长耐寒抗风的林木草灌。

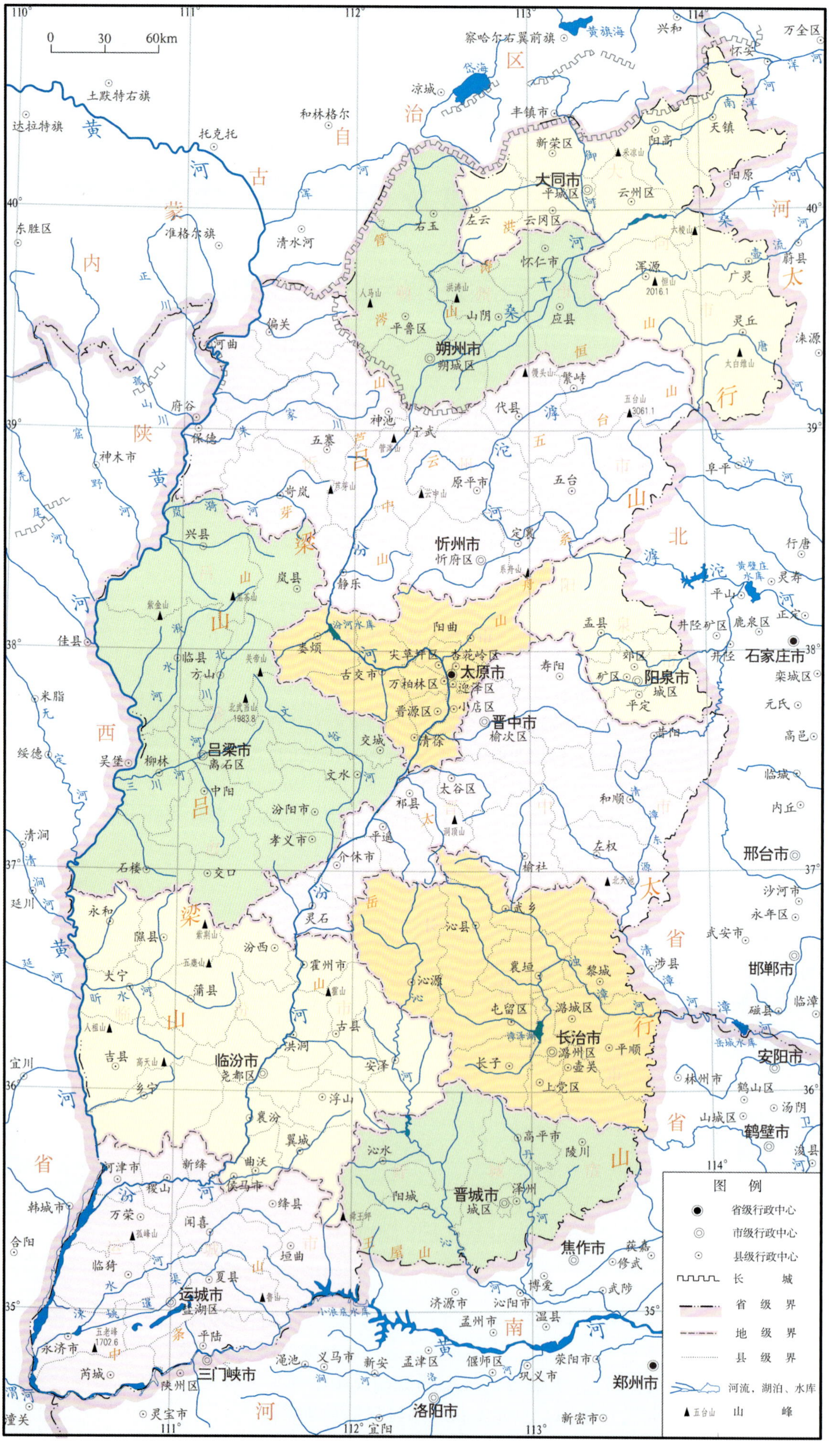

图1-1-1　山西省行政区划图（2023年）

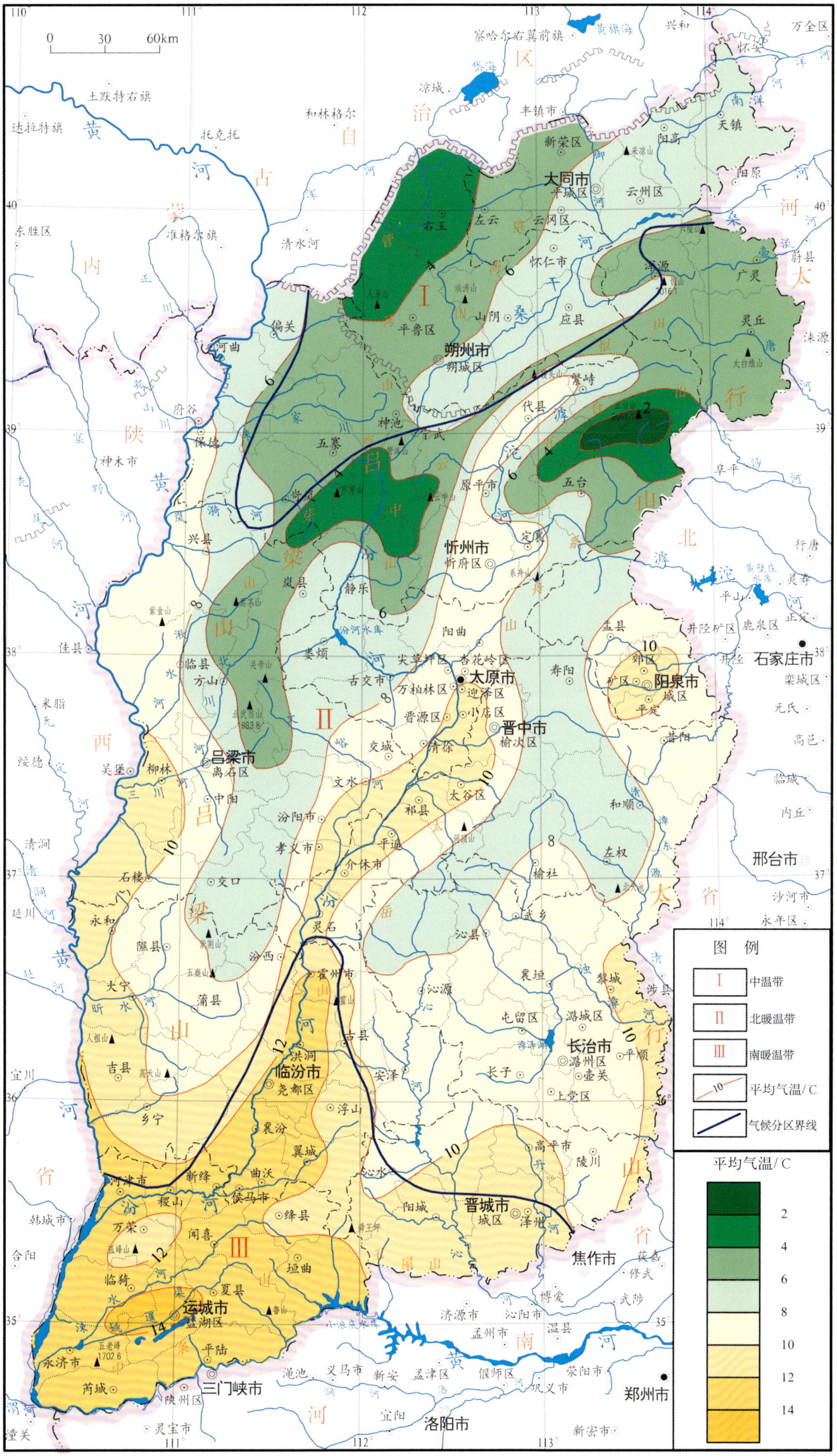

图1-1-2 山西省气候区划及年平均气温等值线图（1949—2009年）

恒山以南、临汾盆地以北均属于北暖温带（Ⅱ）的范畴，是山西省分布范围最大的气候带，可分为19个气候区，其中一些较高山地，如五台山、芦芽山及关帝山等，因海拔较高有中温带甚至寒温带的热量特征，但这是垂直地带性的表现，这种中尺度的地域分异规律是在大尺度地域分异背景上发生的，暖温带特征表现明显；临汾和运城盆地、峨嵋台地、中条山以南黄河沿岸属南暖温带（Ⅲ）区域，可分为6个气候区。该区域热量资源最为丰富，是山西省重要的棉、麦产区。

2.气象特征

山西省地势较高，因而受到海风的影响，形成较强的大陆性气候，同时又由于受内蒙古冬季冷气团的袭击，北部比较寒冷，由此形成了山西冬季长而寒冷干燥且降水少、夏季短而炎热多雨、春季日温差大、风沙多且干旱严重、秋季短暂而天气温和的气候特点。山西属于典型的温带大陆性气候类型，四季变化明显，南北差异显著。据1949—2009年统计资料，全省大部分地区年均气温介于5～14℃之间，垂直分布则在纬度相近的两地，气温随海拔增高而降低；水平分布呈南暖北凉，由南向北、由盆地向高山区递减。全省月均气温以1月最低，大部分地区介于-2～-15℃之间，平均最低气温为-5～-22℃，7月气温最高，一般介于19.6～27.5℃之间。山西省极端最高气温大多出现在6月，全年最热的月份是7月，绝大部分地区平均气温在20.0～28.℃之间，各地无霜期一般在120～220d之间，且由北向南逐渐延长。全省多年平均降水量介于362.4～606.4mm之间，降水量空间分布特征是：从东南向西北递减，在全年总降水量中，春季占13%～20%，夏季降水量高度集中，7—9月占46%～67%，秋季占18%～30%，冬季占2%～5%，降水量的分布山区大于盆地20%，年际变化大，年际间降水有连续少雨现象，降水量有10～13年变化周期。年平均水汽压强大部分地区在4.2～11.9hPa之间。水汽压的分布形势呈由北向南递增、由盆地向山区递减。相对湿度由东南向西北递减，但相差不大，年平均相对湿度48%～68%。冰雹的分布则北部多于南部，山区多于平川，东部山区多于西部山区。各地蒸发量全年总量为1402～2195mm，年均陆面蒸发量为451mm，南部大于北部，盆地大于山区。风向为冬半年多吹北风和西北风，夏半年多吹南风和东南风，多年平均风速一般0.9～3.5m/s，全年日照时数一般为2030～2965h，基本上呈盆地少于山区、南部少于北部的特点。山西最大冻土深度由南向北递增。北部地区和山区土壤封冻时间长，冻土层厚；南部地区，特别是川谷地带封冻时间较短，冻土层薄。东、西山区及北部大部分地区封冻期长达7个月之久，一般始于10月初，终于次年4月底，最大冻土深度出现在2—3月，冻土层超过1m，大同最大，达1.86m；南部运城盆地封冻期4个月左右，始于11月初，终于次年3月初，最大冻土深度出现在1月，冻土层0.3～0.5m。山西省气候区划及1949—2009年平均气温、平均降水量分别详见图1-1-2、图1-1-3。

山西省年降水量变化从20世纪60—90年代呈持续下降趋势，其中70—80年代下降较为缓慢，趋于平稳；60—70年代下降最为剧烈；从60—90年代下降了82mm。

山西省降水量偏少，且时空分配不均这种特殊的气象条件，造成了水资源的严重紧缺，仅为全国人均水资源量的1/5，属于严重缺水的省份。

（三）水文

山西省四周均为山河所环绕，崇山峻岭、千沟万壑的地形条件，使得其形成众多河流，承东启西的地理位置使山西成为黄河与海河两大流域的分水岭。山西省位于海河流域的上游和黄河流域的中游，除北部有汇水面积不大的少数支流自内蒙古流入山西外，绝大部分河流均呈辐射状自省内向四周发散汇入省外河流，总体上属于自产外流型。河流水源来自大气降水，绝大部分河流发源于省境内，向省外发散流出。洪水暴涨暴落，含沙量大，年径流集中于汛期、枯水径流小而不稳，小型河流干枯无水。省内岩溶地层分布区，地表水与地下水补给关系不一致。河道切割到岩溶地层时，河水补给地下水，区域水量常出现负值；相反有岩溶水补给的河流，在岩溶大泉泉水出露点下游，基流骤增，又呈现泉水补给河流的明显特征。

山西省内黄河流域面积97311km^2，占全省面积的62.2%；海河流域面积59133km^2，占全省面积的

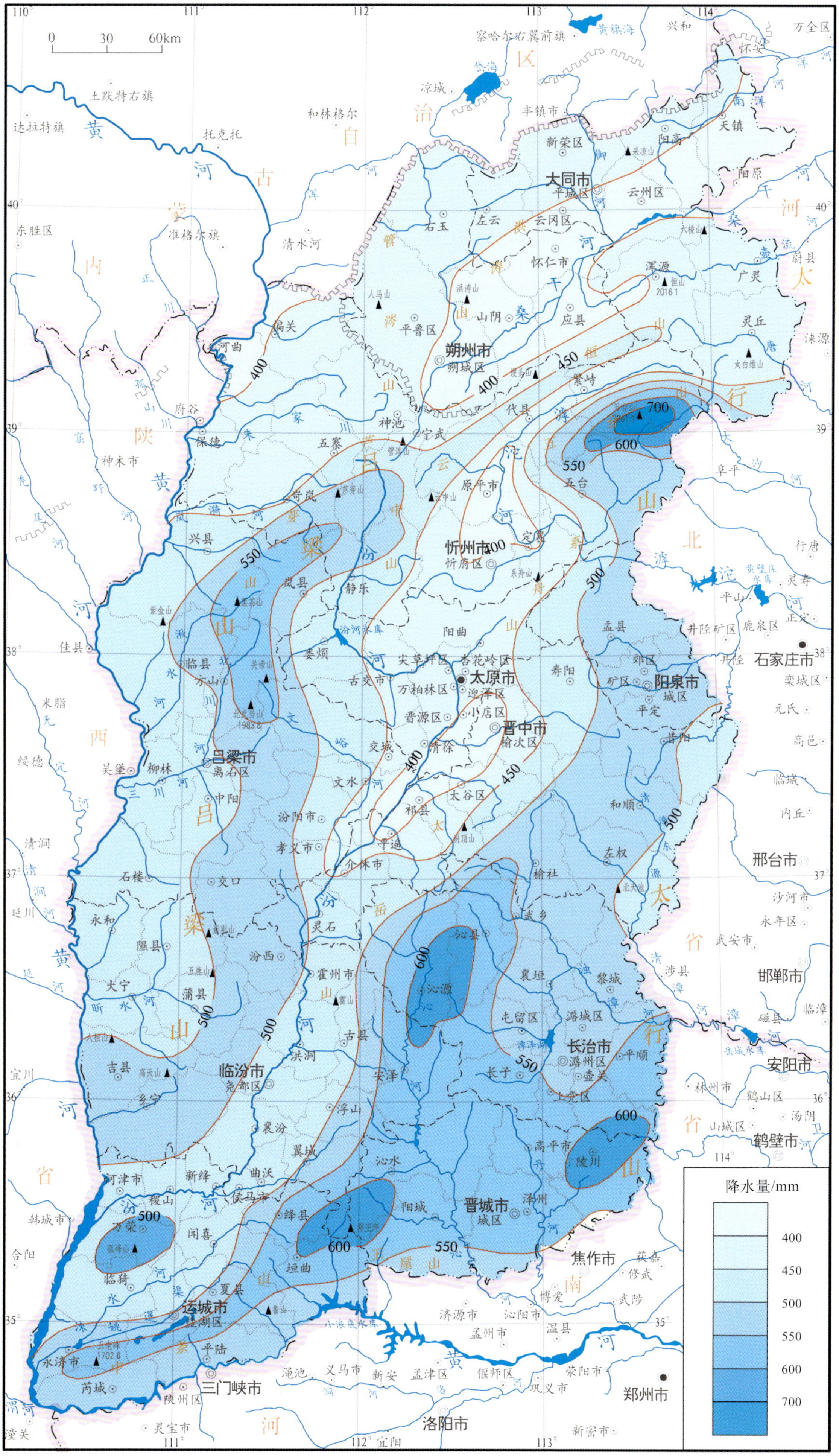

图1-1-3　山西省年降水量等值线图（1949—2009年）

37.8%。除了流经省界西、南两边长达695km的黄河干流以外，山西省流域面积＞10000km²的较大河流有5条，分别是黄河流域的汾河、沁河，海河流域的桑干河、漳河、滹沱河；流域面积10000～1000km²的中等河流有48条，分别是黄河流域的苍头河、偏关河、县川河、朱家川河、岚漪河、蔚汾河、湫水河、三川河、北川河、屈产河、昕水河、蒲县昕水、潇河、白马河、乌马源河、磁窑河、文峪河、段纯河、洪安涧河、浍河、涑水河、姚暹渠、亳清河、丹河；海河流域的南洋河、白登河、恢河、源子河、黄水河、浑河、御河、十里河、壶流河、唐河、沙河、牧马河、清水河、乌河、绵河、桃河、温河、松溪河、清漳河、清漳河东源、清漳河西源、浊漳河北源、浊清河南源、浊漳河西源；流域面积1000～100km²的小河流397条；流域面积＞100km²的河流共有450条。山西还有一条特殊的河流，即运城盐湖内流河，流域面积648km²。

山西河流属于自产外流型水系，河流水源来自大气降水，绝大部分河流发源于省境内，向省外发散流出。大体上向西、向南流的属黄河水系，汇入黄河干流中游河段。向东流的属海河水系，是海河流域永定河、大清河、子牙河、漳河、卫河等主要河流的发源原地。见图1-1-4及表1-1-2。

表 1-1-2　山西省主要河流水系面积及天然径流量特征值统计表（1956—2000 年）

流域	水系分区	分区面积/km²	统计参数		统计时段内最大		统计时段内最小		不同频率天然年径流量/10⁴m³			
			年径流量/10⁴m³	年径流深/mm	年径流量/10⁴m³	出现年份	年径流量/10⁴m³	出现年份	20%	50%	75%	95%
海河	永定河水系	19433	55521	28.6	140387	1959	36501	1972	78830	60050	49760	407500
	滤沱河水系	18890	139031	73.7	277339	1996	66779	1972	176500	124900	98500	78100
	漳卫河水系	17501	128653	73.6	392440	1963	48574	1979	175400	103000	72510	56000
	唐河水系	3412	26471	77.8	66673	1956	10725	1972	37920	22900	16900	12700
	小计	59133	358692	60.7	823158	1956	196308	1999	455500	322300	254100	201600
黄河	晋西入黄水系	33336	109239	32.8	347156	1964	40546	1972	147090	98050	70610	45800
	汾河上中游水系	28265	132650	47.0	25994	1964	53498	1999	175000	119600	88900	61800
	汾河下游水系	11633	74040	63.7	181656	1964	42597	1997	89300	68700	57700	48900
	涑水河水系	6551	18337	28.0	67576	1958	3216	1997	25300	15200	10400	7080
	中条山南入黄水系	5240	7855	42.8	32205	1958	3221	1997	10600	6350	4540	3530
	沁河丹河水系	12286	127433	103.9	337121	1963	57222	1997	168400	108400	80700	62700
	小计	97311	508978	52.4	1150256	1964	260944	1999	652400	463200	359800	271200
全省		156550	867669	55.5	1783338	1964	457252	1999	1101800	779700	614700	487800

注：①根据2013年开展的第一次地理国情普查结果，山西省国土面积156748.01km²。由于本书地下水资源评价引用别人成果，使用全省国土面积156550km²的数据，为了保持一致性，涉及此数据均未调整，特此说明。

②范堆相主编,《山西省水资源评价》，2005年7月。

受地理环境和气候条件的影响，山西河流具有山地型及夏雨型双重特征，表现为沟壑密度大，水系发育，河流坡陡流急，洪水暴涨暴落，含沙量大，侵蚀切割严重。洪峰流量多出现在7—8月，最小流量出现于5—6月，枯水期流量主要由地下水补给。1956—2000年多年平均河川径流量$86.77 \times 10^8 m^3/a$，其中1956—1979年多年平均河川径流量$114.4 \times 10^8 m^3/a$，1980—2000年多年平均河川径流量$72.89 \times 10^8 m^3/a$。由此可以看出，多年平均河川径流量逐年减少。输沙量1984—1995年平均为$5812 \times 10^4 t/a$，平均侵蚀模数为457.2t/(a·km²)，黄土高原区平均侵蚀模数高达$1 \times 10^4 t/(a \cdot km^2)$，晋西北各河流域年平均流失土层4～6mm。

地表水与地下水同处于自然界的水循环中，并且互相转化，两者有着密切的联系。除了降水对地下水的补给外，地表水对地下水也能起到补给作用，但主要集中在地表水分布区，如河流沿岸、湖泊范围。所以有地表水的地区地下水既可得到降水补给，又可得到地表水补给，因此水量比较丰富，水质一般也较好。

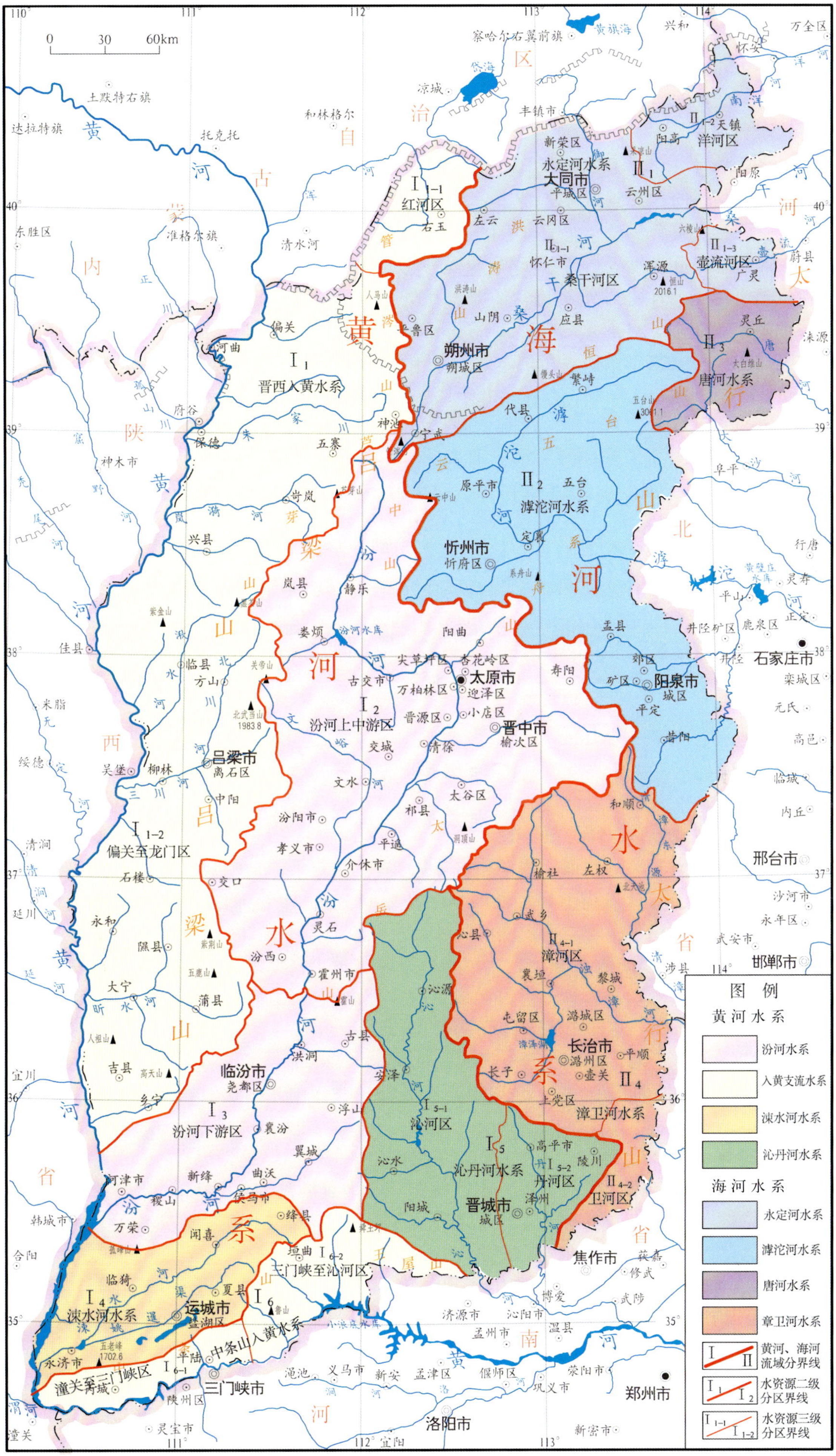

图1-1-4　山西省河流水系图

山西省大大小小的岩溶泉是全省整个水系的有机组成部分，就像地表水库是水系的组成部分一样，岩溶泉对维持、调节水系有着重大作用。全省主要河流的清水流量主要由岩溶泉维持，主要河流的主源基本都有岩溶泉分布。

全省地表径流的三分之一来自岩溶泉的清水流量。汾河主源是雷鸣寺泉，该泉是宁武向斜西北翼岩溶水盆地的排泄点；汾河在太原地区又接受玄泉寺及兰村泉的泉水补给，向南又接受晋祠泉补给，再向南又接受洪山泉、郭庄泉、霍泉及龙子祠泉的补给。汾河正是靠这些岩溶泉源源不断的补给，才使山西的母亲河清流常在。部分泉水衰减乃至干涸，汾河部分河段成了无源之干河，成了纳污河。目前仅在上游靠雷鸣寺泉及引黄河水生态补水维持常流清水；滹沱河主源是马圈泉和坪上泉，此外还有一些小泉水。支流绵河接受娘子关泉的补给；神头泉水是桑干河上游清水流量的主要来源；浊漳河清水流量主要来自碎屑岩裂隙水及辛安泉水，后者是清水流量的主要来源；丹河主源是三姑泉域的台北泉、白洋泉、小会泉、郭壁泉、土坡泉、水掌泉、石青泉及三姑泉，清水流量完全来自这些岩溶泉；沁河清水流量主要来自延河泉域的八甲口泉、下河泉、延河泉、晋圪坨泉、赵良泉、磨滩泉、黑水泉等。

河川径流量与降水量有着密切的关系，进入20世纪80年代以来，由于人类活动的影响剧烈，水文下垫面及水文地质条件的变化，如水土保持、土地利用、煤矿开采、工农业及第三产业取水等，都不同程度地影响着河川径流。因此，总的来看，全省河川径流呈逐年减少趋势，主要特点是：与20世纪60年代相比，70年代起降水径流下降最为剧烈，80年代递减势态缓慢趋于平稳；河川径流的减幅一般为同期降水量的三倍左右；河川径流减幅大于总径流的减幅，基流减幅则小于总径流的减幅。研究结果表明，全省河川径流减少量的60%左右是人类活动造成的。人类活动通过改变水文下垫面条件而影响流域的产流机制，从而使得径流减少。

（四）地势

地势反映了地表起伏状况和山脉河流的分布情况。地势是自然地带产生区域分异的因素之一，也是垂直地带形成的根本原因。由于高度不同，其引力势能也不同，同样大小的物质，在高处的引力势能比低处的要大，在其作用下，物质总是从高处迁移到低处，这是自然界的一般规律。因此，地势是区域自然地理的骨架。山西省地势情况详见图1–1–5。

山西位于祖国华北大平原的西面，内蒙古高原的南侧。省境四周山环水绕，与邻省界线十分明显。境内海拔多在1000m以上，从海拔不到百米的华北平原向西眺望，山西地势显得格外高耸挺拔，巍峨壮观。省内山地和丘陵面积占全省总面积的80%以上，平原面积不足20%。全省除少数地方基岩裸露以外，大部分地方覆盖着10～30m厚的黄土，所以山西是我国黄土高原的重要组成部分。

山西省境东、西两面分别是太行山与吕梁山，南、北两端分别有中条山和恒山，五台山、系舟山、云中山及太岳山等分布其间。这些山脉大体都是东北—西南走向，整体表现是北高南低。省境中部是一系列断陷盆地，沿着山脉走向，由北而南有大同、忻州、太原、临汾及运城盆地，其中大同盆地面积最大，为7440km^2；忻州盆地面积最小，仅3385km^2。此外，在诸山之间还散布着一些小型山间盆地，长治、平定、晋城、寿阳等盆地面积较大，广灵、灵丘、黎城、襄垣及阳城等盆地面积较小。丘陵主要分布在吕梁山以西地区，在太行山和太岳山之间，以及各个盆地的边缘地带也有零散分布。

山西省的河流，分属黄河和海河水系。中部的汾河，南部的沁河、丹河，西部与西北部的昕水河、三川河、蔚汾水、朱家川、偏关河、苍头河等均归流黄河；北部的桑干河，东部的滹沱河，东南部的清漳河、浊漳河等都注入海河。在山地与盆地相接地带，常有泉水出露，是当地的主要水源，为农田灌溉、工矿、城市用水提供了保证。此外，在宁武山地还有公海、天池、琵琶海、鸭子海、马营海等高山湖群（李屹峰等，2017）；运城盆地有鸭子池、盐地、硝池、伍姓湖等断陷湖群（柴继光，1991）。

黄河沿省境西部与西南部边缘流过。在西部，流淌于三叠系砂岩峡谷中，水流湍急，吉县壶口一带河宽仅50～100m，河床突然下跌15～20m，水流汹涌直下，形成壶口瀑布。壶口以下至禹门口，为长约70km的急流，出禹门口后，河床宽敞，水流平稳，向南至潼关受华山阻挡，折向东流。

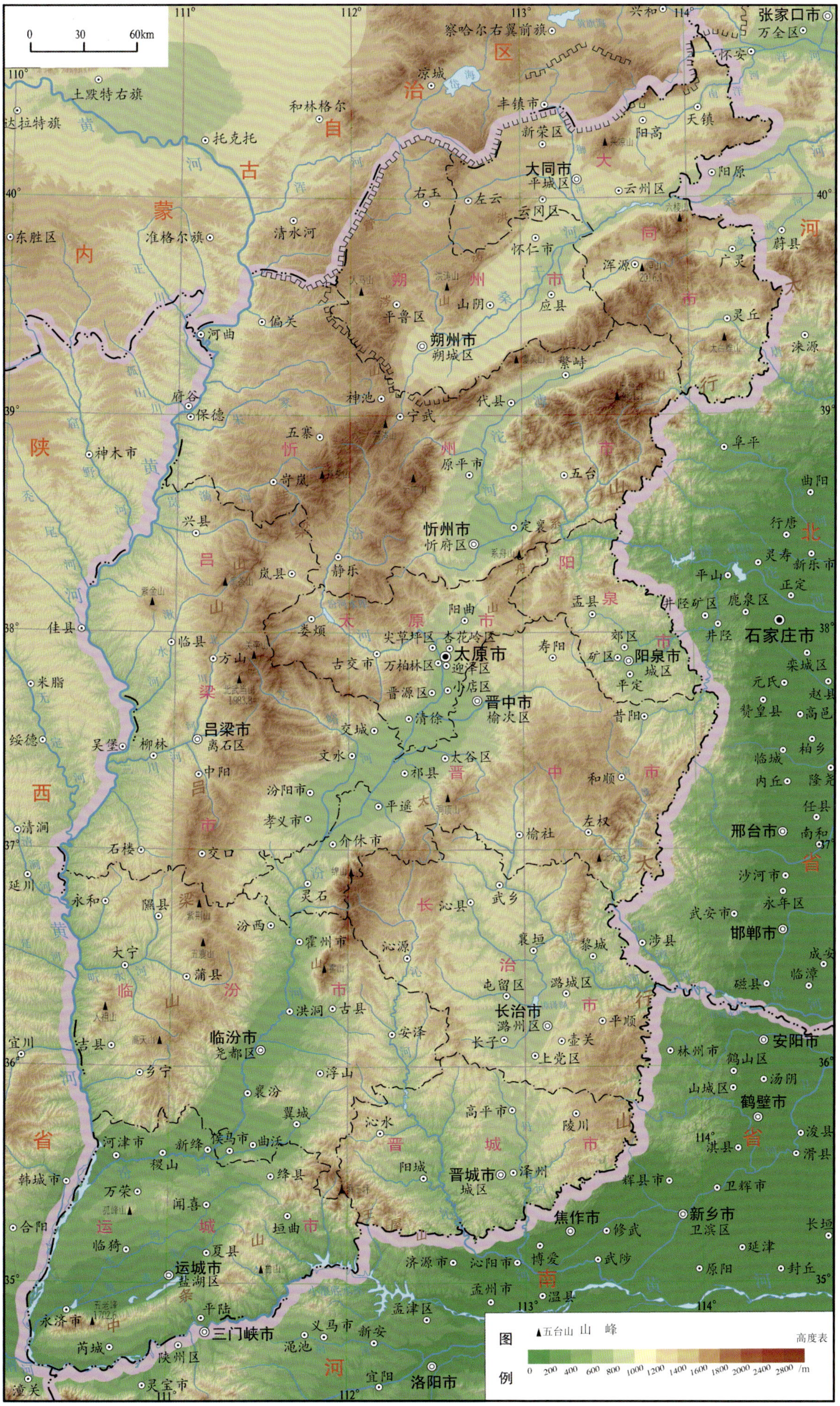

图1-1-5　山西省地势图

综观全省，地势起伏，高低悬殊，以北部的五台山为最高，主峰北台（叶斗峰）海拔3061.1m，南、北高差2800多米。东部山地山势挺拔，西部山地较之平缓；东、西山地均有不对称的山坡，表现为面向平原与盆地的一侧陡峻，面向丘陵、高原的一侧平缓。中部盆地由北而南海拔高度逐渐降低。根据地貌类型组合差异，把全省分为东部山地区、西部高原山地区、中部断陷盆地区三部分。

（五）地形地貌

现代地形和地貌形态是内、外力地质作用对地质结构改造的结果，在其改造过程中，内力地质作用居于主导地位（王润福，2014）。现代地形和地貌受发生于新近纪—第四纪的新构造运动的控制，主要形成于第四纪。各种地貌形态与其成因均有一定的因果关系，是因果的统一体。基本地貌形态并非单纯的形态概念，而且蕴涵着相应的成因意义。

中国现代地形格局分为三级阶梯，第一级阶梯以“世界屋脊”青藏高原为主的西部高原、高山地带；第二级阶梯为青藏高原以北、以东，大兴安岭—太行山—雪峰山一线以西地区的高山、中高山、中低山及低山地带；第三级阶梯为大兴安岭—太行山—雪峰山一线以东广阔的低山、丘陵及平原地带。山西位于第二级阶梯，地形总体特征是：地形起伏较大，既有陡峻的山脉，亦有低山、丘陵及盆地。

山西是我国黄土高原的组成部分，为一典型的山地型高原区，黄土漫覆于起伏不平的基岩顶面之上，全省除少数地方基岩裸露外，大部分地区覆盖10～30m厚的黄土，并承袭了下伏基岩的古地形，同时在新构造运动的作用下，形成了山地、黄土高原及断陷盆地。东部是以太行山为主的褶皱断块中山与高原山区；西部是以吕梁山为主的褶皱断块山地和晋西黄土高原区；中部为雁行式排列的断陷盆地，从北向南依次为大同盆地（面积7440km^2）、忻州盆地（面积3385km^2）、太原盆地（面积6195km^2）、临汾盆地（面积6339km^2）、运城盆地（面积4947km^2）和位于太行山区的长治盆地（面积1976km^2）。此外，在诸山之间，还散布着一些小型的山间盆地，如广灵、灵丘、寿阳、平定、襄垣、黎城、晋城和阳城盆地等。各盆地周边以断裂为界。山西境内山地面积约占全省总面积的40%，丘陵占40.3%，平川和河谷占19.7%，具有山地和丘陵多而平原少的特点。

构成新生代断陷盆地的地貌单元，自边山向盆地中部为黄土丘陵、洪积倾斜平原及冲积平原。洪积倾斜平原一般包括上部的洪积扇群和中下部的冲洪积倾斜平原。与此相当的有些地区为黄土台地。所谓黄土台地实际上是洪积倾斜平原的中上部位，从新构造角度看，黄土台地属抬升地段，其前后缘往往受继承性的断裂控制。

山西境内太行山、吕梁山、恒山、五台山、中条山、太岳山等山脉绵延起伏，纵横排列，雄险巍峨，呈东北—西南向，且北高南低，东部山地山势挺拔，西部山地较之平缓，地势最高的五台山北台叶斗峰海拔3061.1m；吕梁山以西的黄土高原及丘陵区北高南低，一般高程1000～1700m，相对高差600～800m，冲沟深一般为50～100m，黄土墚峁地区切割深度可达200～300m；从北向南依次排列的大同、忻州、太原、临汾和运城等断陷盆地海拔依次为1000～1100m、750～1000m、700～800m、400～600m、330～450m，呈逐渐降低之势。长治盆地海拔为900～1000m。全省地势相对高差极为显著，最低点为垣曲县西阳河与黄河汇流处，海拔180m，与省内最高点五台山北台顶叶斗峰的相对高差达2881m。综观全省地形，则为一北高南低、高低悬殊，东、西两侧断块隆起，山地对峙，中部为断陷盆地的格局。

山西省地貌类型根据形态及成因可分为高中山、中山、低中山、低山、火山、黄土高原与丘陵、山间小盆地、台地及平原等9个形态类型，37种成因类型（周永昌，2013），详见表1-1-3。

根据组成地貌的岩性特征及成因又可以划分为流水地貌、湖成地貌、喀斯特地貌、黄土地貌、火山熔岩地貌及风成地貌等6大类，43个亚类，详见图1-1-6。

山西黄土丘陵沟壑强烈切割，水土流失和风沙侵蚀严重，侵蚀模数最大可达$2\times10^4t/(a\cdot km^2)$，水土流失面积占总面积的69%，年平均向黄河和海河输沙量达4.56×10^8t，严重的水土流失造成耕地破坏、土壤贫瘠、生态恶化，可利用的土地面积逐年减少，常有黄土滑坡和泥石流灾害发生；在太行山、吕梁

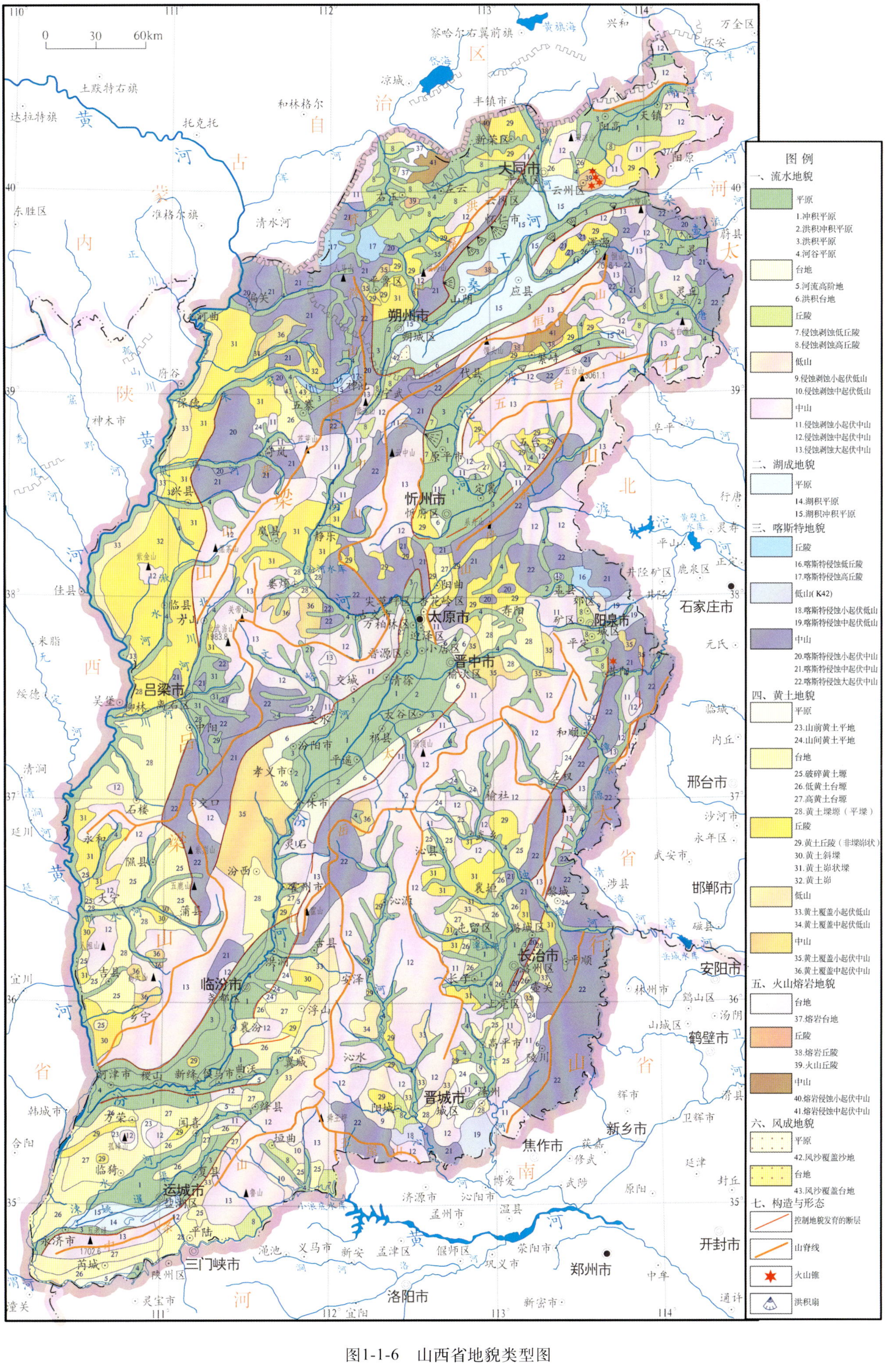

图1-1-6　山西省地貌类型图

山、中条山、太岳山、五台山和恒山等山脉的山脊及坡麓地带，虽然水土流失较轻，但石厚土薄，在特大暴雨的情况下，常发生泥石流灾害，沟谷两侧斜坡和山麓坡脚均是崩塌、滑坡发育的有利地形。

地质构造是控制山西地貌发育的主要因素之一，特别是新构造运动，剥蚀侵蚀和盆地的堆积亦是地貌发育的主要因素。在不同的地形地貌条件下，形成的地下水存在很大差异。地形平坦的平原和盆地区，松散沉积物厚，地面坡度小，大气降水滞留时间长易于入渗，降水形成的地表径流流速慢，易于渗入地下补给地下水；平原和盆地中地表水体比较丰富，地形坡度小，补给地下水面广而丰富。由于山西地处黄土高原，地表组成物质较细，且地面切割剧烈，不利于地下水的形成，加之位于干旱半干旱气候区，导致地下水的贫乏。

表 1-1-3　山西省地貌类型一览表

形态类型			形态成因类型		分布位置及物质组成
序号	代号	名称	代号	成因类型	
1	Ⅰ	高中山	I_1	断块剥蚀	五台山、恒山、吕梁山、中条山、云中山等区变质岩和火成岩
			I_2	穹隆剥蚀	关帝山、云中山、狐偃山区岩浆岩及变质岩
			I_3	褶皱断块侵蚀	太岳山北段、吕梁山中南段碎屑岩、变质岩、碳酸盐岩
			I_4	褶皱断块溶蚀剥蚀	吕梁山北及南段、恒山东段碳酸盐岩及少部分碎屑岩
			I_5	褶皱断块溶蚀侵蚀	系舟山、太行山中段、析城山区碳酸盐岩及少量碎屑岩
2	Ⅱ	中山	II_1	断块剥蚀	吕梁山、中条山、五台山、六棱山、采凉山与丰捻山东区变质岩
			II_2	穹隆剥蚀	紫金山、孤山区火成岩
			II_3	褶皱断块侵蚀	太行山中北段、吕梁山南、五台山南段、太原东西边山区变质岩及碎屑岩
			II_4	褶皱断块溶蚀剥蚀	吕梁山、太行山、大同西边山、恒山东段碳酸盐岩及碎屑岩
			II_5	褶皱断块溶蚀侵蚀	太行山中段碳酸盐岩及少量碎屑岩
			II_6	褶皱侵蚀	汾河上游、沁河两侧碎屑岩
3	Ⅲ	低中山	III_1	断块剥蚀	忻州东西边山及丰捻山变质岩及火成岩
			III_2	褶皱断块侵蚀	吕梁山、太岳山、五台山南段变质岩及碎屑岩
			III_3	褶皱断块溶蚀剥蚀	临汾西边山、长治东边山、兴县、偏关、中阳碳酸盐岩
			III_4	褶皱断块溶蚀侵蚀	偏关黄河沿岸、太原边山、汾河出口碳酸盐岩
			III_5	褶皱侵蚀	榆社、武乡、长子、阳泉、平鲁等地碎屑岩
4	Ⅳ	低山	IV_1	断块侵蚀	中条山中段变质岩、火成岩和碎屑岩
			IV_2	褶皱断块溶蚀侵蚀	娘子关、沁河和丹河下游、灵石段碳酸盐岩
			IV_3	褶皱侵蚀	沁河下游碎屑岩
5	Ⅴ	火山	V_1	火山锥与火山堆积岗丘	大同市云州区玄武岩
			V_2	玄武岩台地	左云、右玉、繁峙、天镇、山阴玄武岩
6	Ⅵ	黄土高原与丘陵	VI_1	黄土残塬	隰县、石楼、吉县、乡宁、蒲县黄土
			VI_2	墚状黄土丘陵	柳林以北黄土
			VI_3	墚峁状黄土丘陵	黄河沿岸、寿阳、静乐
			VI_4	黄土缓坡丘陵	左云、右玉、平鲁
			VI_5	黄土与红土丘陵	沁县、太谷、垣曲
			VI_6	土石丘陵	汾西、阳泉、阳城、榆社、襄垣、平陆
			VI_7	溶蚀侵蚀丘陵	晋城西部
7	Ⅶ	山间小盆地	VII_1	黄土盆地	广灵、灵丘、岚县、五台豆村、茹村、东冶、盂县、浮山、黎城、襄垣、榆社等
			VII_2	黄土谷地	北川河、杨兴河、偏关河等
8	Ⅷ	台地	VIII_1	断隆侵蚀黄土台地	峨嵋台地
			VIII_2	盆周隆起侵蚀黄土	运城黄河北岸、汾河中下游各盆地边缘
			VIII_3	黄土覆盖玄武岩	大同黄花梁黄土及玄武岩
9	Ⅸ	平原	IX_1	坡洪积裙	系舟山前、恒山和六棱山北麓坡洪积物
			IX_2	洪积扇裙与冲洪积倾斜平原	大同盆地、忻州盆地、太原盆地、临汾盆地、运城盆地及长治盆地的周边
			IX_3	冲积平原	大同盆地、忻州盆地、太原盆地、临汾盆地、运城盆地及长治盆地
			IX_4	冲积湖积平原	运城盆地

注：①本书中各盆地面积引用张宏民等2016年3月提交的《山西省六大盆地地下水污染调查评价报告》数据。

②周永昌等著《山西地下水资源与开发利用研究》，2013年6月。

二、地层岩性

影响地下水形成的地质条件中的岩石性质和地质构造是比较重要的因素。岩石性质决定了地下水的储存空间，是地下水形成的先决条件；地质构造则决定了具有储水空间的岩石能否将水储存住以及储存水量的多少等特性。

在影响基岩地下水的诸因素中，岩性是基础，地质构造是主导因素，地貌、水文、气象等因素的影响也不可忽视（国土资源部地质环境司、中国地质调查局，2003）。除了一些结晶致密的岩石外，绝大部分岩石都具有一定的空隙。坚硬岩石中地下水存在于各种内、外动力地质作用形成的裂隙之中，分布极不均匀；松散岩层中，地下水存在于松散岩土颗粒形成的孔隙之中，分布相对较为均匀。在一些构造发育、断层分布集中的地区，岩层破碎，各种裂隙密布，地下水以脉状、带状集中分布在大断层及其附近。在构造盆地，由于基底是盆地式构造，其上往往沉积了巨厚的第四纪松散沉积物，再加上良好的汇水条件，多形成良好的承压含水层，蕴藏着丰富的自流水。

山西地层经历了漫长的地质演化历史，发生过多次大的构造运动及相伴的沉积作用、岩浆作用、变质作用、构造变形和成矿作用。由于所处独特的大地构造位置和演化历史，造成了省内的地层、构造、岩浆岩及矿产的特殊性。岩浆活动频繁，不同地质时期都有不同程度的岩浆活动，既有岩浆侵入，也有火山喷发，从超基性到酸性均有分布。构造变形强烈，从区域构造到微观构造，从韧性构造到脆性构造，在不同地区都有不同程度的发育。形成的矿产资源种类多、成因复杂。由于其特殊的大地构造位置和丰富的地质内容，成为全国前寒武纪地质研究程度较高的地区。

山西省境内变质岩类出露面积约$1.3\times10^4km^2$，占全省面积的8.3%；全省岩浆岩类出露面积约$1.28\times10^4km^2$，占全省面积的8.2%；碳酸盐岩类出露面积$3.18\times10^4km^2$，占全省总面积的20.3%；碎屑岩类出露面积$5.52\times10^4km^2$，占全省总面积的35.3%；松散岩类分布面积$4.38\times10^4km^2$，占全省总面积的27.9%。碳酸盐岩类及松散岩类地层是山西省主要的含水岩组所属地层（山西省地质勘查局，2008）。山西省碳酸盐岩岩组、岩性、岩溶发育特征及富水性特征详见表1–1–4。

山西省地层发育较为齐全。由老至新有新太古界（阜平群、五台群）、古元古界（滹沱群）、中新元古界（震旦系）、古生界（寒武系、奥陶系、石炭系、二叠系）、中生界（三叠系、侏罗系、白垩系）、新生界（古近系、新近系、第四系）。缺失待建系、南华系、志留系、泥盆系，地层分布情况详见图1–1–7。

山西地层展布状况大致是以五台山—恒山—云中山、吕梁山、中条山、太行山出露的前震旦系地层为核心，向四周依次出露有寒武系、奥陶系地层；以云冈、宁武—静乐、沁水及陕甘宁等构造盆地中央分布的侏罗系、三叠系地层为中心向外依次由新至老出露二叠系、石炭系地层。两者相结合就是山西地层展布的基本格局。这样的格局形成于侏罗纪之后。白垩系、古近系在山西省不发育，仅见零星分布。新近系和第四系除厚度不大地分布于全省各地外，巨大厚度的堆积则集中于几个大的新生界断陷盆地中，详见表1–1–5。

新太古界下部地层（F）：主要分布在五台山、吕梁山、太行山和中条山等古老山地的轴心地区。以阜平群为代表，是山西出露最古老的地层。由于多次地壳运动，岩浆活动频繁，形成一套巨厚的遭受普遍混合岩化的变质岩系，总厚最大可达15000m。主要岩性为花岗片麻岩、石英片岩及大理岩夹层等。

新太古界上部地层（W）：分布位置与新太古界下部地层（F）相同，山西以五台群为代表，统称五台群，是一套巨厚的以变质的火山岩系为主的地层，总厚也在10000m以上。主要岩性为黑云母斜长片麻岩、石英片岩、白云母片岩及变粒岩等。

古元古界地层（H）：以五台山区的滹沱群为代表，各山区均有分布，山西均可称为滹沱群，总厚可超过20000m。该群下部（H_1），以碎屑岩、碳酸盐岩组成明显韵律为特征，但以碎屑岩为主，最厚可达4000m，主要岩性为变质粒岩、石英岩、千枚岩及大理岩；中部（H_2）以碳酸盐岩为主，最厚可达15000m，主要岩性为白云岩、大理岩、千枚岩，底部夹变质安山岩；上部（H_3）以粗碎屑岩为主，以

表 1-1-4　山西省碳酸盐岩岩组、岩性、岩溶发育特征及富水性特征表

系	统	组、段		代号	厚度/m	含石膏情况	主要岩性	岩溶发育特征	富水性与隔水性
奥陶系	中奥陶统	峰峰组	二段	O_2f^2	60～100	—	生物碎屑灰岩、泥晶灰岩、花斑状灰岩	强岩溶化溶孔、溶蚀裂隙发育、溶洞次之	二段顶部为相对隔水层
奥陶系	中奥陶统	峰峰组	一段	O_2f^1	40～200	含石膏	泥灰岩、膏溶角砾岩、白云质灰岩夹石膏层	岩溶发育微弱，以溶孔为主	一段底部为相对隔水层
奥陶系	中奥陶统	上马家沟组	二、三段	O_2s^{2+3}	180～250	—	亮晶、泥晶灰岩、白云质灰岩夹少晶薄层泥灰岩	强岩溶化、溶洞、溶孔、溶隙发育，岩溶沿裂隙溶蚀发育	强含水层，单泉流量1～2m³/s
奥陶系	中奥陶统	上马家沟组	一段	O_2s^1	30～50	含石膏	泥灰岩、膏溶角砾岩、白云质灰岩夹石膏	岩溶不发育，泥灰岩夹层灰岩中有小溶孔	半隔水层
奥陶系	中奥陶统	下马家沟组	二、三段	O_2x^{2+3}	80～120	—	亮晶、泥晶中厚层灰岩、斑状白云质灰岩	强岩溶化、溶洞、溶孔、溶隙发育	中强含水层，单井涌水量2000～3000m³/d
奥陶系	中奥陶统	下马家沟组	一段	O_2x^1	30～40	含石膏	泥灰岩、白云质灰岩夹石膏	岩溶不发育至弱岩溶化夹层灰岩中有小溶孔	半隔水层
奥陶系	下奥陶统	亮甲山组		O_1l	120～160	—	薄中层细晶微晶白云岩夹层含燧石	弱岩溶化以溶孔、溶隙为主，溶洞少见	弱、强不均匀含水层
奥陶系	下奥陶统	冶里组		O_1y	30～50	—	中层状细晶白云岩底部有泥质白云岩及钙质页岩	弱岩溶化以溶孔、溶隙为主	弱含水半隔水层
寒武系	芙蓉统	凤山组		$\in_3 f$	100～140	—	中厚层中粗粒白云岩、巨粒厚层白云岩	弱岩溶化以小溶洞溶孔为主	中等富水含水层
寒武系	芙蓉统	长山组、崮山组		$\in_3 c+g$	20～60	—	薄层竹叶状灰岩、白云质灰岩、泥质条带灰岩及页岩	岩溶不发育	隔水层
寒武系	第三统	张夏组		$\in_2 z$	140～160	—	中细粒至豆状鲕状灰岩	岩溶较发育以溶隙溶孔为主，次为裂隙式溶洞	中等富水含水层
寒武系	第三统	徐庄组		$\in_2 x$	80～100	—	上部鲕状灰岩、下部紫色页岩	岩溶不发育	区域隔水层
寒武系	第二统	毛庄组、馒头组		$\in_1 m$	30～120	—	紫红色薄层页岩、白云岩、薄层细镁砂岩	岩溶不发育	区域隔水层
寒武系	纽芬兰统	朱砂洞组、辛集组		$\in_0$	＜85	—	朱砂洞组主要为白云岩、泥质白云岩、灰岩、泥灰岩等；辛集组主要为石英砂岩	岩溶不发育	半隔水层

注：①地下水天然补给资源丰富程度分级：1—天然资源极丰富[＞30×10⁴m³/(a·km²)]；2—天然资源丰富[15×10⁴～30×10⁴m³/(a·km²)]；3—天然资源中等[5×10⁴～15×10⁴m³/(a·km²)]；4—天然资源贫乏[＜5×10⁴m³/(a·km²)]。

②周永昌等著，《山西地下水资源与开发利用研究》，2013年6月。

反旋回和含硅质角砾岩为特征，厚达1000m。

震旦系（Z）：在山西不甚发育，总厚6180～7200m，大致可分为3个类型：Z_k，恒山、五台山以北的广灵、灵丘一带，厚1100m左右，以白云岩为主夹石英砂岩；Z_a，中条山为巨厚的安山岩夹砂页岩等地层，仅西阳河组厚5000m；Z_c，主要分布于吕梁山和霍山，岩性为厚度不大的石英状砂岩，以霍山砂岩为特征，霍山砂岩最厚为80m左右，太行山主要为石英砂岩夹白云岩、泥灰岩、页岩，厚1100m。震旦系与下伏地层呈显著的角度不整合（山西省地方志编纂委员会，1993）。

寒武系（∈）：一般发育齐全，纽芬兰统（$\in_0$）缺失，与震旦系地层呈平行不整合接触，部分地区呈角度不整合。寒武系北、东，南部边缘地区最厚500m左右，向中、西部逐渐变薄，最厚处120m左右。

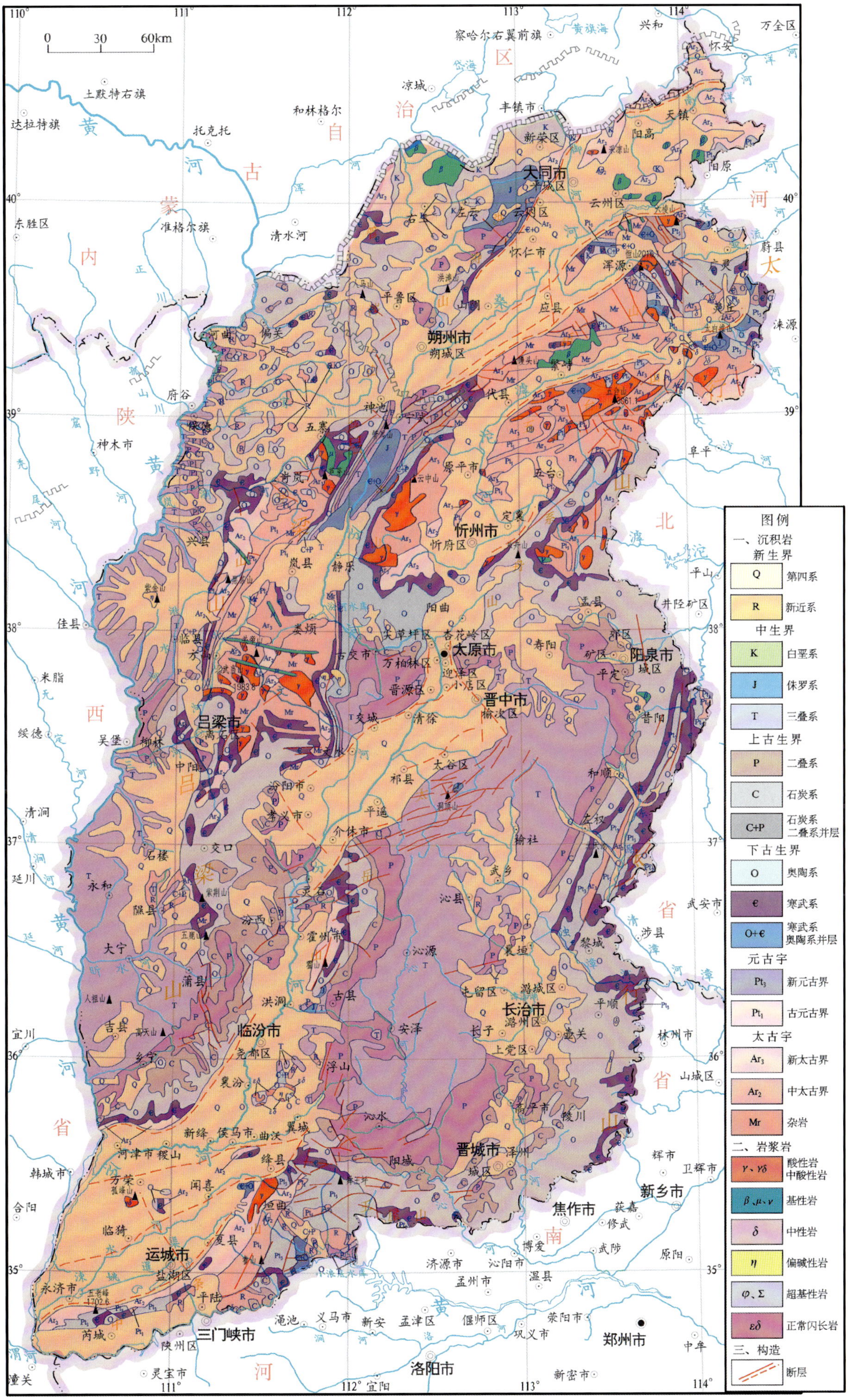
0 30 60km
图例
一、沉积岩
新生界
Q 第四系
R 新近系
中生界
K 白垩系
J 侏罗系
T 三叠系
上古生界
P 二叠系
C 石炭系
C+P 石炭系二叠系并层
下古生界
O 奥陶系
∈ 寒武系
O+∈ 寒武系奥陶系并层
元古宇
Pt3 新元古界
Pt1 古元古界
太古宇
Ar3 新太古界
Ar2 中太古界
Mr 杂岩
二、岩浆岩
γ、γδ 酸性岩 中酸性岩
β、μ、ν 基性岩
δ 中性岩
η 偏碱性岩
φ、Σ 超基性岩
εδ 正常闪长岩
三、构造
断层
大同市
朔州市
忻州市
太原市
阳泉市
晋中市
吕梁市
临汾市
长治市
晋城市
运城市
三门峡市
洛阳市
郑州市
焦作市
新乡市
内蒙古自治区
陕西省
河北省
河南省
黄河

图1-1-7　山西省地质图

表 1-1-5 山西六大盆地古生界至新生界地层汇总表

单位：m

界	系	统	代号	大同盆地		忻州盆地		太原盆地		临汾盆地		运城盆地		长治盆地	
				地层分组	厚度	地层分组	厚度	地层分组	厚度	地层分组	厚度	地层分组	厚度	地层分组	厚度
新生界	第四系	全新统	Qh	—	0 ~ 10	—	0 ~ 25	—	10 ~ 30	—	0 ~ 20	—	5 ~ 30	—	0 ~ 70
		上更新统	Qp_3	—	10 ~ 100	—	10 ~ 75	—	25 ~ 110	—	3 ~ 50	—	5 ~ 50	—	0 ~ 28
		中更新统	Qp_2	离石组	5 ~ 50	—	50 ~ 139	离石组	10 ~ 60	—	73 ~ 202	—	56 ~ 220	—	0 ~ 41
		下更新统	Qp_1	泥河湾组	30 ~ 400	泥河湾组	20 ~ 300	泥河湾组	10 ~ 300	—	10 ~ 400	—	55 ~ 355	—	60 ~ 260
	新近系	上新统	N_2j	静乐组	5 ~ 250	静乐组	19 ~ 25	静乐组	5 ~ 100	—	0 ~ 1900	上新统	0 ~ 900	新近系	0 ~ 30
			N_2b	保德组	5 ~ 370	上新统	50 ~ 200	保德组	40 ~ 1000						
						中新统	0 ~ 135								
						渐新统	0 ~ 900								
		中新统	N_1	—	—	—	—	—	—	—	—	中新统	300 ~ 900	—	—
	古近系	始新统	E_2	—	—	—	—	—	—	—	—	古近系	108 ~ 2600	—	—
		古新统	E_1	—	—	—	—	—	—	—	—			—	—
中生界	白垩系	下、上统	K_{1+2}	—	50 ~ 490	—	—	—	—	—	—	—	—	—	—
	侏罗系	上统	J_3D	东岭台群	＞126	—	—	—	—	—	—	—	—	—	—
		中统	J_2t	天池河组	350 ~ 500	天池河组	262	—	—	—	—	—	—	—	—
			J_2y	云冈组	250 ~ 750	云冈组	399	—	—	—	—	—	—	—	—
			J_2d	大同组	230 ~ 450	大同组	299 ~ 365	—	—	—	—	—	—	—	—
		下统	J_1y	永定庄组	100 ~ 140	—	—	—	—	—	—	—	—	—	—
	三叠系	上统	T_3y	延长组	—	延长组	289 ~ 311	延长组	54 ~ 80	延长组	413	—	—	—	—
		中统	T_2er	二马营组		二马营组	413 ~ 596	二马营组	487 ~ 644	二马营组	783 ~ 1300	—	—	—	—
		下统	T_1h	和尚沟组		和尚沟组	160 ~ 229	和尚沟组	166 ~ 203	和尚沟组	495 ~ 643	—	—	—	—
			T_1l	刘家沟组		刘家沟组	350 ~ 461	刘家沟组	414 ~ 633	刘家沟组		—	—	刘家沟组	130 ~ 220
古生界	二叠系	上统	P_2sh	石千峰组	120	石千峰组	133 ~ 184	石千峰组	111 ~ 184	石千峰组	509 ~ 735	—	—	石千峰组	111 ~ 260
			P_2s	上石盒子组		上石盒子组	343 ~ 445	上石盒子组	372 ~ 419	上石盒子组		—	—	上石盒子组	180 ~ 500
		下统	P_1x	下石盒子组	100 ~ 160	下石盒子组	91 ~ 128	下石盒子组	117 ~ 178	下石盒子组	53 ~ 118	—	—	下石盒子组	80 ~ 160
			P_1s	山西组	0 ~ 75	山西组	31 ~ 54	山西组	33 ~ 58	山西组	75 ~ 211	山西组	3 ~ 21	山西组	40 ~ 79
	石炭系	上统	C_3t	太原组		太原组	90 ~ 112	太原组	92 ~ 138	太原组		太原组		太原组	80 ~ 100
		中统	C_2b	本溪组	0 ~ 50	本溪组	21 ~ 34	本溪组	10 ~ 46	本溪组	5 ~ 34	本溪组		本溪组	5 ~ 30
	奥陶系	中统	O_2f	峰峰组	—	峰峰组	—	峰峰组	80 ~ 130	峰峰组	436 ~ 538	—	—	峰峰组	110 ~ 210
			O_2s	上马家沟组	150 ~ 200	上马家沟组	231 ~ 235	上马家沟组	160 ~ 290	上马家沟组		上马家沟组	121 ~ 156	上马家沟组	230 ~ 275
			O_2x	下马家沟组		下马家沟组	56 ~ 177	下马家沟组	90 ~ 150	下马家沟组		下马家沟组		下马家沟组	86 ~ 150
		下统	O_1l	亮甲山组	10 ~ 260	亮甲山组	53 ~ 123	亮甲山组	30 ~ 60	亮甲山组	98 ~ 138	亮甲山组	58	亮甲山组	60 ~ 200
			O_1y	冶里组		冶里组	51 ~ 119	冶里组	60 ~ 90	冶里组		冶里组		冶里组	—
	寒武系	上统	$\in_3f$	凤山组	80 ~ 270	凤山组	53 ~ 120	凤山组	110 ~ 140	凤山组	126 ~ 178	凤山组	87 ~ 148	凤山组	60 ~ 180
			$\in_3c$	长山组		长山组	1 ~ 8	长山组	10 ~ 20	长山组		长山组		长山组	—
			$\in_3g$	崮山组		崮山组	52 ~ 82	崮山组		崮山组		崮山组		崮山组	—
		中统	$\in_2z$	张夏组	100 ~ 300	张夏组	58 ~ 100	张夏组	110 ~ 140	张夏组	228 ~ 250	张夏组	263 ~ 356	张夏组	100 ~ 400
			$\in_2x$	徐庄组		徐庄组	37 ~ 73	徐庄组	60 ~ 110	徐庄组		徐庄组		徐庄组	—
		下统	$\in_1mo$	毛庄组	10 ~ 180	毛庄组	0 ~ 11	毛庄组	20 ~ 50	毛庄组	84 ~ 127	毛庄组	87	毛庄组	60 ~ 180
			$\in_1m$	馒头组		馒头组		馒头组		馒头组		馒头组		馒头组	

自下而上，第二统（$\in_1$）主要为紫色页岩及石英砂岩；第三统（$\in_2$）以鲕状灰岩为主；芙蓉统（$\in_3$）以竹叶状灰岩为主。寒武系地层属于碳酸盐岩类，局部岩溶发育，中统的张夏组、芙蓉统的凤山组地层一般为含水层，富水性中等，其他均为不含水的隔水层。

奥陶系（O）：沉降稳定，分布广泛，与寒武系整合接触。总厚435～830m。奥陶系下统（O_1）包括冶里组（O_1y）、亮甲山组（O_1l），北厚南薄，以白云质灰岩为主，厚35～330m，岩溶不发育，一般富水性差；中统（O_2）岩性有明显的三个旋回，即泥灰岩、泥质白云岩→灰岩→灰岩夹泥质白云岩，厚度稳定，400～500m。唯西南部和东北部由于石炭系之前的侵蚀剥蚀作用，保留不全，甚至大部分或全部缺失。奥陶系中统下马家沟组（O_2x）、上马家沟组（O_2s）地层岩溶发育，富水性强，是山西岩溶地下水的主要含水层；奥陶系中统峰峰组（O_2f）地层一般厚200m，富水性较差，在无构造导通的情况下与下伏强含水层无水利联系，一般为弱含水层或隔水层。寒武系、奥陶系碳酸盐岩水文地质特征见表1–1–4。

石炭系（C）：缺失下统。为海陆交替相沉积，总厚81～297m。中统（C_2）北厚（最厚50m）南薄，山西最南部缺失，其岩性自下而上主要为铁矿、铝土页岩及砂页岩。石炭系中统的本溪组（C_2b）地层为区域隔水层。上统（C_3）岩性为砂页岩夹灰岩和煤层，厚81～247m。

二叠系（P）：总厚707～1531m。基本为陆相沉积，无论厚度和岩性均变化多，山西分布广泛，特别在沁水向斜，吕梁山南段，太原西山，宁静向斜等地分布较集中。下统（P_1）岩性为灰白砂岩、页岩、砂质页岩，厚147～381m；上统（P_2）岩性为黄绿色砂岩及紫红色页岩，厚560～1150m。下统下石盒子组（P_1x）；上统包括上石盒子组（P_2s）和石千峰组（P_2sh）。

三叠系（T）：分为下、中、上三个统，总厚660～1195m。下统包括刘家沟组（T_1l）、和尚沟组（T_1h）；中统为二马营组（T_2er）；上统为延长组（T_3y）。中、下统（T_{1+2}）以灰黄绿色长石砂岩夹紫红色页岩为主，厚460～595m；上统延长组（T_3y）为肉红色砂岩及泥岩，厚200～600m，仅在沁水盆地北部及石楼、永和一带出露。

侏罗系（J）：主要分布在云冈向斜与宁静向斜中心部位，以陆相沉积为主。下统（J_1）大同组为灰黄色长石砂岩、砂质页岩、页岩与煤层，大同地区厚200m，宁静地区厚550～778m；中统（J_2）云冈组为紫色粗砂岩、砂质页岩、页岩等，厚166～263m。广灵、灵丘一带为安山岩、凝灰岩、火山集块岩等；上统（J_3）为砾岩、集块安山岩，分布于广灵、灵丘一带。

白垩系（K）：在山西不发育。主要分布于左云、右玉一带，以含粗砾砂岩为特征，厚430m以上，主要岩性为紫灰色砾岩、砂砾岩、紫红色泥岩、砂质泥岩等。

古近系（E）：在山西不发育。主要见于中条山以南的平陆、垣曲一带，包括始新统（E_2）和渐新统（E_3），总厚2100m，主要岩性为紫红色、棕红色、灰白色砂砾岩。繁峙、应县一带发育有渐新统（E_3）的玄武岩，最大厚度860m，间夹砂层和褐煤层，忻州盆地中亦有渐新统（E_3）分布，但厚度不大，分布范围较小。

新近系（N）：主要发育上新统（N_2），其下的中新统（N_1）仅在中条山以南和霍山西麓有所分布，主要岩性为灰白色砾岩。上新统（N_2）以含三趾马为特征，以往笼统称为“三趾马红土”，实则包括两部分：下部以保德组（N_2b）为代表，相当的地层沁水盆地称榆社组；上部以静乐组（N_2j）为代表。保德组和榆社组厚度各地不一，最厚可超500m。静乐组以特有的红色黏土为标志，厚度一般不大，数米至数十米。

第四系（Q）：发育情况极其复杂。根据不同相的堆积，可分为两种类型。下更新统（Qp_1）山区为土状堆积，以“午城组”黄土为代表，淡红色风成亚黏土，厚度一般<10m。盆地中为河湖相沉积，以泥河湾组为代表，岩性为砂砾石、杂色黏性土及泥灰岩，厚度一般100～400m。中更新统（Qp_2）在山区以“离石组”老黄土为代表，夹古土壤层，含砂砾及钙质结核，厚度各地不一，一般为20～140m。河谷及新生代断陷盆地，其离石组之下还发育有河流相沉积、称“合河组”，总厚度一般30～150m。上更新统（Qp_3）山区以“马兰组”新黄土为代表，分布极普遍，成因类型复杂，但以风积为主，厚度一般在30m以内。河谷及新生代断陷盆地中，马兰组之下，发育有河流相堆积，称“丁村组”，总厚一般

30～80m。全新统（Qh）在山区以现代残积、坡积为代表，厚度有限。河谷及新生代断陷盆地为冲洪积相地层，厚度一般不超过30m。第四系地层中的砂砾石层是山西各断陷盆地及山间小盆地的主要含水层。

岩浆岩大致可归并三种类型，即玄武岩（β）、花岗岩（γ）及其他岩浆岩类（M）。岩体分布零星，规模较小。岩浆活动主要有前震旦纪的五台旋回、吕梁旋回；震旦纪以后的古生代加里东旋回及中生代晚期的燕山旋回，还有新生代的喜马拉雅旋回，喜马拉雅旋回主要为玄武岩喷发，如右玉为中新世玄武岩，大同地区为更新世及全新世玄武岩，繁峙为始新世玄武岩。

三、区域地质构造

地质构造是指组成地壳的岩层和岩体在内动力地质作用下发生变形而形成的诸如褶皱、断层、节理、劈理及其他各种面状和线状的构造形迹（《山西省旅游地质》编委会，2007）。

地质构造的规模大小（构造尺度）悬殊。大到数百、数千千米，乃至全球规模；小至一定范围的露头、手标本，甚至需借助显微镜方能观察到。

地下水的赋存、活动及富集程度与其所处地质构造的性质、特征密切相关。地质构造对地下水的埋藏、分布、运移和富集条件都有较大影响。这种影响在基岩区和新生代松散沉积物分布区的表现有所不同。

在基岩地区，构造裂隙是最主要的储水空间，在一般情况下构造裂隙的力学性质决定裂隙的含水性，而不同力学性质的裂隙又是有规律地分布在某种构造体系和构造形迹的特定构造部位。因此，研究构造条件就可以帮助寻找基岩裂隙水赋存的部位。构造条件决定着基岩地下水储存的环境，例如，隔水岩层、岩体和压性断层，常常可起到阻拦和聚集地下水的作用，向斜轴部和背斜构造的倾没端有利于地下水的富集。区域地质构造格局和构造形迹的空间展布形态在很大程度上控制着区域地下水的补给、运移和富集过程。

在新生代沉积物分布区，地质构造对地下水赋存条件的控制作用主要表现在最新构造运动的升降性质、活动强度，这些因素直接控制着松散沉积物的分布范围、厚度、岩性和岩相变化特征，亦即控制着地下水的埋藏分布特征。

山西介于秦岭构造带和阴山构造带两个巨型构造带之间（张胜宇等，2008），是华北地台（陆台、断块）的重要组成部分；主体构造线方向为北北东向，南北两端呈北东向，故使其总体构造呈一个拉长的“S”形；构造格架形成于中生代，自新生代以来在中部地区由于构造活动，形成了纵贯全省的断陷带；相对于东侧的华北平原和西侧的陕北高原，主体部分隆起的特征十分明显。

（一）地质构造特征

按照断块学说观点，依据《山西省区域地质志》（山西省地质矿产局区域地质调查队，1990），山西省断块区划分见表1-1-6。

1.内蒙断块

内蒙断块主要在内蒙古自治区境内，山西境内属内蒙断块的仅分布在最北部的右玉、左云、大同、阳高、天镇一带，为内蒙断块的南缘部分。内蒙断块的形成早于山西主体部分（吕梁—太行断块）。其中阳高破碎带展布于阳高、天镇北山坡脚，走向近东西向，延长约45km，宽1～3km，破碎带内岩石普遍破碎，遭受动力变质。断裂南侧山前洪积扇裙比较发育，说明燕山期以来仍不断活动，断裂北侧海西期中酸性侵入岩体、岩脉极发育。

2.燕山断块

燕山断块主要在河北境内。山西广灵、灵丘一带属于燕山断块西端。燕山断块延入山西境内部分，最引人注目的是北西向断裂较为发育。以赵北-大鹿沟断裂为界，其南部属涞源块隆，北部属广灵-蔚县块坳。

表 1-1-6　山西省地质构造断块分区表

<table>
<tr><th>Ⅱ级区划</th><th>Ⅲ级区划</th><th colspan="2">Ⅳ、Ⅴ级区划</th><th>Ⅱ级区划</th><th>Ⅲ级区划</th><th colspan="2">Ⅳ、Ⅴ级区划</th></tr>
<tr><td rowspan="15">华北断块</td><td>内蒙断块</td><td colspan="2">内蒙断块</td><td rowspan="15">华北断块</td><td rowspan="10">吕梁—太行断块</td><td rowspan="2">五台山块隆</td><td>古交掀斜地块</td></tr>
<tr><td>燕山断块</td><td colspan="2">广灵—蔚县块坳、涞源块隆</td><td>狐偃山山字型褶带</td></tr>
<tr><td>鄂尔多斯断块</td><td colspan="2">兴县—石楼南北向褶带、关王庙北东向褶带</td><td rowspan="7">沁水块坳</td><td>沾尚—武乡—阳城北北东向褶带</td></tr>
<tr><td rowspan="12">吕梁—太行断块</td><td colspan="2">偏关—神池块坪</td><td>盂县坳缘翘起带</td></tr>
<tr><td colspan="2">云冈块坳</td><td>娘子关—坪头坳缘翘起带</td></tr>
<tr><td rowspan="6">吕梁山块隆</td><td>芦芽山—赤坚岭梭形背斜</td><td>太岳山坳缘翘起带</td></tr>
<tr><td>关帝山穹状隆起</td><td>普洞—来源北东东向褶带</td></tr>
<tr><td>离石—中阳菱形复向斜</td><td>郭道—安泽近南北向褶带</td></tr>
<tr><td>柏洼山—刘家坪多字型断褶</td><td>析城山坳缘翘起带</td></tr>
<tr><td>阳泉曲—汾西盆状复向斜</td><td colspan="2">太行山块隆</td></tr>
<tr><td>勍香—太林南北向褶带</td><td rowspan="5">豫皖断块</td><td colspan="2">中条山块隆</td></tr>
<tr><td colspan="2">宁武—静乐块坳</td><td rowspan="4">济源—渑池块坳</td><td>王屋山断隆</td></tr>
<tr><td rowspan="3">五台山块隆</td><td>恒山—五台山穹状隆起</td><td>济源断凹</td></tr>
<tr><td>系舟山掀斜向斜</td><td>北段断隆</td></tr>
<tr><td>阜平穹状隆起</td><td>渑池断凹</td></tr>
</table>

（1）广灵—蔚县块坳

该块坳北西向构造发育。块坳的西部主要表现为一个北西向的断阶带，带内为走向北西的正断层，断裂面倾向北东或南西，倾角50°～80°，形成了以阶状为特征的地堑、地垒带；块坳的东部为一走向北东东向的两侧边缘翘起的坳（陷）褶（断）带。块坳的地层组成主要为长城系、蓟县系、青白口系、寒武系—二叠系，一些盆地中发育有侏罗系、白垩系，部分地区出露结晶基底。另外，在广灵盆地中还分布有较厚的第四系。

（2）涞源块隆

该块隆主要表现为正向隆起。北西向断裂较为发育，中部发育有走向呈北东东向的逆冲断层。块隆上有七条较大的北北西向断裂，大致相互平行，断裂面向北东东倾，倾角较陡。块隆上广泛出露岩浆岩墙及岩脉。

新生代以来，燕山块隆断裂活动较活跃，形成了灵丘小盆地和广灵小盆地。

3.鄂尔多斯断块（山西部分）

山西西部属于鄂尔多斯大林断块。山西境内南北长400km，东西宽30～60km，呈狭窄的长条状。该断块由兴县—石楼南北向褶带、关王庙北东向褶带、柳林东西向构造三部分组成。出露地层以寒武系、奥陶系、石炭系、二叠系及三叠系为主，界河口群、长城系、新近系零星出露，第四系广泛分布，大部分基岩仅出露于河谷。

4.吕梁—太行断块

吕梁—太行断块构成山西省的主体，其分布包括了吕梁山、云中山、恒山、五台山、太行山及其之间的广大地域，以及偏关—神池、桑干河盆地等。该断块由以下7部分组成。

（1）偏关—神池块坪

该块坪位于吕梁—太行断块的西北角，北界在右玉县威坪堡—马道头一线，东南界在神池—五寨—岢岚一线。南北向长约100km，呈北宽南窄的三角形。块坪内的构造形迹有四组：北东向、东西向、南北向和北北东向构造。

块坪南缘新构造活动明显，形成三角形的五寨断陷堆积小盆地。

（2）云冈块坳

云冈块坳位于山西北部。呈北北东向展布，长约125km，宽15～50km。块坳总体为一向斜构造，由平鲁向斜、云冈向斜两部分构成，其轴线大致位于云冈—平鲁一线，两翼出露地层为寒武系、奥陶系、石炭系、二叠系、侏罗系和前古生界集宁群。平鲁、云冈向斜均为含煤建造盆地，平朔煤田和大同煤田均分布在盆地中。

（3）吕梁山块隆

吕梁山块隆位于吕梁—太行断块的西部，呈近南北向展布和长条形。该块隆的构造颇为复杂，可划分为六部分：①芦芽山—赤坚岭梭形掀斜背斜；②关帝山穹状隆起；③离石—中阳菱形复向斜；④柏洼山—刘家坪多字型断褶；⑤阳泉曲—汾西盆状复向斜；⑥勍香—太林南北向褶带。

（4）宁武—静乐块坳

该块坳展布于芦芽山与云中山之间，北东起自雁门关，南西至娄烦县，长约160km，宽约30km。块坳显示为自北东向南西掀斜的复向斜。两翼出露地层从寒武系至侏罗系，第四系广泛出露，局部地段有太古宇变质岩出露。

（5）五台山块隆

该块隆位于山西东北部以恒山、五台山、系舟山、云中山为主体的地区，呈北东向展布。五台山块隆由五部分组成：①恒山—五台山穹状隆起；②系舟山掀斜向斜；③阜平穹状隆起；④古交掀斜地块；⑤狐偃山山字型褶带。块隆的基底大部分裸露，由五台期的云中山—五台山断褶带、吕梁期的豆村—东冶坳褶带的东部阜平古陆核所组成。在该块隆之上叠加发育滹沱河新裂陷。

（6）沁水块坳

该块坳位于山西东南部。总体呈北北东向展布，长350km，宽100～120km，面积约35000km^2，是吕梁—太行断隆上最大的次级构造单元。该块坳是一个受水平挤压而形成的块褶，而非垂直运动形成的坳陷。根据构造特征，该块坳划分为7部分：①沾尚—武乡—阳城北北东向褶带；②盂县坳缘翘起带；③娘子关—坪头坳缘翘起带；④太岳山坳缘翘起带；⑤普洞—来源北东东向褶带；⑥郭道—安泽近南北向褶带；⑦析城山坳缘翘起带。

（7）太行山块隆

该块隆位于山西东南边部，跨晋、冀两省。北半部主要表现为一个大背斜，并发育有一系列与其平行的小型逆冲断裂、断裂和褶皱。核部出露太古宇、元古宇地层，背斜两翼主要为长城系、寒武系和奥陶系地层；南半部总体表现为向北西倾斜的单斜构造，在平顺县龙镇—西安里—石河沭一带出现南北向断褶带，断褶带中有岩浆岩侵入，背斜构造两侧出现了次级的南北向纵张断裂。

5.豫皖断块

该断块位于山西南部中条山一带，由中条山块隆和济源—渑池块坳两部分构成。

（1）中条山块隆

中条山块隆系指地理上的中条山脉，呈向南东凸出的弧形。该块隆构造线为北东向，广泛出露结晶基底，由涑水群、绛县超群、中条超群组成。块隆上的沉积盖层主要在西南段，区内分布有一系列北西或近东西向断裂。

（2）济源—渑池块坳

该块坳的主体在河南省，表现为两个相对隆起和两个相对凹陷构造，自北向南依次分布有王屋山断隆、济源断凹、北段断隆、渑池断凹。断隆中大面积出露古长城系，断凹中分布着寒武系—白垩系，新近系和第四系。由于该区处于豫皖断块向北突出的三角地带，受到不同方向构造应力的作用和影响，其构造形迹复杂而零乱，主要有北西、北东、近东西和北东东四个方向，规模均不大。

6.新裂陷

新裂陷主要指展布于山西省中部、纵贯南北的一系列盆地（以往称为汾渭地堑）。其形成时间、形成过程是，从新生代以来，在边张裂、边下陷、边接受沉积、盆底边掀斜呈簸箕状，故称为新裂陷。裂陷的边缘一般以断裂为界。裂陷内部也有很多断裂，多属同生断裂，详见表1-1-7。

表 1-1-7　山西喜马拉雅期新裂陷区划表

<table>
<tr><th>新裂陷</th><th>次级构造单元</th><th>新裂陷</th><th>次级构造单元</th></tr>
<tr><td rowspan="5">桑干河新裂陷</td><td>怀仁凹陷</td><td rowspan="4">晋中新裂陷</td><td>太原断陷</td></tr>
<tr><td>后所凹陷</td><td>西谷—南庄凹陷</td></tr>
<tr><td>朔州浅凹</td><td>侯城—平遥陷隆</td></tr>
<tr><td>浑源浅凹</td><td>孝义断陷</td></tr>
<tr><td>黄花梁陷隆</td><td rowspan="5">临汾—运城新裂陷</td><td>洪洞—临汾凹陷</td></tr>
<tr><td rowspan="4">滹沱河新裂陷</td><td>代县凹陷</td><td>九原山—塔儿山陷隆</td></tr>
<tr><td>忻州凹陷</td><td>河津—曲沃凹陷</td></tr>
<tr><td rowspan="2">原平凹陷</td><td>稷王山陷隆</td></tr>
<tr><td>运城凹陷</td></tr>
<tr><td colspan="4">芮城新裂陷</td></tr>
<tr><td colspan="4">长治新裂陷</td></tr>
</table>

（1）桑干河新裂陷

该新裂陷位于雁北地区中部，范围大致与地貌上的大同盆地相一致。西北侧以口泉大断裂为界，南东侧以恒山北侧山前断裂、麻峪口断裂为界，向东延入河北省。裂陷呈北东向延伸，长约150km，宽20～40km，叠加于吕梁—太行断块、燕山断块和内蒙断块相接壤地带之上。该新裂陷内主要呈现为四个箕舌相对的“簸箕状”凹陷和一个介于二者之间的陷隆，即怀仁凹陷、后所凹陷、朔州浅凹、浑源浅凹和黄花梁陷隆。

（2）滹沱河新裂陷

该新裂陷位于忻州盆地和滹沱河上游谷地，地平面呈鱼钩状，全部叠加于五台块隆之上。由三个次级凹陷组成。

1）代县凹陷：展布于滹沱河上游的代县—繁峙县一带，呈北东东向延伸，全长100km，宽10km左右。其南侧以五台山北侧山前断裂为界，靠近断裂一侧下陷深度大，在代县一带基岩埋深约500m。基岩向北逐渐掀起，呈箕状凹陷。

2）忻州凹陷：展布于忻州市忻府区、定襄县一带，呈北东东向延伸，长40km，宽25km。南侧以系舟山断裂为界，近断裂一侧下陷约500m，北侧下陷较浅，也呈箕状凹陷。

3）原平凹陷：展布于崞阳镇至忻府区奇村一带，呈北北东向延伸，长50km，宽15km。两侧均为同生断裂所限，中心地带的基岩埋深300m左右。

（3）晋中新裂陷

该新裂陷与太原盆地大体一致，四周以断裂所围限，北西侧主要以交城大断裂为界，南东侧以洪山—范村锯齿状断裂为界，南西侧以三泉断裂为界，北东侧以榆次—北田断裂为界。呈北东向延长的似平行四边形，长105km，宽40km。叠加于吕梁块隆、五台块隆和沁水块坳之间。主体为向南东掀斜的箕状凹隆，次级北东向、北西向断裂发育，可分为以下四部分。

1）太原断陷：位于晋中新裂陷的西北角，南北长40km，东西宽10～15km。基岩埋深<1000m，埋深西侧大于东侧。太原市综改示范区化章南街一带CWZ—1地热孔揭露新近系静乐组（N_2j）底板埋深380m。

2）西谷—南庄凹陷：位于中部西侧，南东边界在太谷—祁县—平遥一线。西北侧基底埋深达3000～4000m；基底向南东翘起，南东侧基底埋深仅400m左右。凹陷内次级北东向断裂发育，断裂面均向南东倾斜，形成再次级的凸起和凹陷。

3）侯城—平遥陷隆：展布于西谷—南庄凹陷南东，基岩埋深一般为200～400m，沿两侧断裂局部下隆深达600～800m。陷隆宽度为5～15km。

4）孝义断陷：位于晋中新裂陷的南西端，边界受北西向和北东向断裂控制，基底埋深一般为400m

左右，孝义北东处为最深（800m左右）。

（4）临汾—运城新裂陷

该裂陷与临汾盆地、运城盆地及其间的一些孤山所展布的范围大致相当。其东南界为中条山山前大断裂，北界和北西界为范家庄—土门断裂，东界为霍山大断裂和浮山（东）断裂带。叠加横跨于鄂尔多斯断块、吕梁—太行断块（吕梁山块隆、沁水块坳）和豫皖断块（中条山断隆）之间的交接地带。该新裂陷中次级同生北东向、北西向、近东西向断裂发育，形成次级的凹隆、陷隆。

1）洪洞—临汾凹陷：位于临汾—运城裂陷的最北部，襄汾以北至灵石县西许以南一带，呈北东向展布，长120km，宽20～30km（南宽、北窄）。断裂中心大致在临汾—甘亭—洪洞一带，基底埋深达2200m。

2）九原山—塔儿山陷隆：展布于大阳—大苏—襄汾—古城一线以东和以南，店上—浮山—翼城—高显—泽掌一线以西和以北。南部为北东东向展布，北部为北北东向展布，呈弧形地带。该陷隆基底埋深一般＜200m，在九原山、塔儿山—二峰山一带基底出露地面，在靠近范家庄-土门断裂处基岩埋深达700m，呈由西向东略微掀起的隆起带。

3）河津—曲沃凹陷：位于九原山—塔儿山断隆以南，南界在万荣县通化—稷山县阳村—新绛县万安—侯马市南山北麓一线，呈走向北东东的长条状凹陷，长110km，宽15km。靠近南界断裂一侧基底埋深较深。由于受北东断裂的叠加，该凹陷出现多中心。河津市以西、新绛县之东凹陷深达800m以上；翼城一带凹陷深达1000m。

4）稷王山陷隆：位于河津—曲沃凹隆以南，临猗—闻喜—绛县断裂以北，呈北东东走向，长125km、宽20～40km，西宽东窄。陷隆的基底埋深＜1000m，由两侧向中心部分变浅，并在孤山、稷王山、侯马市南山等地的基岩高出基底埋深并高出堆积平面之上，形成孤立的山峰。

5）运城凹陷：位于稷王山—侯马南山陷隆以南，至中条山山前大断裂，呈北东东走向，长110km，宽15～25km，西部宽东部窄。凹陷深度普遍＞1000m，凹陷中心靠近南东一带，基底埋深在5500m左右，自凹陷中心基底向东、北、西三个方向逐渐抬高，呈现典型的箕状特征。

（5）芮城新裂陷

该新裂陷展布于中条山以南，实为潼关—三门峡新裂陷的一部分。主体部分在河南省境内，向西与渭河新裂陷相接。潼关—三门峡新裂陷也为一箕状凹陷，南深北浅。山西境内部分相当于北部箕舌部分，凹陷较浅。主要堆积地层为新近系—第四系。黄河流经该裂陷中央。

（6）长治新裂陷

该新裂陷其展布范围大致与地貌上的长治盆地相当，南东边界为太行山大断裂，是该大断裂于新生代呈反向发展的产物，基底埋深达200m，向西逐渐掀斜呈箕状。新裂陷内的地层为新近系至第四系全新统。

（二）主要断裂构造

岩层在地质应力的作用下，产生破裂位移，形成各种各样的断层。断层面两侧岩石破碎，不仅是蓄水的空间，而且更重要的是汇集附近岩体中孔隙水、裂隙水和岩溶水的通道（钱学溥，1990）。因而对蓄水构造来说，断层破碎带具有重要的意义。根据地质应力的性质，可以分为张性、压性和扭性应力形成的断层。张性应力形成的断层带，往往充填有疏松的、不规则的角砾岩，断层带的两侧是裂隙比较密集的影响岩带。对张性断层来说，断层带和两侧的影响岩带，都是地下水导水的通道和富集的场所。压性应力和扭性应力形成的断层，自内向外可以分为断层泥和糜棱岩带、角砾岩带、裂隙密集的影响岩带。其中断层泥和糜棱岩带是相对的隔水层；角砾岩带一般胶结紧密，透水性也很低；裂隙密集的影响岩带则有利于地下水的富集。实际上在野外遇到的断层，并不一定像上面叙述的那样典型，在漫长的地质历史期间，有的断层是先张后压，有的断层则是先压后张。断层面也不一定都具备上述几个岩带。一些规模较小的断层，往往只具备其中一个或两个岩带。

1.离石大断裂

离石大断裂北起兴县交楼申，向南经黑荼山、临县汉高山之东至方山县峪口之西，继而自离石区马头山东侧，经中阳县金罗、石楼县介板沟、隰县紫荆山和五鹿山西侧、蒲县黑龙关之西，直至临汾峪里。总体走向近南北，山西境内长约270km，局部偏东或偏西。主要由北东东向呈雁行排列的逆冲断层、近南北向锯齿状断裂以及北北西向的正断层构成。离石大断裂是吕梁—太行山断块与鄂尔多斯断块的分界断裂，属于岩石圈断裂。

2.口泉断裂带

口泉断裂又称大同—鹅毛口断裂带，南起山阴县上神泉，向北经怀仁市大峪口、大同市口泉，北到镇川堡一带，总体走向30°，断裂影响范围2～3km。该断裂为一多期活动断裂，形成了桑干河盆地。口泉断裂是云冈块坳的边界，也是桑干河新裂陷的边界，属基底断裂。

3.交城大断裂

该断裂位于山西中部，西南端起于汾阳市向阳村北，向北东大致沿文水县城—交城县城—清徐县城—太原市北格村北一线再经寿阳县坪头直至盂县兴道一带，总体走向55°左右，延长180km，为正断层。该断裂为多期活动断裂，沿断裂带出现一系列上升泉，其中最大的为汾阳峪道河泉。交城断裂为五台山块隆与沁水块坳的分界断裂，也是晋中新裂陷的北界断裂，沿断裂发生过多次强度较大的地震，属于基底断裂。

4.霍山断裂

该断裂位于霍山（太岳山）西侧，其主体部分南起洪洞县广胜寺一带，向北沿霍山西侧至灵石县峪口军寨一带，总体走向近南北向，长约60km。自中生代以来，有多期活动，形成较为复杂的构造形迹。在中生代形成雁行状排列的压扭性断裂（并伴有褶皱），在新生代其断裂性质表现为扭张，霍山明显上升。有史以来沿霍山断裂的地震也较频繁，名胜古迹广胜寺曾数次毁灭于地震。霍山断裂为吕梁块隆、沁水块坳的分界断裂，也为临汾新裂陷东北端的分界，断裂属于基底断裂。

5.中条山山前断裂带

该断裂主要分布于中条山西北坡山脚下，呈向南东凸出的弧形，全长约120km。在基岩分布区，主要为一系列北东向、北北东向的小型断裂，断裂面西倾，倾角一般58°～75°，断裂带内的岩层呈直立状，局部地层形成小的拖拉褶曲，甚至倒转褶曲，具有压性断裂的特征。该断裂形成于新元古代之前，中生代时期活动强烈，晚新生代以来更为强烈，表现为中条山强烈抬升，运城盆地强烈下降。据历史记载，在该断裂附近曾有过多次地震发生。沿断裂带还有热水分布。该断裂是运城盆地和中条山块隆的分界线，也是豫皖断块与鄂尔多斯断块的分界线。

6.横河断裂

横河断裂西北端始于翼城县二曲，经沁水县西阎、阳城县横河，向东入河南省境内，总体呈北西延伸，在省内长约65km。该断裂为一压纽断裂。横河断裂是豫皖断块与吕梁、太行断块的分界断裂。

7.唐河断裂

该断裂位于山西北东部，北起浑源县东南的芦子洼，向南东经大川岭、中庄铺南西的龙嘴铺、鸽子峪、王庄堡、灵丘县小寨、冉庄，至下关东南延河入河北省境内，总体走向北西，山西省内延长约80km，表现为一张性的正断层，断层面向北东倾。沿断裂有花岗岩分布，还有温泉出露。

8.太行山断裂

该断裂曾称泽城—高平断裂，又称晋获断裂。在山西境内展布于太行山中南段，始于平定县马山以东的营庄，向南经和顺县松烟、左权县拐儿、黎城县西井、潞城区城区、长治市壶口、高平市城区，直至晋城市南岭南西。北端延伸进入河北省境内，西南端进入河南省境内，总体走向为北北东向，省内长约300km，宽2～6km。多表现为以断裂为主的一束平行断裂带及褶皱，最南端则主要表现为褶皱，在断裂带内有裂隙水流出。太行山断裂规模较大，是沁水块坳、太行山块隆的分界断裂。

9.阳城—河津龙门断裂

阳城—河津龙门断裂走向近东西向，东段东起晋城的石盘山，西到阳城驾岭，由一彼此大致平行排列的压性、压扭性断裂组成，向东伸入河南，向西越过中条山与侯马、河津断裂相接。侯马断裂是由紫金山断裂、侯马隐伏断裂向西与龙门断裂相连，向西跨过黄河与陕西黄龙断裂相连，是跨越一级地貌单元的断裂，省内长约200km。

（三）新构造运动

新构造运动是指新生代以来的构造运动，其下限一般认为是从新近纪开始。山西省新构造运动的特征和规律极其明显，对省区的构造格架，新生代沉积，地貌以及火山、温泉、地震和有关矿产等均有明显的控制作用。

山西新构造分区分为三个Ⅰ级区、15个Ⅱ级区，Ⅰ级区包括强烈隆起构造区、平缓隆起构造区、强烈下沉构造区，详见图1-1-8。

山西的构造格架形成于中生代，新构造运动具继承性和发展性，其主要特征表现在以下五个方面。

1.山区不断上升，盆地持续下降

据山西省地震局监测，太原晋祠等地山地上升与盆地下降的差异值为1mm/a。全省垂直变形量＜14mm/a，各构造区垂直变形曲线详见图1-1-8。

山区河谷下切，呈“V”形谷及谷中谷，沿河谷可看到数层不同时期和高程的溶洞发育。形成一系列断陷盆地、山间盆地，各断陷盆地新生界沉积厚度差异较大，如运城盆地新生界沉积厚度最大，达6000m；而长治盆地约300m左右；其他盆地新生界沉积厚度也不相同：大同盆地约2000m，忻州盆地约1000m，太原盆地约3800m，临汾盆地约1800m。

2.山区显示明显的隆起

太行山可见强烈的阶状断块隆起，东侧陡峻，有千余米高的断层岩壁；而西侧和缓，多呈单面山。五台山、六棱山、关帝山等山顶保存有古老的夷平面。

3.活动性断裂构造

断陷盆地边缘断裂多为活动性断裂，山前断层三角面、洪积扇发育，新生界地层有明显倾斜和错断；沿构造线有地下热水、泉点线状分布。

4.火山活动

北部更新世以来发生多次火山活动，形成了平顶陡坡的玄武岩台地。

5.地震活动频繁

山西位于我国强地震带上，盆地区地震基本烈度为Ⅷ度，地震的发生受构造活动控制。

（四）第四纪地质

大约从距今240万年开始到现在，这段地质历史称为第四纪。第四纪又分为早、中、晚更新世及全新世。早更新世距今240万～70万年；中更新世距今70万～10万年；晚更新世距今10万～1.1万年；全新世距今1.1万年以来。

第四纪是地球历史最新的一纪，到现在还没有结束。第四纪最大的特点是出现了人类。此外，还有气候的冷暖变化和广泛的冰川活动。第四纪时期形成的松散沉积物，叫作第四纪沉积。在世界各大陆上，第四纪沉积一般以松散的陆相沉积物为主，如砾石、砂、黏土等。山西主要有湖相沉积、黄土堆积、冲积和洪积等。山西省第四纪沉积物类型及分布、岩性详见图1-1-9。

山西第四纪沉积物的成因类型复杂多样，各种成因类型的沉积物几乎都有分布。这些沉积物的分布，基本上受地质构造的控制。山西台背斜在不均匀的构造作用下，北部在白垩纪、中南部在新近纪开始坳陷；而且愈往南部坳陷愈深，沉降幅度愈大。此时大同、忻州、太原、临汾、运城、长治等湖盆开始形成。直至晚更新世初期，地壳又发生了一次较大的构造运动，加之气候干旱，由于向源侵蚀的结果，边山河流与山西地台上的这些湖泊相互沟通，湖水外泄，湖泊才完全消失。同时，自更新世以来，

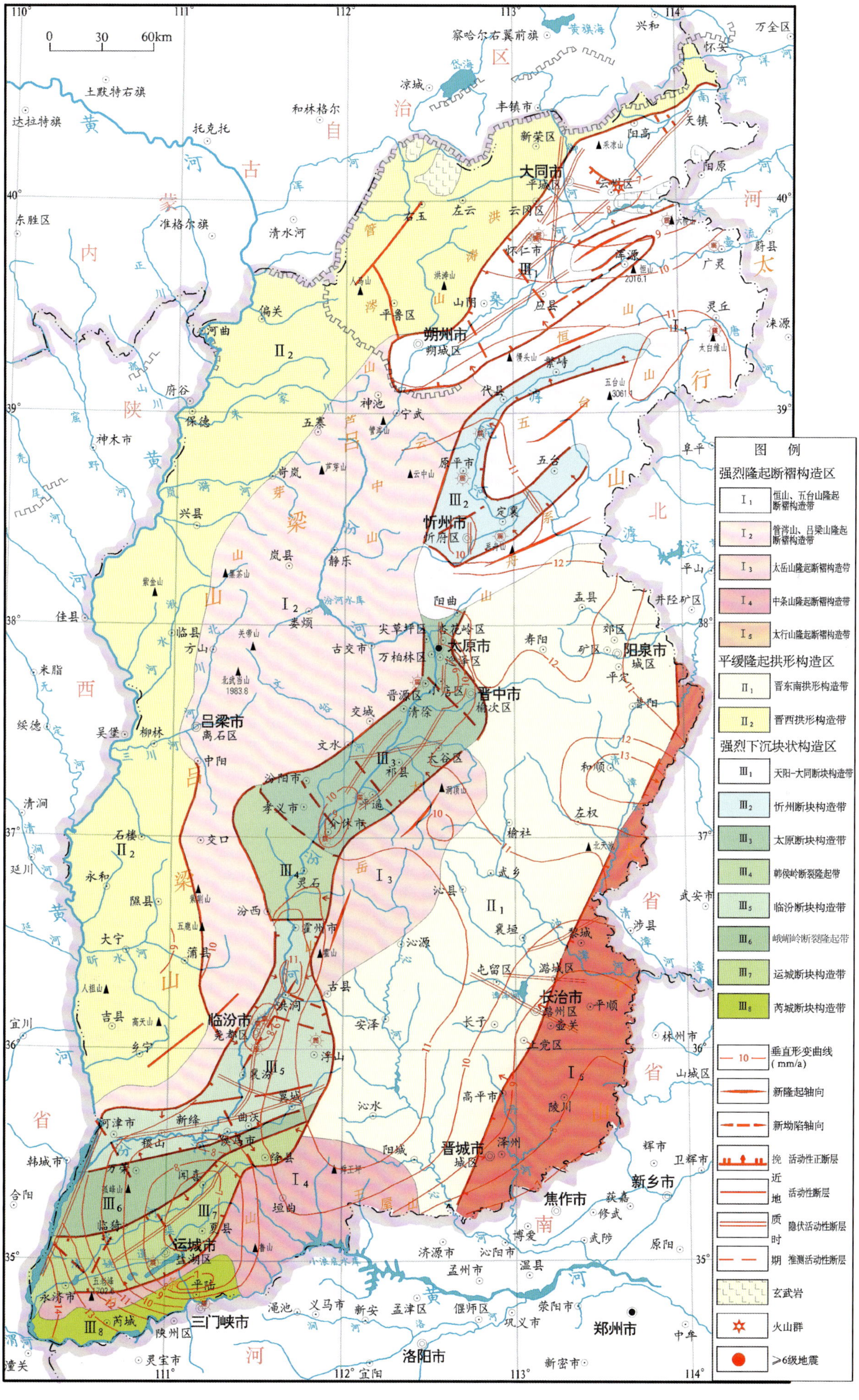

图1-1-8 山西省新构造分区图

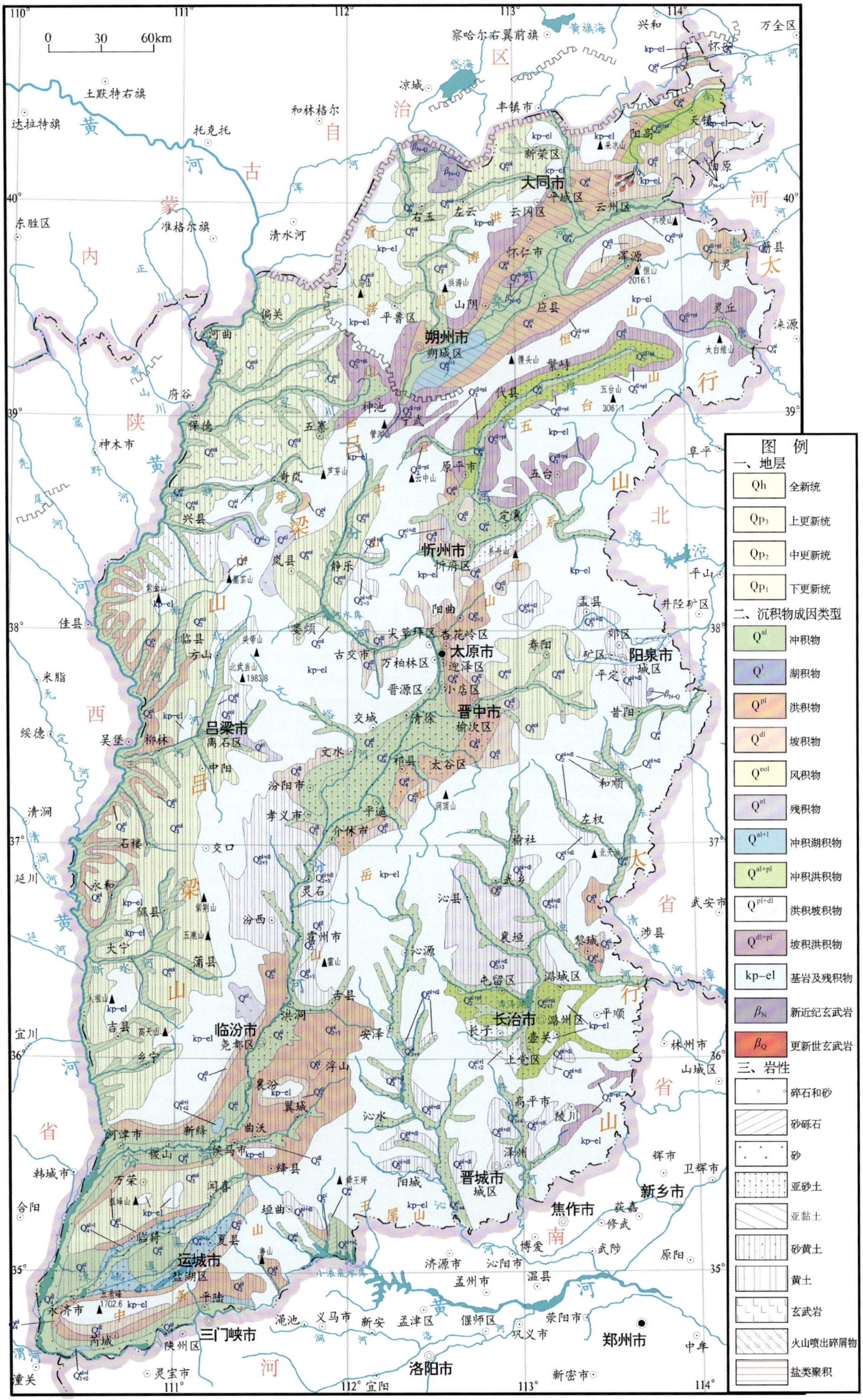

图1-1-9 山西省第四纪地质图

西北风携带着大量黄土碎屑物质，幔覆于晋、陕高原，山西的吕梁山西麓黄土堆积较厚。

第四纪以来，山西省新构造运动强烈并伴有岩浆活动，各时期各地层（组）之间，均以不整合或假整合接触。把可能属240万年以来，相当于杨钟健教授在20世纪30年代定的“R红土”和山西省区调队所建立的“大墙组”及“小常村组”作为第四纪的下限。

在地质发展史上，湿热气候的上新世，在高坡地带堆积了“三趾马红土”，在低洼的盆地内又堆积了很厚的湖相地层，如晋西北的“保德红土”、山西中部的“张村组”、各盆地深部的湖相地层均是。

从上新世进入早更新世以后，地壳振荡运动频繁，盆地中湖相地层夹多层砂层的出现即为证明；到了中更新世，全省范围内高坡地带接受了“老黄土”的堆积，盆地内接受了湖相沉积。从中更新世初期到晚期，湖泊逐渐缩小，盆地内大部分地区的湖相沉积被黄土覆盖；到了晚更新世，气候进一步干旱，各湖盆的湖水（除局部残留外）基本消失。盆地主要为冲积物充填，小型山间河谷盆地内则以冲积洪积物所掩盖，高坡地带接受了老黄土上部的堆积；直至全新世，河谷盆地内任意接受冲积物相物质，高坡地带接受黄土（可能为“马兰黄土”）堆积为主。

（五）活动性断裂构造

山西活动断裂带大部属于滹沱河—汾河陆槽，且多为盆地的周边构造或分布于盆地内部的隐伏活动断裂带。如，新华夏系大同—鹅毛口活动断裂带（口泉断裂带）、祁吕弧东翼六棱山—马头山山前活动断裂带和恒山山前活动断裂带，构成了大同盆地的周边构造；祁吕弧东翼五台山山前活动断裂带，系舟山山前活动断裂带和新华夏楼板寨活动断裂带，构成忻州盆地的周边构造。分布于盆地内部的活动断裂带主要有新华夏系赵城—临汾—侯马活动断裂带和祁吕弧东翼太谷—介休活动断裂带。

此外，还有几个断裂隆起带，分布于盆地之间或盆地内部，它们是挽近地质时期活动构造的组成部分，对地震的控制作用也较明显。

（六）地洼构造活动与地下水富集规律

地洼构造由陈国达教授首先提出，是从历史分析的角度研究后地台阶段的一种理论体系，认为中国大地构造的基本特征是中新生代的活化，除了地槽和地台外，地壳还有第三种基本单元——地洼，表现为构造变形强烈，构造运动反差强度大、岩浆活动频繁，中—新生代的矿床也特别发育，等等。

山西煤田水文地质学家陆远昭先生运用“地洼构造”学术观点分析山西地洼构造活动与地下水富集规律，现将其主要内容介绍如下。

中生代早期，山西地台已开始活化，至晚三叠世已转化为地洼区（陆远昭，2002）。由于地洼构造运动的多次发生，伴生一系列断裂构造，因而不同时代的岩层构造裂隙发育，特别是碳酸盐岩地层，在古构造岩溶裂隙的基础上，产生了新的构造裂隙。在垂直和水平方向上，给岩溶发育和地下水活动创造了十分有利的条件，加剧了岩溶发育速度和地下水的流动富集。由于岩层组合、岩性成分、结构、厚度和上下层接触关系的不同，各含水层具有不同的水文地质特征。由于构造活动，使原来地下水的层流运动转变为多层网络型流动。在构造活动区，特别是断裂复合区，成为地下水的径流带和富集区，在水文地质条件有利地区，不同时代地层的泉水，特别是岩溶大泉大量出露。据不完全统计，山西岩溶大泉如按成因分类，属于断裂构造泉的8个、构造侵蚀泉的8个、褶皱侵蚀泉的9个，可见岩溶泉与地洼构造活动关系十分密切。例如，神头泉，该区为一不对称的复向斜，即宁武向斜，伴生有次级断裂波状起伏，泉域东北部为边山断裂带，以下马关逆断层及其背斜为代表，西北部为羊圈、担水沟和耿庄断裂形成地垒构造，东南部为马邑地垒，走向北北东；另一组北北西向断裂也贯穿该区，在几组断裂交叉复合处，形成有名的构造上升泉——神头泉。补给来源广泛，地下岩溶库容大，流量稳定。

太原断陷盆地边缘的晋祠、兰村泉，位于西山煤田与盆地的边缘带，断裂构造相当发育。据统计，该区大小断裂达100余条，主要断裂为西山边缘断裂带，自兰村至晋祠、交城呈“S”形，主体为北北东向断裂，断距一般为100～800m，最大达1000m以上，造成岩溶含水层与新生代非含水层对接，阻隔了岩溶水的向东运动，在断裂带溢出，成为有名的上升泉。同时，由于北东东和东西向断裂构造发育，与前述断裂切割，成为地下水的径流带，如镇城底、古交、王封、大虎峪、三给、碾底沟六大地垒，有的横切汾河和不同含水层，十分有利于地下水富集，从不同岩溶含水层和不同地段补给岩溶泉，使晋祠、兰村泉水有丰富的补给资源和庞大的地下岩溶水库。又如霍州的郭庄泉、临汾的龙子祠泉、洪洞的霍泉、曲沃的海头泉、潞城的辛安泉、阳城的马山泉等，均自断裂带和褶皱带的翼端流出，成为山西的主要供水水源地。

1.地洼构造活动剧烈区是地下水的径流区

实践证明，地洼构造活动是控制地下水的基本条件，断裂是地下水富集的关键，褶皱带的倾伏端和两翼是地下水的主要径流部位，地垒地堑构造是地下水储集的有利地段。一般规律是：地洼构造活动愈剧烈，地下水愈易富集，水资源愈丰富；反之亦然。

由于断裂横切汾河，几组断裂互相交叉，切割汾河背斜和碳酸盐岩地层，岩溶十分发育，给地下水储集流动创造了十分有利的条件，成为主径流带，在上、下团柏断层带岩溶含水层与煤系非含水岩层对接地段，使地下水活动受阻，形成有名的郭庄泉。

2.边山盆地大断裂带是地下水的富集带

临汾盆地侯马、襄汾、高显一带，位于汾河边岸，地面黄土覆盖很厚，浅层地下水水质较差，是历史上有名的“苦水”区，严重地影响当地人民生活和健康。由于东缘塔儿山、鹿顶山一带断裂褶皱极为发育，该区位于深大断裂带，北缘有两大地垒构造和阶梯式断裂十余条，高显位于两大断裂之间，断层落差为400～900m，新构造活动强烈，东部有海头泉，属于隆化—海头—古堆泉间地下热水异常带。塔儿山、九原山一带火成岩侵入体较多，分析可能深部有岩溶热水。1969年经勘探打出了优质岩溶水，水位高出地表44～83m，水温达38℃。

3.地垒构造带是地下水的储集区，也是地洼构造活动特征之一

由于这种构造活动时间长，断裂次数多，使地下含水层在短距离内多次被切割，有利于岩溶发育和地下水的富集，但地下水流向复杂，一般是顺地垒构造线绕道流动，致使补给区、径流区的地下水在此被截流富集，地垒就成为地下水库的天然水坝，十分有利于开发作为供水水源。例如，山西潞安矿区文王山地垒区打出了优质岩溶水；又如，太原三给地垒上打出了丰富的优质岩溶水。

4.地洼褶皱带的边缘是地下水的富集地段

山西洼隆东部太行山东麓，是太行褶皱与华北地洼活动断裂带，成为华北平原与山西高原的天然分界，由于构造活动剧烈，主要有北东向、东西向和北北东向三组构造，造成地貌与构造反差特殊，岩溶裂隙极为发育，给地下水储集创造有利条件，成为地下水的富集地段。

（七）阻水构造是大规模泉群出现的必要条件

山西岩溶大泉天然条件下主要以泉水形式进行排泄。泉水排泄位置的选择与排泄形式受地质—地貌及水文地质、岩溶地质多种因素的控制，但作为规模较大的泉群排泄，必然在其下游存在阻水构造。根据阻水构造的性质可将山西岩溶大泉的成因条件归结为以下四种类型。

1.隔水底板阻水——接触溢流泉

这种成因类型的大泉有娘子关泉、辛安泉、延河泉、马圈泉、坪上泉等，以及三姑泉排泄带郭壁以上泉水、延河泉排泄带。

2.隔水顶板阻水——侵蚀溢流泉

这种成因类型的大泉有柳林泉、天桥泉、雷鸣寺泉等。

3.断层一侧阻水——断层溢流泉

这种成因类型的泉水又可以分为以下两种。

（1）隔水层阻水

这类大泉主要有郭庄泉。

（2）弱透水层阻水

这类大泉主要有兰村泉、晋祠泉、龙子祠泉、神头泉、古堆泉、洪山泉、霍泉等。

4.火成岩体阻水——火成岩体溢流泉

这种成因类型的大泉主要指城头会泉域中的大沙湖泉。

（八）蓄水构造类型

关于蓄水构造的定义，不同学者认识不同，表述亦有差异。我国著名水文地质学家钱学溥先生的定义比较准确，受到社会的普遍认可："蓄水构造就是一个由地质体构成的、具有供水意义、蓄积地下水的空隙系统"。

依据上述定义，综合空隙的性质、空隙的成因和形态、含水层岩性、地貌单元、岩层的褶曲、断裂构造、火成岩活动、埋藏条件、循环及交替条件、组合关系、自然地理特点、地下水温度等因素，钱学溥先生将我国蓄水构造划分为4类25型（钱学溥，1990），为水文地质工作者找水定井提供了理论根据，同时也带来了实践操作的极大方便。结合山西水文地质条件综合分析判断，山西省共发现分布有4类19型蓄水构造类型，详见表1-1-8。

表 1-1-8　山西蓄水构造类型统计表

我国蓄水构造类型					山西蓄水构造类型	
序号	类	代号	类型	代号	是否存在	典型性地带
1	孔隙蓄水构造	A	山间河谷蓄水构造	A_1	√	阳泉辛兴桃河河谷、五寨二道河河谷、平定东回、五台陈家庄
2			山间盆地蓄水构造	A_2	√	太原汾河冲积扇、太原开化沟、阳曲大盂、太谷西吾、代县峨口、洪洞赵城、运城盐湖
3			冲积平原蓄水构造	A_3	√	大同盆地、忻州盆地、太原盆地、临汾盆地、运城盆地
4			冰水沉积蓄水构造	A_4	×	
5			半胶结蓄水构造	A_5	×	
6	岩溶蓄水构造	B	裂隙岩溶蓄水构造	B_1	√	太原兰村附近、昔阳瓦丘及北界都附近、平鲁六百户附近、平定马山附近、五台寺沟
7			层间岩溶蓄水构造	B_2	√	平定贵石沟附近、晋城泊村附近
8			断层岩溶蓄水构造	B_3	√	壶关修善斜井、原平莲花山平洞、何家窑平洞、昔阳西固壁附近
9			侵入体岩溶蓄水构造	B_4	√	
10			膏溶角砾岩蓄水构造	B_5	√	晋城附近、平定石板庙、井沟
11			地下河及管道蓄水构造	B_6	√	交口水神头泉
12			覆盖岩溶蓄水构造	B_7	√	黎城仵桥附近、定襄无畏庄附近
13			隐伏岩溶蓄水构造	B_8	√	阳泉市—娘子关桃河沿岸、兴县后发达—乔家沟—车家庄一带
14	裂隙蓄水构造	C	风化裂隙蓄水构造	C_1	√	
15			节理裂隙蓄水构造	C_2	√	
16			层间裂隙蓄水构造	C_3	√	太原西铭附近
17			断层裂隙蓄水构造	C_4	√	大同姜家湾附近、太谷温家沟附近、榆次源涡附近、天镇六墩附近
18			侵入体裂隙蓄水构造	C_5	√	祁县常家堡附近
19			玄武岩洞隙蓄水构造	C_6	√	大同市云州区平原区
20	地区性蓄水构造	D	干旱地区蓄水构造	D_1	×	
21			黄土地区蓄水构造	D_2	√	新绛苏店附近、闻喜毗底附近、绛县横水镇附近、榆次白龙沟、新庄附近及王湖附近
22			沙漠地区蓄水构造	D_3	×	
23			滨海及岛屿地区蓄水构造	D_4	×	
24			冻土地区蓄水构造	D_5	×	
25			热水蓄水构造	D_6	√	襄汾安咸平附近

注：表中"√"表示山西存在该类型蓄水构造；"×"表示山西未发现该类型蓄水构造。

山西蓄水构造类型以孔隙蓄水构造及岩溶蓄水构造为主。孔隙蓄水构造主要分布于大同盆地、忻州盆地、太原盆地、临汾盆地、运城盆地及山间小盆地；岩溶蓄水构造则广泛分布于碳酸盐岩地层区，岩溶泉域最为典型。

寻找地下水源地，可以说就是寻找蓄水构造。寻找地下水的过程，首先就是要寻找适合开采地下水的地段，然后根据补给条件，确定它的可开采量。总之，山西所有大大小小已建的或是拟建的水源地，基本都存在着一个相应的蓄水构造。蓄水构造是由地质体构成的空隙系统。这个空隙系统蓄存着地下水，这些地下水或多或少地源源不断地接受着补给。在这个蓄水构造中，有一个单井出水量比较大、地下水水位埋藏深度比较浅，适宜开采地下水的地段，这个地段就是适合建设水源地的最佳位置。

第二节　水气矿产资源概况

根据目前勘查成果，山西省水气矿产资源主要包括：地下水资源、地热资源、浅层地热能资源、干热岩资源、天然矿泉水资源、二氧化碳气资源、氦气资源、氡气资源和硫化氢气资源。气体矿产资源目前专项勘查成果很少。

一、地下水资源概况

（一）地下水资源量概况

山西省地下水天然补给资源量为81.3820 × $10^8m^3/a$（2001—2013年水文系列），按照地貌单元划分，其中山丘区为62.1268 × $10^8m^3/a$，盆地平原区为31.4547 × $10^8m^3/a$，山丘与盆地平原区重复量为12.1955 × $10^8m^3/a$。按照含水岩组划分，松散岩类孔隙水天然补给资源量为31.4547 × $10^8m^3/a$；基岩裂隙水天然补给资源量为62.1268 × $10^8m^3/a$，其中包括岩溶水天然补给资源量为25.8352 × $10^8m^3/a$；碎屑岩裂隙水天然补给资源量为26.5483 × $10^8m^3/a$；其他基岩裂隙水天然补给资源量为9.7433 × $10^8m^3/a$。

山西省地下水资源可开采资源量为53.5838 × $10^8m^3/a$，可夺取的储存量为7.3057 × $10^8m^3/a$。其中，山区可开采资源量为31.5655 × $10^8m^3/a$，包括岩溶水可开采量19.3772 × $10^8m^3/a$、一般山丘区可开采量为12.1883 × $10^8m^3/a$；盆地平原区可开采资源量为22.0183 × $10^8m^3/a$。

山西省多年平均地下水资源开采量为36.1507 × $10^8m^3/a$，按含水岩组类型分，孔隙水开采量为19.4700 × $10^8m^3/a$（其中浅层水开采量为5.5798 × $10^8m^3/a$，深层水开采量为13.8902 × $10^8m^3/a$），占总开采量的53.9%；岩溶水开采量为11.5600 × $10^8m^3/a$，占总开采量的32%。裂隙水开采量为5.1207 × $10^8m^3/a$，占总开采量的14.2%。

山西省水资源总量为99.7953 × $10^8m^3/a$，其中，地表水资源量为59.6687 × $10^8m^3/a$，地下水资源量为81.3820 × $10^8m^3/a$，地表水与地下水重复计算量为41.2554 × $10^8m^3/a$，地下水资源量占水资源总量的81.6%。按照2018年末山西省常住人口3718万人计算，人均水资源仅268m^3。而我国人均水资源2700m^3，山西人均水资源量仅占全国人均水资源量的9.9%。

按照国际公认的标准，人均水资源低于500m^3为极度缺水。山西是中国目前六个人均水资源量低于500m^3的省、自治区（宁夏、河北、山东、河南、山西、江苏）之一，为极度缺水地区。综上所述，山西省是一个地下水资源非常贫乏的省份。山西省地下水资源分布情况详见图1-2-1。

（二）地下水资源特征

地下水资源较地表水而言，具有流动缓慢、水质参数变化慢，一旦污染很难恢复，埋藏深度不同，温度变化规律也不同。除了取出后水质状况容易发生改变的特征外，还有以下一些主要特点。

1.地下水资源在时空分布上具有明显的不均匀性

大气降水的入渗是山西地下水资源形成和补给的最主要因素。降水在时间系列上的变化，是造成地

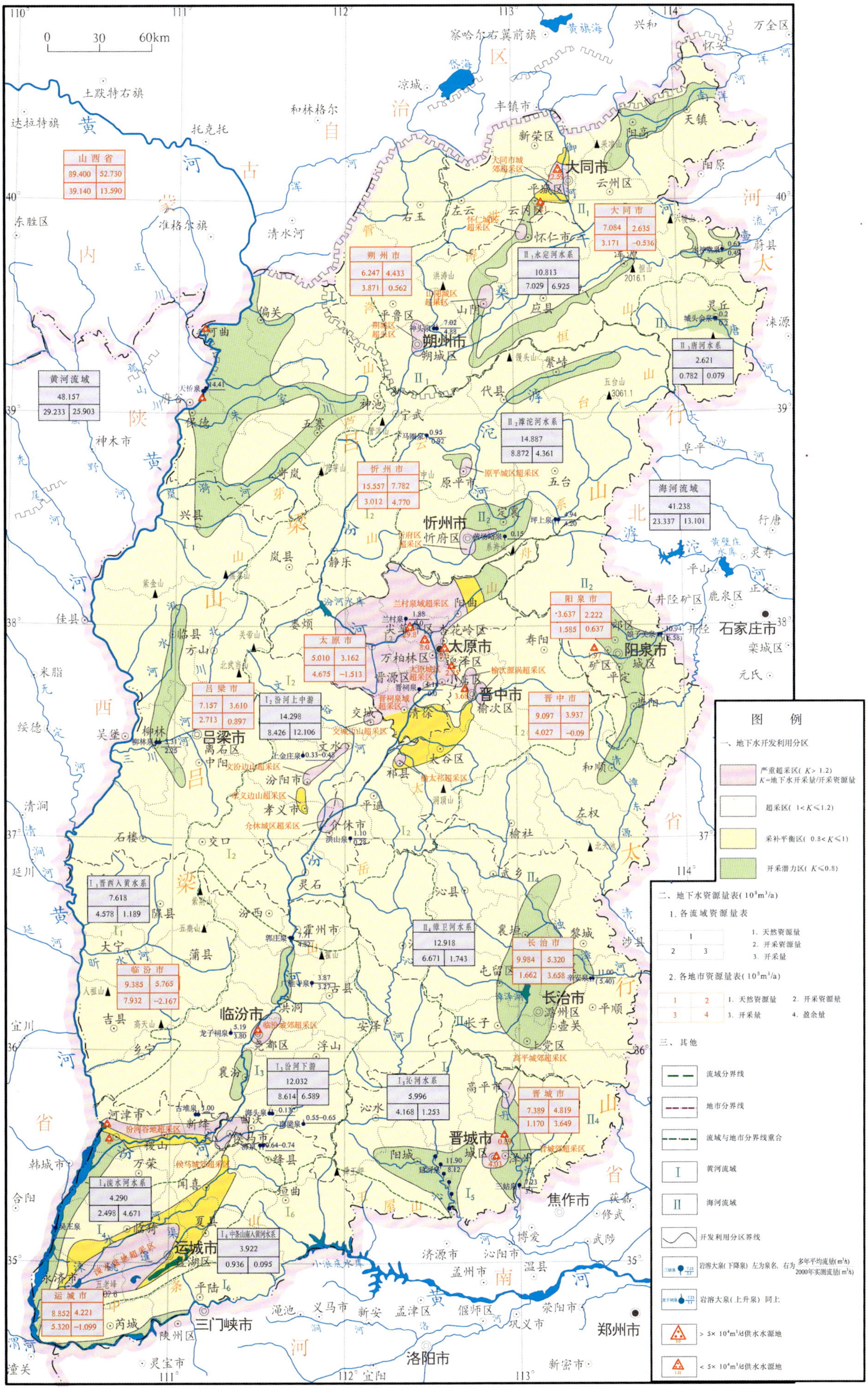

图1-2-1 山西省地下水资源分布图（2005年12月）

下水资源随时间而改变的重要控制因素。因此，山西地下水资源表现出丰水年份补给资源量大、枯水年份补给资源量小的特点。

含水岩类在地域上的分布决定了地下水在空间上分布的不均匀性。就全省而言，山丘区广泛分布的碳酸盐岩类（石灰岩类）和盆地区的松散岩类地层是地下水的主要含水层组。相比之下，其他岩类的地下水资源就显得比较贫乏。如岩溶山区的分布面积占全省总面积的25%；而其地下水资源量达$25.8352\times10^8m^3/a$，占全省地下资源总量的42%。平均地下水补给模数达$6.75\times10^4m^3/(a\cdot km^2)$，居各基岩岩类之首。在碳酸盐岩类地层分布的盆地周边地带，往往出露有岩溶大泉，流量$>1.0m^3/s$的大泉多达19处，总流量达$30.91\times10^8m^3/a$，占全省河川清水流量（基流量）$65.5\times10^8m^3/a$的47.2%。此外，大同、忻州、太原、临汾、运城、长治六大盆地松散岩类孔隙水资源量$31.5\times10^8m^3/a$，占全省地下水总资源量的38.7%。

就地域而言，山西境内盆地平原区地下水补给模数平均为$11.57\times10^4m^3/(a\cdot km^2)$，岩溶山区为$6.75\times10^4m^3/(a\cdot km^2)$，一般山丘区补给模数平均为$3.98\times10^4m^3/(a\cdot km^2)$。盆地平原区地下水资源要富于岩溶山区，岩溶山区地下水资源要富于一般山地丘陵区。

山西各盆地平原区的地下水资源对供水具有重大意义，各区补给量和开采条件有较大差别。山前洪积扇及倾斜平原区含水层岩性颗粒较粗，补给条件好，地下水资源比较丰富，总补给模数一般为$20\times10^4m^3/(a\cdot km^2)$左右，最高达到$30\times10^4m^3/(a\cdot km^2)$以上。冲洪（湖）积平原区，与河道的分布一致，总补给模数一般为$10\times10^4\sim15\times10^4m^3/(a\cdot km^2)$，最小$<5\times10^4m^3/(a\cdot km^2)$，开采条件相对较差。

综合考虑地表水和地下水的供水条件，山前洪积扇及倾斜平原区最为优越，既有山区大、中型水库调节的水量，又有丰富易取的地下水，有的地带还有稳定的大泉流量，这些地带城市最多，经济发达。山间盆地产流虽小，但位于四周山区来水汇集之处，水源较为丰富，是山区人口聚集、经济较为发达的中心地区。

2.地下水具有系统性

在地貌、岩性与地质构造条件的制约下，各含水岩类中的地下水可以构成许多相对独立的含水系统。例如，在大面积的碳酸盐岩分布区，由于岩性与地质构造等因素的组合，可以划分出若干个碳酸盐岩地块。这些地块中的岩溶水有着自己的排泄点或排泄带，形成了具有完整的补给、径流、排泄条件的岩溶含水系统。又如新生代断陷盆地，因各盆地之间相对联系较差，亦构成了相对独立的含水系统。这些系统的存在，为地下水资源的形成、水资源的研究与评价、地下水资源的开发利用和科学管理提供了便利条件。

3.“三水”转化强烈，相互关系复杂

山西特殊的水文下垫面条件，使大气降水、河川径流与地下水“三水”之间的转化频繁和复杂。

降水补给地下水（尤其岩溶山区），地下水补给河川径流（以泉的形式出露），河川径流又在一定的水文地质条件下渗漏补给地下水，使山西夏雨型补给的河川径流年内动态，转变为泉水补给型的河川径流年内动态。

山西地表水与地下水存在着明显的转化关系，转化量可达$65.5\times10^8m^3/a$。地表水与地下水的相互转化关系不仅存在于各个含水岩类分布区，而且在山地、丘陵及盆地区均可发生。其中尤以碳酸盐岩分布区表现最为突出。例如，在汾河中、下游及桃河、漳河的某些碳酸盐岩河谷中，往往发生地表水的大量漏失。漏失量可占下游出露岩溶大泉流量的10%～15%。在非可溶岩分布的山区，由于沟谷深切，使地下水呈大大小小的泉水出流，并汇集于沟谷之中，成为山区河谷的基流。地表径流向松散岩类孔隙水的转化亦十分明显，一些边山洪积扇的中、上部地段往往是这种转化的主要场所。地表水向地下水的转化，实际上是地表水对地下水的补给作用，它一方面可使地下水得到补充，另一方面又带来地下水的污染问题，如汾河沿岸地带及娘子关等岩溶大泉的污染，就是受被污染的地表水的渗漏所致，应当引起高度重视。

4.地下水资源具有多年调节性

储存于大型储水构造中的地下水，犹如一个规模巨大的地下水库。由于地下水在含水层中流动与滞留的时间均远较地表水缓慢和时间长，大气降水的周期性补给使地下水具有年内和年际间的调节性。特别是山西高原区降水的年内集中性和年际间出现连续干旱年或连续丰水年的特点，使得地下水的调节性显得更为重要。另外，山西岩溶地下水资源比重较大，一般补给距离遥远，岩溶大泉最大补给距离26(洪山泉)~165km(辛安泉)，流动缓慢，水量变化慢，调蓄库容范围广阔（450~5200km^2），天然储水空间大（$10.2 \times 10^8 \sim 93.18 \times 10^8 m^3$），补给范围及含水岩体厚度都相当大，为地下水的调节提供了保障条件。根据有关研究成果，山西主要岩溶大泉的流量动态多与前3~8年的降水总量密切相关，说明岩溶水具有很强的调节功能。它可以指导人们根据地下水的动态，制定合理的开发利用方案和进行科学管理，以避免地下水资源的枯竭。

5.岩溶水资源虽然丰富，但开发利用比较困难

山西岩溶区分布面积约$11.3 \times 10^4 km^2$，占全省总面积的72.3%，其中裸露面积约$3.18 \times 10^4 km^2$，隐伏区面积为$8.12 \times 10^4 km^2$，岩溶比较发育，在这些岩溶区分布有丰富的地下水资源，并形成了众多以岩溶泉为主要排泄形式的岩溶泉域。全省岩溶水天然资源量为$25.8 \times 10^8 m^3$，约占全省地下水资源总量的32%；可采开资源量为$19.4 \times 10^8 m^3$，约占全省地下水开可采资源总量的36%，是工农业、城市供水的优质水源，但其中有约58%的岩溶大泉水资源分布在河流下游及省境边缘，因出露高程低、可利用程度差，大多流向省境外。

二、资源概况

山西省属于浅、中埋藏型中低温地热资源分布区，地热资源开发成本低，经济适宜性强（马汉田等，2015）。山西省地热资源贯穿南北，横跨东西，受地质构造、地层岩性及深部热源控制，地热分布很不均匀。根据控热构造和地热表现特征，山西共划分为46处地热田，总面积53159.924km^2。其中，盆地型地热异常区分布于汾渭地堑五大盆地内，包括40处地热田，面积23688.052km^2，占全省地热田面积的44.6%；山地型地热田6处，面积29471.872km^2，占全省地热田面积的55.4%。

（一）地热资源量

山西省地热资源在计算深度范围内，地热资源量总计为1.768×10^{18}kJ，折合标准煤6.036×10^{10}t，地热资源可开采量合计为2.740×10^{17}kJ，折合标准煤93.52×10^8t，地热流体储存量为$2.971 \times 10^{12} m^3$(盆地热储)。其中盆地型热储（开采系数法）：地热流体可开采量为$14.40 \times 10^8 m^3/a$，地热流体可开采热量为2.439×10^{14}kJ/a，折合标准煤832.5×10^4t/a；在考虑回灌条件下，地热流体可开采量为$1.658 \times 10^{12} m^3/a$，地热流体可开采热量为$3.946 \times 10^{15}$kJ/a，折合标准煤$1.347 \times 10^8$t/a。山地型热储（井泉法）：地热流体可开采量为$3.732 \times 10^7 m^3/a$，地热流体可开采热量为$8.414 \times 10^{12}$kJ/a，折合标准煤$28.72 \times 10^4$t/a。

（二）地热流体质量

山西省隆起山地型地热资源中，理疗成分数量和含量均少于沉积盆地型地热资源。其中汾渭盆地低温地热区热矿水中理疗成分含量较高，除了溴、碘、钡以外，各成分均达到医疗热矿水命名浓度。山西省地热田96%以上的热水富含氟，82%以上的热水富含偏硅酸，78%以上的热水富含偏硼酸。汾渭盆地区理疗成分较丰富，以氟、偏硅酸、偏硼酸最为丰富，锶、铁、锂、氡次之。

氟、偏硼酸、偏硅酸三种理疗成分在山西省境内的热矿水中含量丰富，几乎均有医疗价值，氟理疗成分几乎一半达到命名浓度；铁、锶、锂三种理疗成分目前仅存在沉积盆地型地热资源分布区；氡成分浓度具有理疗价值的热矿水则主要分布在盂县寺平安地热田和汾渭盆地区的局部地区；盂县寺平安地热田除氡含量达到命名浓度外，其他理疗成分含量很少。

三、浅层地热能资源概况

山西省在太原、大同、朔州、忻州、晋中、长治、临汾、运城市中心城区及太原—晋中盆地城镇密集区开展的1：5万区域浅层地热能调查评价工作，共划分出地埋管地源热泵适宜、较适宜区面积约7000km^2，地下水地源热泵适宜、较适宜区面积约650km^2。另外根据地质条件分析，在山西省大同、忻州、太原、临汾和运城五大断陷盆地的其他地区、零星分布的小型山间盆地、河谷地带的局部地区也具有浅层地热能资源前景。已知适宜区和较适宜区估算浅层地热能资源总热量相当于0.31×10^8t标准煤，在全部开发利用的前提下，每年预期可制冷面积$12.27\times10^8m^2$、可供暖面积$6.52\times10^8m^2$，每年可节约标准煤5449×10^4t，估算每年CO_2减排量1.3×10^8t（考虑热效率）。但其开发利用受土地、应用场所等诸多条件的限制，在考虑以上限制因素的条件下，“十四五”期间开发利用其中1%，每年可制冷面积$12.27\times10^8m^2$、供暖面积$6.52\times10^8m^2$，每年可替代标准煤54.5×10^4t、减排CO_2近130×10^4t。

四、干热岩资源概况

根据王贵玲等研究成果，初步估算山西地下3～10km范围内干热岩资源量4.095×10^{23}J，折合标准煤13.975×10^{21}t，利用其中2%即相当于热量8.19×10^{21}J，折合标准煤27.795×10^{10}t（王贵玲等，2017）。尤其是位于3.5～7.5km深度的干热岩资源温度介于150～250℃之间，资源量巨大，折合标准煤3.49375×10^{12}t。干热岩资源是最具有潜力的战略接替能源，但是开发难度较大。由此可见，山西省干热岩资源潜力巨大，开发前景广阔。

五、天然矿泉水资源概况

山西天然矿泉水可开采总资源量为145584m^3/d。其中B级（探明的）可开采资源量76245m^3/d，占可开采总资源量的52.37%；C级（控制的）可开采资源量7699m^3/d，占可开采总资源量的5.28%；D级（推断的）可开采资源量61640m^3/d，占可开采总资源量的42.34%。其中包括新生界松散岩类孔隙水类型矿泉水36个，占总数的28.12%，可开采资源量为29065m^3/d，占可开采总资源量的19.96%；寒武系（∈）、奥陶系（O）碳酸盐岩类岩溶水类型矿泉水45个，占总数的28.12%，可开采资源量为85672m^3/d，占可开采总资源量的58.85%；二叠系（P）、三叠系（T）碎屑岩裂隙水类型矿泉水32个，占总数的25.00%，可开采资源量为29065m^3/d，占可开采总资源量的16.16%；变质岩裂隙水类型矿泉水14个，占总数的10.93%，可开采资源量10320m^3/d，占可开采总资源量的7.08%；新近系玄武岩裂隙水类型矿泉水1个，占总数的0.78%，可开采资源量为300m^3/d，占可开采总资源量的0.21%。

山西天然矿泉水开发利用程度比较低，不但规模小，而且产品层次低，经济效益差，无全国名牌产品，产品知名度低。

六、气体矿产资源概况

气体矿产包括二氧化碳气（CO_2）、氦气（He）、氡气（Rn）、硫化氢气（H_2S）4种，由于这些气体矿产在山西属于稀缺矿产资源，2019年以前没有形成矿产地规模，亦没有进行过专项地质勘查及评价，仅在部分地热资源勘查评价报告及天然气资源勘查成果中有一些零星的测试数据。以2019年3月山西省第三地质工程勘察院启动的“山西省运城—临汾盆地地热井氦气资源调查”项目为标志，山西省氦气资源勘查开始起步。

鄂尔多斯盆地东缘中部石楼西区块天然气组分测试结果表明，天然气中氦气体积分数为0.02%～0.23%，平均0.089%，部分气样具潜在工业开采利用价值（刘超等，2021）。目前已有山西泽丰达新能源有限公司兴县天然气（煤层气）液化提氦制氢项目、山西丰百能源有限公司永和天然气液化提氦制氢项目等正在建设过程中，山西氦气产能指日可待。

近几年实施的项目包括："山西省运城—临汾盆地地热井氦气资源调查"项目、"山西省氦气资源调查"项目、"山西晋中盆地氦气调查评价"项目等，三个项目总投资4103.74万元。

受渭河盆地氦气调查研究成果的启发，山西省第三地质工程勘察院在西安地质调查中心指导下，开展山西省氦气资源调查取得良好成果，晋中盆地的"晋热1号井（位于晋中市榆次区山西万豪美悦国际酒店）"20件井口气体样品氦气含量高达8.50%～18.86%，平均为13.40%，氦气含量很高。

李济远等根据上述成果撰写的论文《"山西式"氦气成藏模式及其意义》，首次大胆地提出了"山西式"氦气成藏模式的概念，对于山西乃至全国氦气资源勘查具有里程碑的意义。但这些学术观点的提出有待进一步完善及深化，需要提供更多工程实践加以验证。

第二章　地下水

地下水是水资源的重要组成部分，是城乡人民生活、工农业生产及第三产业的主要供水来源。因此，地下水勘查工作在国民经济建设中所涉及的领域和内容非常广泛，与经济社会发展有直接或间接的关系。地下水科学作为学科交叉融合区、新技术新方法汇集地，将在美丽中国建设中发挥重要作用。

第一节　地下水勘查与开发史

纵观我国水文地质发展历史（中国地质调查局，2012），总体可分为以下五个时期。

1.萌芽时期（20世纪前）

该期刚刚开始关注到地下水的研究。

2.初始时期（1900—1950年）

该期开始应用地质学的基本理论研究地下水。

3.奠基时期（1950—1970年）

该期主要在苏联学术思想影响下，奠定作为独立学科的水文地质学的理论基础，也是区域水文地质学与农业水文地质学的开创时期。

4.成长时期（1970—2000年）

该期是水资源水文地质学、城市水文地质学的发展时期。20世纪70年代以来，与西方国家之间的学术交流与国际合作日益频繁，促使我国水文地质学迅速发展。特别是许多新理论、新技术的输入，促使传统水文地质学逐渐演化发展，进入现代水文地质学的新时期。

5.发展时期（2000年以来）

2000年以来，是水文地质事业实现跨越发展、创造辉煌成就、作出巨大贡献的20年。有力保障了国家发展对地下水资源的巨大需求，有力支撑了国家重大工程和基础设施规划建设对地下水资源的需求，精心服务区域发展战略和城镇化建设，多方位服务生态文明建设，卓有成效地服务民生改善。

一、地下水勘查史

地下水勘查是水文地质工作的一个重要组成部分（陈梦熊，2003），同经济社会发展和人民生活都有密切关系。人类生活和工农业生产都离不开水，水就是生命，没有水就没有一切。尤其在山西这样的干旱半干旱地区，水成为经济发展和人民生活的决定性因素。

山西省地下水勘查史虽然基本上也经历了类似于全国的上述几个发展阶段，但富煤缺水的资源禀赋决定了自身地域特色和独到之处。

（一）中华人民共和国成立前地下水勘查工作概述

据史料记载，山西岩溶大泉的开发和研究有悠久的历史，最早可追溯到公元前453年，不但在我国而且在世界上都是较早的。我国古代人民对泉水特性的认识，在当时曾处于世界领先地位。泉是地下水天然出露至地表的地点，或者地下含水层露出地表的地点。因此，可以认为，人类对地下水的认识始于泉水。我国古代对山西泉水的记载，最早见于《山海经》，“悬之山晋水出焉”，可能是指晋祠泉。十分有趣的是，清朝嘉庆九年七月初十所立的中河碑记中，记述了泉水一度被污染和村民定约保护泉水的过程："我邑源水流膏所以养人原非害人也，并可知民命攸关断在水利。奈何石屯村鱼利之家，虎踞中河上流，掩造草纸放毒下流八村受害。仁者于此有痛心，……掩造草纸并黑蒲纸全用石灰，遂致满河流毒。生等村庄尽居下流，接水灌地者共计八村。不特连年不登，且大有碍于吃水。利在一已，害在众人。……自禁之后各宜痛改前非，不得仍蹈复辙，掩造草纸等物。尚有不遵示谕，仍前掩造者，许诸公者乡保等立即扭禀列案，以凭按法究治。"从这里可以看到古代人民对水源保护是十分认真的。

根据《古今图书集成》所汇总的材料，还可以看到有关泉水特性的记载，实际上提供了很多宝贵的水文地质资料。据《山西通志》所载，"在盂县西南五十里，其地盛夏无泉可汲，到隆冬方涌出。"这种冬季涌出的季节性间歇泉，表明了泉水流量变化对降水补给有半年的滞后时间，这和某些岩溶泉的动态滞后现象相似。据《山西通志》，"在襄陵县西十八里薛村里。世传赵宗时，村之人加姓，贾姓者，刈麻田间，谋凿井灌麻。忽白衣老人之曰离此西南一亩许可凿，少焉白衣不见，二人遂于其地凿井，无水，再凿亦无。凿至八眼水方出，其七眼水俱出焉，遂通流为八眼。"襄陵县，今属襄汾。这个传说描绘了地下含水不均一性，很可能是脉状水，打通了水脉之后产生了水力联系；据《山西通志》，"在洪洞县北八十里，人溺入不沉，故名，俗传为海眼。"该县的位置可能靠近霍山南端，该区有很多水头很高的岩溶涌泉，人溺入不沉，可能是说泉水上涌力量很大。

从以上列举的志书资料可以看出，山西古代人民对泉水的利用、泉水保护、泉水特征的记载比较丰富，这些资料是非常宝贵的。尽管资料较为分散，但应看到，我国有许多地方志，尤其是明、清两代，各地修地方志的风气非常之盛。不但全国有统一志，各省有通志，各府、州、县均有志。一些泉水另有专志，都提供了有关地下水和泉水的历史资料。特别应该指出的是，山西很多大泉附近有大量的碑文，是对泉水最直接的记载。

近代对泉水的调查研究工作是与山西的地质、水利工作分不开的。山西省地质工作有近150年的历史。最早对山西寒武、奥陶系碳酸盐岩地层进行地层学研究的是德国人李希霍芬（1870年）和美国人维里士（1904年）。但当时的工作极为粗略。对山西寒武、奥陶系有系统了解和阐述者，当推我国老一辈地质学家王竹泉先生，他从1911—1920年曾先后数次来山西调查地质矿产，足迹踏遍山西各地，达66个县。在他的报告中，不仅对山西的地层、矿产做了奠基性的论述，同时也论及山西大泉的成因。认为很多大泉与断层和溶洞有关。此外，夏树芳、刘鸿允等也提到了大泉的成因，看法与王竹泉相似。

20世纪40年代，方鸿慈曾先后在《地质论评》上发表了《华北涌泉概况》等论文，并编制了华北涌泉地理分布图1幅，较为全面地论述了华北各地涌泉的地质、水文地质条件和泉水的物理、化学成分和性质等。该文将华北地区泉的分布分成若干区，在"山西省涌泉区"作者标出27个泉，多在各大盆地边缘。他指出"华北之基盘岩中，含水率最高的岩层为奥陶纪石灰岩及其上累积之石炭纪石灰岩夹煤层，多数之涌泉系贮于此等基盘岩之水涌出而形成者，其次为寒武纪及震旦纪之石灰岩层……"，认为太原晋祠泉是"崖锥泉"（talus spring），即涌水沿锥状或扇状堆积物边缘涌出，文中还给出了娘子关泉水的某些化学成分（1930年）。

山西岩溶大泉的流量观测工作最早始于20世纪30年代。当时的"山西省水利委员会"对一些大泉进行了偶测。如1933年实测晋祠泉流量约为2.0m^3/s，1942年10月1日测得其流量约为2.0m^3/s。这些资料对研究泉水的变化和历史沿革有重要的参考价值。

（二）中华人民共和国成立后地下水勘查阶段性成果

经统计，1949—2020年，山西省内外地质勘查单位、科研院所共提交各类地下水勘查与研究成果1469份，其中，农田供水勘查成果107份、地下水水源地勘查成果432份、矿区水文地质勘查成果546份、地下水资源评价成果12份、地下水动态勘查成果44份、地方病水文地质勘查成果5份、严重缺水地区地下水勘查成果8份、1：5万区域水文地质勘查成果21份、1：10万区域水文地质勘查成果1份、1：20万区域水文地质勘查成果37份、1：25万区域水文地质勘查成果5份、1：25万区域岩溶地下水勘查成果5份、1：50万区域水文地质勘查成果6份、1：25万区域生态地质环境调查评价成果4份、水文地

表 2-1-1　山西省水文地质勘查主要成果统计表

序号	时间段/年份	各类成果数量/份																	
		农田供水	地下水水源地勘查	矿区水源地勘查	地下水资源评价	地下水动态监测	区域水文地质调查					1∶25万生态地质环境调查	1∶25万岩溶地下水勘查	严重缺水地区地下水勘查	地方病水文地质调查	水文地质科研成果	水文地质著作	其他成果	小计
							1∶5万	1∶10万	1∶20万	1∶25万	1∶50万								
1	1949—1958	—	4	260	—	—	—	—	1	—	—	—	—	—	—	—	0	6	271
2	1959—1965	17	23	—	—	2	—	—	7	—	—	—	—	—	1	—	0	20	70
3	1966—1976	59	58	81	4	—	—	—	—	—	—	—	—	—	—	—	1	27	230
4	1977—1985	31	12	155	5	2	—	1	19	—	3	—	—	—	4	—	0	16	248
5	1986—1999	—	316	50	—	31	13	—	10	—	2	—	—	—	—	37	7	69	535
6	2000—2023	—	19	—	3	9	8	—	—	5	1	4	5	8	—	6	39	8	115
合计		107	432	546	12	44	21	1	37	5	6	4	5	8	5	43	47	146	1469

注：表中“—”表示没有统计成果。

质科研成果43份、水文地质著作47部、其他水文地质成果146份，详见表2–1–1。

1.地下水勘查工作起步阶段（1949—1958年）

中华人民共和国的成立，为水文地质事业开辟了广阔的前景。1952年成立地质部，1955年地质部成立水文地质工程地质局，20世纪50年代的中后期，地质部在各地区建立了23个水文地质工程地质队。1958年6月，山西省地质局水文地质工程地质大队成立。因此，在20世纪50年代山西地质系统的水文地质成果比较少。这期间，主要包括中国冶金地质总局三局的一大批勘查成果，以及山西省煤炭地质局与山西省勘察设计研究院零星的一些勘查成果。

1958年，山西省地质局水文地质工程地质大队对太原西张水源地进行勘探，并围绕勘探区开展了一些水文地质工作，1∶20万区域水文地质工作开始起步。

代表性成果有：1958年7月，北京地质学院实习队提交了《雁北地区1∶20万综合地质水文地质测量工作报告》；1958年12月，山西省城市建设勘测公司提交了《榆次市源涡水源勘测报告书》。

其间共提交各类水文地质勘查成果271份，其中中国冶金地质总局三局提交水文地质勘查成果6份，提交各类矿区地质勘查成果260余份、水源地勘查成果4份、1∶20万区域水文地质成果1份、其他成果6份。

2.地下水勘查工作调整阶段（1959—1965年）

1962年，为加强水文地质工作，支援农村打井抗旱，山西省地质厅在太原市召开了全省水文地质工作会议，开始大规模抗旱支农找水工作。

此期间，山西省水文地质工作除开展区域水文地质调查外，转向了为农业服务的轨道，对全省一些主要市、县开展了1∶10万～1∶5万比例尺的水文地质工作，以及部分地区的地下水动态长期观测，对太原、大同、阳泉等市工矿企业进行供水水文地质勘探工作，并对六大盆地中大部分县的农田供水及缺水山区开展了找水工作，1959—1962年针对山西缺水的特点还广泛开展了抗旱打井，进行群众性打井同专业队伍相结合的农田灌溉水文地质工作，建设了数十万个不同类型的开采井。由于数量过多，无计划开采，地下水资源遭到破坏，出现区域性地下水降落漏斗和水质恶化；又由于管理不善，大批井很快报废。

代表性成果主要包括：①1960年2月，山西省地质厅水文地质队提交了《山西省大骨节病患区水化学初步研究》；②1960年10月，山西省勘测公司提交了《太原市以北地区供水水文地质勘测报告书》；③1960年12月，山西省地质厅水文地质队提交了《中条山地区1∶20万综合地质水文地质测量报告》；

④1961年1月，山西省地质厅水文地质队提交了《晋东南地区1：20万综合地质水文地质测量报告》；⑤1962年11月，山西省煤管局地质勘探局115队提交了《大同北部煤田口泉沟寒武—奥陶纪石灰岩水源普查报告》；⑥1963年5月及12月，山西省地质局水文地质观测总站分别提交了《临汾盆地地下水动态长期观测综合报告（1960—1962年）》《晋中盆地浅水动态长期观测综合报告（1960—1963年）》；⑦1965年3月及12月，山西省地质局水文地质队分别提交了《太原市西张地区供水水文地质勘查报告》《山西省太原地区水文地质勘查报告》。

山西省地质局所属水文地质队、212地质队、213地质队、214地质队，中国冶金地质总局三局，北京地质学院以及其他单位，共提交各类水文地质勘查成果70份，其中包括农田供水成果17份、地下水供水勘查成果23份、1：20万综合地质水文地质测量成果7份、地下水动态监测成果2份、地方病水文地质调查成果1份、其他水文地质成果20份。

3.地下水勘查工作缓慢发展阶段（1966—1976年）

1966年“文化大革命”开始，大批技术干部受到冲击，但仍然有不少地质技术人员坚持开展水文地质勘查工作，山西省地质局水文地质工作重心转移到支援地方农田供水勘查，但整体来看，水文地质勘查工作发展缓慢，成果较少。主要地质勘查部门及单位有：山西省地质局、中国冶金地质总局三局、山西省勘察院、山西省电力勘测设计院、忻县地区水利局普查队、武汉地质学院及山西省城市建设勘测公司等。期间共提交各类水文地质勘查成果230份，其中包括农田供水勘查成果59份、地下水水源地勘查成果58份、矿区水文地质勘查成果81份、地下水资源评价成果4份、水文地质著作1部、其他水文地质勘查成果27份。

4.地下水勘查工作历史性转折阶段（1977—1985年）

“文化大革命”结束后，水文地质勘查工作得到了恢复和发展。水文地质工作在这个阶段主要进行资料综合整理和专门性水文地质勘探研究，重点转向供水水源的勘探，如1977—1981年间对娘子关泉域进行的普查工作。

1980年4月，中国地球物理学会和中国地质学会先在山西考察水文地质工作，然后在忻州召开了全国水文地质工程物探学术会议，并取得了可喜成果；1980年7月，全国地下水资源概念和评价方法学术会议在太原市召开。两次会议总结了全省工作经验，极大地推动了山西水文地质工作的深入全面开展。

1981年9月，山西省地质局在太原召开了水文地质工程地质工作会议，会议围绕山西省建设能源基地和工农业发展的需要，讨论议定了该局水文地质工程地质工作5年计划和10年设想。之后又相继开展了河曲县龙口水源地、保德县铁匠铺水源地、河津县禹门口山西铝厂二期工程供水、太原市东山岩溶水源地城市供水勘探等工作。1982年对全省水资源进行了详细评价，求得水资源总量为$142\times10^8m^3$，其中地下水资源量$93\times10^8m^3$，对山西地下热水进行了调查研究，对重点地热区如忻州市奇村、大营、盂县崔家庄、夏县、临汾等地的地下热水进行了详查或打井工作。从1953年开始到1985年，全省地下水动态监测网已基本建成，并开展监测工作。

20世纪70—90年代山西省地质局组织第一、第二、第三水文地质工程地质队完成全省1：20万水文地质调查面积$18.9\times10^4km^2$（有重复调查区域），覆盖全省范围，提交不同地区1：20万综合水文地质图19幅。为山西省水文地质工作打下了坚实的基础。

1977—1985年间，山西省地质局、中国冶金地质总局三局、山西省电力勘测设计院、武汉地质学院、山西省勘察院、冶金工业部冶金地质会战指挥部第五地勘队、水利电力部华北电力设计院等单位共提交各类水文地质勘查成果248份，其中包括1：10万水文地质成果1份、1：20万水文地质成果19份、全省1：50万水文地质成果3份、地下水水源地勘查成果12份、地下水资源评价成果5份、农田供水勘查成果31份、原生劣质地下水（地方病水文地质）勘查成果4份、矿区水文地质勘查成果155份、地下水动态监测成果2份、地热资源勘查成果2份、其他水文地质勘查成果14份。

5.地下水勘查工作快速发展阶段（1986—1999年）

1987年3月，地质矿产部制定下发了《地质工作体制改革总体构想纲要》，提出了地质工作体制改革的总体目标，即“地质工作成果商品化、地质勘查单位企业化、部分地质队伍社会化”。随着地质市场的搞活，水文地质勘查工作亦步入了快速发展的阶段。山西地质矿产勘查开发局先后探明15个特大型、大型水源地和一批中小型水源地，提交地下水可采资源量$5.5\times10^8m^3/a$；开展了地热资源和矿泉水普查与评价、大同盆地土壤盐碱化改良勘查及六大盆地与部分岩溶水动态监测工作，新发现饮用天然矿泉水31处，重点评价9处；1987年6月，山西省第一水文地质工程地质队提交了《山西省地下水资源评价报告》，这是山西首次开展地下水资源评价，利用水文系列为1956—1985年，计算得地下水天然资源量为$105.0\times10^8m^3/a$；1996年，地质矿产部开展第二轮1：5万区域水文地质调查及地下水开发规划工作，其目的是通过对多年人为等因素影响下区域水文地质条件演变研究、地下水开采现状调查，重新评价地下水资源，进行新一轮地下水资源开发利用规划。山西省地质勘查局于1996—1999年组织所属各地质队共完成了11个县（市）1：5万区域水文地质调查及地下水开发规划工作，共完成调查面积$12961km^2$。

山西省水文总站地下水普查队1990年组织完成了地下水资源详（普）查工作28个县，面积$38045km^2$，提交了山阴县等14个县1：5万比例尺的详（普）查报告（山西省地方志研究院，2022），组织实施了山西省平川区地下水资源普查，完成忻州市地下水资源普查、汾河二坝地下水资源及咸水区调查、汾阳杏花村地下水普查、黎城县三个小盆地水资源普查等。

1986—1999年，山西省地质矿产勘查开发局、中国冶金地质总局三局、山西省勘察院、山西省电力勘测设计院、山西省水利水电勘测设计院、太原理工大学、中国地质大学（武汉）、中国地质学会岩溶地质专业委员会、水电部华北电力设计院、地矿部水文工程地质研究所、山西省水资源技术开发研究所、山西省水利建设开发中心、山西省运城行署水资源管理委员会、临汾地区水资源管理委员会、忻州地区水资源办公室等部门及单位，开展了大量的水文地质勘查与研究工作，是山西地下水勘查工作快速发展阶段，共提交各类水文地质成果535份，其中包括地下水水源地勘查成果316份、矿区水文地质勘查成果50份、凿井报告21份、地下水动态监测成果31份、水文地质科研成果37份、矿产储量表（地下水、地热资源）成果5份、1：5万区域水文地质调查及地下水开发利用规划报告13份、1：20万区域水文地质勘查成果10份、1：50万全省水文地质勘查成果2份、水文地质著作7部、水文地质科研成果37份、其他水文地质勘查成果69份。

6.地下水勘查工作持续发展阶段（2000—2023年）

2000年以来是山西水文地质勘查工作发展最快最好的时期。国土资源部组织开展新一轮地质大调查，在山西省实施了一大批区域性水文地质、环境地质勘查项目，取得了许多水文地质、环境地质勘查及研究成果。特别是晋陕蒙接壤地区和鄂尔多斯盆地东缘岩溶地下水勘查取得了重大进展；山西六大盆地地下水资源评价取得了新的成果；2001年以来山西省地质调查院开展的山西西部交口、中阳、临县、岢岚、五寨等五县严重缺水地区地下水勘查示范项目，在解决山西老区人民饮用水困难、脱贫致富方面取得了巨大成功；2002年，山西省地质环境监测中心提交了《山西省地下水资源评价》成果，利用水文系列1965—1999年，计算得地下水天然资源量$91.398\times10^8m^3/a$；2004年，山西省水资源管理委员会提交了《山西省第二次水资源评价》，利用水文系列1956—2000年，计算得地下水天然资源量$84.04\times10^8m^3/a$；2008年4月，山西省地质勘查局编制了《山西省水文地质图（1：50万）》《山西省地下水资源分布图（1：50万）》及说明书，利用水文系列1956—2005年，计算得地下水天然资源量$89.4\times10^8m^3/a$；2011年以来，山西省水利厅每年编制并公开发布《山西省水资源公报》，均对地下水资源进行评价。

2000年以来，山西省地质勘查局和其他驻晋地勘单位及科研院校，省外高校及科研单位提交了一大批既有社会影响力又解决实际问题的勘查成果，有力地支撑了山西经济社会发展对地下水资源的需求。这期间，山西省地质勘查局、山西省水利厅、山西省国土资源厅、山西省电力勘测设计院、太原理工大学、山西省勘察设计研究院、中国地质科学院岩溶地质研究所、中国地质科学院水文地质环境地质研究所、中国地质大学（武汉）、北京市水文地质工程地质大队等部门及单位共提交各类水文地质、环境地质主要成果109份，包括：地下水水源地勘查成果19份、地下水资源评价成果3份、严重缺水地区地下水勘查成果8份、1：5万区域水文地质勘查成果8份、1：25万区域水文地质勘查成果5份、1：25万区域岩溶地下水勘查成果5份、1：50万区域水文地质勘查成果1份、1：25万区域生态环境调查评价成果4份、地下水动态勘查成果9份、严重缺水区地下水勘查成果8份、水文地质科研成果6份、出版水文地质著作39部、其他水文地质勘查成果8份。

7.山西岩溶水研究

（1）起步阶段

20世纪50—60年代，是对岩溶泉的初步开发利用研究阶段。大泉观测工作已初步开展，为了城市供水、电厂供水，在很多岩溶大泉的出露区进行了勘探工作。

对山西岩溶大泉最早论述的是1959年北京地质学院谢英等人的学术论文《山西奥陶纪灰岩喀斯特的成因及其勘探方法》。该文在对神头泉、兰村泉、晋祠泉、洪山泉、郭庄泉、霍泉和龙子祠泉进行调查的基础上，对山西岩溶泉提出了一些初步认识。

1960年，钱学溥在《水文地质工程地质》杂志上发表了《山西高原喀斯特发育特征》的论文，对山西高原喀斯特发育史进行了初步分期。

1965年，钱学溥又发表了《山西高原喀斯特泉水》论文，对岩溶泉水的认识已有明显提高。

综上所述，20世纪50—60年代，对泉水的开发利用规模还不大，尚未出现严重超采现象；泉水流量观测工作已开展，但系列还不够长；勘查工作还多局限于泉口地带，因而对泉的认识虽有很大进步，并提出了一些正确的看法，但还不够系统和深入，研究工作还多半处于描述和定性评价阶段；对泉水资源的形成还认识不足，水文地质工作主要处于找水阶段，还没有建立完整的水资源概念，出现了以在泉口挖泉为主要方式的扩泉活动。

（2）大发展时期

20世纪70—90年代是山西岩溶泉开发和研究大发展时期。由于山西能源重化工基地建设及城市用水量增大，工农业生产的发展，对泉水的开发利用大大增加，很多泉区都建立或扩建了水源地，采取扩泉、群井抽水或调水方式开采，广大农村的供水问题也促进了在补给径流区找水工作的开展。岩溶水文地质的调查工作的深度和广度大为增加，不仅加强了水源地的勘探工作和普查工作，而且还专门开展了很多重大的岩溶泉域的研究工作。

1976年，山西省地质局水文队编制印刷了《山西省1：50万水文地质图》及说明书。该图标出了全省主要岩溶泉的位置，并对流量进行了普查和统计。该成果是山西省岩溶水文地质研究的基础资料。

1978—1982年，中国地质科学院水文地质研究所与山西省地质局水文队等单位完成了《山西省娘子关泉域岩溶地下水资源评价及其开发利用》的国家重点科研课题。该项成果以娘子关泉域为典型进行了岩溶发育规律、水资源评价等方面的研究，首次将岩溶泉域作为岩溶水系统加以研究，大大推进了山西及中国北方岩溶及岩溶水资源研究工作。

1980—1982年，中国科学院地质研究所与煤炭工业部系统的山西煤田地质勘探公司、229地质队、综合普查队、水文地质勘探公司水文物测队、煤炭科学院地质勘探分院物探所等单位密切合作，开展了“太原西山裂隙岩溶地下水系统”研究工作。该项目运用了新的数值方法，发挥了有限元和边界元各自的长处，弥补了耦合法的不足；用水力学、水化学、水同位素等不同物理量特征来研究流场特征；将定量水文地质学方法运用于研究含水介质性质，确定地下水运动，分析水化学、水同位素和水温场分布及评价地下水资源，使之定量化。运用遥感、水化学、同位素及计算机等先进手段获取了大量信息，对太原岩溶地下水系统的划分、排泄方式、流场特征和水资源评价等方面获得以下五方面新的认识：①太原地区的岩溶地下水是一个统一系统，东山是太原岩溶地下水系统不可分割的一部分，这个大系统又可划分成东山、北山、西山和西冶泉四个相对独立的子系统；②兰村泉位于北山岩溶水系统之内，其补给区一部分是东北部的系舟山，另一部分是柳林河以东的北部北区，兰村和西张水源地是北山岩溶水的主要排泄点；③晋祠泉位于西山岩溶水系统之内。西山岩溶水以北起三给南到交城的边山断裂带的侧向排泄为主，晋祠泉只是一个相对集中排泄点。晋祠泉近年来流量的减小其原因主要是降水量减小，边山开采及盆地孔隙水开采加大引起的；④东山岩溶水系统尚有一定的开采潜力；⑤盆地中、北部及边山带岩溶极发育，为良好富水带，埋深1000m左右的岩溶含水层仍有供水意义。

该项研究工作是按照中国科学院和煤炭工业部联合签署的《关于共同开展晋中、晋北四矿区地下水资源合理开发利用研究的协议书》的要求进行的，被列为中国科学院“六五”期间重点攻关课题之一。项目成果除提交研究报告外，1990年10月还编纂出版了《岩溶地下水系统的研究——以太原地区为例》专著。

1983年，地质矿产部水文工程地质技术方法队、水文地质研究所及山西、河北、河南等省地质矿产局共同完成了《山西及太行山东麓地区地下水资源评价及规划阶段能源基地供水勘察报告》，其中包括编制全省1：50万岩溶水文地质图，也大大促进了山西岩溶水文地质工作。此外，这个时期水利、电力、煤炭等部门对很多大泉进行了专门性的水文地质勘查，积累了大量的资料。

1983年，国家科委将华北水资源研究作为国家重点科研项目第38项，其中包括“山西能源基地水资源及合理开发利用”的二级课题。该课题中又包括有关岩溶水的5个子课题：①天桥—龙口岩溶水资源评价；②娘子关泉域水资源合理调配的研究；③太原东山岩溶水资源评价；④神头泉岩溶水资源评价；⑤山西省岩溶地下水人工调蓄可能性研究。在上述研究中，中国地质科学院岩溶地质研究所首次提出了岩溶地下水与地表水联合管理调度模型（娘子关泉域），运用大面积数值法评价岩溶地下水资源（太原东山），运用同位素方法研究黄河水与岩溶地下水的关系（天桥泉域）等。

中国地质大学、中国地质科学院岩溶地质研究所、南京大学、长春地质学院等与山西水利系统及地勘单位合作，分别对郭庄泉、龙子祠泉、洪山泉、霍泉、三姑泉、娘子关泉、辛安泉、神头泉、延河泉等进行了系统的研究。在这些研究中，普遍运用了系统理论和各种先进的方法。英国麦克唐纳公司对太原市古交地区岩溶水资源及水质进行了研究。这个时期是山西岩溶泉及岩溶水资源研究的大发展时期。

1984年，山西省地质局第一水文队完成了《太原西山地区岩溶水资源评价研究》，对太原西山的岩溶水文地质条件及岩溶水资源进行了系统的研究。

中国地质科学院岩溶地质研究所对山西省19个岩溶大泉进行了调查与研究工作，并对娘子关泉、三姑泉、延河泉、兰村泉等进行了长期定点研究。1993年12月，由韩行瑞等著的《岩溶水系统——山西岩溶大泉研究》出版。该专著是研究山西岩溶大泉的权威性著作，实际上这项成果也是多年来对山西省岩溶水资源研究的系统总结。全书共分总论与分论两大部分，约50万字。总论部分主要是有关山西岩溶水系统的基本理论，包括研究史、岩溶发育特征、岩溶泉的成因分类、动态、化学特征、水质污染、水资源评价方法，以及有关岩溶水资源的合理开发利用与管理保护等；分论部分主要对全省19个岩溶大泉分别全面地进行详细论述，并对每一处大泉的合理开发利用提出了具体建议。

（3）深入研究阶段

2004年，按照山西省人民政府要求，山西省水利厅组织了由国内岩溶地质研究的权威单位——中国地质科学院岩溶地质研究所作为技术负责单位，有省、市水资源管理部门，省管六个泉域管理处和山西省煤田地质229队共同参加的项目组，开展了“山西省岩溶泉域水资源重点保护区划分与保护措施研究”，历时三年，于2006年提交了研究报告，成果及时提供政府有关部门使用，作为山西省加强岩溶泉域保护工作的依据。根据该成果，山西省水利厅、中国地质科学院岩溶地质研究所、山西省水资源管理委员会共同编写的《山西省岩溶泉域水资源保护》专著于2008年1月出版。

2015年，中国地质科学院岩溶地质研究所承担的子项目“山西娘子关泉域岩溶水文地质环境地质调查”取得新认识。该项目通过大量调查和测试获得了娘子关泉域区大气降水、地表水和岩溶水的水化学参数、空间分布与动态特征和水氢氧同位素背景值和$\delta D—\delta^{18}O$关系曲线。通过河流淤泥与土壤的化学分析对比，证明河流渗漏量是岩溶地下水重要补给源，河床底泥的污染对岩溶地下水的水质是不利因素。

2015年12月5日，由中国地质科学院岩溶地质研究所和山西省阳泉市娘子关泉域管理处共同承担的《娘子关泉域（阳泉部分）岩溶水污染调查评价及保护对策》项目成果通过评审。该成果以地质学、岩溶地质学、水文地质学等为理论，以岩溶水文地质条件为基础，在调查岩溶水污染源及污染途径的基础上，提出保护与防治岩溶水的对策；对岩溶地下水进行了质量评价、水化学类型评价以及污染现状评价，并且对部分水点进行了有机组分检出与超出限评价；在对地下水质量以及地下水污染现状评价的基础上，根据岩溶水污染源以及污染途径，分析造成地下水中硫酸根、总硬度超标的成因机制，为地下水污染治理提出了建议。

2016年中国地质科学院岩溶地质研究所提交了《阳泉幅1：5万岩溶水文地质图》及说明书、《娘子关幅1：5万岩溶水文地质图》及说明书、《平定幅1：5万岩溶水文地质图》及说明书、《盂县幅1：5万岩溶水文地质图》及说明书。各图幅基础数据源依据已出版的1：5万地理图、1：5万地质图、1：20万地质图中的基础地理及基础地质数据进行数字化录入与修编；专业数据源主要采用项目野外现势调查成果，辅以搜集到的相关资料进行矢量化。成果反映了图幅碳酸盐岩分布埋藏类型、含水层（组）分布、地下水系统类型分布及富水性情况等岩溶环境水文地质特征。

2019年5月，中国地质科学院岩溶地质研究所提交的《汾河流域晋中南大型岩溶泉域1：5万水文地质调查》项目（梁永平等，2019）成果，完成晋祠泉域、兰村泉域重点区1：5万水文地质调查4883km^2；查明了晋祠和兰村泉域重点地段地下水类型、含水岩组结构、循环特征以及岩溶地下水水质、水量分布规律；编制了1：5万晋祠泉域岩溶水文地质图、岩溶环境水文地质图和1：10万兰村泉域岩溶水文地质图；重新划分了晋祠—兰村泉域边界，确定晋祠、兰村泉域边界7处，晋祠泉域面积由2030km^{2}修正为2713km^2，兰村泉域面积由2500km^{2}修正为2614km^2；首次发现了晋祠泉域岩溶地下水强径流带，得出了汾河二库主渗漏区应属晋祠泉域的新结论；建立了晋祠泉域—兰村泉域地下水联合拟三维数值模型；定量评价并优化了晋祠泉水复流措施，以此为基础，建立了北方断流岩溶大泉复流的生态修复模式；基于新的水文地质条件，采用最新资料完成了晋祠、兰村泉域岩溶地下水资源评价；揭示了晋祠泉域岩溶地下水环境问题的成因；划分了岩溶含水层保护区并提出保护措施；实施岩溶水探采结合井12眼，其中8眼已移交地方使用，解决了6.5万人的生活用水问题；运用氯量均衡法计算了碳酸盐岩裸露区降水入渗系数；在科学理论创新和技术方法进步方面，丰富了北方岩溶区水文地质调查技术方法体系。建立了北方“单斜顺置型”系统断流岩溶泉水复流模式，初步建立了泉水复流措施效果定量评价的指标与方法体系。

（三）中华人民共和国成立后地下水勘查成果综述

2008年4月，山西省地质勘查局隆重举行了建局50周年系列庆祝活动，并组织编辑印刷了《地质丰碑——山西省地质勘查局五十周年局庆成果集》《山西省地质勘查局大事记》《地质风采——山西省地质勘查局五十周年局庆图片集》《地质情怀——山西省地质勘查局五十周年局庆征文集（上、下册）》等五种资料（山西省地质勘查局，2008）；2018年，山西省地质勘查局为了庆祝建局60周年，又对全局1958年以来全省水文地质勘查研究程度进行了系统的全面概括和总结；2021年，山西省地质调查院在编制《山西省地质调查“十四五”规划》过程中，又一次进一步对全省水文调查与水资源调查工作程度进行了全面的总结，并编制了山西省水文地质工作程度与工作部署图，详见图2-1-1。

2018年9月，为了庆祝建队60周年，《山西省第一水文地质工程地质队队史（1958—2018年）》（山西省第一水文地质工程地质队，2018）编纂印刷。该队史忠实记录和总结了建队60年来的辉煌历程与现状，内容主要包括60年工作综述、机构沿革、水文地质成果及大事记等。

山西省第一水文地质工程地质队60年来，突出主业功能，面向国民经济基础建设的需要，以支撑城市建设，解决城市供水为主攻方向，全方位、多层次地开展水文地质勘查工作，取得了辉煌的业绩，对山西经济社会发展发挥了不可替代的支撑作用。60年间，共完成水文地质钻探工作量约60×10^4m；成功打成水井400多眼，总出水量$55.1084 \times 10^4 m^3/d$；完成全省进行地下水勘查和评价面积$8 \times 10^4 km^2$有余；探明特大型和大中型水源地20余处，小型水源地40余处；完成74个县的农田供水勘查任务；承担国家、省、部重点科研项目23项，共提交水文地质勘查成果631份，占全省水文地质勘查成果总数的43.5%。

在解决山西工农业生产用水及城乡生活用水方面发挥了主力军作用，为山西能源基地建设、国家重点工程建设和工矿企业建设提供了重要的地下水源保障。

现主要根据山西省地质勘查局上述三次庆典活动资料、《山西省地质调查“十四五”规划》（山西省地质调查院王权等，2021年12月）以及山西省国土资源厅2010年10月编制、山西科技出版社出版的《山西省水文地质工程地质环境地质工作发展史（1949—2005年）》（山西省国土资源厅，2010），山西省地方志研究院分别于2020年、2022年编纂出版的《山西省志・环境保护志》《山西省志・水利志》等，结合省内外其他部门及单位零星搜集的一些资料，对山西省地下水勘查成果综合论述如下。

山西省水文地质工作起步较晚，中华人民共和国成立前几乎是一片空白。中华人民共和国成立后，从20世纪50年代开始，随着社会经济的发展和城乡建设、农田水利、矿山建设、交通运输、环境保护、灾害防治、旅游发展等工作的需要，水文地质工作从无到有，从少到多，逐渐加强、发展和壮大。中华人民共和国成立70年来，特别是改革开放以来，取得了丰硕的水文地质工作成果，基本查明了山西省水文地质条件，探明和提交了一大批可供开发利用的水源地，开展了大量的水工环地质调查评价工作，基本满足了山西省工农业生产建设和城乡人民生活的需要，取得了许多重要的科研成果，推动了地下水资源勘查事业的全面发展。山西省的水文地质工作在促进山西省经济社会发展中发挥了重要作用。

水文地质工作与经济社会发展紧密相连，是服务于经济建设的最基础性工作之一。中华人民共和国成立70年来，山西自然资源系统、地质勘查系统、煤炭地质系统、冶金地质系统、水利系统、环保系统、电力系统及城建系统和省内外科研院所完成了大量的水文地质基础性公益性项目及市场项目，如：20世纪60—80年代完成的1：5万比例尺的农田供水勘查、70—90年代1：20万区域水文地质普查；各年代完成的水源地的勘探；2000年以后开展的1：5万严重缺水地区地下水勘查、1：25万水文地质环境地质调查等工作，均取得了很好的社会经济效益。根据水文地质勘查主要类型及杰出个人贡献，分15个方面概述如下。

1. 1：5万农田供水水文地质勘查

1961—1983年，完成山西六大盆地平川及丘陵山区等适宜农业发展的107县（市、区）1：5万农田供水水文地质勘查工作，勘查区总面积101889km²，详查19个县（市），共提交各类勘查成果136份，施工大量水文地质钻孔，圈定宜井面积约27400km²，解决了当时的农业灌溉用水的困难，为山西省农业的发展发挥了重要作用。直到今日，还有许多当时完成的勘查孔在农业生产中发挥作用。这些成果除曲沃县由冶三局完成外，其余均由山西省地质勘查局下属三个水文地质队及地质队完成，三个水文地质队发挥了山西水文地质勘查主力军作用。

2. 1：5万区域水文地质调查

1996年，地质矿产部开展第二轮1：5万区域水文地质调查及地下水开发规划工作，目的是通过对多年人为等因素影响下区域水文地质条件演变研究、地下水开采现状调查，重新评价地下水资源，进行新一轮地下水资源开发利用规划。山西省地质勘查局于1996—1999年共完成了11个县（市）1：5万区域水文地质调查及地下水开发规划工作，共完成调查面积12961km²，完成了4个县（区）的重点地区1：5万区域水文地质调查工作；中国地质科学院岩溶地质研究所2016年提交了阳泉幅、娘子关幅、平定幅、盂县幅等4个标准图幅1：5万区域岩溶水文地质调查成果，总面积约1600km²，包括了阳泉市重点经济区；2016—2019年北京市水文地质工程地质大队完成了广灵县幅、南村镇幅及阳圈幅等3幅标准图幅的区域水文地质调查工作，总面积约1200km²，工作区包括了广灵县主要行政区；2016—2019年，中国地质科学院岩溶地质研究所承担的“汾河流域晋中南大型岩溶泉域1：5万水文地质调查”项目完成晋源幅、西铭幅、古交幅、原相幅、太原幅、康家会幅、冶元幅、上兰村幅、北小店幅、大盂幅、阳曲幅、杨兴幅等12个标准图幅1：5万水文地质工作，总面积4883km²（梁永平，2019），提交了12个标准图幅1：5万水文地质图、环境水文地质图及说明书。

山西累计完成1：5万区域水文地质调查工作面积20644km²，占全省国土总面积的13.2%；正在实施的1：5万区域水文地质调查区包括岚县、永和县及武乡县；“十四五”期间计划开展的1：5万区域水文

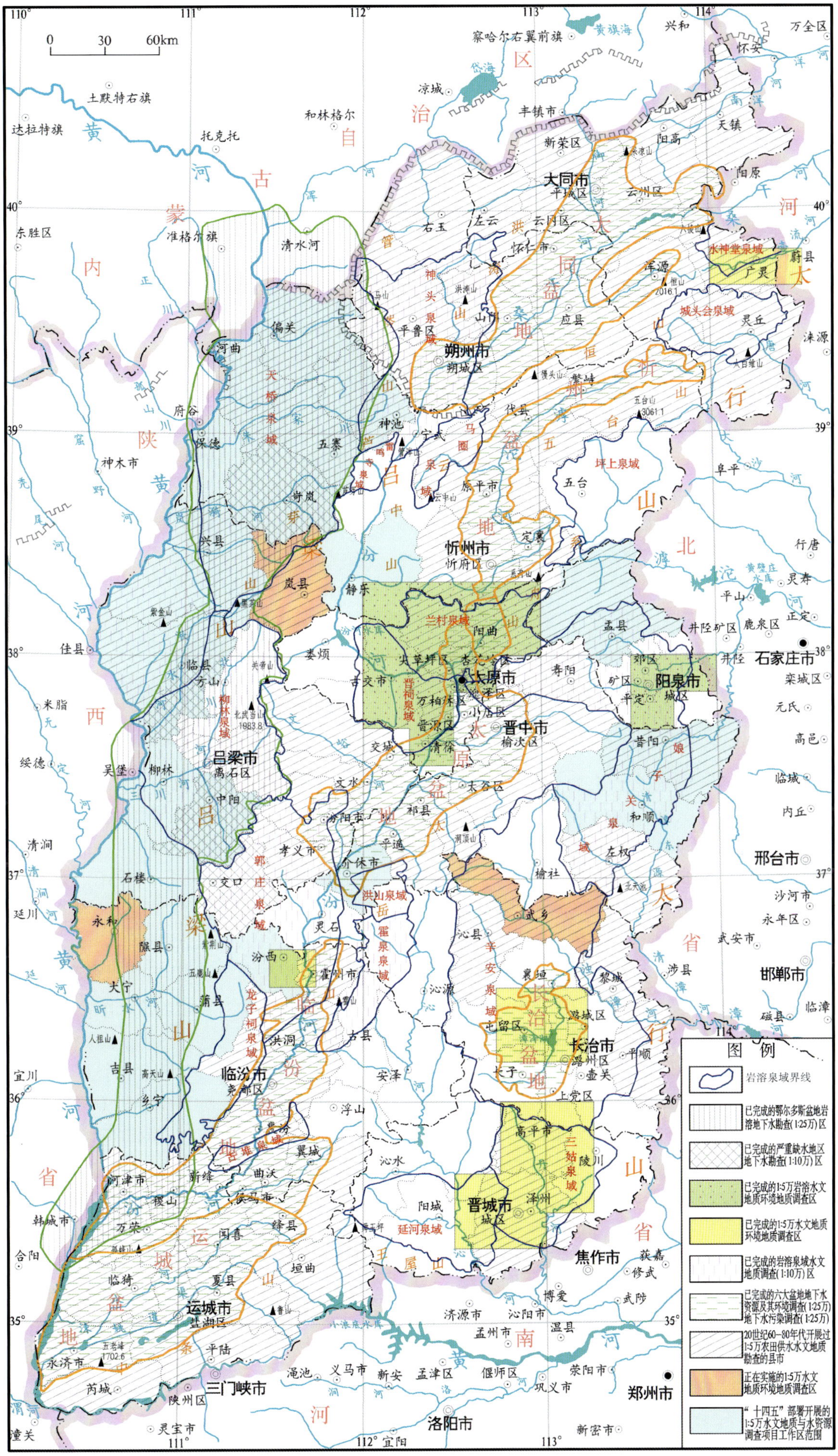

图2-1-1　山西省水文地质工作程度与“十四五”工作部署图（2021年）

地质调查区主要是吕梁山西侧沿黄河各县，以及盂县、昔阳及和顺等县，详见图2-1-1。

3.吕梁山西侧严重缺水地区地下水勘查与开发利用区划

2001—2006年，山西省地质调查院先后完成了交口县、中阳县、临县、岢岚县、五寨县等严重缺水地区地下水勘查示范工作，共施工探采结合生产井9眼，钻探进尺3515.52m，完成调查面积9036km^2，其中，1：5万调查区面积6342km^2、1：10万调查区面积2694km^2。通过开展5个县严重缺水地区地下水勘查示范工程，直接解决了30余个乡镇和中阳县城4万多人的生活用水，还为5个煤矿、1个铁厂、1个水泥厂解决了生产用水，同时还解决了上万头牲畜饮用水和近千亩耕地的灌溉用水，编制了《山西省缺水地区勘查示范成果总结与地下水开发利用规划建议》。为山西老区人民的脱贫致富作出了贡献（中国地质调查局，2006）。根据吕梁山西部地区缺水状况以及缺水区水文地质条件，对适宜利用地下水解决人畜缺水问题的县，重点对具有集中供水意义的碳酸盐岩岩溶水和碎屑岩裂隙水进行开发利用区划，通过开发利用地下水，预计可解决90.95万人的饮水困难。

4. 1：10万区域水文地质调查

据2019年统计资料，全国1：10万区域水文地质调查工作完成面积256.12×10^{4}km^2，占陆域国土面积的26.5%；山西累计完成1：10万水文地质调查工作面积9.44×10^{4}km^2，占全省国土面积的60.24%，按完成面积占省国土面积百分比，排名为全国第五，工作经费全部为中央财政投入。

5. 1：20万区域水文地质调查

20世纪70—90年代，山西省地质勘查局完成全省1：20万区域水文地质调查面积189026km^2（有重复调查区域），覆盖全省范围，提交1：20万综合水文地质标准图幅19幅，为山西省水文地质工作奠定了坚实的基础。全省1：20万水文地质填图，属全国第一轮1：20万水文地质调查项目。雁北、忻州、晋中、运城、长治地区及临县—古交地区、石楼—交口地区工作年限在1973—1984年，期间还完成了太原幅、阳泉幅、运城幅、侯马幅、佳县幅（山西部分）、绥德幅（山西部分）填图，1988年完成临汾地区1：20万水文地质编图。由于行政区划变迁及未完全按标准图幅布置工作，出现了一些天窗空白区，1995年，地质矿产部又安排开展了榆社—左权地区以及岚县、盂县、离石、灵石地区1：20万区域水文地质工作，1995年11月该项工作全部结束，工作经费全部为中央财政投入。

6. 1：25万区域水文地质调查与研究

1990—1994年，山西省地质勘查局参加了由国家计划委员会、地质矿产部、煤炭工业部共同承担的“能源基地晋、陕、蒙接壤地区地下水资源评价与合理开发利用”项目，对该区水资源量进行了评价，提出了区内水资源的合理开发建议和环境地质问题的防治对策；1999—2013年承担了中国地质调查局下达的《鄂尔多斯盆地地下水勘查（山西）》《山西六大盆地地下水资源及其环境调查评价》。山西累计完成1：25万水文地质调查工作面积15.30×10^{4}km^2，占全省国土面积的97.65%，完成面积占全省国土面积百分比排名全国第二，工作经费全部为中央财政投入。

7. 1：25万地下水污染调查

全国1：25万地下水污染调查工作完成面积161.57×10^{4}km^2，占陆域国土面积的16.6%；山西完成1：25万地下水污染调查工作面积15.30×10^{4}km^2，占全省国土面积的84.41%，完成面积占省国土面积百分比排名为全国第九，工作经费全部为中央财政投入。

8. 1：50万全省水文地质编图

山西省地质勘查局共组织进行过三次全省1：50万水文地质图编制工作。①第一次编图始于1973年9月，完成于1977年11月；②第二次编图于1989年开始，1991年因资金问题暂停，1996年10月又进行续作，2000年底提交成果；③第三次于2006年组织编制新一轮全省1：50万地质系列图，《山西省水文地质图（1：50万）》《山西省地下水资源分布图（1：50万）》及说明书包括其中，引用资料截至2005年12月，于2008年4月印刷内部发行。这些成果为山西省国民经济战略规划起到了重要作用。前两次全省1：50万水文地质图及说明书编制均由山西省第一水文地质工程地质队完成，第三次由山西省地质勘查局组织

表 2-1-2 山西省历次地下水资源评价资源量统计表

序号	不同评价期次	水文资料系列	水资源总量/($10^8m^3 \cdot a^{-1}$)	地下水资源量/($10^8m^3 \cdot a^{-1}$)			完成单位
				天然资源量	开采资源量	可开采资源量	
1	1977年第一次编制完成《山西省1：50万水文地质图》	1956—1975年	—	115.0	—	—	山西省第一水文地质工程地质队
2	1982年完成全省第一次水资源评价	1956—1979年	142.0	93.3	30.96	—	山西省水资源管理委员会
3	1987年完成全省第一次地下水资源评价	1956—1985年	153.48	105.0	26.55	62.7	山西省第一水文地质工程地质队
4	2000年第二次编制完成《山西省1：50万水文地质图》	1956—1995年	—	92.44	37.67	57.03	山西省地质矿产局
5	2002年完成全省第二次地下水资源评价	1965—1999年	127.358	91.398	56.91	42.00	山西省地质环境监测中心
6	2004年完成全省第二次水资源评价	1956—2000年	123.8	84.04	38.736	50.04	山西省水资源管理委员会
7	2008年第三次编制完成《山西省1：50万水文地质图》	1956—2005年	—	89.4	39.0	52.31	山西省地质勘查局
8	2016年完成全省第三次地下水资源评价	2001—2013年	99.7953	81.3820	36.1507	53.5838	山西省第一水文地质工程地质队，本专著引用
9	山西省水资源公报	2011—2021年平均值	124.4562	95.9014	32.4751	—	山西省水利厅
平均			128.4816	94.4578	37.3065	52.9440	

注："—"表示无数据。

完成，详见表2-1-2。

9.全省地下水资源评价

（1）历次地下水资源评价结果

自20世纪60年代至2023年，山西省共进行了8次地下水资源评价工作。山西省水资源管理委员会于1982年组织完成了2次，山西省第一水文地质工程地质队完成了3次，山西省地质环境监测中心完成了1次，山西省地质勘查局完成了2次，计算得全省水资源总量平均为$128.4816 \times 10^8m^3/a$，地下水天然资源量平均为$94.4579 \times 10^8m^3/a$，地下水可采资源量平均为$52.9440 \times 10^8m^3/a$，地下水开采量平均为$37.3065 \times 10^8m^3/a$，详见表2-1-2。

由于评价单位不同，利用水文系列资料各异，选取计算参数亦不一样，因此，地下水资源评价结果相差悬殊，即使同一单位提交的成果也有差异。但总体来看，从20世纪80年代以来，地下水资源量呈减少的趋势，而开采量却在逐步加大。

（2）《山西省水资源公报》中地下水资源评价成果

山西省水利厅从1984年起每年编制《山西省水资源公报》，2011年起通过官网面向社会公开发布。该公报对全省地下水资源进行评价。根据其评价结果，山西省2011—2021年地下水资源总量平均为$95.9014 \times 10^8m^3/a$，其中，山丘区地下水资源总量平均为$74.4737 \times 10^8m^3/a$，平原区地下水资源总量平均为$35.3091 \times 10^8m^3/a$，山丘区与平原区地下水资源重复计算量为$13.1250 \times 10^8m^3/a$；地下水开采量平均为$32.4751 \times 10^8m^3/a$，见表2-1-3。

10.地下水动态监测

（1）国家地下水监测工程（山西省部分）

根据国土资源部和水利部安排，山西省国土资源厅和山西省水利厅共同承担的《国家地下水监测工程（山西省部分）》，于2017年底全面完成了工程建设任务，2018年10月通过了项目验收，共在全省11市盆地平原区建成地下水专业监测站点702个，其中新建474个、改建228个，钻探总进尺59380m，安装水位自动监测仪器700台套，建设水准点700处，项目总投资4806.87万元。实现了全省主要平原盆地和

表 2-1-3　《山西省水资源公报》水资源量成果统计表（2011—2021 年）　　单位：$10^8m^3/a$

序号	年份	地下水资源量				地表水资源量	地下水与地表水重复计算量
		山丘区地下水资源量	平原区地下水资源量	山丘区与平原区地下水资源重复计算量	地下水资源总量		
1	2011	69.6073	37.6519	12.3051	94.9541	76.6478	47.2645
2	2012	—	—	—	88.3381	65.9039	47.9925
3	2013	74.4246	35.3003	12.8529	96.8720	81.0469	51.3656
4	2014	73.4587	35.9874	12.5508	96.8952	65.4475	51.0839
5	2015	67.7933	31.6145	13.0129	86.3945	53.8273	46.2679
6	2016	80.9654	37.2349	13.2928	104.9075	88.8767	59.6395
7	2017	81.1502	35.8189	12.8275	104.1416	87.8474	61.7493
8	2018	82.4306	31.5122	13.6503	100.2925	81.2832	59.6494
9	2019	66.4738	29.6219	13.5933	82.5023	58.4899	43.6941
10	2020	64.9360	34.3094	13.3284	85.9170	72.2147	42.9800
11	2021	83.4969	44.0396	13.8357	113.7008	155.8712	61.6664
平均值		74.4737	35.3091	13.1250	95.9014	80.6779	52.1230

序号	年份	水资源总量	供水量					总供水量	污废水排放总量	耗水总量
			地表水供水量		地下水供水量	污水处理回用及矿坑排水利用量				
			供水总量	其中提引黄河水量		污水处回用量	矿坑排水利用量			
1	2011	124.3365	32.7112	7.2673	38.5767	2.8966	74.1845	8.8570	57.2820	
2	2012	106.2495	31.8377	7.4534	36.4088	5.1419	73.3884	9.3320	55.6797	
3	2013	126.5534	33.5815	9.2086	36.2955	4.9709	74.8479	8.3705	55.8527	
4	2014	111.2588	32.7659	8.9536	34.7940	2.2098	1.6050	71.3748	7.4994	55.7037
5	2015	93.9543	37.0559	8.1165	33.2470	1.7222	1.5631	73.5882	8.1176	56.4782
6	2016	134.1447	39.5102	—	31.6636	2.2843	2.0676	75.5257	7.9048	58.9095
7	2017	130.2397	39.5716	—	31.0829	2.5292	1.7117	74.8954	7.8800	58.5118
8	2018	121.9263	39.7932	9.0130	30.0320	2.2299	2.2451	74.3002	7.9321	58.3353
9	2019	97.2981	42.2994	—	29.1611	2.1997	2.3111	75.9714	7.8364	60.0417
10	2020	115.1517	39.5484	—	27.7426	3.9311	1.5604	72.7825	—	57.7220
11	2021	207.9056	38.4561	—	28.2222	4.4477	1.4811	72.6471	—	56.4660
平均值		124.4562	37.0119	8.3354	32.4751	2.6942	1.8181	73.9551	8.1922	57.3621

注：根据山西省水利厅《山西省水资源公报（2011—2021年）》资料整理。

人类活动经济区的地下水水位、水温监测数据自动采集、实时传输和数据接收，并定期进行水样采集测试。该项目的完成在山西省地下水动态监测史上是一个重要里程碑，首次实现了地下水监测数据实时共享，目前监测站点已投入运行，将为水资源科学管理、地质环境问题防治、生态文明建设提供重要支撑，详见表2–1–4。

（2）地质勘查系统地下水动态监测

山西省地质勘查系统的地下水动态监测工作始于20世纪60年代。山西省水文地质工程地质队太原观测站于1965年成立，主要承担太原地区地下水动态监测的任务，控制面积约1500km²，长期观测点85个，统测点150个，水质监测点60个。之后，山西省地质勘查系统陆续成立了大同、朔州、忻州、晋中、长治、临汾、运城等7个地下水长观站。监测内容包括水位、水温、水质。2016年这些监测井（孔）与《国家地下水监测工程（山西省部分）》监测井（孔）进行了整合。

（3）水利系统地下水动态监测

山西水利系统地下水监测工作始于20世纪70年代。1976年，省水文总站在运城盆地布设了256处地

表 2-1-4 国家地下水监测工程（山西省部分）建设主要工程量统计表

序号	监测区	建设水准点/处	新建监测点		改建监测点/处	安装水位自动监测仪器/台套	项目经费/万元	备注
			数量/处	钻探总进尺/m				
1	大同市	120	66	6646	56	122	567.02	
2	朔州市	47	47	4540	0	47	369.04	
3	忻州市	48	48	4865	0	48	700.36	
4	晋中市	47	47	5033	0	47		
5	太原市	93	61	7760	32	93	649.60	
6	阳泉市	10	4	700	6	10	102.83	
7	吕梁市	35	21	3410	14	35	289.79	
8	长治市	58	51	4874	7	56	387.75	包括2处泉水监测点
9	晋城市	13	0	0	13	13		
10	临汾市	99	60	8266	39	99	1740.47	
11	运城市	130	69	13286	61	130		
合计		700	474	59380	228	700	4806.87	

下水动态监测井；1977年在晋中、1978年在忻州相继展开工作。1978年底，省水文总站设立地下水基本监测井500余处；1979年，全省大部分平原区和盆地都开展了地下水长期监测工作。

至1980年底，六大盆地布设地下水基本监测井981处，基本满足了地下水水位动态变化监测的需要；1981年以来陆续建成以浅层水为主的专用监测站100余站，1985年开始兴建太谷大型综合性均衡实验站，1989年建立了奇村地热水实验站。1981年7月23日，山西省地下水勘探队成立。1981年底，全省设立地下水基本监测井1170处；1982年，建成地下水水位监测专用井120处，开采量监测井112处；至1985年底，全省共设有地下水动态基本监测井1168处，其中专用井147处、生产井1021处；1986年，在各盆地增加适应县级生产需要的年末地下水水位统测井2800处；1987年，全省布设监测井1112处，分布于58个县（市、区）。从井型结构来看，使用生产井监测的584处，非生产井（含民用井）303处，专用监测井235处。

1995年，全省地下水动态监测井共1097处，分布在62个县（市、区），其中盆地区999处、山丘区98处。按井型划分，生产井584处，非生产井（含民用井和不抽水机井）303处，专用井210处。

2000年，全省布设地下水动态基本监测井744处，其中黄河流域433处、海河流域311处；统测井2501处，其中黄河流域1590处、海河流域911处。

2005年，全省布设地下水动态基本监测井781处，其中黄河流域454处、海河流域327处；统测井2444处，其中黄河流域1528处、海河流域916处。

2008年7月，省政府决定将地下水水位变幅纳入经济社会发展44项考核评价指标体系。省水文水资源勘测局制定了地下水监测技术方案，于9月11日付诸实施。考核评价统测井网以已有地下水基本监测井网为基础，补充一部分山区井、不同开采层位井，形成对市、县经济社会发展考核地下水监测指标井网，共计811处，依此掌握全省117个县（市、区）的地下水动态情况，详见表2–1–5。

2010年，全省布设地下水动态基本监测井796处，其中黄河流域472处、海河流域324处；统测井2248处，其中黄河流域1366处、海河流域882处。

2013年，全省设有地下水基本监测井825处、统测井2279处，在这些已设监测井中选择811处作为经济社会发展考核指标统测井。其中黄河流域基本监测井485处、统测井1397处。重点控制了地下水开发利用程度较高的六大盆地和部分水源地。

2015年，全省布设有地下水基本监测井823处。按照监测方式分类，自动监测井126处，人工监测井697处；按照重要程度分类，重点监测井191处，一般基本监测井632处；按照监测井所处地貌类型及含水层分类，盆地平原区监测井656处（中深层水143处，浅层水513处），一般山丘区监测井93处（中

表 2-1-5　山西省水利系统地下水监测站网统计表（2010 年）

序号	行政区划	基本监测站					统测站/站	考核指标统测站/站
		合计	按监测手段		其中特殊类型区			
			自动监测/站	人工监测/站	重点水源地/处	超采区/处		
1	大同市	90	9	81	16	22	160	73
2	朔州市	54	6	48	3	3	124	47
3	忻州市	122	4	118	7	5	274	60
4	太原市	70	18	52	5	10	89	66
5	晋中市	118	18	100	1	39	333	83
6	吕梁市	32	5	27	1	3	137	67
7	阳泉市	28	4	24	2	—	65	21
8	临汾市	83	17	66	8	21	168	133
9	运城市	149	43	106	10	60	610	140
10	长治市	46	9	37	1	—	259	79
11	晋城市	33	—	33	1	5	60	42
12	合计	825	133	692	55	168	2279	811

注：本表根据山西省水利厅2010年统计资料编制。

深层水27处，浅层水66处），岩溶山区监测井74处；按照地下水类型分类，基本类型监测区监测井662处，特殊类型区监测井161处，统测井1863处。

地下水监测经历了20世纪60年代为合理农田灌溉、防止地下水水位上升产生盐碱化服务，70年代为合理开发利用地下水、防止地下水水位下降服务，80年代结合全省地下水资源评价、按流域水资源系统布设地下水监测站网，90年代以来区域控制与重点监测相结合、加强重点水源地监测，2009年以来纳入经济社会发展44项考核评价指标体系等五个发展阶段。地下水监测站网已经运行了40多年，比较系统地积累了各类监测数据。共完成30多年地下水动态的监测和资料编印，其中获取地下水水位监测数据560余万个；地下水水温资料1500个站年；地下水单井开采量3600余站年，水质监测资料5000余站；地下水水位过程线22600条；地下水统测资料70000余站年；太谷均衡实验站地下水水位观测数据35000组；奇村地热站地下水监测数据17500组。近年来，山西省实现地下水水位止降回升。

另外，2007年以来，山西在地下水超采比较严重的50个县（市、区）建立地下水监测网络，并对水井安装智能IC卡装置，从源头上对全省地下水开采实施动态监测和严格控制。

（4）环保系统地下水动态监测

山西省环保部门长期以来对全省城镇重要地下水水源地进行水质、水位及开采量动态监测，并定期面向社会发布公告。

山西省城市集中供水水源地水质监测主要由省环境保护厅承担，始于20世纪80年代。刚开始，仅对太原、大同、阳泉、晋城、晋中、长治、运城的主要地下水水源地进行监测，监测项目也比较少；2015年，监测11个地级市28个集中式饮用水地下水源地，监测项目达39项指标；2021年，监测11个地级市38个集中式饮用水地下水源地，监测项目39项指标。另外还对重点水源地的水位、开采量进行监测，详述如下。

1）“七五”时期（1986—1990年）。开展了太原市、大同市、阳泉市、晋城市、榆次市、长治市及运城市的城市供水水源水质监测、水位监测。

2）“八五”时期（1991—1995年）。主要开展了太原城市饮用水源地动态监测，水源地全部是地下水，水源地有6处，即兰村、西张、枣沟、南北固碾、菜园和小王村水源地，共拥有95眼井，其中兰村、枣沟为主要水源地，其产水量占太原市总产水量的90%以上，监测内容包括水质、水位等。

3）“九五”时期（1996—2000年）。开展了太原市、大同市、吕梁市、阳泉市、长治市、晋城市及运城市的城市供水水源地水质、水位监测。

4）“十五”时期（2001—2005年）。全省在除吕梁市以外的10个城市开展城市集中式生活饮用水源地动态监测，监测内容包括水质、水位。

5）“十一五”时期（2006—2010年）。2010年，全省共监测11个城市集中式饮用地下水源地19个，监测内容包括水质、水位、开采量等。

6）“十二五”时期（2011—2015年）。2015年，全省11个地级市共监测29个集中式饮用水源地。其中地表水水源地5个、地下水水源地24个，监测内容包括水质、水位、开采量等。

7）“十三五”时期（2016—2020年）。全省11个地级市集中式饮用水水源地动态监测，由2016年的27个扩展到2021年的38个，地下水水源地由21个扩展到30个。监测内容包括水质、水位、开采量等。

11.水文地质试验

（1）地下水均衡试验场（站）建设

1）地质勘查系统地下水均衡试验场。20世纪80年代，在山西省第一水文地质工程地质队太原迎新街观测站、山西省地质勘查局217地质队大同观测站、山西省第二水文地质工程地质队侯马观测站分别建有地下水均衡试验场，并提交了地下水均衡试验场建场报告，建场后曾经进行过短期运行观测，后由于种种原因停止运行并拆除。大同市地下水均衡试验场筹建于1984年，1990年建成投入运行，场址位于217地质队大同观测站院内，历经数年建设，投入大量工作，如土建工程、土样采集与安装、地中渗透仪安装、原土回填、气象观测站建立、仪器调试与运行等，在经过3年（1990—1992年）的运行后，山西省地质矿产局环境地质总站于1993年12月提交了《山西省大同市地下水均衡试验场的建立及监测分析报告》，后来由于机构改革及经费原因停止运行。

2）水利系统太谷均衡实验站。隶属于山西省水文水资源勘测局的太谷均衡实验站，位于太原盆地中部的晋中市太谷县武家堡村，地理坐标东经112°30′~112°33′，北纬37°26′~37°27′之间。该站于1985年6月25日决定设立，1987年5月建成投入运行，以研究大气降水、地表水、土壤水及地下水“四水”转化机理以及水文、水文地质参数、参量为基本目的，是水资源评价、研究、规划的基础设施，由中心实验场和地下水均衡区两部分组成，占地面积分别为1100m^{2}和7.72km^2。实验站包括地中蒸渗计观测系统、模拟池观测系统、非饱和带观测系统、地面气象观测系统、地下水均衡区观测系统等5个观测实验系统，组成一个综合实验系统，是目前我国规模最大、观测实验项目最全的省级水均衡实验站。该站于2018年进行了实验系统自动化升级改造，实现了数据的自动采集、传输和资料的整编。至2015年底，该站累计搜集气象要素、土壤湿度、地下水动态、土壤水分运移、作物需水耗水、四水转化参数、农业灌溉、平原水文等原始观测实验数据620余万组，并进行了整编、刊印，出版专著《水资源分析参数实验概论》（孙明、薛明霞，2014）。

（2）岩溶地下水循环野外观测基地

2021年5月，在地调项目“汾河流域水文地质调查”和国家自然科学基金项目“北方典型岩溶区降水变化对地下水补给的影响研究”的共同支持下，中国地质科学院岩溶地质研究所在山西汾阳建设的北方典型岩溶地下水循环野外科学试验观测基地初步建成。

地下水资源调查、监测和评价是新时期水文地质与水资源调查评价的主要任务，岩溶地下水资源作为北方地区主要的供水水源之一，准确评价其资源量是保障供水安全的决定性要素。为获取岩溶地下水资源评价的关键参数，掌握地下水循环过程，自2019年开始，岩溶地质研究所在山西省汾阳市选择马跑神泉岩溶地下水系统建立了北方典型岩溶地下水循环野外观测基地。

通过近三年的不断完善，该基地已建成降水量监测站4处、地表径流监测站1处、岩溶泉水流量监测站1处、岩溶地下水监测站3处、蒸散发监测站1处、土壤水监测站1处，获得了马跑神泉岩溶地下水系统四个完整水文年（2019年5月—2023年4月）的降水量、地表径流量和泉水流量等高精度观测数据，为北方同类型岩溶区地下水资源评价的降水入渗系数、地表产流系数等研究提供了基础数据，为地下水资源评价参数选择、地下水循环过程、“三水”转化规律研究和水循环模式建立奠定了基础。下一步，岩溶地质研究所将努力把该基地打造为北方岩溶地下水循环研究的核心基地。

12.地下水水源地勘查

中华人民共和国成立70多年来，有关地勘单位共为全省城镇供水、矿山企业供水、工业企业供水及第三产业供水等勘查地下水水源地266处。其中山西省地质勘查局为全省大中城市、工矿企业等探明地下水水源地57处，包括特大型水源地6处、大型水源地16处、中型水源地26处、小型水源地9处。已经开发和可供开发的探明的（B级）开采资源153.56×$10^4m^3/d$，已完成详查可供勘探的控制的（C级）开采资源量117.22×$10^4m^3/d$，作为远景规划可进一步详查的推断的（D级）开采资源量62.81×$10^4m^3/d$；山西省煤炭地质局主要为矿山企业勘查地下水水源地110处，获得地下水资源量937×$10^4m^3/d$；山西省勘察研究院为城镇供水勘查地下水水源地90处；山西省电力勘测设计院为火力发电厂勘查地下水水源地12处。这些水源地为山西矿山、城镇和重要工程供水起到了十分重要的作用。

13.水文地质科研项目

全省共完成水文地质科研项目43项，包括原山西省地质勘查局完成23项、原山西省煤炭地质局完成10项、原山西省勘察研究院完成10项。这些科研项目的完成有力地推动了水文地质基础理论、水文地质试验，以及文水地质钻探水平的发展，解决了水文地质勘查中的一系列技术难题，特别是在岩溶大泉的研究方面走在了全国的前列。1990年9月，山西省第一水文地质工程地质队"高压自流井止水工艺及器具"和"电缆线连接密封装置"两项水文地质钻探科研成果获得国家专利。

14.水文地质大事记

大量地水文地质勘查工作及成果，为地下水勘查深入研究和学术活动提供了宝贵的基础资料，同时也催生了大批水文地质著作的出版和学术论文的发表，我国许多水文地质专家把山西作为岩溶大泉研究的典型地区，同时发生了许多大事、要事。

本书共遴选出1958—2023年65年间山西省水文地质方面的大事记共计367条，包括法规、规范大事记17条，管理大事记56条，勘查大事记44条，成果获奖大事记167条，学术研究活动大事记19条，著作大事记47条，其他大事记17条。

经统计，1975—2023年间，省内外政府部门、地勘单位、高等院校及科研院所及个人共编写出版水文地质著作47部，并发表了大量的学术论文。

15.钱学溥先生在山西水文地质勘查事业中的杰出贡献

我国著名水文地质学家钱学溥先生发表论文40余篇，出版专著3部，他提出的"北方岩溶""南方岩溶"、岩溶"泉域"等多个重要概念，以及推导出的7个重要水文地质计算公式，为广大学者所接受，有些被高校教材和规范手册所采用。他一生致力于水文地质事业，为山西的水文地质勘查事业作出了突出贡献。

钱学溥先生1958—1984年在山西工作，先后任山西省地质局水文地质队工程师、总工程师。在职期间，负责提交了太原兰村、太原西张等水源地勘探报告，保德铁匠铺、河曲梁家碛等水源地详查报告，36个市、县农田供水详查报告，国家重点项目"娘子关泉域水文地质研究报告"等，共约120份报告。不但取得了丰硕的专业技术工作业绩，而且为我国水文地质学学术发展作出了杰出的贡献，概括为29项主要学术贡献，现将其介绍如下。

（1）推导出压水试验压力值的计算公式（1957年）

在工作实践中钱学溥先生发现原压水试验规程，压力值的计算公式有误。钱学溥先生根据静水力学原理，推导出压水试验压力值的计算公式（《三门峡水化学概述》论文，1957年12月在《水文地质工程地质》第12期发表）。该公式后来被纳入了有关院校的讲义，并在三门峡、三峡等水利枢纽勘察工作中得到了应用。

（2）提出重庆附近10多处温泉成因的"石膏岩溶说"（1958年）

重庆附近有10多处温泉，温度均在41℃左右，都是TDS在2g/L左右饱和的硫酸钙（石膏）水，流量都在20～50L/s之间，全部出露在三叠系角砾状石灰岩岩层中。钱学溥先生根据盆地中石油深钻打到了厚层的硬石膏，提出这些温泉成因的“石膏岩溶地下水深循环说”(《重庆附近温泉的成因》论文，1958年地质部水文地质研究所《水文地质论文集》收录)。这一学说被广大的水文地质工作者所认同。

(3) 提出四川三叠系角砾状石灰岩成因的“石膏岩溶塌陷说”(1959年)

四川三叠系角砾岩区域性分布，厚数十米，石灰岩角砾直径可达1m。钱学溥先生根据盆地中石油深钻打到了厚层的硬石膏，提出四川三叠系角砾岩成因的“石膏岩溶塌陷说”(《四川东南中上三叠纪嘉陵江统之角砾状石灰岩成因》论文发表在1959年1月《水文地质工程地质》第1期)。这一学说被广大的地质人员所接受，三叠系角砾状石灰岩被地质队视作寻找钾盐的一种标志层。

(4) 提出四川、山西陷落柱成因的“膏溶说”(1960年)

关于陷落柱的成因，根据地下深处煤系地层下伏的石灰岩中，赋存有厚层的硬石膏，钱学溥先生提出陷落柱成因的“膏溶说”——地下深处厚层的硬石膏水化成含水石膏，体积膨胀55.6%。含水石膏具有可塑性，沿着断裂带的交线冲入上覆煤系地层，地壳继续上升，被地下水溶蚀塌陷，形成陷落柱(《山西高原喀斯特发育特征》论文发表于1960年《水文地质工程地质》第3期,《石膏喀斯特陷落柱的形成及其水文地质意义》论文发表于1988年《中国岩溶》第4期及《IAH国际水文地质学术会议论文集》)。

1980年以后，关于陷落柱的成因有“溶洞说”“真空说”“非重力说”等多种学说。2005年，何克强等著《中国北方岩溶塌陷》一书指出，钱学溥提出的“膏溶说”，为广大的地质工作者所接受。

(5) 提出“北方岩溶”这一术语(1960年)

钱学溥先生在南方岩溶地区工作过多年，1958年来到山西工作，发现北方岩溶和南方岩溶迥然不同：南方以岩溶洼地和落水洞为代表，北方以旱谷和大泉为代表。经过取样分析，说明造成南北方岩溶差异的原因是气候和岩性。

钱学溥先生提出，我国岩溶可以划分为“北方岩溶”和“南方岩溶”两大类型的观点，在1981年5月太原市召开的“中国北方岩溶和岩溶水学术讨论会”上被全国广大的水文地质工作者所接受。

(6) 提出地表径流系数在水文地质方面的应用(1963年)

我国水利部门在全国建有数以百计的地表水观测站，有数十年的观测资料。根据水均衡原理，分析总结不同地层、地貌条件下，降水量与地表径流系数的关系曲线，可以定量地给出不同地层、地貌条件下的地下水径流模数(《地表径流系数在水文地质工作中的应用》论文发表于1963年《地质论评》)。在钱学溥先生指导下，山西省地质局水文地质队采用地表径流系数原理，参考有关资料编制的《山西省1：100万地下水径流模数图》，受到使用单位的欢迎，并受到地质矿产部1979年的奖励。

(7) 推导出消除井损计算渗透系数的公式(1965年)

1964年进行太原西张水源地勘探工作，在盆地内钻孔揭露了高水头的承压水，通过放水试验，由于井损的存在，Q—S关系曲线形成抛物线形状，怎样计算渗透系数成了难题。钱学溥先生根据导数、最小2乘法、直线截距等原理，推导出消除井损计算渗透系数的公式(《消除井损计算渗透系数的方法》论文收录1965年《全国水文地质学术会议论文集》;《消除井损计算渗透系数的方法》论文发表于1984年《工程勘察》)。这个公式被纳入《供水水文地质手册》第5页，手册编者注：利用这个公式计算的渗透系数比较符合实际。这个公式，比澳大利亚专家推导的相同的公式早15年，被地质矿产部授予科学进步奖。

(8) 首次提出了“泉域”这一术语(1965年)

钱学溥先生通过多年野外水文地质工作，认识到“泉水不分大小，在地下都有一个相对稳定的集水范围，可以名之为泉域”(《山西省喀斯特大泉》论文收录1965年《全国水文地质学术会议论文集》)。

“泉域”这一术语，已广泛被水文地质工作者以及水利部水资源管理部门所应用。钱学溥先生提出的“泉域”的观点，可以说是研究岩溶大泉的一个里程碑。

(9) 总结出太行山缺水石灰岩山区12种饮用地下水水源类型(1966年)

1965年，钱学溥先生任山西山区抗旱技术队长，在太行山盂县、阳泉、平定、昔阳、和顺、左权6县的石灰岩山区，步行2000里(1000千米)，调查了200多个现有成功的和失败的水井，总结出缺水的太行山石灰岩山区12种饮用地下水水源的水文地质类型（《太行山石灰岩山区的饮用地下水源》论文发表于1966年《水文地质工程地质》），为在缺水的石灰岩山区寻找地下水源提供了典型案例。

（10）编著《怎样找地下水》专著，提出寻找地下水的八大要素（1975年）

钱学溥先生1970—1973年在山西五台山区为250个生产队寻找地下水，成功率比较高，县井队由1台发展到7台，受到媒体的关注。地质出版社邀请钱学溥先生撰写《怎样找地下水》专著。该书共20万字，190幅插图，总结了寻找地下水的八大要素，论述了26种地下水蓄水构造类型和寻找方法（《怎样找地下水》，1975年4月地质出版社）。该书创纪录地印刷发行了32300册，法国水文地质专家称赞该书可以作为寻找地下水的规范。1978年，全国科学大会期间，该书作为优秀科技图书展览。

（11）根据水文地质理论找到了黄河水下最大的岩溶大泉——天桥泉（1979年）

1960年，山西进行晋西北五县石灰岩高原水文地质普查，普查报告认为区内最大的泉水只有2.18L/s流量。钱学溥先生认为这个结论可能有误，晋西北五县石灰岩面积达8000km^2，没有地表河流，西侧的黄河峡谷应该是地下水的排泄区。黄河保德以南出露有隔水的煤系地层，保德以北至河曲一带，黄河岸边及水下应该有地下水出露。“文化大革命”期间水文地质技术工作基本瘫痪了，1967年6月26日，钱学溥先生一个人独自中午到达保德，下午便沿黄河岸边向北走去。走了7.5km，见到黄河河心有一处岩岛，两岸奥陶系石灰岩岩层翘起，说明有断层构造；附近黄河东岸有300L/s的泉水出露；当地群众反映，这一段黄河水冬天不结冰。这些现象说明：这一段黄河是地下水的排泄区，黄河水下应该有大量的地下水出露。

1979年，钱学溥先生应邀撰写了学术论文《山西省岩溶泉水》（论文发表于1979年《水文地质工程地质》第5期）。文章根据当地的一处居民点，命名该水下泉为“天桥泉”，参考汇水面积等因素，估计泉水流量有10m^3/s左右。1987年，上游龙羊峡水库蓄水，黄河河道基本干枯，实测天桥泉水流量为12.4m^3/s，是我国最大的岩溶泉水。附近施工的管井，自流水量达到创纪录的5.6×10^4m^3/d。后来，利用该排泄区的地下水建成了河曲大型坑口火电站等水源地。

（12）科学解释了五台县石窟鳌鱼的奇特景观（1979年）

“石窟鳌鱼”奇观是五台县八景之一。这个奇观说的是：在清水河畔陈家庄乡李家庄村石灰岩壁上有一处出水的溶洞，每年清明节前后约20天时间的夜晚，尤其是刮风过后，从溶洞中会有金丝鲤鱼（学名突尾鱼）涌出，每年涌出量在1000斤（500kg）左右。金丝鲤鱼眼大但视力差，鱼体消瘦且半透明，体重多在二两至半斤（100～250g）。这一奇观媒体也有报道。

钱学溥先生在了解这一情况后，决心解开谜团。于1963年8月的一天，与三名水文地质技术人员自清水河下游向李家庄挺进，不巧遇到暴雨和洪水，不得不无功而返。1974年4月，钱学溥先生怀着探奇和责任的心情，又独自一个人从清水河上游河谷向李家庄跋涉。20km长的峡谷，空旷无人，磕磕绊绊冒着生命危险，一直走到晚上十点，才来到李家庄。通过第二天的考察和找老乡座谈，得到的科学解释是：20km长的峡谷，冬天冻结了数百万立方米的冰层，清水河东西向的河谷缺少日照，直到清明前后才开始融化。如果刮风，就会加速冰层的融化。生活在地下岩溶裂隙水中的金丝鲤鱼，水温在7℃左右，遇到0℃左右的冰水，仓皇逃窜，形成了“石窟鳌鱼”的奇观。由于地下水的流速较慢，因此，白天冰层融化，夜晚出鱼也就在情理之中了。这一科学解释，得到了群众和专家的普遍认可。

（13）首次编制《1：50万山西省地下水资源分布图》（1980年）

钱学溥先生从水土资源平衡的观点出发，将山西全省划分为5个区：极贫水区，占全省面积的24%，居民缺少饮用水源；贫水区，占全省面积的57%，可以解决居民饮水问题；较富水区，占全省面积的11%，可以解决农业生产保苗问题；富水区，占全省面积的7%，可以解决农业生产灌溉问题；极富水区，占全省面积的1%，共包含已建和宜建的水源地94处，可开采量18.2×10^8m^3/a。另外，全省有流量>10L/s的大泉257处，总流量35.5×10^8m^3/a。该图说明书给出了全省水源地统计表、泉水统计和各市、县（区）的地下水资源平衡表。

该图及说明书经过省内外32个单位、50位专家评审，认为这是一项探索性的工作。编图的目的明确，针对性强，图面清晰直观，表示了宜井范围和宜建水源地的位置，提出了各市、县（区）的地下水资源平衡表，可供省、地两级地下水开发规划使用，也可作为城市及工业供水勘查的参考。该图印刷发行后，取得了良好的社会效益，荣获地质矿产部科技成果奖（《山西省的地下水资源》论文发表于1982年《山西水利科技》）。

（14）创纪录地计算出娘子关泉水与9年降水量相关（1982年）

钱学溥先生利用1963—1980年娘子关泉水流量18年数据，泉域内4个雨量站27年观测数据，利用电子计算机，采用一元线性回归、系统理论等方法，通过216个计算方案的计算结果，得到娘子关泉水与包括当年在内的9年降水量有关（流量以m^3/s计，雨量以mm计，9年的权系数依次为：0.00318、0.00676、0.00634、0.00493、0.00461、0.00434、0.00322、0.00175、0.00130），月无效降水量是31mm，复相关系数高达0.996。这种计算结果，对于探讨岩溶泉水形成的机制、预报泉水的流量、评价泉水的可开采量及其误差等方面都有重要的意义（《地下水资源评价理论与方法的研究》，1982年由地质出版社出版）。

在国内，钱学溥先生是第一个利用计算机和实际观测的数据，通过严密的数学计算，认识到岩溶大泉滞后降水可以长达9年，并分别计算出9年降水量对泉水流量的贡献。1985年，他负责组团去美国考察岩溶大泉，美国专家对他上述计算的方法和结果产生了浓厚的兴趣。他的上述计算结果，被纳入国内一些地质院校的教材。这种计算方法，在神头泉、龙子祠泉、柳林泉等岩溶大泉的勘查工作中，也得到了成功的应用。

（15）提出运城盐湖盐分地下水补给说（1982年）

我国盐湖一般分布于干旱地区，呈带状分布，湖水中的盐分主要由地表水携带而来。山西运城盐湖远离我国的现代盐湖，当地降水量达500～550mm，盐湖周边有围墙阻隔，没有地表水进入盐湖。该盐湖已开采1000多年，多年来，运城盐湖年产各种盐类总量都在100×10^4t以上。钱学溥先生创造性地认为运城盐湖的盐分是由地下水带来的。运城盆地曾遭到过第四纪海侵，厚度很大的第四系地层，含有大量的盐分。运城盆地是一个自流水盆地，运城盐湖就是这个自流水盆地的排泄区，大量的承压水携带着盐分，自运城盐湖北侧的断层和湖底部涌出地表，不断地补充盐湖的盐分。根据这个认识，山西省地质局指定钱学溥先生负责指导编写运城盐湖的勘探设计。勘探工作结束后，取得了预期的结果（《山西运城盐湖的成因》论文1982年发表于《山西地质科技》）。

（16）创造性地提出计算多年调节泉水衰减方程的计算方法（1984年）

我国南方的地下暗河，地下水以管道流为主，当年雨季补给的地下水，当年旱季基本可以得到排泄，因此，地下暗河旱季流量的衰减过程，可以看作与镭衰变过程相似，可以按梅勒泉水衰减指数方程进行计算。钱学溥先生认为：北方岩溶大泉属多年调节的泉水，旱季几个月，这些岩溶大泉还可能出现流量增加的现象，因此，不能利用旱季几个月的流量计算泉水的衰减方程。以娘子关泉水为例，他提出可以利用该泉系统理论计算的结果，计算连续9年没有降水补给的条件下逐年泉水的流量。进一步，利用最小二乘法，计算出泉水流量的衰减方程。

根据他的计算，娘子关泉水连续9年没有降水补给的条件下，前5年泉水的衰减曲线近似一条直线；后4年泉水的衰减曲线近似一条指数曲线。利用娘子关泉水的衰减方程及其他一些有关的数据，可以计算该泉水在9年没有补给的条件下总疏干水量有$14.5\times10^8m^3$，地下水的平均流速为7.78km/a，含水层的平均储水系数为0.0023，含水层的平均渗透系数为4.6m/d（《北方多年调节大泉衰减方程的计算及其应用》论文发表于1984年《水文地质工程地质》第5期）。该成果荣获地质矿产部科技进步奖。1990年，在土耳其召开国际水文地质学家第22届学术会议上，这篇论文受到欢迎，组委会主席古那博士，特意为他申请到联合国教科文组织给予他的参加会议资助。

（17）发现了太行期剥蚀面填补了北方地文期的空白（1984年）

1981年，钱学溥先生乘车在平顺县翻越太行山。行至分水岭，忽然瞥见车窗外有1～2处岩溶洼地，他意识到这将是一个重大的发现。作为“山西省娘子关泉域岩溶水研究”科研项目的一部分，他在这个地段部署了地形测量、地质测绘、钻探和孢粉分析等项工作。

钱学溥先生将这片剥蚀面定名为“太行期赵城岩溶剥蚀面”，剥蚀面的总面积有6.3km^2。其中赵城剥蚀面面积最大，面积有1.7km^2，其上分布有7个完全封闭的岩溶洼地、7个落水洞，属于亚热带丘陵洼地地貌。洼地中部钻孔揭露中新统河湖相地层厚35m。这个发现填补了我国北方新近纪中新世一个地文期的空白（《太行期岩溶剥蚀面的发现及地文期的划分》论文发表于1984年《中国岩溶》第2期）。袁道先院士认为这是一个重要的发现，对研究我国北方新构造运动、古气候、岩溶发育历史等有着重要的意义，同时对华北平原深部岩溶的研究和古潜山型油气田勘探也有实际的意义。为此，袁道先院士专门到太行山上的赵城岩溶剥蚀面进行过考察。

（18）《中国蓄水构造类型》专著受到相关院士高度评价（1990年）

1980年，科学出版社邀请钱学溥先生撰写一本反映我国蓄水构造类型的书籍。在对编写大纲讨论过程中，得到了陈梦熊、张宗祜、胡海涛、方鸿慈、哈承佑、刘光亚、崔光中、秦毅苏等国内知名专家学者的指导。为了充分反映我国多姿多彩的蓄水构造类型和各单位的工作成果，钱学溥先生走遍了我国30个省、自治区、直辖市，查阅和搜集了1000多份区域和水源地水文地质勘查方面的资料。1990年2月，出版了《中国蓄水构造类型》专著。该书共有64万字，书中论述了蓄水构造的概念、控制因素、中国蓄水构造类型划分的原则等，并将我国蓄水构造划分为4类25型。书中精选了396个实例、413幅水文地质剖面图和平面图，其中包括北京、上海、天津等各大城市主要的蓄水构造，也包含了像辽宁海底岩溶大泉、藏北高原冻土区地下水、西沙群岛珊瑚沙潜水等许多珍贵的勘查资料（《中国蓄水构造类型》，1990年由科学出版社出版）。

该书完稿后，中国地质学会水文地质专业委员会主任委员贾福海院士审阅认为“该书阐述的蓄水构造概念明确，控制因素分析正确，类型划分详尽。精选的396个实例、413幅水文地质剖面图和平面图是书中最精彩的一部分。该书既包括了基岩山区的蓄水构造，也包括了松散岩层的蓄水构造，在我国还是首次。”他认为这本书实际上是以另外一种形式反映了我国水文地质情况，是一大“创举”。

（19）提出北方奥陶系含水层属“层控含水层”学说观点（1990年）

一般石灰岩分布地区，石灰岩的导水性极不均匀，除断层破碎带以外，岩层的导水性并不高。以贵州省为例，由于凿井的成功率过低，不得不放弃打井而以寻找地下暗河作为开发地下水资源的主要方向。但在我国的北方却有明显的不同，在山西、山东、河北、河南、陕西、北京、天津等省、直辖市，奥陶系石灰岩具有很高的导水性并具有层控的特点。凿井的成功率高达90%以上，单井的出水量达到2000～10000m^3/d。究其原因，是由于奥陶系石灰岩属于潟湖相沉积。奥陶系石灰岩可以分为3组8段，也就是说有3个沉积旋回，岩性除石灰岩外，还有白云岩、岩盐、硬石膏、泥灰岩等。由于这些岩层溶解速度的不同，造就了奥陶系含水层具有层控的特点。钱学溥先生这一学说观点，对勘查开发北方奥陶系岩溶地下水，具有指导意义。

（20）推导出体积法求解地下水资源的公式（2004年）

蒙古西乌尔特市锌矿水源地水文地质条件十分复杂，这个水源地由三块有水力联系面积不大的石灰岩组成，它的地下水排泄带被冲洪积层所覆盖。20多年来，苏联和我国共有三个勘查单位进行过抽水试验和可开采量的计算，但都因当地水文地质条件与计算公式的使用条件不相符合，计算的可开采量误差过大。2001年，钱学溥先生负责该勘探工程，他首先推导出“体积法求解地下水资源量”公式。在水源地累计施工了12个观测孔，经过抽水试验，利用体积法计算的可开采量，获得了我国国家级矿产储量评审机构的认可。这一公式也成功地应用在新疆哈密大南湖煤矿烧变岩地下水的勘探工作中。

体积法的数学表达式十分简单直观。它的原理是：利用一定数量的观测孔，计算含水层的疏干体积与恢复体积，利用计算的疏干体积与恢复体积在空间上的基本重叠，求解两个联立方程式中的补给量和给水度μ值（《体积法求解地下水资源量》论文发表于2004年《工程勘察》第6期）。

（21）提出作图法计算水库壅水水位的方法（2005年）

1998年，长江水利委员会综合勘测局邀请钱学溥先生参与重庆市江北区洛碛镇浸没问题的水文地质勘查与浸没的计算。以达西定律为基础的卡明斯基公式，可以计算浸没的高度，但是这种传统的解析解计算方法对这样的三维地下水流场却是无能为力。钱学溥先生除了利用计算机进行数值解计算外，为了提高浸没计算的可靠程度，他还提出一种"图解法"求解浸没的高度，取得了良好的效果。该成果通过了专家组的评审，并获得了重庆市颁发的银质奖。

长江是两岸地下水的排泄带，三峡水库蓄水以后，地下水仍将排向长江。因此，就一个垂直长江的剖面来看，长江就相当一个抽水井。利用不同的长江水位和对应的阶地上的钻孔水位，作出关系曲线，就可以在一定的范围内，推算出钻孔的水位。可以看出，上述关系曲线近似是双曲线的一部分。当三峡水库正常高水位达到175.5m的时候，利用数值法计算阶地上ZK12号钻孔上层水水位将壅高到180.5m；图解法推算将壅高到180.0m（《作图法求解库岸地下水的壅高值》论文发表于2005年《水文地质工程地质》第1期）。这种计算方法，被一些科技工作者所引用。

（22）提出预算矿坑涌水量必须认定它的精度级别和可信度（2007年）

1991年颁发的国家标准《矿区水文地质工程地质勘查规范》，没有要求认定预算的矿坑涌水量的精度级别和可信度，以至于预算的矿坑涌水量往往误差过大，满足不了设计的要求，造成巨大的经济损失。2007年，钱学溥先生为此撰写了文章，提出预算矿坑涌水量，必须认定它的精度级别和可信度。如大井法预算的矿坑涌水量，属于D级（推断的）的精度，可信度在0.3左右，只能作为小水矿床设计排水工程的依据（《预测矿坑涌水量的计算级别与精度评述》论文2007年10月发表于《中国煤炭地质》第1期）。这一观点，已被广大的地质工作者所接受，并将主要内容纳入修订后的国家标准《矿区水文地质工程地质勘查规范》。

（23）提出反求*R*值利用大井法计算矿坑涌水量（2007年）

大井法是预算矿坑涌水量最常用的一种方法。裘布依大井法公式有一些应用条件，另外，大井法计算渗透系数往往利用库萨金、吉哈尔计算抽水孔抽水地下水影响半径*R*值的公式；计算矿坑涌水量再一次利用库萨金、吉哈尔计算抽水孔抽水地下水影响半径*R*值的公式，计算矿山排水地下水影响半径*R*值（误差可达20倍），因此计算的结果可信度只有0.3左右。

钱学溥先生提出，可以利用附近矿山勘查及观测的资料反求的矿山排水地下水影响半径*R*值，计算矿坑涌水量，计算的结果可信度可以达到0.5左右，可以满足中水矿山排水工程设计的需要。反求*R*值已被一些地勘单位所采用，并将其主要内容纳入修订后的国家标准《矿区水文地质工程地质勘查规范》（GB/T 12719—1991）。

（24）提出了进行浅层卤水抽水试验的方法（2011年）

青海察尔汗盐湖面积达到5800km^2，盐湖中的晶间卤水岩溶含水层的导水性很强，进行卤水的抽水试验，抽出的卤水很难排放到地下水影响范围以外，因此进行抽水试验，很难取得预期的成果。这个问题，是盐湖勘查普遍存在的难题。张宏仁副部长曾提出，以抽水孔为圆心，开挖一个圆形的排水渠道作为定水头补给边界，这一方案纳入了盐湖勘查规范。但是这一方案不仅开挖工程浩大，而且因为卤水下渗的速度很快，不能均匀地下渗到圆形的排水渠内，而收不到预期的成果。

钱学溥先生提出：将抽出的卤水排放到距抽水孔100～200m的渗坑内，施工1～2个观测孔，进行多孔抽水试验，采用映像的原理，可以计算卤水含水层的渗透系数。这种计算的方法得到博士生导师韩再生教授的肯定。这种计算方法刊登在国土资源部网站专家论坛网页内（《盐湖浅层卤水的抽水试验》论文发表于2011年国土资源部网站），并上传互联网。

（25）提出矿区水文地质、工程地质、环境地质图的编图及上色的原则（2013年）

由于着色的代价很大，因此1991年颁发的《矿区水文地质工程地质勘探规范》（GB/T 12719—1991），对水文地质图工程地质图没有着色的要求。由于计算机的功能不断扩大，钱学溥先生提出了矿区水文地质图、工程地质图、环境地质图的编图及着色原则。文章发表在钱学溥先生的博客里（《矿区水文地质图、工程地质图、环境地质图的编图及着色原则》，2013年钱学溥的博客），并上传互联网，广为传播。

矿区水文地质图用绿、棕、蓝、红4种颜色，代表孔隙水、碎屑岩裂隙水、岩溶水、岩浆岩裂隙水；颜色的深浅反映富水程度；隔水层及潜水位以上不着色。矿区工程地质图用绿、棕、蓝、红4种颜色，代表松散岩、碎屑岩、碳酸盐岩、结晶岩；颜色的深浅反映岩石强度。矿区环境地质图用绿、黄、红三种颜色，代表环境地质质量良好、中等、不良的区域。

（26）纠正了规范的错误，提出了矿区水文地质勘查类型及基本工程量表（2016年）

1991年颁发的《矿区水文地质工程地质勘查规范》（GB/T 12719—1991），大家普遍反映执行该规范预算的矿坑涌水量往往精度不高，满足不了设计的需要。钱学溥先生认为主要原因是：原规范没有正确地划分矿区水文地质勘查类型，并提出相应的基本工程量表（《矿区水文地质勘查类型及基本工程量》论文发表于2016年《中国煤炭地质》）。这一颠覆性的意见，受到规范修订组和全国国土资源标准化委员会极大的重视。

（27）提出了九种常用的矿坑涌水量计算公式及其适用范围与可信度（2016年）

1991年颁发的《矿区水文地质工程地质勘查规范》（GB/T 12719—1991），业界普遍反映执行该规范预算的矿坑涌水量往往精度不高，满足不了设计的需要。钱学溥先生认为其中的一个主要原因是：原规范没有提出矿坑涌水量预算的适用方法及其计算结果的精度级别和可信度。根据多年的经验，钱学溥先生提出9种常用的预算矿坑涌水量的计算方法及其精度级别和可信度（《矿坑涌水量的计算及其精度级别和可信度》论文2016年发表于《中国煤炭地质》）。这些观点受到了重视并纳入了修订后的国家标准，这些计算公式及工作方法，经过补充完善于2019年3月出版了《矿坑涌水量计算》专著。

（28）负责修订《地下水资源储量分类分级》国家标准（2016年）

钱学溥先生是1994版《地下水资源分类分级标准》国家标准的执笔人，按资源的类型把地下水资源量划分为储存量、补给量和可开采量三类，按勘查研究程度和可信度把地下水划分：A级——验证的；B级——探明的；C级——控制的；D级——推断的；E级——预测的五级。地质学家、国家技术监督局一位副总工程师认为该规范文字严谨、可操作性强、可作为强制性国家标准颁发。《供水水文地质勘查》国家标准、矿泉水勘查和地热水勘查的国家标准、水利部和冶金工业部颁发的行业标准，都引用了该标准的主要内容。

2016年，钱学溥先生又负责了该国家标准的修订。他提出了“地下水矿产资源”这一术语。地下水矿产资源就是地下水及以地下水为介质的矿产资源。地下水矿产资源包括地下水、矿泉水、矿坑水、地热水、咸卤水等5个矿种。为了增加标准的使用价值，他创造性地提出了地下水、泉水、矿泉水、矿坑水、地热水、地下咸水、地表水及地下水补给的地表卤水、浅层卤水、深层卤水等十个矿种最终勘查报告可开采量的精度级别、可信度、主要勘查工程和计算方法受到地勘单位的好评。

（29）推导出第一个地下水引用影响半径的理论公式（2017年）

进行水文地质计算，常常需要地下水影响半径这个参数。地下水影响半径反映的是地下水补给的强度，但是过去20多个影响半径的经验公式（如常用的库萨金公式、吉哈尔公式）都没有考虑地下水补给的强度，以至于计算结果的可信度往往只有0.3左右，满足不了设计的要求。

钱学溥先生根据地下水影响半径反映的是地下水补给强度这个理论，引用地下水补给模数，推导出世界上第一个地下水引用影响半径的理论公式，论文发表在《工程勘察》2017年第11期。应用这个公式，可以计算矿坑涌水量、露天采坑涌水量、大巷及竖井涌水量、基坑涌水量、隧道涌水量、管井涌水量以及计算地下水渗透系数。实践证明，利用这个理论公式代替传统的经验公式，计算结果的可信度可以提高到0.4左右，具有明显的经济价值。

二、水文地质勘查中存在的主要问题与经验启示

（一）存在的主要问题

水资源短缺是制约山西经济社会发展和生态文明建设的重要因素。山西省水文地质勘查工作方面欠

账较多，现有区域水文地质调查资料年代久远，且研究对象以地下水为主，地表水资源较少涉及；工作区域以盆地区为主，控制深度一般仅200m左右，严重缺水的吕梁山区多未开展过相应工作；山西为矿业大省，多年的煤、铝、铁等资源的开采，特别是露天开采，水文地质条件已随着人类活动的影响发生了很大的改变，并造成了一系列生态环境问题，现有水文地质勘查成果已难以满足山西省经济社会发展需求和生态文明建设的要求；受市场导向，水文地质工作的地位有所弱化，专业队伍规模严重萎缩甚至转行，水文地质专业技术人员流失严重；水文地质勘查成果质量堪忧；水文地质勘查资料部门封锁严重等。

黄河流域生态保护和高质量发展国家战略的提出，亟需加强水文地质与水资源调查，以全面掌握区域及重点地区水资源的数量、质量、空间分布、开发利用、生态状况及动态变化，深化和提升对水文地质条件与规律、水资源价值的认识，进行流域地下水统测与动态监测，支撑区域水资源评价、生态环境修复。

（二）主要经验与启示

在国家整体发展形势制约下，我国地质行业各个专业的发展经历有许多相似之处。总结经验可以从不同的角度切入，可以从宏观或专业角度，可以从业务技术活动组织管理角度，可以从改革或发展角度，可以从正面或负面去总结，都是水文地质工作极为宝贵的财富。几十年的经验启示如下。

1）水文地质工作要根据经济社会发展的需求，从地学的角度不断提高适应能力，才能持续发展。没有需求、不了解需求或不能适应需求，就谈不上发展。

2）创新驱动，尊重科学规律，理论联系实际，实事求是，作风严谨，是水文地质工作科学发展、可持续发展的保证。

3）培养人才、尊重人才和放手用好人才，是水文地质工作发展的关键。

4）解放思想，适应市场经济，全面深化水文地质工作改革，完善体制机制，加强行业管理，增强水文地质工作活力，提高水文地质工作核心竞争力。

5）培育水文地质文化，在李四光的旗帜下，弘扬“三光荣”精神，为振兴中华、建设美丽山西增光添彩。

三、地下水开发史

山西地处黄河中游地区，是我国历史上文化与经济开发最早的地区之一。古代山西文化与经济的崛起和繁荣，是同其地理位置和水文地质条件密切相关的。山西独特的地理位置不但形成了灿烂的历史文化，而且孕育了非常悠久的地下水利用史。人类最早对地下水的利用主要是解决生活饮用的需要。考古工作者在山西南部襄汾县陶寺文化遗址发掘的两口古井和在夏县东下冯发掘的另一口古井，可谓我国至今发现最早的人工凿成的饮用水井，其时代大约在公元前2000多年前的尧舜时期，距今已有4000多年的历史。

（一）中华人民共和国成立前地下水的开发利用

山西是一个十年九旱，水资源严重缺乏的省份，但在许多地方，却有众多的泉水涌出。明末清初学者顾炎武认为，山西泉水之盛可与福建相伯仲。尤其在汾河中下游地区，泉眼之多、泉水之盛在全国屈指可数。因此，在史志和各类文献记载的山西古代对地下水的研究及利用，主要集中在泉水方面。据1965年大旱期间统计，山西共有流量在0.01m^3/s以上的泉水179处，其中流量在1m^3/s以上的岩溶大泉13处、1.0～0.1m^3/s的泉水39处，泉水总流量达101m^3/s，占同期全省地表清水流量的一半以上，年径流量达到$31.85\times10^8m^3$。自古以来，泉水就与社会经济发展和人民生活密切相关，人们利用泉水、开发泉水、保护泉水、崇拜泉水和讴歌泉水的活动及其遗存，构成了山西最具特色的传统文化形式——泉文化。

山西的社会发展和国民经济布局，自古迄今，与泉水的开发顺序及分布在时间上和地域上都具有相当的一致性。泉是人类最早认识、利用地下水的天然露头。传说中的尧都平阳（今临汾市）、舜都蒲坂（今永济市）、禹都安邑（今夏县），均与泉水不无关系。平阳有平水（今龙子祠泉）可资饮用；蒲坂靠近妫、汭二泉便于引入；而安邑除近河东盐池外，尚有涑水河上游的众多源泉保证供水，充分说明泉水对中华民族文明起源的作用。作为晋文化两个中心的浍水流域（曲沃、翼城、侯马）和晋水之阳（太原），则是由于晋祠和滦池泉水的开发利用而兴起的。北魏建都平城（今大同），选择城址时把武州川上游（今十里河）众多泉水和浑水（今御河）上的灵泉池作为重要条件而考虑，较好地解决了城区百万余人的供水与排污问题。隋唐以后，太原、蒲州、平阳、绛州、汾州、大同等一直是山西的各级中心城市和经济发达地区，而这些地方又都是有较易开发的大泉的地方。山西现存的古老灌区大多是以泉水为水源。晋祠是省内最早的泉水灌区，始于春秋战国之交的三家分晋时期，渠首是智伯瑶为水灌晋阳城而兴建的，战国后当地人民“踵其遗迹”，引水灌田，创造了我国最早的原始有坝引水枢纽。汉代以后，灌区不断发展，唐代曾两次架汾引水建渡槽，至宋代已能灌田600余顷。古堆泉是隋开皇十六年（公元596年），由内军将军临汾令梁轨主持开发的。霍泉开发于唐代武德年间，以洪洞、赵城两县水事纠纷闻名于世。洪山泉开发于宋代，是北宋名相文彦博告老还乡后率当地人民兴修的。龙子祠泉开发于金代，现与郭庄泉和通利渠共同组成汾西灌区，灌溉面积达60余万亩。还有利民泉、沸泉、温泉、三泉、马刨泉等泉水灌区，都有着悠久的历史和独具特色。这些泉水灌区形成了古代山西一片片的“小江南”“米粮川”，为山西省历史的进步作出了巨大的贡献。

山西泉水最早开发为旅游地的是晋祠，郦道元著《水经注》时就已记载了唐叔虞祠和鱼沼飞梁等胜迹（谢鸿喜，1990）；北魏曾利用大同灵泉池建水上行宫；隋代古堆泉开发后，曾利用泉水兴建了我国最早的郡守花园绛守居园池；唐以后，山西省名泉如霍泉、洪山、龙子祠、滦池、汾源灵沼等泉边都曾大兴土木，建庙立寺，使泉边成为一方旅游胜地。如今，霍泉边的广胜寺和水神庙、晋水源头的晋祠，都被列为国家重点文物保护单位；绛守居园池、广灵水神堂、龙子祠、洪山源神池等，均被列为省级文物保护单位；霍泉灌溉工程2023年入选世界灌溉工程遗产。

历代名人在山西的泉水边留下了无数的不朽诗篇，进一步丰富了山西泉文化的内容。如唐代诗仙李白的“晋祠流水如碧玉，百尺清潭写翠娥”；宋代文学家范仲淹咏晋祠的“千家溉禾稻，满目江乡田”“皆如晋祠下，生民无旱年”；明代乔宇咏娘子关泉“石乳下通沧海底，浪花高叠翠峰闲”。宋代文学家司马光撰写的古堆泉《梁令祠记》等，连同流传于民间的无数传说故事、民谣谚语、地方戏曲，等等，构成了山西泉文化的精粹。

（二）中华人民共和国成立后地下水的开发利用

1.地下水开发利用历史

山西省地下水开发利用历史大致可分为四个阶段：20世纪50—60年代中期为第一阶段；20世纪60年代中期到80年代初期为第二阶段；20世纪80年代以来到2004年为第三阶段；2004年以来为第四阶段（山西省地图集编纂委员会，2000）。

（1）第一阶段（1949—1964年）

中华人民共和国成立初期至20世纪60年代中期，全省各项建设尚处初级阶段，地下水开采量较小，以开采第四系浅层孔隙水和石炭系层间裂隙岩溶水为主。从井型上看，多以浅井和“大锅锥”井为主，提水方式多采用辘轳吊筒式提水，主要用于改善人畜饮水和灌溉用水条件。岩溶泉的利用，以引泉水灌溉为主。仅建有以兰村泉为水源的兰村水厂，供城市生活用水。

1950年统计，大同盆地共有浅井491眼。单井出水量每日几十吨；运城盆地20世纪60—80年代地下水开采总量一般年份保持在$16219\times10^4\sim22826\times10^4m^3/a$之间。1965年为$9955\times10^4m^3/a$，开采量有逐渐增大的趋势。

（2）第二阶段（1965—1979年）

20世纪60年代中期至80年代初期。随着国民经济的发展，城市居民生活、公共事业及工农业生产用水的不断增加，全省进入了大规模开发地下水时期，兴起打井高潮，成井技术、提水设备也有了显著提高。特别是农业灌溉也开始大量开采地下水，先后建成一些井片工程，井灌面积发展迅速，农业用水量的猛增，使地下水的开采从浅层转向中深层。各种类型的地下水开始全方位开采，太原盆地、大同盆地、临汾盆地、长治盆地深层岩溶水也进入了勘探开发利用阶段。当时由于缺乏统一规划、统一管理，形成地下水大规模无序开采状况。1979年全省总用水量达历史最高，地下水开采量达$26.3 \times 10^8 m^3$，此阶段岩溶泉流量大幅度逐年衰减，局部地区地下水水位下降，部分浅井出水量减少或干枯，部分泉水断流。

1979年大同盆地统计约有8000眼机电井；忻州盆地到20世纪70年代末期，全区机井总数达3000眼，地下水开采量$1.5 \times 10^8 \sim 1.8 \times 10^8 m^3/a$，约占总取水量的50%，局部地段地下水水位有下降趋势；运城盆地20世纪60—80年代地下水开采总量一般年份保持在$16219 \times 10^4 \sim 22826 \times 10^4 m^3/a$之间，1965年为$9955 \times 10^4 m^3/a$，开采量有逐渐增大的趋势。

（3）第三阶段（1980—2003年）

20世纪80年代以来到2004年，尤其是改革开放以来，国民经济迅速发展，各行业对水资源的需求迅猛增长，地下水开采量也呈逐年增加趋势，地下水开采量由1985年的$26.55 \times 10^8 m^3$，增加到2000年的$38.73 \times 10^8 m^3$，平均每年以2.9%的速度增长。加上煤炭开采对水资源的破坏，大量浅中层地下水排出地表，使得地下水水位大面积下降，形成下降漏斗，水量严重超采，井越打越深，单井出水量越来越少。打井的目的主要是城市及工农业供水，开采层位转向中深层承压水。泉流量骤减或断流（晋祠、兰村泉）。

2000年山西省共有水井99868眼，其中，工业自备水井7053眼，占全省水井总数的7.06%；城镇生活水井4700眼，占全省水井总数的4.71%；农业灌溉水井71501眼，占全省水井总数的71.60%；农村生活用水水井16614眼，占全省水井总数的16.64%。

2000年全省水井供水能力$392331 \times 10^4 m^3$，其中，海河流域水井供水能力$123636 \times 10^4 m^3$，占全省水井供水能力的31.5%；黄河流域水井供水能力$268695 \times 10^4 m^3$，占全省水井供水能力的68.5%。

2000年全省地下水开采总量$387346 \times 10^4 m^3$，按水井开采深度分析，浅层井开采量$122146 \times 10^4 m^3$、中深层井开采量$211794 \times 10^4 m^3$、岩溶水井开采水量$53406 \times 10^4 m^3$，分别占地下水总开采量的31.53%、54.68%和13.79%。

2000年，山西省各类供水工程供水量为$665816 \times 10^4 m^3$，其中，蓄水工程供水量为$73128 \times 10^4 m^3$，占供水总量的10.98%；引水工程供水量为$126647 \times 10^4 m^3$，占供水总量的19.02%；提水工程供水量为$78695 \times 10^4 m^3$，占供水总量的11.82%；地下水水井工程供水量为$387346 \times 10^5 m^3$，占供水总量的58.18%。

按供水水源分类，2000年全省各类供水工程供水量$665815 \times 10^4 m^3$，其中地表水供水量$215717 \times 10^4 m^3$、泉水利用量$62753 \times 10^4 m^3$、地下水开采量$387346 \times 10^4 m^3$，分别占全省供水总量的32.4%、9.4%和58.2%。全省按行政分区分类和分用途用水量统计详见表2-1-6和表2-1-7。1980—2021年各典型年份全省供水量见表2-1-8。

表 2-1-6　山西省行政分区各供水水源供水量统计表（2000 年）　　单位：$10^4 m^3/a$

序号	行政区划	供水量				序号	行政区划	供水量			
		地表水	泉水	地下水	合计			地表水	泉水	地下水	合计
1	太原市	15258	331	47710	63298	7	忻州市	25393	1719	32533	59646
2	大同市	16961	1695	32824	51480	8	吕梁市	21671	1687	30153	53511
3	阳泉市	5462	16307	7727	29495	9	晋中市	18938	3459	47692	70090
4	长治市	21768	814	22610	45192	10	临汾市	26377	24002	42199	92577
5	晋城市	5902	1039	13563	20504	11	运城市	36931	2190	86146	125267
6	朔州市	21056	9510	24190	54756	全省合计		215717	62753	387346	665816

注：范堆相主编，《山西省水资源评价》，2005年7月。

表 2-1-7　山西省行政分区分用途用水量统计表（2000 年）　　单位：$10^4m^3/a$

序号	行政区划	地表水利用量	项目	总用水量及地下水用量					地下水合计用量	泉水用量	总用水量
				城镇生活	工业	农业灌溉	农村生活	林牧渔业			
1	太原市	15258	总用水量	17786	20408	21628	3145	331	47710	331	63298
			地下水	17509	17326	10141	2628	106			
2	大同市	16961	总用水量	4833	10884	31376	3065	1323	32824	1695	51480
			地下水	4783	9421	15679	2426	518			
3	阳泉市	5462	总用水量	2058	19950	4861	2086	541	7727	16307	29495
			地下水	906	4094	1742	880	105			
4	长治市	21768	总用水量	3251	12644	23250	3980	2066	13563	814	45192
			地下水	2117	6733	2601	2015	97			
5	晋城市	5902	总用水量	2421	7136	7037	3200	711	24189	1036	20504
			地下水	1003	2215	18404	1850	717			
6	朔州市	21056	总用水量	1003	10362	40149	2341	901	22609	9510	54756
			地下水	2774	8572	7971	2568	724			
7	忻州市	25393	总用水量	1892	6933	43525	5218	2078	32533	1719	59646
			地下水	1819	6379	20526	3292	518			
8	吕梁市	21671	总用水量	1711	6291	41152	3919	438	30153	1687	53511
			地下水	1560	5637	19917	2831	208			
9	晋中市	18938	总用水量	2908	7453	54829	4781	118	47692	3459	70090
			地下水	2524	6301	35258	3504	105			
10	临汾市	26377	总用水量	3739	19006	62640	5257	1936	42199	24002	92577
			地下水	2347	14121	21211	3465	1055			
11	运城市	36931	总用水量	2144	13752	98493	6354	3524	86146	2190	125267
			地下水	2446	12411	62900	5452	2937			
全省合计		215717	总用水量	44745	134817	428943	43345	13966	387346	62753	665816
			地下水	39788	93210	216347	30911	7090			

注：范堆相主编，《山西省水资源评价》，2005年7月。

表 2-1-8　山西省各典型年份供水量统计表（1980—2021 年）　　单位：$10^4m^3/a$

序号	年份	供水量			序号	年份	供水量		
		地表水	地下水	合计			地表水	地下水	合计
1	1980	285389	309611	595000	8	2011	327112	385767	712879
2	1985	272328	265500	537828	9	2012	318377	364088	682465
3	1990	271915	330227	602143	10	2015	395102	316636	711738
4	1992	277377	358472	635849	11	2017	395716	310829	706545
5	1995	27877	376720	655497	12	2019	422994	291611	714605
6	1997	288757	388674	677432	13	2020	395484	277426	672910
7	2000	278470	387345	665816	14	2021	384561	282222	666783

注：根据范堆相主编，2005年7月出版的《山西省水资源评价》及山西省水利厅《山西省水资源公报（2011—2021年）》资料整理。

1）太原盆地。据1988—1989年资料统计，太原盆地区共有开采井$2.2\times10^4\sim2.5\times10^4$眼，深度以$50\sim200$m为多，地下水开采量为$68977.7\times10^4m^3/a$，其中，农业灌溉用水量最大，达$139\times10^4m^3/d$，占总水量的$70\%\sim80\%$；工业及城镇生活用水量为$50\times10^4m^3/d$，其中太原市工业及生活用水量最大，达$37\times10^4m^3/d$，农业灌溉用水量为$17.63\times10^4m^3/d$，其他县市以农业灌溉用水量最大，城镇生活及工业用水量平均为$1\times10^4m^3/d$左右。2003年7月—8月和12月两次在太原盆地开展地下水水位统测工作以及开采量的调查工作，盆地内共有开采井约2×10^4眼，比起1988—1989年资料统计有所减少，其主要原因是50m以上的浅井报废。盆地内开采井深度以50～250m者为多，近十几年来，>300m的开采井逐年增加。2003年调查盆地孔隙水开采量达82516.5×$10^4m^3/a$。其中，农业灌溉用水量为46929.7m^3/a，占总水量的57%；工业和城镇居民生活用水量为33586.8×$10^4m^3/a$，比1988—1989年的18250×$10^4m^3/a$增加17336.8×$10^4m^3/a$，平均每年增长速率为6.3%，主要原因就是城市规模迅速扩大及城市人口剧增所致。

2）大同盆地。据1993年统计，大同盆地大同市共有机电井7394眼。朔州市地下水开采量为20938×$10^4m^3/a$，水井总数为6773眼，水井密度1.59眼/km^2，平均开采深度为30～150m。大同盆地总取水量39502.10×$10^4m^3/a$，其中城市生活用水量为7634.90×$10^4m^3/a$，占总取水量的19%；工业用水量为10674.00×$10^4m^3/a$，占总取水量的27%；农村生活用水量为1850.80×$10^4m^3/a$，占总取水量的5%；农业灌溉用水量为19286.00×$10^4m^3/a$，占总取水量的49%。

另据2003年统计，大同盆地共有开采井10000余眼，盆地内开采井深度以20～150m者居多。全盆地水井密度1.56眼/km^2。

3）忻州盆地。20世纪80年代末期，忻州盆地机民井数增加至4000余眼，年地下水开采量2.0×10^8～2.3×10^8m^3。原平市、忻府区形成了小范围的地下水水位降落漏斗区。截至2003年底，忻州盆地共有开采井4848眼，地下水开采总量达2.52×$10^8m^3/a$。1980—2003年，原平市、忻府区地下水水位降落漏斗水位逐渐得到恢复。

4）运城盆地。20世纪80年代之后，运城盆地地下水开采量在34040×10^4～56522×$10^4m^3/a$之间。20世纪80年代初期，地下水开采量较大，1980年地下水开采量为51586.07×$10^4m^3/a$；1980—1984年间，地下水开采量逐年下降，开采量在34040.3×10^4～51586.07×$10^4m^3/a$之间；1985—1997年间，地下水开采量呈现逐年增加趋势，开采量在35346.6×10^4～56522.07×$10^4m^3/a$之间；1997年，地下水开采量最大为56522.07×$10^4m^3/a$；1997年之后，地下水开采量呈逐年下降的趋势，地下水开采量在54654.79×10^4～45313.45×$10^4m^3/a$之间。由此可见，20世纪80年代之后，运城盆地地下水开采量上下波动，总体上有增加的趋势。

（4）第四阶段（2004年以来）

由于前期对地下水开采缺乏合理的规划，局部地段地下水资源出现供需失衡，地下水水位呈逐渐下降趋势，取水深度大幅度加深，主要开采中深层水，部分浅层水井报废，局部地区已出现明显的降落漏斗，因此水资源管理部门加强了水资源规划和管理，限制无序开采，严格控制凿井数量和井间距，充分利用地表水资源，使地下水和地表水联合运营，合理调配。2004年以来，全省对地下水开采逐步实施关井压采措施，由于地下水用量不能满足工农业需求，开始引黄河水，2001—2013年多年平均地下水资源开采量361507×$10^4m^3/a$。

2.地下水开发利用现状

（1）机井建设情况

山西省地下水开采方式主要是打井取水，包括机井及人力井。根据《山西省水利年鉴》资料（山西省水利厅，2009），1987年全省的农村机井共84154眼，其中深井（>100m）为22023眼；2005年农村机井共90724眼，其中深井为35656眼，新增深井13633眼。加上城镇供水井，深井已达44298眼。1987年以来，原有机井平均以每年2000眼的速度报废，2007年35.1×10^8m^3的地下水供水量中，浅层地下水（井深100m以内的浅井开采量）供水量为10.7×10^8m^3，仅占30.1%，69.9%都是中深层地下水和岩溶水。

根据省水利厅调查统计，1990年全省最深的农村饮用水井位于长治市，井深711m；到2005年，全省最深的农村饮用水井位于太原东山地区，井深达1118m。在全省形成5个500m以上的深井区：朔州平鲁—忻州河曲—吕梁兴县深井区、太原古交—阳曲深井区、太原东山—晋中寿阳—阳泉平定深井区、长治壶关—晋城泽州—阳城深井区、吕梁柳林—晋中灵石—运城河津深井区。据不完全统计，全省水井中，500m以上的水井达到2000多眼。1990—2005年，农村饮水井深增加幅度>300m的县（市、区）有48个，增幅100～300m的县（市、区）有40个，增幅<100m的县（市、区）有24个，详见表2–1–9。

表 2-1-9　山西省最深饮用水井深度变幅统计表（1990—2005 年）　　单位：m

行政分区		1990年最深值	2005年最深值	1990—2005年相差幅度	行政分区		1990年最深值	2005年最深值	1990—2005年相差幅度
山西全省		711	1118	407	吕梁市	交口县	189	502	313
太原市	小店区	150	858	708		石楼县	80	400	320
	晋源区	150	450	300		中阳县	180	888	708
	迎泽区	250	1118	268		柳林县	263	1113	850
	万柏林区	450	550	100		临县	388	492	104
	杏花岭区	600	1089	489		方山县	58	451	393
	清徐县	150	503	353		兴县	260	730	470
	阳曲县	120	690	570	运城市	盐湖区	90	430	340
	古交市	20	712	692		河津市	480	730	250
	娄烦县	200	460	260		永济市	80	350	270
大同市	云冈区	122	192	70		芮城县	75	400	325
	新荣区	50	150	100		临猗县	90	330	240
	云州区	80	150	70		稷山县	80	285	205
	左云县	60	140	80		万荣县	150	800	650
	浑源县	100	450	350		平陆县	105	320	215
	广灵县	110	180	70		新绛县	70	280	210
	灵丘县	90	150	60		闻喜县	80	280	200
	阳高县	82	120	38		夏县	95	390	295
	天镇县	70	120	50		绛县	85	230	145
阳泉市	郊区	496	700	204		垣曲县	70	230	160
	盂县	550	710	160	长治市	潞州区	70	501	431
	平定县	477	680	203		潞城区	410	510	100
朔州市	朔城区	90	360	270		上党区	90	630	540
	平鲁区	120	500	380		屯留区	40	170	130
	山阴县	120	560	440		长子县	30	200	170
	怀仁市	82	150	68		壶关县	711	810	99
	右玉县	90	200	110		平顺县	600	625	25
	应县	100	135	35		黎城县	300	571	271
晋城市	城区	480	600	120		武乡县	70	210	140
	泽州县	450	793	343		沁县	110	130	20
	沁水县	210	600	390		襄垣县	450	560	110
	阳城县	408	764	356		沁源县	60	450	390
	高平市	403	761	358	忻州市	忻府区	108	268	160
	陵川县	150	560	410		定襄县	95	150	55
吕梁市	离石区	37	580	543		五台县	250	550	300
	岚县	65	420	355		原平市	250	1000	750
	交城县	30	300	270		代县	136	158	22
	文水县	190	350	160		繁峙县	120	150	30
	汾阳市	260	700	440		静乐县	50	386	336
	孝义市	550	889	339		神池县	120	450	330

续表

行政分区		1990年最深值	2005年最深值	1990—2005年相差幅度	行政分区		1990年最深值	2005年最深值	1990—2005年相差幅度
忻州市	河曲县	380	670	290	临汾市	侯马市	100	220	120
	保德县	380	541	161		曲沃县	70	210	140
	偏关县	230	350	120		翼城县	260	650	390
晋中市	榆次区	180	600	420		襄汾县	245	1000	755
	太谷区	150	300	150		洪洞县	100	500	400
	和顺县	40	800	760		霍州市	80	600	520
	昔阳县	250	700	450		古县	100	105	5
	寿阳县	180	700	520		安泽县	80	500	420
	榆社县	180	600	420		浮山县	110	300	190
	左权县	150	300	150		吉县	151	200	49
	祁县	160	298	138		乡宁县	410	710	300
	平遥县	120	450	330		蒲县	165	250	85
	介休市	150	518	368		大宁县	40	70	30
	灵石县	242	601	359		隰县	410	700	290
						汾西县	150	800	650

注：①山西省水利厅，《山西省特大干旱年应急水资源》，2009年10月。
②部分县（市、区）无资料。

根据省水利厅调查统计资料（山西省第一次全国水利普查领导小组办公室，2015），截至2011年底，全省地下水取水井总数508829眼，2011年地下水总开采量358411.64 × 10^4m^3，总供水人口1757.6273万人，实际灌溉面积1017.403 × 10^4亩[1]。其中机电井395359眼，占地下水开采井总数的77.70%，2011年开采量356668.444 × 10^4m^3，占地下水总开采量的99.51%，实际供水人口1644.4943万人，占地下水开采井总供水人口的93.56%，实际灌溉面积达到1017.403 × 10^4亩；人力井113470眼，占总数的22.3%，2011年取水量1743.5951 × 10^4m^3，占地下水总开采量的0.48%，实际供水人口为113.1330万人，占地下水开采井总供水人口的6.44%。全省各市水井情况见表2–1–10。

表 2-1-10　山西省各市地下水取水井主要指标汇总表（2011 年）

序号	行政分区	面积/km^2	2011年普查成果					
			地下水开采井			机井		
			井数/眼	开采量/10^4m^3	开采量占全省比例/%	井数/眼	井数占全省比例/%	开采量/10^4m^3
1	太原市	6878	11961	28542.0332	7.96	7881	2.35	28517.9922
2	大同市	14097	50526	34077.3811	9.51	35651	9.92	33940.1876
3	阳泉市	4617	880	4025.3314	1.12	654	0.17	3993.7484
4	长治市	13863	111536	24824.8606	6.93	94452	21.92	24619.0552
5	晋城市	9349	7964	24470.9254	6.83	3878	1.57	24345.7627
6	朔州市	10656	92535	26927.9980	7.51	75664	18.19	26740.1738
7	晋中市	16347	21422	42488.4980	11.85	18179	4.21	42423.6856
8	运城市	14231	42854	76818.8766	21.43	40092	8.42	76803.4008
9	忻州市	25143	52560	38564.5529	10.76	31353	10.33	38163.1978
10	临汾市	20200	69936	30724.8695	8.57	63661	13.74	30669.1694
11	吕梁市	20988	46655	26946.3129	7.52	23903	9.17	26451.671
合计		156271	508829	358411.6395	100	395359	100	356668.444

[1] 1 亩＝ 666.7m^2。

续表

序号	行政区划	2011年普查机井		2011年普查人力井			2000年调查成果	
		供水人口/万人	灌溉面积/10^4亩	井数/眼	开采量/10^4m^3	实际供水人口/万人	井数/眼	开采量/10^4m^3
1	太原市	164.0787	25.0585	4080	24.0410	1.4795	4307	46746
2	大同市	108.1754	106.202	14875	137.1935	8.5321	9199	31705
3	阳泉市	37.2815	0.8017	235	31.5830	0.9878	711	15853
4	长治市	156.163	52.0696	17084	205.8054	15.7148	7071	16622
5	晋城市	93.8621	11.0902	4086	125.1627	5.7758	4507	11697
6	朔州市	75.4455	105.2485	16871	187.8242	10.7779	8383	38705
7	晋中市	133.7105	134.7769	3243	64.8124	3.1799	16461	40266
8	运城市	297.5227	328.2952	2762	15.4758	1.1773	24625	77278
9	忻州市	158.622	105.9025	21207	401.3551	23.1440	7836	30121
10	临汾市	197.0252	86.5171	6275	55.7001	4.2908	11307	58381
11	吕梁市	222.6087	61.4408	22752	494.6419	37.0731	7066	22671
合计		1644.4943	1017.403	113470	1743.5951	113.1330	101473	390045

注：①2000年全省地下水总取水量中包括泉口提引水量44568×10^4m^3；根据山西省水利厅2011年普查、2000年调查成果统计。
②山西省第一次全国水利普查领导小组办公室编著，《山西省第一次全国水利普查成果报告（上、下册）》，2015年4月。

山西省水井按含水层介质类型统计，松散岩类孔隙水机井98918眼，占全省规模以上机电井数的93.2%；碎屑岩类裂隙水机井3338眼，占全省规模以上机电井数的3.1%；碳酸盐岩岩溶水井3930眼，占全省规模以上机电井数的3.7%。详见表2-1-11。

表 2-1-11　山西省规模以上机电井数量及取水量统计表（2011 年）

序号	行政分区	小计		地下水类型					
				孔隙水		裂隙水		岩溶水	
		机电井/眼	取水量/m^3	机电井/眼	取水量/10^4m^3	机电井/眼	取水量/10^4m^3	机电井/眼	取水量/10^4m^3
1	太原市	4739	28444.9156	4320	13246.1626	67	483.3212	352	14715.4318
2	大同市	9999	33530.9066	9125	26126.4026	852	7016.8737	22	387.6303
3	阳泉市	461	3927.0904	227	1476.0794	13	259.0900	221	2191.9210
4	长治市	10259	23877.3360	9352	10641.3338	329	1608.7997	578	11627.2026
5	晋城市	1941	23957.8092	507	3150.3576	199	2929.9837	1235	17877.4679
6	朔州市	8821	25954.6993	8668	21997.1542	14	94.5354	139	3863.0097
7	晋中市	11747	41970.7607	10737	36306.9995	694	2658.9105	316	3004.8507
8	运城市	29128	76374.0101	29010	74734.8807	37	313.7094	81	1325.4200
9	忻州市	8791	37675.7392	8268	33184.0659	280	1246.2264	243	3245.4469
10	临汾市	12540	29575.4583	11597	21628.0952	689	4561.8099	254	3385.5533
11	吕梁市	7760	25701.7877	7107	15716.6418	164	881.0847	489	9104.0612
全省总计		106186	350990.5130	98918	258208.1732	3338	22054.3445	3930	70727.9953

注：①规模以上机电井是指“包括井口井管内径≥200mm的灌溉机电井和日开采量≥20m^3的供水机电井”。
②山西省第一次全国水利普查领导小组办公室编著，《山西省第一次全国水利普查成果报告（上、下册）》，2015年4月。

（2）地下水开发利用概况

2011年山西省供水总量为74.7831×10^8m^3，其中，地表水供水量为32.6011×10^8m^3，占总供水量的43.59%；地下水供水量为35.8412×10^8m^3，占总供水量的47.93%；其他水源（是指雨水集蓄和再生水利用）供水量为6.3409×10^8m^3，占总供水量的8.47%。其中地下水水井供水量为35.8412×10^8m^3，占地下水供水量的99.69%，占全省总供水量的47.93%。2020年山西省供水总量为$72.7825\times10^8m^3$，其中，地表水供水量为$39.5484\times10^8m^3$，占总供水量的54.34%；地下水供水量为$27.7426\times10^8m^3$，占总供水量的38.12%；其他水源供水量为$5.4915\times10^8m^3$，占总供水量的7.55%。将地下水水井供水量按不同情况分析如下。

1）按行政区划分开发利用情况分析。2011年按行政区划分各市地下水开发利用情况见表2-1-7。从表中可以看出，运城市有开采井42854眼，开采量为$76818.8766\times10^4m^3$，占全省比例21.43%，为各市之最；阳泉市仅有开采井880眼，开采量为$4025.3314\times10^4m^3$，仅占全省比例1.12%，为各市最低。各市地下水开采情况相差悬殊。

2）按流域划分开发利用情况分析。按水资源流域分区分布，黄河流域地下水开采量为$233670.2612\times10^4m^3$，占总量的65.2%；海河流域地下水开采量为$124741.3783\times10^4m^3$，占总量的34.8%。其中海河流域包括：永定河流域册田水库以上地下水开采量为$48376.3318\times10^4m^3$；永定河流域册田水库至三家店区间的地下水开采量为$10350.8707\times10^4m^3$；大清河流域山区地下水开采量为$1770.4659\times10^4m^3$；子牙河流域山区地下水开采量为$38075.0941\times10^4m^3$；漳卫河流域山区地下水开采量为$26168.6158\times10^4m^3$；黄河流域包括：河口镇至龙门左岸地下水开采量为$13384.6345\times10^4m^3$；汾河流域地下水开采量为$136386.6852\times10^4m^3$；龙门至三门峡干流区间地下水开采量为$57768.7024\times10^4m^3$；黄河流域三门峡至小浪底区间地下水开采量为$510.5346\times10^4m^3$；沁河、丹河流域地下水开采量为$25618.8477\times10^4m^3$；内蒙古高原西部地下水开采量为$0.8570\times10^4m^3$。

3）按地下水水源地规模开发利用情况分析。山西省规模以上地下水水源地共有140个，2011年取水量为$67157.2\times10^4m^3$，占2011年地下水总取水量的18.7%。日取水量为$231.2\times10^4m^3$，其中：日取水量$<1\times10^4m^3$的水源地77个（小型水源地），2011年取水量为$15448.2\times10^4m^3$；日取水量为$1\times10^4\sim5\times10^4m^3$的水源地52个（中型水源地），2011年取水量为$27077.5\times10^4m^3$；日取水量为$5\times10^4\sim15\times10^4m^3$的水源地10个（大中型水源地），2011年取水量为$19173.5\times10^4m^3$；日取水量$>15\times10^4m^3$的水源地1个（特大型水源地），2011年取水量为$5458.0\times10^4m^3$。

4）按规模以上机井含水介质开发利用情况分析。全省规模以上机电井2011年取水量按含水层介质统计：松散岩类孔隙水井取水量为$258208.1732\times10^4m^3$，占全省规模以上机电井2011年取水量的73.6%；碎屑岩类裂隙水井取水量为$22054.3445\times10^4m^3$，占全省规模以上机电井2011年取水量的6.3%；碳酸盐岩类岩溶水井取水量为$70727.9953\times10^4m^3$，占全省规模以上机电井2011年取水量的20.1%。山西省规模以上机电井取水量按含水层介质统计见表2-1-11。

（3）用水结构对比分析

山西省规模以上机电井按主要取水用途分为城镇生活用水、乡村生活用水、工业用水和农业灌溉用水。其中，城镇生活用水量为$55285.9210\times10^4m^3$，乡村生活用水量为$33991.6199\times10^4m^3$，工业用水量为$67888.4149\times10^4m^3$，农业灌溉用水量为$193423.1981\times10^4m^3$。与2007年山西省机井普查成果对比分析情况见表2-1-12。

山西省规模以上机电井2011年取水量与2007年机井普查成果相比，城镇生活用水增加了40.1%，乡村生活用水增加了3.8%，工业用水减少3.6%，农业灌溉用水减少11.2%。长治市和晋城市分用途用水量全部增加，且增幅较大。城镇生活用水量增加最多的是晋城市，增加了149.9%；其次是吕梁市和大同市，分别增加了121.7%和114.8%；除太原市减少了46.6%外，其他各市均有所增加。乡村生活用水量增加最多的是晋城市，增加了90.0%；阳泉市、长治市和临汾市分别增加了55.1%、42.6%和9.0%；太原市基本持平，其他各市都有所减少。工业用水量增加最多的是晋城市，增加了113.9%；朔州市和长治市分别增加了72.6%和60.6%；太原市、吕梁市和晋中市有所增加；其他各市都有所减少。农业灌溉用水量增加最多的是晋城市，增加了197.7%；长治市和忻州市分别增加了108.0%和37.7%；朔州市、晋中市基本持平；其他各市均有所减少。

表 2-1-12　山西省规模以上机电井主要取水用途对比表

序号	行政分区	城镇生活用水			乡村生活用水		
		2011年/10^4m^3	2007年/10^4m^3	2011年与2007年比较/%	2011年/10^4m^3	2007年/10^4m^3	2011年与2007年比较/%
1	太原市	5457.2456	10227	−46.6	4750.3560	4697	+3.8
2	大同市	10295.8773	4794	+114.8	1855.8298	2040	+1.1
3	阳泉市	597.8738	303	+97.3	1284.3683	828	−9.0
4	长治市	6704.5246	5089	+31.7	2113.2208	1482	+55.1
5	晋城市	7004.0529	2803	+149.9	5041.9591	2653	+42.6
6	朔州市	3638.3145	2247	+61.9	1002.0278	1007	+90.0
7	晋中市	4016.5722	3581	+12.2	3448.7274	3824	−0.6
8	运城市	4943.6724	2849	+73.5	5507.0967	6786	−9.8
9	忻州市	3871.8158	2657	+45.7	3059.4101	3304	−18.8
10	临汾市	4405.3615	2939	+49.9	2982.1269	2735	−7.4
11	吕梁市	4350.6105	1962	+121.7	2947.4962	3403	+9.0
合计		55285.9210	39451	+40.1	33991.6199	32760	+3.8

序号	行政分区	工业用水			农业用水		
		2011年/10^4m^3	2007年/10^4m^3	2011年与2007年比较/%	2011年/10^4m^3	2007年/10^4m^3	2011年与2007年比较/%
1	太原市	11509.8166	9152	+26.1	6711.8046	7835	−14.3
2	大同市	3324.8561	7063	−52.9	17991.1484	19204	−6.3
3	阳泉市	1735.3067	2045	−15.1	280.3416	482	−41.8
4	长治市	6311.8973	3931	+60.6	8747.6934	4205	+108.0
5	晋城市	8770.5647	4100	+113.9	3141.2325	1055	+197.7
6	朔州市	3537.3373	2050	+72.6	17778.0197	17982	−1.1
7	晋中市	4375.1140	4051	+8.0	30130.3472	30163	−0.1
8	运城市	8069.9314	12844	−37.2	57832.6965	84852	−31.8
9	忻州市	7015.2659	8745	−19.8	23483.2553	17060	+37.7
10	临汾市	5400.1792	9622	−43.9	16761.12335	20733	−19.2
11	吕梁市	7838.1457	6822	+14.9	10565.5354	14155	−25.4
合计		67888.4149	70398	+3.6	193423.1981	217723	−11.2

注：①规模以上机电井是指包括井口井管内径≥200mm的灌溉机电井、日开采量≥20m^3的供水机电井；“+”表示增加，“-”表示减少。
②山西省第一次全国水利普查领导小组办公室编著，《山西省第一次全国水利普查成果报告（上、下册）》，2015年4月。

（4）2011年地下水总取水量对比分析

2011年地下水总取水量等于规模以上机电井取水量、规模以下机电井取水量以及人力井取水量三者之和，为358411.6395 × 10^4m^3。全省地下水取水井2011年总取水量与2007年山西省机井普查成果相比减少了8129.3605 × 10^4m^3。其中，运城市减少了32141.1234 × 10^4m^3，临汾市减少了6606.1305 × 10^4m^3，太原市减少了3369.9668 × 10^4m^3，吕梁市减少了330.6871 × 10^4m^3；其他各市都有所增加，晋城市增加最多，为135549254 × 10^4m^3。灌溉机电井取水量亦减少了21527.6125 × 10^4m^3，运城市减少的最多，减少了27713.9633 × 10^4m^3；其次是临汾市和吕梁市分别减少了3219.8770 × 10^4m^3和3349.1371 × 10^4m^3。增加最多的是忻州市，增加了6636.7081 × 10^4m^3；长治市则增加了4497.6754 × 10^4m^3。而供水机电井增加了12996.8928 × 10^4m^3，晋城市增加最多，增加了11270.3129 × 10^4m^3；除太原市、运城市、忻州市、临汾市减少外，其他各市都有所增加。

各市地下水取水井2011年取水量与2007年山西省机井普查成果比较有增有减的主要原因是普查年份和普查口径不一致造成的。

1956—2000年山西省多年平均地下水资源量为863469 × 10^4m^3，地下水可开采量为516087 × 10^4m^3，2011年地下水总取水量为358411.6395 × 10^4m^3。全省地下水开采系数0.69。运城市地下水开采系数1.35，属严重超采；晋中市地下水开采系数1.05，属一般超采；其他各市地下水开采系数均介于0.14～0.85之间。山西省2011年地下水总取水量与地下水可开采量对比见表2-1-13。

表 2-1-13　山西省地下水总取水量与地下水可开采量对比表（2011 年）

序号	行政分区	地下水资源量/10^4m^3	地下水可采资源量/10^4m^3	2011年地下水总取水量/10^4m^3	地下水开采系数	序号	行政分区	地下水资源量/10^4m^3	地下水可采资源量/10^4m^3	2011年地下水总取水量/10^4m^3	地下水开采系数
1	太原市	45976	35714	28542.0332	0.80	7	晋中市	71983	40374	42488.4980	1.05
2	大同市	64556	40009	34077.3811	0.85	8	运城市	98551	56695	76818.8766	1.35
3	阳泉市	28218	27992	4025.3314	0.14	9	忻州市	141181	84051	38564.5529	0.46
4	长治市	76892	36804	24824.8606	0.67	10	临汾市	102750	75287	30724.8695	0.41
5	晋城市	81945	36241	24470.9254	0.68	11	吕梁市	86974	36965	26946.3129	0.73
6	朔州市	64443	45955	26927.9980	0.59	合计		863469	516087	358411.6395	0.69

注：山西省地质工程勘察院苗春燕等，《山西省地下水资源图》说明书，2017年10月。

（5）地下水开发利用变化趋势分析

20世纪80年代以来，全省各类供水工程供水量总体上呈缓慢增长趋势，1990—2000年，年均增长0.9%，但供水水源构成发生了较大的变化。由于地表径流量减少、供水工程老化严重，再加上多年来降水量的减少导致地表水量减少，使地表水源工程供水能力有所下降，水井工程供水量则呈增加的态势，盆地区地下水开发利用程度不断提高。2000年地表水工程占总供水量的比例为41.8%，比1980年的55.3%降低了13.5%，地下水工程供水比例为58.2%，比1980年的44.7%提高了13.5%，从以地表水供水为主变成了以地下水供水为主，全省地下水处于严重的超采状态，从而产生了一系列生态环境问题。面对这种严峻的水资源形势，山西省采取了一系列有力措施，包括节能减排，加大了节约用水力度，矿坑水资源化，引黄入晋和关井压采等，使全省地下水开采总量逐年减少。2011年全省地下水开采量为$35.8412\times10^8m^3$，比2000年全省地下水开采量的$39.0045\times10^8m^3$减少了$31.6334\times10^4m^3$，减少幅度为8.11%；2020年全省地下水开采量为$32.9004\times10^8m^3$，比2011年全省地下水开采量的$35.8412\times10^8m^3$减少了$2.9408\times10^4m^3$，减少幅度为8.21%。2003年10月26日引黄工程一期开始向太原供水；2011年9月引黄工程北干线向大同、朔州供水。截至2017年底，万家寨引黄工程已累计供水$25.7\times10^8m^3$，其中向太原市供水$11.75\times10^8m^3$，向大同市供水$1.80\times10^8m^3$，向朔州市供水$1.27\times10^8m^3$，生态供水$10.88\times10^8m^3$，有效发挥了引黄水资源支撑作用，为山西经济社会发展、民生改善和生态环境好转作出了重要贡献。

从行政区划分析，各市的情况相差悬殊，阳泉市、临汾市、太原市、朔州市地下水开采量减少幅度比较大。其中阳泉市最大，2011年地下水开采量占2000年的25.4%；临汾市2011年地下水开采量占2000年的52.6%；运城市虽有减少，但幅度不大；太原市2011年地下水开采量占2000年的61.1%；朔州市2011年地下水开采量占2000年的69.6%；其余6个市地下水开采量仍处于增加的趋势，特别是晋城市、长治市增长幅度很大，晋城市2011年地下水开采量是2000年的2.09倍，长治市2011年地下水开采量是2000年的1.49倍。

另外，2000年全省地下水开采井数为101473眼，2011年地下水开采井数为508829眼，虽然看起来2011年水井数量远远多于2010年，但这是由于两次统计方法、要求不同造成的。2011年的水井数量是普查结果，非常全面；2010年水井数量是调查结果，资料不够全面。

第二节　区域水文地质条件

我国著名水文地质学家孙鸿冰先生形象地比喻山西为水文地质工作的实验室。山西有华北屋脊五台山，有纵贯南北的六大断陷盆地，有严重缺水的太行山石灰岩地区，有全国最大的岩溶泉水，有析城山面积7.59km^{2}的大型岩溶洼地（刘刚，2011），有温泉，有宁武万年冰洞，有管涔山天池高山湖群，还有晋西北的黄土高原、大同火山群、运城盐湖内流区等。其水文地质条件在我国北方地区极具特征，尤其山西岩溶是中国北方岩溶的典型代表。一方面，太行山、吕梁山沟壑纵横，黄土广袤，气候干旱少雨，造成了地下水资源十分匮乏。宏观上看，山西主要由断块隆起山地和断陷盆地水文地质单元组成。煤矿的长期高强度开采，大量排放矿坑水，进一步加剧了地下水资源紧缺的矛盾。另一方面，在汾渭断陷盆地区，新生代沉积地层巨厚，松散岩类孔隙水较为丰富，有些地段，由于浅层地下水水位埋藏浅，形成盐碱地。山西区域水文地质条件不仅具有典型性，而且又有多样性、复杂性、特殊性。

山西在全国水文地质分区中划分为内蒙古高原、陕甘黄土高原半干旱气候草原水文地质区——陕甘黄土高原亚区，详见图2-2-1(根据山西省地质勘查局2008年4月印制同名图精简编制，资料截止时间为2005年12月)。

一、地下水含水岩系划分

综合以往水文地质资料，山西省地下水含水岩系划分如下。

山西地下水由山地型高原水文地质单元组成。其地下水类型、富水性、埋藏条件、水质以及地下水补给、径流、排泄受地层岩性、地质构造，地貌等诸因素的控制。根据地层岩性、地下水类型、含水介质空间性质及水力特征，主要划分为三个地下水含水岩系，即松散岩类孔隙水含水岩系；碎屑岩、变质岩及岩浆岩类裂隙水含水岩系；碳酸盐岩类岩溶裂隙水含水岩系。碳酸盐岩类岩溶裂隙水及盆地区松散岩类孔隙水是山西省最具供水意义的地下水含水岩系。碎屑岩类裂隙水只有在某种特定条件下才有可能成为集中供水水源。

（一）松散岩类孔隙水含水岩系

松散岩类孔隙水含水岩系主要分布于新生代断陷盆地、山间盆地、山区河流谷地及黄土覆盖区等地区，全省分布面积4.38×10^4km^2，是山西两大重要含水岩系之一。

新生代断陷盆地：是指分布在山西省天（镇）阳（高）、大同、忻州、太原、临汾、运城及长治盆地。诸盆地含水岩层的分布特征及富水性有很多相似之处，这是由于各盆地外围的地貌、构造、岩性等条件的相似性所决定的。每个盆地含浅层潜水与中深层承压水，构成典型的承压-自流水盆地。各盆地间及盆地内部富水性差异甚大，以太原盆地最富水、长治盆地最贫水。盆地内一般以边缘冲洪积扇、洪积倾斜平原及中心部位的大河谷地带与古河道带富水性较好。地下水水位自边缘至中心逐渐变浅，水质亦由好变差。构成新生代断陷盆地的含水岩系主要由第四系全新统（Qh）、上更新统（Qp_3）、中更新统（Qp_2）、下更新统（Qp_1）及新近系上新统（N_2）等诸含水岩层组成。其岩性的展布特点是：盆地边缘主要河流入口处的冲洪积扇含水层粒度较粗，盆地中部及洪积扇间含水层粒度较细；边山洪积扇常有连续的砂卵砾石层，盆地中部有连续的黏性土层。

含水岩组的富水性受岩性、地貌和补给条件所控制。边山黄土丘陵地带富水性最弱，含水岩层多为砂卵石透镜体及中更新统钙质结核层；洪积扇群（包括埋没古洪积扇）富水性多为强或中等，含水岩层为第四系下、中、上更新统砂砾石层；冲洪积扇倾斜平原富水性多为强或中等，含水岩层多为第四系中、上更新统及全新统砂砾石岩；冲积平原岩相较稳定，富水程度多为中等，含水岩层以第四系下、中、上更新统为主；黄土台地富水性一般为弱，含水岩层一般为第四系中、下更新统及上新统砂砾石层。运城盆地因上部水质差，主要含水岩层为第四系下更新统；长治盆地主要含水岩层为第四系中、上更新统和全新统，含水岩层多为红色土夹砂砾石层。

盆地开采深度内含水层埋深和厚度较为复杂多变，不同地段差别较大。黄土丘陵含水层埋深多＞50m，含水层厚度2～5m；洪积扇倾斜平原含水层埋深一般3～70m，含水层厚度0～60m；冲积平原含水层埋深1～3m，含水层厚度2～87m。

山间盆地：在山西分布较为普遍，如岚县盆地、盂县盆地、五台盆地等均属此类。主要含水层为

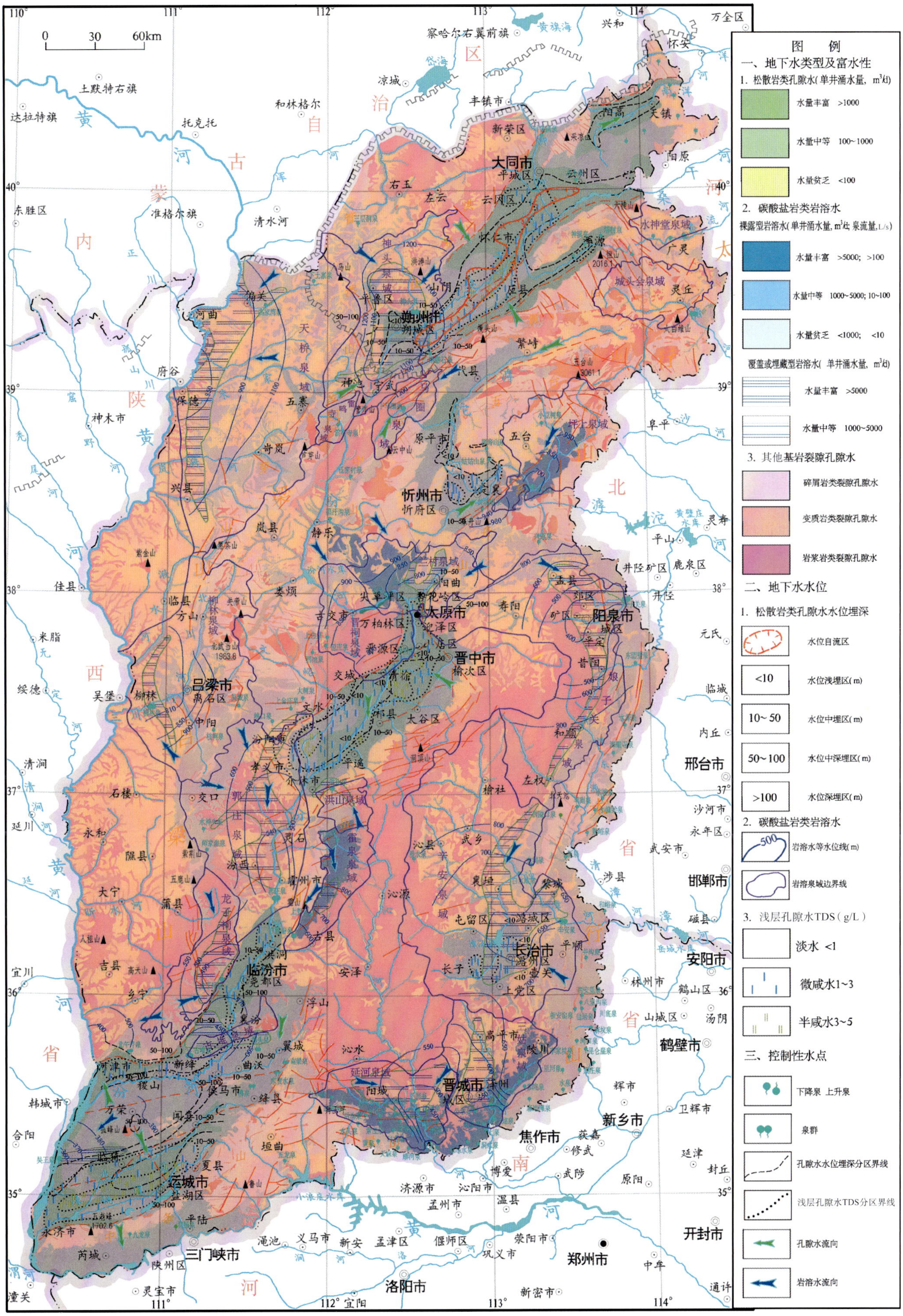

图2-2-1 山西省水文地质图（2005年12月）

第四系中、上更新统砂卵石或下更新统砂层，富水程度不一，中、弱、强均有，含水层埋深10～370m，含水层厚度2～87m。

山间谷地：包括朱家川河、县川河等唐县期宽谷和山区广泛分布的板桥期侵蚀谷。前者底部往往有较厚的新近系上新统红色黏土，主要含水层为第四系中、上更新统砂砾石，埋深30～180m，含水层厚度3～80m；后者主要含水层为第四系上更新统及全新统砂卵石层，埋深一般<50m，富水性多为中等，含水层厚度5～20m。

黄土高原：分布于山西西部黄河以东、吕梁山以西的黄土垣、墚、峁地带。主要含水岩层为新近系上新统及第四系中更新统砂卵石层及钙质结核层。由于地形切割严重，地下水赋存条件不佳，富水性多为极弱。新近系上新统在河谷的有利部位，富水性可达中等；第四系上更新统在山西普遍分布，含水极弱，大部分因分布地势较高或以帽状分布，为透水而基本不含水地层。

各盆地地下水含水岩系特征由北向南分述于下。

1.天（镇）阳（高）断陷盆地

天（镇）阳（高）盆地位于山西省最北端的天镇、阳高两县，面积906km^2，属新生代断陷盆地。北部主干断裂有云门山前大断裂，走向北东—南西，白登河、南洋河自南西转北东贯穿盆地，山前松散层厚度>500m，天镇县城一带松散层厚度变薄，据钻孔揭露132.8m见花岗片麻岩，新构造活跃，新近纪至第四纪晚更新世均有玄武岩喷发。

（1）盆地边缘黄土台地

盆地边缘黄土台地孔隙水分布于阳高的朱家窑头、大泉山、潘寺、上吾其、下深井和天镇的米薪关、夏家店、将军庙一带，中、下更新统均为河湖相沉积物，含水层颗粒细，多层粉砂和中细砂，水位埋深>30m，富水性变化大，单位涌水量0.56～14.7m^3/(h·m)，近河谷地段，第四系上更新统、全新统含水层以砂卵石为主，水量较富，如上阴山村井深30m，单位涌水量67.9m^3/(h·m)。米薪关、孤峰山一带能自流，单位涌水量10～20m^3/(h·m)。

（2）云门山、采凉山前地带洪积扇群

中、上更新统砂、砾石、卵石埋深10～100m，水位埋深3～20m，单位涌水量7.2～90m^3/(h·m)。合村、阳高县城一带，埋深100m左右有承压水，水头距地表18～34m，含水层为第四系中、上更新统砂砾石，厚度47m，单位涌水量216m^3/(h·m)；天镇下营、水桶寺、罗文皂、狮子屯、北徐屯等地下水丰富，且具承压性，含水层属第四系上、中、下更新统中粗砂和砾石，厚度8～40m，单位涌水量10～25m^3/(h·m)。洪积扇中下部，富水性中等，含水层埋深35～100m，砂卵砾石厚度5～10m，单位涌水量3～20m^3/(h·m)。扇间凹地，第四系中、下更新统颗粒细，砂、粉细砂为主，水量小，单位涌水量1～2m^3/(h·m)。洪积扇前缘地下水溢出地表。

（3）冲积平原

冲积平原位于盆地中部，分布在白登河、西洋河两侧，浅层潜水埋深1～3m，沼泽下湿盐碱地较多，20～30m以下有承压自流水，单位涌水量1.5～3.8m^3/(h·m)，典型水文地质平面见图2-2-2。

2.大同断陷盆地

该盆地位于山西省北部，凹陷中心位于山阴县南侧，深2700m，是由西北部的口泉断层、朔州洪涛山前断层、大同—阳高断层，以及南部恒山、六棱山断层等综合作用形成的断陷盆地。盆地基底受桑干河断陷的控制。盆地标高1000～1200m，主要河流为斜贯全区的桑干河，基地起伏不平，上游恢河发源于宁武的管涔山；次之有御河、黄水河及南洋河，入河北省汇入永定河。盆地基底埋藏最深处在山阴凹陷，可达3000m有余。新生代玄武岩分布较普遍，如怀仁市的黄花梁及云州区西坪一带的火山群。

（1）黄土丘陵

黄土丘陵在盆地边缘，朔州西南，洪涛山和七峰山的山脚处，大同东北部及浑源东北部等，含水层颗粒细，局部地段有砂砾石透镜体，潜水位埋深10～50m，局部>50m，单位涌水量一般<0.56m^3/(h·m)。

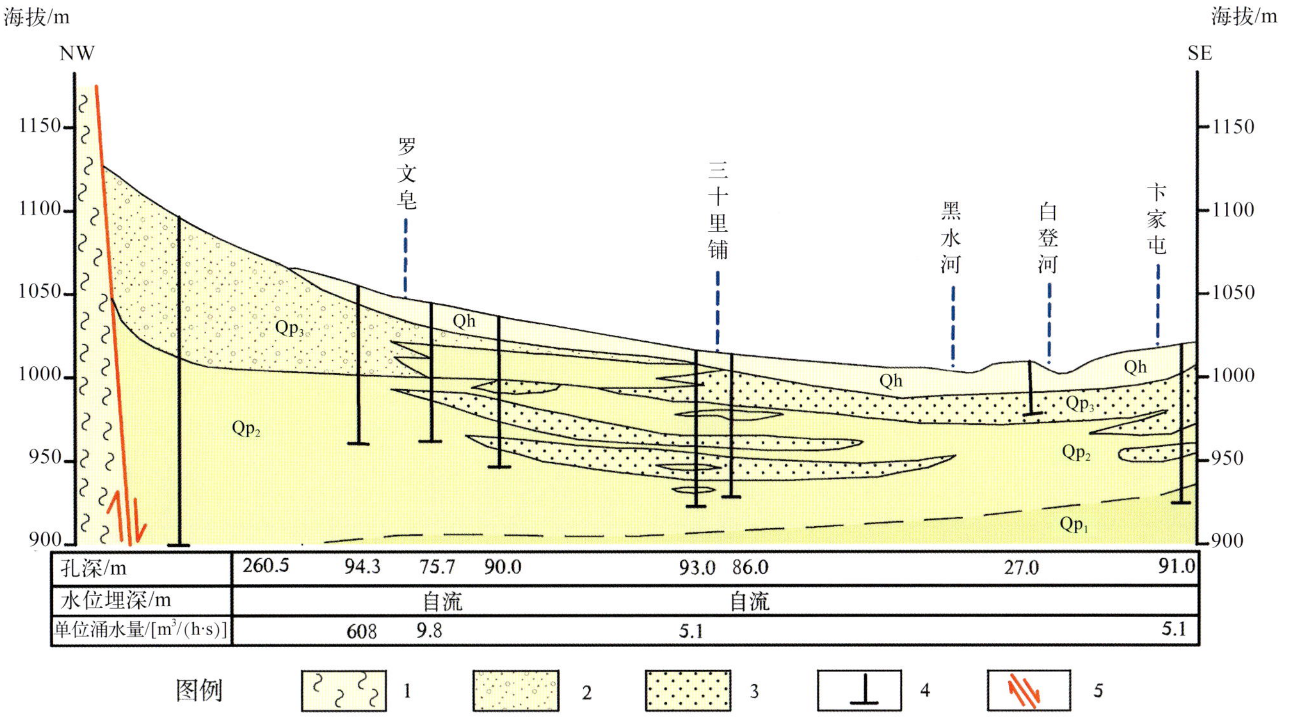

图2-2-2 山西省天（镇）阳（高）盆地罗文皂—卞家屯水文地质剖面图

（据山西省地质勘查局,《山西省水文地质图、山西省地下水资源分布图（1∶50万）说明书》, 2008年4月）

1—片麻岩; 2—砂砾石; 3—砂层; 4—钻孔; 5—正断层

（2）洪积倾斜平原

现代小型冲洪积扇比较发育，扇长一般5km左右，含水层以砂砾石层为主，厚度10～50m，地下水丰富，御河扇、恒山前扇、山阴的旧广武扇、朔城的南榆林扇较大，为富水地段，一般单位涌水量10～60m^3/（h·m）。水位埋深变化较大，如浑源县王千庄洪积扇，不到5km的距离内水位埋深由30m变为接近地表。扇的外围为洪积倾斜平原，是盆地最富水地段，为孔隙承压水，含水层时代为下、中、上更新统，岩性一般为砂卵砾石层，单位涌水量一般为4～8m^3/（h·m）。

（3）洪积平原区

该区分布于桑干河、御河等两岸地区，宽为10～20km。含有潜水，水位埋藏浅，水量较丰富。大同御河、山阴的后所及朔城冲积平原区含有承压水，水量丰富，一般单位涌水量为0.14～5.6m^3/（h·m），含水层为中、下更新统的中粗砂和砾石。

（4）盆地中部冲湖积平原区

含水岩组为更新统粉细砂层，累计总厚30～80m，埋深50～250m，地下水具承压或自留，富水性较弱。上海子、海北头、大虫堡、滋润一带以粉砂为主，富水性极弱，钻孔单位涌水量＜1m^3/（h·m）。上述地区盐碱化严重。典型水文地质剖面见图2–2–3。

3.忻州断陷盆地

该盆地主要是恒山南、五台山北、云中山及系舟山断裂控制的新生代断陷盆地，盆地基底凹陷中心位于定襄以南，深1360m。盆地东北部繁峙、代县地段窄，南部原平、忻府、定襄地段开阔，呈一肘状。滹沱河贯穿整个盆地，尚有阳武河、云中河等在盆地内汇入滹沱河。盆地基底为起伏不平的块状陷落和隆起，基底埋深较浅，据物探资料，最深处在定襄以南达1360m。

（1）黄土台地

黄土台地富水性弱，水位埋深45～100m，单位涌水量＜0.28m^3/（h·m）。

洪积倾斜平原：浅层水水量丰富，含水层为砂砾石层，厚度20～40m，富水程度强至中等。分布于

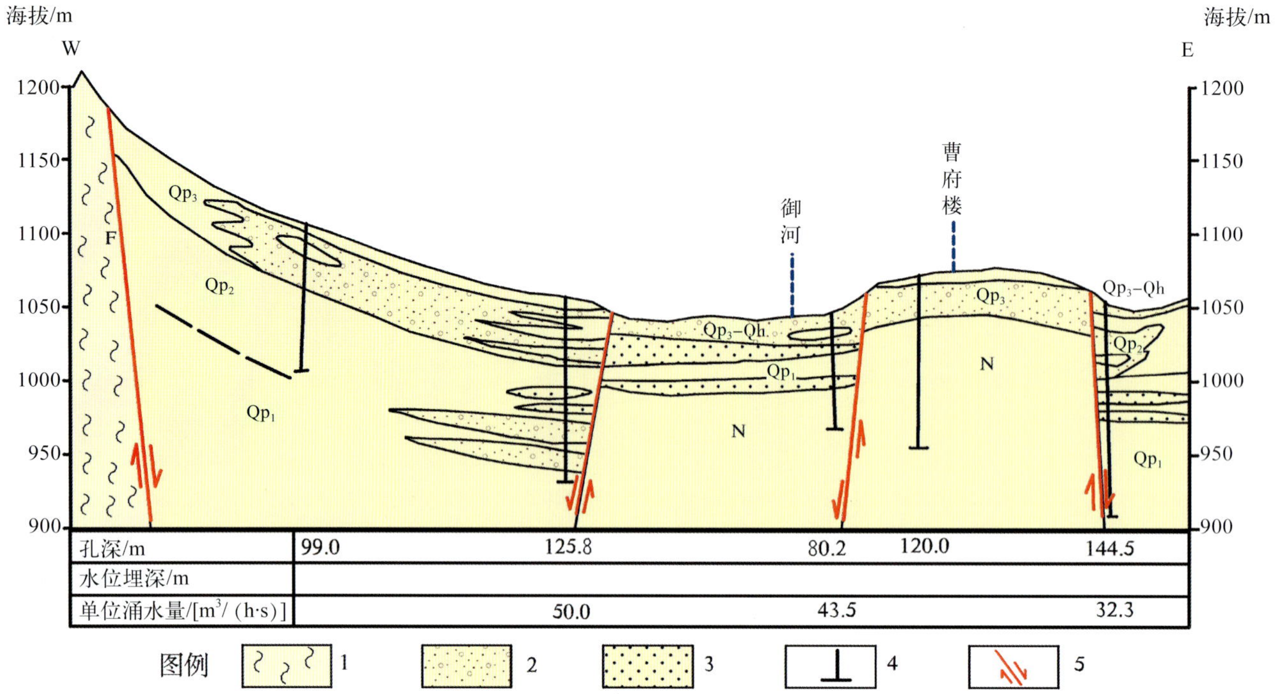

图2-2-3 山西省大同盆地水文地质剖面图

（据山西省地质勘查局，《山西省水文地质图、山西省地下水资源分布图（1：50万）说明书》，2008年4月）

1—片麻岩；2—砂砾；3—砂；4—钻孔；5—正断层

繁峙、代县山前、系舟山前、宏道、李庄一带及金银山东麓阳武河扇区，主要含水层为中、下更新统卵砾石层，埋深80～135m，单位涌水量90m^3/（h·m）左右。

（2）冲积平原

冲积平原分布于滹沱河、牧马河、云中河的径流区，含水层为中、下更新统砾石、粗、中、细、粉砂，主径流带含水层颗粒粗，厚度大，富水性强，如繁峙砂河镇南长胜孔，位于近代河谷中，浅层含水层厚10～20m，富水性极强，单位涌水量＞100m^3/（h·m）。定襄南滹沱河沿岸盐碱化严重。典型水文地质剖面见图2-2-4。

4.太原断陷盆地

该盆地位于山西中部，属汾河流域中游，盆地基底凹陷中心在西铭，深2570m。盆地周边轮廓为不规则的多边形，即由不同走向的断层组合成的断折系，东西两侧断层断距大，与盆地的基底结构有明显的差异性。据物探和航卫片解译资料，盆地基底是规模不等的似等间距的块状陷落和隆起。西部断层山区不断上升，盆地不断下降，断距大，盆地边缘堆积的松散岩类颗粒粗，厚度大，且与基岩直接接触。东部山区缓慢上升，盆地缓慢下降，第四纪堆积物颗粒细。就整个盆地基底而言，北部埋藏浅，南部埋藏深，西部埋深大，东部埋深小。基底埋深为2500～3200m，东部在太谷、祁县和平遥隆起，西部有清徐和汾阳凹陷。在田庄断裂以南、胡兰-杨房断裂以北地区，形成一个地堑。在该地堑内，由东向西基岩埋藏深度逐渐加大，在太原市小店区北格镇代家堡—侯家堡一带为最深，达3200m。盆地边部断裂和基底构造控制盆地内的河流发育史，从而也控制着松散堆积物的结构和岩性，直接影响着区内水文地质条件。汾河中游纵贯全盆地，西部支流有文峪河、磁窑河、峪道河，东部入汾支流有潇河、乌马河、昌源河和龙凤河。

（1）黄土台地

黄土台地分布于榆次以东，祁县、平遥、太谷的东南，汾阳和孝义的北部和西部地区，出露宽度不一，呈条带状分布于山前区，主要含水层为中更新统、上更新统的砂砾石和粉细砂层的透镜体，含

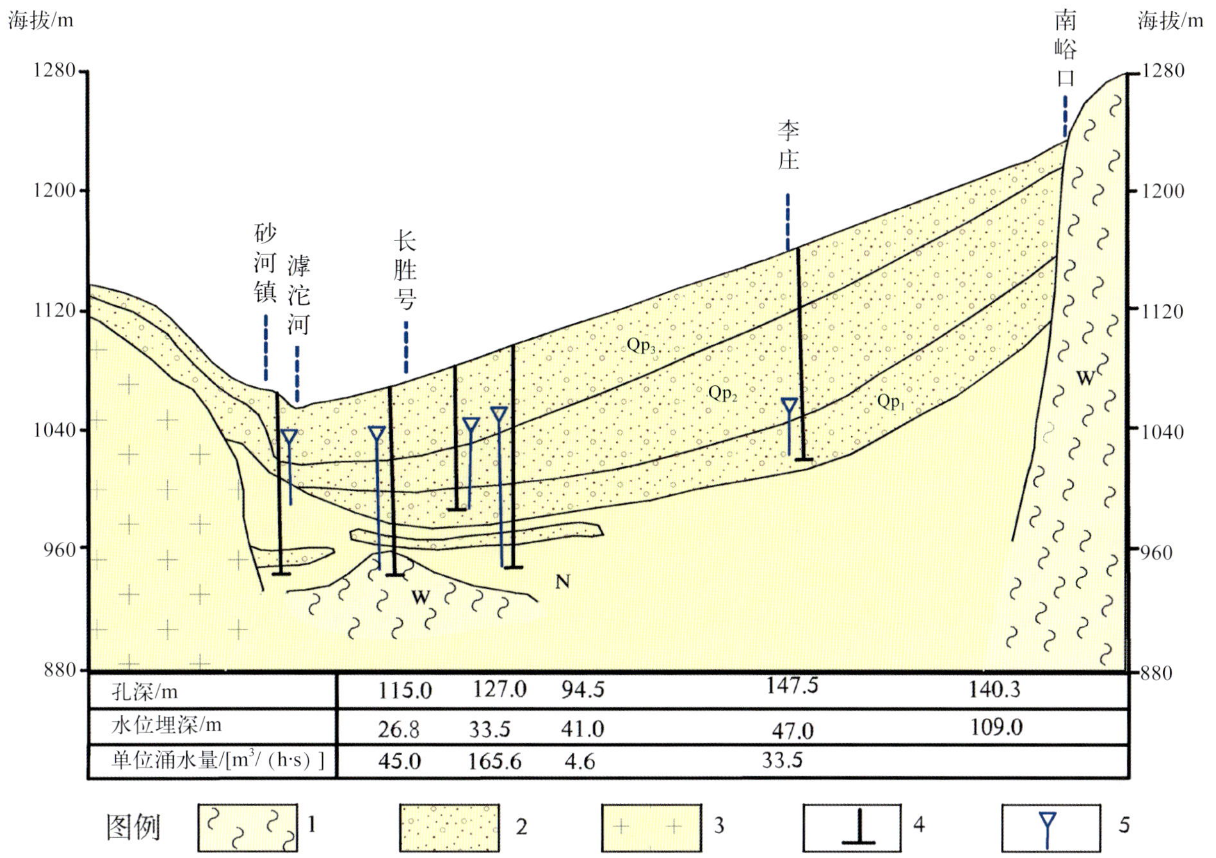

图2-2-4 山西省忻州盆地砂河镇—南峪口水文地质剖面图
（据山西省地质勘查局,《山西省水文地质图、山西省地下水资源分布图（1∶50万）说明书》，2008年4月）
1—变质岩；2—砂卵砾石；3—花岗岩；4—钻孔；5—地下水水位高度

水层埋深60～100m有余，水位埋深50～100m有余，富水性弱。有的台地区埋藏有古洪积扇，含水层由中、上更新统砂砾石组成，厚度13～70m，含水层埋深20～170m，水位埋深60～100m，单位涌水量5～16m³/（h·m）。

（2）洪积倾斜平原

主要富水地段为较大洪积扇群区，特别与灰岩、变质岩接触的扇体内富水性更佳，其次是与形成洪积扇的河流规模有关。太原北部的柏板洪积扇，晋祠、交城、清徐、汾阳等边山地段为奥陶系岩溶水的泄水地段，以及主要为变质岩裂隙水补给的文峪河洪积扇富水性很强，含水层以更新统的砂砾石及中粗砂为主，水位埋深不一，一般8～40m，单井涌水量18～68m³/（h·m）。榆次、太谷、祁县、平遥、介休一带的洪积扇，单位涌水量一般为0.4～16m³/（h·m）。含水层时代为更新统砂砾石，含水层埋深10～150m，层厚7～70m，水位埋深各地差异较大。

（3）冲积平原

冲积平原分布于盆地中部。北部西张、柴村一带含水层埋深5～125m，为全新统和中、上更新统卵砾石层，层厚30～70m，单位涌水量36～92m³/（h·m）。已建成太原市供水水源地，详勘提交验证的（A_2级）开采资源20×10^4m³/d。小店以北至西张地段及汾河两岸的冲积平原，含水层为更新统砂砾石层，含水层埋深20～176m，层厚20～87m，水位埋深受开采量影响变化较大，单位涌水量7～36m³/（h·m）。小店以南的冲积平原区，含水层为更新统的砂和砂砾石，古河道区及现代汾河谷地富水性较好，其他地区富水程度较弱。太原北端的大盂、阳曲和泥屯小盆地基底为奥陶系灰岩或石炭、二叠系地层，松散层孔隙水富水性弱，水量小，开采深度大，松散层孔隙水一般开采意义不大。盆地典型水文地质剖面见图2-2-5。

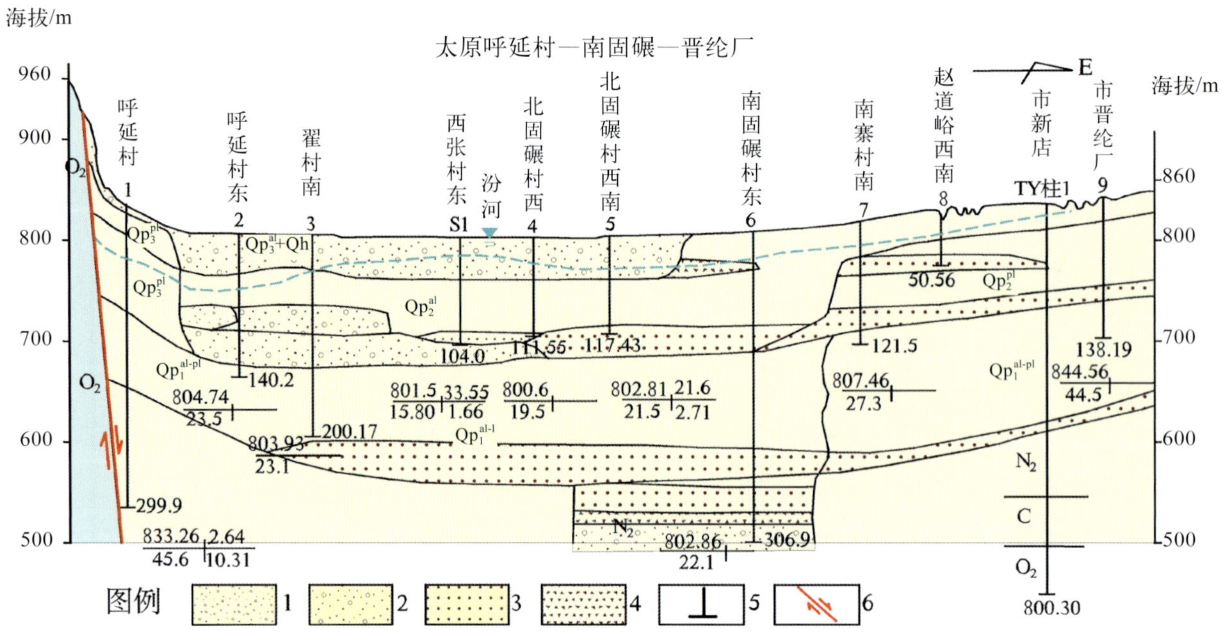

图2-2-5 山西省太原盆地汾河冲积扇水文地质剖面图

（据山西省地质调查院，《太原市浅层地温能调查评价报告》，2013年12月）

1—黏性土；2—砂；3—卵石及砾石；4—黄土；5—钻孔；6—正断层

5.临汾断陷盆地

临汾盆地基底凹陷中心在尧都区与洪洞县之间，深2100m，西为罗云山和龙门山断裂，东部为霍山断裂带，南部为紫荆山和峨嵋台塬上的活动性断裂带，构成临汾新生代断陷盆地。横亘中部近东西向的塔儿山—九原山隆起将整个盆地割裂成临汾小盆地和侯马小盆地，整个盆地的沉降中心位于侯马和河津之间，新生界堆积厚度不超过2100m。

（1）黄土台塬和台地

黄土台塬和台地主要分布于洪洞以北山前区，临汾以东和翼城地区。各地区含水层分布、富水性及水位埋深变化较大，在河谷发育地段，一般富水性较好，如霍州东的南北涧河，含水层埋深5～50m，岩性为砂卵砾石，厚约20m，水位埋深＜10m，单位涌水量2～10m^3/（h·m）。

洪洞县西北部，临汾东和翼城地区及新绛—河津地段，一般为Ⅲ级阶地，临汾段高出汾河8～30m，新绛—河津段高出汾河66～130m，含水层为中、下更新统的粉细砂、砂卵石层，厚度5～80m，单位涌水量0.3～10m^3/（h·m）。

（2）洪积倾斜平原

山前的洪积扇，岩性为砂砾、卵石，潜水位埋深扇顶＞100m，一般为10～50m，扇前可溢出地表，有泉水出露，如赵城湾里泉71L/s，新绛的里虎泉150L/s，绛县的左郡泉300L/s。浅井单位涌水量3～10m^3/（h·m）。承压水含水层埋深50～160m，岩性为上、中更新统砂砾卵石层，水位埋深10～50m，单位涌水量10～30m^3/（h·m），主要在新绛—河津段龙门山前，襄汾和赵城。洪洞县东北，临汾至襄汾西及侯马一带的洪积倾斜平原，含水层主要是中、上更新统的砂砾石，次之为下更新统的湖积砂层，潜水埋深10～25m，单位涌水量1～3m^3/（h·m），最大可达33m^3/（h·m）。承压水含水层埋深46～200m，岩性为粉细砂层，水位埋深约10m或自流。单位涌水量2～30m^3/（h·m）。

（3）冲积平原

冲积平原沿汾河两岸条带状分布，宽约1～3km，潜水和承压水沿汾河流向逐渐加深，岩性颗粒变细，富水性强，单位涌水量＞30m^3/（h·m）。洪洞洪安涧河、临汾涝渠河的河谷地段，单位涌水量2～10m^3/（h·m）。其典型水文地质结构详见图2-2-6。

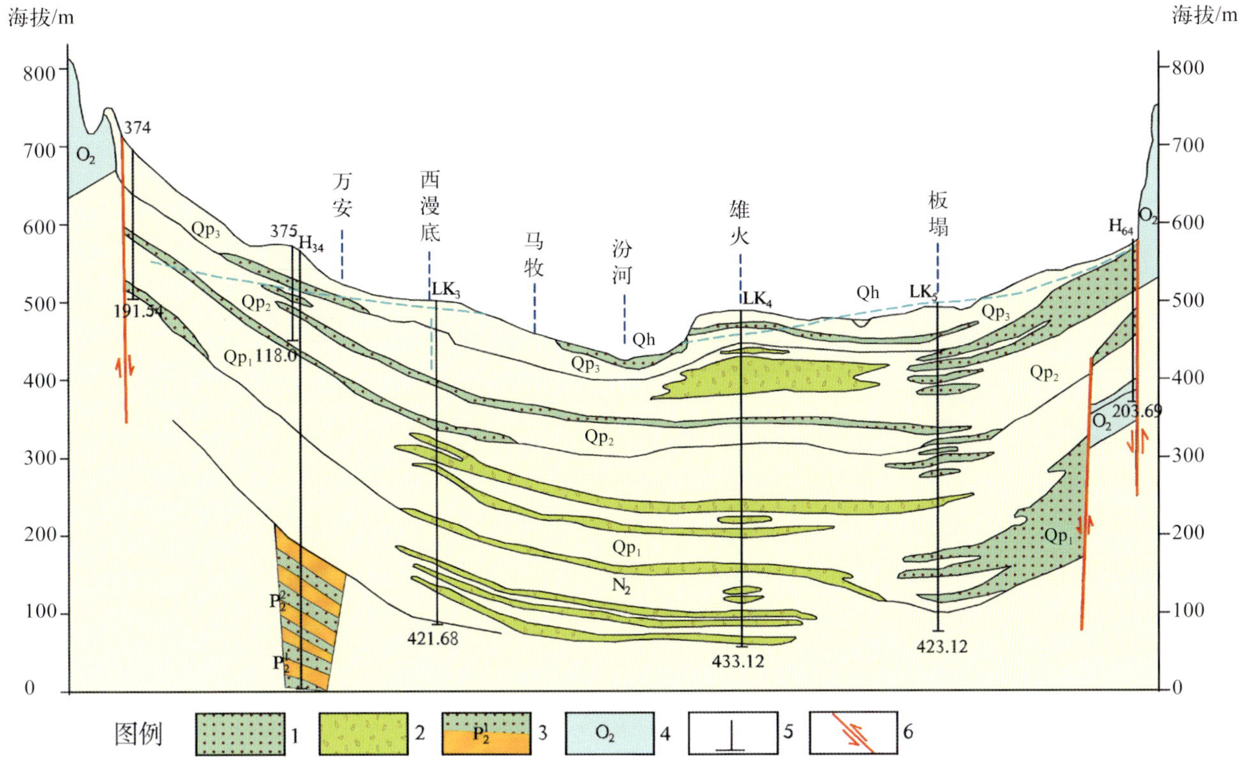

图2-2-6 山西省临汾盆地霍山山前地带水文地质剖面示意图

（据山西省地质勘查局，《山西省水文地质图、山西省地下水资源分布图（1：50万）说明书》，2008年4月）

1—第四系亚砂土亚黏土；2—第四系砂卵石；3—二叠系上统；4—奥陶系中统；5—钻孔；6—正断层

整个盆地内地下水的补给，一是大气降水的直接入渗；二是周边山区的侧向补给；三是人为因素的补给。

6.运城断陷盆地

该盆地基底凹陷中心位于盐湖区—永济市之间，深达5500m，盆地北部为紫荆山—稷王山断裂和临晋断裂，南部为中条山前大断裂（断距约3500m），盆地基底以奥陶系灰岩为主，部分地段为石炭系地层。属新生代断陷盆地，新生代堆积物厚度3000m以上，西接渭河盆地，总称渭汾地堑。中条山前有一系列淡水湖和盐池等内陆湖泊。主要河流是涑水河，北东向斜贯穿盆地，其次是青龙河，水系不发育。

峨嵋台地高出河床100～300m，台地属宽缓的背斜，轴部为变质岩、寒武系石灰岩及岩浆岩，北部属紫荆山—稷王山断裂，南部为临晋断裂。台地（包括梼杌塬、鸣条岗）是黄河、汾河、涑水河河湖相地层堆积后，新的活动性断裂不断上升演化的产物。松散岩类含水层以中、下更新统的中细砂层为主，水位埋深40～200m，单位涌水量12～45m³/（h·m）。鸣条岗和梼杌塬地区，含水层为中、下更新统的中细砂层，埋深50～170m，厚度1～40m，水位埋深10～100m，单位涌水量2～10m³/（h·m），见图2-2-7。

7.长治盆地

长治盆地位于山西省境东南部，在山西六大盆地中基底埋藏最浅，只有300m有余。东临太行山前断裂（晋获大断裂），其余三面为低山丘陵，沉降幅度小且缓慢，粗颗粒沉积少而薄，隐伏基岩面呈单斜状，由西向东倾斜，新生代总厚约300m，见图2-2-8。

因此，长治盆地的冲积扇和洪积扇不发育，盆地内堆积物以黏性土为主，夹少量的薄层粉细砂层。其中，长治附近靠近地表的中、上更新统黄土类土，发育有一些孔隙，含有少量地下水。浊漳河流经盆地，西部支流较发育。黄土台地：潜水含水层埋深＜30m，以亚黏土为主及底部1～2层的粉细砂，水位埋深2～25m，漳河以东富水性较好，单位涌水量5～10m³/（h·m）。承压含水层埋深50～150m，为中、

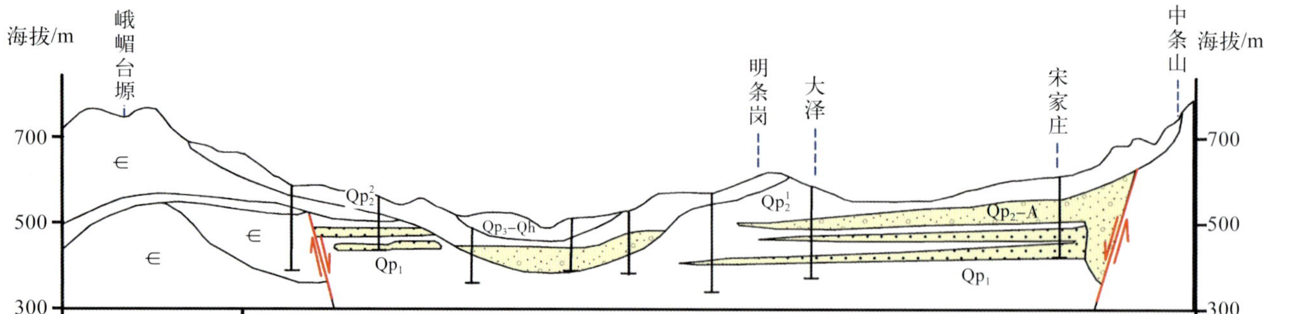

孔深/m	215.3	120	150	100	139.5	200.4	230.8	180.6
水位埋深/m	140.7	51.1	22		8.7	11.6	80.6	29.9
降深/m	17.9	13.6	4.3		12.8	127	4.5	26
单位涌水量/[m^3/(h·s)]	0.2	26	1.2		29	1.6	25	9.8

图2-2-7 山西省运城盆地宋家庄—峨嵋台塬水文地质剖面图

（据山西省地质勘查局,《山西省水文地质图、山西省地下水资源分布图（1∶50万）说明书》，2008年4月）

1—黏性土；2—粉细砂、中砂；3—正断层；4—钻孔

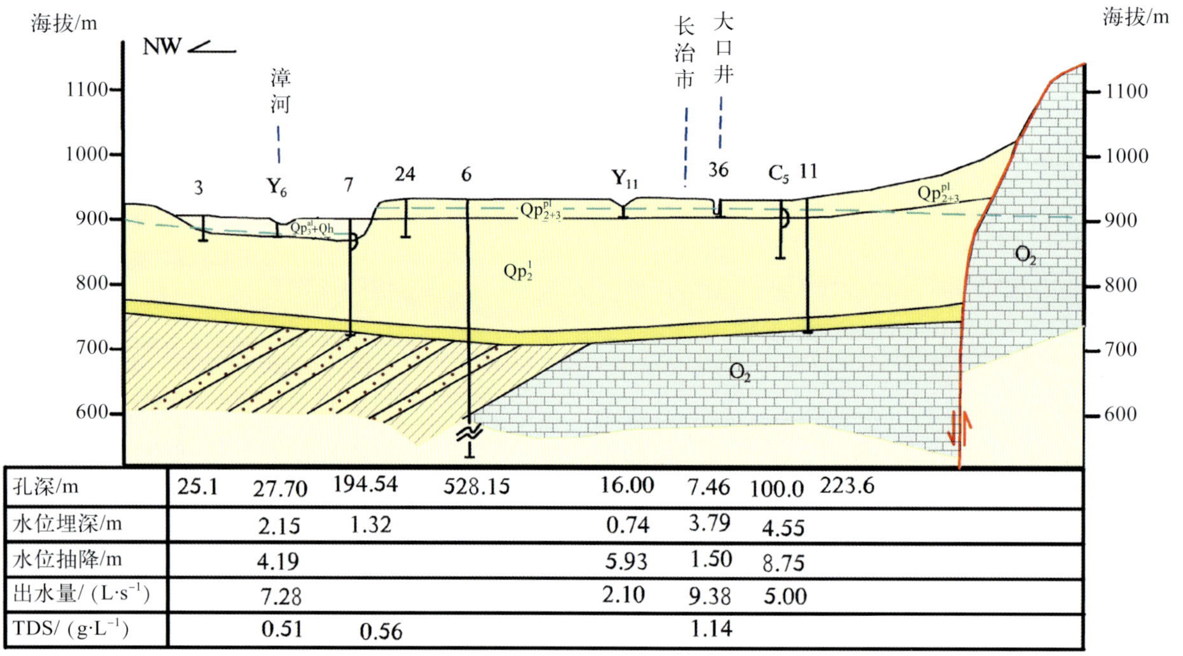

孔深/m	25.1	27.70	194.54	528.15	16.00	7.46	100.0	223.6
水位埋深/m		2.15	1.32		0.74	3.79	4.55	
水位抽降/m		4.19			5.93	1.50	8.75	
出水量/（$L·s^{-1}$）		7.28			2.10	9.38	5.00	
TDS/（$g·L^{-1}$）		0.51	0.56			1.14		

图2-2-8 山西省长治盆地水文地质剖面图

（据山西省地质勘查局,《山西省水文地质图、山西省地下水资源分布图（1∶50万）说明书》，2008年4月）

1—黏性土及黄土类土；2—砂；3—砂及碎石；4—砂岩；5—页岩；6—石灰岩；7—正断层；8—钻孔；9—地下水水位线；10—钻孔试段

下更新统的亚黏土及粉细砂层，厚5～45m，单位涌水量0.3～2m^3/（s·m）。

长治盆地河谷地段中等富水性—强富水性，潜层含水层埋深＜50m，岩性为中细砂，水位埋深＜10m，单位涌水量2～10m^3/（h·m）。

（二）碎屑岩、变质岩及岩浆岩类裂隙水含水岩系

1.碎屑岩类裂隙水

该含水岩系分布于左云—大同中生代盆地、宁静向斜、太原西山向斜、沁水坳陷及黄河东单斜等地区。含水岩层主要有白垩系（K）、侏罗系（J）、三叠系（T）及二叠系（P）地层，出露广泛，分布面积约$5.52 \times 10^4 km^2$，约占全省总面积的35.3%。主要由不同粒径、不同厚度的粗、中、细、粉砂岩、页岩及泥质岩组成。含裂隙、孔隙潜水及承压自流水。它的富水程度决定于各种成因的裂隙性质、发育程度和裂隙交插、切割等因素的影响，同时也受构造与岩性的控制，在水平分布上为弱富水，但在地貌、构造及补给条件有利部位，局部富水性可达中等或强富水。该含水岩层具以下特点。

（1）在垂直方向上，如处在大致相同的构造部位，岩性的控制作用尤为明显

含水层颗粒的粗细与含砂岩率的高低，与富水程度有明显的关系。一般粗粒径砂岩及硅质胶结的脆性岩石，裂隙数量较少，但规模较大，延伸较远，岩层富水程度强；泥质胶结的细粒径砂岩及弹塑性岩石，裂隙虽较发育，但规模较小，富水性弱。

据统计资料，粉细砂岩组成的岩层富水程度变幅可达133倍，而单位涌水量<$0.36m^3/(h \cdot m)$；中粗砂岩组成的岩层，富水程度变幅虽然只有6倍，而单位涌水量可达$9.7m^3/(h \cdot m)$。岩石的矿物成分不同时，在同一粒级岩石中，富水程度亦不同，如含钙质的粉细砂岩较不含钙质的粉细砂岩富水性强。三叠系二马营组含砂岩率可达94%，二叠系石千峰组含砂岩率达50%～82%，且为中细粒砂岩，而二叠系石盒子组含砂岩率仅37%。因此，山西碎屑岩类裂隙含水岩系富水性较佳的含水岩层为三叠系二马营组和上二叠统的石千峰组。富水性的不均匀性和透水性的各向异性，既与所处的构造部位有关，又受岩性粗细和岩层厚薄的影响。太原盆地东部山区（太谷、祁县）的碎屑岩，含水层为三叠系中、上统砂岩，处于北西西向线性断裂构造发育和沁水坳陷轴偏西翼的复合部位，构成裂隙、孔隙水储存和运移的良好场所，有高水头的自流水，如祁县盘陀钻孔，曾经自流量$60m^3/h$、水头高出地面27m。受边山断裂构造影响的地带为沟通区域裂隙的导水通道，太谷在该带上施工的管井，单井出水量都在$1000m^3/d$以上。榆次源涡泉为山西碎屑岩的最大泉水（已经断流），它有一个半圆形的补给区，是晋中市榆次区供水重要水源地，目前开采量为$5 \times 10^4 m^3/d$，北西向断裂带上的刘村钻孔，单井出水量达$1 \times 10^4 m^3/d$，为整个区域最富水地段。其他碎属岩分布区一般为弱富水区。

（2）在碎屑岩地区河流基流量占总径流量的比例较大

根据统计资料，在碎屑岩地区，河流基流量占总径流量的35%～45%。

（3）碎屑岩区裂隙孔隙水具多层性且层间水力联系弱的特点

一般含水层之间不具水力联系，在区域上没有统一的地下水水位。地下水受降水及地表河水补给，分散状排泄，它的补给，径流和排泄往往叠置在一起，构成一个复杂的含水系统。

碎屑岩类裂隙水主要分布于沁水坳陷、宁静向斜、黄河东单斜地区等地，现分述如下。

1）沁水坳陷地区：位于山西省东南部，北起盂县以北与五台隆起相接，东以太行山，西以霍山，南以中条山为界，主要含水岩层有三叠系（T）和二叠系（P）。沁水坳陷内发育着一系列北北东背斜、向斜及断裂构造，形成诸多小的自流盆地和单斜地，单位涌水量一般$1 \sim 10m^3/(h \cdot m)$，泉水流量一般在1～10L/s。

2）宁静向斜地区：宁静向斜为一带状向斜构造，轴向北东30°，贯穿宁武、静乐境域，含水层主要由侏罗系（J）、三叠系（T）、二叠系（P）和石炭系（C）砂岩组成。沿向斜边缘部位，发育着一系列NNE向断层，构成地下水聚集的有利部位。根据部分井孔和泉水统计资料，富水程度一般为弱，泉水流量基本<1.0L/s，最大可达2.0L/s。据阳方口—轩岗一带钻孔资料，下石盒子组抽水结果，钻孔单位涌水量$0.003 \sim 0.18m^3/(s \cdot m)$，近河床钻孔单位流量达$0.72 \sim 7.1m^3/(s \cdot m)$。

3）黄河东单斜地区：位于吕梁山以西、黄河以东，北起河曲，南达禹门口，总的地势北西高、南西低，倾向黄河，由黄土塬、墚、峁、丘陵、川地，以及高出黄河150m至几米的四级侵蚀堆积阶地组

成。构造上属吕梁断裂隆起西翼的河东单斜带，即为鄂尔多斯坳陷区东翼组成部分。含水层主要由三叠系（T）、二叠系（P）砂岩组成，呈单斜产状，属潜水承压水含水岩系。该含水层为中等富水，泉水流量＜1.5L/s，钻孔单位涌水量＜1.0m³/（h·m）。在地貌、构造、补给条件有利地段，如永和、吉县附近，泉水流量可达5～10L/s。该区由于碎屑岩之上覆盖有厚层黄土，降水入渗条件差，地下水径流模数一般＜1L/（s·km²）。

2.碎屑岩夹碳酸盐岩岩溶裂隙水

该裂隙水包括石炭系（C）、震旦系（*Zc*）含水岩层，零星分布于太行山及霍山一带，由砂岩、页岩中夹3～6层灰岩组成，构成层间岩溶裂隙水。在地貌、构造、补给条件有利地段，可形成承压自流水，且水量较丰富，如昔阳、平定、盂县、高平及晋城钻孔资料，单位涌水量9～10m³/（h·m），20世纪70年代中期以前为当地主要供水水源，以后随煤矿开采力度的加大，使这一含水层大部被疏干。在煤矿开采程度较低地区，富水性亦弱，如黄河以东单斜地。

按区域沉积旋回的岩性组合特征，属碎屑岩夹碳酸盐岩类孔隙裂隙含水岩组的有两个亚组，即石炭系含水亚组、震旦系含水亚组。它们的水文地质特征各不相同，现分述如下。

（1）石炭系含水亚组

本含水亚组主要分布在中生代的各大煤盆中，如沁水煤盆、大同煤盆、宁静煤盆及河东单斜等区，总面积约6×10^4km²。主要含水层为上石炭统（C_3）薄层灰岩和中粒、粗粒砂岩组成，一般夹3～5层灰岩，最多可达10层，单层厚度多＜4m，从晋东南向晋西北石炭系灰岩夹层层数减少，厚度变薄。砂岩分布比较稳定，单层厚度多＞10m。该含水亚组受局部小型构造和岩性控制，无统一的区域水位，在沁水向斜和宁静、河东斜地中，常有层间自流水，富水程度受构造、补给和含水层埋藏深度影响，变化较大。一般在向斜凹地、背斜轴部、薄层灰岩和中、粗粒砂岩埋深较浅，地势较低，补给条件好的地段，水量较丰富，如平定县贵石沟井孔单位涌水量达32.4～39.6m³/（h·m），晋城巴公泊村泉144～288m³/h，平定县东锁簧泉98.6m³/h，但水量季节变化大，稳定性差，这些泉水因受井群开采影响，现多数断流，其水质在无煤层水污染的条件下，水质基本较好，TDS为1～2g/L。中石炭统底部铝土页岩为该含水亚组隔水底板。石炭系本溪组（C_2b）为山西大面积分布的隔水层。

在《煤矿专门水文地质勘查规范》（GB/T 40130—2021）中将钻孔单位涌水量＜0.001m³/（s·m）作为划分隔水层的定量指标。

（2）震旦系含水亚组

本含水亚组主要分布于恒山、五台山、太行山区和中条山区，吕梁山区零星分布，全省出露面积约7000km²，以砂岩和白云岩为主要含水层，富水性普遍较弱，多属风化裂隙水，常有小泉出露，季节变化大，只在补给条件好、断裂构造发育的部分地区，水量较大，如左权县苇则泉流量900m³/h，平定县震旦系砂岩出露的营庄泉涌水量288m³/h，水质良好，TDS＜0.5g/L。

3.变质岩类裂隙水

该裂隙水主要分布于五台山、吕梁山、太行山及中条山等地的五台系、阜平系变质岩类，分布面积约2.58×10^4km²，占全省总面积的16.5%。该含水岩组包括新太古界（W）及中太古界（F_1）等含水岩层。其含水岩层分别以五台群为代表的杂岩及阜平群为代表的混合岩化片麻岩，富水程度多为弱，局部地貌、构造、补给条件有利地段富水性较强。

基岩裂隙水受当地侵蚀基准面控制，补给、排泄简单，流程路径短，呈现出补给、排泄区基本一致的特点。地下水交替更新能力强，受降水补给后，通过散泉的面状排泄，呈线状集中于现代水文网内。

变质岩类裂隙水主要为风化裂隙水，其特点是分布面积广，单泉流量小，汇集流量大，流量不稳定，受季节影响大。风化带深度一般20～50m，个别可达100m。在构造条件有利的沟谷低洼处，有时有承压自流水。现按地貌单元分述于下。

（1）五台隆起山地

含水层主要为古元古界滹沱群（H）石英岩、白云岩及大理岩，中、新太古界片麻岩，本含水岩层主要特点：泉水出露较多，几乎沟沟有泉水，但流量不大，单泉流量一般1～2L/s，钻孔单位涌水量<0.5m^3/（h·m），中等富水性。在补给条件有利地段的沟谷底部，有自流水存在，如：五台金岗库一自流井，井深257.3m，揭露片麻岩，水位+19.5m，单位涌水量1.1～2.9m^3/（h·m）；繁峙佰强自流孔，孔深251m，含水层为片麻岩，水位+12.0m，单位涌水量<0.3m^3/（h·m）；五台潭上泉出露于白云岩中，泉流量雨季可达56L/s；原平市姑姑山泉，出露于石英岩断裂带上，雨季流量可达100L/s，定襄红殿大口井，井深3m，井径2m，单位涌水量达360m^3/（h·m）。

（2）吕梁背斜山地

该山地分布于吕梁山中南段及管涔山、云中山广大地区，含水层主要为花岗片麻岩，角闪云母片麻岩。弱富水性，一般单泉流量多<1.0L/s，井水位埋深<10m。如交口县大南沟井，单位涌水量0.9m^3/（h·m）。

（3）中条山隆起山地

该山地分布于山西省境南部的中条山地区。构造线方向北东、北北东及北北西向，由深变质的中条群和涑水群组成。岩性为大理岩、片岩、石英岩、变粒岩、片麻岩、浅粒岩、变质火山岩及花岗岩组成。褶皱和断裂发育。基岩裂隙水的分布、运移、富集受构造与岩性的控制，并受风化作用影响。区内普遍存在风化裂隙潜水，多以泉水出露，泉流量一般<1.5L/s，单位涌水量<0.2m^3/（h·m），一般为弱富水性。

4.岩浆岩类裂隙水

岩浆岩类包括侵入岩和喷出岩，零星分布于全省各地，总面积约$1.00\times10^4km^2$，根据岩性和含水特征，分为玄武岩（β）、花岗岩（γ）、安山岩（E_A）及其他岩浆岩类（M）等含水岩层。除部分玄武岩外，其他各类岩浆岩富水性弱，单泉流量多<1L/s。现重点论述玄武岩类裂隙水如下。

（1）玄武岩类裂隙水

山西境内的新生代玄武岩仅分布在北部和中部，北部的左云、右玉一带与内蒙古毗连地区有面积相对较大的出露（贾福海，1993）。主要有天镇县玄武岩、新荣区镇川堡玄武岩、右玉县玄武岩、云州区玄武岩、庙山及应县黄花梁玄武岩、代县—繁峙玄武岩、昔阳—平定县玄武岩和左权县玄武岩，总分布面积约1800km^2，裸露区面积约1750km^2。

玄武岩的富水性受地貌和岩体出露条件控制，大体可分为三种类型：裸露型台原贫水区、隐伏型波状平原较富水区及火山锥群富水区。

1）裸露型台原贫水区。分布在左云、右玉、天镇、繁峙、平定、昔阳、左权等地，玄武岩出露标高1200～1600m，裸露面积共1140km^2。玄武岩裂隙水以降水补给为主，属就地补给，就地排泄型。季节动态变化大，水温9～10℃，水量多在0.2～5.6L/s之间，如天镇县孤峰山玄武岩开采井，出水量5.6L/s，贾家屯楼子町村玄武岩泉流量仅0.2L/s，左云县八台沟泉流量3.5L/s，右玉县李达窑一带的泉水流量多在0.2～4.1L/s之间。其中以北革厂五龙泉流量最大，旱季17L/s，雨季22L/s，水质良好，TDS为0.2～0.5g/L，属HCO_3-Ca或HCO_3-Na·Ca型水。

2）隐伏型波状平原较富水区。集中分布于大同火山群东南部，地面标高1000～1100m。玄武岩绝大部分为第四系松散沉积物覆盖，只有一些残丘呈星星点状散落裸露于平原中。在大同镇川堡、养老洼、桑干河沿岸、西坪一带，玄武岩埋藏较浅，分布面积约300km^2。据钻孔揭露，玄武岩与第四系、新近系沉积物成层相间，显示了新生代以来，玄武岩流多次间歇喷发溢流的特点。井孔所见玄武岩的层数、单层厚度，富水性变化很大。如大同市新荣区花园屯镇镇川堡村钻孔深度153.79m，在112m以下揭露两层玄武岩，单层最厚分别为22.67m、13.80m，总厚36.47m，与第四系砂层混合取水，单井出水量1000m^3/d；而离镇川堡西500m的河滩中，另一钻孔深160.26m，在73m以下见五层玄武岩，单层最厚达22.77m，最薄6.5m，总厚52.81m；块状玄武岩气孔虽多，但顶底板均为红色黏土，涌水量极小，单位涌水量仅0.036L/（s·m）。这一现象说明埋藏较深的玄武岩裂隙水与第四系孔隙水水力联系密切，其富水性与松散层一致，在无裂隙通道的条件下，靠玄武岩气孔构成水平径流是困难的。玄武岩中的泉水，一般出露标高低，水量较大，如鱼儿涧泉，标高992m，流量94m^3/h，阳高神泉寺泉，标高964m，流量300m^3/d，水温10℃，TDS为0.27～0.6g/L，属HCO_3–Na·Mg型水。

3）火山锥群富水区。主要分布于云州区西坪和应县黄花梁，面积约260km^2，有大小火山锥30余个。其中心部位为平缓或凹陷的火山口，覆盖有火山灰或黄土。火山口周围及山坡为玄武岩，节理裂隙发育，并堆有火山弹、火山豆、火山砂。坡麓覆盖黄土，熔岩孔隙度大，利于降水入渗，常沿坡麓成泉出流。如：西坪镇西水头泉，标高1035m，流量100L/s；火山脚下阁老山民井出水量278L/s；昊天寺火山锥东南脚下2m直径的大口井，井深3m，揭露火山弹、火山砂，出水量$1.3\times10^4m^3$/d，水位降深仅0.5m；应县黄花梁胡家岭30m的浅孔，揭露15m厚的火山砾、火山砂，单井出水量600～1000m^3/d，水质良好，属HCO_3–Na·Mg或HCO_3–Ca·Mg型水，TDS为0.32～0.5g/L。

（2）花岗岩类裂隙水

花岗岩含水岩层在山西分布较普遍，因岩石的物理性质所致，风化构造裂隙均较发育，泉水分布普遍，单泉流量＜1.5L/s。

（3）安山岩类裂隙水

安山岩类含水岩层，主要分布于中条山地区，含裂隙潜水，以小泉出露较多，流量＜1.0L/s。单位涌水量0.13～0.2m^3/（h·m）。如遇断层带，单位涌水量可增为1.2～1.3m^3/（h·m）。

其他岩浆岩含水岩层，裂隙发育程度较差，弱富水性，单泉流量多＜1.0L/s。

（三）碳酸盐岩类岩溶裂隙水含水岩系

山西是我国北方最大的可溶岩分布区，碳酸盐岩分布总面积$11.3\times10^4km^2$，占全省总面积的72.3%。其中碳酸盐岩类裸露面积$3.18\times10^4km^2$，占山西总面积的20.3%，主要出露于吕梁山中南段，霍山东侧，太行山中南段及晋西北偏关、河曲、保德、岢岚、神池、五寨、柳林、太原东、西山等地，多沿古老岩块的外围呈环状和带状分布，构成地层倾角平缓的高原岩溶区，包括寒武系出露面积$0.91\times10^4km^2$，奥陶系出露面积$2.27\times10^4km^2$，地层总厚度800～1100m。碳酸盐岩之中石灰岩占46%、白云岩占27%、白云质灰岩和泥质灰岩占15%、泥灰岩占12%。

奥陶系中统下马家沟组（O_2x）、上马家沟组（O_2s）地层岩溶发育，富水性强，是山西岩溶地下水的主要含水层。

1.碳酸盐岩岩溶的分布

山西高原碳酸盐岩类的地层岩性出露特征及气候条件，决定了岩溶裂隙的空间分布格局及其发育特征。综观全省从晋西北向晋东南地区岩溶裂隙化程度由弱变强。晋东南的太行山区自北东向南西至阳城一带，岩溶裂隙化程度也有加强之势。另外，在高原边缘地带岩溶也较发育。这点也可从岩溶大泉分布特征上看出。

2.岩溶裂隙水富水性特征

该含水岩组具富水程度强且极不均一的特点，总的来看，太行山区富水性较强，晋西北富水性则较弱；排泄区富水性强，补给径流区富水性较弱。就富水程度而言，大部分为弱富水，仅在强径流和排泄区为中或强富水，很多径流区也为弱富水。该含水岩系地下水赋存规律严格受构造、地貌及岩性条件的控制，这是导致富水性不均的主要因素。

在裸露岩溶地区，地下水多属潜水；覆盖或埋藏型地区，储水构造为单斜和向斜层时具承压水。

补给径流区一般呈潜水或微承压水，排泄区为承压水。但由于岩溶发育的不均一性和多层性原因，各层有不同程度的水力联系，地下水水位情况各有特点。一般在补给区或补给径流区，水力联系较差，水位不统一，各含水层自新到老，呈现高—低—高的现象，即奥陶系岩溶水上层水位高，下层低。因寒武系馒头组页岩隔水层抬高，水位往往较高，并且构成一个独立的含水岩系。一般奥陶系岩溶裂隙水具区域统一水位，见表2-2-1、表2-2-2。若岩溶化程度很强的话，寒武、奥陶系岩溶裂隙水具有统一水位。

表 2-2-1 山西省区域奥陶系岩溶水位统计表

序号	钻孔位置	区域	含水地层代号	岩溶水水位/m			
				埋深	差值	标高	差值
1	平鲁区歇马关	地下水补给区	O_1x	71.64	0.16	1065.242	0.88
			O_1	71.48		1064.362	
2	平鲁区北坪	地下水补给区	O_2l	285.92	—	1075.236	—
3	平鲁区下面高	地下水径流区	O_1^2	134.28	0.22	1065.612	0.22
			O_1	134.50		1065.392	
4	太原市古交	地下水径流区	O_2s^1	47.86	49.4	927.22	46.9
			O_2s^2	97.25		880.32	
5	霍州市郭庄	地下水排泄区	O_2s^1	—	—	522.7	1.8
			O_2s^2	—	—	524.5	

表 2-2-2 山西省辛安泉排泄区岩溶水水位统计表 单位：m

孔号	辛1		辛2		潞7		潞8	
含水地层	水位标高	差值	水位标高	差值	水位标高	差值	水位标高	差值
O_2	—	—	—	—	—	—	697.28	0.29
O_1	639.701	0.199	642.565	1.32	679.92	2.94	697.57	
$\in_3$	639.502		641.245		676.98		—	—
$\in_2$	639.723	0.221	640.755	0.49	677.53	1.55	—	—

碳酸盐岩类分布区，以出露稳定型岩溶大泉为特征。含水层富水性的强弱，是岩溶发育程度的集中表现。它反映了含水层富水性垂直方向上的变化，以中奥陶统石灰岩最强，中寒武统鲕状灰岩次之，见表2-2-3。在平面分布上，受构造地貌的控制，富水性强地段一般呈条带状，且具有各向异性特点。如上兰村水源地最大单位涌水量达532.8m^3/(h·m)，而不远的另一井单位涌水量则为50.4m^3/(h·m)，两者相差10倍；又如保德铁匠铺水源地，S_1孔终孔单位自流量84.6m^3/(h·m)，而相距30m的BS_2孔，单位自流量仅24.1m^3/(h·m)，两者相差3.5倍。岩溶裂隙发育的不均匀性，导致地下水运动的不均匀性，不同泉域岩溶地层的渗透系数相差悬殊，大者达180.6m/d，小的仅为0.011m/d，见表2-2-4。

表 2-2-3 山西省区域寒武、奥陶系泉水流量统计表

序号	含水地层	泉水流量/(m^3·s^{-1})		泉水总流量/(m^3·s^{-1})	占总径流量比例/%	序号	含水地层	泉水流量/(m^3·s^{-1})		泉水总流量/(m^3·s^{-1})	占总径流量比例/%
		>0.1	>1.0					>0.1	>1.0		
1	中奥陶统/个	37	14	84.913	79.74	4	中寒武统/个	35	3	18.377	17.25
2	下奥陶统/个	12	—	2.47	2.30	合计	87	17	106.49	99.99	
3	上寒武统/个	3	—	0.73	0.7						

注：本表根据综合调查资料统计。

表 2-2-4 山西省区域岩溶钻孔渗透系数统计表

序号	位置	地段	含水地层代号	渗透系数/(m·d^{-1})	序号	位置	地段	含水地层代号	渗透系数/(m·d^{-1})
1	太原上兰村	泄水区	O_2	180.6	4	潞州区黄碾	径流区	O_2	3.15
2	霍州郭庄村	泄水区	O_2^s	23.68～148.2	5	昔阳界都	补给区	$O_1+\in_3$	0.011
3	平顺辛安村	泄水区	O_1	12.8					

注：本表根据综合调查资料统计。

综合全省岩溶泉域水文地质条件深入研究成果，山西岩溶地下水具有以下主要富集规律。

1）中奥陶统下含水岩组富水性强于中、上寒武统含水岩组。

2）含水岩组富水性浅部大于深部。

3）含水岩组富水性强度排泄区>径流汇流区>补给区>深埋滞流区。

4）特殊地段是岩溶地下水富集区。主要包括：中奥陶统膏溶角砾岩层，河流强烈渗漏地段，断裂构造带，岩溶地下水强径流带。

3.岩溶裂隙水的水动力特征

山西岩溶泉域是温带半干旱—半湿润气候条件下形成的典型岩溶裂隙泉水，其主要的水动力特征包括以下几个方面（韩行瑞，2015）。

1）在泉域内形成地下水流场，其流场总体形态受边界条件、地质构造、岩溶发育特征及地貌的影响。

2）山西岩溶大泉含水层以中奥陶统（O_2）为主（图2–2–9），天然状态下地下水流以层流为主，为溶隙流。岩溶裂隙水流系统是由分散的溶隙形成的扩散流与各种溶蚀较强的结构面形成的强径流带共同组成的。前者主要起储水的作用；后者起汇水及主径流传输作用。

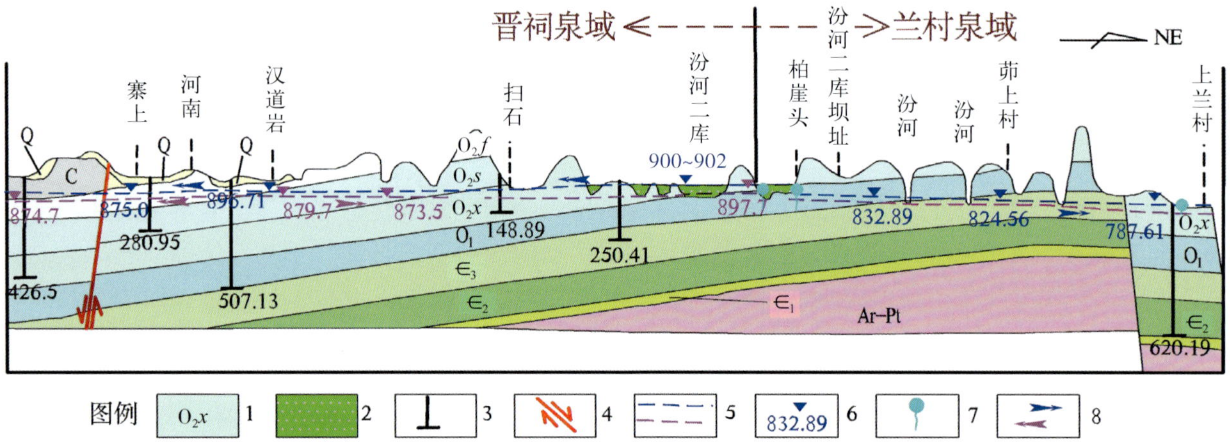

图2-2-9　汾河二库库区沿汾河方向岩溶水文地质剖面略图

（据中国地质科学院岩溶地质研究所梁永平等，《汾河流域晋中南大型岩溶泉域1：5万水文地质调查报告》，2019年5月）

1—地层及代号；2—水库蓄水区；3—钻孔及孔深（m）；4—正断层；5—水位线；6—岩溶水位及标高（m）；7—岩溶泉；8—建库前（蓝色）、后（红色）岩溶地下水流向

3）示踪试验表明，山西多数岩溶泉域的天然流速<50m/d。娘子关泉域、龙子祠泉域、神头泉域、霍泉域流速分别为8.8～23.9m/d、29.8m/d、37.6m/d、29.3m/d。

4）各泉域内中奥陶统灰岩含水体中的溶隙、溶穴、层面裂隙互相沟通较好，溶隙流水往往具较广的统一地下水面，天然水力坡度平缓，一般为1%～10%。与南方岩溶区形成鲜明对照。

4.岩溶水系统可调蓄性

山西岩溶水系统一般都有很大的补给范围，又有很厚的岩溶含水层的储存空间，地下岩溶发育较强，形成了溶蚀裂隙网络型岩溶通道的含水系统。根据有关部门对典型地区的野外试验和模拟计算，岩溶含水层的给水度大致是中奥陶统岩溶发育程度强的含水层为0.005～0.01，中、上寒武统岩溶发育程度中等的含水层为0.003～0.005。其中广泛分布的中奥陶统厚300～600m，岩溶发育强，是巨大的岩溶含水层储存空间，同时由于包气带厚度大，补给径流距离长，岩体持水能力强，经过缓慢的地下径流和地下调蓄作用，逐渐将雨季集中补给转化为连续性地下径流。同时又根据有关部门对泉流量与降水量的相关计算，主要岩溶大泉的流量动态多与前3～8年的降水总量密切相关，说明岩溶水具有很强的调节功能。山西岩溶大泉调蓄功能见表2-2-5。

表 2-2-5 山西岩溶大泉调蓄功能统计表

序号	泉名	泉域面积/km^2	调蓄库容范围/km^2	天然储存量/10^8m^2	最大补给距离/km	序号	泉名	泉域面积/km^2	调蓄库容范围/km^2	天然储存量/10^8m^2	最大补给距离/km
1	神头泉	4756	3386	50.8	75	11	坪上泉	3035	1125	11.5	45
2	天桥泉	10192	>5200	>62	104	12	娘子关泉	7217	3780	93.18	101
3	柳林泉	6002	1952	35.1	82.5	13	辛安泉	10950	4556	82.0	165
4	马圈泉	754	680	10.2	37.5	14	三姑泉	2630	2733	41.0	75
5	兰村泉	2614	—	—	65	15	延河泉	2765	2610	58.7	64
6	晋祠泉	2731	—	—	65	16	古堆泉	460	—	—	76
7	洪山泉	632	506	11.6	26	17	水神堂泉	518	—	—	30
8	霍泉	1273	990	29.7	64	18	城头会泉	1672	—	—	45
9	郭庄泉	5600	4387	65.8	90	19	雷鸣寺泉	377	—	—	14
10	龙子祠泉	2250	2098	31.5	65						

注："—"表示无资料。

5.山西岩溶大泉

山西是一个十年九旱，水资源严重缺乏的省份，但在许多地方，却有众多的泉水涌出（崔铁牛，1994）。山西是我国岩溶分布最广泛的省份之一，也是我国北方岩溶分布面积最广、半干旱区岩溶特征最典型的地区，在大面积碳酸盐岩区形成了众多的岩溶泉水及相应泉域。20世纪50年代，山西省内的娘子关泉、天桥泉、辛安泉，不仅是中国北方60多处原始流量1m^3/s以上最大的岩溶泉，而且也位列世界干旱及半干旱区的岩溶大泉之中。山西泉水众多，分布较广，史称"千泉之省"（山西省水利厅，2011）。明末清初著名学者顾炎武先生在《天下郡国利病书·山西卷》中称："山西泉水之盛，可与福建相伯仲。"历史上对山西的泉水记载也比较多，先秦古籍《山海经》载有洪山泉和龙子祠泉，北魏郦道元的《水经注》载有晋祠泉、神头泉、霍泉和三姑泉。历代文人墨客吟诗颂泉，更彰显了山西泉水的神奇与可贵，如：诗仙李白赞美晋祠泉"晋祠流水如碧玉""百尺清潭泻翠娥"；唐代诗人李频赋诗兰村泉"泉分石洞千条碧，人在玉壶六月寒"；明代诗人王世贞赋诗娘子关泉"喷玉高从西极下，擘崖雄自巨灵来。"这些都形成了山西独特的泉文化，激发人们对泉水的热爱与珍惜。

直至20世纪60年代，山西泉水之多、流量之大依然名不虚传。据1965年大旱期间山西省水利部门的勘查数据，全省共有实测流量>0.01m^3/s的泉水179处（山西省地图集编纂委员会，2000），其中，流量>1m^3/s的岩溶大泉13处、>0.1m^3/s的泉水有52处、1～0.1m^3/s的泉水39处，泉水总流量达101m^3/s，占同期全省地表清水流量的一半以上，年径流量达到$31.85\times10^8m^3$；娘子关泉、辛安泉和郭庄泉流量都在10m^3/s以上；晋祠泉流水依然如碧玉，流量达1.96m^3/s。但是，自20世纪80年代以来，随着山西经济的快速发展，城市与人口规模的不断扩大，全省工农业及城市对岩溶大泉高强度、掠夺式的开发，加上煤矿开采大量排放地下水，导致晋祠泉、兰村泉和古堆泉相继干枯断流，郭庄泉、洪山泉濒临断流，辛安泉、柳林泉、三姑泉和水神堂泉流量下降达一半以上，对当地水生态环境、供水安全保障和相关旅游业带来巨大负面影响。岩溶地下水环境地质问题日趋严重，已成为山西省经济转型跨越发展的重要制约因素。

岩溶大泉泉域汇水面积广，补、径、蓄、排过程相对独立，地下调节库容巨大、排泄集中，多数具备建立大型供水水源地的有利条件，为山西能源基地的建设提供了有力保障。岩溶地下水不仅是山西省多数大中城市、煤矿、电厂的生产、生活供水水源，同时，不少岩溶大泉还是著名的旅游风景点，赋含有特殊的历史、文化内涵。岩溶地下水在山西人民生活、经济社会发展中起着举足轻重的作用。从山西省的自然条件来看，岩溶水具有不可替代的重要地位（山西省水利厅，2011）。

山西省岩溶大泉泉水流量系统监测始于20世纪50年代，从15处岩溶大泉（晋祠泉、兰村泉、娘子关泉、辛安泉、神头泉、郭庄泉、柳林泉、延河泉、坪上泉、马圈泉、洪山泉、龙子祠泉、霍泉、水神堂泉、城头会泉）平均泉水流量系列曲线（图2-2-10）中可以清楚地看出，除了在20世纪50—60年代中期沿水平线波动外，20世纪60年代中期以后，泉水流量一直处于明显的持续性衰减状态，总体年衰减率达到0.0674m^3/s，15处泉水总流量以每年1.01m^3/s（3188×$10^4m^3/a$）的速度递减。将1956—2003年系列分成前后两个24年等时段，15处泉水前后两段的平均总流量由72.97m^3/s减少到42.36m^3/s，减少量占前期流量的32.35%（表2-2-6）。2003年15处大泉的平均流量较1956—1979年前段系列平均流量减少52.13%，完全断流的岩溶大泉有兰村泉、晋祠泉、古堆泉3处；接近断流的有洪山泉；较前段系列平均泉水流量减少40%以上的有娘子关泉、神头泉、辛安泉、柳林泉、水神堂泉等5处；泉水流量减少30%以下的有马圈泉、城头会泉、天桥泉3处；雷鸣寺泉2011年以来基本处于流量持续增加的状态；郭庄泉、龙子祠泉、霍泉3处2010年以来流量变化不明显。泉水流量如此大幅度下降而且趋势依然不减，这不仅使山西省水资源短缺形势更加严峻，也对山西省生态环境、旅游资源都造成难以弥补的损失。

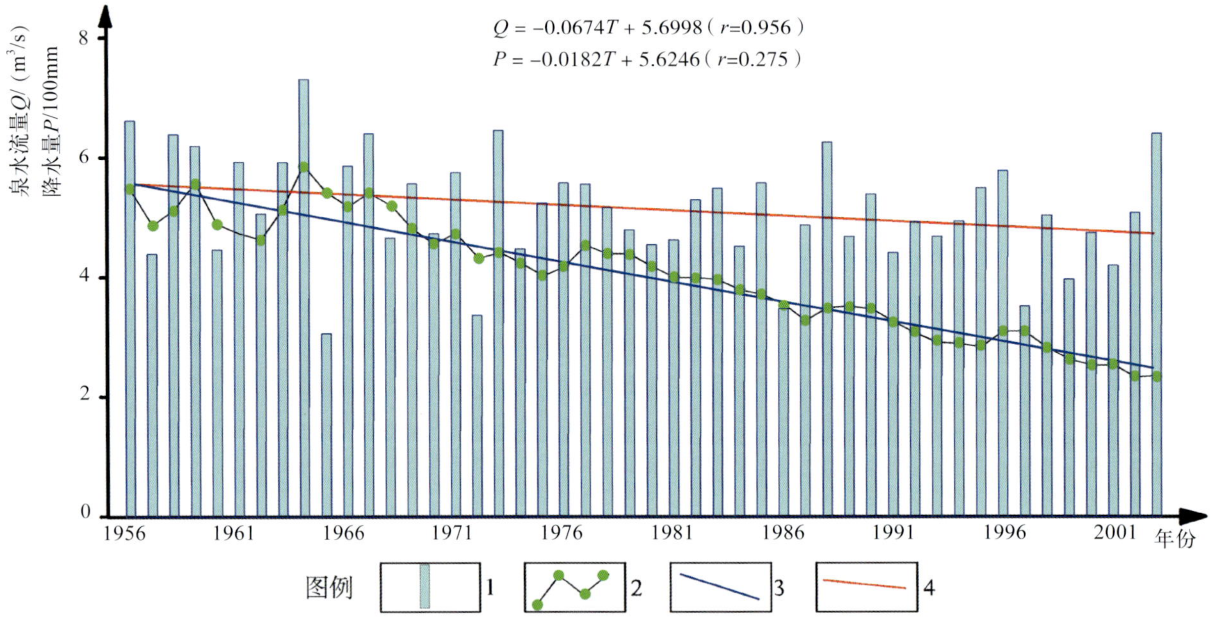

图2-2-10　山西省15处岩溶大泉平均流量、泉域平均降水量动态曲线图

（据山西省水利厅等，《山西岩溶泉域水资源保护》，2008年1月）

1—15处岩溶大泉年平均降水量（mm）；2—15处岩溶大泉平均流量（m^3/s）；

3—15处岩溶大泉平均流量趋势线；4—15处岩溶大泉年平均降水量趋势线

从表2-2-6可以看出，山西19处岩溶大泉，流量动态资料最少的是天桥泉，目前仅搜集到1987年及2004年两次数据，而天桥泉又是流量最大的岩溶泉，这对于研究该泉动态特征及进行保护是非常不利的。

（1）岩溶泉域

岩溶泉域与岩溶水流域具有大体一致的概念。所谓岩溶泉域是指岩溶泉的补给和汇流、储集范围，它不仅包括地下补给、汇流范围，而且也包括地表补给、汇流范围，即岩溶水系统的总汇水区。每个大的岩溶泉域往往包括两部分：一是非可溶岩间接补给区，二是可溶岩汇流及储集区。有时泉域仅为可溶岩区，这类泉水补给汇流储集均在岩溶区。山西省19处岩溶大泉泉域总面积66428km^2，其中裸露可溶岩面积17178km^2，占泉域总面积的25.86%，大范围的可溶岩裸露成为大气降水直接补给岩溶地下水的主要途径。山西省岩溶大泉及岩溶泉水基本情况见表2-2-7、表2-2-8、图2-2-11。

表 2-2-6　山西省岩溶大泉泉域流量动态对比表

序号	泉域名称	20世纪60年代平均流量/（$m^3 \cdot s^{-1}$）	20世纪70年代平均流量/（$m^3 \cdot s^{-1}$）	20世纪80年代平均流量/（$m^3 \cdot s^{-1}$）	20世纪90年代平均流量/（$m^3 \cdot s^{-1}$）	1956—1979年平均流量/（$m^3 \cdot s^{-1}$）	1980—2003年平均流量/（$m^3 \cdot s^{-1}$）	1956—1979年与1980—2003年对比减少/%	总平均流量/（$m^3 \cdot s^{-1}$）	2003年流量/（$m^3 \cdot s^{-1}$）	2010年流量/（$m^3 \cdot s^{-1}$）	2003年较1956—1979年减少/%	泉域主要特征
1	晋祠泉域	1.69	1.13	0.46	0.05	1.55	0.25	84.14	0.90	0	0	100.00	1994年4月30日断流，2018年水位埋深2.22m；出露集中；有强径流带；国家级地质遗迹
2	兰村泉域	3.03	1.41	0.28	0.00	2.58	0.15	94.02	1.37	0	0	100.00	1986年断流，2018年水位埋深26.91m；出露集中；有强径流带
3	娘子关泉域	13.92	11.15	8.97	7.58	12.62	8.18	35.17	10.40	6.51	7.00	48.40	出露分散；有强径流带；国家级地质遗迹；华北最大的岩溶泉
4	辛安泉域	11.27	12.25	8.19	5.23	11.56	6.66	42.39	9.20	4.94	4.44	57.27	陆远昭1955年发现了辛安泉；西流泉20世纪初断流、南流泉2011年夏初断流；出露分散；有强径流带
5	神头泉域	8.35	7.50	5.97	5.11	7.96	5.52	30.60	6.74	4.70	3.4	40.95	出露分散；有强径流带；国家级地质遗迹
6	郭庄泉域	8.86	7.49	6.95	4.58	8.36	5.38	35.68	6.87	2.03	2.36	75.72	2018年流量2.030m^3/s；出露分散；有强径流带
7	古堆泉域	1.15	0.89	0.65	0.52（1990年）	1.08	0.697（1981-6—1982-6）	—	0.97	—	—	100.00	2000年断流，2018年水位埋深74.84m；出露集中
8	柳林泉域	4.22	3.74	2.87	2.14	3.95	2.44	38.16	3.19	1.27	—	67.83	出露集中；有强径流带
9	延河泉域	3.64	2.39	3.12	2.37	3.13	2.73	12.89	2.94	2.13	—	32.01	出露分散；有强径流带
10	三姑泉域	5.16	3.92	4.46	—	4.75	4.31	9.30	4.67	—	—	—	出露分散；有强径流带
11	坪上泉域	5.40	4.41	4.35	4.33	5.48	4.26	22.29	4.87	3.56	4.94	35.07	出露分散
12	马圈泉域	0.96	0.73	0.93	1.00	0.95	0.94	1.58	0.94	0.78	0.586	17.97	出露分散
13	天桥泉域	—	—	12.4（1987年）	—	—	—	—	14.41（2004年）	12.04（2004年）	—	—	天桥泉由我国著名水文地质学家钱学溥先生1967年6月26日发现；出露分散；有强径流带
14	洪山泉域	1.45	1.11	1.16	0.98	1.35	0.96	29.09	1.16	0.18	0.082	86.70	2018年流量0.008m^3/s；出露集中
15	龙子祠泉域	6.14	5.11	5.05	4.08	5.75	4.37	23.95	5.06	3.25	3.14	43.48	出露集中
16	霍泉泉域	4.42	3.74	3.48	3.25	4.17	3.33	20.22	3.75	2.91	2.8	30.22	又称广胜寺泉；出露集中；国家级地质遗迹
17	水神堂泉域	0.79	0.72	0.76	0.70	0.79	0.69	13.42	0.74	0.34	—	57.21	又称广灵泉，出露分散
18	城头会泉域	2.89	2.63	2.76	2.18	2.87	2.49	13.21	2.69	2.39	—	4.24	又称红石楞泉；出露分散
19	雷鸣寺泉域	—	0.1425	0.0911	0.33（1994-8-3）	—	—	—	0.2	1.12（2004-8-30）	0.294	—	出露集中；汾河源头；国家级地质遗迹

注：①本表根据山西省水利厅等2008年1月编著《山西省岩溶泉域水资源保护》资料整理；辛安泉1954年平均流量11.90m^3/s，最大16.21m^3/s，最小9.00m^3/s；延河泉流量为主泉口流量；雷鸣寺泉2011年、2012年、2013年、2014年、2015年、2016年、2017年、2018年流量分别为0.276m^3/s、0.261m^3/s、0.289m^3/s、0.324m^3/s、0.271m^3/s、0.344m^3/s、0.304m^3/s、0.346m^3/s；“—”表示无数据。

②山西省水利厅等编著，《山西省岩溶泉域水资源保护》，2008年1月。

③李屹峰，雷勇，张炜，等，《山西省重要地质遗迹》，2007年12月。

表 2-2-7　山西省岩溶大泉基本要素统计表

泉域分布	泉名	地理位置	出露海拔/m	含水地层代号	成因	泉域面积		泉水流量			水温/℃	水化学类型	TDS/(g·L^{-1})
						泉域/km^2	裸露可溶岩/km^2	多年平均/($m^3·s^{-1}$)	2000年(2003年)	2005年(2010年)			
太行山东麓	娘子关泉	平定县娘子关镇桃河河谷	360～392	O_2	接触溢流泉	7217	2250	10.68(1956—2000年)	7.58(6.51)	6.42(7.00)	19.2	$SO_4·HCO_3$-Ca·Mg	0.59
太行山东麓	辛安泉	平顺、潞城、黎城交界处漳河河谷	600～643	O_2、$∈_{2+3}$	接触溢流泉	10950	2200	9.29(1957—2000年)	3.98(4.94)	5.05(4.44)	15.5	HCO_3-Ca·Mg	0.25～0.38
太行山东麓	三姑泉	泽州县柳树口镇—金村镇一带丹河河谷	302	O_2、$∈_{2+3}$	侵蚀溢流泉	2630	1022	7.23(1956—1984年)	3.10	—	15～16	HCO_3-Ca·Mg	0.31～0.43
太行山东麓	延河泉	阳城县东冶乡延河村北1km	464	O_2、$∈_{2+3}$	接触溢流泉	2765	1085	11.9(1956—2000年)	8.12(2.13)	—	17.5	$HCO_3·SO_4$-Ca·Mg	0.29～0.45
太行山东麓	坪上泉	五台县甲子湾—段家庄—坪上一带滹沱河河谷	640～703	O_2、$∈_{2+3}$	接触溢流泉	3035	507	4.94(1956—2000年)	4.20(3.56)	4.17(4.94)	12.5	HCO_3-Ca·Mg	0.22～0.25
太行山东麓	水神堂泉(广灵泉)	广灵县壶泉镇壶流河河谷	960～1090	$∈_2$	山前断裂溢流泉	518	170	0.63(1965—2002年)	0.49(0.34)	—(0.23)	13.5	HCO_3-Ca·Mg	0.3
太行山东麓	城头会泉(红石楞泉)	灵丘县红石楞乡大沙丘湖村	910～940	Z	火成岩体溢流泉	1672	58	0.2(1985—1995年)	0.2	2007年 2.45	12.7	HCO_3-Ca·Mg	0.28
中部盆地区	雷鸣寺泉	宁武县东寨镇雷鸣寺	1650～2200	O_1、$∈_2$	山前断裂溢流泉	377	113	0.30(2011—2018)	—	2018年 0.346	14.8	$SO_4·HCO_3$-Ca	0.389
中部盆地区	兰村泉	太原市尖草坪区兰村汾河河谷	811(断流)	O_2	山前断裂溢流泉	2614	1095	1.88(1954—1986年)	0.00(0.00)	1986年断流	15.5	HCO_3-Ca·Mg	0.26
中部盆地区	晋祠泉	太原市晋源区晋祠镇	803(断流)	O_2	山前断裂溢流泉	2731	571	1.14(1954—1994年)	0.00(0.00)	1994年断流	17	$SO_4·HCO_3$-Ca·Mg	0.6
中部盆地区	洪山泉	介休市洪山镇	916	O_2	断层溢流泉	632	202	1.10(1955—2001年)	0.280(0.18)	0.25(0.082)	13.5～14	$SO_4·HCO_3$-Ca·Mg	0.56～0.64
中部盆地区	郭庄泉	霍州市辛置镇高东湾—郭庄村汾河河谷	516～571	O_2	断层溢流泉	5600	1326	7.14 1956—2000年)	2.83(2.03)	2.27(2.36)	17	$HCO_3·SO_4$-Ca·Mg	0.55
中部盆地区	霍泉(广胜寺泉)	洪洞县广胜寺镇广胜寺	582	O_2	断层溢流泉	1273	642	3.81(1956—2000年)	3.07(2.91)	3.15(2.8)	13.5～14.5	$HCO_3·SO_4$-Ca·Mg	0.47
中部盆地区	龙子祠泉	临汾市尧都区金殿镇西南西山前	465～478	O_2	山前断裂溢流泉	2250	574	5.19(1956—2000年)	3.80(3.25)	3.99(3.14)	17.5	$SO_4·HCO_3$-Ca·Mg	0.66～0.70
中部盆地区	古堆泉	新绛县泽掌镇三泉村	450(断流)	$∈_2$	山前断裂溢流泉	460	44	0.5(1997年)	0.38	2000年断流	25	$SO_4·HCO_3$-Ca·Mg	0.67～1.11
中部盆地区	神头泉	朔州市朔城区神头镇	1059～1063	O_2	山前断裂溢流泉	4756	1103	6.82(1958—2000年)	5.30(4.70)	4.52(3.4)	15.5	HCO_3-Ca·Mg	0.28～0.36
中部盆地区	马圈泉	原平市轩岗镇阳武河河谷	1120～1150	O_2	接触溢流泉	754	387	0.95(1956—2000年)	0.92(0.78)	0.65(0.586)	9.0	$HCO_3·SO_4$-Ca·Mg	0.49
吕梁山西侧	柳林泉	柳林县柳林镇寨东—薛家湾一带三川河河谷	790～801	O_2	侵蚀溢流泉	6002	1238	3.31(1956—2000年)	2.25(1.27)	1.22(1.05)	11～17	HCO_3-Ca·Mg·Na	0.38～1.22
吕梁山西侧	天桥泉	保德县义门镇天桥一带黄河河谷	816～937	O_2、$∈_{2+3}$	侵蚀溢流泉	10192	2839	14.41(2000年)	14.41(2000)	—	12～14	HCO_3-Ca·Mg	0.36～0.58
合计			302～2200	O_2、$∈_{2+3}$、Z	—	66428	17178	91.42	—	—	9～25	—	0.22～1.22

注：本表根据周永昌2013年6月主编《山西地下水资源与开发利用研究》资料整理；城头会泉孔隙水流量$2.0m^3/s$，岩溶水流量$0.2m^3/s$，总流量为$2.2m^3/s$；"—"表示无数据；晋祠泉、兰村泉泉域面积及裸露可溶岩面积根据中国地质科学院岩溶地质研究所2019年10月提交的《汾河流域晋中南大型岩溶泉域1∶5万水文地质调查成果报告》资料调整。

表 2-2-8　山西省岩溶泉水基本要素统计表

序号	泉名	地理位置	泉水类型	出露标高/m	含水岩层	泉水流量/($m^3 \cdot s^{-1}$)	TDS/($g \cdot L^{-1}$)	水化学类型
1	三层洞泉	平鲁区三层洞	构造侵蚀下降泉	1432	$\in_2$鲕状灰岩	0.2～0.3	0.5	HCO_3–Ca·Mg
2	神溪泉	浑源县神溪村	构造上升泉	1100	$\in_2$鲕状灰岩	0.4～0.8	0.5	—
3	作疃泉	广灵县作疃村	构造侵蚀下降泉	1090	$\in_2$鲕状灰岩	0.5	—	HCO_3–Ca·Mg
4	沙泉	广灵县沙泉村	构造下降泉	1110	$\in_3$石灰岩	0.18	—	—
5	老牛湾泉	偏关县老牛湾	构造侵蚀下降泉	937	$\in_3$石灰岩	0.25	0.23	HCO_3–Ca·Mg
6	陈家营泉	偏关县陈家营	构造侵蚀下降泉	—	O_1白云质灰岩	0.47	—	HCO_3–Ca·Mg
7	馒头山泉	宁武县馒头村	侵蚀构造下降泉	1500	O_2石灰岩	0.3	—	—
8	任家村泉	静乐县任家村	侵蚀构造下降泉	1500	O_2石灰岩	0.23	—	—
9	黑汗沟泉	静乐县黑汗沟	侵蚀构造下降泉	1240	O_2石灰岩	0.252	—	—
10	大湾泉	定襄县南庄	侵蚀构造下降泉	—	O_2石灰岩	0.15	—	—
11	兴道村泉	盂县兴道村	构造侵蚀下降泉	900	$\in_2$鲕状灰岩	0.2	—	HCO_3–Ca·Mg
12	峡口泉	汾阳市峡口	构造侵蚀下降泉	1145	$\in_2$鲕状灰岩	0.15	—	—
13	上金庄泉	汾阳市上金庄	构造下降泉	1127	$\in_2$石灰岩	0.33	—	—
14	东固壁泉	昔阳县东固壁	构造侵蚀下降泉	705	$\in_2$鲕状灰岩	0.8	—	—
15	水深泉	昔阳县水磨沟	构造侵蚀下降泉	1200	$\in_2$鲕状灰岩	0.130	—	—
16	水磨头泉	昔阳县水磨头	构造侵蚀下降泉	680	$\in_2$鲕状灰岩	0.05～0.1	—	—
17	海眼填充泉	和顺县海眼寺	构造侵蚀下降泉	1178	$\in_3$白云质灰岩	0.012～0.3	—	—
18	水坡泉	左权县水坡	构造侵蚀下降泉	1050	$\in_2$鲕状灰岩	0.5	—	—
19	小偏泉	左权县小偏梁	构造侵蚀下降泉	900	$\in_2$鲕状灰岩	0.012～0.1	—	—
20	东石交泉	左权县东石交	构造侵蚀下降泉	900	$\in_2$鲕状灰岩	0.06～0.3	—	—
21	水神头泉	交口县水神头	构造下降泉	1231	O_2石灰岩	0.022～0.2	—	—
22	海头泉	曲沃县东海村	构造上升泉	500	O_2石灰岩	0.12	0.54	HCO_3·SO_4–Na·Ca
23	沸泉	绛县程景村	构造下降泉	575	$\in_2$鲕状灰岩	0.64～0.74	0.3	HCO_3·SO_4–Ca·Mg·Na
24	南梁泉	翼城县南梁村	构造上升泉	630	O_2石灰岩	0.55	0.2	HCO_3·SO_4–Na·Ca
25	吴王泉	临猗县吴王村	侵蚀构造上升泉	347	O_2石灰岩	0.3	—	—
26	九龙泉	芮城县西陌乡	构造下降泉	760	$\in_2$鲕状灰岩	0.027～0.15	—	—
27	五龙泉	垣曲县王茅镇	侵蚀构造下降泉	—	O_2石灰岩	0.37	—	—
28	河底泉	沁源县河底村	侵蚀构造下降泉	1780	$\in_2$鲕状灰岩	0.19	0.3	HCO_3–Ca·Mg
29	白水站泉	襄垣县白水站	侵蚀构造下降泉	850	$\in_2$鲕状灰岩	0.01～0.12	—	—
30	源泉	黎城县源庄	侵蚀构造下降泉	735	$\in_2$鲕状灰岩	0.1～6.4	—	—
31	龙洞泉	黎城县北平头	侵蚀下降泉	—	$\in_2$鲕状灰岩	0.92	—	—
32	龙曲泉	平顺县苤兰岩井沟	侵蚀下降泉	1050	$\in_2$鲕状灰岩	0.11	—	—
33	西安里泉	平顺县西安里南	构造侵蚀下降泉	1150	O_2石灰岩	0.16～0.255	—	—
34	川底泉	平顺县鹅屋以北	构造侵蚀下降泉	—	$\in_2$石灰岩	0.14	0.34	—
35	八里沟泉	壶关县八里沟	侵蚀下降泉	1175	$\in_2$+O石灰岩	0.12	0.34	—
36	麻坟泉	陵川县麻坟	侵蚀下降泉	1050	$\in_2$鲕状灰岩	0.103	0.2	HCO_3–Ca·Mg
37	李家坝泉	陵川县李家坝	侵蚀下降泉	1050	O_1白云质灰岩	0.14	0.2	HCO_3–Ca·Mg
38	河口村泉	陵川县河口村	侵蚀下降泉	1050	$\in_2$鲕状灰岩	0.125	—	—
39	流水沟泉	陵川县流水沟	侵蚀下降泉	1050	$\in_2$鲕状灰岩	0.224	—	—
40	十里河	陵川县十里河	侵蚀下降泉	1050	O_1白云质灰岩	0.075	0.26	HCO_3–Ca·Mg
41	里庄泉	陵川县里庄	侵蚀下降泉	1050	$\in_2$鲕状灰岩	0.5	0.23	HCO_3–Ca·Mg
42	台北泉	陵川县台北村	侵蚀下降泉	850	O_2灰岩	0.073	0.28	HCO_3–Ca·Mg
43	参院村泉	陵川县参院村	侵蚀下降泉	890	$\in_2$鲕状灰岩	0.152	0.28	—
44	上哲才泉	古县上哲才	侵蚀构造下降泉	—	O_2鲕状灰岩	0.03～0.2	0.8	HCO_3·SO_4–Na·Ca
45	百华泉	沁水县百华村	侵蚀下降泉	1040	O_2石灰岩	0.75	—	—

续表

序号	泉名	地理位置	泉水类型	出露标高/m	含水岩层	泉水流量/($m^3 \cdot s^{-1}$)	TDS/($g \cdot L^{-1}$)	水化学类型
46	百甕泉	阳城县百甕村	侵蚀下降泉	1015	O_1石灰岩	0.174	—	—
47	封头泉	阳城县封头村	侵蚀下降泉	642	O_1石灰岩	0.14	—	—
48	水头泉	阳城县水头村	侵蚀下降泉	1122	O_1石灰岩	0.15	0.21	—
49	柴庄泉	阳城县柴庄	侵蚀下降泉	992	O_2石灰岩	0.108	—	—
50	下河泉	阳城县下河村	侵蚀下降泉	485	O_2石灰岩	1.223	0.37	$HCO_3 \cdot SO_4$-Na·Ca
51	出水泉	阳城县出水村	侵蚀下降泉	782	O_1白云质灰岩	0.2 ~ 0.6	—	—
52	磨滩泉	阳城县磨滩村	侵蚀下降泉	387	O_2石灰岩	0.413	0.4	HCO_3-Ca·Mg
53	蟒河泉	阳城县桑林	侵蚀下降泉	700	O_1白云质灰岩	0.2 ~ 1	0.3	HCO_3-Ca·Mg
54	西神头泉	阳城县西神头	侵蚀下降泉	464	O_2石灰岩	0.1	—	—
55	郭壁泉	泽州县郭壁村	侵蚀下降泉	535 ~ 609	O_2石灰岩	0.5 ~ 1.367	0.32	HCO_3-Ca·Mg
56	白洋泉	泽州县白洋村	侵蚀下降泉	660	O_1白云质灰岩	0.03 ~ 0.5	0.31	HCO_3-Ca·Mg
57	赵良泉	泽州县赵良村	侵蚀下降泉	420	O_2石灰岩	0.5	—	—
58	水掌泉	泽州县水掌村	侵蚀下降泉	427	$\in_2$鲕状灰岩	0.2 ~ 0.3	0.43	$HCO_3 \cdot SO_4$-Ca·Mg
59	黑水泉	泽州县拴驴村	侵蚀下降泉	380	$\in_2$鲕状灰岩	0.5 ~ 0.8	0.3	HCO_3-Ca·Mg
60	东洞水泉	泽州县东洞水村	侵蚀下降泉	376	$\in_2$鲕状灰岩	0.16	0.3	HCO_3-Ca·Mg

注：①本表统计的是流量>$0.1m^3/s$的泉水；“—”表示没有搜集到该项资料；为了统一起见，对个别泉的出露标高进行了四舍五入处理。
②周永昌等编著，《山西地下水资源与开发利用研究》，2013年6月。
③TDS—表示矿化度，单位g/L。

岩溶泉域的地下水有统一的水力联系，有独立的补排途径，是独立的水文地质单元。构成一个岩溶水含水系统必须具备如下条件：①介质条件，指水的岩溶化碳酸盐岩体；②隔水边界条件，指隔水的非岩溶或弱岩溶岩层隔水结构面、地下分水岭等；③补给条件，大泉域补给源往往有两部分：一是裸露岩溶区内大气降水直接入渗补给和河谷地段地表水漏失补给，二是来自泉域内上游可溶岩区的地表水或过境河流的入渗，这种补给有时可占岩溶水补给量的1/4~1/2；④岩溶泉域是一个完整的、独立的岩溶水系统，大多数泉域是地下水—地表水联合系统；⑤在天然条件下，岩溶泉域是一个完整的岩溶地下水运动场、水化学场。

岩溶泉域是对岩溶水系统的初步概化，它的划分目前存在的主要问题是：泉域边界的划分存在一定的问题，如何确定非可溶岩区泉域边界，目前还没有统一意见；对可溶岩区的地下分水岭，没有足够勘探资料及长观资料也难以确定，地下分水岭不一定和地表分水岭一致；山西各大盆地边缘的岩溶泉，泉域下游以断层与第四系堆积物接触，往往是非完全隔水边界。

（2）岩溶泉的成因及分类

山西岩溶大泉的出露是地质构造、地貌、水文地质条件综合因素决定的：岩溶大泉是岩溶地下水的排泄点，在地貌上均出露于整个泉域隔水边界上最低点，如主干河流切割边界的河谷中，断陷盆地边线及山麓地带。岩溶大泉在排泄区或泉口下游有阻水构造，如阻水地层、断层等。其作用是把岩溶水盆地中的泉水汇集，形成壅水，使地下水溢出地表而成泉，这是形成稳定的岩溶大泉的重要条件之一。山西岩溶大泉成因分类详见表2-2-9。

（3）泉水流量衰减原因分析

山西岩溶大泉自20世纪70年代以来天然流量普遍衰减，据有可靠流量记载的12个大泉统计，天然流量减少50%以上至干枯的泉4个，占33%；流量减少5% ~ 30%的7个，占58%；减少5%以下的1个，占9%。也就是说所有泉水天然流量都在衰减，只是衰减程度不同。通过对各泉衰减原因的分析，可以认为由以下两种原因造成：人类活动和气候变化分别是影响山西岩溶泉流量衰减的主要因素和次要因素。

1）20世纪70年代以来，各泉域降水量普遍比多年平均降水量减少1.4% ~ 6.1%（表2-2-10），降水量的减少将直接影响泉水补给，估计因降水量减少的泉水流量不会超过10%，这一因素对大泉来说普遍

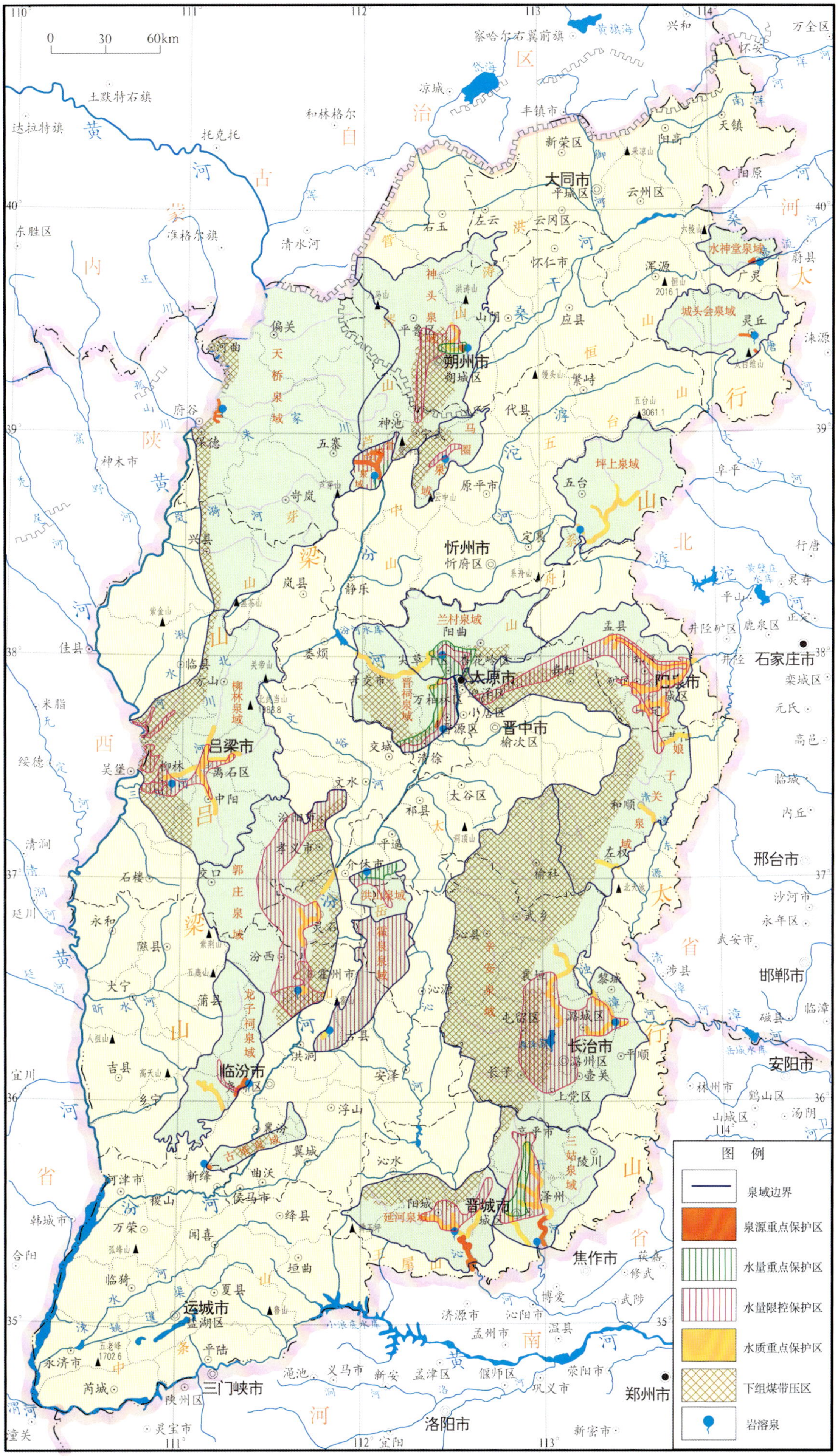

图2-2-11 山西省岩溶泉域保护区分布图（2006年）

表 2-2-9　山西岩溶大泉成因分类表

成因	出露条件	基本特征	大泉名称	成因	出露条件	基本特征	大泉名称
接触溢流泉	下伏隔水层阻水，地下水在隔水层与含水层接触面与地面水文网交切处溢流成泉	多为全排型，多泉口分层排泄，泉口以下岩溶不发育	马圈泉	断层溢流泉	泉口下游的断层外侧地层阻水，地下水沿断层溢流成泉	沿断层岩溶发育深，富水性强	雷鸣寺泉
			坪上泉				郭庄泉
			娘子关泉				洪山泉
							霍泉
			辛安泉	山前断裂溢流泉	在山前大断层外侧的弱透水松散层阻水，地下水受阻溢流成泉	大多为非全排型泉水	水神堂泉
			延河泉				
侵蚀溢流泉	上覆隔水层阻水，水文网切穿隔水层，地下水溢流成泉	多为全排型，泉口下含水层厚，岩溶发育深，下游有承压区	天桥泉				神头泉
			柳林泉				兰村泉
			三姑泉				晋祠泉
火成岩体溢流泉	火成岩体阻水溢流成泉	沿火成岩与可溶岩接触带岩溶发育	城头会泉				龙子祠泉
							古堆泉

表 2-2-10　山西泉水流量与降水量关系表

项目	泉水流量/($m^3 \cdot s^{-1}$)										
	神头泉	马圈泉	兰村泉	柳林泉	洪山泉	霍泉	郭庄泉	娘子关泉	辛安泉	龙子祠泉	晋祠泉
多年平均	7.03	1.33	0.85	3.38	1.2	3.85	7.68	11.1	11.25	5.38	1.04
1970年后多年平均	6.06	1.13	0.76	3.0	1.07	3.39	6.68	9.4	10.35	4.79	0.66
减少/%	13.8	15	10.6	11.2	10.8	11.9	13	15.3	8	11	36.5
项目	降水量/mm										
	神头泉	下马圈泉	上兰村泉	柳林泉	洪山泉	霍泉	郭庄泉	娘子关泉	辛安泉	龙子祠泉	晋祠泉
多年平均	425.65	443.85	457.21	529.69	558.89	558.55	503.70	535.68	574.25	515.88	456.71
1970年后多年平均	407.34	429.66	438.87	514.87	548.86	542.59	496.59	564.80	564.66	497.23	434.9
减少/%	4.3	3.2	4	2.8	1.8	2.9	1.4	6.1	1.7	3.6	4.8

注：山西省水利厅等编著，《山西省岩溶泉域水资源保护》，2008年1月。

存在。霍泉上游无工农业集中用水分布，其流量过程曲线可代表山西岩溶大泉流量的天然动态。从其动态变化曲线来看，其动态变化不大。

2）除降水量减少影响泉水流量外，人为因素是第二个原因。人为因素不仅包括直接开采岩溶水，而且包括煤矿排水，开采与岩溶水有关的第四系孔隙水（如神头泉），甚至植被的破坏，围滩造地，水文下垫面的变化都会减少对岩溶水的补给。根据占全省同期大泉流量60%的娘子关、神头、辛安、郭庄、龙子祠、广胜寺、洪山、柳林、马圈、晋祠及兰村11个泉组1956—1995年39年期间5年平均流量与同期降水量距平百分率资料分析（表2-2-11），可见泉流量与降水量距平百分率具有大体一致的变化规律，反映了泉流量与降水量存在密切关系，但两者相差很大，特别是20世纪80年代后期降水量距平

表 2-2-11　山西降水量及 11 个岩溶大泉流量 5 年平均值及距平百分率表

项目		1957—1960年	1961—1965年	1966—1970年	1971—1975年	1976—1980年	1981—1985年	1986—1990年	1991—1995年	39年均值
降水量	mm	509.7	551.43	531.01	492.51	513.95	488.39	483.0	470.72	505.46
	距平/%	0.84	9.1	5.1	−2.6	1.7	−3.4	−4.4	−6.9	
泉水流量	m^3/s	7.04	6.55	5.81	5.17	4.98	4.47	4.02	3.52	4.92
	距平/%	43.1	33.1	18.1	5.1	1.2	−9.1	−18.3	−28.5	

注：①本表11个大泉与表2-2-10中所列11个大泉相同。
②山西省水利厅等编著，《山西省岩溶泉域水资源保护》，2008年1月。

百分率1981—1985年，1986—1990年及1991—1995年分别为-3.4%、-4.4%、-6.9%，而相应泉水流量为-9.1%、-18.3%及-28.5%，说明泉水流量的下降受人类活动影响程度急剧增大，由于人为因素各泉域相差较大，因而对泉水衰减程度亦不相同。娘子关泉、神头泉因人工开采及矿坑排水量较大，泉水动态变化相应较大。

（4）岩溶大泉主要特征

多年研究成果表明，山西岩溶大泉具有如下主要特征（鲁荣安等，1994）。

1）泉域范围大、泉水流量大，泉域面积可达数千平方千米，具有比较固定的泉域边界，形成相对独立的岩溶水系统。

2）泉水成因多因岩溶含水岩组与相邻隔水地层接触或受断裂构造控制与弱透水层接触，岩溶水受阻溢流成泉，且多在河谷中出露。山西岩溶大泉多为全排型泉。

3）降水入渗是岩溶泉水的主要补给来源。裸露可溶岩区河川径流系数一般<5%。泉域内大面积、大厚度分布的岩溶裂隙含水岩体具有输水与储水的双重作用，形成大型“地下水库”，具有很强的调节能力，故岩溶大泉流量稳定，不稳定系数在1.1～2.1之间。泉水流量和降水量呈滞后相关关系，滞后时间可达7～11年。

4）受岩性、构造、岩溶发育程度及补给条件等综合因素影响，岩溶含水层富水性通常由补给区到径流区至排泄区逐渐增强。除排泄区外，泉域内岩溶水位埋藏深度一般在100～400m之间。在深埋藏富水性较差的裸露可溶岩补给区开采条件差，往往成为干旱缺水区，人畜饮水困难。

5）中部诸泉泉水出露集中，开发条件优越，古代即用于农灌，利用率高。东西两侧诸泉因水低地高或低水高用，山西省开发利用受到限制。而在泉域径流汇流区，因富水条件较好，具备管井取水建立中、小型水源地条件。

（5）岩溶大泉研究进展存在主要问题及未来研究重点领域建议

山西岩溶大泉研究成果非常丰硕，娘子关曾经是20世纪70年代我国展开四大重点岩溶研究区（贵州普定独山、湖南龙山洛塔、山西娘子关、广西都安）之一。长期以来，山西岩溶大泉一直是省内外水文地质工作者研究的重点，开展了大量的研究工作，而且取得了丰硕成果。

山西19个岩溶大泉中研究程度最高的是晋祠泉，这主要是由于晋祠泉位于省会太原的西边山区，又是著名的旅游风景区，加之该泉1994年断流又一次引起了社会的广泛关注。多年来关于晋祠泉的水文地质勘查成果及学术论文层出不穷，尤其对泉域水文地质条件的认识非常深入，详见图2-2-12。

2019年10月，中国地质科学院岩溶地质研究所梁永平等对晋祠泉域、兰村区域边界通过调查分析，重新进行了划分，对目前同行的划分方案做了7处修正（梁永平等，2019），最后，晋祠泉域面积由2030km^{2}调整为2713km^2，增加了683km^2；兰村泉域面积由2500km^{2}调整为2614km^2，增加了114km^2。详见图2-2-13。

2017年，太原理工大学徐永新等对山西岩溶大泉研究进行了全面回顾及总结，其成果体现在《山西岩溶泉研究进展与前瞻》论文中，该论文从泉流量变化趋势、降水补给及时滞、岩溶水资源评价、水化学及环境同位素、脆弱性、采煤及工程建设对岩溶水影响、泉域子系统划分、保护管理措施等方面对山西岩溶泉的研究进展进行了综述。结果表明，山西部分泉域岩溶水水质已不同程度地遭受污染，人类活动和气候变化分别是影响岩溶大泉的主要因素和次要因素，人类活动对岩溶大泉影响的主要因素为过度开采岩溶水及采煤排水等。因此，建议加强岩溶泉水保护，并指出了山西岩溶泉未来研究的重点领域，可为山西岩溶水的可持续开发利用提供科学依据。

根据山西省岩溶大泉研究现状，综合专家学者意见，岩溶大泉研究仍存在一些以下主要问题：①基于岩溶水文地质条件的变化环境下的泉流量研究还较少；②降水入渗补给研究方法单一，时滞研究没有综合考虑降水入渗补给量、岩溶发育程度、地下水流速等多种因素的影响；③研究者对可开采资源量取决于开采条件下增加的补给和减小的排泄量还没有完全重视；④对煤矿矿井水污染岩溶水机理及矿井水处理研究程度不够；⑤持久性有机污染物对岩溶水影响研究较少；⑥脆弱性评价没有相对统一的指标体

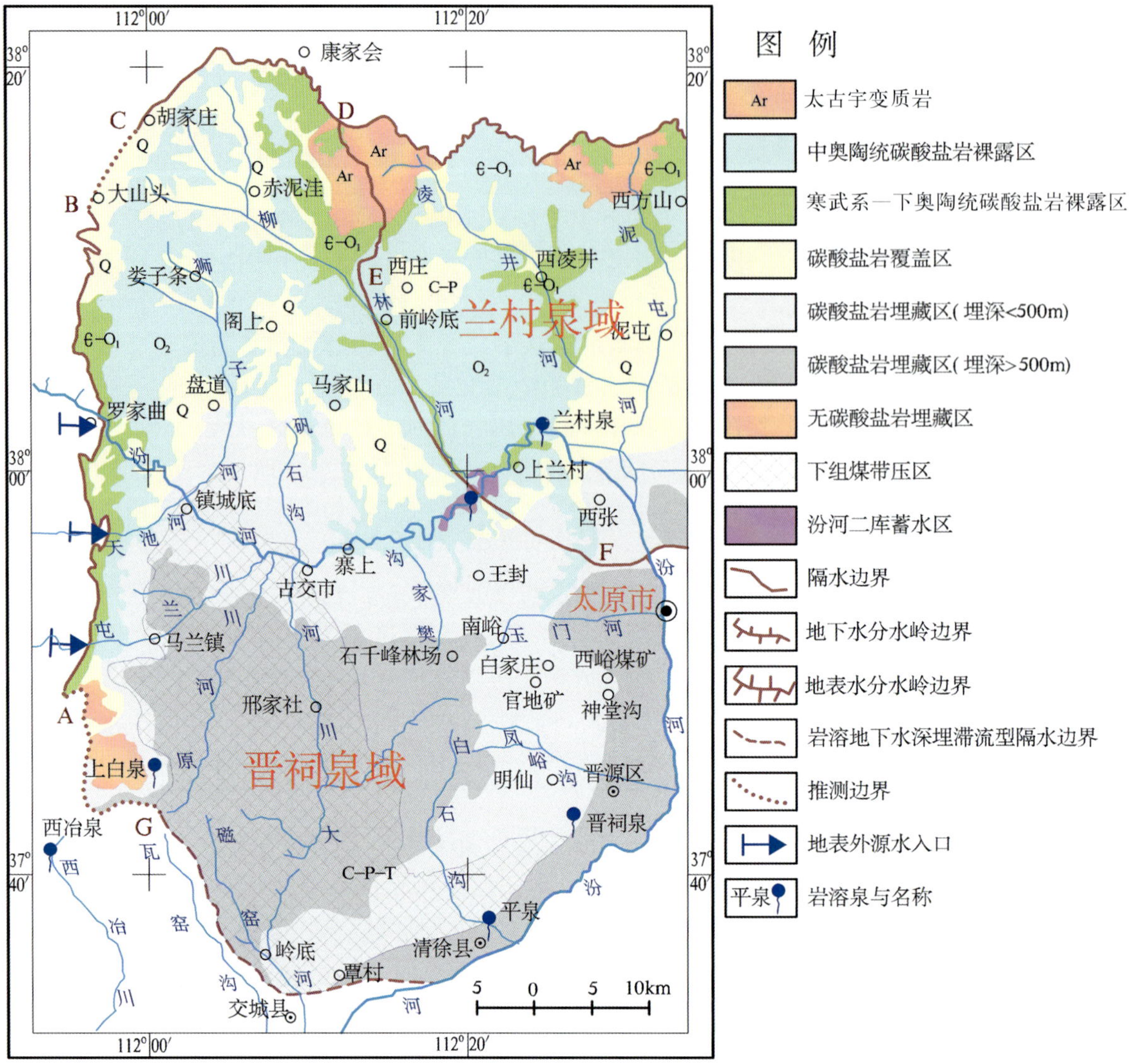

图2-2-12　晋祠泉域边界及水文地质性质分布图
（据中国地质科学院岩溶地质研究所梁永平等，《汾河流域晋中南岩溶大泉水文地质调查报告》，2019年1月）

系构建原则，评价结果无法体现岩溶水系统存在一个破坏阈值的特性；⑦泉域子系统划分没有综合考虑边界条件，也没有考虑泉出露高程或排泄基准面；⑧岩溶水保护管理研究与国际上还存在一定的差距；⑨各泉域研究程度相差悬殊。

针对上述存在主要问题，提出如下未来研究重点领域的建议：①加强基于岩溶水文地质条件的变化环境下的泉流量研究；②加强采用多种方法进行降水入渗补给的研究；③采用合理的方法进行岩溶地下水水质、天然资源量、可开采资源量的研究；④加强采煤诱发底板岩溶水突水机理、矿井水污染岩溶水机理及矿井水处理研究；⑤加强岩溶水脆弱性评价研究；⑥加强以边界条件、泉水出露高程或排泄基准面等划分泉域子系统研究；⑦加强应用先进的理论、方法及技术进行山西岩溶大泉研究；⑧加强岩溶泉保护模式、岩溶水可持续管理及泉域煤矿区水生态环境等研究；⑨系统加强娘子关泉域岩溶水研究；⑩加强晋祠泉、兰村泉、郭庄泉、洪山泉及古堆泉的复流措施研究。

（6）岩溶泉域及岩溶地下水保护管理

山西在岩溶泉域及岩溶地下水保护管理方面，坚持问题导向，开展岩溶大泉生态修复保护；落实最严格水资源管理制度，强化岩溶大泉地下水管理。主要采取了以下九个方面的有力措施（常建忠，2020）。

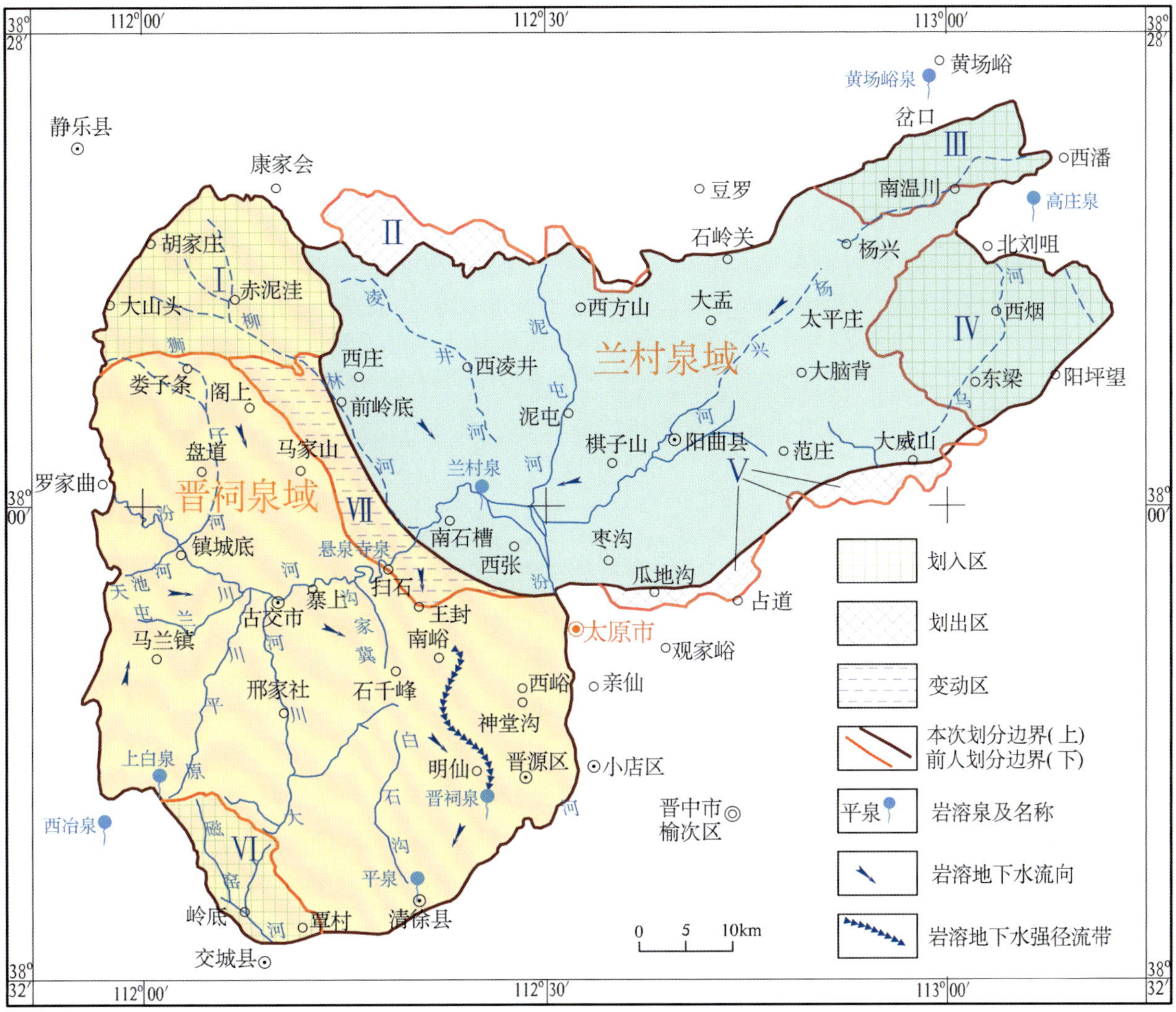

图2-2-13　晋祠—兰村泉域边界划分变化对比图

（据梁永平等，《山西太原晋祠—兰村泉水复流的岩溶文地质条件新认识》，2019，水文地质工程地质）

1994年4月30日，“三晋名泉”晋祠泉断流后，山西省委和省政府高度重视，立即着手制定相关法规以强化泉域保护。1997年9月，率先出台了我国第一部针对泉域保护的地方性法规《山西省泉域水资源保护条例》，为山西省岩溶大泉水资源保护、管理与合理开发利用提供了法律依据。随后，部分市也针对所属泉域出台了相应保护条例，包括《太原市晋祠泉域保护条例》《太原市兰村泉域水资源保护条例》《吕梁市柳林泉域水资源保护条例》《长治市辛安泉饮用水水源地保护条例》等。同时，设立专门管理机构，先后成立了晋祠泉、兰村泉、娘子关泉、神头泉、辛安泉、郭庄泉域等管理处，为合理开发、节约使用和科学保护泉域水资源提供了有力保障。

1）以法律为保障，率先制定泉域保护地方法律规范。山西省最早的泉域保护地方法规发布于1982年，1982—2023年42年间关于岩溶大泉保护的地方性法规多达十部，这在全国32个省（自治区、直辖市）中也是十分罕见的，充分体现了山西省对岩溶水资源管理工作的重视程度和水资源管理的地方特色。

2）划定泉域保护区，实施严格的保护制度。山西省水利厅2006年实施了“山西省岩溶泉域水资源重点保护区划分与保护措施研究”项目，其成果将岩溶泉域划分为以下5类保护区（图2-2-11，表3-5-1）：①泉源重点保护区——泉域岩溶地下水主排泄区，总面积224.92km^2；②水量重点保护区——对泉水流量影响的敏感地区，总面积1528.36km^2；③水质重点保护区——地表水主要渗漏段及上游污染源区，总面积619.6km^2；④水量限控保护区——岩溶地下水强富水区，总面积7355.49km^2；⑤煤矿带压区——煤层低于区域岩溶地下水水位地区，总面积16032.04km^2。在上述5种保护区中，前3种为对岩溶地下水水质、水量影响最强烈的地区，确定为重点保护区，总面积2372.16km^2，扣除水量重点保护区与水质重点保护区重叠部分的面积后为2278.64km^2，占19处泉域总面积的3.47%；后两种为非重点保护区，对所有保护区采取严格的保护措施。1998年11月，山西省政府印发《关于山西省泉域边界范围及重点保护区划定的批复》（晋政函〔1998〕137号），并批准组织实施，为山西省岩溶泉域水资源保护走上法制化管理奠定了基础，详见图2-2-11。

3）以工程为基础，加强岩溶大泉生态修复保护。“十一五”初期，山西省就积极实施了晋祠泉、古堆泉等已断流岩溶泉恢复出流措施。近年来，又重点推动泉源区环境整治、泉源景观建设、水量保护和水质保护工程及地下水超采综合治理。特别是2018年实施地下水综合治理以来，共安排资金3.5亿元，开展晋祠泉、兰村泉、洪山泉、古堆泉、娘子关泉等11处岩溶大泉治理，实施了水源置换、关井压采、煤矿禁采限采、环境卫生整治、河道生态修复和污染企业治理等工程措施。“十四五”时期，山西省再次将岩溶大泉列为生态环境重点治理对象，省委和省政府专题安排部署，启动了19处岩溶大泉的生态修复实施方案编制工作，进一步加大对泉域生态修复的力度。

4）以机制为支撑，理顺岩溶大泉治理体制机制。针对地下水超采问题，山西省开展了18项体制机制研究与改革，研究制定了项目建设管理和考核、资金管理、压采评估和监测系统运行维护等办法；开展了地下水管控机制与对策措施、地下水资源税额标准优化方案、地下水综合治理后续管理长效机制、农业机电井“以电折水”管理办法、地下水超采区资料共享机制建设、地下水超采区节水工作方案、地下水超采区综合治理措施、地下水脆弱性评价及治理需求等研究工作，为提升地下水超采区水资源管理能力提供技术支持。在岩溶泉域地下水超采治理方面，山西省针对各个泉域“对症下药”，研究制定了复流和治理方案。针对晋祠泉复流问题，编制了《晋祠泉复流工程方案研究》《晋祠泉复流的可行性措施研究》，为晋祠泉开展生态修复与保护提供科学依据；针对娘子关泉老窑水问题，进行了一系列探索研究，包括建设以物理、化学、生物为三条试验线的老窑水实验基地，为老窑水问题提供研究平台。

5）以监测为手段，完善岩溶大泉监测体系。地下水监测网络是地下水超采治理的信息基础。2018年，山西省依托国家地下水监测工程，选取晋祠泉域、洪山泉域、郭庄泉域、龙子祠泉域内50个井田的24眼监测井，实施泉域排泄区内煤矿排水水量及地下水水位自动监测，并新建15眼地下水监测孔，对部分泉域径流区和排泄区进行水位监测，所有监测数据传输至数据平台；2019年，在大同市及运城市地下水超采区范围内建设了55处测站，配套55套水位、水温自动化监测设备；2020年，进行浅层孔裂隙地下水监测站建设，完成各测站高程基准点和引测工作，并建设16个泉域水资源信息化管理系统，泉域地下水监测能力不断提升。

6）严格制度，强化泉域内取用水管理。在山西省人民政府印发的《加强地下水管理与保护工作的通知》《进一步规范泉域内采矿企业取用水工作的通知》中，明确提出除生活饮用水外，不再批准岩溶地下水开采井，严格限制高耗水项目审批，同时全面摸排岩溶大泉范围内采矿企业取用水情况，依法办理相关手续。2018年，明确提出泉域范围内新建、改建、扩建项目都必须依法办理取水许可、获得泉域水环评批复；2020年，在全省范围内开展“治水监管百日行动”，围绕岩溶大泉水资源保护、地下水超采区综合治理项目，重点开展取水许可监督检查，严厉打击无证取水、非法取水行为。为抑制不合理用水需求，按照水利部《关于黄河流域水资源超载地区暂停新增取水许可的通知》要求，对地表水和地下水超载区暂停审批新增取水许可，鼓励企业使用非常规水源。

7）结合实际，有序关停城镇自备井和农灌井。按照“应关尽关、关管并重、能管控可应急”的原则，着力推进超采区机井封填工作。对成井条件好、出水稳定、水质达标的机井予以封存，作为应急备用水源。在地表水灌溉水源利用有保障的区域和退耕实施雨养旱作的区域，对农业灌溉机井实施封填；在深层承压水漏斗区，对农业灌溉取用深层承压水的机井有计划予以关停，并依法注销自备井的取水许可证，对有备用功能的自备井，完善登记建档、维护、监督制度，制定应急启用预案，明确启用条件和程序。

8）紧抓重点，强化泉域内煤矿的监督和管理。2017年，编制全省19处岩溶大泉泉域及重点保护区范围的拐点坐标地理信息图，开展了煤矿与泉域重点保护范围关系的排查；2018年，山西省人民政府办公厅印发《关于自然保护区和泉域重点保护区内矿业权退出处置工作的通知》，对全省45座煤矿与泉域重点保护区有重叠、5座煤矿与重点保护区外推100m范围有重叠的煤矿以及19处岩溶大泉重点保护区内的煤矿进行分类处置，关闭与重点保护范围全部重叠的煤矿，优先将与泉域重点保护范围部分重叠的煤矿列入去产能计划。以晋祠泉为例，关闭对泉域岩溶水影响较大的2座煤矿，其他17座与重点保护范围部分重叠的煤矿退出泉域重点保护范围。全省共完成46个自然保护区和19个泉域重点保护区内的312宗矿业权退出处置工作，退出面积约1138km^2。2019年以来，多次开展专项整治，对未取得泉域水环评批复的煤矿进行督促整改并限期办理；2020年，组织开展了岩溶大泉泉域保护区企业专项检查，在全省19个岩溶大泉泉域保护区内，对涉及泉域重叠的煤矿取用水情况进行排查，对部分煤矿企业非法取用地下水行为做出处罚。

9）用好政策，推进水权水价改革。推进水权制度改革，将用水总量逐级分解落实到不同行政区域和用水户。明晰水权，制定农业水权交易细则，引导农业用水户交易水权额度内的结余水量。统筹各类水源，建立统一的综合水价体系，使取用地下水的成本明显高于外调水和当地地表水。落实城镇居民用水阶梯价格和城镇非居民用水超定额、超计划累进加价制度、工业用水差别价格政策，建立健全农业用水精准补贴和节水奖励机制，加大农业水价综合改革力度。

山西省在岩溶泉域及岩溶地下水保护管理中不断总结治理经验，持续推进岩溶大泉生态修复保护。经过多年综合治理，地下水水位下降幅度有所减缓，盆地平原区浅层地下水上升区、稳定区面积占比不断提高，下降区面积不断减少，岩溶大泉地下水水位持续回升。结合山西省实际情况，在治理过程中总结了如下四条经验。

1）强化顶层设计，坚持综合施策。遵循泉域自然生态系统的整体性、系统性及其内在规律，不断完善“顶层设计”，加固“四梁八柱”，以法律形式保障规划实施的连续性；坚持工程措施和非工程措施同向发力，持续实施水源置换、地下水关井压采、泉域环境整治等工程，在泉域保护和管理方面，采取多种方式强化监督管理，取得了良好成效。

2）创新管理体制机制，不断提升治理能力。按照“先建机制，后建工程”的原则，省、市两级围绕地下水超采治理组织开展了相关体制机制研究，为治理工作提供理论依据和技术支撑。如晋中市积极在祁县建设农村用水户协会，完善管理制度，结合农业水价改革试点，对部分试点地区进行水权确认，安装计量配套设施，建成县级农业水价综合改革项目信息管理平台，实现统一数据库，统一管理平台，统一应用系统。

3）研究分层封堵技术，实施深井科学治理。在关井压采过程中，为确保水井封闭规范，对污染水井采取科学的治理办法及固定的封闭流程。阳泉市针对机井封闭出台了地方技术标准，值得其他地区借鉴，污染机井的封堵使得岩溶地下水的污染负荷明显减少，水质指标有明显改善。

4）实施“一增一减”措施，有效增加泉域出流。“一增”是通过实施泉域生态补水工程，在泉域补给区建设拦蓄工程，增加蓄水面积，加大地表水入渗量，补给泉域地下水资源；“一减”是在使用岩溶泉域地下水的地区，通过地表水及再生水等水源置换工程的建设，关闭岩溶水井，减少岩溶泉水的使用，达到涵养水源的目的。通过“一增一减”综合施策，有力保障了岩溶大泉出流水量。

二、地下水动态

地下水动态是指地下水的水位、水量、水温等要素在自然因素和人为因素影响下随时间的变化规律，王焰新院士概括为“地下水各要素随时间的变化”：地下水多年变化与太阳黑子的周期性变化有关；年变化与地球的气候带、一年内气象要素的周期性变化有关；昼夜变化主要与一天内的气象和水文要素的变化有关。

地下水动态变化规律受诸多因素综合影响所制约，大气降水的丰枯、人工开采量的大小、水文下垫面的变化及不同类型地下水的内在因素是影响地下水动态变化的主要原因。它不但控制着区域地下水动态变化的特征，而且对集中开采区的地下水动态变化具明显的影响。

根据山西省水利厅2013年7月提交的《山西省地下水超采区评价报告》及山西省地质勘查局监测资料，现将山西地下水动态概述如下。

（一）碳酸盐岩类岩溶地下水动态

地下水动态监测资料表明，岩溶地下水一般处于区域性缓慢下降状态，水位下降幅度各含水岩组大小不一，泉水流量也呈逐年衰减趋势。在一个泉域内，岩溶地下水从补给到排泄区动态变化规律性明显。补给区岩溶地下水水位埋深一般>300m，水位变化幅度随季节的变化，一般汛期水位上升，枯水期水位下降，年水位变幅8~15m，大者可达20m左右；径流区水位埋深150~300m，受降水季节变化不太明显，水位变化具滞后期，多在汛期1~2个月后水位上升，上升期短于下降期，年水位变幅2~5m；排泄区水位年自然变幅一般<1m，因人为影响因素加剧，水位变幅增大。1960—1996年间五个泉域地下水水位平均下降值最大的是三姑泉，达1.98m/a，详见表2-2-12。

表 2-2-12　山西五个岩溶泉域岩溶水位多年变化统计表

序号	泉域名称	泉域测点编号	水位监测位置	始测时间/（年–月）	现状时间/（年–月）	累计水位下降/m	间隔/a	年平均水位下降值/$(m \cdot a^{-1})$	备注
1	神头泉域	1	井坪镇	1984	1993	5.84	9	0.65	补给区
		2	平鲁区下面高村	1984	1991	2.81	7	0.40	
		3	下磨石沟	1984	1993	3.20	9	0.36	
		4	歇马关村	1984	1993	3.06	9	0.34	径流区
		5	耿庄村	1984	1993	2.57	9	0.29	
		6	里铺村	1984	1993	2.78	9	0.31	
		7	刘家口	1986	1993	2.64	7	0.38	
		8	张家口	1986	1993	1.98	7	0.28	排泄区
		9	省鱼场院	1984	1993	0.96	9	0.11	
		平均						0.35	泉域
2	兰村泉域	1	兰村水厂	1970	1981	1.3	11	0.12	排泄区
		2		1982	1986	2.2	4	0.55	
		3		1987	2006	34.4	19	1.81	
		平均						0.83	
3	娘子关泉域	1	上盘石村北	1966–08	1995–10	36.34	29	1.25	径流区
		2	小岩会东北	1960–08	1995–10	29.82	35	0.85	
		3	移穰村东北	1967–07	1993–02	51.25	26	1.97	
		4	龙庄	1971–07	1995–10	29.41	24	1.23	
		5	乱流	1960–06	1982–05	30.72	22	1.40	
		6	晋东化工厂	1967	1995–06	51.45	28	1.84	
		7	阳泉桃河桥	1974	1995–10	17.72	21	0.84	
		8	阳泉矿务局院	1985–07	1995–10	5.05	10	0.505	
		9	阳泉矿务局	1978–03	1995–06	22.0	17	1.2	
		10	南坪	1985–11	1995–05	22.45	10	2.25	
		11	庄窝（一）	1982–06	1995–06	20.11	13	1.55	
		12	庄窝（二）	1983–12	1995–12	18.18	12	1.52	
		13	宋5与501	1970	1995	93.1	25	3.72	
		14	锁簧供水站	1984–12	1995–10	7.7	11	0.77	

续表

序号	泉域名称	泉域测点编号	水位监测位置	始测时间/（年–月）	现状时间/（年–月）	累计水位下降/m	间隔/a	年平均水位下降值/（$m \cdot a^{-1}$）	备注
3	娘子关泉域	15	立壁	1990–11	1995–10	升7.0	5	升1.4	径流区
		16	张庄	1981–09	1995–04	25.69	14	1.84	
		17	柏木井	1981–10	1994–10	22.19	13	1.71	
		18	大石门	1989–08	1995–10	升60.87	6	升10.11	
		19	昔阳城关	1982	1995–11	68.07	13	5.24	
		20	榆次北山西沙沟	1994–10	1995–10	升0.9	1	升0.9	补给区
		平均						0.91	
4	辛安泉域	1	潞城区黄牛蹄	1980–08	1994–04	7.40	14	0.53	径流区
		2	潞城区侯家庄	1957–05	1994–04	15.41	37	0.42	
		3	郊区黄碾	1958–02	1994–04	22.12	36	0.61	
		4	平顺县城关	1959	1994–04	50.19	35	1.43	补给区
		5	太行锯条厂	1981–11	1994–04	28.08	13	2.16	径流区
		6	襄垣县后堡	1981–08	1994–04	29.19	13	2.24	
		7	潞州区原行署院	1979–10	1994–04	30.05	15	2.00	
		8	壶关县修缮	1976–11	1994–04	44.36	18	2.46	补给区
		9	上党区西池	1981–06	1994–04	55.81	13	4.29	
		平均						1.79	
5	三姑泉域	1	高平杜村	1975–01	1996–04	46.53	21	2.11	补给区
		2	晋城郊区南沟	1978–10	1991–04	38.13	13	2.72	
		3	王台铺矿	1978–04	1996–04	50.92	18	2.68	
		4	古书院矿	1977–06	1996–04	34.44	19	1.64	径流区
		5	晋钢	1978–08	1996–04	32.59	18	1.72	
		6	侯匠	1977–06	1996–04	35.81	19	1.79	
		7	凤凰山矿	1977–08	1996–04	53.90	19	2.57	
		8	东贤子	1976–10	1996–04	13.00	20	0.62	排泄区
		9	东坡车站	1977–11	1996–04	0.08	19	—	
		平均						1.98	

注：山西省水利厅，《山西省地下水超采区评价报告》，2013年7月。

通过对神头、兰村、娘子关、辛安及三姑等5个大泉岩溶地下水50处动态监测点数据分析，泉域范围内岩溶地下水水位94%监测点呈下降趋势，从补给区到排泄区水位下降幅度有由大变小的规律。详见表2–2–12。

神头泉域岩溶1984—1993年地下水水位累计下降值0.96～5.84m，9个点平均下降速率为0.35m/a；兰村泉兰村水厂1970—2006年累计下降1.3～34.4m，平均为1.12m/a，下降速率逐年加大，平均下降速率为0.83m/a；娘子关泉域20个监测点，有17个点降、3个点升，降幅最大。1966—1995年累计下降5.05～68.07m，20个点平均下降速率为0.91m/a；辛安泉在补给区、径流区年均水位下降幅度<5m，向补给区过渡，水位下降值逐渐增大。1957—1994年9个监测点地下水水位累计下降值7.40～55.81m，9个点平均下降速率为1.79/a；三姑泉域岩溶地下水从20世纪70年代以来水位累计下降0.08～53.90m，部分区域下降值超过53m。9个点平均下降速率为1.98m/a。

根据山西省水利厅2001—2010年调查资料，山西共发现7处碳酸盐岩类岩溶地下水下降区，总面积4216km^2，范围面积介于35～1653km^{2}之间，下降速率0.46～2.33m/a，兰村泉、晋祠泉、洪山泉、郭庄泉、古堆泉、三姑泉岩溶地下水水位仍然处于持续下降状态，详见表2–2–13。

表 2-2-13　山西碳酸盐岩类岩溶地下水下降区情况统计表（2001—2010 年）

序号	地下水水位下降区名称	水位下降区分布范围	下降区面积/km^2	下降速率/（$m·a^{-1}$）	备注
1	兰村泉域地下水水位下降区	兰村泉域富水区和机井连片分布区	1653	0.5	1986年断流
2	晋祠泉域地下水水位下降区	晋祠泉域富水区和机井连片分布区	1528	1.71	1994年断流
3	三姑泉域高平市小型岩溶水超采区	高平市区东城、南城、北城三个街道办、米山镇西部	35	0.46	—
4	洪山泉域中型岩溶水超采区	洪山泉域富水区和机井连片分布区	322	水位持续下降	接近断流
5	郭庄泉域小型岩溶水超采区	吕梁市汾阳石门沟水源地一带	93	2.33	—
6	三姑泉域晋城市城郊中型岩溶水超采区	包括岩溶深井密集分布的巴公、北石店及晋城市区三个水源地的区域范围	178	0.8左右	—
7	古堆泉域中型岩溶水超采区	古堆泉域富水区和机井连片分布区	404	区域水位持续下降	2000年断流
合计			4216	0.46 ~ 2.33	—

注：山西省水利厅，《山西省地下水超采区评价报告》，2013年7月。

由表2-2-12、表2-2-13可以看出，三姑泉1975—1996年，9处水位监测点地下水水位下降速率为0.62 ~ 2.72m/a，2001—2010年地下水水位平均下降速率为0.46m/a，说明下降速率有所放缓；兰村泉域1970—2006年地下水水位平均下降速率为0.12 ~ 1.81m/a，2001—2010年地下水水位平均下降速率为0.5m/a，下降速率也有所放缓。

汾河流域岩溶大泉动态变化具有典型性和代表性。汾河流域共有雷鸣寺、兰村、晋祠、洪山、郭庄、广胜寺、龙子祠等7处岩溶大泉。各个岩溶大泉从20世纪70年代开始，泉水流量持续减少，20世纪80年代开始泉水流量衰减速率加大，到21世纪第一个十年衰减速度达到顶峰，20世纪80年代兰村泉、晋祠泉和古堆泉出流量衰减速率最大，且到1986年、1994年和2000年相继断流；20世纪80年代开始洪山泉、郭庄泉和龙子祠泉出流量衰减速率逐渐加大，直到2010年衰减速率才开始降低；20世纪90年代开始霍泉出流量衰减速率加大，直到2010年才开始降低；但洪山泉2011年至今出流量衰减速度仍然居高不下，2018年流量仅为0.008m^3/s，直至现在濒临断流；2011—2018年期间，汾河流域各岩溶大泉的出流量除洪山泉外，年际变化均趋于平稳，衰减速率逐渐降低；雷鸣寺泉1971—2004年13次实测泉水流量资料显示，其中最大值1.12m^3/s（2004年8月30日），最小值0.005m^3/s（1985年3月）。2011年以来流量持续增加，详见表2-2-14。

表 2-2-14　山西汾河流域岩溶大泉实测流量统计表（2000—2018 年）

年份	各泉流量/（$m^3·s^{-1}$）					年份	各泉流量/（$m^3·s^{-1}$）				
	雷鸣寺泉	洪山泉	郭庄泉	龙子祠泉	霍泉		雷鸣寺泉	洪山泉	郭庄泉	龙子祠泉	霍泉
2000	—	0.650	2.300	3.210	3.000	2010	—	0.082	2.360	3.140	2.800
2001	—	0.390	2.220	3.060	2.920	2011	0.276	0.087	2.350	2.940	2.700
2002	—	0.300	0.970	2.970	2.750	2012	0.261	0.041	2.180	3.400	2.770
2003	—	0.100	2.030	3.260	2.910	2013	0.289	0.039	1.750	3.420	2.830
2004	1.12	0.200	3.290	4.370	3.250	2014	0.324	0.010	1.870	3.730	2.950
2005	—	0.250	2.270	3.960	3.150	2015	0.271	0.001	2.350	3.950	3.020
2006	—	0.280	2.200	3.360	3.000	2016	0.344	0.008	2.110	3.480	2.950
2007	—	0.185	2.500	3.580	2.000	2017	0.304	0.007	2.460	3.160	2.940
2008	—	0.227	2.570	3.750	2.870	2018	0.346	0.008	2.030	3.040	2.910
2009	—	0.188	2.440	3.400	2.840						

注：①杨士荣等，《汾河流域岩溶大泉评价和保护治理对策研究》，2020年5月。

②“—”表示没有监测数据。

古堆泉口岩溶水位自从2000年断流后持续大幅下降，2007—2018年11年间水位下降52.43m，平均值为4.77m/a，详见表2–2–15。

从表2–2–15看出，兰村泉口附近岩溶水位1987—2007年期间逐年下降，最大下降深度距离井口埋深31.51m，2008—2018年期间由于太原市政府实施“关井压采”行动及黄河水引入太原，使得水位逐渐回升，但仍然埋深达26.91m。

表2-2-15　山西汾河流域部分岩溶大泉观测孔水位埋深统计表（1987—2018年）

序号	年份	各大泉水位埋深/m			序号	年份	各大泉水位埋深/m		
		晋祠泉	兰村泉	古堆泉			晋祠泉	兰村泉	古堆泉
1	1987	—	2.23	—	17	2003	16.36	25.95	—
2	1988	—	4.33	—	18	2004	18.24	30.28	—
3	1989	—	6.43	—	19	2005	19.98	29.63	—
4	1990	—	6.98	—	20	2006	19.26	30.26	—
5	1991	—	9.79	—	21	2007	24.64	31.51	22.41
6	1992	—	12.30	—	22	2008	27.76	30.13	25.56
7	1993	—	14.67	—	23	2009	26.46	29.10	35.23
8	1994	0.01	17.01	—	24	2010	23.89	28.43	42.33
9	1995	2.30	18.49	—	25	2011	21.33	25.94	50.45
10	1996	4.18	19.54	—	26	2012	14.38	24.50	57.05
11	1997	3.21	20.37	—	27	2013	10.65	23.57	56.58
12	1998	4.39	20.59	—	28	2014	6.75	24.42	59.21
13	1999	6.13	22.23	—	29	2015	7.95	22.88	70.32
14	2000	9.48	23.48	—	30	2016	5.67	22.60	71.96
15	2001	11.77	25.46	—	31	2017	4.42	24.70	72.32
16	2002	16.02	27.09	—	32	2018	2.22	26.91	74.84

注：①水位埋深是指离泉口最近的观测孔；“—”表示没有监测数据。
②杨士荣等，《汾河流域岩溶大泉评价和保护治理对策研究》，2020年5月。

晋祠泉是三晋名泉，晋祠三绝之一，是晋水的源头。在《水经注》中就有“悬瓮山下，晋水出焉”的记载。李白、范仲淹、欧阳修、元好问等名人均在此留下咏泉名篇。1994年4月30日，流淌了千万年的晋祠泉水断流，三晋儿女无不震惊难过。晋祠泉流量从20世纪60年代起总体呈下降趋势，直至断流。20世纪50—60年代，平均流量达1.94m^3/s且较为稳定，基本上可以满足使用需求，晋祠泉处于天然径流状态；1960年建成汾河水库，于是在20世纪60年代后，晋祠泉流量明显呈阶梯状下降趋势，特别是在20世纪80年代后期泉水流量逐年减少得越发明显。由20世60年代年均流量1.73m^3/s下降至70年代年均流量1.21m^3/s；由20世纪80年代年均流量0.52m^3/s下降至90年代初的0.1m^3/s，并于1994年4月30日断流。晋祠泉泉口附近岩溶水位1994—2007年期间逐渐下降（表2–2–15），最大水位距离泉口埋深31.51m；2007年以来由于省政府主导实施晋祠泉复流的综合措施，泉口水位持续回升（图2–2–14），截至2020年，泉口水位埋深3.08m，较2007年的最低水位31.51m上升了28.43m；到2022年2月，泉水水位已经上升到距泉口1.9m，2023年5月，晋祠附近的稻田里，出现了泉水涓涓细流；到2023年11月，三晋儿女渴盼29年6个月的晋祠难老泉水终于涌出地面。目前，水利部门正振奋精神，继续采取措施，力争实现泉水的更大出流和稳定出流。

晋祠泉复流的主要原因是万家寨引黄工程供水，太原市实施“关井压采”措施、部分工矿企业置换利用引黄水、中小煤矿整治与关停、大力节约用水等一系列措施，特别是汾河二库蓄水大幅增加对泉域岩溶水的渗漏补给，使泉域内岩溶地下水整体有明显回升。

（二）碎屑岩、变质岩及岩浆岩类裂隙、孔隙地下水动态

碎屑岩及其他基岩裂隙孔隙水动态直接受大气降水入渗的影响，水位随季节性变化明显，汛期水位

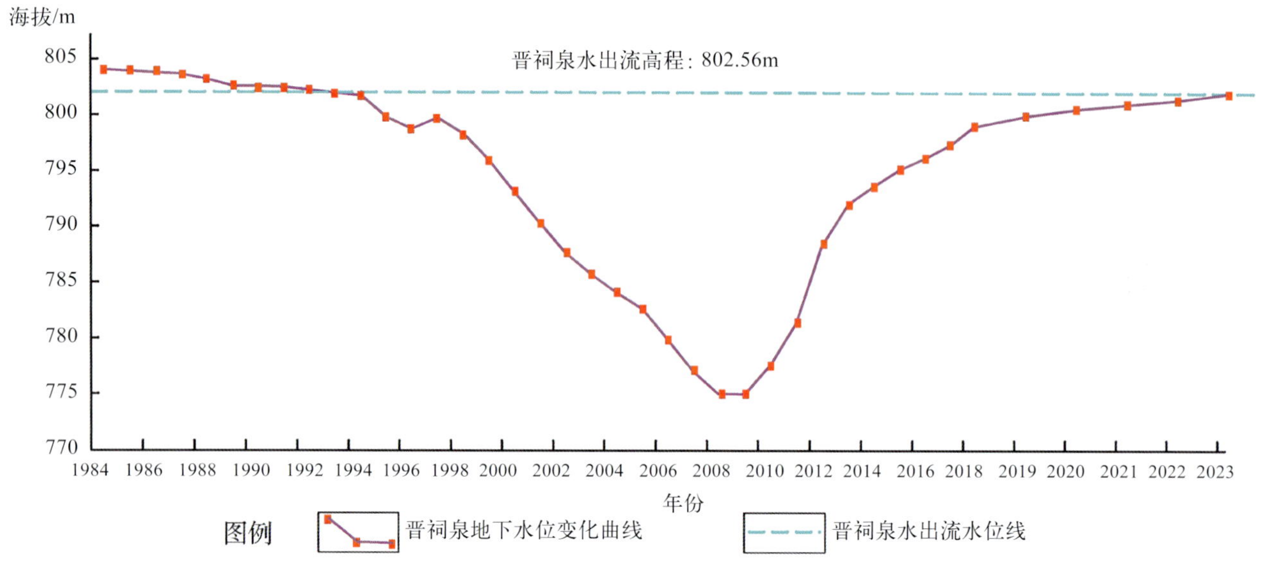

图2-2-14　山西晋祠泉泉口水位变化曲线图
（据中国地质科学院岩溶地质研究所梁永平等，2019年10月）

升高，出现年内峰值；旱季水位下降，造成一些泉水流量减小或干枯。从区域地下水动态资料分析，裂隙孔隙水年内动态周期多呈单峰型，其原因是降水集中性补给。在年际变化上，地下径流年际关系的丰枯值与年际间降水量丰枯程度的总趋势一致，但在时间上要滞后1～2年。近年来由于工农业用水的大量增加，人为因素对其动态的影响日趋明显，特别是一些集中供水水源地影响更大。开采量不断增加，水位下降速度加剧。如晋中市榆次区1960年前源涡泉群流量73.2L/s，主要含水层三叠系二马营组砂页岩裂隙水，1962年源涡水源地建成投产，水位为+1.43m，1993年降至地面以下66.6m，31年间累计下降68.03m。1993年实际开采量$1345 \times 10^4 m^3$。2005年降至地面以下85m，43年间累计下降87.03m，平均下降速率为2.026m/a。2001—2010年平均下降速率为0.5m/a，下降速率有所放缓。

（三）松散岩类孔隙地下水动态

盆地松散层地下水在长期开采过程中，受开采量逐年增加的影响，地下水水位、水量、水质都发生了不同程度的变化。

1.地下水动态类型划分

根据影响地下水动态的主要因素、作用程度并结合具体水文地质条件和地下水均衡要素，将全省盆地松散层地下水动态类型主要分为：径流型、径流—开采型、渗入—开采型、渗入—蒸发型及开采型五种。

（1）径流型

径流型动态主要分布在各盆地黄土丘陵区、冲洪积扇的顶部及冲积平原区，因地下水埋藏较深，地下水动态主要受侧向径流的补给影响，其次为降水入渗补给，动态特征为年内水位变幅小，年际动态较为稳定。

（2）径流—开采型

径流—开采型动态主要分布于各盆地冲洪积扇区和倾斜平原中部，地下水动态受侧向径流、降水入渗补给和开采的控制，由于深、浅层水没有良好的隔水层，受混合开采的影响，水位变幅较大，年际动态呈下降趋势。

（3）渗入—开采型

渗入—开采型动态主要分布于各盆地倾斜平原下部和冲洪积扇平原区，地下水动态主要受降水入渗补给和开采影响，高水位期一般出现在1～2月，6～8月水位最低，水位年变幅较小，多年动态呈下降趋势。

（4）渗入—蒸发型

渗入—蒸发型动态主要分布于各盆地冲洪积平原区，地下水动态主要受灌溉入渗补给，降水入渗补给和潜水蒸发的控制，高水位期多出现在9～10月，4～5月水位最低，水位年变幅1m左右，多年动态呈稳定趋势。

（5）开采型

开采型动态分布于冲积平原和倾斜平原区的深层孔隙水。水位动态受开采量的控制，多为高集中开采地段，年内变幅较大，年际动态呈下降趋势。

盆地区松散层孔隙水经1984—1995年12年间监测资料分析，地下水累计下降值为2.135m，下降速率为0.178m/a。其中海河流域12a累计下降值为1.03m，黄河流域12年累计下降值为2.9m。各盆地孔隙水下降幅度0.56～4.49m，太原盆地累计下降幅度最大，下降值达4.49m，大同盆地累计下降幅度最小，下降值为0.56m。运城涑水盆地承压水1984—1995年12年间地下水水位累计下降值为8.87m，下降速率为0.739m/a。

2001—2010年，盆地区共有14个地下水水位下降区，总面积6312km^2，最大区位于运城市涑水盆地区，面积2873km^2；最小区位于忻州盆地原平市城区一带，面积26km^2。下降速率0.1～2.2m/a。详细情况见表2-2-16。

表 2-2-16 山西五大盆地松散岩类孔隙地下水水位下降区情况统计表（2001—2010 年）

序号	地下水水位下降区名称	水位下降区分布范围	下降区面积/km^2	下降区所在盆地及面积		下降速率/(m·a^{-1})
				盆地	面积/km^2	
1	大同市城郊地下水水位下降区	大同市城郊，包括城区、南郊区和云州区	506	大同	703	0.3～1.4
2	怀仁城区地下水水位下降区	怀仁县城以西，包括鹅毛口河和小峪口河洪积扇区	111			0.2～1.4
3	朔州市应县小型孔隙浅层地下水水位下降区	应县城区以东山前倾斜平原区	50			0.7
4	朔州市山阴城区地下水位下降区	山阴县城区以西倾斜平原区	36			0.3～0.6
5	忻州市原平城区地下水水位下降区	原平市城区一带	26	忻州	57	0.5～0.8
6	忻州市忻府区小型孔隙浅层地下水水位下降区	分布于忻府区南豆罗镇一带，呈东北—西南向椭圆状分布	31			0.6
7	太原市城郊地下水水位下降区	太原市南部晋阳堡、大村一带到清徐县，包括晋源区和小店区部分、清徐县西边山洪积扇区	203	太原	1487	0.5～1.0
8	晋中市榆太祁地下水水位下降区	榆次区、太谷区和祁县平原区大部	857			0.3～1.4
9	吕梁市交城边山地下水水位下降区	交城、文水边山一带	184			0.6
10	吕梁市孝义边山地下水水位下降区	汾阳、孝义边山倾斜平原一带	128			0.6
11	晋中市介休城区地下水水位下降区	介休城区一带	115			0.6～2.2
12	临汾市侯马城郊地下水水位下降区	分布于侯马城郊西南一带，由侯马城区与市界围括的半圆形区域组成	78	临汾	78	0.1～1.2
13	运城市汾河谷地地下水水位下降区	运城区内汾河谷地大部分地区	1114	运城	3987	0.1～1.2
14	运城市涑水盆地地下水水位下降区	运城市涑水盆地区	2873			0.1～1.2
		合计	6312		6312	0.1～2.2

注：山西省水利厅,《山西省地下水超采区评价报告》，2013年7月。

2011—2020年，全省盆地平原区年末浅层地下水水位与上年相比，有5年水位上升，上升幅度0.13～0.33m，5年间上升0.93m；有5年水位下降，下降幅度0.02～0.30m，5年间下降0.73m，10年间浅层地下水水位总体上升0.20m；浅层地下水水位年际升降区面积变化规律性不明显，升降区面积在1582～8617km^{2}间，升降幅度0.93～1.48m，浅层地下水水位相对稳定区持续增加。详见表2-2-17。

表 2-2-17　山西盆地平原区地下水水位动态特征统计表（2011—2020 年）

地下水分类	年份	全省盆地平原区年末地下水水位与上年同期相比							各盆地年末地下水水位与上年同期相比动态													
		平均升降/m	上升区		下降区		相对稳定区		大同盆地		太原盆地		临汾盆地		运城盆地		长治盆地		天阳盆地		忻州盆地	
			面积/km^2	上升值/m	面积/km^2	下降值/m	面积/km^2	升降值/m	升降区面积/km^2	升降值/m	升降区面积/km^2	升降值/m	升降区面积/km^2	升降值/m	升降区面积/km^2	升降值/m	升降区面积/km^2	升降值/m	升降区面积/km^2	升降值/m	升降区面积/km^2	升降值/m
浅层地下水	2011	+0.33	8544	1.48	3475	1.05	13804	−0.04	−1515	−1.25	+2589	—	—	—	—	+1.53	—	—	−457	−0.53	—	—
	2012	−0.04	3929	1.05	4575	1.01	17319	−0.03	—	上升	+1835	+0.38	—	—	−1478	−0.90	−537	−0.54	—	上升	—	—
	2013	+0.17	6197	1.20	3101	0.97	16525	0	—	上升	—	上升	—	上升	—	−0.39	—	上升	—	上升	—	上升
	2014	+0.06	6145	1.16	4930	1.01	14748	−0.05	—	−0.36	—	+0.37	—	+0.37	—	+0.37	—	−0.36	—	—	—	−0.36
	2015	−0.30	1582	1.09	8617	1.05	15624	−0.04	—	—	—	—	+202	—	—	—	−819	−0.97	—	—	—	—
	2016	+0.24	6869	1.05	1950	0.94	17004	+0.04	—	—	+3064	—	—	—	−897	—	—	—	—	—	—	—
	2017	−0.02	1644	0.96	2435	0.96	21745	+0.01	—	—		—	—	—	—	—	—	—	—	—	—	—
	2018	−0.18	2631	0.93	5436	1.02	17756	−0.08	—	—	−1261	—	—	—	—	—	—	—	—	—	+789	—
	2019	−0.19	1827	0.96	5498	1.06	18497	−0.05	—	—	−1776	—	+586	—	—	—	—	—	—	—	—	—
	2020	+0.13	4967	1.07	2530	1.13	18326	+0.05	—	—	+1689	—	−549	—	—	—	—	—	—	—	—	—
盆地地下水	2011	—	—	—	—	—	—	—	−1515.5	−0.4	—	—	—	—	—	+1.53	—	—	−456.8	−0.53	—	—
	2012	—	—	—	—	—	—	—	—	上升	—	+0.38	—	上升	1479	−0.46	−537	−0.54	—	上升	—	下降
	2013	—	—	—	—	—	—	—	—	上升	—	上升	—	上升	—	−0.39	—	上升	—	上升	—	上升
	2014	—	—	—	—	—	—	—	—	−0.36	—	+0.37	—	+0.37	—	+0.37	—	−0.36	—	−0.36	—	−0.36
	2015	—	—	—	—	—	—	—	—	—	—	—	—	—	—	—	−819	−0.97	−81	−0.02	—	—
	2016	—	—	—	—	—	—	—	—	上升	+3066	+0.74	—	上升	—	−0.21	+746	+0.59	—	−0.01	—	上升
	2017	—	—	—	—	—	—	—	—	下降	—	下降	—	+0.03	—	+0.01	—	下降	—	−0.26	—	−0.11
	2018	—	—	—	—	—	—	—	—	+0.02	—	下降	—	下降	—	−0.66	—	−0.67	—	下降	—	+0.23
	2019	—	—	—	—	—	—	—	—	下降	—	−0.38	—	下降	—	下降	—	−0.32	—	下降	—	下降
	2020	—	—	—	—	—	—	—	—	上升	—	+0.42	—	上升	—	上升	—	上升	—	−0.16	—	上升

注：根据山西省水利厅《山西省水资源公报（2011—2020年）》资料整理；表中“+”表示地下水水位上升区及上升值；“−”表示地下水水位下降区及下降值；地下水水位相对稳定区是指地下水水位年变化幅度＜10cm的区域。

2.盆地平原区地下水动态总体情况

根据山西省水利厅2020年水资源公报，2020年末与上年同期相比，全省盆地平原区浅层地下水水位平均上升0.13m，其中上升区面积4967km^2，占统计面积的19.2%，水位平均上升1.07m，其中太原盆地上升区面积所占比重最大，占上升区面积的34.0%；下降区面积2530km^2，占统计面积的9.8%，水位平均下降1.13m，其中临汾盆地下降区面积所占比重最大，为21.7%；相对稳定区面积18326km^2，占统计面积的71.0%，水位平均上升0.05m，大同盆地稳定区面积所占比重最大，为26.9%。

统计的各盆地中深层地下水中，天阳盆地地下水水位平均降幅为0.16m，其余盆地地下水水位均呈上升趋势。其中太原盆地地下水水位平均升幅最大，为0.42m。

3.各盆地松散岩类孔隙水地下水动态

（1）大同盆地

大同盆地松散岩类孔隙水开采区主要是大同市城区。大同市城北水源地1986年形成了地下水降落漏斗区，1986—2012年水位累计下降48.91m，平均水位下降速率1.88m/a，2011—2014年水位下降1.59m，平均水位下降速率0.53m/a。2011年年底黄河水引入大同，大同市实施关井压采，2012年至2014年水位则上升了2.2m，平均水位上升速率1.1m/a。近年来，该地下水降落漏斗水位在逐步回升；大同市城南水源地于1984年为供应大同市二电厂而建立，于1988年左右形成降落漏斗，2001—2011年，水位累计下降5.42m，平均水位下降速率0.54m/a，2011—2014年水位累计上升2.18m，平均水位上升速率0.73m/a；大同市城西水源地降落漏斗区，1987—2011年，水位累计下降20.34m，平均水位下降速率0.85m/a，2011—2014年水位累计上升1.01m，平均水位上升速率0.34m/a。近年来，该降落漏斗地下水水位略有回升。

根据《大同盆地地下水动态监测报告（2021年度）》（山西省地质勘查局217地质队杨景洲等，2021）资料，经2021年枯水期（3月）和丰水期（8月）两次对大同盆地153眼潜水井（含水层埋深≤60m的浅层水）统测数据，与2020年同期统测数据进行对比分析，潜水含水层水位丰水期（8月）年变幅介于-5.67～24.32m之间，枯水期（3月）年变幅介于-36.01～4.40m之间；根据2021年枯水期（3月）和丰水期（8月）2次对大同盆地265眼承压水水井（含水层埋深＞60m的中深层水）统测数据，与2020年同期统测数据进行对比分析，承压水含水层水位枯水期（3月）年变幅介于-11.54～22.62m之间，丰水期（8月）年变幅介于-65.12～20.95m之间。

根据动态特征将大同盆地地下水水位动态变化划分为：强上升区（水位变幅≥2.0m）、弱上升区（水位变幅0.5～2.0m）、基本稳定区（水位变幅介于0.5～-0.5m之间）、弱下降区（水位变幅介于-0.5～-2.0m之间）、强下降区（水位变幅≤-2.0m）5类。

（2）忻州盆地

忻州盆地从20世纪80—90年代中期，地下水水位总体处于缓慢下降状态，但下降幅度不大，而20世纪90年代中后期至今，地下水水位基本处于动态平衡状态，受自然及人为因素的共同影响，局部呈现出小范围水位下降或水位小幅上升。地下水水位曲线年内变化特征总体表现为两头高、中间低，曲线形态呈不规则波状起伏。一般地下水水位在每年2～3月最高，从4月起水位开始下降，5—8月水位出现最低值，而7—9月至次年2—3月水位一直处于缓慢回升阶段。

（3）太原盆地

太原盆地浅层孔隙水多年动态相对稳定，中深层孔隙水呈现下降趋势。2003年，太原市城区、介休、交城边山、文水、汾阳中深层孔隙地下水水位下降速度分别为2.70m/a、1.78m/a、3.06m/a、6.62m/a、6.3m/a。

太原市2003年以前松散岩类孔隙地下水一直处于持续下降的状态。2003年10月实现引黄入并，2003年11月太原市开始施行“关井压采”工程，至2012年，实现压缩地下水开采量37.25×10^{4}m^3/d，2012年地下水开采量36.22×10^{4}m^3/d，恢复到20世纪70年代的开采量水平。

太原西张水位降落漏斗中心1965—1981年水位下降20.23m，平均水位下降速率1.26m/a；1981—

2004年水位下降29.93m，平均水位下降速率1.3m/a；2004—2014年水位上升32.74m，平均水位上升速率3.27m/a。

太原万柏林水位降落漏斗中心1981—2004年水位下降56.13m，平均水位下降速率2.44m/a；2004—2014年水位上升62m，平均水位上升速率6.2m/a。太原下元水位降落漏斗中心1981—2004年水位下降25.98m，平均水位下降速率1.13m/a；2004—2014年水位上升约30m，平均水位上升速率3m/a。

太原吴家堡水位降落漏斗中心1981—2004年水位下降42.5m，平均水位下降速率1.85m/a；2004—2014年水位上升34m，平均水位上升速率3.4m/a。

（4）临汾盆地

据长观资料，临汾盆地松散岩类孔隙水1990—2004年浅、中、深层地下水水位均呈持续下降趋势。2004年平均水位埋深22.86～74.83m。

浅层水动态：1990—1999年10年下降3.70m，2000—2004年间5年下降3.68m。

中层水动态：1990—1999年下降10.36m，2000—2004年下降9.71m。

深层水动态：1990—1999年下降17.83m，2002—2004年下降12.05m。只有浍河与南阳村段水位1985—1999年累计上升8.62m。

（5）运城盆地

据长观资料，运城盆地松散岩类孔隙水1990—2004年浅、中、深层地下水水位均呈持续下降趋势。2004年平均水位埋深5.05～94.23m。

浅层水动态：1990—1999年间最大水位下降13.58m，2000—2004年水位下降2.93m。

中层水动态：1990—1999年间最大水位下降32.04m，2000—2004年段下降6.30m。

深层水动态：1990—1999年间水位最大累降35.23m，2000—2004年最大累降8.40m。

（6）长治盆地

据2000—2010年的动态监测资料分析，长治盆地年均地下水没有超采，但开发潜力不大。长治盆地的地下水资源年际变化，受年降水量和年开采量直接控制（牛清清，2015）。

据统计资料，2000—2010年10年间，长治盆地经历了丰、平、枯不同频率降水对地下水以丰补欠的调节过程。2008—2010年为枯水年，这3年长治盆地的地下水水位分别下降0.26m、0.60m和0.79m，累计下降1.65m，平均下降0.55m/a；2005年为平水年，地下水水位上升0.03m，基本处于稳定状态；2003年为丰水年，地下水水位上升3.06m。

长治盆地年内地下水水位的动态变化，主要受降水与农业灌溉开采影响。一般每年至3月出现峰值，6月出现低谷，年内地下水水位的变幅一般在0～2m之间。

由于引黄入晋、关井压采及矿井水综合利用等节水措施的实施，山西盆地平原区2011—2020年松散岩类孔隙水地下水动态特征，总体表现为水位持续回升，太原市、大同市尤其显著，详见表2-2-18。

4.盆地平原区地下水降落漏斗

根据水利部门监测资料（山西省水利厅，2011—2020年），山西盆地平原区共有5处地下水降落漏斗，2011年降落漏斗总面积2519.1km^2，运城市地下水降落漏斗面积最大，为2080km^2，尧都区地下水降落漏斗面积最小，为95.80km^2；2020年降落漏斗总面积1743.4km^2，9年间减少了775.7km^2，速率为86.2km^2/a。

大同市南郊区地下水降落漏斗2020年面积仅为2011年的23%，变化为省内之最，其次为太原市城区，介休市宋胋地下水降落漏斗面积变化基本不大，详见表2-2-18。

三、地下水补给、径流与排泄特征

大气降水是地下水主要补给来源，地下水由盆地四周向中心运动，岩溶大泉是地下水主要排泄途径，构成了山西地下水补给、径流与排泄的主要特征。

山西西部黄土高原中的地下水，主要补给源为大气降水和吕梁山基岩的侧向补给，因黄土高原区沟

表 2-2-18 山西盆地平原区主要地下水降落漏斗动态特征统计表（2011—2020 年）

年份	大同市城郊地下水降落漏斗区					太原市城区地下水降落漏斗区730m高程闭合线				介休市宋貼地下水降落漏斗区720m高程闭合线			临汾市尧都区地下水降落漏斗区380m高程闭合线				运城市地下水降落漏斗区				
	漏斗面积/km²		漏斗中心位置	漏斗中心埋深/m	比上年同期升降/m	漏斗面积/km²	漏斗中心位置	漏斗中心埋深/m	比上年同期升降/m	漏斗面积/km²	漏斗中心埋深/m	比上年同期升降/m	漏斗面积/km²	漏斗中心位置	漏斗中心埋深/m	比上年同期升降/m	漏斗面积/km²		漏斗中心位置	漏斗中心埋深/m	比上年同期升降/m
2011	1015m闭合线	127	御河铁路桥	标高983.48	+1.16	96.3	肉联厂	标高676.11		120.0	90.10	+2.71	95.8	213地质队、市蒲剧院、坡下一带	—	0.08	330m闭合线	2080	城区一带	114.84	+1.64
			城南	标高985.46	-18.7		煤化所	标高723.1													
							吴家堡	标高703.4	+5.32												
2012		117	御河铁路桥	标高983.27	-0.21	85.0	肉联厂	107.42	+4.05	120.0	89.26	+0.84	93.0		—	+1.58		2021		109.67	-5.15
			城南	标高989.20	+3.74		煤化所	标高726.31	+3.21												
			城西	标高985.70	—		吴家堡	标高708.33	+4.93												
2013		122	智家堡	29.33	-0.93	81.3	肉联厂	107.5	-0.08	114.0	89.34	-0.08	—		—	—	310m闭合线	2100	储运公司	108.9	-0.79
2014		107	智家堡	28.39	+0.94	71.9	肉联厂	106.97	+0.53	115.0	87.84	+1.50	—		79.79	—		2016		108.9	+0.05
2015	1000m闭合线	105	智家堡	31.06	-2.67	66.3	肉联厂	标高679.42	+1.51	115.0	87.53	+0.31	94.2	213地质队	80.04	+0.25		1466		104.29	+1.77
							水利大厦	标高722.14	+1.98												
							吴家堡	标高720.08	+3.28												
2016		105	智家堡	34.36	-3.30	61.3	肉联厂	标高680.54	+1.12	115.0	87.12	+0.41	94.0		80.00	-0.04		1483		105.51	+1.22
							水利大厦	标高729.35	+7.21												
							吴家堡	标高721.02	+0.94												
2017		105	智家堡	33.92	+0.44	55.6	西吴	62.82	+3.28	115.0	89.71	-2.59	93.9		81.39	+1.39		1492		105.14	-0.37
2018		104	智家堡	32.22	+1.7	46.9	西吴	60.09	+2.73	115.0	91.58	-1.87	93.8		79.64	+1.75		1492		104.87	-0.27
2019		107	智家堡	35.92	-0.32	51.3	西吴	55.75	+4.34	115.0	94.40	-2.82	90.2		77.07	2.57		1517		106.0	-1.13
2020		29	马家小村	96.79	-2.99	41.9	西吴	52.75	+3.0	115.0	93.38	+1.02	48.2		69.99	+7.08		1509		104.65	+1.35
			茶坊	58.38	+0.07																
			智家堡	39.22	-3.30																

注：①表中“+”表示地下水水位上升区及上升值；“-”表示地下水水位下降区及下降值；“—”表示无数据；介休市地下水降落漏斗区漏斗中心一直是宋貼。
②山西省水利厅，《山西省水资源公报》，2011—2020年。

壑深切，地下水大部分排泄于黄河与下伏基岩中。

碳酸盐岩类裂隙岩溶水，向华北平原、黄河河谷及新生代断陷盆地排泄，除以大泉的形式为主排泄外，向下游排泄亦为重要形式。

碎屑岩及变质岩、岩浆岩类裂隙孔隙水补给排泄条件较为简单。大气降水垂直渗入补给和侧向补给为地下水的主要补给源；以盆地边缘断裂带、山区河谷及泉形式排泄。山西西部的黄河是排泄碎屑岩基岩裂隙孔隙水的重要途径之一。

（一）地下水补给

山西高原居高临下，地形隆起，基岩裸露，西、南黄河围绕，东部为标高100m以下的河北平原，中部为新生代断陷盆地，标高330～1100m。大气降水的渗入是地下水的主要补给源，在碳酸盐岩类地区，地表水的渗漏补给也是主要补给源之一。

山西新生代断陷盆地的地下水补给源有四：①大气降水垂直渗入；②边山基岩的侧渗；③地表水的补给；④人类某些活动对地下水的补给。有些构造承压自流水盆地或斜地，如沁水承压自流水盆地、宁武—静乐承压自流水盆地、河东承压自流水斜地，自下而上不同程度地存在顶托补给。

碳酸盐岩类裂隙岩溶水除受大气降水渗入补给外，河流漏失补给也是主要补给源，如汾河由汾河水库至汾河二库峙头村，长74.75km，有3个漏失段，据1982年6月和10月两次测流资料，三段漏失量总和为2.1m^3/s，该量仅为枯季资料，洪水季节漏失量则更大，主要补给兰村泉及晋祠泉；汾河在两渡与什林之间，岩溶水位低于地表水位，岩溶区又具有很强的透水性，在长约50km河段，渗漏量达1m^3/s，补给郭庄泉；据晋中水文站1980年实测资料，温河流经灰岩区的渗漏系数为0.75～0.99，桃河为0.3～0.94，松溪河为0.37～0.69，1994年11月阳泉环保局实测桃河渗漏系数为0.35，南川河渗漏系数为0.25～1.0，桃河、温河漏失量达1.9m^3/s，补给娘子关泉；浊漳河王桥的河水漏失量达6.15m^3/s，补给辛安泉；柳林泉域三川河及其支流东川河、南川河和北川河上的地表水渗漏段有6段，总长度60.8km，区域内实测多年平均河道入渗补给量为0.91m^3/s，约占柳林泉多年平均流量2.20m^3/s的41%，单位河段平均渗漏流量0.015m^3/（s·km）。其中渗漏流量最大的为北川河渗漏段，为0.25m^3/s，单位河段长度的渗漏流量为0.026m^3/（s·km）；最小的为小东川河河段，渗漏流量和单位河段长度渗漏流量分别为0.040m^3/（s·km）、0.003m^3/（s·km）。大东川河和小东川河的渗漏段总长度为28.5km，占总渗漏段长度的47%，而渗漏流量为0.20m^3/s（仅占22%），说明河道径流量对河道渗漏补给量的影响最大，其次为渗漏段长度。自20世纪70年代以来，随着三川河上游水库的兴建，三川河及其主要支流的河川径流量明显减小，河道渗漏流量也呈现出随时间减小的趋势。类似情况不胜枚举。

（二）地下水径流

径流是连接补给与排泄的中间环节，也就是说地下水由补给处流向排泄处的运移过程称为径流。地下水的径流包括径流方向、径流条件、径流强度及径流量等。

1.地下水径流模数

地下水径流模数（M）表征含水层分布面积的单位面积产流量，即

$$M=Q/(365\times 86400\times F)$$

式中：M为地下水径流模数，L/（s·km^2）；Q为地下水天然系统的天然补给量，m^3/a；F为地下水系统的补给面积，km^2。

根据山西省水文地质特征，应用水文分析法计算地下水径流模数并编制成地下水径流模数等值线图（山西省地图集编纂委员会，1984），详见图2-2-15。地下水径流模数，是以区间表示的，把它分为$<$0.5L/（s·km^2）、0.5～1L/（s·km^2）、1～2L/（s·km^2）、2～3L/（s·km^2）、3～4L/（s·km^2）、4～5L/（s·km^2）、5～6L/（s·km^2）、$>$6L/（s·km^2）8级。对无清水流量的地段，其地下水径流模数是以水文地质类推法求得的。有清水流量测定的地段，是以各相邻汇水面积内的中心点，用数学内插法并结合地质、地貌勾绘的。

碳酸盐岩类分布地区的地下水径流模数是以泉域法计算的，在没有泉水的地段，以水文地质类推

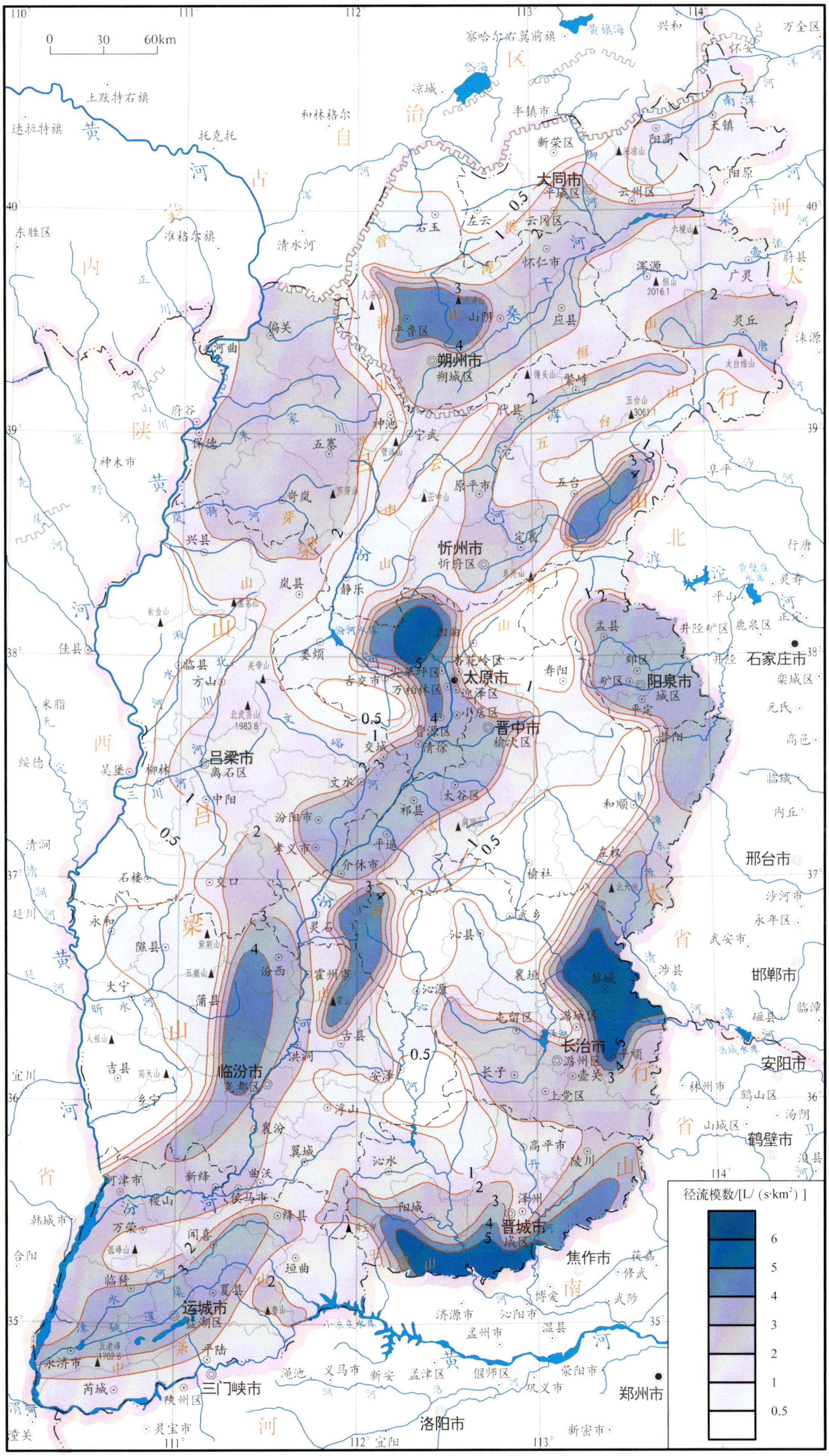

图2-2-15　山西省地下水径流模数等值线图（1980—1982年）

法，计算地下水径流模数。对具有单独补给径流的排泄泉域，如神头泉域、娘子关泉域等，是以一个地下水径流模数区间为主、外围内插为辅表示的。相邻具有数个泉域，如阳城、晋城一带，是以数字内插法并结合地质与地貌勾绘的。

新生界断陷盆地是采用均衡法求得地下水径流模数。把新生界断陷盆地视为封闭盆地，以盆地范围内的降水量减去地表径流量和地表蒸发量，与地下水径流量相均衡。

地下水径流与岩性、地表径流、降水量、地形及蒸发量等因素关系密切。岩性是决定地下水资源多少的重要因素，碳酸盐岩类地区的地下水径流模数常见值为3～5L/(s·km^2)，最大者为延河泉城，达8.7L/(s·km^2)；松散岩类地区的地下水径流模数常见值为2～3L/(s·km^2)，以太原盆地的3～4L/(s·km^2)为最大；变质岩类地区的地下水径流模数常见值为1～2L/(s·km^2)，小者如娄烦以南的关帝山一带为0.5～1L/(s·km^2)；碎屑岩类地区的地下水径流模数常见值为0.5～1L/(s·km^2)，太行山南段，由于太原统的几层灰岩普遍分布，地下水径流模数大者达3～4L/(s·km^2)，小者如沁水盆地北端的寿阳、榆社一带为0.5L/(s·km^2)；岩浆岩类地区的地下水径流模数常见值0.5～1L/(s·km^2)，垣曲一带较大，为1～2L/(s·km^2)，左云、右玉一带较小，仅0.5L/(s·km^2)。各岩类地下水径流模数详见表2-2-19。

表 2-2-19　山西各大岩类地下水径流模数值统计表

序号	岩类	径流模数/[L/(s·km^2)]			序号	岩类	径流模数/[L/(s·km^2)]		
		小值	大值	常见值			小值	大值	常见值
1	松散岩类	0.4	3～4	2～3	4	变质岩类	0.5～1	—	1～2
2	碎屑岩类	<0.5	3～4	0.5～1	5	岩浆岩类	<0.5	1～2	0.5～1
3	碳酸盐岩类	1.24	8.7	3～5					

注：根据山西省地图集编纂委员会，《山西省自然地图集》，1984年10月。

根据韩行瑞等《岩溶水系统——山西岩溶大泉研究》专著资料，山西岩溶大泉泉域地下水径流模数分别为：娘子关泉域5.8L/(s·km^2)、辛安泉域4.6L/(s·km^2)、三姑泉域4.5L/(s·km^2)、延河泉域8.7L/(s·km^2)、兰村泉域4.8L/(s·km^2)、洪山泉域–广胜寺泉域6.18L/(s·km^2)、郭庄泉域5.8L/(s·km^2)、龙子祠泉域4.2L/(s·km^2)、柳林泉域2.5L/(s·km^2)、神头泉域3.75L/(s·km^2)、天桥泉域1.24L/(s·km^2)、马圈泉域3.1L/(s·km^2)、坪上泉域5.7L/(s·km^2)，全省岩溶泉域地下水径流模数平均值为4.68L/(s·km^2)。

地表径流直接影响地下水径流的多少，这种现象在新生界断陷盆地极为明显，多年平均地表径流量与地下水径流量基本成正比。如太原盆地与大同盆地多年平均地表径流量大，则地下水径流量也大；阳高盆地多年平均地表径流量小，地下水径流量也小。据统计新生界断陷盆地，地表径流与地下水径流之比值为0.25～0.93，地下水径流均大于地表径流，其中太原盆地比值最小，阳高盆地比值最大。基岩山地区的地表径流与地下水径流，以及多年平均地表水径流量与地下水径流量均为正比关系，详见表2-2-20。

降水量与地下水径流量成正比关系。新生界断陷盆地由北而南，降水量变化为400～585mm/a，运城盆地降水量较大，地下水径流模数相应亦大；阳高盆地降水量较小，地下水径流模数亦较小。基岩山地区的几个降水中心，如五台山、沁源、晋城和阳城一带，降水量与地下水径流量均较大。

全省多年平均降水量介于362.4～606.4mm之间，地下水径流量占年降水量的16%左右。

地形陡，地下水径流量小，地形缓，地下水径流量大。新生界断陷盆地的中部地区，地形坡度为0.45‰～0.28‰，平均地下水径流模数1.5～3.5L/(s·km^2)，其中阳高盆地中部地区的地形坡度为2.8‰，地下水径流模数为1.5L/(s·km^2)。山间盆地的岚县，自敦厚至下马铺一段，地形坡度为26‰，地下水径流模数仅1L/(s·km^2)。基岩山地的地形与地下水径流的关系更为密切，以碎屑岩类为主的沁水向斜中南部地区，山势较缓，地下水径流模数为0.1～1L/(s·km^2)或>1L/(s·km^2)，而同样是碎屑岩类的太原西山石千峰向斜，因为山势陡峻，地下水径流模数就<0.5L/(s·km^2)。

新生界断陷盆地，由北至南平均蒸发量由316mm/a增至475mm/a，一般情况下，降水量大的地区蒸

表 2-2-20　山西主要河流典型监测站径流量统计表

序号	水文站名称	河流名称	河流流经主要岩类	清水流量/($m^3 \cdot s^{-1}$)	多年平均径流量/($m^3 \cdot s^{-1}$)
1	兰村	汾河	碳酸盐岩类	3.65	19.90
2	静乐	汾河	碎屑岩类、碳酸盐岩类	2.46	9.22
3	润城	沁河	碎屑岩类	4.18	35.30
4	南庄	滹沱河	松散岩类、碳酸盐岩类、变质岩类	7.88	21.13
5	石梁	浊漳河	碎屑岩类、碳酸盐岩类	0.00	27.40
6	阳泉	桃河	碎屑岩类	0.23	1.99
7	偏关	偏关河	碳酸盐岩类	0.73	1.77
8	后大成	三川河	碳酸盐岩类、碎屑岩类	6.06	10.50
9	大宁	昕水河	碎屑岩类	0.90	6.75

注：山西省地图集编纂委员会，《山西省自然地图集》，1984年10月。

发量亦大，尽管降水量对地下水径流量的影响比地表蒸发量对地下水径流量的影响要大，而地表蒸发量与地下水径流模数在数值上仍为正比关系。

全省年平均陆面蒸发量约451mm，地下水径流量为地表蒸发量的18%上下。

2.地下水径流特征

各盆地松散岩类孔隙地下水运动的总趋势是：由盆地四周向中心运动；由上游向下游运动；由深层向浅层运动（顶托补给）。而长治盆地较为特殊，地下水由北、西、南向东运动，由浅层向深层运动，通过东部边山大断裂补给基岩。蒸发与开采是地下水垂直排泄的重要途径。各盆地间的水力联系，主要取决于两盆地间的地层、岩性和构造条件，另外决定于地表水系流域系统的发育特征。

岩溶水的运动形式主要有：单向运动，如延河泉；双向运动，如洪山泉及霍泉；辐聚运动，如辛安泉。岩溶水水力坡度，在补给、径流、排泄区有较明显的规律。据统计资料，泉域水力坡度多为1‰～13‰，补给、径流区水力坡度一般1‰～8‰；排泄区则相对较大，一般为3‰～13‰。以娘子关泉为例，补给径流区的阳泉平定一带为2‰，排泄区为5‰。

另外，岩溶大泉存在地下水强径流带。根据梁永平等的研究，确定了从南峪—官地矿西—龙山—明仙—晋祠泉的岩溶地下水强径流带，该强径流带汇集了来自北部汾河二库渗漏补给及西北古交方向的补给水源，是晋祠泉水上游对流量影响最敏感的地区。岩溶地下水强径流带是岩溶地区找水打井的有利部位。

（三）地下水的排泄

地下水的排泄包括泄流排泄、泉水排泄、蒸发排泄、植被蒸腾排泄等。当河流下切至含水层地下水水位之下时，地下水沿河流呈带状排泄补给河水，形成河川径流的基流量，称之为地下水泄流排泄，其排泄量可用基流分割等方法获得；泉是地下水天然排泄露头点。山前地带的沟谷，坡脚地带常有泉水排泄点，而平原地区则很少出现。

总体来看，山西地下水的自然排泄主要有以下三个地带。

1.东部太行山西侧岩溶水排泄带

东部太行山西侧岩溶水排泄带主要有坪上泉、娘子关泉、辛安村泉、三姑泉、延河泉等。主要受岩溶水地层中的相对隔水层及下部与底部泥质页岩、紫色页岩阻水，滹沱河、桃河、浊漳河的侵蚀切割作用所控制。

2.中部断陷盆地排泄带

中部断陷盆地排泄带出露于盆地边山地带和盆地内部的岩溶大泉有神头泉、兰村泉、晋祠泉、洪山泉、霍泉、龙子祠泉、郭庄泉、古堆泉，其出露条件主要受北东向盆地内边山断裂和盆地内的东西向阻水断裂所控制。

3.吕梁山西侧排泄带

吕梁山西侧排泄带有天桥泉、柳林泉和禹门口泉。西部排泄带，向黄河或通过黄河谷底向鄂尔多斯台地排泄。其中出露条件主要受吕梁背斜西翼单斜蓄水构造顶板石炭系、二叠系，底板寒武系隔水地层以及黄河与其支流的侵蚀切割作用，及单斜构造中的断裂及古老地层突起阻水作用所控制。

第三节　地下水资源评价

地下水资源是指储存于地下岩层之中，其质和量具有一定利用价值的地下水；它服从于大陆水的总循环，通过补给、径流、排泄的运动形式，循环交替，具有可更新等特点。以地下水开发为目的，可把地下水资源划分为天然补给资源、可开采资源和深层承压水可开采储存量。

地下水资源评价是对地下水资源和储存量的数量、质量、可开采量及相关生态环境问题等吧进行综合分析与计算评判的过程。

1.天然补给资源

地下水天然补给资源量，是指地下水系统中参与现代水循环和水交替，可以恢复、更新的重力地下水。一般在现状均衡条件下，用地下水天然补给总量表示（不包括地下水灌溉回归补给量）。

2.可开采资源

地下水可开采资源量，是指在一定技术、经济条件下，开采过程中不会诱发严重的环境地质问题，可以持续开采利用的地下水量。可开采资源量是与预定的开采方案密切相关的。地下水可开采资源量的大小，与所应用的技术条件、具体的地下水开采方案以及对环境影响程度的界定相联系，并随着各种条件的改变而变化。地下水开采资源一般采用多年平均地下水资源有效补给量来表示，即用总补给量（不包括越流量和层间侧向径流量）减去不可夺取的消耗量，消耗量包括地下水蒸发量、侧向排泄量、向河流的排泄量，一般用单位时间内从特定研究含水层组中可以取得的地下水水量表达。

3.深层承压水可开采储存量

深层承压水可开采储存量，是指经过较长时间和缓慢循环、交替所形成并储存于承压含水层的地下水，这类地下水一般补给区较远，地下水循环、交替速度比较缓慢，补给量较少。

一、地下水资源计算分区

（一）按流域水系分区

地下水资源评价范围为山西全省面积156550km^2。全省按地表水流域分16个水资源区，其中一级区2个，二级区10个，三级区16个；一级分区：黄河流域（Ⅰ）和海河流域（Ⅱ）（苗春燕，2017）。黄河流域面积97311km^2，位于山西省境的西南部，占全省总面积的62.16%；海河流域面积59238km^2，位于山西省境的东部，占全省总面积的37.84%。

1.黄河流域（Ⅰ）

该流域按其入黄河支流分为：晋西入黄水系（Ⅰ$_1$）、汾河上中游（Ⅰ$_2$）、汾河下游（Ⅰ$_3$）、涑水河水系（龙门至潼关）（Ⅰ$_4$），沁丹河水系（Ⅰ$_5$）、中条山入黄河水系（Ⅰ$_6$），共6个二级区。

2.海河流域（Ⅱ）

该流域按其入海河支流分为：永定河水系（Ⅱ$_1$）、滹沱河水系（Ⅱ$_2$）、唐河水系（大清河）（Ⅱ$_3$）、漳卫河水系（Ⅱ$_4$），共4个二级区。

三级分区：按流入二级支流的水系及盆地分为16个三级区，各流域水系面积见表2-3-1，各流域水系分布范围见图1-1-4。

（二）按地貌单元分区

山西省总面积156550km^2，盆地区面积27177km^2，占总面积的17.4%，其中黄河流域盆地区面积

表 2-3-1　山西流域分区地下水资源计算面积汇总表（2001—2013 年）　　单位：km^2

黄河流域（一级分区）（Ⅰ）			
二级分区	三级分区	分区面积	盆地面积
晋西入黄水系（Ⅰ$_1$）	红河区（Ⅰ$_{1-1}$）	2215.848	—
	偏关—龙门区（Ⅰ$_{1-2}$）	31120.121	—
	小计	33335.969	—
汾河水系（Ⅰ$_2$~Ⅰ$_3$）	汾河上中游区（Ⅰ$_2$）	28264.644	太原盆地4742.370
	汾河下游区（Ⅰ$_3$）	11633.193	临汾盆地5029.708
	小计	39897.837	9772.078
涑水河水系（龙门至潼关）（Ⅰ$_4$）		6551.009	运城盆地5016.768
沁丹河水系（Ⅰ$_5$）	沁河区（Ⅰ$_{5-1}$）	9349.994	—
	丹河区（Ⅰ$_{5-2}$）	2936.359	—
	小计	12286.353	—
中条山入黄河水系（Ⅰ$_6$）	潼关至三门峡区（Ⅰ$_{6-1}$）	1838.092	黄河谷地1358.601
	三门峡至沁河（Ⅰ$_{6-2}$）	3401.744	—
	小计	5239.836	—
Ⅰ$_1$~Ⅰ$_6$合计		97311.004	16147.447

海河流域（一级分区）（Ⅱ）			
二级分区	三级分区	分区面积	盆地面积
永定河水系（Ⅱ$_1$）	桑干河区（Ⅱ$_{1-1}$）	15491.463	大同盆地6128.623
	洋河区（Ⅱ$_{1-2}$）	2633.919	天阳盆地999.181
	壶流河区（Ⅱ$_{1-3}$）	1305.609	—
	小计	19433.991	7127.804
滹沱河水系（Ⅱ$_2$）		18890.097	忻州盆地2743.150
唐河水系（大清河）（Ⅱ$_3$）		3412.387	—
漳卫河水系（Ⅱ$_4$）	漳河区（Ⅱ$_{4-1}$）	15875.24	长治盆地1158.092
	卫河区（Ⅱ$_{4-2}$）	1626.555	—
	小计	17501.795	1158.092
Ⅱ$_1$~Ⅱ$_4$合计		59223.270	11029.046
全省总计		156550	27177

16147km^2，海河流域盆地区面积11029km^2；全省山区面积129373km^2，占总面积的82.6%，其中一般山区面积91096km^2，岩溶山区面积38278km^2，山西地形地貌特征是西高东低，北高南低，山地丘陵多，平原少，从全省范围看，总的地势是“两山夹一河”，东部是太行山脉，西部是吕梁山脉，中间是汾河。地貌东西两侧为山地和丘陵的隆起，中部为一列串珠式断陷盆地，平原分布期间，详见表2–3–2。

表 2-3-2　山西省地下水资源评价行政分区面积汇总表（2001—2013 年）　　单位：km^2

序号	行政分区	计算面积	盆地面积	山区面积		
				山区总面积	一般山区面积	岩溶山区面积
1	太原市	6944.933	1143.497	5801.454	2669.733	3131.721
2	大同市	14050.101	3129.6845	10920.416	9243.849	1496.567
3	阳泉市	4542.862	—	4542.862	1994.036	2548.826
4	长治市	13971.752	1158.092	12813.660	8151.497	4662.163
5	晋城市	9411.966	—	9411.966	5439.778	3972.188
6	朔州市	10671.613	3998.199	6673.414	3917.277	2756.137
7	忻州市	25161.029	2743.150	22417.879	12027.868	10390.011
8	吕梁市	21004.862	1122.531	19882.331	15719.191	4063.140
9	晋中市	16367.571	2476.360	13891.211	11449.360	2441.851
10	临汾市	20272.439	2785.211	17487.228	15699.503	1787.725
11	运城市	14150.564	8619.865	5530.699	4602.759	927.940
合计		156549.692	27176.5895	129373.120	91095.851	38278.269

（三）按行政区划分区

山西省11个市分别为：太原市、大同市、阳泉市、长治市、晋城市、朔州市、忻州市、吕梁市、晋中市、临汾市及运城市，各市面积及分布范围分别见图1–1–1、表2–3–2。

为便于选择评价方法和计算参数，按地形、地貌特征将全省划分为山丘区和盆地区，山丘区可进一步划分为一般山丘区和岩溶山区，分区面积见表2–3–2。

二、地下水天然补给资源

根据山西省地质工程勘察院2017年7月提交的《山西省地下水资源图说明书》(苗春燕等，2017）成果，对全省地下水资源评价如下。

地下水资源评价利用水文系列为2001—2013年，评价方法为径流模数法，评价范围及面积为山西省156550km^2。

（一）水文地质参数计算

1.山地丘陵区

（1）地下水径流模数

在山西省不同岩系汇流封闭典型河谷地段，利用1956—2013年长系列水文观测站资料，采用水文径流分割法及泉域法对地下水径流模数进行求取，并利用理论频率法计算出不同频率的径流模数。

（2）降水入渗系数

利用水文测流、小流域调查及小泉域实测资料等采用水均衡法对降水入渗系数进行求取。

2.盆地平原区

盆地松散岩类地下水资源量计算的水文地质参数主要有：降水入渗系数、渗透系数、导水系数、灌溉入渗系数、河渠渗漏系数等。利用地下水水位动态观测资料、抽水试验资料、典型河段试验资料等，采用水均衡法、稳定流、非稳定流级迭代法等进行求取。

本次评价的地下水资源是指地下水体中参与水循环且可以逐年更新的动态水量。地下水资源评价的主要对象是与大气降水和地表水有直接或间接联系的现状开采深度内的地下水。根据水均衡原理，山丘区按排泄法、盆地平原区按补给法计算地下水资源量。

本次地下水资源数量评价时间系列为2001—2013年，并计算地下水逐年各项补给量、各项排泄量、总补给量、总资源量，在此基础上进行多年平均地下水资源量和可开采量评价。

地下水资源数量评价要求按水文地质计算单元计算。在此基础上汇总计算全省流域分区、行政分区和地形地貌分区不同TDS地下水的降水入渗补给量、总补给量、资源量及可开采量。

全省地下水天然补给资源数量为山丘区地下水补给资源量（包括一般山丘区和岩溶区）加盆地平原地下水天然补给资源量扣除重复计算量。

（二）盆地平原区地下水天然补给资源量

1.按照市级行政分区计算

经计算，山西省盆地区面积27173km^2，降水补给量12.8038×10^{8}m^3/a，地表水体补给量4.6374×10^{8}m^3/a，山前侧渗补给量12.1995×10^{8}m^3/a，井灌回归补给量1.8240×10^{8}m^3/a，山丘区与盆地区重复计算量12.1995×10^{8}m^3/a。全省九市盆地平原区总天然补给资源量31.4547×10^{8}m^3/a，盆地平原区地下水天然补给模数11.57×10^{4}m^3/（a·km^2）；各市盆地平原区地下水天然补给资源量详见表2-3-3。

2.按照盆地分区计算

大同盆地包括大同盆地和天阳盆地，合计面积为7128km^2，天然补给资源模数为9.372×10^{4}m^3/（a·km^2），天然补给资源量为66804×10^{4}m^3/a；忻州盆地面积为2743km^2，天然补给资源模数为14.919×10^{4}m^3/（a·km^2），天然补给资源量为40925×10^{4}m^3/a；太原盆地面积为4742km^2，天然补给资源模数为13.749×10^{4}m^3/（a·km^2），天然补给资源量为65201×10^{4}m^3/a；临汾盆地面积为5041km^2，天然补给资源模数为13.773×10^{4}m^3/（a·km^2），天然补给资源量为69422×10^{4}m^3/a；运城盆地包括运城盆地和黄河谷地，合计面积为6364km^2，天然补给资源模数为9.326×10^{4}m^3/（a·km^2），天然补给资源量为59352×10^{4}m^3/a；长治盆地面积为1158km^2，天然补给资源模数为11.091×10^{4}m^3/（a·km^2），天然补给资源量为12844×10^{4}m^3/a，各盆地分地貌单元天然补给资源量详见表2-3-4。

表 2-3-3　山西省各市盆地平原区地下水天然补给资源量统计表

序号	行政分区	盆地面积/km^2	降水补给量/$(m^8 \cdot a^{-1})$	地表水体补给量/$(10^8m^3 \cdot a^{-1})$	山前侧渗补给量/$(10^8m^3 \cdot a^{-1})$	井灌回归补给量/$(10^8m^3 \cdot a^{-1})$	山丘区与盆地区重复计算量/$(10^8m^3 \cdot a^{-1})$	盆地平原区总补给量/$(10^8m^3 \cdot a^{-1})$	天然补给资源模数/$[10^4m^3/(a \cdot km^2)]$	盆地平原区地下水资源量占盆地总资源量百分数/%
1	太原市	1143.4790	0.4783	0.4577	1.2360	0.0642	1.2360	2.2362	19.56	7.10
2	大同市	3129.6845	1.0966	0.4158	1.7396	0.1684	1.7396	3.4104	10.90	10.84
3	长治市	1158.0920	0.7588	0.1640	0.2940	0.0676	0.2940	1.2844	11.09	4.08
4	朔州市	3998.1990	1.4492	0.2103	1.4232	0.1873	1.4232	3.2700	12.27	10.40
5	忻州市	2743.1500	0.9308	0.8366	2.1519	0.1731	2.1519	4.0924	14.92	13.01
6	吕梁市	1122.5310	0.5251	0.4682	1.2071	0.1400	1.2071	2.3404	20.85	7.45
7	晋中市	2476.3600	0.8550	0.4156	1.3320	0.2652	1.3320	2.8678	11.58	9.11
8	临汾市	2785.2110	1.2365	0.8072	1.5542	0.1805	1.5542	3.7784	13.57	12.01
9	运城市	8615.8650	5.4735	0.8620	1.2615	0.5777	1.2615	8.1747	9.48	25.99
全省		27172.5715	12.8038	4.6374	12.1995	1.8240	12.1995	31.4547	11.57	100

注：盆地平原区按9个市计算，晋城市、阳泉市不存在盆地区地貌单元。

表 2-3-4　山西省盆地平原区天然补给资源量、天然补给资源模数分级统计表（2001—2013 年）

盆地名称		面积/km^2	补给模数分级/$[10^4m^3/(a \cdot km^2)]$	地貌单元	面积/km^2	天然补给资源模数/$[10^4m^3/(a \cdot km^2)]$	天然补给资源量/$(10^4m^3 \cdot a^{-1})$	天然补给资源模数/$[10^4m^3/(a \cdot km^2)]$
大同盆地	大同盆地	6093.335	<5	丘陵	1097.247	4.862	5334.813	9.42
			5 ~ 10	丘陵、台地	1298.570	7.781	10104.173	
			10 ~ 15	冲积平原	2719.749	10.039	27303.561	
			15 ~ 20	山前冲洪积倾斜平原	977.769	15.013	14679.246	
			大同盆地合计		6093.335	9.424	57421.793	
	天阳盆地	1034.549	<5	丘陵	253.291	2.400	607.898	9.07
			5 ~ 10	台地、丘陵	51.001	8.619	439.578	
			10 ~ 15	冲积倾斜平原	537.251	10.051	5399.914	
			15 ~ 20	冲洪积扇裙	193.006	15.205	2934.653	
			天阳盆地合计		1034.549	9.069	9382.043	
	合计	7127.884			7127.884	9.372	66804	
忻州盆地		2743.150	<5	丘陵	39.006	3.525	137.498	14.92
			5 ~ 10	台地、丘陵	552.357	8.618	4760.216	
			10 ~ 15	冲积平原	1539.216	14.978	23054.371	
			15 ~ 20	冲洪积倾斜平原	494.766	19.576	9685.547	
			20 ~ 30	山前冲洪积扇裙	117.805	27.896	3286.277	
			忻州盆地合计		2743.150	14.919	40924.909	
太原盆地		4742.370	<5	丘陵	111.901	1.260	140.996	13.75
			5 ~ 10	台地、丘陵	144.016	5.081	731.746	
			10 ~ 15	冲积平原	2013.975	10.169	20480.112	
			15 ~ 20	冲洪积倾斜平原	1498.575	15.898	23824.345	
			20 ~ 30	太交边山洪积扇及倾斜平原	924.362	20.053	18536.231	
			30 ~ 40	兰村汾河洪积扇	49.540	30.031	1487.740	
			太原盆地合计		4742.370	13.749	65201	
临汾盆地		5040.610	<5	丘陵	729.558	2.043	1490.488	13.77
			5 ~ 10	黄土台地	583.464	7.484	4366.644	
			10 ~ 15	冲积平原	1453.354	11.813	17168.467	
			15 ~ 20	倾斜平原	1762.803	17.654	31120.524	
			20 ~ 30	洪积扇及泉域附进	511.431	29.869	15275.938	
			临汾盆地合计		5040.610	13.773	69422	

续表

盆地名称		面积/km^2	补给模数分级/[10^4m^3/(a·km^2)]	地貌单元	面积/km^2	天然补给资源模数/[10^4m^3/(a·km^2)]	天然补给资源量/($10^4m^3·a^{-1}$)	天然补给资源模数/[10^4m^3/(a·km^2)]
运城盆地	运城盆地	4993.583	<5	台地、丘陵	1451.590	2.011	2919.147	9.33
			10~15	冲积平原	2274.388	10.670	24267.720	
			15~20	冲洪积倾斜平原	1267.605	15.314	19412.103	
			运城盆地合计		4993.583	9.332	46599	
	黄河谷地	1370.882	<5	黄土丘陵	571.104	4.769	2723.597	9.30
			5~10	台地、丘陵	192.084	9.701	1863.403	
			10~15	黄河古河道冲积带	607.694	13.438	8166.195	
			黄河谷底合计		1370.882	9.303	12753	
	合计	6364.465				9.326	59352	
长治盆地		1158.092	5~10	台地、丘陵	113.303	6.492	735.562	11.09
			10~15	冲积平原	857.447	10.583	9074.358	
			15~20	河流相冲洪积	187.343	16.197	3034.390	
			合计		1158.092	11.091	12844	
六盆地总计		27176.571	—		27176.571	11.57	314547	11.57

3.按照不同TDS计算

经计算，山西省盆地平原区孔隙地下水分布区面积27177km^2，孔隙地下水资源量314547×10^4m^3/a，其中TDS<1g/L面积22066km^2，地下水资源量252850×10^4m^3/a；TDS为1~3g/L面积4869km^2，地下水资源量59204×10^4m^3/a；TDS为3~5g/L面积186km^2，地下水资源量1839×10^4m^3/a；TDS>5g/L面积69km^2，地下水资源量654×10^4m^3/a，详见表2-3-5。

（三）山丘区地下水天然补给资源量

1.按市级行政分区计算

山丘区包括一般山丘区和岩溶山区，山丘区总面积129373km^2，其中一般山丘区面积91095km^2（包括基岩出露面积29721km^2，碎屑岩山区面积61374km^2），岩溶山区面积38278km^2。

（1）山丘区地下水天然补给资源量

山西省山丘区地下水资源总量为621268×10^4m^3/a，其中岩溶水天然资源量为258352×10^4m^3/a，一般山丘区地下水天然补给资源量为362916×10^4m^3/a，山丘区与盆地平原区地下水资源重复量为121955×10^4m^3/a。山西省山丘区地下水资源情况见表2-3-6。

（2）岩溶山丘区地下水天然补给资源量

山西省岩溶山丘区地下水天然补给资源量为258352×10^4m^3/a，岩溶水开采量为115600×10^4m^3/a，侧向流出量为53574×10^4m^3/a，岩溶山区地下水资源补给模数3.72×10^4~16.09×10^4m^3/(a·km^2)，平均补给模数为6.75×10^4m^3/(a·km^2)，见表2-3-6。

（3）一般山丘区地下水天然补给资源量

山西省一般山丘区地下水天然补给资源量为362916×10^4m^3/a。其中开采量为51207×10^4m^3/a，侧排量为41618×10^4m^3/a，降水入渗补给量为353327×10^4m^3/a。天然补给模数2.51×10^4~5.57×10^4m^3/(a·km^2)，平均补给模数3.98万m^3/(a·km^2)，见表2-3-6。

（4）山丘区裂隙水资源量分布特征

山西省岩溶山区天然资源补给模数最大为临汾市16.09×10^4m^3/(a·km^2)，最小为运城市2.77×10^4m^3/(a·km^2)，平均天然资源补给模数6.75×10^4m^3/(a·km^2)。

山西省一般山区天然资源补给模数最大为忻州市5.57×10^4m^3/(a·km^2)，最小为太原市2.51×10^4m^3/(a·km^2)，平均资源补给模数为3.98×10^4m^3/(a·km^2)。

表 2-3-5 山西省各市平原区不同 TDS 地下水资源量统计表

序号	行政分区	计算面积/km²		盆地平原区不同TDS资源量			天然补给资源量/($10^8m^3 \cdot a^{-1}$)				可开采资源量/($10^8m^3 \cdot a^{-1}$)			盆地平原区可开采储存量/10^8m^3	地下水现状开采量/($10^8m^3 \cdot a^{-1}$)
		分市面积	其中盆地平原区面积	TDS/($g \cdot L^{-1}$)	盆地平原区面积/km²	资源量/($10^8m^3 \cdot a^{-1}$)	山区	盆地平原区	山区与平原区重复量	总天然补给资源量	山区区	盆地平原区	总可开采资源量		
1	太原市	6944.933	1143.479（太原市盆地）	<1	732.000	1.4312	2.6923	2.2362	1.2360	3.6925	1.0577	1.5653	2.6230	0.3681	3.9828
				1～3	404.494	0.7914	—	—	—	—	—	—	—	—	—
				3～5	6.985	0.0136	—	—	—	—	—	—	—	—	—
				小计	1143.479	2.2362	2.6923	2.2362	1.2360	3.6925	1.0577	1.5653	2.6230	0.3681	3.9828
2	大同市	14050.101	大同市盆地3129.6845(天阳盆地999.181)	<1	2910.0545	3.1707	3.9787	3.4104	1.7396	5.6495	1.5086	2.3898	3.8984	0.8438	3.6972
				1～3	219.630	0.2397	—	—	—	—	—	—	—	—	—
				小计	3129.6845	3.4104	3.9787	3.4104	1.7396	5.6495	1.5086	2.3898	3.8984	0.8438	3.6972
3	阳泉市	4542.862	—	<1	—	—	2.9062	—	—	2.9062	1.7437	—	1.7437	—	0.5865
				小计	—	—	2.9062	—	—	2.9062	1.7437	—	1.7437	—	0.5865
4	长治市	13971.752	1158.092（长治市盆地）	<1	975.393	1.0837	7.2112	1.2844	0.2940	8.2016	4.2136	0.8991	5.1127	0.3156	2.1948
				1～3	182.699	0.2007	—	—	—	—	—	—	—	—	—
				小计	1158.092	1.2844	7.2112	1.2844	0.2940	8.2016	4.2136	0.8991	5.1127	0.3156	2.1948
5	晋城市	9411.966	—	<1	—	—	7.8637	—	—	7.8637	4.7182	—	4.7182	—	1.7587
				小计	—	—	7.8637	—	—	7.8637	4.7182	—	4.7182	—	1.7587
6	朔州市	10671.613	3998.199（朔州市盆地）	<1	3426.491	2.8019	3.4804	3.2700	1.4232	5.3272	1.3218	2.2890	3.6108	1.0580	2.4983
				1～3	488.297	0.3998	—	—	—	—	—	—	—	—	—
				3～5	26.511	0.0217	—	—	—	—	—	—	—	—	—
				>5	56.900	0.0466	—	—	—	—	—	—	—	—	—
				小计	3998.199	3.2700	3.4804	3.2700	1.4232	5.3272	1.3218	2.2890	3.6108	1.0580	2.4983
7	忻州市	25161.029	2743.150（忻州市盆地）	<1	2542.815	3.7944	11.2290	4.0924	2.1519	13.1695	5.7763	2.8647	8.6410	0.7331	2.9888
				1～3	200.335	0.2980	—	—	—	—	—	—	—	—	—
				小计	2743.150	4.0924	11.2290	4.0924	2.1519	13.1695	5.7763	2.8647	8.6410	0.7331	2.9888

续表

序号	行政分区	计算面积/km^2		盆地平原区不同TDS资源量			天然补给资源量/($10^8m^3 \cdot a^{-1}$)				可开采资源量/($10^8m^3 \cdot a^{-1}$)			盆地平原区可开采储存量/10^8m^3	地下水现状开采量/($10^8m^3 \cdot a^{-1}$)
		分市面积	其中盆地平原区面积	TDS/($g \cdot L^{-1}$)	盆地平原区面积/km^2	资源量/($10^8m^3 \cdot a^{-1}$)	山区	盆地平原区	山区与平原区重复量	总天然补给资源量	山区区	盆地平原区	总可开采资源量		
8	吕梁市	21004.862	1122.531（吕梁市盆地区）	＜1	654.817	1.5466	7.0590	2.3404	1.2071	8.1923	3.6985	1.6383	5.3368	0.3723	2.7093
				1～3	456.996	0.7756	—	—	—	—	—	—	—	—	—
				3～5	3.818	0.0065	—	—	—	—	—	—	—	—	—
				＞5	6.900	0.0117	—	—	—	—	—	—	—	—	—
				小计	1122.531	2.3404	7.0590	2.3404	1.2071	8.1923	3.6985	1.6383	5.3368	0.3723	2.7093
9	晋中市	16367.571	2476.360（晋中市盆地）	＜1	2128.367	2.4181	6.3754	2.8678	1.3320	7.9112	3.1932	2.0074	5.2006	0.5990	4.3916
				1～3	340.263	0.4397	—	—	—	—	—	—	—	—	—
				3～5	2.278	0.0029	—	—	—	—	—	—	—	—	—
				＞5	5.452	0.0071	—	—	—	—	—	—	—	—	—
				小计	2476.360	2.8678	6.3754	2.8678	1.3320	7.9112	3.1932	2.0074	5.2006	0.5990	4.3916
10	临汾市	20272.439	2785.211（临汾市盆地）	＜1	1966.262	2.6689	6.8101	3.7784	1.5542	9.0343	3.4729	2.6424	6.1153	0.7560	3.4560
				1～3	818.949	1.1095	—	—	—	—	—	—	—	—	—
				小计	2785.211	3.7784	6.8101	3.7784	1.5542	9.0343	3.4729	2.6424	6.1153	0.7560	3.4560
11	运城市	14150.564	8619.865（运城市盆地黄河谷地1358.601）	＜1	6716.062	6.3695	2.5208	8.1747	1.2615	9.4340	0.8611	5.7223	6.5834	2.3048	7.8867
				1～3	1757.002	1.6660	—	—	—	—	—	—	—	—	—
				3～5	146.801	0.1392	—	—	—	—	—	—	—	—	—
				小计	8619.865	8.1747	2.5208	8.1747	1.2615	9.4340	0.8611	5.7223	6.5834	2.3048	7.8867
12	山西省	156550	27177	＜1	22065.690	25.285	—	—	—	—	—	—	—	—	—
				1～3	4868.665	5.9204	—	—	—	—	—	—	—	—	—
				3～5	186.393	0.1839	—	—	—	—	—	—	—	—	—
				＞5	69.252	0.0654	—	—	—	—	—	—	—	—	—
				—	27177	31.4547	62.1268	31.4547	12.1995	81.3820	31.5655	22.0183	53.5838	7.3507	36.1507

注：“—”表示无数据。

表 2-3-6 山西省行政分区山丘区地下水资源量汇总表

序号	行政分区	山丘区面积/km^2	山丘区地下水资源量/($10^8m^3 \cdot a^{-1}$)	山丘区向盆地区的侧排量/($10^8m^3 \cdot a^{-1}$)	岩溶山区				
					面积/km^2	侧排量/($10^8m^3 \cdot a^{-1}$)	开采量/($10^8m^3 \cdot a^{-1}$)	资源量/($10^8m^3 \cdot a^{-1}$)	补给模数/[10^8m^3/($a \cdot km^2$)]
1	太原市	5801.454	2.6923	1.2360	3131.721	0.8674	1.5664	1.5347	4.90
2	大同市	10920.434	3.9787	1.7396	1496.567	0	0.4874	0.5570	3.72
3	阳泉市	4542.862	2.9062	0	2548.826	0	0.5470	1.8679	7.33
4	长治市	12813.660	7.2112	0.2940	4662.163	0.2940	1.4400	3.4087	7.31
5	晋城市	9411.966	7.8637	0	3972.188	0	1.5157	5.1290	12.91
6	朔州市	6673.414	3.4804	1.4232	2756.137	1.1019	0.7642	1.6963	6.15
7	忻州市	22417.879	11.2290	2.1519	10390.011	1.4450	1.2590	4.5266	4.36
8	吕梁市	19882.331	7.0590	1.2071	4163.140	0.7243	0.9503	2.3876	5.74
9	晋中市	13891.211	6.3754	1.3320	2441.851	0.8992	1.5553	1.5944	6.53
10	临汾市	17487.228	6.8101	1.5542	1787.725	0.9243	1.3540	2.8759	16.09
11	运城市	5530.699	2.5208	1.2615	927.940	0.2069	0.1207	0.2550	2.77
全省合计		129373.138	62.1268	12.1995	38278.269	6.4630	11.5600	25.8352	6.75

序号	行政分区	一般山丘区					山区与盆地平原重复量/($10^4m^3 \cdot a^{-1}$)
		面积/km^2	侧排量/($10^8m^3 \cdot a^{-1}$)	开采量/($10^8m^3 \cdot a^{-1}$)	资源量/($10^8m^3 \cdot a^{-1}$)	补给模数/[10^4m^3/($a \cdot km^2$)]	
1	太原市	2669.733	0.3686	0.2215	1.1576	4.34	1.2360
2	大同市	9423.849	1.7396	0.5700	3.4217	3.63	1.7396
3	阳泉市	1994.036	0	0.0395	1.0383	5.21	0
4	长治市	8151.497	0	0.2100	3.8025	4.66	0.2940
5	晋城市	5439.778	0	0.2430	2.7347	5.03	0
6	朔州市	3917.277	0.3213	0.6013	1.7841	4.55	1.4232
7	忻州市	12027.868	0.7069	0.7758	6.7024	5.57	2.1519
8	吕梁市	15719.191	0.4828	0.7730	4.6714	2.97	1.2071
9	晋中市	11449.360	0.4328	0.7783	4.7810	4.18	1.3320
10	临汾市	15699.503	0.6299	0.4967	3.9342	2.51	1.5542
11	运城市	4602.759	1.0546	0.4126	2.2637	4.92	1.2615
全省总计		91094.851	5.7365	5.1207	36.2916	3.98	12.1995

山西地下水资源总体规律一是降水量和天然补给模数均由南向北、由东向西逐渐减少；二是沁水向斜、宁武向斜、吕梁山西坡单斜构造，裂隙水较丰富，其他地区相对贫乏。

2.按地表水系流域分区计算结果

（1）全省按地表水系分区计算

山西省按地表水系分区计算，山丘区总面积129373km^2，地下水天然补给资源总量62.1268 × 10^8m^3/a，平均天然补给资源模数4.608 × 10^4m^3/（a·km^2）。其中黄河流域山区面积81163.557km^2，天然补给资源量361722.728 × 10^4m^3/a，平均天然补给资源模数4.457 × 10^4m^3/（a·km^2），黄河流域山区各水系各类地下水天然补给资源、补给模数详见表2–3–7；海河流域面积48209.224km^2，天然补给资源量259545.142 × 10^4m^3/a，平均天然补给资源模数5.384 × 10^4m^3/（a·km^2），海河流域山区各水系各类地下水天然补给资源、补给模数详见表2–3–8。

（2）全省按地表水系流域各含水岩系计算

1）岩溶山区地下水天然补给资源量。山西省岩溶山区面积38278km^2，地下水天然补给资源量25.8352 × 10^8m^3/a，平均天然补给资源模数6.749 × 10^8m^3/（a·km^2）。岩溶水天然资源量最大的水系为海河流域滹沱河水系区（$Ⅱ_2$），为49601.395 × 10^4m^3/a，最小的黄河流域涑水河水系区（$Ⅰ_4$），为167.405 × 10^4m^3/a。天然补给资源模数最大的为丹河区（$Ⅰ_{5-2}$），天然补给资源模数为14.989 × 10^4m^3/（a·km^2）。天然补给资源模数最小的为涑水河水系区（$Ⅰ_4$），为1.013 × 10^4m^3/（a·km^2）。见表2–3–6 ~ 表2–3–8。

表 2-3-7　山西省黄河流域山区天然补给资源量补给模数分级统计表（2001—2013 年）

分区名称			地下水类型	补给模数范围/ $[10^4m^3/(a\cdot km^2)]$	面积/km^2	补给资源量/ $(10^4m^3\cdot a^{-1})$	补给模数/ $[10^4m^3/(a\cdot km^2)]$
黄河流域（I）	晋西入黄水系（I_1）	红河区（I_{1-1}）	岩溶水	＜5	500.381	2499.905	4.996
			基岩裂隙水	＜5	290.856	292.892	1.007
			碎屑岩裂隙水	＜5	1424.611	3410.518	2.394
			I_{1-1}区小计		2215.848	6203.314	2.800
		偏关至龙门区（I_{1-2}）	岩溶水	＜5	10643.496	32058.211	3.012
				5～10	442.200	2211.882	5.002
			基岩裂隙水	＜5	3016.654	295.632	0.098
			碎屑岩裂隙水	＜5	17017.771	52584.913	3.090
			I_{1-2}区小计		31120.121	87150.638	2.800
	汾河水系（I_{2-3}）	汾河上游区（I_2）	岩溶水	＜5	718.207	139.332	0.194
				5～10	4862.599	43505.671	8.947
				10～15	821.312	8228.730	10.019
			基岩裂隙水	＜5	3942.192	437.583	0.111
			碎屑岩裂隙水	＜5	13177.964	59656.644	4.527
			I_2区小计		23522.274	111967.960	4.760
		汾河下游区（I_3）	岩溶水	＜5	550.967	2754.834	5.000
				5～10	1054.026	10539.208	9.999
				10～15	234.327	2554.160	10.900
			基岩裂隙水	＜5	407.157	372.549	0.915
			碎屑岩裂隙水	＜5	2759.789	13796.187	4.999
				5～10	1597.219	16064.828	10.058
			I_3区小计		6603.485	46081.766	6.978
	涑水河水系（I_4）		岩溶水	＜5	165.257	167.405	1.013
			基岩裂隙水	＜5	1368.985	6276.796	4.585
			I_4区小计		1534.242	6444.201	4.200
	沁丹河水系（I_5）	沁河区（I_{5-1}）	岩溶水	5～10	62.405	101.408	1.625
				10～15	1282.210	19221.611	14.991
			碎屑岩裂隙水	＜5	4005.266	6945.131	1.734
				5～10	4000.113	40001.132	10.000
			I_{5-1}区小计		9349.994	66269.282	7.088
		丹河区（I_{5-2}）	岩溶水	5～10	339.059	1141.952	3.368
				10～15	1003.256	15037.798	14.989
			碎屑岩裂隙水	＜5	1594.044	4632.292	2.906
			I_{5-2}区小计		2936.359	20812.042	7.088
	中条山入黄水系（I_6）	潼关至三门峡区（I_{6-1}）	岩溶水	＜5	90.269	340.222	3.769
			基岩裂隙水	＜5	389.222	1466.588	3.768
			I_{6-1}区小计		479.491	1806.811	3.768
		三门峡至沁河区（I_{6-2}）	岩溶水	＜5	202.152	209.227	1.035
				10～15	289.454	3329.014	11.501
			基岩裂隙水	＜5	2623.009	11215.987	4.276
			碎屑岩裂隙水	＜5	287.129	232.862	0.811
			I_{6-2}区小计		3401.744	14987.090	4.406
	I区总计				81163.557	361722.725	4.457

注：本表和表2-3-8中基岩裂隙水包括变质岩裂隙水和岩浆岩裂隙水。

表 2-3-8　山西省海河流域山区天然补给资源量补给模数分级统计表（2001—2013 年）

分区名称			地下水类型	补给模数范围/ [10^4m^3/(a·km^2)]	面积/km^2	补给资源量/ (10^4m^3·a^{-1})	补给模数/ [10^4m^3/(a·km^2)]
海河流域（Ⅱ）	永定河水系（Ⅱ$_1$）	桑干河区（Ⅱ$_{1-1}$）	岩溶水	<5	1746.005	9054.780	5.186
			基岩裂隙水	<5	3247.381	16834.425	5.184
			碎屑岩裂隙水	<5	4369.454	22655.621	5.185
			Ⅱ$_{1-1}$区小计		9362.840	48544.825	5.185
		洋河区（Ⅱ$_{1-2}$）	基岩裂隙水	<5	1637.737	8266.000	5.047
			Ⅱ$_{1-2}$区小计		1637.737	8266.000	5.047
		壶流河区（Ⅱ$_{1-3}$）	岩溶水	<5	779.192	2441.209	3.133
			基岩裂隙水	<5	526.417	1648.739	3.132
			Ⅱ$_{1-3}$区小计		1305.609	4089.948	3.133
	滹沱河水系（Ⅱ$_2$）		岩溶水	<5	864.503	1332.199	1.541
				5～10	3880.712	38752.791	9.986
				10～15	890.799	9516.405	10.683
			基岩裂隙水	<5	8184.157	39545.845	4.832
			碎屑岩裂隙水	<5	2326.776	4690.781	2.016
			Ⅱ$_2$区小计		16146.947	93838.021	5.812
	唐河水系（Ⅱ$_3$）		岩溶水	<5	381.576	1902.920	4.987
			基岩裂隙水	<5	2921.304	9637.382	3.299
			碎屑岩裂隙水	<5	109.507	225.365	2.058
			Ⅱ$_3$区小计		3412.387	11765.667	3.448
	漳卫河水系（Ⅱ$_4$）	漳河区（Ⅱ$_{4-1}$）	岩溶水	<5	844.691	2539.985	3.007
				5～10	3965.786	39641.994	9.996
				10～15	48.368	484.646	10.020
			基岩裂隙水	<5	1154.422	1139.414	0.987
			碎屑岩裂隙水	<5	8703.881	40586.198	4.663
			Ⅱ$_{4-1}$区小计		14717.148	84392.238	5.734
		卫河区（Ⅱ$_{4-2}$）	岩溶水	<5	674.157	1508.764	2.238
				5～10	938.312	7109.594	7.577
				10～15	2.363	26.357	11.153
			基岩裂隙水	<5	11.723	3.505	0.299
			Ⅱ$_{4-2}$区小计		1626.555	8648.220	5.317
	Ⅱ区总计				48209.224	259545.142	5.384

2）基岩裂隙水天然补给资源量。山西省基岩裂隙水面积129273km^2，天然补给资源量62.1268×10^8m^3/a，平均天然补给资源模数4.802×10^4m^3/(a·km^2)。基岩裂隙水天然补给资源量最大的区为滹沱河区（Ⅱ$_2$），为39545.848×10^4m^3/a，最小的区为卫河区（Ⅱ$_{4-2}$），为3.505×10^4m^3/a；天然补给资源模数最大的区为桑干河区（Ⅱ$_{1-1}$），为5.184×10^4m^3/(a·km^2)，最小的区为偏关至龙门区（Ⅰ$_{1-2}$），为0.098×10^4m^3/(a·km^2)。资源量详细情况见表2-3-7、表2-3-8。

3）全省碎屑岩裂隙水天然补给资源量。山西省碎屑岩裂隙水天然补给资源量26.5483×10^8m^3/a，平均天然补给资源模数4.326×10^4m^3/(a·km^2)。碎屑岩裂隙水天然补给资源量最大区为汾河上游区（Ⅰ$_2$），为59656.644×10^8m^3/a，最小的区为唐河区（Ⅱ$_3$），为225.365×10^8m^3/a；天然补给资源模数最大的区为汾河下游区（Ⅰ$_3$），为10.058×10^8m^3/(a·km^2)，最小的区为三门峡至沁河区（Ⅰ$_{6-2}$），为0.811×10^8m^3/(a·km^2)，见表2-3-7、表2-3-8、表2-3-9。

表 2-3-9　山西省山区天然补给资源量补给模数统计表（2001—2013 年）

序号	流域名称	地下水类型	面积/km^2	补给资源量/（$10^4m^3 \cdot a^{-1}$）	平均补给模数/[10^4m^3/（$a \cdot km^2$）]
1	黄河流域	岩溶水	23261.577	144040.570	6.192
		基岩裂隙水	11648.853	18891.439	1.622
		碎屑岩裂隙水	45863.906	197324.507	4.302
2	海河流域	岩溶水	15025.423	114311.430	7.607
		基岩裂隙水	18072.147	78541.561	4.346
		碎屑岩裂隙水	15510.094	68158.493	4.394
3	全省	岩溶水	38278	258352	6.749
		基岩裂隙水	29721	97433	3.278
		碎屑岩裂隙水	61374	265483	4.326
		合计	129373	621268	4.802

由表2-3-9可以看出，山西省山丘区各类含水岩组分布面积及补给资源量均表现为：碎屑岩裂隙水＞岩溶水＞基岩裂隙水；平均补给模数为：岩溶水（6.749[10^4m^3/（$a \cdot km^2$）]）＞碎屑岩裂隙水（4.326[10^4m^3/（$a \cdot km^2$）]）＞基岩裂隙水（3.278[10^4m^3/（$a \cdot km^2$）]）；全省山丘区总面积为129373km^2，平均补给模数为$4.802 \times 10^4m^3$/（$a \cdot km^2$），天然补给资源量为$62.1268 \times 10^8m^3/a$。

（四）岩溶水天然资源

山西省岩溶水天然补给资源量$25.8352 \times 10^8m^3/a$，开采量$11.5600 \times 10^8m^3/a$，侧排量$6.4630 \times 10^8m^3/a$。岩溶水天然补给资源量最大的市为晋城市$5.1290 \times 10^8m^3/a$；次大的为忻州市$4.5266 \times 10^8m^3/a$；最小的为运城市$0.2550 \times 10^8m^3/a$。天然补给资源模数最大的为临汾市$16.09 \times 10^4m^3$/（$a \cdot km^2$）；次大的为晋城市$12.91 \times 10^4m^3$/（$a \cdot km^2$）；最小的为运城市$2.77 \times 10^4m^3$/（$a \cdot km^2$）；平均天然补给资源径流模数$6.75 \times 10^4m^3$/（$a \cdot km^2$），见表2-3-6。

（五）地下水天然资源总量

山西省地下水天然补给资源量$93.5818 \times 10^8m^3/a$，按照地貌单元划分，其中山丘区$62.1268 \times 10^8m^3/a$，盆地平原区为$31.4547 \times 10^8m^3/a$，山丘与盆地平原区重复量$12.1955 \times 10^8m^3/a$；按照含水岩组划分，松散岩类孔隙水天然补给资源量$31.4547 \times 10^8m^3/a$；基岩裂隙水天然补给资源量$9.7433 \times 10^8m^3/a$，其中包括岩溶水天然补给资源量$25.8352 \times 10^8m^3/a$；碎屑岩裂隙水天然补给资源量$26.5483 \times 10^8m^3/a$，见表2-3-10。

表 2-3-10　山西省地下水天然补给资源量补给模数统计表（2001—2013 年）

地貌分区	地下水类型	面积/km^2	补给资源量/（$10^4m^3 \cdot a^{-1}$）	平均补给模数/[10^4m^3/（$a \cdot km^2$）]
盆地平原区	松散岩类孔隙水	27177	314547	11.57
山丘区	岩溶水	38278	258352	6.749
	基岩裂隙水	29721	97433	3.278
	碎屑岩裂隙水	61374	265483	4.326
	合计	129373	621268	4.802
总计		156550	935818	5.978

三、地下水可开采资源量

地下水可开采资源量是指经济合理，技术可能和利用后不造成地下水水位持续下降，水质恶化、地面沉降等环境地质问题和不对生态环境造成不良影响的情况下，允许从含水层中取出的最大水量。本次评价分三种类型评价：盆地平原区孔隙水可开采量、岩溶水可开采量、山丘区孔隙裂隙水可开采量。

可开采量的多少，取决于补给条件和水文地质条件，由于山西省地下水有较长的开采历史，地下水开发利用程度较高，水文地质研究程度较高，并有较长系列的地下水动态监测和开采量资料，因此，本次评价采用开采系数法确定可开采量。

（一）盆地平原区地下水可开采资源量

山西省盆地平原区地下水可开采资源总量22.0183×$10^8m^3/a$，各市可开采资源量详见表2–3–11。太原盆地包括晋中、吕梁及太原三市的盆地区，总计可开采资源量5.2110×$10^8m^3/a$，已开采量为3.5288×$10^8m^3/a$，未超采；运城市盆地区可开采资源量5.7223×$10^8m^3/a$，已开采量为7.3534×$10^8m^3/a$，超采1.6311× $10^8m^3/a$；大同市盆地区可开采资源量2.3898×$10^8m^3/a$，已开采量2.6398×$10^8m^3/a$，超采0.2500×$10^8m^3/a$；太原市盆地区可开采资源量1.5653×$10^8m^3/a$，已开采量2.1958×$10^8m^3/a$，超采0.6305×$10^8m^3/a$。

1.浅层水可开采资源量

山西省盆地平原区浅层水总补给量为219373×$10^4m^3/a$，可开采资源量为125009×10^4 ~ 30434×$10^4m^3/a$（越流排泄）= 94575×$10^4m^3/a$，已开采量为55798×$10^4m^3/a$，占可开采资源量的59%，开发利用程度比较低，有开采潜力，可扩大开采，见表2–3–11。

表 2-3-11　山西省盆地平原区地下水资源量汇总表

行政分区	盆地		浅层水/（$10^4m^3 \cdot a^{-1}$）			深层承压水/（$10^4m^3 \cdot a^{-1}$）				备注
	面积/km^2	可开采量/（$10^4m^3 \cdot a^{-1}$）	补给量	可开采量（越流量）	已开采量	补给量	可开采侧向补给量（越流量）	已开采量	可开采储存量	
太原市	1143.479	15653	13070	6359（–2040）	8970	9294	9294（+2040）	12988	3681	深层水超采
大同市	3129.6845	23898	19456	9255（–628）	7341	14643	14643（+628）	19057	8438	
长治市	1158.092	8991	10959	7106	2930	1885	1885	2515	3156	
朔州市	3998.199	22890	19926	10116	3680	12774	12774	7648	10580	
忻州市	2743.150	28647	24904	12628	3150	16019	16019	6390	7331	
吕梁市	1122.531	16383	14477	7435（–5040）	3500	8948	8948（+5040）	6360	3723	
晋中市	2476.360	20074	18142	9540（–5040）	4640	10534	10534（+5040）	15940	5990	深层水超采
临汾市	2785.211	26424	27564	16204	6910	10220	10220	9150	7560	
运城市	8619.865	57223	70875	46366（–15804）	14677	10857	10857（+15804）	58857	23048	
合计	27176.572	220183	219373	125009（–28552）	55798	95174	95174（+28552）	138902	73507	

注：括号内数字是浅层水对承压水的越流量，“–”代表越流排泄，“+”代表越流补给。

2.深层承压水可开采资源量

山西省深层承压水补给量为95174×$10^4m^3/a$，盆地平原区浅层水向深层承压水的越流量30434×$10^4m^3/a$，总计可开采资源量95174×$10^4m^3/a$（侧补）+30434×$10^4m^3/a$（越流）= 125608×$10^4m^3/a$，已开采量138902×$10^4m^3/a$，已超采13294×$10^4m^3/a$，详见表2–3–11。

（二）山丘区地下水可开采资源量

1.山丘区地下水可开采资源量

山西省山丘区分布面积129373km^2，可开采资源量315655×$10^4m^3/a$，可开采量最大的为忻州市57763×$10^4m^3/a$，最小的为运城市8611×$10^4m^3/a$，详见表2–3–12。

表 2-3-12　山西省山丘区地下水可开采资源量汇总表

序号	行政分区	山丘区		岩溶山区		一般山丘区	
		面积/km^2	可开采资源量/（$10^4m^3\cdot a^{-1}$）	面积/km^2	岩溶水可开采资源量/（$10^4m^3\cdot a^{-1}$）	面积/km^2	裂隙水可开采资源量/（$10^4m^3\cdot a^{-1}$）
1	太原市	5801.454	10577	3131.721	6492	2669.733	4085
2	大同市	10920.434	15086	1496.567	9261	9243.849	5825
3	阳泉市	4542.862	17437	2548.826	10705	1994.036	6732
4	长治市	12813.660	42136	4662.163	25867	8151.497	16269
5	晋城市	9411.966	47182	3972.188	28965	5439.778	18217
6	朔州市	6673.414	13218	2756.137	8115	3917.277	5103
7	忻州市	22417.879	57763	10390.011	35461	12027.868	22302
8	吕梁市	19882.331	36985	4163.140	22705	15719.191	14280
9	晋中市	13891.211	31932	2441.851	19600	11449.360	12332
10	临汾市	17487.228	34729	1787.725	21317	15699.503	13412
11	运城市	5530.699	8611	927.940	5285	4602.759	3326
合计		129373.138	315655	38278.269	193772	90914.851	121883

2.岩溶山区地下水可开采资源量

山西省岩溶山区分布面积38278km^2，岩溶水可开采资源量193772 × $10^4m^3/a$，按照市级行政区分析，忻州市可开采量35461 × $10^4m^3/a$为最大，运城市5285 × $10^4m^3/a$为最小，详见表2–3–12。

3.一般山丘区地下水可开采资源量

山西省一般山丘区分布面积90915km^2，裂隙水可开采资源量121883 × $10^4m^3/a$，可开采量最大的为忻州市22302 × $10^4m^3/a$，最小的为运城市3326 × $10^4m^3/a$，详见表2–3–12。

（三）全省地下水可开采资源量

山西省地下水天然补给量93.5815 × $10^8m^3/a$，包括山丘区基岩裂隙水天然补给量62.1268 × $10^8m^3/a$，盆地区松散岩类孔隙水天然补给量31.4547 × $10^8m^3/a$，详见表2–3–13。

表 2-3-13　山西省各类地下水资源统计表　　单位：$10^4m^3/a$

天然补给量			可采资源量			开采量		
山丘区	岩溶水	258352	山丘区	岩溶水	193772	孔隙水	裂隙水	岩溶水
	碎屑岩裂隙水	265483		基岩裂隙水	121883	194700	51207	115600
	基岩裂隙水	97433						
	小计	621268		小计	315655			
盆地区	松散岩类孔隙水	314547	盆地区	松散岩类孔隙水	220183			
总计		935815	总计		535838			

注：天然补给量中，山丘区与盆地平原区重复量为121955×$10^4m^3/a$。

山西省地下水资源可开采资源量为53.5838 × $10^8m^3/a$，可开采的储存量为7.3057 × $10^8m^3/a$。其中包括山丘区可开采资源量为31.5655 × $10^8m^3/a$（包括岩溶水可开采量19.3772 × $10^8m^3/a$、基岩裂隙水可开采量12.1883 × $10^8m^3/a$）；盆地平原区可开采资源量22.0183 × $10^8m^3/a$，详见表2–3–11、表2–3–13。

（四）全省地下水资源开发利用概况

2001—2013年多年平均地下水资源开采量为36.1507 × $10^8m^3/a$，按含水岩组类型划分，孔隙水开采量为19.4700 × $10^8m^3/a$（其中浅层水开采量为5.5798 × $10^8m^3/a$，深层水开采量为13.8902 × $10^8m^3/a$），占总开采量的53.9%，岩溶水开采量为$11.5600\times10^8m^3/a$，占总开采量的32%；裂隙水开采量为$5.1207\times10^8m^3/a$，占总开采量的14.2%，见表2-3-13、表2-3-14。

表 2-3-14 山西省分市分类地下水开采量统计表（2001—2013 年） 单位：$10^4m^3/a$

序号	行政分区	地下水现状开采量				
		孔隙水		岩溶水	裂隙水	合计
		浅层水	深层水			
1	太原市	8970	12988	15664	2206	39828
2	大同市	7341	19057	6874	3700	36972
3	阳泉市	0	0	4470	1395	5865
4	长治市	2930	2512	13406	3100	21948
5	晋城市	0	0	15151	2436	17587
6	朔州市	3680	7648	7642	6013	24983
7	忻州市	3150	6390	12590	7758	29888
8	吕梁市	3500	6360	9503	7730	27093
9	晋中市	4640	15940	15553	7783	43916
10	临汾市	6910	9150	13540	4960	34560
11	运城市	14677	58857	1207	4126	78867
总计		55798	138902	115600	51207	361507

按用途分类：农田灌溉用水量为$17.7582\times10^8m^3/a$，占总用水量$36.1507\times10^8m^3/a$的49.2%；林牧企业用水量为$1.5423\times10^8m^3/a$，占总用水量$36.1507\times10^8m^3/a$的4.3%；城镇工业用水量为$9.2205\times10^8m^3/a$，占总用水量$36.1507\times10^8m^3/a$的25.5%；城镇公共用水量为$1.9671\times10^8m^3/a$，占总用水量$36.1507\times10^8m^3/a$的5.4%；居民生活用水量为$5.1423\times10^8m^3/a$，占总用水量$36.1507\times10^8m^3/a$的14.2%；生态环境用水量为$0.5203\times10^8m^3/a$，占总用水量$36.1507\times10^8m^3/a$的1.4%。

（五）岩溶大泉地下水资源评价

1.岩溶大泉地下水资源研究

中华人民共和国成立以来，山西岩溶大泉始终是省内外水文地质工作者关注的热点和重要研究对象。目前见到的系统的对岩溶大泉进行岩溶水资源评价成果有三次。第一次是在1993年韩行瑞等采用排泄量法、补给量法等评价了山西18个泉域的天然资源量、可采资源量；第二次是2005年出版的山西省第二次水资源评价成果中，采用排泄量法、补给量法评价了山西16个泉域的天然资源量；第三次是2013年出版的周永昌等人的《山西地下水资源与开发利用研究》对除雷鸣寺泉以外的18个岩溶大泉进行了岩溶水资源评价，但由于各大泉评价方法、引用水文系列资料差异比较大，相互间比较难度大。另外，还有一些零散的对个别岩溶大泉的水资源评价，如张志祥等采用排泄法评价了延河泉域天然资源量（徐永新等，2017），并用补给量法进行了校核；杨晓军利用排泄量法计算了马圈泉天然资源量；杜斌采用排泄量法计算兰村泉、晋祠泉天然资源量；吴村玲用排泄法评价了坪上泉天然资源量；刘萍等采用补给量法、排泄量法计算了洪山泉天然资源量。两次系统岩溶大泉岩溶水资源评价成果详见表2-3-15。

从表2-3-15中可以看出，雷鸣寺泉、水神堂泉及城头会泉的地下水资源评价研究程度比较低，尤其是雷鸣寺泉最低。汾河是山西的母亲河，雷鸣寺泉又是汾河的源头，这样的研究程度与其重要的地位是严重不相符的。

2.岩溶大泉地下水资源评价

由于各岩溶大泉的观测系列长短不一，勘查精度也存在很大差异，因而其水资源量评价的结果很难取得统一的精度，但大部分岩溶泉研究程度较高。其中娘子关泉、神头泉、辛安泉、晋祠泉等泉曾采用多种方法进行过资源量评价。根据两次系统对19个岩溶大泉水资源量评价成果进行分析。经统计，

表 2-3-15　山西省岩溶大泉地下水资源量评价成果统计表

序号	泉名	山西省第二次水资源评价成果（2005年7月）				韩行瑞等评价成果（1993年12月）				
		天然资源量/（$m^3 \cdot s^{-1}$）		可采资源量/（$m^3 \cdot s^{-1}$）	评价方法	天然资源		可采资源		资料系列（年）
		1956—2000年	1980—2000年			资源量/（$m^3 \cdot s^{-1}$）	计算方法	资源量/（$m^3 \cdot s^{-1}$）	计算方法	
1	晋祠泉	2.40	2.16	0.62	动态因素分析	1.60	多年平均流量	1.4	频率分析	20世纪80年代
2	兰村泉	4.49	4.42	3.09	动态因素分析	5.24	多年平均流量	3.125	开采实践	20世纪60年代至80年代
								3.15	频率分析	
3	神头泉	7.71	6.53	5.35	水文分析	7.84	多年平均流量	6.31	频率分析	1958—1984
						9.36	补给量计算			
4	郭庄泉	7.63	6.66	5.71	水文分析	7.59	多年平均流量	6.38	频率分析	1968—1984
5	古堆泉	1.30	1.30	1.23	实际开采量	1.0 ~ 1.3	偶测	1.0	最枯流量	1957—1972
6	柳林泉	3.42	2.81	2.26	水文分析	3.45	多年平均流量	2.77	频率分析	1974—1984
7	延河泉	9.80	9.39	6.61	水文分析	4.67	多年平均至延长	3.34	频率分析	1973—1974延长至1978
8	三姑泉	5.65	5.45	2.98	水文分析	4.77	多年平均	3.05	频率分析	1956—1979
9	坪上泉	4.95	4.35	3.01	水文分析	4.94	基流分割	3.38	历年最枯流量	1967—1982
10	马圈泉	1.00	1.06	0.71	水文分析	1.30	基流分割	0.96	频率分析	1972—1982
11	娘子关泉	11.5	9.59	7.51	水文分析	12.70	均衡	8.87	频率分析	1959—1984
						12.13	多年平均流量			
12	辛安泉	9.98	8.17	7.22	水文分析	11.90	多年平均流量	8.79	频率分析	1959—1982
								7.10	考虑环保	
13	天桥泉	12.50	12.50	10.50	引用前人资料	8.5	均衡	3.5 ~ 5.0	动力学	—
14	洪山泉	1.48	1.30	0.78	水文分析	1.3	多年平均流量	0.87	频率分析	1955—1984
15	龙子祠泉	7.04	6.44	3.94	水文分析	5.63	多年平均流量	4.28	频率分析	1955—1984
16	霍泉	3.82	3.42	3.19	水文分析	4.03	多年平均流量	3.20	频率分析	1950—1985
17	城头会泉	—	2.70	1.82	频率分析	0.2	1986年实测	0.15	估算	偶测
18	水神堂泉	0.75	—	—	水文分析	2.35	20世纪60年代实测	1.5	估算	20世纪60年代
19	雷鸣寺泉	—	0.54	0.118	水文分析	—	—	—	—	—
合计		95.42	88.79	66.648	—	110.5 ~ 110.8	—	73.125 ~ 74.625	—	—

1980—2000年与1956—2000年多年平均水资源量相比，减少了9.76%，这反映出20世纪80年代后全省范围内的水文气象条件发生了较大的变化，具体表现为这一阶段各泉域持续干旱少雨，河道来水量减少，来水历时减少，流量分配过程发生了改变；2005年成果与1993年相比，各岩溶大泉天然资源量、可采资源量绝大多数在减少，有的甚至大幅度减少，详见表2-3-15。

通过各泉域1956—2000年与1980—2000年系列天然水资源量的对比可知，除马圈泉、古堆泉、天桥泉的水资源量未减少外，其余诸泉在20世纪80年代后的天然水资源量均小于多年平均结果，其中娘子关泉、辛安泉、神头泉、柳林泉诸泉域的水资源量减少幅度较大。因此，加强泉域的水资源保护，实现泉水资源的可持续利用，是当前重要而紧迫的任务。

2019年5月中国地质科学院岩溶地质研究所提交的《汾河流域晋中南大型岩溶泉域1：5万水文地质调查报告》用水均衡法对晋祠泉、兰村泉多年（1956—2016年）地下水资源量进行了评价，评价成果详见表2-3-16。

由表2-3-16可以看出，晋祠泉、兰村泉地下水天然资源量均比2005年评价成果有大幅度增加，这可能与汾河流域生态环境好转，汾河河道广泛蓄水及常年生态补水补给量增大有关；而岩溶地下水可开采资源量两泉变化规律各不相同，幅度又比较大，其中原因值得深入研究。

表 2-3-16　山西太原晋祠泉、兰村泉多年平均地下水资源评价成果表（1956—2016 年）　单位：m^3/s

序号	泉域名称	岩溶地下水平均天然补给资源量		岩溶地下水可开采资源量	
		2005年7月评价成果	2019年5月评价成果	2005年7月评价成果	2019年5月评价成果
1	晋祠泉域	2.40	3.005	0.62	2.146
2	兰村泉域	4.49	5.1289	3.09	2.702

第四节　地下水水质

地下水物质组分按其存在状态可分为三类：悬浮物、溶解物和胶体物质。

水质是指水与其中所含的物质组分所共同表现的物理、化学和生物学的综合特性。各项水质指标则表示水中物质的种类、成分和数量，是判断水质的具体衡量标准。

水质指标项目繁多，可达百种。主要分为物理的、化学的和生物学的三大类指标。

1.物理性水质指标

1）感官物理性状指标，如温度、色度、嗅和味、浑浊度、透明度等。

2）其他的物理性水质指标，如TDS、悬浮固体、可沉固体、电导率（电阻率）等。

2.化学性水质指标

1）一般的化学性水质指标，如pH、碱度、总硬度、各种阳离子、各种阴离子、总含盐量、一般有机物质等。

2）有毒的化学性水质指标，如各种重金属、氰化物、多环芳烃、卤代烃、各种农药等。

3）氧平衡指标，如溶解氧（DO）、化学需氧量（COD）、生物需氧量（BOD）等。

3.生物学水质指标

一般包括细菌总数、总大肠菌数、各种病原细菌、病毒等。

一、地下水化学特征

地下水化学特征是地下水水质的基本特征，它反映地下水在不同环境水文地质条件下，在地下水运移、循环过程中经过地球化学作用而形成的水化学的本底或背景特点。它与地貌、岩性及地下水补径排条件有关，但在人为污染情况下，会使地下水化学特征发生变化。

（一）盆地区松散岩类孔隙水化学特征

盆地内浅层水分两个水化学带，洪积倾斜平原中上部属重碳酸盐型，TDS＜1g/L的淡水带，向冲洪积、冲湖积平原逐渐变为SO_4-HCO_3型或HCO_3·C1型、SO_4·Cl型。TDS为1～2g/L或2～5g/L，以溶滤-盐化作用为主的混合型微咸水带，深层水化学垂直分带。盆地地下水化学特征与地下水的水动力条件有密切关系，在水平方向上呈现明显的分带性，从补给区到径流、排泄区，地下水TDS逐渐增高，水质逐渐变差；补给区以HCO_3型为主，其次为HCO_3·SO_4型；径流、排泄区以HCO_3·SO_4型、SO_4·HCO_3型为主，其次为SO_4型或SO_4·Cl型。在垂直方向上具有浅层水TDS＞中层水，深层水＞中层水的特点。浅层水TDS高是由于人为污染所致，而深层水TDS高是由于地下水补、径、排条件较差，径流迟缓等因素影响所致。

1.大同盆地地下水化学特征

大同盆地浅层地下水化学类型有HCO_3型、HCO_3·SO_4型、SO_4·HCO_3型、SO_4型（或SO_4·Cl型）；中深层地下水化学类型有HCO_3型、HCO_3·SO_4型、HCO_3·C1型和SO_4·C1型。具有明显的水平变化规律，即从盆地边缘至盆地中心，TDS逐渐增高，阴离子水化学类型呈现由HCO_3型→HCO_3·SO_4型→SO_4·HCO_3型（或HCO_3·C1型）、SO_4·Cl型的变化规律。

2.忻州盆地地下水化学特征

忻州盆地浅层地下水化学场的分布呈现一定的规律。由盆地边缘向盆地中心，水化学类型由HCO_3型→$HCO_3 \cdot SO_4$型→$SO_4 \cdot HCO_3$型→SO_4型（或$SO_4 \cdot Cl$型）的变化规律，TDS有由低增高的趋势。

忻州盆地中深层水水化学类型按阴离子主要划分为HCO_3型、$HCO_3 \cdot SO_4$型、SO_4型和$HCO_3 \cdot Cl \cdot SO_4$型4种。阳离子主要类型有Ca型、Ca·Mg型、Mg·Ca型、Mg·Ca·Na型、Na·Ca·Mg型等。受盆地含水层岩性、补径排条件控制，具有明显的水平变化规律，即从盆地边缘至盆地中心，TDS逐渐增高，阴离子水化学类型由HCO_3型、$HCO_3 \cdot SO_4$型→$SO_4 \cdot HCO_3$型、SO_4型变化。

3.太原盆地地下水化学特征

太原盆地浅层地下水化学场的分布呈现分带性。即由盆地边缘向盆地中心，水化学类型有由HCO_3型→$HCO_3 \cdot SO_4$型→$SO_4 \cdot HCO_3$型→SO_4型（或$SO_4 \cdot Cl$型）的变化规律，TDS有由低增高的趋势，洪积扇区入渗径流条件好，TDS为0.5～1.0g/L，冲洪积交接洼地及广大冲积平原区，TDS一般为1～3g/L；盆地中层水水化学类型按阴离子划分为HCO_3型、$HCO_3 \cdot SO_4$型、$SO_4 \cdot HCO_3$型、SO_4型和$SO_4 \cdot Cl$型。阳离子划分为Ca·Mg型、Ca·Na型、Na·Mg型、Na型。受盆地含水层岩性、补径排条件控制，具有明显的水平变化规律，即从盆地边缘至盆地中心，TDS逐渐增高，阴离子水化学类型由HCO_3型、$HCO_3 \cdot SO_4$型→$SO_4 \cdot HCO_3$型、SO_4型或$SO_4 \cdot Cl$型变化。

4.临汾盆地地下水化学特征

临汾盆地浅层地下水化学场的分布规律为：由盆地边缘向盆地中心，水化学类型有由HCO_3型、$HCO_3 \cdot SO_4$型→$SO_4 \cdot HCO_3$型、SO_4型（或$SO_4 \cdot Cl$型）的变化规律，TDS有由低增高的趋势；盆地中层水水化学类型按阴离子划分为HCO_3型、$HCO_3 \cdot SO_4$型、$SO_4 \cdot HCO_3$型、SO_4型和$SO_4 \cdot Cl$型。按阳离子划分为Ca·Mg型、Ca·Na型、Na·Mg型、Na型。受盆地含水层岩性、补径排条件控制，具有明显的水平变化规律，即从盆地边缘至盆地中心，TDS逐渐增高，阴离子水化学类型由HCO_3型、$HCO_3 \cdot SO_4$型→$SO_4 \cdot HCO_3$型、SO_4型或$SO_4 \cdot Cl$型变化。

5.运城盆地地下水化学特征

运城盆地浅层水水平分带和深层水垂直分带较为明显，即从盆地边缘向中心变化，从浅部向深部变化。体现了地下水含盐特征和聚盐过程，以及运动方向。

水质类型自盆地边缘向中心变化规律是：从HCO_3-Ca·Mg型水→HCO_3-Na·Mg型或HCO_3-Na型水→$HCO_3 \cdot SO_4$-Ca·Mg型或$HCO_3 \cdot SO_4$-Na型水、$HCO_3 \cdot SO_4 \cdot Cl$-Na型水→$SO_4 \cdot Cl$-Na·Mg型或$SO_4 \cdot Cl$-Na型水→Cl-Na型水。其TDS也呈现规律性，从盆地边缘到中心由＜1g/L→1～3g/L→1～10g/L，在盆地中低TDS的HCO_3型水分布较广；HCO_3、SO_4、Cl型微咸水或半咸水次之；NaCl型微咸水、咸水再次之。

运城盆地深层水水化学垂直分带性在补给区：0～50m为HCO_3-Ca·Mg型水，TDS为0.4g/L；50～150m为HCO_3-Na型水，TDS为0.8g/L；150～200m为$HCO_3 \cdot SO_4$-Na型水，TDS为2.4g/L。盆地泄水区：0～50m为$Cl \cdot SO_4$-Na型水，TDS为3.1g/L；50～150m为$HCO_3 \cdot SO_4$-Na·Mg型水，TDS为1.1g/L；150～200m，水化学类型变化不大，TDS为0.88g/L。综上所述，盆地深层地下水变化规律是盆地边缘上部为淡水带夹一层咸水，埋深＜330m；中部淡水夹咸水带，埋深570m；下部淡水带埋深1005m。盆地中心地区，第一层为咸水、盐水带，埋深150m；第二层为淡水夹盐水带，埋深770m；第三层为咸水带，埋深＞787m。

6.长治盆地地下水化学特征

长治盆地地下水化学场特征受岩土成分、沉积环境、地形地貌、气象水文及补径排条件控制，具有一定的水平变化规律，但由于盆地规模较小和盆地内纵横交错的河流影响而变得不甚明显。水化学类型有：HCO_3型、$HCO_3 \cdot SO_4$型、$SO_4 \cdot HCO_3$型、$SO_4 \cdot Cl$型、$SO_4 \cdot Cl \cdot HCO_3$型、$HCO_3 \cdot SO_4 \cdot Cl$型、$Cl \cdot SO_4 \cdot HCO_3$型。其中盆地东南部水化学类型复杂，TDS较高，西北部相对简单，TDS较低。

总体来看，盆地地下水化学类型西北部较简单，东南部较复杂；地下TDS由西北部向东南部逐渐升高。

7.山间小盆地、山间谷地地下水化学特征

由于含水介质的差异，补给、径流、排泄条件的不同，各山间盆地水化学特征也不一样。岚县小盆地补给、径流条件较好，水质就好，为HCO_3型水，TDS＜1.0g/L。而阳曲小盆地补给、径流条件较差，水质类型为Cl型或Cl·HCO_3型，TDS＞1g/L。

山间谷地一般为河流冲洪积物，含水层颗粒粗，地下水的径流、排泄条件好，水质就好，为HCO_3-Ca·Mg型水，TDS＜0.5g/L。

（二）碎屑岩、变质岩及岩浆岩裂隙孔隙水化学特征

山地及丘陵区碎屑岩裂隙水，补给区、径流区与排泄区水化学特征基本一致，地下水循环交替历时短，水化学类型结构较简单，以HCO_3-Ca型、HCO_3-Ca·Mg型为主，TDS＜0.5g/L，局部煤系地层，由于受含水介质的影响，水质较差，为SO_4·HCO_3-Ca·Mg型及SO_4-Ca·Mg型，TDS为1～3g/L。在向斜盆地内碎屑岩裂隙承压水随径流条件的改变水质类型各异，水平分带和垂直分带不十分明显，随深度的增加水质变差，TDS逐渐增高。黄河东岸丘陵区，如吉县一带地下水溶解含氟较高的萤石、水晶石及云母类岩石，使水中氟离子含量增高，＞1g/L。在碎屑岩夹碳酸盐岩类地区，地下水溶解含硫物，使水中硫酸根离子增高，TDS一般＞1g/L。

岩浆岩、变质岩常裸露于地表，发育有构造及风化裂隙，接受降水补给，迅速渗入地下，补给、径流、排泄条件好，水质较好，属HCO_3型，TDS＜1g/L，一般在0.5g/L左右。

（三）碳酸盐岩类岩溶地下水水化学特征

岩溶水水化学特征随补给、径流、排泄条件不同有所变化。一般情况处于补给区地段由于水位埋藏较深，径流条件好，水流交替强烈，阴、阳离子不易聚集，水化学类型呈HCO_3-Ca·Mg型，TDS＜0.3g/L；在径流区，地下水水位埋藏较浅，水质易被污染，尤其是工业区，水质一般为HCO_3·SO_4-Ca·Mg型，TDS有所增高；在排泄区，岩溶地下水在含水介质中经过长途运移，从各个不同方向径流通道向主径流带汇来，而地下水中溶解灰岩介质中的各种离子成分也都向排泄带聚集，水质类型属SO_4、HCO_3-Ca·Mg型，TDS一般0.5～1.0g/L，个别排泄地段＞1.0g/L，达1.11g/L。如娘子关泉、洪山泉、郭庄泉、龙子祠泉水质类型都表明水平分带性特征。

在灰岩中石膏夹层较多，脱硫酸现象严重，致使岩溶水中的硫酸根离子大量增加，使水质变差。如晋祠泉域的平泉自流井，岩溶水TDS高达2.41g/L。

由于岩溶地下水被大量开发利用，水化学类型、TDS也不断发生变化。如太原兰村岩溶水1966年TDS为0.15g/L，伴随开采量的增加，1981年达0.27g/L，2005年为0.30g/L。

岩溶地下水补给、径流途径的长短，水交替的强弱程度，地层易溶盐类的多少，水位埋深，开采量的大小等，决定着岩溶地下水水质类型和TDS的特征。

二、地下水水质评价

地下水质量关系到人类健康和生态系统的发展演化，一部人类文明史就是一部对地下水起源的探索史。地下水质量评价是地下水资源评价的重要组成部分，是地下水资源量评价的前提和约束条件，是分析地下水资源形成、变化的重要依据。地下水的质量决定着它的用途和利用价值，地下水质量和污染有着密切的联系。

山西断陷盆地松散岩类孔隙水水质的内容编写主要依据山西省地质调查院2016年3月提交的《山西六盆地地下水污染调查评价报告》（张宏民等，2016）。水质评价标准依据《地下水质量标准》（GB/T14848—93）。需要说明的是，虽然《地下水质量标准》（GB/T 14848—2017）已经实施，但由于没有搜集到原始的水质测试资料，无法按照新标准重新评价；其他内容主要依据山西省地质调查院分别于2013年6月、2016年12月提交的《山西省汾河流域生态地质环境调查评价》《山西省地下水环境图说明

书》，亦有部分引用资料来源进行了说明或者注记。

《地下水质量标准》（GB/T 14848—2017）依据我国地下水质量状况和人体健康风险，参照生活用饮用水、工业、农业等用水质量要求，依据各组分含量高低（pH除外），分为以下5类。

Ⅰ类水：主要反映地下水化学组分的天然低背景含量，适用于各种用途。

Ⅱ类水：主要反映地下水化学组分的天然背景含量，适用于各种用途。

Ⅲ类水：以人体健康基准值为依据，主要适用于集中式生活饮用水水源及工、农业用水。

Ⅳ类水：以农业和工业用水要求为依据。除适用于农业和部分工业用水外，适当处理后可作生活饮用水。

Ⅴ类水：不宜饮用，其他用水可根据使用目的选用。

（一）地下水水质概括性评价

1.全省水质评价

根据山西省环境保护局2005年监测数据（山西省地图集编纂委员会，2007），在现状条件下，山西省地下水的pH值在7.0～8.3之间，山区地下水pH值大部分在7.8～8.3之间；低值多出现在盆地区，其pH值多在7.1～7.3之间。山丘区地下水TDS绝大部分在1000mg/L以下，属低TDS淡水。盆地区的地下水TDS差异较大，山西省7个盆地（六大盆地加天镇—阳高盆地）TDS＜1000mg/L的淡水区分布面积19244km^2，占盆地总面积的82.6%。在现状条件下，山西省地下水化学类型有20余种，其中以HCO_3-Ca·Mg和HCO_3·SO_4-Ca·Mg两种类型最普遍，面积约13500km^2，占全省面积的86%。经过对全省地下水水质的分析，Ⅰ类、Ⅱ类、Ⅲ类、Ⅳ类和Ⅴ类水的分布面积分别为70km^2、7316km^2、124155km^2、19506km^2和5224km^2，分别占全省面积的0.05%、4.67%、79.31%、12.46%和3.34%（图2-4-1）。前三类水质的地下水主要集中在经济相对落后、人类活动影响相对较小的流域上、中游山丘区，后两类水主要集中于经济相对发达、地下水开发利用程度较高的盆地、工矿区和人口密集的城镇区及岩溶大泉的排泄区。山西省地下水中污染物主要有氨氮、硫酸盐、总硬度❶、亚硝酸盐氮、TDS、氟化物、氯化物、六价铬等几类。据对山西省28个重点水源地的水质评价，达标者12个，占43%；超标者16个，占57%。超标项目主要为氨氮、硝酸盐氮、亚硝酸盐氮、挥发酚、总硬度、汞、硫酸盐、氰化物及氟化物。

2.重点监测井水质评价

根据山西省生态环境状况公报（山西省生态环境厅，2022）资料，2021年全省共布设地下水环境质量监测井269眼，实际监测256眼，其中Ⅱ类水质井58眼，占比22.6%；Ⅲ类143眼，占比55.9%；Ⅳ类36眼，占比14.1%；Ⅴ类18眼，占比7.4%。按照《地下水质量标准》（GB/T14848—2017）Ⅲ类标准评价，达标201眼，占比78.5%。与2021年相比，达标井比例降低0.7%。

2022年全省11个地级城市的实际监测在用的39个集中式饮用水源地水质达标率为89.4%，其中30个地下水水源地水质达标率为89.0%，8个地表水水源地水质达标率为90.1%。阳泉市、大同市和临汾市水源地有超标情况，超标项目为总硬度、硫酸盐、氟化物。山西省生态环境厅2011—2022年对省辖城市地下水监测评价结果详见表2-4-1。

表 2-4-1　山西省集中式饮用地下水水源地水质评价统计表（2011—2022 年）

序号	年份	地级城市集中式饮用地下水水源地监测			地级城市地下水监测						评价标准
		数量/处	评价结果		数量/眼	评价结果					
			达标城市	未达标城市		优良（Ⅰ）	良好（Ⅱ）	较好（Ⅲ）	较差（Ⅳ）	极差（Ⅴ）	
1	2012	23	太原、大同、长治、晋城、朔州、忻州、晋中、运城、吕梁	晋中、阳泉	53	太原、朔州	长治、晋城、吕梁、晋中、大同	临汾	阳泉	—	《地下水质量标准》（GB/T14848—93）

❶总硬度是指地下水中Ca^{2+}、Mg^{2+}离子的总含量，单位为mg/L。

续表

序号	年份	地级城市集中式饮用地下水水源地监测			地级城市地下水监测						评价标准
		数量/处	评价结果		数量/眼	评价结果					
			达标城市	未达标城市		优良（Ⅰ）	良好（Ⅱ）	较好（Ⅲ）	较差（Ⅳ）	极差（Ⅴ）	
2	2014	23	太原、大同、长治、晋城、朔州、忻州、晋中、运城、吕梁	阳泉、临汾	55	吕梁、朔州、晋中	太原、晋城、长治、大同	临汾	阳泉	—	《地下水质量标准》(GB/T14848—93）
3	2015	29	太原、大同、长治、晋城、朔州、忻州、晋中、运城、吕梁	阳泉、临汾	45	太原、朔州、吕梁	大同、长治、晋城、临汾	—	阳泉	—	
4	2016	27	太原、大同、长治、晋城、朔州、忻州、晋中、运城、吕梁	阳泉、临汾	204	—	长治、忻州、晋中	大同、吕梁、临汾、太原、运城、朔州、晋城	阳泉	—	
5	2017	26	太原、大同、长治、晋城、朔州、忻州、晋中、运城、吕梁	阳泉、临汾	204	—	太原、大同、长治、晋中、忻州	晋城、朔州、运城、临汾	阳泉、吕梁	—	
6	2018	26	太原、大同、长治、晋城、朔州、忻州、晋中、运城、吕梁	阳泉、临汾	202	—	达标井146眼	—	ⅣⅤ类井43眼	Ⅴ类井13眼	《地下水质量标准》(GB/T14848—2017）Ⅲ类标准
7	2019	26	太原、大同、长治、晋城、朔州、忻州、晋中、运城、吕梁	阳泉、临汾	261	—	Ⅱ类井45眼	Ⅲ类井143眼	Ⅳ类井54眼	Ⅴ类井19眼	
8	2020	25	太原、大同、长治、晋城、朔州、忻州、晋中、运城、吕梁、阳泉、临汾	—	260	—	Ⅱ类井61眼	Ⅲ类井142眼	Ⅳ类井41眼	Ⅴ类井16眼	
9	2021	38	太原、长治、晋城、忻州、晋中、运城、吕梁	阳泉、大同、临汾、朔州	260	—	Ⅱ类井65眼	Ⅲ类井141眼	Ⅳ类井36眼	Ⅴ类井18眼	
10	2022	30	太原、长治、晋城、朔州、忻州、晋中、运城、吕梁、	阳泉、大同、临汾	256	—	Ⅱ类井58眼	Ⅲ类井143眼	Ⅳ类井36眼	Ⅴ类井18眼	

注：根据山西省生态环境厅《山西省生态环境状况公报（2011—2022年）》资料整理；达标是指符合Ⅲ类水及其以上指标，不达标是指低于Ⅲ类水指标。

（二）盆地区松散岩类孔隙水水质评价

各盆地区松散岩类孔隙水水质总的分布特征是：Ⅰ、Ⅱ、Ⅲ类水主要集中在经济相对落后、人类活动影响较小流域上、中游山区；Ⅳ、Ⅴ类水主要分布于国民经济相对发达、地下水开发利用程度高的盆地、工矿企业和人口密集的城镇区；Ⅳ类、Ⅴ类水分布面积占全省盆地面积比例超过一半，其所处区域战略位置重要，对全省社会经济的发展以及对水资源合理开发利用和保护有着非常大的影响。

1.浅层地下水

（1）按分布面积评价

山西省新生代六大盆地松散岩类孔隙浅层水水质评价结果是：Ⅰ类水分布面积201km^2，占全省盆地面积的0.72%；Ⅱ类水分布面积8009km^2，占全省盆地面积的28.71%；Ⅲ类水没有分布；Ⅳ类水分布面积13183km^2，占全省盆地面积的47%，占比最大；Ⅴ类水分布面积6326km^2，占全省盆地面积的22.67%，见表2-4-2。

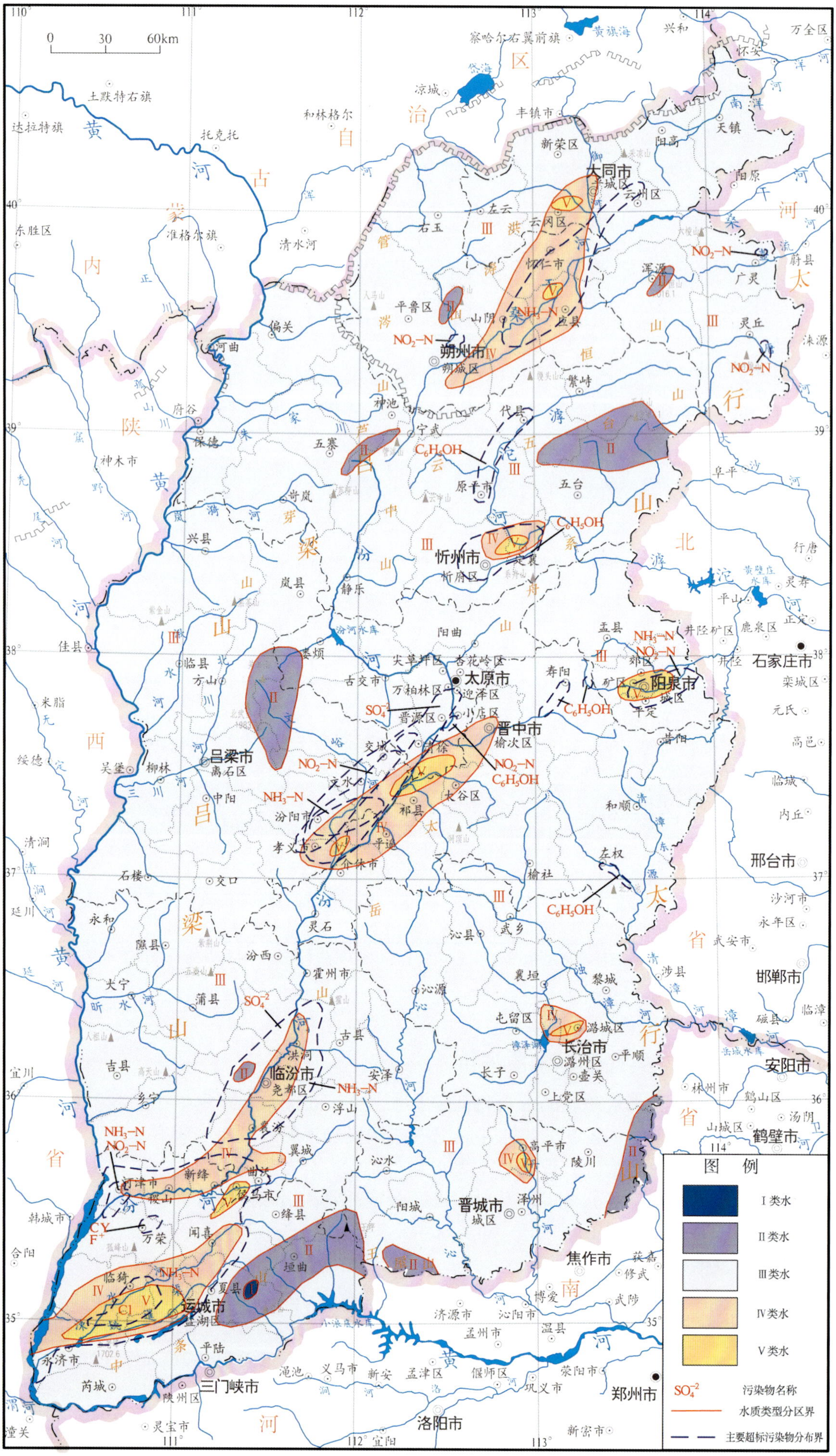

图2-4-1 山西省地下水水质评价分区图（2005年）

表 2-4-2　山西六大盆地地下水水质评价分区统计表　　单位：km^2

序号	盆地名称	盆地计算区面积	Ⅰ类水分布面积		Ⅱ类水分布面积		Ⅳ类水分布面积		Ⅴ类水分布面积		备注
			浅层水	中深层水	浅层水	中深层水	浅层水	中深层水	浅层水	中深层水	
1	太原盆地	6195	—	—	1888	2367	2174	3445	2133	383	2014年测试成果
2	大同盆地	6964	186	283	1648	2620	3949	3486	1181	611	2012年测试成果
3	忻州盆地	3574	—	988	1921	1388	1392	1198	80	—	2013年测试成果
4	临汾盆地	6400	—	236	1471	2074	3641	3767	1288	323	2013年测试成果
5	运城盆地	2813	—	—	301	2363	868	2472	1644	112	2014年测试成果
6	长治盆地	1954	15	—	779	—	1159	—	—	23	2014年测试成果
合计		27900	201	1507	8009	10812	13183	14368	6326	1452	

注："—"表示无此数据。

（2）按取样点数量评价

山西六大盆地浅层地下水评价水点共计253个，结果显示无Ⅲ类水，Ⅰ类水点3个，占总数的1.19%；Ⅱ类水点56个，占总数的22.13%；Ⅳ类水点115个，占总数的45.45%，占比最大；Ⅴ类水点79个，占总数的31.23%。

（3）无机超标项目

山西六大盆地浅层地下水无机超标项目共19项：其中无机常规化学指标超标共计11项，包括镁、TDS、总硬度、硫酸盐、钠、铁、氯化物、锰、铝、氨氮和钙；无机毒理检出超标指标8项，包括氟化物、硝酸盐、碘化物、砷、铅、铬（六价）、亚硝酸盐和镉。

超标率较多的组分有镁、TDS、总硬度，超标率>40%；其次为氟化物、硫酸盐，超标率>30%；然后为钠、硝酸盐（以N计）、铁，超标率20%～30%；氯化物、锰、碘化物超标率10%～20%；砷超标率6.72%；其余组分超标率<5%；综合分析镁、TDS、总硬度、氟化物、硫酸盐、钠、硝酸盐（以N计）、铁、氯化物、锰、碘化物、砷和电导率等组分的超标是影响区域浅层地下水质量的主要因素。浅层地下水无机常规化学指标中总硬度、铁和锰超标较为严重，该三种组分超标主要为原生背景值高引起；无机毒理指标中氟化物、碘化物和砷超标亦主要为原生背景值高引起。

（4）水质评价分区主要规律

综合分析山西六大盆地浅层地下水质量优良区（按地下水质量标准属于Ⅰ类水的地区）主要位于盆地区周边山前丘陵区和倾斜平原区后缘一带；良好区（按地下水质量标准属于Ⅱ类水的地区）位于盆地区周边山前丘陵区和倾斜平原区一带；较差区（按地下水质量标准属于Ⅳ类水的地区）位于盆地倾斜平原区前缘和冲洪积平原区交接地区；极差区（按地下水质量标准属于Ⅴ类水的地区）位于盆地中部河流两岸冲积平原区。

综合分析可知，山西六大盆地浅层地下水水质较差或很差，但是所对应污染的点不多，且污染最严重级别为中度，造成地下水污染的组分主要为三氮，重金属污染次之。微量有机指标无超标点分布，只有13种分析项目有检出。由此说明山西六大盆地浅层地下水水质很差主要是由六盆地区特有的地形、地貌、气象和水文地质条件所决定，主要由原生环境背景值高引起，人为污染为次要因素。但是污染源的存在会对其下游地区地下水造成一定程度的影响，造成局部污染。

2.中深层地下水

（1）按分布面积评价

全省新生代六大盆地松散岩类孔隙水中深层水水质评价结果是：Ⅰ类水分布面积1507km^2，占全省盆地面积的5.40%；Ⅱ类水分布面积10812km^2，占全省盆地面积的38.75%；Ⅲ类水没有分布；Ⅳ类水分布面积14368km^2，占全省盆地面积的51.50%，占比最大；Ⅴ类水分布面积1452km^2，占全省盆地面积的5.20%，见表2-4-2。

（2）按取样点数量评价

中深层地下水质量按取样点数量评价，山西六大盆地中深层地下水质量评价结果显示无中度水点；优良水点13个，占总数的5.56%；良好水点55个，占总数的23.5%；较差水点137个，占总数的58.55%，占比最大；极差水点29个，占总数的12.39%。

（3）无机超标项目

中深层地下水无机超标项目共计16项，包括无机常规化学指标10项，即钠、镁、氨氮、氯化物、硫酸盐、总硬度、TDS，铁、锰和铝；无机毒理指标6项，即氟化物、碘化物、铬（六价）、砷、硝酸盐和铅。

超标率最多的组分为氟化物，超标率为31.2%；其次为TDS，镁、铁、钠，超标率为20%～30%；然后是硫酸盐、锰、碘化物、总硬度，超标率为10%～20%；铝、铬（六价）超标率分别为9.83%、6.84%；氯化物、砷、硝酸盐（以N计）、氨氮（以N计）和铅超标率<5%；氟化物、TDS、镁、铁、钠、硫酸盐、锰、碘化物、总硬度等组分的超标是影响区域中深层地下水质量的主要因素。

（4）水质评价分区主要规律

经综合分析评价，山西六大盆地区中深层地下水质量评价分区规律与浅层地下水基本类似。

综合分析认为，山西六大盆地中深层地下水水质较差或很差，但是所对应遭受污染的点不多，且污染最严重级别为轻度、中度，无重度和极重度污染点存在，污染级别相对于浅层地下水较轻。由此说明，山西六大盆地中深层地下水水质差或很差的主要原因与浅层水基本相同；山西六大盆地地下水污染主要由硝酸盐和重金属铬（六价）污染引起，主要为人类活动形成。

（三）集中供水水源地水质与污染评价

山西六大盆地中部河流两岸冲积平原区潜水水位埋深浅，水质较差，易污染，一般不用于工业和城市生活供水。但是在广大农村地区，由于开采条件和经济条件的限制，开采井深度较浅，一般地下水开采深度在15～50m，部分村庄仍在饮用此类地下水。

山西六大盆地周边冲洪积倾斜平原区承压水径流速度快，水质较好，水量大，不易污染，承压含水层成为工业和城市生活供水的主要开采层，其取水深度一般在50～200m之间。承压水的补给在自然状态下主要接受山前侧向补给，开采条件下承压水主要接受潜水的越流补给。由于不断开采承压含水组的地下水，使上部已经遭到污染的潜水补给下部本来不易受污染的承压水，使下部承压水受到污染的威胁。

1.盆地水源地基本情况

本次共搜集到山西六大盆地区69处集中供水水源地水质评价资料，其中松散岩类孔隙水水源地51处、碳酸盐岩类岩溶水水源地17处、碎屑岩类裂隙水水源地1处。其中太原盆地16处，大同盆地16处、临汾盆地20处、运城盆地7处、忻州盆地6处、长治盆地4处，详见表2-4-3，山西省六大盆地各县市重点供水水源基本情况及水质评价与污染评价结果见表2-4-4。

表 2-4-3　山西六大盆地集中供水水源地类别和数量调查统计表　　　单位：处

序号	盆地名称	水源地分类			小计	备注
		松散盐类孔隙水水源地	岩溶水水源地	裂隙水水源地		
1	太原盆地	6	9	1	16	榆次西窑水源地同时开采孔隙水和裂隙水
2	大同盆地	15	1	0	16	
3	临汾盆地	16	4	0	20	
4	运城盆地	7	0	0	7	
5	忻州盆地	6	0	0	6	
6	长治盆地	1	3	0	4	
	合计	51	17	1	69	

表 2-4-4 山西省盆地区各市县重点供水水源地水质评价统计表

序号	水源地所在盆地	水源地所属市县	水源地名称	水源地规模	开采层位/m	开采深度/m	开采井个数/个	最大水位埋深/m	开采量/（$10^4m^3·a^{-1}$）	影响因子	水质评价结果	污染评价结果
1	太原盆地（16处）	太原市	兰村水源地	特大型	30～110	—	12	57.5	7300	pH值	Ⅲ类	未污染
2			西张水源地	特大型	50～180	—	40	27.5	1095	总硬度、镁	Ⅳ类	未污染
3			枣沟水源地	大型	360～540	—	10	62	1900	—	—	—
4		晋中市榆次区	西窑水源地	中型	30～450	—	18	30	500	—	—	—
5			北山水源地	中型	–	—	5	140.9	350	—	—	—
6			源涡水源地	中型	80～120	—	13	88.5	1300	—	—	—
7		阳曲县	自来水公司水源地	小型	650～900	—	3	247.6	200	F^-	Ⅳ类	未污染
8		清徐县	仁义水厂	小型	60～200	—	4	60.0	210	NO^-_3、F^-	Ⅳ类	未污染
9		交城县	大营水厂	小型	60～180	—	6	56.5	265	无	Ⅳ类	未污染
10		文水县	章多沟水源地	小型	120～280	—	3	128.7	210	Fe	Ⅳ类	未污染
11		汾阳市	田村水厂	中型	260～380	—	12	257.5	430	无	Ⅲ类	未污染
12		孝义市	西辛壁三水厂	中型	20～750	—	14	430.0	600	总硬度、TDS	Ⅲ类	未污染
13			六壁头水源地	中型	10～210	—	10	140.0	500	F^-	Ⅳ类	未污染
14		介休市	龙头水厂	中型	65～150	—	3	60.0	450	无	Ⅲ类	未污染
15			谢峪水厂	小型	120～220	—	4	115.0	256	无	Ⅱ类	未污染
16		平遥县	普洞水源地	小型	200～400	—	3	210.0	110	—	—	—
17	大同盆地（16处）	大同市	十里河水源地	小型	30～100	120	10	75.0	335	—	—	—
18			向阳里水源地	小型	30～95	110	5	50.5	7	—	Ⅳ类	—
19			城北水源地	大型	35～90	110	40	60.0	3119	—	Ⅱ类	—
20			口泉河水源地	小型	45～110	120	6	50.0	186	硝酸盐、总硬度、TDS、硫酸盐	Ⅴ类	硝酸盐中度污染
21			城西水源地	小型	35～85	100	15	55.0	182	—	Ⅳ类	—
22			安家小村水源地	小型	55～120	130	9	82. 7	1311	铁	Ⅳ类	未污染
23			城南水源地	中型	40～80	100	20	65.0	871	无	Ⅲ类	未污染
24		怀仁市	北七里水源地	小型	50～110	120	5	60.0	350	TDS、铁、钠	Ⅳ类	未污染
25			于家园水源地	小型	25～85	90	6	65.0	200	铁、硝酸盐	Ⅳ类	硝酸盐中度污染
26			赵庄水源地	小型	40～90	100	5	50.0	151	TDS、Na^+	Ⅱ类	未污染
27			北信庄水源地	小型	70～150	160	10	120.0	52	TDS	Ⅱ类	未污染
28		山阴县	北周庄水源地	中型	50～95	110	7	60.0	373	铝、铁	Ⅳ类	未污染
29		应县	南河种水源地	小型	70～100	110	7	80.5	44	—	—	未污染
30		朔州市朔城区	夏阁水源地	中型	25～75	80	5	35.0	546	铁、锰	—	未污染
31			耿庄水源地	中型	410～650	680	13	65.5	720	无	—	未污染
32		浑源县	城 东	小型	50～120	130	17	80.0	258	无	—	—
33	临汾盆地（20处）	临汾市尧都区	龙子祠泉水源地	特大型	70～140	泉水	—	—	29797	硫酸盐、硝酸盐	Ⅴ类	未污染
34			土门水源地	中型	80～159	150	18	97.5	1000	总硬度、硫酸盐	Ⅳ	未污染
35		霍州市	大张水源地	小型	451～10	170	4	86.5	140	—	Ⅳ类	未污染
36			大张水厂	小型	40～150	120	7	72.5	300	硝酸盐	Ⅲ类	未污染
37			郭庄泉水源地	特大型	自流	160	51	92.5	17536	—	Ⅱ类	未污染

续表

序号	水源地所在盆地	水源地所属市县	水源地名称	水源地规模	开采层位/m	开采深度/m	开采井个数/个	最大水位埋深/m	开采量/($10^4m^3 \cdot a^{-1}$)	影响因子	水质评价结果	污染评价结果
38	临汾盆地（20处）	洪洞县	广胜寺泉	特大型	50～148	—	—	—	9980	无	Ⅱ类	未污染
39			赵城水源地	中型	550～800	150	7	86.5	881	无	Ⅲ类	未污染
40		襄汾县	城东水源地	小型	80～150	800	3	520.5	140	—	Ⅳ类	未污染
41		翼城县	老君沟水源地	小型	200～280	160	3	130	130	—	Ⅱ类	未污染
42			辛史水源地	小型	45～120	285	3	157.5	112	—	Ⅲ类	未污染
43		曲沃县	下郇水源地	小型	55～115	130	5	65.5	140	Al^{3+}、Fe	Ⅳ类	未污染
44		侯马市	驿桥水源地	小型	35～82	120	6	75.5	165	—	—	—
45			张少水源地	中型	60～200	85	10	47.5	545	—	—	—
46		新绛县	三泉水源地	小型	50～160	210	5	125	135	无	Ⅲ类	—
47		稷山县	自来水公司水源地	小型	40～180	170	3	75.5	100	无	Ⅱ类	—
48			程杜水源地	小型	50～120	185	2	65.5	50	无	Ⅲ类	—
49		河津市	新耿区城北水源地	中型	20～70	130	12	58.7	425	TDS	Ⅳ类	—
50			禹门口水源地	特大型	20～85	75	34	15.5	3394	pH值	Ⅲ类	—
51			连伯滩水源地	大型	80～300	90	15	14.5	1278	—	—	—
52			第二水源地	中型		300	3	75.0	400	—	—	—
53	运城盆地（7处）	盐湖区	蒲州水源地	特大型	40～110	40～110	18	27.5	1000	Mn	Ⅳ类	—
54		永济市	2号水源地	中型	110～190	110～190	5	120	380	无	Ⅱ类	—
55			3号水源地	小型	100～188	100～188	4	118	280	—	—	—
56			4号水源地	小大	100～190	100～190	4	115	290	—	—	—
57		临猗县	下里水源地	中型	50～110	50～110	32	48	720	F^-	Ⅳ类	—
58		闻喜县	西吴仪张水源地	中型	200～300	200～300	4	135	100	Na^+、F^-	Ⅳ类	—
59		绛 县	陈村水厂水源地	小型	150～200	150～200	10	165	130	无	Ⅲ类	—
60	忻州盆地（6处）	忻州市	城北水源地	小型	45～150	150	16	57.4	350	无	Ⅱ类	未污染
61		忻府区	豆罗水源地	中型	48～150	160	15	62.45	500	无	Ⅱ类	未污染
62		繁峙县	圣水头水源地	小型	80～140	160	10	22.5	200	总硬度、	Ⅳ类	硝酸根轻度污染
63		代 县	滹沱河水源地	小型	45～200	200	7	65.0	147	总硬度、TDS	Ⅲ类	未污染
64		原平市	原平市自来水厂	中型	40～140	150	8	34	700	TDS	Ⅲ类	未污染
65		定襄县	自来水公司水源地	小型	40～120	130	6	47.8	220	无	Ⅱ类	未污染
66	长治盆地（4处）	潞州区、上党区、潞城区	辛安泉水源地	大型	50～200	200	7	29.45	484	TDS、Mg^{2+}	Ⅱ类	未污染
67		长子县	大京水源地	小型	580～950	1000	6	302.5	200	硫酸盐、TDS	Ⅳ类	未污染
68		屯留区	自来水公司水源地	小型	50～150	200	7	27.31	180	总硬度、	Ⅰ类	未污染
69		襄垣县	自来水公司水源地	小型	300～440	450	5	253.25	50	TDS、Mg^{2+}	Ⅱ类	未污染

注：水源地规模划分依据《供水水文地质勘察规范》（GB 50027—2001）及各水源地实际开采量确定；“—”表示无此数据；表中数据调查及水质测试成果时间：大同盆地为2012年，忻州及临汾盆地为2013年，太原及长治盆地为2014年。

2.盆地水源地地下水质量评价

经对山西六大盆地50处水源地取样化验，其中包括岩溶水水源地15处、松散层孔隙水水源地35处。根据地下水质量及污染评价结果，对各水源地地下水质量状况进行总结分析可知，15处岩溶水水源地水质优良（Ⅰ类水）的2处、水质良好（Ⅱ类水）的8处、水质较好（Ⅲ类水）的1处、水质较差（Ⅳ类水）的3处、水质极差（Ⅴ类水）的1处；35处孔隙水水源地中水质优良（Ⅰ类水）的1处、水质良好（Ⅱ类水）的7处、水质较好（Ⅲ类水）的7处、水质较差（Ⅳ类水）的15处、水质极差（Ⅴ类水）的1处，详见表2-4-5。

表 2-4-5　山西六大盆地集中供水水源地地下水水质评价结果统计表　　单位：处

序号	盆地名称	水源地取样点含水岩组类型	优良	良好	较好	较差	极差	小计
1	太原盆地	岩溶水	1	4	0	1	0	6
		孔隙水	0	0	0	5	0	5
2	大同盆地	岩溶水	1	0	0	0	0	1
		孔隙水	0	2	1	6	1	10
3	临汾盆地	岩溶水	0	1	1	0	1	3
		孔隙水	0	1	3	4	0	8
4	运城盆地	孔隙水	0	1	1	3	0	5
5	忻州盆地	孔隙水	0	3	2	1	0	6
6	长治盆地	岩溶水	0	3	0	2	0	5
		孔隙水	1	0	0	0	0	1
合计			3	15	8	22	2	50

3.盆地水源地地下水污染评价

通过对六大盆地各水源地地下水污染状况进行总结分析可知，15处岩溶水均为未污染水；35处孔隙水水源地中未污染水33处、轻度污染水1处、中度污染水2处，见表2-4-6。总体分析山西六大盆地水源地水质状况较好，只有少数几个水源地个别项目超标，水质评价为极差。污染评价除1处为轻度污染水、2处为中度污染水，其余均为未污染水。

表 2-4-6　山西六大盆地集中供水水源地地下水污染评价结果统计表　　单位：处

序号	盆地名称	取样点含水岩组类型	未污染	轻度污染	中度污染	重度污染	极重度污染	小计
1	太原盆地	岩溶水	6	0	0	0	0	6
		孔隙水	5	0	0	0	0	5
2	大同盆地	岩溶水	1	0	0	0	0	1
		孔隙水	8	0	2	0	0	10
3	临汾盆地	岩溶水	3	0	0	0	0	3
		孔隙水	8	0	0	0	0	8
4	运城盆地	孔隙水	5	0	0	0	0	5
5	忻州盆地	孔隙水	5	1	0	0	0	6
6	长治盆地	岩溶水	5	0	0	0	0	5
		孔隙水	1	0	0	0	0	1
合计			47	1	2	0	0	50

（四）城市饮用地下水水源地水质评价

山西省城市集中供水水源地水质监测主要由山西省生态环境厅承担，始于20世纪80年代，刚开始，仅对太原、大同、阳泉、晋城、晋中、长治、运城的主要地下水水源地进行监测，监测项目也比较少；

2015年，监测11个地级市28个集中式饮用水地下水源地，监测项目达39项指标；2021年，监测11个地级市38个集中式饮用水地下水源地，监测项目39项指标。现分阶段论述如下。

1."七五"时期（1986—1990年）

（1）太原市

太原市饮用水源全部利用地下水，除兰村、东山、开化水源外，大部分水源地分布于盆地中部，沿汾河两岸的冲洪积平原分布。东山水源分布在远离污染源的东部山区，兰村水源受古交市污染的威胁，开化水源处在西山边缘，天然水质中硫酸盐含量高，水质较差。分布于汾河沿岸的水源地，由于环境水文地质条件差，所处地理环境不佳，受人为污染的影响较为明显。主要污染物的含量沿汾河形成南部重于北部、近河地带高于远河地带、浅层水重于深层水的污染特征，完全吻合于地面污染排放的环境特征。由于地面表层是易透水的砂类地层，地面水中污染物可直接入渗于地下，形成总硬度、TDS、化学需氧量、挥发酚、亚硝酸根离子含量高，超标率12%～60%的渗淋型污染局面。

（2）大同市

大同市主要供水水源为城北的白马城水源地，水源水井多分布于御河沿岸的冲洪积平原上，水位埋藏浅，水位以上的包气带层，主要由砂类、亚砂土类组合而成，地面水受其上游化肥厂、大同钢厂、电厂以及内蒙古丰镇市废污水汇集的影响，水质很差，当流经白马城水源地时，在渗淋、渗滤的动力作用下，将御河中污染物带入地下水中，使水质中氟化物、汞、挥发酚分别超标2.01%、10.5%和5.3%。

（3）阳泉市

阳泉市主要供水水源为沿桃河城区段河床中分布的水源井和娘子关泉源水，均属岩溶裂隙水，由于阳泉市地段及水文地质条件和污染源分布的特殊性，形成有利于地下水污染的基本条件。经有关部门在白羊墅以下一带实测，桃河每年向地下渗漏量达$1800\times10^4m^4$，对娘子关泉水构成严重威胁。阳泉钢铁厂含氰废水的排放，对该地段地下水造成明显污染，如氰化物和总硬度超标率都达46.2%。娘子关泉水虽然远离阳泉市，但因地处阳泉市地下水径流带、泉源排泄带又处于桃河下游，乱流一带又严重渗漏，对娘子关泉水水质构成了威胁。

（4）晋城市

该市无论是位于市区的城市供水水源，还是郊县农田中水源井，其表现为总硬度、TDS和硫酸盐含量高，超标率达30%～40%。其原因是浅层水位浅，上覆地层透水性较好，地下水受点源污水和农灌污水及化肥、农药不合理施用的影响，在渗透、渗淋动力的推动下，导致硫酸盐升高后，TDS亦升高，进而增加水的硬度。

（5）榆次区

榆次区最大的供水水源为市区北郊的源涡水源地，监测的水源井基本处于潇河沿岸，由于潇河受到寿阳县及下游沿岸乡镇工业污废水的影响，水质极差，在潇河侧向补给地下水的过程中，将污染物带入地下，造成地下水源的污染属淋渗结合型。氨氮超标达100%，硬度超标15.38%。另外，市区自备水井水质也受到污染，污染类型为点源渗漏型。

（6）长治市

长治市主要供水水源为辛安泉，还有部分市区和郊区自备水源。从水质监测结果分析，除个别井总硬度超标外，其他指标均符合饮用水要求。

（7）运城市

运城市主要供水水源为泗浇泉源水，水质优良未受到污染，对地下水监测仅是在个别自备水源井中进行，供水水源井为抽取第四系松散岩类孔隙水，监测显示，除氟化物含量高并超标外，其他指数符合饮用水水质要求。

2."八五"时期（1991—1995年）

"八五"时期，太原城市饮用水源地全部是地下水，水源地有6处，即兰村、西张、枣沟、南北固碾、菜园和小王村水源地，共拥有95眼井，其中兰村、枣沟为主要水源地，其产水量占总产水量的90%

以上，但“八五”期间水位明显下降。小王村水源地只有4眼井，而且水位逐年下降，供水量极少。各水源地通过供水管线供水，总供水管线608km，供水人口146.3万人，供水面积120.66km^2。日供水量$42.55\times10^4m^3$。

（1）饮用水源地水质监测

饮用水源地水质监测选用《生活饮用水卫生标准》（GB 5749—85）进行评价，标准中未列入的氨氮（NH_4—N）、亚硝酸盐氮（NO_2—N）选用中国环境监测总站推荐的标准（即氨氮≤0.5mg/L，亚硝酸盐氮≤40.0mg/L，）进行评价，内梅罗指数≤0.9为清洁水。

1）兰村水源地。兰村水源地的水质稳定，所检项目均未超标，且最大浓度远低于标准值，属清洁地下水。但内梅罗指数1991—1994年均为0.4，而1995年为0.5，说明水质有污染迹象，表现在氨氮、亚硝酸盐氮均有不同程度的检出。部分离子的变化范围为：高锰酸盐指数为0.27～0.97mg/L，氨氮从＜0.02mg/L到0.09mg/L，亚硝酸盐氮从＜0.001mg/L到0.004mg/L。

2）西张水源地。西张水源地除直接受大气降水补给外，兰村岩溶水的侧向补给是主要来源，故水质接近兰村水源地。根据监测结果，水源地水质均未超过标准，内梅罗指数均为0.5，属清洁水，但水源水井均分布在农田间。该水源地氨氮检出率：1993年为12.5%，1994年达25%；1993—1995年氰化物、汞、六价铬的检出率均为12.5%，1992年六价铬检出率达37.5%。“八五”时期，部分离子变化幅度：亚硝酸盐氮从＜0.001mg/L到0.004mg/L。1991—1994年均＜0.001mg/L，而1995年达0.004mg/L；硝酸盐氮从＜0.008mg/L到2.90mg/L；氰化物从＜0.002mg/L到0.017mg／L；汞从＜0.0002mg/L到0.0008mg/L；氟化物从＜0.1mg/L到0.67mg／L。虽有一定的变化范围，但其最大浓度值远低于标准。

3）枣沟水源地。该水源地是1986年新辟的水源地，位于北东部丘陵沟谷中，污染源较少。“八五”时期，内梅罗指数为0.4，是五个水源中最清洁的，属清洁饮用水。但由于受环境气候的影响，水质也有不同程度的污染，1991年氨氮最高值为0.03mg/L，1993年氨氮检出值为0.43mg/L，1994年氨氮检出率高达37.5%；六价铬5年均检出，1994年检出率达50%；高锰酸盐指数从1991年的0.49mg/L增至1994年的1.10mg/L；总硬度从1991年的253.0mg/L增至1995年的270.1mg/L。

4）南北固碾水源地。该水源地的水井大部分在农田间，其水质污染程度比兰村、枣沟水源地重。离子变化范围大，总硬度270.9～405.6mg/L；高锰酸盐指数0.31～13.1mg/L；氨氮由＜0.02mg/L到0.5mg/L；亚硝酸盐氮由＜0.001mg/L到0.034mg/L；氰化物、汞均从低于检出限到检出，氰化物最高检出值达0.007mg/L；汞最高检出值达0.0003mg/L。但其均远低于标准，“八五”期间所检项目均未超标，内梅罗指数为0.5，属清洁饮用水。

5）菜园水源地。菜园水源地位于市区内，并有排放污水的南沙河穿越水源地，故该水源地较其他几处水源地污染严重，1991—1993年内梅罗指数均为0.5，1994—1995年内梅罗指数为0.6，说明水源地已逐渐受到污染。氰化物、砷、汞均在1994年检出，检出率为12.5%，其值分别为0.007mg/L、0.02mg/L、0.008mg/L；亚硝酸盐氮检出率高达37.5%，最高值为0.016mg/L；氨氮、高锰酸盐指数变化范围分别为＜0.02mg/L到0.46mg/L、0.40～1.14mg/L，所检项目均未超标，个别项目虽有上升趋势，但远低于标准，均属清洁水。

根据太原市饮用水水源监测的实际情况，选择对人体健康影响较大且能客观反映饮用水水源地水质状况的10项因子作评价参数，即总硬度、高锰酸盐指数、氨氮、亚硝酸盐氮、硝酸盐氮、挥发酚、氰化物、砷、汞、氟化物。“八五”时期，太原市各水源地水质均为清洁级。若以水质单项指数算术平均值（p）来分析各水源地的状况，五个水源地水质属于清洁。在5个水源地中，菜园水源地水质相对较差，特别是在1994—1995年污染程度有所增加。其他水源地水质状况良好，与“六五”时期比较，变化不大。

（2）饮用水源地水质动态趋势

太原市饮用水源地水质动态趋势表现为受环境地质条件及人类活动等影响，不同地区的水源地其污染途径和污染特征各异。兰村水源地位于汾河冲积扇顶部汾河峡谷出口处，水的主要补给来源是西山岩溶裂隙水的侧向径流补给和汾河垂直渗漏补给。汾河自上游古交工矿区开始污染，虽经沿途自净，但仍对兰村水源有一定影响，1995年水质已有污染迹象。

西张、南北固碾水源地均位于汾河的阶地上，该区浅层地下水受上游工矿区污染的汾河水渗漏补给和附近农民大量使用农药化肥随农田灌溉和降雨垂直下渗，水质不同程度遭受污染，深层水因大量超采，水位逐年下降，污染浅层水逐渐补给深层水，使深层水出现污染迹象。

菜园水源地位于市区内，并有排放污水的南沙河穿越水源地，加之含水层岩性多为粗粒的砂石，透水性强，易被污染。接纳工业废水、医院生活自备井和近郊农灌井较多，使区域地下水采补失调，水位降落漏斗逐年加深，范围逐年扩大，从而造成水源地区域漏斗范围中污染源增多，污水渗入水源地的量增大，同时污染的浅层水影响到深层地下水，使菜园水源地水质在“九五”时期明显污染。

（3）饮用水源地污染原因

随着社会经济发展，用水量逐渐增加，地下水开采量逐年增大，受城市排污影响，致使水源地地下水质不同程度遭受污染。

1）工业排污是地下水污染的主要根源，特别是未经处理的工业废水排入渗坑、洼地，或通过无防渗的渠沟排入汾河，使汾河成为全市排污总通道。太原市主要水源地都建在汾河两岸，河床附近是中细砂地层，河水位高于两岸潜水位，污染水长期渗透补给地下水，形成地下水污染。

2）生活污染来自居民生活污水、垃圾等废物，造成地下水部分离子含量增高。

3）农业污染主要是引用未经处理或经处理达不到农灌标准的污水灌溉，化肥和农药的不合理使用，使污染物随水下渗污染地下水。

4）大气污染严重，降雨将大气中的污染物带回地面，随雨水渗入地下水。

5）深浅层地下水混合开采，或止水效果不好，人为沟通了各含水层的水力联系，深层水超量开采，水位大幅下降，与浅层水形成压力差，促使被污染的浅层水污染深层水。

6）一些防渗的排污沟渠穿越水源地，在水源地上游的个别企业、医院随意排放废水和污水，造成水源地水质污染。

3.“九五”时期（1996—2000年）

（1）太原市

上兰水源地总硬度年均值呈下降趋势，西张水源地总硬度年均值呈上升趋势，两个水源地综合水质变化幅度较大。2000年，上兰水源地水质良好，所监测指标年均值达到《地下水质量标准》（GB/T 14848—1993）Ⅱ类标准；西张水源地总硬度超标，超标率100%，年均值超标0.09倍。

（2）大同市

大同市主要供水水源地是白马城水源地。氨氮、氟化物和挥发酚年均值有超标现象，氨氮和挥发酚年均值呈上升趋势。2000年监测的12眼水源井中，水质较差的有9眼、水质良好的2眼、水质较好的1眼。主要超标污染物为氨氮和氟化物，超标率分别为66.6%和23.8%，氨年均值超标0.95倍。

（3）吕梁市

吕梁市主要水源地是上安水源地，挥发酚年均值呈上升趋势，综合水质有所下降。2000年监测的水源井2眼，挥发酚超标率为25%，年均值超标0.5倍。

（4）晋中市

晋中市主要超标污染物为总硬度、氨氮、氯化物，原因是潇河受到寿阳县及下游沿岸乡镇工业废污水的影响，导致地下水源污染。

（5）阳泉市

阳泉市主要供水水源为沿桃河城区段河床中分布的水源井和娘子关泉源水，均属岩溶裂隙水。主要污染物指标总大肠菌群、硫酸盐、总硬度和氨氮，氰化物浓度也较高。总硬度、氰化物年均值呈下降趋势，硫酸盐呈上升趋势。

（6）长治市

长治市主要供水水源是辛安水源地，为中奥陶统岩溶裂隙水。1998年开始，辛安水源地综合水质有所好转。2000年，除细菌学指标外，其余各项指标均达到《地下水质量标准》（GB/T 14848—1993）Ⅱ类标准。

（7）晋城市

晋城市主要供水水源地为第四系孔隙水，水质较差，主要污染物为总硬度和硫酸盐，2000年超标率均为100%，年均值分别超标0.48倍和0.21倍。

（8）运城市

运城市主要供水水源由三部分组成：①引泗水，来源于中条山的泗交河水；②运城市水厂自备水源井；③引黄济运工程供水。“九五”期间，引泗水水质略有好转，超标的污染物是氟化物，氨氮年均值呈下降趋势，硫酸盐和总硬度年均值变化幅度较大。

4.“十五”时期（2001—2005年）

2001—2005年，全省在10个城市开展城市集中式生活饮用水源地水质监测。2004年达标率87.5%。其中太原、长治、阳泉、朔州为100%；大同93.7%、忻州92.4%、运城76.8%、晋中75.4%、晋城36.0%、临汾为零。2005年共监测水源地21个，达标率为82.8%。其中阳泉、长治、朔州、忻州等4个城市达标率为100%；大同市94.9%、运城市92.8%、晋中市92.3%、晋城市87.0%、太原市69.1%、临汾市67.2%。水源地水质未达标项目主要为总硬度、氟化物、总氮和总磷。

2005年，全省城市集中式生活饮用地下水源地无Ⅰ类水质，Ⅱ类水质比率为25%，Ⅲ类水质比率为65%，Ⅳ类水质比率为5%，Ⅴ类水质比率为5%。

5.“十一五”时期（2006—2010年）

2010年，全省共监测集中式饮用地下水源地19个，除临汾市和阳泉市达标率为零外，其余城市达标率为100%。太原市水质达标率为34.8%，2010年与2009年相比，水源地水质达标率没有变化。与2005年相比，全省水质达标率上升的水源地有4个，大同城南水源地水质达标率上升25.0%，城东水源地水质达标率上升8.6%；晋城市区地下水源地水质达标率上升15.3%、晋中北山水源地水质达标率上升23.6%、临汾龙祠水源地水质达标率下降75.0%、其余水源地水质达标率没有变化。从全省地下水源地水质类别来看，无Ⅰ类水质，Ⅱ类水质下降3.3%，Ⅲ类水质下降4.1%，Ⅳ类水质上升12%，Ⅴ类水质下降5.0%。详见表2-4-7。

表 2-4-7　山西省地下水水源地水质类别统计表（2005—2010 年）　　单位：%

序号	水质类别	各年度水质类别比例						2010年与2005年相比变化
		2005年	2006年	2007年	2008年	2009年	2010年	
1	Ⅰ类	0.0	0.0	0.0	0.0	0.0	0.0	0.0
2	Ⅱ类	25.0	27.3	26.1	30.4	21.7	21.7	-3.3
3	Ⅲ类	65.0	59.1	65.2	52.2	60.9	60.9	-4.1
4	Ⅳ类	5.0	9.1	4.3	17.4	17.4	17.4	12.4
5	Ⅴ类	5.0	4.5	4.3	0.0	0.0	0.0	-5.0

6.“十二五”时期（2011—2015年）

2015年，全省11个地级市共监测29个集中式饮用水源地。其中地表水水源地5个、地下水水源地24个。临汾市尧都区土门水源地因采样前有工程建设，监测数据无代表性，未参与达标统计。2015年全省地级市集中式饮用水源地总体水质达标率为87.9%，比2014年上升0.5%，比2010年上升0.9%。“十二五”时期，全省城市集中式饮用水源地总体水质达标率均在87%左右，基本保持稳定。

2015年，11个地级市28个集中式饮用水源地年取水总量为$46797.3\times10^4m^3$，达标水量为$41126.2\times10^4m^3$，总体水质达标率为87.9%。地下水源地23个，取水量为$33600.2\times10^4m^3$，占总取水量的71.8%，水质达标率为89.6%，比2014年上升0.3%，比2010年上升0.2%，主要超标项目为总硬度、硫酸盐和总大肠菌群。

2015年全省集中式饮用水地下水水源地监测的39项指标中，总硬度、硫酸盐和总大肠菌群有超标现象，其余36项指标达标率均为100%。其中总硬度达标率为95.9%，最大超标0.04倍；硫酸盐达标率97.6%，最大超标0.04倍；总大肠菌群达标率为99.3%，最大超标64倍。

“十二五”时期，各城市集中式生活饮用水源地水质达标率均保持不变。太原、大同、长治、晋城、朔州、忻州、晋中、运城、吕梁等九市集中式饮用水源地水质达标率为100%；临汾、阳泉2市水质达标率为零。

7.“十三五”时期（2016—2020年）

“十三五”时期，全省11个地级市集中式饮用水水源地水质监测，由2016年的27个扩展到2021年的38个，地下水水源地由21个扩展到30个。

2021年全省11个地级城市的实际监测在用的38个集中式饮用水源地水质达标率为89.0%，其中30个地下水水源地水质达标率为89.7%，8个地表水水源地水质达标率为87.7%。阳泉市、大同市、临汾市和朔州市水源地有超标情况，超标项目为总硬度、硫酸盐、氟化物、总磷和溶解氧。

8.饮用水源地污染原因

随着社会经济发展，地下水开采量逐年增大，污水排放量也逐渐加大，受工业废水、城镇生活污水及农业污染影响，致使地下水水源地水质不同程度遭受污染。2014年全省污水排放量达到$14.5\times10^{8}m^{3}$的峰值（表2–4–8），由于2015年以来山西省加大了环境保护力度，采取政策措施和技术手段，出现了废水排放量持续下降的良好局面。

表 2-4-8　山西省污水排放量统计表（1981—2020 年）　　单位：$10^{8}m^{3}/a$

序号	年份	污水排放量			序号	年份	污水排放量			序号	年份	污水排放量		
		工业废水	城镇生活污水	总量			工业废水	城镇生活污水	总量			工业废水	城镇生活污水	总量
1	1981	4.3	1.2	5.5	15	1995	4.1	1.7	5.8	29	2009	4.0	6.6	10.6
2	1982	4.6	1.8	6.4	16	1996	4.0	—	—	30	2010	5.0	6.8	11.8
3	1983	4.3	1.2	5.5	17	1997	4.2	—	—	31	2011	4.0	7.6	11.6
4	1984	4.9	0.9	5.8	18	1998	4.9	5.1	10.0	32	2012	4.8	8.6	13.4
5	1985	4.6	1.3	5.9	19	1999	4.3	5.0	9.3	33	2013	4.8	9.0	13.8
6	1986	4.9	1.2	6.1	20	2000	3.2	5.9	9.1	34	2014	4.9	9.6	14.5
7	1987	6.1	1.3	7.4	21	2001	3.1	5.9	9.0	35	2015	4.1	10.4	14.5
8	1988	6.1	1.6	7.7	22	2002	3.1	6.0	9.1	36	2016	2.8513	11.0	13.9
9	1989	6.0	1.9	7.9	23	2003	3.1	6.2	9.3	37	2017	2.4041	11.0	13.5
10	1990	5.8	1.9	7.7	24	2004	3.1	6.3	9.4	38	2018	2.1872	5.7449	7.9321
11	1991	4.5	1.4	5.0	25	2005	3.2	6.3	9.5	39	2019	3.1535	8.6465	11.8
12	1992	4.1	1.7	5.8	26	2006	4.4	5.9	10.3	40	2020	1.5859	2.8641	4.45
13	1993	4.1	1.7	5.8	27	2007	4.1	6.4	10.5					
14	1994	3.9	2.3	6.2	28	2008	4.1	6.6	10.7					

注：本表数据主要依据《山西省统计年鉴》；由于统计口径不同，因此精确度不统一。

饮用水源地污染原因主要表现在以下几个方面。

1）工业排污是地下水污染的主要根源，特别是未经处理的工业废水排入渗坑、洼地，或通过无防渗的渠沟排入河道，使河道成为排污总通道。如太原市主要水源地都建在汾河两岸，河床附近是中细砂地层，河水位高于两岸潜水位，污染水长期渗透补给地下水，形成地下水污染。

2）生活污染来自居民生活污水、垃圾等废物，造成地下水部分离子含量增高。

3）农业污染主要是引用未经处理或经处理达不到农灌标准的污水灌溉，化肥和农药的不合理使用，使污染物随水下渗污染地下水。

4）大气污染严重，降雨将大气中的污染物带回地面，随雨水渗入地下水。

5）深浅层地下水混合开采，或水井止水效果不好，人为沟通了各含水层的水力联系，深层水超量开采，水位大幅下降，与浅层水形成压力差，促使被污染的浅层水污染深层水。

6）一些防渗的排污沟渠穿越水源地，在水源地上游的个别企业、医院随意排放废水和污水，造成水源地水质污染。

（五）农村饮用水水质评价

1.2005年调查结果

为了解农村居民饮用水水质状况（李军，2008），提高农村饮用水卫生管理水平，为制定改水决策提供科学依据，山西省地方病防治研究所地方病防治中心于2005年3～5月，随机抽取了山西省山阴县、应县、安泽县、襄汾县、小店区、沁源县、忻府区、交城县、文水县、石楼县、垣曲县等11个县（区），在每个县（区）选择10个采样点，对农村生活饮用水水源类型、取水方式、水质处理情况及其相应的饮用人口数等进行现场调查，涉及233.38万人，其中集中式供水人口41.97万人，分散式供水人口191.41万人。从饮用水源类型来看，饮用地表水人口为0.69万人，仅占调查区人口的0.3%，饮用地下水人口为232.69万人，占调查区人口的99.7%，由此可以看出，山西省农村人口饮用水源地下水占绝对优势。按照《生活饮用水标准检验法》（GB 5750—1985）对水样进行采集、保存和检测分级评价，检测项目包括感官性状和一般化学指标（色度、浑浊度、pH值、总硬度、铁、锰、氯化物、硫酸盐、耗氧量）、毒理学指标（砷、氟化物、硝酸盐氮）、细菌学指标（总大肠菌群、细菌总数），根据《农村实施<生活饮用水卫生标准>准则》和《生活饮用水卫生规范》（GB/T 5749—2001）进行分级和评价。分析结果表明，从供水方式看，主要以分散式供水为主。共检测水样110件，合格69件，合格率为62.7%。pH值、总硬度、砷、氟化物、硝酸盐氮、硫酸盐、氯化物、耗氧量、总大肠菌群、细菌总数超标率分别为7.3%，2.7%，7.3%，12.7%，0.9%，1.8%，3.6%，2.7%，20.0%，11.8%。色度、浑浊度、铁、锰均合格。分散式供水水样合格率（57.65%）低于集中式供水（80.00%）。由此可以看出，当时山西省农村人口中以饮用分散式供水为主，分散式供水卫生状况不如集中式供水。山西省农村地区农民的饮水卫生问题比较突出，需要加大农村的改水力度。

2005年初，全省农村饮水安全现状普查结果显示，受地形、气候、水文地质和采煤漏水、水质污染、工程老化等多方面因素的影响，全省还有1092万农村人口没有达到安全饮水标准。不达标人口中，饮水水质不达标的672万人，水量不达标的147万人，用水方便程度不达标的155万人，水源保证率不达标的118万人。

导致农村饮用水不安全的因素主要有以下4个方面：①地下水氟、砷及盐含量超标，与山西省特殊的地质环境条件有关，2005年全省农村饮用这种水的人口近450万人，分布在83个县（市、区）；②水质受煤矿矿坑排水、企业污水排放及生活污水排放污染严重。全省农村饮用污染水的人口222万人，分布在92个县（市、区）；③采煤漏水、自然地理等原因造成水源枯竭、水源供水量不足和供水保证率较低；④农村地区畜牧业发展较快，农民的环境卫生意识差，造成水源污染。

2.2018年调查结果

山西省疾病预防控制中心2018年在全省90%的乡镇设置监测点，每个乡镇设3个监测点，共3911个监测点，对枯水期和丰水期开展了生活饮用水卫生学调查（任志刚，2020），内容包括水源类型、供水方式、水处理方式、供水规模和覆盖人口等信息。水样采集、保存、运输及检测出厂水、末梢水水样采集、保存、运输和水质分析按照《生活饮用水标准检验方法》（GB/T 5750—2006）进行，按《生活饮用水卫生标准》（GB 5749—2006）中的常规指标（放射指标除外）和一项非常规指标氨氮进行检测，其中消毒剂指标及消毒副产物指标根据不同消毒方式进行选择。每个监测点于枯水期和丰水期各监测一次。水质检测结果按照《生活饮用水卫生标准》（GB 5749—2006）规定的限值进行评价，小型集中式供水或分散式供水水样部分指标按照相应限值进行评价。检测指标中有1项指标不合格，即判定为不合格水样。因大部分水厂采用的水处理方式为未处理，本次评价所有水样消毒剂指标不纳入合格率判定。根据现场调查结果分析，全省共监测农村饮用水水样7822份，水源类型为地下水水样7421份，占总水样数的94.9%，其中深井水5588份、泉水1022份、浅井811份，在总水样数中分别占71.4%、13.1%和10.4%；水源类型为地表水水样401份，占总水样数的5.1%。在所监测的7822份水样中，集中式供水7814份，供水方式以未处理为主。供水方式为未处理5897份，占75.5%；沉淀过滤1568份，占20.1%，常规处理（含混凝、沉淀、过滤、消毒）219份，占2.8%；仅消毒处理130份，占1.7%。在所监测的7822份水样中，使用消毒设备消毒的水样数为349份，占总水样数的4.5%，其中按要求使用消毒设备的占94.3%，偶尔使用的占5.7%。消毒方式中使用高纯二氧化氯消毒155份，占44.4%；复合二氧化氯消毒80份，占22.9%；次氯酸钠、液氯、漂白粉消毒分别占比16.0%、8.6%、6.9%。全省农村饮用水监测水样份数7822份，合格水样数为5484份，水样合格率为70.1%。按供水规模大小将供水工程分为小型集中式供水（日供水量在1000m³以下或供水人口在1万人以下）和大型集中式供水（日供水量在1000m³及以上且供水人口在1万人及以上），其中大型集中式供水工程共监测水样数516份，水样合格率为68.4%（353/516），小型集中式供水工程共监测水样数7298份，水样合格率为70.2%（5126/7298）。8份分散式供水水样中，5份合格，占62.5%。不同水期、不同水样类型水样监测结果发现，集中式供水枯水期水样合格率为73.6%，丰水期水样合格率为66.7%，枯水期水样合格率高于丰水期，差异有统计学意义（χ^2=44.197，$P<0.05$）；出厂水监测1163份，合格率为66.7%；末梢水监测6651份，合格率为70.7%。不同水源类型水样监测结果表明，共监测以地下水为水源类型的出厂水、末梢水共7421份，合格率为70.0%；以地表水为水源类型的出厂水、末梢水共401份，合格率为71.6%。其中以地下水为水源类型的水样中，以泉水合格率较高；以地表水为水源类型的水样中，以溪水合格率较低。而不同来源的地表水和地下水比较并无统计学差异（χ^2=0.431，$P>0.05$）。单项指标合格率较低的指标为微生物指标中的总大肠菌群和菌落总数，合格率为85.3%和94.3%，其次是氟化物和硫酸盐指标，合格率分别为95.0%、95.7%。消毒剂指标中游离氯和二氧化氯指标，合格率为64.1%和79.6%。

总之，2018年全省农村水源类型主要以地下水为主，水处理方式以未处理为主，水样总体合格率为70.1%，枯水期水样合格率为73.6%、丰水期合格率为66.6%。合格率较低的指标主要是微生物指标（总大肠菌群、菌落总数）、氟化物、硫酸盐。说明山西省农村饮用水主要存在微生物指标、氟化物和硫酸盐指标不合格问题，应针对性地采取有效措施，推进农村水质整体提升，切实保障农村居民饮用水安全。

（六）岩溶大泉水质评价

1.水质分类评价

按照《地下水质量标准》（GB/T 14848—1993），经对岩溶大泉24处代表性样点2000—2005年水质进行评价，结果为：Ⅱ类泉水4个点，占总个数的16.7%；Ⅳ类泉水12个点，占总数的50%，占比最大；Ⅰ～Ⅳ泉水3个点，占总数的12.5%；Ⅱ～Ⅳ泉水2个点，占总数的8.3%；Ⅳ～Ⅴ泉水3个点，占总数的12.5%，详见表2-4-9。

2.水质动态对比

对照1986—1987年与2000—2005年水质评价（为方便对比，评价中未将细菌类单独评价），多数泉水的质量在Ⅱ～Ⅳ类之间，在有对比资料的18个泉域的24个代表泉点中，水的质量变差的有12个点，占总数的50%。

3.生活饮用水卫生标准评价

按照生活饮用水卫生标准评价，山西省岩溶大泉的超标项目主要有硬度、SO_4^{2-}、NO_2-N、NH_3-N、挥发酚、细菌类，部分地区出现微量元素超标。

表 2-4-9 山西省岩溶大泉水质评价对比表

单位：mg/L

序号	代表样点	1986—1987年				2000—2005年				前后期水化学组分增减变化项	
		TDS	HB	水质评价结果	超标项	TDS	HB	水质评价结果	超标项	增加项	减少项
1	娘子关泉域五龙泉	584	427	Ⅱ～Ⅳ	Mn^{2+}	646	456	Ⅳ	HB、酚、细菌	TDS、HB、酚、TFe、Cu^{2+}、Pb^{2+}	CN^-、Zn^{2+}、Mn^{2+}
2	娘子关泉域苇泽关泉	592	427	Ⅱ	无	698	482	Ⅳ	HB	TDS、HB、SO_4^{2-}、Cu^{2+}、Pb^{2+}	Zn^{2+}
3	辛安泉域南流泉	386	326	Ⅳ	TFe、COD、NH_3-N	429	213	Ⅳ	I^-、细菌	TDS、Zn^{2+}、Cu^{2+}、NO^-_3、I、Se	Pb^{2+}、TFe、SO_4^{2-}
4	延河泉	402	342	Ⅱ～Ⅳ	TFe	646	388	Ⅱ	无	TDS、HB、SO_4^{2-}、Cl^-、NO^-_3、As、Se	TFe、Pb^{2+}、CN^-
5	三姑泉域郭壁泉	316	285	Ⅰ～Ⅱ	无	399	301	Ⅰ～Ⅳ	COD、Hg、细菌	TDS、SO_4^{2-}、Mn^{2+}、COD、NH_4^+	NO_3^-、NO_2
6	三姑泉域白洋泉	298	269	Ⅱ	无	267	265	Ⅱ	TFe	TFe、Mn^{2+}、Zn^{2+}、Cu^{2+}	Pb^{2+}、Cd^{2+}
7	坪上泉域水泉湾泉	240	208	Ⅰ	无	332	202	Ⅳ	挥发酚	TDS、酚、NO^-_3、Se	TFe、CN^-
8	坪上泉域李家庄泉	273	226	Ⅰ～Ⅳ	COD	501	300	Ⅳ	挥发酚	TDS、HB、SO_4^{2-}、TFe、Mn^{2+}、NO^-_3、NO^-_2、As、Se	COD、CN^-
9	水神堂泉	293	238	Ⅰ	无	319	243	Ⅱ～Ⅳ	NH_3—N、COD、NO_2—N	SO_4^{2-}、Mn^{2+}、Zn^{2+}、Cu^{2+}、NO^-_2、NH_4^+、As、Se	TFe
10	城头会泉域大沙湖泉	226	184	Ⅳ	TFe	246	194	Ⅳ	NH_3—N、COD、NO_2—N	SO_4^{2-}、Cu^{2+}、NO^-_2、NH_4^+	—
11	神头泉域五花泉	307	242	Ⅳ	TFe、NO_2-N	294	243	Ⅳ	细菌	NO^-_3	TFe、Mn^{2+}、Zn^{2+}、Cu^{2+}、Pb^{2+}
12	马圈泉	362	305	Ⅱ～Ⅳ	TFe、Hg	435	270	Ⅳ	挥发酚、Se	TDS、酚、NO^-_3、Se	TFe、CN^-
13	雷鸣寺泉	—	—	—	—	389	246	Ⅳ	挥发酚	—	—
14	兰村泉	286	252	Ⅱ～Ⅳ	Mn^{2+}	446	248	Ⅰ～Ⅳ	砷	TDS、SO_4^{2-}、I^-	Hg、Cr^{6+}、Pb^{2+}
15	晋祠泉域南老泉	596	454	Ⅳ	TDS、SO_4^{2-}、Co、Ni	937	588	Ⅳ	HB、SO_4^{2-}、NH_3—N、细菌、放射性	TDS、HB、NO^-_2、NH_4^+、I^-、Se	CN^-、Hg、Cd^{2+}、Pb^{2+}
16	洪山泉	520	421	Ⅱ～Ⅳ	Pb^{2+}、HB	646	416	Ⅱ	无	TDS、SO_4^{2-}	—
17	郭庄泉	580	445	Ⅱ～Ⅳ	HB	689	463	Ⅳ	HB、SO_4^{2-}	TDS、HB、Cl^-、NO^-_2、NH_4^+	NO^-_3
18	龙子祠泉	798	541	Ⅳ	HB、SO_4^{2-}、Pb^{2+}	779	540	Ⅳ～Ⅴ	HB、SO_4^{2-}、细菌	SO_4^{2-}、NH_4^+	—
19	霍泉	455	388	Ⅱ	无	458	321	Ⅱ～Ⅳ	NH_3—N	NH_4^+	NO^-_3
20	古堆泉	790	436	Ⅳ	SO_4^{2-}、F^-	787	427	Ⅳ～Ⅴ	SO_4^{2-}、F^-	TFe、COD、NO^-_3、NO^-_2	F^-
21	柳林泉域上青龙泉	472	235	TFe	TFe	451	265	Ⅰ～Ⅳ	Se	HB、TFe、Zn^{2+}、NO^{-3}、Cr^{6+}、Pb^{2+}	—
22	柳林泉域刘家圪塔泉	1248	492	Ⅳ	HB、TDS、Cl^-	1271	448	Ⅳ～Ⅴ	TDS、Cl^-、COD、F^-、细菌	Zn^{2+}	—
23	天桥泉域铁匠铺水源地	392	273	Ⅱ	无	342	254	Ⅳ	Se	Mn^{2+}、Se	TDS、TFe、Cr^{6+}
24	天桥泉域梁家碛水源地	375	264	Ⅰ～Ⅲ	TFe	385	281	Ⅱ	无	SO_4^{2-}、Cl^-、Mn^{2+}、Se、Pb^{2+}	Cu^{2+}

注：①根据山西省水利厅2008年《山西省岩溶泉域水资源保护》资料整理。

②地下水质评价：Ⅰ—优良；Ⅱ—良好；Ⅲ—较好；Ⅳ—较差；Ⅴ—极差。

③TDS—溶解性固体总量。

④HB—总硬度。

⑤“—”表示无此数据。

⑥另据中国地质科学院岩溶地质研究所2019年10月提交的《汾河流域晋中南大型岩溶泉域1：5万水文地质调查成果报告》按照《地下水质量标准》(GB/T 14848—2017）标准，对晋祠泉域内2016—2018年79个岩溶水样点（每样点样1～3个样不等）评价结果表明，Ⅱ类和Ⅲ类水共22个，占28%，主要分布在泉域北部岩溶地下水补给及径流区；Ⅳ类和Ⅴ类水共57个，占72%，分布泉域大部分地区，说明泉域内岩溶水水质不容乐观，最差类别的指标主要是 SO_4^{2-}、HB，其次是Fe、F、TDS、Zn、Al、Cd；兰村泉域内共取岩溶水样品120个，水质评价均为Ⅲ类水质，水质优良，适合各种用途。

4.水质动态分析

在对比1986—1987年和2000—2005年两期水质各组分含量的增减项目中，含量增加的水样数目远远大于含量减少的数目，其增加项主要是TDS、硬度；与居民生活、化肥使用相关的三氮、细菌等；与采煤、炼焦活动有关的挥发酚、铅。此外，与工业活动有关的部分重金属含量也有增加。

5.水质污染原因分析

各泉域含量减少的组分情况不尽一致，但总体上重金属的减少比较明显，特别是晋祠泉、兰村泉除了硒在晋祠泉中增加外，其他重金属组分如汞、六价铬、铅等都有所降低，显然与近年来采取的对汾河工业污染物排放治理的措施及常年生态补水有关。此外，20世纪80年代污染比较严重的氰化物，经过整治后，近年来氰化物污染状况有所好转，虽然在部分泉水中仍有检出，但均未出现超标现象。

山西省岩溶地下水水质总的发展趋势与冶炼、铸造有关的重金属污染状况有所改善，但与采煤、居民生活有关的有机污染和更能代表泉域整体环境的TDS、硬度等污染状况加重。山西省岩溶泉水的水质总体趋势仍向变劣方向发展。山西岩溶大泉泉域都是巨型水资源系统，岩溶地下水从补给到排泄完成一个循环周期需要数年，地下调节库容都在数亿到数十亿立方米，如包括静库容则可达到百亿立方米，水化学组分在含水层中运移，除了水力作用下的对流迁移外，还存在着化学浓度梯度驱动下的扩散过程，因此一些污染组分含量的增加似乎是微不足道，但它的污染是代表一种全方位的整体污染，是几亿至数十亿立方米地下水的污染。山西省岩溶地下水污染发展趋势与污染状况是相当严峻的。由于2010年以来煤炭资源整合，大量处于煤田边缘地带的小煤矿关闭，还有一些煤矿停产，因此出现了大量煤矿“老窑水”的外溢，中国地质科学院岩溶地质研究所2016年调查发现，太原西山山前风峪沟以南的沟谷、阳泉市娘子关泉域山底河流域沟谷，几乎均有煤矿“老窑水”出流。调查分析结果表明，一些地区地下水受到了煤矿“老窑水”的污染。晋祠泉域内煤矿“老窑水”由于尚属于出流初期，且都是煤炭边缘浅部小型煤矿，这种污染的分布目前还仅呈现为点状特征。“老窑水”的化学成分很复杂，但总体上水质质量较矿坑水要差，它们的常量组分多在矿坑排水的两倍以上，多数情况下呈现出低pH值，高铁、锰和硫酸根的特征，根据2016年“老窑水”溢出点样品测试有pH值、HB、TDS、SO_4^{2-}、TFe、Mn、Co、NH_3-N、F、Ni共计10项超过《地下水质量标准》(GB/T 14848—2017)Ⅲ类标准，其中铁超标9.2倍、锰超标502倍。

2016年阳泉市娘子关泉域山底河流域沟谷酸性矿井水的pH值为2.47～7.28，均值为4.17；Ca^{2+}值为141.81～525.00mg/L，均值为408.48mg/L；Mg^{2+}值为74.15～1163.41mg/L，均值为444.49mg/L；Na^+值为30.65～393.87mg/L，均值为351.37mg/L；Fe^{3+}值为0.27～656.00mg/L，均值为467.92mg/L；Fe^{2+}值为0.02～350.74mg/L，均值为167.82mg/L。SO_4^{2-}值为1084.55～13683.47mg/L，均值为5716.18mg/L。水化学类型为Na-SO_4、Ca·Mg-SO_4、Mg-SO_4、Mg·Ca-SO_4。阳离子主要是Ca^{2+}、Mg^{2+}和Na^+，阴离子主要是SO_4^{2-}。梁永平等通过水化学、稳定同位素方法分析，认为煤矿酸性矿井水污染岩溶地下水是导致娘子关泉群SO_4^{2-}和总硬度超标的主要原因。酸性矿井水是由煤层和围岩中含有的硫化物、O_2、H_2O及微生物的共同作用下，发生氧化反应所形成的。一般认为酸性矿井水的形成是氧化亚铁硫杆菌、Fe^{3+}和O_2共同作用的结果。

需要说明的是，岩溶大泉水质评价与污染评价资料大多是2005年以前的，距今已经过去十多年，而这段时间正是山西生态环境持续好转的时期，岩溶大泉的保护意识提到了前所未有的高度，同时采取了一系列行之有效的保护措施，我们有理由相信，目前岩溶大泉水质已经有明显改善。

第五节　地下水水源地

一、地下水水源地概述

山西是一个水资源十分紧缺的省份，地下水水源的供水量占总供水量的一半以上，地下水水源地又是集中开采区，因此，研究地下水水源地的情况实际意义非常重大。

据本次搜集到全省11个市主要地下水水源地150处资料，经统计总开采量$184720\times10^4m^3/a$，合$506\times10^4m^3/d$，占全省地下水总开采量$990.43\times10^4m^3/d$的51.10%，所占比重约为一半。这150处地下水水源地除1处为备用水源地外，其余均为正常使用。

依据《供水水文地质勘察规范》（GB 50027—2001）地下水水源地规模划分标准，根据开采量划分，其中小型（$<1\times10^4m^3/d$）水源地85处，占总数的56.67%，开采量$14594\times10^4m^3/a$，占总开采量的7.90%；中型（$\geqslant1\times10^4\sim<5\times10^4m^3/d$）水源地46处，占总数的30.66%，开采量$35435\times10^4m^3/a$，占总开采量的19.18%；大型（$\geqslant5\times10^4\sim<15\times10^4m^3/d$）水源地10处，占总数的6.67%，开采量$31848\times10^4m^3/a$，占总开采量的17.24%；特大型（$\geqslant15\times10^4m^3/d$）水源地9处，占总数的6.00%，开采量$102843\times10^4m^3/a$，占总开采量的55.67%。

山西地下水源地数量以中、小型为主，占总数的87.33%；开采量则以大型和特大型为主，占总开采量的72.92%，见表2–5–1、表2–5–2。

表 2-5-1　山西省各市主要地下水源地分类统计表

序号	行政分区	按照规模大小分类									
		小型水源地		中型水源地		大型水源地		特大型水源地		小计	
		数量/处	开采量/（$10^4m^3\cdot a^{-1}$）	数量/处	开采量/（$10^4m^3\cdot a^{-1}$）	数量/处	开采量/（$10^4m^3\cdot a^{-1}$）	数量/处	开采量/（$10^4m^3\cdot a^{-1}$）	数量/处	开采量/（$10^4m^3\cdot a^{-1}$）
1	太原市	2	410	3	3658	2	3936	1	7300	8	15304
2	大同市	7	1592	3	3007	1	3119	—	—	11	7718
3	朔州市	9	1383	4	2187	—	—	1	7706	14	11276
4	忻州市	10	2183	7	6452	—	—	1	7300	18	15935
5	阳泉市	2	204	1	1000	—	—	1	6620	4	7824
6	晋中市	4	914	5	2032	2	5849	—	—	11	8795
7	吕梁市	22	4072	6	3416	1	3468	—	—	29	10956
8	长治市	7	823	—	—	1	5102	—	—	8	5925
9	晋城市	7	912	7	6415	1	2920	1	6623	16	16870
10	临汾市	8	1362	5	3489	—	—	4	67294	17	72145
11	运城市	7	739	5	3779	2	7454	—	—	14	11972
全省合计		85	14594	46	35435	10	31848	9	102843	150	184720

序号	行政分区	按照含水岩组分类							
		松散岩类孔隙水		碎屑岩类裂隙水		碳酸盐岩类岩溶水		小计	
		数量/处	开采量/（$10^4m^3\cdot a^{-1}$）	数量/处	开采量/（$10^4m^3\cdot a^{-1}$）	数量/处	开采量/（$10^4m^3\cdot a^{-1}$）	数量/处	开采量/（$10^4m^3\cdot a^{-1}$）
1	太原市	3	3341	—	—	5	11963	8	15304
2	大同市	11	7718	—	—	—	—	11	7718
3	朔州市	7	1716	1	73	6	9487	14	11276
4	忻州市	10	5669	—	—	8	10266	18	15935
5	阳泉市	—	—	—	—	4	7824	4	7824
6	晋中市	1	438	5	3943	5	4414	11	8795
7	吕梁市	9	2274	7	781	13	7901	29	10956
8	长治市	1	180	3	317	4	5428	8	5925
9	晋城市	—	—	—	—	16	16870	16	16870
10	临汾市	11	3492	—	—	6	68653	17	72145
11	运城市	13	11572	—	—	1	400	14	11972
全省合计		66	36400	16	5114	68	143206	150	184720

注：本表主要根据山西省地质勘查局、山西省水利厅地下水水源地资料及各方面的资料综合整理；“—”表示没有此数据。

表 2-5-2　山西省主要地下水水源地基本情况统计表

行政分区	序号	水源地名称	水源地地理位置	水源地中心经纬度	水源地投产时间	开采量/($10^4m^3·a^{-1}$)调查年份	水源地规模	含水岩组类型（地层代号）	水化学类型	水质 TDS/($g·L^{-1}$)	水源地面积/km^2	开采层段/m	开采井数/个	最大水位埋深/m
太原市	1*	兰村水源地	太原市尖草坪区上兰街道办上兰村北	112°26′35″ 38°01′27″	1957年4月	7300 2014年	特大型	岩溶水（O_2s）	$HCO_3·SO_4$–Ca·Mg	0.404	0.3	30～110	12	38
太原市	2*	柴村水源地	太原市尖草坪区上兰街道办呼延村东	112°27′10″ 37°58′20″	—	2036	大型	孔隙水（Q）	HCO_3–Ca·Mg	—	—	—	—	—
太原市	3*	枣沟水源地	太原市杏花岭区中涧河乡枣沟村	112°35′15″ 37°56′25″	1990年	1900 2014年	大型	岩溶水（O_2）	HCO_3–Ca·Mg	0.426	500	360～540	10	62
太原市	4	西张水源地	太原市尖草坪区柴村街道办西张村	112°28′13″ 37°57′50″	1970年1月	1095 2014年	中型	孔隙水（Qp_3+Qh）	HCO_3–Ca·Mg	<1.0	56	50～180	40	28
太原市	5	开化沟水源地	太原市晋源区罗城街道办开化村西边山	112°27′20″ 37°46′05″	1965年4月	856	中型	岩溶水（O_2）	$SO_4·HCO_3$–Ca·Mg	0.87～1.17	550	—	—	—
太原市	6	三给水源地	太原市尖草坪区柴村街道办三给地垒	112°29′23″ 37°54′16″	—	1707	中型	岩溶水（O_2）	HCO_3–Ca·Mg	—	—	—	—	—
太原市	7	阳曲县水源地	阳曲县黄寨镇县政府东北方向1km处	112°40′48″ 38°04′18″	—	200 2014年	小型	岩溶水（O_2）	HCO_3–Ca·Mg	0.255～0.325	—	650～900	3	248
太原市	8	仁义水厂	清徐县马峪乡仁义村	112°19′17″ 37°37′27″	—	210 2014年	小型	孔隙水（Q）	—	—	—	60～200	4	60
太原市	太原市小计8处				—	15304	—	—	—	—	—	—	—	—
大同市	9*	城北水源地	大同市平城区安家小村—圣水沟一带	113°16′30″ 40°08′30″	1964年1月	3119 2012年	大型	孔隙水（Q）	HCO_3–Ca·Mg	0.383	33	35～90	40	60
大同市	10	城南水源地	大同市云冈区城南	113°07′25″ 39°59′55″	1985年1月	871 2012年	中型	孔隙水（Q）	$HCO_3·SO_4$–Mg·Ca	0.674	34	40～80	20	65
大同市	11	城西水源地	大同市云冈区西水磨—时庄—马辛庄一带	113°12′05″ 40°01′30″	1985年1月	182 2012年	小型	孔隙水（Q）	$HCO_3·SO_4$–Mg·Ca、HCO_3–Ca·Mg、	0.406～0.863	47.3	35～85	15	55
大同市	12	口泉水源地	大同市云冈区口泉一带	113°07′48″ 40°00′13″	—	186 2012年	小型	孔隙水（Q）	$HCO_3·SO_4$–Mg·Ca	0.40～0.63	—	45～110	6	50
大同市	13	二三十里铺水源地	云州区二十里铺、三十里铺村一带	113°24′12″ 40°07′31″	2002年	350	小型	孔隙水（Q）	HCO_3–Na·Ca	—	—	—	—	—
大同市	14	梅家窑水源地	左云县张家场乡梅家窑村	112°51′35″ 40°06′09″	2010年	90	小型	孔隙水（Q）	HCO_3–Ca·Mg	0.219～0.510	14.73	—	—	—
大同市	15	十里河水源地	左云县十里河	112°49′29″ 40°03′27″	—	335 2012年	小型	孔隙水（Q）	$HCO_3·SO_4$–Mg·Ca	—	—	30～100	10	75
大同市	16	谷前堡水源地	天镇县谷前堡镇	114°03′54″ 40°26′12″	—	191	小型	孔隙水（Q）	$HCO_3·Cl$–Na	0. 568	—	—	2	—

续表

行政分区	序号	水源地名称	水源地地理位置	水源地中心经纬度	水源地投产时间	开采量/($10^4m^3 \cdot a^{-1}$)调查年份	水源地规模	含水岩组类型（地层代号）	水化学类型	水质TDS/($g \cdot L^{-1}$)	水源地面积/km^2	开采层段/m	开采井数/个	最大水位埋深/m
大同市	17	城南水源地	阳高县龙泉镇	113°43′39″ 40°21′05″	—	1643	中型	孔隙水（Q）	$HCO_3 \cdot Cl-Na$	0.4～0.5	—	—	—	—
大同市	18	党留庄水源地	云州区党留庄乡	113°25′35″ 39°58′11″	2003年	493	中型	孔隙水（Qp_{2+3}）	$HCO_3-Mg \cdot Ca$	0.22～0.56	13.25	—	—	—
大同市	19	城东水源地	浑源县永安镇	113°41′50″ 39°42′10″	—	258 2012年	小型	孔隙水（Q）	—	—	—	50～120	17	80
大同市	大同市小计11处				—	7718	—	—	—	—	—	—	—	—
朔州市	20	厦阁水源地	朔城区泥河—南磨—厦阁一带	112°23′06″ 39°16′43″	1991年5月	546 2012年	中型	孔隙水（Q）	$HCO_3-Ca \cdot Mg$	<0.410	20	25～75	5	35
朔州市	21*	耿庄第二水源地	朔城区小平易乡担水沟—北旺农场—小平易—陡沟村	112°27′19″ 39°22′56″	2003年	720 2012年	中型	岩溶水（O）	$HCO_3-Ca \cdot Mg$	—	—	410～650	13	65
朔州市	22*	刘家口第三水源地	朔城区下团堡乡刘家口—石崖湾村	112°23′51″ 39°25′22″	1982年5月	548	中型	岩溶水（O）	$HCO_3-Ca \cdot Mg$	0.124	10	—	—	—
朔州市	23*	平朔生活区第四水源地	朔城区北旺庄街道办北旺庄村	112°26′34″ 39°21′57″	—	219	小型	岩溶水（O_2）	$HCO_3-Ca \cdot Mg$	—	—	—	—	—
朔州市	24	神头泉水源地	朔城区神头镇神头泉	112°36′32″ 39°23′08″	1975年4月	7706 2003年	特大型	岩溶水（O_2）	$HCO_3-Ca \cdot Mg$	0.285～0.360	10	—	—	—
朔州市	25*	井坪镇第一水源地	平鲁区井坪镇下称沟村	112°17′40″ 39°30′19″	—	128	小型	岩溶水（O_{2+1}）	$HCO_3-Ca \cdot Mg$	—	—	—	—	—
朔州市	26	平番城第二水源地	平鲁区井坪镇平番城村	112°21′34″ 39°34′47″	—	73	小型	裂隙及岩溶水（C+P）	$HCO_3-Ca \cdot Mg$	0.19～0.21	—	—	—	—
朔州市	27*	白洋洼第三水源地	平鲁区井坪镇小白洋洼村西北	112°13′18″ 39°34′42″	—	166	小型	岩溶水（O_{2+1}）	$HCO_3-Ca \cdot Mg$	—	—	—	—	—
朔州市	28	北七里水源地	怀仁市云中镇北七里寨村	113°04′49″ 39°51′11″	—	350 2012年	小型	孔隙水（Q）	HCO_3-Na	—	—	50～110	5	60
朔州市	29	于家园水源地	怀仁市云中镇于家园村	113°03′54″ 39°52′29″	—	200 2012年	小型	孔隙水（Q）	HCO_3-Mg、HCO_3-Ca	—	—	35～85	6	65
朔州市	30	赵庄水源地	怀仁市何家堡乡赵庄村	113°01′10″ 39°48′45″	—	151 2012年	小型	孔隙水（Q）	HCO_3-Na、 HCO_3-Mg	—	—	40～90	5	50
朔州市	31	北信庄水源地	怀仁市云中镇北信庄村	113°03′46″ 39°53′34″	—	52 2012年	小型	孔隙水（Q）	$HCO_3 \cdot SO_4-Ca$、 $HCO_3 \cdot SO_4-Mg$	—	—	70～150	10	120
朔州市	32	北周庄水源地	山阴县北周庄镇	112°49′10″ 39°35′50″	—	373 2012年	中型	孔隙水（Q）	$HCO_3 \cdot SO_4-Na$、 $HCO_3 \cdot SO_4-Mg$	—	—	50～95	7	60

续表

行政分区	序号	水源地名称	水源地地理位置	水源地中心经纬度	水源地投产时间	开采量/($10^4m^3·a^{-1}$)调查年份	水源地规模	含水岩组类型（地层代号）	水化学类型	水质TDS/($g·L^{-1}$)	水源地面积/km^2	开采层段/m	开采井数/个	最大水位埋深/m
朔州市	33	南河种水源地	应县南河种镇	113°15′23″ 39°29′11″	—	44 2012年	小型	孔隙水（Q）	HCO_3–Ca、HCO_3–Mg	—	—	7～100	7	81
朔州市	朔州市小计14处				—	11276	—	—	—	—	—			
忻州市	34*	豆罗水源地	忻府区豆罗镇豆罗村北	112°42′10″ 38°18′28″	2002年	500 2013年	中型	孔隙水（Q）	HCO_3–Ca·Mg	0.30～0.50	9	48～150	15	62
忻州市	35	城北水源地	忻府区	112°44′50″ 38°28′01″	—	350 2013年	小型	孔隙水（Q）	HCO_3–Ca·Na	—	—	45～150	16	57
忻州市	36	西张水源地	忻府区西张乡西张村北	112°46′02″ 38°21′25″	—	151	小型	孔隙水（Q）	HCO_3–Ca·Mg	—	—	—	—	—
忻州市	37	龙口水源地	河曲县楼子营镇龙口—梁家碛一带	111°15′03″ 39°24′52″	1999年	350	小型	岩溶水（∈+O_2s）	HCO_3–Ca·Mg	0.370	1.5	—	—	—
忻州市	38	巡镇水源地	河曲县巡镇镇曲峪村西	111°13′50″ 39°16′20″	—	260	小型	岩溶水（O）	HCO_3–Ca·Mg	—	—	—	—	—
忻州市	39	旧县水源地	河曲县旧县乡旧县村	111°09′49″ 39°10′02″	—	213	小型	岩溶水（O）	HCO_3–Ca·Mg	<0.500	1.5	—	—	—
忻州市	40	楼子营水源地	河曲县楼子营镇楼子营村北	111°14′56″ 39°24′35″	—	1398	中型	岩溶水（O）	HCO_3–Ca·Mg	—	—	—	—	—
忻州市	41	铁匠铺水源地	保德县东关镇铁匠铺村西北	112°07′40″ 39°03′02″	—	155	小型	岩溶水（O_2s）	HCO_3–Ca·Mg	0.37～0.41	0.064	—	—	—
忻州市	42	圣水头水源地	繁峙县繁城镇圣水头村	113°17′05″ 39°11′18″	—	200 2013年	小型	孔隙水（Q）	HCO_3–Ca·Mg·Na	—	—	80～140	10	23
忻州市	43	滹沱河水源地	代县上馆镇滹沱河河谷	112°57′13″ 39°03′27″	—	147 2013年	小型	孔隙水（Q）	HCO_3·SO–Ca	—	—	45～200	7	65
忻州市	44	坪上泉水源地	五台县神西乡水泉湾河谷	113°14′57″ 38°33′44″	1996年	7300	特大型	岩溶水（O）	HCO_3–Ca·Mg	0.226	0.3	—	—	—
忻州市	45	文笔水源地	河曲县文笔镇坪泉村南	111°10′47″ 39°23′40″	—	453	中型	岩溶水（O）	HCO_3–Ca·Mg	—	—	—	—	—
忻州市	46	城市供水水源地	宁武县凤凰镇恢河河谷	112°18′15″ 39°01′37″	1988年	137	小型	岩溶水（O）	SO_4·HCO_3–Ca	0.398	—	—	2	—
忻州市	47	西镇水源地	原平市西镇乡西镇村	112°46′03″ 38°49′30″	—	761	中型	孔隙水（Q）	HCO_3–Ca·Mg	—	—	—	76	—
忻州市	48	南阳水源地	原平市西镇乡南阳村	112°46′07″ 38°49′30″	2006年	850	中型	孔隙水（Q）	HCO_3–Ca·Mg	0.314～0.850	33.6	—	—	—

续表

行政分区	序号	水源地名称	水源地地理位置	水源地中心经纬度	水源地投产时间	开采量/($10^4m^3 \cdot a^{-1}$)调查年份	水源地规模	含水岩组类型(地层代号)	水化学类型	水质TDS/($g \cdot L^{-1}$)	水源地面积/km^2	开采层段/m	开采井数/个	最大水位埋深/m
忻州市	49	阳房水源地	原平市西镇乡阳房村	112°46′24″ 38°48′12″	—	700 2013年	中型	孔隙水(Q)	$HCO_3 \cdot SO_4$–$Ca \cdot Mg$、HCO_3–$Ca \cdot Mg$	—	—	40～140	8	34
忻州市	50	兰村水源地	原平市阎庄镇兰村	112°38′37″ 37°37′18″	—	1790	中型	孔隙水(Q)	HCO_3–$Ca \cdot Mg$	—	—	—	—	—
忻州市	51	自来水公司水源地	定襄县晋昌镇西1000m滹沱河以南云中河谷	112°54′22″ 38°29′47″	—	220 2013年	小型	孔隙水(Q)	HCO_3–$Na \cdot Ca$	—	—	40～120	6	48
忻州市	忻州市小计18处				—	15935	—	—	—	—	—	—	—	—
阳泉市	52	城区水源地	阳泉市政府大院北	113°35′05″ 37°52′50″	—	137	小型	岩溶水(O)	$SO_4 \cdot HCO_3$–$Ca \cdot Mg$	—	—	—	—	—
阳泉市	53	矿区水源地	阳泉市矿区赛鱼西北	113°30′05″ 37°52′50″	1992年	1000	中型	岩溶水(O)	$SO_4 \cdot HCO_3$–$Ca \cdot Mg$	—	—	—	—	—
阳泉市	54	娘子关泉水源地	平定县娘子关镇程家村—下董寨村	113°48′05″ 37°57′37″	1962年	6620 2015年	特大型	岩溶水(O_2)	$HCO_3 \cdot SO_4$–$Ca \cdot Mg$或$HCO_3 \cdot SO_4$–Ca	0.6～0.7	5	—	—	—
阳泉市	55	温池水源地	盂县牛村镇温池村	113°29′35″ 38°05′15″	2003年	67	小型	岩溶水(O)	$SO_4 \cdot HCO_3$–$Ca \cdot Mg$	—	—	—	—	—
阳泉市	阳泉市小计4处				—	7824	—	—	—	—	—	—	—	—
晋中市	56*	源涡水源地	榆次区郭家堡乡源涡村	112°47′02″ 37°41′40″	1961年	2601	大型	碎屑岩(T)	HCO_3–$Na \cdot Ca$	0.547	84	80～120	13	89
晋中市	57*	西窑水源地	榆次区东赵乡西窑村	112°54′05″ 37°42′10″	1990年7月	555 2014年	中型	碎屑岩(T_{1+2})	HCO_3–$Ca \cdot Na \cdot Mg$	0.300	6	30～450	18	30
晋中市	58*	北山水源地	榆次区乌金山镇西沙沟村—河口村等	112°41′20″ 37°47′28″	2000年	350 2014年	小型	岩溶水(O_2)	$HCO_3 \cdot SO_4$–$Ca \cdot Mg$	0.573～0.807	—	—	5	141
晋中市	59	南河底水源地	榆社县城北2km处浊漳河阶地—河漫滩	112°56′58″ 37°05′05″	—	60	小型	孔隙水及裂隙水(Q+T)	—	—	—	—	4	—
晋中市	60	榆社电厂水源地	榆社县郝北镇南郝北村	112°47′10″ 36°56′55″	1993年	589 2014年	中型	碎屑岩(T)	HCO_3–Ca	—	—	—	29	—
晋中市	61	普洞水源地	平遥县段村镇普洞村	112°09′53″ 37°02′48″	—	110 2014年	小型	岩溶水(O)	—	—	—	200～400	3	210
晋中市	62	龙头水厂	介休市龙凤镇龙头村	111°56′50″ 37°00′39″	—	450 2014年	中型	岩溶水(O)	—	—	0.2512	65～150	3	60
晋中市	63	兴地水源地	介休市绵山镇兴地村	111°55′08″ 36°53′40″	—	规划开采量438	中型	孔隙水(Q)	—	1	—	—	4	93
晋中市	64	谢峪水厂	介休市绵山镇谢峪村	111°53′04″ 36°53′40″	—	256 2014年	小型	岩溶水(O)	—	—	—	120～220	4	115

续表

行政分区	序号	水源地名称	水源地地理位置	水源地中心经纬度	水源地投产时间	开采量/($10^4m^3 \cdot a^{-1}$)调查年份	水源地规模	含水岩组类型（地层代号）	水化学类型	水质TDS/($g \cdot L^{-1}$)	水源地面积/km^2	开采层段/m	开采井数/个	最大水位埋深/m
晋中市	65	洪山泉水源地	介休市洪山镇洪山村	112°01′56″ 36°59′17″	—	3248	大型	岩溶水（O）	$SO_4 \cdot HCO_3-Ca \cdot Mg$	0.646	—	—	—	—
	66	左权电厂水源地	左权县辽阳镇南1km处	113°21′38″ 37°03′59″	2010年	138	小型	孔隙水及裂隙水（Q+C）	$HCO_3 \cdot SO_4-Mg \cdot Na$ $HCO_3 \cdot SO_4-Ca \cdot Mg$ HCO_3-Mg	0.66～1.40	—	—	4	4
	晋中市小计11处				—	8795	—	—	—	—	—	—	—	—
吕梁市	67*	上安水源地	离石区北川河谷	118°08′09″ 37°34′37″	1998年	300	小型	岩溶水（O_2）	$HCO_3-Ca \cdot Mg$或 $HCO_3-Ca \cdot Na \cdot Mg$	0.3～0.4	8	—	6	168
	68*	七里滩水源地	离石区滨河街道办七里滩村大东川河南岸	111°10′34″ 37°31′35″	1992年9月	800	中型	岩溶水（O_2）	$HCO_3-Ca \cdot Mg$	0.3～0.6	2.5	—	4	—
	69	柳林县自来水公司水源地	柳林县城以东2km的柳林泉源出流区上青龙泉组	110°54′59″ 37°26′39″	1992	360	小型	岩溶水（O_2）	$HCO_3-Ca \cdot Na$	0.40～0.65	2	—	2	静水位 211
	70	柳林电厂水源地	柳林县穆村镇安沟村	110°49′02″ 37°24′45″	1995年	3468	大型	岩溶水（O_2）	$HCO_3-Ca \cdot Na$、 $HCO_3-Na \cdot Mg$、 $HCO_3 \cdot SO_4-Ca \cdot Na$	0.370～1.850	—	—	—	—
	71	北村水源地	岚县东村镇北村	111°39′31″ 38°16′49″	1991年	350	小型	孔隙水（Q）	$HCO_3-Ca \cdot Na$	0.45	0.004	—	5	—
	72	自来水公司水源地	岚县东村镇自来水公司院内	111°40′37″ 38°16′40″	1972年	70	小型	孔隙水（Q）	—	—	0.03	—	1	静水位 1
	73	北垣底水源地（一水厂）	汾阳市栗家庄乡北垣底村	111°46′06″ 37°18′28″	1978年	561	中型	孔隙水（Q）	$HCO_3 \cdot SO_4-Na \cdot Mg$	＜1	0.8	—	3	120
	74	协和堡水源地（二水厂）	汾阳市城西2.5km的协和堡以西	111°44′57″ 37°17′57″	1990年5月	146	小型	岩溶水（O_2）	$HCO_3-Ca \cdot Mg$	0.4	0.8	—	8	252
	75	汾酒公司水源地	汾阳市杏花村镇东西堡村	111°55′10″ 37°20′05″	1989年 11月	324	小型	岩溶水（O_2）	$HCO_3 \cdot SO_4-Ca \cdot Mg$	0.420	6	—	—	—
	76	三泉水源地	汾阳市三泉镇三泉村	111°41′58″ 37°12′40″	2004年	525	中型	岩溶水（O）	—	—	—	—	—	—
	77	田村水厂	汾阳市栗家庄乡田村	111°45′23″ 37°17′47″	—	430 2014年	中型	岩溶水（O）	—	—	—	260～380	12	258
	78	城区水源地	孝义市城区	111°45′56″ 37°08′08″	—	292	小型	孔隙水（Q）	—	—	0.13	—	—	64
	79	西辛壁三水厂	孝义市高阳镇西辛壁村	111°40′56″ 37°09′50″	2005年 11月	600 2014年	中型	岩溶水（O_2）	—	—	3.9	20～750	14	430

续表

行政分区	序号	水源地名称	水源地地理位置	水源地中心经纬度	水源地投产时间	开采量/（$10^4m^3·a^{-1}$）调查年份	水源地规模	含水岩组类型（地层代号）	水化学类型	水质TDS/（$g·L^{-1}$）	水源地面积/km^2	开采层段/m	开采井数/个	最大水位埋深/m
吕梁市	80	崇源头水源地	孝义市新义街道办崇源头村	111°44′18″ 37°07′53″	—	104	小型	孔隙水（Q）	$SO_4·HCO_3$–Ca·Mg	0.687～1.139	0.16	—	6	40
	81	六壁头水源地	孝义市高阳镇六壁头村	111°43′55″ 37°07′53″	—	500 2014年	中型	孔隙水（Q）	—	—	—	10～210	10	140
	82	章多沟水源地	文水县凤城镇章多村	112°00′48″ 37°27′07″	1978年	210 2014年	小型	裂隙水及孔隙水（Q+T）	$HCO_3·SO_4$–Ca·Mg	—	0.05	120～280	3	129
	83	沟口水源地	文水县凤城镇沟口村	112°01′19″ 37°28′02″	1976年9月	44	小型	裂隙水及孔隙水（Q+T）	$HCO_3·SO_4$–Ca·Mg	—	—	—	1	70
	84	南徐水源地	文水县凤城镇南徐村	112°01′53″ 37°28′13″	1977年2月	170	小型	裂隙水及孔隙水（Q+T）	$HCO_3·SO_4$–Ca·Mg	—	0.05	—	3	86
	85	乔家沟水源地	中阳县宁乡镇北乔则沟村南川河河谷	111°10′39″ 37°21′31″	—	146	小型	岩溶水（O_2）	HCO_3–Ca·Mg或 HCO_3–Ca·Na·Mg	0.3～0.4	3.0	—	2	静水位225
	86	庞家会水源地	中阳县宁乡镇北庞家会村南川河河谷	111°10′29″ 37°21′42″	—	62	小型	岩溶水（O_2）	HCO_3–Ca·Mg或 HCO_3–Ca·Na·Mg	—		—	1	静水位250
	87	舍则沟水源地	交口县水头镇舍则沟村	111°09′24″ 37°00′46″	1985年	146	小型	岩溶水（O_{1+2}）	HCO_3–Ca·Mg	0.36	0.07	—	2	静水位220
	88	乔家沟水源地	兴县蔚汾镇乔家沟村	110°08′55″ 37°33′22″	1990年	329	小型	岩溶水（O_2）	$HCO_3·SO_4$–Ca·Mg	0.2～0.5	9.0	—	3	静水位142
	89	吴家湾水源地	临县临泉镇吴家湾村南	111°03′31″ 38°05′01″	2006年	157	小型	孔隙水（Q）	—	—	0.12	—	—	—
	90	海则头水源地	临县白文镇海则头村	111°02′42″ 38°09′25″	2007年	110	小型	孔隙水（Q）	—	—	0.14	泉水	—	—
	91	西卫水源地	石楼县灵泉镇塔子上村—西卫村	110°48′56″ 37°01′42″	2005年	110	小型	裂隙水及孔隙水（Q+T）	裂隙水： $HCO_3·SO_4$–Na·Mg	裂隙水 0.5～0.7	2.0	—	3	裂隙水静水位26
	92	沙窑水源地	石楼县灵泉镇沙窑村	110°53′21″ 36°58′26″	2006年	50	小型	裂隙水及孔隙水（Q+T）	—	—	2.5		2	静水位裂隙水36
	93	南虎滩水源地	方山县积翠乡南虎滩村	111°18′36″ 37°58′46″	2004年	130	小型	孔隙水（Q）	—	—	0.36	—	1	—
	94	大营水源地	交城县西营镇大营村	112°06′44″ 37°30′40″	—	265 2014年	小型	裂隙水（T）	—	—	0.16	60～180	6	57
	95	瓦窑水源地	交城县天宁镇瓦窑村	112°08′05″ 37°33′21″	1994年8月	197	小型	裂隙水（Qp_1+T）	—	—	0.4	—	3	96
	吕梁市小计29处					10956	—	—	—	—	—	—	—	—

续表

行政分区	序号	水源地名称	水源地地理位置	水源地中心经纬度	水源地投产时间	开采量/($10^4m^3 \cdot a^{-1}$)调查年份	水源地规模	含水岩组类型（地层代号）	水化学类型	水质TDS/($g \cdot L^{-1}$)	水源地面积/km^2	开采层段/m	开采井数/个	最大水位埋深/m
长治市	96*	辛安泉水源地	潞城区辛安泉镇西流—南流村	113°23′37″ 36°22′15″	1986年4月	5102	大型	岩溶水（O）	$HCO_3 \cdot SO_4$–Ca·Mg	0.23～0.42	15	50～200	7	29
	97	山西水泥厂水源地	潞城区潞华街道办侯家庄村	113°11′35″ 36°19′40″	1993年12月	72	小型	岩溶水（O）	HCO_3–Ca·Mg	0.39～0.42	2	—	—	—
	98	城镇供水水源地	沁县定昌镇	112°40′40″ 36°44′52″	1991年	159	小型	裂隙水及孔隙水（Q+T）	—	—	—	—	6	105
	99	修善斜井水源地	壶关县龙泉镇修善村	113°13′03″ 36°06′42″	1981年7月	4 2006年	小型	岩溶水（O_1m）	HCO_3–Ca·Mg	0.5	—	—	—	—
	100	大京水源地	长子县朱丹镇大京村	112°54′53″ 36°10′02″	—	200 2014年	小型	岩溶水（O_2）	—	—	—	580～950	6	303
	101	自来水公司水源地	屯留区麟绛镇	112°52′40″ 36°19′43″	—	180 2014年	小型	孔隙水（Q）	HCO_3–Ca·Na	—	—	50～150	7	27
	102	自来水公司水源地	襄垣县古韩镇	113°02′36″ 36°31′57″	—	50 2014年	小型	岩溶水（O）	—	—	—	300～440	5	253
	103	书社水源地	武乡县丰州镇书社村	112°49′51″ 36°52′01″	2014年	158	小型	裂隙水及孔隙水（Q+T）	—	—	—	—	3	72
	长治市小计8处				—	5925	—	—	—	—	—	—	—	—
晋城市	104*	城区水源地	晋城市城区东、西、北南街	112°50′01″ 35°29′30″	1978年	1033	中型	岩溶水（O_2）	$HCO_3 \cdot SO_4$–Ca·Mg	0.452	75	—	80	145
	105	西上庄水源地	晋城市城区西上庄—北闫庄村一带	112°48′36″ 35°31′00″	—	439	中型	岩溶水（O_2）	$HCO_3 \cdot SO_4$–Ca·Mg	—	—	—	—	—
	106	钟家庄水源地	晋城市城区钟家庄乡钟家庄村	112°22′15″ 35°28′25″	—	1080	中型	岩溶水（O_2）	$HCO_3 \cdot SO_4$–Ca·Mg	—	—	—	—	—
	107	北石店水源地	晋城城区北石店镇北石店村	112°53′25″ 35°33′00″	1978年	1394	中型	岩溶水（O_2）	$HCO_3 \cdot SO_4$–Ca·Mg	0.409	68	—	35	194
	108	成庄水源地	泽州县下村镇成庄村	112°43′15″ 35°37′00″	1991年	365	中型	岩溶水（O）	$HCO_3 \cdot SO_4$–Ca·Mg	0.452	5	—	6	315
	109	巴公水源地	泽州县巴公镇巴公村	112°53′40″ 35°36′30″	1982年	971	中型	岩溶水（O_2）	$HCO_3 \cdot SO_4$–Ca·Mg	0.576	35	—	21	160
	110	芹池水源地	阳城县芹池镇芹池村	112°19′40″ 35°35′50″	—	54	小型	岩溶水（O）	$HCO_3 \cdot SO_4$–Ca·Mg	—	—	—	—	—
	111	町店水源地	阳城县町店镇町店村	112°27′00″ 35°25′56″	—	118	小型	岩溶水（O）	$HCO_3 \cdot SO_4$–Ca·Mg	—	—	—	—	—

续表

行政分区	序号	水源地名称	水源地地理位置	水源地中心经纬度	水源地投产时间	开采量/($10^4m^3 \cdot a^{-1}$)调查年份	水源地规模	含水岩组类型（地层代号）	水化学类型	水质TDS/($g \cdot L^{-1}$)	水源地面积/km^2	开采层段/m	开采井数/个	最大水位埋深/m
晋城市	112	下河泉水源地	阳城县润城镇下河村	112°31′55″ 35°29′20″	—	403	中型	岩溶水（O）	$HCO_3 \cdot SO_4$–Ca·Mg	<1	—	—	—	—
	113	延河泉水源地	阳城县东冶镇延河村北1km处的沁河西岸	112°32′17″ 35°25′07″	1998年	6623	特大型	岩溶水（O）	$HCO_3 \cdot SO_4$–Ca·Mg	0.365	156	—	—	—
	114	城北水源地	高平市城北	112°55′41″ 35°48′04″	—	122	小型	岩溶水（O）	$HCO_3 \cdot SO_4$–Ca·Mg	0.35～0.40	22.08	—	—	—
	115	川起水源地	高平市米山镇川起村	112°56′49″ 35°45′46″	—	146	小型	岩溶水（O）	$HCO_3 \cdot SO_4$–Ca·Mg	—	—	—	—	—
	116	五龙沟水源地	阳城县町店镇五龙沟村	112°28′34″ 35°32′10″	—	730	中型	岩溶水（O）	$HCO_3 \cdot SO_4$–Ca·Mg	0.295	13	—	3	—
	117*	郭壁泉水源地	泽州县铺头乡郭壁村丹河岸边	112°59′30″ 35°26′08″	—	2920	大型	岩溶水（$\in_2$+O）	HCO_3–Ca·Mg	0.328	11.87	—	13	—
	118	望川水源地	阳城县润城镇望川村沁河岸边	112°31′36″ 35°32′23″	—	233	小型	岩溶水（O）	$HCO_3 \cdot SO_4$–Ca·Mg	0.469	4	—	—	—
	119	城区水源地	高平市城区	112°45′20″ 35°41′05″	1983年	239 2006年	小型	岩溶水（O_2）	HCO_3–Ca·Mg	0.35	35	—	14	212
	晋城市小计16处				—	16870	—	—	—	—	—	—	—	—
临汾市	120	城区水源地	尧都区段店乡、屯里等乡镇	111°32′00″ 36°07′20″	1959年	236	小型	孔隙水（Q）	HCO_3–Ca·Mg	0.428～1.080	45	—	—	—
	121*	土门水源地	尧都区土门镇坟上村	111°27′25″ 36°10′25″	2000年	1000 2013年	中型	孔隙水（Q）	$SO_4 \cdot HCO_3$–Ca·Mg	—	—	70～140	18	98
	122*	龙子祠水源地	尧都区金殿镇龙祠村	111°22′30″ 36°04′30″	1986年	29797 2013年	特大型	岩溶水（O）	$SO_4 \cdot HCO_3$–Ca·Mg	0.686	泉水引水	—	—	—
	123	广胜寺泉水源地	洪洞县龙马乡李家庄村	111°33′15″ 36°15′01″	1973年	9980 2013年	特大型	岩溶水（O）	$HCO_3 \cdot SO_4$–Ca·Mg	0.457	泉水引水	自流	—	—
	124	范村水源地	翼城县王庄乡范村	111°44′01″ 35°47′30″	2002年	479	中型	岩溶水（O）	$HCO_3 \cdot SO_4$–Ca·Mg	—	—	—	—	—
	125	上驿桥水源地	侯马市上马街道办上驿桥村	111°19′01″ 35°34′40″	—	165 2013年	小型	孔隙水（Q）	$HCO_3 \cdot SO_4$–Ca·Mg	—	—	55～115	6	76
	126	南阳水源地	侯马市凤城乡南阳村	111°26′39″ 35°37′04″	—	584	中型	孔隙水（Q）	$HCO_3 \cdot SO_4$–Ca·Mg	—	—	—	—	—
	127	张少水源地	侯马市上马街道办张少村	111°21′30″ 35°35′43″	—	545 2013年	中型	孔隙水（Q）	—	—	—	35～82	10	48

续表

行政分区	序号	水源地名称	水源地地理位置	水源地中心经纬度	水源地投产时间	开采量/($10^4m^3 \cdot a^{-1}$)调查年份	水源地规模	含水岩组类型（地层代号）	水化学类型	水质TDS/($g \cdot L^{-1}$)	水源地面积/km^2	开采层段/m	开采井数/个	最大水位埋深/m
临汾市	128	下郇水源地	曲沃县北董乡下郇村	111°33′38″ 35°33′53″	—	140 2013年	小型	孔隙水（Q）	—	—	—	45～120	5	66
	129	大张水源地	霍州市大张镇大张村	111°45′03″ 36°34′59″	—	140 2013年	小型	孔隙水（Q）	$HCO_3 \cdot SO_4$-$Ca \cdot Mg$	—	—	80～159	4	87
	130	大张水厂	霍州市大张镇大张村	111°48′13″ 36°34′05″	—	300 2013年	小型	孔隙水（Q）	$HCO_3 \cdot SO_4$-$Ca \cdot Mg$	—	—	45～110	7	73
	131	郭庄泉水源地	霍州市区南7km处东湾村—郭庄村一带	111°41′58″ 36°30′09″	2005年	17536 2013年	特大型	岩溶水（O）	$HCO_3 \cdot SO_4$-$Ca \cdot Mg$	0.68	—	40～150	51	93
	132	广胜寺泉水源地	洪洞县广胜寺镇	111°33′15″ 36°15′01″	1973年	9980 2013年	特大型	岩溶水（O）	$SO_4 \cdot HCO_3$-Ca	0.492	—	自流	—	—
	133	赵城水源地	洪洞县赵城镇	111°40′08″ 36°23′01″	—	881 2013年	中型	岩溶水（O）	—	—	—	50～148	7	87
	134	城东水源地	襄汾县新城镇东	111°26′42″ 35°52′42″	—	140 2013年	小型	孔隙水（Q）	—	—	—	550～800	3	521
	135	老君沟水源地	翼城县唐兴镇寿城村老君沟自然村	111°40′58″ 35°45′24″	—	130 2013年	小型	孔隙水（Q）	—	—	—	80～150	3	130
	136	辛史水源地	翼城县王庄乡辛史村	111°40′58″ 35°45′24″	—	112 2013年	小型	孔隙水（Q）	—	—	—	200～280	3	158
	临汾市小计17处				—	72145	—	—	—	—	—	—	—	—
运城市	137	汾河口水源地	万荣县裴庄乡南百祥村	111°41′06″ 35°47′40″	—	104	小型	孔隙水（Q）	HCO_3-$Na \cdot Ca \cdot Mg$	<1.000	45	—	—	—
	138	三泉水源地	新绛县三泉镇	111°09′14″ 35°30′39″	—	135 2013年	小型	孔隙水（Q）	—	—	—	60～200	5	125
	139	自来水公司水源地	稷山县稷峰镇	110°58′30″ 35°35′50″	—	100 2013年	小型	孔隙水（Q）	—	—	—	50～160	3	76
	140	程社水源地	稷山县化峪镇程社村	110°53′43″ 35°37′53″	—	50 2013年	小型	孔隙水（Q）	—	—	—	40～180	2	66
	141*	蒲州水源地	永济市蒲州镇蒲州村	111°19′30″ 34°50′10″	1995年	1000 2014年	中型	孔隙水（Q）	HCO_3-$Na \cdot Ca$	<1.000	113	40～110	18	28
	142	苍头水源地	河津市阳村乡苍头村	110°37′30″ 35°36′00″	—	380	中型	孔隙水（Q）	—	—	—	—	5	120
	143	龙门水源地	河津市清涧街道办龙门村	110°37′25″ 35°39′40″	1986年5月	4059	大型	孔隙水（Q）	$SO_4 \cdot HCO_3$-$Ca \cdot Mg$	1.100	—	—	—	—

续表

行政分区	序号	水源地名称	水源地地理位置	水源地中心经纬度	水源地投产时间	开采量/($10^4m^3 \cdot a^{-1}$)调查年份	水源地规模	含水岩组类型（地层代号）	水化学类型	水质TDS/($g \cdot L^{-1}$)	水源地面积/km^2	开采层段/m	开采井数/个	最大水位埋深/m
运城市	144	连伯滩水源地	河津市阳村乡连伯村	110°39′50″ 35°33′45″	—	1278 2013年	中型	孔隙水（Q）	HCO_3-Ca·Mg·Na、HCO_3·SO_4-Ca·Mg·Na	0.20～0.50	20	20～85	15	15
运城市	145	汾河口水源地	万荣县裴庄乡西北部	110°36′53″ 35°29′11″	—	120	小型	孔隙水（Q）	HCO_3·SO_4-Ca·Na·Mg	<1.000	45	—	—	—
运城市	146	禹门口水源地	河津市清涧街道办禹门口村	110°36′15″ 35°391′55″	—	3395	大型	孔隙水（Q）	HCO_3·SO_4-Ca·Na·Mg、HCO_3-Mg·Ca·Na	0.43～1.36	88	20～70	34	16
运城市	147	阳村水源地	河津市阳村乡阳村	110°18′02″ 35°33′40″	—	400 2013年	中型	岩溶水（O）	—	—	—	80～300	3	75
运城市	148	下里水源地	临猗县东张镇下里村	110°39′49″ 35°04′45″	—	720 2014年	中型	孔隙水（Q）	—	—	—	50～110	32	48
运城市	149	西吴-仪张水源地	闻喜县桐城镇西吴村—仪张村一带	111°15′03″ 35°22′42″	—	100 2014年	小型	孔隙水（Q）	—	—	—	200～300	4	135
运城市	150	陈村水厂水源地	绛县陈村镇	111°37′25″ 35°28′12″	—	130 2014年	小型	孔隙水（Q）	—	—	—	150～200	10	165
运城市	运城市小计14处				—	11972	—	—	—	—	—	—	—	—
全省合计150处					—	184720	—	—	—	—	—	—	—	—

注：①六大盆地松散岩类水源地信息主要依据山西省地质调查院2016年3月提交的《山西省六大盆地地下水污染调查评价报告》资料，水源地最大水位埋深是指动水位；吕梁市山区水源地资料主要依据武鹏林等著、中国水利水电出版社2009年出版的《饮用水水源地环境保护规划理论与实践》信息，最大水位埋深是指静水位；其他水源地资料则综合各方面信息补充。

②“*”表示山西省生态环境厅地级城市集中式饮用水监测地下水水源地。

③“—”表示没有搜集到此项内容资料。

④本表水源地面积是指管理部门划定的水源地保护区面积，后面典型水源地中的面积是指勘查面积，二者意义不一样。

另据山西省水利厅2015年提交的成果资料，全省各市规模以上地下水水源地分布详见图2-5-1，从中可以看出，地下水源地数量以中、小型为主的特点。

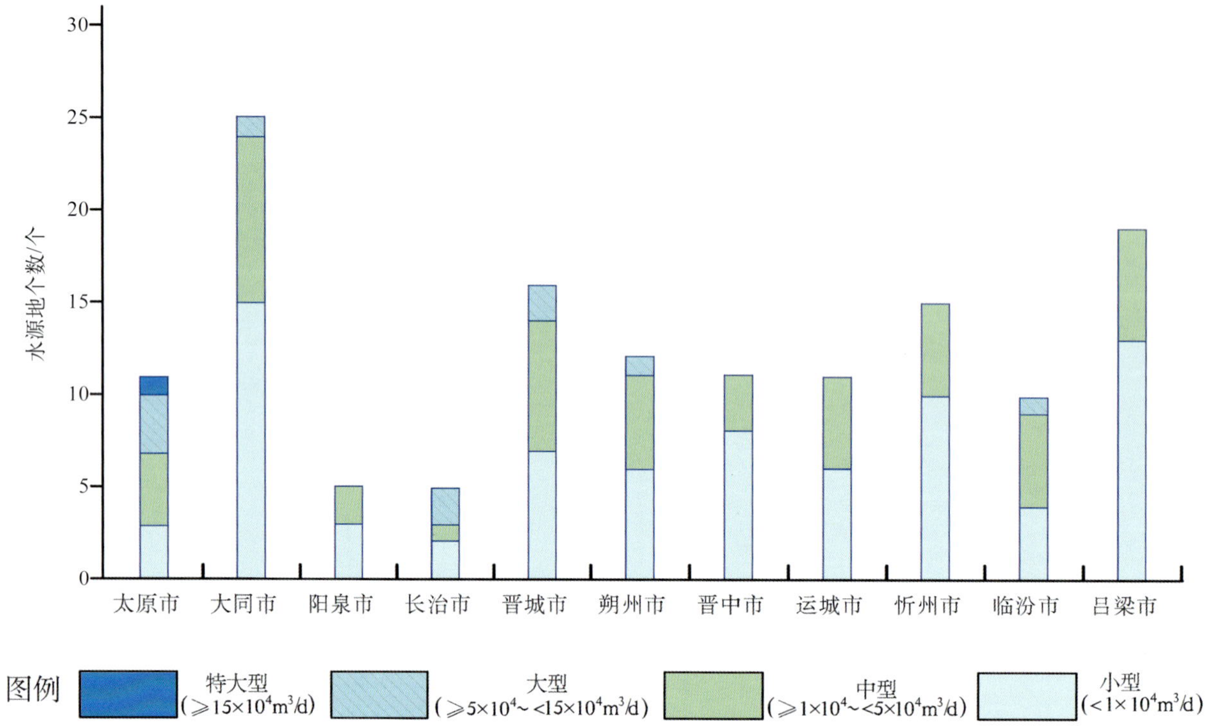

图2-5-1 山西省各市规模以上地下水水源地分布图

（据山西省水利厅等，《山西省第一次全国水利普查成果报告》，2015年4月）

全省150处水源地按含水岩组类型划分，其中松散岩类孔隙水水源地66处，占总数的44.00%，开采量$36400\times10^4m^3/a$，占地下水水源地总开采量的19.71%；碎屑岩类裂隙水水源地16处，占总数的10.67%，开采量$5114\times10^4m^3/a$，占地下水水源地总开采量的2.77%；碳酸盐岩类岩溶水水源地68处，占总数的45.33%，开采量$143206\times10^4m^3/a$，占地下水水源地总开采量的77.53%。由此可以看出，山西省地下水水源地数量孔隙水、岩溶水大致相当，裂隙水水源地较少；开采量则以岩溶水占绝对优势，其次是孔隙水为主，裂隙水最少。

从全省11市150处水源地地下水类型及开采量分布状况分析，孔隙水水源地66处，主要分布在各个盆地及黄河阶地区，开采新生界第四系上、中、下更新统孔隙承压水含水岩组；大同市11处水源地全部开采孔隙水；全省碳酸盐岩类岩溶水源地68处，广泛分布于山区及各盆地平原区，属于埋藏型岩溶水，以开采中奥陶统马家沟组地层岩溶水为主；晋城市16处水源地全部开采岩溶水；山丘区岩溶水源地主要分布于岩溶大泉径流区及排泄区；碎屑岩裂隙水水源地16处，不仅数量少，而且开采量及分布范围小，仅分布于朔州、晋中、吕梁与长治市。

另据2007年山西省水利厅城镇饮用水水源地调查评估，全省县级以上城市共有城镇集中饮用水水源地207处，其中湖库型水源地13处，占水源地总数的6.28%，地下水型水源地194处，占水源地总数的93.72%。山西省饮用水水源地以地下水为主，水库取水是山西省唯一地表取水形式，没有河道直接取水的形式。山西省的地下水水源取水形式又可以细分为泉口取水、管井取水、大口井取水、截潜流取水几种形式，其中以管井取水为主要取水形式。

根据2020年调查资料（王划，2022），山西省黄河流域范围内共有各类地下水水源地97处，包括集中式饮用水水源地和大型工矿企业的供水水源地。其中小型（$<1\times10^4m^3/d$）水源地64处，开采量$338515.44\times10^4m^3/a$；中型（$\geq1\times10^4\sim<5\times10^4m^3/d$）水源地20处，开采量$10328.98\times10^4m^3/d$；大型（$\geq5\times10^4\sim<15\times10^4m^3/d$）水源地8处，开采量$14994\times10^4m^3/a$；特大型（$\geq15\times10^4m^3/d$）水源地5处，开采量$327767.5\times10^4m^3/a$。上述不同规模地下水水源地累计开采量$61605.92\times10^4m^3/a$。97处水源地按地下水类型划分，其中孔隙水水源地30处（包括小型22处、中型5处、大型2处、特大型1处），开采量$310571.26\times10^4m^3/a$；裂隙水水源地12处（包括小型11处、大型1处），开采量$3718.8\times10^4m^3/a$；岩溶水水源地55处（包括小型31处、中型15处、大型5处、特大型4处），开采量$47315.86\times10^4m^3/a$。

概括起来，山西省饮用水水源具以下5个主要特点：

1）水源地以地下水为主，地下水中承压岩溶水占绝大多数，且水源地多分布于岩溶泉域内。

2）山西省县级以上城市饮用水水源地85%以上为小型水源地，日供水量$<1\times10^4m^3/d$。

3）山西省饮用水水源地水质总体较好。

4）大型及特大型规模水源地勘查程度比较高，基本达到了勘探阶段。

5）企业自备水源地普遍规模大、勘查程度高。

2008年国家启动饮用水水源保护区划分工作，山西省于2009年完成了集中式饮用水水源地保护区划定工作，全省共划定207处城镇集中式生活饮用水水源地保护区。其中包括地表水水源地13处、地下水水源地194处。在22个县级以上城市中共有集中式生活饮用水水源地51处。山西省207处饮用水水源地共划定保护区300处，地表水水源地保护区26处，面积约$5785km^2$；地下水水源地保护区274处，面积为$1706km^2$；准保护区12处，面积为$5637km^2$；一级保护区207处，面积为$203km^2$；二级保护区81处，面积为$1651km^2$。

全省饮用水水源地保护现状堪忧，集中式饮用水水源地保护区的界桩、界碑、警示牌、宣传牌等基础设施短缺，破坏严重，还相当不完善；集中式饮用水水源地一级保护区内还存在排污口、排污企业以及新建、扩建与保护水源和供水设施无关的项目。建立了保护区却得不到有效实施或执行不力，这比没有保护区后果更加严重，影响更为恶劣。水源地保护责任重大，任务艰巨。

二、地下水水源地勘探成果

（一）省地质勘查局地下水水源地勘探成果

山西省地质勘查局所属三个水文地质队是省内地下水水源地勘查的中坚力量，特别是在岩溶水勘查、深井钻探方面具有得天独厚的优势，不仅技术力量雄厚，水文地质资料积累丰富，而且勘探设备先进齐全，长期以来发挥了山西地下水水源地勘查主力军作用，为解决全省生产生活用水困难作出了突出贡献，为全省经济社会发展起到了积极的推动作用（山西省地质勘查局，2018）。

成立于1958年的山西省第一水文地质工程地质队，是省内第一支专门从事水文地质勘查的专业队伍，几十年来，累计完成城市供水水源地勘查面积$3\times10^4km^2$，打井5000多眼，为太原、大同、晋中、侯马等大中型城市和山西铝厂等大型骨干企业提供了充足的水源保障。

1.地下水水源地勘探成果概述

自20世纪60年代以来，山西省地质勘查局为全省城市、工矿企业等探明的主要地下水水源地就达57处（表2-5-3）。其中特大型水源地6处，占总数的10.53%；大型水源地16处，占总数的28.07%；中型水源地26处，占总数的45.61%；小型水源地9处，占总数的15.78%。提交可采资源量$397.1253\times10^4m^3/d$。已经开发和可供开发的A级（验证的）开采资源$71.1\times10^4m^3/d$，占总资源量的17.9%；B级（探明的）开采资源$136.8453\times10^4m^3/d$，占总资源量的31.8%；已完成详查可供勘探的C级（控制的）开采资源$126.47\times10^4m^3/d$，占总资源量的31.8%；作为远景规划可进一步详查的D级（推断的）开采资源$62.81\times10^4m^3/d$，占总资源量的15.8%。这些水源地中，正在利用的水源地47处，大多数水源地经过几十年开采，水量与水质都比较稳定，备用水源地10处。这些水源地为山西省城市和重要工程供水起了十分重要的作用，有些取水工程在全国都有示范意义。如212地质队于1981年建成的壶关县修善斜井水源地，开创了我国北方缺水山区用斜井开发中奥陶统石灰岩深水位岩溶地下水的新模式，这在当时是一个创举，曾受到1981年在太原召开的“中国北方岩溶和岩溶水学术讨论会”代表的高度评价。这些水源地从取水方式可以分为：岩溶大泉泉口提引水、斜井取水及深井取水；水源地含水岩组包括松散岩类孔隙水、碎屑岩类裂隙水、碳酸盐岩岩溶水、变质岩裂隙水等。

表 2-5-3　山西省地质勘查局水源地勘探成果统计表（2018 年）

序号	水源地名称	水源地规模	资源储量（$10^4m^3 \cdot d^{-1}$）					提交时间（年-月）	水源地运行现状
			合计	验证的（A级）	探明的（B级）	控制的（C级）	推断的（D级）		
1	阳泉市城市供水水源地	大型	6.56		6.56			1962-12	良好
2	太原市西张水源地	特大型	37.2	21.1	16.1			1965-03	良好
3	阳泉市乱流水源地	大型	5.25			5.25		1972-12	良好
4	偏关城关水源地	中型	2.59			2.59		1973-12	良好
5	洪洞赵城维尼纶厂水源地	大型	12.1		12.1			1976-05	良好
6	太原市兰村水源地	特大型	50.0	50.0				1978-04	良好
7	侯马市驿桥水源地	中型	2.03			2.03		1980-08	良好
8	临汾钢铁厂水源地	中型	1.0				1.0	1985-11	良好
9	保德电厂供水铁匠铺水源地	特大型	25.92		17.28	8.64		1986-10	备用
10	翼城春雷厂水源地	中型	2.75				2.75	1986-12	良好
11	宁武县城市供水水源地	小型	0.19			0.19		1986-12	良好
12	河曲电厂龙口水源地	大型	12.96		8.64	4.32		1987-06	备用
13	孝义赵家庄水源地	中型	1.88				1.88	1987-04	良好
14	河曲龙口水源地	大型	12.96		8.64	4.32		1987-06	良好
15	孝义铝矿圪卓头水源地	小型	0.4202		0.4202			1987-07	良好
16	孝义铝矿下堡水源地	小型	0.2651		0.2651			1987-07	良好
17	河曲旧县水源地	特大型	17.28		17.28			1987-12	备用
18	河津县禹门口清涧湾水源地	特大型	20.54		20.54			1988-05	正常
19	永济市三家庄水源地	大型	10			10		1988-12	良好
20	大同市万泉河水源地	中型	3.9				3.9	1989-04	良好
21	万家寨引黄工程水源地	中型	4.58				4.58	1989-04	良好
22	原平滹沱河铝基地水源地	大型	14.0			14.0		1989-05	备用
23	朔州南榆林水源地	中型	3.0			3.0		1989-06	备用
24	大同市文瀛湖水源地	中型	1.9			1.9		1989-06	良好
25	河津县汾河口水源地	大型	8.6			8.6		1989-12	备用
26	河津市禹门口岩溶水水源地	大型	9.0			9.0		1989-12	备用
27	五台坪上泉水源地	特大型	24.19				24.19	1996-12	良好
28	兴县东部乔家沟水源地	中型	4.3		2.4	2.0		1990-09	良好
29	榆次西窑水源地	中型	3.1		3.1			1990-06	良好
30	文水文峪河水源地	大型	8.5			8.5		1990-11	良好
31	太原东山枣沟水源地	大型	7.2		5.0	2.2		1991-07	良好
32	侯马电厂浍河水源地	中型	3.0				3.0	1991-10	良好
33	侯马电厂扩建水源地	中型	1.6			0.6	1.0	1991-10	良好
34	霍州什林水源地	大型	12.96			12.96		1991-12	良好
35	沁县城镇供水水源地	小型	0.61		0.61			1991-12	良好
36	汾阳杏花村汾酒厂水源地	中型	2.0		1.3	0.7		1992-08	良好
37	山西化纤厂汾河傍河取水水源地	中型	2.0			1.5	0.5	1993-04	备用

续表

序号	水源地名称	水源地规模	资源储量（$10^4m^3 \cdot d^{-1}$）					提交时间（年–月）	水源地运行现状
			合计	验证的（A级）	探明的（B级）	控制的（C级）	推断的（D级）		
38	永济蒲洲码头水源地	大型	10.0			8.0	2.0	1993–06	良好
39	左权电厂水源地	中型	3.5				3.5	1993–12	良好
40	岚县工业水源地	大型	5.3				5.3	1993–12	备用
41	山西水泥厂潞城侯家庄水源地	中型	1.1		0.66	0.44		1994–02	良好
42	交口双池电厂水源地	中型	3.0			3.0		1994–06	良好
43	原平第二铝厂生活用水水源地	中型	2.18				2.18	1995–01	良好
44	孝义岩溶水源地	大型	7.03				7.03	1995–01	良好
45	侯马市南阳水源地	中型	1.69			1.69		1995–12	良好
46	榆次北山岩溶水水源地	中型	3.1		2.2	0.9		1997–12	良好
47	长治市城市供水水源地	中型	3.0			3.0		1997–12	良好
48	吉县明珠水源地	小型	0.22			0.22		1998–10	良好
49	万荣县汾河口山西铝厂水源地	大型	10.0		8.0	2.0		1998–12	备用
50	山西鲁能晋北铝业有限责任公司原平市阳房水源地	中型	2.1		2.1			2004–09	良好
51	朔州市平鲁区平番城水源地	小型	0.52			0.52		2004–12	良好
52	左云十里河水源地	小型	0.55		0.55			2005–10	良好
53	忻州广宇煤电有限公司曹张水源地	中型	1.14			1.14		2005–12	良好
54	山西赵城新能源热电有限公司洪洞王开水源地	中型	2.0			2.0		2006–03	良好
55	晋城市岩溶新水源地（郭壁段）水	中型	3.1		3.1			2006–12	良好
56	乡宁县自来水公司鄂河水源地	小型	0.27			0.27		2017–12	良好
57	乡宁县自来水公司樊家坪水源地	小型	0.99			0.99		2017–12	良好
合计			397.1253	71.1	136.8453	126.47	62.81		

2.山西省第一眼开采岩溶地下水管井

1959年，按照山西省计委的指示，山西省地质局水文队承担了阳泉市地下水普查任务。当时，我国机械制造能力十分薄弱，投入该项目的只有两台500型手把式钻机，两辆抗日战争遗留下来的美国军用卡车，一台质量不佳的压风机和少量的小口径管材。根据施工能力，沿地下水流向自阳泉市区至娘子关泉水，布置了阳泉、白羊墅、岩会3个水文孔。垂直地下水流向，在平定布置一个水文孔。由于地下水水位埋藏较浅，便于进行抽水试验，这几个钻孔都布置在标高较低的河床两岸。在峡谷山区，为了钻机运输方便，阳泉、白羊墅、岩会三个钻孔都布置在火车站附近。施工结果，阳泉、白羊墅两个水文孔，地下水水位埋深近300m，由于水位过深，只进行了注水试验。平定水文孔，遇到了石膏层过软，提钻后再次下钻，找不到原来的钻孔，施工困难。只有下游的岩会水文孔，地下水水位埋深较浅，利用压风机进行了抽水试验，出水量每天数百立方米。岩会处于奥陶系石灰岩缺水的山区。从此岩会结束了每天在娘子关车站将水罐车灌满泉水，用火车运到岩会以解决生活用水的困难局面。自从有了岩会水文孔，当地把它作为生产管井使用，彻底改变了火车运水的艰难局面。岩会这个水文地质普查孔，是山西省第一眼开采岩溶地下水管井。

3.山西省第一个特大型水源地——太原市西张水源地

1964年3月至1965年3月，为解决太原市西南郊化工区工业用水问题，山西省地质局水文地质工程地质队在以西张为中心60km²范围内进行了勘探，共完成勘探孔55个，钻探总进尺3917m。1965年3月提交勘探报告，提交A级（验证的）开采储量$21.1\times10^4m^3/d$，B级（探明的）开采储量$16.1\times10^4m^3/d$，为太原市找到第一个特大型水源地。该项目由原山西省地质局局长申梦华亲自主持，全局水文地质技术骨干力量几乎都投入该项工作，开展了山西省地质局最为辉煌的一次大会战。西张水源地至今运行良好，担负着太原市的供水任务。2020年开采量$5.97 \times 10^4 m^3/d$。最大开采量曾达$30 \times 10^4 m^3/d$。它是山西省第一个特大型地下水水源地。

4.地下水水源地开发利用现状调查

2021年4月，山西省地质调查院提交了中国地质科学院岩溶地质研究所委托项目“山西省黄河流域主要地下水水源地开发利用现状调查”成果。该项目对山西省黄河流域开采量$>1 \times 10^4 m^3/d$（中型及以上）的地下水水源地的开发利用现状进行了系统调查。调查的水源地包括集中式饮用水水源地和大型工矿企业的供水水源地。调查了地下水水源地动态特征及其变化规律，分析水文地质环境问题及发展演化趋势，并且进一步核实了地下水水源地地理位置、地下水类型、开采量等信息，掌握了区域地下水开发利用现状，为地下水储存量、可开采量评价提供了基础资料，并提出了水资源合理开发利用建议。

（二）省煤炭地质局煤矿供水地下水水源地勘探成果

早在1952年隶属于大同矿务局的115队就开始了煤矿供水水源勘探工作。开始在雁崖、王庄、口泉进行了临时水源地初勘，随后又在白马城、平旺等地进行了水源地勘查。1952—1957年，该队共施工水文孔（水井）73眼，钻探进尺2532m，勘查面积$80.5km^2$，探明水资源量$2.99 \times 10^4 m^3/d$。

1）1954年底山西省煤田地质第二大队（114队）组成水源分队，在太行山中段发现了辛安泉，其平均流量为$11.90m^3/s$，最大为$16.21m^3/s$，最小为$9.00m^3/s$，共有泉点170多处，分布在西流至北耽车16km河床和沿岸。

2）1955年7月，144队水源队提交了《介休洗煤厂供水水源详查报告》，获得水资源量$2.6 \times 10^4 m^3/d$。

3）1955年12月114队提交《沁水煤田襄垣潞城水文地质普查报告》，这是全省第一个煤矿区供水水源地报告，首次对寒武系—奥陶系划分出五大岩溶含水层和相对隔水层，初步查明辛安泉域面积为$13500km^2$。辛安泉域优质岩溶水的发现为长治市区、潞安矿区找到了可靠的优质水源，为解决长治市水源问题提供了保障，为解决长治市和潞安矿区缺水问题作出了重要贡献，因而有关人员受到时任省委书记陶鲁笳的亲切接见和表扬。

4）1957年1月提交了《两渡供水水源初勘报告》，获得水资源量$2410m^3/d$。

5）1952—1957年，山西省煤田地质系统共完成水源勘查项目15项，获得水资源量$207.88 \times 10^4 m^3/d$，保证了新建和扩建煤矿及附属电厂、洗煤厂生产和生活用水的急需。

6）1958—1965年，115队先后完成新高山、新平旺、鹅毛口等11个水源地的勘查，提交水资源量$6.98 \times 10^4 m^3/d$。

7）1959年，114队在潞安矿区南流进行了水源地勘探，提交了《南流水源地勘探报告》，获得地下水总量$959040m^3/d$，其中A_2+B级（验证的及探明的）$698112m^3/d$，A_2级（验证的）$321408m^3/d$，该报告是全省第一个矿区岩溶水勘探报告。

8）1960年，144队提交了《霍县矿区南下庄—曹村水源勘探报告》，获得水资源量$3218.6m^3/d$。

9）1961年10月，148队提交了《富家滩矿水源勘探报告》，提交地下水资源量$13324m^3/d$，彻底结束了富家滩矿用火车拉水吃的历史，受到省领导的多次表扬。

10）“二五计划”期间至“三年调整”期间，山西省煤田地质系统共完成水源勘探项目45个，施工水文孔509个，进尺$7.16 \times 10^4 m$，抽水试验312次，获得水资源量$165.47 \times 10^4 m^3/d$。

11）1965年3月，148队提交了《高平矿区王报区供水水源初勘报告》，提交地下水资源量$7800m^3/d$，被省储委评为“优等”报告，这是山西省煤田地质系统的第一份优质水源地勘查报告。

12）在1966—1975年，10年间全局共完成水源地勘探项目9个，水源钻孔79个，进尺8884.9m，抽水试验63次，获得水资源量$19.91 \times 10^4 m^3/d$。

13）为解决矿区供水紧张的矛盾，寻找更多的地下水源，经有关部门批准，山西省煤田地质系统于1973年成立了专业水源勘查单位——山西省煤勘四队（后更名为山西省煤田地质229队、山西省煤炭地质水文勘查研究院），使这一时期的煤田水文地质勘查工作得到很大改善和加强。该队20年间完成大同、平朔、西山、阳泉、霍县、晋城、离柳等矿区的大型水源勘探项目17个，钻孔272个，总进尺

10.9×10^4m，探明地下水资源量$164.31 \times 10^4 m^3/d$。同时积累了大量的水文地质资料，为各大矿区的开发建设提供了水资源保证。

山西省煤田地质系统1981—1991年完成的主要水源地勘探项目主要成果见表2-5-4。

表 2-5-4　山西省煤炭地质局水源地勘探主要成果统计表（1981—1991 年）

序号	水源地名称	水源地规模	储量（$10^4 m^3 \cdot d^{-1}$）					成果提交时间（年-月）	含水层类型
			合计	验证的（A级）	探明的（B级）	控制的（C级）	推断的（D级）		
1	古交矿区西曲水源地	大型	5.5497		1.4123	2.4097	1.7277	1981-12	奥陶系岩溶水
2	太原西山矿区水源地	中型	2.824		2.824			1971-03	奥陶系岩溶水
3	霍州矿区水源地	大型	6.281885		6.281885	1983.12			奥陶系岩溶水
4	平朔矿区水源地	特大型	17.3027		17.3027			1984-05	奥陶系岩溶水
5	大同矿区水源地	大型	9.6		9.6			1983-12	第四系孔隙水
6	阳泉赛平区岩溶水水源地	大型	11.08	4.992	6.008		1992.09		奥陶系岩溶水
7	阳城县五龙沟水源地	中型	2.0		2.0			1991-12	奥陶系岩溶水
8	阳城县望川水源地	小型	0.63364		0.63364		1991.12		奥陶系岩溶水
9	泽州县成庄水源地	中型	1.0		1.0			1991-12	奥陶系岩溶水
合计			56.191925		39.131	15.333225	1.7277	1971-03—1992-09	

经统计，山西省煤炭地质局在1956—2013年提交的水源地勘查成果，共计提交地下水资源储量$491.93 \times 10^4 m^3/d$，其中B级（探明的）资源量$266.35 \times 10^4 m^3/d$，C级（控制的）资源量$34.89 \times 10^4 m^3/d$，D级（推断的）资源量$190.66 \times 10^4 m^3/d$。

山西省煤炭地质局为煤矿解决供水水源的勘查成果同时惠及了矿区所在地的城乡生产生活用水，有的勘查项目本身就有矿地两用的目的。期间还专门为城镇乡村打井，解决生产生活用水问题。

据不完全统计，从1954—2013年，全局各院（队）共打成供水井614口，钻探进尺21.2×10^4m，获得地下水水资源量$271.16 \times 10^4 m^3/d$。

山西省煤炭地质局在1953—1957年、1986—1990年时期，组织大量水文地质技术力量和钻探设备支援地方水利工程建设及抗旱打井工作，共完成水文地质调查面积1092.15km²，施工钻孔（包括水井）224个，钻探总进尺34232.10m，提交地下水资源量1345170.60m³/d。

（三）其他勘查单位地下水水源地勘探成果

1.山西省水利水电勘测设计研究院有限公司水源地勘查

山西省水利水电勘测设计研究院有限公司成立于1958年5月（山西省水利水电勘测设计研究院，2008），曾冠名水利部山西省水利勘测设计院、水利电力部山西省水利勘测设计院、水利部山西水利水电勘测设计研究院，现更名为山西省水利水电勘测设计研究院有限公司，60多年来，完成了多项山西省中长期水利规划、流域综合规划、水资源评价、水源地勘查，特别是近年来承担的山西省新水源工程和大水网工程项目的规划勘测设计工作，为实现山西省河湖连通、提高水资源配置奠定了基础。

1949—1954年，在全省打井90眼，井管口径由3～5寸[1]加大到6～8寸，井管质量由木管发展为钢管；1954—1958年，与省勘察院合作，完成了太原市、大同市的水源地勘探任务；1966—1970年，为了适应全省抗旱需求，共在全省打井578眼，主要为农业开发松散岩类孔隙水，也有少量井是开采基岩裂隙水，为农田基本建设服务；1971—2008年，在全省各地成功施工供水井47眼。另外，2002年在榆社县、左权县农村人畜吃水困难的地方施凿了数十眼水井，解决了当地长期以来吃水困难。

2.中国能源建设集团山西省电力勘测设计院有限公司水源地勘查

中国能源建设集团山西省电力勘测设计院有限公司成立于1958年，曾冠名山西省电力厅基建局设

[1] 1寸=3.3333cm。

计院、山西省电力设计院、山西省电力勘测设计院。几十年来，该公司完成了大量的山西火力发电厂的地下水水源地勘查工作，代表性的成果包括：阳城电厂水源地、柳林电厂水源地等，为山西火电工业的发展作出了重大的贡献。

3.山西省勘察设计研究院有限公司水源地勘查

山西省勘察设计研究院有限公司隶属于山西省建设科技集团有限公司，其前身是始建于1956年的山西省勘察设计研究院，60多年来承担了山西省内许多城镇水源地水文地质勘查、水资源开发与评价、地下水环境质量评价、给排水设计与大口径深井钻探施工等工作。

上述三家公司地下水水源地勘查成果资料，由于种种原因没有搜集到，因此无法进行统计，深表遗憾。

4.“中华第一斜深井”——阳泉小河斜井

小河斜井位于山西省阳泉市郊区义井镇小河村，桃河南岸，是著名红色作家石评梅女士的故乡。是阳泉市唯一的省级历史文化名村。20世纪70年代，由于桃河水干涸断流，小河村出现水荒，村民吃水非常困难，于是自发组织起来，集中全村力量和智慧开挖地道式斜井。1974年开始施工至1982年，历时8年，建成了我国最深的供水斜井，后经不断完善，最终成为我国北方地区十分罕见、深度超过700m的斜深井，被人们誉为“中华第一斜深井”。目前在斜井旁边建了展览馆，向人民讲述当年小河人打斜井的动人故事，现在成为阳泉市的一处旅游景点。

该斜井斜长736m，垂深394m，断面2.0×2.5m，倾角约30°，出水量8000m^3/d左右，静止水位埋深175m，不仅满足了全村人畜用水、农田灌溉用水，而且还支援了阳泉电厂部分用水。小河斜井位于桃河南岸，朝向北东，开口终止均在中奥陶统峰峰组，岩层产状平缓。当斜井施工到636m时，垂深308m，静止水位埋深175m，出水量3400m^3/d左右，地下水几乎全部出自破碎带的岩溶裂隙水。为了增加出水量，在斜井底施工了一个斜度48°钻孔，口径108mm，孔深53.8m，斜井出水量增加到6000m^3/d，该斜井施工加深到斜长736m，垂深394m，出水量8000m^3/d左右。该斜井东300m有一逆断层，走向北东20°，倾向北西，断距15m，断层延长约4km。详见图2-5-2。

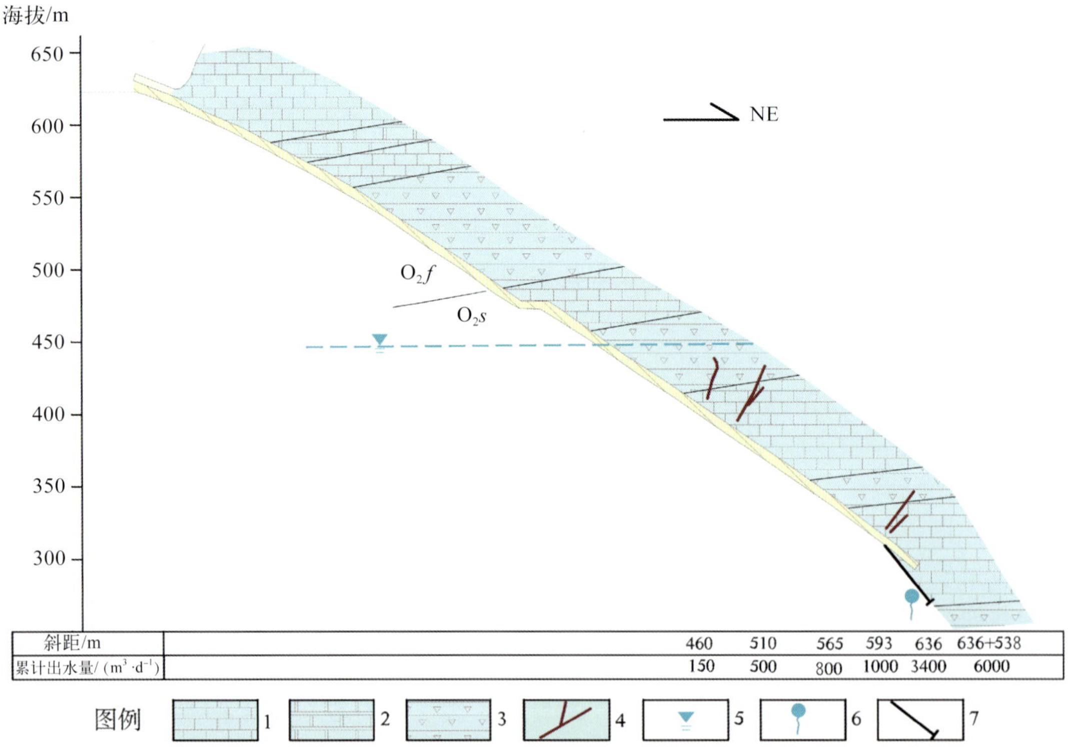

图2-5-2　山西省阳泉市小河斜井水文地质剖面图

（据钱学溥、王贵喜，《桃河沿岸岩溶地下水开发》，1982年）

1—石灰岩；2—白云岩；3—泥灰岩及角砾状灰岩；4—破碎带及裂隙；5—岩溶地下水水位；6—出水点；7—钻孔

小河斜井的成功，再一次证明了劳动人民是最智慧的真理。小河斜深井的建成开创了我国在石灰岩中人工开凿斜水井的先河，为缺水地区寻找地下水树立了典范。之所以打斜井，是因为当时小河村没有经济能力请地质队用钻探的方法打几百米深的垂直深井，村民又十分熟悉附近煤矿打斜井采煤的技术，于是突发奇想，打斜井取水。斜井刚建成时，用的是水车，通过卷扬机沿700m有余轨道一车车地向地面运水，后来又换成深井泵抽水。目前，小河人经济发展了，新的机井供水早已取代了斜井取水，当年的斜井成为教育后人、旅游观光的景点。

小河斜井被我国著名水文地质学家钱学溥先生发现后，对其成功经验进行了科学总结，并将撰写的论文《桃河沿岸岩溶地下水的开发》于1981年5月在太原召开的首届“中国北方岩溶和岩溶水学术讨论会”上进行了交流，斜井取水的成功经验引起了与会代表的浓厚兴趣，会议专门安排代表对其进行了野外考察，并对这种开采岩溶水的方法进行推广。

小河斜井也是山西省少数利用中奥陶统峰峰组作为含水层开采的典型案例。

三、有开采潜力的重点水源地

山西已探明或基本探明的有开采前景的重点地下水水源地主要分布在忻州市、长治市、晋城市等开采程度较低、可开采剩余量较大、开发利用潜力较大的地市，以开采岩溶地下水为主；吕梁市因柳林岩溶大泉基本未开发利用，因而可作为重点水源地开发；临汾市地下水开发利用程度虽已达96.63%，但龙子祠岩溶大泉开发利用潜力巨大；运城市地下水开发利用程度已达137.84%，处于严重超采状态，盆地及山丘区已无开采潜力，但其黄河岸边河漫滩、阶地及洪积扇区地下水与黄河水水力联系密切，水量丰富，可进一步建成若干大型与特大型水源地，通过夺取黄河地表水来增加地下水可开采资源量。山西有开采潜力的重点水源地主要集中分布于岩溶大泉区域及运城黄河沿岸，详见表2-5-5。

四、典型水源地

地下水是山西省主要的供水水源，地下水水源地点多面广，勘探程度参差不齐，涉及勘查单位十分广泛，本次工作仅搜集到全省150个地下水水源地的部分资料，其中有21个地下水水源地搜集到比较完整的勘查报告，包括松散岩类孔隙水水源地3个、碎屑岩类裂隙水水源地个1、松散岩类孔隙水与碎屑岩类裂隙水复合型水源地2个、岩溶水水源地15个。按照水源地分布地理位置由北向南介绍如下。

（一）平鲁区平番城水源地

平番城水源地位于平鲁区向阳堡乡平番城村的北侧（李双庆等，2004）。2004年11月，山西省地质工程勘察院提交了《朔州市平鲁区平番城水源地水文地质初步勘查报告》，该项目共完成主要工作量包括：收集前人报告3份；搜集井孔柱状图47幅；路线调查长度110km，控制面积495.5km^2；调查平番城周边煤矿排水共8处，总排水量为7605.6m^3/d；调查碎屑岩类裂隙水开采量为403m^3/d；完成探采结合孔1个，进尺278.16m；完成多孔抽水试验1组；完成水质全分析样2个。

1.水文地质条件

（1）碎屑岩类裂隙水含水岩组的埋藏条件

平番城水源地的含水岩组共有三类：松散岩类孔隙水含水岩组、碎屑岩类裂隙水含水岩组和碳酸盐岩类岩溶裂隙水含水岩组。详见图2-5-3。

该次初步勘查的宗旨仅限于碎屑岩类裂隙水含水岩组，故其他含水岩组的特征及条件，在此不做论述。碎屑岩类裂隙水含水岩组系指二叠系上石盒子组，下石盒子组及石炭系山西组和太原组的砂岩岩层，其内赋存有一定量的裂隙水。在水源地宜井范围内，碎屑岩类裂隙水含水岩组的顶板埋深40～65m。在K_1孔以西若施工钻孔，一般均应自流，在不开采的条件下，水头高出地面2.0～3.0m；在K_1孔以东若施工钻孔，一般不会自流，但水位埋深比较浅，1.0～3.0m。

表 2-5-5 山西省有开采潜力的重点地下水水源地基本情况统计表（2015 年）

序号	市名	水源地名称	水源地面积/km^2	水源地开采规模	含水岩组类型	勘查阶段	含水层位	2015年开采量/($10^4m^3\cdot d^{-1}$)	可开采量/($10^4m^3\cdot d^{-1}$)	现状开采量占可开采量的比例/%	水质主要特征			
											水化学类型	TDS/($mg\cdot L^{-1}$)	总硬度/($mg\cdot L^{-1}$)	pH值
1	忻州市	河曲县龙口水源地	1.5	大型	岩溶水	勘探	O	12.96	20.73	62.52	HCO_3–Ca·Mg	370	26	7.5
2		保德县铁匠铺水源地	0.064	小型	岩溶水	勘探	O	0.4327	25.92	1.67	HCO_3–Ca·Mg	404	277	7.6
3		河曲县旧县水源地	1.5	特大型	岩溶水	详查	O	18.00	155.52	11.57	HCO_3–Ca·Mg	<500	283	7.6
4		原平市南阳水源地	31	大型	孔隙潜水	详查	Q	14.00	16.98	82.45	HCO_3–Ca·Mg	314 ~ 850	—	7.0 ~ 8.3
5		五台县坪上水源地	0.3	特大型	岩溶水	详查	Q	20.00	29.04	68.87	HCO_3–Ca·Mg	226	204	7.4
6		忻府区豆罗水源地	9	中型	孔隙潜水	勘探	Q	1.3698	3.0	45.66	HCO_3–Ca·Mg	300 ~ 500	74	7.9
7	吕梁市	柳林电厂水源地	3	小型	岩溶水	勘探	O	0.1479	19.69	0.75	HCO_3·Cl–Na·Ca	341	370	7.9
8	长治市	潞城区辛安泉水源地	15	大型	岩溶水	勘探	∈、O	13.9778	61.345	22.79	$HCO_3\cdot SO_4$–Ca·Mg	230 ~ 420	227 ~ 415	7.5 ~ 7.7
9		晋城郭壁泉水源地	11.87	大型	岩溶水	详查	∈、O	8.0	44.42	18.01	HCO_3–Ca·Mg	328	283	7.7
10		阳城县五龙沟水源地	13	中型	岩溶水	勘探	Q	1.17	2．0	59.50	$HCO_3\cdot SO_4$–Ca·Mg	388 ~ 418	137	8.0
11		泽州县成庄水源地	5	小型	岩溶水	勘探	O	0.8235	1.0	82.35	$HCO_3\cdot SO_4$–Ca·Mg	452	355	7.1
12	临汾市	尧都区龙子祠水源地	—	小型	岩溶水		O	0.1243	36.98	0.34	$SO_4\cdot HCO_3$–Ca·Mg	686	305	7.4
13	运城市	河津市连泊滩、汾河口水源地	20	中型	孔隙潜水	勘探	Q	2.4186	8.64	27.99	HCO_3–Ca·Mg·Na	216 ~ 288	216 ~ 288	7.5 ~ 8.2
			30								$HCO_3\cdot SO_4$–Ca·Mg·Na	270 ~ 306	270 ~ 306	7.8 ~ 8.3
14		河津市禹门口水源地	9.4	大型	孔隙潜水	详查	Q	11.1205	18.70	59.47	北部：$HCO_3\cdot SO_4$–Ca·Na·Mg； 中部：$HCO_3\cdot SO_4$ 南部HCO_3–Mg·Ca·Na	北部： 740 ~ 1360 南部<500	北部：210 ~ 340 中部：210 ~ 24 南部：156	7.5 ~ 8.0
15		万荣县汾河口水源地	45	小型	孔隙潜水	详查	Q	0.2862	8.0	3.58	HCO_3–Na·Ca·Mg	<1000	—	—
16		永济市蒲州南水源地	35	中型	孔隙潜水	详查	Q	2.6913	17.84	15.09	HCO_3–Na·Mg	<1000	—	—
17		永济市蒲州北水源地	113	特大型	孔隙潜水	普查	Q	2.7397	26.068	10.51	HCO_3–Na·Mg	<1000	—	—
合计		—	—	—	—	—	110.2623	495.873	22.24	—	—	—	—	

注：本表主要根据山西省地质勘查局有关水源地资料整理；“—”表示无此数据。

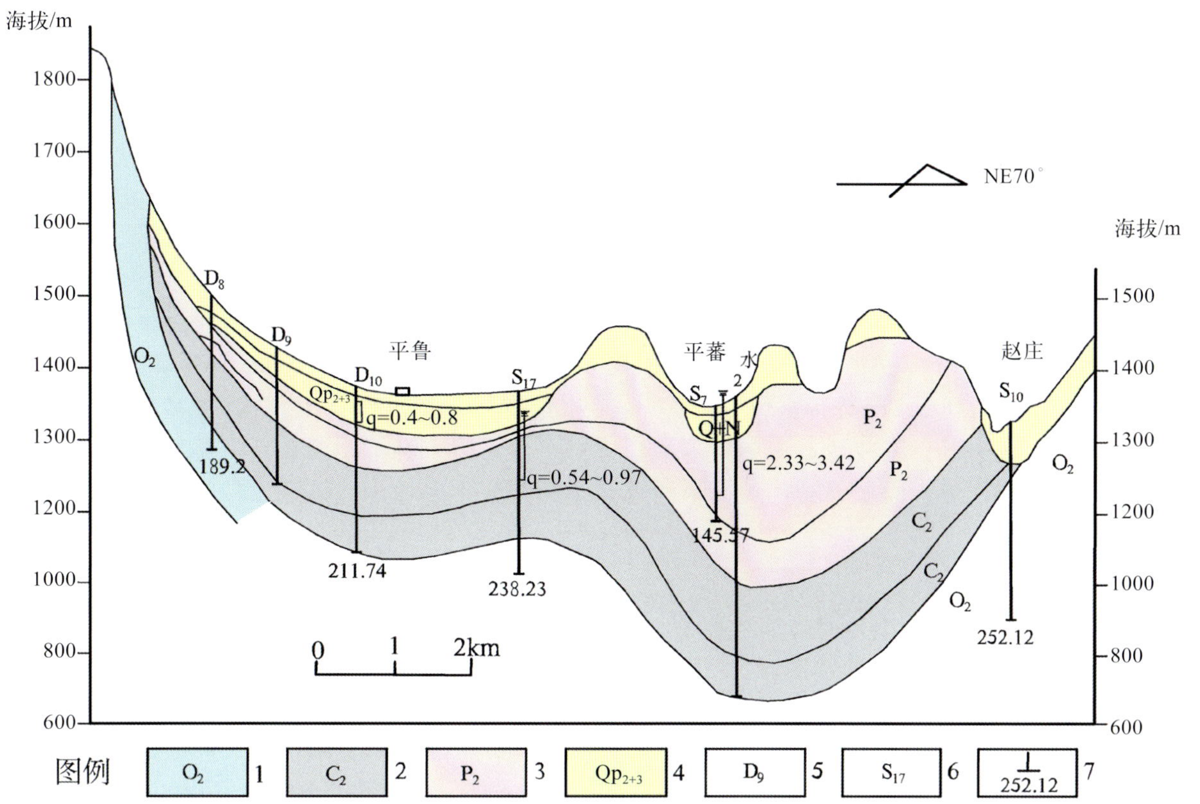

图2-5-3　山西省平鲁小盆地水文地质剖面图

（据周永昌等，《山西地下水资源与开发利用研究》，2013年6月）

1—奥陶系中统；2—石炭系中统；3—二叠系上统；4—第四系中、上更新统；5—水井编号；6—钻孔编号；7—钻孔深度（m）

（2）碎屑岩类裂隙水含水岩组与其他含水岩组的关系

碎屑岩类裂隙水含水岩组，其上覆盖有松散岩类孔隙水含水岩组，其下伏为碳酸盐岩岩溶裂隙水含水岩组。松散岩类孔隙水含水岩组系指第四系、新近系沉积岩类。水源地地处井坪–向阳堡山间小盆地的边缘地带，因受沉积环境的影响，无砂层（含水层）的沉积，K1孔、S1孔、S2孔所揭露地层情况均证实了这一点。该含水岩组虽然其地层具有大孔隙，但其含水量微乎其微，毫无利用价值。该含水岩组与碎屑岩类裂隙水含水岩组的水力关系是受其顶托补给。碳酸盐岩类岩溶裂隙水含水岩组系指奥陶系碳酸盐岩类地层。奥陶系顶板埋深350～360m，其水位埋深在270m左右。因水源地地处向斜的轴部地带和水源地附近又有断裂通过，其富水性强，为一良好的适宜开发利用的含水岩组。

碎屑岩类裂隙水含水岩组的水位标高约1345m，碳酸盐岩岩溶裂隙水含水岩组的水位标高1065m左右。这就是说，一旦碎屑岩类裂隙水含水岩组与碳酸盐岩岩溶裂隙水含水岩组沟通，碎屑岩类裂隙水就会漏失补给碳酸盐岩岩溶裂隙水。当开发利用岩溶裂隙水时，其每个井孔必须在本溪组（C_2b）以上地层，进行水泥高压注浆止水、固井，以保护不同含水岩组的水资源。

值得注意的是，当时在平番城地域周边有八座煤矿，当时采煤排水量为7605.6m^3/d，随着时间推移，势必将影响碎屑岩类裂隙水水资源的现状。1966年以前原有的上泉观自流水区（水位高出地面5.0m）、太西自流水区（水位高出地面6.55m）、歇马关自流水区（水位高出地面4.40m），皆因煤矿大量的开采，致使其自流水区已不复存在了。

（3）水源地的边界条件

根据地层结构出露情况，不同含水岩组的接触关系和地质构造条件，平番城碎屑岩类裂隙水水源地的补给边界确定为：北面以大沙沟河一线为界；东面以中石湖、韩家村为界；南面以西酸茨、北岭上、梨阳坡为界；西面以下花头、西酸茨为界。总汇水面积69.5km^2，其中碎屑岩类地层裸露面积10.0km^2，其他均被松散岩类地层所覆盖。平番城水源地位于平番城村北沟谷内，宜井范围南北宽平均为600m，东西长平均为2000m，总面积为1.2km^2。

2.碎屑岩类裂隙水水化学特征及水质评价

平番城裂隙水水源地自1966年钻凿自流井后，至2004年水质变化不大，水质类型为HCO_3-Ca·Mg型，TDS为0.19～0.21g/L，水温8～9℃，总硬度160mg/L（$CaCO_3$硬度），该次探采结合井pH值为7.6，为中性水，原自流井pH值为8.5，为偏碱性水。水质中各离子含量大部分符合Ⅰ类水水质标准，个别符合Ⅱ类水水质标准，符合国家饮用水标准，适用于生活供水、各类工业供水及灌溉用水。

3.裂隙水动态变化

平番城水源地自1966年钻凿自流，水头高出地表5.27m，该次探采结合井，水位高出地表1.89m，经过近38年水位下降3.38m，即每年水位下降8.6cm，水位属稳定型。原自流井孔深145.57m，地层为二叠系下石盒子组，说明该自流井地下水主要来自周边下石盒子组，补给距离较近，补给面积较小，随着煤矿开采的不断延伸，疏干面积不断扩大，水源地补给面积会不断缩小，该区水位将会进一步下降甚至疏干。

4.水源地资源评价

该水源地为一向斜构造，裂隙水通过周边岩层向向斜轴部汇聚，据野外调查，结合已有的钻孔资料，圈定汇水面积69.5km^2，根据补给量法计算天然资源量，求得天然资源量在保证率为95%的情况下为5194.41m^3/d；在保持开采量403m^3/d的情况下，平番城地段碎屑岩裂隙水可采资源量为3593.56m^3/d。2003年煤矿排水量已达7605.6m^3/d，已远超出可采资源3895m^3/d，属疏干式排水，周边有煤矿开采的地段，裂隙水处于疏干状态，地下水已不能向平番城向斜中心汇聚；根据95%保证率计算，天然资源为5194.41m^3/d，煤矿排水量已达7605.6m^3/d，按整个区域考虑已属超采区，但平番城地段仍有约20km^{2}没有受到煤矿排水的影响，计算得开采资源1026m^3/d。该水源地若要利用并建规模5000m^3/d的水源地，必须靠疏干含水层进行开采，按计算的1785×10^{4}m^{3}的储量50%可以采用，可满足约五年开采。

（二）河曲县旧县水源地

1988年10月，山西省地质矿产局第一水文工程地质队提交了《山西省河曲县旧县地区供水水文地质详查报告》（郭新喜等，1987），该详查项目着重于岩溶水的勘查，并对整个泉域进行了普查与资料收集汇编，主要完成工作有：完成1∶5万地面测绘50km^2；施工钻孔6个，总进尺2423.55m，其中大口径勘探孔（终孔口径170mm）2个，小口径勘探孔（终孔口径110mm）2个，观测孔2个；单孔抽水试验4个孔，多孔抽水试验2组，历时3～7d；地下水动态观测7个孔，黄河水位动态观测1处；水文物探工作包括放射性测井4530m，视电阻率测井1501m，自然电位测井1451m，测温1300m；水质分析包括全分析样18个，简分析样23个，五毒分析样2个，细菌分析样2个；岩样分析包括中镜下矿物31个，化学成分31个；工程测量包括钻孔孔口标高6个，泉水出露标高3个。

1.水文地质概况

旧县水源地位于河曲县旧县一带黄河阶地。详查区东起杨家洼，西至黄河岸，北自火山，南到窖子沟，面积约50km^2，总的地势为东高西低，东南高西北低，最高达1177m，最低标高为禹庙一带838m，黄河滩为828m，地表多被黄土覆盖，植被稀少，由于地表坡度大，水流急，地表破碎，沟壑纵横，水土流失严重。区内出露地层主要为寒武、奥陶系的碳酸盐岩，总厚达900m有余，石炭、二叠系的碎屑岩类夹有数层可开采的煤层，总厚达600m有余，以及覆盖于基岩之上的第四系松散堆积物。黄河河床既是地表水流的侵蚀基准面，又是地下水排泄基准面，据河曲县水文站资料，黄河多年平均流量为823m^3/s，最大洪峰流量达13800m^3/s（1954年8月），最小流量为16.7m^3/s（1987年5月27日）。县川河发源于神池县大严备村，在禹庙注入黄河，全长109km，流域面积1610km^2，由于灰岩区的渗漏，没有清水流量，为季节性河流，平均汛期流量为0.88m^3/s。

勘查区岩溶水属于天桥泉岩溶地下水系统，天桥泉域东起李家坪至范家岭一带地表分水岭，西到黄河，南以岚漪河为界，北到贾堡—教儿堰挠曲一带，总补给面积约7660km²，其中碳酸盐岩裸露面积900km²，松散岩类覆盖区面积5530km²，碎屑岩盖区面积1099km²，结晶基底面积131km²。

岩溶水主要受大气降水及地表河流渗漏补给，如路铺至欧黎嘴河段，地下水水位低于黄河水位10～20m，黄河两侧均渗漏补给地下水，地下水的赋存与运移严格受地质构造与岩溶发育规律所控制，岩溶水由北而南，由东向西汇集，缓慢迂回于裂隙溶孔的网络中，最终以泉的形式向黄河排泄，泉群分布区长约12km，据泉群上、下游的黄河枯季测流资料计算，天桥泉总流量12.05m³/s。

勘查区处于天桥泉域地下水排泄带与径流带的交接部位，其补给主要受北东两方向上游岩溶水的侧向补给，水量丰富，水位埋深因地形高差而异，禹庙地段水位浅，低洼处可自流，如JS2孔井深400m，水位高出地表1.07m，降深5.6m，涌水量15193m³/s，而海潮地段水位埋深40多米，井深402m，降深0.76m，涌水量6864m³/s。该区水化学类型为HCO_3-Ca·Mg型，无色无味无嗅，清澈透明，水温14℃。总硬度为15.16德国度❶，pH值7.6，TDS<0.5g/L，是良好的生活饮用水源。

2.水源地资源评价

大量的勘查工作为该次详查奠定了基础，选择旧县地区作为后备水源地。经详查提出控制的（C级）开采资源18m³/s，经审议认为是有根据的。建议给予批准作为进一步勘探的依据（上述级别均按A至D级四分法）。

河曲县旧县一带有着丰富的地表水及地下水资源，是建设坑口电站的重要条件之一，由于此带地表水与地下水存在着转化关系，各水源地又存在区域性水力联系，因此建议在泉域范围内对岩溶水进行长期观测，积累资料，综合研究评价各水源地相互之间的关系。

（三）河曲县龙口水源地

龙口水源地位于河曲县龙口—梁家碛村间黄河南岸的河谷地带，面积约1.5km²，西距河曲县城15km（陈先庚等，1987）。1987年6月，山西省地质矿产局第一水文地质工程地质队提交了《山西省河曲电厂龙口水源地水文地质勘探报告》，完成1：2000水文地质测绘面积1.0km²，地质观测点93个，调查矿坑排水点1个，观测路线15km，详勘时已完成大口径钻孔1眼，小口径钻孔3眼，进尺1232.65m，勘探施工大口径钻孔3眼，小口径钻孔2眼，总进尺2658.31m。大口径钻孔开孔口径450mm，钻至孔深36.65～56.85m（进入奥陶系灰岩2.50～37.58m），下入426mm钢管用水泥作永久性止水，终孔口径250mm。勘探阶段施工的5个孔都作了单孔抽水试验，对4个大口径孔作了多孔、互阻及群孔抽水试验，单井最大涌水量10080m³/d，取碳酸盐类岩样11个，委托地质矿产部岩溶地质研究所进行镜下及化学组分鉴定。取水样50个，其中全分析样20个，简分析样6个，同位素分析样22个，细菌分析样1个，有害元素分析样1个。

该水源地水文地质勘探主要研究奥陶系中统上马家沟组一段及下马家沟组岩溶承压含水岩组。顶板为上马家沟组二、三段，底板为奥陶系下统亮甲山组。水源地一带奥陶系之上覆盖有石炭系、二叠系碎屑岩裂隙水含水岩组及新生界松散岩类孔隙水含水岩组。除河流冲积层外，其他含水甚微。

1.含水岩组的埋藏条件及含水介质特征

（1）含水岩组的埋深

主要含水岩组的埋藏深度顺黄河从东到西由浅变深。路铺村以东被黄河切割出露地表，水源地西部S10孔则深埋于237.1m之下，平均坡降4.47%，HS2孔以西岩层倾角逐渐增大，至HS3孔间成为陡倾角带，含水岩组埋深急剧加大，坡降达17.0%。路铺村以东主要含水层之上无隔水层，为岩溶潜水；以西有上马家沟组二、三段弱透水层及石炭、二叠系碎屑岩覆盖，形成承压水。

（2）含水岩组的岩性及厚度

奥陶系中统上马家沟组一段（O_2s^1）主要为含泥白云质灰岩、角砾状泥质灰岩；下马家沟组为含泥灰岩、角砾状白云质泥质灰岩、石灰岩及白云质灰岩。其中含泥灰岩和角砾状泥质灰岩溶孔和溶洞发

❶ 1德国度=0.3566mmol/L。

育，洞径一般0.3～1.0cm，最大5～7cm，连通性好；石灰岩及白云质灰岩溶蚀裂隙发育，张开性亦佳。上马家沟组构成主要含水岩组，总厚度140～150m。

2.岩溶水水位

由于黄河下切，水源地以东形成峡谷，谷坡高差50～120m，岩溶水水位埋深受地形控制。路铺村以东黄河河谷中，水位埋深<5m；路铺村西至龙口东院黄河漫滩及河床中，岩溶承压水可自流，水头高出地表0～4m；龙口东院至梁家碛村西黄河Ⅰ级阶地上，水位埋深<6m，地势低洼处可自流。黄河两岸碳酸盐岩裸露区及各大沟谷中，水位埋深10～100m；碎屑岩及松散岩类覆盖的低山区，水位埋深>100m。水源地一带岩溶承压水水位高程为866.024～867.672m；泉水出露高程为863～866m。

上马家沟组二、三段岩溶潜水与岩溶承压水水位有明显的差别。如HS3孔，孔深50m测得岩溶潜水水位埋深3m；打穿岩溶承压含水层终孔后测水位，水头高出地表1.23m，水位差4.23m。又如HS2孔，孔深95.5m时测得岩溶潜水水位埋深9.69m，终孔孔深253.93m测得岩溶承压水水位埋深6.15m，水位差3.54m。

3.岩溶水的补给、径流与排泄

（1）岩溶水的补给

岩溶水的补给主要为大气降水入渗及地表水的渗漏，碳酸盐岩上覆裂隙水和孔隙水的补给也可视为大气降水的间接补给。地表水渗漏包括黄河及其支流的渗漏。黄河渗漏段北起内蒙古自治区准格尔旗仁义圪旦，南至河曲县路铺村。其中关河口以北段为黄河西侧渗漏，关河口至路铺段为黄河东、西两侧渗漏。

龙口汇流区可分为黄河东岸和西岸两个部分。黄河东岸以降水入渗为主，地表水的渗漏占次要地位；黄河西岸以地表水的渗漏为主，降水入渗占次要地位。

（2）岩溶水的径流

龙口水源地位于岩溶水径流带上，岩溶水的总体流向由北而南。由于路铺—龙口段黄河切割了岩溶潜水含水层，致使黄河成为岩溶水的局部排泄通道。远离黄河水力坡度平缓，靠近黄河水力坡度变陡。岩溶承压含水岩组从南北方向看，黄河河谷一带隆起最高，并向北向南缓倾。沿黄河河谷由西向东翘起，至路铺一带则被黄河切割出露地表，与黄河水发生水力联系，路铺一带黄河水位高程868～870m，对龙口水源地岩溶承压水水位具有一定的控制作用。1984—1987年龙口水源地岩溶承压水水位标高866.685～868.828m，比路铺一带黄河水位平均低1.2m。两地相距3km，水力坡度0.4‰。天然状态下路铺一带黄河水垂直渗入后，沿承压含水岩组缓慢地向西运移，在水源地以东一带向上顶托穿过承压含水层顶板排入黄河，当构造裂隙比较发育时将形成上升泉，不可否认水源地岩溶承压水还受北部径流的补给，也通过顶板弱透水层向黄河排泄。经实地调查，不论潜水或承压水排泄量有限。

（3）岩溶水排泄

龙口—路铺间的黄河两岸，有由岩溶潜水补给形成的下降泉出露，单泉流量一般<1.0L/s，泉水大多从上马家沟组二段灰岩裂隙中流出，出露高程863～866m。在黄河谷底亦可见到岩溶承压水补给形成的上升泉，单泉流量最大可达15L/s。少量岩溶水在此间排泄，大部分岩溶水以潜流形式沿天桥泉域边界流动，最终排泄于河曲县禹庙—保德县铁匠铺的黄河之中。树二梁至禹庙水力坡度0.76‰。

4.岩溶水的富水性评价

岩溶水的富水性采用井径250mm，降深20m时的单井涌水量评价。依据计算结果，结合富水性变化规律分析，确定HG_3孔以东黄河漫滩及Ⅰ级阶地区，岩溶水单井统一降深的涌水量>10000m^3/d，为极富水区；HG_3孔以西，岩溶水单井统一降深的涌水量5000～10000m^3/d，为富水区。

5.水化学特征及水质评价

随着径流途径的加长，岩溶水的TDS、总硬度及离子含量逐渐增高。如处于径流带的偏关水厂2号孔，TDS为0.244g/L，总硬度11.5德国度；水源地钻孔水TDS为0.3～0.384g/L，总硬度14.47～15.23德国度，水化学类型为HCO_3-Ca·Mg。水源地岩溶水无色、无嗅、无味、透明，水温14～15℃，各项指标均符合饮用水国家标准，是优良的生活用水水源。

6.水源地水资源评价

综合《山西省河曲电厂龙口水源地水文地质勘探报告》及《能源基地晋陕蒙接壤地区地下水资源评价与合理开发利用》成果，龙口水源地探明的及控制的（B+C级）可开采量为$7570\times10^4m^3/a$。

（四）保德县铁匠铺水源地

铁匠铺水源地位于保德县铁匠铺村西北黄河Ⅰ级阶地上，面积$0.064km^2$，南距保德县城6km，北到天桥电厂坝址1.5km（贾维钊等，1986）。1986年10月，山西省地质矿产局第一水文地质工程地质队提交了《山西省保德电厂供水铁匠铺水源地水文地质详勘报告》，完成11个孔高程测量，10个孔的坐标测量，1：2000水文地质测绘面积$1.0km^2$，地质观测点127个，调查泉水17个，观测路线20km；完成1：1万水文地质测绘$24km^2$，地质观测点239个，水文地质观测点33个，观测路线147km；施工大口径孔4个，小口径孔2个，钻探总进尺1263.68m；BG1、BG2、BS1、BS2、BS4共5个孔作了单孔放水试验，BG1、BG2孔作了2次降深的放水试验，BS1、BS2、BS4，孔进行了3～4次降深的放水试验，多孔放水除完成设计要求的BS1、BS4孔3次降深的多孔放水试验外，还对S7、BS4孔做了1次最大降深的放水试验。观测孔10～11个，4个孔水位降共8次，总稳定时间193h，BS3、S7孔做1次最大降深的互阻放水试验，观测孔10个，稳定时间42.5h，群孔放水试验孔为BS1、BS2、BS3、BS4和S7孔，水位观测孔15个，所有放水试验的稳定时间降次与稳定时间皆满足设计要求；对放水孔及黄河水采取了分析水样，采取水样94个，其中全分析水样51个、毒物分析样2个、细菌分析样5个、同位素样36个，采取分析鉴定碳酸盐岩样29个。

1.水文地质条件

供水勘查研究的是中奥陶统上马家沟组二段（O_2s^2）、三段（O_2s^3）岩溶承压水含水岩组。它的隔水底板为上马家沟组一段（O_2s^1）白云质泥灰岩和泥质灰岩，BS2孔于247.5m处揭露该层，厚度47m，岩溶裂隙不大发育，透水性较差，形成相对隔水层。

含水岩组的直接隔水顶板为奥陶系中统峰峰组（O_2f），厚22.5～45m，水源地侵蚀残留厚度22.5～30m，东厚西薄，南厚北薄。底面埋深50～60m，由南向北翘起，至BG2孔以北被黄河切穿。S7孔对该层进行抽水试验，水位埋深3.45m，水位降深15.2m，涌水量$3.024m^3/d$，单位涌水量仅$0.199m^3/(d\cdot m)$，表明峰峰组隔水性能较好。峰峰组之上尚覆盖有石炭、二叠系碎屑岩裂隙水和新生界松散岩类孔隙水。

（1）含水岩组埋藏条件及含水介质特征

含水岩组埋藏深度顺黄河由北向南逐渐加深。黄石崖沟及以北黄河两岸出露地表，黄石崖沟至BG2孔间埋藏于黄河冲积层以下，埋深20m左右；BG2孔至铁匠铺地堑北断裂间埋藏于冲积层和峰峰组隔水层之下，埋深20～60m；铁匠铺地堑中埋深200m，上覆有峰峰组隔水层，石炭、二叠系及冲积层；铁匠铺地堑向南至郭家滩北埋深60～100m。

（2）含水岩组岩性及厚度

上马家沟组二段以中厚层状灰岩、白云质灰岩为主夹少量泥质白云岩，上马家沟组三段岩性为白云质灰岩，白云岩及泥质白云岩互层。以裂隙含水为主，裂隙未见明显的溶蚀现象，溶洞不发育，岩心所见溶洞直径多<2cm，洞内含有方解石晶体。含水组总厚度220m。

（3）岩溶水水位

1986年4月21日天桥电厂库水位平均832.88m，水源地岩溶水水位836.0m左右，水头高出地面16～19m，其中S7、G7、G8、G9孔水位偏低2.0m是因止水深度浅造成的，当止水深度在峰峰组中部至底部时，岩溶水位标高正常。

天桥电厂大坝一带，峰峰组地层被切穿。上马家沟组三段中部厚13.6～17.0m的角砾状灰岩夹白云质泥灰岩相对隔水，渗透系数1～3m/d，当钻穿该层时岩溶水位显著上升，上下层水位差7m，继续钻进水位不再上升。该层延续到水源地相变为角砾状泥灰质白云岩，成为岩溶含水岩组中的主要隔水夹层。根据天桥电厂资料推测，上马家沟组三段上部水位低，三段下部及二段水位高，且水位一致。

（4）富水性变化规律

该区地下水含水层富水性受地层、岩性和地质构造的控制。

1）富水性与地层岩性关系。所有的勘探孔在钻进过程中均观测了自流量的变化。各孔开始自流深度与含水岩组顶板埋深基本一致，当钻至灰岩、白云质灰岩时自流量显著增加，钻至白云岩时自流量增加缓慢，钻至泥质白云岩和泥质灰岩时自流量基本上不增加。从而确定石灰岩、白云质灰岩为主要含水层，白云岩及泥质白云岩为次要含水层。石灰岩、白云质灰岩坚硬、性脆有利于裂隙的发育和溶蚀，是其形成含水层的主要原因。上马家沟组三段泥质白云岩和白云质泥灰岩所占比例大，二段以石灰岩和白云质灰岩为主，所以二段富水性优于三段。水源地多数钻孔自流量的70%～90%出自上马家沟组二段。

2）富水性与地质构造的关系。铁匠铺水源地范围内地层由北东向南西倾伏，并呈波状起伏，发育有近东西向宽缓褶曲。水源地北部BS1孔、ZK2孔一带发育一背斜，BS3孔至G8孔间发育有另一背斜，两背斜间BS2孔一带为一向斜。水源地还发育有三条北西西向的张扭性断裂，隐伏于冲积层之下。F_7为铁匠铺地堑北断裂，断距200m，F_8为F_7的分支断裂，山区部分断距15～20m，水源地为该断裂的延伸消失部分。F_9断裂位于BS3和S7孔之间，断距5m。背斜使岩层上拱隆起，裂隙张开性好，富水性强；向斜使岩层下拗，裂隙张开性差，富水性亦差。北西西向断裂按其力学性质为先扭后张，在断层破碎带应该富水。水源地已有钻孔富水性变化显示了与地层构造的一致性。

（5）富水性评价

岩溶水富水性用井深280m、井径250mm、水位降20m的单井涌水量评价。水源地5个大口径钻孔放水试验$Q—f(s)$曲线均为抛物线形，推算水位降20m，BS2和BS4孔涌水量1×10^4～$3\times10^4m^3/d$，BS1、BS3、S7孔涌水量28760～36644m^3/d。如消除井深不同对富水性的影响，所有钻孔均把含水岩组揭穿，则BS1、BS3、S7等3孔涌水量必然都$>3\times10^4m^3/d$，据此将水源地的富水性划分为两个等级：富水地段单井出水量1×10^4～$3.0\times10^4m^3/d$；极富水地段单井出水量$>3.0\times10^4m^3/d$。

2.水源地边界条件

（1）东部边界

从水源地至东部泉域边界60～70km，寒武、奥陶系碳酸盐岩形成统一的岩溶水储水空间。岩溶水从东和南东向泉水排泄带汇集，可认为是无限边界。

（2）西部边界

黄河西岸中奥陶系地层有少量出露，由此向西埋深逐渐加深，距水源地6km里的府谷县—青阳墕一带发育一北北东向的高石崖—海则庙挠曲。挠曲东侧奥陶系顶板埋深已达500～600m（标高500～600m），挠曲西侧顶板埋深750～800m。挠曲以西岩溶水深埋处于滞流状态，无论在天然状态和开采状态下均不可能参与泉域和水源地的水均衡。所以高石崖—海则庙挠曲可认为是水源地西部隔水边界。

（3）北部边界

由水源地向北至天桥电厂坝址一带，岩溶含水层的隔水顶板被黄河切穿，岩溶水大量排向黄河，在开采状态下如动水位不低于库水位和坝下黄河水位，黄河水是不会反补给岩溶水的。所以也可将其视为无限边界。

（4）南部边界

水源地南侧发育一北西—南东向长12km的铁匠铺地堑，地堑横切黄河，宽300～400m。地堑中石炭系、二叠系砂页岩地层断陷200m，使其成为水源地南侧的弱阻水边界。阻水作用不强的原因是石炭系、二叠系地层产状平缓，泥岩、页岩中夹有多层厚度较大的砂岩，砂岩裂隙发育，具有一定的导水性能。地堑阻水能力可从岩溶水水质和放水资料得出。铁匠铺水源地岩溶水水化学类型为HCO_3-Ca·Mg型，TDS为0.4g/L；铁匠铺地堑以南2500m的ZK3-5孔，岩溶含水层顶板埋深133m，虽然水中氯离子和钠离子含量较多，水化学类型为HCO_3·SO_4·Cl-Ca·Na型，但TDS仅0.67g/L，不具有滞流区地下水水化学特征。天然状态下地堑南北两侧岩溶水水质无明显差异，放水试验时ZK3-5孔水位变化灵敏，水位下降明显，说明地堑的阻水作用比较弱。

3.岩溶水的径流与排泄

（1）岩溶水的径流

水源地东部（至贾家峁）和南部岩溶水流向近于南北，水力坡度较小，水源地北部黄河将岩溶水隔水顶板切穿，岩溶水在黄河河谷中大量排泄，水位将有大幅度下降。岸边水位高，黄河河谷中水位低，岩溶水流向由南北向偏转为北西向，且水力坡度变陡。

（2）岩溶水的排泄

1）天然排泄。黄河河谷切穿了岩溶水含水层，使其成为岩溶水的天然排泄通道，岩溶水以下降泉的形式从岸边和以上升泉的形式从谷底注入黄河。天桥电厂坝上库水位和其下游的黄河水位对岩溶水的排泄高程具有明显的控制作用。

铁匠铺地堑北断裂为天桥泉排泄带的南部边界。地堑至BG2孔间河底虽有峰峰组隔水层覆盖，但并非绝对不透水，所以有少数的岩溶水在这里排出，41号泉流量0.2L/s，就出露于此段。BG2孔以北至天桥电厂坝址峰峰组隔水顶板被黄河切穿，岩溶含水层与透水性良好的砂砾层直接接触，岩溶承压水顶托越流排入黄河，黄河岸边和心滩上见到大量泉水出露。黄河水位标高813～816m，岩溶承压水位标高835～836m，水位差20m有余，是岩溶水的有利排泄段。黄石崖沟位于天桥坝左坝肩，沟中出露泉水甚多，排泄高程818～828m，泉水总流量0.31m^3/s，随库水位升降而增减。天桥电厂坝上因地层翘起和断裂上升，黄河不但将O_2f而且把O_2s^2层全部切穿，使得岩溶水排泄更加通畅。因水库蓄水，岩溶水位只高出库水位2～4m，顶托越流排泄能力差，应以侧向排泄为主。总之，因水源地以北隔水顶板被黄河切穿和天桥电厂水库的蓄水，使得从BG2孔以北至天桥坝一带成为岩溶水的最有利的排泄地段。

从晋西北区域水文地质条件分析，天桥泉排泄带岩溶水积极循环带深度有可能达到下马家沟组和奥陶系下统。铁匠铺一带天然状态下，下马家沟组所含岩溶水将通过上覆地层垂直越流排入黄河。

2）岩溶水人工排泄。天桥电厂兴建时为了降低岩溶承压水对混凝土坝的浮托力，确保大坝的稳定，施工了大量的减压孔，减压孔排出的岩溶水，一部分直接排入黄河，一部分经中导墙排入黄河。中导墙排出水量0.3m^3/s，推算总排泄量约0.5m^3/s。泄压孔排水结果形成一长轴与混凝土坝平行的降落漏斗，漏斗中心水位标高826～827m，水位降低10m。

为了防止浅层岩溶水对土坝坝端的冲刷，在坝肩修建了排水洞和排水廊道，洞及廊道内打有排水孔，排出之水量经养鱼池进渠道排入黄河。1986年5月29日实测渠道流量0.32m^3/s，扣除鱼池以下泉水汇入量0.1m^3/s，则土坝下游人工排泄量为0.22m^3/s。

4.岩溶水动态

水源地岩溶水水位主要受天桥电厂水库水位的控制，微动态与气压变化关系密切。水库回水将岩溶水排泄带全部淹没，库水位控制了岩溶水的排泄高程。库水位上升排泄高程抬高，排泄量暂时减少，引起外围岩溶水位上升；库水位下降，排泄高程降低，排泄量加大，引起外围岩溶水位下降。

（1）天桥电厂蓄水前后水源地岩溶水位变化

《黄河天桥电站技术设计书》中指出："坝址附近平均承压水位标高824～825m，向下游铁匠铺附近增高至826～827m"。当时的黄河水位标高815～818.66m，平均816m。1986年5月1日8～20时，库水位标高834～834.25m，同期岩溶水平均水位836.80m。黄河水位上升18m，岩溶水位上升10.3m，平均库水位上升1m，岩溶水位上升0.572m。

（2）库水位升降引起岩溶水水位变化的范围

1986年4月22日库水位平均值为833.074m，由于泄洪闸门漏水，5月12日以后库水位逐渐下降，1986年5月18日天桥电厂修理泄洪闸闸门，库水排空，5月19日坝上平均水位标高516.35m。4月22日、5月19日两次统测水位比较，北至旧县，南至窑洼，东至贾家峁水位普遍下降2～6.3m。5月19日以后至24日库水位标高815～819m范围内波动，但岩溶水位仍在滞后下降，推测库水位大幅度升降可能引起距库岸30～40km范围内岩溶水位变化。

（3）岩溶水位非稳定变化

水库水位一年四季时刻都在升降变化，动态极不稳定，相应岩溶水的水位也处于非稳定状态。岩溶水位变幅与库水位变幅的比值，即库水位变化1.0m岩溶水位的变化值（简称岩溶水单位变化值——K）大小与库水位变化速度和距库岸的距离关系密切。距库岸的距离一定，库水位变化速度越快，同期岩溶水位单位变化值越小，库水位变化速度越小，同期岩溶水位单位变化值越大。以ZK2孔为例：库水位变化速度<0.1m/h在0.025～0.068m/h范围内变化时，岩溶水位单位变化值0.167～0.375m。随库水位变速的减慢，岩溶水位单位变化值急剧加大，平均值为0.264m。当库水位变速>0.1m/h时，在0.116～1.5m/h范围内变化时，岩溶水位单位变化值0.084～0.113m，随库水位变速的加大，单位变化值减少缓慢，平均值0.095m。库水位变化速度<0.1m/h，铁匠铺水源地岩溶水位单位变化值平均0.02～0.27m；库水位变速>0.1m/h，水源地岩溶水位单位变化值0.07～0.1m。库水位变化速度一定，距库岸距离近，岩溶水位单位变化值大，距库岸距离远，单位变化值小。

（4）典型库水位时岩溶水水位及变幅

1986年4月至7月实测水源地岩溶水位：当库水位标高834.830m和815～819m时，水源地岩溶水平均水位标高分别为836.8m、835.21m和830.51m。上述库水位分别代表了非汛期、汛期正常运行水位和放水冲沙时的极端最低水位，所以同期的岩溶水位也具有代表性。水源地岩溶水位一般变幅1.59m，放水时的最大变幅为6.29m。

5.岩溶水水化学特征及水质评价

从径流区到排泄区随径流途径的加长，TDS、总硬度及离子含量呈递增趋势。如窑洼Y49孔，TDS为0.313g/L，总硬度12.6德国度，水温11℃；铁匠铺后沟S8孔TDS为0.399g/L，总硬度15.56德国度，水温14℃；水源地BS3孔TDS为0.404g/L，总硬度15.70德国度，水温14℃。

裸露型岩溶水交替快，水质最好，如黄石崖沟S5孔，水化学类型为HCO_3-Ca·Mg型，TDS为0.305g/L，总硬度为12.14德国度，水温12℃；水源地为覆盖型岩溶水，承压水交替强度中等，水质较好，水化学类型为HCO_3-Ca·Mg型，TDS为0.371～0.412g/L，总硬度为13.74～16.0德国度，水温14℃左右。水源地由北向南TDS逐渐增高，这可能与北部水交替强南部水交替弱有关，也可能是地堑以南TDS较高的水混入并向北逐渐淡化的反映；铁匠铺地堑以南埋藏型岩溶水交替较弱，水质较差，如ZK3-6孔岩溶含水层顶板埋深133.47m，水化学类型为HCO_3·SO_4·Cl-Ca·Na型，TDS为0.676g/L，总硬度22.7德国度；府谷县五一煤矿Y50孔岩溶含水层顶板埋深133.08m，水化学类型为C1·HCO_3·SO_4-Ca·Na型，TDS为0.866g/L，总硬度26.6德国度。

水源地水质无色、无嗅、无味、清澈透明，总固体、总硬度、总碱度、亚硝酸盐氮和细菌含量不超过国家标准，绝大多数离子含量均未超标，是良好的生活用水水源。

6.水源地水资源评价

铁匠铺水源地自流开采资源2.0m^3/s，合172800m^3/d；预计远景开采资源有可能达到2.5～3.0m^3/s。

7.结论与建议

铁匠铺水源地位于天桥岩溶泉域排泄带南端。泉域面积4760km^2，岩溶水天然资源6.3m^3/s，合544320m^3/d；上马家沟组岩溶承压水含水岩组顶板埋深50～60m，底板埋深270～280m，含水岩组厚度220m，水位标高835～837m，水头高出地面16～21m；岩溶水富水性受地层岩性和地质构造控制，上马家沟组二段富水性强，三段富水性弱，背斜轴部和断裂带富水性强，向斜轴部富水性弱。井深280m，井径0.25m，统一降深20m，单井涌水量1×10^4～$3.0\times10^4m^3$/d或>$3.0\times10^4m^3$/d；岩溶水水位主要受天桥电厂水库水位制约，当正常库水位为843m、830m、冲沙水位815～819m时，水源地相应岩溶水水位分别为836.8m、835.2m或者830.5m，水位变幅一般1.6m，最大变幅6m（水库排空期）；岩溶水水化学类型为HCO_3-Ca·Mg型，TDS为0.36～0.43g/L，总硬度13～17德国度，水温14℃，基本未被污染，水质良好，是生活用水、锅炉用水和冷却用水的理想水源；开采井井深150～250m，井径0.4m，布井12眼，井内水位降9.86～11.71m，水库冲沙时井内水位降15.86～17.71m，自流开采，开采资源2.0m³/s，合172800m³/d；预计远景开采资源有可能达到2.5～3.0m³/s；铁匠铺水源地开采2.0m³/s岩溶水，对天桥电厂水坝的稳定性无害，黄河水不可能反补给岩溶水，黄河泥沙也不会淤塞含水层和水井；铁匠铺水源地位于黄河漫滩上，为确保水厂安全运行，应加固堤坝，严防洪水入侵；对天桥泉域岩溶水，要统筹安排，科学管理。兴建其他水源地时，要考虑各水源地之间的相互干扰，以免引起不良后果；在补给区禁止排放污水，严禁堆放污染物，以防水质恶化；在开采过程中加强长观工作，监测铁匠铺水源及其外围地区的地下水水位、水温、水质、水量的变化规律，为保护水源和扩大开采的可能性提供科学依据。

该报告经省地质矿产局初审，补充修改后，于1986年11月提交全国储委审批。批准铁匠铺水源地地下水允许开采量探明的及控制的（B+C级）3.0m³/s（按A～E五级划分，其中B级2.0m³/s，C级1.0m³/s）。

（五）原平市南阳水源地

南阳水源地位于原平市滹沱河沿岸中南部的Ⅰ级阶地和河漫滩区，面积约31km²（山西省地质矿产局第三水文地质工程地质队，1990）。1990年12月山西省第三水文地质工程地质队提交了《山西省原平县滹沱河畔南阳–桃园段供水水文地质详查报告》。共完成1：2万地质测绘83km²；钻孔28眼，总进尺2357.4m，其中大口井11眼进尺956m；多孔抽水试验8组，单孔抽水试验28孔，互阻抽水试验1组；物探测井及地面电法剖面6条，长22.4km；水质全分析样11件，简分析样48件，五毒分析样7件，大肠杆菌及游离余氯分析各4件。

1.地质环境条件

勘查区位于原平市滹沱河沿岸中南段，南北长16.19km，北起南阳村北，南至桃园村南，东西宽平均5.14km，最宽5.42km，最窄3.30km，总面积83.273km²，重点工作地段为冲积平原区，宽一般1.50～2.10km，平均1.91km，最宽3.21km，最窄0.91km，面积31.907km²（其中低漫滩9.047km²，高漫滩8.672km²，Ⅰ级阶地14.188km²）。在工作区内以冲积平原和其东部上封—峙峪洪积扇作为水源地区，面积33.573km²。多年平均降水量444.60mm。多年平均蒸发量1848.5mm。

滹沱河发源于繁峙县平型关太白山，界河铺水文站以上流域面积6031km²，原平市境内面积2311km²，从北向南纵贯工作区，流经工作区长16.19km。工作区范围内河水面最小宽度枯水期平均为20.6m，平水期平均为26.0m，丰水期平均为52.1m，一般来说，河水面宽度随河水流量增大而增大。

2.水文地质条件

（1）第一含水岩组

包括全新统和上更新统地层，顶板埋深0.8～3.00m，底板埋深23.22～48.56m，其中含水层以Qh中细砂和Qp_3砂及砂卵砾石层为主，厚度为20.02～48.56m，一般占含水岩组总厚度的65.91%～93.8%，以Qp_3底部亚砂土层或Qp_2顶部亚黏土层为局部隔水底板形成了与下部含水岩组有密切水力联系的浅层地下水体系。地下水在水源地区具微承压性质，与滹沱河地表水有密切的补排转换关系。水源地区开采浅层地下水的机电井深度一般＜30m。

（2）第二含水岩组

由中更新统上部地层组成，顶板埋深为24.16～50.51m，底板埋深56.3～78.05m，其中含水层以含砾中粗砂和含砾中细砂为主，普遍夹有数层砂砾石或砂卵石，厚度为18.7～33.2m，一般占含水岩组总厚度的84.92%～97.80%，以Qp_2中部亚黏土层或淤泥层为局部隔水底板形成了一个与上部含水岩组水力联系密切，与下部含水岩组具有一定水力联系的地下水体系。地下水具承压性质，水位高出第一含水岩组水位0.51～0.54m。

（3）第三含水岩组

该岩组由中更新统下部地层组成，顶板埋深57.58～81.04m，底板埋深为96.62～116.5m，其中含水层以砂层和砂卵砾石层为主，厚度变化较大，水源地西部一般30m左右，占含水岩组总厚度的78.9%～84.4%。红旗桥以北在降深4.5～7.0m的情况下单井涌水量2000～4000m³/d。

3.地下水开采资源评价

用解析法、数值方法计算得原平市滹沱河畔—桃园段水源地松散岩类孔隙水控制的（C级）可采资源量$17.1 \times 10^4 m^3/d$。

（六）太原市兰村水源地

太原市公共供水系统开发利用的地下水源地主要有兰村、枣沟、西张三处，分布在东山及汾河沿岸。按照地下水含水岩组类型可分为两大类：以地处汾河峡谷出口处的兰村水源地和东山丘陵沟谷中的枣沟水源地为代表的奥陶系岩溶水；位于汾河西岸的西张为代表的第四系松散岩类孔隙水。

兰村水源地位于太原市北部的上兰村一带，距离市区约20km（肖菁英等，1978）。1978年4月，山西省地质局水文队革命委员会提交了《山西省太原市兰村供水水文地质补充勘查报告》。兰村水源地1954年经过城建部门的勘探，提交验证的（A_2级）储量$13 \times 10^4 m^3/d$。此次补充勘查从1975年10月开始，1978年3月结束。完成1：20万水文地质测绘6500km²，1：2.5万兰村供水水地质填图30km²，1：2000兰村供水水文地质填图3km²，完成大口径水文地质探采结合孔9个，进尺753.52m，小口径水文地质观测孔7个，进尺898.41m。提交开采储量$50 \times 10^4 m^3/d$。

1.含水层特征

按其岩性划分为碳酸盐岩类岩溶裂隙水与松散岩类孔隙水两种类型，详见图2-5-4。

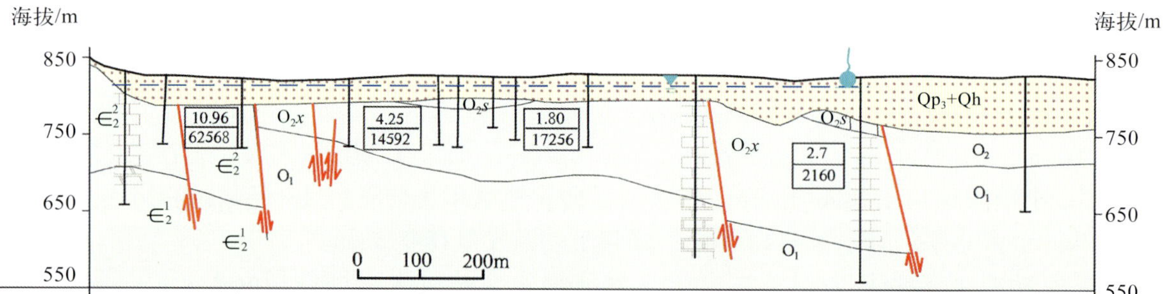

井孔编号	观4	水3	水4	水1	S_1	观2	D_3
地面标高/m	818.16	815.20	813.40	813.40	813.60	812.32	813.40
孔深/m	166.68	80.00	80.60	80.00	230.10	352.10	159.87
水位标高/m	815.19	814.52	812.65	812.56	812.46	812.34	798.65
地层时代	$\in_2^2$	$\in_2^2$	O_2^{2+1}	O_2^2	$O_2^2+O_1$	$O_2^2+O_1$	O_2

图例

图2-5-4 山西省太原市兰村水源地水文地质剖面图

（据钱学溥，《中国蓄水构造类型》，1990年2月）

1—砂砾卵石层；2—灰岩；3—白云质灰岩；4—泥灰岩；5—页岩；6—正断层；7—钻孔；8—水位降深（m）/流量（$m^3 \cdot d^{-1}$）；9—地下水水位

（1）碳酸盐岩类岩溶裂隙水

1）寒武系中统（$\in_2$）。分布于土堂断层西侧，地表有出露，水5、观4钻孔亦已揭露见到，埋深29～167m（未揭穿），顶板分布标高830m，厚180m，上部为灰色、黑灰色石灰岩，微具鲕状，坚硬破碎，见较多方解石脉，灰岩中含少量白云质成分，下部为黑灰色灰岩，裂隙不发育，中夹黄色泥质条带灰岩，竹叶状灰岩，紫色钙质页岩。底部为鲜紫红色钙质页岩夹白云质灰岩，倾向南东，倾角6°～11°，该岩层透水性弱。如水9孔涌水量$23.8m^3/h$，水5孔涌水量$<10m^3/h$，观4涌水量$1.46m^3/h$。

2）寒武系上统（$\in_3$）。分布于土堂断层西侧汾河南岸山坡，出露高程830～980m，在兰村断层附近施工之观2孔，孔深288.06m以下见到。岩性上部为浅灰色、深灰色、灰白色中粗粒厚层白云岩；下部为深灰色中厚层竹叶状灰岩与灰褐色页岩互层；底部为暗紫红色薄层泥质灰岩和页岩互层，总厚164m。

倾向南东，倾角5°～10°，岩心较完整，溶洞裂隙不发育，岩层透水性弱。

3）奥陶系下统（O_1）。在兰村断层附近S1、观2钻孔中揭露，顶板埋深153m以下，厚154m。上部为碎屑状白云质灰岩，深灰色细晶质中厚层白云质灰岩和薄层泥质白云岩互层；中部为深灰色中厚层白云质灰岩夹薄层白云岩与三层稳定的燧石条带；下部为灰色灰白色白云岩与深灰色页岩互层间夹三层小竹叶状灰岩，该岩层溶洞裂隙不发育，透水性弱。

4）奥陶系中统下马家沟组（O_2x）。为本区主要含水层。分布于土堂断层以东，兰村断层以西地段，水源地区内出露不多，但在钻孔中均已揭露见到，顶界埋深35～57m，底界埋深153～188m。上部为深灰色、灰白色中厚层石灰岩，坚硬性脆，含方解石脉，厚37.8m；中部为灰色深灰色薄层及中厚层石灰岩，夹灰白色薄层含白云质泥质灰岩，厚24.6m；下部为米黄色、灰黄色、黄色泥灰岩夹灰色角砾状泥灰岩，厚30.0m，总厚92.4m。该层坚硬性脆，岩心破碎，溶洞裂隙发育，透水性良好，含水丰富，单位涌水量200～1100m^3/（h·m）。

5）奥陶系中统上马家沟组（O_2s）。为本区主要含水层，亦为本区出露的主要岩层。在烈石山与划山均属此岩层，钻孔中一般埋深20～50m，底界高程760m，总厚246.86m。上部为深灰色中厚层状块状蠕虫状石灰岩及块状石灰岩夹土黄色灰白色薄层泥质灰岩；中部为深灰色中厚层—巨厚层石灰岩及蠕虫状石灰岩，致密坚硬，块状构造，含珠角石与下伏泥灰岩接触处溶洞发育；下部为淡黄色、黄白色、灰黄色泥灰岩夹泥质灰岩，团块状含小角砾、角砾，成分为含白云质泥质灰岩。泥灰岩层在水源区大部分为汾河切割所冲刷，地面出露于汾河北侧陡崖底部，自小海子至观7孔北面均可见到，汾河南岸山脚自水厂后至横岭电灌站附近可见到，在地表出露部分裂隙节理极为发育，常见北东、南西方向的一组垂直节理，溶洞成层状分布，高出河床30～50m，溶洞直径0.5～1m。

（2）松散岩类孔隙水

第四系上更新统全新统（Qp_3+Qh）分布于水源地区河床中，覆于灰岩之上，厚18～36m，岩性为卵砾石，成分以灰岩、白云质灰岩为主，其次为石英砂岩，砾径一般0.5～2cm，大者达15cm，磨圆度较好，分选性较差，15m以下常有泥质、钙质半胶结，一般透水性良好，含水较丰富。单位涌水量20～30m^3/（h·m）。

从上述含水层可知，碳酸盐类的O_2x、O_2s与松散岩类的Qp_3+Qh为主要含水层，而$\in_3$、$\in_2$、O_1溶洞裂隙不发育，含水弱。

2.地下水补给与排泄条件

兰村水源地的补给量取决于流域范围与灰岩的出露面积，降水渗入量等因素。兰村以上汾河流域面积7640km^2，出露地层为灰岩、砂页岩与变质岩、火成岩以及第四系冲洪积层等，灰岩出露自吕梁背斜以东、岚县南部、静乐东北至兰村以西、王封断层以北，出露范围较大，出露面积1252km^2，风化强烈，裂隙发育，灰岩出露地区接受降水后大部分消耗于地面蒸发，部分顺地面低洼处汇集于河谷成地表径流，入汾河由兰村出口入太原盆地，而小部分则渗入地下沿溶洞裂隙，断裂带向下游运动于兰村排泄成泉出露于地表或由深部补给盆地松散岩层地下水，根据计算入渗系数35%，地下水径流模数5.8L/km^2。

流域范围内其他岩层如变质岩、火成岩、砂页岩等，由于岩性较致密裂隙不发育，大气降水大部分消耗于地面蒸发与成地表径流汇入汾河水库，而少量的则渗入地下向下游渗流，补给灰岩地下水。

汾河水库位于汾河上游静乐县下静游附近，修建于1960年，库容量$7\times10^8m^3$，该水库不仅起拦洪灌溉作用，而水库放水则对兰村水源地的补给也起重要作用，根据1961—1977年寨上水文站的观测资料，平均地表径流量16.16m^3/s，汾河水由河口至寺头漏失量占河流流量的17.8%，其年平均入渗量2.88m^3/s（$24.9\times10^4m^3$/d），在正常情况汾河放水期为九个月即（3—11月），放水量20～30m^3/s，而7—9月又为雨季，地面径流量最高可达200m^3/s以上，这样补给地下的水量要大大超过2.88m^3/s的数值，对兰村水源地的补给更为有利。

从区域寒武、奥陶系灰岩等水位线图分析可以看出，兰村泉、晋祠泉为太原西山灰岩地下水的两个主要的泄水点，王封断层西端以远地下水由西北往东南方向排泄，断层西端至西山断裂带前缘则以断层为界，往北向兰村水源排泄，已形成降落漏斗，漏斗中心水位高程为808m，水力坡度1‰～2‰，王封断层往南向晋祠方向排泄，泉水出露高程806m。

兰村水源地除开采及地表径流排泄外，仍有部分通过灰岩与卵砾石层补给西张水源地下部含水层组，通过计算求得补给量为$1m^3/s$。兰村东部棋子山地区的奥陶系灰岩含水亦较丰富，据江阳化工厂1967年在棋子山下施工水井一眼，井深51.63m，32.93m揭露灰岩，静止水位埋深29.60m，水位高程820m，抽水降深0.1m，涌水量$337m^3/d$。东、北山地区奥陶系灰岩出露面积约$150km^2$，该区灰岩地下水通过深部溶洞、裂隙、断裂带经东关口往西补给兰村水源地是可能的。

3.水源地资源量评价

根据此次补充勘查和群孔抽水试验资料，通过计算求得兰村水源地验证的（A_2级）开采资源量$50 \times 10^4m^3/d$。Ⅱ期水源地设计降深为10m时可增加开采量$24 \times 10^4m^3/d$，其对Ⅰ期水源地水位削减4.5～5.0m。此次采用稳定流、非稳定流方法与群孔抽水试验实抽法的外推等几种方法计算结果数值相近，估算验证的（A_2级）可开采资源量$50 \times 10^4m^3/d$。根据区域石灰岩地下径流模数5.8L/（s·km^2）计算得兰村水源地的补给量$7.25m^3/s$。

1987年，山西省地质矿产局第一水文地质工程地质队受太原市水资源管理委员会的委托，对太原市地下水资源重新进行评价，提交了《太原市地下水资源评价及规划利用研究报告》，采用多种方法对兰村水源地的允许开采资源进行了评价。该报告计算得兰村泉域的天然资源$6.32m^3/s$，可开采资源$4.7m^3/s$，合$40.6 \times 10^4m^3/d$。实际上玄泉寺截留$0.3m^3/s$，兰村地区工业用水$0.1m^3/s$，兰村水厂可开采$4.3m^3/s$。据调查资料，太原市为了实现对地下水资源及生态环境的保护，现已对兰村水源地开采量大幅度降低，进行保护性开采，开采量仅为$20 \times 10^4m^3/d$。

4.水源地开发利用

兰村水源地1954年动工，凿井25眼，井深23.69～50.20m，井径500mm，井距50m，采用虹吸式取水，产水能力$13 \times 10^4m^3/d$；1984年，兰村水源地水位下降，原虹吸系统报废，改为深井泵抽水，开凿管井12眼，井深120m，井径800～1000mm，单井出水量$3 \times 10^4m^3/d$，设计降深10m，改造后水源地产水能力$30 \times 10^4m^3/d$；进入20世纪90年代中期，改造后的水源井，经十多年使用出现井壁管弯曲变形，故对深井泵进行改造。至1999年全部改造完毕，平均产水量$20 \times 10^4m^3/d$。随着黄河水使用，地下水滥采现象得到控制。通过多年运行分析证明，兰村水源地地下水可采资源为21×10^4～$23 \times 10^4m^3/d$是合理的。兰村水源地为太原市供水服务至今，担负着全市约40%的供水量。

兰村水源地1957—1964年开采量$13.8 \times 10^4m^3/d$；1965—1968年开采量$18.8 \times 10^4m^3/d$；1969年$21.8 \times 10^4m^3/d$；1970—1972年开采量$24.10 \times 10^4m^3/d$；1973—1975年开采量$25.0 \times 10^4m^3/d$；1976—1980年开采量$27.0 \times 10^4m^3/d$；2016年开采量为$20.58m^3/d$，最大开采量曾达$30 \times 10^4m^3/d$以上。

（七）太原市西张水源地

西张水源地位于太原市尖草坪区上兰街道办上兰村汾河峡口一带（曾德钦，1984）。1984年4月，山西省地质矿产局第一水文地质工程地质队提交了《山西省太原市西张地区供水水文地质勘探报告》，该次勘探共完成钻孔55个，完成钻探工作量3917m，其中抽水试验孔30个，包括上、下含水组生产性抽水试验和互阻抽水试验及多孔抽水试验各一组，1∶5万地质测绘$179km^2$，地形图草测$10.5km^2$，工程测量80孔组，水质简分析样215组，水质全分析样31组。该项目投资121万元，基本查清了勘查区的水文地质条件，详见图2-5-5。

1.水文地质条件

（1）上含水组

1）含水层平面分布。含水层分布范围基本与冲积平原区界线吻合，西起土堂—呼延—柴村—芮城—营村—三给，东至上兰村—西村翟村—向阳镇—南下温—北固碾—赵庄，分布面积约$44km^2$。其宽度自北向南逐渐缩小再扩大，由北部的4300m缩小为400m，然后又扩大为3800m。除汾河冲积扇外，柏

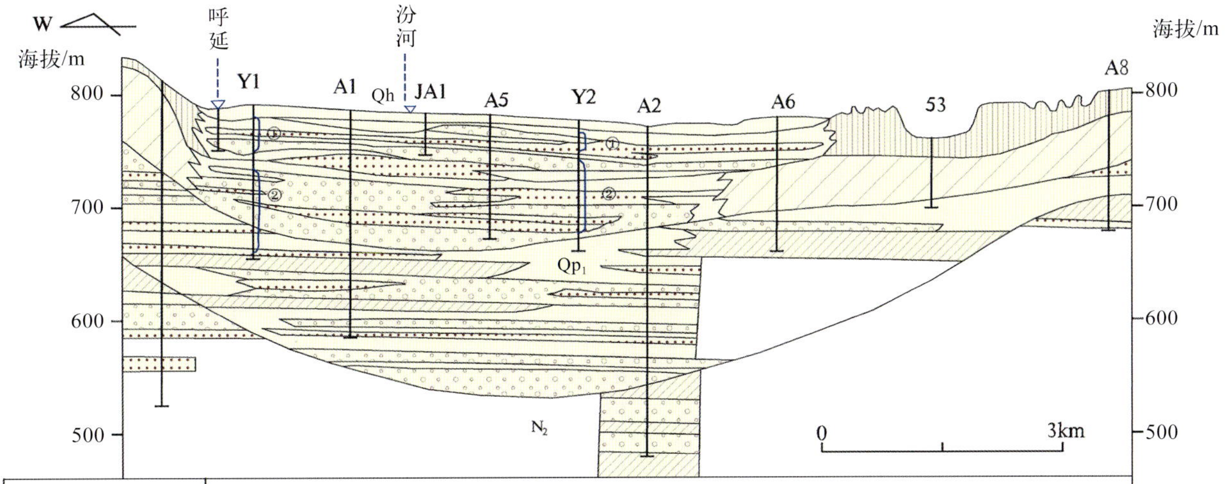

孔深/m	140.20	200.17	111.55	117.37	306.55	121.50	66.50	138.13
孔位埋深/m	①0.89	②1.80	①+0.22	②+2.38	1.87	7.40		
水位抽降/m	4.54	4.17	5.79	6.94	3.34			
出水量/（L·s^{-1}）	44.80	33.90	33.35	80.12	4.22			
TDS/（g·L^{-1}）	0.41	0.30	0.33	0.26	0.59			

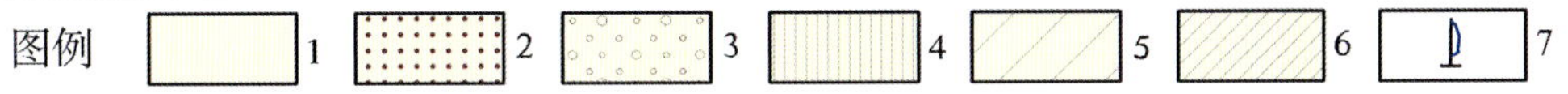

图2-5-5 山西省太原市西张水源地水文地质剖面图
（据山西省地质局，《山西省太原市西张地区供水水文地质勘察报告》，1984年4月）
1—黏性土；2—砂；3—卵石及砾石；4—黄土；5—老黄土；6—黏土；7—钻孔及试段

板河、蛤蟆河、杨兴河、涧河等支流河床部位也有分布。

2）含水层垂直分布。西张水源地主要上含水组为第四系中更新统地层（Qp_2），分布深度在5～50m，有1～7层，主要含水层为1～3层，一般1～2层，沿汾河河谷中部一带，层数较少，两侧较多。含水层总厚度一般为20～30m，最大32.19m。沿汾河河谷自北向南厚度、埋深无显著变化，但其底板标高自北向南有变低趋势，向东、西侧底板迅速抬高，成河槽状。

3）含水层岩性及其颗粒变化。含水层岩性为卵石、砾石、砂砾、粗砂、中砂。卵石、砾石成分为石灰岩、石英岩、片麻岩、花岗岩、安山岩；砂成分以长石、石英为主，含少量云母碎片，颗粒磨圆度和分选性较好。含水颗粒自北向南、自西向东由粗变细，以卵石、砾石层为主，厚度均在20m以上，卵石层及砾石层厚度占含水层总厚度50%～100%。卵石直径一般30～50mm，＞80mm较多。

4）隔水层的分布。上含水组中隔水层系由黏土、亚黏土、亚砂土、细砂、粉砂组成，西、中部多为亚黏土，东部多为亚砂土，主要分布在含水组的上部，因此上含水组具一定承压性，也造成了与地表的隔离条件。隔水层厚度一般7～20m，最厚34.8m，隔水层层数一般2～5层，最多7～8层；但主要隔水层有1～2层，西部可达2～3层，一般自北向南、自西向东厚度增加，层数增多。

5）水位、流向及坡度。水位一般–0.1～+1.0m，水位标高一般为792～804m，北高南低。沿汾河河谷高，两侧低，可能与下含水组顶托补给上含水组有关。根据等水位线，地下水主要流向基本与汾河流向一致，即由北而南。部分水分别向南东、南西两侧流动，至洪积扇前缘与东、西边缘地下水相遇后转向南流。地下水平行河谷的天然坡降平均为0.147%。

（2）下含水组

1）含水层平面分布。西张水源地主要上含水组为第四系下更新统地层（Qp_1），含水层分布界线西部与上含水组界线基本相当；北、东部除分布于冲积平原区外，尚伸入洪积倾斜平原区500～2000m。

其边界北至上兰村、西村、翟村、向阳店，东至南寨、新城、十里铺。分布面积约65km^2。其宽度自北向南逐渐扩大，从5000m扩大为5700m。

2）含水层垂直分布。含水层分布深度一般在50～110m之间，个别钻孔上限在38m，下限在158m。有3～11个含水层，主要含水层为3～5层，一般1～3层，沿汾河河谷中部一带层数较少，两侧较多。含水层总厚度一般为40～60m，最大为91.34m。沿汾河河谷自北向南，厚度逐渐变薄。底板埋深逐渐变浅，底板标高有变高趋势，推测为古汾河上兰村瀑布作用所造成。向东西方向，由汾河至两侧底板迅速抬高，断面形如槽状。

3）含水层岩性及其颗粒变化。含水层岩性与上含水组相同，分选性，磨圆度各地不一，总体而言，上游、中游较下游为好。含水层一般未见胶结，仅见于个别钻孔中深度90m以下有泥质及钙质胶结现象，但胶结程度很低。含水层颗粒自北向南，自汾河河谷向东、西两侧由粗变细，含水层岩性以卵石为主，卵石直径一般为130～150mm较多，卵石厚度均在20m以上，最厚达90m，其厚度占含水层总厚度80%～100%。

4）隔水层的分布。下含水组隔水层由黏土、亚黏土、亚砂土及粉砂组成。厚度无显著变化，一般20～30m，最大达42.15m，隔水层层数一般4～9层，最多达15层。主要隔水层2～4层。作为上、下含水组之间的隔水层较稳定，厚度10～15m。中部、南部及东西两侧隔水层中一般夹1～3层含水层透镜体，透镜体一般厚1～5m。此外，在埋深85m左右也有一隔水层，比较稳定，对其上、下含水层联系有一定阻隔作用。

5）水位、流向及坡度。下含水组水位一般高出地表3～5m，仅呼延一带低于地表。水位标高一般797～805m，北高南低；沿汾河河谷高，两侧低。

根据水位监测资料，地下水主要流向基本与汾河河谷走向一致，两侧分别呈南东、南西流向，在黄土丘陵及洪积扇裙区的前缘转向南流。下含水组平行河谷的天然坡降，根据计算平均为1.55%。

2.水化学特征

水化学类型主要为HCO_3-Ca·Mg型，TDS＜1g/L，一般均不超过0.5g/L，pH值为7～8，水温为10～12℃。

3.水源地地下水资源评价

该次勘探，获得验证的（A_2级）开采储量21.1×10^{4}m^3/d，探明的（B级）储量16.1×10^{4}m^3/d，其中上含水组探明的（A_2级）14.7× 10^{4}m^3/d，下含水组验证的（A_2级）6.4×10^{4}m^3/d，探明的（B级）4.3×10^{4}m^3/d，汾河河漫滩潜水层探明的（B级）储量11.8×10^{4}m^3/d。

4.水源地开发利用

西张水源地水源井设在汾河西岸一级阶地上，设计产水能力13.3×10^{4}m^3/d。取水工程分三期完成，一期工程从1968年开始，凿井10眼，井深35.69～110.4m，井径300～529mm，1970年1月投产，最大单井平均产水量4956m^3/d；二期工程1972—1984年，凿井15眼，井深41～124m，井径529～426mm，单井产水量9960～1233.60m^3/d；三期工程1993—1996年，凿井20眼，购买呼延村水井1眼，共21眼水井，井深249.87～374.57m，井径426～273mm，单井产水量9960～1233.60m^3/d，单井产水量6290～3587m^3/d。到1992年，上含水层已处于半疏干状态，成为下含水组的补给层和滤水层。下含水层是西张水源地的主要开采层位。截至1999年共有水源井44眼产水全部配套使用，平均产水量5.22×10^{4}m^3/d。西张水源地至今运行良好，担负着太原市约30%的供水量。2016年开采量为10.44×10^{4}m^3/d。最大开采量曾达30×10^{4}m^3/d。黄河水进入太原市后，西张水源地作为城市备用水源地紧急调用。

（八）太原市枣沟水源地

枣沟水源地位于太原市杏花岭区小返乡枣沟及后沟地区，距市中心约20km（袁学敏等，1991）。1991年8月，山西省地质矿产局第一水文地质工程地质队提交了《山西省太原东山枣沟水源地岩溶水供水水文地质勘探报告》。枣沟水源地初勘完成水地质钻孔19个，总进尺9832.12m，抽水试验24次，详勘完成水文地质钻孔14个，总进尺7664.57m。抽水试验22次，开采抽水试验一次，最大抽水量$6.4 \times 10^4 m^3/d$。经计算，东山岩溶水天然补给量为$2.2m^3/s$。最大允许开采量$8.6 \times 10^4 m^3/d$。枣沟水厂1990年建成投产，开采量一直维持在$8 \times 10^4 \sim 10 \times 10^4 m^3/d$，为太原市大型岩溶水供水水源地，解决了东山地区数十万人的供水问题，缓解了太原市供水紧张状况，取得了明显的经济效益和社会效益。

1.水文地质概况

太原东山岩溶水子系统位于太原市东北部及东部，总面积$1810km^2$，其中石灰岩裸露面积$700km^2$。该区属大陆性半干旱气候，多年平均气温9.6℃，多年平均降水量475mm。岩溶地下水主要接受降雨入渗补给。

该子系统主要含水岩组为奥陶系中统（O_2）厚层石灰岩。其中上马家沟组富水性最强，峰峰组与下马家沟组次之。枣沟水源地位于东山边山断裂带的东侧，奥陶系石灰岩顶板埋深140～170m，埋深200～400m一段石灰岩岩溶发育强烈，承压水头埋深33m，$0.04km^2$范围内，施工开采井6眼，在$5.5 \times 10^4 m^3/d$开采强度下，水源地中心孔最大水位降深仅1.25m，开泵或停泵4～5个小时水位即趋于稳定，证明水源地补给条件良好。水源地区域水文地质条件见图2-5-6。

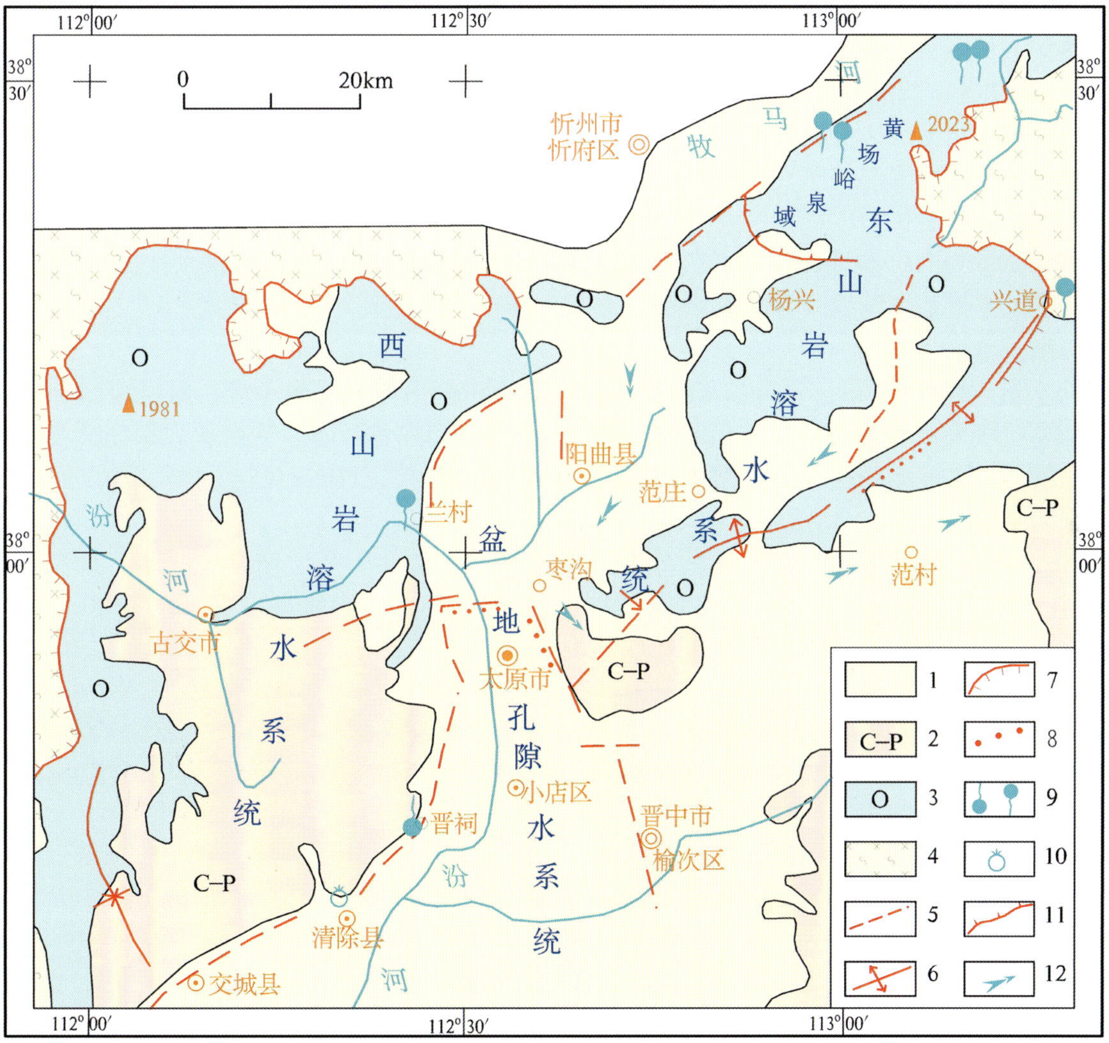

图2-5-6 山西省太原市东山岩溶水系统略图

（据山西省地质矿产局第一水文地质工程地质队袁学敏等，《山西省太原东山枣沟水源地岩溶水供水水文地质勘探报告》，1991年）

1—松散岩类；2—石炭、二叠系砂页岩；3—奥陶系碳酸盐岩；4—变质岩及火成岩；5—断层；6—向斜轴；7—隔水边界；8—弱透水边界；9—泉水；10—自流井群；11—地下水与地表水分水岭；12—透水边界及岩溶水流向

2.含水岩组划分

经勘探，太原东山枣沟—后沟一带岩溶水丰富，含水层主要为奥陶系中统上马家沟组和峰峰组（O_2f+s）。含水层隔水顶板为石炭系页岩。勘探深度450m左右。枣沟水源地一带为埋藏型岩溶。碳酸盐岩溶埋深在100～400m松散岩类和碎屑岩类之下。

松散覆盖层厚度100～200m，由黄土状亚黏土和亚砂土组成。沟谷底部有条带状分布的砂砾石层，含孔隙潜水。水位埋深丘陵和倾斜平原区30～70m。沟谷地带5～7m。水源地东部孔隙水高于岩溶水位，西部则岩溶水位高于孔隙水位。孔隙水富水性差，单井涌水量在10～100m^3/d之间。大多为$SO_4 \cdot HCO_3$-Ca·Mg型水，TDS>0.5g/L，孔隙水和岩溶水分属两个独立的地下水系统。无论从水位标高、水质、水量和动态方面分析，两者都没有直接的水力联系。

水源地含水岩组自上而下为奥陶系中统峰峰组及上、下马家沟组。

（1）峰峰组中上段溶孔、溶洞含水岩组

岩性以深灰色纯灰岩为主，夹白云质灰岩、泥灰岩。该层溶蚀作用强烈，蜂窝状和串珠状溶孔和溶洞发育，富水性强。

（2）上马家沟组中上段溶隙、溶洞含水岩组

岩性为纯质灰岩，豹皮状灰岩、白云质灰岩、泥灰岩等互层，以溶蚀裂隙和溶洞为主，局部可见0.4m的大溶洞和0.1m以上的溶蚀裂隙，裂隙面常伴有1～10cm厚的灰华沉淀，富水性强。枣沟水源地六个大口径孔抽水试验结果表明，水位下降1～3m，涌水量20000m^3/d以上，为富水含水岩组。

（3）下马家沟组溶隙、溶孔含水岩组

本组在水源地一带埋深较深，岩溶发育程度和富水性都不如上马家沟组含水岩组。

3.水源地富水性评价

根据抽水试验资料，统一采用5m降深，10吋口径计算的单井涌水量作为富水性分区依据，可将枣沟—后沟一带及水源地外围划分为以下4个区。

（1）极强富水区

单井涌水量>10000m^3/d，分布在东山前缘弧形断裂东侧枣沟—后沟一带，面积约2.6km^2，主要含水层为中奥陶统峰峰组和上马家沟组石灰岩，含丰富的裂隙溶洞承压水。含水层埋深150～300m，水位埋深33～67m，水位标高806～807m，水质类型为HCO_3-Ca·Mg型，TDS<0.5g/L。

（2）强富水区

单井涌水量5000～10000m^3/d，主要分布在极强富水带的北、东、南外围一带，面积约3.0km^2，含水层为中奥陶统峰峰组及上马家沟组石灰岩，为裂隙溶洞水。含水层埋深200～400m，水位埋深60～100m，水位标高806～807m，水质为HCO_3-Ca·Mg型，水质良好。

（3）富水区

单井涌水量2000～5000m^3/d，主要分布在强富水区东侧及南侧，面积约7.4km^2，含水层为中奥陶统峰峰组和上马家沟组石灰岩，含水层埋深150～400m，水位标高807m，水质类型为HCO_3-Ca·Mg型，TDS<0.5g/L。

（4）中等富水区

单井涌水量500～2000m^3/d，分布在弧形断裂以西，面积约6.7km^2，含水层主要为中奥陶统上马家沟组石灰岩，含水层埋深300～600m，水位标高806～807m，由于灰岩埋深较深，特别是受弧形断裂阻隔，地下水补给条件差，径流迟缓，富水性亦相对较弱。水质类型为HCO_3-Ca·Mg型，TDS<0.5g/L。

4.岩溶水径流与排泄条件

东山岩溶子系统地下水的径流与排泄主要受构造的控制。北部古老基底岩层为区域隔水边界；西部棋子山地垒和东山弧形断裂带控制了岩溶水的去向；东部及东南部边界受东山背斜及逆断层的控制。等水位线图及电模拟结果表明，东山岩溶水子系统属娘子关泉域的一部分。天然状态下，通过东南部弱透水边界排向娘子关0.79m^3/s；汇入枣沟一带汇流区1.41m^3/s，而后向东南排向娘子关；小部分通过西部弱

透水边界排向盆地，其量有0.13m^3/s，东山岩溶水位呈多年连续下降趋势，平均年降幅1.35m，主要是多年降雨连续减少的结果。

枣沟水源地距兰村水源地15km，距晋祠泉30km，其间隔有盆地，盆地内灰岩深埋岩溶不发育。经枣沟水源地154d群孔开采抽水试验观测，对盆地有微弱影响，而对兰村一带无影响，证明枣沟水源地与兰村水源地无水力联系，与晋祠泉也无水力联系，仅对盆地有微弱的补排关系。

该水源地地下水无色、无味，清彻透明，TDS为0.2～0.3g/L，属HCO_3型，总硬度10～15德国度，水温12～14℃，各种离子含量符合国家规定的生活和工业用水标准。

5.水源地地下水资源评价

采用降水入渗法、电模拟和数值模拟等方法求得东山岩溶水天然补给量2.2m^3/s，储存量$3.5\times10^8m^3$，枣沟水源地最大允许开采量$9.4\times10^4m^3/d$。勘探报告认为，枣沟水源地开采$7.2\times10^4m^3/d$地下水是完全可行的，达到了探明的（B级）允许开采量勘探和研究程度的要求。

6.水源地开发利用

1984年，利用Z_1、Z_2、Z_3三个勘探孔作为枣沟水源地的生产开采井，井深450～500m，井径426mm，设计产水能力$1.5\times10^4m^3/d$，实际产水量为$1.1\times10^4m^3/d$，产水井平均动水位埋深28.96m，静水位平均埋深27.06m；1987年11月，利用Z_7、Z_8勘探孔作为枣沟水源地的生产开采井，井深500m，井径426mm，单井产水量$1.0\times10^4m^3/d$；1992—1999又陆续增凿深井9眼，开采层位由O_2s延伸至O_2x，单井产水量达到平均$2.41\times10^4m^3/d$，至1999年底，枣沟水源地共有生产井13眼，产水量$10.68\times10^4m^3/d$。

（九）榆次北山河底—河口水源地

榆次北山河底—河口岩溶水水源地位于晋中市榆次区西北14km的乌金山镇河底—河口村一带（山西省第三地质工程勘察院，1997）。1997年12月，山西省第三地质工程勘察院提交了《山西省榆次市北山河底—河口岩溶水水源地勘探报告》。完成1：20万水文地质测绘2500km^2，1：5000水文地质编测29km^2；物探剖面6km；探采结合井5眼，观测井2眼，钻探总进尺4530.67m；单孔抽水试验6眼，多孔抽水试验2组，群孔抽水1井群；水样测试50组等。提交探明的（B级）资源储量$3.1\times10^4m^3/d$。

1.勘查区概况

北山水源地地理坐标为东经112°39′45″～112°44′00″，北纬37°46′45″～37°49′15″，行政区划属晋中市榆次区乌金山镇管辖，南同蒲铁路和太旧高速公路从其西南通过。勘查区位于太行山中北段，太原盆地东北部，系舟山呈北东南西向展布于测区东北一带。地形总趋势是东北部高，西南部低，山脉总体走向北东—南西，山势险要，沟谷纵横。勘查区主要包括阳曲县大部，榆次区、太原市、盂县、寿阳县、定襄县部分地区，总面积约2500km^2。区内地层出露齐全，有太古宇五台群，元古宇滹沱群，古生界寒武系、奥陶系、石炭系、二叠系，中生界三叠系，新生界新近系和第四系。基岩地层自系舟山由北向南由老到新依次排列，新生界覆盖层主要分布于太原盆地。另外，大盂及阳曲小盆地、杨兴河山间河谷、西烟山间洼地也有分布（图2-5-7）。

2.岩溶水系统边界条件

榆次北山隐伏岩溶水属于太原东山岩溶水系统。此系统范围北起官帽山、石岭关、系舟山一线，南至北砖井-小峪口断裂带，西部受棋子山和东山边山断裂控制，东部受黑石窑压性逆断层、阳坪望背斜、温家山逆断层、东山大背斜以及郭家庄断层控制，总面积2050km^2，其中灰岩裸露面积820km^2，形态上为一北东—南西斜列的条形地块，地形东北高、西南低，地下水由东北向西南流动。

（1）北部边界

北部边界可分为东西两段。东段在区域北部的系舟山北东向构造带，西段在官帽山、石岭关东西向构造带一线。系舟山位于忻州盆地的东南缘，其边山断裂由一系列北北东向压扭性断裂组成（图2-5-8）。由于受北西—南东向的挤压，在小五台西北部有老地层出露，并伴有太古宇晚期花岗岩侵入。从地势上看，西北高，东南低，地下水向东南方向流动。北部东段为阻水边界，西段官帽山、石岭关东西向构造

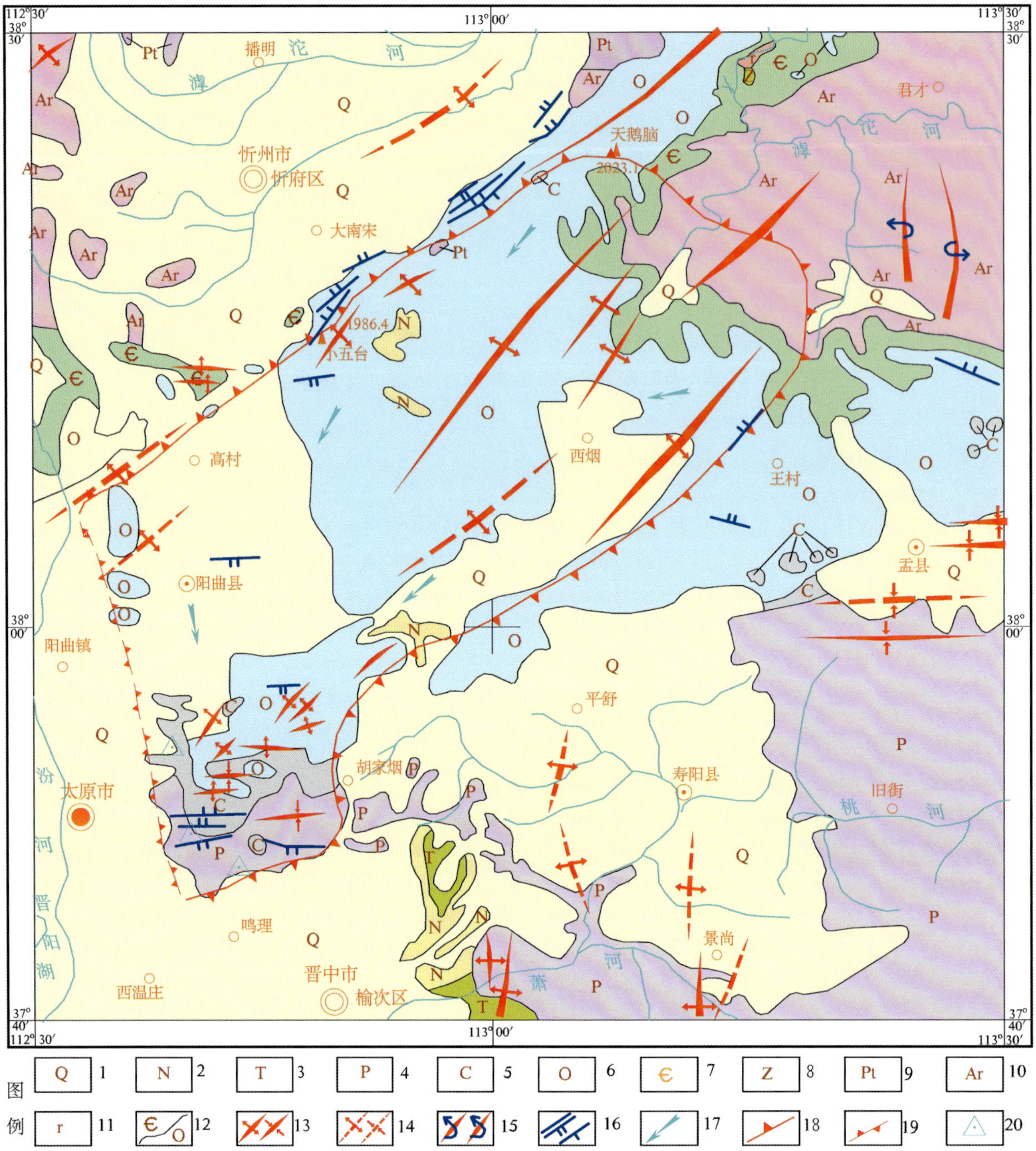

图2-5-7　山西省晋中市榆次北山区域水文地质图

（据山西省地质矿产局第三水文地质工程地质队周永昌等,《山西省榆次北山岩溶水水源地勘探报告》，1997年12月）

1—第四系；2—新近系；3—三叠系；4—二叠系；5—石炭系；6—奥陶系；7—寒武系；8—震旦系；9—元古宇；10—太古宇；11—花岗岩；12—地质界线及代号；13—背向斜；14—隐伏背向斜；15—倒转背向斜；16—压及张性断层；17—地下水流向；18—阻水边界；19—弱透水边界；20—水源地及开采量（$10^4m^3/d$）

带以寒武系底部泥页岩为界，构成了北部隔水边界，因此，北部边界为区域阻水边界。

（2）东北部边界

杨兴镇、南温川及高庄泉一带长约29km的地段，由裸露的奥陶系中统石灰岩、下统白云岩和寒武系石灰岩、白云岩等组成，按地下水等水位线图所示，为一地下水分水岭（图2-5-9），且与地表水分水岭及温川背斜相重合。此段地下水分水岭为游动边界，受南北两侧的开采强度及降水多少而变化。再往东北高庄至大围一带北侧为太古宇变质岩，构成该段阻水边界。

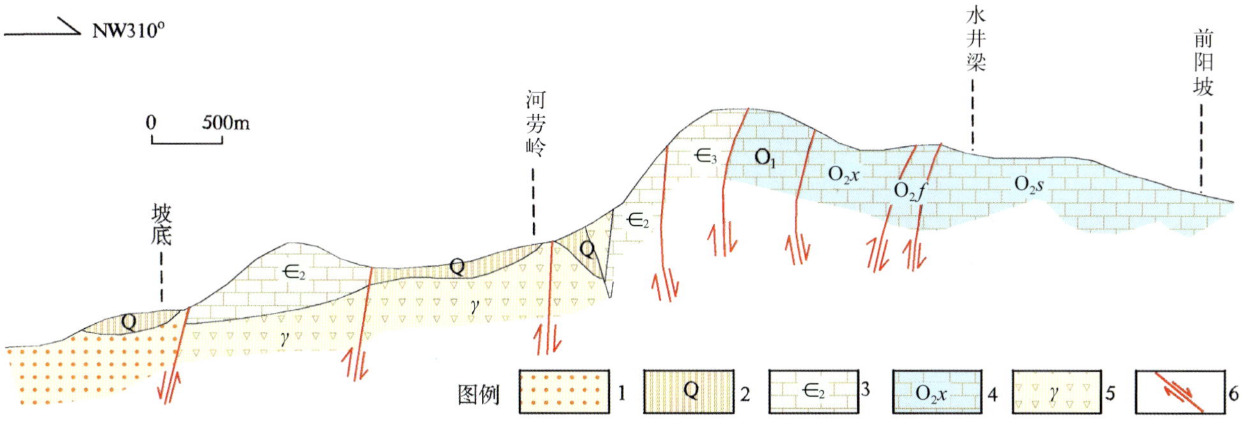

图2-5-8　山西省忻州市忻府区坡底—阳曲县前阳坡地质剖面图
（据山西省地质矿产局第三水文地质工程地质队周永昌等，《山西省榆次北山岩溶水水源地勘探报告》，1997年12月）
1—第四系中、上更新统；2—第四系全新统；3—寒武系中统；4—奥陶系中统；5—花岗岩；6—断层

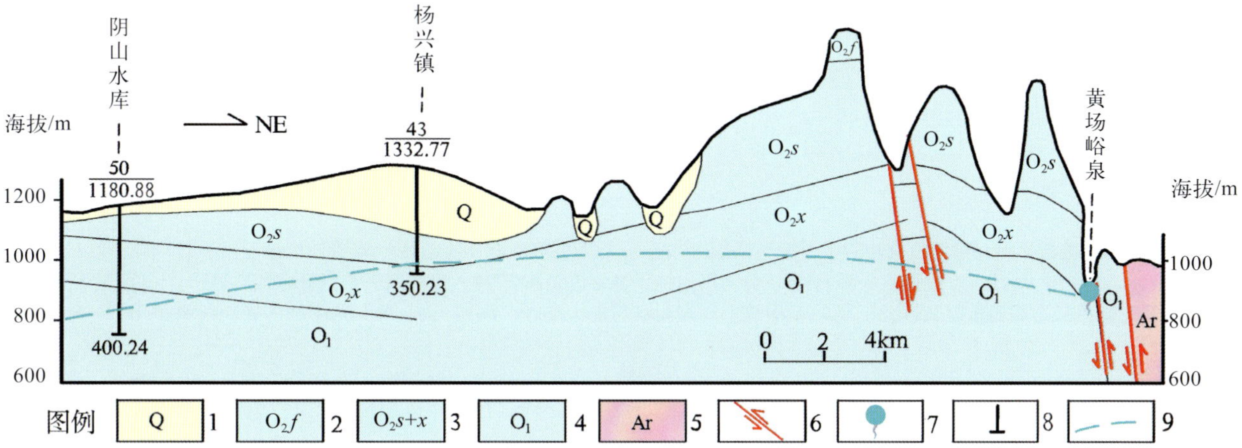

图2-5-9　山西省阳曲县阴山水库—定襄县黄场峪泉水文地质剖面图
（据山西省地质矿产局第三水文地质工程地质队周永昌等，《山西省榆次北山岩溶水水源地勘探报告》，1997年12月）
1—第四系黄土、河卵石等松散岩类覆盖层；2—奥陶系中统峰峰组透水层；3—奥陶系中统上、下马家沟组含水层；
4—奥陶系下统弱含水层；5—太古宇变质岩；6—断层；7—泉水；8—钻孔；9—岩溶地下水水位

（3）东南部边界

该水源地东南部边界分三段，分述如下。

第一段从黑石窑至黄岭，由黑石窑压性逆断层、阳坪望背斜、温家山逆断层组成，构造线两侧奥陶系岩溶含水层与核部导水性差的寒武系下部厚层页岩接触，同时还有一组与断裂带平行的喜马拉雅期的岩脉侵入体相阻隔，两侧水位相差悬殊（图2–5–10），因此该段视为隔水边界。

第二段位于大威山至罕山一线，由东山背斜和郭家庄断层构成。东山背斜的轴部出露地层为奥陶系中统灰岩，背斜的隆起虽然使岩溶较为发育的上、下马家沟组地层处于地下水水位以上，但下部寒武系灰岩仍然导水，特别是该段东北端，黄岭以西至大威山一线，纬向构造发育，构造裂隙起一定的导水作用。因此，该段边界为弱透水边界（图2–5–11）。

第三段由郭家庄向南至东蒜峪，长约7km。本段受东山背斜倾伏端影响，北东向断裂十分发育，断距不大，且与观家峪—东蒜峪东西向断裂带相互交错切割，地层支离破碎，为地下水运移提供了通道，同时从剖面图（图2–5–12）看，地下奥陶系灰岩连通，没有彻底断开，因而使东山岩溶水在受到西部弱透水边界和南部榆次北山边山断裂的阻挡后折向东流，穿过该边界汇入娘子关泉域。此段边界为透水边界。

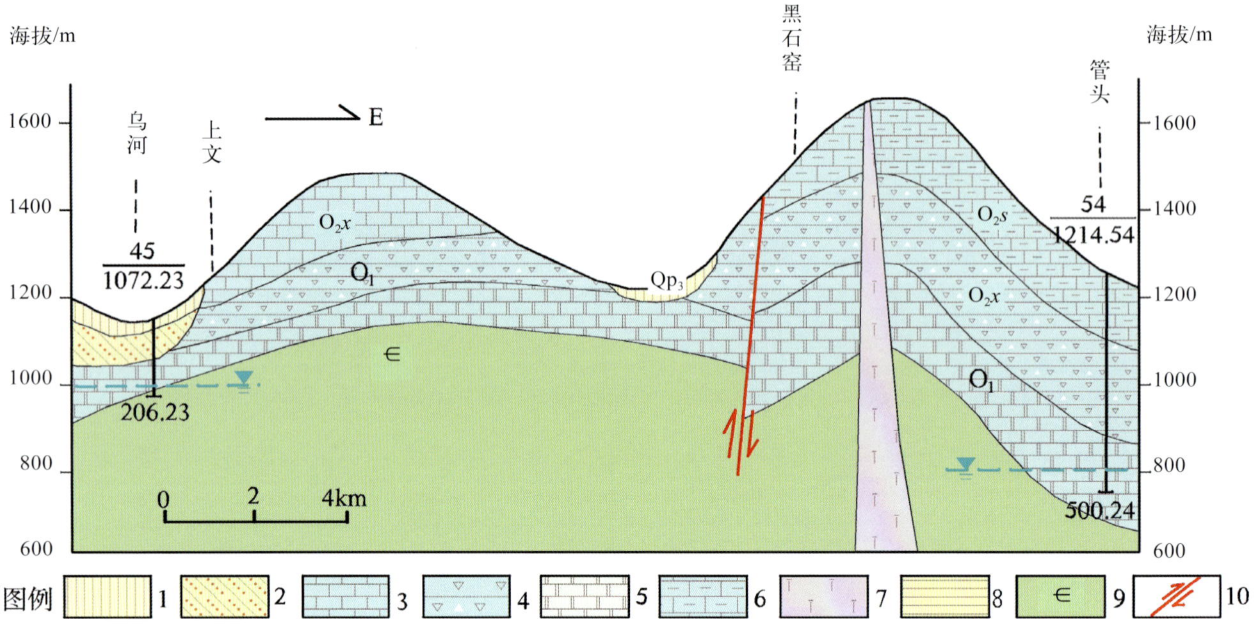

图2-5-10　山西省盂县上文—管头水文地质剖面图

（据山西省地质矿产局第三水文地质工程地质队周永昌等，《山西省榆次北山岩溶水水源地勘探报告》，1997年12月）

1—黄土；2—亚砂土夹砾石；3—奥陶系中统下马家沟组灰岩；4—奥陶系下统角砾状泥灰岩；

5—奥陶系下统白云岩及泥质白云岩；6—奥陶系中统上马家沟组豹皮状灰岩；7—侵入岩；8—页岩；9—寒武系地层；10—逆断层

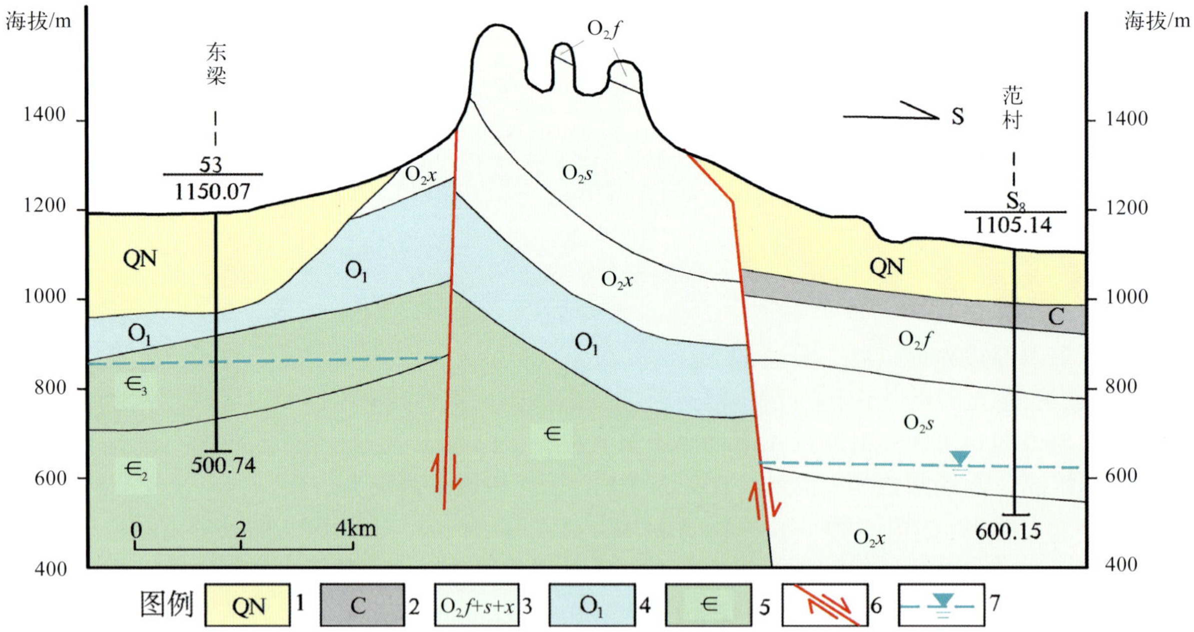

图2-5-11　山西省盂县东梁-寿阳县范村水文地质剖面图

（据山西省地质矿产局第三水文地质工程地质队周永昌等，《山西省榆次北山岩溶水水源地勘探报告》，1997年12月）

1—第四系、新近系松散层；2—石炭系砂页岩；3—奥陶系中统岩溶含水层；

4—奥陶系下统白云岩；5—寒武系弱含水层；6—断层；7—岩溶水水位

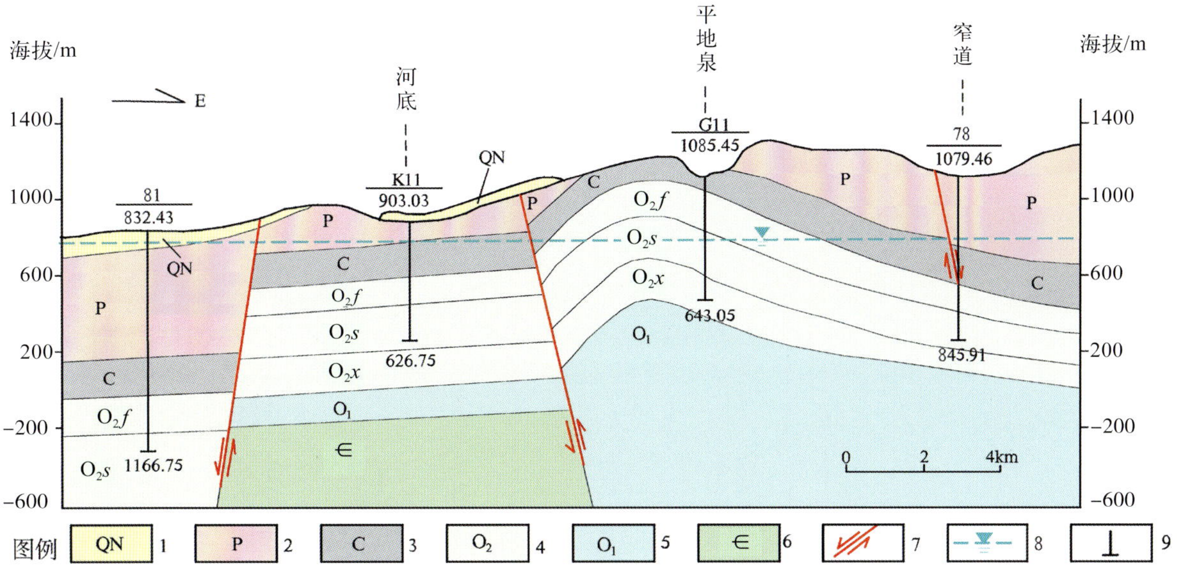

图2-5-12　山西省晋中市榆次区北山河底—窑道水文地质剖面图

（据钱学溥，《中国蓄水构造类型》，1990年2月）

1—第四系、新近系松散层；2—二叠系地层；3—石炭系砂页岩覆盖层；4—奥陶系中统石灰岩岩溶含水层；5—奥陶系下统弱含水层；6—寒武系白云岩、灰岩弱含水层；7—断层；8—岩溶水水位；9—钻孔，分子为水位埋深（m），分子为孔口标高（m）

（4）西部边界

西部边界分北段、南段两部分。北段在棋子山地垒南北向构造带一线，长约14km。地垒西侧为泥屯盆地，东侧为阳曲盆地，基岩埋深均>300m，边缘地带约100m。地垒核部由奥陶系中统马家沟组灰岩、奥陶系下统和寒武系地层所组成，东西两断层断距分别为1000m和700m，两侧主要岩溶含水层与地垒核部寒武系页岩地层相接触，构成阻水边界（图2–5–13）。

南段由东山山前弧形断裂组成。据已往物探和勘探资料，东山山前弧形断裂由两条断裂所组成，东侧一条断距较小且延伸短，西侧一条断距达数百米，长约30km。断裂带西侧的石炭系、二叠系砂页岩与东侧的奥陶系中统岩溶含水层相接触，对岩溶水的西移起一定的阻隔作用。在断裂带西侧的迎新街、南洼、卧虎山及省计统学校等地，岩溶水富水性较差，单井出水量一般在200～1000m³/d，而东侧的岗底、后沟、枣沟、瓜地沟及河口、河底等地，岩溶含水层富水性极强，单井出水量可达4000～20000m³/d，这也说明弧形断裂造成两侧岩层错位，具一定的阻水作用，所以此段边界为弱透水边界。

（5）南部边界

南部边界位于北砖井至东蒜峪一线，由北山边山断裂构成，该断裂由两条相互平行的断层组成，靠近边山的一条断距100m左右，靠南边的一条断距700m左右，均为南盘下降。断裂带北侧出露二叠系砂页岩，灰岩埋深较浅，而南侧属太原盆地，底部为三叠系砂页岩，埋深近600m，南侧灰岩顶板埋深在1500～2000m，岩溶地下水南流受阻。因此，南部边界为隔水边界。

3.含水岩组划分

榆次北山水源地可划分为如下三个含水岩组。

（1）奥陶系中统含水岩组

该岩组出露于棋子山、系舟山和杨兴河谷地两侧。包括峰峰组、上马家沟组和下马家沟组，总厚度500～600m。其中峰峰组二段及上下马家沟组的二、三段主要岩性为厚层石灰岩、白云质灰岩，岩性较纯，岩溶发育，透水性和富水性均较好，为主要含水段，其余各段岩性为泥质白云岩、泥灰岩及角砾状泥灰岩，泥质成分高，可溶性差，透水性及富水性均弱，构成相对隔水层。本含水岩组以上马家沟组富

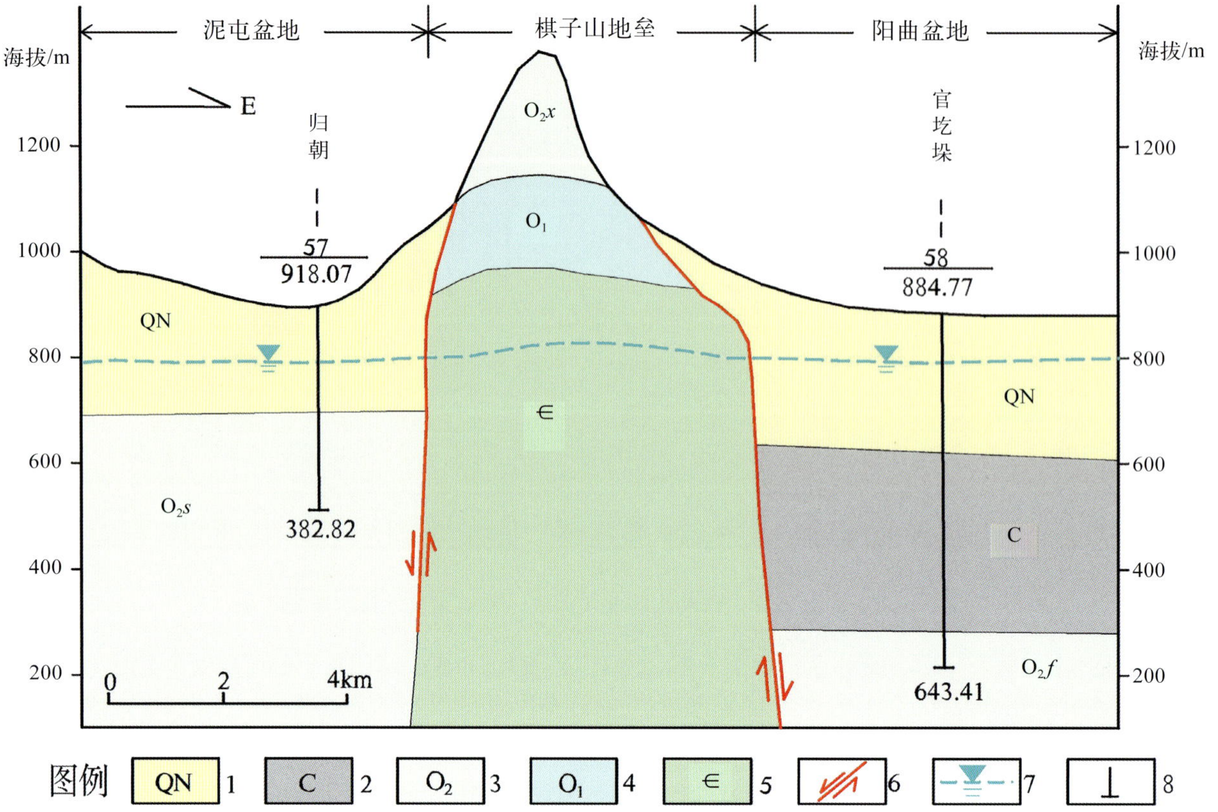

图2-5-13　山西省阳曲县归朝-官圪垛水文地质剖面图

（据山西省地质矿产局第三水文地质工程地质队周永昌等，《山西省榆次北山岩溶水水源地勘探报告》，1997年）

1—第四系、新近系松散层；2—石炭系砂岩、页岩覆盖层；3—奥陶系中统石灰岩岩溶含水层；4—奥陶系下统含燧石白云岩；5—寒武系白云岩、灰岩、页岩弱含水层；6—正断层；7—岩溶地下水水位；8—钻孔，分子为水位埋深（m），分母为孔口标高（m）

水性最强，下马家沟组次之，峰峰组最弱。汇流区本含水岩组水位埋深50～300m，一般为60～130m，水位标高为793～805m，单位涌水量一般2～25L/（s·m）。

（2）奥陶系下统含水岩组

该岩组出露于北部和东北部边缘地带，包括冶里组和亮甲山组。由中薄层含燧石白云岩、泥质白云岩及页岩组成，厚度130m左右。岩溶裂隙不甚发育，在裸露区仅见蜂窝状小溶孔，未见泉水出露；汇流区本组顶板埋深在700～1000m，岩溶裂隙不发育，具相对隔水作用，为弱富水含水岩组。

（3）寒武系含水岩组

该岩组出露于北部和东北部边缘地带，包括凤山组、长山组、崮山组、张夏组、徐庄组、馒头组、毛庄组。由厚层粗粒白云岩、竹叶状灰岩、泥质条带灰岩、厚层鲕状灰岩、紫红色页岩及砂岩组成，总厚度450m。本组岩溶裂隙不发育，富水性较差，为弱富水含水岩组。下部页岩为区域隔水层。区域水位标高860～995m，泉水流量一般＜10L/s，水质良好，为HCO_3型水，TDS＜0.5g/L。

4.富水性分区

（1）强富水区

分布于太原枣沟、观门前和榆次北山河口—河底三个区域内。单井涌水量＞5000m^3/d。太原枣沟强富水区分布于东山弧形断裂带东侧枣沟—后沟一带，面积3km^2，顶板埋深150～300m，水位标高794～797m，为岩溶承压水，水化学类型为HCO_3-Ca·Mg型，TDS为0.260g/L。

（2）富水区

单井涌水量2000～5000m^3/d，主要分布于辉家沟、小返、瓜地沟、杨家峪、马庄一带，含水层顶板埋深300～600m，水位埋深130m左右，水化学类型北部为HCO_3-Ca·Mg型，南部为HCO_3·SO_4-Ca·Mg型，TDS<0.5g/L。

（3）中等富水区

单井涌水量500～2000m^3/d，在富水区以东，范庄断裂以西，北起阳曲大泉沟，南至孟家井一带。如阳曲县青龙镇S_5号钻孔，抽水试验水位降深3.83m，涌水量765.68m^3/d，标准井涌水量1520.82m^3/d，水化学类型为HCO_3-Ca·Mg型，TDS为0.270g/L。

（4）弱富水区

单井涌水量<5000m^3/d，主要分布在范庄断裂以东的石灰岩裸露补给区，以及大盂镇、南庄和罕山一带，区内水位埋深大，一般>250m，水化学类型为HCO_3-Ca·Mg型，TDS为0.260～0.340g/L。

5.含水岩组特征

（1）含水岩组埋藏条件

受北山边山断裂影响，断裂南侧奥陶系中统石灰岩埋深>1500m，上覆松散层厚度400～600m，碎屑岩厚度1000m左右，远离断裂带埋深更大。断裂以北为水源地勘探区，地层总体由西北向东南倾斜，出露地层依次为石炭系太原组、山西组以及二叠系下石盒子组和上石盒子组，奥陶系中统碳酸盐岩埋深亦由西北向东南逐渐加大，一般150～450m，河口一带408.02～464.50m，河底一带264.66～286.70m。

（2）含水介质特征

水源地含水层段为奥陶系峰峰组二段、上马家沟组二、三段灰岩、白云质灰岩、峰峰组一段和上马家沟组一段泥灰岩，角砾状泥灰岩为相对隔水层，峰峰组厚度为136.18～140.34m，主要含水层段厚层纯灰岩厚约50～60m，岩溶发育，以溶孔、蜂窝状溶孔为主，连通性好，峰峰组泥灰岩中夹有石膏层，影响岩溶水水质，使水中硬度、SO_4^{2-}含量增高，但经开采流动后其含量逐渐变低。

上马家沟组二段、三段厚度200m左右。第三段岩性以厚层石灰岩为主夹薄层泥灰岩，第二段为厚层泥质条带灰岩（豹皮状灰岩），泥质含量少，岩溶发育，多为溶孔，局部可见蜂窝状溶孔，连通性好，富水性强。

（3）岩溶水富水性

在其他水文地质条件相同的情况下，隐伏岩溶的发育程度明显随深度递减，灰岩埋藏越深，岩溶越不发育，富水性越差。如河底沟灰岩埋深264.66～286.70m，单位涌水量616.1～5557.7m^3/（d·m），河口沟灰岩埋深408.02～464.5m，单位涌水量290.5～2803.7m^3/（d·m）。总体上看，河底沟较河口沟富水性强。含水层顶板埋深265～465m，水位埋深61～127m，距南侧边山断裂较近的K_1、K_3、K_5井，受阻水边界干扰影响，降深较大。水源地水化学类型属HCO_3·SO_4-Ca·Mg型，水质较好。

6.岩溶水的补给、径流及排泄条件

水源地范围内没有奥陶系灰岩出露，岩溶水主要接受来自北部，东北方向的侧向径流补给。岩溶水在水源地一带汇集，受榆次北山边山断裂阻挡折向北东东，通过东部透水边界以深循环潜流形式排向娘子关泉域，部分通过西部弱透水边界泄向盆地，其量甚小。

7.岩溶水动态及水化学特征

水源地岩溶水属承压水，水位动态较为稳定，K_1井1993年成井至1996年水位下降6.03m，下降速率2.01m/a，1996年12月—1997年7月水位回升1.59m。岩溶水水位总体处于下降趋势，1993—1997年平均下降速率1.08m/a，水源地水位与前一二年降水量密切相关。1995年、1996年降水充沛，1997年水位回升1.59m，这充分说明岩溶水具有良好的储存和调节能力。

成井初期水化学类型为SO_4·HCO_3-Ca·Mg型，硬度、SO_4^{2-}含量超标，经单孔、多孔、群孔干扰抽水试验后，水化学类型为HCO_3·SO_4-Ca·Mg型，TDS、总硬度和SO_4^{2-}离子含量显著减小。

8.水源地地下水资源评价

榆次北山水源地属太原东山岩溶水系统。系统内裸露灰岩补给面积820km^2，在天然条件下进入汇流区的补给量为1.86m^3/s，扣除有人工开采量1.135m^3/s，仍有0.725m^3/s（合62640m^3/d）可以利用，水源地开采资源31000m³/d，仅占其49.5%。此外，断面法计算水源地天然补给资源62796m³/d，开采资源占其49.5%，故水源地开采31000m/d是有保证的，而且水源地投产降低汇流区水位后，尚可增加一部分补给区对汇流区的补给量。

（十）榆次西窑水源地

晋中市榆次区西窑水源地位于榆次区城区以东13km的东赵—西洛间的潇河河谷中。1990年6月，山西省地质矿产局第三水文地质工程地质队提交了《山西省榆次市西窑水源地水文地质勘探报告》(周永昌等，1990)。该项目在1986—1990年，在西窑—大沟一带施工钻探进尺4837.81m，完成探采结合井18眼，其中松散层井11眼，碎屑岩井7眼，完成1：10万水文地质测绘3000km²，1：2.5万水文地质编测200km²，1：5000水文地质测绘20km²；物探电测深剖面长度16.44km，地震剖面长度24.7km；观测孔26眼，进尺1493.7m；完成单孔抽水试验34个，多孔抽水试验3组，群孔抽水试验3井群3降次；化验各类水样174组。

1.水文地质条件

西窑水源地主要开采河谷第四系松散岩类孔隙水和三叠系碎屑岩类裂隙水。松散岩类孔隙水由第四系全新统至中更新统（Qp_{2+3}+Qh）含水岩组组成，碎屑岩类裂隙水则主要赋存在三叠系中统二马营组（T_2er）含水岩组和三叠系下统刘家沟组（T_1l）含水岩组中，详见图2-5-14。

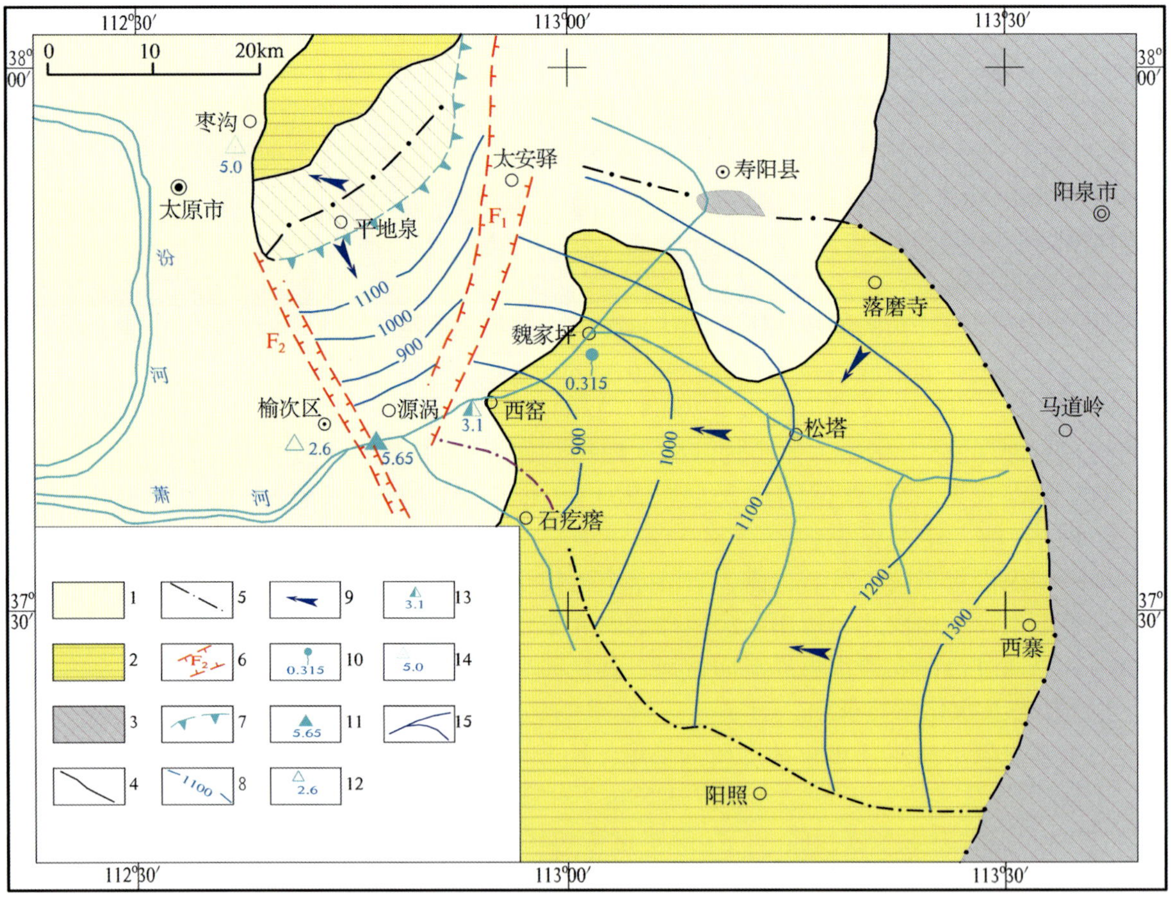

图2-5-14　山西省晋中市榆次区西窑水源地水文地质图

（据山西省地质矿产局第三水文地质工程地质队周永昌等，《山西省榆次市西窑水源地水文地质勘探报告》，1990年6月）

1—第四系松散岩类；2—三叠系碎屑岩类；3—石炭—二叠系碎屑及可溶岩类；4—地质界线；5—分水岭边界；6—地堑隔水边界；7—弱透水边界；8—等水位线及标高（m）；9—地下水流向；10—泉水及流量（m³/s）；11—碎屑岩裂隙水水源地及开采量（10⁴m³/d）；12—孔隙水水源地及开采量（10⁴m³/d）；13—碎屑岩裂隙水及孔隙水混合型水源地开采量（10⁴m³/d）；14—岩溶水水源地及开采量（10⁴m³/d）；15—河流

（1）松散岩类孔隙水

水源地第四系松散层一般厚25～50m，在平面分布上表现为东段薄、西段厚，东段一般25～35m，西段40～50m，并由河谷中心向两侧边缘变薄。由于上更新统中部发育有厚11～14m的稳定淤泥层（其顶板埋深东段6～7m，西段12～14m），使含水层分为上、下两个部分。

上部含水层：在漫滩及一级阶地区埋深1～2m，上覆有1～2m亚砂土，在水源地东段的C6井～C7井南及西窑村北与水源地西段的井群地段则直接出露于河床之中，并淹没于河水之下，其岩性为含漂石的砂砾卵石。其粒度自东段至西段由粗变细，厚度一般5～10m，并具河谷中心向两侧变薄的规律。西窑村以西的十里沟与潇河的交汇地带及其附近，由于受十里沟粗粒沉积的叠加作用最厚（8～10m），此砂砾卵石层为全新统近代的河床相堆积。如水源地东段C6井，该层厚6m，西段C8井厚可达10m，而西段河谷南缘的C72孔则厚不足1m。钻孔资料表明，在该砾卵石层之下尚发育有不很稳定的含泥质细粉砂，其厚度变化较大，最厚不超过2～3m，属上更新统顶部沉积。由上述可知，表层近代砂砾卵石是孔隙水的最主要取水层位，水源地东段C6～C7井、西段A1～C8井就位于该层在河床的直接出露段。上含水层的水位埋深浅，沿河地段1.20～1.55m，至河谷两侧随地形的抬高逐渐加深至3～5m。

下部含水层：中更新统微胶结砂卵石夹薄层中、细砂是构成水源地下含水层主要层位。其次为上更新统底部薄层砂砾石，其粒度、厚度的变化规律雷同上含水层。东段井群区一般5～10m，西段井群可达10～15m。地下水略具承压性，由上、下层混合水位埋深沿河地段0.5～1.4m至河谷两侧加大至3～5m来看，其水位可能略高于上层水。

（2）碎屑岩类裂隙水

水源地碎屑岩类裂隙水包括三叠系中统二马营组（T_2er）裂隙水及三叠系下统刘家沟组（T_1l）裂隙水。水源地的二马营组属其下段地层，它仅在河谷边岸零星出露，河谷内该层隐伏于第四系之下，顶板埋深一般在25～40m，底板埋深水源地东段一般为80～100m；西部大沟—东赵一带逐步加深至200m左右，厚达80～150m。全组混合水位可高出孔隙水水位1～2m。富水性较弱，一般水量不足500m^3/d。水源地刘家沟组顶板埋深250（东部）～345m（西部），呈单斜向南西方向倾伏。勘探揭露该组厚度一般为100～200m，仅K1井揭露厚度达430m。详见图2-5-15。

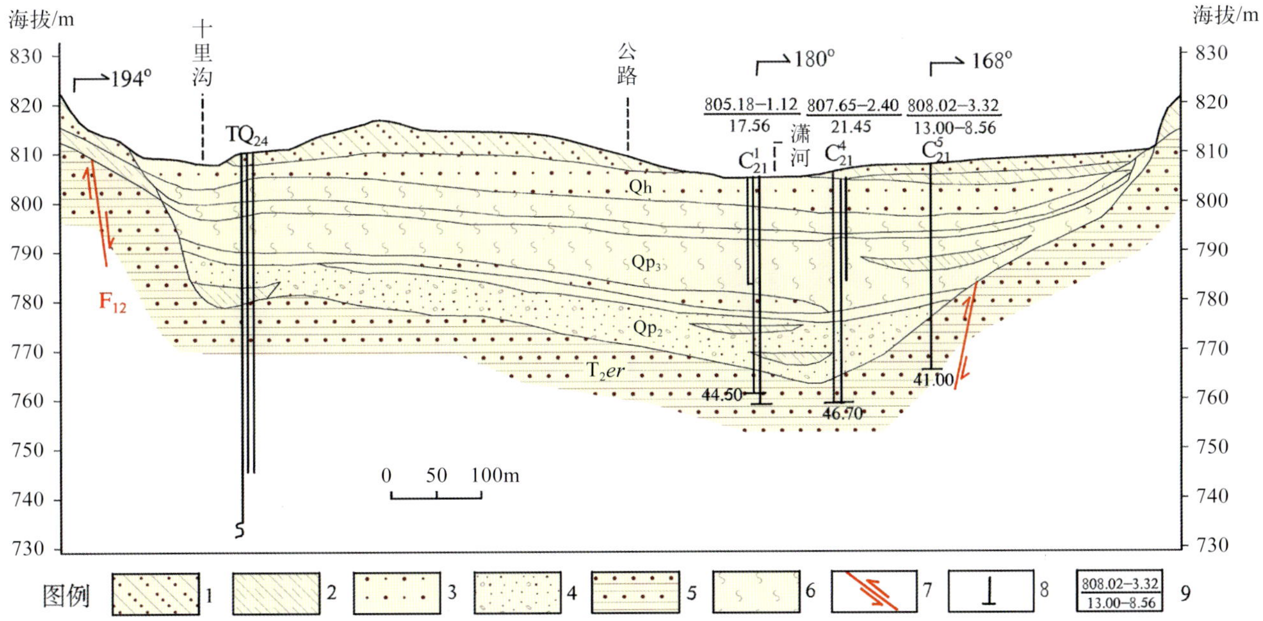

图2-5-15　山西省晋中市榆次区西窑水源地潇河河谷水文地质剖面（横）图

（据山西省地质矿产局第三水文地质工程地质队周永昌等，《山西省榆次市西窑水源地水文地质勘探报告》，1990年6月）

1—亚砂土；2—亚黏土；3—砂；4—砂砾卵石；5—砂页岩；6—淤泥；7—断层；8—钻孔位置；

9—钻孔信息，分子为地面标高（m）—水位埋深（m），分母为含水层厚度（m）—涌水量（m^3/d）

2.地下水开采资源评价

榆次西窑水源地利用公式法、图解法计算得孔隙水开采资源总量为$2.522 \times 10^4 m^3/d$；利用公式法、图解法计算得基岩裂隙水探明的（B级）开采资源总量$1.275 \times 10^4 m^3/d$，其中三叠系下统刘家沟组（$T_1 l$）$0.996 \times 10^4 m^3/d$；三叠系中统二马营组（$T_2 er$）$0.279 \times 10^4 m^3/d$。水源地提交探明的及控制的（B+C级）开采资源$3.8 \times 10^4 m^3/d$，其中探明的（B级）裂隙水开采资源$1 \times 10^4 m^3/d$，探明的（B级）孔隙水开采资源$2.1 \times 10^4 m^3/d$，控制的（C级）开采资源$0.7 \times 10^4 m^3/d$。

（十一）汾阳市杏花村汾酒厂水源地

1992年8月山西省第一水文地质工程地质队提交了《山西杏花村汾酒厂石门沟岩溶水水源地供水水文地质勘探报告》，杏花村汾酒厂水源地位于汾酒厂北部5km的黄土台垢区的石门沟沟谷中（李双庆等，1992）。该项目完成主要工作量包括：施工开采井5眼，总进尺3031.06m；进行了单孔、多孔、3个井及5个井的群孔抽水试验，延续时间长达57d；编测1：10万水文地质图面积$3234km^2$、1：1万水文地质测绘面积$25km^2$；水质全分析33个、简分析28个、污染分析5个、细菌分析5个、水的同位素分析21个；进行了水文物探、岩溶水长期观测、高程测量、河水渗漏测流、井泉调查等工作。

1.水文地质概况

水源地位于汾阳市杏花村镇北部5km处的石门沟黄土台塬区，地面标高826～857m。地貌特征是西高东低，北高南低，西北为基岩山区，往南为丘陵及平原区，标高约740m，埋藏型岩溶水属郭庄泉岩溶水系统，石盘山亚系统，该亚系统具有相对独立的补、径、排体系，面积为$353km^2$，其中碳酸盐岩裸露面积$102km^2$。碳酸盐岩被松散及碎屑岩类覆盖面积$174km^2$，变质岩分布面积$77km^2$，区域内出露地层有元古宇及太古宇变质岩系，古生界寒武、奥陶系灰岩、石炭二叠系砂页岩，中生界三叠系紫红色厚层中粗粒砂岩夹页岩，新生界新近系红黏土以及第四系黄土与现代冲洪积物。水源地主要含水岩组为中奥陶系马家沟组，奥陶系顶板埋深161～570m，水位埋深126～170m，单井出水量约$2000m^3/d$，降深0.7～22m，属$HCO_3 \cdot SO_4-Ca \cdot Mg$型水，TDS为0.5g/L，水温19～21℃，pH值7.3，硬度为330～364（$CaCO_3$mg/L），硬度由北向南逐渐增高。详见图2-5-16。

2.含水岩组划分

水源地岩溶含水岩组共分为三组，均为奥陶系中统地层，分别为峰峰组裂隙-溶孔含水岩组、上马家沟组裂隙-溶洞含水岩组、下马家沟组裂隙-溶洞含水岩组。

（1）峰峰组上部裂隙-溶孔含水岩组

峰峰组裂隙-溶孔含水岩组岩性以纯灰岩、白云质灰岩、豹皮状灰岩为主，岩溶形态有溶隙及溶孔，在二段的上部成蜂窝状。含水层厚约50m，因其富含石膏，水质较差，故未利用此含水岩组。据区域资料，单位涌水量0.09～4.09L/（s·m），属于弱富水—强富水。

（2）上马家沟组上部裂隙-孔洞含水岩组

上马家沟组裂隙-孔洞含水岩组岩性以厚层纯灰岩、豹皮状灰岩及白云质灰岩为主，主要含水层段溶隙、溶孔、溶洞发育，含水层厚度200m左右，单位涌水量4.5～18.61L/（s·m），为该水源地的主要含水层段，属于强富水—极强富水。地下水水质类型为$HCO_3 \cdot SO_4-Ca \cdot Mg$型，TDS为0.42～0.56g/L，硬度为330～364（$CaCO_3$mg/L），pH值7.2～7.4。

（3）下马家沟组裂隙-溶洞含水岩组

下马家沟组裂隙-溶洞含水岩组岩性以细晶灰岩、白云质灰岩为主，溶隙、溶孔、溶洞发育，富水性强，该水源地未揭露此含水岩组。区域单位涌水量2.0～8.5L/（s·m），属于强富水—极强富水。地下水水质为$HCO_3-Ca \cdot Mg$型、$HCO_3 \cdot SO_4-Ca \cdot Mg$型。

3.富水性分区

根据水源地钻孔抽水试验资料，统一采用5m降深，0.125m井半径，计算单井涌水量。富水等级划分标准为：强富水区，单井涌水量$>2000m^3/d$；中等富水区，单井涌水量$500～2000m^3/d$。分区结果如下。

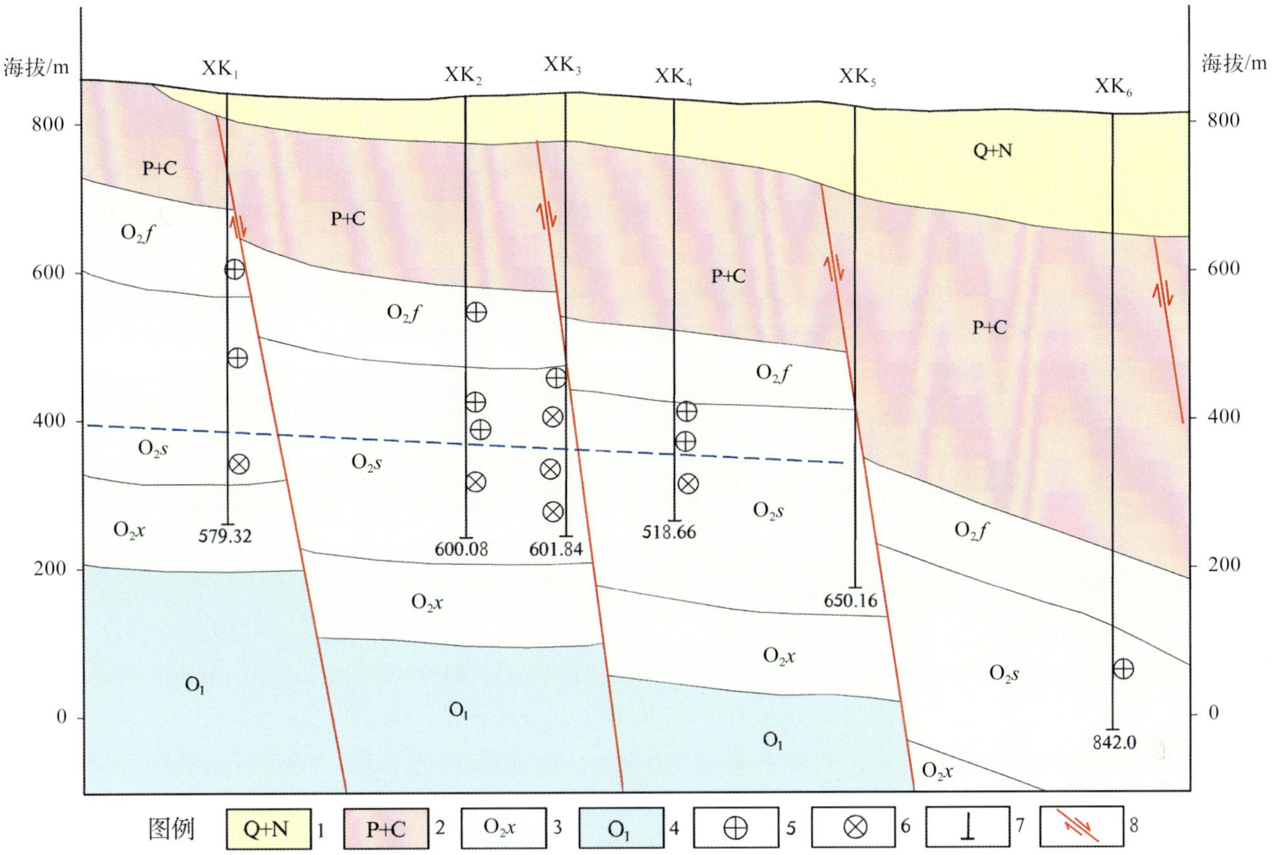

图2-5-16 山西省汾阳市杏花村汾酒厂水源地水文地质剖面图

（据山西省第一水文地质工程地质队李双庆等，《山西杏花村汾酒厂石门沟岩溶水水源地供水水文地质勘探报告》，1992年8月）

1—第四系及新近系松散岩类；2—石炭、二叠系碎屑岩类；3—奥陶系中统下马家沟组灰岩；4—奥陶系下统；5—奥陶系中统碳酸盐岩溶孔发育段；6—奥陶系中统碳酸盐岩溶隙发育段；7—钻孔；8—正断层

（1）强富水区

强富水区主要分布于水源地F_5断层以南至F_1断层之间的隐伏灰岩区，主要含水岩组为奥陶系中统峰峰组、上下马家沟组厚层石灰岩、白云质灰岩，含水介质为碳酸盐岩中溶隙及孔洞。含水层埋深160～570m，水位埋深120～170m，水位标高691～695m，水质类型为$HCO_3 \cdot SO_4$–$Ca \cdot Mg$型，TDS为0.42～0.56g/L。

（2）中等富水区

中等富水区主要分布于水源地F_5断层的西北部，为裸露及覆盖岩溶类型，含水层为奥陶系下统、寒武系中、上统鲕状灰岩、白云岩为主。含水介质为溶隙溶孔微孔隙。岩溶水具潜水性质，水位埋深>20m，水质类型为HCO_3–$Ca \cdot Mg$型，TDS<0.5g/L。

4.水源地边界条件

（1）南部边界

由于受桑枣坡—马西断层（F_1）阻隔，断层断距>1000m，奥陶系灰岩与二叠、三叠系砂质泥岩接触，由于砂质泥岩透水性差，阻挡了岩溶水向南运动，形成断层阻水边界。从断层形态及1990年7月观察，断裂活动产生地裂缝的位置判断，桑枣坡—马西断层地面位置在XK5孔南20m，按断面倾角75°下推，与奥陶系中统地层标高相同水平切面，断面距XK_5孔南220m。

（2）北部边界

在XK_1孔以北230m处有一隐伏断层（F_5），断距50～100m，断层走向北东，倾向南东。断层北西侧峰峰组地层出露地表。按XK_1孔水位标高推测岩溶水位位于上马家沟组中部，垂直断层走向向北西延伸。主要含水层变为奥陶系下统和寒武系。断层北西侧富水性较南东侧要差；断层南东侧为岩溶承压水，北西侧为岩溶潜水。虽然如此，由于F_5断层不阻水，只是引起富水性和水力性质变异，故水源地北部可视为无限边界。

水源地北东方向和南西方向均是无限边界，受地质构造的制约，岩溶水水力性质有变化。水源地延伸约5.9km，F_1、F_5两断层间的岩溶长条形断块上覆有石炭、二叠系隔水层，岩溶水仍为承压水。神堂以北寒武、奥陶系地层为陡倾单斜构造，并裸露地表，岩溶水变为潜水性质。向水源地方向延伸，大致以朝阳坡为界（距水源地4.0km）北东方向至水源地为岩溶水承压区，向南西变为岩溶潜水。

总之，水源地南部桑枣坡—马西断层形成阻水或隔水边界，北部、东北部、西南部为无限边界。

5.水源地地下水资源评价

根据山西省储委办公室1992年9月25日审查批准的《山西杏花村汾酒厂石门沟岩溶水水源地供水水文地质勘探报告》评审意见书，该项目利用径流断面等多种方法计算出天然资源，多年均值为0.819m^3/s，保证率为75%的天然资源0.668m^3/s。石门沟水源地用5眼生产井（井深600～840m）进行生产性抽水，总出水量为9500m^3/d，井内降深为0.7～22m，并利用K6生产井作为观测孔，其下降值仅0.05m。可开采资源量$2\times10^4m^3/d$是有保证的。

6.水源地开发利用

该水源地共有6眼开采井，呈直线排列，延伸长度1212m，井深581.66～842.00m，单井涌水量69.84～83.88m^3/h（表2-5-6）。1992—2002年，日均开采量为$0.825\times10^4m^3$；2003—2013年，日均开采量为$0.564\times10^4m^3$；2013—2017年，日均开采量为$0.399\times10^4m^3$。由此可见，随着节水措施及汾酒生产工艺的进一步改进，其岩溶水开采量呈下降趋势，2017年开采量仅为1992年的48.3%。2016年总用水量$330\times10^4m^3$，其中岩溶水$148\times10^4m^3$，占总用水量的44.8%，松散岩类孔隙地下水$42\times10^4m^3$，占总用水量的12.7%，中水$140\times10^4m^3$，占总用水量的42.5%。2016年山西杏花村汾酒集团有限责任公司工业总产值53.6亿元，商品酒产量5×10^4t，全年总用水量$330\times10^4m^3$，吨酒消耗新鲜水量38m^3，万元工业总产值耗水3.548m^3，与同类产业相比，耗水较低。

表 2-5-6　山西省汾阳市杏花村汾酒厂石门沟岩溶水源地开采井基本情况一览表

序号	水井编号	井深/m	井口海拔/m	主要含水层	静水位标高/m	涌水量/($m^3\cdot h^{-1}$)
1	XK1	597.32	859.91	奥陶系中统上马家沟组（O_2s）	163.75	69.84
2	XK2	600.08	846.613		151.85	83.88
3	XK3	601.84	842.411		146.87	83.88
4	XK4	581.66	837.435		142.65	79.92
5	XK5	650.16	828.191		136.51	83.88
6	XK6	842.00	816.62		115.34	78.75

（十二）兴县乔家沟水源地

1990年9月山西省第一水文地质工程队提交了《山西省兴县东部乔家沟岩溶水水源勘察报告》（山西省第一水文地质工程地质队，1990）。工作区位于兴县县城东部后发达—乔家沟—车家庄一带，面积约900km^2。该项目完成主要工作量包括：1∶1万水文地质调查33.5km^2、1∶5万水文地质编测500km^2；施工钻孔5个，钻探总进尺2994.13m；抽水试验12次；利用钻孔资料33个，总进尺15025.15m；采取水样14个。工作区出露地层有前寒武系变质岩、古生界寒武及奥陶系的碳酸盐岩、石炭系、二叠系的砂页岩、新生界新近系红黏土及第四系冲洪积物。水源地主要含水层奥陶系岩溶裂隙水，受大气降水和地表水渗入补给，补给面积124km^2。含水层顶板埋深200～600m，水位埋深130～175m，单井出水量1500～5000m^3/d，水质属HCO_3-Ca·Mg型水，TDS＜0.5g/L，总硬度14.8德国度，pH值为7～8。

1.水源地概况

该水源地位于蔚汾河河谷地段，地面标高1000～1050m，沿河东西长约3.5km，南北宽约2.5km，面积约9km²。该段为寒武、奥陶系的碳酸盐岩形成的单斜蓄水构造，属于天桥泉域的补给区。

该水源地供兴县城市生活用水的水井有3眼，位于兴县城东的蔚汾河河谷地段。乔家沟村水井建成于1986年，井深为714m，井口标高1033.5m，单井出水量3360m³/d；原家坪村水井建成于1989年，井深为693m，井口标高1019.2m，单井出水量2160m³/d；河校水井建成于1997年，井深为800m，井口标高1015.1m，单井出水量1920m³/d。地下水水位埋深142m左右，3眼井多年平均开采量7440m³/d。

2.水文地质条件

水源地位于蔚汾河河谷地段，根据含水岩组类型特征可划分为松散岩类孔隙水、碎屑岩类裂隙水及碳酸盐岩岩溶水，详见图2-5-17。

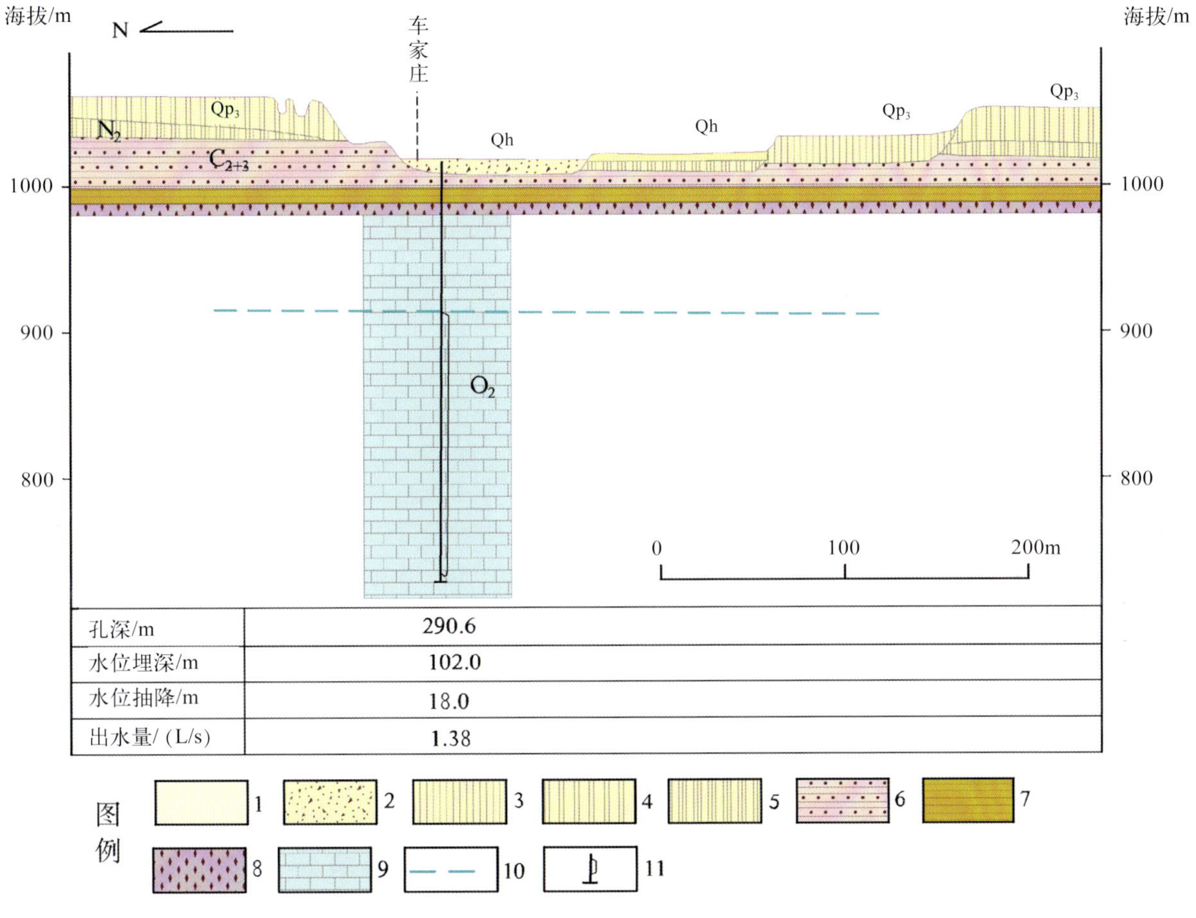

图2-5-17　山西省兴县车家庄附近水文地质剖面图

（据山西省地质局水文队，《山西省兴县水文地质调查报告》，1967年12月）

1—亚砂土；2—砂卵石；3—黄土；4—老黄土；5—红土；6—砂岩；7—页岩；8—铁矿；9—石灰岩；10—地下水水位；11—钻孔及试段

松散岩类孔隙水赋存于第四系全新统地层，厚度不大，一般在10～20m之间，以卵砾石为主，含砂。分布于河道及两侧滩地，分布宽度与厚度不均，水量不大，水质污染严重。不属于水源井取水层位，已封闭。

赋存于三叠系及石炭系砂岩、页岩碎屑岩类裂隙水，水量的大小与含水层的裂隙发育程度关系密切，埋藏深度20～280m，由于石炭系属含煤地层，地下水一般TDS较高，硫酸根离子含量较高，水质一般，富水性一般，该层水不属于水源地水井取水层位，已封闭。

赋存于奥陶系灰岩的岩溶水，为水源地水源井唯一的取水层段。根据河校钻孔揭露，孔深353.84～355.14m间的岩溶发育段厚度1.3m；373.70～374.264m间的第一岩溶发育段厚度0.56m，第2段厚1.86m，破碎带及438.20～460.71m处的岩溶发育段厚22.51m；515～528.26m处的岩溶段厚13.26m；586.24～592.04m处的岩溶发育段厚5.8m；695.43～700.88m处的岩溶发育段厚5.45m。岩溶发育7段厚度共50.74m。合计含水层厚度50.74m，由于岩溶裂隙发育，导水性好，水量充沛，水质优良。水化学类型以HCO_3-Ca·Mg和HCO_3-Ca型为主，TDS为0.2～0.5g/L，pH值在7.0～7.6之间，总硬度在150～250mg/L之间，水质良好。

3.水源地地下水资源评价

水源地岩溶水天然资源$11.92\times10^4m^3/d$；补给量$5\times10^4m^3/d$；探明的及控制的（B+C级）开采资源$4.3\times10^4m^3/d$，其中探明的（B级）开采资源$2.0\times10^4m^3/d$，控制的（C级）开采资源$2.3m^3/d$。

（十三）阳泉娘子关泉水源地

1.水源地概况

娘子关泉是华北地区最大的岩溶大泉，泉域总面积7217km²，地跨阳泉、晋中、太原三个市级行政区。其中阳泉市面积2430km²，涉及市区、郊区、平定县和盂县，晋中市面积4688km²，涉及榆次区、寿阳县、昔阳县、和顺县和左权县，太原市面积99km²，涉及迎泽区、杏花区岭。娘子关泉水源集中程度高、流量大、动态稳定、水质较好，是阳泉市最重要的一处供水水源地。担负着阳泉市市区、郊区、平定县的城市生活和工业用水，供水人口70多万人。2015年供水量$36620\times10^4m^3$，占全市供水总量的69%，为阳泉市经济和社会的发展提供了可靠的水资源保障，被称为阳泉市的“母亲泉”和“生命水源”。但是，目前娘子关泉水面临着一系列问题，如果任其发展下去，娘子关泉水水源地将存在报废的风险，需要引起高度重视。

阳泉市娘子关泉水源地位于阳泉市平定县娘子关镇附近桃河、温河及绵河（桃河、温河在娘子关汇合后称绵河）河谷地段，主要由11个大泉组成，分布在娘子关约7km长的河漫滩及阶地上，标高340～392m，出露于奥陶系下统白云岩地层。水源地水质类型为SO_4·HCO_3-Ca·Mg型水，TDS为0.7～0.8g/L，水温19.2℃。泉域多年平均降水量为534.3mm（1956—2003年），其分布跨越海河及黄河两大流域，主要河流有桃河、温河、南川河、松溪河、清漳河。

2.区域岩溶水资源系统特征与泉水成因

从构造上看，泉域处于沁水向斜的东北翘起端，泉域内出露古生界、中生界、新生界地层，自东向西，由北向南，由老到新排列分布，其中中奥陶统岩溶含水岩组，沉积厚度达467～628m，为岩溶水的贮存、运移提供了巨大的调蓄空间，图2-5-18。

（1）水资源系统要素组成

娘子关泉域水资源系统是一个以岩溶地下水为主体，包括地表水和中浅层地下水在内的庞大系统。从下垫面的性质来看，大致以阳（泉）盂（县）、阳（泉）左（权）公路为界，可以分为东、西两部分。西部为上游区，大面积分布二叠系及三叠系碎屑岩，基岩裂隙水较多，地表水系发育，河谷宽阔，并有10～20m厚的第四系砂砾石层，形成河床孔隙水含水层。阳盂、阳左公路以东侧大面积分布奥陶系可溶岩，西部的地表水进入本区后多入渗地下，地表多为干谷，地下则为巨厚的岩溶含水层。

娘子关泉域水资源系统是由多种类型的水资源组合而成的。地表水和地下水之间均有不同形式的补排关系，因而形成统一的水资源系统，其特点如下：

1）系统水资源总输入是区内大气降水。在西部，大气降水除大部分蒸发外，部分转化成地表水，一部分转化成浅层地下水，包括河床冲洪积层潜水、石炭系层间岩溶裂隙水、基岩裂隙水等。在东部，除蒸发和形成少量地表径流外，基本上都渗入地下转化成深层岩溶水。

2）地表水与各种类型地下水之间存在着不同形式的水量转换。以桃河为例，地表河水在西部接受

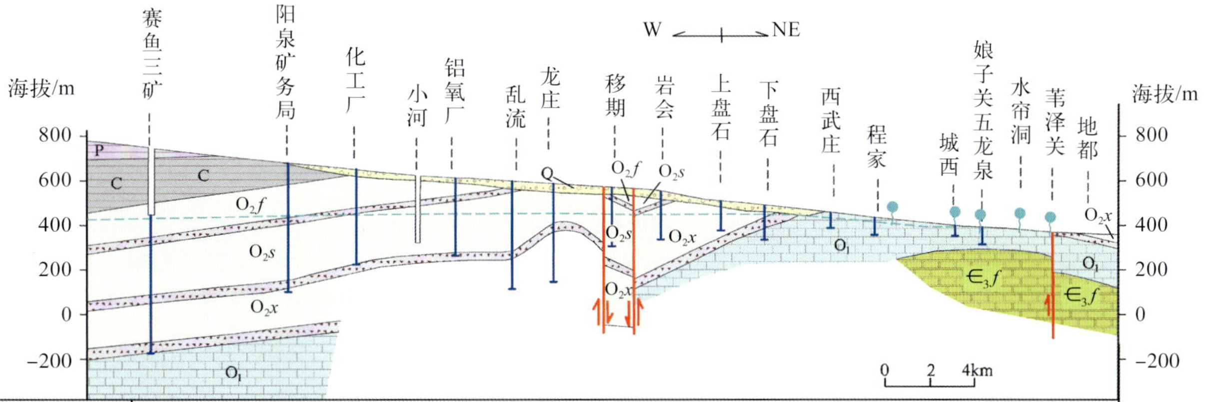

孔深/m	300+618	570	423	308+40	353	501	457	270	219	135	150	77.4	75.0	40.2	80.2
水位埋深/m	300+29	250	193	175	170.4	162.8	130.4	104.4	75.7	52.0	31	9.4	1	+1.65	+1.49
水位抽降/m	y=100 s=0	y=23 s=0.12	0.61	133	43.5	<15	0.84	y=14.6 s=0.28	0.40	9.17	18	4.97	5.8	0.51	0.48
出水量/（L/s）	14.44	18.06	2.78	69.5	5.00	18.06	1.31	7.78	1.14	4.64	5.56	18.50	69.5	0.49	6.94
TDS/（g/L）	1.11	0.68		0.58				0.61		0.53	0.71		0.54	0.52	

图2-5-18　山西省阳泉市赛鱼–娘子关桃河沿岸水文地质剖面图
（据钱学溥，《中国蓄水构造类型》，1990年2月）
1—砂卵石；2—砂页岩；3—石灰岩；4—角砾状泥灰岩；5—白云岩；6—白云质灰岩；7—正断层；
8—逆断层；9—泉水；10—地下水水位；11—斜井；12—水井

大气降水、碎屑岩裂隙地下水补给后向东径流，沿途分别穿过河谷松散层孔隙含水层分布区和碳酸盐岩分布区产生渗漏补给这两种地下水，向下游到达娘子关排泄区，岩溶地下水排出地表转化成为地表水，与地表水一起流出系统。各地表河流在泉域内的径流过程中分别同雨水、碎屑岩裂隙地下水、层间岩溶裂隙地下水、河谷松散层孔隙地下水、深层岩溶地下水发生水量转化，起到了联系各种水资源要素的纽带作用。

3）奥陶系含水层是本区最大的岩溶水盆地。奥陶系含水层是本区最大的岩溶水盆地，它将本区大量的大气降水、地表水、浅层地下水转化成深层岩溶水，经过储存、运移、调节，把季节性很强的降水转变为动态稳定的岩溶泉水。

（2）岩溶地下水的循环与富集

归结起来，娘子关泉域岩溶地下水主要有以下补给项：

1）大气降水直接入渗补给。碳酸盐岩裸露区与覆盖区大气降水入渗是泉域岩溶地下水的主要补给来源，根据阳泉市第二次水资源评价结果，多年平均降水入渗补给量94m^3/s（$2.82\times10^8m^3/a$）。

2）河流渗漏补给。娘子关泉域内从北向南发育有温河、桃河、南川河、松溪河、清漳河等5条东西向河流，各河流接受西部碎屑岩区产流后向东进入碳酸盐岩裸露区发生渗漏，泉域内河流总渗漏量为2.17m^3/s（$0.684\times10^8m^3/a$），占到岩溶地下水天然补给资源总量的19%。

3）其他补给。泉域范围内碳酸盐岩裸露区的大石门水库、油瓮水库都对岩溶地下水产生渗漏补给。此外，在各河流上游碎屑岩区河谷内冲洪积层中均储存有孔隙地下水，这部分地下水在天然条件下沿河槽向下游区渗流，到达碳酸盐岩裸露区后通过地下潜流补给岩溶地下水。

岩溶地下水的径流与富集，受沁水向斜北东部翘起的影响，岩溶含水层的总体构造展布是由北东向西南倾斜，因此在泉域北部、东南大面积出露的碳酸盐岩区接受降水入渗补给的岩溶地下水首先顺地层倾向沿向斜轴部渗流，在碳酸盐岩裸露区西南侧受上覆隔水顶板阻挡而汇集，岩溶地下水在埋藏区的一定深度内汇集，并为岩溶发育创造了有利条件，大致沿地层走向分别在北部和南部形成岩溶地下水主径流带。桃河、温河的下切在泉域中部东端打开了岩溶地下水排泄缺口，因此汇集在平定、阳泉一带的岩溶地下水改向娘子关一带径流排泄，形成了逆地层倾向的东西向径流带。整个泉域岩溶地下水渗流从平面上就是围绕北部、南部与中部三条“丫”字形岩溶地下水强径流带的渗流汇集，向娘子关方向运移，沿强径流带及两侧形成了岩溶地下水的富水区。

中奥陶统碳酸盐岩以质纯灰岩、斑状白云质灰岩为主夹三层膏溶角砾岩，分布于整个泉域内并广泛出露于东部、北部及东北部广大地区，是岩溶地下水的主要含水岩组。中奥陶统为典型的硫酸盐岩—碳酸盐岩混合构造，岩溶作用具有分层性。峰峰组及上、下马家沟组从上而下，岩性特征为石灰岩—角砾状石灰岩-角砾状泥灰岩或泥灰岩。每组下段含石膏泥灰岩或角砾状泥灰岩，岩石软塑，发育蜂窝状溶孔但不连通，形成相对弱透水层。上覆灰岩由于石膏溶解时的膨胀挤压，岩石破碎，形成角砾状石灰岩，岩溶发育（多有小溶洞），为主要含水层位，构成垂直方向上的地下水富集层。

（3）岩溶地下水的排泄与娘子关泉水出露成因条件

桃河对地表的下切塑造，使得娘子关一带从地形上构成泉域内最低点，同时也是泉域奥陶系岩溶地下水含水层出露的最低点。泉域内岩溶水接受补给后，在重力驱动下，由北、西、南三面向娘子关一带径流汇集，娘子关一带下奥陶统燧石团块或条带白云岩相对隔水层的隆起，并被桃河侵蚀出露，使岩溶地下水溢出地表成泉。娘子关泉是由隔水底板阻水而形成的泉水，基本上为全排型泉。

娘子关泉水是泉域岩溶地下水的主要自然排泄形式。此外，还有部分水量在泉口附近越过边界潜流进入威州泉域。近年来，泉域内岩溶水的开采也成为岩溶地下水的重要排泄形式之一。

3.水源地开采情况

娘子关泉域岩溶水是当地工业及城市生活的主要水源。根据山西省第二次水资源评价成果，娘子关泉域1956—2000年系列多年平均岩溶水资源量为$36271\times10^4m^3/a$，可开采量为$23687\times10^4m^3/a$。目前，岩溶水的开采有泉口取水和泉域内管井开采两种方式。娘子关泉水源地建有阳泉—娘子关和平定—娘子关两大提水工程，2015年供水量$6620\times10^4m^3$，其中阳泉提水工程设计提水能力$3.0m^3/s$，2015年供水量$3200\times10^4m^3$；平定提水工程设计提水能力$2.2m^3/s$，2015年供水量$1920\times10^4m^3$，娘子关当地生产（渔业）、灌溉、生活利用泉水$1500\times10^4m^3$。娘子关水源地供水量占阳泉市总供水量的69%，担负着向阳泉市区、郊区及平定县的城市生活和工业用水的供水任务，供水人口70多万人。但是水源地水质存在硫酸根离子和总硬度两项指标超标、泉流量衰减、地下水水位下降及泉口周边环境恶劣等问题。

（十四）潞城山西水泥厂水源地

山西水泥厂水源地位于长治市潞城区城西南侧的盆地中侯家庄村一带（郭振中，1994）。1994年3月山西省第一水文地质工程队提交了《山西水泥厂潞城县侯家庄岩溶水水源地供水水文地质勘探报告》。该项目完成主要工作量包括：施工大口径钻孔6眼，总进尺2648.21m，小口径观测孔1眼，进尺100.27m，总进尺2748.48m；进行了单孔、多孔、群孔抽水试验，最长抽水时间22天，4眼井总出水量$6612m^3/d$；1：1万水文地质测绘$25km^2$，1：5万水文地质编测$1100km^2$；进行了水化学元素全分析及有毒元素分析，共计采取68个水样；地下水动态观测包括孔隙水3眼井，岩溶水3眼井；进行了地面物探、测井、水准测量及河水测流等工作。

1.水文地质概况

侯家庄岩溶水水源地位于长治断裂与二岗山地垒之间的新生代断陷盆地中。碳酸盐岩除在西北，东南山区局部出露外，大部分均被松散层所覆盖，属隐伏型碳酸盐岩岩溶水，为辛安泉域的径流区。辛安岩溶泉群位于侯家庄水源地东20余千米的西流—北耽车一带的浊漳河河谷区，泉水出露标高600～640m，出流泉水河谷地段长约16km，多年平均流量为$11.32m^3/s$，分为王曲和实会两大泉群。王曲泉群出露于奥陶系灰岩，实会泉群出露于中寒武鲕状灰岩，泉域面积约$10950km^2$，其中碳酸盐岩裸露面积$2200km^2$，非碳酸盐岩地层及新生界覆盖面积约$8750km^2$。水源地地面标高932m，新生界厚约100m，其下为奥陶系灰岩。奥陶系中统上马家沟组位于岩溶水水位之上，成为透水不含水地层，主要含水岩组为下马家沟组。该水源地岩溶水井井深450m，水位埋深288～292m，单井出水量1400～1992m^3/d，水位降深1.92～38m，水化学类型为HCO_3–Ca·Mg型，TDS为0.32～0.39g/L，水温14.5℃，总硬度为264～315mg/L，pH值为7.3～8.2，水质符合饮用水标准。

2.含水岩组

勘探区奥陶系中统上马家沟组位于岩溶水水位以上，成为透水而不含水的地层。根据地层岩性、岩溶发育程度及富水性，可划分为以下3个含水岩组。

（1）奥陶系中统下马家沟含水岩组

下马家沟岩溶含水岩组的主要含水层为下马家沟组二段的石灰岩、白云质灰岩及豹皮状灰岩组成。裂隙、溶孔发育较强，裂隙宽0.2～1.0cm，溶孔直径最大为10cm，含水层厚度84m。在二岗山及老顶山隆起部位不含水。下马家沟组三段泥灰岩为相对隔水层。区内大多数岩溶水水井都是开采该含水岩组之水，也是该水源地勘探利用的含水岩组。该层水水质优良，水质类型为HCO_3–Ca·Mg型，TDS为0.33～0.39g/L，硬度为275～308mg/L，pH值为7.3～8.2。

（2）奥陶系下统含水岩组

为弱含水岩组，岩性主要为白云岩，含燧石，岩溶形态为裂隙、溶孔。含水层厚74m。据1957年华北煤田地质勘探局勘探资料，注水试验结果，吸水量1.833L/s，单位吸水量0.855L/（s·m）。

（3）寒武系中统含水岩组

该岩组岩性为中—巨厚鲕状灰岩，底部为石灰岩，岩溶形态为裂隙，主要发育在中下部，含水层厚度184m。该次勘探揭露中寒武含水岩组，华北煤田地质勘探局勘探资料，O_1+$\in_2$注水试验结果，吸水量16.133L/s，单位吸水量0.211L/（s·m）。

3.岩溶水埋藏条件

含水岩组的埋藏深度受地形、构造、地层、产状等因素的控制，但侯家庄岩溶水水源地地形较平缓，起伏不大，而且各钻孔距离较近，最远相距298.13m，故地形对含水岩组埋深影响不大，构造和地层产状是影响含水岩组埋深的主要因素。南部K_4孔下马家沟含水岩组埋深289.23m，中部K_3、K_1孔埋深分别为286.36m、278.28m，北部K_2孔埋深为290.84。中部含水岩组比南、北部含水岩组埋藏浅，这是由于褶皱构造所造成。水源地岩溶水位埋深是以群孔抽水试验前的静止水位为准，其埋深在288.32～292.45之间，埋深最大相差4.13m。

4.富水性

根据水源地抽水试验资料，按井孔单孔涌水量，统一采用5m降深，0.25m井径换算单井涌水量。结果为：K_1孔富水性强，单井涌水量8007.3m^3/d；K_{51}孔富水性较强，单井涌水量849.76m^3/d；K_2、K_3孔富水性中等，单井涌水量分别为327.95m^3/d、356.3m^3/d。由此可见，在水源地300m范围内富水性差别较大，中部富水性较强，南北两侧富水性较差。这主要是由于含水层岩溶发育不均一造成的。

5.岩溶地下水补给、径流、排泄

水源地岩溶水的补给主要是侧向径流补给。左权—襄垣径流带的岩溶水在南移过程中，一部分在黄碾附近折转向东运动，另一部分则继续向南运动，在长治马厂折转向东运动，在贾村—南庄一带与长治径流带岩溶水汇合后，以侧向径流的形式补给侯家庄水源地。

岩溶水总的径流方向由西南向东北运动，其主径流带位于水源地东部地带。岩溶水的排泄主要为侧向排泄。由于垂阳断裂和五里后断裂将晋获褶断带切断，成为岩溶水向东移的通道，岩溶水在潞城城区越过晋获褶断带，以地下径流的形式排向辛安泉群。

6.水源地地下水资源评价

根据山西省储委办公室1994年3月6日审查批准的《山西水泥厂潞城县侯家庄岩溶水水源地供水水文地质勘探报告》审查意见书，该水源地位于辛安泉强迳流带的边缘，补给条件好。断面法计算水源地的探明的及控制的（B+C级）可采资源10212m^3/d，符合实际。批准探明的及控制的（B+C级）可采资源11000m^3/d，其中探明的（B级）开采资源6600m^3/d作为水源地建设的依据，控制的（C级）开采资源4400m^3/d作为进一步勘查依据。

（十五）壶关县修善斜井水源地

壶关县是山西省最严重的缺水县之一，素有“干壶”之称（李天智，1982）。据统计全县三分之二居民饮用水严重缺乏。每年春旱季节，为解决人畜吃水和点播，要组织上百辆各种机动车辆及大量人力、畜力远地取水，最大往返距离35km左右。中华人民共和国成立后，国家先后为该县修水库、旱井、旱池等蓄水、引水工程，投资2230余万元。但是，如遇连年大旱，蓄水工程无水可蓄，引水工程亦无水可引，干旱仍严重威胁着壶关人民。

1974年，山西省地矿局212地质队到壶关县支农找水，收集并整理了区域地质及水文地质资料，结合野外踏勘，对水文地质条件进行了分析，认为该县浅层及中层地下水源严重不足，只有开采深层岩溶水才是解决该县城乡生活及工农业供水的主要水源。壶关的岩溶地下水水位于辛安泉域的东南部，大气降水为岩溶水的主要补给来源，由于受辛安泉出露标高（600～643m）控制，在壶关一带岩溶水位埋深达330～360m，地下水流向与岩层倾向一致，从东南向西北方向运移，水力坡度2‰。受地形与构造控制，工作区属于地下水补给区，局部地段属于补给径流区。经过近半年时间的勘查和综合分析，通过对一个勘探钻孔的注水试验成果分析[单位注水量1.18L/（s·m）]，并结合区域深层岩溶水的资料，推断修善村河谷是一个断层破碎带，于是大胆设计了壶关修善斜井取水工程。

1.自然地理及地质概况

壶关县位于太行山中南段，海拔500～1822m。东部为灰岩中高山，西部为地形较缓的中低山，县城标高1030m；壶关河谷地形平坦，除洪水外，无地表径流。区内多年平均降水量为609mm，且多集中在7～8月。春旱时间长达3个月以上。

壶关县位于太行复背斜西翼，为一平缓之单斜构造，地层倾向北西西，倾角1°～4°。东部沿燕山期闪长岩体延长的方向，由中奥陶统组成次一级背斜褶曲；西部则为一系列断层及褶皱组成的晋—获褶断带。

地层出露和分布为：震旦系、寒武系、下奥陶统分布在东部冲沟中；石炭、二叠系在西南边缘零星分布；壶关河谷覆盖有厚数10m到187m的新近系、第四系松散堆积层；中奥陶统石灰岩、泥灰岩分布在中部、西部以及东部山顶的广大地区，裸露面积约510km^2，黄土覆盖面积约250km^2，两者占全县总面积的78%，总厚515m左右。见图2-5-19、图2-5-20。

2.岩溶水的补给、径流特征

壶关县位于辛安泉域南部的石灰岩山区，大气降水为岩溶水的主要补给来源，下奥陶统白云岩为区域性相对隔水层。受辛安泉出露标高（600～643m）控制，中奥陶统岩溶水位埋深330～360m。地下水流向与岩层倾向基本一致，从东南向西北方向运移，水力坡度2‰。泉域南部地下水分水岭在该县南部，与地表水分水岭一致，呈近东西向；东部受构造控制的岩浆岩带及下奥陶统白云岩出露的位置为泉域东部的补给边界。而壶关县大部分地区则属于地下水的补给区，仅西部为补给—径流区。

3.斜井地层结构

修善斜井位于壶关县城东1.5km，修善村南150m的山脚下，向西为宽2.5km的平坦河谷，斜井垂直河谷从东向西开挖，方向299°。井口标高1039.212m，断面2.3m×2.3m，斜井长277m以上坡度为26.6°，以下为30°（图2-5-21）。

（1）斜井从上至下揭露地层

0～56m为第四系中、上更新统（Qp_{2+3}）亚砂土及亚黏土；56～273m为新近系（N_2）黏土及砾岩；273～492m为上马家沟组（O_2s）上部石灰岩；492～593m为上马家沟组（O_2s）下部石灰岩；593～759m为下马家沟组（O_2x）上部石灰岩等；759～794m为下马家沟组（O_2x）下部泥灰岩等。

（2）斜井穿过断层

斜井穿过了沿壶关河谷发育的断层破碎带，在603～771m共穿过断层五条。灰岩溶蚀裂隙的发育及断裂破碎带的存在，为岩溶水提供了储水空间和导水通道。其走向一般北北东，与河谷发育方向一

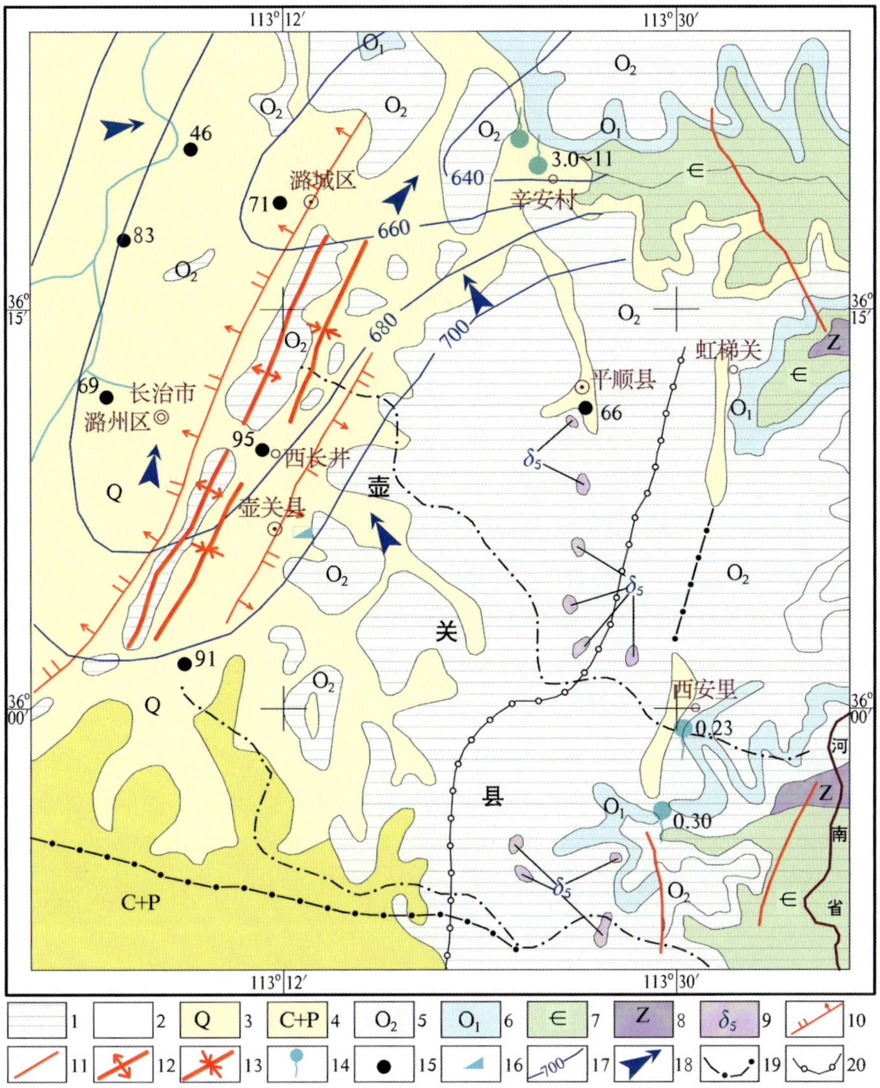

图2-5-19　山西省壶关县区域水文地质图

（据李天智，《山西省壶关县修善斜井及深层岩溶水的开发利用》，1982年8月）

1—可溶岩分布区；2—非可溶岩分布区；3—第四系松散堆积层；4—石炭、二叠系砂页岩；5—中奥陶统石灰岩；6—下奥陶统石灰岩；7—寒武系石灰岩；8—震旦系砂页岩；9—燕山期闪长岩；10—正断层；11—性质不明断层；12—背斜；13—向斜；14—泉水及流量（m^3/s）；15—钻孔及编号；16—斜井；17—岩溶水等水位线及标高（m）；18—岩溶水流向；19—岩溶水补给边界；20—地表水分水岭

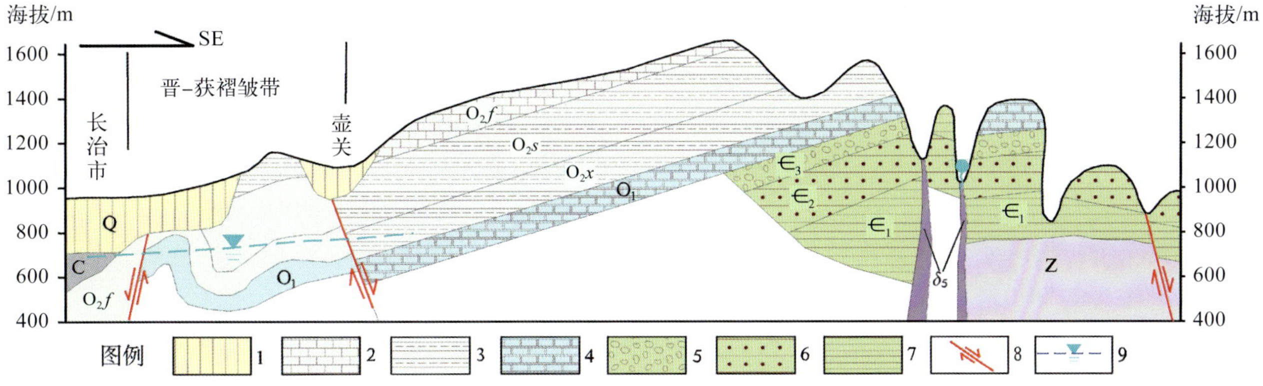

图2-5-20　山西省长治-壶关一带水文地质剖面图

（据李天智，《山西省壶关县修善斜井及深层岩溶水的开发利用》，1982年8月）

1—松散层；2—石灰岩；3—泥灰岩；4—白云岩；5—竹叶状灰岩；6—鲕粒灰岩；7—页岩；8—正断层；9—地下水水位

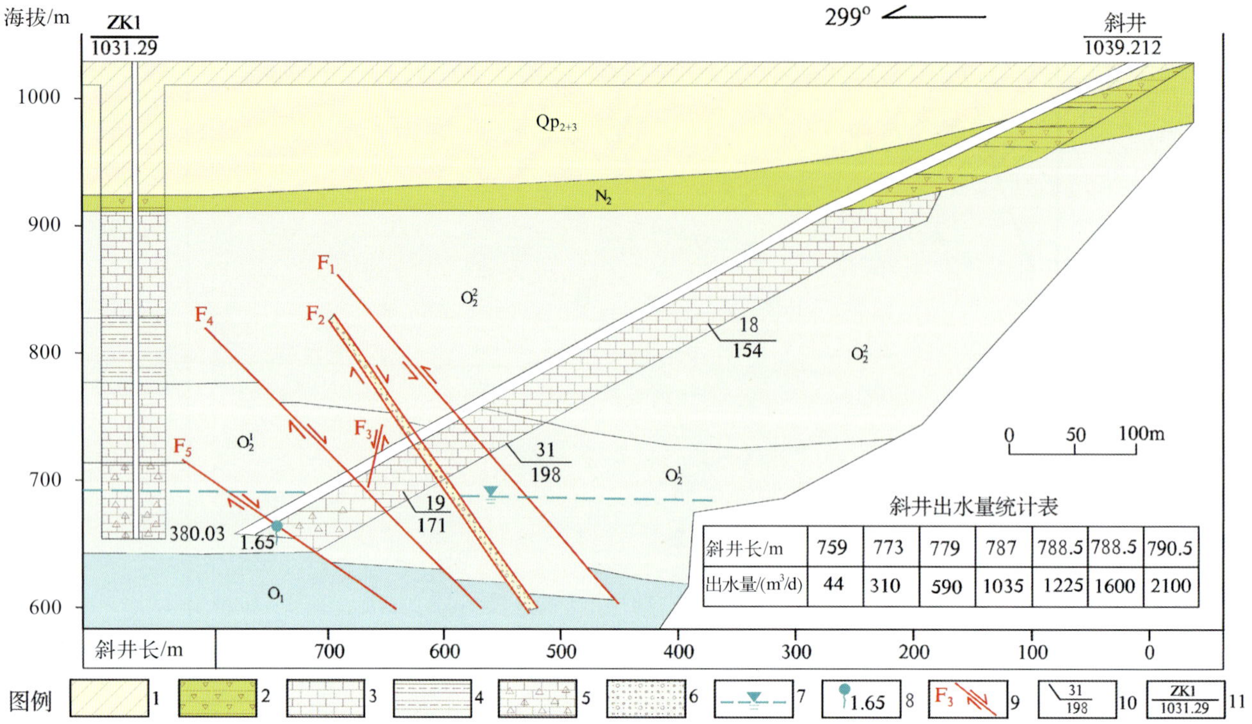

图2-5-21　山西省壶关县修善斜井地质剖面图

（据李天智，《山西省壶关县修善斜井及深层岩溶水的开发利用》，1982年8月）

1—第四系黄土；2—角砾岩；3—石灰岩；4—泥质灰岩；5—角砾灰岩；6—断层破碎带；7—静止水位；8—泉及涌水量（L/s）；9—正断层；10—地层产状；11—钻孔，分子为编号，分母为深度（m）

致；断距数米至数十米。受断层的影响：①岩石破碎，裂隙发育；②断层破碎带以东较以西的地层下降30m；③斜井揭露O_2x上部石灰岩及角砾状灰岩较正常层位的厚度薄30m；④地面岩层产状一般倾向北西，倾角7°～13°，而斜井中的岩层倾向多南东或南西，倾角17°～31°。

（3）斜井水文地质特征

斜井穿过新近系、第四系松散堆积层长273m，干燥无水，仅在斜长40多米处，因受地面旱井渗漏影响，有时有潮湿或滴水现象。

在区域水位以上（273～752m），O_2x和O_2s石灰岩中一般干燥无水。但是，斜井穿过492～593m下马家沟组（O_2x）下部泥灰岩及泥质灰岩则有小股水渗出，每天总出水量约19m^3。

在区域水位（752m）以下的石灰岩中，溶蚀裂隙为主要储水空间和导水通道，斜井长753m处有一条倾向358°、倾角49°的裂隙，地下水从不规则的裂隙中流出；在角砾状泥灰岩及角砾状灰岩中，由于泥质增多，裂隙不太发育，溶孔、蜂窝状溶洞及小溶洞则为主要储水空间，而小溶洞则是主要的导水通道。斜井至773m，水量增加不多，由于井壁坍塌，在771m处F_5断层面上发现一个直径8cm的小溶洞，出水量143m^3/d。斜井至779m，又发现两个小溶洞，井内日出水量增大200m^{3}有余，而771m小溶洞的日出水量却减少到60m^3；斜井长789m有一个溶洞日出水量380m^3。这些都说明岩溶裂隙水分布的不均匀性，同时也说明岩溶裂隙间连通性较好。

4.斜井施工及利用情况

1977年在城关公社修善村选定斜井位置。1980年元月斜井凿进长752m，垂深351.99m揭露了含水层。由于1977年以来连年大旱，该县水库干枯，引水渠道断流，县城供水告急。随着斜井的掘进，出水量不断增大，1980年3月以来，就已承担了县城的全部供水。除满足县城需水外，还可解决附近两个公社人畜吃水。

斜井于1977年4月正式开工，历经四载寒暑，于1981年7月提交《山西省壶关县修善斜井水源地勘探报告》。斜井斜长796.40m时（图2-5-21），垂直埋深381.20m，总投资102万元，日出水量达2079m^3，满足县城及附近农村人畜吃水需求。经水质分析，岩溶地下水类型为HCO_3-Ca·Mg型水，总硬度14.1德国度，TDS为0.5g/L，优良的水质、充分的水量解决了壶关县城及附近25个村共5万多人的吃水问题。这是当年我国水位最深、工程量最大、投资最多的斜井工程。斜井的成功彻底打破了“壶关没水”的断言，也为壶关、长治一带开发利用深层岩溶水取得了成功经验。

如今修善斜井仍在继续开采使用，2000年壶关县城镇生活取水由自来水公司和修善斜井两部分组成，其中自来水公司占77%，修善斜井占23%，据长治市辛安泉域管理处的统计，修善斜井2004年开采量$3.5\times10^4m^3$，2005年开采量$4.56\times10^4m^3$，2006年开采量$4.31\times10^4m^3$。

修善斜井的成功，不但解决了近5万人的吃水问题，同时为该县开采深层岩溶水提供了成功的实践案例，并为山西省以斜井工程开凿利用岩溶水积累了宝贵的经验。近20a来，壶关县先后打成深井18眼，2000年岩溶深井开采量达0.12m^3/s（合$378.4\times10^4m^3$/a），不但解决了县城及西部乡镇人畜吃水，也为工业发展提供了充足的水源。

山西省地质勘查局212地质队水文地质专家李天智，坚守壶关县找水16年，创造性的提出了斜井取水的理念，成功解决了群众用水困难。1981年5月在太原召开的首届“中国北方岩溶和岩溶水学术讨论会”上，李天智先生撰写的《山西省壶关县修善斜井及深层岩溶水的开发利用》论文进行了交流，斜井取水的成功经验引起了与会代表的浓厚兴趣，会议对这种开采岩溶水的方法进行推广。

（十六）河津禹门口水源地

禹门口水源地位于山西省河津市黄河冲洪积扇顶部，北起禹门口，南至大石咀，东以黄河Ⅲ级阶地为界，西临黄河防洪堤坝，面积5.9km^2。为满足山西铝厂二期建设工程生产供水需求，山西省地质矿产局第二水文地质工程地质队承担了“山西省河津县禹门口水源地供水水文地质勘探”任务。

该项目1984年4月开始详查，1985年6月开始勘探，1987年12月提交了《山西省河津县禹门口水源地供水水文地质勘探报告》（山西省第二水文地质工程地质队，1988）。

1.水文地质条件

禹门口水源地位于河津市黄河龙门峪谷禹门口东侧清涧湾，湾内地势平坦，自北东向南西微倾，为黄河漫滩区。水源地西北部为寒武、奥陶系碳酸盐岩组成的北山龙门山，东、南是黄河Ⅲ级阶地，西靠黄河防洪堤岸，面积5.9km^2，水源地范围内200m深度有两个含水岩组构成。第四系上更新统和全新统（Qp_3+Qh）浅层含水层组底板埋深一般是45～65m。上段岩性以中粗砂为主，具潜水特征，下段以卵砾石为主，具微承压特征，含水层厚20～60m，水位埋深＜10m，水位变化受黄河影响，动态属水文型。含水层结构松散，导水性好，富水性强，单井涌水量3000～20000m^3/d，详见图2-5-22、图2-5-23。

天然条件下，除接受大气降水入渗补给及黄河水侧渗补给外，还接受北部岩溶水及涧河地下水的侧向补给；在开采条件下，黄河水侧渗是其主要补给来源。地下水由北西向南东方向运动，与来自东部三级阶地的地下水汇流，在阶地前缘形成凹槽并转向南西运动，除人工开采和蒸发排泄外，部分向下越流，其余部分最终排入黄河。该层地下水北、中部水化学类型属$HCO_3·SO_4$型，TDS为0.43～0.93g/L，涧河口一带达1.05g/L，水温18～19℃，总硬度为21～24德国度。其南部水质良好，属HCO_3型，TDS＜0.5g/L，总硬度为15.6德国度；中更新统承压含水岩组顶板埋深60～70m，但在冲洪积扇顶部禹门口附近无隔水顶部存在。底板埋深195～203m，其下为更新统地层。该含水岩组上段以中砂为主，下段以卵砾石为主，含水层厚60～120m，承压水位埋深＜10m，富水性也较好，单井涌水量2000～5000m^3/d，但补给条件较差，不宜大量开采。该层水北部水质较差，SO_4-Cl型水，TDS为0.74～1.36g/L，南部属HCO_3型水，TDS＜0.5g/L。

2.勘探工作方法

根据水源地水文地质条件和基本特征，勘探工作手段主要包括：水文地质测绘、水文地质钻探、水

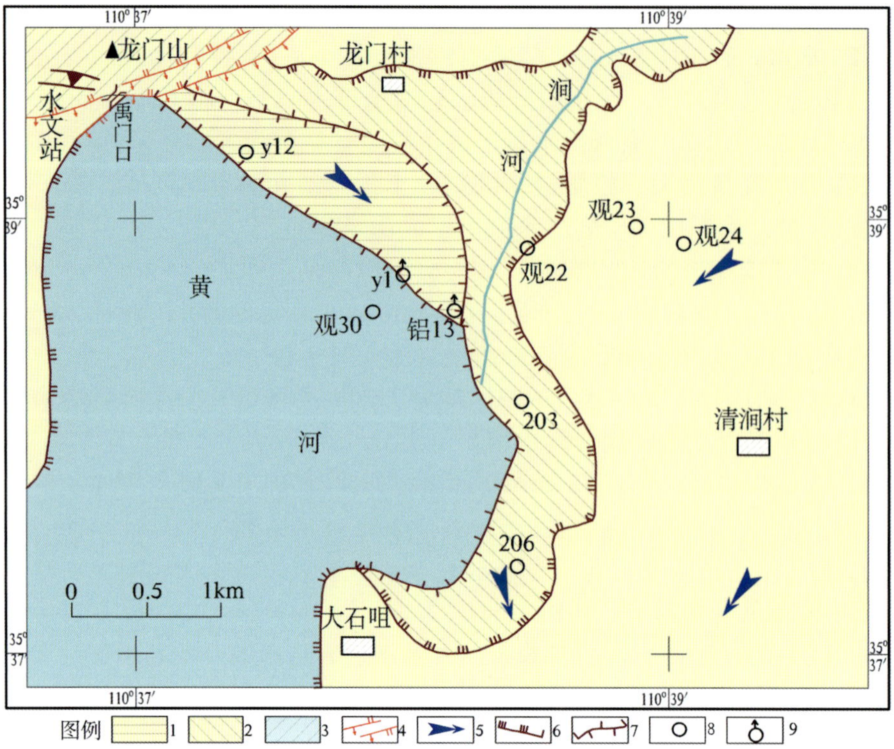

图2-5-22 山西省河津市禹门口水源地水文地质略图

(据山西省第二水文地质工程地质队,《山西省河津县禹门口水源地供水水文地质勘探报告》, 1988年8月)

1—水源地水量极丰富区; 2—水源地水量丰富区; 3—岩溶水分布区; 4—正断层和逆断层;

5—地下水流向; 6—Ⅲ级阶地; 7—河堤; 8—抽水试验孔; 9—观测孔

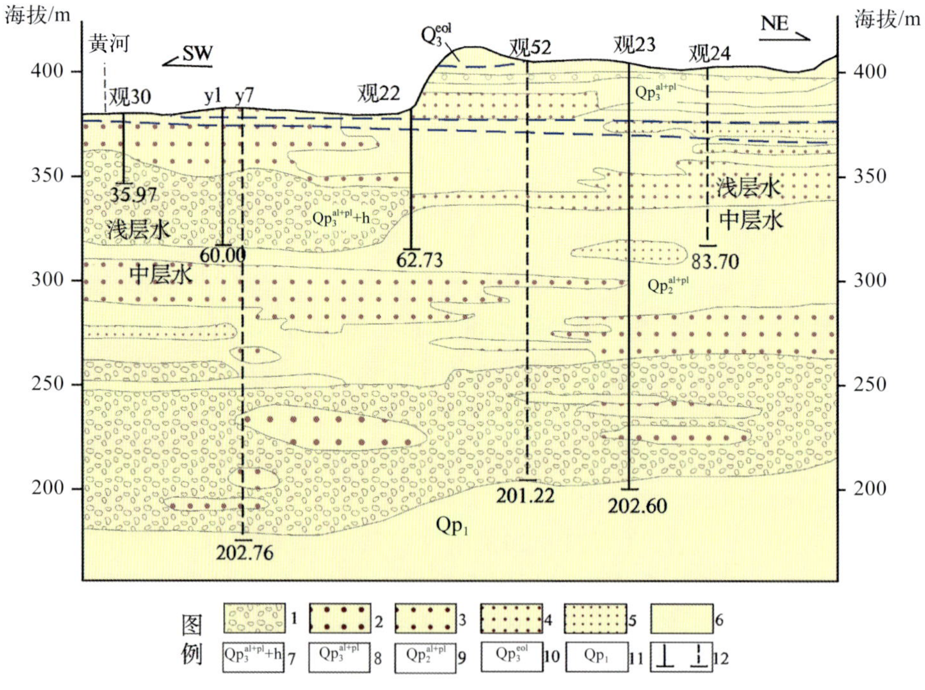

图2-5-23 山西省河津市禹门口水源地—黄河三级阶地水文地质剖面图

(据山西省第二水文地质工程地质队,《山西省河津县禹门口水源地供水水文地质勘探报告》, 1988年8月)

1—卵砾石; 2—粗砂; 3—中砂; 4—细纱; 5—粉砂; 6—亚砂土及亚黏土; 7—第四系上更新统及全新统冲积物;

8—第四系上更新统冲洪积物; 9—第四系中更新统冲洪积物; 10—第四系上更新统冲洪积物;

11—第四系下更新统; 12—抽水试验孔及观测孔

文地质试验（抽水试验、渗水试验）、水文物探、动态观测、实验（水质分析、同位素、古地磁、孢粉等）等，高质量高标准完成了勘探任务。

在勘探阶段，钻探施工和抽水试验最为关键，也是最为重要的环节。钻探工程最大特点就是孔径大，抽水孔孔径1200mm，成井口径1000mm，而且钻探地层颗粒极粗，以漂石、卵石为主，地层不稳定，易坍塌，事故率高；施工中采用冲击钻进工艺，成井采用了光管过滤技术，确保开采井出水能力最大，单井最大出水量达$2.1\times10^4m^3/d$。抽水试验的特点是：首先抽水试验类型多，分为单孔、多孔、互阻及群孔抽水试验；其次群孔抽水试验时间长，代表性非常强，浅层水群孔抽水试验于1987年4月18日开始至1987年9月25日结束，历时158d，期间经历黄河河水距防洪堤坝（开采井），由近及远和由远及近的变化，水文期经历了黄河历史偏枯期和丰水期；抽水试验的设计、组织及投入的设备与人力非常庞大，投入到群孔抽水试验的工作人员就达150多人，其中技术人员20人、观测工100人、其他人员30人，占到当时全队职工总人数三分之一以上。

3.地下水资源评价

1988年3月由国家矿产储量管理局组织审查，经全国矿产储量委员会审查批准，禹门口水源地浅层水探明的（B级）可开采量$18.7\times10^4m^3/d$，中层水探明的（B级）可开采量$1.84\times10^4m^3/d$，属特大型供水水源地。水源地投产运行后经近30年开采验证，虽然河水多数时间远离井排（最远距离达3000m以上），水源地高峰供水量达$16\times10^4m^3/d$，但水源地开采井的水量、水位、水质及降落漏斗疏干面积均未突破勘探报告的评价数据，河水对水源地的补偿能力没有降低，表明水源地能够经受住各种补给条件和不同设计开采量级别的考验，探明的（B级）可开采量保证程度高。

山西省河津县禹门口水源地供水水文地质勘探，不仅为山西铝厂及时解决生产生活供水问题，同时标志着山西省第二水文地质工程地质队在水文地质勘查方面实现了工艺突破、技术领先，成果显著的工作目标。通过规范性的勘查，带来良好的经济效益与社会效益，也同时使一批技术干部得到锻炼，成为后来全队水文地质工作的主力军。

（十七）万荣汾河口水源地

山西省万荣县山西铝厂汾河口水源地勘探项目是为满足山西铝厂三期工程供水需求而进行的大型水源地勘探工作。勘探项目由山西省第二水文地质工程地质队承担。

1995年2月—1996年4月完成详查，1996年5月—1998年12完成勘探，历时3年10个月，1996年4月提交《山西省万荣县山西铝厂汾河口水源地勘探报告》，1999年3月由国土资源部审查通过（山西省第二水文地质工程地质队，1996）。

1.水文地质条件

该项目工作区位于山西省万荣县境内黄河与汾河交汇的三角地带，冲洪积扇的前缘，北起万荣县与河津市交界的防洪堤坝向南1km处，南西至黄河岸边，东南至汾河Ⅲ级阶地，面积约$37km^2$。水源地范围内可划分为两个含水岩组。浅层潜水—微承压水含水岩组（浅层水）：由全系统、上更新统冲洪积层及中更新统冲湖积层上段组成，底板埋深在35～80m，上段以细沙、中砂、粗砂及卵砾石为主，具潜水特征；下段以粉砂、细砂和中砂为主，具微承压水特征。含水层2～4层，厚度35～75m，水位埋深<5m，水位变化受黄河影响，属水位型。因黄河水的补给作用，沿黄河形成南北向极富水带，实际单井涌水量为$4900\sim7300m^3/d$。浅层水是该水源地的主要开采层位。地下水主要接受黄河水补给，其动态变化受黄河水流量影响较大，其次为大气降水，由西北向东南径流、蒸发排泄，部分消耗于人工开采。大量开采的条件下，黄河水的入渗将是浅层地下水的主要补给来源。

2.勘探工作方法

完成的主要工作量：1∶5万水文地质测绘$226km^2$；共施工各类水文地质钻孔67眼（抽水井12眼、观测孔53眼、地质孔2个）总进尺5124.41m；物探1∶1万的地面电法面积$40km^2$，网度200m×200m，测深点909个；水文物探测井26眼；单孔抽水试验33个，多孔抽水试验8组，大型群井抽水试验1组（抽水井

6眼，观测孔75眼，实抽水量$3.5\times10^4m^3/d$，抽水历时62d）；水、土样分析806组；地下水动态观测18处。

3.地下水资源评价

山西省储委审查批准详查阶段提交浅层水控制的及推断的（C+D级）可开采资源量$10\times10^4m^3/d$，其中控制的（C级）可开采资源量$8\times10^4m^3/d$，推断的（D级）可开采资源量$2\times10^4m^3/d$；国家储委审查批准勘探阶段提交探明的及控制的（B+C级）可开采资源量$10\times10^4m^3/d$，其中探明的（B级）可开采资源量$8\times10^4m^3/d$，控制的（C级）可开采资源量$2\times10^4m^3/d$。

万荣县山西铝厂汾河口水源地是为保证山西铝厂三期工程供水而进行的特大型水源地详查、勘探项目，是多年来探明少有的利用激发黄河水来满足供水需求的大型傍河水源地。该水源地建成后，经过近6年的开采量为$10\times10^4m^3/d$的运行，降落漏斗的变化和地下水流场的发展趋势与报告预测的趋势一致，这一大型水源地的开辟，为山西铝厂三期工程的建设提供了可靠的水源保证，具有重大的经济效益和社会效益。

（十八）晋城郭壁水源地

1999年，受晋城市水利局、晋城市水资源管理委员会委托，山西省第三地质工程勘察院承担了《山西省晋城市新水源地（郭壁段）岩溶水供水水文地质勘探》工作。该项目完成水文地质编测$3000km^2$；施工勘探孔11眼；各类抽水试验14井（孔）。2006年12月，提交了《山西省晋城市新水源地（郭壁段）岩溶水供水水文地质勘探报告》（山西省第三地质工程勘察院，2006），提交控制的（B级）可采资源量为$2.5\times10^4m^3/d$。2015年晋城市水务局就郭壁水源地扩大开采勘探进行了公开招标，山西省第三地质工程勘察院中标承担了此项工作，任务是在郭壁水源地新增5眼开采井，增加$1\times10^4m^3/d$开采量。该次勘探工作完成水文地质编测$300km^2$，施工探采井5眼。成功地在寒武系含水层中找到大型水源地，于2017年7月提交了《山西省晋城市郭壁水源地扩大开采供水水文地质勘探报告》，提交水源地验证的（A级）开采资源量$2.2\times10^4m^3/d$，验证的及探明的（A+B级）开采资源量$4.1\times10^4m^3/d$，验证的、探明的及控制的（A+B+C级）开采资源$5.3\times10^4m^3/d$，提交控制的（C级）地下水可采资源量$16.08\times10^4m^3/d$。

综合山西省第三水文地质工程队上述两次提交的晋城市郭壁水源地水文地质勘查报告资料论述如下。

晋城市郭壁水源地位于晋城市东南丹河河谷付坝一带，地理坐标：东经112°58′33″～113°01′11″，北纬35°25′20″～35°26′55″，南北长约3.5km，东西宽约3.4km，面积$11.87km^2$。

该项目完成1：10万水文地质调查面积$3000km^2$，搜集调查岩溶水井孔183眼资料，统测岩溶水水位96处；1：2.5万水文地质测绘面积$92km^2$，实测地质构造、水文地质点160个；放射性测氡剖面12条，长1798m，测点522个；音频大地电场剖面7条，长5120m，测点523个；激发极化电测深剖面12条，长9125m，测点83个；浅层地震反射波剖面11条，长1870m；勘探井孔1眼，进尺362.0m；以及单孔抽水试验和水质化验、地下水动态观测等。

1.水文地质特征

水源地区揭露地层主要有：寒武系中统徐庄组（$\in_2x$）、张夏组（$\in_2z$），上统崮山组（$\in_3g$）、长山组（$\in_3c$）、凤山组（$\in_3f$）；奥陶系下统冶里组、亮甲山组（O_1y+l），中统下马家沟组（O_2x）、上马家沟组（O_2s），岩层总体向北西方向倾斜，倾角8°～12°。勘探目的层主要是寒武系中统张夏组，该组地层仅在郭峪村以下丹河河谷中出露，其他地方均为埋藏型，付坝一带丹河河谷中埋深101.46～140.34m，向上游及河谷两侧埋深加大，为215.11～297.77m，中统张夏组多为青灰、浅灰色厚—中厚层、巨厚层灰岩、鲕状灰岩，下部为泥质条带灰岩，裂隙、微裂隙发育，顶板埋藏深度101.46～297.77m，厚227.68～277.65m，平均厚度249.18m。水源地区主要构造为西焦河至郭峪褶断构造带。该构造带由一条挠曲和一条断层组成，从付坝内侧和库区中心通过。构造带附近，岩层倾角可达15°～25°，构造带内挠曲轴部地层紊乱，局部岩层近似直立，岩石破碎，破碎带宽度2～5m，影响带宽度5～10m。构造带附近岩层构造裂隙发育，有利于地下水的汇流。在郭壁一带出露了五龙宫泉、土坡泉、牛草泉等岩溶泉水。

岩溶裂隙发育部位埋深分别为：117～117.5m、120～120.5m、125.5～126m、140～140.5m、

158～159m、215～216m、218～219m、224.38～225.58m、234.14～258.21m、281～282m、292～296m、306～307m、335～336m，岩溶裂隙带总厚37.27m，除上部1.5m发育在寒武系上统地层外，其他均发育在寒武系中统张夏组地层中。付坝一带发育珏山—河东膝状挠曲构造和珏山—河东断层，构造裂隙发育，富水性较强，其他地段富水性变差。

晋城市郭壁水源地副坝一带各水井水文地质特征详见表2-5-7，水文地质条件详见图2-5-24。

表 2-5-7　山西省晋城市郭壁水源地副坝一带各水井水文地质特征统计表

序号	水井编号	承压水埋深/m	自流量/（m³/d）	最大降深/m	单井涌水量/（m³/d）	单位涌水量/[m³/（d·m）]	序号	水井编号	承压水埋深/m	自流量/（m³/d）	最大降深/m	单井涌水量/（m³/d）	单位涌水量/[m³/（d·m）]
1	1号	+11.0	4080	24.00	5296.92	221	4	4号	67.2	—	35.50	1064.45	30
2	2号	+7.8	2016	65.50	6082.56	93	5	8号	47.6	—	50.0	1209.60	24
3	3号	41.8	—	9.70	2016.58	208							

注：承压水埋深为“+”表示水头高出地面高度；“—”表示无数据。

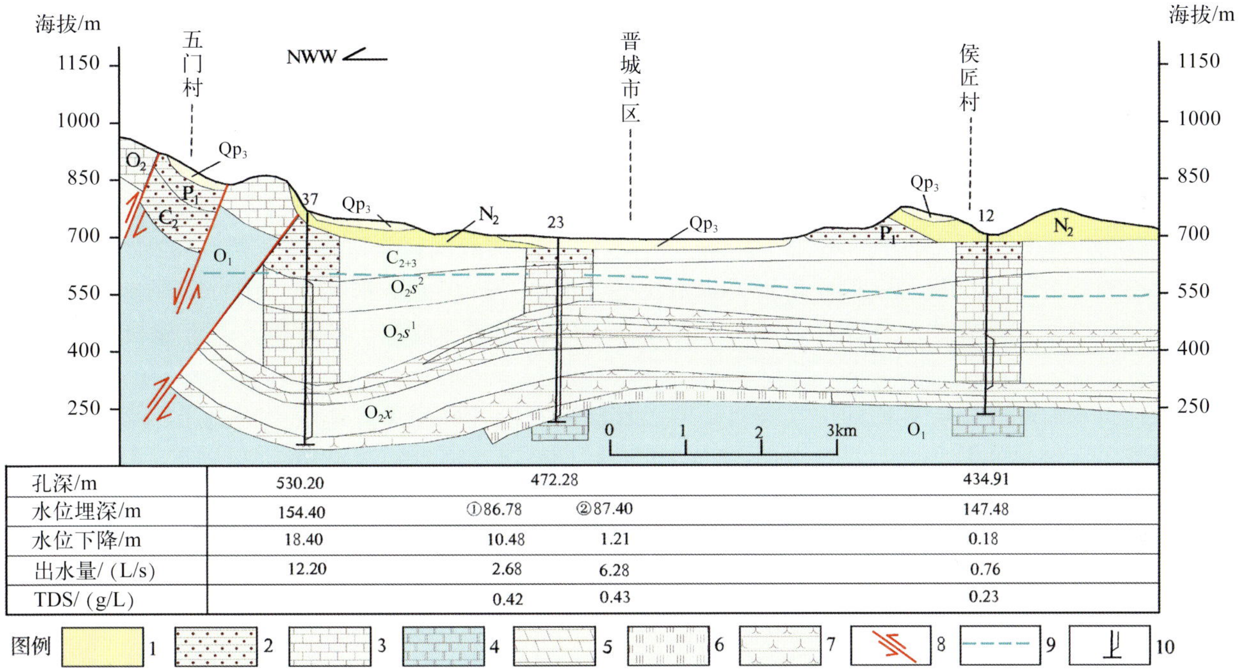

图2-5-24　山西省晋城市城区附近水文地质剖面图

（据山西省地质局水文地质队，《山西省晋城县农田供水水文地质详查报告》，1979年）

1—黏性土；2—砂岩及页岩；3—石灰岩；4—白云质石灰岩；5—泥灰岩；6—石膏；7—溶蚀强烈的石灰岩；8—断层；9—地下水水位线；10—钻孔及试段

2.岩溶水资源计算与评价

（1）区域岩溶水资源

三姑泉域岩溶水主要接受裸露、半裸露灰岩区的大气降水入渗补给、任庄水库的渗漏补给和覆盖、埋藏区孔隙、裂隙水在构造有利部位的渗透补给。经计算以多年平均补给量作为天然资源量，则三姑泉域岩溶水综合补给量为：$Q_{补}=Q_{降}+Q_{库}+Q_{渗}=6.93+0.0686+0.812=7.811$（$m^3/s$），保证率97%时地下水补给量为5.141$m^3/s$，合16213.3×$10^4m^3/a$，可作为区域岩溶水可开采量。

（2）水源地岩溶水开采资源

水源地寒武系岩溶水根据解析法公式计算得控制的（C级）开采资源为91.25×$10^4m^3/a$。

3.水源地利用情况

郭壁水源地可供水量$14\times10^4m^3/d$，包括城市生活用水量$12\times10^4m^3/d$，工业和农灌地表清水量$2\times10^4m^3/d$，总用水量$2.77m^3/s$。在城市生活用水可供水量中，奥陶系地层岩溶泉水$3.7\times10^4m^3/d$，寒武系地层井水$4.3\times10^4m^3/d$。奥陶系岩溶泉水包括五龙泉、土坡泉、牛草泉等3个主泉及部分散泉，奥陶系岩溶泉水资源量$0.71m^3/s$（$6.1\times10^4m^3/d$），可利用量$3.7\times10^4m^3/d$；寒武系地层现建成13眼井，可开采量$4.3\times10^4m^3/d$。水源地实际开采量$8\times10^4m^3/d$，包括奥陶系岩溶泉水$3.7\times10^4m^3/d$，寒武系地层井水$4.3\times10^4m^3/d$。后备水源围滩提水工程泉水资源量$0.64m^3/s$（$5.5\times10^4m^3/d$），可利用量$4\times10^4m^3/d$；供工业和农灌水资源量$0.5m^3/s$（$4.32\times10^4m^3/d$），可开发利用量$2\times10^4m^3/d$。

（十九）晋城市五龙沟、望川、成庄水源地

根据山西煤田地质229队1991年12月提交的《山西省晋城市五龙沟、望川、成庄水源地勘探报告》（李振拴等，1991）资料，介绍如下。

1.项目勘查概况

该项目是受晋城矿务局委托，为煤矿提供水源地的勘查项目，为了满足矿区分散供水就近开采的要求，采取了边施工边研究、边修改设计的方法，运用各种手段，寻找最近、最佳的水源地，最终确定了3处水源地。该三处水源地分别位于阳城县町店镇五龙沟村、阳城县润城镇望川村和泽州县下村镇成庄村一带，水源地属于延河泉域。

该三处水源地勘探于1987年5月开始，1991年12月提交报告，经过四年多时间的勘查，除采用常规的钻探、抽水试验和普通测井等手段外，在泉域的研究中，运用矿物饱和指数（β_1）与方解石溶沉速度（v）等定量指标确定边界导水性；根据钻孔单位涌水量、冲洗液消耗量、渗透系数、侵蚀性二氧化碳、矿物饱和指数与奥陶系石灰岩顶板标高相关分析，科学地划分岩溶地下水的强、中、弱径流带；运用聚类分析与流场相结合的方法划分延河泉域子系统及滞流区；用超声成像、温度测井、流量测井等手段定量确定含水层厚度；用化学热力学、化学动力学与水文地质学相结合的方法，计算含水层渗透系数，地下水贮留时间及实际流速；根据同位素资料采用活塞模型和混合模型计算地下水年龄、补给高程及浅层地下水与深层岩溶水的混合比例；首次在山西一个大型泉域运用斯坦福流域模型评价地下水资源量，并对其允许开采量用数值法进行拟合计算；采用地球化学方法对泉域分带，评价环境水文地质条件，并提出保护措施。通过这些手段的研究与应用，使得在$836km^2$面积内，仅布置22个钻孔就查明了泉域岩溶水文地质条件，确定水源地3处，提交批准的探明的（B级）储量$5\times10^4m^3/d$，探明的及控制的（B+C级）允许开采量$6.1m^3/s$，达到了预期目标。

2.完成的主要实物工作量

该项目完成的主要工作量包括：1：10万延河泉域水文地质修测$2990km^2$；施工钻孔22个，总进尺13437.24m；物探电法测点107个，剖面长56km，测井13396m；抽水试验30次；动态长观孔13个；取水样129件，土样233件。工作中除了用常规的手段外，还采用了新技术、新方法。在勘探过程中，同长春地质学院进行了水化学、环境地球化学及同位素的研究，同山西省水文总站合作进行了斯坦福流域模型的研究，在测井方面进行了流量测井和超声成像等手段。1991年12月提交报告。报告附件有：水化学研究专题总结报告、地球物理测井专题总结报告、岩溶水资源专题总结报告、工程及地形测量专题总结报告、钻探施工专题总结报告，附表2本、附图134张。

3.项目主要成果

1）通过水文地质测绘和对钻探、抽水试验、水化学分析等资料的研究，较可靠地确定了延河泉域的泉域边界，并定为基本全排型。

2）泉域岩溶地下水的补给形式为大气降雨入渗、河道渗漏、水库渗漏和高平地区的侧向补给。地下水从东北、西部和西南部三个方向集中向润城—延河一带汇流，在润城以下开始排泄。

3）通过钻探抽水试验和岩心鉴定，本区奥陶系峰峰组普遍不含水，富水性较弱。

4）通过水化学研究，对隐伏岩溶区岩溶在垂向和水平方向的发育划分为强、中强、中、弱四个径流带；利用热力学理论，柯伯尔法、溶蚀模量法，计算了泉域内方解石、白云石、石膏沉积量及溶蚀速度；利用同位素氚值资料，计算了地下水年龄，求得延河泉地下水年龄为3年，下河泉地下水平均年龄为33.5年；利用氚和氧稳定同位素资料计算西部径流区补给高程平均1138.49m，深埋区补给高程平均为2031.57m。

5）通过泉域岩溶水化验资料分析水质类型、总硬度：补给区为HCO_3–Ca或HCO_3–Ca·Mg型、10～16德国度，径流区为HCO_3·SO_4–Ca·Mg型、14～25德国度，排泄区为HCO_3·SO_4–Ca·Mg、10～20德国度，滞流区为SO_4–Ca·Mg或SO_4–Na·Ca型水、90～119德国度。通过水质评价，补给区、径流区、排泄区的岩溶水符合生活饮用水和锅炉用水的标准要求，滞流区地下水不能作为生活饮用水水源。

6）通过水化学、地下水动力场研究，结合构造及泉水的出露条件，将延河泉域划分为：延河泉组、下河泉组、南部散泉三个子系统及北部滞流区。其相互独立又互有水力联系。

7）运用斯坦福流域模型及地下水均衡，计算了泉域内岩溶水资源量。枯水期的水量：20世纪80年代10.133m^3/s，1989—1990年9.91m^3/s；矿区岩溶水的补给量6.11m^3/s，矿区的允许开采量4.48m^3/s。故设计要求开采量7.2×10^4m^3/d（0.83m^3/s）作为矿区的探明的（B级）储量是有保证的，将4.48m^3/s作为探明的及控制的（B+C级）储量也是有保证的。

8）综合研究三个水源地勘探报告提出的供水量是有保证的。即五龙沟水源地2×10^4m^3/d；望川水源地4.2×10^4m^3/d；成庄水源地1×10^4m^3/d。提出了集中和分散两种开采方案。

1992年6月28日，由全国矿产储量委员会下发审查批准《山西省晋城市五龙沟、望川、成庄水源地勘探报告》决议书，全储决字〔1992〕334号文。批准了区域探明的及控制的（B+C级）地下水允许开采量6.1m^3/s，其中水源地探明的（B级）允许开采量5.0×10^4m^3/d。

4.各水源地位置的确定及水文地质特征

（1）五龙沟水源地

该水源地位于阳城县町店镇五龙沟村。大宁一、二号矿井区位于芦苇河上游，即町店至寺头断层间。设计需水量按需水单位要求，取水最好放在工业广场位置，所以在矿井区内刘西村施工YS–15号孔，下黄崖施工了YS–14号孔。抽水试验资料表明，2孔水量很小，YS–15号孔含水层降深47.32m，单位涌水量0.04L/（s·m），水化学类型为HCO_3–Na型水，TDS为0.949g/L；O_2x含水层降深22.43m，单位涌水量0.28L/（s·m），水化学类型为SO_4–Ca·Mg型水，TDS为2.33g/L；上、下马家沟含水层混合抽水，降深37.77m，单位涌水量0.09L/（s·m），属SO_4–Ca·Mg型水，TDS为2.7g/L。2孔资料表明大宁一、二号矿井区水量很小，水质很差，无法就地开采。

为此，水源地只好向浅埋区方向移动。在矿井区南部边界的町店乡北庄村施工的YS–16号孔表明，O_2s含水层降深0.87m，单位涌水量7.217L/（s·m），水化学类型为HCO_3–Ca·Mg型水，TDS为0.288g/L。表明上马家沟组含水层水量较大，水质好。在旁边施工的YS–21号大口径孔表明，降深6.74m，出水量3406.8m^3/d。

在五龙沟附近施工的YS–18、YS–19（大口径）、YS–20（大口径）号孔，各孔的上、下马家沟组混合抽水试验，水量十分丰富，降深分别为0.75m、2.95m、8.38m，单位涌水量为18.1L/（s·m）、15.568L/（s·m）和6.215L/（s·m）。水质类型均为HCO_3·SO_4–Ca·Mg型，TDS为0.388～0.418g/L。町店至五龙沟三个大口径孔，总出水量为11718.8m^3/d。

以上资料表明，大宁一、二号矿区供水水源地应选在町店以东，重点开采区应放在距工业广场5km的五龙沟一带。勘探成果提交该水源地探明的（B级）可开采资源量为2.0×10^4m^3/d。

（2）望川水源地

该水源地位于阳城县润城镇望川村沁河岸边。潘庄一、二号矿区位于沁河上游，矿井区边界南起武安以北，北至寺头断层，工业广场位于潘庄一带。屯城矿井位于王村以北，工业广场在屯城村北。附属企业位于嘉峰一带，设计总需水量4.2×10^4m^3/d，原计划就地开采。勘探期间，在潘庄矿区的工业广场中施工了YS-4号孔。O_2f不含水，O_2x水量比较丰富，抽水试验降深4.29m，单位涌水量0.316L/（s·m），为SO_4-Ca·Mg型水，TDS为2.088g/L。虽然马家沟组水量较大，但水质差，从水文地质条件分析，属于奥陶系石灰岩深埋区，循环条件差，水化学研究表明，属于方解石、白云石、石膏皆沉淀区，地下水补给径流条件差，同位素化验氚值很低，为一滞流区封存水，作为矿区永久性供水水源地是没有保证的。

在屯城矿井区施工的YS-2号孔，试验资料表明O_2s不含水，降深为89.05m而疏干；O_2x含水层，降深31.58m，单位涌水量为0.22L/（s·m），属HCO_3-Ca·Mg型水，TDS为0.563g/L。以上资料表明，在矿井区和南部边界附近，就地取水已无可能，故水源地的选择只有沿沁河南移。

在望川一带，施工了YS-1号探水孔，抽水试验表明，降深2.22m，单位涌水量为5.55L/（s·m），出水量1046m^3/d，HCO_3·SO_4-Ca·Mg型水，TDS为0.451g/L。后来又施工了两个大口径孔，YS-3和YS-11号孔，经互阻抽水试验，出水量6336.4m^3/d。为了扩大水源地向北的范围，以便使供水距矿区更近一些，在YS-2号孔和YS-1号孔号孔之间施工了YS-13号孔，经混合抽水试验，降深5.92m，单位涌水量为2.798L/（s·m），单井出水量1431m^3/d，水质为HCO_3·SO_4-Ca·Mg型水，TDS为0.466g/L。

潘庄一、二号矿井、屯城矿井及附属企业需水量较大，水源地必须选择在补给充分，径流条件较好，水质符合要求的地段。根据以上资料分析，望川水源地的位置应在YS-13号孔至望川以南一带。该水源地岩溶地下水属下河泉组子系统，补给比较充分，开采量主要是袭夺下河泉组泉水量，通过论证，保证程度较高。所以，水源地的位置选择在距潘庄矿井工业广场约8km的望川一带是合理的。

勘探成果提交该水源地探明的（B级）可开采资源量$0.6384\times10^4m^3/d$。

（3）成庄水源地

该水源地位于泽州县下村镇成庄村。成庄矿井区位于长河上游一带，设计需水量$1\times10^4m^3/d$。在煤田勘探和建井时先后打了数口水井，如属于矿井区的成9和成4号孔，根据调查资料，两个井现开采量1200m^3/d。水质类型为HCO_3·SO_4-Ca·Mg型水，目前已用于矿井建设。成庄以南河底煤田勘探阶段施工的36号和40号孔水文孔，据抽水试验，36号降深8.89m，单位涌水量2.728L/（s·m），40号孔（水103）降深0.49m，单位涌水量41.81L/（s·m），水量很丰富。

勘查中，在下村一带施工了YS-7号观测孔，上、下马家沟组地层岩溶十分发育，见有大的溶洞，洞内有涌砂现象，水质类型为HCO_3·SO_4-Ca型水。成庄矿井区位于长河径流带的上游，岩溶地下水的补给来自东部和东北灰岩裸露区和灰岩浅埋区的降雨入渗补给及丹河的渗漏补给。灰岩裸露区和浅埋区面积约300km^2，补给较充分。成庄目前已开采很多年。根据数值法计算结果，开采两年后水位仅下降1m，所以矿区开采$1\times10^4m^3/d$，其保证程度是很高的，应就地打井开采。勘探成果提交该水源地探明的（B级）可开采资源量$1.0\times10^4m^3/d$。

第六节　地下水资源的合理利用

一、地下水资源潜力分析

对地下水未超采区开发利用原则是：合理开发，科学调控，资源保护与经济发展协调，使有限的地下水资源发挥出最大的经济效益；采补平衡区维持现状，不再增加新的开采量；尚有开发潜力区要因地制宜，可适当增加开采量；对地下水超采区逐步压缩开采量，力争以最短的时间达到采补平衡。根据上述原则，依据2017年10月山西省地质工程勘察院提交的《山西省地下水资源图说明书》资料，并结合区域经济发展对地下水开发利用潜力进行分析。

（一）地下水开采潜力判定标准确定

地下水开采潜力可依据地下水开采潜力指数进行判定。

$$P = Q_{可}/Q_{采}$$

式中：P为地下水开采潜力指数；$Q_{可}$为地下水可开采量，$10^4m^3/a$；$Q_{采}$为地下水已开采量，$10^4m^3/a$。

判别指标：

$1<P$，有开采潜力，可扩大开采；$0.9<P<1.1$，采补平衡区；$P<0.9$，潜力不足，已超采。

对超采区可进一步划分，判别指数为：$0.6<P<0.9$，潜力轻度不足区；$0.4<P<0.6$，潜力中等不足区；$P<0.4$，潜力严重不足区。

对有开采潜力的地区，根据可增加可开采量作进一步划分：可增加的可开采量（Δq=单位面积可开采量－单位面积地下水已开采量）。

判别标准如下[单位为：$10^4m^3/(a·km^2)$]：

$\Delta q<10$，潜力较小区；$10<\Delta q<20$，潜力中等区；$20<\Delta q$，潜力较大区。

（二）地下水开采潜力判定结果

经计算，山西盆地平原区浅层水可开采量$94665\times10^4m^3/a$，已开采量$55798\times10^4m^3/a$，有扩大开采潜力，除太原市严重超采和吕梁市采补平衡外，其他各市均可扩大开采，可扩大的开采量$38867\times10^4m^3/a$，见表2-6-1。

表 2-6-1　山西省盆地平原区地下水开采潜力判别结果表

序号	行政分区	浅层水				承压水			
		可开采量/（$10^4m^3·a^{-1}$）	已开采量/（$10^4m^3·a^{-1}$）	判别结果		可开采量/（$10^4m^3·a^{-1}$）	已开采量/（$10^4m^3·a^{-1}$）	判别结果	
				潜力指数	结论			潜力指数	结论
1	太原市	3413	8970	0.38	严重不足	11334	12988	0.87	超采
2	大同市	10466	7341	1.43	有开采潜力	15271	19057	0.80	超采
3	长治市	6249	2930	2.13	有开采潜力	1885	2515	0.75	轻度不足
4	朔州市	11362	3680	3.09	有开采潜力	12774	7648	1.67	可扩大开采
5	忻州市	14200	3150	4.51	有开采潜力	16019	6390	2.20	可扩大开采
6	吕梁市	3215	3500	0.92	采补平衡	13988	6360	2.20	可扩大开采
7	晋中市	5305	4640	1.14	采补平衡	15570	15940	0.98	采补平衡
8	临汾市	14372	6910	2.08	有开采潜力	11565	9150	1.26	可扩大开采
9	运城市	24617	14677	1.68	有开采潜力	26661	58857	0.28	严重不足
总计		94665	55798	1.70	有开采潜力	125608	138902	0.90	超采

经计算，山西省盆地平原区承压水可开采量$125608\times10^4m^3/a$，已开采量$138902\times10^4m^3/a$，超采量$13294\times10^4m^3/a$，见表2-6-1。

（三）盆地平原区地下水开采潜力分析

该区地下水开发利用程度较高，多年开采状态下，2010年已形成超采区面积$6312km^2$，其中严重超采区面积$1286km^2$，地下水超采量$38182\times10^4m^3$。总体而言，该区开采潜力不大。除个别富水地段外，不具备建立大型集中供水水源地的的条件。

1.天阳盆地

天（镇）阳（高）盆地是盆地区开采利用程度较低的区域，在黑水河冲积平原区补给条件较好，含水层颗粒粗，属富水地段，有一定的开发潜力。另外在一些边缘的小区域，也有一定的开采潜力。

2.大同盆地

现状开采条件下，盆地各冲洪积倾斜平原及冲积平原区，补给条件好，尚有一定的开发潜力。

3.忻州盆地

现状开采条件下，尚有一点开发潜力区主要分布在滹沱河冲积平原、永兴河洪积扇及山前倾斜平原区，但由于地下水补给条件差，开采潜力不大。

4.太原盆地

现状开采条件下，开采潜力不大。根据地下水化学分析资料，盆地内分布有800km^{2}多的面积属于微咸水区，TDS为1～3g/L，这部分地区可扩大资源开采量；另外，250m深度含水层可扩大一定的资源开采量。

5.临汾盆地

现状开采条件下，河津禹门口冲洪积扇补给条件较好，有傍河取水条件，有一定的开发潜力。

6.运城盆地

现状开采条件下，盆地区已严重超采，永济市蒲州黄河沿岸受黄河水的侧向补给，具有傍河取水的条件，具有较大的开发潜力。

7.潼关—三门峡段黄河谷地

该地段受黄河水的侧向补给，可建立部分集中供水中小型水源地。

8.长治盆地

盆地范围内有较大开采潜力，屯留区开采潜力最大，其次为长子县，开采潜力最小的为上党区。

（四）岩溶水开采潜力分析

山西岩溶水可开采量193722×10^{4}m^3/a，已开采量115600×10^{4}m^3/a。多年开采状态下，全省岩溶水开发利用程度较高，其中兰村泉域、晋祠泉域及古堆泉域已严重超采，内排型岩溶泉域基本处于超采或采补平衡状态，无大的开发潜力；外排型岩溶泉水均位于山西省边缘地带，利用程度较低，大多排向外省，这些岩溶泉水尚有一定的开发潜力，可扩大开采。

超采的泉域有5个，包括雷鸣寺泉、水神堂泉、兰村泉、晋祠泉和古堆泉；有开采潜力的岩溶泉域有12个，包括城头会泉、神头泉、坪上泉、天桥泉、柳林泉、娘子关泉、霍泉、龙子祠泉、郭庄泉、辛安泉、三姑泉、延河泉。天桥泉、坪上泉开采潜力巨大（刘晓东，2017）；采补基本平衡的有2个，包括马圈泉、洪山泉。详见表2-6-2。

表2-6-2　山西岩溶大泉开采潜力统计表（2013年）

编号	泉名	资源量/（$10^4m^3 \cdot a^{-1}$）	可开采量/（$10^4m^3 \cdot a^{-1}$）	已开采量/（$10^4m^3 \cdot a^{-1}$）	判别结果	
					潜力指数	判别结果
1	雷鸣寺泉	1067	650	867	0.75	超采
2	马圈泉	4113	2945	3002	0.98	基本平衡
3	水神堂泉	1160	720	960	0.75	超采
4	城头会泉	6490	4868	4610	1.06	可扩大开采
5	神头泉	15084	11313	9054	1.25	可扩大开采
6	坪上泉	14349	10762	2302	4.68	可扩大开采
7	天桥泉	37843	28382	3646	7.78	可扩大开采
8	柳林泉	6692	5019	4053	1.24	可扩大开采
9	娘子关泉	29108	19581	8127	1.97	可扩大开采
10	兰村泉	11858	8893	12858	0.69	超采
11	晋祠泉	5424	4068	6424	0.63	超采
12	洪山泉	2396	1797	1826	0.98	基本平衡
13	霍泉	18924	14193	9987	1.42	可扩大开采
14	龙子祠泉	17818	13364	7000	1.91	可扩大开采
15	郭庄泉	23841	17881	16577	1.08	可扩大开采
16	辛安泉	25481	19113	8792	2.17	可扩大开采
17	古堆泉	4194	3145	4194	0.75	超采
18	三姑泉	17187	12890	6717	1.92	可扩大开采
19	延河泉	15232	11424	4699	2.43	可扩大开采
合计		258352	193722	115600	1.68	

山西岩溶地下水开采潜力按照行政区分析结果详见表2–6–3。

表 2-6-3 山西省山丘区地下水开采潜力判别结果表（2013 年）

序号	行政分区	岩溶水				裂隙水			
		可开采量/（$10^4m^3 \cdot a^{-1}$）	已开采量/（$10^4m^3 \cdot a^{-1}$）	判别结果		可开采量/（$10^4m^3 \cdot a^{-1}$）	已开采量/（$10^4m^3 \cdot a^{-1}$）	判别结果	
				潜力指数	结论			潜力指数	结论
1	太原市	6492	15664	0.41	中等不足	4085	2206	1.85	可扩大开采
2	大同市	9261	6874	1.35	可扩大开采	5825	3700	1.57	可扩大开采
3	阳泉市	10705	4470	2.39	可扩大开采	6732	1395	4.83	可扩大开采
4	长治市	25867	13406	1.93	可扩大开采	16269	3100	5.25	可扩大开采
5	晋城市	28965	15151	1.91	可扩大开采	18217	2436	7.48	可扩大开采
6	朔州市	8115	7642	1.06	采补平衡	5103	6013	0.85	采补平衡
7	忻州市	35461	12590	2.82	可扩大开采	22302	7758	2.87	可扩大开采
8	吕梁市	22705	9503	2.39	可扩大开采	14280	7730	1.85	可扩大开采
9	晋中市	19600	15553	1.26	可扩大开采	12332	7783	1.58	可扩大开采
10	临汾市	21317	13540	0.91	采补平衡	13412	4960	2.70	可扩大开采
11	运城市	5285	1207	4.38	可扩大开采	3326	4126	0.81	采补平衡
全省总计		193772	115600	1.68	可扩大开采	121883	51207	2.38	可扩大开采

（五）裂隙水开采潜力分析

山西裂隙水可开采量121883 × $10^4m^3/a$，已开采量51207 × $10^4m^3/a$。受地形地貌及自然地理条件的制约，一般山丘区地下水资源较贫乏，富水性不均，开采利用条件差，多年开采利用条件下，基本无开采潜力。仅在河谷阶地及山间小盆地中小区域内有一点小潜力，但水量不大，还可扩大开采，详见表2–6–3。

（六）全省开采潜力总体分析

根据2013年评价结果，全省地下水资源可采资源量为535838 × $10^4m^3/a$，已开采量为361507 × $10^4m^3/a$。其中孔隙水可采资源量为220273 × $10^4m^3/a$，已开采量为194700 × $10^4m^3/a$，浅层地下水有开采潜力，承压水超采，部分地区严重超采；裂隙水可采资源量为121883 × $10^4m^3/a$，已开采量为51207 × $10^4m^3/a$，局部形成超采，基本无开采潜力；岩溶水可采资源量为193722 × $10^4m^3/a$，已开采量为115600 × $10^4m^3/a$，超采严重。

二、地下水开发引起的环境地质问题

20世纪80年代改革开放以来，随着山西能源重化工基地建设和农业生产的发展，供水需求量越来越大，对地下水资源的开发利用日趋广泛，长期以来由于对地下水的开发缺乏统一的规划和管理，造成水源地布局不合理，开采井群在平面和空间上高度集中，不合理的开采状况改变了区域地下水天然流场，形成了以城市水源地为中心的大面积地下水降落漏斗，并由此引发了含水层被疏干、地面沉降、水井枯竭、泉水衰减或断流、水质恶化等多种环境地质问题（山西省水利厅，2013）。

（一）地下水超采

地下水是山西重要的供水水源，在支撑经济社会发展和维系生态环境等方面具有十分重要的作用。1971年全省地下水开采量仅为11 × 10^8m^3，2007年增长为40 × 10^8m^3，2013年上升为54 × 10^8m^3，长期超量开采地下水，造成区域地下水水位严重下降，引发了一系列生态与环境地质问题。根据目前公开的资料，山西省在20世纪90年代以来开展全国性地下水资源开发利用规划工作中，分别于1996年、2005年、

2010年、2015年进行了地下水超采区的划定和开发利用规划，基本查清了当时地下水超采的范围和规模，为此后20多年的地下水管理和保护提供了依据。

随着经济社会发展和科技不断进步，新时期对地下水资源管理和保护提出了更加严格的要求。2011年中央一号文件和中央水资源工作会议明确提出，实行最严格的水资源管理制度，并确立到2020年基本遏制地下水超采局面的工作目标。2012年国务院发布的《国务院关于落实最严格水资源管理制度的意见》(国发〔2012〕3号)要求尽快核定并公布地下水禁采和限采范围。在地下水超采区，禁止农业、工业建设项目和服务业新增取用地下水，并逐步削减超采量，实现地下水采补平衡。新时期对地下水超采治理工作提出了新的要求。

同时，近年来随着水资源情势、地下水开发状况等变化，以及地下水超采区治理工作的不断加强，地下水超采状况发生了较大变化。以往工作成果已难以全面客观反映地下水超采现状、变化与发展趋势。为了更加系统确切地掌握地下水超采状况，切实贯彻中央一号文件精神和国务院国发〔2012〕3号的要求，加快推进全国地下水超采治理，水利部组织开展地下水超采区复核和评价专项工作，编制印发了《全国地下水超采区评价技术大纲》，各流域水资源管理机构也相应组织各有关省（自治区）开展本流域地下水超采区评价工作。

山西省近十多年来针对超采区采取了关井压采、退出岩溶泉域重点保护区矿业权和加倍征收水资源费等一系列的治理和保护措施，部分地区地下水超采局面也得到了扭转，全省地下水超采区范围和超采情况也相应发生了变化，特别是在山西省大水网规划与建设关键时期，开展地下水超采区复核与评价工作，制定地下水限采、禁采方案，对于山西省地下水保护与管理有着重要的意义。

根据2013年7月山西省水利厅组织编制完成的《山西省地下水超采区评价报告》，地下水超采情况简述如下：

1.地下水超采区规模划分标准

面积>1000km^{2}为大型、面积100～1000km^{2}为中型、面积<100km^{2}为小型。

2.地下水超采区划分标准

（1）孔隙水超采区

浅层潜水和弱承压水：以评价期年均水位下降速率>0.2m/a的区域划分地下水超采区。

浅层承压水：以评价期年均水位下降速率>0.5m/a的区域划分地下水超采区。

（2）裂隙水超采区

以评价期典型井水位下降速率是否>0.5m/a初步判定超采，以机井连片分布区外包线圈定超采区范围。

（3）岩溶水超采区

断流和濒临断流的岩溶泉域：按泉域内富水区和水井连片分布区范围划分超采区；其他泉域在主要开采地段进行超采区划分，以评价期典型井水位下降速率是否>0.5m/a初步判定超采，以机井连片分布区外包线圈定超采区范围。

3.严重超采区划分标准

由于不同类型地下水对于开采的响应程度存在差异，响应方式不尽相同，因此判定严重超采区的标准也不完全相同。在孔隙水超采区、裂隙水超采区和岩溶水超采区，符合下列条件之一的区域，划分为严重超采区：

（1）孔隙水严重超采区

浅层潜水和弱承压水：以评价期年均水位下降速率>1.0m/a的区域划分地下水严重超采范围。

浅层承压水：以评价期年均水位下降速率>1.5m/a的区域划分地下水严重超采范围。

（2）岩溶水严重超采区

山西省岩溶泉域往往在形成泉水的山前断裂带、与泉水流量关系密切的泉口下游承压区、岩溶地下水强径流带为泉域内岩溶地下水强富水区，在这些地方进行岩溶地下水开采或进行采煤活动，很容易造成岩溶地下水水位持续下降甚至泉水枯竭断流，对其进行保护十分重要，为此，山西省在收集整理水文地质勘查资料和调研分析的基础上，对这些区域圈定了岩溶泉域水量重点保护区，目的是控制该区的岩溶地下水开采等活动，因此，该次评价主要依据《山西省岩溶泉域水资源保护》研究成果划定的水量重点保护区为严重超采区，并以典型井的地下水水位下降速率>1.5m/a校核。

4.一般超采区划分标准及方法

地下水超采区内不符合严重超采区划分标准的区域划分为一般超采区。划分方法主要采用水位动态法、引发问题法和水位动态与开采相结合的三种方法，其中孔隙水超采区主要采用水位动态法，岩溶水和裂隙水超采区主要采用引发问题法以及水位动态与开采相结合的方法。

5.地下水超采区划分结果

2000年、2010年、2015年山西省地下水超采区划分结果详见表2-6-4～表2-6-6及图2-6-1。

2000—2015年山西省共有地下水超采区22个，其中包括严重超采区10个，一般超采区12个；按照含水岩组类型划分，孔隙水超采区14个、岩溶水7个、裂隙水1个。

山西省地下水年均可开采量$99863\times10^4m^3$，年均实际开采量$145073\times10^4m^3$，年均超采量$45210\times10^4m^3$；裂隙水超采区主要为榆次源涡水源地，超采面积$84km^2$，可开采量为$1282\times10^4m^3/a$，实际开采量$1490\times10^4m^3/a$，超采量$208\times10^4m^3/a$。

总体来看，山西省地下水开采主要是孔隙水和岩溶水超采，不但超采区数量多，面积大，而且超采量也很大，裂隙水情况不严重，这主要是裂隙含水层水源地比较少，开采量也比较小。2000年、2010年、2015年山西省地下水超采区数量、总面积变化不大；其中严重超采区面积呈大幅度下降态势，2015年严重超采区面积仅为2000年的34%，全省裂隙水超采状况基本未变，这标志着山西省在地下水超采治理方面所采取的一系列措施取得了实际成效，基本扭转了长期以来地下水超采持续发展的局面，为地下水合理开发利用奠定了基础，积累了经验。山西省2000年、2010年、2015年划定超采区划定结果对比详细情况见表2-6-7。

（二）地下水超采引起的环境地质问题

1.岩溶地下水超采带来的主要环境地质问题

岩溶地下水水位下降作为环境水文地质问题的一种表现形式，最直接的后果是地下水开采成本的提高，还有山区岩溶含水层疏干，以及对其他地下水含水层潜流补给量的减少。它们都将加剧相关的环境地质问题。这些问题主要有以下几个方面。

（1）岩溶含水层的疏干与储存资源量的动用

水文地质学中一般将地下水在垂直方向上分为四个水动力分带，分别是包气带、季节变动带、饱水带和深部缓流带。区域性岩溶地下水水位经过20余年的持续下降，不少泉域的区域岩溶地下水水位已下降到自然条件的饱水带上线以下，动用了相当部分储存资源量。但在多数采用排泄量法进行泉域岩溶地下水资源评价中，由于种种原因对所消耗的储存资源量并没有考虑，因此往往会给水资源管理决策者造成一种“资源量丰富”的假象，其结果将会造成决策过程中的判断错误。事实上在岩溶地下水水位持续下降的状态下，泉域地下水处于一种补排失衡状态，在以后的泉水流量恢复（如晋祠泉、兰村泉等）治理过程中，首先必须要面对弥补以往动用的储存资源量的问题。

（2）含水层调蓄功能降低

岩溶含水介质结构是由多尺度的洞、缝、孔、隙构成，其空隙的大小、形态具有多重复合性，岩溶地下水水库的调蓄功能强弱不仅取决于地下库容的大小，也取决于含水介质的持水性能。山西岩溶泉域系统不仅由于其地下库容大，而且也因其介质结构主要以渗透性能相对较弱的溶蚀裂隙为主，使得它们具有很强的调蓄功能。岩溶含水层的显微结构研究表明，微细空隙在含水层储水空间中占有一定的比例，并对多年循环过程的巨型岩溶地下水系统水资源调蓄功能具有重要影响。饱水带在长期的地质历史演变中，这些渗透性能比较差的微细空隙都成为有效储水空间，但区域岩溶地下水含水层的长期疏干，

表 2-6-4　山西省地下水超采区划分特征表（2000 年）

分区		行政分区	超采区名称	分布范围	面积/km^2		年均可开采量/(10^4m^3)	年均实际开采量/(10^4m^3)	年均超采量/(10^4m^3)	水井密度/(眼/km^2)	开采系数	水位下降速率/($m·a^{-1}$)
地貌分区	水资源二级分区				超采区	严重超采区						
大同盆地	海河北系	大同市	大同城郊	分布在大同市建城区周围，近三角形区域内，即包括城北水源地、城西水源地、时庄水源地在内的主要供水水源区。北起孤山、东至御河Ⅱ级阶地边缘附近，西近平原边界，南至城郊，落里湾—十里河与御河交汇口	394	289	6892	14292	7400	13.2	2.07	0.87
		朔州市	怀仁城区	怀仁县鹅毛口洪积扇	45	45	671	1341	670		2.0	0.68
			山阴城区	山阴城区、岱岳、北王庄和乡农场一带	22	22	143	510	367	19.0	3.6	0.64
			朔城区	朔城区城关镇四关、城关乡小村、胡家窑村等十个自然村	37	37	316	1050	734	11.0	3.3	0.56
忻定盆地	海河南系	忻州市	原平城区	分布于二十里铺、解原、逯家庄、东曲、芝郡、西楼、大檀一带，呈西北—东南向椭圆形展示	26	26	1813	2359	546		1.3	0.52
			忻州城区	分布于原平西镇、沙晃、高家庄、柳巷、小河、太平街一带。为原平化肥厂、武彦农场、化工二厂、原平糖厂等单位和城镇生活供水水源地	71	71	2082	3047	965	4.4	1.46	1.04
太原盆地	龙门—三门峡	太原市	太原城郊区	①西张地区超采区位于汾河冲积扇顶端，西张—向阳店一带；②城区超采区主要为河西化工水源地、西山矿务局水源地、自来水三厂、自来水六厂及各企业的自备井集中开采区以及农业自备水源；③清徐西边山超采区为清徐边山洪积扇区；④清徐其他平原超采区	977	580	15758	24990	9232	6.42	1.59	2.63
		晋中市	晋中榆太祁区	分布于榆次陈侃、东阳、北田、庄子、太谷城关、北光、侯城、胡村、水秀及祁县城关、晓义、贾令、东观一带：①榆次城区超采区，分布于潇河洪积扇一带；②榆次四乡超采区分布于榆次东阳井片西部，陈侃乡南部及庄子井片西部；③榆次黑河、涧河洪积扇超采区分布于鸣谦、使赵乡一带；④太谷城区超采区分布于北光、侯城、阳邑、胡村、水秀、任村及城关乡一带；⑤祁县城区超采区分布于城关、西六支、晓义、贾令、城区、东观一带	695	97	12202	14525	2323	8.44	1.19	1.63
			介休城区	分布于城关、宋abc、西勒动、义堂、三佳、义安一带，为工农业和城镇生活的主要供水水源地，即龙凤河洪积扇地带	126	90	2616	3420	804	—	1.31	2.05
		吕梁市	交城边山区	分布于交城县以北的边山地带，包括磁窑河、瓦窑河两个洪积扇	17	17	299	355	56	6.73	1.19	3.00
			文汾边山区	分布于文水马西到汾阳城关一线的山前地带，形状似斜条形，范围北起文水南峪口顺西南而下，经文水神堂沟、汾阳的杏花、罗城、峪道河、向阳河、禹门河至汾阳栗家庄的石盘山一带	133	133	2179	2504	325	5.27	1.15	1.08
			孝义边山区	分布于孝义边山地带，包括孝义市边山倾斜平原区	77		1263	1438	175	5.68	1.14	0.61
临汾盆地	龙门—三门峡	临汾市	临汾城郊区	以城区为中心，南起尧庙、北到韩村、西至汾河、东到东王	123	123	3365	4298	933	16.0	1.28	1.94
			侯马城郊区	以侯马发电厂为中心，包括城区、上马乡，北至西吴王、北西庄，南以紫金山边山带为界，东到桥村西，呈北东—西南向椭圆状	87	87	1785	3197	1412	19.5	1.79	0.97
		运城市	运城汾河谷地区	分布于吕梁山前倾斜平原区，涉及新绛、稷山、河津等县，包括西起河津禹门口，东到运城、临汾交界，北起吕梁山前，南至河津清涧镇、城关镇—稷山县城，下迪村、杨赵村—新绛县西交村、城关一线	755	538	5314	11670	6356	2.9	2.2	1.25
运城盆地	龙门—三门峡	运城市	运城涑水盆地区	主要分布于运城、永济、临猗、闻喜、绛县一带	2943	1079	24760	41094	16334	4.1	1.66	1.63

续表

分区		行政分区	超采区名称	分布范围	面积/km²		年均可开采量/(10^4m^3)	年均实际开采量/(10^4m^3)	年均超采量/(10^4m^3)	水井密度/(眼/km²)	开采系数	水位下降速率/($m·a^{-1}$)
地貌分区	水资源二级分区				超采区	严重超采区						
岩溶山区	龙门—三门峡	太原市	兰村泉域区	兰村泉域范围	2033	1204	12741	14257	1516	—	1.12	2.25
			晋祠泉域区	晋祠泉域范围	1528	391	1955	3648	1693	—	1.87	
	三门峡—花园口	晋城市	高平城区	属三姑泉域高平—晋城岩溶地下水系统，位于高平市区一带，以集中开采的市区为中心	35	35	240	268	28	—	1.12	3.25
			晋城城郊区	包括巴公、北石店及市区三个水源地，属三姑泉域高平—晋城和任庄两个子系统	178	178	2585	3215	630	—	1.24	2.57
一般山区	龙门—三门峡	太原	阳曲黄大盆地区	位于阳曲县境内，属山间断陷盆地	246		315	334	19	—	1.06	1
		晋中	榆次源涡区	位于汾河上中游区的一般山丘区的榆次城东一带，地处黄土台塬与倾斜平原的过渡地带	84	55	1282	1345	63	—	1.05	3.17
合计					10632	5097	100576	153157	52581	—	—	—

注：山西省水利厅，《山西省地下水超采区评价报告》，2013年7月。

表 2-6-5　山西省地下水超采区划分特征表（2010 年）

序号	分区		行政分区	超采区名称	分布范围	面积/km²		超采区含水岩组分类	超采区规模分级	评价期水位下降速率/($m·a^{-1}$)		年均可开采量/(10^4m^3)	年均实际开采量/(10^4m^3)	年均超采量/(10^4m^3)	开采系数	备注
	地貌分区	二级水系分区				超采区	严重超采区			超采区	严重超采区					
1	大同盆地	海河北系	大同市	大同市城郊中型孔隙浅层地下水超采区	分布在大同市城郊，北起孤山、南到落里湾至北村一线、东至周士庄—倍加皂—党留庄乡一带、西近盆地边界	506	163	孔隙水	中型	0.78	1.46	7406	15157	7751	2.05	
2			朔州市	朔州市怀仁中型孔隙浅层地下水超采区	分布于怀仁县城以西，北起北信庄、南至北辛村、西起盆地边界、东至怀仁城东	111	86	孔隙水	中型	0.71	1.62	1192	1687	495	1.42	
3				朔州市山阴小型孔隙浅层地下水超采区	分布在山阴县城区以西倾斜平原区，北起七里沟、南至西沟、西起山前平原、东至山阴城区	36	—	孔隙水	小型	0.33	—	231	251	20	1.09	
4				朔州市应县小型孔隙浅层地下水超采区	分布于应县城区以东山前倾斜平原区，西起南河种镇、东至盆地边缘、北起小石口、南至观口前	50	—	孔隙水	小型	0.85	—	525	600	75	1.14	
5	忻州盆地	海河南系	忻州市	忻州市原平小型孔隙浅层地下水超采区	分布于原平城区—西镇一带	26	—	孔隙水	小型	0.51	—	725	772	47	1.06	
6				忻州市忻府区小型孔隙浅层地下水超采区	分布于忻府区南豆罗镇一带	31	—	孔隙水	小型	0.43	—	913	1014	101	1.11	
7	太原盆地	龙门—三门峡	太原市	太原市城郊中型孔隙浅层地下水超采区	分布于太原城郊，范围北起晋源区晋阳堡、大村一带，南至清徐县	203	—	孔隙水	中型	0.55	—	2148	2452	304	1.14	与晋祠泉域超采区重叠面积131km²

续表

序号	分区		行政分区	超采区名称	分布范围	面积/km²		超采区含水岩组分类	超采区规模分级	评价期水位下降速率/（m·a⁻¹）		年均可开采量/（10^4m^3）	年均实际开采量/（10^4m^3）	年均超采量/（10^4m^3）	开采系数	备注
	地貌分区	二级水系分区				超采区	严重超采区			超采区	严重超采区					
8	太原盆地	龙门—三门峡	晋中市	晋中市榆太祁中型孔隙浅层地下水超采区	分布于榆次、太谷、祁县一带，北起聂村、南至祁县县界、西起晋中市市界、东至榆次区源涡—太谷阳邑、侯城—祁县古县镇一线	857	234	孔隙水	中型	0.85	1.34	15303	19592	4289	1.28	与裂隙水超采区重叠面积37km²
9	太原盆地	龙门—三门峡	晋中市	晋中市介休中型孔隙浅层地下水超采区	分布于介休城区周围，北起洪相—孟王堡、南至东内封、西以汾河为界、东至连福镇—龙头，呈东北—南西向椭圆状分布	115	45	孔隙水	中型	0.77	1.39	2606	3832	1226	1.47	与洪山泉域超采区重叠面积4km²
10	太原盆地	龙门—三门峡	吕梁市	吕梁市交文中型孔隙浅层地下水超采区	分布于交城、文水边山一带，北为市界，南以文水县孝义镇为界，西起盆地边界，东至交城阳渠村—文水西营镇一线	184	—	孔隙水	中型	0.49	—	3962	5003	1041	1.26	
11	太原盆地	龙门—三门峡	吕梁市	吕梁市汾孝中型孔隙浅层地下水超采区	分布于汾阳、孝义边山一带，呈北西—南东向展布	128	—	孔隙水	中型	0.42	—	2279	2816	537	1.24	
12	临汾盆地	龙门—三门峡	临汾市	临汾市侯马小型孔隙浅层地下水超采区	分布于侯马城郊西南一带，由侯马城区与市界围括的半圆形区域组成	78	33	孔隙水	小型	0.71	1.38	1218	1628	410	1.34	
13	临汾盆地	龙门—三门峡	运城市	运城市汾河谷地大型孔隙浅层地下水超采区	汾河谷地大部分区域	1114	—	孔隙水	大型	0.95	—	11912	14890	2978	1.25	与古堆泉域—范村水源地超采区重叠面积14km²
14	运城盆地	龙门—三门峡	运城市	运城市涑水盆地大型孔隙浅层地下水超采区	涑水盆地大部分区域	2873	725	孔隙水	大型	1.34	2.13	25817	44725	18908	1.73	
15	岩溶山区	龙门—三门峡	太原市	兰村泉域大型岩溶水超采区	泉域内富水区和机井连片分布区	1653	273	岩溶水	大型	0.59	—	9745	11871	2126	1.22	
16	岩溶山区	龙门—三门峡	太原市	晋祠泉域大型岩溶水超采区	泉域内富水区和机井连片分布区	1528	185	岩溶水	大型	1.71	—	1955	4037	2082	2.06	开采量中含矿坑排水
17	岩溶山区	三门峡–花园口	晋城市	晋城市高平小型岩溶水超采区	分布于高平市区东城、南城、北城三个街道办事处、米山镇西部	35	—	岩溶水	小型	0.46	—	295	368	73	1.25	
18	岩溶山区	三门峡–花园口	晋城市	晋城市城郊中型岩溶水超采区	分布于巴公镇、北石店镇、城区、高都镇和北义城镇及金村镇西部	178	—	岩溶水	中型	0.84	—	3760	4669	909	1.24	
19	岩溶山区	龙门—三门峡	晋中市	晋中市平遥洪山泉域中型岩溶水超采区	泉域内富水区和机井连片分布区	322	72	岩溶水	中型	—	—	2460	3154	694	1.28	开采量中含矿坑排水
20	岩溶山区	龙门—三门峡	吕梁市	吕梁市汾阳小型岩溶水超采区	郭庄泉域汾阳杏花村石门沟水源地	93	32	岩溶水	小型	2.33	—	250	400	150	1.60	
21	岩溶山区	龙门—三门峡	临汾市	临汾市侯马古堆泉域中型岩溶水超采区	泉域内富水区和机井连片分布区	404	—	岩溶水	中型	—	—	3879	4665	786	1.20	开采量中含矿坑排水
22	一般山区	龙门—三门峡	晋中市	晋中市榆次区小型裂隙水超采区	分布于源涡水源地一带，位于郭家堡、峪头、罗家庄等地	84	—	裂隙水	小型	0.56	—	1282	1490	208	1.16	
合计						10609	1848	—	—	—	—	99863	145073	45210	1.45	

注：山西省水利厅，《山西省地下水超采区评价报告》，2013年7月。

表 2-6-6　山西省地下水超采区分布范围统计表（2015 年）

单位：km^2

序号	地貌分区	行政区	超采区名称	分布范围	超采区面积	其中严重超采区面积	超采区含水层类型	超采区规模
1	大同盆地	大同市	大同市城郊中型孔隙浅层地下水超采区	分布于大同市城郊和云州区。范围为北起孤山、南到落里湾至北村一线、东至周士庄—倍加皂—党留庄乡一带、西近盆地边界	506.0	163.0	孔隙水	中型
2		朔州市	怀仁中型孔隙浅层地下水超采区	分布于怀仁市城区以西。范围为北起北信庄、南至北辛村、西起盆地边界、东至怀仁城东	111.0	86.0	孔隙水	中型
3			山阴小型孔隙浅层地下水超采区	分布于山阴县城区以西倾斜平原区。范围为北起七里沟、南至西沟、西起山前平原、东至山阴城区	36.0	—	孔隙水	小型
4			应县小型孔隙浅层地下水超采区	分布于应县城区以东山前倾斜平原区。范围为西起南河种镇、东至盆地边缘、北起小石口、南至观口前	50.0	—	孔隙水	小型
5	忻州盆地	忻州市	原平小型孔隙浅层地下水超采区	分布于原平城区—西镇一带	26.0	—	孔隙水	小型
6			忻府区小型孔隙浅层地下水超采区	分布于忻府区南豆罗镇一带	31.0	—	孔隙水	小型
7	太原盆地	太原市	太原市城郊中型孔隙浅层地下水超采区	分布于太原城郊和清徐县。范围为北起晋源区晋阳堡—小店区大村一线，南至清徐县边界，西起盆地边界，东至小店区东桥—东柳林—清徐县长头—贾兆村一线	20.3	—	孔隙水	中型
8		晋中市	榆太祁中型孔浅层地下水超采区	分布于榆次、太谷、祁县一带。范围为北起聂村，南至祁县县界，西起晋中市市界，东至榆次区源涡—太谷阳邑—侯城—祁县古县镇一线	857.0	234.0	孔隙水	中型
9			介休中型孔隙浅层地下水超采区	分布于介休城区周围。范围为北起洪相孟王堡，南至东内封，西以汾河为界，东至连福镇—龙头，呈东北—南西向椭圆状分布	115.0	45.0	孔隙水	中型
10		吕梁市	吕梁市交文中型孔隙浅层地下水超采区	分布于交城、文水边山一带。范围为北为市界，南以文水县孝义镇为界，西起盆地边界，东至交城阳渠村—文水西营镇一线	184.0	—	孔隙水	中型
11			汾孝中型孔隙浅层地下水超采区	分布于汾阳、孝义边山一带。范围为北起巩村—南辛安—盐锅头一线，南至郭家庄—赵贾庄一线，西起三泉镇，东至新尉屯—盐锅头一线。呈北西—南东向展布	128.0	—	孔隙水	中型
12	临汾盆地	临汾市	侯马小型孔隙浅层地下水超采区	分布于侯马市西南一带，由侯马城区与市界围括的半圆形区域组成。具体范围为：北起张王—东呈王，南至盆地边界，西起侯马市界，东至乔村	78.0	33.0	孔隙水	小型
13		运城市	汾河谷地大型孔隙浅层地下水超采区	分布于汾河谷地大部分区域	1114.0	—	孔隙水	大型
14	运城盆地	运城市	涑水盆地大型孔隙浅层地下水超采区	分布于涑水盆地大部分区域	2873.0	725.0	孔隙水	大型
15	岩溶山区	太原市	兰村泉域大型岩溶水超采区	分布于泉域内富水区和机井连片分布区	1653.0	273.0	岩溶水	大型
16			晋祠泉域大型岩溶水超采区	分布于泉域内富水区和机井连片分布区	1528.0	185.0	岩溶水	大型
17		晋城市	高平小型岩溶水超采区	分布于高平市区一带，以中开采的市区为中心，属三姑泉域高平—晋城岩溶地下水系统	35.0	—	岩溶水	小型
18			晋城市城郊中型岩溶水超采区	分布于晋城市城郊，包括巴公、北石店及市区三个水源地，属三姑泉域高平—晋城和任庄两个子系统	178.0	—	岩溶水	中型
19		晋中市、长治市	洪山泉域中型岩溶	分布于泉域内富水区和机井连片分布区	322.0	—	岩溶水	中型
20		吕梁市	汾阳小型岩溶水超采区	分布于郭庄泉域汾阳杏花村石门沟水源地一带	93.0	—	岩溶水	小型
21		临汾市	古堆泉域中型岩溶水超采区	分布于泉域内富水区和机井连片分布区	404.0	—	岩溶水	中型
22	一般山区	晋中市	榆次区小型裂隙水	分布于源涡水源地一带，由郭家堡、峪头、罗家庄围括而成的近长方形区域组成	84.0	—	裂隙水	小型
合计					10426.3	1744.0		

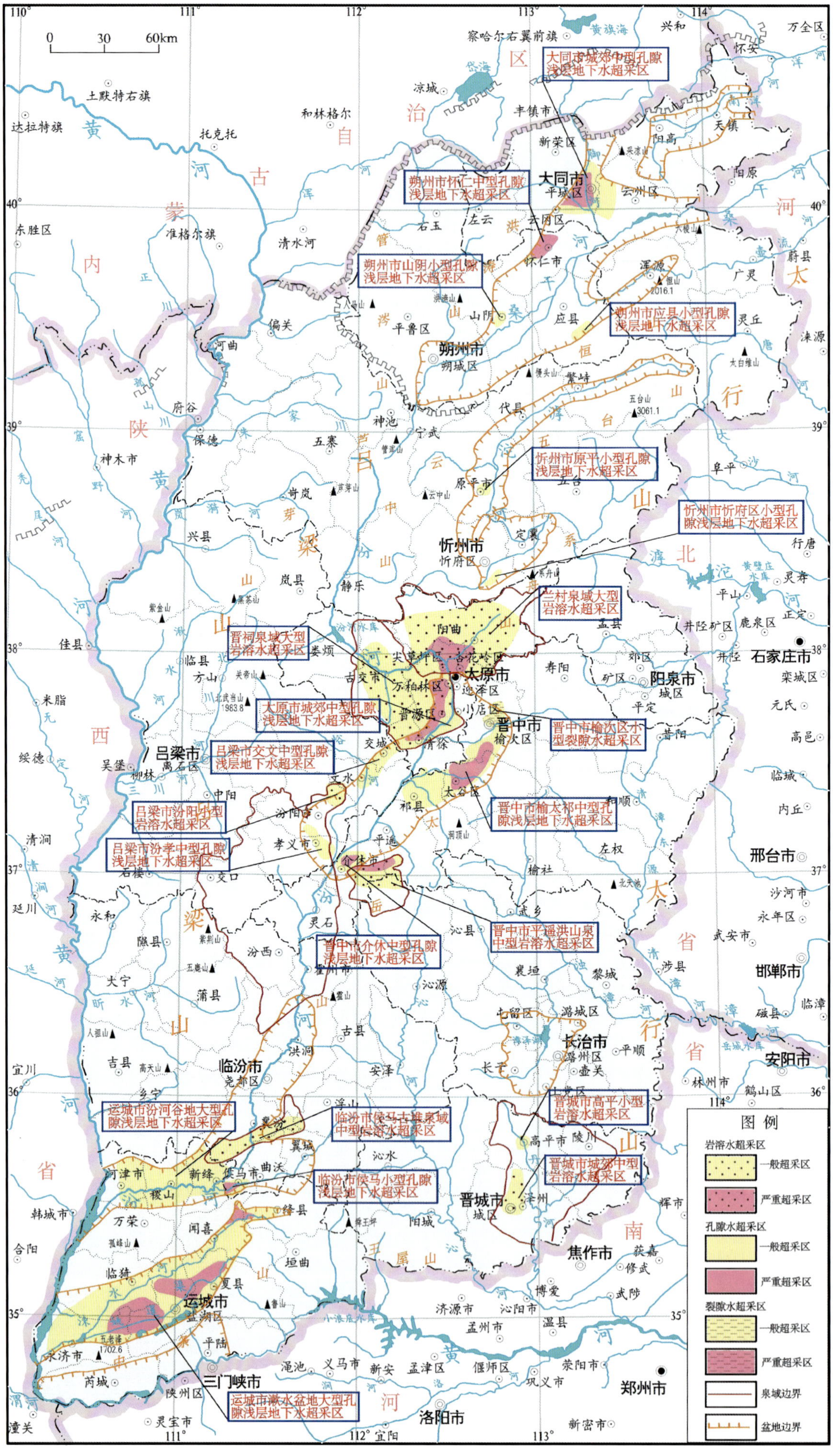

图2-6-1　山西省地下水超采区分布图（2010年）

表 2-6-7　山西省地下水划定超采区结果对比表（2000 年、2010 年、2015 年）

项目	超采区数/个	含水介质	超采区面积/km^2			其中严重超采区面积/km^2			超采量/（10^4m^3）			开采系数		
			2000年	2010年	2015年	2000年	2010年	2015年	2000年	2010年	2015年	2000年	2010年	2015年
全省	22	—	10632	10609	10426.3	5097	1848	1744.0	52581	45210	—	1.52	1.45	—
海河流域	6	孔隙水	595	760	—	490	249	—	10682	8489	—	1.86	1.77	—
黄河流域	8	孔隙水	6179	5552	—	2744	1037	—	37969	29693	—	1.59	1.50	—
	7	岩溶水	3744	4213	—	1808	562	—	3867	6820	—	1.22	1.31	—
	1	裂隙水	84	84	—	55	0	—	63	208	—	1.05	1.16	—

注:“—”表示无资料。

使微细空隙中地下水逐渐排出，而且在以后的水位抬高后的短期内很难被充满成为有效储水空间，从而会使单位体积岩溶含水层的调蓄性能降低。现在经常遇到的岩溶地下水水位在一场降水后上升很快，但这种高水位状态维持时间很短，其稳定性远不如以往好，其原因就是单位体积含水层有效储水空间的减小。

（3）岩溶含水系统间的资源袭夺问题

山西省很多岩溶泉域间是可以移动的地下水分水岭边界，在区域岩溶地下水水位下降改变的同时，地下水分水岭边界也会随水位变化进行移动调整，一些处于有利地位的泉域边界就会随之向外扩展，侵入到相邻泉域范围之内，袭夺它们的补给资源量。

辛安泉域由于其岩溶地下水最低排泄基准面高出北部的娘子关泉域和南部的三姑泉域近150m，处于不利的地位，因此在近20年地下水水位调整后，辛安泉域的南北方向边界都向内部压缩了数十千米。晋祠、兰村泉是太原市一对姊妹泉，同出露于太原西山山前断裂带，彼此间是以地下水分水岭边界分界。兰村泉域岩溶地下水大规模的超采，必然导致其西南边界进一步向西南扩展，而这一地区恰恰是晋祠泉域降水入渗、汾河渗漏的重要补给区，因此不能排除兰村泉域岩溶地下水超采对晋祠泉水流量产生的影响。为了恢复晋祠泉水出流，省、市政府在晋祠泉域内采取了封井、压采、关闭煤矿等一系列措施，但收效不明显，排泄区岩溶地下水水位还继续下降。对此问题可以认为，除了泉域内的限采力度（包括采煤排水）还不够大，含水层被动用的储存资源量亏缺没补足等原因外，兰村泉域岩溶地下水大幅度地开采对晋祠泉水的影响也是不可忽视的原因之一，因为从水文地质条件方面来看，两泉域间无论在泉水排泄区以下的地区还是在补给山区都不存在隔水岩层（或隔水岩体）。因此，要使晋祠泉水复出，单纯在晋祠泉域内采取措施是不够的，兰村泉域目前的开采量也需要压减，特别是以打井为主的开采方式必须加以改变。

根据中国地质科学院岩溶地质研究所最新研究成果，对晋祠泉与兰村泉提出了新的泉域范围划分依据，并大胆预测了晋祠泉复流的具体时间。

（4）岩溶地下水水位下降导致的泉水污染问题

在相对固定的泉域结构构造内，泉水流量大小直接取决于泉域地下水流场。同理，泉水水化学成分也与地下水流场密不可分。理论上，地下水水化学垂向分布规律一般是溶解性总固体随着深度增加而加大。一些地区不同深度的水化学分析结果也可以说明这一点。利用这一规律，对岩溶地下水水位下降前后的泉水水量来源构成采用解析法进行分析，可以得出区域水位下降后也会造成岩溶地下水污染的结论。其原因是相对于一定的泉口高程，泉域内地下水水位降低、水力坡度减小，一方面使地下水循环速度减慢加长水岩作用的时间；另一方面它会使泉水流量中来源于深部弱循环的“高浓度”的水在泉水流量中的比例相对增加，从而引起泉水中各种化学组分含量的升高。对区域岩溶地下水水位下降引起岩溶地下水的污染现象，可称之为开采性污染。

2.松散岩类孔隙地下水超采产生的地面沉降

山西省地面沉降最早发现于20世纪50年代的太原市，20世纪70—80年代大同、晋中、临汾、运城等主要城市也相继出现不同程度的地面沉降。20世纪90年代以来，地面沉降从城区开始向农村扩展，由盆地中心向盆地边缘扩展，并伴生大量地裂缝，地面沉降灾害日趋严重（贺秀全，2010）。地面沉降及伴生的地裂缝给山西省造成的危害首先是导致大量深井井管抬升、脱裂，构筑物基础下沉，基础和墙体开裂；其次，在沉降中心形成洼地，雨水难以排泄，形成积水；第三，地面沉降造成山西省许多地区地面高程资料大范围失真，使城市规划、工程建设、防洪调度失去基础依据，给城市和重大工程建设埋下不可预测的隐患，造成巨大的经济损失。

自20世纪50年代太原市就开展了地面沉降调查、监测等相关工作，全省系统的地面沉降调查工作则是21世纪以来才开展的。工作区主要分布于自北而南呈串珠状分布的各大断陷盆地。太原市、大同市分别于20世纪50年代、80年代建立了地面沉降水准监测网。大同市水准监测网由于缺少维护，至90年代初期破坏严重，监测工作中断。进入21世纪，山西省地面沉降调查工作进入全面发展期，山西省地质环境监测中心长期以来从事全省地面沉降监测工作，完善了太原市水准监测网，2009年重建了大同市水准监测网，2010年、2012年分别新建了临汾市尧都区，运城市盐湖区水准监测网。在此期间，先后建设了重点地区如太原市、大同市、平遥古城、清徐边山GPS监测网。另外，InSAR监测也有开展，但监测区覆盖广度不足，山西盆地系统的InSAR监测，只有2008—2010年一期监测数据。太原市地面沉降研究程度最高，建立了水准测量监测网，开展过地面沉降地面调查、地下水开采井调查、开采量调查、水位观测、水文工程地质钻探和分层标的建设等工作，基本查明了第四系地层结构，水文地质条件以及地面沉降成因等。其次为大同市，而临汾市尧都区及运城市盐湖区研究程度相对较低，其他区域仅有间断不连续的地下水观测、InSAR监测。山西省地质环境监测中心在全省地面沉降重点地区建成了较为完善的监测网，包括水准点、GPS点、地面沉降分层标、水准对点、短水准剖面、仪器站、InSAR角反射器等，详见表2-6-8。

表 2-6-8　山西省地面沉降监测网络现状统计表（2018 年）

序号	监测区	地面沉降水准点/个	地面沉降GPS点/个	地面沉降分层标/组	地裂缝水准对点/对	地裂缝短水准剖面/条	仪器站/个	InSAR角反射器/个
1	大同市	71	5	—	4	1	1	—
2	太原盆地	244	27	1	1	7	—	17
3	临汾市尧都区	62	2	—	4	—	—	—
4	运城市盐湖区	60	—	—	1	1	—	—
5	合计	437	34	1	10	9	1	17

注：山西省地质环境监测中心陈元明等,《山西省地面沉降现状及防治研究成果报告》，2019年11月。

（1）全省地面沉降情况

太原市是山西省最早发现地面沉降的地区，也是地面沉降最为严重的地区。早在20世纪50年代末，太原市就开始出现地面沉降，并进行了监测。此后，于20世纪80年代在大同市发现地面沉降，2000年以后相继在临汾市尧都区、运城市盐湖区等地发现地面沉降。

1）各盆地地面沉降情况。现主要根据山西省地质环境监测中心太原市2010年、大同市2011年水准监测成果，结合长安大学提交的InSAR监测成果（2008—2010年年均沉降速率图），山西五大盆地地面沉降发育情况进行介绍。

a.大同盆地。大同盆地地面沉降速率较小，沉降速率介于0～36.8mm/a之间，且绝大部分地区沉降速率介于0～20mm/a。沉降速率介于0～20mm/a面积约7007km^2，介于20～40mm/a面积约37km^2，主要有2个地面沉降区，现分别介绍如下：

（a）位于大同盆地北部，大同市十里河灌溉管理处，沉降中心速率为36.8mm/a，20mm/a圈定的闭合线面积为12km^2。

（b）位于应县城区东南山前倾斜平原区，20mm/a圈定的闭合线面积为25km^2。

b.忻州盆地。忻州盆地无水准监测资料，地面沉降最弱，2008—2010年沉降速率介于0～20mm/a，沉降面积约3455km^2。

c.太原盆地。太原盆地是山西省最早发生地面沉降的地区，也是地面沉降最为严重的地区。沉降速率介于0～80mm/a，绝大部分地区沉降速率介于0～40mm/a。沉降速率0～20mm/a面积约7070km^2；20～40mm/a面积约714km^2；40～60mm/a面积约144km^2；60～80mm/a面积约9km^2。盆地主要分布有下列4个地面沉降区：

（a）太原市沉降区：该区位于太原盆地最北端，主要涉及太原市城区。分布有3个沉降漏斗。位于太原市阎家沟一带沉降区，沉降中心速率为37mm/a，20mm/a圈定的闭合线面积为5km^2；位于太原市十六中一带沉降区，20mm/a圈定的闭合线面积为11km^2；位于太原市小店—晋源一带沉降区，沉降中心位于武家寨，20mm/a圈定的闭合线面积为43km^2。

（b）太谷—祁县—文水—榆次沉降区：该区位于太原盆地中部偏东，是太原盆地最大的一个沉降区。20mm/a圈定的闭合线面积为636km^2。该区包含多个沉降漏斗。其中最主要的沉降漏斗位于清徐、祁县、太谷交界一带，沉降中心位于清徐与祁县交界带，沉降速率>60mm/a。

（c）太原盆地西侧边山沉降区：该区位于太原盆地西部边界、吕梁山前一带。其南起交城县城东北，北至清徐与太原晋源区交界带，沿边山分布有一连串的沉降漏斗。其中最主要的沉降漏斗位于清徐与太原晋源区交界带，沉降中心速率>40mm/a，20mm/a圈定的闭合线面积为16km^2。

（d）介休—孝义沉降区：该区主要位于介休、孝义交界带及两侧，20mm/a圈定的闭合线面积为139km^2。沉降中心位于介休与孝义交界带，沉降速率>60mm/a。

d.临汾盆地。临汾盆地2008—2010年地面沉降速率介于0～80mm/a，绝大部分地区沉降速率介于0～20mm/a。沉降速率0～20mm/a面积约6614km^2；20～40mm/a面积约271km^2，40～60mm/a面积约44km^2；60～80mm/a面积约7km^2。主要分布有2个地面沉降区：①尧都区县底镇沉降区，位于临汾盆地中部，20mm/a圈定的闭合线面积21km^2；②新绛县—襄汾县交界带沉降区，该区位于临汾盆地南部，范围由襄汾县汾城镇、永固镇和新绛县泽掌镇所圈定，沉降中心位于新绛县泽掌镇三泉村，沉降速率>60mm/a，20mm/a圈定的闭合线面积为284km^2。

e.运城盆地。运城盆地2008—2010年地面沉降速率介于0～80mm/a，绝大部分地区沉降速率介于0～20mm/a。沉降速率0～20mm/a面积约3277km^2；20～40mm/a面积约164km^2；40～60mm/a面积约47km^2。主要有3个地面沉降区。①盐湖区陶村镇-夏县尉郭乡地面沉降区，位于陶村镇—夏县尉郭乡一带，沉降中心位于夏县尉郭村一带，沉降速率>60mm/a，20mm/a圈定的闭合线面积为150km^2；②永济市、盐湖区交界带沉降区，位于运城盆地南侧西部，永济卿头镇关家庄至盐湖区龙居镇东膏玉村一带，20mm/a圈定的闭合线面积45km^2；③盐湖区龙居镇沉降区，位于运城盆地南侧西部，盐湖区龙居镇一带，20mm/a圈定的闭合线面积16km^2。

（2）重点城市地面沉降情况

山西重点城市地面沉降发育现状主要依据根据山西省地质环境监测中心各重点城市水准监测数据。除太原市有长序列监测数据外，大同市、临汾尧都区、运城盐湖区水准监测均始于2010年以后。

1）太原市地面沉降发育情况。

a.太原市1956—2015年地面沉降发育情况。太原市外围半闭合线为100mm，南北长约45km，东西宽10～25km，整体由北向南逐渐增宽，沉降面积达748km^2。其西部50mm辅助线仍维持在黄土台塬风声河—西铭；东部100～300mm地面沉降等值线已撇开呈喇叭形，向榆次方向延伸；南部100～300mm地面沉降等值线已撇开，400～800mm地面沉降等值线向盆地继续延伸，地面沉降向清徐方向迅速发展。截至2015年，地面沉降形成3处沉降区，按照等值线划分方法，分为3个沉降区、3个沉降中心，分述如下：

（a）北固碾沉降区：呈圆状，沉降中心位于北固碾。沉降中心水准点地面累积沉降量647.7mm。600mm闭合线圈定的面积0.81km^2。2004—2015年间地面沉降回弹86.4mm，平均回弹速率7.9mm/a。这是由于2003年底以来太原市实施了关井压采工程，地下水水位出现了大幅度回升。

（b）中南部沉降区：以400mm闭合线圈定的面积288.63km^2。分布有4个沉降中心，沉降量

647.7mm。

（c）万柏林沉降中心：呈椭圆状，沉降中心位于万柏林，累积沉降量达1148.9mm，平均沉降速率19.47mm/a；1000mm闭合线圈定的面积4.16km^2。2004年以来，沉降速率逐步趋缓，至2013年，基本停止沉降。

（d）下元沉降中心：呈圆状，沉降中心位于下元，累积沉降量1801.8mm，平均沉降速率30.54mm/a；1500mm闭合线圈定的面积2.83km^2。2004以来，沉降速率逐步趋缓，至2013年，基本停止沉降。

（e）吴家堡沉降中心：是太原市最大的沉降中心。呈椭圆状，沉降中心位于吴家堡，累积沉降量3223.5mm，平均沉降速率54.64mm/a；2500mm闭合线圈定的面积10km^2。2004年以来，沉降速率逐步趋缓，至2014年，基本停止沉降。

（f）小店沉降中心：属于最新形成的沉降中心，呈椭圆形，位于小店经济区，累计沉降量1780.4mm，平均沉降速率30.18mm/a；1500mm闭合线圈定的面积6.46km^2。21世纪以来，沉降速率逐步加剧。

（g）西南部清徐沉降区：根据2009—2015年的水准监测，在太原市西南角与清徐交界处，新形成了1个沉降区。沉降中心位于“三国城”一带，沉降速率超过80mm/a。

b.太原市2015年以来地面沉降发育情况。太原市北部以及中部（南至吴家堡—山西大学）一带基本停止沉降。南部地面沉降依然在急剧发展中，平均沉降速率一般>20mm/a，最大沉降速率>40mm/a。

（a）中南部沉降区：中南部沉降区以30mm闭合线圈定的面积42.94km^2，原万柏林、下元、吴家堡、大马沉降中心消失，现存在2个沉降中心。小店沉降中心：沉降中心位于小店经济区，沉降中心速率达50mm/a，以50mm/a闭合线圈定的面积0.78km^2；温家堡沉降中心：沉降中心位于小店温家堡，沉降中心速率53.8mm/a，以50mm/a闭合线圈定的面积0.09km^2。

（b）南部沉降区：沉降中心位于“三国城”，沉降中心速率44.4mm/a，以50mm/a闭合线圈定的面积0.15km^2。

总体来讲，太原市地面沉降自2004年以来，北部迅速停止，中部逐步减缓，至2014年，沉降基本停止，而南部则持续发展。

2）大同市地面沉降发育情况。

a.大同市城区2011—2015年地面沉降发育情况。全区主要存在4个沉降区，5个沉降中心。

（a）西南部沉降区：位于大同市城区西南部，以20mm闭合线圈定的面积21.80km^2，存在2个沉降中心。十里河灌溉管理处沉降中心：呈不规则椭圆状，长轴近南北向，沉降中心位于十里河灌溉管理处。中心累计沉降量为67.4mm，平均沉降速率为13.48mm/a，以40mm闭合线圈定的面积4.24km^2；新添堡学校沉降中心：呈椭圆状，沉降中心位于新添堡学校。中心累计沉降量为54.5mm/a，平均沉降速率为10.90mm/a，以40mm闭合线圈定的面积0.55km^2。

（b）东南部沉降区：位于大同市城区东南部，以20mm半闭合线圈定的面积25.38km^2，沉降中心位于西谷庄。中心累计沉降量42.6mm，平均沉降速率为8.52mm/a。以40mm等值线为闭合线圈定的沉降面积0.47km^2。

（c）北部陈庄沉降区：位于大同市西北角，以20mm闭合线圈定的面积1.99km^2，沉积中心位于陈庄村，沉降中心累计沉降量为23.2mm，平均沉降速率为4.64mm/a。

（d）北部古城村沉降区：位于大同市城区东北部，以20mm闭合线圈定的面积1.80km^2，沉积中心位于古城村，沉降中心累计沉降量41.4mm，平均沉降速率8.28mm/a。

b.大同市城区2015年以来地面沉降发育情况。自2011年引黄工程北干线建成向大同市供水以来，大同市城区地面沉降速率逐年减小，至2015年，沉降进一步趋缓，中部大片区域地面沉降基本停止，北部、南部地面沉降速率也均<10mm/a。

3）临汾市尧都区发育情况。

a.临汾市尧都区2012—2015年地面沉降发育情况。尧都区存在3个沉降区，西南部涧上村沉降区、东南部埝下村—东孙村沉降区、北部沉降区。但中部存在大面积的非沉降区，甚至出现了回弹，最大回弹为新李村水准点，累计回弹量达28.4mm。

（a）西南部沉降区：位于尧都区西南部，沉降中心位于涧上村。中心累计沉降量30.9mm，平均沉降速率7.72mm/a，以20mm闭合线圈定的面积4.60km²。

（b）东南部沉降区：位于尧都区东南部，沉降中心位于东孙村。中心累计沉降量43.2mm，平均沉降速率10.80mm/a，以20mm半闭合线圈定的面积147.56km²。

（c）北部沉降区：位于尧都区西北角，以20mm半闭合线圈定的面积7.56km²。

b.临汾市尧都区2015年以来地面沉降发育情况。临汾市尧都区地面沉降速率绝大部分地区低于10mm/a，仅局部小范围沉降速率＞10mm/a，平均沉降速率最大的贾得镇14.3mm/a。而旧的沉降中心，如东孙村沉降中心沉降速率11.7mm/a，涧上村沉降中心沉降速率只有9.6mm/a。

总体来讲，2010年以来，尧都区地面沉降速率放缓，大部分地区为非沉降区，平均最大沉降速率为10.8mm/a，绝大部分地区都＜10mm/a。

4）运城市盐湖区发育现状

a.运城市盐湖区2014—2015年地面沉降发育情况。运城市盐湖区存在1个沉降区，即柏园村沉降区。其位于盐湖区东北部，沉降中心位于柏园村，累计沉降量为70mm，平均沉降速率为35mm/a。以40mm半闭合线圈定的面积63.33km²。

b.运城市盐湖区2015以来年地面沉降发育现状。盐湖区大部分地区沉降速率超过了10mm/a，北部大部分地区＞20mm/a。南端沉降速率＜10mm/a，车盘乡一带为非沉降区。

总体来讲，盐湖区地面沉降速率较快，依然在持续发展中。

（3）2018年全省地面沉降现状

根据山西省地质环境监测中心2018年监测成果（山西省地质环境监测中心陈元明等,《山西省地面沉降现状及防治研究成果报告》，2019年11月），山西各盆地仍然存在地面沉降，现分述如下，详见图2-6-2、表2-6-9。

表 2-6-9　山西省重点城市地面沉降速率分区面积统计表（2018 年）

序号	沉降速率/（mm·a⁻¹）	沉降区面积/km²			序号	沉降速率/（mm·a⁻¹）	沉降区面积/km²		
		太原市城区	临汾市尧都区	运城市盐湖区			太原市城区	临汾市尧都区	运城市盐湖区
1	＞0	289	193	0	6	-50～-40	36	0	14
2	-10～0	206	179	62	7	-60～-50	17	0	0
3	-20～-10	354	0	115	8	-70～-60	17	0	0
4	-30～-20	141	0	125	9	-80～-70	4	0	0
5	-40～-30	51	0	67	合计		0	0	0

注：沉降速率＞0表示反弹；2018年大同市未开展地面沉降水准监测工作。

1）太原盆地地面沉降。

a.太原市沉降区。根据监测成果，太原市六城区及清徐县1116km²监测范围内，2018年区域年平均沉降速率为9.31mm，较2017年平均沉降速率11.67mm减少2.36mm。年度最大沉降中心位于南部小店区南格小学，年沉降量为83.7mm。

根据2017—2018年水准监测数据制作的沉降等值线图来看，本年度太原市南中环以北，除了北部的南寨公园—皇后园有沉降外，其他区域基本停止沉降。而南部沉降不断向南发展，小店沉降区与清徐县沉降区已经连成一片，沉降速率绝大部分地区均＞10mm/a。

（a）北部沉降区。该沉降区范围主要位于柴村桥以北，沉降速率大部分地区＜10mm/a，只在南寨公园一带，沉降中心南寨公园沉降速率为15.6mm/a，以10mm/a等值线圈定的面积1.9km²。太原市自2003

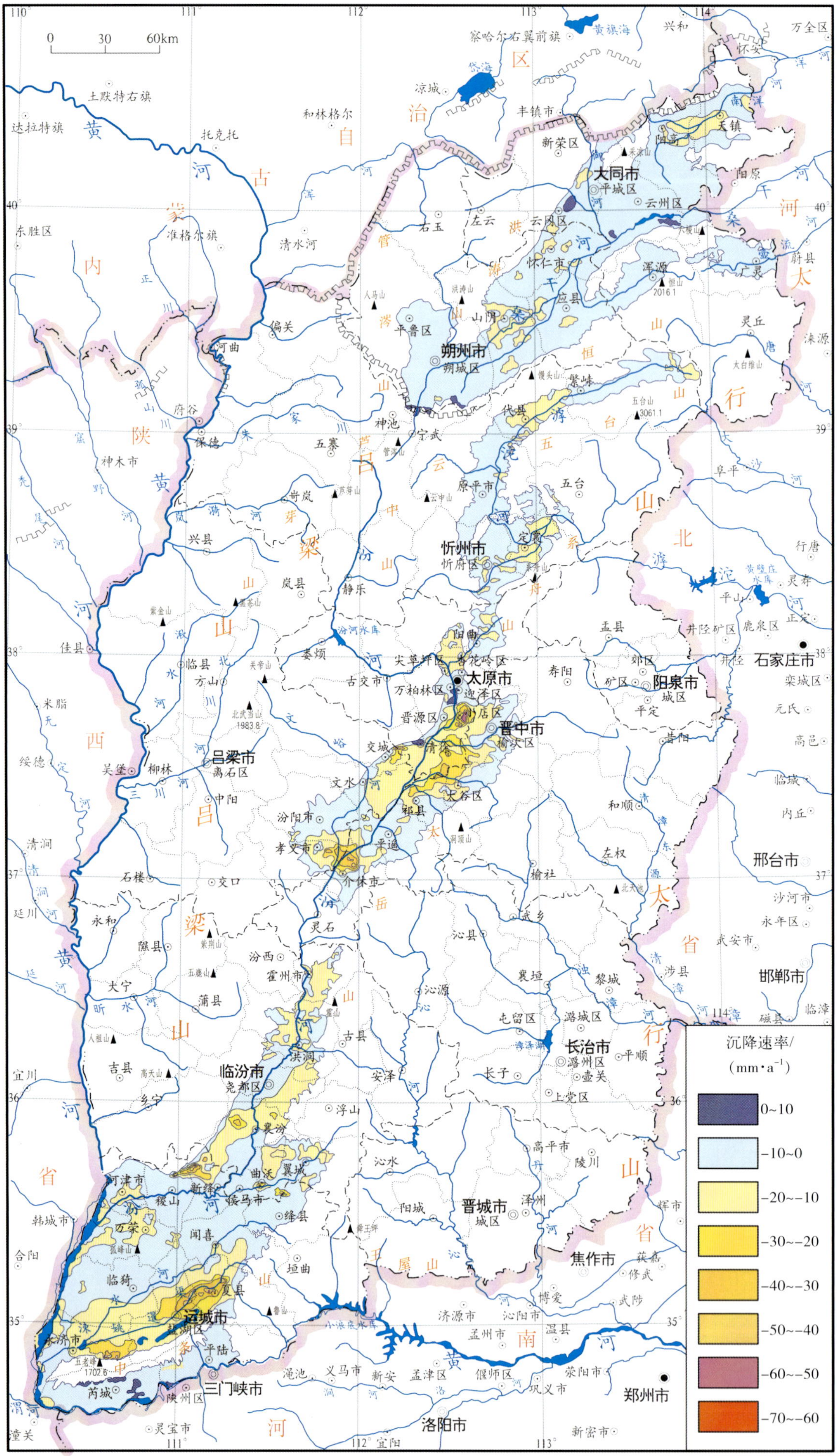

图2-6-2　山西省地面沉降速率图（2018年）

年底关井压采以来，至2012年，北部沉降区呈现持续回弹；2013年以后，少数年份有轻微回弹，大部分年份有沉降，但沉降速率一般不超过10mm/a，有少数年份沉降中心速率达到20mm/a。总体来讲，2013年以来，该沉降区整体表现为沉降，沉降速率＜10mm/a。中南部沉降区与南部沉降区融合。原来的中南部沉降区，由于中部基本停止沉降，万柏林、下元、吴家堡、大马沉降中心均停止沉降。而南部则不断向南部清徐方向发展，本年度小店区10mm/a沉降等值线已经与清徐县沉降区连成一片，范围北至黄陵，南至清徐与太谷交界地带。

（b）南部沉降区。可以分为小店沉降区、古城营收费站沉降区、南格小学沉降区及清徐东南部沉降区。

小店沉降区以20mm/a为闭合线圈定沉降面积约1.03km^2，形成2个沉降中心，其中经济区沉降中心以40mm/a等值线圈定面积1.6km^2；温家堡沉降中心以40mm/a等值线圈定面积4.7km^2。

（c）古城营收费站沉降区。2017—2018年度沉降等值线图中首次出现了古城营收费站沉降区，20mm/a闭合线圈定沉降面积约5.5km^2。沉降中心古城营收费站水准点，沉降速率为33.7mm/a。

（d）南格小学沉降区。2017—2018年度沉降等值线首次出现了南格小学沉降区，以30mm/a为外闭合线圈定沉降面积约36.8km^2，以80mm/a为外闭合线圈定沉降面积约0.1km^2，沉降中心南格小学水准点，沉降速率为83.7mm/a。

（e）清徐东南角沉降区。清徐东南角沉降区位于清徐县东南角，30mm/a等值线向榆次区、太谷县撇开。分布有2个沉降中心，分别为清徐西贾、代李青，沉降速率分别为73.8mm/a、58.4mm/a。

b.榆次—清徐—太谷—祁县—文水沉降区。该区位于太原盆地中部，是太原盆地最大的一个沉降区，涉及到榆次区、清徐县、太谷区、祁县、文水县等五个县区，北起榆次区聂村一带，南至祁县县界，在太谷、祁县一带，西起文水北张镇一带，在榆次境内，西至潇河一带，东至榆次区源涡—太谷阳邑、侯城—祁县古县镇一线。该沉降区分布有多个沉降中心。

2018年度InSAR监测显示，该沉降区大部分地区沉降速率≥10mm/a，其中重点沉降区横跨榆次—清徐—太谷—祁县，均＞20mm/a。沉降速率最大区主要分布在清徐徐沟镇以及清徐、太谷、祁县结合部以及清徐徐沟镇一带，而最大沉降中心位于徐沟镇一带，超过了40mm/a，清徐、太谷、祁县结合部沉降速率超过了30mm/a。2016年以来，该区沉降中心速率在逐步减缓，但区域平均沉降速率依然在发展。

c.太原盆地西侧山前沉降区。该区位于太原盆地西部边界，沿吕梁山前倾斜平原区呈串珠状展布。北起晋源与清徐结合部，南以文水县孝义镇为界，西起盆地边界。从InSAR监测数据显示，该区分布多个沉降中心。2018年InSAR监测显示，由交城县城东北向边山一带，20mm/a闭合线圈定的面积35.4km^2，中心沉降速率＞40mm/a。

d.介休—孝义沉降区。该区位于太原盆地南端，原来主要有汾孝沉降区，分布于汾阳、孝义边山一带，呈北西—南东向展布；介休沉降区分布于介休城区周围，北起洪相—孟王堡、南至义堂镇、西以汾河为界、东至连福镇—龙头，呈东北—南西向椭圆状分布。根据2018年InSAR监测，该沉降区沉降速率普遍＞10mm/a，以20mm/a闭合线圈定的面积169.6km^2，分布多个沉降中心，速率均超过了40mm/a。可见，该沉降区仍在持续发展。

需要说明的是，近年来，由于太原市沉降区不断向南发展，而榆次—清徐—太谷—祁县—文水沉降区也不断向盆地两侧扩展，根据2018年InSAR监测来看，太原市—榆次—清徐—太谷—祁县—文水沉降区及太原盆地西侧山前沉降区，从年度沉降速率看，这3个沉降区的10mm/a等值线已经融合，10mm/a等值线圈定的面积约1880km^2。

2）大同盆地地面沉降。

a.大同市沉降区。根据最新的2017年地面沉降水准测量成果，大同市220km^{2}监测范围内大部分地区为非沉降区，总体呈反弹趋势，监测区域内平均沉降速率为+0.89mm/a（反弹），最大沉降速率仅8.8mm/a，位于大同市东南部东王庄北，最大反弹速率10.5mm，位于大同市西南部三井村。

b.怀仁市沉降区。该区位于大同盆地中部偏北，怀仁市境内。根据历史上的地下水水位动态、地面沉降调查资料，判断该区在2000年以前就已发生地面沉降。该区地面沉降进入21世纪以来，有逐步加强的趋势，根据2016年InSAR监测，分布有多个沉降中心，最大沉降中心沉降速率超过了40mm/a。而根据2018年InSAR监测，沉降范围呈现扩散趋势，分布多个沉降区，沉降中心速率均不超过20mm/a，有减缓趋势。

c.朔城区沉降区。该区位于大同盆地西南端，主要分布在朔城区城关北至胡家窑村一带。根据长安大学InSAR监测，该区自2007年以来，该区沉降速率不超过20mm/a。近年来，地面沉降速率进一步趋缓。由于地下水超采，近年来，朔城区采取了关井压采措施，水源逐步置换为神头泉域岩溶水，本区地下水水位基本呈稳定状态，局部地区如梨园头水井自2007年开始水位一直上升，2002—2010年末水位上升速率达0.16m/a。2018年InSAR监测显示，该区沉降基本停止。

d.其他沉降区。另外，根据地下水开采量及地裂缝调查，应县石庄村一带、山阴城区周围一带、以及应县城区以东山前倾斜平原区存在地面沉降。2018年InSAR监测显示，分布多个沉降区，沉降中心速率一般不超过20mm/a。沉降范围呈现扩散趋势。

3）忻州盆地地面沉降。

21世纪10年代以前，忻州盆地地面沉降地裂缝比较微弱，2008—2010年InSAR监测显示，该盆地地面沉降速率低，表现为区域性整体下沉，沉降速率一般为毫米级，没有明显的沉降区。故因此，地面沉降调查监测工作未在该盆地开展。但根据InSAR监测，该盆地近几年有加剧趋势。

a.忻府区—定襄县沉降区。忻州市忻府区中部至定襄县分布有一个大的沉降区。2018年InSAR监测显示，以10mm/a沉降等值线圈定的沉降区呈分散状态分布在这一区域，其中定襄张村一带沉降中心速率超过了20mm/a，是忻州盆地沉降速率最大区。相比较2016年InSAR监测，沉降中心速率减缓，但沉降区范围较前几年扩散。

b.其他沉降区。在盆地其他地区，未发现沉降漏斗区，根据近年来年度InSAR监测，没有固定的沉降区，沉降中心也在变化。2018年InSAR监测显示，在定襄县宏道镇、代县县城至枣林镇一带，沉降速率介于10～20mm/a。

4）临汾盆地地面沉降。

a.尧都区—襄汾县沉降区。根据2011—2018年的水准监测资料，2011年以来，尧都区地面沉降微弱，近年来沉降基本停止。根据2016年、2018年InSAR监测，该沉降区向襄汾县扩散，目前沉降主要分布在襄汾县，沉降格局也在动态变化中，年度沉降中心互不一致。2018年InSAR监测显示，在古城镇—景毛乡一带沉降速率最大，沉降中心速率超过了30mm/a。

b.尧都区沉降区。临汾市尧都区中部为非沉降区，北部及南部存在轻微沉降，最大沉降速率均＜10mm/a，可见尧都区地面沉降微弱。

c.侯马—新绛—稷山—河津沉降区。该区位于临汾盆地南部，涉及侯马—新绛—稷山—河津。根据长安大学2008—2010年InSAR监测，该区分布有多个沉降中心，其中最主要的沉降中心位于新绛县泽掌镇一带，2008—2010年沉降速率＞40mm/a。根据2016年InSAR监测，该沉降区沉降速率大区跨新绛县西北部及稷山东北部，涉及三泉镇、泉掌镇、北张镇及稷山的西社镇，最大沉降中心沉降速率达80mm/a左右。根据2018年InSAR监测，该区沉降速率依然很大，最大沉降中心沉降速率＞50mm/a。

d.洪洞县沉降区。该区位于临汾盆地中部偏北，范围涉及洪洞县万安镇、赵城镇以及冯张乡姚庄村一带，分布有多个沉降中心。根据2007年以来的InSAR监测，发现洪洞县万安镇地面沉降区中心沉降速率逐步增加，到2012年时，年沉降速率达50mm/a，这与该地区作为临汾市尧都区新水源地密切相关。而根据2016年、2018年InSAR监测显示，近年来，该沉降区沉降速率已经趋缓，一般不超过20mm/a。

5）运城盆地地面沉降。运城盆地沉降普遍较为发育，根据长安大学2007年以来InSAR监测，运城盆地大片地区沉降速率均超过了1cm/a，是山西断陷盆地整体沉降速率最大的盆地。至2017年，运城盆地存在多个主要沉降区。

a.盐湖区—夏县沉降区。该区位于运城盆地中部偏东北，范围大致涉及盐湖陶村镇、安邑以及夏县禹王乡、胡张乡、尉郭乡、裴介镇等。2018年InSAR监测显示，该沉降区沉降速率依然较快，沉降速率普遍＞20mm/a，最大沉降中心速率位于夏县朱吕村一带，＞50mm/a。

b.永济市沉降区。根据2018年InSAR监测，该区沉降相对减缓，沉降速率普遍＞20mm/a，其中沉降中心虞乡镇沉降速率＞40mm/a。

c.其他沉降区。根据InSAR监测，在盐湖区王范乡—临猗县牛杜镇香落村存在地面沉降。2016年InSAR监测显示，盐湖境内沉降速率＞30mm/a，沉降中心沉降速率＞60mm/a。2018年InSAR监测显示这些沉降区消失。

三、地下水资源的合理利用

地下水资源是山西省非常重要的水资源，实行最严格的水资源管理制度，用好用足黄河水，限制开采地下水，建设节水型社会已经成为社会共识。水资源开发利用控制、用水效率控制、水功能区限制纳污三条红线管理已经在山西严格实施。

地下水资源合理开发原则是：以强化水资源统一管理为目标，以地下水资源可持续利用和社会经济可持续发展为主导，优先保证城乡生活用水，最大限度地满足工农业用水；优先利用地表水，合理开发利用地下水。立足本区、开源节流、统一规划、科学调度、加强管理、积极保护。适当控制需水量的增长，把节水作为一项长期坚持的根本方针；坚持量入为出和就水建厂的原则，按照各地水资源承载能力规划调整工农业布局，力求在现有水资源条件下国民经济有较大的发展。缺水大户大同、太原等地，在区域水资源调配中，应统筹安排、特殊照顾，并应严格控制城市规模和大耗水工业项目的发展。适当考虑下游和邻省用水。对地下水未超采区，因地制宜，以供定需，顾全大局，合理开发；对于超采区，科学调控，压缩开采，逐步达到采补平衡。管理保护与经济建设协调发展，使有限的地下水资源发挥出最大的经济效益。做到低能、高效、持续、清洁生产，做到经济与环境协调发展。

（一）地下水资源合理开发利用对策

1.岩溶水资源开发

岩溶水是山西地下水资源的重要组成部分，多以大泉形式集中排泄；有巨大的地下储存空间和多年调节能力，泉水动态比较稳定；各岩溶大泉因出露部位不同，开发利用程度各异，大体上可分为东部太行山麓，中部断陷盆地边缘及西部黄河沿岸三个地带。2001—2013年全省岩溶水利用量平均为$11.56\times10^8m^3$，占同期地下水总开采量$36.1507\times10^8m^3$的45%。其中，中部盆地利用率高；东部诸泉因出露高程低，又位于省界，利用率比较低；西部两泉利用率更低。

（1）统筹规划，制定统一的泉水开发方案

每一个泉域都是一个完整的地下水含水岩系，这一岩系内各含水岩组和水源地之间，都存在着密切的水力联系。因此，在制定水源开发方案时，必须经过严格的科学论证，根据水资源分布特征和不同的用户所需，制定统一规划，选择最合理的开发方案。在大的水源地内可建立统一的供水中心，统一开发，统一管理，按最优方案供水，避免重复建设和相互干扰，降低采水成本，以求用最小的工程投资获取最大的经济社会效益。

（2）通过人工调节，提高水资源利用率

为充分开发利用泉水资源，应利用泉域内巨大的地下库容进行人工调节，可在排泄区建立大型水源地集中开采。以工业和城市供水为主的泉水可按多年平均流量均衡开采；以农田灌溉为主的泉水在灌溉季节可强抽超采，暂借用部分地下储存量，以满足高峰期用水需要，待丰水期和用水淡季补充恢复。建立丰蓄枯采、闲蓄忙用、多年均衡的供水系统，实现多年调节。这样不仅可增大开采资源，提高水资源利用率，同时还可以大大提高枯水年份的水源保证程度。对多数泉水来说，可以用密集井群的方式强采取水，如郭庄、柳林、下河泉等。娘子关泉和延河泉这类排泄区富水性不均，有管道流存在的泉口水源地，宜采用泉口开挖、泉室取水与井群开采相结合的取水方式。这样的开发方式，必然会改变泉水的出流状态，变自流供水为人工抽水，在某些时段内泉水将会断流。从经济效益上看，人工开采比泉口自流引水费用增高一些，但因此而增加的可利用资源量及由此而产生的经济社会效益是非常可观的。

（3）通过强径流富水带集中取水

各岩溶泉水补给径流区，往往都是严重缺水地区，但在这些地区的强径流带部位地下都赋存有丰富的岩溶水。如天桥泉域的龙口地区，娘子关泉域的阳泉近郊地区，辛安泉域的潞州区、潞城区，三姑泉域的晋城等地，都位于区域岩溶水的强径流带上，具就地开发岩溶水的有利条件，可建设$10\times10^4m^3/d$以上的大型水源地。但水位埋藏较深，开发利用难度较大一些。据阳泉等地就地开发岩溶水经验，无论管井和斜井就地取水都比泉口远距离、高场程调水经济合理得多。壶关县修善斜井取水的成功经验值得推广。据1988年物价测算，吨水成本泉口提水为0.37元，管井为0.13元，斜井为0.11元。

（4）排供结合加强矿山开发和排水管理

山西省内大部分石炭系煤盆地中都有裂隙岩溶水夹层，有一定的供水意义。为了防止污染，保护水源，最理想的开采方式是排供结合，确定合理的采煤范围，首先选择合适地段打井取水，超前疏干，采煤先采水，充分利用这些水发展经济。

2.松散岩类孔隙水资源开发

盆地为山西主要农业区，又是工业城市和村镇集中的人口稠密区，水资源供需矛盾尤为突出。各盆地内均赋存有较丰富的孔隙水资源，目前开发利用程度较高。含水特征是普遍分上、下两层，含浅层潜水和中、深层承压水。除某些冲洪积扇及河流冲积层等富水地段外，其他地段含水层较薄且分散，不宜建大、中型水源地集中开发。

（1）适当控制中深层水和大中城市附近地区水源地的大量超采

这是由于中深层水的含水层埋藏较深，水循环交替周期长，补给缓慢，大量超采难以很快补充恢复。山西六大盆地中深层承压水分布面积$18000km^2$，根据山西省水利厅2011年编制的《山西省地下水超采区评价工作方案》资料，2005年划定的盆地平原区超采区16个，超采面积达$6903km^2$，超采面积占含水层分布面积的38.35%，超采量$6.22\times10^8m^3$，超采量占2005年开采量的42.25%。因此，平时应适当控制中深层承压水开采，以备用作特枯年份应急用水。对大同、太原、临汾等城市周围水源地，应按允许开采量均衡开发。将开采量控制在多年平均补给量范围内，不宜长期超采，以免造成水源枯竭、水质恶化、地面沉降等环境地质问题。

（2）充分开发利用浅层潜水

各盆地内都赋存大量浅层潜水，其特点是埋藏浅，补给条件好，水循环交替迅速，易于补充恢复，但含水层一般比较分散，富水性不均，水质较差，开发利用程度不一。在太原、忻州、大同和运城盆地的一些地段因开采量少，水位偏高，有大片沼泽地、盐碱地存在，在该地段应扩大开采，变渠灌为井灌井排，将地下水水位降下去。这样既可减少陆面蒸发，增大入渗补给量，改善潜水水质，扩大水源，又可大大改善农业种植条件。开采过程中应根据各地含水层特性和水资源条件，确定合理的井深、井距和井型，充分利用水资源，利用含水层的调蓄功能，丰蓄枯采。

（3）傍河取水，巧夺黄河水源

黄河绕山西省西部和南部边境流过，沿岸一些河段河谷宽阔，有很厚的砂砾石层分布，与黄河水有强烈的水力联系。因此，可沿黄河岸边选择有利地段傍河打井取水，通过含水层的过滤作用将浑水变清，巧夺黄河水源。在河津禹门口和河南三门峡进行傍河取水试验证明，可以用井组和井排取水，也可用竖井配辐射井取水或施工地下集水廊道取水。根据禹门口水源地井组井排取水经验，单井出水量多在$4000m^3/d$以上，禹门口一带总可采资源可达$17.59\times10^4m^3/d$。从抽水试验过程中等水位线看，无论浅层或中层水都明显受黄河水侧渗补给，由于黄河河底普遍有一层较细粒砂土层阻隔，抽水过程中地下水降落漏斗已深入黄河河床底部，但两者没有直接连通。抽水试验中没有发生井水浑浊或水量减少现象，特别是河津铝厂开采都经过了几年的抽水过程考验，证明含水层既起到了过滤作用，又没有发生明显淤塞现象。

根据山西各地黄河岸边水文地质条件分析，除禹门口洪积扇区外，河曲、河津—永济一线、风陵渡—三门峡间沿黄河地区都可选择合适地段傍河取水。

另外，在一些有长年流水、河谷有一定厚度的松散层分布（松散层厚度30～50m即可，厚度小时可做截潜流工程）、河水未受到污染的河流，阶地分布面积较大时，在水流较缓或河流转弯地段的内侧，生态环境条件好的地段，可建立傍河型孔隙水水源地，这种水源地地下水和河水关系密切，强力开采后能袭夺河水，地下水在短时期可得到恢复，由于砂层的过滤作用，水质一般较河水要好。如滹沱河原平段的晋北铝厂特大型傍河水源地，开采量达到$18\times10^4m^3/d$；榆次西窑潇河傍河水源地开采量达$2\times10^4m^3/d$等，这些水源地为当地的工业和城市的供水发挥着重要作用。只要注意保护上游河水不受污染，这些水源地不会出现大的问题。这种类型的水源地有水质好、勘探和开采成本低、易于向下游供水等优点，应大力发展和实施。

3.碎屑岩裂隙水合理开发

碎屑岩由砂岩、泥岩和页岩组成。山西的碎屑岩出露面积$5.57\times10^4km^2$，占全省总面积的35.7%。但是，这些地层下部一般都分布有煤层，自古以来的采煤形成地表裂缝塌陷，使这些地区碎屑岩裂隙水基本处于疏干状态。一些煤层未开采的地区还保持着自然生态环境，像安泽县等地区仍然是山青水秀，但现已规划采煤，未来同样要出现碎屑岩裂隙水疏干的问题，这就需要我们深入研究科学保护的办法。

山西碎屑岩裂隙水集中开采的水源地主要分布在沁水向斜盆地中。如榆次的源涡、武乡县城等水源地，多年供水已基本枯竭，形成巨大的地下存储空间，可用就近的潇河和浊漳北源河（关河水库也行）清水经适当净化后回灌作为储备水源，这样，原来的因水源地水位下降供水设备停用的也能再利用起来。祁县盘陀、沁县漫水、武乡南沟、平遥与武乡交界的前大滩、平遥的石城和水磨头一带都有把握勘探到$1\times10^4\sim3\times10^4m^3/d$地下水源地，吕梁山西侧的石楼、大宁、永和、吉县可在三叠系中勘探到$2\times10^4\sim3\times10^4m^3/d$水源地，这些属深层承压水，开采后对地表生态不会有直接影响。

（二）地下水资源管理

1.实行水量、水位双控制管理

对地下水实行水量、水位双控制管理。市、县水行政主管部门按照本行政区用水总量控制指标和已批复的有关规划，明确地下水取用水总量和水位双控制体系，制定年度地下水开采计划，建立地下水水位预警体系，防止出现新的超采区。根据本行政区域地下水赋存条件、水源类型、资源量等，设立红、蓝、黄三条地下水水位（埋深）预警线，达到或超过预警线时，及时发布相应级别的预警信息，限制或停止开采地下水。

2.地下水取水许可审批管理

实行取水许可区域限批制度和取水许可验收制度。对地下水取用水总量已达到或超过控制指标的地区，暂停建设项目新增取用地下水；对取用地下水总量接近控制指标的地区，限制审批新增取用地下水。

在地下水严重超采区或禁采区，除生活用水外，严禁审批新建、改建、扩建涉及新增取用地下水的建设项目；在地下水一般超采区或限采区，除生活用水外，严格限制审批新建、改建、扩建涉及新增取用地下水的建设项目。新增地下水日取水量超过$1\times10^4m^3$的井片及单井，须报省人民政府批准；日取水量$1\times10^4m^3$以下的井片及单井，宜经省级水行政主管部门审批；在公共供水管网能够满足用水需要的区域以及地下水严重超采区，取用地下水的建设项目取水申请，审批机关不予批准。

新增地下水取水项目在建成并正式投入运行前，对其计量设施、节水设施、退水水量水质和去向依法进行验收，验收未通过的不予发放取水许可证。

3.合理规划地下水用途

把深层地下水资源作为应急和战略储备资源予以最严格的保护。地下水未超采区要合理开发、科学调控，实现资源保护与经济建设协调发展，使有限的地下水资源发挥最大的经济效益；采补平衡区不得再增加新的开采量；超采区要在不再增加新的开采量的基础上，坚决压缩开采量，促进地下水量采补平衡、地下水水位止降返升，提升用水安全保障能力。

4.建立和完善相应机制

建立和完善水权制度和水价机制。培育和规范生活、农业、工业、生态等不同用水层次和用水类型的水市场，发挥市场在资源配置中的决定性作用和更好发挥政府作用，充分运用市场机制优化配置地下水资源，提高地下水资源利用效率与效益。

建立和完善责任制。各地政府主要负责人对本行政区域地下水管理和保护工作负总责，全面实行关井压采行政首长负责制；建立健全地下水管理和保护目标考核、干部问责和监督检查机制。省政府对各设区市政府地下水管理和保护指标落实情况进行考核，考核结果作为设区市人民政府相关领导干部综合考核评价的重要依据。

建立和完善地下水水源地风险评估、预警及预报机制。加强地下水水质调查和安全评估，全面掌握其水质状况和污染风险，增强应急处理能力。加强地下水饮用水水源地保护，依法划定集中式地下水饮用水水源保护区，开展饮用水水源地安全保障达标建设。禁止在地下水饮用水水源保护区内设置排污口，已设置的由县级以上人民政府责令限期拆除。

（三）地下水资源保护

1.饮用水水源保护

（1）全国重要饮用水水源地

2011年4月25日，水利部印发《关于公布全国重要饮用水水源地名录的通知》，山西省列入全国重要饮用水水源地名录的有六处。分别是万家寨—汾河水库水源地、汾河盆地地下水水源地、大同市御河地下水水源地、尧都区龙子祠泉—土门井片水源地、阳泉市娘子关泉水源地、长治市辛安泉水源地。

2012年《国务院关于实行最严格水资源管理制度的意见》和2015年《国务院关于印发水污染防治行动计划的通知》，对饮用水水源地的保护提出更加严格的要求。随着经济社会的快速发展，原《名录》内的部分水源地有调整，并且中等城市的饮用水水源地保护工作亟待加强。根据国务院部署，水利部组织对全国供水人口20万人以上的地表水饮用水水源地及年供水量$2000\times10^4m^3$以上的地下水饮用水水源地进行了核准（复核），征求各省意见后，将全国618个饮用水水源地纳入《名录》管理，重点从水源工程、供水水质水量、日常管理等方面推动开展重要饮用水水源地达标建设。山西省共有13处列入《全国重要饮用水水源地名录》，分别是万家寨—汾河水库水源地、太原市兰村水源地、太原市枣沟水源地、太原市三给水源地、阳泉市娘子关泉水源地、长治市辛安泉水源地、晋城市郭壁水源地、朔州市耿庄水源地、晋中市松塔水库水源地、运城市蒲州水源地、忻州市豆罗水源地、临汾市龙子祠泉水源地和吕梁市上安水源地。

（2）城镇集中式饮用水水源地

山西省饮用水水源保护区分为地表水饮用水源保护区和地下水饮用水源保护区。地表水饮用水源保护区包括一定面积的水域和陆域，分为一级保护区、二级保护区和准保护区；地下水饮用水源保护区指地下水饮用水源地的地表区域，地下饮用水水源保护区分为一级保护区、二级保护区和准保护区。

2009年，全省划定城镇集中式生活饮用水源地207个，城镇集中式饮用水水源地保护区面积共计$7491km^2$。207个城镇集中式生活饮用水源地中，地表水源地13个、地下水源地194个。22个县级以上城市共有集中式生活饮用水源地51个，其中地表水源地2个、地下水源地49个。全省207个饮用水源地共划分保护区300个，其中地表水源地保护区26个，面积$5785km^2$；地下水源地保护区274个，面积$1706km^2$。300个保护区中，一级保护区207个，面积$203km^2$；二级保护区81个，面积$1651km^2$；准保护区12个，面积$5637km^2$。

2014年5月26日，省政府办公厅印发《关于加强水库安全管理工作的意见》，为全省饮用水水源水库划定保护红线。要求饮用水水源水库一级保护区内禁止从事渔业养殖、旅游、游泳、垂钓或者其他可能污染水体的活动，禁止新建、扩建、改建与供水设施和保护水源无关的建设项目。已建成的与供水设施和保护水源无关的建设项目，由县级以上政府责令拆除或者关闭。饮用水水源水库二级保护区内禁止设置排污口，禁止新建、扩建、改建排放污染物的建设项目。从事渔业养殖、旅游等活动应当按照规定采取措施，防止污染饮用水水体。已建成的排放污染物的建设项目，由县级以上政府责令拆除或关闭。另外，水源地水库库区及两侧临水公路，水库管理单位要会同公安交管部门设立标志，禁止危化品车辆通行。特殊情况必须通行的，公安交管部门要采取必要的安保措施。

“十二五”时期，全省划定205个县级、840个乡镇饮用水水源地保护区，禁止在饮用水源一级保护区、二级保护区新改扩建与保护水源无关的建设项目以及排放污染物的建设项目。积极开展水源地环境评估，及时将存在问题通报各市政府，督促各级政府大力开展水源保护区清理整顿，进一步强化水源地规范化管理。积极争取国家将汾河水库生态环境治理列为试点，累计投入3.76亿元专项资金用于汾河水库生态环境治理保护，确保省城饮水安全。

2.饮用水水源保护措施

从2008年开始，根据省政府要求，组织编制了全省和11个地级市的饮用水源地环境保护规划，各市陆续开展饮用水源地立标工作和乡镇饮用水源地基础环境调查及评估。

2014年5月7日，省政府印发《关于实行最严格水资源管理制度的实施意见》。全省采取的饮用水水源保护措施：①加快重要饮用水水源地安全保障达标建设，禁止在饮用水水源保护区内设置排污口，对已设置的，由县级以上人民政府责令限期拆除；②建立完善饮用水水源地核准和安全评估制度，核准公布重要饮用水水源地名录，促进饮用水水源地保护与发展；③组织开展全省列入国家名录的重点水源地的详查工作和达标建设；④强化饮用水水源应急管理，制定突发事件的处置应急预案，提高应急处置能力；⑤推进备用水源地建设，建立重要城市饮用水备用水源制度；⑥加快编制实施城市饮用水水源地安全保障规划和农村饮水安全工程规划；⑦加强重要水源地水量、水位、水质监测，保障供水安全；⑧加强水土流失治理，防治面源污染，禁止破坏水源涵养工程。

2014年，改善和提高55万农村人口、11.9万农村师生的饮水安全标准，完成晋西北老区“一村一井”工程全年打井300眼的任务。2015年，完善地表水跨界断面考核机制，将断面监测事权全部上收至省级，年度扣缴地表水跨界断面考核生态补偿金3.49亿元，奖励6480万元。

3.饮用水水源环境监测

设区市以上集中式饮用水水源每年至少开展一次水质全指标监测分析，县级城镇集中式水源地每三年开展一次全指标监测。有条件的地区开展持久性有机污染物、内分泌干扰物和湖库型水源藻毒素监测。建立城镇集中式饮用水水源达标公示制度，及时公布水源水质状况，促进公众参与并接受监督。2014年，全省饮用水水源地水质（扣除本底值）全部达标，地表水劣V类断面比例降为25%，比2010年减少26.5%，主要污染因子化学需氧量和氨氮浓度均下降约60%。2015年，开展地下水环境监测网络优化工作，组织完成《山西省地下水环境监测网设置方案》。坚持水环境质量预警通报制度，对水质恶化严重、污水处理项目进展缓慢的市县进行约谈督办。年内监测29个集中式饮用水源地，总体水质达标率为87.9%。其中太原、大同、长治、晋城、朔州、忻州、晋中、运城、吕梁等9个市集中式饮用水源地水质达标率为100%。与2014年相比，水质基本保持稳定。

4.水资源管理考核制度

2014年4月23日，省政府办公厅印发《山西省实行最严格水资源管理制度工作方案》和《山西省实行最严格水资源管理制度考核办法》，决定成立山西省实行最严格水资源管理制度考核工作组，对各市落实最严格水资源管理制度情况进行考核。2015年度考核发现的主要问题有水资源管理考核结果未纳入各市人民政府主要领导干部综合考核评价体系；部分市未完成年度重要江河湖泊水功能区水质达标率目标任务，减排力度需要进一步加大。考核工作组综合自查、核查、重点抽查和现场检查情况，最终在全省11个地级市考核中，临汾、晋中、太原、运城、长治、晋城、阳泉7市总分在80～90分之间，被评定为良好；吕梁、大同、忻州、朔州4市总分在60～80分之间，被评定为合格。

（四）地下水污染防治

1978年以后，山西省的地下水开发、利用和节水工作取得一定成绩。水利和环保部门制定了水资源综合利用规划和重点流域水污染防治规划，但多侧重于对地表水的保护，由于投入不足、监管手段有限，地下水饮用水源地污染防治形势严峻。根据“十五”时期山西省地下水资源水质评价，全省I类水分布面积为70km^2，约占全省总面积的0.04%；Ⅱ类水分布面积为7316km^2，占全省总面积的4.67%；Ⅲ类水分布面积为124155km^2，占全省总面积的79.21%；IV类水分布面积为19506km^2，占全省总面积的12.44%；V类水分布面积为5224km^2，占全省总面积的3.33%。总的分布特征是：I、Ⅱ、Ⅲ类水主要集中在经济相对落后、人类活动影响较小流域和上、中游山区；IV、V类水主要分布于经济相对发达、地下水开发利用程度高的盆地、工矿企业和人口密集的城镇及岩溶大泉排泄区。虽然IV类、V类分布面积占全省比例不高（15.77%），但其所处区域战略位置重要，对全省经济社会发展以及水资源合理开发利用和保护影响较大。

2000年11月21日，省政府办公厅印发《关于严格控制地下水超采加强地下水保护的通知》。之后，全省通过“蓝天碧水工程”“千里汾河清水复流工程”“汾河流域生态环境治理修复与保护工程”，以及各市的水污染防治工程，对地下水超采区自备井实行关井限采，同时补给地下水，出现地下水水位回升的态势。到2008年底，兰村水源地地下水水位最大回升幅度为4.62m，西张水源地地下水水位自2003年关井压采累计上升30.5m；2013年1月28日，省政府办公厅印发《山西省地下水污染防治实施方案（2011—2020年）》，环保、水利、国土、住建等部门加强协作，全面启动地下水污染修复试点，开始建立地下水环境监管体系。2015年12月31日，省政府办公厅印发《关于加强地下水管理与保护工作的通知》，提出了相应的管理和保护措施，实施了一系列地下水污染防治工程和措施。

1.六大盆地地下水污染调查项目

地下水污染调查涉及两项内容。①区域性地下水污染调查为省域范围，面积156550km^2；②重点地区地下水污染调查，范围为太原、大同、忻州、长治、临汾、运城六大盆地，面积30000km^{2}有余。调查的重点是，省境地下水水质为IV、V类的区域，面积约24700km^2。

2.“娘子关泉域（阳泉部分）岩溶水污染调查评价及保护对策”项目

2015年12月5日，由中国地质科学院岩溶地质研究所和山西省阳泉市娘子关泉域管理处共同承担的“娘子关泉域（阳泉部分）岩溶水污染调查评价及保护对策”项目通过评审。该项目是以地质学、岩溶地质学、水文地质学等为理论，以岩溶水文地质条件为基础，在调查岩溶水污染源及污染途径的基础上，提出保护与防治岩溶水的对策；对岩溶地下水进行了质量评价、水化学类型评价以及污染现状评价，并且对部分水点进行了有机组分检出与超出限评价；在对地下水质量以及地下水污染现状评价的基础上，根据岩溶水污染源以及污染途径，分析造成地下水中硫酸根、总硬度的成因机制，为地下水污染治理提出建议；在查阅国内外文献资料基础上，根据目前对矿坑酸性水的处理方法并结合阳泉市具体情况，提出了治理煤矿“老窑水”的工程措施建议；选取包气带厚度、垂直入渗补给强度（包括大气降水入渗补给及河流、水库渗漏补给量）、包气带岩性（碳酸盐岩分布埋藏类型）及岩溶含水层导水性能（以保护娘子关泉水水质为核心，一年期内抽水时泉水量削减度响应）四个因子对娘子关泉域进行脆弱性评价，根据脆弱性评价结果，对系统岩溶含水层按照前述水质保护区分级标准，划分为泉源保护区、水质一级保护区、水质二级保护区（稍难污染区和较难污染区合并）和水质准保护区，为合理制定地下水资源保护措施以及解决地下水资源污染提供了技术依据。

3.“山西省汾河流域生态地质环境调查评价”项目

该项目由山西省地质调查院2013年6月提交项目成果，完成主要1：25万水文地质测绘工作量39471km^2；生态地质环境调查39471km^2，区域水文地质调查39471km^2，基本查明了汾河流域存在的主要生态地质环境问题；对汾河流域生态地质环境进行了综合评价，并以太原盆地孔隙水和郭庄泉岩溶水为例对地下水脆弱性进行评价；利用多年动态观测数据分析论述了汾河流域地下水动态演化规律、地下水降落漏斗动态变化和地面沉降动态演化；利用20世纪70年代、90年代和2009年三个时段的遥感影像，对汾河流域生态地质环境演化过程进行了分析对比；通过汾河流域生态环境地质演化剖面的分析，总结了汾河流域生态地质演化规律；建立了太原盆地、临汾盆地岩性地质结构模型和边山岩溶水系统结构模型；在汾河流域生态地质环境综合评价基础上，对汾河流域进行防治规划分区，对各区所存在的生态地质环境问题和防治措施进行了论述。

另据调查，在晋祠泉域的闭坑煤矿区出现了大量煤矿“老窑水”的外溢（照片2-6-1），调查中发现太原西山山前风峪沟以南的沟谷几乎均有煤矿“老窑水”出流，形成了严重的水污染源。

照片2-6-1 晋祠泉域部分煤矿“老窑水”出流沟谷情况

（据中国地质科学院岩溶地质研究所梁永平等，《汾河流域晋中南大型岩溶泉域1：5万水文地质调查成果报告》，2019年10月）

4.地下水污染防治项目

山西省列入《全国地下水污染防治规划（2011—2020年）》中的“地下水污染调查、地下水环境监管能力建设、地下水饮用水水源污染防治示范（优选+重点）项目”共61个工程。地下水污染防治工程资金来源，主要通过申请国家专项资金、各级政府投资及相关企业筹资解决。同时，建立多元化的投融资机制，拓展融资渠道，吸引社会资金，以确保全省地下水污染治理任务圆满完成。

5.地下水饮用水水源污染防治示范项目

（1）地下水饮用水源污染防治优选示范项目

在控制超采的基础上，通过在泉域补给区建造隔离墙，污水防渗、防漏与水力截获以及流场控制等工程技术措施，使娘子关泉泉域、郭庄泉泉域、兰村泉（含晋祠泉）泉域三个泉域的地下水环境污染的隐患得到消除，水环境安全得到保证。

1）娘子关泉域补给区地下水污染防治示范项目。①加大沿途工业、城镇排水污染源的治理力度，使污染源排放入河的水质污染负荷得到明显下降；②对娘子关泉域补给区的桃河阳泉市区段、娘子关镇、温河盂县城区段、南川河平定段、松溪河昔阳段严重污染的地表河水，建设河道水处理工程，改善河道水质，使以上河段河道水水质满足国家地表水环境质量类标准要求；③在泉域补给区的主要渗漏带采取防渗隔污措施，在构造带建造隔离墙。

2）郭庄泉域补给区地下水污染防治工程：①对汾河霍州段以上干流段以及主要纳污支流沿途工业生活排水污染源加大治理力度，降低入河水质的污染负荷；②在平遥—霍州干流段对达不到水环境功能要求的河段，建设河道水处理工程，包括直接汇入干流的文峪河等污染重的支流地表水，使其进入两渡—石林渗漏带前的水质满足国家地表水功能要求；③在郭庄泉泉域补给区两渡—石林渗漏带实施防渗漏和水力截污工程。

3）兰村与晋祠泉域补给区地下水污染防治工程：在控制地下水超采的基础上，①对汾河罗家曲—汾河二库干流段，包括直接汇入该段的屯兰川、原平川、狮子河、天池河等含有污水的支流地表水，沿途工业城镇排水污染源的污水加大处理力度，降低入河水质的污染负荷，提高入河水质；②在古交的罗家曲—镇城底、大川河—寺头村段，对水质严重污染的河道水建设水处理工程，通过治理汾河古交—汾河二库流段污染源和严重污染的地表水，使汾河古交段水质达到国家地表水环境质量类标准要求；③在兰村与晋祠泉域补给区的构造带实施污水防渗工程，同时对污水严重渗漏的地段实施流场控制工程。

（2）地下水饮用水源地的污染防治重点示范工程

该工程包括太原市三给地垒、枣沟、西张、柴村、新城水源地，古交市的马兰滩、城区水源地；大同市的城北、湖东、党留庄、城南、口泉河、二三十里铺、十里河、矿区时庄、矿区下窝寨水源地；朔州市朔城区的刘家口、耿庄水源地，平朔生活区水源地，平鲁区平番城水源地；晋中市榆次区的西窑、北山水源地；原平市的西镇水源地；吕梁市离石区的七里滩水源地，孝义市的西辛壁水源地，汾阳市的协和堡、北垣底水源地；晋城市阳城下芹水源地，高平市的城北、川起水源地；临汾市龙子祠水源地。地下水污染防治工程资金来源，主要通过申请国家专项资金、各级政府投资及相关企业筹资解决。同时，建立多元化的投融资机制，拓展融资渠道，吸引社会资金，以确保全省地下水污染治理任务圆满完成。

（3）重要泉源饮用水源污染防治重点示范工程

该工程包括宁武雷鸣寺泉，灵丘城头会泉、广灵水神堂泉，长治辛安泉，晋城延河泉、郭壁泉、三姑泉，介休洪山泉、榆次源涡泉，原平马圈泉、保德天桥泉、五台坪上泉，临汾龙子祠泉、洪洞霍泉，朔州神头泉，新绛古堆泉，吕梁柳林泉17个具有饮用水功能并实施集中供水的重要泉源。在控制超采和治理污水的基础上，通过在泉域补给区实施污水防渗、建造隔离防护墙等工程，使17个集中供水的泉源型饮用水源地水环境安全得到保证。西作工业园区处于长治市辛安泉的补给区，要加强对园区排污的控制，保证长治城区居民的饮水安全。

6.阳泉市山底河煤矿老窑水污染调查评估及修复治理项目

阳泉市山底河煤矿“老窑水”是典型的矿坑酸性老窑水（照片2-6-2），存在局部出流污染问题（唐春雷等，2022），具有出水流量大、超标污染等破坏环境情形，成为当地群众反映强烈的生态环境问题。山底河煤矿老窑水污染调查评估及修复治理项目是生态环境部水污染防治储备库重点项目工程，

照片2-6-2

（据唐春雷等，《山底河流域煤矿酸性矿井水野外监测》，2022年8月）

a—阳泉山底河高桥堰总出口；b—阳泉山底河煤矿主酸性水排泄点

由阳泉市生态环境局统筹建设。《山西省地下水污染防治2022—2023年行动计划》将该项目纳入其中，明确提出要加快推进阳泉市山底河流域煤矿“老窑水”污染修复治理项目，确保治理成效。项目位于阳泉市河底镇北部山底村，总投资1.573亿元，分两期实施。其中一期建设内容包括高精度地下水污染调查、老窑水水文地质改造、老窑水原位处理、地下水环境管理能力建设等，二期建设内容包括老窑水末端治理、露天矿综合治理等。

一期工程由山西省地质调查院有限公司牵头实施，2023年2月17日开工，预计2024年7月完工。

为攻克“老窑水”难题，山西省地质调查院有限公司在实施该项目中采用EPC模式，联合中国地质大学（武汉）和中国矿业大学（北京）两个院士团队和国内领先的地下水修复公司，开展此次调查和修复治理工作。此次“牵手”的中国科学院院士王焰新团队已经承担和完成了多项国家重点项目，研发了一系列可用于处理埋深较大、区域性分布的地下水污染治理技术。其中包括“取法自然”的变革性技术，即通过人工调控，将对环境友好的试剂注入被污染的地下水区域，再通过人工调控和抽排水的组合，将污染物固定在地下含水介质，最终实现洁净地下水的安全利用。这些研究成果的研发和应用，可为该项目顺利实施提供技术指导和理论支撑，为我国广大矿区“老窑水”的治理积累经验、提供示范。

7.地下水污染监测和预警应急系统建设项目

地下水污染监测和预警应急系统建设项目包括基础监管能力建设工程和地下水污染监测和预警应急系统工程。建设内容为地下水污染监测装备能力建设、预警应急系统装备与环境监管能力建设工程。

（1）监测能力建设

在已有地下水监测能力的基础上，整合并优化全省地下水监测点位布设；加大对地下水环境自动监测仪器设备投入，建立专业的地下水环境监测队伍，同时配套建设地下水监测信息传输平台，提升与国家地下水监测网络融合程度。

（2）地下水预警应急系统建设

全省主要城镇的集中式饮用水源地编制饮用水源地环境应急预案，制定地下水污染防治应急措施，增强供水厂对地下水污染物的应急处理能力，并配套建设实时自动监控系统等工程。同时，逐步完成各城市应急备用水源地的建设，全面提升全省水源地环境风险的预警和防范能力。

8.经济社会活动污染控制

严格控制城镇生活污染对地下水的影响。在持续削减影响地下水水质的城镇生活污染负荷基础上，提高城镇生活污水处理率和回用率，严格按照污泥处理标准及堆存处置要求，规范污泥处置系统建设，结合城市基础设施建设和改造，建立健全城市地下水污染监督、检查、管理及修复机制。

9.控制工业生产活动对地下水的污染

①加强重点工业行业地下水环境质量的监管。定期评估有关工业企业及周边地下水环境安全隐患，定期检查地下水污染区域内重点工业企业的污染治理状况，建立工业企业地下水影响分级管理体系；②加强加油站的环境管理，新建、改建和扩建加油站设施，必须建设双层地下油罐或设置防渗池和比对观测井等防渗漏设施；③防控包括隧道开挖等地下工程设施建设对地下水的污染；④针对全省铬渣堆放场及工业尾矿库等危险废物堆存的环境特点，实施防治地下水污染的示范工程。

10.控制农业生产活动对地下水污染

对由于农业面源污染导致地下水氨氮、硝酸盐氮、亚硝酸盐氮超标的地区，大力推广测土配方施肥技术，积极引导农民科学施肥，使用生物农药或高效、低毒、低残留农药，推广病虫草害综合防治、生物防治和精准施药等技术。通过工程技术、生态补偿、合理使用化肥和农药、积极发展生态及有机农业等综合措施，严格控制农业面源对地下水特别是浅层地下水的污染。城郊地区的引污灌溉严格控制灌溉水质，加强对地下水水源补给区污染土壤的环境质量监测，开展土壤污染对地下水环境影响的风险评估，对污染土壤构成的环境风险制定相应的治理措施。

11.地下水污染监测与监管体系

山西省在地下水污染防治方面处于起步阶段，监管手段有限，地下水污染防治能力不足。根据《山西省地下水污染防治实施方案》，2015年开展地下水环境监测网络优化工作，组织完成《山西省地下水环境监测网设置方案》。2022年11个地级市共布设地下水监测井256眼，按《地下水质量标准》(GB/T 14848—2017)Ⅲ类进行评价，达标201眼，占比78.5%。与此同时，开展地下水环境状况调查与评估，对22个城市和人口密集区、有潜在污染隐患分布和大型饮用水水源区等区域地下水污染调查，为建立完善地下水污染监测与监管体系进行了前期准备工作。全面建立地下水污染监测与监管体系的目标是控制地表污水入渗，初步遏制省域内地下水Ⅳ类、Ⅴ类水质恶化趋势，重点城镇地下水集中式饮用水水源的水质得到明显改善。完善地下水管理和保护的政策措施，加强基层地下水管理队伍建设，提高监管与执法能力。要依法规范机井建设和审批管理，严厉打击非法凿井、污染和破坏地下水、无计量取用水、拖欠或拒缴水资源费等违法行为。

12.地下水资源费征收

严格落实计量收费和超定额、超计划用水累进加价制度，加大地下水资源费征收力度。地下水资源费征收标准要高于地表水，水资源紧缺地区地下水资源费征收标准要大幅高于地表水，超采地区的地下水资源费征收标准要高于非超采地区，严重超采地区的地下水资源费征收标准要大幅高于非超采地区。尚未关闭的城市公共供水管网覆盖范围内取用地下水的自备水源井的水资源费征收标准要在规定标准基础上加收20%。

超出用水定额的水量部分，水资源费按照以下标准执行：超出定额不足20%的水量部分，在原标准基础上加一倍征收；超出定额20%及以上、不足40%的水量部分，在原标准基础上加两倍征收；超出定额40%及以上、不足60%的水量部分，在原标准基础上加三倍征收；超出定额60%及以上水量部分，在原标准基础上加四倍征收，并强行限供或停供，核减用水单位年计划用水总量。

（五）地下水禁采与限采

地下水是水资源的重要组成部分，是关系经济社会长远发展的重要战略资源，是生态环境的控制性要素。随着认识的不断提高，山西省地下水超采区治理工作逐步深化，2010年根据超采区面积和范围仅划定了限采区面积范围（表2-6-10），而2015年则进一步划定了禁采区（表2-6-11），而且禁采区分区更加精准和细化，突出体现了对各类保护区的重视程度。

表 2-6-10　山西省地下水超采区限采区划分表（2010 年）

限采区含水岩组类型	序号	限采区名称	分布范围	地市级行政区	水资源二级分区	面积/km^2	平均可开采量/(10^4m^3)	平均实际开采量/(10^4m^3)	平均超采量/(10^4m^3)
浅层地下水	1	大同市城郊孔隙浅层地下水限采区	大同市城郊，北起孤山、南至落里湾—北村一线、东至周士庄—倍加皂—党留庄乡一带、西近盆地边界	大同市	海河北系	497.4	7280	14899	7619
	2	朔州市怀仁孔隙浅层地下水限采区	分布于怀仁市城以西，北起北信庄、南至北辛村、西起盆地边界、东至怀仁城东	朔州市	海河北系	111	1192	1687	495
	3	朔州市山阴孔隙浅层地下水限采区	山阴县城区以西倾斜平原区，北起七里沟、南至西沟、西起山前平原、东至怀仁城区	朔州市	海河北系	36	231	251	20
	4	朔州市应县孔隙浅层地下水限采区	应县城区以东倾斜平原区，西起南河种镇、东至盆地边界、北起小石口、南至观口前	朔州市	海河北系	50	525	600	75
	5	忻州市原平孔隙浅层地下水限采区	原平城区—西镇一带	忻州市	海河南系	26	725	772	47
	6	忻州市忻府区孔隙浅层地下水限采区	忻府城区南—豆罗一带	忻州市	海河南系	31	913	1014	101
	7	太原市城郊孔隙浅层地下水限采区	太原市城郊，北起晋源区晋阳堡、大村一带，南至清徐县	太原市	龙门—三门峡	203	2148	2452	304

续表

限采区含水岩组类型	序号	限采区名称	分布范围	地市级行政区	水资源二级分区	面积/km²	平均可开采量/（10^4m^3）	平均实际开采量/（10^4m^3）	平均超采量/（10^4m^3）
浅层地下水	8	晋中市榆太祁孔隙浅层地下水限采区	分布于榆次、太谷、祁县一带，北起聂村、南至祁县县界、西起晋中市市界、东至榆次区源涡—太谷阳邑、侯城—祁县古县镇一线	晋中市	龙门—三门峡	852.3	15219	19485	4265
	9	晋中市介休孔隙浅层地下水限采区	分布于介休城区周围，北起洪相—孟王堡、南至东内封、西以汾河为界、东至连福镇—龙头，呈东北—南西向椭圆状分布	晋中市	龙门—三门峡	110.4	2502	3679	1177
	10	吕梁市交文孔隙浅层地下水限采区	分布于交城、文水边山一带，北为市界，南以文水县孝义镇为界，西起盆地边界，东至交城阳渠村—文水西营镇一线	吕梁市	龙门—三门峡	184	3962	5003	1041
	11	吕梁市汾孝孔隙浅层地下水限采区	分布于汾阳、孝义边山一带，呈北西—南东向展布	吕梁市	龙门—三门峡	128	2279	2816	537
	12	临汾市侯马孔隙浅层地下水限采区	分布于侯马城郊西南一带，由侯马城区与市界围括的半圆形区域组成	临汾市	汾河下游区	75.1	1173	1567	395
	13	运城市汾河谷地孔隙浅层地下水限采区	汾河谷地大部分区域	运城市	龙门—三门峡	1114	11912	14890	2978
	14	运城市涑水盆地孔隙浅层地下水限采区	涑水盆地大部分区域	运城市	龙门—三门峡	2843.2	25549	44261	18712
岩溶水	15	兰村泉域岩溶水限采区	泉域内富水区和机井连片分布区	太原市	龙门—三门峡	1643.9	9691	11806	2114
	16	晋祠泉域岩溶水限采区	泉域内富水区和机井连片分布区	太原市	龙门—三门峡	1525.3	1952	4030	2078
	17	洪山泉域岩溶水限采区	泉域内富水区和机井连片分布区	晋中市	龙门—三门峡	318	2429	3115	685
	18	吕梁市汾阳岩溶水限采区	郭庄泉域汾阳杏花村石门沟水源地	吕梁市	龙门—三门峡	93	250	400	150
	19	古堆泉域岩溶水限采区	泉域内富水区和机井连片分布区	临汾、运城市	龙门—三门峡	404	3879	4665	786
岩溶水	20	晋城市高平岩溶水限采区	分布于高平市区东城、南城、北城3个街道办事处、米山镇西部	晋城市	三门峡—花园口	35	295	368	73
	21	晋城市城郊岩溶水限采区	分布于巴公镇、北石店镇、城区、高都镇和北义城镇及金村镇西部	晋城市	三门峡—花园口	178	3760	4669	909
裂隙水	22	晋中市榆次区裂隙水限采区	分布于源涡水源地一带，位于郭家堡、峪头、罗家庄等地	晋中市	龙门—三门峡	84	1282	1490	208
合计						10542.6	99148	143918	44770

注：①评价期为2001—2010年，2001年为起始水平年，2010年为现状水平年。

②山西省水利厅，《山西省地下水超采区评价报告》，2013年7月。

表 2-6-11 山西省地下水禁采区范围统计表（2015 年）

序号	禁采区类别	行政分区	禁采区名称	禁采区分布范围	禁采区面积/km²
1	城市管网覆盖且具备替代水源的地区	太原市	太原城市供水管网覆盖禁采区	东起东中环路，西至西中环路，南起南中环路，北至北中环路	108.30
2		大同市	大同城市供水管网覆盖禁采区	东起滨河路，西至西环路，南起南环路，北至操场城街	20.70
3		阳泉市	阳泉城市供水管网覆盖禁采区	东起泉东路—桃北东街—李白路，西至南外环路，南起南外环路，北至大连街—青年路—洪城南路—北大街	6.55
4		长治市	长治城市供水管网覆盖禁采区	东起东环路，西至西环路—西环路中段—西环路北段，南起太岳东大街—太岳西大街，北至北环东街—北环西街	43.40

续表

序号	禁采区类别	行政分区	禁采区名称	禁采区分布范围	禁采区面积/km²
5	城市管网覆盖且具备替代水源的地区	晋城市	晋城城市供水管网覆盖禁采区	东起兰花路，西至西环路，南起中原西街，北至新市东街—新市西街	13.90
6		朔州市	朔州城市供水管网覆盖禁采区	东起铁路沿线，西至西环路—古北西街—张辽南路—张辽北路一线，南起南垣西街—南垣街—雁门街一线，北至长宁东街—长宁街	28.00
7		忻州市	忻州城市供水管网覆盖禁采区	东起铁路沿线，西至城晏线—光明西街—幕山南路—幕山北路一线，南起铁路沿线，北至梨花东街—梨花西街	24.00
8		吕梁市	吕梁城市供水管网覆盖禁采区	东起滨河南东路，西至晋绥路—北川河西路，南起青银高速，北至滨河北东路—滨河北中路—凤山路—南安东路	11.60
9		晋中市	晋中城市供水管网覆盖禁采区	东起环城东路—东外环路，西至汇通南路—汇通路—汇通北路一线，南起环城南路，北至文华东街—文华街	76.20
10		临汾市	临汾城市供水管网覆盖禁采区	东起东外环，西至滨河路，南起环城南路—鼓楼大街—迎宾南路一线，北至河汾路—鼓楼北大街—北外环路—汾东路—华康路	36.00
11		运城市	运城城市供水管网覆盖禁采区	东起禹西路—禹都东街—安中路一线，西至运永路—运临路，南起盐湖路—环池村东北一线，北至机场路—学苑北路—国粮街	33.00
12	岩溶大泉泉源保护区	太原市	晋祠泉域超采区、晋祠泉泉源保护区禁采区	晋祠泉源区、晋祠公园区及周边区域	1.70
13		晋中市	洪山泉域超采区、洪山泉泉源保护区禁采区	北从洪山镇，南到庄子山以南，包括洪山泉南侧的二座石灰岩山丘	4.00
14	重点文物保护区	大同市	云冈石窟保护区禁采区采区	文物保护区边界线外100m	0.57
15		晋城市	皇城相府保护区禁采区		0.02
16		朔州市	应县木塔保护区禁采区		0.19
17		晋中市	平遥古城保护区禁采区		2.32
18		临汾市	洪洞大槐树保护区禁采区		0.19
19		运城市	关帝庙保护区禁采区		0.16
20			普救寺保护区禁采区		0.07
21			鹳雀楼保护区禁采区		0.23
22			永乐宫保护区禁采区		0.26
23	重要湿地保护区	长治市	长治国家级城市湿地公园地下水禁采区	长治市国家城市湿地公园保护区范围	45.86
24			沁县千泉湖国家级湿地公园地下水禁采区	沁县千泉湖国家级湿地公园的湿地范围	4.07
25		晋中市	祁县昌源国家级湿地公园地下水禁采区	祁县昌源国家级湿地公园的湿地范围	4.60
26		运城市	运城市涑水盆地超采区盐湖湿地禁采区	东起盐湖区长平村以西，西至解州盐化厂以东，北起柳马村以南、南至董家庄以北的区域	9.40
27	高速铁路基础设施保护区	大同、朔州、忻州、太原、晋中、临汾、运城市	大同至西安客运专线禁采区	大同至西安客运专线两侧各300m范围	423.80
合计					899.09

1.地下水超采及治理对策

（1）提高认识，落实地下水管理和保护责任

2015年，省政府根据全省地下水超采区面积和区域（地下水限制超采区22个、面积10426.3km²，表2-6-9），划定地下水禁采区27处、面积899.09km²，其中包括11市城市供水管网覆盖禁采区

401.65km^2；晋祠泉、洪山泉重点保护区禁采区面积5.7km^2；云冈石窟等9处文物保护区禁采区4.01km^2；3处国家级湿地公园及运城盐湖湿地禁采区63.93km^2；大西高铁沿线禁采区面积423.80km^2，详见表2-6-10。

采取的主要措施包括以下五个方面：①在地表水供水覆盖区，除城乡饮水工程外，严禁开采地下水，依法限期关闭并封存未经批准的自备水井以及城市公共供水管网覆盖范围内的自备水井。在地下水超采区禁止工农业生产及服务业新增取用地下水。在地下水严重超采区不得开凿新井；在地下水一般超采区，确需开凿新井的，须履行相关审批程序。在地下水禁采区要限期封闭已建成的水井，在地下水限采区要逐步封闭已建成的水井。②严格控制19个重点岩溶大泉的岩溶地下水用水总量和水位。岩溶泉域重点保护区禁止擅自打井、挖泉、截流、引水和在泉水出流带进行采煤、开矿、开山采石和兴建地下工程。对严重破坏岩溶地下水系统、危及岩溶地下水续存的采煤采矿活动，要坚决采取限采、停采、封闭等措施。③严格控制开采深层承压水，地热水、矿泉水开发要严格实行取水许可和采矿许可。要严格地源热泵项目审查程序和后期管理，地源热泵和水源热泵项目应实行同层采灌和动态监测，回灌水量不低于取水量的95%，保持地下水动态平衡，回灌时严禁污染地下水质。④制定地下水超采治理方案，采取综合措施治理地下水超采。⑤充分利用黄河水及应急水源工程、山西大水网和市县小水网工程配置的地表水、外调水、再生水等水源，实施原水直供、水源置换、关井压采，节约和保护地下水，保证城乡生活、农业生产、工业生产和生态环境用水。

合理规划地下水用途，把深层地下水资源作为应急和战略储备资源予以最严格的保护。地下水未超采区要合理开发、科学调控，实现资源保护与经济建设协调发展，使有限的地下水资源发挥最大的经济效益；采补平衡区不得再增加新的开采量；超采区要在不再增加新的开采量的基础上，坚决压缩开采量，促进地下水量采补平衡、地下水水位止降返升，提升用水安全保障能力。

（2）实行地下水水量、水位双控制管理，规范地下水取水许可审批行为

执行最严格水资源管理制度，对地下水实行水量、水位双控制管理。确定“十四五”末，全省地下水开发利用总量控制目标。

（3）严格实施地下水禁采与限采，加快超采区治理步伐

在地表水供水覆盖区，除城乡饮水工程外，严禁开采地下水，依法限期关闭并封存未经批准的自备水井以及城市公共供水管网覆盖范围内的自备水井，遇特大干旱年份地表水供给不足时，经用水户申请，水行政主管部门依照有关规定予以启用。

（4）加大地下水水资源费征收力度，促进关井压采

严格落实计量收费和超定额、超计划用水累进加价制度，加大地下水资源费征收力度，充分发挥价格在地下水资源管理中的宏观调控和杠杆作用，促进地下水压采。

（5）加强地下水监控体系建设，提高地下水监督管理能力

充分利用地下水监测井网，不断完善地下水动态监测网络和管理信息系统，特别是鄂尔多斯盆地东缘、沁水盆地天然气开发等严重缺水区，全面监测地下水水量、水位和水质情况，推进地下水取用水户用水计量设施安装和在线监测，提高地下水动态监测、水质预警管理和超采区治理能力。

2.地下水超采综合治理成效显著

近年来，山西省严抓水资源管理工作，全方位、多角度强力推进地下水超采区综合治理。通过综合施策，2021年末全省地下水水位比2018年平均上升0.65m，其中超采区地下水水位比2018年平均上升0.39m，太原、晋中、运城、临汾、吕梁等超采区地下水水位上升平均都在1.5m以上，全省地下水超采综合治理成效明显。

（1）政策保障，致力地下水保护

近年来，山西省着眼地下水超采治理这一核心任务，围绕《地下水管理条例》的贯彻落实，山西省提出了地下水超采分阶段治理目标和加快确定地下水“双控”指标、强化计量监测管理等十个方面的主要任务，形成了“省级抓总、市级协调、县级落实”的超采治理工作机制；制定颁布了《山西省水资源管理条例》《山西省泉域水资源保护条例》《山西省地下水超采综合治理行动方案》等地方法规，以体制

机制进一步规范地下水超采区综合治理项目管理，依法依规推进地下水管理与保护相关工作。

围绕地下水超采区项目综合治理，山西省突出治理重点，强化过程监管。结合山西省大水网骨干工程和县域小水网配套工程建设情况，系统规划水源置换工程，面向生活、工业、生态等不同地下水用途，提供替代水源。在替代水源覆盖范围内的区域，推进超采区关井压采工作，直接减少地下水开采量。同时，对地下水超采综合治理开展分级分类的项目监督管理工作，构建地下水超采综合治理试点工作考核奖惩体系，强化监督力度，增强监督实效。

2020—2021年，山西省水利厅连续开展了两次“治水监管百日行动”，组织进行了岩溶大泉泉域保护区内企业专项检查；2021年6月，省水利厅启动了山西省水资源专项执法行动。

通过开展“治水监管百日行动”专项整治，山西省不断规范取用水秩序，确保取用水户依法依规取用地下水。自2017年纳入国家地下水超采治理试点省份以来，根据区域地下水资源特点，山西省在22个超采区开展综合治理，共关井1531眼，压采地下水开采量$1.71\times10^8m^3$。

2022年1月7日，省政府办公厅印发了《山西省地下水超采综合治理行动方案》，提出了第一阶段（2021—2025年）目标：重点压减超采区的地下水超采量，基本达到采补平衡状态，实现引黄水和本地地表水覆盖调控区地下水资源的合理保护和采补平衡。2021—2023年，严格控制地下水开采，到2023年压减地下水开采量$1\times10^8m^3$；到2025年累计压减地下水开采量$2.9\times10^8m^3$（2019年现状超采量$2.8\times10^8m^3$），将全省地下水开采量控制在$27\times10^8m^3$以内，基本实现全省地下水采补平衡。在地下水超采区，根据引黄水和本地地表水配套工程接收来水能力情况和地下水压采替代水源工程建设情况，逐步加大压减全省地下水超采力度，重点压减超采区的地下水开采量，各市及14个孔隙水和1个裂隙水超采区地下水水位实现回升或稳定，岩溶区地下水水位止降回升，在地下水非超采区强化节水，挖掘当地水资源供水潜力并加大其他水源利用力度，严格控制全省地下水开采量，不再出现新的地下水超采区。第二阶段（2026—2030年）目标：地下水水位持续回升，按照水量水位双控的要求，达到地下水可持续开发利用的总体目标。通过涵养水源和强化管理等调控措施，使超采区地下水水位逐渐回升，地下水降落漏斗面积逐步缩小，生态环境状况不断改善，地下水资源得到合理利用和有效保护，地下水水位达到合理开采控制线，确保特枯干旱年份水资源的应急保障与有效供给，促进经济社会可持续发展。

（2）综合施策，拧紧地下水超采“阀门”

为有效保护和涵养城市地下水资源，山西省各级水行政主管部门按照“应关尽关、关管并重、能管控可应急”的原则，多措并举坚决打击无证取水、超许可取水等非法取水行为，着力推进超采区机井封填工作。对成井条件好、出水稳定、水质达标的机井予以封存，作为应急备用水源；在地表水灌溉水源利用有保障的区域和退耕实施雨养旱作的区域，对农业灌溉机井实施封填；在深层承压水漏斗区，对农业灌溉取用深层承压水的机井有计划予以关停，并依法注销自备井的取水许可证；对有备用功能的自备井，完善登记建档、维护、监督制度，制定应急启用预案，明确启用条件和程序。

统计显示，山西省地下水开采量由最高时期2000年左右的$40\times10^8m^3$减少到2020年的$27.7\times10^8m^3$，地下水超采量由2015年的$4.5\times10^8m^3$减少到2020年的$2.9\times10^8m^3$，地下水在总供水量中的比例从69.6%下降到38.3%；黄河水、地表水利用量逐步增加，水源结构明显改善，地下水超采逐步减少，地下水超采区水位逐年回升；盆地平原区浅层地下水上升区、稳定区面积占比不断提高，下降区面积不断减少。

（3）多管齐下，强化岩溶大泉保护

在岩溶大泉保护方面山西省做了大量卓有成效的工作，特别是在依法保护方面走在了全国的前列，早在1997年9月28日山西省第8届人大常委会第30次会议就通过了《山西省泉域水资源保护条例》；1998年11月，山西省人民政府以晋政函〔1998〕137号文批复了山西省水利厅《关于山西省泉域边界范围及重点保护区划分成果审批的请示》，并对岩溶泉域水资源开展了有效的管理与保护；2010年11月、2022年9月，针对泉域岩溶水资源保护中出现的新问题，省人大又对《山西省泉域水资源保护条例》进行了两次修改；2011年，中共山西省委、山西省人民政府在《中共山西省委、山西省人民政府关于加快水利改革发展的实施意见》（晋发〔2011〕21号文件）中提出关于“调整泉域保护区范围”的要求，并组织省水利厅、省国土资源厅和岩溶地质研究所等单位对重点保护区进行了重新划定。与此同时，针对岩溶水系统跨越不同行政区的特点，建立了以岩溶水系统（泉域）为单位的专门水资源管理机构，依法开展水资源管理与保护。

为强化岩溶大泉地下水的管理与保护，山西省坚持“保护优先、自然恢复、综合治理”的原则，采取构建法律法规体系、开展体制机制研究、强化泉域取水管理、提升岩溶大泉监测能力、严格地下水管理等具体举措，实施了晋祠泉、古堆泉等已断流岩溶泉恢复出流措施，重点推动泉源区环境整治、泉源景观建设、水量保护和水质保护工程及地下水超采综合治理。特别是2018年实施地下水综合治理以来，共安排资金3.5亿元，开展晋祠泉、兰村泉、洪山泉、娘子关泉等11处岩溶大泉治理，采取水源置换、关井压采、煤矿禁采限采、河道生态修复和污染企业治理等工程措施，实施了51项水源置换和泉域保护项目。

“十四五”时期，山西省继续将岩溶大泉列为生态环境重点治理对象，启动了19处岩溶大泉的生态修复实施方案编制工作，进一步加大对泉域生态修复的力度。

得益于晋祠泉域水源置换工程的实施，晋源区5镇（街）61个村21家驻地单位、9.47万农村居民全部接上了市政自来水。不仅如此，晋祠周边关井55眼，年压采地下水$637 \times 10^4 m^3$，使这里地下水水位加快回升，有效改善了晋祠泉域地下水环境。

山西省水利厅监测数据显示，晋祠泉口水位逐年回升，截至2019年，地下水水位埋深距泉口1.56m，较2008年历史最大埋深27.76m上升26.2m，晋祠泉域的清徐平泉2011年复流，2023年11月，断流29年6个月的晋祠难老泉水终于涌出地面（图2-2-14）；古堆泉水位2019年以前一直呈下降趋势，经过近两年治理，2021年地下水水位埋深距泉口埋深77.57m，上升0.9m；龙子祠、娘子关、郭庄、坪上、神头和城头会等岩溶大泉基本稳定，岩溶大泉保护取得了明显成效。

第三章 煤田水文地质

第一节 煤田水文地质勘查史

山西省煤田水文地质勘查程度基本与煤田地质勘查同步进行，这方面的勘查工作主要是由山西省煤炭地质局下属各地质勘查单位完成的，现根据2014年6月山西省煤炭地质局编纂印刷的《山西省煤炭地质局志》(山西省煤炭地质局志编纂委员会，2014）有关资料概括如下。

经过长期的艰苦努力，基本查明了大同、宁武、河东、西山、沁水及霍西六大煤田以及阳高、浑源、广灵、灵丘、繁峙、五台、平陆、垣曲等八个煤产地的水文地质条件；1955—2013年累计完成煤田地质和矿山水源地钻孔4600多个，总钻探进尺119×10^4m有余，抽水试验7300余次；完成各种比例尺的综合水文地质测量6.67×10^4km^2；完成煤田水文地质勘查项目共计82项，提交矿区水文地质勘查成果108份；施工矿区水文地质钻孔700多个，钻探总进尺50×10^4m有余；提交水文地质、水源地及相关环境地质报告260多份，获得地下水资源量937×10^4m^3/d，预测全省六大煤田边缘14个泉域水资源量为833.50×10^4m^3/d。这些成果的取得，不但满足了煤矿开发建设对水文地质资料的需求，而且基本解决了矿区的生产生活用水，极大缓解了全省矿区用水的紧张状况。基本满足了山西各煤田地质勘探项目不同阶段对水文地质工作的需求，有力支撑了山西煤炭资源的开发利用。

山西煤田水文地质勘查工作，经历了从配合煤田地质勘探的辅助工作逐步转化为专业的煤田水文地质勘查；从小面积井田勘查到大区域水文地质单元的普查；抽水试验从浅孔到深孔、从单孔到群孔、从单层到多层的逐步发展过程。勘查目的也由只涉及矿区水文地质条件、开采技术要求，扩展到解决矿区及周边地区供水水源、调查评价矿区所属煤田的水文地质条件等。

一、中华人民共和国成立初期的煤田水文地质勘查

中华人民共和国成立初期，随着煤田勘探的蓬勃发展，煤田水文地质工作也逐渐开展。当时的水文地质技术力量相对薄弱，主要进行的水文地质工作是配合煤田地质勘探进行的一些辅助性工作。1954年5月，燃料工业部煤矿管理总局地质勘探局在北京召开了首届“全国煤田水文地质会议”，明确了水文地质工作是煤矿床开发各阶段不可缺少的工作，明确了煤田勘探必须配备专职水文地质人员。从此，煤田水文地质工作开始走上正轨。

1）1954年10月，山西省煤炭地质115队首次进行水文钻孔施工。首勘大同矿区鹅毛口、白土窑两个勘探区的水文孔，两区共钻孔4个，抽水10余次。该队建队以来的第一次水文地质调查工作是在1955年初进行的，地质调查组由10名地质及水文地质人员组成，不仅进行了1：5000的地质图填测，还进行了1：5万小比例尺的水文地质图填测。

2）1953—1957年，115队进行了忻州窑等14个精查勘探区的水文地质工作，据不完全统计，这些项目先后共施工水文孔22个，总进尺约8000m，对直接充水含水层与间接充水含水层进行抽水试验58次。以上项目的勘查成果均获得全国储委评审通过。

3）1955—1957年，114队完成潞安矿区7个精查区其中5个勘探项目的水文地质任务。

4）1955年，119队在阳泉—平定的煤田地质普查中，对大部分钻孔进行了简易水文观测。

5）1955年11月—1957年，144队在介休一带完成350km^{2}的水文地质初步调查，填绘了1：5万综合

水文地质图、地貌图，完成灵石富家滩水平坑精查补勘等5个地质项目中的水文地质勘查任务，在霍州矿区贾村建立了水文观测站。

二、“三年调整”时期煤田水文地质勘查

经过“一五”期间的努力，山西煤田水文地质工作在理论和实践方面都有较大幅度的提高，积累了经验。但1958年及随后的一段时间，由于受“大跃进”的影响，片面强调提高钻探进度和地质报告的数量，忽视了必要的水文地质工作，甚至把其当作绊脚石，以致后来在复审这一时期的项目报告时因水文地质资料缺失或不足，很多报告不得不降低级别或进行重新勘探和补充勘探，给地质勘查和矿井建设造成时间浪费和经济损失。

1）1958—1959年，148队在古交矿区进行煤矿详、精查勘探的同时，进行了相应的水文地质工作。

这一时期，其他勘探队的煤田水文地质工作也存在类似情况，其后都做了相应增补或重勘，基本满足了当时煤田水文地质工作的要求。

2）1960—1962年是我国三年自然灾害时期，事业费投资大幅度缩减，国家计划任务内的地质勘探项目也大为减少。1960年，煤田地质部门绝大多数钻机被抽调到农村支援抗旱打井。

3）在1963—1965年的“三年调整期”，山西煤管局地质勘探局各勘探队遵照中共中央“调整、巩固、充实、提高”八字方针，普遍缩短了生产战线，收缩勘探区域，压缩生产指标，水文地质勘探及质量问题也日益引起多方面的关注和重视。

三、1966—1976年时期煤田水文地质勘查

正当山西煤田地质勘探工作逐步恢复，勘探质量逐步提升之际，“文革”开始，使正常的生产秩序遭到破坏。

1）这一时期，115队完成大同矿区四台沟、旧高山等12个地质勘探项目中，同步完成了相应的矿区水文地质工作。

2）1970—1976年，228队完成大同煤田玉井井田等6个煤田地质勘探项目，施工水文地质钻孔8个，抽水试验16次，并完成了煤田地质勘探报告中水文地质内容章节的编写工作。

3）1966—1976年期间，144队在完成的18个煤田地质勘查项目中，水文地质孔进尺1万余米；148队完成了5个煤田地质勘探项目。

四、1977年以来煤田水文地质勘查

1）1977—1995年，148队在完成的14个煤田地勘项目中施工水文孔89个，总进尺30319m，抽水试验113次。

2）1977—1985年，228队（后与115队合并）完成27个矿区水文孔钻探任务。

3）1979—1981年，229队对西山煤田白家庄矿2号井进行了奥陶系岩溶水勘探，1981年10月提交了《太原西山白家庄矿710井巷水文地质资料》。

4）1980—1994年，115队完成矿区水文钻孔38个，总进尺1.3×10^4m有余，抽水试验80次。

5）1980—1995年，144队完成矿区水文钻孔37个，总进尺20591m，抽水试验37次。

6）1983—1994年，114队完成晋城矿区潘庄一号井田精查等10个项目，包括相应的矿区水文地质工作。

7）1994—1996年，229队完成太原东山煤矿750下山水文地质勘查工作。1996年6月提交《山西省太原市东山煤矿750下山水文地质勘探报告》。

8）1996年以来，煤田地质系统的水文地质勘查任务逐步减少。114队、115队、144队分别完成了2个、2个、4个煤田地质勘探项目，煤田勘探和水文地质工作一次成功率均达到100%。

9）在这一时期，229队开始了马兰、屯兰、镇城底煤矿井下水文地质工作的新尝试。之后，148队开发公司在西山煤电集团各矿完成了多个水文孔钻探任务，特别是打成了直径650mm的大口径涌水孔，

研发和掌握了在矿井中进行水源井钻探的尖端技术，在山西乃至全国的煤田水文地质水源地勘查工作中属首创。

10）2001年以后，115队也开始了有关煤矿水文地质的勘查。值得关注的是，随着煤田钻探的不断加深，水文钻孔也越来越深。148队4个勘探项目，其中离柳矿区姚家山井田的3个水文孔平均深度达到892.33m。

11）2010年，水勘院全年共签订地质项目施工合同91份，完成各类钻探进尺35400m；144队全年水文钻探9900m，提交水文地质调查报告7个；勘查院完成水文钻探进尺990m。完成的庞庞塔水文地质补勘工程，标志着水文勘查施工项目开始转型并积极为煤矿提供专业水文地质勘查服务，使专业水文地质勘查和地热探采实现了综合发展；115队完成水文钻探进尺16685m。

12）2011年，114队在晋城市打成了钻探总进尺1818.75m的两个水文孔；山西省煤炭地质水文勘查研究院积极推进主业的转型升级，承接并完成了庞庞塔水文地质补勘工程，同煤集团、霍州煤电集团曹村、辛置水源勘查等大型综合水文地质勘查项目；勘查院从2011年起开展了水文地质工作，当年就在沁水煤田武乡、沁源、安泽三县完成了3个水文地质详查钻孔。

13）2012年，114队在晋城市再次打成了钻探进尺1225m的1个水文孔；115队全年完成水文钻探进尺8724m；144勘查院完成水文钻探进尺4736m。

14）山西省煤炭地质局所属山西华台煤田地质新技术中心、山西省地质司法鉴定中心，提供了16项水文地质勘查项目监理及水文地质司法鉴定等社会水文地质服务工作。

五、煤田水文地质勘查研究与技术创新

山西省煤炭地质局的水文地质科研工作起步于1958年，当时主要是从事地质资料的综合分析与汇编，也开展一些技术革新工作。1978年3月全国科学大会以后，特别是中共十一届三中全会以来，山西省煤炭地质局及下属各单位普遍加强了水文地质科学研究和技术研发工作，科技人员纷纷归队，科研成果硕果累累，有些成果成功应用于地质勘查项目，迅速转化为生产力，促进了山西煤田水文地质勘查的现代化进程。

据不完全统计，从1975年以来，山西省煤炭地质局系统共完成水文地质科研项目10项，其中国家级Ⅰ类项目与国家层面项目1项，省部级Ⅱ类项目与山西省层面项目5项，厅局级Ⅲ类项目与其他项目4项；共获得水文地质科技类奖项4项，全部为省部级科技二等奖，获奖单位均为山西省煤炭地质水文勘查研究院；专业技术人员在各类期刊发表学术论文28篇，出版煤田水文地质著作10部。

1983—1987年，229队与中国科学院合作完成了“太原地区煤矿岩溶地下水评价”科研任务；1988—1991年，由229队和山西省水文总站、长春地质学院共同进行了“英国斯坦福流域模型在晋城新矿区煤矿岩溶水资源评价中的应用”的Ⅱ类科研课题研究，课题组将斯坦福模型成功应用于非闭合流域，确定了其在水文地质中的应用方法，实现了地表水模型与地下水模型的耦合计算，用于地下水资源量评价，获得了资源量可靠、勘探成本低、勘探程度高的成果，为地下水资源评价开辟了一条新路；1989—1994年，山西省煤田地质局开展了煤矿开采对水资源的影响情况的调查。提交了六大煤田和各地、市县煤矿开采对水资源影响系列报告52份，其中由省水资办和省煤田地质局共同编写的调研总报告——《山西省煤矿开采对水环境影响研究》成果在国内同类课题研究中居领先水平；1997—1998年，由229队承担，长春科技大学环建院协作，完成了国家Ⅱ类科研项目“第四系松散含水层资源评价的化学、动力学理论方法研究”，其研究成果在水文地质领域中居国际先进水平；1999年，综普队与西安工程学院合作完成了“应用新构造理论物化探方法在晋中盆地寻找地热水资源”项目研究，对晋中盆地的地热资源进行了预测和评价，圈定了地热最有利区、较有利区、有利区、不利区等四个级别。预测了地热资源量；2010年，水勘院郭崇光等编著出版了《水文地球物理测井方法与应用》著作，同年，该院与山西大学、太原理工大学合作，开展了“岩溶水矿化度、总硬度及SO_4—生物降解途径研究”“煤矿水害超前预警系统”项目的研究工作。

六、区域煤田水文地质研究程度

总体来看，长期以来，无论是地质勘查系统还是煤田地质系统，无论是普通的地质技术人员还是管理部门及领导，普遍对煤矿区水文地质工作不够重视，其研究程度主要表现为：山西煤田水文地质条件研究以矿区、井田为范畴的成果相对较多，以煤田为研究区的成果比较少；岩溶大泉泉域范围煤田水文地质条件研究程度高，非岩溶大泉泉域范围煤田水文地质条件研究程度较低；水文地质条件文字论述成果比较多，水文地质编图成果比较少。

（一）煤田水文地质编图

总体来看，山西煤田水文地质编图研究程度比较低，成果很少。目前尚未编制全省1：50万煤田水文地质图，各煤矿井田基本编制过1：5000～10000比例尺的矿区水文地质图。目前见到最早的全省煤田水文地质图是1986年3月编制的《山西省煤炭资源图集》（山西省煤炭资源管理委员会等，1986）中一幅1：175万《山西省煤田水文地质图》，但内容比较简单，仅对各煤田含水岩组水文地质类型进行了初步划分、标注了岩溶大泉及地下水主径流方向，煤田下组煤带压问题、岩溶水等水位线问题、岩溶大泉区域与煤田的关系等内容均没有表示。此后提交的许多全省煤田水文地质成果中基本是引用此图，基本并未进行修编。总体来看，矿区水文地质编图成果比较多，研究程度比较高；煤田和省域水文地质编图成果比较少，研究程度比较低；点上的资料比较多、比较分散，面上的总结和概括不够。现将主要成果论述如下：

1.《山西省煤炭资源图集》

山西省煤炭资源管理委员会和山西煤田地质勘探公司1986年3月编纂的《山西省煤炭资源图集》内部印刷发行的图集，共有全省域、各矿区煤炭资源分布图69幅，包括平面图、剖面图及配套的文字说明，省域图比例尺为1：175万，矿区图及地质剖面图比例尺为1：10万，其中有一幅《山西省煤田水文地质图》，这是山西省最早、比例尺最大的煤田水文地质图。该图对山西六大煤田及煤产地的水文地质条件类型进行了划分，图面标出了主要岩溶泉水点信息，标注了孔隙地下水、裂隙地下水及岩溶地下水主径流方向，文字说明分析了矿床充水（补给）条件，把全省煤田根据其充水条件，分为充水条件差的矿床、充水条件较好的矿床及充水条件好的矿床等三种类型；根据煤矿矿井顶板水主要含水层类型，把全省煤矿水文地质条件分为孔隙裂隙水矿井、裂隙水矿井及裂隙岩溶水矿井等三类。各矿区煤炭资源分布图没有水文地质的内容，但在文字说明中阐述了矿区基本的水文地质条件。

2.《山西省能源地图集》

1994年12月由科学出版社出版的《山西省能源地图集》（山西省地图集编纂委员会，1994）共有253幅图，图幅比例尺为1：200万～1：200万，其中仅有一幅1：300万比例尺的《山西省煤田水文地质图》，无文字说明，有一张岩溶大泉基本信息统计表，主要内容包括六大煤田及五个煤产地（浑源、繁峙、五台、平陆及垣曲）分布范围、主要岩溶大泉与水库分布、各类含水岩组地下水主径流方向、煤田水文地质条件复杂程度划分及含水岩组类型。其他煤田煤炭资源分布图、煤矿分布图等图幅均无水文地质的内容。

3.《山西省煤炭地图集》

山西省煤炭工业局及山西煤田地质局2004年5月编制的《山西省煤炭资源开发利用规划图集》，山西省煤炭地质局2009年6月编制的《山西省煤炭地图集》，山西省国土资源厅分别于2008年5月、2012年12月编制的《山西省煤炭资源图集》等四部内部印刷发行的图集，图幅范围分别以全省域、市域、县域为界，煤田、规划矿区为界编制，比例尺在1：10万～1：300万之间，有的图集图幅多达173张，可是无论图幅还是文字说明均没有水文地质的内容。由此可见，长期以来山西省煤田地质勘查及研究工作对水文地质专业普遍不够重视。

4.《山西省岩溶泉域水资源保护区分区图》

山西省水利厅等单位编著、中国水利水电出版社2008年出版的《山西省岩溶泉域水资源保护》专著中有一幅《山西省岩溶泉域水资源保护区分区图》（比例尺1：185万），详细划分了山西19个岩溶大泉下组煤带压区范围，计算了各泉域下组煤带压区面积。此后，山西省地图集编纂委员会编制出版的各类图集中同名图均为引用该图原图。

（二）煤田水文地质研究

1）刘万铣等著、山西科学教育出版社1987年1月出版的《山西煤田开采》专著，第三章论述水文地质的内容，其实第一节的内容与水文地质关系不密切，第二节介绍各个矿务局矿井水文地质条件及类型，第三节介绍了各个矿务局统配煤矿供水水源缺水情况，简要论述了大同煤田、宁武煤田、西山煤田及沁水煤田的水文地质条件。

2）牛仁亮主笔、中国科学技术出版社2003年1月出版的《山西省煤炭开采对水资源的破坏影响及评价》专著，对山西六大煤田水文地质条件进行了较为系统深入的研究，分别从煤层与含水层组合特征、煤系含水层与隔水层组合关系、煤田水文地质特征等多方面进行了分析。

3）常毅军等著、煤炭工业出版社2007年9月出版的《山西煤炭资源及其开发战略评价》专著，对山西六大煤田的充水条件或含水层进行了较为系统的分析；对六大煤田37个规划矿区的水文地质条件进行了详细的阐述，包括含水层分布规律、水文地质参数、隔水层特征、地下水流场条件及充水条件等，内容较为丰富。

4）陆远昭等著、2002年5月山西科学技术出版社出版的《山西煤田水文地质与环境地质研究》，2012年12月煤炭工业出版社出版的《山西煤水资源合理开发与保护研究》，对煤田水文地质条件进行了系统的研究，重点分析了山西各大矿区供水和岩溶地下水系统的划分、控水条件，太行山、吕梁山、太原盆地等地区深层地下岩溶水赋存特征等。

5）范建民、郭建平主编，三晋出版社出版2013年11月出版的《山西省忻州市各煤田（矿）水文地质条件及煤矿水害防治》（范建民、郭建平，2013）专著，这是山西省少有的专门研究煤田水文地质条件的巨著，详尽、系统介绍了忻州市域82座矿井所坐落的岩溶泉域范围，并较全面系统地介绍了忻州市所辖宁武煤田、河东煤用、五台煤产地水文地质特征；重点对宁武煤田43座，河东煤田16座，五台煤产地2座共计61座煤矿划分了水文地质类型，尤其对现采煤层的水源补给、充水条件、奥灰水位高程、带压开采等要素进行分析研究，同时对临近矿水文地质情况和本井田制定水的探放措施等都作了较为详细的阐述，对忻州地区的煤炭开发和水害的防治具有较高的实用性和指导性，该书资料许多，但总结与概括不够，特别是矿井综合水文地质图编制不够规范。

6）王学军等主编、煤炭工业出版社2015年9月出版的《山西省煤层气储层物性特征及资源评价》专著，对山西六大煤田边界条件及水文地质单元进行了论述与划分；分析了六大煤田煤系地层含水岩组富水性特征；概括了六大煤田煤系含水岩组地下水流场趋势，给出了各煤田岩溶水位等值线；综合评述了各煤田地下水循环特征及水文地质条件。

7）李振拴等编著、应急管理出版社出版2023年8月出版的《煤矿水害隐患咨询及施工案例剖析》一书分析点评了涉及煤矿地表水、老空水、顶板水、底板水等方面的32个水害隐患咨询案例和25个水害事故案例，并对发生水害事故32个煤矿的矿井水文地质条件进行了详细论述，重点对矿井充水因素进行了分析。

8）另有省内外专家学者在各类期刊发表的大量学术论文，对山西煤田水文地质条件、矿区水文地质条件及井田水文地质条件，以及单项水文地质问题进行了深入研究，如峰峰组地层的隔水性问题、马家沟组地层富水性问题、煤层带压开采问题等等，这里因论文数量庞大，不在此一一列举，比较有代表性论文请参阅本书主要参考文献。

七、煤田水文地质勘查中存在的主要问题及建议

水文地质作为煤田地质勘查的重要组成部分，若不加以严谨的进行勘查，则可能对煤炭的开采产生

毁灭性危害。只有重新树立对水文地质勘查重要性认识，特别是提高政府管理部门及行业管理机构对这项工作的重视程度，全面加强勘查单位基本能力建设，具备勘查的基本能力并付诸实际勘查行为，才能在有效解决煤矿开采过程中水文地质问题的同时，最大限度的减轻对地质环境的破坏或扰动，科学保护地下水资源。

随着社会的发展和科学技术水平的提高，山西煤炭行业的水文地质勘查工作有不少业绩，但是仍有许多不足，制约了煤炭行业长期发展。因此，必须提高认识，应当将水文地质勘查作为地质勘查的工作重点，加大人力、物力的投入力度，不断提高水文地质勘查水平，促进人与自然的和谐相处。笔者认为，山西省煤田水文地质勘查中存在以下主要问题，并提出建议如下。

1.煤田水文地质编图成果薄弱

煤田水文地质图是基于水文地质调查全过程中获取的有用信息，在建立工作区地下水系统的基础上编制的；它反映地下水分布及有关性质、特征的不可或缺的载体，是服务于煤矿开采及地下水保护的重要工具。总体来看，山西省煤田水文地质编图成果较少，已有一些编图成果水平也比较低，完全不能适应煤炭资源开发和管理工作的需求，有关管理部门应加大这方面的投入，推出一批全省域、煤田、规划矿区水文地质图，以满足矿山企业及社会需求。

2.对矿区水文地质勘查管理工作不够重视

水文地质勘查是对煤田勘查的价值体现。水文地质勘查有利于提高煤田开发的生产安全，有利于提高煤炭开采技术的安全使用，有利于提高煤炭开采的经济效益。这些道理是显而易见的，但在实际工作中思想认识严重不足，有的甚至认为矿区水文地质工作可有可无，这首先是由于各级政府部门对什么样的勘查成果都能通过验收，这是问题的实质和根源。政府部门的不重视造成勘查单位的各级领导更加不重视，由此产生一系列严重后果都是可以预见的。对优秀勘查成果的奖励、劣质成果的处罚力度不到位。

3.矿区勘查项目水文地质工作质量堪忧

许多矿区勘查项目，从勘查设计（或实施方案）编写开始就对矿区水文地质工作不重视，没有水文地质人员参加编写工作，设计评审也没有水文地质专业专家，致使设计工作量不足、不细，没有针对性、可操作性，与相关规范要求相差甚远，为矿区水文地质勘查成果从源头上形成了隐患；项目实施单位没有水文地质人员及设备，项目实施过程中短期聘用水文地质技术员、租赁设备，普遍造成短期行为和急功近利的后果，项目层层分包、转包，矿区水文地质工作缺乏连续性、系统性、稳定性，工作质量堪忧；勘查项目监理把关不严，只注重工作量的完成，不重视质量，监理错过关键性节点；项目验收、报告评审门槛过于宽泛，质量要求过低。有的矿区水文地质钻孔成果甚至没有岩溶水位参数，水文地质内容不分析与岩溶大泉的关系、下组煤带压情况、“三区”划分结果、主要含水层富水性等，几十平方千米的矿区面积岩溶水等水位线靠推测，将矿区地形地质图改一下图名就叫矿区水文地质图，人为降低矿区水文地质条件复杂程度等。

4.强化矿区水文地质勘查力度

山西为矿业大省，多年的煤炭资源开采，特别是露天开采，水文地质条件已随着人类活动的影响发生了很大的改变，并造成了一系列生态环境问题，现有水文地质勘查成果已难以满足山西省经济社会发展需求和生态文明建设的要求；受市场导向，水文地质工作的地位有所弱化，专业队伍规模严重萎缩甚至转行，水文地质专业技术人员流失严重；水文地质勘查成果质量堪忧；水文地质勘查资料部门封锁严重等等。一些矿山企业过于关注生产效益，将经济效益作为唯一生产指标，忽略了科学规划、合理开采的重要性，不愿意水文地质勘查工作的合理投入。煤矿矿山企业应当摒弃以经济效益为唯一衡量标准的发展模式。将水文地质勘查作为勘查工作的基础和前提，只有这样才能实现企业的长期健康发展。

5.重视矿区水文地质勘查技术的研究

矿区水文地质勘查水平的通过离不开先进的勘查技术作为保障，这也是促进煤炭行业持续发展的关键所在。因此，在煤田地质勘查工作中，应当重视引进先进技术，研发适合本地区的勘查技术，特别是保水开采技术，借助科学的力量提高勘查工作的准确性、有效性，推动矿区水文地质勘查事业的进步。

第二节　煤田地质条件

山西大同、宁武煤田赋存石炭、二叠系及侏罗系双系含煤岩系，其他煤田则仅赋存石炭、二叠系含煤岩系。石炭、二叠系含煤岩系上覆二叠系下统下石盒子组和上统上石盒子组。侏罗纪含煤岩系下部永定庄组平行不整合覆于下伏二叠系地层上，大同组上覆地层依次（自下而上）为中统云冈组、天池河组及不整合其上的白垩系下统左云组与上统助马堡组，以杂色中—粗粒碎屑岩地层为主。山西中生代含煤地层主要分布在大同侏罗系煤田，主要为中侏罗统大同组（J_1d），山西北部煤田典型地质剖面详见图3-2-1。

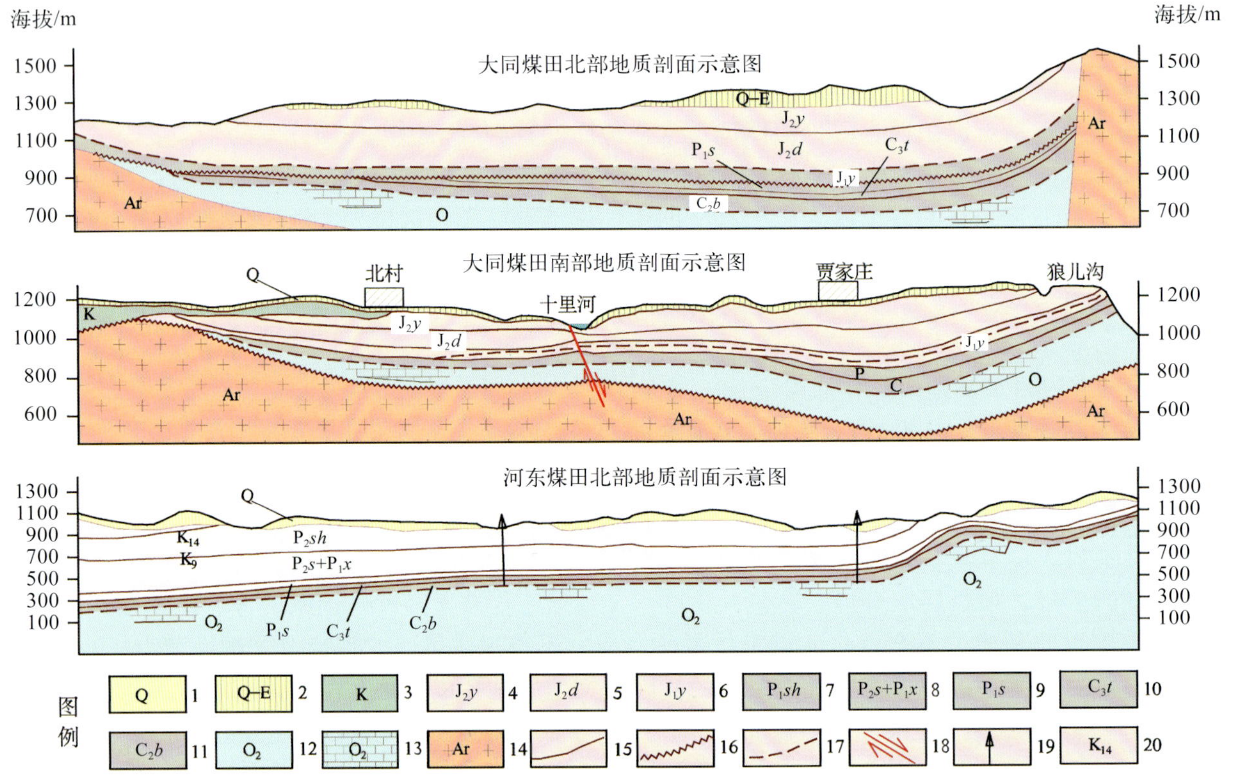

图3-2-1　山西北部煤田典型地质剖面图

（据王学军等，《山西省煤层气储层物性特征及资源评价，2015年9月》）

1—第四系；2—第四系及古近系；3—白垩系；4—侏罗系中统云冈组；5—侏罗系中统大同组；6—侏罗系下统永定庄组；7—二叠系上统石千峰组；8—二叠系上、下石盒子组；9—二叠系下统山西组；10—石炭系上统太原组；11—石炭系中统本溪组；12—奥陶系中统；13—奥陶系中统灰岩；14—太古宇变质岩；15—地质界线；16—地层不整合界线；17—基岩剥蚀面界线；18—正断层；19—钻孔；20—二叠系上统标志层砂岩

山西晚古生代含煤地层发育良好，分布广泛，出露较全，地层沉积稳定，地质构造比较简单。经过省内外广大地质工作者七十余年的潜心研究，已建立起完整的地层层序系统和标志层特征。晚古生代含煤地层自下而上分为石炭系本溪组（C_2b）、太原组（C_3t），二叠系山西组（P_1s）、下石盒子组（P_1x）、上石盒子组（P_2s）及石千峰组（P_2sh）等，山西南部煤田典型地质剖面详见图3-2-2，山西省煤炭资源分布见图3-2-3，各煤田地层分布详见图1-1-7。

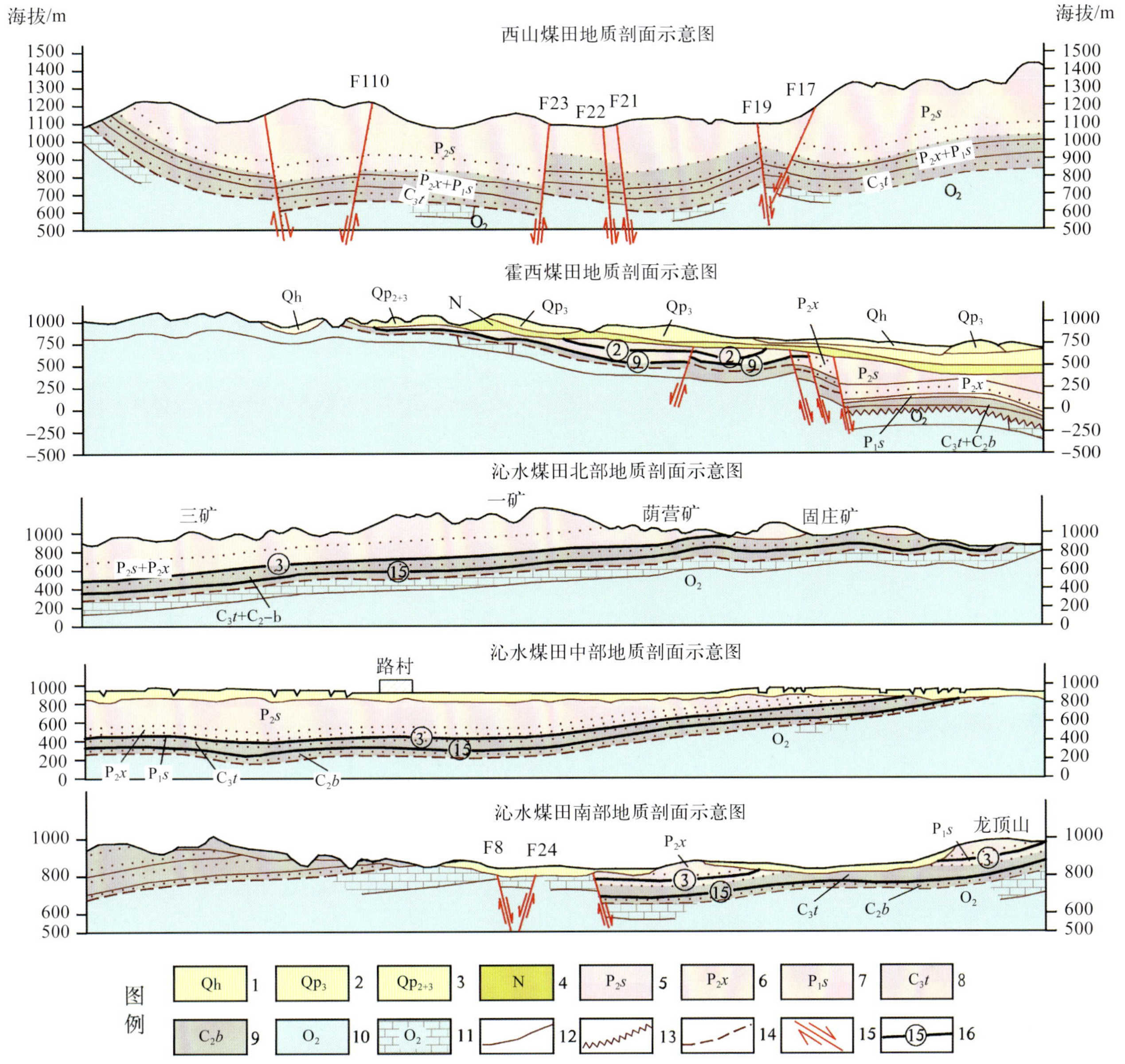

图3-2-2 山西南部煤田典型地质剖面图

（据王学军等，《山西省煤层气储层物性特征及资源评价，2015年9月》）

1—第四系全系统；2—第四系上更新统；3—第四系中、上更新统；4—新近系；5—二叠系上石盒子组；6—二叠系下石盒子组；7—二叠系下统山西组；8—石炭系上统太原组；9—石炭系中统本溪组；10—奥陶系中统；11—奥陶系中统灰岩；12—地质界线；13—地层不整合界线；14—奥陶系基岩剥蚀面界线；15—正断层；16—煤层及编号

一、含煤地层

（一）石炭系—二叠系含煤地层

1.本溪组（C_2b）

本溪组平行不整合覆于中奥陶或寒武系之上，以奥陶系或寒武系侵蚀面为底，顶界置于太原组晋祠砂岩（或相当岩层）之底。山西和华北其他地区一样，本组地层随着地壳缓慢下沉，海水逐渐侵入，形成广阔的陆表海环境。可分为两个沉积旋回。平行不整合于奥陶系地层之上。以古侵蚀面为底，顶界置于太原组晋祠砂岩之底。地层厚0～60m，总的变化趋势，北中部厚南部薄，是山西省煤田区域隔水层。

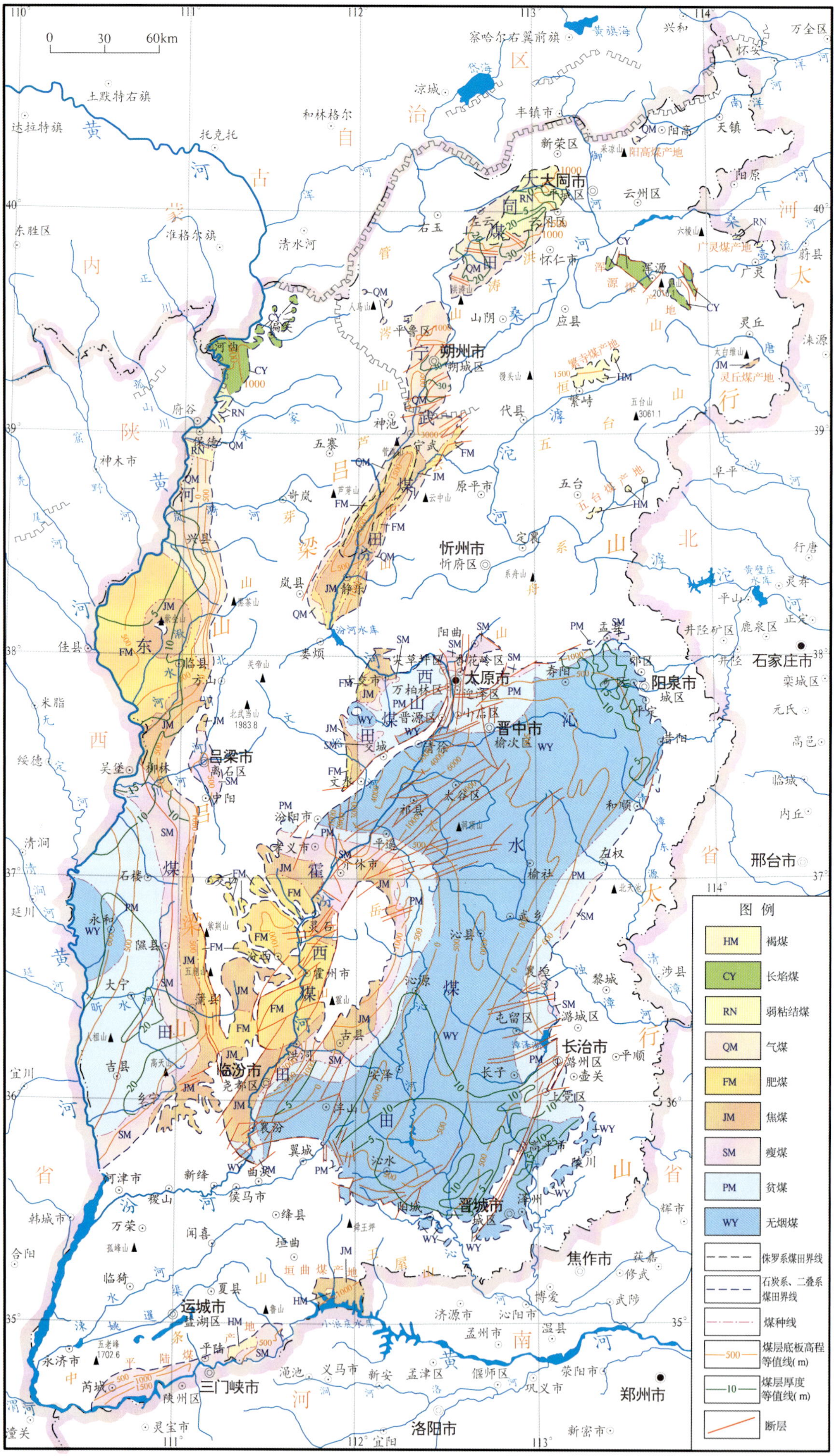

图3-2-3 山西省煤炭资源分布图（2007年7月）

2.太原组（C_3t）

在山西大部分地区，连续沉降于本溪组（C_2b），之上，顶界置于最顶层海相灰岩之上的砂岩底。以广阔的陆表海为主体，并与过渡环境并存的南海北陆的总体古地理环境，可分为三个沉积旋回，连续沉积于本溪组地层之上。顶界为北岔沟砂岩，厚50～140m。总的变化趋势南厚北薄，但垣曲—夏县一带厚度仅为20～50m。根据岩性岩相，结合古生物特征，可分为晋祠、西山、山垢三段，西山段含下组煤，主要可采为8、9号煤层。

3.山西组（P_1s）

与下伏太原组、上覆下石盒子组整合接触，在太原西山以北岔沟砂岩为底界，至骆驼脖子砂岩（K_4）之底。西山以外其他地区的山西组上、下界线的划分与此不尽相同。沉积环境以三角洲环境为主体，间有大陆环境和陆表海近岸环境的总体古地理景观。形成以三角洲为主体的一套沉积组合，可分为两个沉积旋回。太原西山以北岔沟砂岩底至骆驼脖砂岩（K_4）底，厚20～120m。总的变化趋势是北厚南薄，岩性主要为砂岩、粉砂岩、砂质泥岩夹海相泥岩及煤层。该组地层中含主要煤层有3层，北中部下煤层最发育，厚6～15m。向南变薄，大同最厚达7～23m。上层煤以山西东南部最发育，层位稳定，厚度6m左右，以“香煤”著称。

4.下石盒子组（P_1x）

本区形成以大陆环境为主体，间有过渡环境的总体古地理景观。发育以河流体系为主体，夹有三角洲体系的一套沉积组合，可分为两个稳定的沉积旋回。顶界为桃花泥岩之顶，厚59～180m，一般为80～100m。总的分布趋势南厚北薄，岩性以黄绿、灰黄、杏黄、灰绿色砂岩及泥岩为主，夹煤层局部可采，顶部含1～2层紫色花斑泥岩。

5.上石盒子组（P_2s）

本组由北而南形成广阔的大陆环境，发育以河流体系为主夹有湖泊体系的一套沉积组合。可分为两个旋回。其顶界位于本组顶部燧石层之上砂岩之底，厚172～517m。总体变化趋势为南厚北薄，岩性以杂色暗紫—杏黄砂岩、砂质泥岩及泥质岩为主，中上部夹1～4层薄层状硅质岩，主要标志层有K_6、K_7砂岩，以及硅质层。

6.石千峰组（P_2sh）

本区自北而南形成了广阔的大陆环境，发育了河流体系与湖泊体系并存的一套沉积组合。自下而上发育两个区域上较为稳定的沉积旋回。底部以一层黄绿色厚层—巨厚层状含砾砂岩与下伏地层分界，厚66～186m，一般为100～150m。岩性为砖红、暗紫、紫红色泥岩，砂质泥岩，黄绿灰绿色不同粒度的长石石英砂岩，长石质硬砂岩，以及长石石英砂岩等。中上部夹0～5层薄层状、透镜状淡水灰岩或钙质结核，自北而南砂岩的成分成熟度及结构成熟度略有增高。淡水灰岩层数增多，动植物化石稀少。

（二）侏罗系含煤地层

大同侏罗系煤田主要为侏罗系中统大同组（J_2d），在南部整合覆盖于下侏罗统永定庄组之上，相关地层自下而上如下述。

1）侏罗系下统大同组（J_2d）。岩性由灰、灰白、灰黑色砂岩、粉砂岩、砂质泥岩及煤层组成。可采煤层达15层以上，煤组的最大厚度可达10～20m，各可采煤层的平均厚度在1～2m之间。全组平均厚度为234m。

2）侏罗系下统云冈组（J_2y）。出露于煤田北部云冈沟广大山区，平均厚度为141m，上部由紫红、黄绿、灰、灰白色砂岩、砂质泥岩、粉砂岩组成。含1～2层薄煤层。底部分界砂岩为一层灰白色石英质砾岩，厚度可达20m。

3）白垩系（K）。出露于西北部广大地区，沉积最大厚度为660m，平均为160m。上部（助马堡组K_2z）岩性为紫红、棕褐色砂质泥岩，夹灰白色砂岩及含砾砂岩。下部（左云组$K_{1+2}y$）由浅紫、浅灰色砾岩，红色泥岩呈互层状组成。下段含1～3层深红、灰色淡水灰岩，在石灰窑一带厚度可达10m。

4）新近系上新统（N_2）。在左云县西部山区出露，平均厚度为200m，以灰、紫灰色及黑色橄榄玄武岩，气孔状橄榄玄武岩为主。顶部柱状节理发育。中下部为黑色橄榄玄武岩，气孔发育，夹薄层火山角砾岩。底部为灰白色砂层及砂砾层，其上夹有劣质褐煤。

二、石炭系—二叠系含煤地层主要标志层特征

根据《山西晚古生代含煤地层和古生物群》(孔宪祯等，1996）对山西煤田石炭、二叠纪地层全面系统地研究成果，现主要将太原西山有代表性的煤层、地层和主要标志层介绍如下。

1.铁铝岩层（T_1）

包括G层铝土矿和山西式铁矿，直接覆盖于奥陶系、寒武系风化面之上的沉积堆积物，由于受古侵蚀面影响，厚度为0～20m不等，一般为2～13m。本层分布广泛，层位稳定，多数地区都有发育，标志层特征明显，易于对比。

2.半沟灰岩（Lb）

该层为本溪组中上部一层或数层灰岩，总体分布是南部厚、北部薄，北部石灰岩层数少、单层厚度大。大同口泉沟石灰岩层厚1.1m；阳泉—太原一带石灰岩层数增多，一般为2～4层，厚1～6m；向南至灵石、三交等地为三层石灰岩，厚0.2～1.3m；左权—武乡一带为两层石灰岩，厚0.6～1.0m。标准剖面命名地点在太原西山半沟村。

3.晋祠砂岩（K_1）

该层为太原组和本溪组分界砂岩，岩性为灰、灰白、灰绿色石英砂岩、石英杂砂岩中夹薄层沉凝灰岩、凝灰质砂岩。太原以北地区K_1砂岩普遍含火山物质，或夹薄层灰岩凝灰质砂体，可作同时性对比标志之一，晋祠砂岩在北部普遍发育较好，层位稳定。厚度一般为5～10m，最厚15m。多为厚层状含砾石英砂岩，中南部发育较差，厚度为0～2.5m，最大10m。岩性以中—细粒石英砂岩为主，自北而南成分及结构成熟度增高。命名地点在太原晋祠。

4.吴家峪灰岩（Lo）

该层位于太原组晋祠段中上部，西山段下煤组之下，命名地点在太原西山柳子沟吴家窑村。岩石多为深灰、灰黑色透镜状及脉状层理发育，层面上发育大量生物觅食迹。下煤组全区普遍发育，标志明显，在山西中北部较发育，层位稳定、厚度大，一般为1～2m，最厚达5m。石灰岩多为1～2层，岩性为泥晶生物碎屑石灰岩。南部该灰岩多不连续，厚度一般为0～2m，有些地区Lo灰岩相变为含腕足类及双壳化石的海相泥岩。

5.下煤组（*Cx*）

下煤组为太原组8号、9号煤层总称。下煤组是指庙沟、毛儿沟石灰岩之下的8、9号煤层，全区稳定分布，有时合并为一层，有时呈组出现，煤组之间常有一带状砂体，宽度一般为2～3km，称屯兰砂岩。庙沟—毛儿沟石灰岩为8、9号煤层直接顶板，这种垂向层序关系保持全省稳定。该煤组横向延续的对比关系准确可靠，沉积学证据和古生物证据均比较充足，各大煤田由于有比较密集的钻孔和露头剖面，多年来各方面意见比较一致。

6.庙沟—毛儿沟灰岩（L_1、L_2、L_3）

庙沟—毛儿沟石灰岩俗称庙沟—毛儿沟灰岩，经地表和大量钻孔剖面对比，证实L_1、L_2、L_3石灰岩到山西南部合并为一层，中部为2～3层，下部L_1石灰岩层位稳定，为下组煤直接顶板，对比标志明显，毛儿沟石灰岩（L_2、L_3）位于L_1和其上部L_5石灰岩之间，层位稳定，结构复杂，中夹一层厚0～2m的沉凝灰岩，将毛儿沟石灰岩分为L_2、L_3两个分层，不同地区的毛儿沟石灰岩可进行对比。

L_1、L_2、L_3石灰岩在北部发育较差，厚度为0～2.5m，至偏关—宁武一线以北尖灭。中部及南部发育良好，厚度为5～10m，最厚达15m。合并后厚度有愈南愈大变化趋势。

7.斜道灰岩（L_4）

L_4石灰岩俗称斜道灰岩，位于毛儿沟石灰岩和七里沟砂岩之间，为7号煤层直接顶板。岩性以深灰、

灰黑色薄—中厚层状含生物碎屑石灰岩为主，具泥晶结构，含丰富的牙形刺、腕足类化石，本层对比主要依据地层层序及所含化石。L_4石灰岩北部发育较差，一般厚0～2.5m；中部多在2.5～5m；西部柳林、乡宁一带最厚达10m。

8.七里沟砂岩（Qs）

该层位于L_4和L_5石灰岩之间的许多同层位砂体，标志层明显，在38°带以南L_4和L_5石灰岩均发育，根据层序相似性，可将其间一层厚的砂岩作为七里沟砂岩对比。在38°带以北地区L_3、L_4、L_5石灰岩全部缺失，可以6号、7号煤层作为间接标志层对比。

七里沟砂岩在北部层位稳定，厚度一般为5～10m，最厚达30m；南部砂体发育较差，一般为0～5m，多为细粒石英砂岩。

9.东大窑灰岩（L_5）

L_5灰岩位于七里沟砂岩和北岔沟砂岩之间，该灰岩在西山剖面为黑色砂质泥岩与含生物碎屑泥晶—微晶菱铁质岩互层，水平虫孔发育，由于L_5灰岩上下没有可靠标志层，对比主要依据生物群面貌及其与国外同期动物群比较。本层灰岩主要分布于38°带以南和河津阳城一线以北，38°带以北变薄，直至尖灭或相变为海相泥岩。

10.附城灰岩（Ls上）

附城灰岩层位略高于L_5灰岩，分布范围较L_5小，主要分布于左权—临汾—翼城一线以南地区，厚度一般为2～4m，最厚可达5m。该线以北相变为海相泥岩，含腕足类、双壳类化石。

11.山垢灰岩（L_6）

L_6位于太原组山垢段，为浅灰色中—厚层状泥灰岩。下距L_5灰岩6～18m，厚度为0～2.5m。阳城町店最厚达5.6m。该层灰岩是上煤组下部最高一层海相层，距上煤组间距10～17m，因此易于对比。中部及北部可将上煤组下10～17m层位作为山垢灰岩。命名地点在晋城南岭乡小东沟。

12.北岔沟砂岩（K_3）

K_3砂岩为山西组与太原组之分界砂岩。命名地点在太原西山柳子沟，岩性以灰、浅灰白色细粒石英砂岩、泥质中粗粒—巨粒岩屑石英砂岩为主，具板状及槽状交错层理，含硅化木。对比标志：层序上K_3砂岩之上为全区普遍发育之上煤组，利用上煤组这一间接标志，可以对K_3进行区域对比。

K_3砂岩在北中部发育良好，层位稳定，厚度一般为10～20m，最大30m。南部发育差，相变明显，厚度为0～5m，最厚达10m。自北而南成分成熟度和结构成熟度逐渐增高。

13.上煤组（Cs）

上煤组为山西组2号、3号煤层总称。全区均有分布，为区域构造相对稳定期的煤层，总的变化趋势是北中部厚、南部薄。蒲县、太原、交口以北及灵石、左权以南，煤厚一般为2～5m。其他地区多在0.5～3m之间，沁水煤田东南阳城—武乡一带，上煤组3号煤层为主要可采煤层，厚度为6m左右，十分稳定。西北部略有减薄趋势。霍西煤田北中部，该煤组2号煤层为主要可采煤层。西山七里沟该煤组2、3号煤层为主要可采煤层，向西北至西山梭峪附近2号、3号、4号煤层合并，厚度达15m以上。宁武煤田南部，上煤组仅包括4号煤层，往北煤层分岔，北至平番城一带煤层又合并。大同煤田南部该煤组局部尖灭，向北再度出现，形成2号、3号、4号煤层3个分层。

14.骆驼脖子砂岩（K_4）

K_4砂岩为下石盒子组底界砂岩，命名地点在太原西山月门沟。岩性以浅灰白、灰白色细—中粒—粗粒长石石英砂岩、细粒岩屑长石砂岩为主。K_4砂岩风化后呈浅绿、土黄色，与K_1、Qs、K_3砂岩差异明显，易于区别。本砂岩所夹泥岩中富含植物化石。K_4砂岩以下地层颜色以灰、灰白色为主，而以上地层则以灰绿、灰黄色为主，也可作为地层对比标志。K_4砂岩分布广泛，连续性好，厚度一般为10～25m，最厚达35m。太原西山由3～4层灰白色硬砂岩—夹薄层砂岩、黑色泥岩及薄煤组成，厚21～28m。阳泉-和顺为中粗粒砂岩，厚4～10m；汾阳、孝义、沁源一带变为中—粗粒砂岩；柳林地区为中—粗粒石英和长石石英砂岩；晋东南地区为中—细粒石英砂岩和硬砂岩。

15.桃花泥岩（Th）

桃花泥岩为下石盒子组顶部1～3层紫红色、杂色桃红色含锰铁质缅粒状的铝土泥岩。在华北其他地区相当层位普遍发育两层铝土岩。如辽宁、山东、河北唐山等地可与之对比。曾有人命名为A层铝土矿和G层铝土矿，A层铝土矿在华北聚煤区都有其层位。如河南大紫斑泥岩、新密煤田米村岩等。代表华北地区的一个短暂的大面积的沉积间断，极易对比。

桃花泥岩在山西以晋东南地区最为发育，阳城町店为一层，左权、长治为三层，厚10～20m。汾阳、平遥一带厚3～4m，山西中北部及太原西山发育二层，鲕粒明显。其他地区特征不明显，但其层位皆普遍稳定存在。

16.硅质（燧石）层

上石盒子组顶部的硅质（燧石）层（Gs），是本组主要标志层。一般发育2～3层多赋存于紫色泥岩中，成层分布，单层厚几厘米至十余厘米，总厚0.1～1.0m。多为暗灰、灰黑色团块状，致密坚硬、性脆，垂直节理发育。该层以太原西山最为发育，一般4～5层，太原—阳泉以南地区多为1～3层，其他地区少见。

17.K_4砂岩

K_4砂岩是石千峰组底界砂岩。命名地点在太原西山石千峰。K_4砂岩为重要的区域性重要对比标志之一。岩性为厚层—巨厚层状黄绿色或灰绿色砂岩，紫色成分增多。含砾粗砂岩，含砾5%～10%，全区发育连续性好，厚度一般为5～10m，最厚可达35m。

第三节　煤田水文地质条件

山西省煤炭资源十分丰富，煤种齐全，煤质优良，为我国重要煤炭基地之一。2000m以浅全省石炭系—二叠系含煤面积约为57093km^2（含8个煤产地），占全省总面积的36.5%，全省侏罗系含煤面积1292km^2。主要含煤地层为上石炭统太原组，含煤6～10层，稳定可采1～3层；下二叠统山西组，含煤4～10层，主要可采煤层1～2层；下侏罗统大同组，含可采及局部可采煤层7～21层；新近系含煤地层只局部地区有少量赋存。根据区域构造特征，全省可分为大同、宁武、河东、西山、霍西、沁水等六大煤田及阳高、广灵、灵丘、浑源、繁峙、五台、平陆、垣曲等八个煤产地。

根据统计资料，全省范围各岩类出露面积为：变质岩和岩浆岩$2.58\times10^4km^2$，碳酸盐岩类$4.30\times10^4km^2$，碎屑岩类$5.52\times10^4km^2$，松散岩类$4.38\times10^4km^2$。其中广泛分布的裸露和隐伏碳酸盐岩类地层，形成一系列自成体系的岩溶水补给和储水构造，使地表水和地下水呈现复杂的转化关系并形成众多的岩溶大泉，泉水径流量占全省多年平均河川径流总量的三分之一以上。在全省地下水资源中，岩溶水占主要地位。六大煤田大多分布于岩溶大泉域范围内，山西煤田水文地质条件详见图3-3-1。

一、区域煤田水文地质条件

（一）主要含水岩组

山西省为一较为完整独特的山地型高原水文地质单元。在这个地质单元中，不同的地层岩性、构造、地貌控制了地下水赋存的空间格局。岩溶裂隙含水岩组和松散岩类孔隙含水岩组为山西主要含水岩组。地下水主要接受大气降水的补给，补给、径流条件较好，地下水向西、南、东排泄，水质具低TDS特点。

纵观全省，自北向南水文地质条件具有由简单向复杂的变化规律，大同、平朔、河保偏、离石、柳林等矿区水文地质条件简单，局部较复杂；阳泉、潞安、沁源、晋城、西山、乡宁等矿区含水层多，富水性较强，降水量较大，水文地质条件中等，局部较复杂；霍州矿区水文地质条件则普遍复杂。

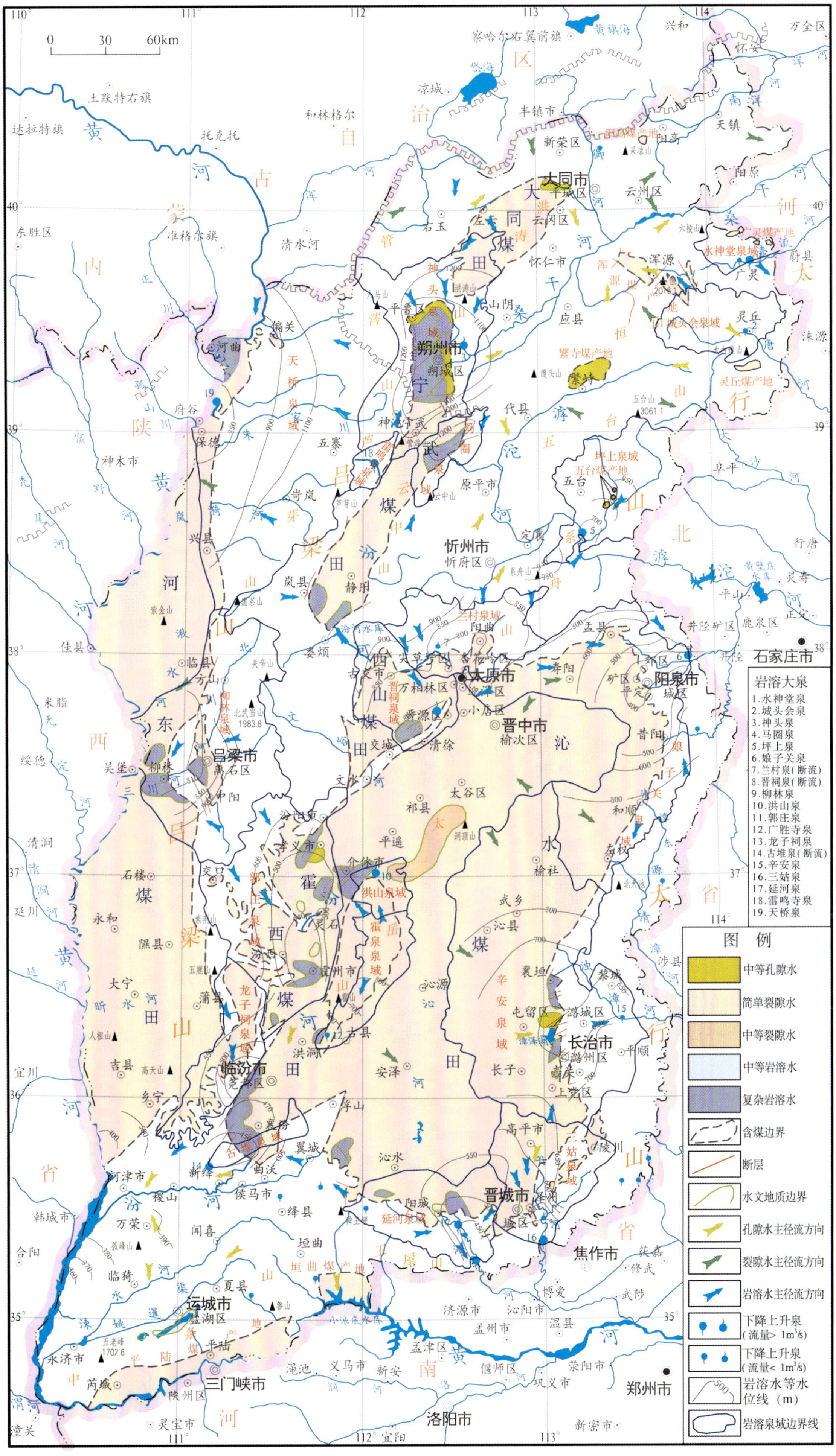

图3-3-1 山西省煤田水文地质图

从垂直剖面分析，自上而下即由浅到深，含水层含水性具有由弱到强的变化趋势，即煤系顶板砂岩和煤系砂岩、石灰岩富水性弱，局部中等，煤系底部下伏奥陶系石灰岩富水性强。

煤系地层含水岩组主要为二叠系下统山西组（P_1s）碎屑岩类裂隙水含水层组和石炭系上统太原组（C_3t）碎屑岩裂隙水间夹碳酸盐岩类岩溶裂隙水含水岩组，煤系地层下伏含水岩组主要为奥陶系中统上、下马家沟组（O_2s+x）碳酸盐岩类岩溶裂隙水含水岩组，简述如下。

1.二叠系下统山西组（P_1s）碎屑岩类裂隙水含水岩组

该含水层构成山西组含水岩组的主要含水层为底部砂岩及基岩风化壳。在地下水补给强度相同的前提下，砂岩富水程度的大小受岩石粒级变化及岩石物理力学性质所制约。一般粗粒度砂岩及硅质胶结的脆性岩石，裂隙数量较少，但规模较大，延伸较远，岩层富水程度强；泥质胶结的细粒砂岩及塑性类岩石，裂隙虽较发育，但规模较小，岩层富水程度弱。

山西境内碎屑岩类裂隙含水岩组富水程度普遍较弱。山西组底部的K_7砂岩及基岩风化壳单位涌水量为0.00005～0.58L/（s·m），部分钻孔在抽水试验中被抽干，富水性弱。但也不排除在局部构造发育地段、向斜轴部、基岩风化壳富水强的可能性。一般情况是浅部富水性较好，深部富水性较弱。正常情况下，各含水层之间补给微弱或没有水力联系。补给区位于基岩露头带，以接受大气降水为主。水质类型为HCO_3-（K+Na）·Ca·Mg型水。分布于风化裂隙带中风化裂隙水，富水程度主要受地形控制，并随深度变化。水文地质类型简单—中等。

2.石炭系上统太原组（C_3t）

碎屑岩裂隙水间夹碳酸盐岩类岩溶裂隙水含水岩组，太原组含水岩组可分为砂岩层间裂隙水含水层和碳酸盐岩岩溶含水层，由于砂岩含水层富水性太弱，故在此不再赘述。碳酸盐岩岩溶裂隙水含水层主要由发育在不同层位的3～5层石灰岩（K_2～K_6）组成，最多达10层。不同地区石灰岩发育层数有所不同，在大同矿区石灰岩不发育。其他矿区，其富水程度的强弱往往取决于储水构造和补给条件，并且与石灰岩埋藏深度、石灰岩厚度、覆盖层厚度有关。由于埋深和所处构造位置不同，富水性差别较大，一般是埋深越浅富水性越强。钻孔抽水试验单位涌水量为0.00989～1.60L/（s·m），富水性弱—中等，阳泉矿区个别钻孔单位涌水量达22.22L/（s·m）。正常情况下，各含水层之间补给微弱或没有水力联系。补给区位于基岩露头带，以接受大气降水补给为主。水质类型为HCO_3-（K+Na）·Ca·Mg型水。水文地质条件简单—中等。

3.奥陶系中统上、下马家沟组（O_2s+x）碳酸盐岩类岩溶裂隙水含水岩组

中奥陶统岩溶裂隙水含水岩组为煤系基底，含水层主要为奥陶系灰岩，由于地层岩溶发育，富水性强，是山西岩溶地下水的主要含水层。但与煤层可能发生水力联系者，主要为奥陶系中统峰峰组（O_2f）灰岩，其次为上马家沟组（O_2s）、下马家沟组（O_2x）地层，在大断裂带也可能局部有水力联系。

上马家沟组（O_2s）岩溶裂隙含水层岩性以灰黑色厚层石灰岩为主，夹有灰色条纹，故名花斑状灰岩，夹有5～6层白云质薄板状灰岩，层理明显，岩溶节理裂隙发育，多为溶孔、溶隙和蜂窝状溶洞，局部可见大溶洞，全层厚度170～300m，一般在230m左右，含水层为二、三段灰岩，厚度为20～40m。据长治矿区水源井资料，单井出水量为1000～2000m^3/d，水位埋深250～300m；霍州矿区单位涌水量3.28～77.63L/（s·m）；晋城矿区单位涌水量6.41L/（s·m）；阳泉矿区单位涌水量1.62～21.03L/（s·m）；西山矿区单位涌水量0.67～2.94L/（s·m）；东山矿区单位涌水量1.29～77.23L/（s·m）；一般为2～25L/（s·m）。下马家沟组（O_2x）岩溶裂隙含水层岩性为灰黑色巨厚层状质纯石灰岩，局部夹薄层泥质灰岩，下部夹有角砾状灰岩，顶部层理明显，中下部岩溶裂隙发育，并有小溶洞裂隙宽2～5mm，一般呈半充填状态，充填物为肉红色黏土和灰岩碎屑、方解石脉。经薄片鉴定为泥质结构，方解石含量在90%以上，CaO占51.35%～54.13%，SiO_2为2.10%～4.92%，MgO为0.75%～1.25%，具微层理结构，微裂隙较发育，宽0.02～0.08mm，虫迹构造亦较发育，直径0.3～0.5mm，上述微裂隙、微层理和虫穴相互切穿，形成了微观的网络状通道，在地下水的循环溶蚀作用下，裂隙溶洞加宽，为地下水的储存与运动创造了有利条

件，成为主要含水层之一。据潞安矿区钻孔抽水试验，辛安泉排泄区单位涌水量为0.46～29.5L/（s·m）；霍州矿区郭庄泉排泄区为56L/（s·m）；西山矿区兰村泉单位涌水量为13.74L/（s·m）；东山矿区枣沟一带单位涌水量52～277L/（s·m）；阳泉娘子关泉单位涌水量5.03～32.8L/（s·m）。

4.煤系地层隔水层

隔水层主要由山西组及太原组的泥岩、砂质泥岩及相对隔水的粉砂岩组成。本溪组（C_2b）为煤系地层区域隔水层。

本溪组（C_2b）在山西南部缺失，下部为铁铝岩段，以含铁质岩、铝质岩为特征，由灰白、灰绿、紫红等杂色铝质岩类及不稳定的窝状、似层状铁矿组成。厚度1～10m。为山西式铁矿、硫铁矿、铝土矿、黏土矿重要层位。上部畔沟段，以灰、灰黑色、灰黄色砂岩、页岩为主，由夹1～3层灰岩和不稳定的薄煤（煤线）组成。厚度20～25m。该组总厚度9～64m。

5.奥陶系中统峰峰组（O_2f）地层隔水性

奥陶系中统石灰岩是山西含煤地区煤系的基底（李森，2018），峰峰组作为中奥陶系残留地层的顶板，下伏于本溪组之下，广泛分布于山西各煤田中，在晋北、晋西南以及晋东南局部地段剥蚀缺失，其余皆有沉积。山西的奥陶系中统峰峰组，分布范围大致在河津、翼城一线以北，兴县木崖头，娄烦、定襄县尉池凹一线以南的地区。地层一般厚200m，南部厚50～150m，太原地区100～150m，阳泉地区厚137～250m。全省峰峰组分为上下两段。下段为灰黄色白云质泥灰岩夹白云质灰岩，厚90～150m，底部以泥灰岩底板与下伏地层分界。上段为灰黑色、青灰色厚层、中厚层含生物碎屑灰岩，具豹皮状构造。在太原—晋中一带上段厚4～12m，河津厚7m，翼城一般厚35m，沁水盆地及霍东地区厚70～94m。

峰峰组（O_2f）作为奥陶系灰岩的顶部，是山西省各大煤田下组煤的间接充水含水层，其水文地质性质与富水性直接决定下组煤的采掘安全。通过对奥陶系峰峰组的水文地质条件分析，发现受岩性条件的制约，岩溶出露区富水性大于埋藏区，径流带的富水性强于滞留带。峰峰组上段顶部和下段底部在山西大部分地区富水性较差，在无构造导通的情况下，大部分地区峰峰组与下伏强含水层无水力联系，在富水性较弱地区，峰峰组上段顶部和下段底部地层可视为煤系与上马家沟组的相对隔水层。

根据李波对兴县斜沟煤矿共施工10个水文地质钻孔资料综合分析（李波，2015），通过岩心鉴定、简易水文地质观测、抽水试验、水化学分析等试验进行了研究。研究结果表明斜沟煤矿峰峰组上部地层裂隙发育程度差，钻探过程中钻井消耗液无增大异常情况，峰峰组单位涌水量较上马家沟组、峰峰组混合含水层单位涌水量相差270～1452倍，两者地下水化学成分不同，可说明斜沟煤矿峰峰组含水层富水性弱并且具有较好的阻水能力，可将30m厚度的峰峰组地层视为隔水层，井田13号煤层带压开采突水系数＜0.1MPa/m，理论上可以施行带压开采。

总之，受地形地貌、地表水文、气候特征和地质条件等因素的控制影响，山西属于干旱—半干旱地区，其地表径流排泄条件较好，而地下水补给条件较差，且补给来源贫乏。根据山西六大煤田地理相对位置，其水文地质条件自北而南呈现出由简单到复杂的趋势。

（二）主要水文地质特征

从山西煤田地质构造、沉积环境和区域水文地质条件分析，煤层与含水层、隔水层组合具有以下特征：

1）煤层、含水层与隔水层三者共同赋存于一个地质体中，一般为同期沉积。

2）三者具有独立的成层特征，但又有互层关系。

3）三者受沉积环境影响，在层厚上有厚薄和尖灭的变化规律。

4）三者都受后期构造的影响，被断层切割成块状和被褶皱挤压成厚薄不一的特征。

5）六大煤田与16个岩溶大泉域范围重叠，重叠面积30154km^2，约占煤田面积的54.6%，煤田水文地质条件与岩溶大泉关系十分密切，详见表3-3-1。

表 3-3-1 山西六大煤田与岩溶大泉重叠面积统计表

单位：km^2

序号	煤田名称	煤田面积	煤田与岩溶大泉重叠面积	煤田与岩溶大泉重叠泉域名称及面积	备注
1	大同煤田	1704	580	神头泉域（580）	分布在石炭系—二叠系煤田
2	宁武煤田	3150	1906	马圈泉域（433）、雷鸣寺泉域（33）、神头泉域（1440）	
3	河东煤田	15532	2851	天桥泉域（909）、柳林泉域（1280）、龙子祠泉域（662）	泉域名称后面括号内数字为煤田与该泉域重叠面积，单位：km^2
4	西山煤田	1779	1333	兰村泉域（47）、晋祠泉域（1286）	
5	霍西煤田	5775	5461	郭庄泉域（3812）、龙子祠泉域（1211）、古堆泉域（386）、洪山泉域（52）	
6	沁水煤田	27301	18023	娘子关泉域（4744）、辛安泉域（8442）、三姑泉域（1740）、延河泉域（1722）、洪山泉域（407）、霍泉泉域（615）、郭庄泉域（33）、兰村泉域（320）	
合计		55241	30154	16个岩溶大泉（30154）	

注：①牛仁亮，山西省煤炭开采对水资源的破坏影响及评价，2003年9月。

②本表不包括八个煤产地与岩溶大泉的重叠面积。

6）岩溶大泉泉域下组煤带压区面积16153.26km^2，约占煤田面积的29.2%，详见图2–2–11、表3–3–1。

7）煤系地层底部普遍分布奥陶系中统碳酸盐岩类地层，详见图3–2–1、图3–2–2。

8）石炭系中统本溪组（C_2b）及太原组（C_3t）底部为山西各煤田煤系地层普遍的隔水层。

煤层、含水层除上述特征之外，它们还各具有独立特征。煤层主要赋存在石炭系山西组和太原组地层中，遍布六大煤田，主要可采煤层有4～6层，其次为侏罗系大同组，主要分布于大同煤田，可采煤层达14层以上（牛仁亮，2003）。

含水层富水性和厚度大小，决定了地下水储量的大小。其富水性受地质构造、水文地质条件和自然因素的控制及影响，其中赋存的地下水有相对独立的补给、径流、排泄途径。

（三）地下水循环特征

煤系含水岩组地下水的补给、径流、排泄关系在煤层开发前后不尽相同，煤矿开采破坏了煤系含水层结构，改变了地下水原有的动态平衡，在煤矿采区范围及影响范围地下水水量、水质、循环途径等会发生明显的变化。下面主要分析天然条件下煤层开发前煤系含水岩组地下水补给、径流、排泄关系。

1.地下水补给

山西六大煤田煤系含水岩组地下水补给来源主要包括煤系露头和浅埋区大气降水面状入渗补给、上覆地表水体线状或面状渗漏补给、其他含水层地下水侧向径流补给和垂直方向越流补给。

纵观山西六大煤田，煤系含水岩组均以各煤田周边煤系露头和浅埋区（即补给区）大气降水入渗补给为主；其次，在大同煤田还可接受西部及北部边界上覆新生界和中生界地层含水岩组地下水的侧向径流补给以及煤田内季节性河流、沟谷地表水的间歇渗漏补给；宁武煤田还可接受煤田内地表河流的渗漏补给以及断裂构造发育地段上、下其他含水层的越流补给；河东煤田还可接受东边界上覆新生界地层含水层地下水的侧向径流补给以及西边界黄河河谷沿线的侧向渗漏补给；西山煤田、霍西煤田和沁水煤田还可接受煤田内地表河流、水库渗漏补给以及在断裂构造发育区上、下其他含水层的越流补给。

2.地下水径流

煤系含水岩组地下水径流区位于补给区与排泄区之间，其径流方式主要为裂隙网络式，地下水径流形式主要表现在从补给区的垂向或侧向向下方向的三维紊流形式，过渡到径流区的水平方向的二维层流运动，再至排泄区的上升漫流形式。地下水径流强度主要受控于补给区和排泄区地下水水位差以及裂隙网络的连通情况，一般从补给区、径流区到排泄区，地下水逐步从潜水、微承压水过渡到承压水，地下水的径流强度也逐步由强变弱，多个含水层地下水水位从补给区出现的不同差距，也逐步至径流区和排泄区趋于一致。

在煤田断裂构造不发育的区域，一般煤系含水岩组浅埋区地下水径流较为活跃，水力交替强烈，在煤系含水岩组深埋区地下水径流滞缓，主要表现为以迟缓的潜流形式运移甚至出现滞留。但在煤田断裂构造发育的破碎带地区，特别是大型断裂带，地下水则可切穿各含水层，形成较强断裂构造径流带，导致各含水层发生水力联系。

3.地下水排泄

煤系含水岩组地下水的排泄一般有3种情况：①在河流或沟谷切割地段形成泉水，排向河谷形成河流；②从山前侧向径流排泄于平原区，补给松散岩类孔隙地下水，如大同煤田、西山煤田；③以潜流形式向深部排泄或通过断裂带排泄于下伏岩溶含水层成为岩溶泉水的组成部分，如宁武煤田排向神头泉，西山煤田排向兰村泉、晋祠泉等，霍西煤田排向郭庄泉、龙子祠泉，沁水煤田排向娘子关泉、辛安泉、三姑泉和延河泉，河东煤田排向天桥泉、柳林泉等。

（四）煤田水文地质条件综述

煤田水文地质条件的复杂程度，主要由属地降水量大小，地形地貌特征，地表水系分布情况，地质构造发育程度，含水层补给来源，含水层岩性结构、层数、稳定性、厚度以及与区域主要含水层水力联系等综合因素来决定。

纵观山西六大煤田，自北而南水文地质条件具有由简单向复杂的变化规律。省境北部的大同煤田、宁武煤田和河东煤田北部水文地质条件以简单为主，仅局部较复杂；南部沁水煤田、霍西煤田、西山煤田和河东煤田南部由于属地降水量增大，煤系含水层层数增多，富水性增强，水文地质条件中等—复杂。从煤系垂直方向上分析，自上而下即由浅到深，含水层富水性具有由弱到强的变化趋势，即煤系上覆含水层和煤系含水层富水性为弱—中等，煤系基底寒武系—奥陶系灰岩岩溶裂隙含水层富水性为中等—强。此外，水文地质条件还与区域地下水水位和属地河床侵蚀基准面密切相关，如煤系位于侵蚀基准面以上，煤系含水层成为透水层，富水性弱。因此，有很多煤矿开采时没有水，这为山西煤矿开采创造了十分有利的条件，如大同煤田、宁武煤田、河东煤田北部地段不少煤矿出现此情况。

二、各大煤田水文地质条件

（一）大同煤田

大同煤田位于山西最北端、大同市西南约10km，跨大同市云冈区及左云县和朔州市怀仁、右玉、山阴等县，北东以青磁窑断层南端为界，南和东南界为口泉山西麓煤层露头，西界为洪涛山东麓煤层露头，北部十里河一带为煤系沉积边缘，西北为推测的煤层剥蚀边界。大同煤田地理坐标：东经112°30′00″～113°11′07″，北纬39°37′33″～40°07′01″，大致以鹅毛口河为界分为北、南两个矿区。该煤田为双纪煤田，石炭系—二叠系含煤面积为1704km^2，侏罗系含媒面积为772km^2，是山西重要动力煤产地之一。

煤田内开采煤层直接充水含水层为砂岩裂隙水，含水少，水文地质条件简单。云冈、口泉沟内各生产矿井含水系数0.31～0.08m^3/t。

1.岩溶裂隙含水层

含水层主要为寒武系—奥陶系石灰岩，全层厚度520～814m。煤田北端处于沉积边缘，厚度变化大，故合二为一。钻孔揭露厚度45～309m，裂隙发育且多被方解石脉充填，溶洞少，水位标高1090.54～1224.81m，富水性多取决于裂隙、溶洞的发育程度。怀仁钻孔抽水试验，单位涌水量为0.000009～0.76L/（s·m）。渗透系数0.0008m/d，富水性弱。具承压水特征。其流向大体上由西向东，水力坡度0.0064～0.02。石灰岩区的西部和东部为补给区。东南部断裂带等有地下水侧排点和神头泉排泄区。在山阴县，奥陶系水位标高为1210.50m左右，低于煤系地层标高，地下水埋藏较深。

煤田岩溶地下水水位标高在1100～1300m之间，详见图3-3-2。

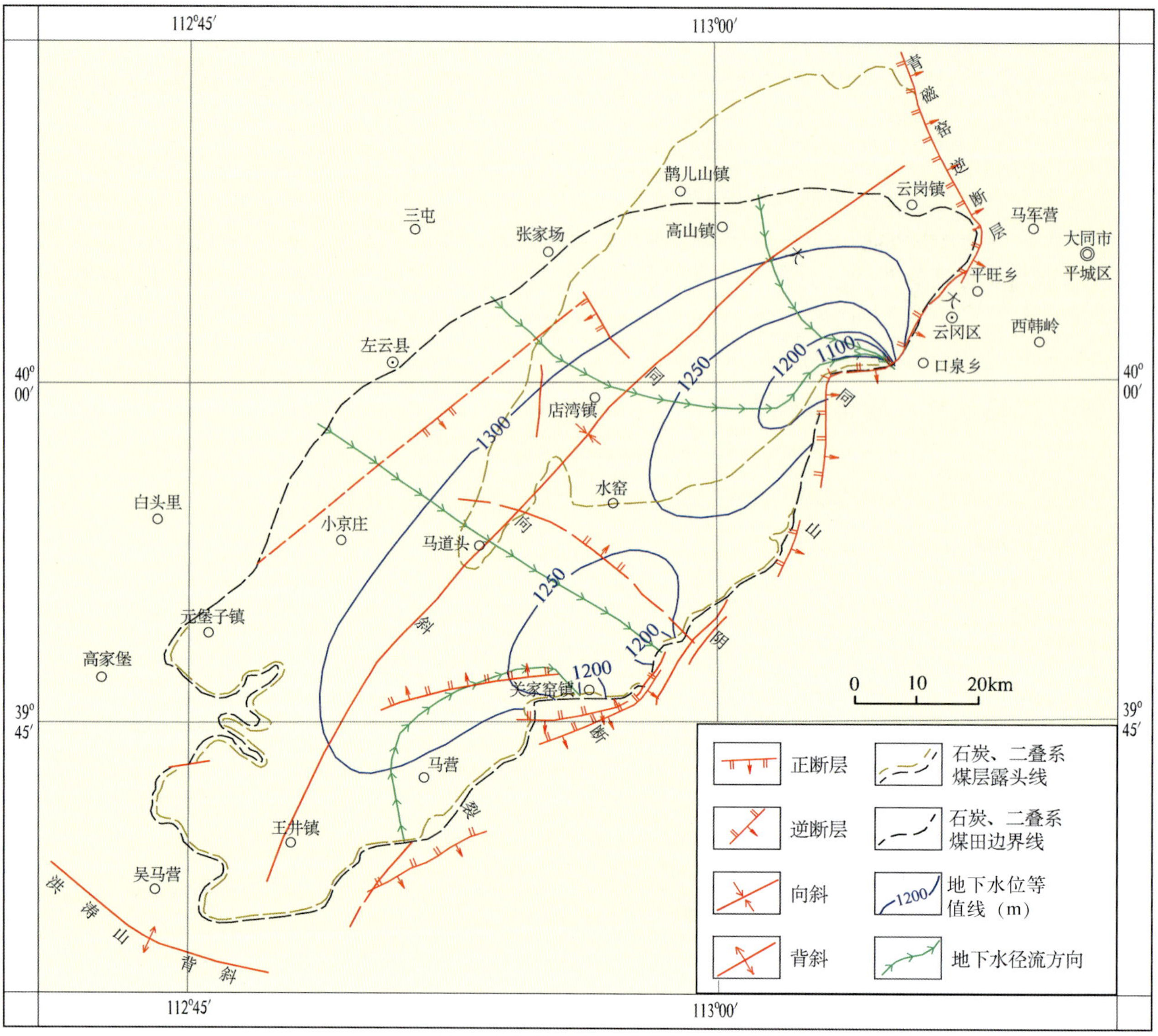

图3-3-2　山西省大同煤田岩溶水位等值线图
（据王学军等，《山西省煤层气储层物性特征及资源评价，2015年9月》）

整个煤田寒武系—奥陶系石灰岩是主要含水层。但除东部边缘地带含水层埋藏较浅外，其余地区埋藏深度大。岩溶裂隙发育差，含水性北弱南强，开采难度较大。

2.太原组—山西组砂岩裂隙含水层

含水层主要为石炭系—二叠系砂岩，地层厚度为380m左右，含水层段主要为砂岩及砂砾岩。

在山阴矿区，太原组砂岩裂隙含水层有砂岩3～7层，总厚度10.70～57.70m，平均厚46m；山西组砂岩裂隙含水层组，地层厚60m左右，有砂岩2～6层，厚17.66～52m，层位标高1364.82～1525.77m，位于当地侵蚀基准面以上。虽然砂岩裂隙发育，但岩层储水条件差，以前王坪沟有泉出露，单泉流量0.3L/s左右。

在怀仁范围内，砂岩裂隙含水性极弱，抽水试验单位涌水量0.000004～0.02L/（s·m），渗透系数0.44m/d。

在左云范围内，石炭系、二叠系埋藏较深，补给条件差，一般含水性较弱。据钻孔抽水试验，单位涌水量为0.00197L/（s·m）。

3.大同组、云冈组砂岩含水层组

侏罗系地层厚度为370m左右，岩石胶结疏松，节理裂隙较发育，位于地下水侵蚀基准面以上，沟谷发育，切割剧烈，含水性差，局部地段富水性较好，有泉出露。在左云县，据水文孔抽水试验，单位涌水量为0.0007～0.445L/（s·m）；怀仁侏罗系抽水试验结果表明，单位涌水量为0.0004～0.016L/（s·m），渗透系数为0.016m/d，含水性较弱；据云冈镇十里河南岸大同组底部抽水试验，单位涌水量为0.07～0.62L/（s·m），渗透系数为0.76～4.75m/d，富水性较强。

4.基岩风化带

大同地区基岩风化带深度在30～60m之间，风化裂隙发育。据钻孔水文资料，含水性较强。抽水试验结果表明，单位涌水量为0.003～1.39L/（s·m），渗透系数为0.062～7.48m/d。

5.孔隙含水层

第四系冲积层（Qh）分布于河谷两岸的Ⅰ、Ⅱ级阶地及河漫滩，厚度0～51.33m。河床冲积层以砂土、砾石层为主，厚0～11.31m。据怀仁钻孔抽水试验，单位涌水量为1.21～9.47L/（s·m），渗透系数5～224m/d，富水性强；据左云县水文地质钻孔抽水试验资料，单位涌水量0.2～0.54L/（s·m），渗透系数5.3～34.29m/d；在山阴县厚度一般为2.0～15m，地表有泉水出露，流量为0.015L/s；大同市第四系厚10～40m，地下水多为上层滞水，水量不大。

6.煤系含水岩组地下水流场趋势分析

煤系含水岩组在接受煤田北、西、南边界裸露区及浅埋区大气降水入渗或松散覆盖层孔隙水侧向补给后，地下水总体向煤田东部边界运移，受东部沟谷峪口的切割作用，在含水层出露处地下水以点状泉水或线状泄流形式向沟谷排泄，主要集中在口泉沟、大峪沟和小峪沟，岩溶地下水水位标高在1100～1300m之间，详见图3–3–2。

（二）宁武煤田

宁武煤田位于山西北部，跨朔州市平鲁、朔城，忻州市神池、宁武、原平、静乐和太原市娄烦等县（市、区）。宁武煤田地理坐标为东经111°41′48″～112°34′30″，北纬38°02′54″～39°35′06″，煤田呈南北向转为北东—南西的“弓”字形。煤田周边均以煤层露头线为界，为双纪煤田，是山西重要动力煤产地之一。煤田东西宽为18～23km，南北长约160km，石炭系—二叠系煤田面积3150km^2；侏罗系大同组含煤面积520km^2。

煤田可采煤层直接充水含水层为石灰岩裂隙岩溶水和砂岩裂隙水，含水中等或小，局部对煤层开采有影响。太原组下部可采煤层大部分位于“奥灰”水位之下，有底板突水威胁。上覆第四系孔隙水含水中等，对煤层开采也有一定影响。

1.奥陶系石灰岩（O_2）岩溶裂隙含水层组

为煤系基底主要含水层组，地层厚度350～460m，自北而南略有增厚趋势。

根据地层岩性成分、结构、埋藏条件、沉积和水动力特征，中奥陶统从水文地质条件划分为3组6段（O_2x^1、O_2x^2、O_2s^1、O_2s^2、O_2f^1、O_2f^2），其中O_2x^1、O_2s^1、O_2f^1为相对隔水层。

峰峰组岩溶裂隙含水层（O_2f），岩性为深灰色厚层花斑状石灰岩，夹有数层白云质灰岩，厚度为0～50m，质纯性脆，岩溶裂隙发育，以溶孔、溶隙和蜂窝状溶孔为主，地面也见有成层溶洞，中下段含水性强，轩岗一带钻孔单位涌水量为0.65L/（s·m），大多数钻孔穿过此层大漏水，岩心裂隙小溶洞有充填现象，含水性弱。

南部岚县矿区：岩性为微晶质花斑状石灰岩，角砾状石灰岩、泥灰岩与钙质泥岩互层。石灰岩岩溶裂隙较为发育，钻孔水位标高1118.58～1175.42m（88号钻孔），一般为1120～1140m。据下静游水源勘探资料，钻孔单位涌水量4.67～74.31L/（s·m），渗透系数0.159～155.4m/d。

上马家沟组岩溶裂隙含水层（O_2s^2），厚度为0～80m，岩性为灰黑、褐灰色花斑状石灰岩，夹有白云质灰岩。下部为薄板状石灰岩夹有角砾状石灰岩，岩溶裂隙发育，含水性强。北部钻孔单位涌水量

0.12～47.37L/(s·m)，水位标高1052.14(1705号钻孔)～1088.77m(8026号钻孔)。

中部轩岗一带：岩溶裂隙发育，裂隙密度5～8条/m^2，地面溶洞直径为0.5～2m，最大直径达7m，出露泉水118个，钻孔单位涌水量1.43～6.34L/(s·m)。

南部岚县矿区：由于断裂构造发育，岩溶裂隙发育，钻孔水位标高与峰峰组基本一致。

下马家沟组上段：岩溶裂隙成层发育，在一、二段接触带最发育，下部溶洞最大直径为1～2m，岩心裂隙率9.1%～11.9%，岩溶率5%～25%，泉水出露有24个，上部地表溶洞直径为1～3m，最大直径达7m，据钻孔抽水试验，单位涌水量1.82L/(s·m)，出露泉水57～81个。上马家沟组二段，岩溶裂隙发育，下部裂隙密度5～8条/m^2，溶洞最大直径达7m。出露泉水118个，钻孔单位涌水量1.43L/(s·m)，上部溶洞直径0.5～2m，钻孔单位涌水量6.34L/(s·m)。

亮甲山组：岩溶裂隙较发育，溶洞最大直径达1m，裂隙密度6～16条/m^2，泉水出露17个。

本区主要可采煤层为太原组9号煤层，底板标高大部为900～1200m，低于岩溶水位70～240m，为带压开采区，具有突水条件，局部高于岩溶水位标高。

宁武煤田岩溶地下水水位标高在1100～1250m之间，详见图3-3-3。

2.太原组石灰岩岩溶裂隙含水层（C_3t）

石灰岩岩溶裂隙含水层，岩性主要为上下两煤组间中—粗粒砂岩，局部含砾石，砂岩带厚度5～42m，节理裂隙发育，为层间承压裂隙水，平朔区钻孔单位涌水量0.0034～0.1L/(s·m)，阳方口、轩岗单位涌水量0.32L/(s·m)，渗透系数0.104m/d，水质类型$HCO_3 \cdot SO_4$-Ca·Mg型水。

南部岚县矿区，太原组下段含水层为三层石灰岩，厚度为7～8m。岩溶裂隙发育程度受埋深和构造影响，浅部裂隙岩溶较发育，含水性较强，深部裂隙不发育，含水性弱。

80号钻孔（L_1+L_2）单位涌水量0.035L/(s·m)，渗透系数7.04m/d。

上段为K_3砂岩裂隙含水层，岩性为灰白色巨粒砂岩或砾岩，以石英长石粗砂岩为主，厚度12～16.92m，一般为14m左右。据侯家岩矿井在本层抽水试验，单位涌水量3.34L/(s·m)，渗透系数为72.40m/d。

3.山西组砂岩裂隙含水层（P_1s）

含水层主要为2号煤层至K_4底部砂岩，砂岩厚度25～35m，北部厚度5～10m。砂岩裂隙发育，为层间承压水。在单斜构造地段，钻孔有自流现象，钻孔单位涌水量北部为0.0051～0.10L/(s·m)。在沟谷中有泉水出露，流量0.9～2.55L/(s·m)。中部钻孔涌水量为1.4L/(s·m)，渗透系数0.16m/d。南部钻孔单位涌水量为0.0025L/(s·m)，117号钻孔单位涌水量0.359L/(s·m)，渗透系数0.149m/d。侯家岩旧井遇K_3砂岩涌水，单位涌水量为3.34L/(s·m)。

4.煤系含水岩组地下水流场趋势分析

宁武煤田北部受区域向斜构造控制，煤系含水岩组在接受来自煤田北、西、东方向的补给后，地下水在集中向向斜轴部汇集的同时，总体向南部平原地带运移，在地形低洼的沟谷含水层出露地带多以泉点排泄，煤田岩溶地下水水位标高在1100～1250m之间。受区内次级褶曲及断裂构造的控制影响，在局部地段地下水流场变得相对复杂，详见图3-3-3。

宁武煤田南部煤系含水岩组地下水运移主要受地形条件控制，在宁武县城南分水岭村出现地下水分水岭，在分水岭以北，地下水主要沿沟谷排泄，地下水水位标高在1100～1250m；在分水岭以南，受汾河河谷深切的影响，地下水集中沿汾河河谷运移并向河谷排泄，煤田岩溶地下水水位标高在1050～1250m，详见图3-3-3。

（三）河东煤田

河东煤田位于山西省西部黄河东岸吕梁山西麓，跨忻州市偏关、河曲、保德，吕梁市兴县、临县、方山、离石、柳林、中阳、石楼和临汾市隰县、永和、大宁、蒲县、吉县、乡宁、运城市河津等县（市、区）。煤田北、南和东北以煤层露头线为界，东南以紫荆山断裂带为界，与霍西煤田毗邻，西以

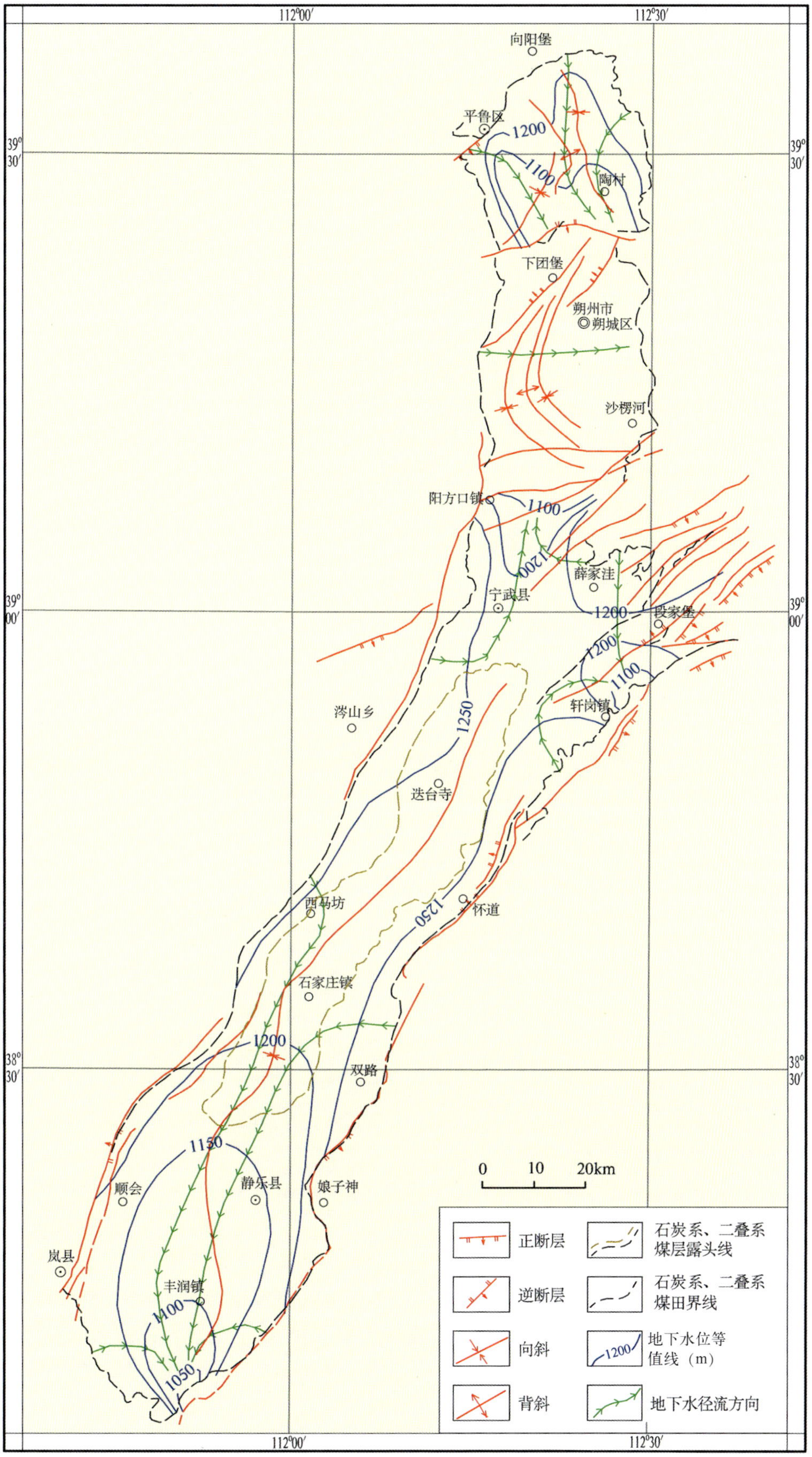

图3-3-3 山西省宁武煤田岩溶水位等值线图

（据王学军等，《山西省煤层气储层物性特征及资源评价，2015年9月》）

黄河为界；地理坐标为东经110°38′10″～111°14′32″，北纬35°43′28″～39°33′40″；南北长约410km，东西宽8～33km，煤田面积15532km²，矿区面积约5274km²。

煤田内可采煤层直接充水含水层为砂岩裂隙水，含水小。浅部煤层位于“奥灰”岩溶水位之上，水文地质条件简单。富水带水文地质条件较复杂。在煤田西部煤层位于“奥灰”岩溶水水位之下，为“带压开采”，有底板突水危险，但因“奥灰”岩溶水埋藏较深为缓流带，富水性弱。

煤田内赋存有碳酸盐岩溶裂隙含水层组、碎屑岩裂隙水和松散岩孔隙水含水层组，可分为四个含水层。现将主要含水层组简述如下。

1.松散岩类孔隙水含水层组

煤田主要为第四系的砂层及砂砾层。含水层厚2～8m不等，层数1～5层。大部出水量不大，但黄河沿岸及其支流河谷两岸低阶地中的含水层，除接受大气降水补给外，还有河流的渗漏和侧向补给，故单井出水量较大，一般在600～1000m³/d之间，水质类型多为HCO_3-Ca·Mg型水。

2.碎屑岩类裂隙含水层组

这类含水层主要为二叠系和三叠系的中粗粒砂岩和砾状砂岩，含水层一般厚2～15m。由于区内含水层多分布在当地的侵蚀基准面以上，故地表出露的泉水点流量很小，且无统一的水位面，一般流量多在0.01～0.1L/s之间，水质类型为HCO_3-Ca·Mg型水。

3.石炭系层间石灰岩裂隙-岩溶含水层组

该主要含水层组大部分地区都埋藏在地下。大气降水补给上覆碎屑岩类的裂隙水，或人为的采矿坑道进行补给，在适宜的构造带或裂隙形成小泉，含水层组是采煤时矿坑排水的主要水源。河曲沙坪矿区涌水量为22884m³/d，河曲梁家碛矿区涌水量为577m³/d，保德贾家峁矿区涌水量为17912m³/d，保德芦子沟矿区涌水量为805m³/d。

4.碳酸盐岩类岩溶—裂隙含水层组

奥陶系厚层石灰岩、白云质灰岩（一般简称奥灰水）岩溶-裂隙含水层组是境内最重要的含水层组，岩性为奥陶系中统中—厚层状石灰岩和白云质灰岩，隔水层为泥灰岩。含水层组大致以保德桥头镇为分界，桥头以南应属奥灰水地下补给—径流区，水的流向由南向北。桥头以北特别是沿黄河一线的沟谷低洼处，多有奥灰水出露点。即天桥泉群泄水区和龙口泉群泄水区。奥灰岩溶水的水位标高为840～870m，多为承压自流水。据研究资料，保德天桥泉的天然排泄量12.05m³/s；此外，在保德铁匠铺的奥灰水勘探钻孔涌水量28000m³/d；在河曲铺沟村奥灰水自流量0.48m³/s。天桥—龙口泉水质类型为HCO_3-Ca·Mg型水。

据勘探钻孔揭露资料：临县三交至柳林一带，太原组层间石灰岩裂隙—岩溶水为承压自流水，水头高出地面30.81m，单位涌水量1.55～1.60L/(s·m)；另据309号钻孔资料，太原组含水层厚6.0m，涌水量40～50m³/h；在柳林县城东的龙门会、上青龙、杨家港一带的三川河谷中，奥灰水沿断层破碎带以泉群形式涌出地表成柳林泉，天然排泄量3.58m³/s。多年平均流量2.32m³/s，水温15～20℃，TDS为0.30～1.30g/L，水质类型为HCO_3-Ca·Na型水。

河东煤田岩溶地下水水位南北差异较大，北部标高950～1050m，中部800～1200m，南部600～1200m，详见图3-3-4。

5.煤系含水岩组地下水流场趋势分析

煤系含水岩组在接受东部边界裸露区及浅埋区大气降水入渗及松散覆盖层孔隙水侧向补给后，地下水总体沿地层倾向向西部运移，含水层在地形低洼的沟谷及河道深切处，以泉点或泄流形式排泄，主要排泄出口有天桥泉、柳林泉、黄河沿岸及其支流沟谷，煤田岩溶地下水水位标高在800～1200m之间，详见图3-3-5。

（四）太原西山煤田

太原西山煤田位于山西省中部、太原市西侧，属太原市、吕梁市管辖，是山西省重要的炼焦煤产地

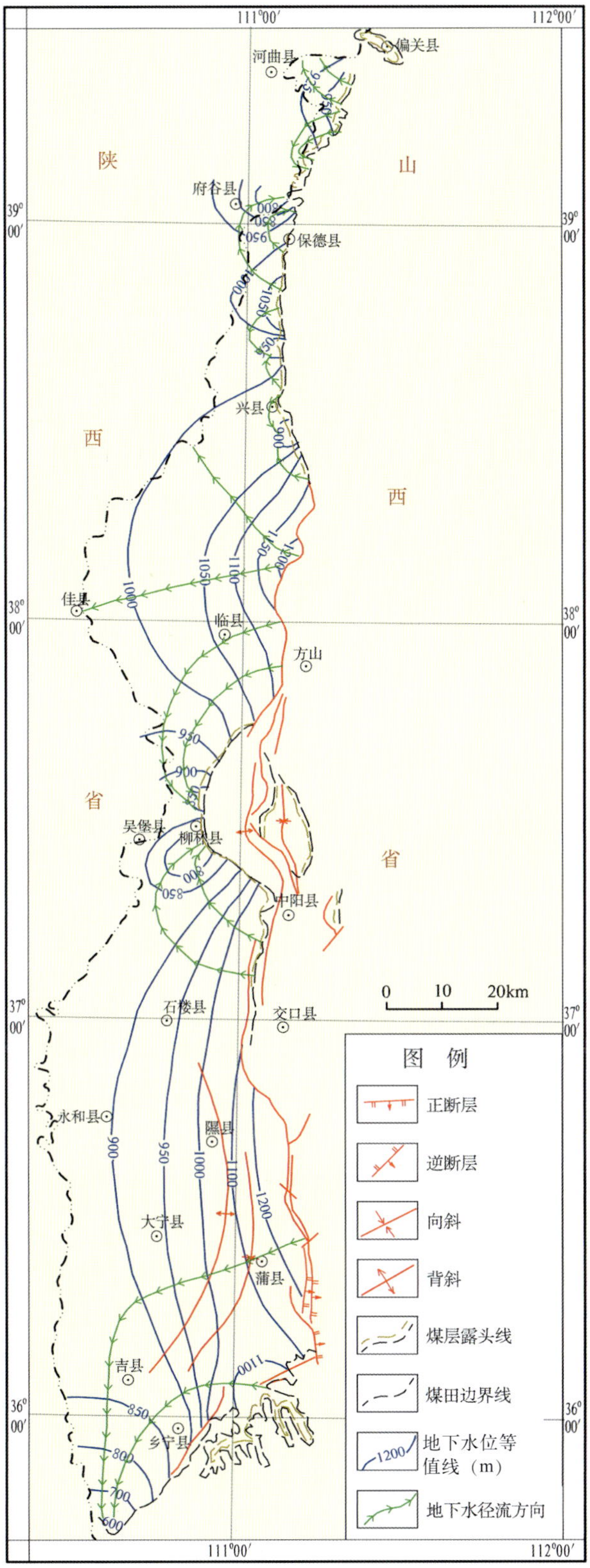

图3-3-4　山西省河东煤田岩溶水位等值线图

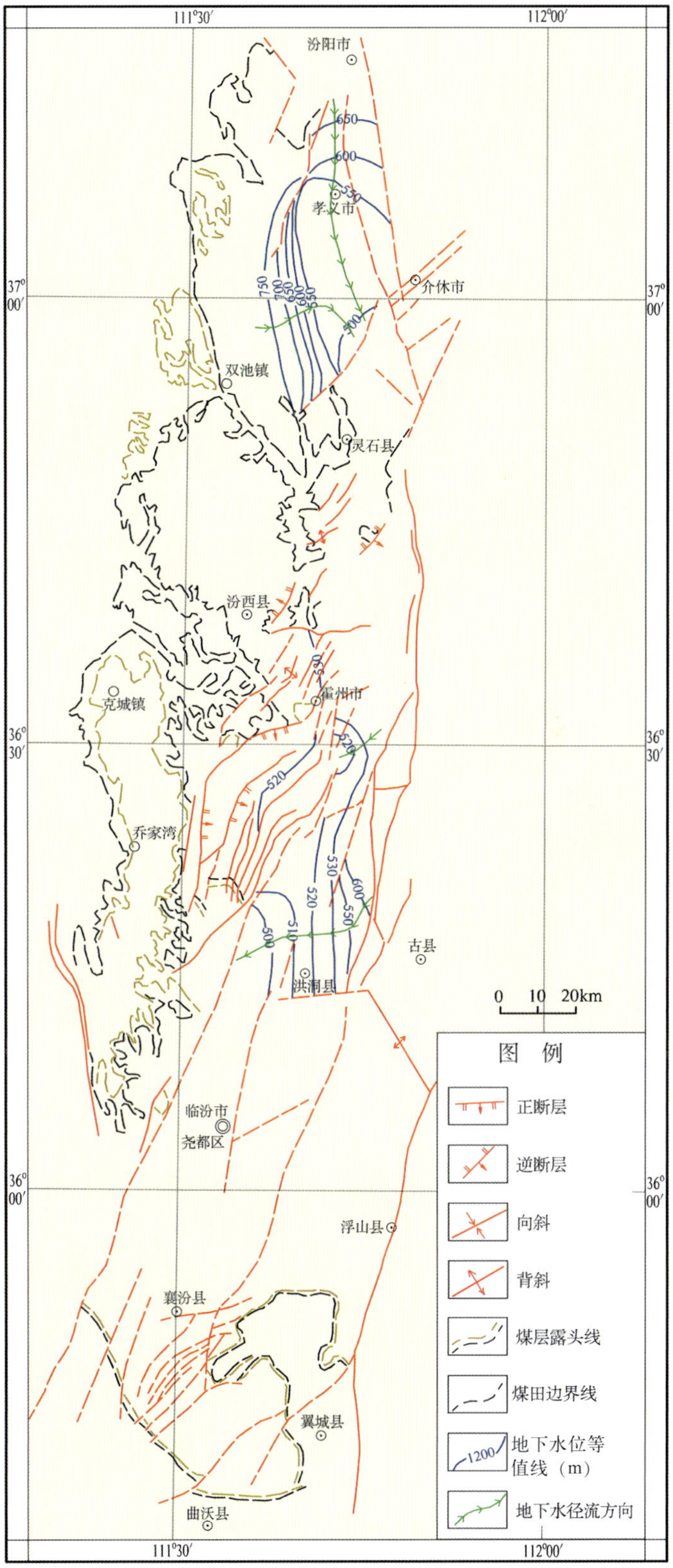

图3-3-5　山西省霍西煤田岩溶水位等值图

（据王学军等，《山西省煤层气储层物性特征及资源评价，2015年9月》）

之一。该煤田呈北东—南西向展布，跨太原市尖草坪区、万柏林区、晋源区、古交市、清徐县，吕梁市交城县、文水县境。煤田地理坐标为东经110°51′49″～112°30′00″，北纬37°23′51″～38°02′12″，煤田南北长约75km，东西宽20～50km，呈不规则长方形，面积约1853km²。煤田地下水可分为孔隙水、碎屑岩裂隙水和岩溶水三类。

1.煤系地层含水层组

（1）太原组石灰岩含水层组

该含水层组主要以L_2、L_3、L_4、L_5石灰岩为主，其间发育着上、下马兰砂岩，七里沟砂岩，以及屯兰砂岩，厚20～50m。K_2石灰岩一般厚3～6m，东部西山矿区最厚达12m；L_4石灰岩，一般厚2～4m，在南部最厚达10m；L_5石灰岩，主要发育于煤田环形分水岭以南，一般厚1～3m，西山矿区最厚达7m。上述石灰岩在浅部裂隙发育，常有溶蚀或溶孔出现；充水量的大小随裂隙、溶蚀发育程度，以及有无构造裂隙导水而有较大差别。

（2）山西组砂岩含水层组

该含水层组由北岔沟砂岩、冀家沟砂岩、铁磨沟砂岩等组成。其中以北岔沟砂岩较发育，多为含砾粗砂岩，但厚度变化大，在煤田东部官地扩区厚达53m。冀家沟砂岩主要发育于煤田东北部；铁磨沟砂岩虽层位稳定，但粒度较细，多为粉砂—细中砂岩。砂岩发育时，其含水性较好，反之即差。充水量随裂隙发育程度与裂隙导水构造而变化。钻孔单位涌水量为0.00067～0.0075L/（s·m），是采煤的主要充水水源。

2.煤系以上砂岩含水层组

该含水层组包括直接盖层上、下盒子组，石千峰组，以及其上覆三叠系砂岩。当其分布于当地侵蚀基准面以上时，只形成透水层，风化带裂隙发育；当其分布于当地侵蚀基准面以下时，则浅部形成风化带潜水，深部形成承压水。其富水性取决于构造条件和补给条件，一般较弱，远离边山及构造带时，单位涌水量仅0.000245～0.000176L/（s·m），渗透系数为0.0079m/d。

3.岩溶含水层组

该含水层组主要指中奥陶统上、下马家沟组与峰峰组石灰岩含水层组，由泥晶石灰岩、角砾状泥灰岩、白云质灰岩组成，每组底部泥灰岩夹石膏。角砾状泥灰岩可溶性较差，为相对隔水层，随岩溶发育程度的不同富水性有较大差异，一般是裸露区岩溶的发育程度优于埋藏区，上覆非可溶岩系厚度小者优于大者，构造带优于正常地带。边山及浅埋区岩溶发育，在周家庄钻孔发现1.2m高的溶洞，晋祠一带溶洞最高达4.3m，形成浅埋区与边山断裂带的强富水带，有泉水出露，较大者有出自O_2的兰村泉，原流量为4.5m³/s，现已断流。晋祠泉出自奥陶系石灰岩地层，泉口标高803m，西冶泉泉口标高为1330m，总流量为0.80m³/s（1981年）。沿西冶川河谷悬泉寺—上湖一带曾有多处泉水涌出，目前泉水大多断流。周泉出自寒武系中统张夏组，煤田西缘外白家滩断裂带，泉口标高1330m，流量0.015m³/s。

需要指出的是，前山矿区除白家庄断裂带外，大多煤层位于岩溶水位以上，后山古交矿区大多位于岩溶水位以下，受带压开采威胁，但一般单位涌水量<0.005L/（s·m），屯兰、马兰矿开采证实，对煤层开采影响不大。

西山煤田岩溶地下水水位标高在800～1100m之间，详见图3-3-6。

4.煤系含水岩组地下水流场趋势分析

煤田北部山区煤系含水岩组在接受来自北、西边界裸露区和浅埋区大气降水入渗及松散覆盖层孔隙水侧向补给后，主要向东南方向汾河河谷运移并以泄流形式排泄，煤田岩溶地下水水位标高在800～1100m之间；煤田南部在接受东边界浅埋区其他含水层地下水侧向补给后，自东向西向汾河河谷平原排泄，地下水受地质构造控制影响明显，在地质构造发育地段地下水流场变得复杂化，详见图3-3-6。

5.煤系含水岩组地下水流场趋势分析

煤系含水岩组在接受来自北、西边界裸露区和浅埋区大气降水入渗及松散覆盖层孔隙水侧向补给后，地下水集中向东南方向太原平原及汾河河谷一带运移排泄，煤田岩溶地下水水位标高在800～1100m之间，详见图3-3-6。

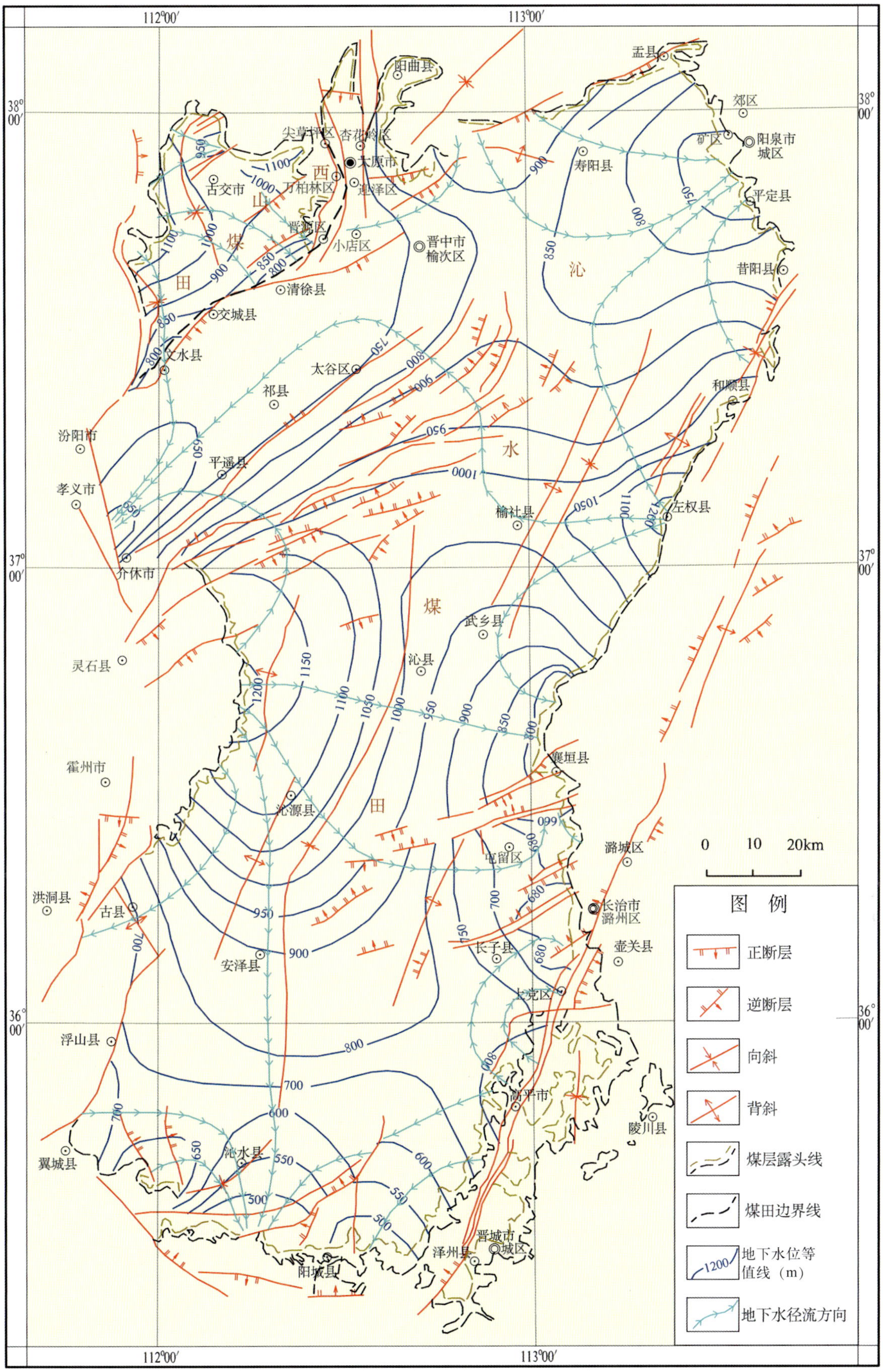

图3-3-6 山西省西山煤田、沁水煤田岩溶水位等值线图
（据王学军等，《山西省煤层气储层物性特征及资源评价，2015年9月》）

本区地表水体主要为汾河、汾河水库及汾河二库，其余均为季节性水流。地下水以奥灰岩溶水为主。

中奥陶统灰岩岩溶含水层，富水性强的地段仅限于边缘浅部，大部地段含水性弱或极弱。单位涌水量0.0012～25.54L/（s·m）。沿汾河河谷及边山地带有泉水出露，水位标高801～951m，北部地段低于最低可采煤层，其他地段水位高于部分煤层，与煤层底板间有60～80m隔水层。水质为HCO_3·SO_4–Ca·Mg至SO_4·Cl–Ca·Mg型。

太原组裂隙岩溶含水层：富水性随埋深增加而减弱，单位涌水量0.00029～0.0248L/（s·m）。水位标高789～1250m。水质北部为HCO_3·SO_4–Ca·Mg型，东南部SO_4·HCO_3–Ca·Na型。

（五）霍西煤田

霍西煤田位于山西省中南部，属吕梁市、晋中市、临汾市管辖，是山西省重要的炼焦用煤产地之一。该煤田呈南北向展布，跨吕梁市汾阳市、交口县和孝义市，晋中市灵石县、介休市和临汾市尧都区、汾西县、蒲县、洪洞县、襄汾县、翼城县和霍州市境。煤田的地理坐标为东经110°00′00″～112°00′00″，北纬35°40′00″～37°20′00″，煤田南北长约170km，东西宽约70km，呈长方形，面积5775km^2。

煤田内赋存有碳酸盐岩溶裂隙溶洞水、碎屑岩裂隙水和松散岩孔隙水，可分为7个含水层。现将主要含水层组简述如下。

1.奥陶系中统（O_2）石灰岩岩溶裂隙含水层组

全统厚度在500m以上，以往勘探资料表明，奥陶系岩溶裂隙含水层组可划分为3个含水层段，3个含水层段的底部均含有较厚的泥灰岩或泥质岩夹石膏层，构成相对的隔水层。

（1）峰峰组石灰岩岩溶裂隙含水层

岩性特征可分为上、下两段，全厚70～94m，北厚南薄，翼城一带厚约35m，上段以纯石灰岩为主，岩溶发育，是主要含水层。据霍州矿区对该组的钻孔抽水试验结果，钻孔单位涌水量为1.69～19.24L/（s·m），平均为6.75L/（s·m）。

（2）上马家沟石灰岩岩溶裂隙含水层组

以石灰岩、豹皮状石灰岩为主夹薄层泥灰岩，下部具有白云岩化作用。石灰岩裂隙发育，溶蚀现象严重，多具溶孔，溶洞，以及蜂窝状、串珠状岩溶，连通性好，为主要含水层。据钻孔抽水试验结果，钻孔单位涌水量3.28～77.63L/（s·m），平均19.37L/（s·m）。

（3）下马家沟组岩溶裂隙含水层组

以厚层石灰岩中厚状白云质石灰岩为主，底部可见泥质条带构造。石灰岩裂隙发育，尤其下部溶蚀严重，具溶孔和溶隙，含水性强。

2.太原组石灰岩岩溶裂隙含水层组

太原组的石灰岩有四层，较稳定的为K_2、K_3、K_4三层。其中，K_3、K_4灰岩厚度小，为弱含水层或不含水层；K_2灰岩厚度大，平均厚度10m左右，层位稳定，是太原组最主要的含水层位。

据霍州矿区483放水工程6个钻孔的资料，钻孔单位涌水量最小0.0297L/（s·m），最大为9.964L/（s·m），平均3.711L/（s·m）。矿区北部，钻孔单位涌水量0.61～2.10L/（s·m），中、东部钻孔单位涌水量0.001～0.021L/（s·m），西部钻孔单位涌水量0.056～3.381L/（s·m）。对煤矿开采造成威胁的主要是K_2石灰岩含水层。

霍西煤田岩溶地下水水位标高在500～750m之间，详见图3–3–5。

3.山西组砂岩裂隙含水层组

山西组的含水层主要是砂岩裂隙水。山西组底部的分界砂岩是主要的含水层位，但含水性微弱，钻孔单位涌水量为0.0014～0.048L/（s·m）。

4.煤系上部砂岩裂隙含水层

该含水层组包括石盒子组到三叠系。其岩性组成特点是自下而上粒度逐渐变粗，相应的其透水性及充水性亦随之增强；尤其是裸露于地表或掩盖于新近系、第四系松散沉积物之下的基岩风化壳，其孔隙和裂隙极为发育，形成了良好的充水及透水环境。在煤田的平原地带及山区的适当地段，均可成为富水性良好的含水层位。但是，由于其层位高，海拔也高，相当大的部分是透水层，仅在深部或适合储水的地段形成富水带，在基岩裸露地区以泉等形式出露于地表。如下庄矿煤层开采后，泉水仍然自流。据对临汾地区的调查，这类泉的数量很多，流量大都在0.1～1.0L/s之间，几乎沟沟有水。大部分泉的季节性变化很大，旱季部分泉水干枯，补给来源主要是大气降水。

5.第四系松散岩类孔隙水

据霍州矿区的调查资料，叙述如下。

（1）第四系全新统含水层组（Qh）

该含水层组主要分布于沟谷及河床，汾河河谷是主要的富水地段。在有地下岩溶水补给的陈村一带，最大的钻孔单位涌水量可达68.1L/（s·m）。

（2）第四系中、下更新统含水层组（Qp_{1-2}）

该含水层组因其位于汾河Ⅱ、Ⅲ级阶地之上，所以含水性较差。例如，赤峪村一带单位涌水量仅0.0445～0.12L/（s·m）；但在退沙村东部，单位涌水量达到10.051L/（s·m）。

6.煤系含水岩组地下水流场趋势分析

煤田北部山区煤系含水岩组在接受来自北、西边界裸露区和浅埋区大气降水入渗及松散覆盖层孔隙水侧向补给后，主要向东南方向汾河河谷运移并以泄流形式排泄，煤田岩溶地下水水位标高在550～750m；煤田南部在接受东边界浅埋区其他含水层地下水侧向补给后，自东向西向汾河河谷及临汾平原排泄，地下水水位标高在500～750m。霍西煤田地质构造较为复杂，地下水受地质构造控制影响明显，在地质构造发育地段地下水流场变得复杂化，详见图3-3-6。

（六）沁水煤田

沁水煤田位于山西省东南部，跨太原市阳曲县、杏花岭区和迎泽区，晋中市，阳泉市，长治市，晋城市及临汾市翼城、安泽、古县等，是山西省重要的贫煤和无烟煤产地。沁水煤田地理坐标为东经111°49′06″～113°41′05″，北纬35°11′48″～38°11′48″，煤田南北长约310km，东西宽70～120km，呈近南北向展布的不规则长方形，面积约为27301km^2。其中勘探面积7657km^2。

沁水煤田可采煤层的直接充水含水层，山西组煤层为砂岩裂隙水，太原组煤层为石灰岩间夹砂岩裂隙岩溶水，含水量小，对煤层开采影响不大。可采煤层下伏“奥灰”岩溶水，含水丰富，浅部水位均低于煤层，水文地质条件简单。勘探矿区西及以西大面积范围煤层延伸到“奥灰”岩溶水位之下，为带压开采，有底板突水危险，水文地质条件为复杂或较复杂。

依据沉积地层的岩性组成、结构、稳定性，以及岩层的厚度与节理裂隙的发育程度，结合地质构造、水文地质条件、地下水类型、含水性及地下水的补给状况等，通过综合分析研究和对比，将该区主要含水层由深至浅分述如下。

1.中奥陶统石灰岩岩溶裂隙含水层组

该含水层主要由奥陶系峰峰组、上马家沟组及下马家沟组含水层组成。岩性主要以质纯的石灰岩、白云质灰岩、泥质灰岩、角砾状灰岩为主，局部为含石膏灰岩、含石膏白云质灰岩等。总厚度为400～600m。含水层富水性主要取决于岩溶裂隙的发育程度。而岩溶裂隙的发育程度往往差异较大。在岩溶地下水径流带上，多见溶蚀裂隙及串珠状、蜂窝状溶孔；而在含水层深埋区，岩溶裂隙一般不发育，偶见细小溶孔及溶蚀裂隙，溶孔及溶蚀裂隙见有方解石脉充填现象。据该区水源井资料，单井出水量一般为1000～4000m^3/d；另据钻孔抽水试验资料，钻孔单位涌水量一般为0.1～45.0L/（s·m）。但到西部深部有减少趋势，该含水层为区域内最重要的供水含水层，含水层一般含水丰富，水质优良，不易受到污染。水质类型一般为$HCO_3 \cdot SO_4$-$Ca \cdot Mg$型水或SO_4-$Ca \cdot Mg$型水。

煤田北部西面岩溶地下水水位标高650～1000m之间；煤田北部东面岩溶地下水水位标高

750～1200m之间；煤田南部岩溶地下水水位标高500～1200m之间，详见图3-3-6。

2.上石炭统太原组岩溶裂隙含水层组

该含水层组一般埋藏较深，为碎屑岩夹碳酸盐岩岩溶裂隙含水层组成。岩性主要为中、粗粒砂岩及石灰岩。含水层的富水性主要取决于砂岩裂隙及岩溶发育程度。一般包括K_2、K_3、K_4、K_5等灰岩裂隙含水层等，构成太原组各煤层的充水水源。该含水层地下水补、径、排区域不明显。据沁水煤田内钻孔资料，太原组石灰岩总厚7.5～25.0m，平均14.2m。以斜裂隙和垂直裂隙为主，方解石脉充填，偶见有小溶孔。钻孔单位涌水量一般为0.01～1.20L/（s·m），水质类型为$HCO_3\cdot Cl-K+Na$型水或$Cl\cdot HCO_3-K+Na$型水。该含水层由于富水性及水质差异性较大，一般不作为重要的供水含水层。

3.下二叠统山西组及下石盒子组砂岩裂隙含水层组

该含水层组为碎屑岩裂隙含水层，一般埋藏较深。岩性主要以中、细粒砂岩为主。包括K_1砂岩、3号煤层顶板砂岩及K_8砂岩裂隙含水层等，构成主采3号煤层的直接充水水源。该含水层地下水补、径、排区域不明显。据沁水煤田内钻孔资料，本含水层砂岩总厚一般为6.5～20.0m，平均12.5m。以不规则裂隙和垂直裂隙为主，有方解石脉充填及泥质物充填现象。钻孔单位涌水量为0.01～0.60L/（s·m），水质类型以HCO_3-K+Na型水为主。该含水层由于富水性较弱，一般不作为重要的供水含水层。

4.上石盒子组砂岩裂隙含水层组

该含水层组为碎屑岩裂隙含水层，一般埋藏深度变化较大。该含水层组主要由中、细粒砂岩等组成，局部地段为粗粒砂岩。含水空间以砂岩裂隙为主，局部为风化裂隙。在浅埋区，基岩风化程度受构造、岩性及埋藏深度等条件的影响，因而裂隙发育深度不同，其富水性有较大的差异。沁水煤田中、南部钻孔钻进至该层位时，水位及消耗量多有明显变化。含水层地下水补、径、排区域不明显。据钻孔该含水层抽水试验资料，含水层厚度为30.0～62.0m，单位涌水量0.03～1.40L/（s·m），水质类型以HCO_3-K+Na型水为主。该含水层富水性在中、南部属弱—中等，一般可作为中、小型供水含水层。

5.三叠系砂岩裂隙含水层组

该含水层组为碎屑岩裂隙含水层，一般埋藏深度较浅。在该区中、西部有大面积出露。该含水层组主要由中、细粒砂岩等组成，局部地段为粗粒砂岩。含水空间以砂岩裂隙为主，局部为风化裂隙。在浅埋区，基岩风化程度受构造、岩性及埋藏深度等条件的影响，因而裂隙发育深度不同，其富水性有较大的差异。含水层厚度可达数百米，在山区中该含水层中常出现泉水，水质优良。在局部，由于受基岩风化程度、构造、岩性及上覆松散层含水层影响，使该含水层的含水性和富水性有所增强。该含水层地下水补、径、排区域不明显。据钻孔抽水试验资料，单位涌水量0.05～1.50L/（s·m），水质类型以HCO_3-K+Na型水为主。一般可作为中、小型供水含水层。

6.松散层孔隙含水层组

该含水层组主要分布于长治盆地和高平—晋城盆地及河床沟谷地带，厚度变化较大。一般为45.0～195.0m，平均为136.0m，最大可达300m。含水层主要由中、细砂及砾石等组成。据钻孔抽水试验资料，含水层厚度为12.0～38.2m，单位涌水量一般为0.15～2.40L/（s·m），水质类型以HCO_3-Ca型水为主。一般可作为中、小型供水含水层。该含水层与基岩风化带含水层直接接触，水力联系密切，局部含水性相对较强。

7.煤系含水岩组地下水流场趋势分析

煤系含水岩组地下水运移总体受煤田地形条件控制，以黑神山、紫金山和左权县辽阳镇一线为地下水分水岭界线，将沁水煤田划分为南北两部分。

煤田北部西面自山区由东向西向汾河河谷排泄，煤田岩溶地下水水位标高在700～1000m之间；煤田北部东面自西向东集中向娘子关泉点排泄，地下水水位标高在750～1200m之间。煤田南部一部分地下水自西向东集中向漳河出口处汇集排泄，地下水水位标高为800～1200m，受区域文王山断裂控制影响，断裂带南北地下水水位出现明显跳跃波动。

煤田南部另一部分地下水沿沁河河谷流线向南运移和沿洪安涧河河谷向西运移，并在河谷出口及煤田南边界和西边界排泄，煤田岩溶地下水水位标高在500～1200m之间。

第四节　矿区水文地质条件

山西省六大煤田埋深2000m以浅含煤面积55241km²；阳高、浑源、广灵、灵丘、繁峙、五台、平陆、垣曲等8个煤产地面积共计为1852km²。根据煤层赋存条件及地质特征又可进一步划分为37个矿区（2004年资料），石炭系—二叠系煤田矿区面积16939km²，侏罗系煤田矿区面积1292km²，详见表3-4-1、图3-4-1。山西各煤田煤层情况详见表3-4-2。

2004年，国土资源部、国家发展和改革委员会〔2004〕第13号公告，将山西煤炭资源划分为三大煤炭基地，各矿区范围进行了调整，调整结果如下：

1）将太原西山煤田的古交矿区、西山矿区、清交矿区和东社矿区划归西山古交规划区。

2）汾孝矿区、灵石矿区、霍州矿区、克城南湾里矿区划归霍州。因此，霍西煤田划分为襄汾规划矿区、霍州规划矿区。

3）轩岗矿区划归宁武静乐规划矿区。

4）将保德矿区和兴县矿区划分为保兴规划矿区。

5）将沁水煤田西部的沁源矿区和古县矿区划分为平遥、沁源、安泽三个规划矿区。

表 3-4-1　山西省六大煤田各矿区基本情况统计表

序号	煤田 名称	煤田 面积/km²		矿区 名称		矿区 面积/km²	序号	煤田 名称	煤田 面积/km²	矿区 名称	矿区 面积/km²
1	大同煤田	石炭系—二叠系	1704	大同矿区	石炭系—二叠系	1260	23	沁水煤田	27301	寿阳矿区	490
		侏罗系	772		侏罗系	772	24			阳泉矿区	608
2	宁武煤田	石炭系—二叠系	3150	平朔矿区		380	25			平昔矿区	480
3				朔州（朔南）矿区		600	26			和顺矿区	520
4				轩岗矿区		1300	27			武乡矿区	150
				岚县矿区		129	28			襄垣矿区	411
5		侏罗系	520	轩岗矿区		340	29			潞安矿区	700
				岚县矿区		180	30			长治矿区	330
6	河东煤田	15532		河曲偏关矿区		360	31			高平矿区	900
7				保德矿区		410	32			晋城矿区	280
8				兴县矿区		768	33			阳城矿区	720
9				柳林矿区		808	34			沁水矿区	600
10				离石矿区		300	35			翼城矿区	200
11				隰县—蒲县矿区		950	36			古县矿区	548
12				乡宁矿区		1628	37			沁源矿区	550
13	霍西煤田	5775		襄汾矿区		300	38	阳高煤产地	7	未列入规划矿区	8个煤产地面积合计1852
14				克城南湾里矿区		700	39	浑源煤产地	147		
15				霍州矿区		560	40	广灵煤产地	9		
16				灵石矿区		510	41	灵丘煤产地	14		
17				汾孝矿区		1100	42	繁峙煤产地	106		
18	太原西山煤田	1779		东社矿区		400	43	五台煤产地	13		
19				清交矿区		400	44	平陆煤产地	1026		
20				古交矿区		660	45	垣曲煤产地	530		
21				西山矿区		200	合计	石炭系—二叠系	57093	石炭系—二叠系	16939
22	沁水煤田	27301		东山矿区		170		侏罗系	1292	侏罗系	1292

注：煤田面积、煤产地面积根据山西省国土资源厅2008年编制的《山西省煤炭资源图集》埋深2000m以浅资料统计；矿区面积根据常毅军等著《山西煤炭资源及其开发战略评价》资料整理；矿区划分为2004年的资料；煤产地未规划矿区；平陆煤产地又称芮城—平陆煤产地。

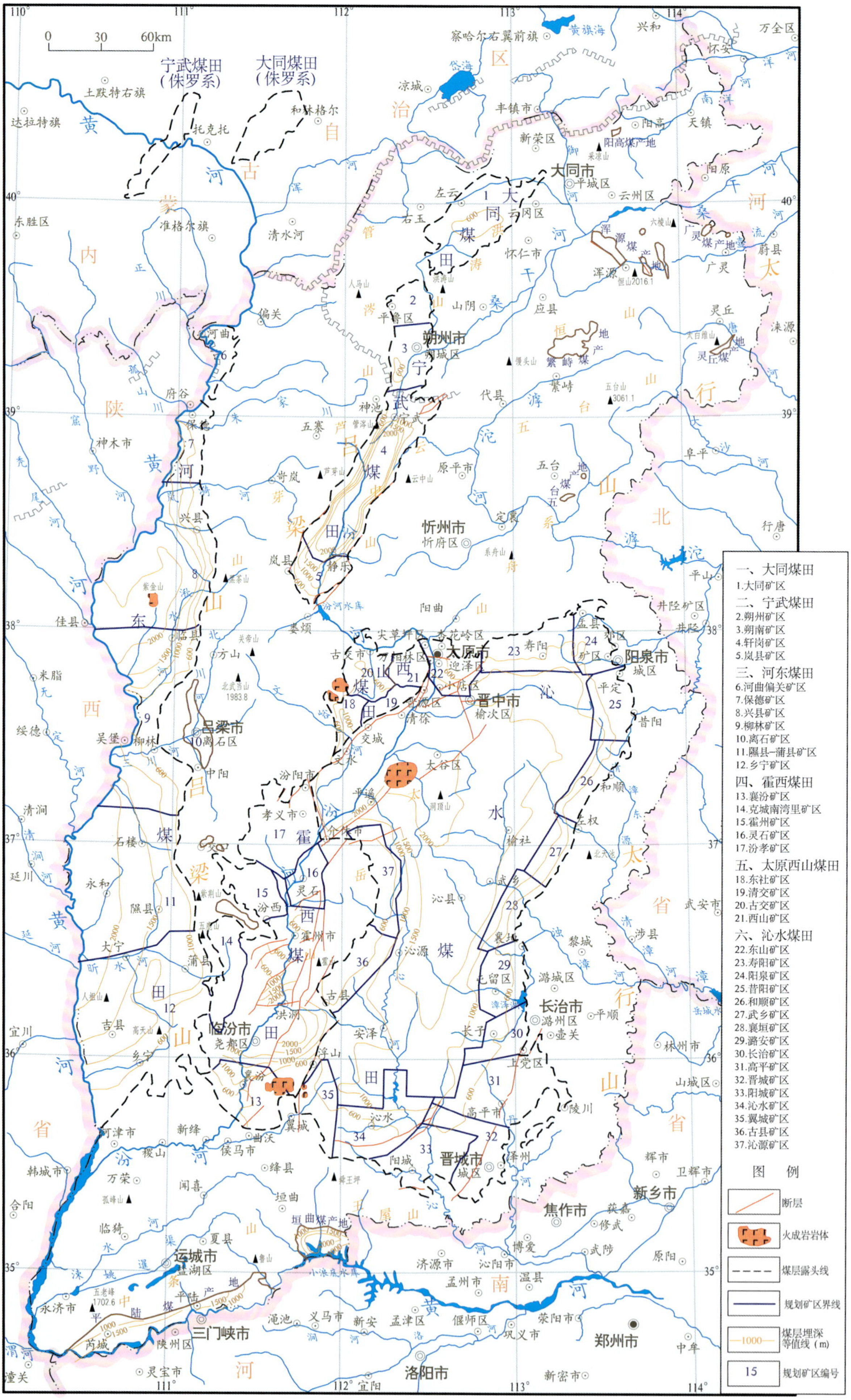

图3-4-1 山西省煤田及规划煤矿区分区图（2004年）

表 3-4-2 山西省各煤田主要煤层及可采性情况一览表

序号	煤田	石炭系—二叠系煤田						侏罗系煤田		
		太原组（C_3t）			山西组（P_1s）			大同组（J_2d）		
		含煤层数/层	主要开采煤层及可采性		含煤层数/层	主要开采煤层及可采性		含煤层数/层	主要开采煤层及可采性	
			全区可采煤层	大部及局部可采煤层		全区可采煤层	大部及局部可采煤层		全区可采	大部及局部可采煤层
1	大同煤田	9～12	5#、8#	2#、3#	5～6	—	山1#、山4#	15	1#、2#、3#、7#、8#、9#、11-1#、11-2#、13#、14#	4#、10#、11-3#、12#、14-2#
2	宁武煤田	7～10	9#	11#	4～6	4#	3#	2	2#、3#	—
3	西山煤田	7～8	8#、9#	7#	4～9	2#	1#、3#、03#	—	—	—
4	霍西煤田	7～9	9#、10#、11#	—	3～4	2#	3#	—	—	—
5	沁水煤田	8～10	15#	8#、9#、14#	6～7	3#	2#、6#	—	—	—
6	河东煤田	7	13#	9#、10#、11#	8	8#	6#	—	—	—
		5～7	8#、9#	6#、10#	5～8	4#、5#	2#、3#	—	—	—
		3～7	10#	7#、12#	3～6	2#	1#、3#	—	—	—

注：本表根据山西省国土资源厅2008年编制的《山西省煤炭资源图集》资料统计。

6）平朔矿区和朔州矿区划分到平朔朔南规划矿区。

7）将河曲、偏关矿区划分为河曲规划矿区。

8）寿阳矿区、阳泉矿区、平昔矿区和和顺矿区划分为阳泉规划矿区。

9）武乡矿区、襄垣矿区、潞安矿区、长治矿区划分为潞安规划矿区。

10）高平矿区、晋城矿区、阳城矿区、沁水矿区划分为晋城规划矿区。

一、大同煤田各矿区水文地质条件

大同煤田为双纪煤田，分为侏罗纪煤田（面积772km^2）和石炭系—二叠系煤田（面积1260km^2），均为一个矿区——大同矿区，侏罗纪煤田矿区面积772km^2，石炭系—二叠系煤田矿区面积1260km^2。

（一）大同矿区（侏罗纪煤田）

1.矿区位置与面积

大同矿区（侏罗纪煤田）位于大同市西南10km处，跨大同市云冈区及左云县和朔州市怀仁县。矿区东北以青磁窑断层为界，南和东南界为口泉山西麓的煤层露头线，西部和北部为推测的沉积—剥蚀边界。侏罗系含煤面积为772km^2。

2.矿区水文地质条件

（1）含水层

矿区内侏罗系及其上覆白垩系、下伏二叠系砂岩裂隙含水层（组）富水性小—中等，单位涌水量为0.0062～1.419L/（s·m），渗透系数0.061～5.07m/d，水位标高1166.93～1173.60m。

基岩风化带裂隙潜水层含水不均一，单位涌水量0.178～0.62L/（s·m），渗透系数为0.28～3.39m/d。

第四系砂砾孔隙潜水层在十里河一带含水丰富，单位涌水量2.09～3.55L/（s·m），渗透系数28.19～41.32m/d。

（2）隔水层

煤系（J_2d）地层中夹在砂岩裂隙含水层间的泥岩、砂质泥岩和煤层，构成平行复合结构，起层间隔水作用。

（3）地下水流场条件

大同煤田为一个不对称的向斜，东南翼陡立，西北翼平缓。从地貌上看为一不对称的盆地，边缘为侵蚀构造成因的中高山区，盆内为丘陵区。地表河流从边缘流向中部向东汇集于桑干河。地下水由边缘裸露区（补给区）向中部汇集，在十里河谷两岸浅部地下水以泉水溢出，钻孔揭露含水层时地下水从孔口涌出，形成自流水区。

（4）充水条件

可采煤层直接充水含水层为砂岩裂隙水，含水小，水文地质条件简单，云冈、口泉沟内各生产矿井含水系数0.31～0.08m^3/t。

（二）大同矿区（石炭系—二叠系煤田）

1.矿区位置与面积

大同煤田石炭系—二叠系矿区，跨大同市云冈区及左云县、朔州市怀仁、右玉、山阴等县。矿区北东以青磁窑断层南端为界，南和东南界为口泉山西麓煤层露头，西界为洪涛山东麓煤层露头，北部十里河一带已为煤系沉积边缘，西北为推测的煤层剥蚀边界。大同煤田石炭系—二叠系矿区大致以鹅毛口河分列为北、南两个矿区，总的含煤面积为1260km^2。

2.矿区水文地质条件

（1）含水层

寒武系—奥陶系石灰岩岩溶裂隙含水层（组）埋藏在煤层之下，富水性小，单位涌水量很小，约为0.7L/（s·m），渗透系数0.0008～8.0m/d，水位标高1090.5～1158.7m。

太原组、山西组、下石盒子组、上石盒子组，以及侏罗系和上覆白垩系砂岩裂隙含水层（组），富水小，单位涌水0.02～0.000004L/（s·m），渗透系数0.017～0.87m/d；基岩风化带裂隙潜水富水较大，单位涌水量0.07～0.62L/（s·m），渗透系数0.28～3.39m/d。

第四系砂砾孔隙潜水富水较大，单井出水量可达1900m^3/d。

（2）隔水层

煤田南部本溪组和太原组以泥岩、砂质泥岩、铝土泥岩为主，厚约50m，为（奥灰）岩溶水与石炭系太原组砂岩裂隙水含水层间的隔水层。

煤系地层中夹在砂岩裂隙含水层间的泥岩、砂质泥岩和煤层，构成平行复合结构，起层间隔水作用。

（3）地下水流场条件

大同煤田为一个不对称的向斜，东南翼陡立，西北翼平缓；从地貌上看为一个对称的盆地，边缘为侵蚀构造成因的中高山区，盆内为丘陵区。煤田内地表河流从边缘流向中部，向东汇集于桑干河；地下水由边缘裸露区（补给区）向中部汇集，在十里河谷两岸浅部地下水以泉水溢出，钻孔揭露含水层地下水从孔口涌出，形成自流水区。

（4）充水条件

可采煤层直接充水含水层为砂岩裂隙水，含水小，水文地质条件简单。

二、宁武煤田各矿区水文地质条件

宁武煤田部分为双纪煤田，侏罗纪煤田面积520km^2，分为轩岗矿区（340km^2）、岚县矿区（180km^2）；宁武煤田石炭系—二叠系煤田面积3150km^2，矿区面2409km^2，分为4个矿区，分别为平朔矿区（380km^2，）、朔州（朔南）矿区（600km^2，）、轩岗矿区（1300km^2）、岚县矿区（129km^2）。

（一）平朔—朔州（朔南）规划矿区

1.矿区位置与面积

平朔矿区是宁武煤田最北端的一个矿区。跨朔州市区及平鲁县境，矿区东、北、西三边均为煤层露头，南以担水沟断层与朔州矿区分开。矿区东西宽20km，南北长19km，面积约380km²。

朔州矿区位于雁北地区南部，矿区在朔州市区境内。矿区东西以煤层露头线为界，北以担水沟断层与平朔州矿区相邻，南界以王万庄断层为界，与轩岗矿区相邻。矿区东西宽约18km，南北长约30km，矿区面积600km²。

2.矿区水文地质条件

（1）含水层

寒武系—奥陶系石灰岩岩溶裂隙含水层（组）位于神头泉域，含水丰富，矿区东北缘有泉群溢出，流量为6.33～7.84m³/s，出露标高为1050m，钻孔单位涌水量为13.124～41.779L/（s·m），水位埋深56.70m。

在矿区南部下石盒子组底部砂岩裂隙水水位标高1147～1297m，渗透系数0.10～0.33m/d，含水小。

第四系砂、砂砾孔隙潜水层含水中等，单位涌水量0.20L/（s·m），水位标高1366m。

（2）隔水层

本溪组和太原组底部铝质泥岩及中上部砂质泥岩、泥岩为“奥灰”岩溶水与煤层和太原组砂岩裂隙水的隔水层，厚20～40m，煤系地层中夹在砂岩裂隙含水层间的泥岩、砂质泥岩和煤层，构成平行复合结构，起层间隔水作用。

（3）地下水流场条件

矿区西缘为“奥灰”岩溶水的补给区，东缘为排泄区，有泉水溢出，矿区处在径流—排泄区。地下水总流向为自西南向东北。石炭系、二叠系砂岩裂隙水埋藏在第四系松散层之下，部分接受第四系潜水补给，水量有限。第四系潜水除接受大气降水渗透补给外，东北部还直接受“奥灰”岩溶水补给，含水中等。

（4）充水条件

太原组下部可采煤层大部分位于“奥灰”水位之下，有底板突水危险。上覆第四系孔隙水含水中等，对煤层也有一定影响。

（二）轩岗规划矿区

1.矿区位置与面积

轩岗矿区位于宁武煤田中东部，跨忻州市神池、宁武和原平市。轩岗矿区北以梵王寺—王万庄断层与朔州矿区相邻，南以纬线（X）4278与岚县矿区分开，东西界为煤层露头；矿区中南部还有侏罗系煤层，其北、东、西界都是煤层露头。矿区南北长约58km，东西宽约22.5km，石炭系—二叠系含煤面积1300km²，侏罗系含煤面积约340km²，由于地层倾角较大，石炭系煤层埋藏深度在500m以浅的面积甚为有限，且已开发，勘探面积323.8km²。

2.矿区水文地质条件

（1）含水层

寒武系—奥陶系石灰岩岩溶裂隙含水层（组）在矿区东、西边缘裸露地表，东缘为马圈泉域，西缘为雷鸣寺泉域。马圈泉域流量1.3～2.3m³/s，出露标高1120～1150m；雷鸣寺泉域单泉流量0.17m³/s，出露标高1800～2000m。钻孔单位涌水量0.65～6.34L/（s·m）。

太原组砂岩间夹石灰岩裂隙岩溶含水层（组），一般情况含水弱。

二叠系、三叠系、侏罗系砂岩裂隙含水层（组）含水小，汾河从矿区中部由北往南流入岚县矿区。因有汾河河水补给，在汾河两侧富水性可能增大；第四系砂砾石潜水分布在汾河及较大河（沟）两岸，含水中等。

（2）隔水层

本溪组和太原组底部铝质泥岩及砂质泥岩和泥岩为“奥灰”岩溶水与煤和太原组裂隙岩溶水的隔水层，厚约30m。

煤系地层中夹在石灰岩裂隙岩溶含水层和砂岩裂隙含水层间的泥岩、砂质泥岩和煤层，构成平行复合结构，起层间隔水作用。

（3）地下水流场条件

矿区西缘因春景洼—西马坊逆冲断层使“奥灰”岩溶水经雷鸣寺泉排泄，矿区北部边缘为神头泉域的径流区，矿区东部为马圈泉域的径流—排泄区，刘家梁矿区为人工排泄点之一，矿井总排水量为 $1.32\times10^4\sim1.48\times10^4m^3/d$。

太原组裂隙岩溶水和二叠系、三叠系、侏罗系砂岩裂隙水，由周边向中部向斜轴部汇集，且接受汾河河水的补给。

（4）充水条件

矿区太原组下部可采煤层大部分位于“奥灰”岩溶水水位之下，有底板突水危险，尤其是东部断裂发育，水文地质条件复杂。上覆第四系孔隙水及可采煤层的直接充水含水层，局部含水中等，对煤层开采也会带来一定影响。

（三）岚县规划矿区

1.矿区位置与面积

矿区位于宁武煤田的南部，跨忻州市静乐、吕梁市岚县和太原市娄烦县境。东、南、西三边均以煤层露头为界，北以纬线（X）4278与轩岗矿区分开。矿区南北长约50km，东西宽约23km，石炭—二叠系含煤面积约1150km³，侏罗系含煤面积约180km²。已勘探面积（石炭系—二叠系）约200km²，其余大部分地区未曾勘探开发。

2.矿区水文地质条件

（1）含水层

寒武系—奥陶系石灰岩岩溶裂隙含水层（组），在矿区西南缘裸露地表，在东南隅因汾河切割为排泄区，有泉水出露。该含水层含水性不均匀，渗透系数为4.67～18.83m/d，水位标高1118.8～1175.4m。

太原组砂岩间夹石灰岩裂隙岩溶含水层（组）岩溶裂隙浅部发育，有承受“奥灰”岩溶水补给的可能，钻孔抽水试验渗透系数为7.18～15.34m/d，深部含水小。

二叠系、三叠系、侏罗系砂岩裂隙含水层（组）含水不均匀，侯家岩矿排水试验渗透系数达72.4m/d，而山西组上部砂岩在马家岩矿钻孔抽水试验渗透系数0.149m/d。

基岩风化带裂隙及第四系砂砾孔隙潜水含水中等，富水性也不均匀，下游一带单位涌水量可达3.5L/（s·m）。

（2）隔水层

本溪组和太原组底部铝质泥岩及砂质泥岩和泥岩为“奥灰”岩溶水与煤层和太原组裂隙岩溶水的隔水层，厚约50m。

煤系地层中夹在石灰岩裂隙岩溶含水层和砂岩裂隙含水层间的泥岩、砂质泥岩和煤层，构成平行复合结构，起层间隔水作用。

（3）地下水流场条件

矿区西南缘奥陶系石灰岩大面积裸露地表接受大气降水补给，矿区东南隅沿汾河为排泄区，有泉水出露，南、东两侧为前寒武系变质岩系，阻隔岩溶水，使矿区构成完整的岩溶水系统。岩溶水补给汾河河水。

太原组裂隙岩溶水及煤系中的砂岩裂隙水在矿区西南部断裂发育地段，可接受“奥灰”岩溶水的补给，含水中等（如侯家岩矿），在断裂不发育地段含水小（如马家岩矿）。

（4）充水条件

矿区西南部可采煤层直接充水含水层为石灰岩裂隙岩溶水和砂岩裂隙水，含水中等或小，局部对煤层开采有影响，太原组下部煤层底板标高大部分低于“奥灰”岩溶水水位，有底板突水危险。

三、河东煤田各矿区水文地质条件

河东煤田面积15532km^2，矿区面积5224km^2，划分为河曲偏关（360km^2）、保德（410km^2）、兴县（768km^2）、柳林（808km^2）、离石（300km^2）、隰县—蒲县（950km^2）、乡宁（1628km^2）等7个规划矿区。

（一）河曲偏关规划矿区

1.矿区位置与面积

河曲规划矿区位于晋西北黄河东岸吕梁山西麓，河东煤田最北端，跨忻州市河曲和偏关县境内。矿区北部和西部以黄河为界，东以露头线为界，南至保德县铁匠铺附近F_{17}断层，与保德矿区毗邻。矿区南北长约46km，东西宽8～22km，面积约360km^2。偏关区仅残留太原组含煤岩系的下段，零星分布于偏关城西、西北及南部，含煤面积约50km^2。

2.矿区水文地质条件

（1）含水层

寒武—奥陶系该石灰岩岩溶裂隙含水层（组）在河曲规划矿区东北和东部大面积裸露地表，接受大气降水补给，在矿区的西南保德义门镇天桥—铺沟一带的黄河峡谷中有泉水溢出。本区和保德及兴县矿区北部都属于天桥泉域范围。较大泉区有4个：老牛湾泉区，泉水流量为2.49m^3/s，标高997m，出露于中寒武统灰岩底部；龙口泉区泉水流量为0.52m^3/s，标高860m，出露于中奥陶统灰岩；铺沟泉区，泉水流量为0.50m^3/s，标高834m，出露于中奥陶统灰岩；铁匠铺泉区，泉水流量3m^3/s。据钻孔抽水试验单位涌水量，北部龙口区（本区）0.107L/（s·m），南部（保德矿区）164.19～222.02L/（s·m）。黄石崖和铁匠铺一带钻孔在孔深88.41m和150.30m处开始自流，自流量为2400m^3/d和3500m^3/d。

太原组石灰岩间夹砂岩裂隙岩溶含水层（组）含水中等，泉水流量0.1～1.0L/s。

二叠系砂岩裂隙含水层（组）含水小，泉水流量为0.01～0.10L/s。

第四系砂、砾孔隙潜水，冲积层厚35～40m，砂砾石层厚3～8m，水位埋深0～5m，含水中等。

（2）隔水层

本溪组和太原组底部铝质泥岩及中上部砂质泥岩、泥岩为“奥灰”岩溶水与煤层和太原组裂隙岩溶水的隔水层，厚约40m。

煤系地层中夹在石灰岩裂隙岩溶含水层和砂岩裂隙含水层间的泥岩、砂质泥岩和煤层，构成平行复合结构，起层间隔水作用。

（3）地下水流场条件

河曲规划矿区构造总体为向西倾斜的单斜，地下水的总流向由北或东向西或南流向保德黄河岸边排泄。本区为补给—径流区。

（4）充水条件

河曲规划矿区可采煤层直接充水含水层为砂岩裂隙水，含水小。浅部煤层位于“奥灰”岩溶水水位之上，水文地质条件简单。

（二）保兴规划矿区

1.矿区位置与面积

保德矿区位于山西省西北黄河东岸吕梁山西麓、河东煤田北部，跨忻州市保德县，南部跨入吕梁市兴县北部，北以F_{18}断层为界，与河曲矿区相邻，南至兴县岚漪河与兴县矿区毗邻，东以煤层露头线为界，西至黄河。矿区南北长约42km，东西宽10～16km，矿区面积约410km^2。

兴县矿区位于山西省西北部吕梁山西麓，河东煤田北部，跨吕梁市兴县、临县境内。矿区北端以岚漪河为界，与保德矿区相邻，南至临县山支道小峪光沟，与柳林矿区相邻，东以煤层露头线为界，西至垂深1200m的煤田预测边界。矿区南北长约96km，东西长7～10km，面积为768km^2。

2.矿区水文地质条件

（1）含水层

含水层情况与河曲偏关规划矿区基本相同，兴县矿区南部属柳林泉域的补给—径流区，两者以蔚汾河与湫水河的地表分水岭为界。

太原组石灰岩间夹砂岩裂隙岩溶含水层（组）含水中等，泉水流量为0.1～1.0L/s。

二叠系砂岩裂隙含水层（组）含水小，泉水流量为0.01～0.10L/s。

第四系砂砾孔隙潜水，冲积层厚10～30m，砂、砾层厚5～20m，水位埋深0～5m，含水丰富，单井涌水量一般＞1000m^3/d。

（2）隔水层

本溪组和太原组底部铝质泥岩及中砂质泥岩、泥岩为"奥灰"岩溶水与煤和太原组裂隙岩溶水的隔水层，厚约65m。

煤系地层中夹在石灰岩裂隙岩溶含水层和砂岩裂隙含水层间的泥岩、砂质泥岩和煤层，构成平行复合结构，起层间隔水作用。

（3）地下水流场条件

矿区构造总体为向西倾斜的单斜构造，地下水的总流向由东北或东南向西北汇集，在天桥一带的黄河岸边排泄。矿区为径流—排泄区。区内断裂两侧为强径流带，也是富水带。兴县矿区南部地下水的总流向由北向南，经柳林矿区后向南东，在柳林泉群排泄。

（4）充水条件

本区可采煤层直接充水含水层主要为砂岩裂隙水，含水小。浅部煤层位于"奥灰"岩溶水位之上，水文地质条件简单。在富水带及深部煤层水文地质条件较复杂。

（三）柳林规划矿区

1.矿区位置与面积

柳林矿区包括三交、柳林和青龙城三个详查区，位于山西省西南边缘，河东煤田中部，属柳林县、临县及离石区管辖，是吕梁地区重要的产煤地之一，也是山西省重要的炼焦用煤产地之一。该矿区呈北东—南东向弯月形展布，东北部边界为临县，跨三交、林家坪、招贤、西王家沟、孟门等乡镇。地理坐标为东经110°45′36″～111°07′46″，北纬37°16′00″～37°50′00″；长约74km，宽约21km，面积约为808km^2。

2.矿区水文地质条件

（1）含水层

第四系松散层砂砾石孔隙含水层组主要分布于三川河、湫水河河谷中，下部为砂砾层含水层，厚度一般＜10m。岩性为近代冲积洪积砂层，透水性良好，主要受大气降水及地表径流补给。单位涌水量为0.71L/（s·m），渗透系数19.5m/d，对浅部煤层有充水影响。

上、下石盒子组及山西组砂岩裂隙含水层组在较大沟谷中和三川河、湫水河两岸均有出露，含水层主要由K_4、K_5、K_6、K_7、K_8等砂岩组成，岩性以中粗砂为主，厚度大，分布广。近地表砂岩裂隙发育，易于接受大气降水补给，富水性较强，地下水接受大气降水补给后经短途径流出地表形成泉，数量多但流量小，一般＜0.50L/s；深部裂隙较少，故富水性很弱；单位涌水量0.005～0.12L/（s·m），水位标高753.06～913.50m。

太原组碎屑岩夹石灰岩裂隙岩溶含水岩组零星出露于本区东缘，为下煤组煤层的直接充水含水层，由L_1～L_5等五层灰岩组成。一般岩溶不发育，富水性较弱，仅局部地段岩溶、裂隙较发育，补水条件较好，富水性较强；单位涌水量0.00064～0.0056L/（s·m），水位标高761.85～840.60m，为弱含水层。

奥陶系石灰岩岩溶裂隙含水岩组在矿区东部外围大面积出露，峰峰组岩溶、裂隙不发育，富水性差；上马家沟组上段岩溶、裂隙发育，富水性很强；单位涌水量0.027～1.232L/（s·m），水位标高

784.58～801.47m。

（2）隔水层

矿区内隔水层有两类，一是奥陶系顶面到9（9+10）号煤底板间泥质岩隔水层厚48.76～74.81m，主要为泥质岩，夹不稳定的薄层砂岩、灰岩，具良好的隔水性能对奥灰水起到隔水作用；二是石炭系、二叠系砂岩、石灰岩之间夹的泥质岩和煤层为隔水层，其厚度为几十厘米至20余米。

（3）地下水流场条件

第四系松散层孔隙水。主要由大气降水补给，孔隙潜水流向与河流走向基本一致，补、径、排区范围基本相同，径流条件较好，排泄途径较多，可通过泉、河流补给、向下伏基岩风化裂隙潜水补给等方式排泄。

煤系及其上覆碎屑岩裂隙水和碎屑岩夹石灰岩岩溶裂隙水，由于矿区为一向西倾伏的单斜构造，随岩层埋深增大，各含水层的岩溶、裂隙发育程度减弱导致其富水性减弱，地下水从补给区沿含水层向深部运动，径流强度越来越小，最后几乎达到停滞状态。

地下水的排泄途径有3种：①在浅部以小泉或渗透方式泄出；②沿地层薄弱带补给其他含水层；③从人工排泄点泄出。

奥陶系石灰岩裂隙岩溶水在露头处接受大气降水补给后，主要沿东部向南径流至柳林泉排泄。除此之外，区内已有数个人工排泄点。

（四）离石规划矿区

1.矿区位置与面积

离石规划矿区位于山西省中西部边缘，河东煤田的中段，属吕梁复背斜西翼的一部分。矿区大致呈南北向展布，为南北狭长、中部开阔，南北两端极度收敛的向斜盆地。矿区属吕梁市管辖，是山西省重要的炼焦用煤产地之一。该区为离石详查区，纵贯离石城区、中阳县和方山县的一部分；地理坐标为东经111°3′22″～111°12′52″，北纬37°18′45″～37°44′34″，南北长45km，东西宽4～12km，面积约为300km^2。

2.矿区水文地质条件

（1）含水层

全新统冲积砾石含水层广泛分布于三川河河谷中，砾石多为浑圆状，透水性强，含较丰富的潜水。水位多在10m以内，年变化幅度不大，为0.33～0.92m。水位7～10月最高，1～3月最低。离石区和马茂村有该层泉水涌出，流量分别为35L/s及20L/s，水质属$HCO_3 \cdot Cl$型，为微硬淡水。

上更新统砾岩含水岩组底砾岩常为半胶结状，渗透性好，多位于沟谷侵蚀基准面以上。当埋藏较深时，由于有红土覆盖而含承压水。地表有不少小泉出露，水量多在0.2～0.4L/s间，遇该层涌水的钻孔有2号、92号、34号，涌水量0.26～1.8L/s。

石盒子组砂岩含水岩组厚砂岩较多且位于浅部，易于接受补给，故含水性较山西组稍强，出露的下降泉较多，流量多为0.1～0.5L/s，最大为1.1L/s。有10%的钻孔发现本组涌水。单位涌水量0.0025～0.06L/（s·m），渗透系数0.0032～0.22m/d，水位标高882.36～1069.35m，水质属$HCO_3 \cdot SO_4$型，为软淡水。

山西组砂岩含水岩组砂岩厚度不大，且不稳定，含水微弱。4次抽水试验就有两次是水位下降到几十米后不再出水，其余两次单位涌水量0.00012～0.0022L/（s·m），渗透系数0.0012～0.012m/d，水位标高881.23～1025.42m。水质属$HCO_3 \cdot Cl$型，为硬淡水。

太原组灰岩含水组由三层石灰岩组成，其平均厚度L_5为3.11m，L_2为7.73m，L_1为8.74m。其间距多在10m内，中间主要隔以泥岩或少量砂岩。遇K_2和L_1时水的消耗量及水位明显变化的钻孔约占29%，遇L_5有显著变化的约占4%，这些钻孔多位于浅部。本含水组以K_2和L_1为主。含水性因地而异，相差悬殊，浅部裂隙发育，含水性强，深部则截然相反。例如，位于浅部的37号、39号孔K_1和L涌水，涌水量为

1.073L/s，而位于深部的51号、78号孔单位涌水量均在0.0009L/s左右，35号孔则无水。本组抽水试验结果：水位标高874.93～961.67m，浅部高，深部低；单位涌水量0.0009～1.073L/（s·m），最大为最小的1200倍；渗透系数0.0056～9.00m/d，最大值为最小值的1800倍。水质属$HCO_3 \cdot SO_4$型，为软淡水。

中奥陶统马家沟组含水层于勘探区外围广泛出露，岩性为蓝灰色致密状灰岩，常夹泥灰岩、泥岩和石膏等。本层在区内无泉水出露，在矿区以西20km柳林镇有泉水涌出。钻孔揭露此层39～223m。根据岩心所见裂隙不发育，仅有少量蜂窝状溶洞。4号钻孔穿该层6.5m时发现漏水，水位从原来的数米突降至134m，51号孔钻穿该层32m时曾漏水，水位亦随之下降，但很快被岩粉堵塞而回升，说明裂隙不大。该孔抽水试验结果：水位标高877.70m，单位涌水量0.00076L/（s·m），渗透系数0.0047m/d，说明含水极微。206号孔钻穿该层达223m，水位无变化，仅钻液消耗量略有增加。该组在区内由于裂隙、溶洞不发育，含水微弱，个别地段可能含水稍多。

综上所述，本区含水层含水性最强的是全新统砾石层，基岩中含水性最强的是太原组灰岩（以K_2和L_1两层为主），最弱的是山西组砂岩。基岩含水层水位高低与其层位高低成正比，水质均为硬度较小的淡水。

（2）充水条件

离石矿区河谷中的冲积砾石层，由于最易接受降水和地表水的补给和本身渗透性好，而成为最主要的含水层。至于基岩含水层，虽然地质构造条件比较有利于对地下水的补给，但由于降水量小，弱透水的黄土和不透水的红土广泛覆盖，地形坡度大，岩层裂隙不发育等因素，大大限制了其补给作用。但是由于浅部风化裂隙发育，而形成浅部的含水性远强于深部，以太原组灰岩为例，渗透系数浅部为深部的1600倍，单位涌水量浅部为深部的1200倍。

资料表明，在正常情况下离石矿区矿井水主要来自太原组灰岩，来自山西组和石盒子组的只有很小一部分；中奥陶统灰岩在深部地区，含水小，且与10号煤层间有60m以上的以隔水层为主的岩层，所以它对矿井充水无影响或影响很小。一般说来，本区地下水对矿井开采影响不大，但在浅部裂隙发育和有较大断裂构造地段矿井水量可能增加；在有古窑分布的地段，矿井水量可能大增或造成灾害。总之，本区水文地质条件大面积简单，只在浅部稍变复杂。

（3）供水水源

据现有资料水源主要可取自以下两个方面：①赵家庄顺河而下至交口间的河谷冲积层中的潜水。此段水量丰富，水质好，水位多在5m内，离石区和马茂庄一带泉流量总计4760m^3/d，潜力还很大，应作为重点。②37号孔附近太原组灰岩的自流水。37号孔涌水量为500m^3/d，水质良好，经计算，钻孔最大出水量可达2160m^3/d。此外，北部沟谷中上新统砾岩的承压水和三川河谷中其余地段的潜水均可作为小型供水资源。

（五）隰县蒲县规划矿区

1.矿区位置与面积

隰县蒲县矿区位于山西省中西部吕梁山西麓，跨临汾市隰县、蒲县境内。隰县蒲县规划矿区北端以田家山一带、纬线4106为界，与柳林矿区相邻；南至紫荆山逆断层南端临汾市河底一带、纬线4010为界，与乡宁矿区毗邻；东以紫荆山断裂带和煤层线露头线为界，西至垂深约1200m的煤田预测边界矿区。南北长约96km，东西宽4～20km，面积950km^2。

2.矿区水文地质条件

（1）含水层

寒武—奥陶系石灰岩岩溶裂隙含水层（组）受紫荆山大断裂带的控制，埋藏较深，含水弱，估计水位标高为700～800m，在隰县蒲县规划矿区东部边缘大面积裸露地表，接受大气降水补给，为郭庄泉域和龙子祠泉域的补给区，水位标高为1200m。

太原组石灰岩间夹砂岩裂隙岩溶含水层（组）含水中等，泉水流量为0.1～1.0L/s。

二叠系和三叠系砂岩裂隙含水层（组）含水小，泉水流量为0.01～0.10L/s。

第四系砂砾石孔隙潜水冲积层厚0～20m，砂砾石层厚0～5m，水位埋深0～5m，含水丰富，单井涌水量一般>1000m^3/d。

（2）隔水层

本溪组和太原组底部铝质泥岩及砂质泥岩、泥岩为“奥灰”岩溶水与煤层和太原组裂隙岩溶水的隔水层，厚约65m。

煤系地层中夹在石灰岩裂隙岩溶含水层和砂岩裂隙含水层间的泥岩、砂质泥岩和煤层，构成平行复合结构，起层间隔水作用。

（3）地下水流场条件

隰县蒲县规划矿区构造总体为向西倾斜的单斜构造，地下水的总流向由东向西，在黄河岸边排泄。

本区为补给—径流区。

（4）充水条件

本矿区可采煤层直接充水层为：山西组煤层是砂岩裂隙水；太原组煤层为石灰岩夹砂岩裂隙岩溶水，含水弱。浅部煤层位于“奥灰”岩溶水位之上，水文地质条件简单；深部煤层位于“奥灰”岩溶水位之下，为带压开采，但因含水层埋藏深，含水弱，水文地质条件较复杂。

（六）乡宁规划矿区

1.矿区位置与面积

乡宁矿区位于山西省西南边缘，河东煤田的南缘，属临汾市管辖，是临汾市重要的产煤地之一，也是山西省重要的炼焦用煤产地之一。该矿区包括王家岭精查区和赵家湾普查区（含详查区），呈北东—南西向展布，纵贯临汾市尧都区及乡宁县境，横跨西坡、枣岭、西交口、张马、蔚庄、吉家垣、城关、管头、下善、台头、河底等乡镇，西南角的下化乡属运城河津市管辖，东北角延伸到蒲县境内。矿区的地理坐标为东经110°32′55″～111°14′58″，北纬35°43′28″～36°09′28″；长约74km，宽约22km，呈长方形，面积约为1628km^2。

2.矿区水文地质条件

（1）含水层

第四系松散层含水层组零星出露于沟谷中，岩性为近代冲积洪积砂层，透水性良好，直接受大气降水及地表径流补给，单位涌水量0.047～0.91L/（s·m），渗透系数2.219～68.74m/d，对浅部煤层有充水影响。

上、下石盒子组及山西组砂岩裂隙含水岩组覆于煤层之上，为上煤组煤层的直接充水含水层。该含水层在乡宁断挠带以东大部剥蚀，部分位于当地侵蚀基准面以上，为潜水；在其西北部为潜水或承压水；其上部当位于当地侵蚀基准面之上时，以泉水的形式排泄，泉水流量为0.014～0.092L/s。该含水层水位标高668～921m，为弱含水层。

太原组碎屑岩夹石灰岩裂隙岩溶含水岩组出露于乡宁断挠带附近，为下煤组煤层的直接充水含水层。浅部地表有泉涌水，流量为0.002～0.102L/（s·m）；深部为承压水，单位涌水量为0.0002～0.208L/（s·m），水位标高为577.73～802m，为弱含水层。

奥陶系石灰岩岩溶裂隙含水岩组出露于乡宁断挠带东南部，裸露面积大，补给范围广，为本区主要含水层。据钻孔抽水试验，单位涌水量0.0005～0.002L/s，水位标高在王家岭矿区816.24～642.75m，赵家湾矿区560～655m。

（2）隔水层

本区隔水层有两类：①石炭系、二叠系层间隔水层。在砂岩、石灰岩之间夹的泥质岩和煤层为隔水层，其厚度为几十厘米至20余米；②本溪组隔水层。在10号主煤层与奥陶系石灰岩之间的铝质泥岩、泥岩和煤层为隔水层，厚度为30～40m。

（3）地下水补、径、排条件

第四系松散层孔隙水主要由大气降水补给，部分由河水侧向补给，以潜水形式随地形由高处向低处径流，向沟谷排泄，部分补给下伏基岩裂隙水。

煤系及其上覆碎屑岩裂隙水和碎屑岩夹石灰岩岩溶裂隙水，在裸露区接受大气降水补给；在沟谷还接受河水和第四系孔隙水的补给；在浅埋区为潜水，在当地侵蚀基准面以上径流路程很短，接受大气降水后很快在沟谷中排泄；在侵蚀基准面以下随岩层产状向深部径流而成为层间承压水；在无构造连通的情况下一般上下层间无水力联系。本区岩层产状总体为走向北东向北西倾斜，故总的来看，东南部为碎屑岩裂隙水的补给区，向西或西北径流，西部和西北部为层间承压水，个别钻孔揭露后发生涌水。

奥陶系石灰岩裂隙岩溶水含水层在矿区东南部大面积裸露，接受大气降水和河水补给，在深埋区为层间承压水。

四、太原西山煤田各矿区水文地质条件

太原西山煤田面积1779km^2，矿区面1660km^2，划分为东社（400km^2）、清交（400km^2）、古交（660km^2）、西山（200km^2）等4个规划矿区。

西山古交规划矿区

1.矿区位置与面积

古交矿区位于太原西山煤田的西北端，在太原古交市境内，其东、南分别与西山矿区和清交矿区相接，西北和东北均为煤层露头。矿区东西宽约20km，南北长约35km，面积约660km^2。

西山矿区位于太原市汾河西岸，跨太原市晋源、万柏林、尖草坪区境，西和西北与古交矿区毗邻，南与清交矿区相邻，东和东北为断裂带与晋中新裂陷接壤，面积约200km^2。

清交矿区位于太原西山煤田南部，跨太原市晋源区、清徐县及吕梁市交城县，北以庙前山—孤爷山与古交矿区相邻，南界为清徐—交城边山断层与晋中新裂陷接壤，西以交城瓦窑河与东社矿区毗连，东界为风峪沟煤层露头线。矿区面积400km^2。

东社矿区位于太原西山煤田的西南边缘，跨吕梁市交城、文水两县，北与古交矿区接壤，东与清交矿区毗邻，西部以煤层露头线为界，南部边界为清交断层。矿区南北长27km，东西宽15km，面积约400km^2。

2.矿区水文地质条件

（1）含水层

西山古交规划矿区寒武—奥陶系石灰岩岩溶裂隙含水层（组）位于晋祠泉域的补给径流区，单位涌水量为0.009L/（s·m），水位标高821.13m。晋祠泉位于西山矿区东南缘，原泉水流量0.18～2.0m^3/s，1994年断流。泉的出露标高802.92m。

清交矿区的东南边山带有平泉、覃村等开采井群。平泉自流井群单位涌水量为5.5～25.54L/（s·m），渗透系数7.96～48.62m/d，水位标高797.07～801.26m。覃村井群单位涌水量2.01～42.93L/（s·m），渗透系数1.14～20.65m/d，水位标高784m。边山断裂带为强富水带，呈窄条带状，宽0.5～1.0km。区内大面积为弱富水区，单位涌水量0.0022～0.00035L/（s·m），渗透系数0.0027m/d，水位标高948.84m。

东社矿区东北缘狐爷山褶皱带及其火成岩体阻隔了太原西山岩溶水流入该矿区，使其成为独立的岩溶水系统，即西冶泉域。该泉域石灰岩裸露面积小，补给来源有限，加之地形坡度大，降水排泄快，入渗系数小，故富水性弱。如神堂村钻孔资料，单位涌水量0.0183～0.863L/（s·m），渗透系数0.4m/d，水位标高795.0～745.0m。水峪贯村北有泉水出露，流量为1.5L/s。

西山古交规划矿区太原组砂岩间夹石灰岩裂隙岩溶含水层（组）含3～4层石灰岩和3～5层砂岩，石灰岩分布稳定，砂岩为透镜状。此含水层（组）富水性不均，单位涌水量为0.00029～0.0248L/（s·m），渗透系数0.0023～0.208m/d，水位标高920～937m。清交矿区东南缘晋中新裂陷的西边山带岩溶发育，

单位涌水量1.3～11.18L/（s·m），渗透系数18.15～86.57m/d。平泉至西梁泉一带自流井群流量最大达3000m^3/d，水位标高798.60～789.40m。

二叠系砂岩裂隙含水层（组）含水小，单位涌水量为0.000469～0.00244L/（s·m），渗透系数为0.0036～0.0464m/d。边山带含水较丰富，泉水流量10～30L/s。

第四系砂砾石孔隙潜水分布在山前洪积扇和汾河两岸一带，含水中等，单位涌水量为0.34～0.677L/（s·m），渗透系数为0.0085～3.62m/d。

（2）隔水层

西山古交规划矿区本溪组（C_2b）和太原组（C_3t）底部铝质泥岩及砂质泥岩、泥岩，为“奥灰”岩溶水与煤层和太原组裂隙岩溶水的隔水层，厚约42～50m。

煤系（C、P、T）地层中夹在石灰岩裂隙岩溶含水层和砂岩裂隙含水层间的泥岩、砂质泥岩和煤层，构成平行复合结构，起层间隔水作用。

（3）地下水流场条件

寒武—奥陶系石灰岩在煤田北部和西部大面积裸露地表，接受大气降水补给，在西山矿区东南沿边山断裂带溢出成泉（晋祠泉群）。古交矿区为补给径流区，地下水的总流向自西北向东南流动，在晋中新断陷盆地西边山带汇集，部分以泉水形式排泄（晋祠泉群），部分补给盆地。东社矿区为西峪泉域，地下水的总流向为自北向南。

矿区外围及边缘奥陶系石灰岩岩溶裂隙含水层，石炭系太原组石灰岩夹砂岩裂隙岩溶含水层，二叠系、三叠系砂岩裂隙含水层等裸露地表为补给区，形成潜水，在沟谷中部分以泉水形式排泄。东社矿区内除三叠系部分裸露外，其余均埋藏在上覆岩层之下，为径流区，形成承压水。矿区地下水总流向为由北向南，在边山带汇集部分补给冲积层潜水。

（4）充水条件

古交矿区6号、7号、8号、9号煤层的直接充水含水层为石灰岩裂隙岩溶水，1号、2号、3号煤层为砂岩裂隙水，因含水小，对煤层开采影响不大。下伏“奥灰”岩溶水，含水丰富。古交矿区东南部随老姆、东曲、西曲等井田，大多在“奥灰”岩溶水水位和汾河侵蚀基准面之上，煤层埋藏浅，水文地质条件简单；古交矿区西北梭峪、镇城底和东曲西部煤层埋藏深，大多在“奥灰”岩溶水位和侵蚀基准之下，但断层不发育，地面与地下水力联系较弱，属水文地质条件中等；屯兰、马兰及东曲北缘靠近汾河一带煤层埋藏深，有较大地表水体通过，且较大断层发育，地表水与地下水有一定的水力联系，属水文地质条件复杂区。

西山矿区煤层底板大多位于“奥灰”岩溶水水位以上，水文地质条件简单；西峪煤矿8号、9号煤层大部分地段，清交矿区西部下部煤层，以及东社矿区8号、9号煤层，位于“奥灰”水位之下，有底板“突水”危险。

五、霍西煤田各矿区水文地质条件

霍西煤田面积5775km^2，矿区面积3170km^2，分为襄汾（300km^2）、克城南湾里（700km^2）、霍州（560km^2）、灵石（510km^2）、汾孝（1100km^2）等5个矿区。

（一）襄汾规划矿区

1.矿区位置与面积

襄汾规划矿区位于霍西煤田的东南部，跨临汾市襄汾、曲沃县境。矿区东靠塔儿山，西近姑射山（即马头山）断层以东，南以煤层露头线为界。矿区东西宽17km，南北长23km，面积约300km^2。

2.矿区水文地质条件

（1）含水层

矿区内寒武—奥陶系石灰岩岩溶裂隙含水层（组）在浅部岩溶溶洞发育，含水丰富，单位涌水量

10～80L/（s·m），水位标高约446～455m，渗透系数8.40m/d。

太原组石灰岩间夹砂岩裂隙岩溶含水层（组）含水小，浅部泉水流量0.02～0.10L/s，深部为承压水，单位涌水量0.001～0.37L/（s·m）。

二叠系砂岩裂隙含水层（组）含水小，单位涌水量0.0096～0.25L/（s·m）。

第四系砂砾石孔隙潜水含水较丰富，单位涌水量为2.0L/（s·m），渗透系数1.22～41.8m/d。

（2）隔水层

矿区内本溪组和太原组底部铝质泥岩及砂质泥岩、泥岩为“奥灰”岩溶水与煤和太原组裂隙岩溶水的隔水层，厚约25m。

煤系地层中夹在石灰岩裂隙岩溶含水层和砂岩裂隙含水层间的泥岩、砂质泥岩和煤层，构成平行复合结构，起层间隔水作用。

（3）地下水流场条件

矿区位于古堆泉域的中部，为补给—径流区。补给区为东部雪泉岭，北部塔儿山，南部紫金山，接受大气降水补给。大气降水沿较大断裂向深部运动，遇到隔水层或弱含水层（泥质岩、火成岩、变质岩）阻挡后，沿断裂带以热水层向地表排出，泉水流量1.30～0.50m^3/s，出露标高450～599m。部分潜流补给盆地。矿区内地下水的总流向由北东或北西向汾河运动，水位高出汾河河床，可形成自流井。

（4）充水条件

矿区内主要煤层直接充水含水层，山西组煤层为砂岩裂隙水，太原组煤层为石灰岩间夹砂岩裂隙岩溶水，含水小。下伏“奥灰”岩溶水含水丰富，煤层大部分位于“奥灰”岩溶水位之下，为带压开采，水文地质条件复杂。

（二）霍州规划矿区

1.矿区位置与面积

汾孝矿区位于山西省中部，跨晋中市介休、灵石以及吕梁市孝义、汾阳、交口等五个县（市）。矿区地理坐标为东经111°27′～111°55′，北纬36°55′～37°18′。矿区西界为煤层露头线，东界为汾河，南部以双池河以北的煤层露头线为界，北至汾阳县城；南北长约52km，东西宽约34km，矿区含煤面积约1100km^2。

灵石矿区位于晋中市南部。矿区大部分位于晋中市灵石县境内，北端在介休市境内。矿区地理坐标为北纬36°40′～37°01′，东经111°40′～112°00′。矿区西以汾河为界，东以霍山断层为界，北以南同蒲铁路介休—义棠段南侧为界（人为边界），南与霍州矿区北部李鸦庄井田相邻；南北长55km，东西宽15km，面积约510km^2。

霍州矿区位于临汾市北部，跨晋中市灵石县和吕梁市交口县，以及临汾市汾西、霍州、洪洞诸县（市），地理坐标为东经111°20′～111°48″、北纬36°18′30″～36°42′30″。矿区南北长43km，东西宽31km，含煤面积560km^2。

克城南湾里矿区位于霍西煤田西南部，跨临汾市尧都区及蒲县。矿区西界为紫荆山断裂带和煤层露头线，南界与东界、北界均为煤层露头线。东界罗云山断裂带内—平垣与土门间的煤层有零星赋存（如西郭和亢村区）。矿区南北长47km，东西宽15km，面积约700km^2。

2.矿区水文地质条件

（1）含水层

寒武系—奥陶系石灰岩岩溶裂隙含水层（组），在矿区西部和西北部大面积裸露地表，接受大气降水补给，为霍州郭庄泉域的补给径流区，水位标高为530～590m，含水小。矿区南部因断层和汾河切割，有泉水溢出，即郭庄泉群，流量7.23～10.6m^3/s，出露标高510～512m。矿区内水位标高522.94～523.57m，钻孔单位涌水量0.30～77.6L/（s·m）。克城南湾里矿区为龙子祠泉域，在矿区的西部和东北部边缘裸露地表，矿区内为承压水，水位标高约670m，含水丰富，单位涌水量10～80L/（s·m）。

太原组石灰岩间夹砂岩裂隙岩溶含水层（组）含水小，浅部泉水流量0.02～0.10L/s，最大达61.84L/s，深部为承压水。霍州矿区钻孔单位涌水量0.297～9.96L/（s·m），渗透系数21.86m/d。该含水层在断层附近受"奥灰"岩溶水侧向补给；克城南湾里矿区钻孔单位涌水量0.001～0.37L/（s·m），水位标高1121.25～1202.84m，含水小至中等。

二叠系砂岩裂隙含水层（组）含水小。霍州矿区钻孔单位涌水量0.02～0.63L/（s·m）。该含水层在断层附近受"奥灰"岩溶水侧向补给。克城南湾里矿区钻孔涌水量0.0097m^3/h，水位标高1238.09m。

第四系砂砾石孔隙潜水含水中等。钻孔单位涌水量1.01～7.23L/（s·m）。该含水层在断层附近受"奥灰"岩溶水侧向补给。

（2）隔水层

本溪组和太原组底部铝质泥岩及砂质泥岩、泥岩为"奥灰"岩溶水与煤层和太原组裂隙岩溶水的隔水层，厚约40m。

煤系地层中夹在石灰岩裂隙岩溶含水层和砂岩裂隙含水层间的泥岩，砂质泥岩和煤层，构成平行复合结构，起层间隔水作用。

（3）地下水流场条件

汾孝、灵石、霍州矿区为郭庄泉域的补给—径流—排泄区。地下水总流向为向南或南东，流向霍州郭庄泉排泄。克城南湾里矿区"奥灰"岩溶水主要受紫荆山断裂带和罗云山大断层控制，克城—南湾里复向斜形成地下岩溶水的汇集径流带，排泄区为龙子祠泉。矿区为龙子祠域的补给径流区。龙子祠泉流量4.31～7.74m^3/s，出露标高465～478m。

（4）充水条件

矿区内主要可采煤层的直接充水含水层为砂岩裂隙水和石灰岩夹砂岩裂隙岩溶水，含水小。矿井充水以大气降水为主。汾孝矿区高阳矿含水系数1.03m^3/t，可采煤层下伏"奥灰"岩溶水含水丰富，在灵石矿区、克城南湾里矿区，以及汾孝矿区的大部地段煤层底板标高位于"奥灰"岩溶水水位之上，水文地质条件简单，汾孝矿区白壁关、兴跃等井田煤层底板标高低于590～530m时，有底板"突水"危险，水文地质条件较复杂。

霍州矿区太原组煤层直接充水含水层石灰岩夹砂岩裂隙岩溶水，含水层中等至丰富，局部受"奥灰"岩溶水侧向补给。在曹村退沙等汾河两岸井田煤层底板标高位于"奥灰"水位之下，有底板突水威胁，水文地质条件复杂。

六、沁水煤田各矿区水文地质条件

沁水煤田面积27301km^2，矿区面积7657km^2，分为东山（170km^2）、寿阳（490km^2）、阳泉（608km^2）、平昔（480km^2）、和顺（520km^2）、武乡（150km^2）、襄垣（411km^2）、潞安（700km^2）、长治（330km^2）、高平（900km^2）、晋城（280km^2）、阳城（720km^2）、沁水（600km^2）、翼城（200km^2）、古县（548km^2）、沁源（550km^2）等13个规划矿区。

（一）东山规划矿区

1.矿区位置与面积

矿区位于沁水煤田西北隅，太原市东侧，跨太原市区和晋中市区及其寿阳县境内。矿区北至小返村北，东北以煤层露头线为界，南至榆次河口，东南以大峪口和后沟两断层为界，西起太原市区东缘，东至晋中市寿阳涧河19660经线为界，与寿阳矿区相毗邻。矿区面积170km^2。

2.矿区水文地质条件

（1）含水层

矿区内寒武—奥陶系石灰岩岩溶裂隙含水层（组）为相对独立的岩溶水系统，即为东山岩溶水系统的径流排泄区，单位涌水量1.29～1.66L/（s·m），水位标高810.57～770.16m，东和东南缘为娘子关泉域的地下水分水岭。

太原组砂岩间夹石灰岩裂隙岩溶含水层（组）含3～4层石灰岩和3～5层砂岩，前者分布稳定，后者为透镜状。该含水层（组）富水性不均，单位涌水量0.0014L/（s·m），渗透系数0.018m/d，水位标高902.12m。

二叠系砂岩裂隙含水层（组）含水小，单位涌水量0.0033～0.212L/（s·m），渗透系数0.0028～1.08m/d，水位标高860～965m。

第四系砂砾孔隙潜水分布在山前洪积扇一带，含水中等，冲积层厚约0～15m。单位涌水量0.677L/（s·m），渗透系数3.62m/d。

（2）隔水层

本溪组和太原组底部为铝质泥岩及中上部砂质泥岩、泥岩为“奥灰”岩溶水与煤和太原组裂隙岩溶水的隔水层，厚约50m。

煤系地层中夹在石灰岩裂隙岩溶含水层和砂岩裂隙含水层间的泥岩、砂质泥岩和煤层，构成平行复合结构，起层间隔水作用。

（3）地下水流场条件

对太原地区而言，东山矿区为相对独立的东山岩溶水系统，为长条形，北东—南西向展布，东边界为郭家沟断层至盂县西烟镇东梁一带，为娘子关泉域的分水岭。岩溶水的补给区为北部和东北部寒武—奥陶系碳酸盐岩裸露区，接受大气降水补给。由于受东西向断裂控制，地下水的总流向为自北东向南西汇入太原盆地。

本系统无天然排泄点。有三个人工排泄点：①东山煤矿柳树渠井六斜坡突水点，发生于1982年10月19日，水位标高810m，突水量12000m^3/d，至20世纪90年代中期减少为6935.0m^3/d；②柳树渠井回采区东场突水点，排水量3.51L/s；③太原市自来水公司枣沟水源地，1990年投产，1996年初采水量已达$9\times10^4m^3$/d。另外还有观门前水源地及瓜地沟等小井开采。

（4）充水条件

矿区可采煤层直接充水含水层山西组煤层为砂岩裂隙水；太原组煤层为石灰岩间夹砂岩裂隙岩溶水，含水小，对煤层开采影响不大；下伏“奥灰”岩溶水，含水丰富。在矿区东南和西南煤层位于“奥灰”岩溶水位之下，为带压开采，有底板突水危险，水文地质条件较复杂。东山煤矿柳树渠井矿井含水系数为7.57m^3/t。

（二）阳泉规划矿区

1.矿区位置与面积

寿阳矿区位于沁水煤田北翼，跨晋中市区及其寿阳县，主要在寿阳县境内。矿区北界为煤层露头线，南至4190纬线，东至栏掌保安沟与阳泉矿区相接，西以郭家沟断层及19660经线与东山矿区毗邻。矿区东西长47km，南北宽14km左右，面积约490km^2。

阳泉矿区位于沁水煤田东北，跨阳泉市区和盂县境内。矿区东部及北部至煤层露头线，西至栏掌、保安沟与寿阳矿区相接，南至平定、苇池与平昔矿区毗连。矿区面积608km^2。

平昔矿区位于沁水煤田东翼北端，阳泉市平定和晋中市昔阳两县境内。矿区北起平定县城南，与阳泉矿区相接；南到昔阳、和顺县界，与和顺矿区毗邻；西以石千峰组地层，垂深约900m为界；东至煤层露头。矿区南北走向长37km，东西倾向宽13km，矿区面积约480km^2。矿区地理坐标为东经113°23′～113°41′，北纬37°30′～37°45′。

和顺矿区位于沁水煤田东翼，跨晋中市和顺、左权两县及昔阳县南部。矿区北以4151纬线为界与平昔矿区相邻，南至左权县与武乡矿区毗邻，东界为煤层露头线，西至紫罗、佳庄煤层深部界线，垂深约800m。矿区南北长约50km，东西宽约12km，面积520km^2。

2.矿区水文地质条件

（1）含水层

阳泉规划矿区寒武—奥陶系石灰岩岩溶裂隙含水层（组）位于娘子关泉域的补给—径流区，浅部岩溶裂隙发育，其层位在侵蚀面以下60～100m，钻孔漏水严重，单位涌水量1.0～21.25L/（s·m）。寿阳矿区水位标高788m。阳泉矿区单井涌水量1000～1200m^3/d，水位标高410～420m。

太原组砂岩间夹石灰岩裂隙岩溶含水层（组）含3～4层石灰岩和3～5层砂岩。石灰岩在矿区内分布稳定，砂岩呈透镜状分布。该含水层（组）富水性不均，单位涌水量0.0014L/（s·m），渗透系数0.018m/d，水位标高902.12m。

据阳泉矿区资料，石灰岩含水性较强，浅部溶洞发育，单位涌水量0.012～1.6L/（s·m），深部含水小。

二叠系砂岩裂隙含水层（组）含水小，单位涌水量0.0033～0.212L/（s·m），渗透系数0.0028～1.08m/d。

第四系砂砾裂隙潜水分布于河谷和山前洪积扇一带，含水中等，砂砾层厚0～20m。寿阳矿区东部主要河床两岸含水丰富，在石河村西河床阶地处泉水流量达1400L/s。阳泉矿区以桃河冲积层最厚，在坡头厚10～20m，含水丰富，单位涌水量5.38～9.24L/（s·m）。矿区东部基岩风化裂隙比较发育，含水较丰富。

（2）隔水层

阳泉规划矿区本溪组（C_2b）和太原组底部为铝质泥岩及中上部砂质泥岩、泥岩为“奥灰”岩溶水与煤层和太原组裂隙岩溶水的隔水层，厚50～65m。

煤系地层中夹在石灰岩裂隙岩溶含水层和砂岩裂隙含水层间的泥岩、砂质泥岩和煤层，构成平行复合结构，起层间隔水作用。

（3）地下水流场条件

阳泉规划矿区北部和东部寒武—奥陶系碳酸盐岩大面积棵露地表，接受大气降水补给。由于受矿区北部东山复背斜和南部太行复背斜的控制，地下水的总流向北部为向东或南东，南部向北东或北西汇合后流向北，然后向东或南东汇入娘子关泉。泉水流量7.93～15.75m^3/s，出露标高360～392m。

矿区为娘子关泉域的补给径流区。矿区南部或西部含水层（组）上覆碎屑岩厚达1500～2000m，为地下水的缓流区。

（4）充水条件

阳泉矿区可采煤层直接充水含水层，山西组煤层为砂岩裂隙水，太原组煤层为石灰岩间夹砂岩裂隙岩溶水，含水小，对煤层开采影响不大。下伏“奥灰”岩溶水，含水丰富。在矿区南部煤层位于“奥灰”岩溶水位之下，为带压开采，有底板突水危险，水文地质条件较复杂。

（三）潞安规划矿区

1.矿区位置与面积

武乡矿区位于沁水煤田东部，跨长治市武乡县和晋中市左权县。北起左权县城南清漳河西源与和顺矿区相接，南至武乡县温庄与襄垣矿区毗邻，南北长约33km，东西宽4～8km，面积约150km^2。

襄垣矿区位于沁水煤田东翼，跨长治市武乡、襄垣两县。矿区南以夏店附近太焦铁路及西川断层与潞安矿区相连，北到前进乡附近与武乡矿区相毗邻，东以煤层露头线为界，西为煤层深部边界。矿区南北长约40km，东西宽10km，面积411km^2。

潞安矿区位于沁水煤田东南部，跨长治市区及长治、长子、屯留、襄垣和潞城等县（市、区）。矿区北以浊漳河西源及西川断层与襄垣矿区相接；南以二岗山北断层为界，与长治矿区相邻；东起露头线；西至经线19662.7（km）处（屯留详查区之西界）。矿区南北长约35km，东西宽约25km，面积约700km^2。

长治矿区位于沁水煤田东南部，跨长治市区及其长子、长治、屯留等县（区）。矿区北以二岗山南断层为界，东以煤层露头线及长治断层为界，南以庄头断层与高平矿区相邻，西界为19670经线。其地理坐标为东经112°56′15″~113°05′20″，北纬36°06′35″~36°15′00″。矿区南北长24km，东西宽14km，面积约330km^2。

2.矿区水文地质条件

潞安矿区水文地质条件属于简单—中等类型。煤系底部为碳酸盐岩岩溶水，在矿区内具有统一的流场水位，有统一的补给排泄关系，为矿区主要供水水源，又是矿区煤层带压开采的主要威胁充水含水层。为此予以重点叙述，煤系地层裂隙水各含水层具有独立的水文地质特征，是煤矿开采直接充水含水层。第四系孔隙水分布范围小，对煤层开采影响较小。

以地层的岩性组合及孔隙类型为基础，区内含水介质划分为松散岩类孔隙水，碎屑岩夹碳酸盐岩岩溶裂隙水，碳酸盐岩岩溶裂隙水。

（1）松散岩类孔隙水

该孔隙水主要分布于长治等盆地及浊漳河Ⅰ、Ⅱ级阶地中，由于各地段的堆积物成因、岩性特征及厚度的不同，其含水层的水文地质特征也有很大差异。

孔隙水主要分布于长治断陷盆地及襄垣单斜盆地中，面积1814km^2，依孔隙水水力性质分为上部潜水和下部承压水两层。

1）上部潜水。主要为中更新统（Qp_2）具网格状细小裂隙的红色亚黏土和钙质结核层，一般厚2~20m，下更新统上部黏土层为其相对隔水底板，水位埋深由盆地边缘向河谷方向逐渐变浅，一般为20~5m。盆地的东部，富水性较好，如张村42号钻孔，水位埋深3.37m，降深7.16m，钻孔单位涌水量0.60L/（s·m）。盆地的西部，富水性极不均匀，如在西李高村—小辛庄一线以东，由于浊漳河及其支流的排泄，使Qp_2富水性变差；在西李高村—小辛庄一线以西Qp_2为良好含水层，如西李高村43号钻孔，水位埋深2.88m，钻孔单位涌水量0.35L/（s·m）。潜水含水层水质类型多为$HCO_3 \cdot SO_4$-Ca型水，水质变差。

2）下部承压水。主要为下更新统（Qp_1），岩性为细砂粉细砂、亚黏土等，顶板埋深50余米，在盆地边缘地带含水层较薄，为5~10m，中部较厚，为20~30m，水位埋藏由西向东逐渐变深。钻孔单位涌水量0.25L/（s·m）左右。承压水TDS一般<0.5g/L，局部可达1.0g/L，水质类型为HCO_3-Ca·Mg型水或$HCO_3 \cdot SO_4$-Ca·Na型水。

（2）碎屑岩夹碳酸盐岩岩溶裂隙水

在矿区西部、北部低山丘陵区有出露，出露面积6237km^2，含水层主要为石炭、二叠系砂岩及石灰岩，泥质岩为层间相对隔水层。

1）砂岩裂隙水。含水层主要为二叠系下统山西组底部K_1砂岩，3号煤层顶板砂岩及下石盒子组K_8砂岩为粗、中粒结构，厚度不等，节理裂隙发育，由于隔水层次多而厚，故含水性一般较差，单泉流量1~4L/s，钻孔单位涌水量多<0.23L/（s·m），TDS<0.5g/L，水质类型为HCO_3-Ca·Na型水。其中3号煤层顶板砂岩为3号煤层的直接充水含水层，含水层平均厚6.08m，节理裂隙较发育，含水性较强，以王庄矿井下出水情况为例，地下水通过裂隙流入巷道，开采面积17.4km^2，平均排水量52.27L/s，最大82L/s。

2）煤系层间碳酸盐岩岩溶裂隙水。主要为太原组4~5层石灰岩，自下而上称K_2~K_5灰岩，其含水性与构造、含水层埋深有关。一般在断裂附近或背斜倾伏端岩溶裂隙发育，含水性较强。埋藏较大时，含水性较弱，根据屯留井田钻孔揭露K_2~K_5石灰岩埋藏较深，一般岩溶裂隙不发育，钻井过程中含水层冲洗液消耗量均<0.60m^3/h，王庄矿、常村矿、五阳矿钻孔对太原组含水层抽水试验，地下水水位埋深87~193m，水位标高698.05m，含水性较弱，单位涌水量0.0005~0.001L/（s·m），TDS为0.64g/L，水质类型属HCO_3-Ca型水。

（3）碳酸盐岩岩溶裂隙水

本区碳酸盐岩主要是奥陶系和寒武系石灰岩，在矿区东部太行山广大区域均有出露，区内仅在文王山、二岗山有零星出露。

1）奥陶系石灰岩含水组。根据已有勘探研究成果，岩性特征与含水岩组溶洞发育程度有关，潞安矿区奥陶系碳酸盐岩可分中、下统。其中，下统可分为下、上两组，中统可分为三组六段。岩性主要以质纯石灰岩、豹皮状石灰岩、白云质灰岩和白云质泥灰岩为主。石灰岩类岩层以构造裂隙、溶蚀裂隙含水为主，局部溶洞发育。白云岩类岩层以溶孔和溶洞为主，形成一套以构造裂隙、溶蚀裂隙、溶孔和溶洞组成含水系统。

含水层主要为各组上段石灰岩、白云质灰岩、白云岩，节理、构造裂隙、溶蚀裂隙、溶孔和溶洞发育，岩溶率为0.76%～10%，一般为4.5%。含水性强，矿区东部辛安泉点多从下马家沟组石灰岩、亮甲山组白云岩中涌出，为本矿区主要含水岩组，黄碾一带单位涌水量为4.4L/（s·m），矿区东部单位涌水量为0.5～27.5L/（s·m），水质优良。但在矿区东部由于河床切割深，位于侵蚀面以上，成为透水层。矿区中、西部由于埋藏深，岩溶裂隙发育程度差，含水性由东向西有由强变弱趋势，但在构造带例外。

各组下段，岩性以泥质灰岩、泥灰岩为主，夹有薄层角砾状石灰岩，峰峰组和上、下马家沟组底部还夹有石膏层，由于泥质含量高，岩溶裂隙不发育，为相对隔水层。

2）峰峰组岩溶裂隙含水层组。该含水层组以峰峰组二段上部石灰岩、二段底部角砾状石灰岩含水性较好，为强中含水层（段）。在一段因泥质白云质成分含量高，岩溶裂隙不发育，可视为相对隔水层，由于存在相对隔水底板，使峰峰组和上马家沟组之间，水位水质均有一定的差别。

根据钻孔资料，峰峰组含水层顶板埋深21.63～711.87m，含水层厚度变化较大。东部峰峰组地层位于水位之上，不含水；中部含水层最厚达121.65m，含水性较好；西部由于埋藏深，岩溶发育差，含水层最薄6.4m，含水性明显变弱。含水层厚度一般30～70m。水位埋深223.02～282.24m，单位涌水量0.001～5.23L/（s·m），一般2.30L/（s·m）。含水性有从东向西逐渐减弱的趋势，局部受构造影响。如文王山地垒、二岗山地垒、苏村背斜、王村背斜等富水性明显增强。因峰峰组含水层组底部含石膏较多，水质较差，其水质类型为$HCO_3 \cdot SO_4$-$Ca \cdot Mg$型水、$SO_4 \cdot HCO_3$-$Ca \cdot Mg$型水，TDS为353.70～3368mg/L，SO_4^{2-}离子含量60.1～1627.88mg/L。

3）寒武系石灰岩含水组。根据本矿区勘探研究成果，岩性特征和含水孔隙性质，可分为下、中、上统，含水岩系主要为中统张夏组鲕状灰岩，其次为上统白云质灰岩和中细晶白云岩，底部是毛庄组和徐庄组，岩性为紫红色泥岩，砂质泥岩及粉砂岩为相对隔水岩。

含水层以鲕状石灰岩为主，构造裂隙、岩溶裂隙、溶孔和溶洞发育，局部有溶洞，形成岩溶裂隙、溶孔、溶洞组成的地下水系统。含水性较强，据南流、下黄钻孔抽水试验，单位涌水量为4.5～5.86L/（s·m），泉点流量＞20L/s，水质优良。但在矿区中西部，由于埋藏深，碎屑岩地层覆盖厚，补给条件差，除构造破碎带外，含水性有由强变弱趋势。

（4）隔水层

潞安规划矿区本溪组和太原组底部铝质泥岩及中上部砂质泥岩、泥岩为“奥灰”岩溶水与煤和太原组裂隙岩溶水的隔水层，厚35～65m。

煤系地层中夹在石灰岩裂隙岩溶含水层和砂岩裂隙含水层间的泥岩、砂质泥岩和煤层，构成平行复合结构，起层间隔水作用。

（5）地下水流场条件

武乡矿区北部为娘子关泉域的补给径流区，南部为辛安泉域的补给径流区，两者以清漳河与浊漳河分水岭为界。在襄垣矿区东南边缘为辛安泉域的排泄区。辛安泉流量9.00～16.21m³/s，出露标高600～643m。地下水总流向，武乡矿区北部向北，然后向东，汇入娘子关泉；武乡矿区南部向南；襄垣矿区为自北东向南西，然后转向南东；潞安矿区、长治矿区为自西向东。

（6）充水条件分析

可采煤层直接充水含水层，山西组煤层为砂岩裂隙水，太原组煤层石灰岩间夹砂岩裂隙岩溶水，含水小，对煤层开采影响较小。下伏“奥灰”岩溶水，含水丰富。在矿区西部煤层延深后位于“奥灰”岩溶水位之下，为带压开采，有底板突水危险，水文地质条件较复杂。

潞安矿区王庄煤矿排水量3713～5000m³/d。矿井含水系数，除五阳煤矿受漳河河水补给为3.226m³/t外，其余矿井均＜1m³/t。矿区水文地质条件简单，开采15号煤层水文地质条件可能较复杂。

（四）晋城规划矿区

1.矿区位置与面积

高平矿区位于沁水煤田东翼，跨晋城市高平市及长治市长子、上党诸县（区）。矿区北以庄头断层与长治矿区相连，南以玉溪河、马村河、许河与晋城矿区分界，东以煤层露头线为界，西以十里河、端氏河为深部预测边界。矿区南北长约40km，东西宽约25km，面积约900km^2。

晋城矿区位于山西省沁水煤田南端，跨晋城市区及其泽州、高平、阳城、沁水等县（市）。矿区东以高都、河西一带的煤层露头线为界，西以白马寺断层与阳城矿区隔山相望，南起煤层露头线，北界为高平市南缘马村、河西一线。矿区面积约280km^2。

阳城矿区位于沁水煤田南端，跨晋城市区及其泽州、沁水、阳城等县。矿区东以白马寺断层西侧沿长河、煤层露头线为界，西北以寺庄断层与沁水矿区相邻，北界以35°40′纬线为深部边界，南界为浅部煤层露头线。矿区面积约720km^2。

沁水矿区位于沁水煤田西南端，跨晋城市沁水、阳城两县。矿区北界为北纬35°45′线；东北以距沁水县3km与芹池北4km斜线至寺头断层为界；南部东段隔寺头断层与阳城矿区相邻，西段以煤层露头线为界；西部隔上良孤、关门二断层与翼城矿区相邻。矿区东西长约37km，南北宽26km，面积约600km^2。

翼城矿区位于沁水煤田西南缘，跨晋城市沁水县、临汾市翼城县及运城市绛县境内。矿区东侧北端以上良孤断层为界，南端以下F_{37}断层及以煤层露头线为界，西侧主要以F_5、F_{41}断层及煤层露头线为界。矿区东西宽约8km，南北长约36km，面积200km^2。矿区中南部翼城、绛县、沁水等三县交界附近为无煤区。

2.矿区水文地质条件

（1）含水层

晋城规划矿区寒武—奥陶系石灰岩岩溶裂隙含水层（组），在浅部岩溶溶洞发育，高平矿区岩溶、溶洞层位在侵蚀基准面以下60～120m，单位涌水量0.70～45.50L/（s·m），水位标高697～666m。晋城矿区单位涌水量0.1～23L/（s·m）。水位标高640m。阳城矿区在古侵蚀面下110～230m岩溶带发育，单位涌水量5.1～41.8L/（s·m）。水位标高540～485m。沁水矿区单位涌水量0.21～5.1L/（s·m），水位标高550m，泉水流量0.22L/s。翼城矿区岩溶、溶洞层位在侵蚀基准面以下80～100m，渗透系数80.51m/d，含水丰富。

太原组砂岩间夹石灰岩裂隙岩溶含水层（组），石灰岩（K_2、K_3、K_4）含水性较强，浅部溶洞发育。在高平、晋城矿区单位涌水量0.000091～0.72L/（s·m），渗透系数0.027～7.43m/d；阳城、沁水矿区单位涌水量0.001～1.09L/（s·m），渗透系数0.027～7.43m/d；翼城矿区单位涌水量0.0023～0.18L/（s·m），渗透系数6.65m/d，北部含水弱。

二叠系砂岩裂隙含水层（组）含水弱，单位涌水量0.0047～0.33L/（s·m），渗透系数0.0062～0.535m/d。

第四系砂砾石孔隙潜水及基岩风化带潜水，前者厚约20m，单位涌水量为0.094～3.32L/（s·m），渗透系数为0.457～5.50m/d；后者厚50m，单位涌水量为0.00043～3.73L/（s·m），渗透系数为0.535～5.05m/d。

（2）隔水层

本溪组和太原组底部铝质泥岩及砂质泥岩、泥岩为“奥灰”岩溶水与煤层和太原组裂隙岩溶水的隔水层，厚约25～45m。

煤系地层中夹在石灰岩裂隙岩溶含水层和砂岩裂隙含水层间的泥岩、砂质泥岩和煤层，构成平行复合结构，起层间隔水作用。

（3）地下水流场条件

高平、晋城矿区位于三姑泉域，其北和东北陵川一带，南部奥陶系碳酸盐岩裸露区为补给区，矿区内为径流区，位于丹河河谷的台头泉、土坡泉、郭壁泉、三股泉（石青泉、马尾泉、苇滩泉）、三姑泉为排泄区。泉的总流量5.52～7.20m^3/s，出露标高342.33～660.45m。以晋长断裂带为界，地下水总的流向自北或东北向南或向东南。

阳城、沁水矿区位于延河泉域，为径流—排泄区，地下水总流向自北东向南西或自北西向南东，汇于阳城矿区内的沁河下游排泄，有马山泉、延河泉等，泉群流量为6.2～16.8m^3/s，出露标高380～485m。

翼城矿区位于延河泉域和古堆泉域的分界处，为地下水的补给—径流区。矿区东南缘奥陶系碳酸盐岩裸露地表为补给区，地下水水位标高由东南向西北逐渐降低，西阎区标高937m，隆化区北部标高685m，西部海头泉标高600m。

（4）充水条件

晋城规划矿区可采煤层直接充水含水层，山西组煤层为砂岩裂隙水，太原组煤层为石灰岩间夹砂岩裂隙岩溶水，含水弱，对煤层开采影响较小，下伏“奥灰”岩溶水，含水丰富。高平矿区西部，阳城、沁水矿区的北部，翼城矿区的中部和西部煤层延伸到“奥灰”岩溶水位之下，为带压开采，有底板突水危险，水文地质条件较复杂。

晋城矿区古书院、王台铺、凤凰山等矿井，目前开采山西组煤层，矿井含水系数为0.46～0.63m^3/t。水文地质条件简单，开采15号煤层水文地质条件可能较复杂。

阳城矿区沁水河及其较大支流两侧的乡镇煤矿主要受冲积层及基岩风化带潜水补给，矿井日排水量为500m^3左右。浅部开采的地方煤矿，矿井含水系数为0.4～0.5m^3/t，水文地质条件简单，深部开采15号煤层水文地质条件可能较复杂。

翼城矿区浅部开采的矿井如新胜矿、红卫矿含水系数为0.70～0.80m^3/t。

（五）平遥、沁源、安泽规划矿区

1.矿区位置与面积

古县矿区位于沁水煤田西翼，跨临汾市古县和长治市沁源县境内。南至古县城，北以狼尾河为界与沁源矿区毗邻，西北边界为煤层露头线，东南至朴则、北峪、石壁村，面积约548km^2。

沁源矿区位于沁水煤田西部，跨长治市沁源县境内。矿区北至后军家沟村北，以F_3断层为界；南以狼尾河为界，与古县矿区毗邻；西为煤层露头线；东部边界的北、中、南段分别以19618、19617.5、19619经线为界。矿区南北长约50km，东西宽10～13km，面积约550km^2。

2.矿区水文地质条件

（1）含水层

寒武—奥陶系石灰岩岩溶裂隙含水层（组）浅部岩溶溶洞发育。据翼城矿区资料：其层位在侵蚀基准面以下80～100m含水丰富，浅部民用水井单位涌水量为0.23～0.41L/（s·m）。

太原组砂岩间夹石灰岩裂隙岩溶含水层（组）石灰岩（K_2、K_3、K_4）含水性较强，浅部溶洞发育，泉水流量为0.70～0.85L/s。

二叠系砂岩裂隙含水层（组）浅部含水较丰富，泉水流量0.85～3.50L/s；深部为承压水，含水弱。

第四系砂砾孔隙潜水及基岩风化带潜水，前者厚约5.0m，含水性不均匀，单位涌水量2.6～3.6L/（s·m）；后者厚50m，单位涌水量0.00046～3.73L/（s·m）。渗透系数0.535～5.05m/d。

（2）隔水层

本溪组和太原组底部为铝质泥岩及砂质泥岩、泥岩为“奥灰”岩溶水与煤层和太原组裂隙岩溶水的隔水层，厚36～81m。

煤系地层中夹在石灰岩裂隙岩溶含水层和砂岩裂隙含水层间的泥岩、砂质泥岩和煤层，构成平行复合结构，起层间隔水作用。

（3）地下水流场条件

古县、沁源矿区西部边缘奥陶系碳酸盐岩大面积裸露地表，为霍泉的补给区，地下水总流向由东北向西南。本矿区奥陶系顶板埋深1000m以下为地下水的缓流区，即为霍泉泉域的滞水边界（东界）。在古县城北钻孔深826m，岩溶发育，岩溶地下水自流，流量为3012m^3/a，水位标高685.74m。

（4）充水条件

可采煤层直接充水含水层山西组煤层为砂岩裂隙水，太原组煤层的充水含水层为石灰岩间夹砂岩裂隙岩溶水，含水弱，对煤层开采影响较小。下伏“奥灰”岩溶水，含水丰富。在矿区东南部煤层延深到“奥灰”岩溶水位之下，为带压开采，有底板突水危险，水文地质条件较复杂。

第五节　下组煤带压区及煤矿水害

一、下组煤带压区

下组煤分布低于岩溶地下水水位的地区称为煤矿下组煤带压区（图2-2-11）。根据山西省水利厅等单位2006年提交的《山西省岩溶泉域水资源重点保护区划分与保护措施研究》成果表明，山西19处岩溶大泉泉域中有15处泉域内分布下组煤煤矿带压区，下组煤煤矿带压区总面积16154.26km^2，占19处泉域总面积的24.32%，占泉域煤田总面积的47.04%；16处泉域内有煤田分布，煤田分布总面积34445.3km^2，占泉域总面积的51.85%，详见表3-5-1。

表 3-5-1　山西省岩溶大泉泉域重点保护区及煤矿带压特征统计表

序号	泉域名称	泉域面积/km^2	泉源重点保护区面积/km^2	泉域水量重点保护区面积/km^2	泉域水质重点保护区面积/km^2	泉域水量限控保护区面积/km^2	泉域内煤田面积/km^2	泉域内矿区面积/km^2	泉域内煤田面积占比/%	泉域内煤田下组煤带压区面积/km^2	泉域内煤田下组煤带压区面积占泉域煤田面积比/%
1	晋祠泉域	2731.0	2.06	183.35	77.42	243.46	1732.75	894.5324	63.45	722.97	41.72
2	兰村泉域	2614.0	3.77	178.88	20.57	73.91	377.08	96.2262	14.43	76.05	20.17
3	娘子关泉域	7217.0	13.87	222.05	136.18	1107.95	4744.43	1407.5407	65.74	2544.68	53.64
4	辛安泉域	10950.0	16.07	0.00	57.07	1627.00	8189.50	838.1965	74.79	6826.19	83.35
5	神头泉域	4756.0	10.18	43.53	9.96	349.79	2061.45	1438.9513	43.34	842.85	40.89
6	郭庄泉域	5600.0	9.33	374.48	57.84	1387.29	3845.14	1290.5291	68.66	1363.49	35.46
7	古堆泉域	460.0	5.04	0.00	0.00	0.00	407.91	97.8293	88.68	92.60	22.70
8	柳林泉域	6002.0	2.08	170.09	99.88	261.55	4175.88	612.1153	69.57	1595.27	38.20
9	延河泉域	2765.0	40.04	0.00	28.33	284.20	1594.62	467.0413	57.67	642.71	40.30
10	三姑泉域	2630.0	27.31	178.80	66.16	391.45	1432.50	625.1713	54.47	97.79	6.83
11	坪上泉域	3035.0	10.31	0.00	26.23	0.00	37.71	4.4625	1.24	0.00	0.00
12	马圈泉域	754.0	1.15	0.00	1.83	44.96	369.32	131.4128	48.98	239.46	64.84
13	天桥泉域	10192.0	22.52	0.00	10.40	12.66	2881.29	62.7818	28.27	808.46	28.06
14	洪山泉域	632.0	1.92	70.10	4.26	82.30	337.40	115.234	53.39	72.82	21.58
15	龙子祠泉域	2250.0	11.20	19.90	23.47	24.87	1437.30	764.178	63.88	0.00	0.00
16	霍泉泉域	1273.0	2.30	35.49	0.00	1235.21	711.59	231.5433	55.89	199.79	28.08
17	水神堂泉域	518.0	9.24	0.00	0.00	0.00	0.00	0.00	0.00	0.00	0.00
18	城头会泉域	1672.0	13.68	0.00	0.00	0.00	0.00	0.00	0.00	0.00	0.00
19	雷鸣寺泉域	377.0	22.85	51.69	0.00	228.89	41.13	0.00	10.91	28.13	68.39
合计		66428.0	224.92	1528.36	619.6	7355.49	34339.29	9073.29	51.69	16154.26	47.04

注：①本表矿区面积为引用2001年统计资料；泉域煤田分布面积为梁永平研究员2022年提供数据，晋祠、兰村泉域为1：5万精度，其他泉域为1：50万精度；下组煤是指石炭系上统太原组（C_3t）地层中各个煤层，不同矿区所含煤层数及编号不同。

②山西省岩溶泉域水资源保护，山西省水利厅等，2008年1月。

晋祠泉域内煤矿带压区面积约722.97km^2（梁永平等，2019年5月），主要分布在泉域西部石千峰向斜核部地带和白家庄—西峪煤矿（目前已经关闭），压力水头在几十米至几百米，例如，白家庄矿岩溶地下水水位高出井下710轨道巷137m，屯兰矿岩溶地下水水位高出井下巷道123～148m，存在较大的突水风险。部分带压煤矿处于岩溶地下水强富水区或太原盆地山前断裂带附近，对煤矿生产安全以及岩溶地下水均存在极大地风险。

按照《山西省岩溶泉域水资源管理条例》，禁止在泉域重点保护区内采煤，目前涉及晋祠泉域重点保护区的煤矿（含部分处于重点保护区内）有白家庄煤矿（已闭坑）、西峪煤矿（已闭坑）、梅园永兴煤业、南峪煤矿、李家楼煤业、东于煤矿、镇城底煤矿、炉峪口煤矿、屯兰煤矿、西曲煤矿、姬家庄煤业、金之中煤业、铁鑫煤业、矾石沟煤矿等。

煤矿带压且下伏岩溶水属于强、极强富水区煤矿，但未涉及重点保护区，如瑞泽煤炭、东于煤业，两矿部分地段均处于西山山前断裂带前极强或强富水区，应停止开采。一旦发生突水事故，将直接袭夺北部晋祠泉域重点保护区水量。

需要指出的是，在19处岩溶大泉泉域范围以外仍然存在大量的煤矿下组煤带压区，但目前还没有具体的统计数据。对山西岩溶地下水的保护区设置，仅仅局限于岩溶大泉泉域是不够的，必须扩大到岩溶地下水全部分布区。

山西各大煤田实际都是煤和岩溶水共存系统，形成煤在上、水在下的水文地质基本格局。一般是煤田位于向斜构造中部，其外围和下部是奥陶系岩溶含水层，在某些特定地质构造部位出露岩溶大泉。由此可以看出煤矿开采对岩溶大泉的影响有多严重。

表3-5-2列出了山西煤田典型矿区奥陶系中统（O_2）水位平均标高及最低可采煤层标高情况，从中可以看出，全省五大煤田16个矿区O_2水位平均标高高出最低可采煤层标高90m以上，最大可达492m，底板最大压力4.92MPa。山西煤矿下组煤带压区主要分布在霍州、洪洞、介休、太原东山、太原西山、原平轩岗等矿区。许多矿区奥陶系中统（O_2）水位标高高于最低可采煤层，煤层底板压力0.9～4.92MPa。

表 3-5-2　山西省各煤田典型矿区奥陶系水位平均标高及最低可采煤层标高统计表

序号	煤田名称	矿区名称	奥陶系中统（O_2）水位平均标高/m	最低可采煤层标高/m	奥陶系中统（O_2）水位平均标高高出最低可采煤层/m	煤层底板承受压力/MPa	矿压水压对煤层底板的破坏深度/m		主要突水矿区地理位置
							中小断层带	正常带	
1	宁武	轩岗矿区	1156	900	256	2.56	86.61	60.01	原平市轩岗镇刘家梁—神山堡一带
2		岚县矿区	1147	890	257	2.57	145.00	104.40	—
3	西山	西峪矿区	800	420	380	3.80	70.64	52.89	—
4		古交矿区	930	550	380	3.80	127.61	93.30	屯兰—马兰—邢家社一带
5		清交矿区	810	650	160	1.60	80.37	78.49	清徐县马峪乡一带
6		东社矿区	950	850	100	1.00	59.97	55.63	—
7	霍西	汾孝矿区	590	300	290	2.90	74.96	52.59	介休市洪山镇一带
8		霍州矿区	523	400	123	1.23	19.55	11.81	霍州市白龙镇、辛置镇一带
9		襄汾矿区	450	0	450	4.50	101.96	78.98	北以西贾—南贾—郭家寨为界，南以永固—里村为界
10	河东	三交矿区	802	310	492	4.92	65.81	41.73	三交—林家坪一带
11		离石矿区	808	500	308	3.08	96.43	57.08	—
12		柳林矿区	805	400	405	4.05	83.67	48.46	穆村以北地区
13	沁水	东山矿区	800	372	428	4.28	79.48	52.48	太原市杏花岭区郝庄—杨家峪一带
14		阳泉矿区	420	50	370	3.70	85.28	46.37	—
15		潞安矿区	690	500	190	1.90	22.79	14.94	榆社—武乡—屯留—长子一带
16		晋城矿区	640	550	90	0.90	17.21	13.87	张村—芹池—嘉峰—郑村一带

注：山西省煤炭开采对水资源的破坏影响及评价，牛仁亮等，2003年9月。

煤矿带压开采是山西煤田水文地质条件的重要特征，岩溶含水层的富水性、水位与煤层的关系、压力大小，构造的复杂程度等因素，是煤矿矿区水文地质条件的主要影响因素，山西各煤田典型矿区煤层带压情况详见表3-5-2。

由表3-5-2可以看出，河东煤田三交矿区岩溶水位高出可采煤层492m，煤层底板压力4.92MPa，为省内最大；沁水煤田晋城矿区岩溶水位高出可采煤层90m，煤层底板压力0.90MPa，为最小。

另据2019年统计资料，山西共有重组整合煤矿863座，其中148座煤矿带压开采存在突水危险性，占比17%。

山西省应急管理厅、山西省地方煤矿安全监督管理局《关于2021年度煤矿防治水专家会诊情况通报及切实做好2022年煤矿水害防治工作的通知》（晋应急发〔2022〕87号）指出，2021年山西省开展了煤矿防治水专家会诊工作，梳理筛选出77座重点矿井作为会诊对象，其中水文地质类型复杂矿井17座、水文地质中等矿井60座，这些矿井均位于下组煤带压区，占全省煤矿总数880座的8.8%；77座会诊矿井按照行政区划分包括：太原市6座、晋中市6座、大同市6座、朔州市6座、忻州市12座、阳泉市6座、吕梁市8座、临汾市11座、长治市6座、晋城市8座、运城市2座；77座会诊矿井按照所属煤田划分，属于大同煤田的8座、宁武煤田15座、沁水煤田24座、河东煤田14座、霍西煤田11座、西山煤田5座；77座会诊矿井按照所属岩溶泉域划分，属于神头泉域9座，大同岩溶水系统6座，郭庄泉域9座，娘子关泉域9座，晋祠泉域5座，柳林泉域5座，三姑泉域5座，禹门口泉域4座，天桥泉域、马圈泉域、辛安泉域、延河泉域和杜家村泉域各3座，龙子祠泉域和洪山泉域各2座，其余6座为小的岩溶泉域或独立的水文地质单元。

二、煤矿水害类型及防治措施

矿井水害事故是危及煤矿安全生产的五大灾害之一（李振拴等，2023），随着山西省煤矿矿井生产向深部和底层发展，以及大面积的开发，水害威胁将越来越严重，在五大灾害中仅次于瓦斯事故，位居第二。1982年10月19日太原东山煤矿六斜坡发生了山西省第一例深层岩溶水大型突水事故，2008年3月霍州白龙矿由于岩溶陷落柱导通奥陶系岩溶水发生突水事故，突水量达1200m^3/h，以及无数次的古空区透水，特别是2006年3月18日临县樊家山和5月18日左云县新井煤矿发生的特大透水事故不得不引起社会各界的高度关注以及对煤矿水害防治工作的重视。

煤矿水害不但造成对生产安全及成本的严重影响，而且大量的矿坑排水会造成对地下水资源的严重浪费，极大地加剧了地下水资源的紧缺程度，对于山西这样一个水资源极度短缺的省份来说影响尤其严重。一些煤矿发生底板突水事故后通过向含水层进行注浆治理，这样会造成对岩溶水的严重污染。如2017年6月22日介休鑫峪沟煤矿发生9号煤层底板突水事故，总突水量600m^3/h，矿方委托有关单位进行治理，仅2017年10月至2018年4月间共向奥陶系含水层注浆及投入骨料107294m^3，其成分包括黏土、粉煤灰、水泥及干料等，欲将奥陶系含水层改造成隔水层，结果不但注浆投料堵水无效，而且对岩溶水造成了严重污染，教训非常深刻。

根据统计资料，山西省1980—2022年43年间共发生煤矿水害事故166起（李振拴，2009），造成1145名人员死亡及巨大的经济损失，教训十分惨痛。发生于1992年11月5日的盂县土塔乡神益沟煤矿透水事故，造成51名煤矿工人死亡；2010年3月28日，中煤华晋王家玲煤矿透水事故，事故造成153人被困，115人获救，38名矿工遇难，115人受伤，直接经济损失4937万元。

山西煤矿底板奥陶系含水层典型突水事故情况详见表3-5-3。

目前矿区地质勘查中普遍不重视水文地质工作，不按照相关规范设计水文地质工作量，或者设计了工作量但质量达不到规范要求，有的煤矿井田范围甚至完全没有水文地质钻孔，岩溶地下水水位靠区域水文地质资料推测；有的煤矿矿井水文地质类型划分人为的降低复杂程度级别，这些错误行为均给煤矿生产设计、矿井防治水埋下了极大的安全隐患。

根据山西煤炭资源分布特征、水文地质条件及生产实践，煤矿开采有四种类型的水容易形成矿井水害，由于煤矿水害不是本书的重点，下面仅就山西省煤矿主要水害类型及主要防治措施做一简述。

表 3-5-3　山西省煤矿底板奥陶系含水层典型突水事故统计表

序号	突水事故时间	事故单位	突水量/($m^3 \cdot h^{-1}$)	突水层位	备注
1	1982年10月19日	太原东山煤矿六斜坡	12500	—	
2	1982—1996年间突水16次	轩岗刘家梁煤矿	350～842	—	最大吨煤排水量16.9m^3
3	1997年4月17日	翼城县牢寨门口	50～380	奥陶系岩溶水	基建过程中就发生突水
4	2010年3月28日	乡宁县山西焦煤王家岭煤矿	最大42500	20101回风巷掘进工作面	基建过程中发生突水事故，突水总量达31.5×10^4m^3，造成38人死亡
5	2017年6月22日	介休鑫峪沟煤矿	600	9号煤层90101工作面	
6	2018年10月14日	介休左则沟煤矿	1000	—	
7	2020年9月19日	大同同煤麻家梁煤矿	600	山西组4号煤层14104～12工作面	
8	2020年10月12日	山西宁武张家沟煤业有限公司	100	2107工作面	总排水量11.6×10^4m^3

（一）地表水及防治措施

1.地表水

在山西省地表水主要有河流、湖泊、水库、积水洼地等，当煤层埋藏浅，采煤活动进行到水体底下且采煤引起的塌陷到达水体底部时，地表水将会进入矿井内形成水害，或煤矿的井口标高低于河流的最高洪水位，一旦有暴雨，当洪水位超过井口时，就会形成洪水灌井事故。如2001年忻州市宁武县新堡乡旧堡村周张保私开矿“8・26”洪水淹井事故，2003年临汾市古县古阳镇江水坪煤矿“4・17”特大洪水淹井事故等。

2.主要防治措施

该类型水害的防治方法比较简单，在水体下方按照有关规范留足防水煤柱；将井口建于当地最高洪水位以上即可避免。

（二）煤层上覆含水层水及防治措施

1.煤层上覆含水层水

该水也称直接充水含水层。其水量大小与含水层的埋藏深度、裂隙发育程度、补给条件等因素有关。这种水来源于煤层的顶板，一般是随着煤层埋藏深度的增加而减少。根据山西省统计资料来看，当开采深度＞200m时，水量逐渐较弱。由于开采对含水层的破坏是长期的，不可恢复的，也是不可避免的，所以该类型水在开采过程中是必然要排放的。

2.主要防治措施

在勘查过程中布置水文地质孔，通过搜集资料、抽水试验，查明水文地质条件，预测矿井涌水量，根据矿井涌水量建设储水仓及配备足够的排水设备，将开采过程中矿坑涌水及时排放。

（三）煤层下伏含水层水及防治措施

1.煤层下伏含水层水

该含水层也称间接充水含水层。山西六大煤田含煤地层底部均分布有巨厚的碳酸盐岩，其内赋存有丰富的岩溶地下水。山西著名的19个岩溶大泉的水都是来于该含水层。当该含水层的水位高于煤层时，即形成带压开采，如果煤层与含水层之间的隔水层厚度不能抵抗水压与矿山压力或有导水通道时，底部含水层中的水就会进入矿井形成底板突水。这种水害事故一旦发生，很难治理。如太原东山煤矿1982年发生底板突水，当时突水量达12000m^3/d，花费了大量的时间、资金和人力，但未能治理好。2008年3月霍州白龙矿由于陷落柱导水发生突水，出水量达1200m^3/h。山西目前煤矿的开采深度在逐渐加深，带压开采的面积越来越大，煤层底板承受的压力也越来越大，所以底部岩溶水突水的可能性越来越大。

2.主要防治措施

必须查明煤层下伏岩溶含水层的含水层位、富水性、水位标高；煤层与含水层之间隔水层的厚度、岩性特征、岩性组合、力学性质；煤层的底板标高、空间变化；断层、陷落柱的分布及导水性。一旦发生底板突水，要查明突水通道，一般采用注浆办法进行封堵。

（四）采空区积水及防治措施

1.采空区积水

采空区包括各个时代开采的采空区，古空、老窑水一般积存于现代生产、开拓水平以上，其积水量大小取决于积水空间与积水时间，一旦揭露，就会以“有压管道流”的形式突然溃出，迅猛异常，具有很大的冲击力和破坏力，对人身安全的危害极大。山西省发生的大多数透水事故多属于该类型，如2002年晋中市寿阳县段王煤化有限公司“12・10”重大透水事故，2003年大同鹊山精煤有限责任公司“2・20”重大透水事故，2006年3月18日临县胜利煤焦有限公司樊家山坑口及5月18日左云新井发生的重大透水事故均属于该类型。山西省煤炭开采历史悠久，历史上及现代小窑开采的区域基本无资料，留下了大量的情况不明的积水老空区，这些老空区分布无规律，地表无痕迹，积水范围、积水量不清楚，无资料可查。由于受煤价高峰的影响及管理不到位，一些煤矿开采也很不规范，越层越界现象严重，给防治水工作带来了极大的困难。

2.主要防治措施

“探”，先探后掘，坚持“不探明、不放净、不回采”的三不放过原则，由于其积水区的空间位置一般都很隐蔽，形状很不规则，深度和层位不一，大小各异，既有连成一片，较易于探明的较大积水区，也有深入腹地孤立存在，很难用钻探查找的较小积水区。因而，应通过地面物探手段先总体上圈定出老窑积水区的大体边界，然后再据此划定“缓冲安全带”，确定起探标高，边探边掘。对于有资料的矿井，需要经常核实图纸资料，监测各探放水钻孔的水量、水压变化，及时分析判断积水是否放净。同时，明确放水路线和行人路线，保障井下人员的安全。

第四章　地热资源

山西省属于浅、中埋藏型中低温地热资源分布区，地热资源开发成本低，经济适宜性强（王贵玲等，2018）。山西省地热资源贯穿南北，横跨东西，受地质构造、地层岩性及深部热源控制，地热分布很不均匀。根据控热构造和地热表现特征，分为新生代沉积断陷盆地型地热资源和褶皱隆起山地型地热资源。山西共划分为46处地热田，总面积53159.924km^2。

山西省中深层地热资源具有资源丰富而又相对集中、且与需求高度契合；以热水和温热水低温地热资源为主，埋深适宜；具多层热储，开发利用潜力大；水化学类型复杂，热矿水多具理疗作用等特点。

第一节　地热资源勘查与开发史

《中国地热资源》（中国地质调查局，2023）专著将我国地热资源勘查史概括为“千年温泉记载、百年调查历史”，并进一步划分为三个阶段：①天然温泉调查阶段（20世纪初—60年代）；②地热水勘查阶段（20世纪70—90年代）；③地热资源综合调查阶段（21世纪以来）。

山西省基础地质和水文地质工作开始于中华人民共和国成立以后，20世纪六七十年代进入全面研究和深入调查阶段，大量的基础地质研究工作均在这个阶段完成。区域性地热地质工作虽然在各项地质工作中略有涉及，但全面的地热地质工作起步较晚，始于20世纪70年代，而系统开展地热资源的调查评价与区划工作则始于2000年以后。

一、地热资源勘查史

（一）中深层水热型地热资源

截至2020年底，山西省未设置过地热资源采矿权，全省以中央或省级财政投入为主的各类地热项目共84项（包括价款地热项目59项），其中完成中深层地热资源调查评价、综合研究类项目共10项；中深层水热型地热勘查共实施普查类项目18项、勘查类项目17项、预可行性勘查30项、详查类2项；其他与地热资源勘查有关的地球物理勘查3项，遥感调查1项。省财政投入施工500m以深的地热井共59眼，地热井深度多数在1500～3000m；钻探进尺累计12×10^{4}m左右，勘查面积1.3×10^{4}km^2，占全省地热田总面积的23%。另外还有社会资金投入以开采为目的的地热井，数量和开发利用情况有待调查核实。上述项目为全省地热资源分布、地热田划分、资源预测提供了初步评价依据。对照《地热资源地质勘查规范》（GB/T 11615—2010）勘查控制程度划分标准，山西省大部分地热田仅局部地区达到预可行性勘查阶段（有些项目虽然称为预可行性勘查，但实际未达到预可行性勘查程度），个别区块达到可行性勘查阶段，达到开采阶段勘查要求的极少。

山西省地质勘查局较系统地对全省进行了四次地热资源调查：1988年6月、12月分别提交了《山西省中北部地区地热矿泉水水质普查报告》《山西省南部地热资源普查报告》；1994年12月提交了《山西省地下热水调查报告》；2006年10月提交了《山西省地热热矿水资源调查报告》；2015年6月提交了《山西省地热资源现状调查评价与区划报告》。

受省国土资源厅及省发改委委托，山西省地质勘查局进行了三次全省地热资源规划，2012年12月提交了《山西省地热资源勘查开发利用与保护规划》；2014年12月提交了《山西省地热资源勘查开发利用规划》，由于种种原因，这两次全省地热资源规划虽然通过了专家评审但均未发布实施。

2023年5月，山西省地质调查院有限公司编制了《山西省地热资源勘查开发规划（2021—2025年）》，2023年5月25日，山西省自然资源厅晋自然资发〔2023〕17号发布实施。

根据20世纪80年代至2020年勘查成果统计，估计全省地热水资源开采量$2875.56\times10^4m^3/a$；提交各类地热资源勘查评价报告157份，其中包括山西省地质勘查局提交142份，占总数的90%，山西省煤炭地质局提交10份，其他单位提交4份。

（二）区域地热资源研究工作

山西省最早的区域地热资源研究成果是山西省地矿局水文队1983年12月提交的《山西省地下热水分布图及说明书（1∶100万）》，该成果简要论述了山西省地下热水分布情况及区域地热地质条件。

1993年5月，由中国地质大学（武汉）、山西省水资源管理委员会编著的《山西省地下热水及饮用天然矿泉水》专著由地质出版社出版。该书详细论述了山西省地下热水及饮用天然矿泉水形成的自然地理、地质及水文地质等成因及分布规律，并对各盆地中的地下热水及饮用天然矿泉水的形成、分布及开发利用等问题做了专门阐述，该书是首部全面系统论述山西省地下热水及饮用天然矿泉水的专著，引用资料丰富，概括性强，理论结合实际，对于山西省地下热水及饮用天然矿泉水资源的勘查、合理开发与管理工作有重要参考意义。

2013年6月，周永昌等编著的《山西地下水资源与开发利用研究》专著由山西科学技术出版社出版。该书对山西25处代表性地热田的地质环境条件进行了详细论述，概括了各地热田的地温场及水化学特征，进行了资源概算，介绍了热矿水动态特征与开发利用现状，阐述了热矿水的医疗效果，指出了开发利用中存在的主要问题，并对地热田的开发利用前景进行了展望。该书内容丰富，信息量大，是省内首次对全省地热田资料进行汇总与集成的专著，对山西地热地质勘查工作具有十分重要的参考价值。

（三）重点城市典型地热井综合分析

综合各方面资料分析，山西省地热资源开发利用程度比较高的城市是太原市六城区及运城市盐湖区。经统计，山西省100眼典型地热井（表4-1-1）其中有47眼地热井分布在太原市城区及运城市盐湖区，占统计地热井总数的47%，现将两个城区地热井综合分析如下。

1.太原市城区地热井

太原市城区16眼地热井分布在万柏林区、小店区、晋源区及杏花岭区（不包括山西综改示范区地热井），井深603～2300m，井口水温32～65℃，热储层为$Ar+\in+O_2f+s$地层，厚度500～939m；盖层为Q+N+T+P+C地层，厚度104～1300m；单井涌水量50～250m^3/h；水位埋深+13～150m；水化学类型SO_4–Ca·Mg型；pH值为7.17～7.52；TDS为1662～2170mg/L。其中河西地区东起滨河西路，西至神堂沟边山地带，北起山西省展览馆，南至冶峪河大约30km^2就分布有8眼地热井，是太原市地热井较为密集的地段。

2.运城市盐湖区城区地热井

运城市盐湖区分布有31眼地热井，成井深度均在2000m以上，最深达3600m，深度范围2000～3600m；井口水温43～85℃；热储层为N_1+E_2，厚度708～1460m；盖层为Q地层，厚度104～2110m；单井涌水量40～160m^3/h；水位埋深+21～100m；水质分析资料比较少，目前搜集到的水化学类型资料为Cl·SO_4–Na、Cl–Na型；pH值7.29～7.89；TDS为1736～16462mg/L。运城市盐湖区建成区面积仅104km^2，平均3.35km^2即有1眼地热井，是目前山西省内地热井深度最大、密度最大的城市区。盐湖区浅层无地温异常，地下300～350m埋深，水温一般为18～20℃。深部靠地热增温而形成储热层，平均增温梯度2.85～3.26℃/100m；1000m埋深，水温一般在35～40℃；1600m埋深，水温一般在40～45℃；2000m埋深，水温一般在50～55℃；3000m埋深，水温一般在68～78℃；埋深3200～3600m，水温一般在72～85℃。

表 4-1-1　山西省典型地热井（孔）基本情况统计表

序号	地热井位置	孔深/m	孔径/mm	孔口温度/℃	热储层特征								水质特征			地热水利用情况	备注
					热储地层代号	热储层厚度/m	盖层时代	盖层厚度/m	取水段顶底板埋深/m	水位埋深/m	水位标高/m	单井涌水量/($m^3 \cdot h^{-1}$)	pH	TDS/($g \cdot L^{-1}$)	水化学类型		
1	浑源县王庄堡镇汤头温泉疗养院东50m	63	—	61	Ar	60	Q	6.6 ~ 80	50 ~ 63	8.6	1111	15	8.1	0.86895	$Cl \cdot SO_4$–Na	疗养、洗浴、供暖	温泉已消失，后建井开采
2	盂县梁家寨乡大崔庄村	120	—	53.7	Ar	—		3 ~ 5	32 ~ 101	15	396	25	8.3	1.084	$Cl \cdot SO_4$–$Na \cdot Ca$	疗养、洗浴、游泳	温泉已消失，1982年建井
3	天镇县谷前堡镇马圈庠村铁路以北500m	500	300	104	N_2+Ar	250		251.96	300 ~ 500	1.0	1058	35	8.0	0.568	$HCO_3 \cdot Cl$–Na	未利用	2009年建井
4	阳高县罗文皂镇平山村	178	300	104	N_2+Ar	56.5		113.5	113.5	113.5	1002	50	8.1	0.4 ~ 0.5	$HCO_3 \cdot Cl$–Na	未利用	2009年建井
5	云州区瓜园乡李汪涧村西北100m	605	300	44	N_2+Ar	245		360	315 ~ 605	1.78	1018.28	35	8.3	1.454	$Cl \cdot SO_4$–Na	未利用	2011年建井
6	朔城区神头镇东榆林水库	1602.28	152	45	Ar	520	Q+N	750	750 ~ 1270	+24.9	1065.18	54	8.5	2.087	$SO_4 \cdot Cl$–Na	未利用	2013年勘探孔
7	朔城区福善庄乡福善庄村东400m	900	325	25	O	560	$Q+N_2$	340	340 ~ 900	2	1052	8	8.3	0.432	HCO_3–$Ca \cdot Mg$	生活用水	—
8	怀仁市云中镇王家堡村YZ–DR1钻孔	1610.17	245	58	Ar	95.55		1515	1515 ~ 1610	24.8	992.76	28	9.0	0.624	$Cl \cdot SO_4$–Na	—	2016年勘探孔
9	原平市沿沟乡王董堡里村新康力温泉游泳馆	539.4	127	55.8	Ar	55.53		483.83	483.8 ~ 539.3	9.86	828.14	26	9.1	0.641 ~ 1.428	$Cl \cdot SO_4$–$Na \cdot Ca$	疗养、洗浴、游泳	1987年建井
10	定襄县受录乡上汤头村东南	150	300	53.8	Ar	80	Q	70	71 ~ 150	1.0	774	13	8.2	2.579	$SO_4 \cdot Cl$–$Ca \cdot Na$	疗养、洗浴	2013年建井
11	忻府区奇村镇奇村山西省忻州工人温泉疗养院	188	—	51	Ar	124	Q	64	16 ~ 28	4.5	—	45	8.3	0.750 ~ 0.960	$Cl \cdot SO_4$–Na	疗养、洗浴、游泳	1984年建井
12	忻府区秦城乡顿村村委会院内	300	127	42.3	Ar	128.6	$Q+N_2$	171.4	60.3	39.3	756.7	40	7.9	1.380	SO_4–$Na \cdot Ca$	洗浴	1998年建井
13	忻府区长征街道办卢野村澡堂西100m	450	273	38	Ar	215	$Q+N_2$	210	210 ~ 425	36.8	757.2	45	9.0	—	$Cl \cdot SO_4$–Na	洗浴	1988年建井
14	万柏林区神堂沟街道办神堂沟村西外环桥下S_1	603.71	—	44	O_2s	500	O_2f+C+P	103.71	103 ~ 603	32.92	805.2	105	7.3	2.100	SO_4–$Ca \cdot Mg$	疗养、洗浴、游泳	1994年10月建井
15	万柏林区神堂沟街道办神堂沟村外环桥西S_2	801.18	—	42	O_2s	—		—	—	39.59	—	60	7.3	2.100	SO_4–$Ca \cdot Mg$	疗养、洗浴、游泳	1996年5月建井
16	杏花岭区杨家峪街道办杨家峪村供水站内	1116	127	33	O_2	310	$Q+N_2$+P+C	806	806	120	831	120	—	—	—	生活用水、农田灌溉	1990年建井
17	万柏林区新晋祠路山西省展览馆	1690.5	127	50	O_2f+s	310	$Q+N_2+T_1+P_2+C$	1215	1215 ~ 1690.5	1.5	795.5	78	7.5	2.172	SO_4–$Ca \cdot Mg$	供暖	2004年建井
18	万柏林区滨河西路山西焦煤集团汇锦小区	1805.65	245	60	O_2f+s	517		1288	1288 ~ 1805	+13.0	797.5	200	7.4	2.000	SO_4–$Ca \cdot Mg$	洗浴	2006年6月建井
19	万柏林区滨河西路丽华苑小区	1803	—	62.5	O_2f+s	500		1300	1300 ~ 1800	+12.2	795.00	250	—	—	SO_4–$Ca \cdot Mg$	洗浴	2005年5月建井

续表

序号	地热井位置	孔深/m	孔径/mm	孔口温度/℃	热储层特征								水质特征			地热水利用情况	备注
					热储地层代号	热储层厚度/m	盖层时代	盖层厚度/m	取水段顶底板埋深/m	水位埋深/m	水位标高/m	单井涌水量/($m^3 \cdot h^{-1}$)	pH	TDS/($g \cdot L^{-1}$)	水化学类型		
20	万柏林区大井峪东山西省地质工程勘察院西院	1339.21	—	54.5	O_2f+s	939	C+P+Q	400	400～1339	11.2	793.3	83	7.5	2.500	SO_4–Ca·Mg	未利用	2004年2月
21	晋源区义井街道办阳光路阳光·汾河湾B区	1654	152	54.5	O	370	$Q+N_2+T_1+P_2+C$	1250	1250～1620	+4.95	783.15	126	7.1	2.1553	SO_4–Ca	洗浴	2010年建井，XNR1号孔
22	晋源区义井街道办吴家堡	1600	—	51	O	—		—	—	—	—	50	—	—	—	—	2011年建井
23	小店区许坦街山西省旅游技术学院	1167	325	32	O	273.44		893.56	893.56～1167	150	680	55	—	—	—	未利用	1991年建井
24	小店区南中环街省财政厅宿舍国信嘉园小区	1701.0	152	37.5	O_2s+x	730	Q+N+T+P+C	970	970～1701	+10.8	785	121	—	—	SO_4–Ca·Mg	—	2012年建井，XNR2号勘探孔
25	小店区南中环街省财政厅宿舍国信嘉园小区	2102.68	152	52	Ar+∈+O	391		1710	1710～2102	+4.86	782.38	87	7.3	1.662	SO_4–Ca·Mg	洗浴	2014年建井，XNR3号孔
26	小店区师范街14号山西省煤炭地质局院内	1985.06	—	44	Ar+∈	—		—	—	2.48	—	81	—	—	HCO_3·SO_4–Ca·Mg	—	2013年4月建井
27	小店区丽华金地	2300	—	65	O_2s+x	—		—	—	—	—	—	—	—	—	—	—
28	小店区西温庄乡西攒村北	2200		62	O_2s+x	—		—	—	—	—	—	—	—	—	—	—
29	小店区西温庄北800m	1600.88	191	53	O_2s+x	—		—	—	2.6	—	32	—	—	SO_4–Ca	—	2007年2月建井
30	清徐县清源镇平泉村东	100	273	25	O	20	Q	80	80	自流	791	85	7.3	1.446	SO_4–Ca·Mg	农田灌溉	2013年8月建井
31	榆次区安宁东街北全润园小区	2703	127	58	O	300	Q+N+T+P+C	2400	2400～2700	192.4	667.6	40	—	—	—	洗浴、供暖	2011年建井
32	榆次区经纬总厂办公大楼东50m	2983.66	127	75	O	343.66		2460	2640～2983.66	185.1	600	31	7.0	25.468	Cl–Na·Ca	未利用	2009年建井
33	太谷区梅苑山庄东湖宾馆后山顶	2520	273	56	O	658		1850	1850～2580	400.6	590.44	50	—	3.2491	SO_4·Cl–Na·Ca·Mg	未利用	2011年12月建井
34	祁县西六支乡王村QR–1钻孔	1100.20		30	T_1	248	$Q+T_{2+3}$	852	852～1100	43.10	725.10	39	8.3	0.638	HCO_3·Cl–Na	—	2010年11月勘探孔
35	祁县西六支乡永兴庄村西100mQR–2孔	2905.56	152	39	P	279	Q+T	1771	1771～2050	41.78	726.01	44	8.3	0.670	HCO_3·Cl–Na	地震观测	2012年11月勘探孔
36	平遥县古陶镇西城村铁路南500m	3301.66	—	81	O	980	$Q+N_2+T+P$	1695	1695～2675	2	744	8.3	8.1	3.312	SO_4–Na	未利用	2011年勘探孔
37	介休市城北宋脂一带DR–1孔	2485.53	152	49	O+P	282	Q+N	1400	1400～1682	+14.1	760.75	23	7.1	3.406	SO_4–Ca·Mg	—	2013年勘探孔
38	灵石县静升镇静升村崇宁堡西北	1904	127	42	O	487	Q+P+C	1403	1403	377	580	32	—	—	—	疗养、洗浴	2009年建井
39	石楼县灵泉镇前王村	2006.66	152	58	O	349.36	Q+N+T+P+C	1658	1599.10～2006.66	126	837.7	25	6.9	3.531	SO_4·Cl–Ca·Na	—	2016年勘探孔

续表

序号	地热井位置	孔深/m	孔径/mm	孔口温度/℃	热储层特征								水质特征			地热水利用情况	备注
					热储地层代号	热储层厚度/m	盖层时代	盖层厚度/m	取水段顶底板埋深/m	水位埋深/m	水位标高/m	单井涌水量/($m^3 \cdot h^{-1}$)	pH	TDS/($g \cdot L^{-1}$)	水化学类型		
40	临县林家坪镇沙垣湫水河边	645	127	33	O	135	Q+P+C	510	510～645	5.0	800	90	7.4	8.563	$SO_4 \cdot Cl$–Na	煤田勘探孔，已封孔	1985年钻孔，未成井
41	洪洞县辛村镇南段村西玉皇庙东50m	2650.96	152	75	O	527.96	Q+N_2+P+C	2123	2296.34～2650.96	+42.0	485.8	31	7.4	3.199	$SO_4 \cdot Cl$–Ca·Na	洗浴、种植蘑菇	2009年建井
42	古县石必乡三合村天上人间温泉度假村	1658.18	191	46	O	558.18	T+P+C	981	1100～1658	245.6	604.4	32	—	—	—	洗浴、游泳、养鱼	2008年建井
43	尧都区屯里镇西芦村汾河大桥北	2236.0	245	50	N	1831	Q	405	405～2236	0.5	428.5	20	—	—	—	暂停使用	2007年建井
44	尧都区贾得乡东亢村供水大院西北200m	230	273	34	N	110	Q	120	120～230	74.1	401.9	80	8.3	1.184	$SO_4 \cdot HCO_3$–Na	村民饮用水及浇地	1990年建井
45	隰县城南乡路家峪村	2165.81	152	54	∈+O	527.62	Q+N+T+P+C	1638	1638.19～2165.81	268.8	805.82	25	7.2	10.300	Cl–Na	—	2014年勘探孔
46	沁源县沁河镇县城西南汽车站旁	1900.58	152	46	O	24.7	Q+T+P+C	1425	1425～1900	377.2	655.77	20	7.2	4.171	SO_4–Ca·Na	未成井	2017年12月勘探孔
47	安泽县城府镇西南K2孔	1604.4	171	36.1	O+∈	67.3		941	940～1604	248.2	600.81	28	7.0	3.969	SO_4–Ca·Na	未成井	2017年12月勘探孔
48	吉县车城乡上阳庄村清水河西岸	1895.29	152	59	$∈_2$	899	T+P+C+O	996	996～1895	461.4	413.693	32	6.9	2.1402	Cl–Na	—	2013年勘探孔
49	襄汾县邓庄镇温泉村东北银光化工厂	1800.15	—	42	T+P	—	Q+N_2	712	712～1800	—	—	—	—	—	—	—	—
50	襄汾县西贾乡德西毛村东北约250m	386.3	191～244	38	O	248.3		138	138～386	78.5	422.2	65	7.8	1.546	$Cl \cdot SO_4$–Na·Ca	农田灌溉	—
51	曲沃县乐昌镇太子滩	1570	178	46	O	270	Q+N_2+C	1300	1300～1570	0	440	100	8.0	0.996	$SO_4 \cdot HCO_3$–Ca·Na	洗浴、游泳、养鱼	2002年建井
52	侯马市张村乡南西庄村御泽园温泉游泳馆	1498	191	49.5	O	477	Q+N_2	1018	1021～1498	1	437	50	8.2	0.860	$SO_4 \cdot HCO_3$–Na	游泳、供暖、洗浴	2002年建井
53	侯马市锦都佳园小区	1603.47		52.0	O_2	—	Q+N_2+C	1406	-	—	—	—	—	—	—	—	—
54	新绛县泽掌镇古堆村鱼塘	80	300	27	∈	50.9	Q	12.5	29.1～80	29.1	419.9	60	7.7	0.902	$SO_4 \cdot HCO_3$–Ca·Na	养鱼	1999年建井
55	新绛县阳王镇北池村村西	150	273	67.5	Ar	19		120	131～150	130.3	415	13	7.6	3.909	HCO_3–Na·Mg	饮用、洗浴	1982年建井
56	河津市金港龙湾生态酒店	1673.5	133	60	N	256		500	1400～1656	12	375	66	8.5	1.953	$SO_4 \cdot Cl$–Na	洗浴、游泳、供暖	2012年建井
57	万荣县裴庄乡孙石村西滩温泉度假村	1801	216	44.5	N	450.6		695	1331.7～1782.3	3.9	365.3	40	8.6	2.097	$Cl \cdot SO_4$–Na	洗浴、游泳	2009年5月建井

续表

序号	地热井位置	孔深/m	孔径/mm	孔口温度/℃	热储层特征								水质特征			地热水利用情况	备注
					热储地层代号	热储层厚度/m	盖层时代	盖层厚度/m	取水段顶底板埋深/m	水位埋深/m	水位标高/m	单井涌水量/($m^3 \cdot h^{-1}$)	pH	TDS/($g \cdot L^{-1}$)	水化学类型		
58	临猗县猗氏镇老年公寓北	1148	—	61.0	O+∈	—	$Q+N_2$	534	534～1148	—	—	—	—	—	—	—	—
59	临猗县猗氏镇许家窑村天河宾馆	451	273	54	O	48		403	403	65.8	362.2	35	8.1	2.324	Cl–Na	游泳、洗浴、农田灌溉	1995年建井
60	临猗县角杯镇杨范村西南冲沟	1420.3	219	30	O+∈+Ar	480		317	320.19	5	359.6	15	7.9	1.054	SO_4·Cl·HCO_3–Na·Mg	未开发利用	2008年建井
61	夏县瑶峰镇南山底村夏县温泉疗养院	123	—	43	Q	30～50	Q	30	33～123	38.5		20	7.1	1.840	Cl–Na	疗养、洗浴、游泳	1974年建井
62	盐湖区水岸华庭小区	3205	140	78	N_1+N_2	830	Q	800	2350	31.5	368.5	65	7.9	16.462	Cl–Na	供暖、洗浴	2008年建井
63	盐湖区南风洗浴中心	2121.0	—	68	N_1+E	964	Q	1125	1125～2089	+9.0	335.8	160	6.0	18.340	Cl·SO_4–Na	洗浴	—
64	盐湖区交通小区	3196.0	—	66	N_1+E	708	Q	2110	2110～2818	+9.0	370.0	80	—	—	Cl·SO_4–Na	供暖	—
65	盐湖区金鑫锦绣花城小区	2986.0	—	77	N_1+E_2	663	Q	2000	2000～2663	+6.0	369.0	85	—	23.88	Cl–Na	供暖	—
66	盐湖区禹香苑小区	3138.0	—	71	N_1+E_2	950	Q	1910	1910～2860	+21	387.2	126	—	—	Cl–Na	供暖	—
67	盐湖区国土资源局（1）	2252	—	43	N_1+E_2	1064.7	Q	1169	1168.5～2233.22	9.8	363.2	40	—	—	Cl–Na	供暖	—
68	盐湖区国土资源局（2）	2985.0	—	62	N_1+E_2	1460	Q	1360	1360～2820	10.2	363.0	40	7.3	17.99	Cl·SO_4–Na	供暖	—
69	盐湖区四季绿城小区	3000	—	78	N_1+E_2	—	Q	—	—	30	342	120	—	—	—	供暖	2012年4月建井
70	盐湖区华源豪庭小区	3205	241	72	N_1+E_2	2015	Q	1190	2326～3180	40	336.46	90	7.7	18.79	Cl–Na	供暖	2014年4月建井
71	盐湖区星河城小区	3200	241	80	N_1+E_2	896	Q	1682	2309～3183	20	356.09	135	7.9	18.70	Cl·SO_4–Na·Ca	供暖	2012年9月建井
72	盐湖区凤城华都小区	3000	—	72	N_1+E_2	—	Q	—	—	20	—	50	—	—	—	供暖	2013年12月建井
73	盐湖区北城印象小区	2500	—	62	N_2	—	Q	—	—	30	341.87	60	—	—	—	供暖	2013年10月建井
74	盐湖区西建天茂城小区	3300	—	80	N_1+E_2	—	Q	—	—	20	354.46	90	—	—	—	供暖	2013年建井
75	盐湖区美景天城小区	3280	178	78	N_1+E_2	—	Q	—	—	100	268.8	126	7.4	18.06	Cl·SO_4–Na·Ca	供暖	2014年8月建井
76	盐湖区鑫地理想城小区	2400	—	79	N_1+E_2	—	Q	—	—	100	—	80	—	—	—	供暖	2015年11月建井
77	盐湖区华源小区	2600	—	76	N_2	—	Q	—	—	35	340.89	90	—	25.73	Cl·SO_4–Na·Ca	供暖	2012年建井
78	盐湖区凤鸣苑小区	3231	241	65	N_1+E_2	869	Q	1370	2362～3231	65	312.33	50	7.9	17.58	Cl·SO_4–Na	供暖	2012年建井
79	盐湖区东方华城	3210	—	75	N_1+E_2	—	Q	—	—	54	322.43	50	—	19.93	Cl·SO_4–Na·Ca	供暖	2012年建井
80	盐湖区尚东城	3000	—	70	N_1+E_2	—	Q	—	—	60	312.	80	—	—	—	供暖	—

续表

序号	地热井位置	孔深/m	孔径/mm	孔口温度/℃	热储层特征：热储地层代号	热储层特征：热储层厚度/m	热储层特征：盖层时代	热储层特征：盖层厚度/m	热储层特征：取水段顶底板埋深/m	热储层特征：水位埋深/m	热储层特征：水位标高/m	热储层特征：单井涌水量/($m^3 \cdot h^{-1}$)	水质特征：pH	水质特征：TDS/($g \cdot L^{-1}$)	水质特征：水化学类型	地热水利用情况	备注
81	盐湖区香格里拉绿谷	3500	—	67	N_1+E_2	—	Q	—	—	40	332.4	70	—	—	—	供暖	2014年6月建井
82	盐湖区华林逸墅	2900	—	70	N	—	Q	—	—	39	325.5	80	—	—	—	供暖	2014年9月建井
83	盐湖区学苑花都	3000	—	73	N_1+E_2	—	Q	—	—	38	323.8	100	—	—	—	供暖	2014年3月建井
84	盐湖区新悦城	3200	—	72	N_1+E_2	—	Q	—	—	55	321	80	—	—	—	供暖	—
85	盐湖区幸福里铂郡	2800	—	80	N_1+E_2	—	Q_2	—	—	60	313.3	80	—	—	—	供暖	2014年7月建井
86	盐湖区丰喜小区	3300	—	80	N_1+E_2	—	Q_2	—	—	40	327.6	75	—	—	—	供暖	2015年8月建井
87	盐湖区棉科所	3200	—	85	N_1+E_2	—	Q_2	—	—	10	350	100	—	—	—	供暖	2016年8月建井
88	盐湖区御沁园	2500	—	70	N_1+E_2	—	Q	—	—	28	369.9	60	—	—	—	供暖	2013年建井
89	盐湖区恒泽园	3600	—	72	N_1+E_2	—	Q	—	—	43		80	—	—	—	供暖	2014年建井
90	盐湖区天鹅湾	2800	—	65	N	—	N_2+1	—	—	32	338.33	78	—	—	—	供暖	2016年11月建井
91	盐湖区诺维兰汽车文化广场	2000	—	44	N_1+E_2	-	Q	—	—	35	360.7	70	—	—	—	供暖	2010年建井
92	盐湖区运城市第一医院	3002	216	68	N_1+E_2	250	Q	2018	2752 ~ 3002	67.19	283.6	119	7.3	1.736	$Cl \cdot SO_4$–Na	洗浴、供暖	2020年4月建井
93	河津市阳村乡太阳村东	2145	—	67.0	N_1+E_2	1738	—	410	410 ~ 2148	—	—	—	—	—	—	—	—
94	永济市河东大道御苑小区	2452.5	178	62	N_2+Ar	497.7	Q	445	1310 ~ 2452.5	55	316	83	7.7	21.330	$Cl \cdot SO_4$–Na	游泳、供暖、洗浴	2007年3月建井
95	平陆县圣人间镇新湖村	2015.97	244	48	N+E	1085	Q	930	930 ~ 2015	24.5	322.5	40	7.3	11.661	$Cl \cdot SO_4$–Na	—	2014年8月钻孔
96	平陆县张村镇后地村	1900.0	—	51	$\in_2$	100	Q	1600	1600 ~ 1700	1.7	330.3	30	7.3	1.280	—	—	—
97	芮城县古魏镇南部	1216.47	244	41	N_1+E_3	607	Q	663	663 ~ 1216	168.5	331.5	32	8.1	1.258	$HCO_3 \cdot SO_4$–Na	—	2017年4月施工勘探孔
98	高平市马村镇掌握村	480	—	23.0	O_2	20	$Q+N_2+P+C$	—	—	300	630	12.5	7.6	0.73955	$HCO_3 \cdot SO_4$–Ca	—	2017年建井
99	高平市马村镇阁老村	800	—	23.5	O_2	20		—	—	360	632	5	7.4	1.65944	SO_4–Ca·Mg	—	2018年建井
100	沁水县郑庄镇西大村	1547.5	—	46	O+∈	744	Q+P+C	609	609 ~ 1353	3.10	623.9	—	—	4.03046	SO_4–Ca·Na	—	2005年勘探孔

注：本表根据全省地热资源勘查成果综合整理；山西综改示范区有60多组地热井，是山西省地热资源开发利用最为密集的地区，但由于搜集资料困难，未能将其列入统计表中，深表遗憾；本表中孔径是指钻孔孔口直径；表中“—”表示无资料。

（四）地热资源勘查

在水热型地热资源调查评价及勘查方面，全省未进行过系统全面的勘查，多为点上的工作，据不完全统计，全省共施工水热型地热井孔约224眼。其中，中温地热井（90℃≤t<150℃）2眼，分布于天镇和阳高；低温地热井（25≤t<90℃）222眼，分布在全省各地热田。

全省基础地热地质工作积累了成果及资料，基本查明了工作区地热赋存地层、地质构造、水文地质条件，但这些资料多是基础性、区域性普通地质和水文地质成果。据了解，山西省地热研究起步始于20世纪70年代，1995年以前山西没有系统开展过地热资源的调查评价与区划工作，但较多开展过与地热资源相关的水文地质、环境地质调查工作，研究程度不高，这些水文地质、环境地质研究成果都是山西省地热资源研究的基础资料和参考文献。目前省内见到最早的地热资源勘查成果是1972年3月山西省地质局水文队提交的《太原—清徐地热物探普查报告》。

截至2020年12月，山西共提交各类地热资源勘查成果157份，正在实施的各类地热勘查项目27项，其中包括山西省地勘局1988年、1994年、2015年三次全省范围的地热资源调查、2012年、2014年的地热资源勘查开发利用规划，两部地热资源专著。

2006年以来，山西省财政大幅度提高了地热资源勘查资金投入力度，山西省自然资源厅利用矿业权价款组织实施了一大批地热资源勘查项目。经统计，2006—2020年共实施地热资源勘查项目63项，其中2006—2010年17项，其中2011—2020年46个项目控制性经费总投入量为20354.69万元。地热勘探孔最大深度已经超过4000m（原平市大营地热井4017m），地热资源勘查已经成为山西经济转型跨越发展的重要地质勘查热点领域。但是，也必须注意到，价款地热勘查项目大多是预可行性勘查精度，打一个钻孔就圈定一块地热田，热田范围基本是靠地质资料推断的，热水资源量、可采资源量基本是根据单井抽水试验资料计算的。许多地热勘查项目水文地质技术人员投入严重不足，区域水文地质条件研究不够深入，地热井位确定随意性大，钻孔抽水试验质量比较差，很少见有多孔抽水试验，或者单孔抽水多孔观测水位的情况，抽水试验成果可靠性比较低。

总体来看，全省地热资源勘查程度中部断陷盆地高于山区，全省11个地级市，仅太原市城区、运城市盐湖区地热勘探孔比较多，基本查明了主要热储层的深度、地层时代及热水的富水性，研究程度比较高。太原市城区勘探孔最深为2102.68m，热储层为Ar、∈、O，孔口最高水温62.5℃；运城市盐湖区勘探孔最深为3205m，热储层为N、E，孔口最高水温77℃，详见表4-1-1。

山西省专门性区域地热地质工作开展相对较少，自20世纪90年代以来，较系统地对全省进行了三次地下热水调查以及其他一些区域性的地热资源调查评价，其主要成果介绍如下。

1.山西省南部地热资源普查

1988年12月，山西省第二地质工程勘察院提交了《山西省南部地热资源普查报告》。完成地面调查12060.0km^2，地热点调查133个，收集地热点资料330个；施工地热勘探孔21个，总进尺1890.0m；物探剖面长103km，物理点225个；水化学分析44个，收集资料320份。发现热矿泉水22处，其中饮用矿泉水9处，医疗矿泉水8处，两用矿泉水5处。初步计算，工作区可采地热资源5.39681×10^{15}kcal[1]，地下热水资源为8843222.14×10^{4}m^3。

2.山西省峨嵋台地南侧地热普查

1991年4月，山西省第二地质工程勘察院提交了《山西省峨嵋台地南侧地热普查报告》。完成调查面积703km^2，调查地热点109个；抽水试验15次；水质分析样33个；全深度测温5个；地面电法剖面长度75.36km，物理点87个；施工勘探孔1个，进尺585m。经概算，勘查区可采地热资源1.0543×10^{14}千卡，相当于标准煤150614.28×10^{4}t，地下热水资源321947.823×10^{4}m^3。初步确定饮用天然矿泉水点19处，医疗矿泉水点1处。

3.山西省地下热水调查

山西省地质矿产局环境地质总站于1993年开展了“山西省地下热水调查”专题研究。1994年12月，

[1] 1kcal=4.1868kJ。

提交了《山西省地下热水调查报告》（贺秀全，1994）。该项成果共分总论和分论两大部分，总计约14万字。总论部分主要是有关山西热矿水的基本理论，包括研究史、热矿水发育特征、热矿水的成因分类、动态、化学特征、热矿水资源评价以及有关热矿水资源的合理开发利用与管理保护。分论部分主要对全省24处地热田分别全面地进行了详细论述，并指出了开发利用中存在的主要问题，对每个地热田的合理开发利用提出了具体建议。这是第一份系统汇总省内地热资源的报告，资料全面，内容丰富，属普查性质的报告，基本上满足《地热资源地质勘查规范》（GB 11615—1989）中普查阶段要求。

4.太原市地热资源勘查

20世纪50年代，在太原盆地黄土丘陵和黄土台地区，施工一般生活供水井时曾打出水温20～40℃的地下热水，但在广大平原区能否打出地下热水，一直为人们所关注。

《试从地球物理资料论山西地堑系的构造特征》（邢集善等，1989）及《用航磁异常寻找地热田——以山西地热田为例》（王西文，1989）等文献，阐明了山西中部断陷盆地的地质构造，以及地壳深部热源的分布规律，为太原盆地地下热水的研究提供了重要信息。

1994年，山西省第一水文地质工程地质队受太原市晋源区神堂沟村委会委托，在神堂沟一带开展地热资源勘查工作。经反复协商论证，S_1孔位定于神堂沟村西约1200m的沟谷中，西南距离龙泉古寺约500m，1994年10月—1995年5月施工，终孔深度603.71m，水位埋深32.92m，涌水量2520m^3/d，井口水温44℃，这是首次在太原盆地西边山发现地热水，结束了太原盆地没有地热资源的历史。1996年5月S_2地热井竣工（详见表4-1-1）。为了充分开发利用热矿水资源，太原市晋源区神堂沟村委会组建了太原龙泉集团，建设了龙泉山庄、大东海及龙泉游泳馆，掀起了地热开发的热潮，到2001年，已投资四亿元以上，先后建设并投入运营洗浴、游泳、理疗等休闲健身设施24处，带动了后山绿化美化工程及龙泉古寺修复建设。随着各项旅游、休闲设施的不断完善，神堂沟村已成为太原市一处极佳的集疗养、度假、休闲于一身的新景点。

自神堂沟发现地热资源后，太原西边山及盆地区是否还能钻凿出热矿水，已是当时的热门话题，广大地质人员的认识也不一致，不少人认为地热水只分布于小范围深大断裂带区，广大盆地内是无热水的。山西省第一水文地质工程地质队查阅分析研究了国内外大量有关地热地质方面的资料，并编制了太原盆地内大量地质剖面图，经过科学分析研究论证，对太原盆地的地热地质条件有了新认识。认为太原盆地位于汾渭盆地地热带，盆地内以传导型地热资源为主，广大盆地内普遍埋藏有地热资源，特别是结合盆地内存在低阻高导层和悬臂梁地热理论，认为太原盆地西边山地区及盆地内亲贤地垒区，地热地质条件更为优越，地热资源更为丰富。为了进一步查明更大范围地热资源分布情况，山西省第一水文地质工程地质队申请实施了《山西省太原市西边山热矿水勘查》2002年国家矿产资源补偿费项目，勘查区北起下元，南至南堰，西起黄坡，东止和平南路，1：2.5万水文地质调查面积约30km^2，成功在山西省第一水文地质工程地质队西院施工DKY—1号地热井，井深1339.21m，静水位埋深11.20m，降深13.76m，出水量1990.66m^3/d，井口水温54℃，水质为复合型理疗热矿水（详见表4-1-1），太原市地热资源分布范围从神堂沟扩展到和平南路沙沟一带。

山西省地质勘查局吴玉琪高级工程师通过调查，在太原盆地亲贤地垒区（南内环街以南至小马村一线），发现三叠系碎屑岩裂隙水的温度为22℃，明显高出正常的地下水温度，这是深部热源反映到地表的热异常现象，在《太原亲贤地垒展览馆区地下热水研究》（吴玉琪，2002）中，首次提出平原区深部碳酸盐岩岩溶裂隙中蕴藏有地下热水的论点。2004年又确定了在省展览馆院内的地热井井位，并成功打出一口水温高达50℃的地下热水井，井深1690.5m，承压水头高出地面10m以上，自流量在680m^3/d，抽水出水量近2000m^3/d，形成地下热水涌出地表的地质奇观。从此结束了太原市平原区无地下热水的论断，开创了太原市平原区地热资源开发利用的先河，为城区开发利用地热能提供了科学依据。

5.山西省地热矿泉水资源调查

2006年10月，山西省地质工程勘察院提交了《山西省地热矿泉水资源调查报告》，完成工作量包括1：5万盆地区地热矿泉水资源调查500km^2、1：20万区域性地热矿泉水资源调查23000km^2；地热井调查

120眼、矿泉水井调查140眼；采取测试全分析水样80个、偏硅酸（H_2SiO_3）、锶（Sr）、二氧化硅（SiO_2）水样80个，同位素^2H、^3H、^{18}O水样15个；收集地热报告及资料10份、矿泉水评价报告129份（山西省地质工程勘察院，2006）。该成果对山西地热资源及矿泉水资源进行了评价。

6.山西省地热资源勘查开发利用与保护规划

受省国土资源厅委托，山西省第三地质工程地勘察院系统地进行了全省地热资源规划，2012年提交了《山西省地热资源勘查开发利用与保护规划（2013—2020年）》(山西省第三地质工程地勘察院，2012)。该成果在全面搜集分析全省地热资源勘查成果与开发利用现状的基础上，结合山西省国民经济及社会发展对地热资源的需求编制出了2013—2020年地热资源勘查规划，将勘查级别区分为预可行、可行性、调查、开采4个阶段共45个区，总面积47040.31km^2；根据勘查时间安排又分为近期9处、中远期36处；将开采区规划为46个区，其中重点开采区20个，面积为17149.7km^2；允许开采区12个；限制开采区14个，面积为5678.5km^2。由于种种原因，该规划没有发布实施。

7.山西省地热资源勘查开发利用规划

2014年12月，山西省第三地质工程勘察院受山西省发展改革委员会委托，提交了《山西省地热资源勘查开发利用规划》，其成果类似于2012年提交的规划结局，最终也没有发布实施。

8.山西省地热资源现状调查评价与区划

2015年6月，山西省地质调查院提交了《山西省地热资源现状调查评价与区划》(山西省地质调查院，2015）成果。该项目为中国地质调查局通过竞争性谈判的形式委托项目，所属计划项目为“全国地热资源调查评价”计划项目，工作起止年限为2013—2015年。该成果信息十分丰富，当时是山西省地热资源勘查资料最新、内容最全面的成果。

山西省属于浅、中埋藏型中低温地热资源分布区，地热资源开发成本低，经济适宜性强。该成果详细论述了山西地热资源背景，分析了地热资源分布情况，阐述了地温场特征，按热储类型进行了地热资源量评价，分隆起山地型和沉积盆地型评价地热流体质量，概括了开发利用现状，指出了地热资源开发利用中存在的问题，编制了地热资源勘查与保护区划，提出了地热资源勘查与保护的建议。该成果认为，山西省地热资源贯穿南北，横跨东西，受地质构造、地层岩性及深部热源控制，地热分布很不均匀。根据控热构造和地热表现特征，山西共划分为46处地热田，总面积53159.924km^2。其中盆地型地热异常区分布于汾渭地堑五大盆地内，包括40处地热田，面积23688.052km^2，占全省地热田面积的42.3%；山地型地热田6处，面积29471.873km^2，占全省地热田面积的57.7%。

9.矿业权价款项目地热资源勘查

2006年以来，山西省财政大幅度提高了地质勘查资金，山西省国土资源厅利用矿业权价款组织实施了一大批地热勘查项目。经统计，2006—2020年共实施地热资源勘查项目59项，项目控制性经费28427.157万元。单个项目投资最多达1447.12万元（“山西省忻州奇村—顿村一带干热岩地热资源调查”项目，由山西省第一水文地质工程地质队承担），最少的为170万元（“山西省地热资源开发利用现状调查及潜力分析”，由山西省第三地质工程院承担）。这样的地热资源勘查政府投入力度是空前的，分析其中原因：①由于在目前的技术条件下，山西省固体矿产资源勘查程度比较高，新立项难以找到靶区；②由于山西省近年来实施经济转型跨越发展的战略计划，急需要以清洁能源替代以煤炭资源为主的化石能源。这些项目大多数为施工一个勘探孔，钻孔深度一般比较大，大多深度在1000m以上，最深为3205m(运城盐湖区)。项目成果主要包括地热水资源量评价、地热热量评价、水质评价，以及开发利用前景评估。随着大批地热资源勘查成果的提交，必然带动和促进其进一步开发利用，期待山西地热资源开发取得新的成就。全省2006年以来地热勘查价款项目详见表4-1-2。

地热作为绿色环保能源，其开发利用价值越来越高。山西省地热资源较丰富，大力发展地热能产业，促进地热资源合理利用，对促进全省能源结构调整，经济转型跨越发展，减轻能源供应压力，尤其是减少CO_2排放和保护环境具有十分重要的意义。山西省自然资源厅深入贯彻落实省委省政府经济转型跨越发展的战略部署，持续加大地热资源勘查投资力度，从表4-1-2可以看出，山西省2006年开始设立

表 4-1-2 山西省矿业权价款勘查地热资源项目情况统计表

序号	立项年份	矿业权价款地热资源勘查项目			矿业权价款勘查项目		备注
		数量/项	控制性经费/万元	占当年价款项目总投资比例/%	数量/项	控制性经费/万元	
1	2006	2	1134	3.37	85	33651	山西省首次设立矿业权价款项目，2007年开始实施
2	2007	3	1370	2.57	120	53343	
3	2008	3	665	1.52	96	45439.85	
4	2009	—	108	0.23	79	47070	为2008年地热资源勘查续作项目
5	2010	5	1698	4.17	68	40731	
6	2011	4	1804.300	3.06	80	59000	
7	2012	5	2561.830	5.05	63	50770.89	
8	2013	3	1266.000	2.26	95	56086	
9	2014	6	1821.327	3.81	93	47804.327	
10	2015	—	—	—	—	—	本年度未设立矿业权价款勘查项目
11	2016	—	—	—	—	—	本年度未设立矿业权价款勘查项目
12	2017	6	3775.000	7.44	63	50770.89	
13	2018	8	5465.130	14.13	83	38664.76	
14	2019	8	3561.000	21.41	49	29511.27	
15	2020	6	3197.570	25.56	25	12510.39	
合计		59	28427.157	5.02	987	565353.377	

注：“—”表示无此数据；2008年矿业权项目控制性经费包括省地质勘查局实施的60个项目，省煤炭地质局实施的24个项目，冶三局实施的6个项目，缺其他单位实施的6个项目。

矿业权价款勘查项目以来15年，除2015年、2016年以外，其余13年每年均安排地热资源勘查项目，少则1项，多则8项，年度控制性经费2009年最少为108万元，2018年最多为5465.130万元。地热资源勘查投资力度在稳步持续增加，2020年地热资源勘查投资占比高达25.56%。

山西省自然资源厅2021年立项和实施了“大同盆地重点地区深部高温地热资源详查”项目，项目总投资24022万元，其中包括地质勘查21044万元，专题研究2980万元，勘查单位为山西省第一水文地质工程地质队、中国地质大学（武汉）联合体。该项目的实施开创了山西省地热资源勘查的历史新纪元，具有里程碑的意义。

10.山西省地热资源勘查开发规划（2021—2025年）

2023年5月25日，山西省自然资源厅晋自然资发〔2023〕17号发布了《山西省自然资源厅关于印发<山西省地热资源勘查开发规划（2021—2025年）>的通知》（以下简称《规划》）。该《规划》主要依据国家八部委《关于促进地热能开发利用的若干意见》（国能发新能规〔2021〕43号）和《山西省人民政府办公厅关于全面推动地热能产业高质量发展的指导意见》（晋政办发〔2022〕68号）《山西省矿产资源总体规划（2021—2025年）》等要求进行编制，由山西省地质调查院有限公司完成。

《规划》在概括山西省地热资源概况、勘查现状、产业发展现状、开发利用现状与潜力的基础上，分析了发展形势市场需求，梳理了存在的主要问题，明确了“十四五”全省地热资源勘查开发目标，将地热资源分为中深层（含干热岩）地热资源和浅层地热能两类资源分别进行规划部署。这是省内第一份高质量的地热资源规划，法律法规及政策依据充分，基础资料扎实可靠，思路清晰，目标任务明确，可操作性强，为加强地热资源宏观调控、依法审批和监督管理提供了可靠依据。

勘查规划分区原则：以城乡发展需求为导向，以地热资源勘查程度和地热井的分布密度为基础，有效避让各类保护区，合理划定各类勘查分区，从而达到规范地热资源勘查活动的目的。

勘查规划分区依据：①地热资源勘查程度和地热资源潜力；②地热资源开发利用现状和经济社会发展需求；③城市规划；④相关政策和法规。

根据分区原则和依据，将山西省中深层和干热岩地热资源划分出地热资源重点勘查区8处，面积约为$1.9\times10^4km^2$、限制勘查区面积$0.998\times10^4km^2$、禁止勘查区面积$3.4\times10^4km^2$、一般勘查区面积$3.0\times10^4km^2$；列出了地热资源调查评价工作的主要任务和5个重点项目；确定了地热资源勘查工作的主要任务和13个重点勘查项目，勘查区面积$0.5771\times10^4km^2$；浅层地热能资源重点调查评价区面积$1.26\times10^4km^2$、一般调查评价区面积$0.76\times10^4km^2$、限制调查评价区面积$0.9980\times10^4km^2$；禁止调查评价区包括山西省生态保护红线范围内的区域；确定了7个重点调查评价项目；中深层和干热岩地热资源重点开采区面积$1.9\times10^4km^2$、控制开采区面积$9.22\times10^4km^2$、限制开采区$1.0243\times10^4km^2$、禁止开采区$3.4\times10^4km^2$。

（五）地热资源勘查中存在的主要问题

虽然在山西省进行过一系列浅层地热能资源调查评价和地热勘查评价项目，取得了一系列研究成果，但仍存在如下主要问题。

1.勘查经费投资渠道单一投入少

目前山西省地热资源勘查投入主体以省级财政为主，中央财政为辅，市、县及社会资金投入零散、比重少。省级财政投入呈逐年递增趋势。自2006年至2020年山西省公共财政累计投入实施了59个地热资源勘查评价项目，总投入2.84亿元。对于地热资源勘查高投入行业来说，其投入仍显不足，与所完成的勘查面积极不匹配。但是2020年天镇—阳高地区高温地热勘查取得重大突破后，引起了省委省政府的高度重视，2021年投入省地质勘查资金2.42亿元进一步加强了地热资源勘查工作。

2.地热资源勘查评价程度较低

全省地热资源勘查评价程度较低，资源家底不清，资源储量级别低，多数为推断的，少数为控制的，且普遍缺乏开发利用可行性评价和动态监测数据，现有工作程度难以满足开发利用需求。山西省财政投入共施工500m以深的地热井59眼，钻探进尺累计12×10^4m左右，完成勘查面积$1.3\times10^4km^2$，占全省地热田总面积的23%。对照国家相关技术标准要求，完成$1.3\times10^4km^2$的预可行性勘查工作，需施工地热井430～650眼，因此可以说仅部分地区达到预可行勘查程度，局部地段达可行性勘查程度，目前所掌握的资源储量级别低，多数为推断的，少数为控制的，距开发利用的要求差距甚大。

3.地热资源勘查评价内容不全面

山西省地热勘查和开发利用评价工作，普遍未开展过经济、技术和环境的可行性评价或资源评估、环境影响评价和经济性测算，动态监测几乎处于空白，特别是缺乏回灌方面的数据，现有技术资料难以支撑对其开发利用的可行性、可持续性作出准确评估，无法支撑地热资源的科学开发，合理利用和有效管控。特别需要指出的是许多项目没有进行水溶气体的采集与测试、热水同位素测试，这些内容对近年开展的氦气资源调查评价有着极为重要的参考价值。尤其令人不能理解的是，根据统计资料，在2000年以前地热勘查项目不管经费多少，其成果均有这些内容，但是在2000年以后几百万元甚至上千万元投资的项目基本均没有这些测试内容。

4.基础地质工作比较薄弱

山西省最具开发利用价值的地热资源主要位于大同、忻州、太原、临汾、运城等五大新生代断陷盆地内，但由于缺乏对盆地地质的系统调查研究，对盆地地层结构、地质构造特征认识不清，地热资源基础地质背景不明，直接影响地热资源勘查战略选区工作。存在基础地质背景不明、地热田边界不准、地热田划分欠合理、资源量计算不准，热储层特征不清、对环境影响不明等诸多技术问题，难以满足地热资源整体开发需求。

5.勘查深度较浅

受勘查和开发技术等条件的限制，山西省过去地热勘查工作深度偏浅（勘查深度多数在2500m以浅），从而对深部地热资源情况了解不多。以往完成的地热资源调查评价主要以探明资源储量为主，勘探试验孔布设密度及深度选取均存在一定的局限性，调查成果精度对城市建设需求支撑较弱，成果转化应用困难；以往的地热勘查工作多为点上局部勘查，从而勘查工作缺乏整体性、系统性，勘查程度偏低，尚有面积较大的勘查空白区。

6.勘查资源类型不平衡

以往地热资源勘查工作着重于水热型地热资源，对岩热型（温度较高而不含水或出水量较少）和干热岩地热资源勘查做的较少。

7.勘查项目管理不到位

地热资源勘查项目管理严重不到位，招投标入围门槛过低，致使不具备专业能力的单位中标，实施方案评审不严格，项目承担单位水文地质工作能力良莠不齐，有些单位甚至没有一名水文地质专业技术人员和一件专业设备，不具备承担地热项目勘查的基本条件及能力，技术工作主要靠临时外聘技术人员完成，设备主要靠租赁解决，关键环节监理缺失，或者发现问题也不采取整改措施，普遍不重视水文地质综合调查工作，地热勘探孔施工质量不高，抽水试验成果与规范要求相差甚远，项目验收标准过于宽泛，提交成果质量低下。这样不但造成了勘查经费的浪费，而且产生了非常负面的导向作用，这种局面再也不能继续进行下去了。

二、地热资源开发史

（一）山西古代温泉利用的主要方式

山西的温泉多为低温热水，人类发现温泉之时，即是利用之始。山西是古人类发源地之一，从历史典籍中，可以找到一些相关的记载，反映山西古代对温泉利用的一些基本情况。古代对温泉的利用也多种多样，根据现有史料分析，山西地热的开发利用历史较早，利用方式较为简单，可归纳为以下几类利用方式：沐浴疗疾、灌溉田地、辟为景观、温泉养殖等，且对温泉的研究也较肤浅，但其开发利用历史对山西省现代地热开发利用提供了良好的基础。

山西地热资源利用有着悠久的历史，据现有史料的文字记载可推知，山西早在3000多年前就有地热利用的记载。据《恒山志·水志》中记载："其水东迁上曲阳县古城北，本岳牧朝宿之邑也。古者天子巡狩，常以岁十一月至于北岳，侯伯皆有汤沐，邑以自斋洁。周昭王南征不远，巡狩礼废，邑郭仍存。"由此可知山西省浑源县境内的北岳恒山，其11月的气温已较低，但仍能在水中沐浴，表明水温定要高出此时当地气温很多，已有古人利用地热温泉沐浴。

汤头温泉亦是山西现存地热利用最早典型，历史最为悠久，文字明确记载其早在2000多年前的东汉光武年间就已经开始被古人所利用。在《魏书》《水经注》均有记载，郦道元的《水经注》载有："滱水出代郡灵丘县高氏山……又东合温泉水，水出西北暄谷，其水温热若汤，能愈百疾，故世谓之温泉焉。东南流经'兴豆厅'北，厅在南原上，敧倾而不正，故世以敧城目之。水自原东南注于滱。"《魏书》中载高祖孝文帝宏："二年春正月丁巳…。二月丁亥，行幸代之汤泉。""三年春正月癸丑…。二月辛巳，帝、太皇太后幸代郡温泉，问民疾苦，鳃贫者以宫女妻之。"可见当时此处已早被古人所用。另汤头温泉的碑铭中记载有"光武年间创立此殿，后因掳患焚之久矣"。可知，东汉光武前，此处温泉已被广泛利用，汤头温泉利用的历史又可推知早于东汉时期。

山西省东南部，现长治—晋城一带也有地热资源的相关文字记载，如战国时期的《山海经》对山西地热资源也有记载，如《北山经》中的："北次三经之首曰太行山…又北三百里曰神困之山，滏水出焉，而东流注于洹。晋郭璞注：滏水今出临水县西滏口山，经邺西北至列人县入于漳，其水热"；《海内东经》载："温水出崆峒山，在临汾南入河，华阳北。"郭注："今温水在京兆阴盘县，水常温也，临汾县属平阳。"根据郭璞注及参考侯仁之先生的《山经今地示意图》可知，"滏水"发源于山西与河北交界处的太行山系，约在山西东南部。对照山西各县志进行考证，此处在古时的确有温泉出露。此外，盂县寺平安温泉古称"神水""热河"，1400多年前北齐济南王曾以该温泉沐浴疗疾；翼城南梁泉就有开渠引温泉灌溉的历史已有1800多年。

（二）山西近现代温泉利用的主要方式

1936年，我国地质界老前辈章鸿钊先生编写了《中国温泉辑要》一书，该著作以地热为专题，首次对山西境内的温泉进行了统计和论述，记载山西境内的温泉有64处，并对各处水温进行简单的区分，归纳水温较高点6处，温度较低点33处，温度不详点25处。中华人民共和国成立后，“省水资办”对该书中所提及的地热点进行了核实，在天镇、浑源、盂县（包括人工和天然出露）发现3处，其余均未找到，但作为进一步调查研究的线索仍不失其参考价值。

中华人民共和国成立前，山西没有一所温泉疗养院，地热利用情况仍停留在少数人洗浴及日常生活所用。至20世纪50年代，在国家提出温泉资源为人民群众服务的口号后，全国各地开始兴建疗养院，但山西起步较晚，直到20世纪70年代，世界能源危机促使各国去寻找可替代的新能源，地热能成为勘探研究的主要能源之一。我国著名地质学家李四光此时提出了要大力开发地热，充分利用地球这个“庞大热库”中蕴藏着的能量。并于1970年在天津主持召开地矿系统动员开发利用地热资源的大会，由此在我国掀起了一个地热普查、勘探和开发利用的热潮。山西群众在打井开发地下热水的高潮中，发现了多处地下热水点。山西在20世纪70—80年代以建疗养院为主，这个时期建成的具有一定规模的疗养院有：浑源汤头温泉疗养院、忻州奇村温泉疗养院、盂县寺平安温泉疗养院、夏县南山底温泉疗养院等。山西在20世纪80—90年代以矿泉水开发、热带鱼养殖、大棚灌溉为主，如临汾东亢、榆次西窑的饮用矿泉水，清徐、新绛古堆的罗非鱼养殖等都比较有影响。

20世纪90年代以后，旅游业逐渐成为各地区重要的新型支柱产业。人们也逐渐从单纯走马观花式游山玩水的视觉旅游向追求身心健康、回归自然的感觉旅游转变，泡温泉无疑就是最能吸引游客的一个感觉旅游卖点，因此开发温泉旅游倍受开发商青睐。温泉旅游首先从海南、广东等地的大规模、高档次开发开始，然后全国各地紧跟潮流不断开发升级，呈现井喷式的温泉旅游开发态势。温泉旅游也成为20世纪90年代以后地下热水开发的主要趋势。

山西地下热水温度适宜，水质对人的身体有独特的疗养和保健作用，开发温泉旅游具有天然优势，而山西又是一个旅游资源大省，有许多历史悠久的人文景观和独特的自然景观。因此，开发温泉旅游非常适宜。这个时期在原有疗养院基础上进行改造升级的温泉度假村有：忻州奇村、浑源汤头、盂县寺平安、原平大营、夏县南山底温泉旅游度假村；进行大规模开发利用的有：忻州顿村、太原神堂沟温泉度假村等。

（三）地热资源开发利用现状

现代地热规模开发利用始于20世纪七八十年代，建有温泉疗养院。之后随着社会进步和地热资源勘查技术的进步，人民生活水平的逐渐提高，地下热水的利用范围和领域不断扩大，已经由简单的生活服务逐渐扩大到工农业生产、旅游疗养、科学实验以及温泉旅游等方面，开发利用途径发展迅速。地热开发利用在运城、临汾、太原、忻州、天镇—阳高盆地区崛起，现地热资源主要用来进行温泉洗浴、地热供暖、医疗保健、养殖、农业温室种植和灌溉、矿泉水生产等，产生了较好的经济和社会效益。

山西省地热资源属于“中低温地热资源”。截至2020年底，全省共确定地热田46处，其中40处位于沉积盆地区，6处位于隆起山地区。沉积盆地区内已开发的有29处，已开发利用的有24处；山地区已开发的有6处，已开发利用的有4处。山西2014年共调查地热井224眼，其中大同盆地地热异常区调查地热井28眼；忻州地热异常区调查地热井31眼；太原盆地地热异常区调查地热井27眼；临汾盆地地热异常区调查地热井27眼；运城盆地地热异常区调查地热井37眼；隆起山地区调查地热井21眼。

据山西省地质调查院2014调查，全省共有地热井224眼，已开发利用的160眼；另据山西省发展改革委员会2023年2月15日晋发能源发〔2023〕50号文发布的《山西省地热能产业发展实施方案（2023—2025年）》资料，截至2020年，全省地热井共有457眼，已开发利用276眼，每年实际开采地热水量$1823\times10^4m^3$。短短7年间，地热井增加了233眼，开发利用地热井增加了116眼，增长速度非常迅猛。

根据2020年地热井已开发利用统计资料，从各市分布看，运城127眼，分布最多；晋城和长治最少，分别仅有1眼。从主要用途看，用于温泉洗浴的最多，占比34.43%；其次为地热供暖和农田灌溉，占比27.17%、25%；用于工业生产的最少，占比仅为1.81%。全省11市地热井分布情况分别为：运城127眼、临汾93眼、忻州68眼、大同53眼、太原48眼、晋中31眼、吕梁17眼、阳泉10眼、朔州8眼、晋城1眼、长治1眼，见图4–1–1。

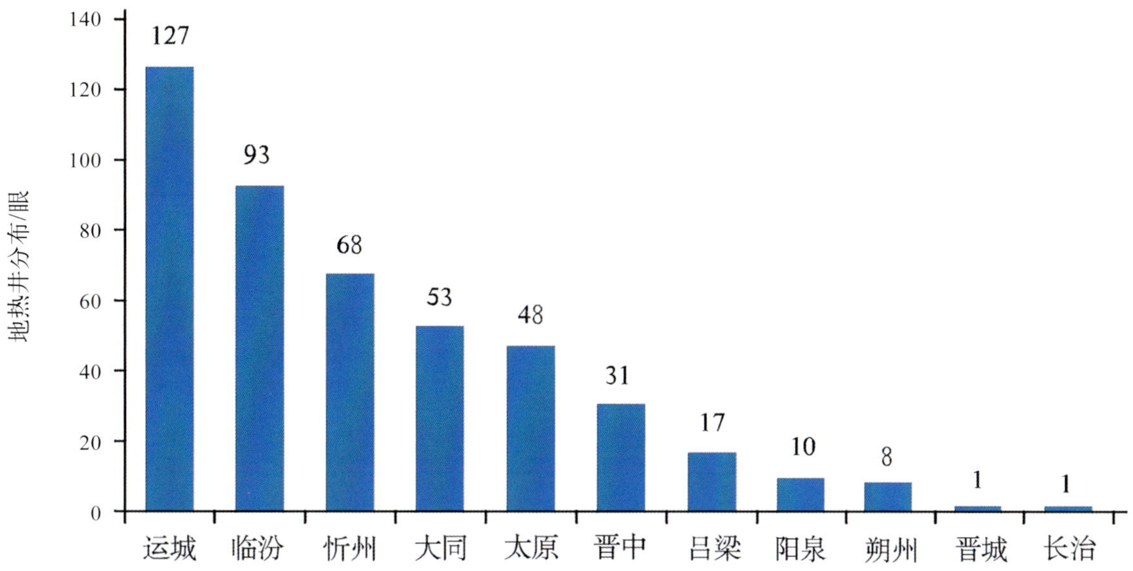

图4-1-1　山西省已开发利用地热井分布情况直方图

地热能资源主要用途包括：温泉洗浴，占比34.43%；地热供暖，占比27.17；农田灌溉，占比25%；饮用、生活用水，占比5.43%；花卉养殖，占比3.99%；地震观测，占比2.71%；工业生产，占比仅为1.81%。

1.全省地热资源综合开发利用现状

（1）地热资源在温泉洗浴方面的利用

随着山西省旅游业的发展，不少地方利用当地地热资源及秀丽的山水景色开发以温泉浴、度假村、娱乐为一体的地热旅游项目。晋中市榆次区水密芭莎温泉城、阳高孤山庙、天镇马圈庠、原平大营、忻州奇村、顿村、太原神堂沟、曲沃太子滩、夏县南山底、盂县寺平安等，成为重要温泉度假基地。另外，在太原、运城等城市，在部分高档住宅区打有地热井，温泉水入户成为商品房的一大卖点。

（2）地热资源在供暖方面的利用

地热能供热是一种绿色低碳、清洁高效的供热方式，与传统热电联供、燃煤、燃气锅炉供热相比，运行费用低、维护简单、无排放，对改善大气环境质量、持续优化能源结构，引领能源转型具有重要意义，是山西省能源革命综合改革试点工作的一项重要内容。

近年来地热供暖发展很快，运城市盐湖区禹香苑、锦绣花城、丽锦城西人家、水岸华庭等至少30个小区，河津市东都公寓、金港龙湾酒店、吴家关小学及中学住宅楼等，平遥县汇丰小区、榆次区金潞苑小区、太原市义井恋日公寓、山西综改示范区等地每到冬季都将地热水用于供暖热源。

太原国投大厦投资1050万元，共施工三口深度2500m无干扰中深层地热井，采用中深层地热能无干扰技术，实现了$3.2\times10^4m^2$全楼宇的绿色供热、制冷。无干扰地热供热技术是指通过钻机向地下一定深处高温岩层钻孔，在钻孔中安装一种密闭的金属换热器，通过换热器传导将地下深处的热能导出，并通过专业设备系统向地面建筑物供热的技术。

据不完全统计，截至2021年底全省地热供暖面积共计约$2070\times10^4m^2$（刘芮，2020）。山西双良集团运用“地热能+”形式，多能互补，2021年在山西综改示范区供暖面积已达$720\times10^4m^2$有余。

利用地热供暖不仅节省了大量的煤炭、天然气及电力资源，也减少了因锅炉排放烟尘对环境造成的污染，经济及社会效益显著。地热能开发利用为促进山西能源绿色低碳转型、全方位推动高质量发展提供了有力支撑。

（3）地热资源在医疗保健方面的利用

地热在医疗保健方面应用广泛，主要用其进行洗浴疗疾，长期洗浴对皮肤病、心血管病具有一定疗效。在医疗保健方面开发利用始于20世纪七八十年代，目前建有雁北工人疗养院（浑源县汤头村）、山西工人疗养院（忻州奇村）、阳泉矿务局工人疗养院（盂县寺平安村）、运城工人疗养院（夏县南山底村）等。现在运城盐湖区将地热水与盐水漂浮、黑泥洗浴结合起来综合开发，成为旅游界的“三绝”，将温泉疗养保健及旅游与娱乐很好地结合在一起。

（4）地热资源在养殖、农业温室种植和灌溉等方面的利用

曲沃县海头村、新绛县古堆村、天镇县马圈庠村等地利用地热水进行水产养殖，年产罗非鱼在30万斤[1]以上；利用地下热水资源修建地热温室进行蔬菜种植、花卉栽培等，截至2014年底，太原市杨家峪利用温水花卉栽培，年经济收益百万元以上，经济效益可观；曲沃县海头村、稷山县仁和村、襄汾县汾阳岭村、新绛县程家庄等地温室蔬菜，农田种植，灌溉面积共约7500亩。

（5）地热资源在矿泉水生产方面的利用

目前山西发现的最好饮用矿泉水为天镇县马圈庠热矿水，地热田中心井口水温40.5～104℃，外围饮用天然矿泉水锂、锶、偏硅酸三项达标。该矿泉水产地批准探明的（B级）矿泉水可开采资源量$2.4\times10^4m^3/d$，具备建立大中型优质饮用天然矿泉水厂的资源条件。外围的饮用矿泉水有益组分与热矿水的循环补给有必然联系，马圈庠饮用天然矿泉水开发前景广阔。

（6）地热观测在地震监测预报中的应用

在忻州奇村等地利用地热井应用于地震监测预报中，通过地热井的水位、水温及微量元素的变化，分析与地震的关系。根据多年的监测经验，地热水相对于一般的常温地下水对地震更加敏感。山西利用热水井进行地震观测始于20世纪80年代，目前，监测的台网包含南部运城盆地夏县热水井、临猗热水井，北部忻州奇村热水井。这三口井均进入国家库，并开展水位、水温、水氡、水汞等多种水化学观测项目。为完善观测井水化学基础信息，国家地震局2018—2019年陆续在山西地区系统采集了地热井水样，测试得到了离子浓度及氢氧同位素相关数据。这些监测井均积累了几十年的监测数据，为山西的地震预测预报提供了依据。

2.各市地热资源开发利用情况分析

2014年全省共调查地热井224眼，已开发利用的160眼，占71%；从行政区划看，全省11市运城调查地热井66眼居各市之首，占全省调查总数的29.46%，其中50眼开发利用，占调查井的75.76%，未开发利用的16眼，占24.24%；在山西省117个县（市、区）级行政区划中，有39个县（市、区）分布有地热井，占全省县（市、区）级行政区划总数的32.77%；在县（市、区）级行政区划中，新绛县、襄汾县地热井最多，均为22眼，其次是忻州市的忻府区20眼。忻府区不但地热井多，开发利用程度高，而且开发利用比较早，规模大，影响力比较大，奇村、顿村是省内外闻名的温泉旅游度假村。详见表4-1-3。

在调查的所有地热井中，25℃$\leqslant t<$40℃“温水”地热井107眼，占总数的47.77%；40℃$\leqslant t<$60℃“温热水”地热井99眼，占总数的44.20%；60℃$\leqslant t<$90℃“热水”地热井16眼，占总数的7.14%；>90℃“中温”地热井2眼，占总数的0.89%。

截至2014年调查，全省达到“中温地热资源”的地热井有两处，分别位于大同盆地的天镇县和阳高县，野外编号为TZ_6和YG_3，井口出水温度分别为101C°和104C°。“低温地热资源”中达到“热水”级别的地热井共16眼，分布在运城、太原、大同、临汾盆地热田和太行山穹状隆起带，而忻州盆地和沁水

[1] 1斤＝500克＝0.5千克。

煤盆地已开采地热井以温热水和温水为主，鄂尔多斯盆地东缘调查的5眼地热井均为温水。各地热田调查的地热井中自流井有20眼，均位于盆地区。

表 4-1-3 山西省地热井开发利用现状调查统计表（2014 年）

序号	行政分区	县（市、区）	地热井/眼		
			调查井数	已开发利用井数	未开发利用井数
1	大同市	天镇县	19	16	3
		阳高县	6	3	3
		云州区	1	0	1
		浑源县	1	1	0
		小计	27	20	7
2	朔州市	朔城区	2	2	0
3	忻州市	原平市	6	6	0
		定襄县	5	4	1
		忻府区	20	18	2
		小计	31	28	3
4	太原市	杏花岭区	2	2	0
		万柏林区	7	7	0
		小店区	3	0	3
		清徐县	1	1	0
		小计	13	10	3
5	晋中市	榆次区	6	2	4
		太谷区	3	0	3
		祁县	4	3	1
		平遥县	4	2	2
		灵石县	2	1	1
		榆社县	1	0	1
		小计	20	8	12
6	吕梁市	柳林县	1	0	1
		临县	4	0	4
		小计	5	0	5

序号	行政分区	县（市、区）	地热井/眼		
			调查井数	已开发利用井数	未开发利用井数
7	临汾市	洪洞县	1	1	0
		古县	1	1	0
		尧都区	8	6	2
		襄汾县	22	19	3
		翼城县	2	2	0
		曲沃县	12	8	4
		侯马市	5	3	2
		小计	51	40	11
8	运城市	新绛县	22	16	6
		稷山县	9	8	1
		河津市	7	5	2
		万荣县	1	1	0
		闻喜县	4	2	2
		夏县	7	7	0
		临猗县	8	5	3
		盐湖区	7	5	2
		永济市	1	1	0
		小计	66	50	16
9	阳泉市	盂县	7	2	5
10	长治市	沁源县	1	0	1
11	晋城市	沁水县	1	0	1
全省合计			224	160	64

注：本表根据山西省地质调查院马汉田等2015年6月提交的《山西省地热资源现状调查评价与区划报告》编制。

（1）忻州市地热资源开发利用情况

忻州市地热资源开发利用在山西省具有代表性，不仅资源丰富，而且起步早、规模大、层次较高，在省内外较有影响力。根据2014年调查资料，共有地下热水井31眼，其中中深层承压热水井26眼，浅层热水井5眼。年开采量$300\times10^4m^3$，共建有49家疗养院，洗浴疗养经营单位14家，接待能力总床位数为8094张，累计投资72855万元，详细利用情况见表4-1-4。

由表4-1-4可以看出，忻府区顿村由于地理位置优越，交通条件好，属于统一规划建设，地热资源开发投资规模大，经济效益好，奇村次之。奇村、顿村地下热水主要用于洗浴和医疗保健，开发利用经济效益最好的为顿村温泉度假村，四星级宾馆就有3座。原平市大营洗浴规模不算大，地热水还承担着为居民供暖的任务。其他3处地热资源开发规模较小，经济效益一般。

忻州市地下热水的共同特征是氟离子和偏硅酸含量比较高，且二者含量与水温密切相关，水温越高其含量越大。地下热水中除偏硅酸、偏硼酸、氟化物含量较高外，还含有锶、锂、钡、锰、铁等多种微量元素和化学成分。奇村、大营和汤头地下热水中的有机含量在最佳范围，顿村地热水中环烷酸含量较

表 4-1-4 山西省忻州市地下热水主要利用情况统计表（2013 年）

序号	地热井开采区名称	地热开采井数量/眼	开采量/（$10^4m^3 \cdot a^{-1}$）	疗养院数量/家	洗浴单位/家	累计投资/万元	床位数/张	备注
1	忻府区奇村	12	63.35	17	—	17820	2665	其中浅层热水井5眼，中深层承压热水井26眼
2	忻府区顿村	7	108.36	21	—	63260	3933	
3	忻府区卢野	2	6.26	—	3	353	80	
4	忻府区逯家庄	2	3.72	—	11	622	404	
5	原平市大营	6	101.69	8	—	6420	879	
6	定襄县汤头	2	17.40	3	—	420	130	
	合计	31	300.78	49	14	72855	8094	

注：①“—”表示无此数据。
②山西省地质调查院马汉田等，《山西省地热资源现状调查评价与区划报告》，2015年6月。

高，均具有很高的医疗保健价值。

忻州市已开发的6个地热区均在经济相对较发达的区县，利用方式停留在休闲、娱乐、洗浴、疗养、游泳等技术含量较低的阶段，而且存在经营方式粗放、未循环利用等弊端。

（2）运城市地热资源开发利用情况

运城市地热开发已初具规模，目前运城市地热开发程度较高的是盐湖区城区、夏县、平陆县等三个区域。主要用于供暖、保健沐浴等项目。据统计，运城市2015年地热水开采量$265 \times 10^4m^3$，其中地热供暖开采$240 \times 10^4m^3$，占90.5%；家庭生活热水供应与洗浴、休闲娱乐用量约$25 \times 10^4m^3$，占9.5%。全市利用地热供暖面积达$580 \times 10^4m^2$，占到全市区集中供暖面积的32.0%，现建有温泉游泳馆2处、温泉度假村2处和温泉水疗中心10处。按2015年开采热水量测算，每年可减少标准煤燃烧28461t，从而减少向空气中排放废气68393t，粉尘227t，并减少灰渣2846t，促进了城区环境质量的提高。地热利用带来了明显的经济效益、环境效益和社会效益。但是，地热资源无证开采、过量开采、粗放性经营、资源浪费的问题同样也很严重。

（3）山西综改示范区地热资源开发利用情况

山西双良再生能源产业集团有限公司承担山西综改示范区及太原河西部分地区的冬季供热工作。目前，该公司已建成七座能源岛，2020年底供热面积约$720 \times 10^4m^2$，全部采用地热能等可再生能源供热。通过钻取中深层地热井，将地层裂隙中的地热水输送至能源岛内，能源岛内的换热系统提取地热水中的热能，再将低温地热水回灌至地层裂隙中。这样的地上、地下封闭式换热系统，实现只取热不取水，为地面建筑物提供永续、绿色的热源。通过地热能梯级利用技术，75℃左右的地热水，最终降至20℃左右，100%回灌，实现了地热资源开发与回灌并重。为了应对突发情况，能源岛70%的供热采用地热能，剩余30%的供热采用空气源热泵、太阳能光伏、太阳能光热、相变储热等新能源技术，还配置了两台冷凝热回收锅炉作为调峰备用热源，多能互补，比传统供热的单一热源更具稳定性。

综改示范区地热井井距根据供热需要不均匀布设，田庄地热田范围主要开采层位为奥陶系热储，田庄断裂以南潇河一带为三叠系热储。地热井分布范围主要位于：北部边界为太原南环高速，东部边界为马练营路以东2km，西部到平阳路，南部边界到潇河一带，面积大约$120km^2$。

经初步统计，2014年以来在综改示范区施工地热井共计60眼左右，这些井大多是抽灌两用，既是抽水井也是回灌井。井的类型有定向也有直井，以定向井为主，井深2200～2700m，单井开采量80～$100m^3/h$，水位埋深40～50m，井口温度55～75℃，回灌水温度20℃左右。一般两眼为一组，一个抽采一个回灌，采暖尾水全部回灌。60多眼地热井已经全部投入使用。目前虽然没有发现水位下降、水温降低的情况，但该区地热开采井最长仅五年左右的时间，后续如何发展，有待观测。

山西双良再生能源产业集团有限公司是本省最早实施地热能供热的企业，不断推出地热能开发新技术，而且根据各地地热资源禀赋情况，进行不同层面的地热资源开发利用。经过长期实践，逐步掌握了

表 4-1-5　山西省地热资源开发利用潜力分析表

地热资源类型	构造分区	地热资源分区名称及代号	地热流体可开采量/($m^3 \cdot a^{-1}$)	地热流体可开采热量/($kJ \cdot a^{-1}$)	热储年开采量/($10^4 m^3 \cdot a^{-1}$)	非热储年开采量/($10^4 m^3 \cdot a^{-1}$)	热储年实际开采热量/($kJ \cdot a^{-1}$)	非热储年实际开采热量/($kJ \cdot a^{-1}$)	开采系数/%	热量开采系数/%
沉积盆地型地热资源	汾渭地堑大同盆地	天镇—阳高裂陷地热田（$Ⅰ_1$）	1.314×10^6	1.997×10^{11}	0	93.367	0	1.425×10^{11}	0.00	0.00
		毛家皂断凸地热田（$Ⅰ_2$）	1.193×10^7	1.462×10^{12}	0	0	0	0	0.00	0.00
		山阴断阶地热田（$Ⅰ_3$）	5.195×10^6	5.559×10^{11}	0	0	0	0	0.00	0.00
		马营庄断凹地热田（$Ⅰ_4$）	2.6075×10^7	4.808×10^{12}	0	0	0	0	0.00	0.00
		朔县断凸地热田（$Ⅰ_5$）	2.270×10^7	2.130×10^{12}	28.83	0	1.822×10^{10}	0	1.27	0.86
		合计	6.721×10^7	9.156×10^{12}	28.83	93.367	1.822×10^{10}	1.425×10^{11}	0.43	0.20
	汾渭地堑忻州盆地	大营地热田（$Ⅱ_1$）	8.584×10^4	1.101×10^{10}	25.815	5.475	4.090×10^{10}	5.998×10^9	300.73	371.48
		奇村地热田（$Ⅱ_2$）	6.152×10^4	1.351×10^{10}	4.38	24.82	6.193×10^9	4.249×10^{10}	71.20	45.84
		顿村地热田（$Ⅱ_3$）	1.098×10^5	1.483×10^{10}	16.79	8.395	2.093×10^{10}	9.807×10^9	152.91	141.13
		汤头地热田（$Ⅱ_4$）	3.304×10^4	7.061×10^9	8.395	0	1.434×10^{10}	0	254.09	203.09
		忻州地热田（$Ⅱ_5$）	1.869×10^5	3.057×10^{10}	0	0	0	0	0.00	0.00
		合计	4.771×10^5	7.697×10^{10}	55.38	38.69	8.237×10^{10}	5.830×10^{10}	116.08	107.02
	汾渭地堑太原盆地	太原城区凹陷地热田（$Ⅲ_1$）	8.750×10^5	1.622×10^{11}	0	0	0	0	0.00	0.00
		西铭断阶地热田（$Ⅲ_2$）	1.477×10^6	2.464×10^{11}	0	0	0	0	0.00	0.00
		城东断阶地热田（$Ⅲ_3$）	1.158×10^6	1.538×10^{11}	11.169	0	1.051×10^1	0	9.65	6.83
		亲贤地垒地热田（$Ⅲ_4$）	2.192×10^6	3.891×10^{11}	72.343	0	1.465×10^{11}	0	33.00	37.65
		西边山断阶地热田（$Ⅲ_5$）	2.478×10^6	4.132×10^{11}	116.07	0	1.082×10^{11}	0	46.84	26.19
		晋源凹陷地热田（$Ⅲ_6$）	3.840×10^6	8.655×10^{11}	0	0	0	0	0.00	0.00
		黄陵西温庄隆起地热田（$Ⅲ_7$）	3.579×10^6	5.988×10^{11}	0	0	0	0	0.00	0.00
		清交凹陷区地热田（$Ⅲ_{8a}$）	3.433×10^7	5.439×10^{12}	0	0	0	0	0.00	0.00
		清交凹陷区地热田（$Ⅲ_{8b}$）	8.226×10^6	1.783×10^{12}	3.285	0	6.041×10^9	0	0.40	0.34
		清交凹陷区地热田（$Ⅲ_{8c}$）	2.294×10^7	7.663×10^{12}	0	0	0	0	0.00	0.00
		榆次东部地热田（$Ⅲ_9$）	4.448×10^6	1.196×10^{12}	13.14	0	2.642×10^{10}	0	2.95	2.21
		侯城—平遥断凹地热田（$Ⅲ_{10}$）	4.286×10^7	1.177×10^{12}	6.57	0	1.996×10^{10}	0	0.15	0.17
		孝义东部断阶地热田（$Ⅲ_{11}$）	1.829×10^7	4.219×10^{12}	6.57	0	8.693×10^9	0	0.36	0.21
		合计	1.467×10^8	3.490×10^{13}	229.147	0	3.263×10^{11}	0	1.56	0.93
	汾渭地堑临汾盆地	洪洞地热田（$Ⅳ_1$）	1.385×10^7	4.397×10^{12}	10.95	0	2.001×10^{10}	0	0.79	0.46
		古城地热田（$Ⅳ_2$）	1.695×10^7	6.945×10^{12}	0	0	0	0	0.00	0.00
		临汾地热田（$Ⅳ_3$）	4.446×10^6	6.445×10^{11}	0	0	0	0	0.00	0.00

续表

地热资源类型	构造分区	地热资源分区名称及代号	地热流体可开采量/($m^3 \cdot a^{-1}$)	地热流体可开采热量/($kJ \cdot a^{-1}$)	热储年开采量/($10^4 m^3 \cdot a^{-1}$)	非热储年开采量/($10^4 m^3 \cdot a^{-1}$)	热储年实际开采热量/($kJ \cdot a^{-1}$)	非热储年实际开采热量/($kJ \cdot a^{-1}$)	开采系数/%	热量开采系数/%
沉积盆地型地热资源	汾渭地堑临汾盆地	曲亭地热田（$Ⅳ_4$）	2.064×10^6	3.585×10^1	0	0	0	0	0.00	0.00
		邓庄地热田（$Ⅳ_5$）	8.771×10^6	2.195×10^{12}	323.301	0	2.511×10^{11}	0	36.86	11.44
		稷山地热田（$Ⅳ_6$）	3.614×10^7	9.317×10^{12}	9.3075	0	1.159×10^{10}	0	0.26	0.12
		新绛地热田（$Ⅳ_7$）	1.391×10^7	2.966×10^{12}	199.0826	0	1.207×10^{11}	0	14.31	4.07
		侯马曲沃翼城地热田（$Ⅳ_8$）	3.775×10^7	8.118×10^{12}	40.3325	2.8287	4.279×10^{10}	2.636×10^9	1.07	0.53
		西海地热田（$Ⅳ_9$）	4.179×10^6	5.294×10^{11}	85.264	0	7.506×10^{10}	0	20.40	14.18
		河津地热田（$Ⅳ_{10}$）	6.778×10^6	1.025×10^{12}	86.3925	0	1.392×10^{11}	0	12.75	13.58
		合计	1.448×10^8	3.650×10^{13}	754.6301	2.8287	6.605×10^{11}	2.636×10^9	5.21	1.81
	汾渭地堑运城盆地	闻喜地热田（$Ⅴ_{11}$）	1.807×10^7	2.934×10^{12}	0	5.84	0	7.286×10^9	0.00	0.00
		万荣地热田（$Ⅴ_{12}$）	4.096×10^7	5.232×10^{12}	17.7025	38.325	2.861×10^{11}	3.147×10^{10}	0.43	0.55
		夏县地热田（$Ⅴ_{13}$）	1.165×10^7	3.053×10^{12}	0	10.0375	0	6.420×10^9	0.00	0.00
		运城地热田（$Ⅴ_{14}$）	7.445×10^7	1.732×10^{13}	129.2246	31.682	2.144×10^{11}	3.186×10^{10}	1.74	1.24
		绛县礼元地热田（$Ⅴ_{15}$）	1.152×10^7	1.973×10^{12}	0	0	0	0	0.00	0.00
		吴王泉地热田（$Ⅴ_{16}$）	3.059×10^6	2.288×10^{11}	0	0	0	0	0.00	0.00
		永济地热田（$Ⅴ_{17}$）	3.469×10^6	4.020×10^{11}	0	0	0	0	0.00	0.00
		合计	1.632×10^8	3.112×10^{13}	146.9271	85.8845	2.430×10^{11}	7.704×10^{10}	0.90	0.78
	沉积盆地	总计	5.224×10^8	1.118×10^{14}	1214.9142	220.7702	1.333×10^{12}	2.779×10^{11}	2.33	1.19
隆起山地型地热资源	沁水煤盆地	榆社柳泉地热田（$Ⅵ_1$）	3.605×10^8	5.961×10^{13}	0	0	0	0	0.00	0.00
		古县三合地热田（$Ⅵ_2$）	6.012×10^7	8.299×10^{12}	10.12	0	1.504×10^{10}	0	0.17	0.18
		沁水郑庄地热田（$Ⅵ_3$）	8.025×10^7	1.160×10^{13}	0	0	0	0	0.00	0.00
		合计	5.009×10^8	7.951×10^{13}	10.12	0	1.504×10^{10}	0	0.02	0.02
	吕梁山鄂尔多斯断块	鄂尔多斯盆地东缘地热田（Ⅶ）	4.291×10^8	5.377×10^{13}	0	0	0	0	0.00	0.00
	恒山燕山断块	浑源汤头地热田（Ⅷ）	2.907×10^7	6.111×10^{12}	6.75	0	1.382×10^{10}	0	0.23	0.23
	太行山穹状隆起	盂县寺平安地热田（Ⅸ）	8.249×10^6	2.304×10^{12}	14.6	0	2.639×10^{10}	0	1.77	1.15
	隆起山地	合 计	9.673×10^8	1.417×10^{14}	31.47	0	5.524×10^{10}	0	0.03	0.04
全省地热资源		总 计	1.490×10^9	2.535×10^{14}	1246.3842	220.7702	1.386×10^{12}	2.805×10^{11}	0.84	0.55

五种地热能开发利用技术，分别是浅层水源取热技术、浅层土壤源取热技术、中深层地热水闭式循环取热技术、中深层地岩热循环取热技术、中深层重力热管相变取热技术，在浅、中、深层地热供热方面走在了行业前面。

（四）地热资源开发利用潜力分析

根据山西省地热资源开发利用调查资料、山西省主要热储的开采热量计算资料和主要热储可开采量资料，对山西省地热资源的开发利用潜力进行分析。

由于山西省部分地热开采井开采的是盖层地热，而盖层地热的可开采资源量未进行计算，故本次仅对山西省主要热储的开发利用潜力进行分析。

经统计，全省主要热储地热液体的总可开采资源量$1.490 \times 10^9 m^3/a$，主要热储地热液体的总可开采热量$2.535 \times 10^{14} kJ/a$；主要热储地热液体的总开采量$1246.3842 \times 10^4 m^3/a$，主要热储地热液体的总开采热量$1.386 \times 10^{12} kJ/a$；主要热储地热液体的总开采量仅占年总可开采资源量的0.84%，主要热储地热液体的总开采热量仅占总可开采热量的0.55%，详见表4-1-5。这充分说明，山西省地热资源的开发利用程度很低，有巨大开发潜力。山西省不同地热田的地热资源的开发利用程度差异较大，潜力不同，现按沉积盆地型和隆起山地型的不同地热田分别说明各地热田的开发利用程度和潜力。

1.沉积盆地型地热田的开发利用程度、潜力分析

沉积盆地型地热田主要为汾渭地堑地热田，汾渭地堑地热田的主要热储地热液体的总可开采资源量$5.224 \times 10^8 m^3/a$，主要热储地热液体的总可开采热量为$1.118 \times 10^{14} kJ/a$；主要热储地热液体的总开采量$1214.9142 \times 10^4 m^3/a$，主要热储地热液体的总开采热量$1.333 \times 10^{12} kJ/a$；主要热储地热液体的总开采量仅占总可开采资源量的2.33%，主要热储地热液体的总开采热量仅占总可开采热量的1.19%。各盆地地热田的开发利用程度、潜力各不相同。

2.隆起山地型地热田的开发利用程度、潜力分析

隆起山地型地热田主要包括：沁水煤盆地、吕梁山鄂尔多斯断块、恒山燕山断块、太行山穹状隆起等地热田，主要热储地热液体的总可开采资源量$9.673 \times 10^8 m^3/a$，主要热储地热液体的总可开采热量$1.417 \times 10^{14} kJ/a$；主要热储地热液体的总开采量$31.47 \times 10^4 m^3/a$，主要热储地热液体的总开采热量$5.524 \times 10^{10} kJ/a$；主要热储地热液体的总开采量仅占年总可开采资源量的0.03%，主要热储地热液体的总开采热量仅占总可开采热量的0.04%。各地热田的开发利用程度、潜力各不相同。

第二节　地热地质条件

一、成热地质背景

关于山西地层岩性及地质构造的内容在本书第一篇第一节中已有论述，在此不予重复。

地热田的形成与区内深部构造形态有直接关系。地壳底部莫霍面埋藏深度及居里等温面的分布特征与地热形成密切相关，莫霍面与居里等温面的埋藏和分布特征由地壳的深部构造所决定，分述如下。

（一）地壳的结构

深部地质构造是建立在地球圈层结构之上，地球圈层一般划分为地壳、地幔、地核三部分，地热理论更多的是研究地壳的结构（田廷山等，2006）。地壳大体又可分为三部分，即上地壳、中地壳和下地壳，下地壳底界即为莫霍面，其下为上地幔。上地壳包括盖层及深、浅变质岩系并含有大量岩浆侵入体，主要为刚性体，底部起伏变化大，据《山西省西南部断陷盆地地热综合物探成果研究报告》分析可知其地震波为5.0～6.5km/s；中地壳主要由花岗岩组成，该层在华北地区普遍为低速层，地震波速相对平缓，为6.3～6.4km/s；反映平缓的构造特征，基本无反射层；下地壳波速相对增高，为6.6～7.5km/s；

出现一些波浪式变化，可能有柔性形变及上地幔物质侵入现象，莫霍面下地震波速较大，其值从7.4km/s突变到8.1km/s。

根据山西境内大地电磁测深资料，中地壳电阻率为2～5Ωm的低速高导层（即地震波速低、电导率高），在盆地中埋深14km左右，厚度约为4km，向东西两侧山区，低速高导层厚度逐渐变薄以至消失，埋深增至20km以上。低速高导层具有高温熔融（温度达600℃）的物理特性，可能是含水破碎带，总之为一高温软弱带，这对地下热水的形成具有重要意义。

（二）区域重力场特征

山西的重力场位于兴安岭—太行山—武陵山北北东向重力梯度带（太行山段）的西侧，界于秦岭、阴山两个东西向重力梯度带之间，总体呈北东向展布。其重力异常均为负值，呈现为东高西低，南高北低的趋势，南半部重力场相对平稳，走向以北北东为主，但在太行山东侧、吕梁山西侧及霍山、狐堰山则变为南北向，显然是这些地区发育的南北向构造的反映。北半部较为复杂，走向北东。重力异常值呈波浪状起伏。最为明显的是太行山重力梯度带，从华北平原西侧剧变为降低的重力场，它对应于宽大的莫霍面斜坡，并具有向西陡倾的深层断裂。显然其形成的主要原因是深部地壳及上地幔物质密度和构造变异引起的，与中生代以来发育的构造-岩浆岩带相对应，反映了中生代以来地壳具有相当的活动性和壳幔物质不均一性。山西的区域重力场的另一特征，是在总体呈北东—南西向展布的重力场上，斜列着一系列呈雁行状北东向展布的重力低异常，对应于汾渭裂谷带各个沉积盆地，其重力异常值由盆地边缘向盆地中心递减。

（三）莫霍面埋藏条件

据山西省区域深部重力资料、地震剖面资料，综合分析编制的莫霍面等深图分析可知，区内的莫霍面形态总体走向呈北东向，东西两侧为斜坡，中间隆起，南北对称，构成由南东向北西加深的波浪式斜坡带，反映山西地壳厚度具有东薄西厚、盆地中心薄、盆地外围厚的变化趋势。新生代断陷盆地之下的莫霍面为相对隆起状，隆起幅度为2～4km，其形态正好与断陷盆地的下凹形态相反，隆起带走向为北北东向的长条状，与盆地展布方向基本一致。运城、临汾、太原、忻州、大同盆地的莫霍面埋深分别为33～36km、39～40.5km、39～41km、41～42km、41～42km；盆地外围（山区）地壳相对较厚一般为42～44km。山西省隆起的莫霍面横向剖面表现为整体向西倾斜，即西陡东缓，该隆起顶部正对山西省五大盆地中部断陷地带。

（四）居里等温面埋藏条件

居里等温面是反映地壳深部热传导过程的一个等温面，等温面的高低反映了深部地热源的埋藏条件，所以居里等温面是判断地下热状态的物理面。山西居里等温面总体上是一条北东向的隆起带，其轴线与山西汾河断陷盆地的轴线基本吻合，从山西省居里等温面埋深等值线图可明显看出，山西省五大盆地区居里等温面埋深一般在18～20km，临汾、侯马、忻州盆地较浅，约＜18km，而大同、晋中、运城盆地＜20km。边山区居里等温面埋深显著增大，一般在24～28km以上，说明两侧山区与中部盆地热物理状态存在明显的差异。对比莫霍面埋深等值线图和临汾盆地地壳断面模式图可知，在盆地内居里等温面基本位于中地壳的上部，且该部位具有低速高导和温度高（达到600℃）等物理特性。因此，可能在此部位形成半熔融态相对软弱层，使盆地内形成地热异常区。

综上分析可知，区内居里等温面和莫霍面在桑干—滹沱—汾河陆槽部位均具有上拱现象。由于地堑内部盆地区地壳相对较薄，只有33～41km，居里等温面埋藏相对较浅，仅18～20km；而地堑外围（山区）地壳相对较厚，达42～44km，居里等温面埋藏相对较深，为24～28km之上。由此可见，埋藏相对较浅且处于半熔融状态的岩熔热流会在地壳相对较薄的盆地深部向上进行热传导，热流会在地壳上拱的部位集中，形成高热流分布区，山西汾渭地堑的地热异常区主要源于深部热流异常集中于地壳上拱部位形成的高热流分布区。

热场特征是地热资源形成与分布的基础条件。它的分布与地质构造区的时代和活动性（特别是中、新生代以来的构造活动）密切相关。大地热流值是一个综合参数，是地球内部热量以热传导方式传到地表而散失到大气中的热量，也是地球内部热量在地表可以直接测得的唯一物理量。它比地层温度、地热梯度等更能反映出一个地区的地热场特征，对于评价区域地热资源具有重要意义。大地热流值（q）（热流密度）在数值上等于岩石热导率（K）与地热梯度（G）的乘积，即$Q=KG$，单位为mW/m^2，以前常用单位为HFU，$1HFU=41.868mW/m^2$。

二、地温场与大地热流

地温场（地球温度场的简称）是一种地球物理场。地热场是指地球内部空间各点在某一瞬间的温度分布状况，它是时间与空间的四元向量函数，即$T=f(x, y, z, t)$。严格地说，地热场处于非稳恒状态，属于非稳定场。但由于人类历史阶段与地质历史相比只是一瞬，可以认为地温场是准稳定场。

地温场是地质发展历史与地质现状对其影响的综合体现，因此在研究地壳浅部的地热场时，应充分考虑深部及浅部地质构造、活动断裂、岩浆活动、地下水运动、地形和地层岩性等多方面因素的影响。地温场通常是由一些标征热现象的物理量——大地热流、不同层段的地温梯度、不同深度的温度来反映的。

（一）区域大地热流特征

大地热流是地球内热在表部最为直接的标志，是低温场最重要的特征，是地球内部以热传导方式，在单位时间内，通过地球单位面积的热量。地热资源的寻找、勘查，必须以大区域热场——大地热流的分布特点为基本理论基础。

在地质年代，山西地区不只一次遭受地质构造变动，使岩体经受反复褶皱与断裂，且伴有火山喷发、岩浆活动等大量的热物质运动。经过多次的生热、散热过程，构成一部山西地区完整的地热发展史，并决定着本区当代热场的分布。

山西地区实测大地热流值不多，能反映热场分布的只有地表热显示，即温泉、热水井资料。温泉、热水井在地表出露反映的热场受一定的地质构造条件限制。为弥补此不足，从理论上利用热传导的近似公式计算出山西地区的大地热流值。

$$Q=a\,T_c/n_2$$

式中：T_c为居里点温度；n_2为居里温度点深度；a为热导率。

山西大地热流主要具有如下四个特点。

1）大地热流的分布形态走向与山西地质构造背景相吻合。

2）全省圈定出≥$70mW/m^2$热流值中心8处，≥$60mW/m^2$热流值中心12处，$50mW/m^2$热流值中心15处。

3）山西大地热流介于$42\sim78mW/m^2$之间，总体规律为构造活动性大的断陷盆地为高热流区，岩性古老的东西两侧为低热流区；盆地平原区＞山区，盆地中心＞盆地边缘。

4）已出露的温泉、热水井基本都落在高热流区内，并揭示了在地表没有热显示的地区，地下可能有更高的温度场存在，为今后有效地寻找、勘查地热资源提供了依据，详见图4-2-1。

（二）区域地温场特征

山西省地热资源属于中低温热传导-对流型地热资源，地热田多分布于汾渭地堑新裂陷盆地区，为埋藏型地热田，研究程度相对较高，而东部太行山断块隆起区及西部吕梁山断块隆起区内地热田分布少、研究程度相对较低。各地热田不同热储层地温场受边山深大断裂、隆起、陷隆、浅中深凹陷、次一级断块、断阶、基底岩性等条件影响分布特征明显；不同控热构造形成的导热通道和不同的热储类型决定了热储层地温场的分布特征。例如，山西有沿断裂分布的带状热储，也有沿断块隆起分布的块状成层状热储和沿变质岩基底隆起分布的浑圆状（变质岩基地隆起呈浑圆状）成层状热储。

1.地温场在水平方向上的特征

山西沉积盆地型地热田主要热储类型分为四种：孔隙型层状热储层（松散岩类）、裂隙型层状热储

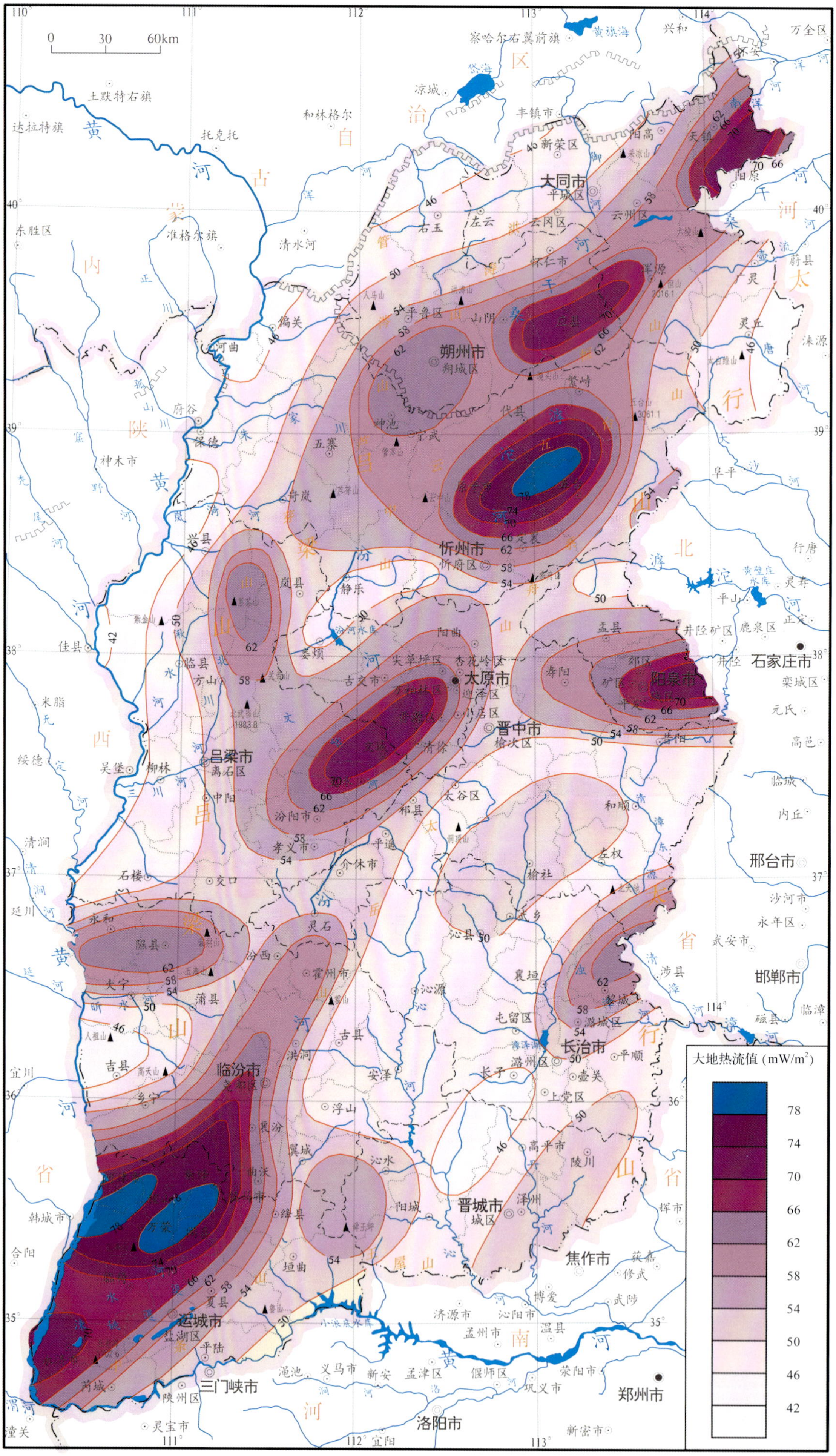

图4-2-1　山西省大地热流值分布图（1993年）

层（碎屑岩类）、岩溶型层状热储层（碳酸盐岩类）以及裂隙型层状热储层（变质岩类）。

山西隆起山地型地热田主要热储类型分为两种，分别为岩溶型层状热储层（碳酸盐岩类）、裂隙型带状层状复合热储层（变质岩类）。热储类型不同地温场在水平方向上的分布特征各异。

综合分析认为，影响孔隙型层状热储层（松散岩类）中部地温的主要因素为深部热源基础温度及深部热源运移通道。深部热源基础温度高、热源运移通道畅通的中部地温一般相对较高，深部热源基础温度及热源运移通道畅通性一般的中部地温为中等，深部热源基础温度低、热源运移通道畅通性相对较差的中部地温一般较低；影响裂隙型层状热储层（碎屑岩类）中部地温的主要因素为深部热源运移通道的畅通性，深部热源运移通道畅通的热储层中部地温一般相对较高，深部热源运移通道畅通性一般的热储层中部地温为中等，深部热源运移通道畅通性相对较差的热储层中部地温一般较低；岩溶型层状热储层（碳酸盐岩类）中部地温主要受热储层埋藏条件及其冷水干扰大小因素所决定，岩溶型层状热储层埋藏深、冷水干扰小的热储层中部地温一般较高，热储层埋藏条件及冷水干扰一般的热储层中部地温为中等，热储层埋藏浅、冷水干扰大的热储层中部地温一般较低；影响裂隙型层状热储层（变质岩类）中部地温的主要因素为深部热源基础温度及深部热源运移通道，深部热源基础温度高、热源运移通道畅通的热储层中部地温一般相对较高，深部热源基础温度及热源运移通道畅通性一般的热储层中部地温为中等，深部热源基础温度低、热源运移通道畅通性相对较差的热储层中部地温一般较低；深部热源基础温度与热源运移通道的畅通性是影响裂隙型带状层状复合热储层（变质岩类）中部地温的主要因素。

（1）沉积盆地型地热田地温场特征

1）主要热储层中部地温（热异常中心）>90℃的地热田有：古城地热田（$Ⅳ_2$）、运城地热田（$Ⅴ_{14}$）、洪洞地热田（$Ⅳ_1$）、稷山地热田（$Ⅳ_6$）、新绛地热田（$Ⅳ_7$）、清交凹陷地热田（$Ⅲ_{8c}$）、天镇—阳高裂陷地热田（$Ⅰ_1$）。

2）主要热储层中部地温（热异常中心）60～90℃的地热田有：万荣地热田（$Ⅴ_{12}$）、闻喜地热田（$Ⅴ_{11}$）、邓庄地热田（$Ⅳ_5$）、夏县地热田（$Ⅴ_{13}$）、侯马曲沃翼城地热田（$Ⅳ_8$）、侯城—平遥断陷地热田（$Ⅲ_{10}$）、榆次东部地热田（$Ⅲ_9$）、清交凹陷中区地热田（$Ⅲ_{8b}$）、奇村地热田（$Ⅱ_2$）、毛家皂断凸地热田（$Ⅰ_2$）、孝义东部断阶地热田（$Ⅲ_{11}$）、晋源凹陷地热田（$Ⅲ_6$）、亲贤地垒地热田（$Ⅲ_4$）。

3）主要热储层中部地温（热异常中心）40～60℃的地热田有：绛县礼元地热田（$Ⅴ_{15}$）、河津地热田（$Ⅳ_{10}$）、曲亭地热田（$Ⅳ_4$）、马营庄断凹地热田（$Ⅰ_4$）、大营地热田（$Ⅱ_1$）、顿村地热田（$Ⅱ_3$）、上汤头地热田（$Ⅱ_4$）、忻州地热田（$Ⅱ_5$）、黄陵—西温庄隆起地热田（$Ⅲ_7$）、西铭断阶地热田（$Ⅲ_2$）、太原城区凹陷地热田（$Ⅲ_1$）、城东断阶地热田（$Ⅲ_3$）、西边山断阶地热田（$Ⅲ_5$）、清交凹陷西区地热田（$Ⅲ_{8a}$）、临汾地热田（$Ⅳ_3$）、永济地热田（$Ⅴ_{17}$）、西海地热田（$Ⅳ_9$）、山阴断阶地热田（$Ⅰ_3$）。

4）主要热储层中部地温（热异常中心）25～40℃的地热田有：吴王泉地热田（$Ⅴ_{16}$）、朔州断凸地热田（$Ⅰ_5$）。

（2）隆起山地型地热田地温场特征

1）主要热储层中部地温（热异常中心）>90℃的地热田为盂县寺坪安地热田（Ⅸ）。

2）主要热储层中部地温（热异常中心）60～90℃的地热田为浑源汤头地热田（Ⅷ）。

3）主要热储层中部地温（热异常中心）40～60℃的地热田为榆社柳泉地热田（$Ⅵ_1$）、古县三合地热田（$Ⅵ_2$）、沁水郑庄地热田（$Ⅵ_3$）、鄂尔多斯盆地地热田（Ⅶ）。

2.地温场在垂直方向上的特征

通过地热井孔地温梯度计算结果可知，孔隙型层状热储层（松散岩类）由盖层到热储层的地温梯度一般呈递减趋势；裂隙型层状热储层（碎屑岩类）由盖层到热储层的地温梯度呈递减趋势；岩溶型层状热储层（碳酸盐岩类）地热田由盖层到热储层的地温梯度整体呈递增趋势，只有万荣地热田（$Ⅴ_{12}$）及吴王泉地热田（$Ⅴ_{16}$）呈递减趋势；裂隙型层状热储层（变质岩类）地热田由盖层到热储层的地温梯度呈递减趋势。山西省典型地热井主要参数、地热田地质条件详见表4-2-1、图4-2-2。

通过全省25个典型地热井（表4-2-1）综合分析认为，沉积盆地型各类热储地热田盖层地温梯度值

表 4-2-1　山西省典型地热井地热参数统计表

地貌分区	热储类型	地热田代号	序号	统一编号	原始编号	位置	井深/m	井口水温/℃	恒温层顶板埋深/m	恒温带年均气温/℃	盖层底板埋深（热储层顶板埋深）/m	盖层底板温度/℃	盖层地层时代	盖层地温梯度/（℃/100m）	测温深度/m	测深温度/℃	热储层地层时代	热储层地温梯度/（℃/100m）	热储中部埋深/m	热储中部温度/℃	平均地温梯度/（℃/100m）
断陷沉积盆地区	松散岩类	$Ⅳ_3$	1	JSX109	YD1	临汾市尧都区屯里镇西芦村	2236.0	50.0	28.0	12.9	405.0	28.88	Q	4.24	1350	51.98	N_2	2.44	1111.4	45.06	2.97
			2	JSX191	HJ3	河津市阳村乡太阳村东	2148	67.0	20.0	15.0	410.0	45.66	Q	7.86	2148	71.05	N	1.46	1279.0	69.06	4.29
			3	JSX196	WR1	万荣县裴庄乡西郊和村西河滩	1801.33	44.5	26.0	13.47	695.0	32.14	Q	2.79	1800	45.33	N_2	1.19	1248.17	39.09	2.10
		$Ⅴ_{14}$	4	JSX215	K1	盐湖区运城市第一医院	3002	68.0	30.0	15.0	2003.24	63.0	$Q+N_2$上部	2.48	2990	79.01	N_2b中下部和E	1.60	—	—	2.14
			5	JSX216	YC4	运城市盐湖区禹香苑小区	3138	66.5	30.0	15.0	734.0	36.7	Q	3.08	1948	72.92		2.98	1341.0	49.0	2.59
											1948.0	72.92	$Q+N_2$	3.02	2792	97.68		2.93	2370.0	85.4	3.01
											2792.0	97.68	Q+N	2.99	3138	107.0		2.69	2965.0	103.3	3.01
			6	JSX223	YJ1	永济市河东大道御苑小区	2452.51	62.0	30.0	15.0	445.0	40.0	Q	6.02	2058	85.2	N_2	2.80	1251.5	61.94	3.84
	碎屑岩类	$Ⅳ_4$	7	JSX116	XF20	襄汾县邓庄镇温泉村东北银光化工厂	1800.15	42.0	28.0	12.9	712.0	35.4	$Q+N_2$	3.29	1800	54.6	T+P	1.76	1256.08	42.85	2.44
	碳酸盐岩类	$Ⅲ_4$	8	JSX74	TY1	太原市万柏林区长风西大街丽华苑小区	1803.35	60.0	25.0	10.0	1165.0	48.0	$Q+N_2+T_1+P+C$	3.33	1800	70.0	O_2	3.46	1483.0	61.5	3.53
		$Ⅲ_7$	9	JSX17	TY11	太原市万柏林区小井峪乡神堂沟村西400m桥下	603.71	43.0	25.0	10.0	420.0	35.0	Q+P+C	6.33	603	48.0	O_2	7.08	481.86	40.0	6.57
		$Ⅲ_5$	10	JSX18	CWZ—1	太原市小店区田庄社区西南地调院基地西围墙	2203	64.0	25.0	10.0	1470	50.65	$Q+N_2+T+P+C$	2.81	1470 2110	50.65 63.61	O+∈	2.37	—	—	2.57
		$Ⅲ_{10}$	11	JSX84	TCQ1	晋中市榆次区经纺厂	2983.66	75.0	25.0	10.0	2640.0	85.74		2.90	2855	93.07	O_2	3.41	2811.83	91.82	2.94
		$Ⅳ_8$		JSX156	HM2	侯马市锦都佳园小区	1603.47	52.0	30.0	13.5	1406.0	45.2	$Q+N_2+C$	2.44	—	—	O_2	—	—	—	—
		$Ⅴ_{12}$	12	JSX212	LY8	临猗县角杯镇杨范村西河滩	1420.3	30.0	15.0	15.0	317.0	29.0	$Q+N_2$	4.64	1280	36.92	O+∈	0.82	798.0	28.4	1.71
			13	JSX208	LY5	临猗县猗氏镇老年公寓北	1148	61.0	30.0	13.8	534.0	41.65	$Q+N_2$	5.53	1148	66.90	O+∈	4.11	841.0	58.74	5.54
		$Ⅳ_1$	14	JSX106	HT1	洪洞县辛村镇南段村西玉皇庙东50m	2650.96	75.0	23.0	13.77	2123.0	90.20	$Q+N_2+P+C$	3.64	2650	113.85	O	4.48	2386.98	102.46	3.75
	变质岩类	$Ⅰ_1$	15	JSX2	TZ6	天镇县谷前堡镇马圈痒村铁路北500m	500.89	104	30.0	7.0	251.96	70.78	Q	28.73	291.48	85.28	N_2	36.69	271.72	79.02	29.79
											291.48	85.28	$Q+N_2$	30.04	500	116.5	Ar	14.97	396.19	95.89	24.35
		$Ⅰ_2$	16	JSX26	DTX1	大同市云州区瓜园乡李汪洞村西北100m	605	44.0	30.0	7.0	360.0	38.5	Q	9.55	585.0	43.90	N_2	2.4	472.5	39.71	7.39
											585.0	43.9	$Q+N_2$	6.65	600	44.5	Ar	4.0	595.0	44.35	6.61
		$Ⅱ_2$	17	JSX10	XZX1	忻州市忻府区合索乡合索村	380		26.0	9.0	210.0	33.0	Q	13.04	380	52.7	Ar	11.59	295.0	40.65	11.77
隆起山地区	碳酸盐岩类	$Ⅵ_1$	18	JSX224	QY1	沁源县城区西南汽车站旁	1900	46.0	25.0	9.0	1397.0	41.5	Q+T+P+C	2.37	1800	49.2	O	1.91	1648.5	45.4	2.24
		$Ⅵ_3$	19	JSX140	QS1	沁水县郑庄镇西大村	1547.5	46.0	25.0	10.5	609.45	37.49	Q+P+C	4.62	1132.30	47.1	O	1.84	870.88	42.4	3.77
											609.45	37.49	Q+P+C	4.62	1547.50	52.8	O+∈	1.63	1078.5	46.59	3.43

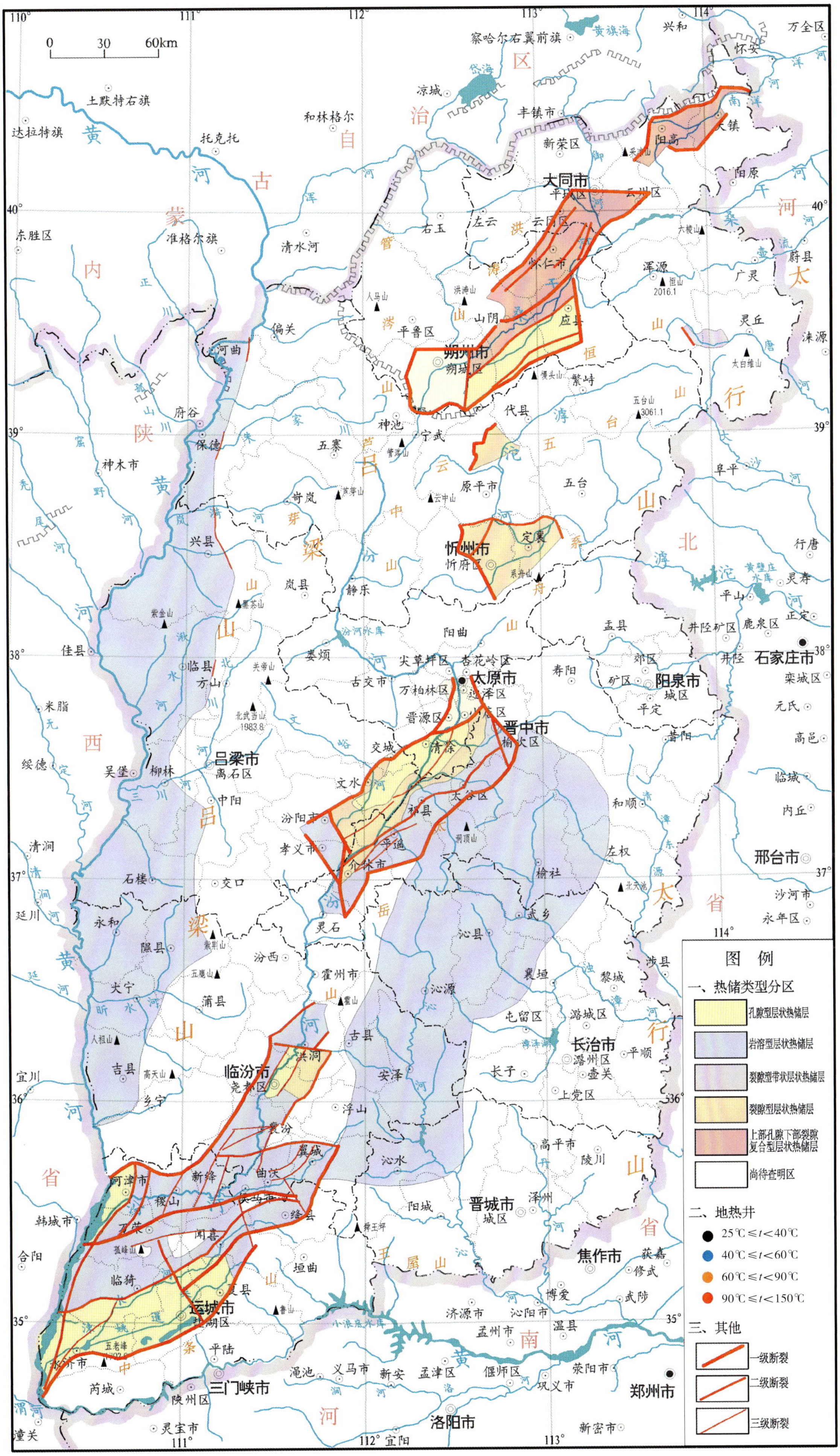

图4-2-2 山西省地热地质图

分布不均匀。孔隙型松散岩类和岩溶型碳酸盐岩类层状热储层南部地温梯度值高于中北部；碎屑岩类裂隙型层状热储层中部地温梯度值高于南部；隆起山地型各类热储地热田盖层地温梯度值分布亦不均匀，岩溶型碳酸盐岩类层状热储层地温梯度值相对较低；裂隙型层状热储层地温梯度值相对岩溶型较高；裂隙型层状带状复合热储层地温梯度值最高，整体裂隙型热储层地温梯度值高于层状热储层。

通过综合分析可知，地温场在垂直方向上的分布特征表现为：孔隙型层状热储层（松散岩类）、裂隙型层状热储层（碎屑岩类）及裂隙型层状热储层（变质岩类）地热田由盖层到热储层的地温梯度一般呈递减趋势。岩溶型层状热储层（碳酸盐岩类）地热田由盖层到热储层的地温梯度一般呈递增趋势，在冷水干扰较大条件下地热田由盖层到热储层的地温梯度呈递减趋势。

（1）汾渭地堑各类热储层地温场地温梯度值的垂直分布特征

1）热异常中心盖层地温梯度。孔隙型层状热储层（松散岩类）的盖层地温梯度为2.79～7.86℃/100m，平均为4.06℃/100m；裂隙型层状热储层（碎屑岩类）的盖层地温梯度为3.29℃/100m；岩溶型层状热储层（碳酸盐岩类）的盖层地温梯度为2.44～6.33℃/100m，平均为3.95℃/100m；裂隙型层状热储层（变质岩类）的盖层地温梯度为6.65～30.04℃/100m，平均为17.60℃/100m。因此裂隙型层状热储层（变质岩类）的盖层地温梯度值最高，一般>6.0℃/100m；孔隙型层状热储层（松散岩类）及岩溶型层状热储层（碳酸盐岩类）的盖层地温梯度值相对较高，一般介于4.0～6.0℃/100m之间；裂隙型层状热储层（碎屑岩类）及个别孔隙型层状热储层（松散岩类）的盖层地温梯度值相对较低，一般介于3.0～4.0℃/100m之间。汾渭地堑热储地热田盖层地温梯度平均值为5.44℃/100m。

2）热异常中心热储层地温梯度。孔隙型层状热储层（松散岩类）地温梯度为1.19～2.98℃/100m，平均为2.26℃/100m；裂隙型层状热储层（碎屑岩类）地温梯度为1.76℃/100m；岩溶型层状热储层（碳酸盐岩类）地温梯度为0.82～7.08℃/100m，平均为3.68℃/100m；裂隙型层状热储层（变质岩类）地温梯度为2.4～36.69℃/100m，平均为3.68℃/100m。因此裂隙型层状热储层（变质岩类）的热储层地温梯度值相对最高，一般>4.0℃/100m；岩溶型层状热储层（碳酸盐岩类）的地温梯度值相对较高，一般介于3.0～4.0℃/100m之间；孔隙型层状热储层（松散岩类）及裂隙型层状热储层（碎屑岩类）的热储层地温梯度值相对较低，一般介于1.5～3.0℃/100m之间。汾渭地堑热储地热田热储层地温梯度平均值为4.33℃/100m。

3）热异常中心盖层至热储层平均地温梯度。孔隙型层状热储层（松散岩类）地热田平均地温梯度为2.10～4.29℃/100m；裂隙型层状热储层（碎屑岩类）地热田平均地温梯度为2.44℃/100m；岩溶型层状热储层（碳酸盐岩类）地热田平均地温梯度为2.94～6.57℃/100m；裂隙型层状热储层（变质岩类）地热田平均地温梯度为6.61～29.79℃/100m。因此，裂隙型层状热储层（变质岩类）地热田平均地温梯度值较大，一般>6.0℃/100m；岩溶型层状热储层（碳酸盐岩类）平均地温梯度值相对较大，一般为3.0～6.0℃/100m；孔隙型层状热储层（松散岩类）及裂隙型层状热储层（碎屑岩类）地热田平均地温梯度值相对较小，一般为2.5～3.0℃/100m。沉积盆地型各类热储由盖层至热储层地温梯度平均值为5.50℃/100m。

同一地区同一类型盖层及热储层，地温梯度也有较大的差别，如运城市盐湖区5口地热井，深度为2800～3200m，盖层地层时代均为$Q+N_2j+N_2b$上部，热储层地层时代均为N_2b下部+E，盖层地温梯度为2.48～3.99℃/100m，平均值为3.12℃/100m；热储层地温梯度为0.75～2.34℃/100m，平均值为1.71℃/100m，不论是地温梯度值范围还是平均值，均是盖层>热储层。

（2）隆起山地型沁水煤盆地热田地温场地温梯度值分布特征

1）热异常中心盖层地温梯度。岩溶型层状热储层（碳酸盐岩类）的盖层地温梯度为2.3～4.62℃/100m，平均为3.87℃/100m；整体比汾渭地堑盆地内岩溶型层状热储层（碳酸盐岩类）的盖层地温梯度值（平均3.95℃/100m）偏低。

2）热异常中心热储层地温梯度。岩溶型层状热储层（碳酸盐岩类）的热储层地温梯度为1.63～1.91℃/100m，热储层地温梯度平均值为1.79℃/100m，整体比汾渭地堑盆地内岩溶型层状热储层（碳酸盐岩类）的地温梯度值（平均为3.68℃/100m）明显偏低。

3）热异常中心平均地温梯度。岩溶型层状热储层（碳酸盐岩类）地热田的平均地温梯度为2.24～3.77℃/100m，平均地温梯度的均值为3.14℃/100m，整体比汾渭地堑盆地内岩溶型层状热储层（碳酸盐岩类）地热田的平均地温梯度值（3.0～6.0℃/100m）偏低。

3.不同控热构造下地温场的分布特征

地温场在水平方向上受控热构造控制的分布特征归纳为以下三类：①在沉积盆地边缘及河谷地带沿基底断裂分布的带状（及不规则状）地温场；②在山前倾斜平原区受基底隆起控制的浑圆状地温场；③岩溶断块控制的块状地温场。

（1）断裂控制的地温场特征

深循环的热水沿断裂运移到孔隙含水层时，与浅部冷水混合，使含水层的水温、水化学均发生改变，随着时间推移，浅部含水层的温度达到相对平衡，此热储层中温度的分布为：沿断裂带分布周围热储层温度较高，两断裂交会处热水温度会更高。山西省奇村地热田、临汾地热田、河津地热田、新绛北池地热田、运城地热田、夏县南山底热矿水等均有上述地温场的特征。

（2）受基底隆起控制的地温场特征

受基底隆起控制的地下热水一般为浅埋型地热水，在隆起区及其外围部位通常有断裂切割，使隆起基底破碎，热水一般分布在隆起相对落差较大的一侧（即地下水补给充足的一侧）。热水分布形状大致与隆起区基岩地貌形状相似，并向排泄方向有一定延伸。天镇马圈痒、阳高孤山庙、上汤头等地热田热异常分布均具有这个特点。

三、热储类型与分布

（一）地热资源类型划分

根据山西地貌条件差异，结合地热资源特征和研究程度，确定山西地热资源可分为两大类，即隆起山地型地热资源和沉积盆地型地热资源。其中隆起山地型地热资源主要分布于恒山燕山断块浑源汤头和太行山穹状隆起盂县寺平安山地区、鄂尔多斯盆地东坡和沁水煤盆地隆起盆地区；沉积盆地型地热资源主要分布于汾渭地堑中的五大断陷盆地，即大同、忻州、太原、临汾和运城盆地。山西省除上述地区外，地热资源天然出露目前已经没有，开发利用和前人研究程度低，收集相关资料少，这些区域划分为尚待查明区，由于没有相关的地质勘查资料，无法进行详细分析和论述，留待今后工作再行研究。

根据山西地下热源、热储性质及储藏条件和载热介质的种类及控热构造特征，对隆起山地型地热资源和沉积盆地型地热资源进行进一步划分。沉积盆地型地热资源划分为40处地热田，隆起山地型地热资源划分为六处地热田，见表4-2-2、图4-2-3。

（二）热储类型划分

根据收集的温泉及地热井资料分析，考虑地热田形成的地质作用和地热赋存区的地质构造条件以及导热介质特征的差异，确定山西省的热储分为以下五种基本类型：

1）孔隙型层状热储层（松散岩类），主要为新近系上新统（N_2），古近系（E）砾岩、中粗粒砂岩为主的热储，主要分布于大同盆地、太原盆地、临汾和运城盆地。

2）裂隙型层状热储层（变质岩类），主要为太古宇（Ar）、元古宇（As）变质岩热储（H），主要分布于大同、忻州等两大盆地。

3）岩溶型层状热储（碳酸盐岩类），主要为寒武系（∈）、中奥陶系（O_2）碳酸盐岩热储，主要分布于太原、临汾、运城等三个盆地和鄂尔多斯盆地东缘和沁水煤盆地。

4）裂隙型层状热储（碎屑岩类），主要为二叠系（P）、三叠系（T）砂页岩，仅分布于太原、临汾盆地，分布范围小。

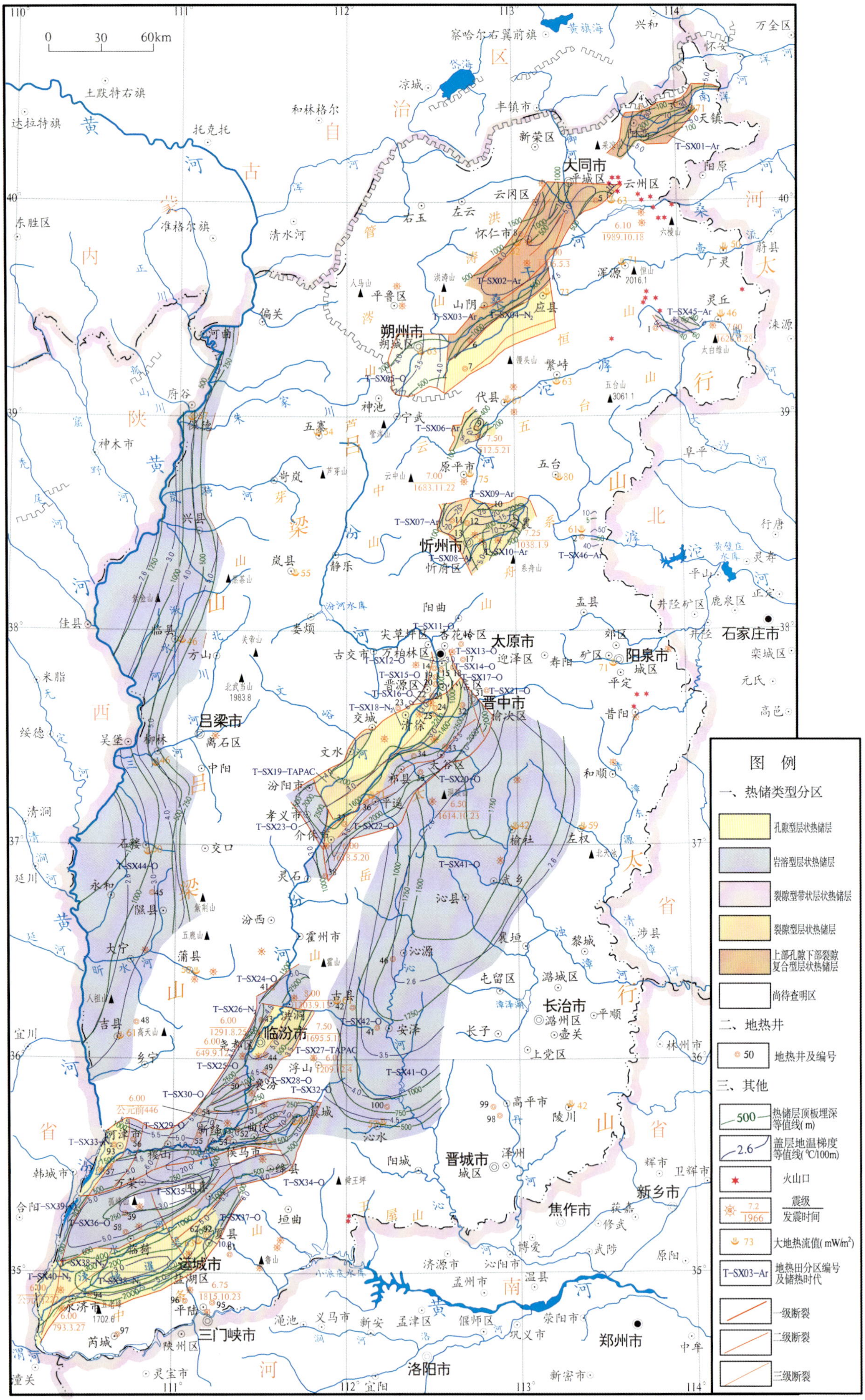

图4-2-3 山西省地热田热储类型及主要地热井（孔）分布图

表 4-2-2 山西省地热田热储类型分区及地热田面积统计表

地热资源类型	构造分区	热储地层时代代号及岩性	热储类型	地热资源分区名称及代号	地热资源分区统一编号	地热田面积/km^2
沉积盆地型地热资源	汾渭地堑大同盆地	变质岩及砂岩（$Ar+N_2$）	上部孔隙下部裂隙复合	天镇—阳高裂陷地热田（Ⅰ$_1$）	T—SX01	781.594
				毛家皂断凸地热田（Ⅰ$_2$）	T—SX02	1778.052
				山阴断阶地热田（Ⅰ$_3$）	T—SX03	591.048
		砂岩（N_2）	孔隙型层状	马营庄断凹地热田（Ⅰ$_4$）	T—SX04	1031.995
		灰岩（O_2）	岩溶型层状	朔城断凸地热田（Ⅰ$_5$）	T—SX05	846.210
		大同盆地小计			5处	5028.899
	汾渭地堑忻州盆地	变质岩（As、H）	裂隙型层状	大营地热田（Ⅱ$_1$）	T—SX06	261.670
				奇村地热田（Ⅱ$_2$）	T—SX07	189.595
				顿村地热田（Ⅱ$_3$）	T—SX08	337.792
				汤头地热田（Ⅱ$_4$）	T—SX09	101.219
				忻州地热田（Ⅱ$_5$）	T—SX10	567.956
		忻州盆地小计			5处	1458.232
	汾渭地堑太原盆地	灰岩（O_2）	岩溶型层状	太原城区凹陷地热田（Ⅲ$_1$）	T—SX11	25.200
				西铭断阶地热田（Ⅲ$_2$）	T—SX12	42.652
				城东断阶地热田（Ⅲ$_3$）	T—SX13	33.382
				亲贤地垒地热田（Ⅲ$_4$）	T—SX14	60.383
				西边山断阶地热田（Ⅲ$_5$）	T—SX15	71.754
				晋源凹陷地热田（Ⅲ$_6$）	T—SX16	109.809
				黄陵西温庄隆起地热田（Ⅲ$_7$）	T—SX17	102.771
		砂岩（N_2）	孔隙型层状	清交凹陷区地热田（Ⅲ$_{8a}$）	T—SX18	819.969
		砂岩（P、T）	裂隙型层状	清交凹陷区地热田（Ⅲ$_{8b}$）	T—SX19	1327.411
		灰岩（O_2）	岩溶型层状	清交凹陷区地热田（Ⅲ$_{8c}$）	T—SX20	591.286
				榆次东部地热田（Ⅲ$_9$）	T—SX21	114.869
				侯城—平遥断凹地热田（Ⅲ$_{10}$）	T—SX22	1107.609
				孝义东部断阶地热田（Ⅲ$_{11}$）	T—SX23	525.729
		太原盆地小计			13处	4932.824
	汾渭地堑临汾盆地	灰岩（O_2）	岩溶型层状	洪洞地热田（Ⅳ$_1$）	T—SX24	411.633
				古城地热田（Ⅳ$_2$）	T—SX25	484.273
		砂岩（N_2）	孔隙型层状	临汾地热田（Ⅳ$_3$）	T—SX26	218.763
		砂岩（P、T）	裂隙型层状	曲亭地热田（Ⅳ$_4$）	T—SX27	297.826
		灰岩（O_2）	岩溶型层状	邓庄地热田（Ⅳ$_5$）	T—SX28	252.927
				稷山地热田（Ⅳ$_6$）	T—SX29	1041.732
				新绛地热田（Ⅳ$_7$）	T—SX30	471.378
				侯马曲沃翼城地热田（Ⅳ$_8$）	T—SX31	1129.847
				西海地热田（Ⅳ$_9$）	T—SX32	141.652
		砂岩（N_2）	孔隙型层状	河津地热田（Ⅳ$_{10}$）	T—SX33	315.425
		临汾盆地小计			10处	4765.456
	汾渭地堑运城盆地	灰岩（O_2）	岩溶型层状	绛县礼元地热田（Ⅴ$_{15}$）	T—SX34	345.929
				闻喜地热田（Ⅴ$_{11}$）	T—SX35	617.260
				万荣地热田（Ⅴ$_{12}$）	T—SX36	1388.612
				夏县地热田（Ⅴ$_{13}$）	T—SX37	349.376
		砂岩（N_2）	孔隙型层状	运城地热田（Ⅴ$_{14}$）	T—SX38	4526.701
		灰岩（O_2）	岩溶型层状	吴王泉地热田（Ⅴ$_{16}$）	T—SX39	103.612
		砂岩（N_2）	孔隙型层状	永济地热田（Ⅴ$_{17}$）	T—SX40	171.151
		运城盆地小计			7处	7502.641
	沉积盆地合计				40处	23688.052
隆起山地型地热资源	沁水煤盆地	灰岩（O_2）	岩溶型层状	榆社柳泉地热田（Ⅵ$_1$）	T—SX41	11121.498
				古县三合地热田（Ⅵ$_2$）	T—SX42	1879.341
				沁水郑庄地热田（Ⅵ$_3$）	T—SX43	2505.555
		沁水煤盆地小计			3处	15506.394
	吕梁山鄂尔多斯断块	灰岩（O_2）	岩溶型层状	鄂尔多斯盆地东缘地热田（Ⅶ）	T—SX44	13774.626
	恒山燕山断块	变质岩（Ar）	裂隙型带状层状复合	浑源汤头地热田（Ⅷ）	T—SX45	152.647
	太行山穹状隆起			盂县寺平安地热田（Ⅸ）	T—SX46	38.205
	隆起山地型合计				6处	29471.872
全省总计					46处	53159.924

5）裂隙型带状层状复合热储（变质岩类），主要为太古宇变质岩热储（Ar），其分布主要于浑源汤头和盂县寺坪安地热异常区。山西省地热资源热储类型分区见表4-2-2。

第三节　区域地热资源评价

山西地热资源丰富，已发现地热异常面积约$5.3\times10^4km^2$，以低温地热资源为主（25～90℃），地热资源空间分布与经济社会发展需求切合度较高。温度在60～125℃之间的地热田面积达$1.13\times10^4km^2$，且主要分布在人口相对集中的汾渭盆地城镇区，温度＞50℃的地热田面积达$1.67km^2$，40℃以上的地热田面积达$4.1\times10^4km^2$，具有极大的开发利用价值。在全省热电控制、其他热能资源经济和技术不太成熟的条件下，大力开发利用地热能，是山西打造能源革命排头兵的重要抓手，对山西省力争于2030年前实现碳达峰、努力争取2060年前实现碳中和的目标具有重要意义。

主要根据2015年6月山西省地质调查院提交的《山西省地热资源现状调查评价与区划报告》（马汉田等，2015），地热资源评价情况论述如下。

一、评价内容

依据《全国地热资源调查评价与区划技术要求（试行）》，山西省地热资源评价主要内容如下：

1）根据不同温度地热资源开发利用方向不同，对山西省内25～40℃、40～60℃、60～90℃、＞90℃，4个不同温度范围地热资源分别进行评价。天镇GR1地热孔孔口温度160.2℃，超过≥150℃为高温地热资源，由于目前正处于勘查过程中，没有面上的资料，这部分内容放在干热岩中进行阶段性评价。

2）沉积盆地型地热资源评价地热资源量、地热资源可开采量、地热流体储存量、地热流体可开采量、地热流体可开采热量、考虑回灌条件下地热流体可开采量、考虑回灌条件下地热流体可开采热量。

3）隆起山地型地热资源评价地热资源量、地热流体可开采量及地热流体可开采热量。

二、评价方法

（一）隆起山地型地热资源评价方法

采用热储法计算隆起山地型地热资源量。山西省隆起山地型地热地质条件研究程度较高，热储界线基本圈定，根据《全国地热资源调查评价与区划技术要求（试行）》要求，以计算区面积和热储厚度确定热储体积。采用井泉流量法、排泄量法、补给量法计算流体可开采量及可开采热量。

（二）沉积盆地型地热资源评价方法

以热储法计算山西省沉积盆地型地热资源量。

地热资源可开采量即为可利用地热资源量。用热储法计算出的地热资源量不可能全部被开采出来，只能开采出一部分，二者的比值称为回收率。回收率根据工作区的实际情况，参考《地热资源评价方法》（DZ40—85）关于回收率的有关规定确定。汾渭盆地热储层岩性主要为松散岩类、碎屑岩类、变质岩类、碳酸盐岩类，回收率取值：松散岩类$R_E=0.25$，碎屑岩和变质岩类$R_E=0.1$，碳酸盐岩类$R_E=0.15$。

地热流体储存量计算包括容积储存量与弹性储存量两部分。

地热流体可开采量利用最大允许降深法和开采系数法两种方法计算，前者适用于有地热钻孔控制、热储层参数了解较为详细的区域；后者适用于无地热钻孔控制，热储层研究程度较低的地热远景区。

地热流体可开采热量用下面公式计算：

$$Q_p=Q_{WK}C_w\rho_w(T_1-T_0)$$

考虑回灌条件下地热流体可开采量计算，对于盆地型地热田，按回灌条件下开采100年，消耗15%的地热储量，根据热量平衡计算影响半径和允许开采量。

由于山地型地热资源中的鄂尔多斯盆地东缘地热田和沁水煤盆地地热田为隆起山地沉积盆地，热储类型和储藏模式和沉积盆地型地热资源相似，均为层状碳酸盐岩热储，所以资源量按层状盆地计算，热储类型划归隆起山地型地热资源。

三、地热资源总量

山西省地热田分布面积53159.924km^2，计算深度范围内地热资源量1.776×10^{18}kJ，折合标准煤6.068×10^9t；地热资源可开采量2.740×10^{18}kJ，折合标准煤9.361×10^9t；开采系数法计算得地热流体可开采量1.489×10^9m^3/a，地热流体可开采热量2.535×10^{14}kJ/a，折合标准煤8.644×10^5t。其中隆起山地型地热资源主要包括岩溶型层状热储（碳酸盐岩类）、裂隙型带状层状复合热储（变质岩类），地热资源总量8.874×10^{17}kJ，折合标准煤3.032×10^9t；地热可开采资源量1.417×10^{14}kJ，折合标准煤4.479×10^8t；开采系数法计算得地热流体可开采量9.549×10^8m^3/a，地热流体可开采热量1.417×10^{14}kJ/a，折合标准煤4.841×10^5t/a；沉积盆地型主要有孔隙型层状热储层（松散岩类）、裂隙型层状热储层（变质岩类）、岩溶型层状热储（碳酸盐岩类）、裂隙型层状热储（碎屑岩类）4类热储，地热资源总量8.882×10^{17}kJ，折合标准煤3.035×10^9t；地热流体可开采量5.224×10^8m^3/a，地热流体可开采热量1.429×10^{17}kJ/a，折合标准煤4.882×10^8t/a；开采系数法计算得地热流体可开采量5.224×10^8m^3/a，地热流体可开采热量1.118×10^{14}kJ/a，折合标准煤3.820×10^5t；回灌条件下地热流体可开采量8.204×10^9m^3/a，回灌条件下地热流体可开采热量1.651×10^{15}kJ/a，折合标准煤5.641×10^6t/a，详见表4–3–1。

表 4-3-1　山西省地热田各类热储层地热资源统计表

地热资源类型	地热资源类型、热储岩性		地热流体储存量/m^3	地热资源量/kJ	地热资源可开采量/kJ	开采系数法流体可开采量/（m^3·a^{-1}）	开采系数法地热流体可开采热量/（kJ·a^{-1}）	回灌条件下地热流体可开采量/（m^3·a^{-1}）	回灌条件下地热可开采量/（kJ·a^{-1}）
	热储类型	热储岩性							
沉积盆地型地热资源	裂隙型层状热储层（变质岩类）	变质岩（Ar）	6.993×10^9	2.611×10^{16}	2.611×10^{15}	7.668×10^5	1.224×10^{11}	3.187×10^8	4.993×10^{13}
	孔隙型层状热储层（松散岩类）	砂岩（N_1+N_2）	3.483×10^{11}	2.010×10^{17}	4.823×10^{16}	1.677×10^8	3.180×10^{13}	1.743×10^9	3.336×10^{14}
	岩溶型层状热储层（碳酸盐岩类）	灰岩（O_2）	6.873×10^{11}	5.190×10^{17}	7.784×10^{16}	3.436×10^8	7.770×10^{13}	4.966×10^9	1.021×10^{15}
	裂隙型层状热储层（碎屑岩类）	砂页岩（P、T）	9.259×10^{10}	1.422×10^{17}	1.422×10^{16}	1.029×10^7	2.142×10^{12}	1.175×10^9	2.468×10^{14}
	沉积盆地合计		1.135×10^{12}	8.882×10^{17}	1.429×10^{17}	5.224×10^8	1.118×10^{14}	8.204×10^9	1.651×10^{15}
隆起山地型地热资源	岩溶型层状热储层（碳酸盐岩类）	灰岩（O_2）	1.835×10^{12}	8.809×10^{17}	1.311×10^{17}	9.177×10^8	1.322×10^{14}	1.649×10^{10}	2.296×10^{14}
	裂隙型带状复合热储层（变质岩类）	变质岩（Ar）	—	6.526×10^{15}	—	3.372×10^7	4.415×10^{12}	—	—
	隆起山地合计		8.874×10^{17}	1.311×10^{17}	9.549×10^8	1.417×10^{14}	1.649×10^{10}	2.296×10^{14}	
全省总计			2.970×10^{12}	1.776×10^{18}	2.740×10^{18}	1.489×10^9	2.535×10^{14}	1.657×10^{12}	1.881×10^{15}

山西省地热资源按温度分区计算结果详见表4–3–2；山西省各类型地热田资源量见表4–3–3。

四、地热流体质量评价

地热流体质量评价是地热资源开发的基础和依据。根据项目采样测试的水质分析数据，进行地热流体质量评价。

表 4-3-2　山西省各类热储层按温度地热资源统计表

地热资源类型	地热资源热储类型	热储地层时代及岩性	温度分区/℃	地热流体储存量/m³	地热资源量/kJ	地热资源可开采量/(kJ·a⁻¹)	开采系数法流体可开采量（m³·a⁻¹）	开采系数法流体可开采热量/(kJ·a⁻¹)	回灌条件下地热流体可开采量/(m³·a⁻¹)	回灌条件下地热流体可开采热量/(kJ·a⁻¹)
沉积盆地型	裂隙型层状热储层（变质岩类）	变质岩（Ar）	25～40	2.483×10^{9}	6.075×10^{15}	6.075×10^{14}	2.860×10^{5}	3.134×10^{10}	1.254×10^{8}	1.341×10^{13}
			40～60	3.294×10^{9}	1.304×10^{16}	1.304×10^{15}	3.593×10^{5}	6.149×10^{10}	1.430×10^{8}	2.435×10^{13}
			60～90	1.175×10^{9}	6.652×10^{15}	6.652×10^{14}	1.175×10^{5}	2.814×10^{10}	4.868×10^{7}	1.160×10^{13}
			>90	4.014×10^{7}	3.386×10^{14}	3.386×10^{13}	4.014×10^{3}	1.420×10^{9}	1.595×10^{6}	5.643×10^{11}
			合计	6.993×10^{9}	2.611×10^{9}	2.611×10^{15}	7.668×10^{5}	1.224×10^{11}	3.187×10^{8}	4.993×10^{13}
	孔隙型层状热储层（松散岩类）	砂岩（N_1）	40～60	5.281×10^{8}	2.680×10^{14}	6.700×10^{13}	2.112×10^{5}	3.481×10^{10}	2.612×10^{6}	4.303×10^{11}
			60～90	1.976×10^{10}	1.650×10^{16}	4.124×10^{15}	7.904×10^{6}	2.101×10^{12}	9.709×10^{7}	2.581×10^{13}
			>90	4.421×10^{10}	4.979×10^{16}	1.245×10^{16}	1.768×10^{7}	6.276×10^{12}	2.167×10^{8}	7.691×10^{13}
			合计	6.450×10^{10}	6.655×10^{1}	1.664×10^{16}	2.580×10^{7}	8.412×10^{12}	3.163×10^{8}	1.031×10^{14}
	孔隙型层状热储层（松散岩类）	砂岩（N_2）	25～40	3.525×10^{10}	1.181×10^{1}	1.467×10^{15}	1.763×10^{7}	1.931×10^{12}	2.375×10^{8}	2.595×10^{13}
			40～60	1.816×10^{11}	8.333×10^{16}	2.037×10^{16}	9.081×10^{7}	1.423×10^{13}	8.979×10^{8}	1.414×10^{14}
			60～90	6.692×10^{10}	3.926×10^{16}	9.759×10^{15}	3.346×10^{7}	7.227×10^{12}	2.915×10^{8}	6.311×10^{13}
			合计	2.838×10^{11}	1.344×10^{17}	3.159×10^{16}	1.419×10^{7}	2.339×10^{13}	1.427×10^{9}	2.305×10^{14}
	岩溶型层状热储层（碳酸盐岩类）	灰岩（O_2）	25～40	1.103×10^{11}	3.317×10^{16}	4.976×10^{15}	5.514×10^{7}	4.964×10^{12}	1.334×10^{9}	1.210×10^{14}
			40～60	1.366×10^{11}	7.064×10^{16}	1.060×10^{16}	6.829×10^{7}	1.066×10^{13}	9.545×10^{8}	1.487×10^{14}
			60～90	3.286×10^{11}	2.789×10^{17}	4.184×10^{16}	1.643×10^{8}	4.186×10^{13}	2.029×10^{9}	5.168×10^{14}
			>90	1.118×10^{11}	1.362×10^{17}	2.043×10^{16}	5.591×10^{7}	2.021×10^{13}	6.486×10^{8}	2.340×10^{14}
			合计	6.873×10^{11}	5.190×10^{17}	7.784×10^{16}	3.436×10^{8}	7.770×10^{13}	4.966×10^{9}	1.021×10^{15}
	裂隙型层状热储（碎屑岩类）	砂页岩（P、T）	25～40	1.278×10^{9}	8.672×10^{14}	8.672×10^{13}	2.556×10^{5}	2.443×10^{10}	2.976×10^{7}	2.844×10^{12}
			40～60	4.207×10^{10}	5.540×10^{16}	5.540×10^{15}	4.633×10^{6}	8.335×10^{11}	5.518×10^{8}	1.007×10^{14}
			60～90	4.924×10^{10}	8.593×10^{16}	8.593×10^{15}	5.402×10^{6}	1.284×10^{12}	5.939×10^{8}	1.432×10^{14}
			合计	9.259×10^{10}	1.422×10^{17}	1.422×10^{16}	1.029×10^{7}	2.142×10^{12}	1.175×10^{9}	2.468×10^{14}
	沉积盆地型合计			1.135×10^{12}	8.882×10^{17}	1.429×10^{17}	5.224×10^{8}	1.118×10^{14}	8.204×10^{9}	1.651×10^{15}
隆起山地型	岩溶型层状热储层（碳酸盐岩类）	灰岩（O_2）	25～40	4.855×10^{11}	1.719×10^{17}	2.579×10^{16}	2.428×10^{8}	2.604×10^{13}	5.631×10^{11}	6.007×10^{14}
			40～60	1.338×10^{12}	6.931×10^{17}	1.040×10^{17}	6.689×10^{8}	1.048×10^{14}	1.078×10^{12}	1.677×10^{15}
			60～90	1.216×10^{10}	8.761×10^{15}	1.314×10^{15}	6.079×10^{6}	1.324×10^{12}	8.262×10^{9}	1.799×10^{13}
			合计	1.835×10^{12}	8.738×10^{17}	1.311×10^{17}	9.177×10^{8}	1.322×10^{14}	1.649×10^{12}	2.296×10^{14}
	裂隙型带状复合热储层（变质岩类）	变质岩（Ar）	25～40	—	6.526×10^{15}	—	3.732×10^{7}	4.415×10^{12}	—	—
			40～60							
			60～90							
			合计							
	隆起山地型合计			1.835×10^{12}	8.803×10^{17}	1.311×10^{17}	9.549×10^{8}	1.417×10^{14}	1.649×10^{12}	2.296×10^{14}
全省总计				2.970×10^{12}	1.766×10^{18}	2.740×10^{17}	1.477×10^{9}	2.535×10^{14}	1.657×10^{12}	1.881×10^{15}

表 4-3-3　山西省各类型地热田资源量统计表

地热资源类型	构造分区	热储地层时代岩性	地热资源分区名称及代号	面积/km^2	地热流体储存量/m^3	地热资源量/kJ	地热资源可开采热量/kJ	地热流体可开采量/(m^3/a)	地热流体可开采热量/(kJ/a)
沉积盆地型地热资源	大同盆地(Ⅰ)	变质岩及砂岩($Ar+N_2$)	天镇—阳高裂陷地热田($Ⅰ_1$)	781.594	3.164×10^{9}	3.998×10^{15}	3.998×10^{14}	1.314×10^{6}	1.997×10^{11}
			毛家皂断凸地热田($Ⅰ_2$)	1778.052	2.465×10^{10}	1.232×10^{16}	1.232×10^{15}	1.193×10^{7}	1.462×10^{12}
			山阴断阶地热田($Ⅰ_3$)	591.048	1.070×10^{10}	4.410×10^{15}	4.410×10^{14}	5.195×10^{6}	5.559×10^{11}
		砂岩(N_2)	马营庄断凹地热田($Ⅰ_4$)	1031.995	5.214×10^{10}	2.976×10^{16}	7.439×10^{15}	2.607×10^{7}	4.808×10^{12}
		灰岩(O_2)	朔城断凸地热田($Ⅰ_5$)	846.210	4.540×10^{10}	1.446×10^{16}	2.169×10^{15}	2.270×10^{7}	2.130×10^{12}
		大同盆地合计		5028.898	1.361×10^{11}	6.495×10^{16}	1.168×10^{16}	6.720×10^{7}	9.156×10^{12}
	忻州盆地(Ⅱ)	变质岩(As、H)	大营地热田($Ⅱ_1$)	261.670	8.584×10^{8}	2.661×10^{15}	2.661×10^{14}	8.584×10^{4}	1.101×10^{10}
			奇村地热田($Ⅱ_2$)	189.595	6.152×10^{8}	3.330×10^{15}	3.330×10^{14}	6.152×10^{4}	1.351×10^{10}
			顿村地热田($Ⅱ_3$)	337.792	1.098×10^{9}	3.658×10^{15}	3.658×10^{14}	1.098×10^{5}	1.483×10^{10}
			汤头地热田($Ⅱ_4$)	101.219	3.304×10^{8}	1.727×10^{15}	1.727×10^{14}	3.304×10^{4}	7.061×10^{9}
			忻州地热田($Ⅱ_5$)	567.956	1.869×10^{9}	7.382×10^{15}	7.382×10^{14}	1.869×10^{5}	3.057×10^{10}
		忻州盆地合计		1458.231	4.771×10^{9}	1.876×10^{16}	1.876×10^{15}	4.771×10^{5}	7.697×10^{10}
	汾渭地堑太原盆地(Ⅲ)	灰岩(O_2)	太原城区凹陷地热田($Ⅲ_1$)	25.200	1.750×10^{9}	1.073×10^{15}	1.610×10^{14}	8.750×10^{5}	1.622×10^{11}
			西铭断阶地热田($Ⅲ_2$)	42.652	2.954×10^{9}	1.632×10^{15}	2.449×10^{14}	1.477×10^{6}	2.464×10^{11}
			城东断阶地热田($Ⅲ_3$)	33.382	2.316×10^{9}	1.014×10^{15}	1.521×10^{14}	1.158×10^{6}	1.538×10^{11}
			亲贤地垒地热田($Ⅲ_4$)	60.383	4.384×10^{9}	2.580×10^{15}	3.870×10^{14}	2.192×10^{6}	3.891×10^{11}
			西边山断阶地热田($Ⅲ_5$)	71.754	4.956×10^{9}	2.740×10^{15}	4.110×10^{14}	2.478×10^{6}	4.132×10^{11}
			晋源凹陷地热田($Ⅲ_6$)	109.809	7.679×10^{9}	5.719×10^{15}	8.579×10^{14}	3.840×10^{6}	8.655×10^{11}
			黄陵西温庄隆起地热田($Ⅲ_7$)	102.771	7.158×10^{9}	3.949×10^{15}	5.924×10^{14}	3.579×10^{6}	5.988×10^{11}
		砂岩(N_2)	清交凹陷区地热田($Ⅲ_{8a}$)	819.969	6.866×10^{10}	3.360×10^{16}	8.400×10^{15}	3.433×10^{7}	5.439×10^{12}
		砂岩(P、T)	清交凹陷区地热田($Ⅲ_{8b}$)	1327.411	8.226×10^{10}	1.292×10^{17}	1.292×10^{16}	8.226×10^{6}	1.783×10^{12}
		灰岩(O_2)	清交凹陷区地热田($Ⅲ_{8c}$)	591.286	4.587×10^{10}	5.132×10^{16}	7.698×10^{15}	2.294×10^{7}	7.663×10^{12}
			榆次东部地热田($Ⅲ_9$)	114.869	8.895×10^{9}	7.954×10^{15}	1.193×10^{15}	4.448×10^{6}	1.196×10^{12}
			侯城—平遥断凹地热田($Ⅲ_{10}$)	1107.609	8.573×10^{10}	7.836×10^{16}	1.175×10^{16}	4.286×10^{7}	1.177×10^{13}
			孝义东部断阶地热田($Ⅲ_{11}$)	525.729	3.659×10^{10}	2.803×10^{16}	$4.205E\times10^{15}$	1.829×10^{7}	4.219×10^{12}
		太原盆地合计		4932.824	3.592×10^{11}	3.472×10^{17}	4.897×10^{16}	1.467×10^{8}	3.490×10^{13}
	汾渭地堑临汾盆地(Ⅳ)	灰岩(O_2)	洪洞地热田($Ⅳ_1$)	411.633	2.769×10^{10}	2.944×10^{16}	4.417×10^{15}	1.385×10^{7}	4.397×10^{12}
			古城地热田($Ⅳ_2$)	484.273	3.389×10^{10}	4.709×10^{16}	7.064×10^{15}	1.695×10^{7}	6.945×10^{12}
		砂岩(N_2)	临汾地热田($Ⅳ_3$)	218.763	8.893×10^{9}	3.977×10^{15}	9.943×10^{14}	4.446×10^{6}	6.445×10^{11}
		砂岩(P、T)	曲亭地热田($Ⅳ_4$)	297.826	1.032×10^{10}	1.299×10^{16}	1.299×10^{15}	2.064×10^{6}	3.585×10^{11}

续表

地热资源类型	构造分区	热储地层时代岩性	地热资源分区名称及代号	面积/km²	地热流体储存量/m³	地热资源量/kJ	地热资源可开采热量/kJ	地热流体可开采量/(m³/a)	地热流体可开采热量/(kJ/a)
沉积盆地型地热资源	汾渭地堑临汾盆地(Ⅳ)	灰岩(O_2)	邓庄地热田(Ⅳ$_5$)	252.927	1.754×10^{10}	1.468×10^{16}	2.202×10^{15}	8.771×10^{6}	2.195×10^{12}
			稷山地热田(Ⅳ$_6$)	1041.732	7.227×10^{10}	6.231×10^{16}	9.347×10^{15}	3.614×10^{7}	9.317×10^{12}
			新绛地热田(Ⅳ$_7$)	471.378	2.783×10^{10}	1.983×10^{16}	2.975×10^{15}	1.391×10^{7}	2.966×10^{12}
			侯马曲沃翼城地热田(Ⅳ$_8$)	1129.847	7.550×10^{10}	5.396×10^{16}	8.094×10^{15}	3.775×10^{7}	8.118×10^{12}
			西海地热田(Ⅳ$_9$)	141.652	8.358×10^{9}	3.511×10^{15}	5.267×10^{14}	4.179×10^{6}	5.294×10^{11}
		砂岩(N_2)	河津地热田(Ⅳ$_{10}$)	315.425	1.356×10^{10}	5.321×10^{15}	1.330×10^{15}	6.778×10^{6}	1.025×10^{12}
		临汾盆地合计		4765.456	2.959×10^{11}	2.531×10^{17}	3.825×10^{16}	1.448×10^{8}	3.650×10^{13}
	运城盆地(Ⅴ)	灰岩(O_2)	绛县礼元地热田(Ⅴ$_{15}$)	345.929	2.304×10^{10}	1.309×10^{16}	1.963×10^{15}	1.152×10^{7}	1.973×10^{12}
			闻喜地热田(Ⅴ$_{11}$)	617.260	3.613×10^{10}	1.955×10^{16}	2.932×10^{15}	1.807×10^{7}	2.934×10^{12}
			万荣地热田(Ⅴ$_{12}$)	1388.612	8.192×10^{10}	3.472×10^{16}	5.207×10^{15}	4.096×10^{7}	5.232×10^{12}
			夏县地热田(Ⅴ$_{13}$)	349.376	2.331×10^{10}	2.043×10^{16}	3.065×10^{15}	1.165×10^{7}	3.053×10^{12}
		砂岩(N_2)	运城地热田(Ⅴ$_{14}$)	2487.024	1.618×10^{11}	1.129×10^{17}	2.822×10^{16}	7.445×10^{7}	1.732×10^{13}
		灰岩(O_2)	吴王泉地热田(Ⅴ$_{16}$)	103.612	6.118×10^{9}	1.510×10^{15}	2.264×10^{14}	3.059×10^{6}	2.288×10^{11}
		砂岩(N_2)	永济地热田(Ⅴ$_{17}$)	171.151	6.937×10^{9}	2.080×10^{15}	5.201×10^{14}	3.469×10^{6}	4.020×10^{11}
		运城盆地合计		7502.641	3.393×10^{11}	2.043×10^{17}	4.213×10^{16}	1.632×10^{8}	3.112×10^{13}
	沉积盆地合计			21648.372	1.135×10^{12}	8.882×10^{17}	1.118×10^{17}	5.224×10^{8}	1.118×10^{14}
隆起山地型地热资源(Ⅵ)	沁水煤盆地(Ⅵ)	灰岩(O_2)	榆社柳泉地热田(Ⅵ$_1$)	11121.498	7.211×10^{11}	3.940×10^{17}	5.910×10^{16}	3.605×10^{8}	5.961×10^{13}
			古县三合地热田(Ⅵ$_2$)	1879.341	1.202×10^{11}	5.491×10^{16}	8.236×10^{15}	6.012×10^{7}	8.299×10^{12}
			沁水郑庄地热田(Ⅵ$_3$)	2505.555	1.605×10^{11}	7.671×10^{16}	1.151×10^{16}	8.025×10^{7}	1.160×10^{13}
		沁水煤盆地合计		15506.394	1.002×10^{12}	5.256×10^{17}	7.885×10^{16}	5.009×10^{8}	7.951×10^{13}
	吕梁山鄂尔多斯断块(Ⅶ)	灰岩(O_2)	鄂尔多斯盆地东缘地热田(Ⅶ)	13774.626	8.583×10^{11}	3.553×10^{17}	5.330×10^{16}	4.291×10^{8}	5.377×10^{13}
	恒山燕山断块(Ⅷ)	变质岩(Ar)	浑源汤头地热田(Ⅷ)	152.647	—	4.974×10^{15}	—	2.907×10^{7}	6.111×10^{12}
	太行山穹状隆起(Ⅸ)		盂县寺平安地热田(Ⅸ)	38.205	—	1.552×10^{15}	—	8.249×10^{6}	2.304×10^{12}
	隆起山地型合计			29471.872		8.874×10^{17}	1.311×10^{17}	9.673×10^{8}	1.417×10^{14}
全省总计				53159.924		1.776×10^{18}	2.740×10^{17}	1.490×10^{9}	2.535×10^{14}

（一）地热流体不同用途评价

1.理疗热矿水评价

地热流体通常含有某些特有的矿物质成分，可作为理疗热矿水开发利用，其评价参考《地热资源地质勘查规范》（GB 11615—2010）中附录E“理疗热矿泉水水质标准”进行，详见表4-3-4。

表 4-3-4　理疗热矿水界限指标统计表

序号	成分	单位	有医疗价值浓度	矿水浓度	命名矿水浓度	矿水名称	序号	成分	单位	有医疗价值浓度	矿水浓度	命名矿水浓度	矿水名称
1	CO_2	mg/L	250	250	1000		8	锂	mg/L	1	1	5	锂水
2	总硫化氢	mg/L	1	1	2	硫化氢水	9	钡	mg/L	5	5	5	钡水
3	氟	mg/L	1	2	2	氟水	10	偏硼酸	mg/L	1.2	5	50	硼水
4	溴	mg/L	5	5	25	溴水	11	偏硅酸	mg/L	25	25	50	硅水
5	碘	mg/L	1	1	5	碘水	12	氡	Bq/L	37	47.14	129.5	氡水
6	锶	mg/L	10	10	10	锶水	13	TDS	mg/L	＜1000	—	—	淡水
7	铁	mg/L	10	10	10	铁水	14	温度	℃	≥34	—	—	温水

根据对二氧化碳、氟、溴、碘、锶、铁、锂、钡、偏硼酸、偏硅酸及氡这11项指标进行评价，并对水样进行TDS和温度分析。

隆起山地型地热资源中理疗成分从数量和含量均少于沉积盆地型地热资源。其中，汾渭盆地低温地热区热矿水中理疗成分含量较高，除了溴、碘、钡以外，各成分均可以达到理疗热矿水命名浓度。山西省96%以上的水样富含氟，82%以上的水样富含偏硅酸，78%以上的水样富含偏硼酸；汾渭盆地区理疗成分较丰富，93%以上水样富含氟，79%以上的水样富含偏硅酸，75%以上的水样富含偏硼酸，汾渭盆地低温地热区各理疗成分均有发现，以氟、偏硅酸、偏硼酸最为丰富，锶、铁、锂、氡次之。氟、偏硼酸、偏硅酸这三种理疗成分在山西省境内的热矿水中含量丰富，几乎均有理疗价值，氟理疗成分几乎50%达到命名浓度。

统计100组热矿水样达到理疗价值浓度以上数量见表4-3-5，对达到有医疗价值的水样点进行统计见表4-3-6。

表 4-3-5　山西省理疗热矿水评价成果表

序号	成分	总水样数/个	有理疗价值浓度		矿水浓度		命名浓度	
			水样数/个	比例/%	水样数/个	比例/%	水样数/个	比例/%
1	CO_2	100	0	0	0	0	0	0
2	氟	100	96	96	56	56	56	56
3	溴	100	0	0	0	0	0	0
4	碘	100	0	0	0	0	0	0
5	锶	100	5	5	5	5	5	5
6	铁	100	3	3	3	3	3	3
7	锂	100	4	4	4	4	0	0
8	钡	100	0	0	0	0	0	0
9	偏硼酸	100	78	78	24	24	1	1
10	偏硅酸	100	82	82	82	82	25	25
11	氡	100	5	5	4	4	1	1
12	温水	100	73	73	0	0	0	0
13	淡水	100	39	39	0	0	0	0

4-3-6 山西地热田各区热矿水中有理疗价值水样统计表

地热类型		水样总数/个	达界线指标水样数量/个										
			铁	氟	偏硅酸	CO_2	溴	碘	锶	锂	钡	偏硼酸	氡
隆起山地型	Ⅷ	1	0	1	1	0	0	0	0	0	0	1	0
	Ⅸ	2	0	2	2	0	0	0	0	0	0	2	1
	Ⅵ、Ⅶ	0	0	0	0	0	0	0	0	0	0	0	0
沉积盆地型（Ⅰ~Ⅴ）		97	3	93	79	0	0	0	5	4	0	75	4
待查区		0	0	0	0	0	0	0	0	0	0	0	0
合计		100	3	96	82	0	0	0	5	4	0	78	5

铁、锶、锂这三种理疗成分目前仅在沉积盆地型地热资源分布区有部分出现。氡成分浓度具有理疗价值的热矿水则主要分布在盂县寺平安地热田和汾渭盆地区的局部地区；盂县寺平安地热田除氡含量达到命名浓度外，其他理疗成分含量很少。

由表4-3-7可见，汾渭盆地中54.6%的水样氟浓度和22.7%的偏硅酸浓度达到命名标准，3组水样铁含量达到命名浓度、5组水样锶含量达到命名浓度；隆起山地区的寺平安地热田2组水样中氟、偏硅酸均达到命名浓度，1组水样中氡含量达到命名浓度。

表 4-3-7 山西地热田各区热矿水中命名水样统计表

地热类型		水样总数/个	达界线指标水样数量/个										
			铁	氟	偏硅酸	CO_2	溴	碘	锶	锂	钡	偏硼酸	氡
隆起山地型	Ⅷ	1	0	1	1	0	0	0	0	0	0	0	0
	Ⅸ	2	0	2	2	0	0	0	0	0	0	0	1
	Ⅵ、Ⅶ	0	0	0	0	0	0	0	0	0	0	0	0
沉积盆地型（Ⅰ~Ⅴ）		97	3	53	22	0	0	0	5	0	0	1	0
待查区		0	0	0	0	0	0	0	0	0	0	0	0
合计		100	3	56	25	0	0	0	5	0	0	1	1

2.饮用天然矿泉水评价

根据《饮用天然矿泉水标准》（GB 8537—2018），对各取样点地热流体已测试项目进行逐一对比，山西省内已测试项目均满足标准要求的一处也没有。

本次评价仅针对现有技术标准测试项目。《饮用天然矿泉水标准》（GB 8537—2018）中涉及的放射性指标、氰化物、挥发性酚、细菌性指标等评价项目在水质分析中未涉及，在此不予评价。

3.生活饮用水评价

根据《生活饮用水卫生标准》（GB 5749—2006）对各取样点地热流体已测试项目进行逐一对比，山西省内已测试项目达到良好级别的有2处，较差级别的有77处，极差级别的有21处，有2处水样可以达到饮用水标准。

4.农业灌溉用水评价

根据《农田灌溉水质标准》（GB 5084—92），对各取样点地热流体已测试项目进行逐一对比，山西省内已测试项目均满足标准要求的有16处。

本次评价仅针对现有测试项目。《农田灌溉水质标准》（GB 5084—92）中涉及的生化需氧量、化学需氧量、氰化物、挥发性酚、有机物指标、细菌性指标等评价项目由于水质分析中未测试，在此不予评价。

5.渔业用水评价

根据《渔业水质标准》（GB 11607—89），对各取样点地热流体已测试项目进行逐一对比，山西省内已测试项目均满足标准要求的有4处。

本次评价仅针对现有测试项目。《渔业水质标准》（GB 11607—89）中涉及的溶解氧、氰化物、挥发性酚、有机物指标、细菌性指标等评价项目由于本项目水质分析中未涉及，在此不予评价。

（二）地热流体中有用矿物组分评价

根据地质出版社2021年12月出版的《矿产资源工业要求参考手册》热矿水矿物原料提取工业指标：碘（I）>20mg/L、溴（Br）>50mg/L、铯（Cs）>80mg/L、锂（Li）>25mg/L、铷（Rb）>200mg/L、锗（Ge）>5mg/L，对山西省共计100组地热流体样品进行热矿水工业有用矿物组分评价。经对比，山西省现有的地热井中，100组水样均未达到热矿水矿物原料提取工业指标。

（三）地热流体污染程度评价

地热流体污染性评价依据内梅罗指数法进行，地下热水污染程度评价标准：$P<0.75$为未污染、$0.75<P<1.00$为微污染、$1.00<P<2.00$为轻污染、$2.00<P<5.00$为中污染、$P>5.00$为重污染。

根据检测结果，按照以上评价方法，对山西省内地热流体污染程度进行评价，评价结果见表3-3-8。根据评价结果统计，重污染水样共16组，占总水样的16%，中污染水样共42组，占总水样的42%，未污染和轻污染水样共37组，占总水样的37%，无污染水样仅3组。污染水样在地热区内均有分布，隆起山地型地热井水样共3组，浑源汤头热水井1组重污染，盂县源寺平安热水井2组，重污染。沉积盆地型地热井水样共97组，中、重污染水样占水样总数的一半以上。由此可见地热资源污染程度较严重。详见表4-3-8。

表 4-3-8　山西省地热流体污染程度评价表

序号	地热类型	隆起山地型			沉积盆地型（Ⅰ~Ⅴ）	待查区	合计	比例/%
		Ⅷ	Ⅸ	Ⅵ、Ⅶ				
1	总水样数/个	1	2	0	97	0	100	100
2	未污染水样数/个	0	0	0	3	0	3	3
3	微污染水样数/个	0	0	0	8	0	8	8
4	轻污染水样数/个	0	0	0	29	0	29	29
5	中污染水样数/个	0	2	0	42	0	44	44
6	重污染水样数/个	1	0	0	15	0	16	16
7	比例/%	1	2	0	97	0	100	100

（四）热流体腐蚀性评价

1.评价方法

地热流体腐蚀性评价依据《地热资源地质勘查规范》（GB 11615—2010）中相关方法进行。

对因含有氯根、硫酸根、游离二氧化碳和硫化氢等组分而对金属有一定腐蚀性的热矿水，根据水质分析资料计算腐蚀系数，对其腐蚀性做出评价。

根据《地热资源地质勘查规范》（GB 11615—2010），若腐蚀系数$K_k>0$，称为腐蚀性水；若腐蚀系数$K_k<0$，并且$K_k+0.0503Ca^{2+}>0$，称为半腐蚀性水；若腐蚀系数$K_k<0$，并且$K_k+0.0503Ca^{2+}<0$，称为非腐蚀性水。

对酸性水：$K_k=1.008(rH^{+}+rAl^{3+}+rFe^{2+}+rMg^{2+}-rHCO_3^{-}-rCO_3^{2-})$

对碱性水：$K_k=1.008(rMg^{2+}-rHCO_3^{-})$

式中：K_k为腐蚀系数；r为离子含量的每毫升摩尔数。

2.地热流体腐蚀性评价

根据检测结果，按照以上评价方法，对山西省内地热流体腐蚀性进行评价，评价结果见表4-3-9。

表 4-3-9 山西省地热流体腐蚀性评价表

序号	地热类型	隆起山地型			沉积盆地型	待查区	合计	比例/%
		Ⅷ	Ⅸ	Ⅵ、Ⅶ	（Ⅰ～Ⅴ）	0	0	0
1	总水样数/个	1	2	0	97	0	100	100
2	腐蚀性水样数/个	0	0	0	4	0	4	4
3	半腐蚀性水样数/个	0	0	0	7	0	0	7
4	非腐蚀性水样数/个	1	2	0	86	0	89	89

根据评价结果统计，腐蚀性水共11组，占总水样的11%，主要分布在盆地区，非腐蚀性水样共89组，占总水样的89%。

根据水质测试结果可见，隆起山地型盂县寺平安地热田和浑源汤头地热田地热流体基本为非腐蚀性水；汾渭盆地大部分地热田地热流体不具有腐蚀性，腐蚀性水和半腐蚀性水占测试水样的4%和7%，非腐蚀性水占到测试水样的86%。腐蚀性水和半腐蚀性水取样点统计见表4-3-10。

表 4-3-10 山西省地热流体腐蚀性水样统计表

序号	取样点统一编号	取样点类型	地热资源分区名称及代号	地理位置
1	TZ19	地热井	天镇—阳高裂陷地热田（$Ⅰ_1$）	大同市天镇县谷前堡镇高速口东120m
2	DY4	地热井	大营地热田（$Ⅱ_1$）	忻州市定襄县原平市沿沟乡大营村柳香园度假村
3	DY2	地热井	大营地热田（$Ⅱ_1$）	忻州市定襄县原平市沿沟乡大营村芳草园游泳馆
4	DY1	地热井	大营地热田（$Ⅱ_1$）	忻州市定襄县原平市沿沟乡王董堡里村新康力温泉
5	DX1	地热井	汤头地热田（$Ⅱ_4$）	忻州市定襄县受禄乡上汤头温泉
6	DX3	地热井	汤头地热田（$Ⅱ_4$）	忻州市定襄县受禄乡上汤头村
7	DX2	地热井	汤头地热田（$Ⅱ_4$）	忻州市定襄县受禄乡上汤头村东南
8	DX4	地热井	汤头地热田（$Ⅱ_4$）	忻州市定襄县受禄乡上汤头凤凰山庄门口
9	YC4	地热井	运城地热田（$Ⅴ_{14}$）	运城市盐湖区禹香苑小区
10	YJ1	地热井	运城地热田（$Ⅴ_{14}$）	运城市永济县河东大道海纳游泳馆西20m
11	YC3	地热井	运城地热田（$Ⅴ_{14}$）	运城市盐湖区水岸华庭小区西门

（五）地热流体结垢性评价

1.评价方法

地热流体结垢性和碳酸钙结垢趋势评价参考《地热资源地质勘查规范》（GB 11615—2010）中相关方法进行。

2.锅垢总量评价

根据检测结果，按照以上评价方法，对山西省内采取的100组地热流体水样结垢性进行评价，评价结果见表4-3-11。

表 4-3-11 山西省地热田地热流体结垢性评价表

序号	地热类型	隆起山地型			沉积盆地型（Ⅰ～Ⅴ）	待查区	合计
		Ⅷ	Ⅸ	Ⅵ、Ⅶ			
1	总水样数/个	1	2	97	0	0	100
2	锅垢很少/个	1	1	14	0	0	16
3	锅垢少/个	0	1	15	0	0	16
4	锅垢多/个	0	0	20	0	0	20
5	锅垢很多/个	0	0	48	0	0	48

由表4-3-11可知，该次所取地热流体样品中，锅垢很少及锅垢少的水样占32%，锅垢多及锅垢很多的水样占68%；各地热田中，汾渭盆地地热田水样结垢严重、结垢很多的水样分别占48%和20%，结垢很少，结垢少的水样分别占14%和15%，而隆起山地地热田水样结垢最少，结垢少及结垢很少的水样仅占3%。

总之，隆起山地型地热资源结垢比沉积盆地地热资源少；盂县寺平安和浑源汤头热水井水样结垢最少，汾渭盆地地热区水样结垢较多，结垢严重，结垢很多的水样占到68%。

3.结垢趋势评价

对省内100组地热流体水质数据碳酸钙结垢性趋势进行计算和判断，结果详见表4-3-12。

表 4-3-12　山西省地热流体碳酸钙结垢趋势评价表

地热类型		不同结垢趋势水样数/个			备注
		结垢中等	结垢轻微	不结垢	
隆起山地型	Ⅷ	0	1	0	氯离子含量高超过25%摩尔当量的水样均为不结垢，有强腐蚀性
	Ⅸ	0	1	1	
	Ⅵ、Ⅶ	0	0	0	
沉积盆地型（Ⅰ～Ⅴ）		7	20	70	
待查区		0	0	0	
合计		7	22	71	

由表4-3-12可知，多数热矿水不结垢，占71%；部分水样结垢轻微，占22%；少量水样结垢中等，占7%。结垢中等的调查点有7%分布于汾渭盆地区，结垢性轻微的调查点有22%分布于汾渭盆地。隆起山地主要为结垢轻微或者不结垢。

五、热矿水动态

山西省热矿水没有系统的动态监测资料。特别是在太原市城区及运城市盐湖区尽管有大量的2000～3000m深部热水井，开采时间长，有些井距很小，在地热田勘探过程中仅是进行了单井抽水试验，因此，提出的可开采资源量可靠性比较低。在开采过程中，由于缺乏有效的管理，地下热水开采基本处于放任自流的状态。1990年山西省水文总站在忻州奇村建立了地热水实验站专门对忻州市主要地热田热水资源动态进行监测，但由于监测资料并未向社会公布，目前仅搜集到一些零星的资料，现介绍如下。

（一）奇村地热水实验站

为了掌握忻州地下热水动态情况，山西省水文总站1990年开始筹建奇村地热水实验站，1991年底建成投入监测，主要任务是监测奇村地热水资源动态，分析研究开发利用变化。随着忻州市多处地热水区开发利用，监测范围由奇村一个区域扩展为奇村、顿村、卢野、逯家庄、和索、大营、汤头等7个区域，采用巡查和委托监测相结合的方式，监测31处生产机井，积累了地热水动态监测资料350余站年。

建站初期，监测项目为地热井的水位、水温，共有监测井12处，监测频次为5日一次，统测井29处。监测井点基本涵盖了奇村地热田内的热水井及周边低温热水井、凉水井，为地热水流场动态分析和地热田面积界定，提供了可靠依据。

1996年，开始对所有在用热水井进行开采量监测。1998年，监测频次为5日1次水位、水温井增加为10处，其中逐日监测水位井1处、埋深井1处，重点水温井1处，开采量监测井7处。

该实验站选择部分地热井对热水中氡气进行长期监测，利用氡气的动态变化预测预报地震。

2012年，建成投入运行3处远程传输自动监测设备，提高了监测资料的精度与质量。至2015年底，有重点水温逐日水位监测井1处，5日水位、水温监测井10处，开采量监测井8处，积累了奇村地热田监测水位（埋深）资料350余站年、水温资料218站年、开采量资料91站年，成为全国唯一水利部门设立地热资源监测与实验站，为该区地热资源的可持续开发利用提供了宝贵的第一手动态监测资料。

（二）忻府区奇村地热井

忻州奇村20世纪80年代前后打成的井深在30m左右的热水井相继变为凉水井。根据奇村地热井监测资料，地热井的热水温度从1991年的平均48.0℃下降至2015年的38.3℃，25年间共计下降了9.7℃，平均下降速率0.39℃/a；1991年、2015年地下热水水位标高分别为825.84m、820.00m，25年水位下降5.84m，平均水位下降0.23m/a；详见表4-3-13。

表 4-3-13　山西省忻州市奇村地热田动态特征统计表

序号	年份	平均水位标高/m	与上一年比较水位平均变幅/m	平均水温/℃	与上一年比较水温平均变幅/℃	开采量/（$10^4m^3\cdot a^{-1}$）	备注
1	1991	825.84		48.0			
2	1992	825.88	+0.04	40.1	−7.9	31.4	
3	1993	824.76	−1.12	41.7	+1.6	43.9	
4	1994	824.91	+0.15	39.5	−2.2	52.5	
5	1995	826.72	+1.81	38.2	−1.3	56.6	
6	1996	827.71	+0.99	50.4	+12.2	59.5	最高水位、最高水温年
7	1997	826.82	−0.89	49.1	−1.3	69.3	
8	1998	826.25	−0.57	47.2	−1.5	84.6	最大开采年
9	1999	825.36	−0.89	45.7	−1.5	84.3	
10	2000	824.66	−0.70	47.5	+1.8	66.5	
11	2001	823.65	−1.01	46.5	−1.0		
12	2002	822.53	−1.12	47.0	+0.5		
13	2003	823.44	+0.91	43.5	−3.5		
14	2004	824.34	+0.90	43.4	−0.1		
15	2005	823.78	−0.56	43.0	−0.4		
16	2006	822.92	−0.86	38.9	−4.1		
17	2007	823.38	+0.46	40.8	+1.9		
18	2008	824.11	+0.73	38.3	−2.5		
19	2009	824.27	+0.16	37.8	−0.5		
20	2010	823.33	−0.94	40.3	+2.5		
21	2011	823.74	+0.41	38.5	−1.8		
22	2012	824.06	+0.33	38.3	−0.2		
23	2013	823.83	−0.23	38.4	+0.1		
24	2014	822.84	−0.99	38.7	+0.3		
25	2015	822.00	−0.84	38.3	−0.4		最低水位、最低水温年

注："+"表示水位上升；"−"表示水位下降；未搜集到奇村地热水实验站系统监测资料。

以20℃井口温度作为圈定地热田的标准，1988年面积为2.5km²，1992年面积为1.63km²，1998年面积为0.56km²，2000年面积缩小为0.496km²，地热田面积萎缩非常严重。

（三）忻府区顿村地热井

忻州顿村地热田，从调查资料来看，1993年地下热水埋深16.4m，2000年地下热水埋深22.3m，7年间水位下降5.9m，平均水位下降速率0.84m/a。2000年水温44.0℃，2000年水温43.5℃，水温无明显变化。

（四）原平市大营地热井

原平大营地热田，山西省地矿局第三水文地质队1985年在该区进行详勘工作，共施工5个勘探孔，孔深237.90～539.36m，当时地下热水的水头高出地表7m，水温为20.6～53℃，2013年底，一泉山庄1号DYR3井、柳香园水位DYR4井、一泉山庄2号DYR7井水位分别为16.27m、5.58m、12.10m，28年间地下热水水位下降12.58～23.27m，平均下降速率0.83～1.02m/a，水温基本稳定。

（五）天镇县马圈庠地热井

DT8号农灌井，井深为51.24m，热储为第四系砂砾石层。1987年5月，山西省中北部矿泉水普查时，实测该井井口水温40.5℃，水位埋深20.5m；2009年11月天镇县温泉地热水资源储量核实评价调查时，实测该井井口水温38℃，水位埋深31.3m。1987—2009年22年间水温下降2.5℃，水位下降10.8m，年均水位下降0.49m。DT9号温泉渡假村井，井深167m，热储为第四系砂砾石层。2008年4月该井成井时，井口水温43℃，水位埋深28m；2009年11月实测井口水温43℃，水位埋深31m；2年间水位下降3m，年均下降1.5m。

（六）定襄县上汤头地热井

原T7号农灌井，井深66.7m，热储层为第四系砂砾石层，现该井已报废。1973年成井时，实测井口水温53℃，水位高出地面约0.5m；1985年据省地震局观测资料，测得水温45℃，水位高出地面0.37m；2006年山西省地热矿泉水资源调查时，实测井口水温38℃，水位埋深为2.0m。1985—2006年20年间水位下降2.37m，年均下降0.118m；1973—2006年33年间水位下降15℃，年平均下降0.45℃。

（七）侯马市北庄地热井

原LF28号井，井深1000m，热储为新近系砾岩及奥陶系灰岩。1983年8月成井时，水头高出地面8.03m，水温40.5℃；1993—1994年据温泉管理站观测，其水温、水量基本无变化，水位高出地面约0.5m，水温稳定在39.5～40.5℃；2011年调查时，水位埋深40m，水温39℃。1983—2011年28年间水位下降48m左右，年均下降1.71m，水温基本稳定。

另外，浑源汤头温泉、盂县寺坪安温泉由于长期过量开采，温泉已经消失，早就变成机井开采；据太原市万柏林区神堂沟2眼地热井监测资料，1994年建井，1996—2005年9年间地下水水位下降19.08m，平均下降速率2.12m/a。

从上述一些地热井的动态监测数据可以看出：①地下热矿水随着地热井的持续过量开采，水位下降是必然趋势，水位下降除受开采井自身开采量大小影响外，还受区域开采水位下降等多种因素影响；②随着区域开采量的增加、水位下降，地热井外围冷水混入，导致地热井水水温下降，特别是孔隙水热储地热井表现的水温变化比较明显；成井工艺好，止水效果好，基岩埋藏深的变质岩等热储地热井表现则相反。

第四节　各地热田分述

一、沉积盆地型地热资源分布及其特征

山西沉积盆地型地热资源主要分布于汾渭地堑中的五大断陷盆地，划分为40处地热田，根据地热田所属行政区划和热储中部温度划分为253个地热田计算分区，地热田面积为23688.052km^2。其中大同盆地划分为5处地热田，50处地热田计算分区，面积在5028.061km^2；忻州盆地划分为5处地热田，14处地热田计算分区，面积达1458.231km^2；太原盆地划分为13处地热田，74处地热田计算分区，面积达4932.824km^2；临汾盆地划分为10处地热田，56处地热田计算分区，面积为4765.456km^2；运城盆地划分

为7处地热田，59处地热田计算分区，面积在7502.641km²。现将其分布和特征分述如下。

（一）大同盆地地热田（Ⅰ）

大同盆地地热田边界主要受口泉—鹅毛口大断裂及恒山山前断裂所控制。喜马拉雅运动以来，山西地块受到强有力的拉张应力影响，使山西北部地区形成复式向斜和拉张裂陷。桑干河新裂陷内有与裂陷边缘断裂相平行、垂直或斜交的隐伏断（阶）块，将盆地基底切割成许多块段，由于断裂构造发育展布方向及不均匀下沉，盆地内形成次一级隆起与凹陷，将盆地区地热田切割成许多小块地热田。该热田热储分别为变质岩、新近系砂岩及奥陶系灰岩热储，变质岩顶板标高为200～780m，盆地区新近系砂岩顶板标高380～1000m，奥陶系顶板标高750m左右。

根据盆地内断裂、隆起和凹陷分布情况和热储层的埋藏条件，可将大同盆地地热田划分为5个地热田亚区，分别为天镇—阳高裂陷地热田（$Ⅰ_1$）、毛家皂断凸地热田（$Ⅰ_2$）、山阴断阶地热田（$Ⅰ_3$）、马营庄断凹地热田（$Ⅰ_4$）、朔县断凸地热田（$Ⅰ_5$），总面积为5028.061km²，地热田划分及地热计算分区见表4-4-1。

表 4-4-1　山西省大同盆地地热田分区计算说明表

构造分区	热储类型	地热田名称及代号（统一编号）	行政区域及亚区编号	温度分区/℃	热储厚度/m	热储温度/℃	分区面积/km²	分区面积占地热田比例/%
大同沉积盆地	变质岩（Ar）	天镇—阳高裂陷地热田（$Ⅰ_1$）（T—SX01）	天镇县（$Ⅰ_{1-1}$）	25～40	37.5	34	149.266	19.10
				40～60	37.5	50	100.891	12.91
				60～90	37.5	75	66.837	8.55
				>90	37.5	95	20.832	2.67
				小计	37.5		337.826	43.22
	砂岩（N_2）			25～40	14	34	224.244	28.69
				40～60	16	50	43.126	5.52
				60～90	14	70	70.457	9.01
				小计			337.827	43.22
	变质岩（Ar）		阳高县（$Ⅰ_{1-2}$）	25～40	37.5	34	189.104	24.19
				40～60	37.5	50	122.707	15.70
				60～90	37.5	75	105.931	13.55
				>90	37.5	95	26.025	3.33
				小计			443.768	56.78
	砂岩（N_2）			25～40	16	34	275.629	35.26
				40～60	16	50	83.007	10.62
				60～90	14	70	85.121	10.89
				小计			443.756	56.78
	变质岩（Ar）		Ar（$Ⅰ_1$）	合计			781.594	15.54
			N_2（$Ⅰ_1$）	合计			781.584	15.54
			Ar+N_2	总计			781.594	3.61
	变质岩（Ar）	毛家皂断凸地热田（$Ⅰ_2$）（T—SX02）	云州区（$Ⅰ_{2-1}$）	25～40	24	34	145.554	8.19
				40～60	24	48	125.019	7.03
				小计			270.572	15.22
	砂岩（N_2）			25～40	42.5	34	221.010	12.43
				40～60	42.5	45	49.574	2.79
				小计			270.584	15.22
	变质岩（Ar）		云冈区（$Ⅰ_{2-2}$）	25～40	24	35	42.288	2.38
				40～60	24	51	160.040	9.00
				60～90	24.15	75	159.808	8.99
				小计			362.136	20.37
	砂岩（N_2）			25～40	93.5	37	204.746	11.52
				40～60	136	46	157.344	8.85
				小计			362.090	20.36

续表

构造分区	热储类型	地热田名称及代号（统一编号）	行政区域及亚区编号	温度分区/℃	热储厚度/m	热储温度/℃	分区面积/km²	分区面积占地热田比例/%
大同沉积盆地	变质岩（Ar）	毛家皂断凸地热田（Ⅰ$_2$）（T—SX02）	怀仁县（Ⅰ$_{2-3}$）	25～40	23	36	550.338	30.95
				40～60	24.2	50	242.816	13.66
				60～90	24.15	70	61.190	3.44
				小计			854.344	48.05
	砂岩（N_2）			25～40	54.4	33	806.151	45.34
				40～60	85	45	48.256	2.71
				小计			854.407	48.05
			应县（Ⅰ$_{2-4}$）	25～40	24	32	107.931	6.07
	砂岩（N_2）			25～40	34	29	107.571	6.05
	变质岩（Ar）		山阴县（Ⅰ$_{2-5}$）	25～40	24	33	183.067	10.30
	砂岩（N_2）			25～40	42.5	29	182.565	10.27
	砂岩（N_2）		Ar（Ⅰ$_2$）	合计			1778.052	35.36
			N_2（Ⅰ$_2$）	合计			1777.218	35.35
			Ar+N_2	总计			1778.052	8.21
	变质岩（Ar）	山阴断阶地热田（Ⅰ$_3$）（T—SX03）	应县（Ⅰ$_{3-1}$）	25～40	24	37	102.994	17.43
				40～60	24	43	117.458	19.87
				小计			220.452	37.30
	变质岩（Ar）			25～40	82.5	33	220.803	37.36
	变质岩（Ar）		山阴县（Ⅰ$_{3-2}$）	25～40	24	37	116.991	19.79
	变质岩（Ar）			40～60	24	43	117.187	19.83
	变质岩（Ar）			小计			234.178	39.62
	砂岩（N_2）			25～40	82.5	33	234.675	39.70
	变质岩（Ar）		朔城区（Ⅰ$_{3-3}$）	25～40	24	37	52.704	8.92
				40～60	24	43	82.877	14.02
	变质岩（Ar）			小计			135.581	22.94
	砂岩（N_2）			25～40	82.5	33	135.570	22.94
	砂岩（N_2）		Ar（Ⅰ$_3$）	合计			590.211	11.74
	变质岩（Ar）		N_2（Ⅰ$_3$）	合计			591.048	11.75
	变质岩（Ar）		Ar+N_2	总计			591.048	2.73
	砂岩（N_2）	马营庄断凹地热田（Ⅰ$_4$）（T—SX04）	应县（Ⅰ$_{4-1}$）	25～40	85	38	94.854	9.19
				40～60	238	50	296.534	28.73
				60～90	408	62	9.614	0.93
	砂岩（N_2）			小计			401.002	38.86
	砂岩（N_2）		山阴县（Ⅰ$_{4-2}$）	25～40	102	38	35.899	3.48
				40～60	238	50	242.140	23.46
				60～90	408	62	148.725	14.41
	砂岩（N_2）			小计			426.764	41.35
	砂岩（N_2）		朔城区（Ⅰ$_{4-3}$）	25～40	136	38	51.805	5.02
				40～60	238	50	152.424	14.77
				小计			204.229	19.79
	砂岩（N_2）		Ⅰ$_4$	总计			1031.995	4.77
	灰岩（O_2）	朔州断凸地热田（Ⅰ$_5$）（T—SX05）	朔城区（Ⅰ$_5$）	25～40	260	31	846.210	3.91
大同沉积盆地合计							5028.899	100

该地热田内共调查28眼地热井，其中大同市天镇县19眼、阳高县6眼、云州区1眼、朔州市朔城区2眼。地热井出口水温一般为25～45℃，局部达到60℃和101℃，最高达104℃。属“温水”“温热水”低温地热资源，局部已属于中温地热资源。其中Ⅰ$_1$区地热田有地热井25眼，单井涌水量一般为45～60m^3/h，少数达到75m^3/h；Ⅰ$_2$区地热田有地热井1眼，单井涌水量为35m^3/h；Ⅰ$_3$、Ⅰ$_4$区地热田无开发地热井，

I_5区地热田有2眼地热井，单井涌水量为8～25m^3/h，最高达100m^3/h；该热田属于“低温地热资源”分布区，局部属于“中温地热资源”分布区，见表4-4-2。现将各地热田分布及特征叙述如下。

表 4-4-2　山西省大同盆地地热田地热井统计表

序号	地热田名称	调查地热井/个	温度/℃			流量/(m^3·h^{-1})		
			最高	最低	平均	最高	最低	平均
1	天镇—阳高裂陷地热田	25	104	28.7	45	75	30	59
2	毛家皂断凸地热田	1	41	41	41	75	75	75
3	山阴断阶地热田	0	—	—	—	—	—	—
4	马营庄断凹地热田	0	—	—	—	—	—	—
5	朔州断凸地热田	2	25	21.9	23.4	100	8	54
合计		28	104	28.7	36.5	100	30	62.7

注：“—”表示无此数据。

根据地热田所属行政区划和热储中部温度划分地热计算分区。

1.天镇—阳高裂陷地热田（I_1）

该地热田南部以郑庄—山阴断层的延伸断裂南河堡—张西河断裂为界，北部以云门山山前大断裂为界，西部边界为聚乐堡—谢家屯隐伏断裂，东部以山西与河北行政区划为界，本区盖层为第四系和新近系（Q+N）地层，厚180～290m，热储层为N_2砂岩和Ar变质岩，其中N_2热储层厚度为70～80m，Ar变质岩热储层厚度150m左右，岩性为太古宇片麻岩，风化带和构造破碎带裂隙发育，断裂破碎带构成地下热水带。该热田主要分布于大同市天镇县和阳高县，热田面积为781.594km^2，划分为14个地热计算分区。

2.毛家皂断凸地热田（I_2）

该地热田与怀仁断凹相邻，形状相似，呈平行四边形分布；大同—怀仁断裂为该断凸和断凹的共同边界，与郑庄—山阴断裂共同控制该断凸，地热田东北部以冲积平原区花园屯—堡村为边界。本区盖层为第四系和新近系（Q+N）地层，厚50～300m，热储层为N_2砂岩和Ar变质岩，其中N_2热储厚度为200～800m，Ar变质岩热储厚度为105～120m，岩性为太古宇片麻岩，风化带和构造破碎带裂隙发育，断裂破碎带构成地下热水带。该热田主要分布于大同市云州区、云冈区和朔州市的怀仁市、应县，热田面积为1778.052km^2，划分为18个地热计算分区。

3.山阴断阶地热田（I_3）

该地热田位于桑干河新裂陷的南侧，南以东后子口—豆庄断裂为界，北以郑庄—山阴断裂以界，东以北曹山—义田断裂为界，西以马邑—芦家坝断裂为界。本区盖层为第四系和新近系（Q+N）地层，厚70～750m，热储层为N_2砂岩和Ar变质岩，其中N_2热储厚度为550m左右，Ar变质岩热储层厚度为120m左右，岩性为太古宇片麻岩，风化带和构造破碎带裂隙发育，断裂破碎带构成地下热水带。该热田主要分布于朔州市的山阴县、应县和朔城区，热田面积为591.048km^2，划分为9个地热计算分区。

4.马营庄断凹地热田（I_4）

该地热田与马营庄断阶相邻，东、西部与马营庄断阶共界，南部以恒山山前断裂南榆林—北曹山段为界，面积约1031.18km^2。新生界厚达3500m，是裂陷内新生界厚度最大的一个断凹。并且该断凹与马营庄断阶构成一菱形断凹，为裂陷内的主体沉降部位。本区盖层为新生界松散层，厚400～500m，热储层为N_2砂岩，其中N_2热储厚度500～2400m，新近系未胶结砂岩，孔隙发育，其上覆第四系为良好的阻水隔热层，构成良好的盖层。该地热田主要分布于朔州市的山阴县、应县和朔城区，热田面积为1031.995km^2，划分为8个地热计算分区。

5.朔州断凸地热田（I_5）

该地热田位于朔城区境内，东侧以马邑—芦家坝断裂马营庄断凹分界，西部以平鲁—宁武向斜翼部为界，北侧以地上—峙峪断裂为界，本区盖层地质时代一般为Q+N+T+P+C地层，厚350m左右，热储层为奥陶系灰岩，热储厚度约400m，岩性以白云岩及白云质石灰岩为主，岩溶裂隙发育，其上覆盖层地层，具有良好的阻水隔热性能，构成该热田的良好盖层，使热量不易散失。该热田主要分布于朔州市的朔城区，热田面积在846.210km^2，划分为1个地热计算分区。

（二）忻州盆地地热田（Ⅱ）

忻州盆地地热田主要受边山断裂所控制，盆地内发育着与盆地边缘断裂相平行、垂直或斜交的隐伏断（阶）块并将盆地基底切割成许多块段，由于断裂构造不断发育和不均匀下沉，致使盆地内形成次一级隆起与凹陷，这些断裂将盆地切割成许多小块地热田。该地热田热储层主要为五台群（As）、滹沱群（H）变质岩，变质岩顶板标高370～720m，变质岩热储盖层为第四系、新近系松散层，盖层厚度一般在180～400m，忻州盆地地热田地质模型见图4-4-1。

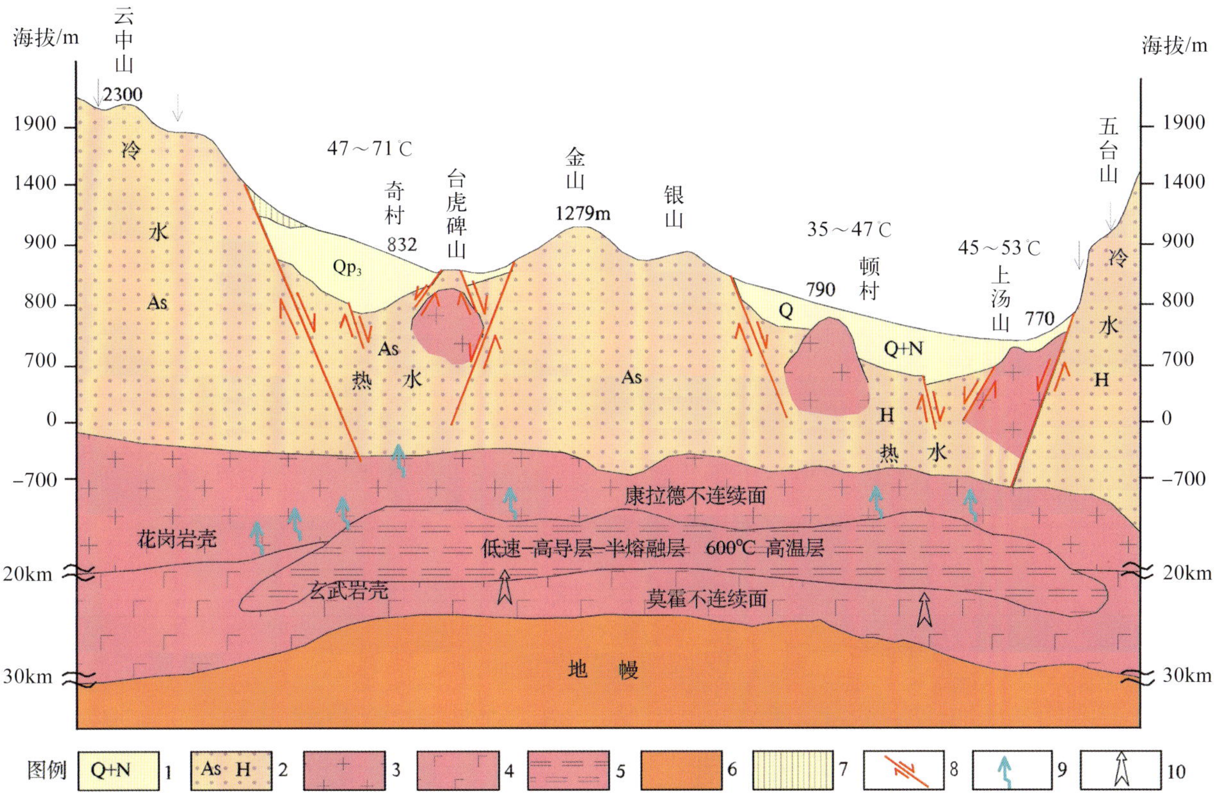

图4-4-1　山西省忻州盆地地热田地质模型示意图

（据山西省地质调查院马汉田等，《山西省地热资源现状调查评价与区划报告》，2015年6月）

1—第四系及新近系松散岩类地层；2—五台群（As）及滹沱群（H）变质岩；3—花岗岩；4—玄武岩；5—热传导层；6—地幔；7—第四系黄土；8—正断层；9—热水运移方向；10—地热能运移方向

根据地热田所处构造部位、地层及温度场分布的差异性，将忻州盆地地热田划分为：大营地热田（$Ⅱ_1$）、奇村地热田（$Ⅱ_2$）、顿村地热田（$Ⅱ_3$）、汤头地热田（$Ⅱ_4$）、忻州地热田（$Ⅱ_5$），地热田总面积为1458.232km^2，地热田划分及地热计算分区见表4-4-3。

该地热田内共调查31眼地热井，其中忻州市原平市6眼、忻府区20眼、定襄县5眼。地热井口水温一般为35.4～55.8℃，局部达58℃，最高达60℃，属“温热水”低温地热资源。其中$Ⅱ_1$区地热田有地热井6眼，单井涌水量一般20～60m^3/h；$Ⅱ_2$区地热田有地热井11眼，单井涌水量20～50m^3/h；$Ⅱ_3$地热田有地热井9眼，单井涌水量35～50m^3/h；$Ⅱ_4$地热田有地热井5眼，单井涌水量20～45m^3/h，$Ⅱ_4$地热田有自流井1眼，位于忻州市定襄县受禄乡上汤头村东南，野外编号为JSX38（DX2），自流量25m^3/h。该热田属于“低温地热资源”分布区，见表4-4-4。现将各地热田分布及特征叙述如下。

表 4-4-3　山西省忻州盆地地热田计算分区说明表

构造分区	热储类型	地热田名称及代号（统一编号）	行政区域及亚区编号	温度分区/℃	热储厚度/m	热储温度/℃	分区面积/km^2	分区面积占地热田比例/%
忻州沉积盆地	变质岩（As、H）	大营地热田（$Ⅱ_1$）（T—SX06）	原平市（$Ⅱ_{1-1}$）	25～40	37.5	34	185.838	71.02
				40～60	37.5	50	48.839	18.66
				60～90	37.5	63	26.994	10.32
				小计			261.670	17.94
		奇村地热田（$Ⅱ_2$）（T—SX07）	原平市（$Ⅱ_{2-1}$）	60～90	37.5	70	13.496	7.12
			忻府区（$Ⅱ_{2-2}$）	40～60	37.5	55	94.147	49.66
				60～90	37.5	70	81.951	43.22
				小计			176.098	92.88
			$Ⅱ_2$	合计			189.595	13.00
	侵入岩（r）及变质岩（As）	顿村地热田（$Ⅱ_3$）（T—SX08）	忻府区（$Ⅱ_{3-1}$）	25～40	37.5	32	138.589	41.03
				40～60	37.5	49	199.202	58.97
				小计			337.792	23.16
	变质岩（As、H）	汤头地热田 $Ⅱ_4$（T—SX09）	定襄县（$Ⅱ_{4-1}$）	60～90	37.5	61	60.059	59.34
			忻府区（$Ⅱ_{4-2}$）	60～90	37.5	61	41.159	40.66
			$Ⅱ_4$	合计			101.219	6.94
		忻州地热田（$Ⅱ_5$）（T—SX10）	定襄县（$Ⅱ_{5-1}$）	25～40	37.5	36	95.622	16.84
				40～60	37.5	50	235.349	41.44
				60～90	37.5	62	45.217	7.96
				小计			376.188	66.24
			忻府区（$Ⅱ_{5-2}$）	40～60	37.5	50	191.768	33.76
				小计			191.768	33.76
			$Ⅱ_5$	合计			567.956	38.95
	总计						1458.232	100

表 4-4-4　山西省忻州盆地地热田地热井统计表

序号	地热田	调查地热井/眼	温度/℃			流量/（m^3·h^{-1}）		
			最高	最低	平均	最高	最低	平均
1	大营地热田	6	55.8	42	44.7	60	20	48
2	奇村地热田	11	60	43.2	51	50	20	36
3	顿村地热田	9	42.3	35.6	38.7	35	50	45
4	汤头地热田	5	58	43	50.5	20	45	32
5	忻州地热田	0	—	—	—	—	—	—
合计		31	60	35.6	46.2	60	20	40

注："—"表示无此数据。

1.大营地热田（$Ⅱ_1$）

该地热田西部受云中山大断裂控制，东部受五台山边山大断裂控制，北部与北北西隐伏断裂搭接，南部以施家野—大林基底隐伏北北东断裂为界。本区盖层为第四系和新近系地层，厚300m，热储层为五台群（As）变质岩（w），热储厚度150m左右，风化带和构造破碎带裂隙发育，断裂破碎带构成地下热水带。该地热田主要分布于原平市，热田面积为261.670km^2，划分为3个地热计算分区。

2.奇村地热田（$Ⅱ_2$）

该地热田南部受云中边山大断裂控制，东部受金山、银山边山断裂制约，北部与扬胡北北东向断裂接壤，南部与西边山断裂搭接。本区盖层为第四系和新近系地层，厚180m，热储层为五台群（As）变质岩（w），热储厚度为150m左右，风化带和构造破碎带裂隙发育，断裂破碎带构成地下热水带。该热田主要分布于原平市和忻府区，热田面积为189.595km^2，划分为3个地热计算分区。

3.顿村地热田（Ⅱ$_3$）

该地热田西北部受金山、银山边山断裂控制，西南部受云中山边山断裂控制，东部受忻州以东SN向隐伏断裂制约，呈三角形展布。本区盖层为第四系和新近系（Q+N）地层，厚200m，热储层为五台群（As）及滹沱群（H_1d）变质岩，变质岩热储厚度150m左右，风化带和构造破碎带裂隙发育，断裂破碎带构成地下热水带。该热田主要分布于忻州市忻府区，热田面积达337.792km^2，划分为2个地热计算分区。

4.汤头地热田（Ⅱ$_4$）

该地热田受岩浆岩类粗粒花岗侵入岩控制，地热田呈椭园状偏东向延伸，地理上沿滹沱河以东汤头—受绿—高村展布。本区盖层为第四系和新近系地层，厚300m，热储层为滹沱群（H）、五台群（As）变质岩，变质岩热储厚度150m左右，风化带和构造破碎带裂隙发育，断裂破碎带构成地下热水带。该热田主要分布于忻州市定襄县和忻府区，热田面积为101.219km^2，划分为2个地热计算分区。

5.忻州地热田（Ⅱ$_5$）

地热田南部边界受系舟山边山断裂控制，北部与Ⅱ$_4$热田汤头侵入岩搭接，西部与Ⅱ$_3$热田隐伏断裂接壤，东部受王进—横山北北西向隐伏断裂控制。本区盖层为第四系和新近系地层，厚300～400m，热储层为滹沱群（H）、五台群（As）变质岩，变质岩热储厚度150m左右，风化带和构造破碎带裂隙发育，断裂破碎带构成地下热水带。该热田主要分布于忻州市定襄县和忻府区，热田面积567.956km^2，划分为4个地热计算分区。

（三）太原盆地地热田（Ⅲ）

太原新裂陷盆地地热异常区以西边山大断裂为西界，东部以东边山大断裂为界，北边以三给地垒南边为界，南边以三泉、东许断裂为界。该热田热储分别为二叠系、三叠系砂岩、新近系未胶结砂岩及奥陶系灰岩热储，二叠系和三叠系砂岩顶板标高-1230～-665m，盆地区新近系砂岩顶板标高205～330m，奥陶系顶板标高-1752～650m，太原盆地地热田地质模型见图4-4-2。

根据热储层、地温场分布情况及所处的构造部位的不同，将太原盆地地热田从北到南划分为11处地热田，总面积为4932.824km^2，地热田划分及地热计算分区见表4-4-5。

该地热田内共调查28眼地热井（表4-4-6），其中太原市分布13眼、晋中市太谷区1眼、平遥县4眼、祁县4眼、榆次区4眼、灵石县2眼。地热井出口水温一般31～58℃，局部达到63℃甚至75℃，最高81℃。属“温水”“温热水”“热水”低温地热资源。Ⅲ$_3$地热田有地热井2眼，地热井单井涌水量分别为30m^3/h（野外编号Ty_7）、120m^3/h（野外编号Ty_8）；Ⅲ$_4$区有地热井4眼，单井涌水量60～70m^3/h，局部单井涌水量可达250m^3/h；Ⅲ$_5$区有地热井4眼，单井涌水量60～80m^3/h，局部单井涌水量105m^3/h；Ⅲ$_7$区有地热井2眼，单井涌水量40～55m^3/h；Ⅲ$_{8b}$区有地热井3眼，单井涌水量30～45m^3/h，有自流井1眼；Ⅲ$_{8c}$区有地热井3眼，单井涌水量30～40m^3/h；Ⅲ$_9$区有地热井2眼，单井涌水量40～50m^3/h；Ⅲ$_{10}$区有地热井3眼，单井涌水量30～45m^3/h；Ⅲ$_{11}$区有地热井2眼，单井涌水量30～50m^3/h；太原盆地内地热自流井有4眼，分别位于Ⅲ$_4$区地热井（编号为JSX_{71}，野外编号TY_2）和（编号JSX_{74}，野外编号TY_1）；位于Ⅲ$_5$区地热井（编号为JSX_{80}，野外编号TY_{13}），位于Ⅲ$_{8B}$区地热井（编号为JSX_{99}，野外编号PY_2）。该热田属于“低温地热资源”分布区，现将各地热田分布及特征叙述如下：

1.太原城区凹陷地热田（Ⅲ$_1$）

本区盖层地质时代一般为Q+N+T+P+C地层，厚1200m左右，热储层为奥陶系灰岩，热储厚度约540m，岩性以白云岩及白云质石灰岩为主，岩溶裂隙发育，其上覆盖地层具有良好的阻水隔热性能，构成该热田的良好盖层，使热量不易散失。该热田主要分布于太原市的尖草坪区、万柏林区、杏花岭区和迎泽区，热田面积25.20km^2，划分为4个地热计算分区。

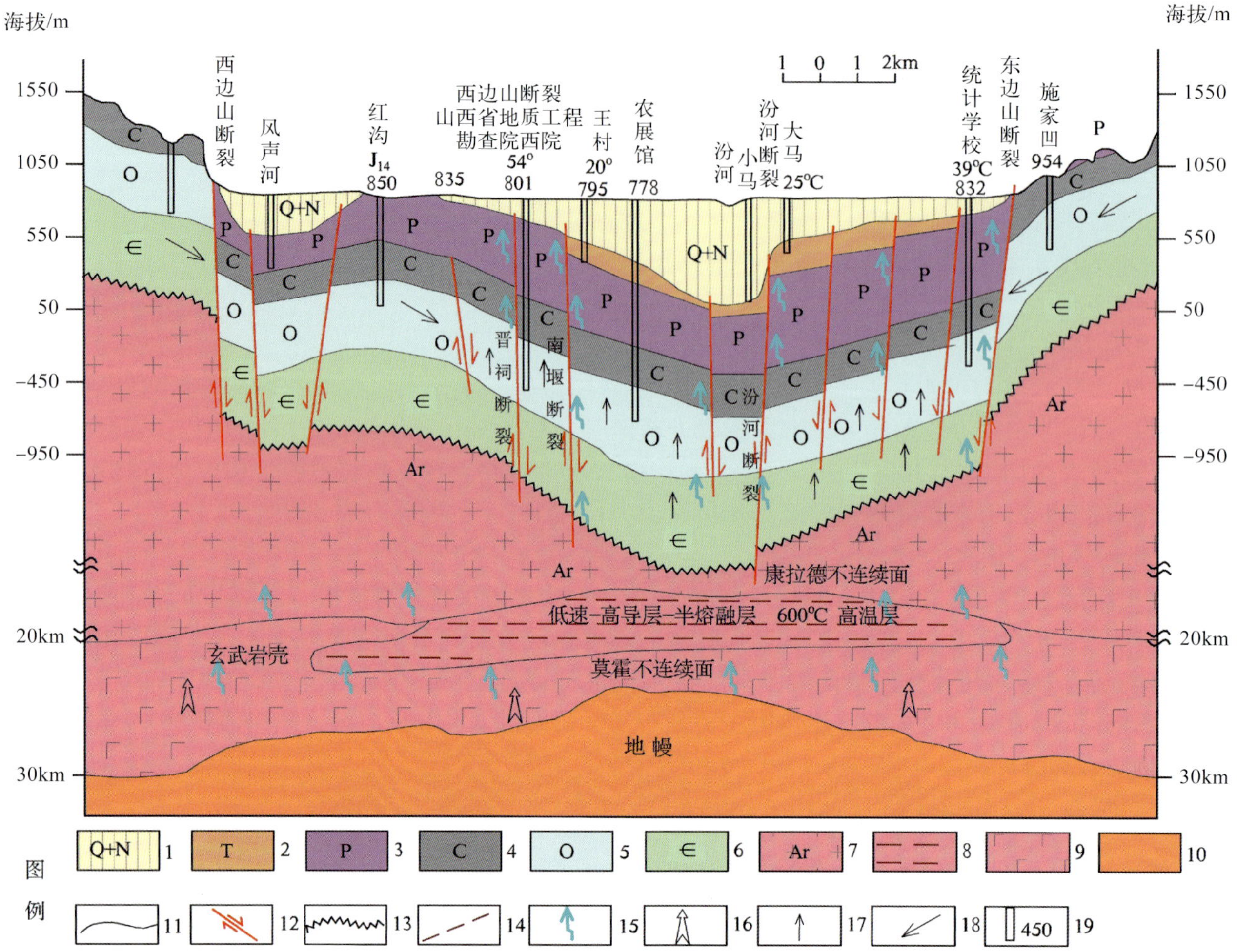

图4-4-2 山西省太原盆地地热田地质模型示意图

（据山西省地质调查院马汉田等，《山西省地热资源现状调查评价与区划报告》，2015年6月）

1—第四系及新近系松散岩类；2—三叠系；3—二叠系；4—石炭系；5—奥陶系；6—寒武系；7—太古宇；8—热传导层；9—玄武岩；10—地幔；11—地质界线；12—正断层；13—地层不整合面；14—不连续面；15—热流运移方向；16—热源传递方向；17—地下热水运移方向；18—冷水运移方向；19—热水井

表 4-4-5 山西省太原盆地地热田计算分区说明表

构造分区	热储类型	地热田名称及代号（统一编号）	行政区域及亚区编号	温度分区/℃	热储厚度/m	热储温度/℃	分区面积/km^2	分区面积占地热田比例/%
太原沉积盆地	灰岩（O_2）	太原城区凹陷地热田（Ⅲ$_1$）（T—SX11）	尖草坪区（Ⅲ$_{1-1}$）	40～60	334.8	55	5.921	23.50
			杏花岭区（Ⅲ$_{1-2}$）	40～60	334.8	55	7.315	29.03
			万柏林区（Ⅲ$_{1-3}$）	40～60	334.8	55	6.904	27.40
			迎泽区（Ⅲ$_{1-4}$）	40～60	334.8	55	5.060	20.08
			Ⅲ$_1$	合计			25.200	0.51
		西铭断阶地热田（Ⅲ$_2$）（T—SX12）	尖草坪区（Ⅲ$_{2-1}$）	40～60	334.8	53	2.286	5.36
			万柏林区（Ⅲ$_{2-2}$）	25～40	334.8	35	6.007	14.08
				40～60	334.8	53	34.358	80.56
				小计			40.366	94.64
			Ⅲ$_2$	合计			42.652	0.86
		城东断阶地热田（Ⅲ$_3$）（T—SX13）	杏花岭区（Ⅲ$_{3-1}$）	25～40	334.8	35	9.399	28.15
				40～60	334.8	45	14.759	44.21
				小计			24.157	72.37

续表

构造分区	热储类型	地热田名称及代号（统一编号）	行政区域及亚区编号	温度分区/℃	热储厚度/m	热储温度/℃	分区面积/km^2	分区面积占地热田比例/%
太原沉积盆地	灰岩（O_2）	城东断阶地热田（Ⅲ$_3$）（T—SX13）	迎泽区（Ⅲ$_{3-2}$）	25～40	334.8	39	2.002	6.00
				40～60	334.8	46	7.223	21.64
				小计			9.225	27.63
			Ⅲ$_3$	合计			33.382	0.68
		亲贤地垒地热田（Ⅲ$_4$）（T—SX14）	迎泽区（Ⅲ$_{4-1}$）	25～40	351	36	8.196	13.57
				40～60	351	50	17.340	28.72
				60～90	351	65	3.009	4.98
				小 计			28.545	47.27
			万柏林区（Ⅲ$_{4-2}$）	60～90	351	65	12.130	20.09
			小店区（Ⅲ$_{4-3}$）	25～40	351	36	2.534	4.20
				40～60	351	50	7.958	13.18
				60～90	351	62	9.216	15.26
				小 计			19.708	32.64
			Ⅲ$_4$	合 计			60.383	1.22
		西边山断阶地热田（Ⅲ$_5$）（T—SX15）	万柏林区（Ⅲ$_{5-1}$）	40～60	334.8	52	13.610	18.97
			晋源区（Ⅲ$_{5-2}$）	40～60	334.8	50	28.832	40.18
			清徐县（Ⅲ$_{5-3}$）	40～60	334.8	50	10.550	14.70
			交城县（Ⅲ$_{5-4}$）	40～60	334.8	50	18.763	26.15
			Ⅲ$_5$	合 计			71.754	1.45
		晋源凹陷地热田（Ⅲ$_6$）（T—SX16）	小店区（Ⅲ$_{6-1}$）	60～90	334.8	65	11.217	10.21
			晋源区（Ⅲ$_{6-2}$）	60～90	334.8	65	93.534	85.18
			小店区（Ⅲ$_{6-3}$）	60～90	334.8	65	5.059	4.61
			Ⅲ$_6$	合 计			109.809	2.23
		黄陵西温庄隆起地热田（Ⅲ$_7$）（T—SX17）	小店区（Ⅲ$_{7-1}$）	25～40	334.8	36	18.013	17.53
				40～60	334.8	50	59.040	57.45
				60～90	334.8	62	25.718	25.02
			Ⅲ$_7$	合 计			102.771	2.08
	砂岩（N_2）	清交凹陷区地热田（Ⅲ$_{8a}$）（T—SX18）	晋源区（Ⅲ$_{8a-1}$）	40～60	414	45	18.925	2.31
			小店区（Ⅲ$_{8a-2}$）	40～60	414	45	117.705	14.35
			清徐县（Ⅲ$_{8a-3}$）	40～60	441	48	316.908	38.65
			交城县（Ⅲ$_{8a-4}$）	40～60	396	47	90.966	11.09
			文水县（Ⅲ$_{8a-5}$）	40～60	342	48	260.789	31.80
			汾阳市（Ⅲ$_{8a-6}$）	40～60	315	46	14.676	1.79
			Ⅲ$_{8a}$	合 计			819.969	16.62
	砂岩（P、T）	清交凹陷区地热田（Ⅲ$_{8b}$）（T—SX19）	小店区（Ⅲ$_{8b-1}$）	40～60	860	57	19.295	1.45
				60～90	860	67	11.814	0.89
				小 计			31.109	2.34
			榆次区（Ⅲ$_{8b-2}$）	40～60	860	58	16.488	1.24
				60～90	860	68	101.708	7.66
				小 计			118.197	8.90
			清徐县（Ⅲ$_{8b-3}$）	40～60	760	58	53.676	4.04
				60～90	1000	67	55.125	4.15
				小 计			108.801	8.20
			太谷区（Ⅲ$_{8b-4}$）	60～90	1060	70	22.783	1.72
			祁县（Ⅲ8$_{b-5}$）	40～60	860	58	18.283	1.38
				60～90	860	65	74.467	5.61
				小计			92.751	6.99
			文水县（Ⅲ$_{8b-6}$）	40～60	800	55	132.041	9.95
				60～90	800	62	33.304	2.51
				小计			165.346	12.46

续表

构造分区	热储类型	地热田名称及代号（统一编号）	行政区域及亚区编号	温度分区/℃	热储厚度/m	热储温度/℃	分区面积/km²	分区面积占地热田比例/%
太原沉积盆地	砂岩（P、T）	清交凹陷区地热田（Ⅲ$_{8b}$）（T—SX19）	交城县（Ⅲ$_{8b-7}$）	40～60	600	50	27.559	2.08
			文水县（Ⅲ$_{8b-8}$）	40～60	600	50	87.861	6.62
			汾阳县（Ⅲ$_{8b-9}$）	40～60	600	52	169.685	12.78
				60～90	600	62	48.151	3.63
				小计			217.836	16.41
			平遥县（Ⅲ$_{8b-10}$）	40～60	860	55	109.238	8.23
				60～90	860	70	165.016	12.43
				小计			274.254	20.66
			孝义市（Ⅲ$_{8b-11}$）	60～90	600	70	27.603	2.08
			介休市（Ⅲ$_{8b-12}$）	40～60	600	56	5.804	0.44
				60～90	600	73	147.508	11.11
				小计			153.312	11.55
			Ⅲ$_{8b}$	20.000			1327.411	26.91
	灰岩（O_2）	清交凹陷区地热田（Ⅲ$_{8c}$）（T—SX20）	榆次区（Ⅲ$_{8c-1}$）	>90	372	95	165.072	27.92
			太谷区（Ⅲ$_{8c-2}$）	>90	372	93	97.344	16.46
			祁县（Ⅲ8$_{c-3}$）	60～90	372	80	79.192	13.39
				>90	372	91	62.577	10.58
				小计			141.769	23.98
			平遥县（Ⅲ$_{8c-4}$）	60～90	372	85	15.654	2.65
				>90	372	95	120.823	20.43
				小计			136.478	23.08
			介休市（Ⅲ$_{8c-5}$）	>90	372	95	50.623	8.56
			Ⅲ$_{8c}$	合计			591.286	11.99
		榆次东部地热田（Ⅲ$_9$）（T—SX21）	榆次区（Ⅲ$_9$）	60～90	372	75	114.869	2.33
		侯城—平遥断凹地热田（Ⅲ$_{10}$）（T—SX22）	榆次区（Ⅲ$_{10-1}$）	60～90	372	80	37.616	3.40
			太谷区（Ⅲ$_{10-2}$）	60～90	372	76	284.923	25.72
			祁县（Ⅲ$_{10-3}$）	60～90	372	82	190.477	17.20
			平遥县（Ⅲ$_{10-4}$）	60～90	372	75	324.050	29.26
			介休市（Ⅲ$_{10-5}$）	60～90	372	75	250.796	22.64
			灵石县（Ⅲ$_{10-6}$）	60～90	372	65	19.745	1.78
			Ⅲ$_{10}$	合计			1107.609	22.45
		孝义东部断阶地热田（Ⅲ$_{11}$）（T—SX23）	汾阳市（Ⅲ$_{11-1}$）	60～90	334.8	73	194.566	37.01
			孝义市（Ⅲ$_{11-2}$）	60～90	334.8	74	168.311	32.01
			介休市（Ⅲ$_{11-3}$）	40～60	334.8	55	6.218	1.18
				60～90	334.8	68	32.523	6.19
				小计			38.740	7.37
			灵石县（Ⅲ$_{11-4}$）	25～40	334.8	35	32.665	6.21
				40～60	334.8	50	91.446	17.39
				小计			124.111	23.61
			Ⅲ$_{11}$	合计			525.729	10.66
太原沉积盆地总计					335～1060	39～95	4932.824	100

表 4-4-6　山西省太原盆地地热田地热井统计表

序号	地热田名称	调查地热井/眼	温度/℃			流量/（$m^3 \cdot h^{-1}$）		
			最高	最低	平均	最高	最低	平均
1	太原城区凹陷地热田	0	—	—	—	—	—	—
2	西铭断阶地热田	0	—	—	—	—	—	—
3	城东断阶地热田	2	33	32	32.5	120	30	75
4	亲贤地垒地热田	4	63	45	54.5	250	65	112.75

续表

序号	地热田名称	调查地热井/眼	温度/℃			流量/($m^3 \cdot h^{-1}$)		
			最高	最低	平均	最高	最低	平均
5	西边山断阶地热	4	54	25	41.25	105	60	83.2
6	晋源凹陷地热田	0	—	—	—	—	—	—
7	黄陵西温庄隆起地热田	2	33	32	32.5	55	40	47.5
8	清交凹陷区地热田（a）	0	—	—	—	—	—	—
9	清交凹陷区地热田（b）	3	54	50	52.3	45	30	35
10	清交凹陷区地热田（c）	3	81	30	62	40	31	37
11	榆次东部地热田	2	58	58	58	50	40	45
12	侯城—平遥断凹地热田	6	50	28．8	39	50	30	41
13	孝义东部断阶地热田	2	42	40	41	50	45	47.5
合计		28	63	25	58.9	250	30	58.2

注："—"表示无此数据。

2.西铭断阶地热田（$Ⅲ_2$）

本区盖层地质时代一般为Q+N+T+P+C地层，厚约750m，热储层为奥陶系灰岩，热储厚度约540m，岩性以白云岩及白云质石灰岩为主，岩溶裂隙发育，其上覆盖地层具有良好的阻水隔热性能，构成该地热田的良好盖层，使热量不易散失。该热田主要分布于太原市的尖草坪区、万柏林区，热田面积为42.652km²，划分为3个地热计算分区。

3.太原城东断阶地热田（$Ⅲ_3$）

本区盖层地质时代一般为Q+N+T+P+C地层，厚约1100m，热储层为奥陶系灰岩，热储厚度约540m，岩性以白云岩及白云质石灰岩为主，岩溶裂隙发育，其上覆盖地层具有良好的阻水隔热性能，构成该热田的良好盖层，使热量不易散失。该热田主要分布于太原市的杏花岭区和迎泽区，热田面积为33.382km²，划分为4个地热计算分区。

4.亲贤地垒地热田（$Ⅲ_4$）

本区盖层地质时代一般为Q+N+T+P+C地层，厚约1000m，热储层为奥陶系灰岩，热储厚度约540m，岩性以白云岩及白云质石灰岩为主，岩溶裂隙发育，其上覆盖地层具有良好的阻水隔热性能，构成该热田的良好盖层，使热量不易散失。该热田主要分布于太原市的小店区、万柏林区和迎泽区，热田面积为60.383km²，划分为7个地热计算分区。

5.西边山断阶地热田（$Ⅲ_5$）

本区盖层地质时代一般为Q+N+T+P+C地层，厚150～500m，热储层为奥陶系灰岩，热储厚度约540m，岩性以白云岩及白云质石灰岩为主，岩溶裂隙发育，其上覆盖层地层具有良好的阻水隔热性能，构成该热田的良好盖层，使热量不易散失。该热田主要分布于太原市的万柏林区、晋源区、小店区和吕梁市交城县，热田面积为71.754km²，划分为4个地热计算分区。

6.晋源凹陷地热田（$Ⅲ_6$）

本区盖层地质时代一般为Q+N+T+P+C地层，厚约2400m，热储层为奥陶系灰岩，热储厚度约540m，岩性以白云岩及白云质石灰岩为主，岩溶裂隙发育，其上覆盖地层具有良好的阻水隔热性能，构成该热田的良好盖层，使热量不易散失。该热田主要分布于太原市晋源区、小店区，热田面积达109.809km²，划分为3个地热计算分区。

7.黄陵断阶地热田（$Ⅲ_7$）

本区盖层地质时代一般为Q+N+T+P+C地层，厚约1700m，热储层为奥陶系灰岩，热储厚度约540m，岩性以白云岩及白云质石灰岩为主，岩溶裂隙发育，其上覆盖地层具有良好的阻水隔热性能，构成该热田的良好盖层，使热量不易散失。该热田主要分布于太原市小店区，热田面积达102.771km²，划分为3个地热计算分区。

8.清交凹陷区地热田（$Ⅲ_{8}$）

该地热田西部以西边山断裂为界，北边以田庄断层为界，东边以净化—祁县—东阳断裂为界，南边以宏寺—大堡及郑家营断裂为界。该区地热田面积达2737.666km²，该区根据松散层厚度（开采难度）划分为3个亚区。

（1）西谷—大象断凹地热田（$Ⅲ_{8a}$）

该区为清交凹陷内松散层厚度>2200m区域，最厚处3800m。二叠系、三叠系砂岩热储层及奥陶系灰岩热储层由于埋深大，开发成本高，暂时不予考虑，只考虑新近系保德组N_2砂岩热储层，本区盖层为新生界松散层，厚450～550m，热储层为N_2砂岩，其中N_2热储厚度1750～2450m，新近系未胶结砂岩，孔隙发育，其上覆第四系为良好的阻水隔热层，构成良好的盖层。该热田主要分布在太原市晋源区、小店区、清徐县和吕梁市交城县、文水县、汾阳市，热田面积为819.969km²，划分为6个地热计算分区。

（2）清交凹陷区地热田（$Ⅲ_{8b}$）

该区为清交凹陷内松散层厚度在1000～2200m之间。考虑到新近系保德组砂岩热储层由于埋深浅，水温预测低；奥陶系灰岩热储层由于埋深大、开发成本高，均暂时不予考虑，只考虑二叠系、三叠系砂岩热储层。本区盖层为新生界松散层，厚700～2000m，热储层为P+T砂岩，热储厚度1500～2650m，其上覆第四系和新近系地层为良好的阻水隔热层，构成良好的盖层。该热田主要分布在太原市小店区、清徐县，吕梁市交城县、文水县、汾阳市、孝义市和晋中市榆次区、太谷区、介休市、平遥县，热田面积在1324.411km²，划分为20个地热计算分区。

（3）太谷断凸地热田（$Ⅲ_{8c}$）

该区为清交凹陷内松散层厚度<1000m的区域，考虑到新近系保德组砂岩热储层及二叠系、三叠系砂岩热储层埋深浅，水温低，暂时不予考虑，只考虑奥陶系灰岩热储层。本区盖层地质时代一般为Q+N+T+P+C地层，厚2200～2500m左右，热储层为奥陶系灰岩，热储厚度约600m，岩性以白云岩及白云质石灰岩为主，岩溶裂隙发育，其上覆盖地层具有良好的阻水隔热性能，构成该地热田的良好盖层，使热量不易散失。该热田主要分布于晋中市榆次区、太谷区、祁县、平遥县和介休市，热田面积在591.286km²，划分为7个地热计算分区。

9.榆次东部断阶地热田（$Ⅲ_{9}$）

本区盖层地质时代一般为Q+N+T+P+C地层，厚2200m左右，热储层为奥陶系灰岩，热储厚度约600m，岩性以白云岩及白云质石灰岩为主，岩溶裂隙发育，其上覆盖地层具有良好的阻水隔热性能，构成该地热田的良好盖层，使热量不易散失。该热田主要分布于晋中市榆次区，热田面积为114.869km²，划分为一个地热计算分区。

10.侯城—平遥断凹地热田（$Ⅲ_{10}$）

本区盖层地质时代一般为Q+N+T+P+C地层，厚1700～2200m，热储层为奥陶系灰岩，热储厚度约600m，岩性以白云岩及白云质石灰岩为主，岩溶裂隙发育，其上覆盖地层具有良好的阻水隔热性能，构成该地热田的良好盖层，使热量不易散失。该热田主要分布于晋中市榆次区、太谷区、祁县、平遥县、介休市和灵石县，热田面积可达1107.609km²，划分为6个地热计算分区。

11.孝义西部断阶地热田（$Ⅲ_{11}$）

本区盖层地质时代一般为Q+N+T+P+C地层，厚1700m左右，热储层为奥陶系灰岩，热储厚度约540m，岩性以白云岩及白云质石灰岩为主，岩溶裂隙发育，其上覆盖地层具有良好的阻水隔热性能，构成该地热田的良好盖层，使热量不易散失。该热田主要分布于吕梁市汾阳市、孝义市和晋中市灵石县、介休市，热田面积为525.729km²，划分为6个地热计算分区。

（四）临汾盆地（Ⅳ）、运城盆地地热田（Ⅴ）

临汾、运城新裂陷地热异常区边界条件主要受东西边山的吕梁山、霍山和中条山山前大断裂控制。喜马拉雅运动以来，受到强有力的拉张应力影响，使山西南部形成复式向斜和拉张断陷盆地。由于临汾、运城盆地内断裂构造发育展布方向各异而且盆地不均匀沉降，裂陷内多形成次一级断裂，极易形成隆起和凹陷断块并将临汾运城新裂陷基底切割成大小块段，不同块段即可以分为1处地热田。该热田热储分别为新近系未胶结砂岩及奥陶系灰岩热储，局部为二叠系、三叠系砂岩。二叠系和三叠系砂岩顶板标高-250～-280m，盆地区新近系砂、砾岩顶板标高-225～0m，奥陶系顶板标高-2230～500m。

根据裂陷内断裂、隆起和凹陷分布情况以及热储层埋藏条件，临汾、运城盆地进一步划分为17处地热田（临汾盆地10处，运城盆地7处），热田总面积为10228.419km^2，其中临汾盆地热田面积为4765.456km^2，运城盆地热田面积为5462.963km^2。地热田划分及地热计算分区见表4-4-7。各地热田地热井分布情况见表4-4-8。

表 4-4-7　山西省临汾盆地、运城盆地地热田计算分区说明表

构造分区	热储类型	地热田名称及代号（统一编号）	行政区域及亚区编号	温度分区/℃	热储厚度/m	热储温度/℃	分区面积/km^2	分区面积占地热田比例/%
汾渭地堑临汾沉积盆地	灰岩（O_2）	洪洞地热田（Ⅳ$_1$）（T—SX24）	洪洞县（Ⅳ$_{1-1}$）	60～90	322.4	82	167.666	40.73
				>90	322.4	100	243.967	59.27
			Ⅳ$_1$	合计			411.633	8.64
		古城地热田（Ⅳ$_2$）（T—SX25）	洪洞县（Ⅳ$_{2-1}$）	>90	334.8	122	23.925	4.94
			尧都区（Ⅳ$_{2-2}$）	>90	334.8	125	171.466	35.41
			襄汾县（Ⅳ$_{2-3}$）	>90	334.8	115	247.210	51.05
			新绛县（Ⅳ$_{2-4}$）	>90	334.8	100	41.672	8.60
			Ⅳ$_2$	合计			484.273	10.16
	砂岩（N_2）	临汾地热田（Ⅳ$_3$）（T—SX26）	洪洞县（Ⅳ$_{3-1}$）	40～60	176	48	66.906	30.58
			尧都区（Ⅳ$_{3-2}$）	40～60	200	48	151.858	69.42
			Ⅳ$_3$	合计			218.763	4.59
	砂岩（P、T）	曲亭地热田（Ⅳ$_4$）（T—SX27）	洪洞县（Ⅳ$_{4-1}$）	25～40	225	36	66.988	22.49
				40～60	405	50	79.454	26.68
				60～90	585	65	24.400	8.19
				小计			170.842	57.36
			尧都区（Ⅳ$_{4-2}$）	25～40	225	36	44.239	14.85
				40～60	405	50	49.310	16.56
				60～90	585	65	33.434	11.23
				小计			126.983	42.64
			Ⅳ$_4$	合计			297.826	6.25
	灰岩（O_2）	邓庄地热田（Ⅳ$_5$）（T—SX28）	尧都区（Ⅳ$_{5-1}$）	25～40	334.8	35	13.789	5.45
				40～60	334.8	50	18.581	7.35
				60～90	334.8	75	39.254	15.52
				>90	334.8	95	13.847	5.47
				小计			85.471	33.79
			襄汾县（Ⅳ$_{5-2}$）	40～60	334.8	53	18.986	7.51
				60～90	334.8	75	95.419	37.73
				>90	334.8	95	53.052	20.98
				小计			167.457	66.21
			Ⅳ$_5$	合计			252.927	5.31
		稷山地热田（Ⅳ$_6$）（T—SX29）	新绛县（Ⅳ$_{6-1}$）	（60～90）	334.8	85	37.708	3.62
				（>90）	334.8	98	49.197	4.72
				小计			86.906	8.34
			稷山县（Ⅳ$_{6-2}$）	40～60	334.8	59	2.960	0.28
				60～90	334.8	78	321.581	30.87
				>90	334.8	98	136.303	13.08
				小计			460.844	44.24
			河津市（Ⅳ$_{6-3}$）	60～90	334.8	75	227.136	21.80

续表

构造分区	热储类型	地热田名称及代号（统一编号）	行政区域及亚区编号	温度分区/℃	热储厚度/m	热储温度/℃	分区面积/km^2	分区面积占地热田比例/%
汾渭地堑临汾沉积盆地	灰岩（O_2）	稷山地热田（Ⅳ$_{6}$）（T—SX29）	万荣县（Ⅳ$_{6-4}$）	40～60	334.8	57	134.789	12.94
				60～90	334.8	67	132.057	12.68
				小计			266.846	25.62
			Ⅳ$_{6}$	合计			1041.732	21.86
		新绛地热田（Ⅳ$_{7}$）（T—SX30）	襄汾县（Ⅳ$_{7-1}$）	40～60	286	52	109.908	23.32
				60～90	286	75	150.937	32.02
				>90	286	95	40.509	8.59
				小计			301.353	63.93
			新绛县（Ⅳ$_{7-2}$）	25～40	286	33	27.544	5.84
				40～60	286	48	71.643	15.20
				60～90	286	75	50.935	10.81
				>90	286	98	19.903	4.22
				小计			170.025	36.07
			Ⅳ$_{7}$	合计			471.378	9.89
		曲沃翼城地热田（Ⅳ$_{8}$）（T—SX31）	翼城县（Ⅳ$_{8-1}$）	40～60	322.4	55	27.574	2.44
				60～90	322.4	68	16.627	1.47
				小计			44.201	3.91
			曲沃县（Ⅳ$_{8-2}$）	40～60	322.4	55	85.886	7.60
				60～90	322.4	72	222.801	19.72
				小计			308.687	27.32
			襄汾县（Ⅳ$_{8-3}$）	40～60	322.4	55	60.940	5.39
				60-90	322.4	62	43.919	3.89
				小计			104.859	9.28
			新绛县（Ⅳ$_{8-4}$）	40～60	322.4	50	29.942	2.65
				60～90	322.4	73	97.672	8.64
				小计			127.614	11.29
			侯马市（Ⅳ$_{8-5}$）	60～90	322.4	72	179.621	15.90
			翼城县（Ⅳ$_{8-6}$）	40～60	322.4	55	90.151	7.98
				60～90	322.4	72	154.969	13.72
				小计			245.120	21.69
			绛县（Ⅳ$_{8-7}$）	40～60	322.4	52	60.246	5.33
				60～90	322.4	72	59.499	5.27
				小计			119.745	10.60
			Ⅳ$_{8}$	合计			1129.847	23.71
		西海地热田（Ⅳ$_{9}$）（T—SX32）	翼城县（Ⅳ$_{9-1}$）	25～40	286	32	12.728	8.99
				40～60	286	43	67.084	47.36
				小计			79.812	56.34
			曲沃县（Ⅳ$_{9-2}$）	40～60	286	48	61.839	43.66
			Ⅳ$_{9}$	合计			141.652	2.97
	砂岩（N_2）	河津地热田（Ⅳ$_{10}$）（T—SX33）	河津市（Ⅳ$_{10-1}$）	40～60	225	50	185.005	58.65
				60～90	162	65	37.067	11.75
				小计			222.072	70.40
			万荣县（Ⅳ$_{10-2}$）	40～60	180	50	85.202	27.01
				60～90	162	63	8.152	2.58
				小计			93.353	29.60
			Ⅳ$_{10}$	合计			315.425	6.62
	临汾盆地总计						4765.456	100

续表

构造分区	热储类型	地热田名称及代号（统一编号）	行政区域及亚区编号	温度分区/℃	热储厚度/m	热储温度/℃	分区面积/km^2	分区面积占地热田比例/%
汾渭地堑运城沉积盆地	灰岩（O_2）	绛县礼元地热田（V_{15}）（T—SX34）	绛县（V_{15-1}）	40～60	322.4	52	212.060	61.30
				60～90	322.4	62	95.541	27.62
				小计			307.601	88.92
			闻喜县（V_{15-2}）	40～60	322.4	52	28.276	8.17
				60～90	322.4	62	10.051	2.91
				小计			38.327	11.08
			V_{15}	合计			345.929	6.33
		闻喜地热田（V_{11}）（T—SX35）	绛县（V_{11-1}）	25～40	195	30	10.942	1.77
			侯马市（V_{11-2}）	40～60	260	50	7.911	1.28
			新绛县（V_{11-3}）	40～60	286	55	23.642	3.83
				60～90	286	75	87.861	14.23
				>90	286	93	11.013	1.78
				小计			122.517	19.85
			闻喜县（V_{11-4}）	25～40	286	33	100.546	16.29
				40～60	286	50	118.150	19.14
				60～90	286	65	72.036	11.67
				小计			290.733	47.10
			稷山县（V_{11-5}）	25～40	286	35	3.932	0.64
				40～60	286	50	10.113	1.64
				60～90	286	80	19.883	3.22
				>90	286	93	1.005	0.16
				小计			34.934	5.66
			万荣县（V_{11-6}）	25～40	286	35	61.862	10.02
				40～60	286	50	10.155	1.65
				小计			72.017	11.67
			盐湖区（V_{11-7}）	25～40	286	35	6.092	0.99
				40～60	286	50	47.263	7.66
				60～90	286	62	24.851	4.03
				小计			78.206	12.67
			V_{11}	合计			617.260	11.30
		万荣地热田（V_{12}）（T—SX36）	稷山县（V_{12-1}）	60～90	286	80	44.409	3.20
				>90	286	93	20.364	1.47
				小计			64.773	4.66
			万荣县（V_{12-2}）	25～40	286	35	364.863	26.28
				40～60	286	45	137.463	9.90
				60～90	286	65	17.569	1.27
				小计			519.895	37.44
			临猗县（V_{12-3}）	25～40	286	35	296.535	21.35
				40～60	286	48	351.914	25.34
				60～90	286	63	109.336	7.87
				小计			757.784	54.57
			盐湖区（V_{12-4}）	25～40	286	36	5.432	0.39
				40～60	286	50	22.145	1.59
				60～90	286	62	18.581	1.34
				小计			46.159	3.32
			V_{12}	合计			1388.612	25.42
		夏县地热田（V_{13}）（T—SX37）	闻喜县（V_{13-1}）	60～90	322.4	78	294.817	84.38
			夏县（V_{13-2}）	60～90	322.4	78	54.559	15.62
			V_{13}	合计			349.376	6.40

续表

构造分区	热储类型	地热田名称及代号（统一编号）	行政区域及亚区编号	温度分区/℃	热储厚度/m	热储温度/℃	分区面积/km²	分区面积占地热田比例/%
汾渭地堑运城沉积盆地	砂岩（N_1）	运城地热田（V_{14}）（T—SX38）	夏县（V_{14-1}）	40～60	42.5	55	47.922	2.35
				60～90	119	75	227.032	11.13
				>90	93.5	97	118.513	5.81
				小计			393.468	19.29
			盐湖区（V_{14-2}）	60～90	153	80	219.594	10.77
				>90	170	105	621.774	30.48
				小计			841.368	41.25
			临猗县（V_{14-3}）	60～90	144.5	85	45.632	2.24
				>90	170	103	271.012	13.29
				小计			316.644	15.52
			永济市（V_{14-4}）	60～90	153	85	196.785	9.65
				>90	195.5	104	278.985	13.68
				小计			475.770	23.33
			闻喜县（V_{14-5}）	40～60	42.5	55	12.419	0.61
			N_1V_{14}	合计			2039.667	37.34
	砂岩（N_2）	运城地热田（V_{14}）（T—SX38）	夏县（V_{14-1}）	25～40	85	36	54.576	2.19
				40～60	187	50	283.514	11.40
				60～90	170	68	54.119	2.18
				小计			392.209	15.77
			盐湖区（V_{14-2}）	25～40	68	39	4.509	0.18
				40～60	187	52	391.091	15.73
				60～90	263.5	68	447.023	17.97
				小计			842.622	33.88
			临猗县（V_{14-3}）	40～60	85	58	224.744	9.04
				60～90	221	66	280.696	11.29
				小计			505.440	20.32
			永济市（V_{14-4}）	40～60	136	50	488.152	19.63
				60～90	221	67	246.182	9.90
				小计			734.334	29.53
			闻喜县（V_{14-5}）	25～40	85	36	12.419	0.50
			N_2V_{14}	合计			2487.024	45.53
	灰岩（O_2）	吴王泉地热田（V_{16}）（T—SX39）	万荣县（V_{16-1}）	25～40	286	33	22.576	11.49
			临猗县（V_{16-2}）	25～40	286	33	81.036	21.79
			V_{16}	合计			103.612	78.21
	砂岩（N_2）	永济地热田（V_{17}）（T—SX40）	永济市（V_{17-1}）	25～40	192	33	10.329	1.90
				40～60	192	43	160.821	6.04
				合计			171.151	93.96
	运城盆地总计						7502.641	100
	临汾盆地及运城盆地总计						10228.419	

表 4-4-8　山西省临汾盆地、运城盆地地热田地热井统计表

构造分区	地热田名称及代号	调查地热井/眼	温度/℃			流量/（m³/h）		
			最高	最低	平均	最高	最低	平均
临汾沉积盆地	洪洞地热田（IV_1）	1	58.4	58.4	58.4	31	31	31
	古城地热田（IV_2）	0	—	—	—	—	—	—
	临汾地热田（IV_3）	2	47	45	46	65	45	55
	曲亭地热田（IV_4）	0	—	—	—	—	—	—
	邓庄地热田（IV_5）	8	42	25	34	85	10	51.9
	稷山地热田（IV_6）	4	45	37	41.5	135	50	98.75

续表

构造分区	地热田名称及代号	调查地热井/眼	温度/℃			流量/(m^3/h)		
			最高	最低	平均	最高	最低	平均
临汾沉积盆地	新绛地热田（$Ⅳ_7$）	38	47.5	25	28.4	130	10	58.1
	曲沃翼城地热田（$Ⅳ_8$）	8	53	27	42	135	35	72.9
	西海地热田（$Ⅳ_9$）	11	46	27	32.36	325	25	75.7
	河津地热田（$Ⅳ_{10}$）	8	60	47	55	92.88	40.35	61
运城沉积盆地	绛县礼元地热田（$Ⅴ_{15}$）	0	—	—	—	—	—	—
	闻喜地热田（$Ⅴ_{11}$）	5	67.5	40	51.24	45	13	22.2
	万荣地热田（$Ⅴ_{12}$）	11	61	28	41	357.1	30	72.04
	夏县地热田（$Ⅴ_{13}$）	4	34	25	29.7	40	25	33.3
	运城地热田（$Ⅴ_{14}$）	17	68	30	48.97	109.3	20	42.4
	吴王泉地热田（$Ⅴ_{16}$）	0	—	—	—	—	—	—
	永济地热田（$Ⅴ_{17}$）	0	—	—	—	—	—	—
合计		117	68	25	42.38	357.1	10	56.19

注："—"表示无此数据。

临汾盆地地热田共调查80眼地热井，临汾市洪洞县1眼，尧都区8眼，襄汾县22眼，新绛县18眼，翼城县2眼，曲沃县12眼，侯马市5眼；运城市河津市7眼，万荣县1眼，稷山县4眼归于临汾地热田。地热井口水温一般为25～60℃左右，属"温水""温热水"低温地热资源。该热田中，$Ⅳ_1$地热田有地热井1眼，单井涌水量为30.17m^3/h；$Ⅳ_3$地热田有地热井2眼，地热井单井涌水量为20～30m^3/h；$Ⅳ_5$区有地热井4眼，单井涌水量为60～70m^3/h，其中位于尧都区贾得乡东亢村西20m的地热井单井涌水量可达100m^3/h；$Ⅳ_6$区有地热井4眼，单井涌水量为35～50m^3/h；$Ⅳ_7$区有地热井38眼，单井涌水量为45～65m^3/h，局部单井涌水量可达80～130m^3/h，主要位于襄汾县西贾乡—赵康镇附近涌水量最大；$Ⅳ_8$区有地热井8眼，单井涌水量为40～50m^3/h，其中位于翼城县南梁镇牛家坡村和曲沃县高显镇高显村的地热井单井涌水量可达60～70m^3/h；$Ⅳ_9$区有地热井11眼，单井涌水量为40～60m^3/h。临汾盆地地热自流井有10眼，其中$Ⅳ_1$区1眼，$Ⅳ_3$区2眼，$Ⅳ_8$区4眼，$Ⅳ_9$区1眼，$Ⅳ_{10}$区2眼，该热田属于"低温地热资源"分布区。

运城盆地地热田共调查37眼地热井，运城市闻喜县4眼、万荣县1眼、稷山县4眼、临猗县8眼、新绛县4眼、夏县7眼、盐湖区7眼、永济县1眼。地热井出口水温一般为30～58℃，属"温水""温热水"低温地热资源，局部区域出口水温高达61～68℃，属于"热水"低温地热资源。运城盆地$Ⅴ_{11}$地热田有地热井5眼，单井涌水量为15～20m^3/h；$Ⅴ_{12}$地热田有地热井11眼，地热井单井涌水量为35～50m^3/h；$Ⅴ_{13}$区有地热井4眼，单井涌水量为30～45m^3/h；$Ⅴ_{14}$区有地热井17眼，单井涌水量为40～60m^3/h，其中盐湖区禹香苑小区单井涌水量可达70m^3/h，永济县河东大道海纳游泳馆西20m，单井涌水量可达80m^3/h，夏县南山底附近水量减少，降为20～35m^3/h。运城盆地地热自流井有1眼，位于临猗县角杯镇杨范村西南冲沟，属$Ⅴ_{12}$地热田，水头高出地面5m。运城地热田属于"低温地热资源"分布区。

现将本区热储层、地热田的分布及特征分述如下。

1.热储层特征

临汾、运城新裂陷地热田从热储层特征来看，地热井及热水泉主要分布于新近系砂岩及寒武系奥陶系灰岩地层之中。裂陷内寒武系—奥陶系碳酸盐地层裂隙岩溶发育，具有良好的透水性，又是良好含水层，其上覆石炭系、二叠系、三叠系及新近系、第四系大部为泥岩、页岩和黏性土，具有良好的阻水隔热性能，构成良好的热储盖层，热量不易散失，不易与冷水混合。

（1）新近系中、上新统热储层

临汾地热田、河津地热田、运城地热田、永济地热田等热储层主要为N_2、N_1，局部含E_3。

该区新近系上新统为河湖相的黏性土夹薄层粉细砂及少量含砾砂层，其中热储层为有效孔隙率和渗透率较大的砂岩，厚100～200m。新近系中新统、上新统为河湖相沉积物，热储层为半胶结的砂岩和含砾砂岩，呈多层状，多被较厚的泥岩分开，总厚度300～500m。这些地层孔隙发育，渗透率强，为较好热储层。

（2）奥陶系热储层

该区盆地深部中奥陶统马家沟组灰岩厚375～478m，其中厚层灰岩和白云质灰岩岩溶裂隙发育，渗透率强，为该区主要热储层。局部寒武系上统凤山组白云岩厚58～75m，中统张夏组鲕状灰岩厚132～136m，这两层灰岩岩溶裂隙发育，为主要热储层。

（3）二叠系、三叠系碎屑岩热储层

当上述地层埋深较浅时，二叠系、三叠系碎屑砂岩风化严重，当孔隙和岩溶裂隙发育时也是合适的热储层。

2.地热田分布及特征

地热流体的形成、发展与赋存，除受汾河地堑这个大型构造所控制外，还与裂陷内地质构造，盖层和热储层的岩性特征及较大断裂的相互组合关系密切相关，典型地质剖面详见图4-4-3(姚文兵等，2009)。

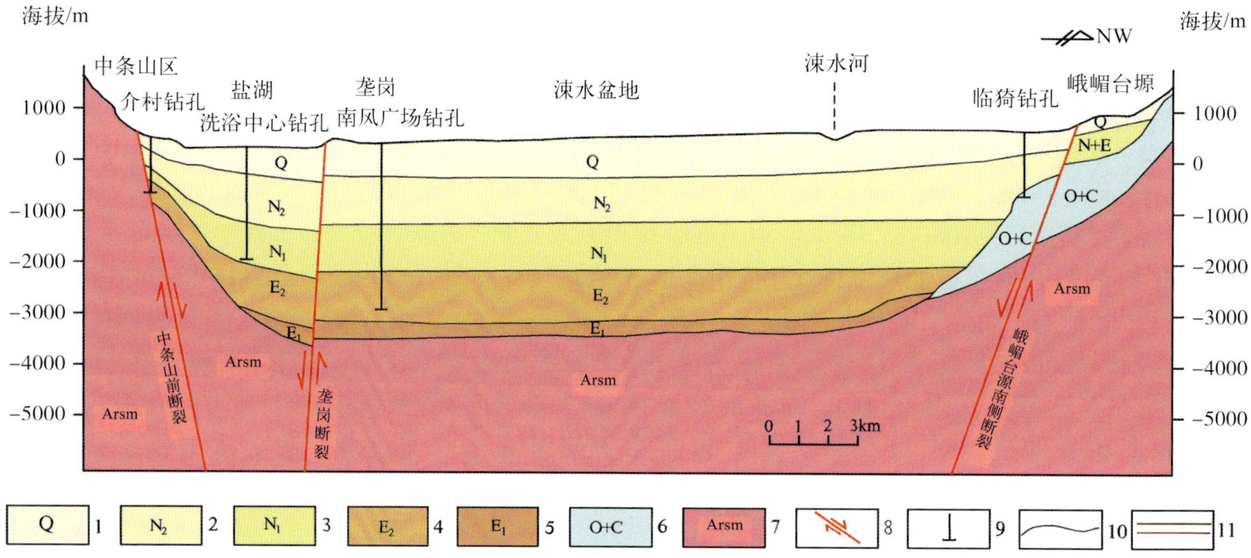

图4-4-3　山西省运城盆地地热水热储层地质剖面图

（据山西省地质勘查局二一四地质队姚文兵等,《运城市城区地热水水文地质普查报告》，2009年12月）

1—第四系；2—新近系上新统；3—新近系中新统；4—古近系始新世；5—古近系古新世；6—奥陶系及石炭系

7—太古宇；8—正断层；9—地热井；10—地质界线；11—古近系古新世（E_1）热储层

临汾、运城新裂陷地热田主要分布于临汾盆地和运城盆地，热田边界主要受盆地周边较大断裂所控制。盆地内地热田主要受控热构造、盖层及热储层之间相互组合所控制。裂陷内地热异常区划分为17处地热田，现叙述如下。

（1）洪洞地热田（$Ⅳ_1$）

该地热田为一处受北北东—北东向断裂控制的不对称箕状地堑式新生界断陷盆地，南部以洪洞-魏村近东西断裂为界。本区盖层地质时代一般为Q+N+T+P+C地层，厚2200m左右，热储层为奥陶系灰岩，热储厚度约为520m，岩性以白云岩及白云质石灰岩为主，岩溶裂隙发育，其上覆盖地层具有良好的阻水隔热性能，构成该热田的良好盖层，使热量不易散失。该热田主要分布于临汾市洪洞县，热田面积为411.633km²，划分为2个地热计算分区，详见表4-4-7。

（2）古城地热田（$Ⅳ_2$）

本区盖层地质时代一般为Q+N+T+P+C地层，厚2000～2700m，热储层为奥陶系灰岩，热储厚度约

540m，岩性以白云岩及白云质石灰岩为主，岩溶裂隙发育，其上覆盖地层具有良好的阻水隔热性能，构成该热田的良好盖层，使热量不易散失。该热田主要分布于洪洞县、尧都区、襄汾县，新绛县，热田面积为484.273km^2，划分为4个地热计算分区，详见表4-4-7。

（3）临汾地热田（$Ⅳ_3$）

该区分布于临汾盆地中心，东西部均受盆地内隐伏北东向断裂所控制。本区盖层为新生界松散层，厚480m左右，热储层为N_2砂岩，其中N_2热储厚度为1100～1250m，新近系未胶结砂岩，孔隙发育，其上覆第四系为良好的阻水隔热层，构成良好的盖层。该地热田主要分布在洪洞县和尧都区，热田面积为218.763km^2，划分为2个地热计算分区，详见表4-4-7。

（4）曲亭地热田（$Ⅳ_4$）

该区盖层为新生界第四、新近系黏性土，厚800m左右。热储层为二叠系、三叠系砂岩，厚500～1300m，其上覆第四系和新近系黏性土为良好的阻水隔热层，构成良好的盖层。该热田主要分布在洪洞县，热田面积为170.842km^2，根据地热田所属行政区划和热储中部温度划分为3个地热计算分区，详见表3-4-7。

（5）邓庄地热田（$Ⅳ_5$）

该地热田为十村山背斜向盆地的倾伏部分，断裂构造十分发育，本区盖层地质时代一般为Q+N+T+P+C地层，厚650～1200m，热储层为奥陶系灰岩，热储厚度约540m，岩性以白云岩及白云质石灰岩为主，岩溶裂隙发育，其上覆盖地层具有良好的阻水隔热性能，构成该热田的良好盖层，使热量不易散失。该热田主要分布于临汾市尧都区，热田面积为85.471km^2，划分为4个地热计算分区，详见表4-4-7。

（6）稷山地热田（$Ⅳ_6$）

该地热田分布于吕梁山大断裂以南，峨嵋台地（稷王山陷隆）北部大断裂以北，黄河以东，汾阳岭—九原山—阳王陷隆以西。本区盖层地质时代一般为Q+N+T+P+C地层，厚650～1700m，热储层为奥陶系灰岩，热储厚度约540m左右，岩性以白云岩及白云质石灰岩为主，岩溶裂隙发育，其上覆盖层地层具有良好的阻水隔热性能，构成该热田的良好盖层，使热量不易散失。该热田主要分布于新绛县、稷山县、新绛县、万荣县，热田面积达1041.732km^2，划分为8个地热计算分区，详见表4-4-7。

（7）新绛地热田（$Ⅳ_7$）

该地热田分布于襄汾北东东断裂以南，峨嵋台地北侧断裂以北，西部以汾城西—泽掌—北池断裂为界，东以北赵—新绛—裴社断裂为界，本区盖层地质时代一般为Q+N+T+P+C地层，厚400～500m，热储层为奥陶系灰岩，热储厚度约为440m，岩性以白云岩及白云质石灰岩为主，岩溶裂隙发育，其上覆盖层地层具有良好的阻水隔热性能，构成该热田的良好盖层，使热量不易散失。该热田主要分布于运城市新绛县、稷山县、万荣县，热田面积为471.378km^2，划分为7个地热计算分区，详见表4-4-7。

（8）侯马、曲沃—翼城地热田（$Ⅳ_8$）

地热田北以塔儿山南侧的石滩—神沟—契里断裂为界，南以紫金山北侧的大断裂为界，西以北赵—新绛—裴社北东向断裂为界，东以北橄—南梁（E_1）—续鲁北东向断裂为界，总体为一东西向延伸的向斜加地堑式的构造盆地。本区盖层地质时代一般为Q+N+T+P+C地层，厚500～1100m，热储层为奥陶系灰岩，热储厚度约520m，岩性以白云岩及白云质石灰岩为主，岩溶裂隙发育，其上覆地层具有良好的阻水隔热性能，构成该地热田的良好盖层，使热量不易散失。该热田主要分布于临汾市翼城县、曲沃县、襄汾县、侯马市和运城的新绛县、绛县，热田面积达1129.847km^2，划分为13个地热计算分区，详见表4-4-7。

（9）西海地热田（$Ⅳ_9$）

地热田位于曲沃县东北、翼城县城西，在地貌上为微起伏的黄土丘陵；在地质构造上处在侯马断陷盆地东北部的一个微弱的基底凸起带上，凸起带呈弯曲的北东走向，该凸起带南北两侧各发育一组走向北东的正断层。北部以绵山北—西海断裂为界，南以绵山东—南唐南断裂为界，西以北西向的西海西断裂为界。本区盖层地质时代一般为Q+N+T+P+C地层，厚370m，热储层为奥陶系灰岩，热储厚度约

440m左右，岩性以白云岩及白云质石灰岩为主，岩溶裂隙发育，其上覆地层具有良好的阻水隔热性能，构成该地热田的良好盖层，使热量不易散失。该热田主要分布于临汾市翼城县和曲沃县，热田面积在222.072km^2，划分为3个地热计算区，详见表4–4–7。

（10）河津地热田（IV_{10}）

该区分布于禹门口至荣河段黄河沿岸，西以黄河中心为界，东以黄河东岸的走向南北断裂为界。本区盖层为新生界松散层，厚450～480m，热储层为N_2砂岩，其中N_2热储厚度900～1250m，新近系未胶结砂岩，孔隙发育，其上覆第四系为良好的阻水隔热层，构成良好的盖层。该地热田主要分布在运城市万荣县和河津市，热田面积在315.425km^2，划分为4个地热计算分区，详见表4–4–7。

（11）闻喜地热田（V_{11}）

地热田北以峨嵋台地北侧断层为界，南以峨嵋台地南侧断层为界，东以隘口—礼元断层为界，西以上郭庄—汉薛—峨嵋庄为界。本区盖层地质时代一般为Q+N+T+P+C地层，厚150～500m，热储层为奥陶系灰岩，热储厚度约300～440m，岩性以白云岩及白云质石灰岩为主，岩溶裂隙发育，其上覆地层具有良好的阻水隔热性能，构成该热田的良好盖层，使热量不易散失。该热田主要分布于临汾市侯马市，运城市新绛县、绛县、闻喜县、稷山县、万荣县和盐湖区，热田面积在617.260km^2，划分为17个地热计算分区，详见表4–4–7。

稷王山附近变质岩（Ar）及寒武系地层出露面积在179.20km^2，紫金山变质岩（Ar）出露区面积43.79km^2，这两个区域不计入地热田。

（12）万荣地热田（V_{12}）

该地热田南北边界以峨嵋台地南北两侧断裂为界，西以黄河为界，东以峨嵋庄—汉薛—上郭庄为界。

该地热田盖层地质时代一般为Q+N+T+P+C地层，厚250～600m，热储层为奥陶系灰岩，热储厚度约440m，岩性以白云岩及白云质石灰岩为主，岩溶裂隙发育，其上覆地层具有良好的阻水隔热性能，构成该热田的良好盖层，使热量不易散失。该地热田主要分布于运城市稷山县、万荣县、临猗县和盐湖区，热田面积达1388.612km^2，划分为11个地热计算分区，详见表4–4–7。

孤山附近燕山期侵入岩和大小巇山附近燕山期侵入岩分布面积33.40km^2，不计入地热田。

（13）夏县地热田（V_{13}）

本地热田盖层地质时代一般为Q+N+T+P+C地层，厚750～900m，热储层为奥陶系灰岩，热储厚度约520m，岩性以白云岩及白云质石灰岩为主，岩溶裂隙发育，其上覆地层，具有良好的阻水隔热性能，构成该热田的良好盖层，使热量不易散失。该地热田主要分布于闻喜县和夏县，热田面积为349.376km^2，划分为2个地热计算分区，详见表4–4–7。

（14）运城地热田（V_{14}）

上部热储盖层为新生界松散层，厚400～600m，上部热储层为N_2砂岩，其中N_2热储厚度400～1550m，新近系上统未胶结砂岩，孔隙发育，其上覆第四系为良好的阻水隔热层，构成良好的盖层（图4–4–3）。上部热储面积达2487.024km^2，划分为11个地热计算分区，详见表4–4–7。

下部热储盖层为新生界第四系及新近系上新统黏性土及各种砂，厚1400～2350m，下部热储层为N_1局部包含E半胶结砂岩，热储厚度250～1150m，下部热储分布面积达2039.667km^2，根据地热田所属行政区划和热储中部温度划分为10个地热计算分区，盐湖区死海景区地热井，地面标高322m，孔深2121.0m，热储层为N_1+E，地层厚996m，热储层厚约500m，埋深1125～2121m，岩性为棕红及棕褐色粗中细砂岩半胶结，水位高出地表40m。该热田主要分布于运城市夏县、盐湖区、临猗县、永济市、闻喜县。

（15）绛县礼元地热田（V_{15}）

北以紫金山南侧断层为界，南以磨里—陈村—冷口—山底坡断裂为界，西以隘口—礼元北西断裂为界。本区盖层地质时代一般为Q+N+T+P+C地层，厚600m左云，热储层为奥陶系灰岩，热储厚度约520m，岩性以白云岩及白云质石灰岩为主，岩溶裂隙发育，其上覆地层具有良好的阻水隔热性能，构成该地热田的良好盖层，使热量不易散失。该热田主要分布于运城市闻喜县和绛县，热田面积为

345.929km²，划分为4个地热计算分区，详见表4-4-7。

（16）绛县礼元地热田（V_{16}）

该地热田分布于黄河东岸，西以黄河中心为界，东以黄河东岸的走向南北断裂为界，峨嵋台地（稷王山陷隆）北部大断裂以南。本区盖层地质时代一般为Q+N+T+P+C地层，厚350～450m，热储层为奥陶系灰岩，热储厚度约440m，岩性以白云岩及白云质石灰岩为主，岩溶裂隙发育，其上覆地层具有良好的阻水隔热性能，构成该热田的良好盖层，使热量不易散失。该地热田主要分布于运城市万荣县和临猗县，热田面积为103.612km²，划分为2个地热计算分区，详见表4-4-7。

（17）永济地热田（V_{17}）

该地热田分布于黄河东岸，西以黄河中心为界，东以黄河东岸的走向南北断裂为界。上部热储盖层为新生界松散层，厚500～590m，上部热储层为N_2砂岩，其中N_2热储厚度为1200m，新近系上统未胶结砂岩，孔隙发育，其上覆第四系为良好的阻水隔热层，构成良好的盖层。该地热田主要分布于运城市永济市，热田面积为171.151km²，划分为2个地热计算分区，详见表4-4-7。

二、隆起山地型地热资源分布及其特征

隆起山地型地热资源主要分布于恒山、燕山断块浑源汤头地热田和太行山穹状隆起盂县寺平安地热田以及鄂尔多斯盆地东缘、沁水煤盆地等隆起盆地区，隆起山地型地热资源划分为6处地热田，61个地热计算分区。现将其分布及其特征分述如下。

（一）沁水煤盆地地热田（Ⅵ）

沁水煤盆地地热田北部以榆次北山边山断裂至寿阳平头、盂县一带二叠系地层出露分布带为界；东部以阳泉、昔阳、和顺、左权蟠龙、襄垣五阳二叠系地层出露分布带转西南长治断陷盆地北、西部边界一直到高平寺庄、阳城周村一线为界；南部以阳城县城、阳城土沃一带二叠系地层出露线为界；西部以晋中断陷盆地边山断裂至介休洪山转向太岳山东部二叠系出露地层分布沿线一直到古县旧县—浮山、续鲁峪断裂为界，该地热田总面积在15506.394km²。划分为33个计算分区，地热田分区特征见表4-4-9。

表 4-4-9　山西省沁水煤盆地地热田计算分区特征表

构造分区	热储类型	地热田名称及编号（统一编号）	行政区域及亚区编号	温度分区/℃	热储厚度/m	热储温度/℃	分区面积/km²	分区面积占地热田比例/%
沁水煤盆地	灰岩（O_2）	榆社柳泉地热田（$Ⅵ_1$）（T—SX41）	寿阳县（$Ⅵ_{1-1}$）	40～60	330	50	41.807	0.38
			榆次区（$Ⅵ_{1-2}$）	40～60	330	55	433.424	3.90
				60～90	330	62	5.683	0.05
				小计	330	50～62	439.106	3.95
			和顺县（$Ⅵ_{1-3}$）	40～60	312	46	739.360	6.65
			太谷区（$Ⅵ_{1-4}$）	40～60	330	58	487.159	4.38
				60～90	330	62	171.525	1.54
				小计	330	58～62	658.684	5.92
			祁县（$Ⅵ_{1-5}$）	40～60	330	57	428.926	3.86
			榆社县（$Ⅵ_{1-6}$）	40～60	318	57	1700.259	15.29
			左权县（$Ⅵ_{1-7}$）	40～60	300	44	532.771	4.79
			平遥县（$Ⅵ_{1-8}$）	40～60	306	48	461.816	4.15
			武乡县（$Ⅵ_{1-9}$）	40～60	318	50	1156.075	10.39
			沁源县（$Ⅵ_{1-10}$）	40～60	306	43	2127.545	19.13
			沁县（$Ⅵ_{1-11}$）	40～60	315	47	1322.362	11.89
			襄垣县（$Ⅵ_{1-12}$）	40～60	300	43	459.416	4.13
			古县（$Ⅵ_{1-13}$）	40～60	300	44	420.797	3.78
			安泽县（$Ⅵ_{1-14}$）	40～60	300	45	358.006	3.22

续表

构造分区	热储类型	地热田名称及编号（统一编号）	行政区域及亚区编号	温度分区/℃	热储厚度/m	热储温度/℃	分区面积/km²	分区面积占地热田比例/%
沁水煤盆地	灰岩（O_2）	榆社柳泉地热田（VI_1）（T—SX41）	屯留区（VI_{1-15}）	40～60	300	43	274.567	2.47
			VI_1	总计			11121.498	37.98
		古县三合地热田（VI_2）（T—SX42）	古县（VI_{2-1}）	25～40	310	35	130.209	6.93
				40～60	310	46	274.077	14.58
				小计			404.286	21.51
			安泽县（VI_{2-2}）	40～60	310	48	487.671	25.95
			浮山县（VI_{2-3}）	25～40	310	35	48.593	2.59
				40～60	310	47	380.043	20.22
				小计			428.635	22.81
			翼城县（VI_{2-4}）	25～40	310	35	299.379	15.93
				40～60	310	42	102.490	5.45
				小计			401.869	21.38
			沁水县（VI_{2-5}）	25～40	310	35	52.803	2.81
				40～60	310	45	104.077	5.54
				小计			156.880	8.35
			VI_2	总计			1879.341	6.42
		沁水郑庄地热田（VI_3）（T—SX43）	屯留区（VI_{3-1}）	40～60	310	47	145.301	5.80
			安泽县（VI_{3-2}）	40～60	310	48	1124.882	44.90
			长子县（VI_{3-3}）	40～60	310	45	38.050	1.52
			沁水县（VI_{3-4}）	25～40	310	35	208.198	8.31
				40～60	310	45	886.187	35.37
				小计			1094.385	43.68
			浮山县（VI_{3-5}）	40～-60	310	51	33.394	1.33
			阳城县（VI_{3-6}）	25～40	310	35	69.542	2.78
			VI_3	总计			2505.555	8.56
	沁水煤盆地总计						15506.394	

该地热田热储层为寒武、奥陶系灰岩，属深埋自然增温型地热田。根据区内古县—襄垣近东西向断裂带和安泽—沁水北北东向斜构造，又将该热田划分为3处地热田，分别是榆社柳泉地热田、古县三合地热田和沁水郑庄地热田。

地热田内共调查7处地热井，其中晋中市灵石县1眼、榆次区2眼、太谷区2眼、临汾市古县1眼、晋城市沁水县1眼。现有地热井孔深1353～2520m，井口出水温度40～56℃，属“温水”“温热水”地热资源，榆社柳泉地热田V_{11}有地热井5眼，单井涌水量40～45m³/h；古县三合地热田V_{12}有地热井1眼，地热井单井涌水量为32m³/h；沁水郑庄地热田V_{13}有地热井1眼，单井涌水量为62.5m³/h，该热田属于“低温地热资源”分布区，见表4-4-10。

表 4-4-10　山西省沁水煤盆地地热田地热井统计表

序号	地热田名称	调查地热井/眼	温度/℃			流量/（m³·h⁻¹）		
			最高	最低	平均	最高	最低	平均
1	榆社柳泉地热田	5	56	31	44	45	40	42.5
2	古县三合地热田	1	46	46	46	32	32	32.0
3	沁水郑庄地热田	1	46	46	46	62.5	62.5	62.5
合计		7	56	31	45.3	62.5	32	45.7

1.榆社柳泉地热田（V_{11}）

该地热田面积为11121.498km²，分为17个地热计算分区。该区调查地热井主要有太谷郭堡梅苑山庄地热井井深2520m，井口水温56℃；榆社柳泉地热井，为煤田地质勘探孔，孔深1353m，孔口水温

37℃。该区热储层厚度300～330m，热储温度43～57℃。

2.古县三合地热田（V_{12}）

该地热田面积为1879.341km²，分为9个地热计算分区。该区有地热井1眼，为煤田地质勘探孔，井深1658m，井口水温42℃。该区热储层厚度310m，热储温度35～48℃。

3.沁水郑庄地热田（V_{13}）

该地热田面积达2505.555km²，分为7个地热计算分区。该区有地热井1眼，为煤田地质勘探孔，井深1547.5m，井口水温46℃。该区热储层厚度310m，热储温度35～51℃。

（二）鄂尔多斯盆地东缘地热田（Ⅶ）

鄂尔多斯盆地东坡单斜构造地热异常区位于吕梁山西侧临县—永和—吉县一带，沿黄河东岸呈条带状展布，地貌属于黄土高原，大部分被黄土覆盖，沟谷出露基岩为三叠系中统二马营组砂页岩地层，热储层为奥陶系中统上、下马家沟组中厚层石灰岩，白云质灰岩。热异常地热地质条件：控热构造受鄂尔多斯断陷盆地制约，盖层为第四系、三叠系、二叠系及石炭系，厚度2300～2600m，热储层有效厚度约300m左右。

根据山西境内鄂尔多斯断块构造分布范围，在无大量地热钻孔和深井资料情况下，地热田边界的确定，大致以地表裸露三叠系中统界线为划分依据，再按地形地貌及鄂尔多斯断块断裂构造分布特征确定热田界线。该地热田热储层分布面积达13774.626km²。划分为19个计算分区，地热田分区特征见表4-4-11。

表 4-4-11 山西省鄂尔多斯盆地东缘地热田计算分区特征表

构造分区	热储类型	地热田名称及代号（统一编号）	行政区域及亚区编号	温度分区/℃	热储厚度/m	热储温度/℃	分区面积/km²	分区面积占地热田比例/%
吕梁山鄂尔多斯断块	灰岩（O_2）	鄂尔多斯盆地东缘地热田（Ⅶ）（T—SX44）	河曲县（Ⅶ1-1）	25～40	297.6	30	401.965	2.92
			保德县（Ⅶ1-2）	25～40	297.6	34	545.365	3.96
				40～60	297.6	42	112.460	0.82
				小计	297.6	30～42	1059.791	7.69
			兴县（Ⅶ1-3）	25～40	297.6	34	718.811	5.22
				40～60	297.6	44	1524.863	11.07
				小计	297.6	34～44	2243.675	16.29
			临县（Ⅶ1-4）	25～40	297.6	36	782.923	5.68
				40～60	297.6	44	1941.475	14.09
				小计	297.6	36～44	2724.398	19.78
			柳林县（Ⅶ1-5）	25～40	272.8	34	341.296	2.48
				40～60	272.8	44	702.361	5.10
				小计	272.8	34～44	1043.658	7.58
			中阳县（Ⅶ1-6）	25～40	310	33	318.197	2.31
				40～60	310	42	36.697	0.27
				小计	310	33～42	354.894	2.58
			石楼县（Ⅶ1-7）	25～40	310	35	313.777	2.28
				40～60	310	44	1367.273	9.93
				小计	310	35～44	1681.051	12.20
			永和县（Ⅶ1-8）	25～40	310	37	441.789	3.21
				40～60	310	44	777.637	5.65
				小计	310	37～44	1219.426	8.85
			隰县（Ⅶ1-9）	25～40	310	34	992.105	7.20
			大宁县（Ⅶ1-10）	25～40	310	35	873.703	6.34
			吉县（Ⅶ1-11）	25～40	310	35	1146.731	8.32
			乡宁县（Ⅶ1-12）	25～40	310	33	33.230	0.24
			Ⅶ合计		272.8～310	30～44	13774.626	100

地热田内共调查5眼地热井，全部位于吕梁市，临县4眼、柳林县1眼。现有地热孔孔深600～805m，井口出水温度32～36℃，属“温水”地热资源，由于缺乏抽水资料，该热田单井涌水量无法统计，该热田属于“低温地热资源”分布区。

（三）浑源汤头地热田（Ⅷ）

浑源汤头地热田位于浑源县城以南45km，北岳恒山脚下的王庄堡小盆地内，地热田面积约为152.647km²，划分为5个计算分区，地热田分区特征见表4-4-12。

表 4-4-12　山西省浑源汤头地热田计算分区特征表

构造分区	热储类型	地热田名称编号及统一编号	行政区域及亚区编号	温度分区/℃	热储厚度/m	热储温度/℃	分区面积/km²	分区面积占地热田比例/%
恒山燕山断块	变质岩（Ar）	浑源汤头地热田（Ⅷ）(T—SX45)	浑源县（$Ⅷ_{1-1}$）	60～90	60	80	34.052	22.31
				>90	60	93	8.133	5.33
		小计	浑源县（$Ⅷ_{1-1}$）				42.185	27.64
	变质岩（Ar）	浑源汤头地热田（Ⅷ）(T—SX45)	灵丘县（$Ⅷ_{1-2}$）	25～40	60	33	24.189	15.85
				40～60	60	50	59.374	38.90
				60～90	60	75	26.899	17.62
		小计	灵丘县（Ⅷ1-2）				110.462	72.36
		浑源汤头地热田（Ⅷ）(T-SX45)	Ⅷ	—	—	—	152.647	100

该地热田构造上属于恒山燕山断块恒山隆起带与唐河断裂带复合部位，以北西—南东向断裂较发育，并有不同方向的断裂与其交错，区域基底为太古宇片麻岩，燕山运动形成了恒山断块与唐河断裂雏形，唐河沿断裂发育，唐河两侧山地地层发育明显不对称。西岸为裸露基岩山区，东岸片麻岩明显低于西岸，上部均覆盖有黄土及砂砾石。燕山运动以后，喜马拉雅运动对本区影响较大，伴随着恒山断块的抬升，更新世中期唐河河谷中的河流堆积物在晚更新统受到侵蚀并被抬高到山梁上，全新世以来，河谷的切割作用较稳定，说明唐河断裂的活动性与以北东向断裂为主体上升的恒山断块运动的活动性有较大差异。

汤头地热田的形成和热水的出露是受断裂控制的，根据物探推测，汤头地热田位于恒山燕山断块恒山隆起带与唐河断裂带复合部位，以北西—南东向断裂较发育，并有不同方向的断裂与其交错，原温泉出露点正处于这些交错部位，现已消失。而中地壳上部的花岗岩壳岩石中含有大量的放射性元素，衰变时能产生大量的热量，使中地壳上部处于高温（600℃）半熔融状态，这是汤头地热田的恒定深部热源。

汤头地热田分布具有带状和层状的双重特征，即产生于基岩裂隙中的层状裂隙水和第四系松散层中的孔隙水在重力作用下沿断裂带下渗至地壳深处的高温熔融层被加热，加热后的水沿断裂带向上通过对流加热基岩裂隙中的裂隙水和第四系松散层中的孔隙水，从而形成带状和层状的双重特征的热矿水。其主要热储层为太古宇界黑云斜长片麻岩，盖层则为第四系松散层。据物探推测，汤头地热田基岩热储层埋深由北向南逐渐加深，最深处达80m，其上覆盖着6.6～80m厚的第四系松散层，有效热储层厚度60m，热储温度60℃。

地热田热水原为温泉，现已消失。共调查1眼地热井，该井位于浑源汤头温泉疗养院东50m，井口出水温度60℃，属“热水”地热资源，单井涌水量15m³/h，通过已有资料分析，该地热田单井涌水量应为20～25m³/h，该地热田属于“低温地热资源”分布区。

（四）寺平安地热田（Ⅸ）

寺平安地热田位于太行山穹状隆起盂县梁家寨乡寺平安村东的滹沱河边，地处山西、河北两省交界地带，地热田范围北起东峪口，南到活川口，沿活川口南北向压扭性逆断层分布，呈南北向纺锤状，南北长20km，东西宽2.5km，面积约38.205km²，划分为4个计算分区，地热田分区特征见表4-4-13。

表 4-4-13　山西省盂县寺平安地热田计算分区特征表

构造分区	热储类型	地热田名称及代号（统一编号）	行政区域及亚区编号	温度分区/℃	热储厚度/m	热储温度/℃	分区面积/km^2	分区面积占地热田比例/%
太行山穹状隆起	变质岩（Ar）	盂县寺平安地热田（Ⅸ）（T—SX46）	五台县（$Ⅸ_{1-1}$）	25 ~ 40	60	34	5.082	13.30
				40 ~ 60	60	50	6.399	16.75
		小计		—	—	—	11.482	30.05
	变质岩（Ar）	盂县寺平安地热田（Ⅸ）（T—SX46）	盂县（$Ⅸ_{1-2}$）	60 ~ 90	60	78	12.469	32.64
				>90	60	100	14.254	37.31
		小计		—	—	—	26.724	69.95
		盂县寺平安地热田（Ⅸ）（T—SX46）	Ⅸ	4个	-	—	38.205	100

从构造单元上看，地热田属于太行山穹状隆起上五台穹状隆起的南部，断裂构造主要以北北东、北东向断层为主，比较大的有6条，与地热田关系密切的主要是以下两条。活川口南北向压扭性逆断层，延伸长度30km，断距大、糜棱岩发育。具有在垂直断层面方向的阻水性和沿断层断裂带的导水性；寺平安南北向压扭性逆断层，延伸长度1km。寺平安地热田地热来源于地壳深处的高温熔融层。寺平安地热田也是具有带状和层状的双重特征。即产生于基岩裂隙中的层状裂隙水和第四系松散层中的孔隙水沿断裂带下渗至地壳深处的高温熔融层被加热，加热后的水沿断裂带向上通过对流加热基岩裂隙中的裂隙水和第四系松散层中的孔隙水，从而形成深部的带状和浅部的层状的双重特征。其主要热储层为太古宇吕梁期伟晶岩。盖层则为第四系松散层。

寺平安地热田热矿水的分布出露严格受构造与岩性控制。从热储层岩性上看，热水出露于太古宇龙华河群底部至榆林坪顶部的伟晶岩脉中。就构造而言，寺平安地热田热水属于隆起断裂型深循环脉状承压水。活川口南北向压扭性逆断层和寺平安南北向压扭性逆断层，具有明显的水平方向的阻水性，而这两条断层的断裂带及伟晶岩脉中发育的北北西、近东西及近南北向三组张性裂隙则为热水的主要储存和导水通道。

地热田内共调查7眼地热井，温泉现已消失。地热井单井涌水量5 ~ 30m^3/h，平均单井涌水量为18m^3/h，区内地热自流井1眼，位于盂县梁家寨乡大王子村东，水头高出地面1m。井口出水温度44 ~ 62℃，属“温水”“温热水”地热资源，通过已有资料分析该地热田单井涌水量20 ~ 30m^3/h，该热田属于“低温地热资源”分布区。

三、典型地热井、温泉

（一）典型地热井

1.阳高平山地热井

（1）位置

地热井位于阳高县罗文皂镇平山村。

（2）概况

井深178m，孔径0.3m，井口温度104℃。

（3）热储层特征

热储层地质时代为N_2+Ar，厚度56.5m，盖层地质时代为Q，厚度113.5m，取水段顶板埋深113.5m，水位埋深113.5m，水位标高1002m，井口水温104℃，单井涌水量在50m^3/h。

（4）水化学成分

地热井未进行取样测试。

（5）开发利用

地热井2009年成井后一直未利用。水温高，水量大，发展前景良好。该地热井不仅可以向阳高城区供暖，也可以开发建设大型疗养院。

2.忻州顿村地热井

（1）位置

忻州市忻府区秦城乡顿村村委会院内。

（2）概况

井深300m，孔径0.127m，井口水温42.3℃。

（3）热储层特征

热储层地质时代为Ar，厚度为128.6m，盖层地质时代为$Q+N_2$，厚度为171.4m，取水段顶板埋深60.3m，水位埋深39.3m，水位标高在756.7m，井口水温42.3℃，单井涌水量在$40m^3/h$。

（4）水化学成分

2013年10月12日对地热井进行了取样测试，成果详见表4-4-14。

表 4-4-14　忻州市忻府区顿村村委会地热井化学成分统计表

项目	t_s/℃	pH	TDS/(mg/L)	Na^+/(mg/L)	K^+/(mg/L)	Ca^{2+}/(mg/L)	Mg^{2+}/(mg/L)
含量	42.3	7.88		284	6.86	155	1.4
项目	Li/(mg/L)	Rb/(mg/L)	Sr/(mg/L)	NH_4^+/(mg/L)	Zn/(mg/L)	Se/(mg/L)	SO_4^{2-}/(mg/L)
含量	0.0402	na	na	<0.1			691
项目	CO_3^{2-}/(mg/L)	HCO_3^-/(mg/L)	Cl^-/(mg/L)	F^-/(mg/L)	NH_4^+/(mg/L)	SiO_2/(mg/L)	HBO_2/(mg/L)
含量	3.12	73.5	155	4.4	<0.1	nd	1.84
项目	$HAsO_3$/(mg/L)	H_2S	β	镭	Rn	He/%	水化学类型
含量	0.0002	na	na	na	na	na	SO_4-Na·Ca

注：t_s为取样温度；TDS为溶解性固体总量；na为未分析或数据缺失；nd为未检出。

（5）开发利用

该井建成于1998年，由于热矿水理疗价值高，适合疗养、洗浴，对身体有益处。该井水量充沛，成井后热矿水主要用于村民洗浴，推动了当地农村生活条件的改善和生活水平的提高。

3.太原市小店区省综改示范区CWZ—1地热井

（1）位置

CWZ—1地热井位于太原市小店区科创城街道办田庄社区西南地调院基地西围墙处，地热井位坐标为东经112°37′02″，北纬37°43′05″，地面标高776m。

（2）概况

CWZ—1地热井成井于2020年12月，井深2203m，孔口地面标高776m，孔口直径340mm，静止水位埋深82.07m，静止水位标高733.206m，井口温度64℃。

（3）热储层特征

热储层为奥陶系石灰岩，厚度310m；盖层为Q++N+T+P+C（第四系、新近系、三叠系、二叠系、石炭系），厚度1470m，孔深1470m处水温50.65℃，盖层地层地温梯度2.81℃/100m。区内恒温层顶板埋深一般为25m，热储层地质时代为O+∈（奥陶系、寒武系），热储层顶底板埋深为1470～2175m，孔深2175m处水温为67.37℃，热储层地温梯度2.37℃/100m，水位埋深80.0m，水位标高696m，井口水温64℃，水位降深56.71m、37.60m、17.60m对应的单位涌水量分别为0.036L/(s·m)、0.037L/(s·m)、0.03954.9L/(s·m)。地热水水化学类型为SO_4-Ca型，TDS为2541mg/L。在该井抽水试验过程中发现了恢复水位的特殊性，在1h内恢复水位处于持续上升的状态，并且达到高于静止水位6m后开始下降，12h后恢复水位回到静止水位，详见图4-4-4。

（4）水化学成分

2021年4月10日分别对地热井进行了取样测试，成果详见表4-4-15。

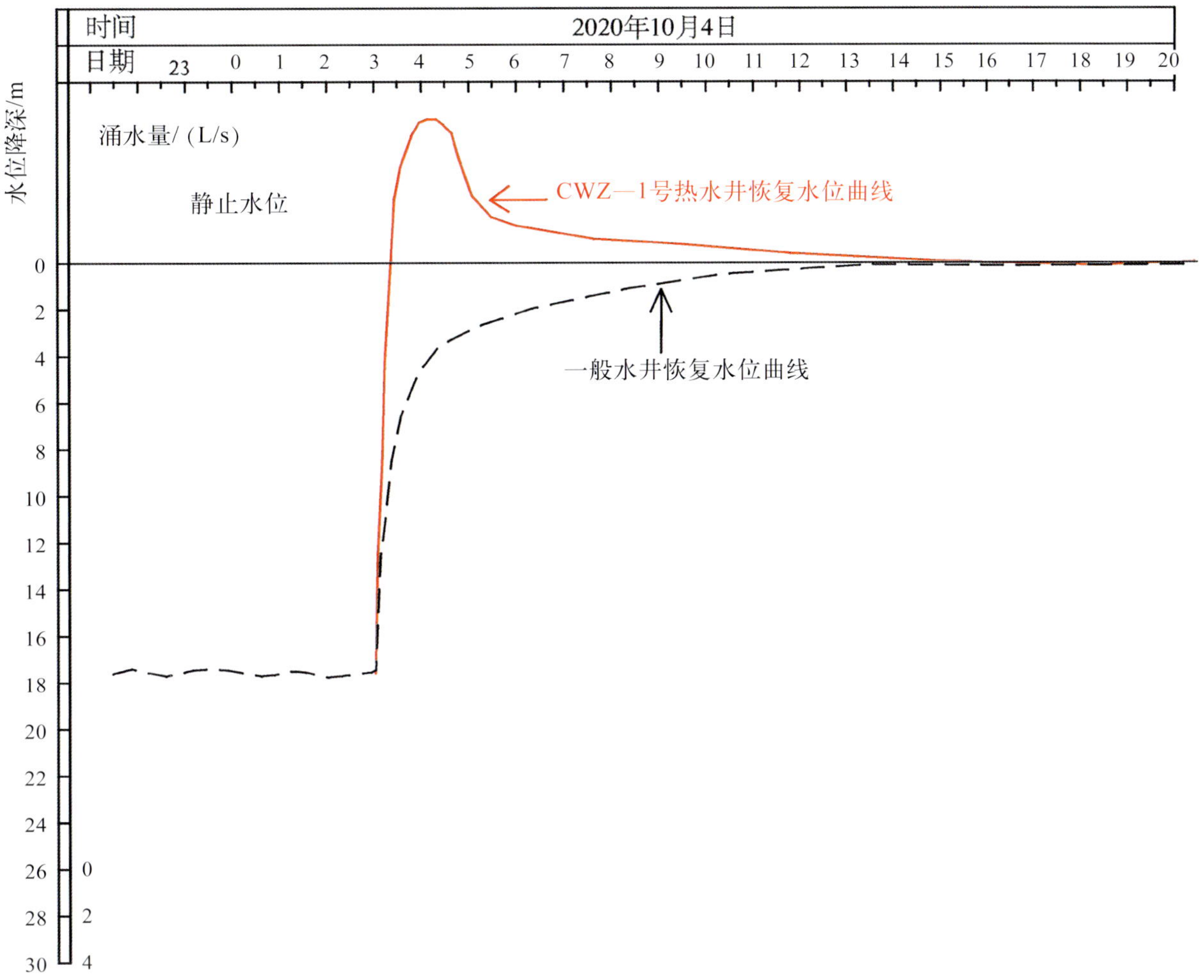

图4-4-4 太原市小店区省综改示范区CWZ—1地热井抽水试验恢复水位曲线图

表 4-4-15 太原市小店区省综改示范区 CWZ—1 地热井水化学成分统计表

项目	t_s/℃	pH	TDS/（mg/L）	Na^+/（mg/L）[1]	K^+/（mg/L）	Ca^{2+}/（mg/L）	Mg^{2+}/（mg/L）
含量	64	7.70	2541	116	24.7	473	71.7
项目	Li/（mg/L）	Rb/（mg/L）	Sr/（mg/L）	Cu/（mg/L）	Zn/（mg/L）	Se/（mg/L）	SO_4^{2-}/（mg/L）
含量	0.13	na	10.0	<0.0022	0.0036	0.00010	1437
项目	游离CO_3^{2-}/（mg/L）	HCO_3^-/（mg/L）	Cl^-/（mg/L）	F^-/（mg/L）	NH_4^+/（mg/L）	H_2SiO_3/（mg/L）	NO_3^-/（mg/L）
含量	3.70	171	88.4		0.06	34.5	0.20
项目	HBO_2/（mg/L）	$HAsO_3$/（mg/L）	总β/（Bq/L）	Ra/（Bq/L）	Rn	He/%	水化学类型
含量	nd	nd	1.34	0.08	na	0.06～0.31	SO_4–Ca

注：t_s为取样温度；TDS为溶解性固体总量；na为未分析或数据缺失；nd为未检出。

（5）开发利用

CWZ—1地热井尚未利用，进行过回注试验，双良公司计划用于供暖。

4.太原市万柏林区省展览馆地热井

（1）位置

地热井位于太原市省展览馆对面汇展宾馆院内，地热井位坐标为东经112°31′30″，北纬37°49′50″。

❶Na^+/（mg/L）为质量浓度$\rho(Na^+)$/（mg/L）。

（2）概况

太原省展览馆地热井成井于2004年7月，是太原市区第一眼自流热水井，孔口地面标高783.0m，孔径：0.140m，成井时静水位标高793.2m（+10.2m），井口水温57℃，孔深1690.56m。

（3）热储层特征

热储层岩性为奥陶系石灰岩，厚度310m；盖层地质时代为$Q++N_2+T_1+P_2+C$，厚度1215.0m。取水段顶底板埋深为1215.0～1690.5m，水位埋深1.5m，水位标高795.5m，井口水温50℃，单井自留量在78m^3/d左右，抽水涌水量为2000m^3/d，单位涌水量为22.4～54.9m^3/d·m。地热水水化学类型为SO_4–Ca·Mg型，TDS为2172mg/L。

（4）水化学成分

2014年3月10日分别对地热井进行了取样测试，成果详见表4–4–16。

表 4-4-16　太原市万柏林区省展览馆地热井水化学成分统计表

项目	t_s/℃	pH	TDS/（mg/L）	Na^+/（mg/L）	K^+/（mg/L）	Ca^{2+}/（mg/L）	Mg^{2+}/（mg/L）
含量	50	7.52	2172	17.4	9.27	442	99.7
项目	Li/（mg/L）	Rb/（mg/L）	Sr/（mg/L）	NH_4^+/（mg/L）	CO_3^{2-}/（mg/L）	HCO_3^-/（mg/L）	SO_4^{2-}/（mg/L）
含量	0.0649	na	na	<0.1	0	222	1318
项目	Cl^-/（mg/L）	F^-/（mg/L）	CO_2	SiO_2/（mg/L）	HBO_2/（mg/L）	$HAsO_3$/（mg/L）	水化学类型
含量	16.5	2.25	3.12	nd.	<0.29	0.0005	SO_4–Ca·Mg

注：t_s为取样温度；TDS为溶解性固体总量；na为未分析或数据缺失；nd为未检出。

（5）开发利用

地热井成井于2004年，热矿水主要用省展览馆小区供暖。

5.运城市第一医院K_1地热井

（1）位置

K_1地热井位于运城市盐湖区姚孟街道办以东100m运城市第一医院院内，CGCS2000国家大地坐标系坐标X=3883505.639；Y=37497263.064，高程350.790m。

（2）概况

地貌属湖积平原区，周边地形起伏不大。K_1地热井孔深3002.00m，钻孔于2019年11月6日开钻，2020年1月11日完井，终孔于新生界古近系地层（揭露250m，未揭穿该地层）。0～500mm，钻孔直径φ455mm；500～2000m，钻孔直径φ311mm；2000～3000mm，钻孔直径φ216mm，滤水管拟设在孔深2000～2980mm段。

（3）热储层特征

K_1井主要为新近系（N_2b中下部）和古近系（E）孔隙热储层。新近系孔隙层状热储层为中细砂、细砂、少量砂砾层以及半胶结砂岩；古近系孔隙热储层为半胶结粗砂岩（局部含砾石）。盖层地温梯度2.48℃/100m，热储层地温梯度1.6℃/100m，盖层地质时代$Q+N_2j+N_2b$上部，盖层厚度2003m。

取水层段埋深为2018.3～2991.6m，新近系静乐组（N_2j）顶板埋深为795m，测井温度为38.9℃，底板埋深为1544m，测井温度54.42℃；新近系保德组（N_2b）顶板埋深为1544m，测井温度为54.42℃，底板埋深为2752m，测井温度74.52℃；古近系（E）顶板埋深为2752m，测井温度为74.52℃，底板未揭穿，测井温度78.92℃，孔底温度79°C，出水口水温69°，涌水量为119.3m^3/h（2863.2m^3/d）。热储含水层厚度506.5m，水位降深分别为65.48m、48.46m、34.78m、18.86m，对应的单位涌水量分别为0.595L/（s·m）、0.684L/（s·m）、0.774L/（s·m）、1.085L/（s·m）。水位埋深67.19m。地热水水化学类型为Cl·SO_4–Na·Ca型，TDS为17.12g/L。

（4）水化学成分

K_1地热井2020年4月24日进行了取样测试，成果详见表4–4–17。

表 4-4-17 运城市盐湖区第一医院 K_1 地热井水化学成分统计表

项目	t_s/℃	pH	TDS/(mg/L)	Na^+/(mg/L)	K^+/(mg/L)	Ca^{2+}/(mg/L)	Mg^{2+}/(mg/L)
含量	69	7.25	17124	5279.0	27.10	601.2	186.9
项目	NH_4^+/(mg/L)	Sr/(mg/L)	Li/(mg/L)	NO_3^-/(mg/L)	CO_3^{2-}/(mg/L)	HCO_3^-/(mg/L)	SO_4^{2-}/(mg/L)
含量	2.54	17.97	0.815	4.98	0	167.5	4156
项目	Cl^-/(mg/L)	F^-/(mg/L)	游离CO_2	H_2SiO_3/(mg/L)	HBO_2/(mg/L)	$HAsO_3$/(mg/L)	水化学类型
含量	6915	1.70	20.91	43.35	32.37	0.018	SO_4–Ca·Mg

注：t_s为取样温度；TDS为溶解性固体总量；na为未分析或数据缺失；nd为未检出。

（5）开发利用

K_1地热井用于运城市第一医院供暖和洗浴。K_1地热井理疗天然热矿水类型为偏硅酸、锶水。

（二）典型温泉

1.浑源汤头温泉

（1）位置

大同市浑源县王庄堡镇汤头温泉疗养院东50m，海拔1120m。

（2）概况

地貌属隆起山地区冲洪积河谷阶地区，热田周边地形起伏较大。温泉主要热储层为太古宇黑云斜长片麻岩，盖层则为第四系松散层。据物探推测，汤头地热田基岩热储层埋深由北向南逐渐加深，最深处达80m，其上覆盖着6.6～80m厚的松散层，有效热储层厚度60m，热储温度61℃。

现温泉早已消失，目前开采地热井井深63m，取水段顶底板埋深为50～63m，水位埋深8.6m，水位标高1111m，井口水温61℃，单井涌水量15m³/h。地热水水化学类型为SO_4·Cl–Na型，TDS868.95mg/L。

（3）温泉有益矿物质元素

H_3BO_3含量1.42mg/L，达到有医疗价值浓度；H_2SiO_3含量113mg/L，达到命名矿水浓度；F含量13.4mg/L，达到命名矿水浓度，是全省H_2SiO_3含量含量最高的热矿水。

（4）水化学成分

2003年6月和2013年9月14日分别对温泉和地热井进行了取样测试，成果详见表4–4–18。

表 4-4-18 浑源汤头温泉水化学成分统计表

项目	t_s/℃		pH		TDS/(mg/L)		Na^+/(mg/L)		K^+/(mg/L)		Ca^{2+}/(mg/L)		Mg^{2+}/(mg/L)	
含量	2003年	2013年	2003年	2013年	2003年	2013年	2003年	2013年	2003年	2013年	2003年	2013年	2003年	2013年
	62.5	61	8.1	8.81	905	897	130	260	nd	8.44	4.16	17.5	5.22	0.62
项目	Li/(mg/L)		Rb/(mg/L)		Sr/(mg/L)		NH_4^+/(mg/L)		CO_3^{2-}/(mg/L)		HCO_3^-/(mg/L)		SO_4^{2-}/(mg/L)	
含量	2003年	2013年	2003年	2013年	2003年	2013年	2003年	2013年	2003年	2013年	2003年	2013年	2003年	2013年
	na	0.18	na	na	na	na	nd	<0.1	9.27	9.51	nd	56.1	89.1	303
项目	Cl^-/(mg/L)		F^-/(mg/L)		CO_2		SiO_2/(mg/L)		HBO_2/(mg/L)		$HAsO_3$/(mg/L)		水化学类型	
含量	2003年	2013年	2003年	2013年	2003年	2013年	2003年	2013年	2003年	2013年	2003年	2013年	2003年	2013年
	135.9	145	15	0	na	0	na	nd	na		na	0.0003	Cl·SO_4–Na	SO_4·Cl–Na

注：t_s为取样温度；TDS为溶解性固体总量；na为未分析或数据缺失；nd为未检出，下同。

（5）开发利用

汤头温泉开发利用已有2000多年的历史，并以"能愈百疫"而闻名于世。温泉正式开发于1967年，由于热矿水医疗价值高，适合疗养理疗。主要用于疗养、洗浴和供暖（疗养院内部供暖），汤头温泉疗养院现有床位150张，日用水量200m³左右。如果按日开采量1300m³计算，可以满足1550张床位的用水量，其潜力巨大。

2.盂县寺平安温泉

（1）位置

阳泉市盂县梁家寨乡大崔庄村，海拔411m。

（2）概况

地貌属中低山沟谷河流阶地。寺平安温泉热矿水的分布出露严格受构造与岩性控制，从热储层岩性上看，热水出露于太古宇龙华河群底部至榆林坪顶部的伟晶岩脉中；就构造而言，寺平安地热田热水属于隆起断裂型深循环脉状承压水。

原有温泉早已消失，目前开采地热井井深120m，取水段顶底板埋深为32～101m，水位埋深15m，水位标高396m，井口水温53.7℃，单井涌水量为25m³/h。地热水水化学类型为$Cl·SO_4$-Na·Ca型，TDS为1054.05mg/L。

（3）温泉有益矿物质元素

H_3BO_3含量3.082mg/L，达到有医疗价值浓度；H_2SiO_3含量78.2mg/L，达到命名矿水浓度；F含量5.4mg/L，达到命名矿水浓度。

（4）水化学成分

2013年11月12日对地热井进行了取样测试，成果详见表4-4-19。

表 4-4-19　盂县寺平安温泉水化学成分统计表

项目	t_s/℃	pH	TDS/(mg/L)	Na^+/(mg/L)	K^+/(mg/L)	Ca^{2+}/(mg/L)	Mg^{2+}/(mg/L)
含量	53.7	8.32	1084	284	7.63	57.7	0.47
项目	Li/(mg/L)	Rb/(mg/L)	Sr/(mg/L)	NH_4^+/(mg/L)	CO_3^{2-}/(mg/L)	HCO_3^-/(mg/L)	SO_4^{2-}/(mg/L)
含量	0.314	na	na	<0.1	3.8	59.9	313
项目	Cl^-/(mg/L)	F^-/(mg/L)	CO_2	SiO_2/(mg/L)	HBO_2/(mg/L)	$HAsO_2$/(mg/L)	水化学类型
含量	268	5.4	0	nd	3.08	0.0011	$Cl·SO_4$-Na·Ca

注：t_s为取样温度；TDS为溶解性固体总量；na为未分析或数据缺失；nd为未检出。

（5）开发利用

寺平安温泉开发利用已有1400多年的历史，人称“神水”“热河”，以“能治百病”闻名。目前的开采井成井于1982年，自20世纪90年代开发利用以来，由于热矿水医疗价值高，适合疗养理疗。该井水温较高，水量较大，目前热矿水主要用于洗浴、游泳。

第五节　地热资源潜力分析与可持续利用

山西省地热资源以中低温为主，具有热储分布广，类型多，埋藏深度浅，开发利用条件较好等特点。全省地热资源量1.776×10^{18}kJ，相当于标准煤6.06×10^{10}t，地热流体可开采热量为2.535×10^{14}kJ/a，相当于8.65×10^6t/a的标准煤产生的热量。这对一个经济转型跨越发展，煤炭能源日益枯竭的省份来说，无疑是一项十分可观的能源补充，将为山西省经济社会的发展发挥重要的作用。

山西省天镇县马圈痒，忻州市忻府区奇村、顿村，浑源县汤头，盂县寺平安，原平市大营，夏县南山底等12处地热田开展了地热资源综合利用，开发利用方式多样，规模较大，达到综合开发利用阶段，主要是温泉疗养、种植养殖、地热供暖和养鱼等。除此之外的大多数地热田仍处于低水平利用阶段甚至未开发利用，主要是利用地热水洗浴、洗衣、灌溉等，服务场所环境卫生条件差，水资源浪费现象严重。因此，山西省在地热资源的开发利用上还有很大的潜力，在地热资源开发利用方式、合理开发和资源的保护方面仍有巨大提升和改进空间。

一、资源量的开发利用潜力

为了进一步探讨山西地热资源开发利用潜力，对已评价的46处地热田的开发利用资源量、热量开采系数、热量潜力模数进行评估和计算。

（一）评价方法

流体开采量分类统计方法主要依据地热井、温泉的流体开采量监测数据和行政区、地热田历年井数统计数据，结合野外实地调查，对地热田开采量进行统计。统计方法有两种：①平均累计；②加和累计。采用上述两种方法进行分别统计，然后进行校核，并根据校核后的结果计算地热田总的流体开采量。

（二）地热资源开发利用潜力

1.沉积盆地型地热资源开发利用潜力

根据山西省沉积盆地型地热田流体热量开采利用系数和模数计算结果，以县级行政区和地热田为单位，根据沉积盆地型地热资源开发利用方向，计算总开发利用量、热量开采系数和热量潜力模数。地热流体的热量潜力模数指标可以用来衡量地热资源开发利用潜力，从中可以看出，山西省沉积盆地型地热资源在忻州市的忻府区、原平市、定襄县，太原市的万柏林区、清徐县，临汾市的尧都区，运城市的河津市属于超采区，必须压缩开采量，以确保地热资源的可持续利用；其他地区热资源分布区热量潜力模数在$6.112\times10^{6}\sim3.296\times10^{10}$kJ/（a·km²）之间，开发潜力非常巨大。

2.隆起山地型地热资源开发利用潜力

以县级行政区为单位，根据对隆起山地型地热资源开发利用方向，计算总开发利用量、热量开采系数和热量潜力模数。地热流体的热量潜力模数指标可以用来衡量地热资源开发利用潜力，从中可以看出，山西省隆起山地型地热资源的热量潜力模数为$2.63\times10^{9}\sim14.61\times10^{9}$kJ/（a·km²），开发潜力大。

3.地热资源开发利用综述

综上所述，山西省虽然对地下热水的利用有着悠久的历史，许多地热田得到不同程度的开发利用，有些地热田地理位置偏远、交通不便，基本未利用，或者仅当地居民简单直接利用；部分已经开发利用的地热田，利用率低下，管理缺失，故省内地热资源仍有较大的开发利用潜力。

为了更好地挖掘省内地热田开发利用潜力，提高地热资源利用率，合理开发利用，首先认真贯彻落实《山西省地热资源勘查开发规划（2021—2025年）》，加强对地热田的总体勘查评价；其次，改进目前省内大多数地热井单一利用现状，改进利用方式，对地热水进行梯级利用，节约资源，利用地热回灌技术，延长和增加地热田服务期，预防地质环境问题；在地热资源利用的同时，加强管理，注重监测，及时掌握地热田开发利用状况，调整开发利用方案，确保山西地热资源开发利用走可持续发展之路。总之，山西地热资源潜力若能进一步挖掘，不仅能减少煤炭的开发和利用，而且可以降低空气中排放污染物数量和种类，净化空气，减少城市环境污染，还能在山西省经济转型发展中发挥积极作用。

二、地热资源开发利用中存在的问题

地热能作为一种清洁能源，是未来中国能源开发中最重要的战略新能源之一，有助于缓解我国能源紧张的局面，同时能够保护环境。因此，预测近一段时间，山西即将掀起地热资源勘查和评价的新热潮。近几年的地热资源开发过程中，山西个别地区的地热开发项目或多或少出现了一些问题，思考并寻求解决办法，以期达到地热资源的可持续开发与高效利用。

概括起来山西省地热资源开发利用中主要存在以下一些问题：地热资源勘查评价程度低，不适应开发的需要；管理职能交叉，一些地区地热开发利用秩序混乱，管理不到位；地热资源私采乱用现象严重；一些地区地热井过于集中，超采现象严重，只采不灌，造成局部地区热储压力持续下降；重开采、轻回灌，水温水位持续下降，严重影响资源可持续利用；大多数地区地热资源利用单一，规模化、产业化水平不高，相当一部分温泉水没有被充分利用，井采地热水回收率低，弃水量大、温度高；在一些采取直供、直排供暖方式的单位，其热能利用率仅为20%～30%，不但严重浪费了地热资源和水资源，而且造成城市热污染和管网腐蚀；温泉理疗保健养生效果的研究薄弱。

1.地热资源管理不到位，开发利用不规范

地热资源违法开采的现象普遍存在，在一些城市商品房住宅小区，开发商为了提高商品房身价，把温泉入户作为卖点，在未办理采矿许可证的情况下，没有进行正规勘查工作之前，直接施工地热开采井，不管水文地质条件如何，井位必然在本小区，成井日期必须在开盘之前，打一眼地热井推销几千套商品房，即便打井成功了，楼盘销售过程中业主尚可勉强享用温泉，一旦楼盘售罄，温泉大多不能使用，这样的案例并不少见；有些地区，开采井密度大，开采强度较高，井与井之间相互干扰较大，产生用水矛盾，尤其是地热流体使用高峰时期更为突出。例如，长期以来，天镇县地热田利用各自为政，互相争抢资源严重，虽然有一定的商业式地热资料，却缺乏许多必要的地热参数，盲目开采，不但无法达到长期利用的目的，也造成了资源的浪费，并且增加开发的风险性；太原市滨河西路—神堂沟一带分布有8眼地热井，提交的热水资源量均是依据单井抽水试验资料，形成过量开采的局面，造成地下热水每年以2m多的速率下降；运城市盐湖区2010年以来至少有31处住宅小区建成地热井，基本以冬季供暖为主，井深、井距与开采量均各行其是，这些地热井肯定不能维持长期使用。

2.地热资源开发水平低，浪费严重

目前地热资源的开发利用模式相对较为单一。开采出来的热水资源，只利用了其一定温度阶段的能量，其他阶段的温度则白白浪费掉了。这种缺乏综合的梯级利用理念及实践，降低了地热资源利用的效率，也造成了资源的浪费。到目前为止，省内地下热水开采后进行回灌的比例比较低。除山西综改示范区实现全部回灌以外，未听说还有其他地方有全部回灌的。运城市盐湖区各小区地热井基本是利用热水供暖后全部排放，不但浪费地热资源，而且严重腐蚀城市管网。

3.地热资源开发缺乏科学规划和指导，破坏了资源与环境

由于一些自发的地热开采项目，缺乏科学的规划与指导，导致开采井分布过于集中。开采量也缺乏科学规划，只开采不进行回灌，最终造成地下热水资源水位和水温下降，这不仅影响开发收益，同时也破坏了地热资源赋存地质环境，影响了资源的可持续利用。因此，在开采过程中，需要合理布局，长远规划，以确保资源的长期开发利用。破坏了地下水动态平衡，很多地热井连年冬季发生“断流”现象，争水纠纷时有发生。过度开采导致地热田地热流体温度降低、区域地下水水位降低、地热流体水质变异等热水环境地质问题。

4.地热资源开发的监管管理力度不够

这一问题主要体现在两方面：一方面是地方政府对地热资源的管理力度不够，缺乏专门的管理机构进行统一监管规范；另一方面，在地热开发过程中，地热井开采后的资源环保管理不到位，地热尾水回灌的技术和设施设备不够，既造成了资源的浪费，又容易导致对周围的环境和生态产生不良影响。有许多房地产开发商打擦边球，建设地热井既不办取水许可证，也不办热矿水采矿许可证，开采热水的成本基本是打井施工及配套费用，成本比较低，不但拉动了房地产销售，还要向业主收取高价温泉水费。在能源危机和环境问题困扰下，地热资源开发是应对这些问题的有效途径之一，山西地热资源利用具有广阔的前景。因此，在地热资源开发过程中，要使资源勘查、开发保持同步，综合利用，合理规划开发，提高地热能利用技术，加强地热开发的监管力度，使地热资源得到科学合理、持久有效的开发。

三、地热资源的可持续利用对策与建议

（一）开发利用方式的改进

山西省地热资源较丰富，大多数地热田有着不同程度的开发，但仍处于初级开发利用阶段。所以，急需改进，由于地热资源的简单和直接利用，缺乏监管的无序开采均造成环境地质问题、地质灾害或者

地热资源的浪费。可以通过以下方式提高地热资源的有效利用，减少地热资源造成的环境问题。

1.加强地热资源的管理措施

加大宣传力度，提高全民对地热资源开发利用重要性的认识水平。同时加强地热资源基础地质调查工作，在做好已部分开采地热田总体勘查评价的基础上，重点加强未开采地热田的地热资源调查评价工作。坚持勘查与开发统一规划，开发与保护并重，对地热田勘查开发层位、布井原则、布井总量、可采资源量、开采规模、开发利用方向和资源保护等方面进行规划。做好地热资源开发利用动态监测工作，及时掌握地热田相关指标的变化情况，适时调整开发利用方案，保护好地热资源。规范完善地热资源的探矿权和采矿权市场，推进有偿开采。

2.改进开发利用方式提高地热资源利用率

目前省内地热资源开发利用方式主要为单一开采形式，即开采出的热水，用于某一特定利用方向后即直接排放，这不仅使得开采量增大，导致地热水位下降，造成地热资源的浪费和地质环境问题，且未经处理的尾水会造成热污染及管网腐蚀。必须改进开发利用方式，进行梯级利用，使不同水温的热水在不同领域都发挥作用，使地热水得到充分利用，这样就能大大节约地热资源；大力普及地热回灌技术，将低温地热水再次回灌热储层，补充地下热水量，就可以延长热水井使用寿命，保持地热田水量相对平衡，达到开发和保护并重，延长热田的开发利用时间，减轻地热水开发带来的如地面沉降、环境污染等负面作用。

地热资源作为一种清洁的新型能源，具有广阔的发展前景。正确的开发利用不仅在某种程度上缓解能源压力，而且能够减轻环境污染。对其开发利用方式应本着客观科学、优化配置、科学先导、集约利用的原则确定。使地热开发与管理走向统一规划、合理布局、总量控制、计划开采、综合利用、高效节能、合理配置和持续发展的健康之路。

（二）加强地热资源管理

1.山西省能源转型刻不容缓

山西作为长期为我国输送煤炭的能源大省，对我国国民经济和社会发展起到了重要的支撑和保障作用。但与此同时，煤炭等化石能源大规模开发对生态环境造成严重影响，迫近生态红线。2019年，生态环境部设立大气污染传输通道城市（2+26城市）及汾渭平原11城市作为打赢蓝天保卫战重点推进区域，山西省有8座城市在列（太原、阳泉、长治、晋城、吕梁、晋中、临汾、运城）。区域环境污染压力对能源产业发展形成的约束日趋强化，迫使山西加快实现低碳绿色转型。

2.加大资源勘查投入

建议持续加大山西省地热资源勘查财政投入力度，开展太原、临汾、运城等重点区域地热资源的详查和精细评价。对水热型地热田的地质及热储特征、地热资源的数量和质量，以及开采技术经济性进行评价，为山西省地热资源合理开发利用提供依据。

3.加大关键技术研发

山西省应设立地热能科技创新重大专项资金，加大对地热能勘探开发核心关键技术研发的投入力度。一是研发高精度水热型地热非震勘探技术，通过技术应用解放更多地热资源；二是攻关砂岩地热尾水经济回灌技术，保证砂岩地热项目尾水实现全回灌。

4.加大法规政策建立及执行力度

山西省自然资源厅晋2023年8月31日自然资函〔2023〕731号发布了《山西省自然资源厅关于已建地热开发项目整改及矿业权出让登记有关事项的通知》，提出了积极推动已建地热利用项目整改提升、商业开发地热井分类整改；联动把关，加快推进矿业权出让登记，规范计征，及时征收地热矿业权出让收益；积极稳妥，有序实施淘汰关停项目生态修复等一系列政策措施，2023年2月24日已经出台《山西省地热尾水回灌技术要求（试行）》《山西省地热地质环境监测技术要求（试行）》，关键是要落实到位。

5.加快出台《山西省地热资源管理办法》

进一步明确管理部门职责，简化和加快地热探矿权、采矿权等申报要求和审批程序。落实地热采灌标准，加强地热水回灌监督检查，制定完善的地热能技术标准体系。制定和实施积极的财税政策，支持地热产业发展。加快地热产业化建设，推动省内相关地热产业政策及管理办法陆续出台，努力探索走出一条山西省能源转型发展新道路。

6.提升地热资源勘查综合实力

培养高水平地热勘查人员，配套设备，加强专业化队伍建设，为政府决策提供科学技术支持，使地热资源的开发利用科学化、合理化、正规化。

7.建立地热资源监测系统

观测地热流体在开采条件下的水质、水位、水温、水量变化特征，并将传统的人工监测改为现代化自动监测传输，通过自动化监测，实现监测数据的实时传输。同时建立动态监测数据库，实现监测数据网络化，通过对监测数据及时分析，了解其动态变化及对环境地质的影响。

8.加大地热资源开发利用执法力度

完善审批监督机制，加大处罚力度。将动态监测成果作为审批的必备依据，在开发过程中加强监督，对于超采、乱采等行为加大处罚力度。

（三）提高地热资源利用率

1.梯级利用

地热流体在利用过程中温度是逐渐下降的，而不同行业对热水温度的要求不一样，根据各行业对温度需求的高低，构成梯级利用关系。例如，在天镇马圈痒，将>60℃的热水，首先用于采暖、医疗，当降温到40～60℃的温热水时，可用于洗浴、温室，再次降温到25～40℃的温水时，可用于农业、水产养殖等。梯级利用能够有效地满足各行业的需要，而不增加资源的消耗，极大地提高了地热资源的利用率。很多城市和地区已将地热资源梯级利用技术很好地应用到建筑领域，在节能减排方面取得了明显的效果。

2.热泵技术

利用热泵技术可以对40℃以下的地热尾水进行二次开发利用，把低温余热变为可用的热能，进一步提高地热利用率，同时解决地热尾水对生态环境造成的热污染。热泵技术在北京、天津等地已经取得了很好的效果。而在国外，热源的可利用温度已经低至5℃，像瑞士这种传统意义上没有地热资源的国家，采用热泵技术后，1995年就可以利用浅层地温能提供228G（W·h）/a的热功率于地热供暖。所以，热泵技术可以广泛运用于山西省浅层低温能开发，以及温度较低的地热田，通过热泵技术可最大限度地利用地热资源。

3.地热回灌技术

目前，大部分地热田对低温地热水的处理方式都是直接排放，排放过程中容易对环境造成负面影响。而通过地热回灌技术，将无害化处理后的低温地热水重新灌入热井中，补充热储层流体量，不仅可以维持热储压力，延长地热田的使用寿命，还可以减少地下水抽取造成的地面沉降等环境问题。地热回灌技术在天津等地已经取得了很好的效果。主要表现在以下两个方面：

（1）改善或恢复热储的产热能力

地热一部分储存在介质热流体中，而绝大部分储存在围岩中，通过把温度较低的水注入热储岩层中，经过围岩加热再次抽取出来，可以提高地热资源的利用率。

（2）维持地热田的开采利用条件

一般来说，地热水的开采会导致热储层压力降低，如果地热开采量过大，使补排条件失去平衡，热储压力会持续降低，使地热田的热水产出能力降低，甚至丧失热水产出能力，进而引发地面沉降。地热水回灌技术对于维持或恢复热储层压力、稳定地热田开采条件，预防地面沉降具有重要意义。

第五章　浅层地热能

浅层地热能是一种可再生的新型环保能源，利用潜力巨大。大规模开发利用浅层地热能对构建资源节约型和环境友好型社会、保障国家能源安全、改善我国现有能源结构具有非常重要的意义。近年来，我国浅层地热能开发利用发展迅速，行业未来的发展方向是如何高效、科学和可持续大规模开发利用浅层地热能。

浅层地热能是指地表以下一定深度范围内（一般为恒温带至200m埋深），温度低于25℃，在当前技术经济条件下具备开发利用价值的地热能。浅层地热能是地热资源的一部分。山西省浅层地热能资源丰富，估算年均可开采资源总量约1.28×10^8t标准煤，占全国可采总量的18.28%。预期可制冷面积$12.27 \times 10^8 m^2$、供暖面积$6.67 \times 10^8 m^2$。其中太原、忻州、晋中、大同、运城、朔州、长治和临汾八个市适合地源热泵的适宜区、较适宜区面积约为$4464 km^2$，可供建筑供暖（制冷）面积约为$6.7 \times 10^8 m^2$。

第一节　浅层地热能分区

根据卫万顺等的研究，在原有浅层地热能成因类型划分（卫万顺等，2012）的基础上，根据常温层岩土体原始温度t_H的高低，结合全国大地热流密度分布特征、年均气温和地形地势特征等因素，新增加一类划分方案，将我国浅层地热能成因类型划分为4大类15个亚区：$t_H \geq 15$℃、t_H=10～15℃、t_H=5～10℃和$t_H \leq 5$℃（表5-1-1）。

表 5-1-1　中国浅层地热能大地成因类型划分及其主要特征统计表

大地成因类型		常温带温度/℃	大地热流密度/[（m·w）/m²]	地温场特征岩土体热导率/[（m·w）/m²]	地温梯度/（℃/100m）	平均气温/℃	气候降雨量/mm	气候带
Ⅰ	长江中下游平原（Ⅰ$_1$）	15.0	57.5	3.04	3.85	16.0	1225	亚热带
	东南丘陵（Ⅰ$_2$）	17.5	71.5	3.30	2.25	18.5	1450	亚热带
	华南丘陵（Ⅰ$_3$）	23.0	77.4	3.08	2.47	21.0	1450	边缘热带
	西南岩溶山地（Ⅰ$_4$）	18.5	47.4	2.44	2.50	16.8	1500	亚热带
	云贵高原（Ⅰ$_5$）	22.0	69.1	2.44	2.50	20.0	1500	边缘热带
	藏东南亚热—边缘热带分布区（Ⅰ$_6$）	—	77.5	3.50	—	20.5	>1000	亚热—边缘热带
	均值	19.2	66.7	2.94	2.71	18.8	1345	
Ⅱ	乌鲁木齐—呼和浩特—海拉尔（Ⅱ$_1$）	10.5	46.3	3.00	3.5	5.8	<500	中温带
	南疆盆地（Ⅱ$_2$）	11.0	54.2	2.15	2.2	11.2	<5	暖温带
	下辽河、黄淮海平原、山东、辽东半岛（Ⅱ$_3$）	12.0	57.5	4.23	3.5	11.3	1150	暖温带
	均值	11.2	52.7	3.13	3.07	9.4	552	
Ⅲ	松内平原、辽河平原（Ⅲ$_1$）	8.0	52.5	2.15	2.50	1.5	525	中温带
	内蒙古高原（Ⅲ$_2$）	9.0	67.4	2.05	2.94	6.5	5	中温带
	青藏高原中温带分布区（Ⅲ$_3$）	9.0	66.0	2.07	3.00	4.1	1450	中温带
	黄土高原（Ⅲ$_4$）	9.5	69.2	2.35	3.35	11.4	500	暖温带
	均值	8.9	63.8	2.16	2.95	5.9	620	
Ⅳ	大兴安岭西侧（Ⅳ$_1$）	<4.0	30.0	3.00	1.00	-5.5	500	寒温带
	青藏高原寒带分布区（Ⅳ$_2$）	<5.0	64.2	—	—	1.0	—	高寒带
	均值	<4.5	47.1	3.00	1.00	-7.5	500	

注：卫万顺等，《中国浅层地热能成因机理及其控制条件研究》，2020年3月。

按照此划分方案，提出了以下中国浅层地热能成因类型大地分区方案：

1.t_H≥15℃和t_H=10～15℃型浅层地热能分布区

常温层原始温度较高，常温层原始温度与当地年均气温相近，分别相差0.4℃和1.8℃，缺少常温层原始温度数据时，可以用当地年均气温来代替，是浅层地热能开发利用适宜区，应大力开发利用浅层地热能。

2.t_H=5～10℃型浅层地热能分布区

常温层原始温度较低，常温层原始温度与当地年均气温相差3.0℃，缺少常温层原始温度数据时，不能用当地年均气温来代替，是浅层地热能开发利用较适宜区。

3.t_H≤5℃型浅层地热能分布区

常温层原始温度很低，与当地年均气温相差6.8℃，是浅层地热能开发利用不适宜区。

按照这个分区方法及分区结果，山西省大部分地区位于黄土高原区（$Ⅲ_4$）。

表5-1-1是全国性的浅层地热能分区指标，幅度比较大，精度比较低，显然是不适合省一级分区的，对于山西省来说，由于工作精度比较低，尚未建立统一的分区指标，因此，目前无法进行分区。

第二节　浅层地热能机理

根据地温长期观测结果，地下0～200m岩土体原始温度垂向上可分为变温带、常温层和增温带，其中常温层温度及深度是浅层地热能的重要指标（卫万顺，2017）。

从表5-1-1中可以看出，常温层岩土体原始温度表现出随年均气温和大地热流密度升高而升高的趋势，而岩土体热导率、地温梯度和降雨量与常温层岩土体原始温度关系不明显。表明常温层岩土体原始温度与年均气温和大地热流密度密切相关，即常温层岩土体原始温度与太阳能和地球内部热能有关。

从表5-1-1可以看出：我国省会城市常温层顶板埋深深度在10～38m之间，常温层顶板埋深总体上呈东南低，西北、东北地区高的特征，尤其是东北地区与青藏高原高寒区常温层顶板埋深普遍较深。在地质条件相似地区，常温层具有年均气温高、顶板埋深相对浅，大地热流密度低、常温层顶板埋深相对深的变化趋势，即气候变化与大地热流综合作用是影响常温层顶板埋深的内在因素，表明常温层深度与太阳能和地球内热能作用有关。

综上所述，浅层地热能是太阳能和地球深部热能综合作用形成的低温地热能，存在于地下近表层数百米内（一般＜200m）常温层中的岩土体和地下水里的低温地热能，再生迅速、取之不竭、用之不尽、清洁环保。

第三节　浅层地热能勘查

自2011年以来，在中央和地方财政的支持下，山西省相继开展了浅层地热能调查评价工作。目前，已完成的浅层地热能调查评价项目有三个，主要为2011—2013年中国地质调查局部署开展“太原市浅层地热能调查评价”和山西省国土资源厅部署“山西省六大盆地重点地区浅层地热能调查评价”工作；2014—2015年，中国地质调查局部署开展“山西省主要城市浅层地热能开发区1：5万水文地质调查”工作。以上项目部署在太原市、大同市、朔州市、忻州市、晋中市、临汾市、运城市、长治市八个主要城市规划的中心城区，面积在4317km^2。以上工作开展，查明浅层地热能分布特点和赋存条件，评价浅层地热资源量及开发利用潜力，编制浅层地热能开发利用适宜性区划，为山西省浅层地热能合理开发利用和保护提供依据。

2016年以来完成的项目有两个，分别是：2016年山西省地勘局部署安排山西省浅层地热能适宜区选区调查项目，工期2年；2017年山西省国土资源厅部署山西省太原盆地城镇密集区浅层地热能调查评价项目，工作区范围为交城、清徐、太谷、祁县、文水、平遥、汾阳、孝义、介休9个县（市、区）的平原区，面积在3351km²。

山西省的浅层地热能调查评价工作始于2011年，截至目前，已完成五个项目勘查工作，已完成调查面积（扣除重复工作区）约为9168km²，工作区域主要位于太原、大同、朔州、忻州、晋中、长治、临汾、运城市中心城区及太原—晋中盆地城镇密集区，取得了浅层地热能资源及开发适宜性基本数据。目前，正在实施1∶5万区域浅层地热能调查评价项目一项，项目名称为“山西省临汾盆地襄汾—洪洞—霍州一带浅层地热能调查评价”，调查面积为2500km²。

山西省地质调查院于2013—2015年提交了4份浅层地热能调查评价报告，对山西省主要城市浅层地热能开发利用进行了适宜性分区、资源量估算、开发利用潜力评估、开发利用经济效益、社会和环境效益分析。

1.太原市浅层地热能调查评价

2013年12月，山西省地质调查院提交了《太原市浅层地热能调查评价报告》，该项目是中国地质调查局组织实施的2011年地质矿产调查评价项目之一，该项目主要采用资料收集、野外调查、补充勘查孔、野外试验、动态监测、室内资料整理和综合研究等工作方法。完成实物工作量主要包括：1∶5万水文地质简测面积在567km²；调查机（民）井302个，水样采取55组；施工水文孔4眼，进尺568m，完成施工地质孔、热响应孔9眼，施工进尺960m，完成热响应试验9组；采取岩土样454组，其中热物性样品150组，岩土物性样品304组；完成水文测井13组，电测井1528m，做抽水试验4组，回灌试验2组，提交《太原市浅层地热能调查评价报告》1份，编制图件12张。项目成果基本雷同于《山西省主要城市浅层地热能开发区1∶5万水文地质调查》。太原市浅层地热能开发利用适宜性分区成果详见表5-4-1。

2.山西省六大盆地重点地区浅层地热能调查评价

2014年4月，山西省地质调查院提交了《山西省六大盆地重点地区浅层地热能调查评价报告》（山西省地质调查院，2014）。这项工作填补了山西省六大盆地浅层地热能调查评价空白，基本查明了工作区浅层地热能赋存条件，确定了可开发的地区及合理开发量，提出了可持续开发利用的建议，并对开发利用浅层地热能产生的环境影响进行了预测，为浅层地热能资源开发利用和保护、管理提供了技术依据。由于受经费所限，各城市工作区部署的钻探和试验工作量偏少，达不到《浅层地热能勘查评价规范》（DZ/T 0225—2009）所要求的精度，为浅层地热能资源的热容量和可利用资源量的评价带来了困难，直接影响浅层地热能开发利用适宜性分区的精确程度。此外，没有进行地温监测工作，无法掌握工作区地温场的变化情况，不利于预测浅层地热能开发利用产生的地质环境影响，对浅层地热能可持续开发利用提出的建议依据不足。

3.山西省主要城市浅层地热能开发区1∶5万水文地质调查

2015年12月，山西省地质调查院提交了《山西省主要城市浅层地热能开发区1∶5万水文地质调查报告》《山西省主要城市浅层地热能开发区1∶5万水文地质调查图集》《山西省主要城市浅层地热能开发区1∶5万水文地质调查现场热响应试验报告》。该项目隶属中国地质调查局组织实施的2014年《主要城市浅层地热能开发区1∶5万水文地质调查》计划项目，2014年6月9日，中国地质调查局下达了地质调查工作项目任务书。2015年12月中国地质环境监测院组织有关专家对该成果进行了验收评审，报告等级为良好。该次工作主要方法包括：资料收集、野外调查、补充勘查孔、现场热响应试验、抽水回灌试验、水质分析、岩土样测试、动态监测、资料整理和综合研究等工作方法。

项目组圆满地完成了设计要求的主要实物工作量，其中，1∶5万水文地质补充调查面积在5250km²；完成水样采取90组；施工水文地质探采结合孔2眼，进尺300m；完成施工热响应试验孔3眼，施工进尺300m；完成热响应试验3组；采取岩土样90组，其中热物理性质样品30组，物理性质样品60组；完成抽水试验5组，回灌试验3组；数据库建设1个。

该项目成果主要包括：查明了浅层地热能赋存条件；对山西省主要城市进行了浅层地热能开发利用

适宜性分区（表5-4-1）。根据已有的地质、水文地质资料和本次调查成果，阳泉、吕梁、晋城为地埋管和地下水换热方式不适宜区；开展了浅层地热能资源量估算及开发利用潜力评估；进行了浅层地热能开发利用经济、社会和环境效益分析；开展了地下水地源热泵和地埋管地源热泵开发利用对地质环境的影响评价，针对性地提出了综合防治措施。

第四节　浅层地热能资源评价

根据山西省地质调查院2015年12月11个地级市调查结果，山西省浅层地热能资源丰富，地下水地源热泵及地埋管地源热泵潜力区总面积达4464.00km^2，其中地下水地源热泵潜力区面积为532.768km^2，占潜力区总面积的11.9%；地埋管地源热泵潜力区总面积达3906.77km^2，占潜力区总面积的87.5%，估算年均可开采资源总量约1.28×10^{8}t标准煤，占全国可采总量的18.28%。预期可制冷面积12.27×10^{8}m^2、供暖面积6.67×10^{8}m^2。其中，太原、忻州、晋中、大同、运城、朔州、长治和临汾八个市城区适合地源热泵的适宜区、较适宜区面积约为4464km^2，可供建筑供暖（制冷）面积约6.7×10^{8}m^2；阳泉、吕梁、晋城城区为地埋管和地下水换热方式不适宜区，详见表5-4-1、图5-4-1。

表 5-4-1　山西省主要城市浅层地热能开发利用适宜性分区表

序号	行政分区	地下水地源热泵适宜性分区面积/km^2			地埋管地源热泵适宜性分区面积/km^2			开发利用潜力		
		适宜区	较适宜区	不适宜区	适宜区	较适宜区	不适宜区	总利用量/10^{4}GJ	折合标煤/10^{4}t	可供暖（制冷）面积/10^{8}m^2
	太原市	31.795	59.103	—	84.14	459.77	—	851.50	183.08	0.83
1	大同市	8.9	25.53	470.70	76.05	429.20	2.28	804.65	249.34	0.84
2	朔州市	54.73	37.69	845.44	34.50	903.36	—	1641.10	467.17	1.60
3	忻州市	51.15	104.05	357.82	155.20	355.82	2.00	930.85	191.40	0.96
4	晋中市	10.43	34.28	443.65	41.40	406.88	40.08	604.25	182.78	0.83
5	临汾市	3.15	7.75	504.57	94.61	245.52	175.34	321.22	104.23	0.64
6	运城市	4.04	76.16	550.58	34.55	324.58	271.65	385.05	109.89	0.69
7	长治市	—	24.01	434.51	32.75	228.44	197.32	204.37	66.14	0.31
合计		164.195	368.573	3607.27	553.20	3353.57	688.67	5742.99	1554.03	6.70

必须指出的是，山西盆地平原区大多数县（市）城区，具有较好的浅层地热能资源条件，有些县城常住人口达到几十万人，无论夏天降温还是冬天取暖等应用场景对浅层地热能资源需求潜力巨大，前景看好。

第五节　浅层地热能开发利用现状

山西省煤炭资源丰富，煤炭资源在能源消费中占有很大比例，长期以来，包括浅层地热能在内的可再生能源开发利用推广缓慢，产业规模和市场规模均很小。根据山西省发改委和住建厅统计资料，截至2014年底，山西省应用浅层地热能供暖制冷的建筑物面积约359.8×10^{4}m^2。其中地埋管地源热泵面积200.3×10^{4}m^2，占总面积的55.7%；地下水地源热泵面积151.5×10^{4}m^2，占总面积的42.1%；其他利用方式（污水源热泵）面积8.0×10^{4}m^2，应用面积占总面积2.2%，地埋管地源热泵利用面积与地下水地源热泵利用面积占比基本相当，详见表5-5-1。

2020年全省浅层地热资源供暖（制冷）面积达450×10^{4}m^2，比2014年增加了90.2×10^{4}m^2，主要集中在运城、太原等地区。从山西省浅层地热能主要禀赋情况看，发展空间很大。但因土地条件限制等因素，今后开发利用的重点在大型公共基础设施、大型建筑和分散式、小规模单体建筑的制冷和供热。

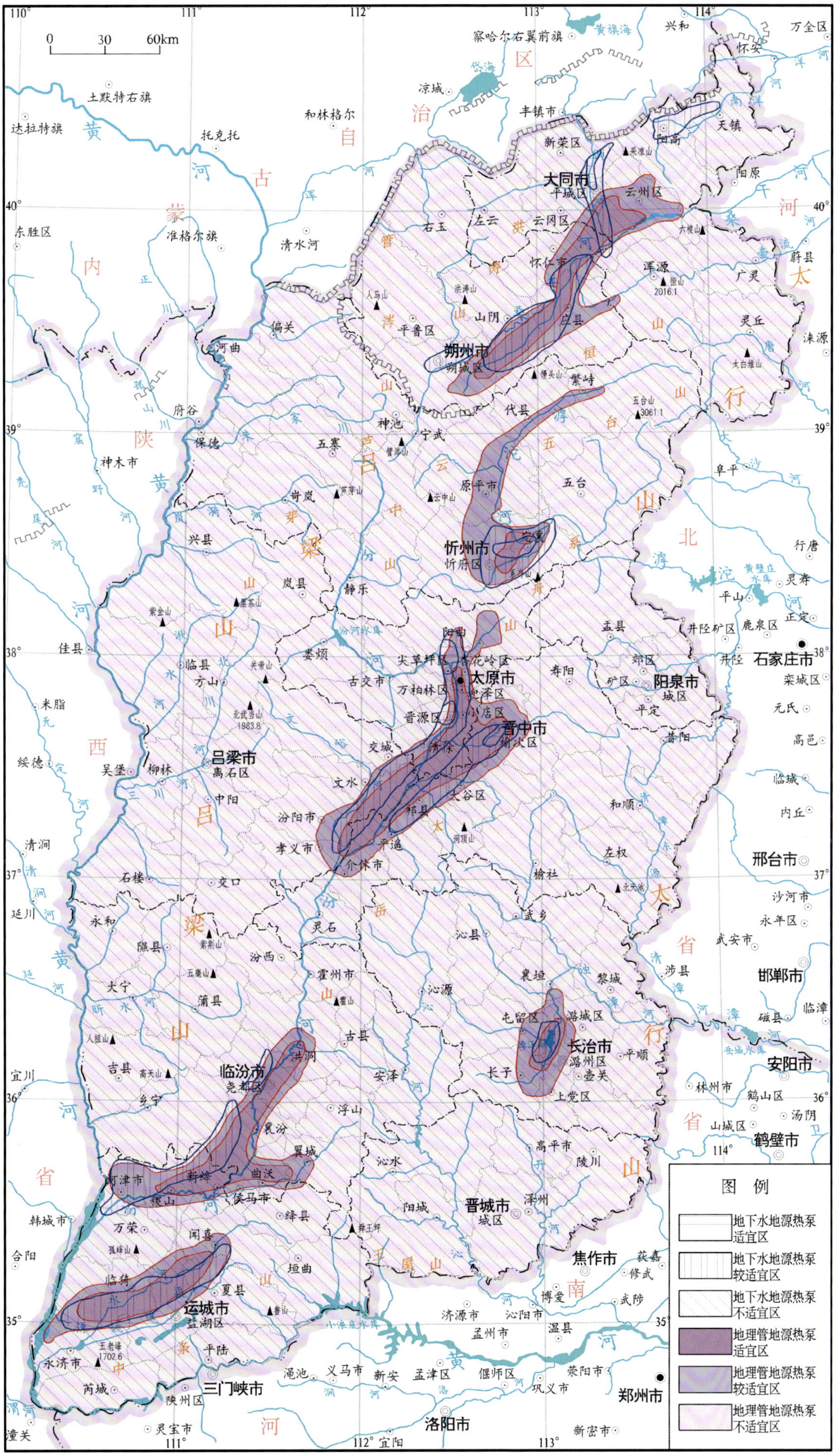

图5-4-1　山西省浅层地热能开发利用适宜性分区图（2015年）

表 5-5-1 山西省各市浅层地热能开发利用现状统计表（2014 年）

序号	行政分区	供暖制冷面积/10^4m^2	序号	行政分区	供暖制冷面积/10^4m^2	序号	行政分区	供暖制冷面积/10^4m^2
1	太原市	152.9	4	忻州市	88.4	7	运城市	19.0
2	大同市	33.5	5	晋中市	44.8	8	长治市	8.5
3	朔州市	10.4	6	临汾市	2.3	合计		359.8

运城市依托丰富的浅层地热资源和冷热需求均衡特点，通过企业与政府、开发商采用APP等方式，或业主单位自主出资建设等方式，实施冬季清洁取暖“地源热泵”改造示范工程，形成地源热泵系统研发、设计、生产、应用和运维服务为一体的全产业链体系。截至目前，已实现浅层地热能供暖（制冷）面积约$300\times10^4m^2$。

运城市空港南区东方华城小区采用浅层地热能（地源热泵系统）进行供暖（制冷），总面积$30\times10^4m^2$，通过分户机组智能控制实现节能降耗，全年运营成本仅11元/m^2。

第六节 浅层地热能勘查、开发利用存在的主要问题

综合分析，山西在浅层地热能勘查、开发利用中存在以下主要问题：

1.起步晚，发展慢，空调面积小

浅层地热能开发利用工程是从20世纪90年代进驻山西，之后有较快发展，但与快速发展的城市相比还是有很大差距，空调面积较小。

2.宣传力度不够，认识不到位

浅层地热能科普知识的宣传力度不够，没能让社会公众充分认识利用浅层地热能资源对促进经济发展、节能减排、保护环境的重要意义，全社会没有自觉利用浅层地热能资源的意识和节约能源的责任感、使命感，从而制约浅层地热能开发利用事业的发展。

3.勘查工作滞后，资源家底不清

山西适宜浅层地热能开发利用的区域较大，目前调查评价的区域仅为9168km^2，大部分的区域没有开展勘查，资源家底不清，开发利用规划不够精细，不能有效指导开发和利用。造成对浅层地热能开发利用都是凭需要而定，开发利用不规范，开发活动混乱。

4.项目前期未进行浅层地热能资源勘查

山西省大部分浅层地热能工程仅参照已有地源热泵工程的经验进行设计，没进行工程场地的浅层地热能资源勘查，造成工程建成后产生诸多问题。据了解浅层地热能开发过程中实施回灌等保护措施的还很少，需要在评价的基础上进行合理的回灌。

5.缺乏对浅层地热能开发利用的地质环境监测

据调查资料，山西省建成的浅层地热能开发利用工程均未建立系统运行地质环境影响监测体系，缺少对系统中温度、水位、水质等的动态变化的监测，无法评价浅层地热能开发对地质环境的影响。

6.相关政策支持力度不够

国内其他省份业已开展浅层地热能资源开发的省市均在财政补贴、示范工程推广等方面给予了很大地支持，山西省在此方面虽然出台了一些相关政策，但重视程度不够，资金和政策上的支持力度不够，造成山西省浅层地热能资源开发工作发展滞后。

第七节 浅层地热能开发利用潜力及效益分析

山西浅层地热能开发利用潜力巨大，现仅对开展工作的八个地级城市的资源潜力和效益分析如下。

一、潜力分析

依据已开展项目勘查成果，仅对山西八个地级城市建设规划区，在考虑建筑布局等因素，在城市土地利用系数的基础上再乘以折减系数，地下水与地埋管重合区域按照地下水三分之一、地埋管三分之二比例进行资源分析。

全省八个地级城市建设规划区地埋管的适宜、较适宜区面积约为3906.79km^2，夏季浅层地热能可利用总量为4.36×10^{14}kJ，可提供空调面积约1.20×10^9m^2，平均单位制冷面积为3.071×10^5m^2/km^2。冬季浅层地热能可利用总量为4.42×10^{14}kJ，可提供空调面积约为6.50×10^8m^2，平均单位制冷面积为1.664×10^5m^2/km^2。地下水的适宜、较适宜区面积约557.108km^2，夏季浅层地热能可利用总量为1.452×10^{13}kJ，可提供空调面积约3.414×10^7m^2，平均单位制冷面积为6.128×10^4m^2/km^2。冬季浅层地热能可利用总量为1.327×10^{13}kJ，可提供空调面积约1.908×10^7m^2，平均单位制冷面积为3.425×10^4m^2/km^2，详见表5–7–1、表5–7–2。

表 5-7-1 山西省地埋管浅层地热能潜力评价计算成果表

行政分区	分布区面积/km^2	不同工况潜力评价							
		夏季				冬季			
		总利用量/10^{13}kJ	总利用量/(10^{10}kW·h)	空调面积/10^8m^2	资源潜力/(10^5m^2/km^2)	总利用量/10^{13}kJ	总利用量/(10^{10}kW·h)	空调面积/10^7m^2	资源潜力/(10^5m^2/km^2)
太原市	543.91	5.704	1.585	1.467	2.697	5.008	1.391	7.728	1.421
大同市	505.26	3.997	1.110	1.455	2.880	7.215	2.005	8.284	1.640
朔州市	937.85	9.930	2.758	3.547	3.782	13.37	3.713	15.63	1.667
忻州市	511.02	6.130	1.703	1.659	3.246	5.1905	1.442	8.980	1.757
晋中市	448.29	5.474	1.521	1.408	3.140	5.273	1.465	8.137	1.815
临汾市	340.14	4.815	1.338	0.9107	2.677	3.033	0.8424	6.359	1.870
运城市	359.13	5.140	1.428	0.9442	2.629	3.146	0.8739	6.743	1.878
长治市	261.19	2.375	0.6599	0.5640	2.159	1.924	0.5343	3.092	1.184
合计	3906.79	43.565	12.1029	11.9549	23.2100	44.1595	12.2666	64.953	13.232

表 5-7-2 山西省地下水浅层地热能潜力评价计算成果表

行政分区	分布区面积/km^2	不同工况潜力评价							
		夏季				冬季			
		总利用量/10^{12}kJ	总利用量/(10^8kW·h)	空调面积/10^6m^2	资源潜力/(10^4m^2/km^2)	总利用量/10^{11}kJ	总利用量/(10^8kW·h)	空调面积/10^6m^2	资源潜力/(10^4m^2/km^2)
太原市	90.898	5.610	15.58	9.018	9.921	35.07	9.740	5.411	5.953
大同市	34.440	0.5543	1.540	2.021	5.868	8.315	2.310	0.955	2.773
朔州市	92.480	2.027	5.631	7.241	7.830	30.41	8.446	3.555	3.844
忻州市	155.200	4.118	11.44	11.15	7.184	41.18	11.44	5.996	3.863
晋中市	45.000	0.7695	2.137	1.979	4.398	7.695	2.137	1.188	2.640
临汾市	10.890	0.2688	0.7467	0.5084	4.669	1.792	0.4978	0.3757	3.450
运城市	104.190	1.057	2.936	1.942	1.864	7.045	1.957	1.407	1.350
长治市	24.010	1.197	3.325	0.2842	1.184	1.197	0.3325	0.1924	0.8013
合计	557.108	15.6016	43.3357	34.14	34.1436	132.704	36.8603	19.0801	24.6743

目前山西应用浅层地热能供暖制冷的建筑物面积约450×10^4m^2，由此可见，浅层地热能的推广应用有巨大的资源保障。

二、效益分析

（一）潜在经济效益分析

按热能有效利用率80%；热量7000kcal/kg（7000×4186.8J/kg）；锅炉热效率80%；燃煤价格700元/t；浅层地热能可利用系数取30%计算热资源价值。计算结果：全省8个主要城市浅层地热能可利用总能量为8.697×10^{14}kJ。其中，夏季地下水、地埋管地源热泵系统的交换量为4.803×10^{14}kJ；冬季地下水、地埋管地源热泵系统的交换量为3.894×10^{14}kJ。浅层地热能资源潜在价值达62.424亿元。其中夏季可制冷资源价值达34.475亿元，冬季可供暖资源价值达27.945亿元。

（二）社会效益分析

浅层地热能对社会效益的贡献就是降低温室气体CO_2的排放，减少烟尘、煤渣、SO_2、NO_x的排放，对缓解气候变暖及减少环境污染具有一定的作用。在此，仅从浅层地热能开发利用节约燃烧原煤量，相当节约标煤量，减少二氧化硫、氮氧化物、二氧化碳、悬浮质粉尘、灰渣排放量和节省的环境治理费等项目进行分析。根据计算，年替代燃烧原煤量为6.924×10^{10}kg，年替代标准原煤量为4.946×10^{10}kg，年有效节约标准原煤量为1.731××10^{10}kg，年减少二氧化硫排放量为2.943×10^{8}kg，年减少氮氧化物排放量为1.039×10^{8}kg，年减少二氧化碳排放量为4.130×10^{10}kg，年减少悬浮质粉尘排放量为1.385×10^{8}kg，年减少灰渣排放量为1.731×10^{9}kg，年节省的环境治理费为4.883×10^{9}元，计算结果详见表5-7-3。

表 5-7-3　山西省主要城市浅层地热能开发利用社会效益分析计算汇总表

序号	项目	总量	夏季	冬季
1	总能量/GJ	8.697×10^{8}	4.803×10^{8}	3.894×10^{8}
2	年替代原煤/kJ	6.924×10^{10}	3.824×10^{10}	3.100×10^{10}
3	年替代标煤/kg	4.946×10^{10}	2.731×10^{10}	2.215×10^{10}
4	年有效节约标煤量/kg	1.731×10^{10}	9.559×10^{9}	7.753×10^{9}
5	年减少二氧化硫排放量/kg	2.943×10^{8}	1.625×10^{8}	1.318×10^{8}
6	年减少氮氧化物排放量/kg	1.039×10^{8}	5.735×10^{7}	4.652×10^{7}
7	年减少二氧化碳排放量/kg	4.130×10^{8}	2.281×10^{10}	1.850×10^{10}
8	年减少悬浮质粉尘排放量/kg	1.385×10^{8}	7.647×10^{7}	6.202×10^{7}
9	年减少灰渣排放量/kg	1.731×10^{9}	9.559×10^{8}	7.753×10^{8}
10	年节约环境治理费/元	4.883×10^{9}	2.679×10^{9}	2.187×10^{9}

第六章　干 热 岩

干热岩资源是指埋藏在深部不含或微含流体、高温（≥180℃）岩体内蕴藏的可被当前技术利用的巨大能源（文冬光，2023），因具有分布广泛、基荷无须储存即可输送、占地少、清洁无污染等优点成为未来理想可获取的持续性绿色能源。国际上，干热岩主要通过增强型或工程型地热系统（enhanced/engineering geothermal system，EGS）进行开发利用，工艺流程主要包括注采井施工、人工热储建造、循环换热、发电利用等，通常用水作为换热载体，经深井注入到人工压裂形成的岩石裂隙带中，通过与高温岩体接触加热，再返回地面进行地热能发电利用。

第一节　干热岩勘查

一、我国干热岩勘查概况

干热岩地质勘查工作，依据勘查地的具体条件，有选择地选用航卫片解译、地面地质调查、地球化学调查、地球物理勘查、地热地质钻探及岩、土、水实验测试等综合手段。

我国干热岩研究工作起步较晚，目前处于前期理论探索、实验室模拟和钻井普查阶段（谢文苹，2020）。2006年前后，在福建、云南、河北、江苏等地进行了干热岩前景区资源量的初步评估工作；“十二五”期间，开展了国内地热资源调查评价工作，重点选择国内高热流密度区进行了干热岩资源勘查工作；2014年，在青海省共和县盆地首次钻获181℃的干热岩，实现了我国干热岩勘查零的突破；2017年，在共和县恰卜恰镇井深3705.00m处钻获236℃的干热岩，在青海省贵德县扎仓沟井深4721.60m处钻遇214℃的干热岩体。目前，重点在青海共和盆地、河北唐山等地进行干热岩勘查，并通过试验和数值模拟进行成井工艺、场地建设、高温测井和深井换热等方面的研究，取得了一系列突破性成果。但国内干热岩面临着勘查程度低、热源机制不清、高温钻井成本高、换热效率低和压裂诱发地震风险等方面的问题，干热岩资源从勘查到正式开发投入利用，还需要攻克很多技术难题。

目前，我国干热岩勘查与开发利用相关科研研发计划和项目等不断增加，国内已有十余家实验室正在开展干热岩勘查开发相关的基础理论和技术方法等研究。对深层高温地热勘查开发理论与技术探索的不断加深，使得我国在干热岩探测、深部钻探、储层建造、发电等技术方面取得了长足进展，多项常规技术已经取得较大突破，与国外差距在逐步减小，为我国干热岩勘查开发提供了理论支撑与技术储备。

二、山西省干热岩勘查现状

干热岩勘查在山西省更是新生事物，具有开拓性，省内无经验可循。多年来，部分地学界专家学者预测大同、忻州等地存在干热岩。2018年，山西省地质勘查局开展了“全省干热岩地热资源勘查选区调查”研究项目，初步圈定了五个干热岩勘查选区。随后实施了“阳高县—天镇县一带干热岩地热资源预可行性勘查”“山西省忻州奇村—顿村一带干热岩地热资源调查”项目，在“阳高县—天镇县一带干热岩地热资源预可行性勘查项目”取得重大突破后（主要探获高温水热型地热资源，非干热岩），又实施了“大同盆地重点地区深部高温地热资源详查专项”，勘查区面积为1733km^2（其中天镇—阳高重点勘查区面积为823km^2）。

2017年，山西省自然资源厅在矿业权价款项目中首次设立了干热岩勘查——《山西省阳高—天镇一带干热岩地热资源预可行性勘查》，勘查区面积823km²，项目实施单位为山西省第一水文地质工程地质队，项目经费1398万元；2018年，又设立了《山西省忻州奇村—顿村一带干热岩地热资源调查》，勘查区面积为910km²，项目经费1447.12万元，项目实施单位仍然为山西省第一水文地质工程地质队。

山西省第一水文地质工程地质队开展的干热岩地热资源勘查项目，是山西省首次进行干热岩地热资源评价研究。干热岩是一种清洁的可再生的地热资源，其开发利用对改变地区能源结构和改善生态环境具有重大意义。上述两个项目共有4个勘查区，总面积为1733km²，包括天镇马圈庠、阳高孤山庙、忻州奇村、顿村，批准工作年限为3年。

第二节　干热岩资源

根据王贵玲等研究成果，初步估算山西地下3～10km范围内干热岩资源量4.095×10^{23}J，折合标准煤13.975×10^{21}t，利用其中2%即相当于热量8.19×10^{21}J，折合标准煤27.795×10^{10} t（表6-2-1）（王贵玲等，2017）。尤其是位于3.5～7.5km深度的干热岩资源温度介于150～250℃之间，资源量巨大，折合标准煤3.49375×10^{12}t。干热岩资源是最具有潜力的战略接替能源，但是开发难度较大。由此可见，山西省干热岩资源潜力巨大，开发前景广阔。

表 6-2-1　山西省 3 ～ 10km 深处干热岩资源统计表

序号	计算层位深度/km	干热岩资源量		干热岩可开采量（按2%可提取）	
		资源量/J	折合标准煤/10^{12}t	资源量/J	折合标准煤/10^{10}t
1	3.0～4.0	3.0875×10^{22}	1.0548	6.1750×10^{20}	2.1095
2	4.0～5.0	4.0625×10^{22}	1.3861	8.1250×10^{20}	2.7722
3	5.0～6.0	4.8750×10^{22}	1.6575	9.7500×10^{20}	3.3150
4	6.0～7.0	5.8500×10^{22}	1.9988	1.1700×10^{21}	3.9976
5	7.0～8.0	6.8250×10^{22}	2.3238	1.3650×10^{21}	4.6476
6	8.0～9.0	7.6375×10^{22}	2.6093	1.5275×10^{21}	5.2186
7	9.0～10.0	8.6125×10^{22}	2.9413	1.7225×10^{21}	5.8826
8	3.5～7.5	10.2456×10^{22}	3.4938	20.4912×10^{20}	6.9876
9	3.0～10.0	4.0950×10^{23}	13.9750	8.1900×10^{21}	27.7950

注：①1t标准煤发热量为2.927×10^{8}kJ。
②王贵玲等，《中国地热资源潜力评价》，2017年7月。

第三节　干热岩开发利用

2010年起，山西就有人开始通过国内外考察、学习、研究、试验，研发干热岩的开发利用。经过多年的努力，研发了具有九项技术知识产权专利的新型清洁能源——干热岩供暖、制冷发电技术，2017年成立了山西第一家干热岩运营公司——山西泰杰地能干热岩有限公司。此项技术在国内也在前端，它不仅可以供暖，还可以制冷、发电，而且绿色环保无污染，不取地下水。截至目前，该公司共持有技术专利9个，在太原市试点供热区域两个，前景广阔。

2017年供暖季开始，作为山西首个干热岩供暖项目，山西泰杰地能干热岩有限公司承担了太原汇豪华彩国际小区近4×10^{4}m²的建筑供热。按照该小区供热面积计算，使用干热岩供暖，一个采暖季（5个月）可代替标准煤590t，比传统供热模式减少排放CO_2约1470t，减少排放SO_2约38t，对有效改善区域内居民的居住条件，实现低碳环保、节能减排、治污减霾具有重要意义，这是一笔十分可观的环保账。值得一提的是，干热岩供热的运行成本仅为传统供热的55%左右。也就是说，以往的供暖费用是每平方米每月3.6元，干热岩的供暖费用是每平方米2元左右，供暖温度室内可达23℃以上。

第四节　典型干热岩勘查项目初步成果

根据《山西省阳高县—天镇县一带干热岩地热资源预可行性勘查报告》(山西省第一水文地质工程地质，2021)，将山西省首个干热岩地热资源勘查项目主要成果介绍如下。需要说明的是，天镇县探获的是水热型地热资源，而不是干热岩。

一、热储条件

预查区采用MT大地电磁进行地球物理勘查，查明隐伏、半隐伏深大断裂，圈定深部地热异常区。根据物探结果，勘查区内深部构造活动强烈，存在多条断裂，切割深度不一。

预查区新生界第四系中、下更新统及新近系为新生界地热异常区热储第一盖层，也称为第一热储层，厚度为120～350m，分布较广。太古宇集宁群变质岩为热储的第二盖层，在区内分布不均匀，呈区域性分布，主要分布在天镇加密区中部及北部、阳高加密区的北部。第二盖层，也称第二储热层与天镇及阳高地表温泉的形成密切相关。反演结果新太古界变质岩电性表现为高阻，断裂由于岩石破碎或者含水等原因表现为低阻，因此，在反演结果图中能够准确分辨各新太古界变质岩体及各断裂的位置。局部区域在8～10km深度范围内存在低阻区，推断为热源，为中、深部高温热岩体持续供热。

该次勘查大地电磁测深探测深度10km，综合地质、物探成果，推测存在四个干热岩地热异常区。

二、技术指标

2019年8月1日，由山西省第一水文地质工程地质队组织实施的山西省第一个干热岩勘探孔GR1号钻孔在天镇县谷前堡镇水桶寺村开钻。2020年3月30日，钻探深度至1624.01m时，突发井喷现象，巨大的高温高压热气浪冲出孔口50多米（照片6-4-1），这标志着山西地热资源勘查取得了重大突破。

照片6-4-1　山西天镇县干热岩GR1号勘探孔放喷

(据山西省第一水文地质工程地质队,《山西省阳高县—天镇县一带干热岩地热资源预可行性勘查报告》，2021年5月)

1.GR1钻孔情况

在干热岩异常区Ⅱ内施工GR1勘探孔1眼，位于天镇县谷前堡镇水桶寺村北。GR1钻孔深度1624.01m，在1400m处孔内平均温度150℃，1585.30m处孔内温度167.94℃，探获高温地热资源，热储岩性以新太古界片麻岩为主。热储第一盖层为0 ~ 286.15m新生界第四系及新近系松散层，第二盖层为286.15 ~ 1400m太古宇变质岩。

2.主要技术指标

GR1钻探至1624.01m处，沟通导水断裂构造，探获高温高压地热流体，通过放喷试验测得井口温度最高为160.2℃，井口压力为1.12MPa，出井口汽水混合物温度最高为103℃，测得最大流量为231.15m^3/h（未计入蒸汽量）。

3.地热资源量

GR1地热流体的单井产能36.31MW，单井发电量5.0MW，单井年开采累计可利用的热能量11.45 × 10^{8}MJ，折合标准煤3.9 × 10^{4}t/a。

4.水质指标

5.GR1地热流体pH值9.55，为$Cl \cdot SO_4$–Na型水

氟含量17.5mg / L，达到命名矿水浓度2mg/L，命名为“氟水”；偏硅酸282.9mg / L，达到命名矿水浓度50mg/L，矿水命名为“硅水”；偏硼酸为2.5mg/L，达到有医疗价值浓度；锂为3.86mg / L，达到矿水浓度。

6.开发利用评价

GR1钻孔地热流体稳定流量4910.64m^3/d，年出水量1.7924 × 10^{6}m^3，井口最高温度160.2℃，每年可提供采用发电后尾水进行供暖，在无调峰设施情况下供暖面积30.60 × 10^{4}m^2；生活热水可供89619人使用；温泉洗浴可供358.48万人次使用；热矿水理疗提供17923个床位；农业温室面积可供13.39 × 10^{4}m^2。

第五节　干热岩勘查开发前景展望

总体来看，当今世界干热岩勘查开发仍然处于试验探索阶段，还存在大量理论技术难题和环境风险。我国干热岩资源开发尽管实现了从“0”到“1”的突破，多项常规技术已经取得较大进展，但在高温硬岩钻完井、热储建造与循环试采等方面的关键技术与工具装备距离国际水平还有较大差距。

干热岩现有开发利用技术路径及其配套技术、装备与商业化开发预期相比还存在较大差距，仍需要在高精高分定量化勘查评价、高温硬岩钻完井、深部储层精细刻画、安全规模化储层建造、高效取热换热等方面推动颠覆性技术创新，破解规模化、经济性开发难题。

天镇干热岩勘查项目的突破，引起了山西省委、省政府的高度重视，目前已经由省财政划拨巨额专项资金用于该项目的勘查、研究和综合开发利用，山西省地质勘查局联合山西省政府有关主管部门、中国地质大学（武汉）及项目所在地政府组成了组织协调领导机制，进一步加强了项目勘查专业技术力量，在紧锣密鼓地全力推进项目实施，该项目有望取得巨大成功。

2021年1月25日，山西高温地热资源开发利用科研示范基地揭牌暨试验电站启动仪式在天镇县举行。山西高温地热资源科研示范试验电站（照片6–5–1）项目一期占地约50亩，项目总投资2300万元，建有勘查井场区、发电机组场区、水处理区等；现建成区20亩，科研、办公及生活建筑用房1000m^2，发电总装机容量580kW，其中1号试验机组装机容量300kW，2号试验机组装机容量280kW。科研示范基地将在建成投产试验电站基础上，进一步结合深部地热勘查专项实施和重点实验室建设，全力打造集地热发电、供暖、养殖、康养、教学等方向为一体的综合性创新平台。山西省第一水文地质工程地质队正在构建产学研深度融合的创新生态，全力打造地热资源勘查和梯级开发利用的“山西方案”。

2020年11月12日，中国工程院多吉院士对省地勘局在大同天镇一带实施的干热岩地热资源预可行性勘查项目进行考察后，对取得的成果给予了高度评价。他认为：“目前该项目取得的阶段性成果改变了地学界对中国中部地区地热资源形成机理的认识，在理论创新方面具有划时代的意义”。

中国科学院院士、中国地质大学（武汉）校长王焰新这样评价山西省的这次发现：“改写了北方2000m以浅没有发现过150℃以上的高温地热资源的历史，在我国地热研究历史上具有里程碑意义。这

照片6-5-1　山西天镇县干热岩GR1号勘探孔试验发电现场
（据山西省第一水文地质工程地质队，《山西省阳高县—天镇县一带干热岩地热资源预可行性勘查报告》，2021年5月）

为山西省乃至华北利用高温地热资源发电提供了路径，也为山西能源革命打开了一扇门。”依托该成果，建成的高温地热科研示范试验电站已运行1年。期间，以基地2500m^{2}供暖需求为样板，完成了基地无干扰和采灌一体化供暖试验。山西地勘局正在以地热资源梯级开发利用为方向，努力打造集地热发电、供暖、养殖、康养、教学为一体的综合性示范基地，为大规模开发利用高温地热资源探索路径。

为进一步摸清大同盆地深部高温地热资源情况，2021年山西省自然资源厅会同山西省财政厅投入巨资开展《大同盆地重点地区深部高温地热资源详查》，项目实施单位为山西省第一水文地质工程地质队和中国地质大学（武汉），分为地质勘查和专题研究两部分，勘查期限为3年。总控制经费24024万元，包括地质勘查经费21044万元，专题研究经费2980万元。笔者对山西干热岩勘查及开发利用发展前景充满美好希望。

综合近年来阳高—天镇地区高温地热资源勘查及研究成果（何亚东等，2023），得到以下5点启示：

1）阳高—天镇地区地层从上至下可划分为三段：第一段为以第四系堆积物为主的热储盖层，第二段为以新近系、古近系砂砾石为主的热蚀变层，第三段为太古宇变质岩热储。

2）云门山山前断裂带及孤山村正断层为主要的控热构造，直接热源可能为中上地壳未冷却的岩浆囊，伸展构造应力作用下，上地幔部分熔融体沿深大断裂或构造薄弱带上涌形成岩浆囊，热量沿断裂破碎带或经热导率高的变质岩地层传递到浅地表形成地热异常。

3）阳高—天镇地区高温地热系统为对流、传导型，大气降水和地表低温水下渗过程中经热储加热，高温水沿断裂带上涌至第四系盖层下扩散运移，形成水循环系统。

4）基于研究区地质调查、物探、钻探、测井测温等资料，推断阳高—天镇地区具备良好的干热岩找矿远景区，需进一步勘探验证。

5）阳高—天镇地区地热资源开发利用可尝试采用中深层地热资源无扰开发技术，避免对地下水资源的破坏。

第七章　天然矿泉水

第一节　天然矿泉水概述

按《食品安全国家标准饮用天然矿泉水》(GB 8537—2018)的定义，饮用天然矿泉水是指："从地下深处自然涌出的或经钻井采集的，含有一定量的矿物质、微量元素或其他成分，在一定区域未受污染并采取预防措施避免污染的水；在通常情况下，其化学成分、流量、水温等动态指标在天然周期波动范围内相对稳定。"

饮用天然矿泉水主要分为4种，分别是含气天然矿泉水、充气天然矿泉水、无气天然矿泉水和脱气天然矿泉水。它们的共同点都是在不改变饮用天然矿泉水水源水基本特性和主要成分含量的前提下，在加工工艺上，允许通过曝气、倾析、过滤等方法去除不稳定成分。不同点主要在于矿泉水中的二氧化碳含量及来源。

矿泉水需符合的要求包括：感官要求4项、界限指标7项(至少需要符合其中1项)、限量指标18项、污染物限量指标6项等。

饮用天然矿泉水作为人体微量元素添加剂进入商品经济市场，从而加深了人们对地下水资源中这个特殊的组成部分特殊价值的认识。因此饮用天然矿泉水的勘查和评价也就逐步成为水文地质学研究的对象之一。饮用天然矿泉水最主要的特征标志是必须含有有益于人体健康的气体组分、化学组分或微量元素，而其含量又必须在一定限度之内；并且微生物指标、毒理指标、放射性指标和感官性状特征(包括色、嗅、透明度及肉眼可见物等)均必须符合国标规定的饮用水水质卫生标准。

天然矿泉水资源是在天然条件下赋存于地层中，在地质作用下自然形成的，以地下水中含有一定量的矿物质为特征的，且矿物质含量、温度和水位等物理化学特征在天然周期波动范围内相对稳定的矿产资源。根据天然矿泉水物理化学特性和对人体理疗作用可分为理疗热矿水和饮用天然矿泉水。

关于饮用天然矿泉水的定义也是一个不断完善的过程，国家标准局、国家技术监督局及国家标准化管理委员会分别于1987年、1995年及2008年3次发布了《饮用天然矿泉水》(GB 8537—87、GB 8537—1995、GB 8537—2008)标准。2018年发布了《食品安全国家标准饮用天然矿泉水》(GB 8537—2018)(以下简称《食品安全国家标准饮用天然矿泉水》(GB 8537—2018))。在4个国标中对饮用天然矿泉水的各项指标均有较大的调整，特别是2018标准将饮用天然矿泉水标准提升为食品安全国家标准，与GB 8537—2008相比，修改了水源要求、感官要求、界限指标、限量指标、微生物限量，删除了标志条款中的部分要求。为了方便对比分析，将4个饮用天然矿泉水国标中38项指标变化情况列于表7-1-1。

关于理疗热矿水，世界各国有不同的认知，目前国内还没有一个官方的完整定义。我国水专家陈炎冰等曾提出并确定了中国医疗矿泉水的分类，其定义为："从地下自然涌出或人工钻孔取得的地下水，含1g/L以上的可溶性固体成分，一定的特殊的气体成分与一定量的微量元素，或具有34℃以上的温度，可供医疗与卫生保健应用者称为医疗矿泉水。"

通俗地说，理疗热矿水其实也是一种天然矿泉水，但它是一种比饮用天然矿泉水更宝贵的矿产资源。与普通矿泉水相比，理疗热矿水必须为某项或几项微量元素达到一定标准，对人体具有医疗和保健作用，并且不会对人体造成任何不良影响。

理疗热矿水目前执行的是2011年2月1日实施的《地热资源地质勘查规范》(GB/T 11651—2010)附

录E《理疗热矿水水质标准》，该标准是作为资料性附录列出的。该表依据《天然矿泉水地质勘探规范》（GB/T 13727—92）附录B医疗矿泉水水质标准略作修改，主要是取消了锰、偏砷酸、偏磷酸、镭等4个意义不明或对人体有害的矿水类型，而且提法也由以前的医疗矿泉水改为理疗热矿水。理疗热矿水水质标准列于表7-1-2。

表 7-1-1　饮用天然矿泉水评价指标调整对照表

分类	序号	项目	国家标准			
			《饮用天然矿泉水指标》（GB 8537—87）	《饮用天然矿泉水指标》（GB 8537—1995）	《饮用天然矿泉水指标》（GB 8537—2008）	《食品安全国家标准 饮用天然矿泉水指标》（GB 8537—2018）
感官要求	1	色度/°	≤15（不得呈现其他异色）	≤15（不得呈现其他异色）	≤15（不得呈现其他异色）	≤10（不得呈现其他异色）
	2	浑浊度（NTU）	≤5	≤5	≤5	≤1
	3	滋味、气味	不得有异臭、异味，应具有本矿泉水的特征性口味	具有本矿泉水的特征性口味，不得有异臭、异味	具有矿泉水特征性口味，不得有异臭、异味	具有矿泉水特征性口味，无异味、无异常
	4	状态	不得含有异物，允许有极少量的天然矿物盐沉淀	允许有极少量的天然矿物盐沉淀，但不得含其他异物	允许有极少量的天然矿物盐沉淀，但不得含其他异物	允许有极少量的天然矿物盐沉淀，无正常视力可见外来异物
界限指标/（mg/L）	5	锂（Li）	≥0.2	≥0.20	≥0.2	≥0.2
	6	锶（Sr）	≥0.2（含量0.2～0.4mg/L范围时，水温必须在20℃以上）	≥0.2（含量0.2～0.4mg/L范围时，水温必须在25℃以上）	≥0.2（含量0.2～0.4mg/L范围时，水源水温必须在25℃以上）	≥0.2（含量0.2～0.4mg/L范围时，水源水水温必须在25℃以上）
	7	锌（Zn）	≥0.2	≥0.20	≥0.2	≥0.2
	8	溴化物（Br）	≥1	≥1.0	—	—
	9	碘化物（I）	≥0.2	≥0.20	≥0.2	—
	10	偏硅酸（H_2SiO_3）	≥25（含量25～30mg/L范围时，水温必须在20℃以上）	≥25（含量25～30mg/L范围时，水温必须在25℃以上）	≥25（含量25～30mg/L范围时，水源水温必须在25℃以上）	≥25（含量25～30mg/L范围时，水源水水温必须在25℃以上）
	11	硒（Se）	≥0.01	≥0.010	≥0.01	≥0.01
	12	游离二氧化碳	≥250	≥250	≥250	≥250
	13	TDS	≥1000	≥1000	≥1000	≥1000
限量指标/（mg/L）	14	锂（Li）	<5	<5.0	—	—
	15	锶（Sr）	<5	<5.0	—	—
	16	碘（I）	<1	<0.50	—	—
	17	锌（Zn）	<5	<5.0	—	—
	18	硒（Se）	<0.05	<0.050	<0.05	<0.05
	19	锑（Sb）	—	—	<0.005	<0.005
	20	砷（As）	<0.05	<0.050	<0.01	—
	21	铜（Cu）	<1	<1.0	<1.0	<1.0
	22	钡（Ba）	<5	<0.70	<0.7	<0.7
	23	镉（Cd）	<0.01	<0.010	<0.003	—
	24	铬（Cr^{6+}）	<0.05	<0.050	<0.05	<0.05
	25	铅（Pb）	<0.05	<0.010	<0.01	—
	26	汞（Hg）	<0.001	<0.0010	<0.001	—
	27	锰（Mn）	—	—	<0.4	<0.4
	28	镍（Ni）	—	—	<0.02	<0.02
	29	银（Ag）	<0.05	<0.05	<0.05	<0.05
	30	溴酸盐（Br）	—	—	<0.01	<0.01

续表

分类	序号	项目	国家标准			
			《饮用天然矿泉水指标》(GB 8537—87)	《饮用天然矿泉水指标》(GB 8537—1995)	《饮用天然矿泉水指标》(GB 8537—2008)	《食品安全国家标准 饮用天然矿泉水指标》(GB 8537—2018)
限量指标/(mg/L)	31	硼酸盐(以B计)	<30	<30.0	<5	<5
	32	硝酸盐(以NO_3^-计)	<45	<45.0	<45	—
	33	氟化物(F^-计)	<2.5	<2.00	<1.5	<1.5
	34	耗氧量(以O_2计)	<3	<3.0	<3.0	<2.0
	35	^{226}镭放射性/(Bq/L)	<1.1	<1.10	<1.1	<1.1
	36	总β放射性/(Bq/L)	—	—	—	<1.50
污染物指标(mg/L)	37	酚类化合物(以苯酚计)	<0.002	<0.002	<0.002	—
	38	氰化物(以CN计)	<0.01	<0.010	<0.010	—
	39	阴离子合成洗涤剂	—	—	<0.3	—
	40	矿物油	—	—	<0.05	—
	41	亚硝酸盐(以NO_2^-计)	<0.005	<0.0050	<0.1	—
	42	总β活性	<1.5	<1.50	<1.50	—

表 7-1-2　理疗热矿水水质评价标准统计表

序号	成分	有医疗价值浓度	矿水浓度	命名矿水浓度	矿水名称	序号	成分	有医疗价值浓度	矿水浓度	命名矿水浓度	矿水名称
1	二氧化碳/(mg/L)	250	250	1000	碳酸水	8	锂/(mg/L)	1	1	5	锂水
5	总硫化氢/(mg/L)	1	1	2	硫化氢水	9	钡/(mg/L)	5	5	5	钡水
3	氟/(mg/L)	1	2	2	氟水	10	偏硼酸/(mg/L)	1.2	5	50	硼水
4	溴/(mg/L)	5	5	25	溴水	11	偏硅酸/(mg/L)	25	25	50	硅水
5	碘/(mg/L)	1	1	5	碘水	12	氡/(Bq/L)	37	47.14	129.5	氡水
6	锶/(mg/L)	10	10	10	锶水	13	温度/℃	≥34	—	—	温水
7	铁/(mg/L)	10	10	10	铁水	14	TDS/(mg/L)	<1000	—	—	淡水

第二节　天然矿泉水勘查与开发史

经统计，截至2023年12月，山西共提交天然矿泉水勘查评价成果146份，有储量计算结果的成果129份，其中山西省地质勘查局提交成果达115份，占总数的79%，计算得全省天然矿泉水可开采总资源量在145584m^3/d。其中探明的（B级）可开采资源在76245m^3/d，占可开采总资源量的52.37%；控制的（C级）可开采资源在7699m^3/d，占可开采总资源量的5.28%；推断的（D级）可开采资源在61640m^3/d，占可开采总资源量的42.34%。

一、天然矿泉水勘查史

（一）饮用天然矿泉水勘查

山西省饮用天然矿泉水勘查评价工作起步于20世纪80年代中期。目前见到最早的勘查成果是1986年8月太原工业大学地热能研究室提交的《山西省原平县大营、五峰山饮用天然矿泉水勘察报告》。比较早而且有影响的成果是1986年12月由山西省地质矿产局第三水文地质工程地质队郑兆丰等人编写的《山西省榆次市西窑饮料矿泉水评价报告》(郑兆丰，1986)。该矿泉水是在榆次西窑水源地勘探过程中发现的。当时项目组取水样经中国地质科学院水文地质研究所化验后，水中锶含量达到矿泉水标准，这个信息受到山西省地矿局、榆次市政府领导高度重视，当即决定联合组织召开西窑矿泉水评审鉴定会。

评审会于1986年元月6—7日在榆次市召开，会议邀请了13位省内外专家，其中9位是国内矿泉水行业的权威级专家。这次评审会非常成功，省内主要媒体均进行了报道，影响比较大，对山西省矿泉水勘查评价工作起到了积极的推动作用。

不同时期提交的饮用天然矿泉水勘查评价成果执行的评价标准是不同的，因此，矿泉水命名指标是不一样的，在提交评价报告当时认定是矿泉水，用现在的标准评价不一定是矿泉水，未来更加难以确定。而且，随着我国经济社会的不断发展与进步，人们的生活质量不断提高，对饮水安全和健康的要求越来越高。

虽然山西省饮用天然矿泉水资源丰富，分布广泛，但由于长期以来，山西经济发展比较落后，全社会对其开发利用重视不够，开发利用的经济和社会效益比较差，因此，整体来看，不但面上勘查成果比较零散，而且点上的研究程度也比较低，一般局限于水质化验与评价，鲜见有政府投资专项饮用天然矿泉水水源地勘查成果，深入研究方面的资料更少。1990年前后，山西省曾出现过饮用天然矿泉水勘查评价热潮，但仅是昙花一现，未能持久。

1.天然矿泉水普查

山西全省饮用天然矿泉水普查工作始于20世纪80年代，前后共进行过两次。第一次，1988年山西省地矿局安排下属两个水文地质队分别完成了省境中北部及南部的矿泉水普查工作；2004年，受山西省国土资源厅委托，山西省地质工程勘察院对全省地热矿泉水资源进行了调查，于2006年提交了成果。另外，还有一些零星的县乡矿泉水普查成果。

（1）山西省中北部地热矿泉水普查

1988年3月，山西省地矿局安排了山西省中北部地热矿泉水普查工作，这是省内第一次安排矿泉水的专项地质勘查项目。1989年10月山西省地矿局第三水文地质队进行了重点地区的水样采取及分析测试，共取样分析21处。这是省内首份区域性矿泉水普查报告。该报告调查总结了山西省中、北部矿泉水的分布特征及水化学类型等。

（2）山西南部矿泉水普查

1989年12月，山西省第二水文地质工程地质队提交了《山西南部矿泉水普查报告》，完成水文地质调查点447个，水质分析63个，收集水质分析结果385个。新发现饮用天然矿泉水20余处，曲沃海头泉、垣曲五龙泉均达到饮用天然矿泉水标准。

（3）芮城县学张乡饮用天然矿泉水普查

山西煤田地质229队于2003年10月提交了《山西省芮城县学张乡饮用天然矿泉水普查报告》，该项目完成1∶1万水文地质调查100km^2，调查地质点194个，水井164个，泉点2个；水文地质钻探2个孔，其中EK-1号孔深350.98m，EK-2号孔深350.10m；完成电法物理点107个，测氡点245个，物探测井350m；水文地质孔抽水试验2次；采取水化学样15件，岩样14件。

（4）山西省地热矿泉水资源调查

2006年12月，山西省地质工程勘察院提交了《山西省地热矿泉水资源调查报告》，该报告收集和汇总了2005年以前的矿泉水资料，较系统地评价了全省矿泉水资源量。该成果关于矿泉水的主要结论如下：

1）山西省饮用天然矿泉水经专家鉴定评审已有129个，分布在全省各个时代地层中，其中寒武—奥陶系碳酸盐岩地层中分布数量最多为44个，占34.1%；二叠系、三叠系碎屑岩地层中分布数量为29个，占22.5%；新生界第四系、新近系松散岩地层中分布数量32个，占24.8%；前震旦系、五台群、滹沱群等变质岩及火成岩类地层中分布数量为24个，占18.6%。

2）收集饮用天然矿泉水水质资料129个，以HCO_3型水数量最多、分布最广为78个，占总数的60.5%；$HCO_3 \cdot SO_4$型20个，占总数的15.5%；$SO_4 \cdot HCO_3$型9个，占总数的7.01%；$Cl \cdot SO_4$型（包括$SO_4 \cdot Cl$型）为9个，占总数的7.0%；$HCO_3 \cdot Cl$型为3个，占总数的2.3%；$HCO_3 \cdot SO_4 \cdot Cl$（或$HCO_3 \cdot Cl \cdot SO_4$型）5个，占总数的3.9%；$HCO_3 \cdot Cl$型为2个，占总数的1.6%；$SO_4$型2个，占总数的1.6%；Cl型1个，占总数的0.8%。

3）区域地层微量元素含量：前震旦系、五台群、滹沱群变质岩火成岩地层锶（Sr）含量0.06～3.4mg/L，偏硅酸（H_2SiO_3）含量13.0～53.3mg/L；寒武系、奥陶系及石灰岩地层锶（Sr）含量0.2～8.8mg/L，偏硅酸（H_2SiO_3）含量8.8～36.0mg/L；二叠系（T）、三叠系（P）砂页岩地层锶（Sr）含量0.35～5.6mg/L，偏硅酸（H_2SiO_3）含量12.9～31.2mg/L；新近系（N）、第四系（Q）松散岩类地层锶（Sr）含量0.35～2.28mg/L，偏硅酸（H_2SiO_3）含量18～35.84mg/L。

4）山西省饮用天然矿泉水＜0.5g/L的微TDS水68个占52.7%；0.5～1g/L的低TDS水52个占40.3%；1～1.5g/L中TDS水4个占3.1%；1.5～3.5g/L高TDS水2个占1.6%；＞3.5g/L低盐水3个占2.3%。TDS最低0.23g/L，最高5.59g/L。

5）山西饮用天然矿泉水一般无色、无臭、透明、口味纯正，少数矿泉水具有微碱、微涩等味道，是矿泉水固有的特征性口味。山西省饮用天然矿泉水的温度一般＜25℃，最低的7.5℃，最高的68℃，＞25℃热水18处，占14.0%，＜25℃冷水111处，占86.0%。

6）矿泉水资源评价，一般只计算允许开采量。根据全省129处矿泉水资料，计算探明的（B级）（部分相当于探明的及控制的（B+C级）和推断的（D级））总储量为155666m^3/d。其中寒武、奥陶系岩溶地层矿泉水资料44个，储量为82054m^3/d，占总数的52.7%；二叠系、三叠系碎屑岩裂隙水29个，储量为22386m^3/d，占总数的14.4%；新生界松散层孔隙水32个，储量为25176m^3/d，占总数的16.2%；前震旦系变质岩裂隙水24个，储量为26056m^3/d，占总数的16.7%。其中天然矿泉水泉水储量为70507m^3/d（其中岩溶泉水46582m^3/d，二叠系、三叠系裂隙泉水1682m^3/d，新生界孔隙泉水9240m^3/d，前震旦系变质岩裂隙泉水13003m^3/d）占总储量的45.3%。

7）山西省矿泉水以锶水和偏硅酸锶水为主，品种单调。而优质矿泉水如硒、锌、碘、溴等却很少。

8）开发利用现状：据不完全统计，山西省经评审鉴定的饮用天然矿泉水129处，但开发利用的却寥寥无几，当时各种证件齐全唯一一家企业为运城关老爷矿泉水厂。山西省矿泉水企业不但起步较晚，发展速度也很缓慢。

（5）山西省大同县地热及矿泉水资源普查

2014年7月，山西省第一水文地质工程地质队提交了《山西省大同县地热、矿泉水资源勘查报告》（山西省第一水文地质工程地质队，2014）。该项目为山西省国土资源厅2010年价款项目，项目于2011年1月1日开始，2011年9月完成所有野外工作，转入室内资料整理与报告编写阶段。该次普查完成的主要野外工作量包括：GPS测点92个，1∶1万专项水文地质测量126km^2，野外水文地质观测点96个（其中井点95个，泉点1个），填写记录卡96张。采取全分析样24组，矿泉水全分析样3组（丰水期、平水期和枯水期各1组），同位素分析（^2H、^3H、^{18}O）5组，物探可控源音频大地电磁测深测量法测量8.66km，地热勘探井1眼，孔深605.0m，抽水试验9台班。提交成果包括文字报告1份、附表1册，附图6张。

（6）山西省矿泉水资源勘查开发利用与保护规划

2010年，受省国土资源厅委托，山西省地质工程勘察院系统地对全省矿泉水开发利用现状进行了核实调查，2014年7月提交了《山西省饮用天然矿泉水资源勘查开发利用与保护规划报告》。该成果搜集了全省95处天然饮用矿泉水评价报告资料，调查了开发利用现状，提出开发利用与保护规划。但该规划由于种种原因未发布实施。

2.矿泉水评价报告统计分析

经统计，1986—2023年，省内外地勘单位共提交饮用天然矿泉水勘查报告146份，经山西省天然矿泉水鉴定委员会组织评审鉴定的109份，其中通过国家级鉴定的16份。在20世纪90年代初，山西省的饮用天然矿泉水勘查评价一度曾经比较火热，1991—1994年就有38份天然矿泉水勘查报告通过了评审鉴定，占总数的34.8%，其中1993年就达21份。这期间是山西省饮用天然矿泉水勘查评价的高峰期。这些勘查评价报告编制基本是按照《天然矿泉水地质勘探规范》（GB/T 13727—87）要求进行的，不但微量元素指标经一个水文年的枯、平、丰水期三次检测达到了天然矿泉水标准，而且进行了一个水文年的水温、流量、水位动态监测，对于开采井的水点均进行了抽水试验，允许开采量评价达到了探明的（B

级）或控制的（C级）精度。

山西省地质矿产局下属三个水文地质队、山西省地质环境监测中心及地矿部山西省中心实验室是山西饮用天然矿泉水勘查评价的主要力量，这五个单位共提交勘查评价报告64份，占总数的45%。

山西省已经提交的146份饮用天然矿泉水勘查报告，仅有129份报告搜集到全面的水质测试资料，经复核，有107处水质符合《食品安全国家标准饮用天然矿泉水》（GB 8537—2018），有59个矿泉水水源地曾在山西省国土资源厅进行过注册登记，这些天然矿泉水点资料详见表7-2-1，其平面分布情况图7-2-1。

山西107处天然矿泉水类型包括以下8类：①Sr元素一项达标矿泉水78处，占总数的73.8%；②Sr·H_2SiO_3二项成分达标矿泉水15处，占总数的14.0%；③H_2SiO_3·Sr·Li三项成分达标矿泉水2处，占总数的1.9%；④Zn·Sr·Li三项成分达标矿泉水1处，占总数的0.9%；⑤H_2SiO_3·Li两项成分达标矿泉水2处，占总数的1.9%；⑥Sr·Zn两项元素达标矿泉水7处，占总数的6.5%；⑦Sr·Li两项元素达标矿泉水1处，占总数的0.9%；⑧H_2SiO_3单项成分达标矿泉水1处，占总数的0.9%。

3.饮用天然矿泉水研究

（1）《山西省地热水及饮用天然矿泉水研究》专著

1993年8月，中国地质大学（武汉）、山西省水资源委员会编著的《山西省地热水及饮用天然矿泉水研究》专著出版发行，这是省内首部研究矿泉水的专著。该书依托山西省40份矿泉水评价报告及大量的矿泉水点资料，详细论述了全省饮用天然矿泉水形成的自然地理、地质及水文地质等背景条件，并对矿泉水的成因、分布规律及开发利用等问题进行了详细阐述。该专著认为：山西省地下热水及饮用天然矿泉水资源比较丰富，分布也较广泛，1992年以前发现的具饮用价值的热矿泉水25处，59个出露点；常温饮用天然矿泉水190处，321个出露点。根据水化学分析资料统计，山西省内可供开发的饮用天然矿泉水共有380个点，其中含Sr矿泉水即达231个点，占60.8%；含H_2SiO_3矿泉水达123点，占32.4%，这当中有77个点是Sr和H_2SiO_3两项组分同时达标，占20.3%。由此可见，含Sr、含H_2SiO_3矿泉水在山西境内分布最为广泛。此外，本省境内还发现含Li矿泉水18个点、含Zn矿泉水29个点、含Se矿泉水14个点、含I矿泉水5个点、含Br矿泉水8个点。特别值得指出的是，富含上述微量元素的矿泉水，大多是两项或多项微量元素达标的复合矿泉水，均属优质饮用天然矿泉水，具有很好的开发利用价值。尤其是含Li、Zn、Se矿泉水，在国内目前发现的还不多，更加珍贵，可列入重点开发计划，同时也应当予以重点保护。

（2）《山西饮用天然矿泉水专辑》

1994年12月，《华北地质矿产杂志》编辑部出版了《山西饮用天然矿泉水专辑》。该专辑刊发的论文全部是有关饮用天然矿泉水方面的内容，包括53份评价报告通过评审的公告，根据22个饮用天然矿泉水勘查评价报告编写的学术论文，以及全省矿泉水分布规律、开发利用现状的研究文章。这个专辑是对山西1994年以前矿泉水勘查评价成果的集成、汇总和概括。

（3）《山西地下水资源与开发利用研究》专著

2013年6月，周永昌等主编的《山西地下水资源与开发利用研究》专著出版，该专著在第7篇利用10章36节篇幅汇集了全省36处饮用天然矿泉水勘查报告的详细内容。这是到目前为止汇集全省矿泉水资料最全的著作。

（4）其他成果

另外，在其他水文地质勘查成果中包含有大量的饮用天然矿泉水界限指标数据，特别是山西岩溶大泉锶含量一般比较高。据中国地质科学院岩溶地质研究所2019年5月提交的《汾河流域晋中南大型岩溶泉域1∶5万水文地质调查报告》资料，在兰村泉域采取95个岩溶地下水样，锶含量在0.218～1.379mg/L，其中有18个水样＞0.4mg/L，达到饮用天然矿泉水界限指标。

（二）理疗热矿水勘查

关于理疗热矿水勘查，目前见到的成果比较少。概括来说主要包括以下七项成果。

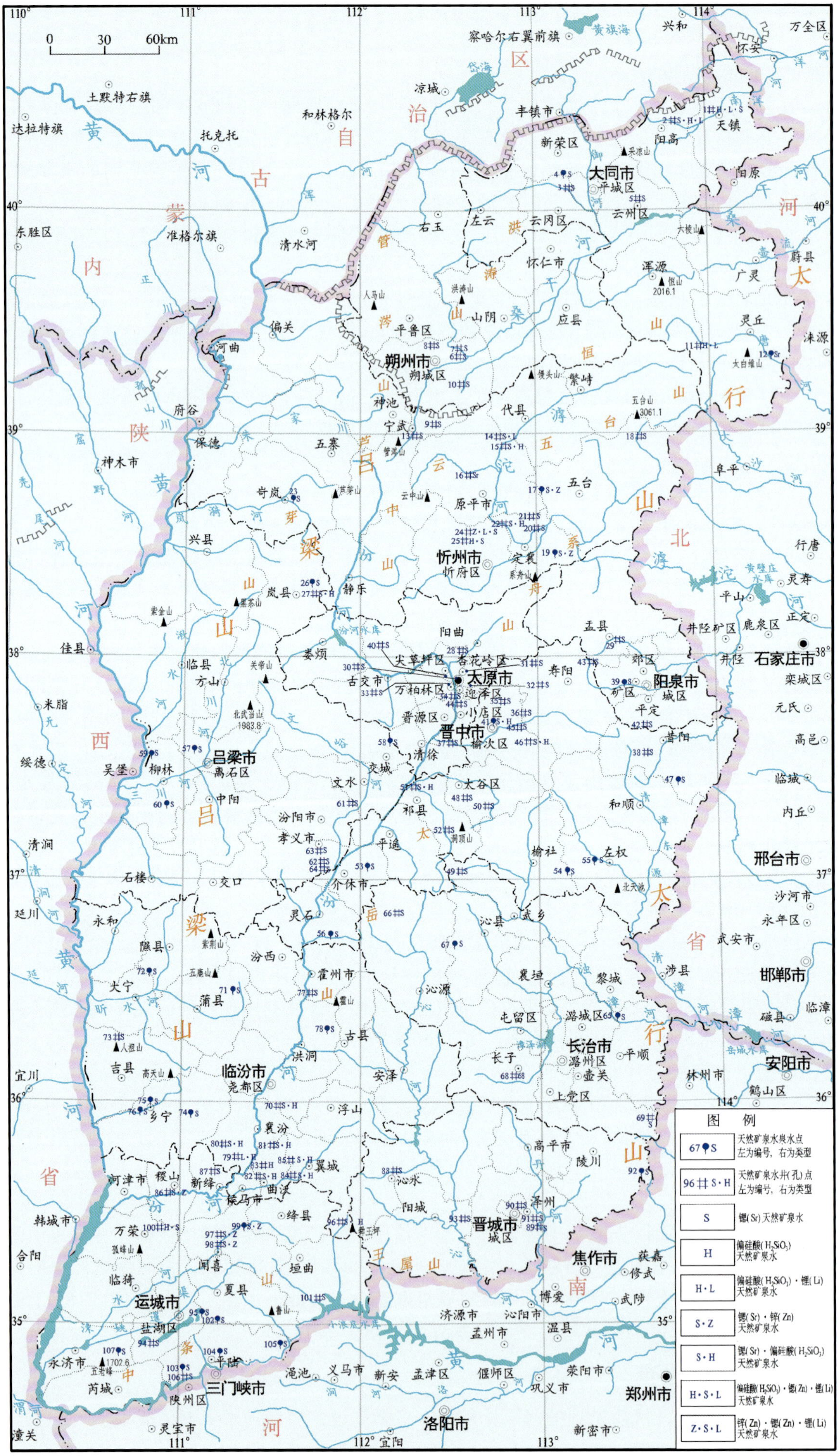

图7-2-1　山西省饮用天然矿泉水点分布图

表 7-2-1 山西省饮用天然矿泉水水点成果统计表

序号	矿泉水点地理位置	经度	纬度	含水层地层时代代号	含水层主要岩性	矿泉水达标项目含量及命名/(mg/L)	水化学类型库尔洛夫式	pH值	总硬度/(mg/L)	水点类型及孔深/m	可开采量及级别/(m³/d)
1	天镇县谷前堡镇马圈痒T_{67}井	114°02′25″	40°26′31″	Q	含砾砂	Sr(0.61)·H_2SiO_3(37.9)·Li(0.29)水	$Sr_{0.61}\cdot H_2SiO^3_{37.9}\cdot Li_{0.29}\cdot M_{0.730}$〔($HCO^3_{45.4}\cdot SO^4_{26.7}$)/$Na_{80.9}$〕$T_{18.5}$	7.6～8.3	130.10～139.11	井80	1154(B+C)
2	阳高县罗文皂镇孤山庙Y15号	113°48′54″	40°23′50″	Q、Pt	砂、变质岩	Sr(0.75)·H_2SiO_3(53.3)·Li(0.27)水	$Sr_{0.72}\cdot H_2SiO^3_{53.3}\cdot Li_{0.27}\cdot M_{0.440}$〔($Cl_{44.9}\cdot HCO^3_{32.2}$)/$Na_{60.4}$〕$T_{35.0}$	8.1	140	井	1431
3	大同市平城区马军营饮料厂	113°11′42″	40°06′02″	Qp_2	砂砾石	Sr(0.91)水	$Sr_{0.91}\cdot M_{0.580}$〔$HCO^3_{63.9}$/($Mg_{36.7}\cdot Ca_{35.9}\cdot Na_{27.0}$)〕$T_{13.5}$	7.5～7.8	269	井100	400
4	大同市云冈区云冈镇竹林寺	113°10′22″	40°08′34″	∈+O_2	石灰岩	Sr(0.43)水	$Sr_{0.43}\cdot M_{00.338}$〔($HCO^3_{47.3}\cdot SO^4_{43.5}$)/($Ca_{63.7}\cdot Mg_{25.7}$)〕$T_{15.0}$	7.1	—	泉	98(B)
5	大同市云州区西坪镇西水头	113°36′07″	40°03′00″	Q	砂砾石	Sr(0.48)水	$Sr_{0.446}\cdot M_{0.310}$〔($HCO^3_{79.3}\cdot SO^4_{43.5}$)/($Mg_{37.8}\cdot Na_{33.6}\cdot Ca_{25.5}$)〕$T_{9.5}$	7.5	194	井8	240(B+C)
6	朔州市朔城区神头镇神头采石场	112°33′41″	39°20′56″	Q	砂砾石	Sr(0.43)水	$Sr_{0.43}\cdot M_{0.440}$〔$HCO^3_{83.4}$/($Ca_{53.1}\cdot Mg_{31.4}$)〕$T_{15.0}$	7.9	—	井66	2000(B)
7	山阴县北周庄镇神泉	112°34′25″	39°22′43″	O_2	石灰岩	Sr(0.59)水	$Sr_{0.5}$ · $9M_{0.454}$〔$HCO^3_{71.1}$/($Ca_{49.9}\cdot Mg_{31.6}$)〕$T_{14.5}$	8.3	244	井600	3000(B)
8	朔州市朔城区平朔煤炭工业公司PS4	112°24′45″	39°23′56″	O_2s	石灰岩	Sr(0.54)水	$Sr_{0.539}\cdot M_{0.420}$〔$HCO^3_{80.5}$/($Ca_{51.0}\cdot Mg_{35.0}$)〕$T_{9.5}$	7.3～8.2	231	井563.43	1700(B)
9	朔州市朔城区北邢家河	112°25′15″	39°02′41″	Qp_{2+3}	细砂	Sr(0.58)水	$Sr_{0.54}\cdot M_{0.467}$〔$HCO^3_{68.9}$/($Ca_{34.8}\cdot Na_{34.2}\cdot Mg_{30.6}$)〕$T_{9.5}$	8.4	200	井71.0	500(B)
10	朔州市朔城区南榆林乡福善庄	112°34′41″	39°13′25″	O_2s	石灰岩	Sr(1.19)水	$Sr_{1.19}\cdot M_{0.400}$〔$HCO^3_{90.9}/Ca_{73.0}$〕$T_{36.0}$	—	—	井	—
11	浑源县王庄堡镇汤头	113°56′16″	39°23′10″	Ar	片麻岩	H_2SiO_3(31.21)·Li(0.43)水	$H_2SiO^3_{31.21}\cdot Li_{0.43}\cdot M_{0.400}$〔$HCO^3_{90.9}/Ca_{73.2}$〕$T_{36.0}$	7.8	198	井700	1000(C)
12	灵丘县红石塄乡石头门泉	114°20′52″	39°19′02″	O_2x	石灰岩	Sr(0.57)水	$Sr_{0.572}\cdot M_{0.230}$·〔$HCO^3_{77.3}/Ca_{73.2}$〕·$T_{12.0}$	7.9	200	泉	1995.12 350(C)
13	宁武凤凰镇县城NS井	112°18′28″	38°59′53″	O_2s	石灰岩	Sr(0.65)水	$Sr_{0.65}\cdot M_{0.550}$·〔$HCO^3_{53.0}$/($Ca_{46.6}\cdot Na_{32.8}$)〕·$T_{12.0}$	7.2	243	井850	300(B)
14	原平市沿沟乡沿沟	112°47′16″	38°58′31″	Qp_1、Ar	变质岩	Sr(1.54)·Li(0.33)水	$Sr_{1.537}\cdot Li_{0.33}\cdot M_{1.160}$〔($Cl_{53.0}\cdot SO^4_{43.2}$)/($Ca_{74.0}\cdot Na_{25.0}$)〕$T_{40.0}$	7.4	286	井527	700
15	原平市沿沟乡大营	112°49′10″	38°57′27″	Qp_{1+2}、Arp	变质岩	Sr(2.35)·H_2SiO_3(32.5)水	$Sr_{2.3}$ · $_5H_2SiO^3_{32.5}\cdot M_{1.530}$〔($Cl_{51.4}\cdot SO^4_{46.0}$)/$Na_{77.4}$〕$T_{53.0}$	7.6～8.5	286	井377	288(B)
16	原平市大牛店镇施家野庄T1井	112°36′56″	38°49′01″	Qp_{2+3}	中细砂含卵石	Sr(1.18)水	$Sr_{1.18}\cdot M_{0.67}$〔$SO^4_{34.2}$/($Ca_{64.3}\cdot Mg_{25.5}$)〕$T_{11.5}$	7.4	400	井150	520(B)
17	原平市同川镇东社姑姑山	113°01′41″	38°43′28″	Pt	石英砂岩	Sr(0.64～1.12)·Zn(0.10～0.12)水	$Sr_{0.88}\cdot Zn_{0.11}\cdot M_{0.580}$〔($HCO^3_{50.0}\cdot SO^4_{34.7}$)/($Na_{40.8}\cdot Mg_{29.3}\cdot Ca_{28.8}$)〕$T_{21.5}$	7.3	835	泉	48
18	五台县台怀镇五台山佛圣泉	113°35′17″	38°59′03″	Pt	白云大理岩	Sr(0.64)水	$Sr_{0.64}\cdot M_{0.580}$〔$HCO^3_{74.6}$/($Ca_{37.7}\cdot Mg_{32.6}\cdot Na_{28.9}$)〕$T_{12.5}$	7.5	255	井26.7	1200(B)

续表

序号	矿泉水点地理位置	经度	纬度	含水层地层时代代号	含水层主要岩性	矿泉水达标项目含量及命名/(mg/L)	水化学类型库尔洛夫式	pH值	总硬度/(mg/L)	水点类型及孔深/m	可开采量及级别/(m³/d)
19	五台县 阳白乡李家庄泉	113°05′59″	38°26′27″	$\in_2 Z$	鲕状灰岩	Sr(0.25～0.42)· Zn(0.22～0.42)水	$Sr_{0.34}\cdot Zn_{0.32}\cdot M_{0.210}$ 〔$HCO^{3}_{72.7}/(Ca_{53.0}\cdot Mg_{32.8})$〕$T_{10.7}$	7.7	170	泉	6912(B)
20	定襄县 宏道镇无畏庄	112°59′43″	38°35′14″	Pt	钙质石英砂岩	Sr(0.71)水	$Sr_{0.71}\cdot M_{0.610}$〔$(SO^{4}_{39.6}\cdot HCO^{3}_{38.2})$/ $(Na_{48.6}\cdot Mg_{27.9})$〕$T_{19.0}$	7.4	270	井123	1200
21	定襄县宏道镇 无畏庄七朗山DW井	112°58′35″	38°36′53″	Q、Pt	变质岩	Sr(1.06)水	$Sr_{1.06}\cdot M_{0.207}$〔$(HCO^{3}_{48.5}\cdot SO^{4}_{25.0})$/ $(Na_{53.2}\cdot Ca_{27.3})$〕$T_{21.0}$	7.8	292	井133.3	2500(B)
22	定襄县受禄乡上汤头	112°49′23″	38°35′53″	Ar	片麻岩 花岗岩	Sr(0.64)· H_2SiO_3(34.5)水	$Sr_{0.64}\cdot H_2SiO^{3}_{35.4}\cdot M_{2.080}$ 〔$(SO^{4}_{66.8}\cdot Cl_{30.5})/(Na_{53.0}\cdot Ca_{45.9})$〕$T_{53.0}$	7.3	751	井123	720
23	岢岚县 神堂坪乡仙人涧	111°36′34″	38°41′12″	$\in_2 Z$	鲕状灰岩	Sr(1.38)水	$Sr_{1.38}\cdot M_{0.260}$ 〔$HCO^{3}_{82.9}/(Ca_{26.2}\cdot Mg_{32.2})$〕$T_{10.0}$	8.0～7.4	240	泉	40(B)
24	忻州市忻府区 奇村镇南高	112°36′55″	38°33′14″	Q、Pt	砂砾岩 变质岩	Zn(0.40)·Li(0.25)· Sr(0.27)水	$Zn_{0.40}\cdot Li_{0.25}\cdot M_{0.810}$ 〔$(Cl_{62.0}\cdot SO^{4}_{26.7})/Na_{85.4}$〕$T_{49.0}$	7.2	86	井30	1440
25	忻州市忻府区 奇村镇寺庄q-1井	112°35′31″	38°31′52″	Qp_2	细砂	H_2SiO_3(25.9-29.4)· Sr(0.21～0.74)	$H_2SiO^{3}_{27.7}\cdot Sr_{0.4}\cdot 8M_{0.250}$ 〔$HCO^{3}_{80.0}/(Ca_{60.6}\cdot Na_{32.2})$〕$T_{10.0}$	8.1	124	井142	590
26	兴县蔚汾镇 河儿上村香水泉	111°43′26″	38°16′54″	N_2	砂岩	Sr(0.55)水	$Sr_{0.55}\cdot M_{0.540}$ 〔$HCO^{3}_{74.1}/(Na_{50.4}\cdot Mg_{25.9})$〕$T_{10.0}$	7.9～8.2	178	泉	60(B)
27	岚县社科乡 任家庄自流井	111°44′09″	38°17′01″	$P_2 s$	砂岩	Sr(0.80)· H_2SiO_3(25.7～27.4)水	$Sr_{0.80}\cdot H_2SiO^{3}_{26.6}\cdot M_{0.630}$ 〔$HCO^{3}_{61.6}/(Na_{46.0}\cdot Ca_{36.3})$〕$T_{19.0}$	7.5	222	井521	137(C)
28	阳曲县黄寨镇 部队系舟山	112°34′06″	38°01′46″	$O_2 s+x$	石灰岩	Sr(0.6～0.8)水	$Sr_{0.70}\cdot M_{0.230}$ 〔$HCO^{3}_{77.1}/(Ca_{52.8}\cdot Mg_{33.1})$〕$T_{12.0}$	7.6～8.1	254	井854.46	1000(B)
29	太原市尖草坪区 西墕乡东堰	113°26′50″	38°04′20″	$O_2 s+x$	石灰岩	Sr(0.54)水	$Sr_{0.54}\cdot M_{0.300}$ 〔$HCO^{3}_{80.9}/(Ca_{52.0}\cdot Mg_{37.0})$〕$T_{18.0}$	7.2～7.7	250	井150.35	1440(B)
30	太原市万柏林区 重机农场	112°32′27″	37°54′24″	Qp_{1+2}	砂	Sr(0.56)水	$Sr_{0.56}\cdot M_{0.650}$ 〔$(HCO^{3}_{58.9}\cdot SO^{4}_{33.8})/Ca_{52.0}$〕$T_{12.5}$	7.1～7.5	320	井200	400(C)
31	太原市尖草坪区森林 公园Tc-S2自流井	112°35′54″	37°56′15″	$O_2 s$	石灰岩	Sr(0.8)水	$Sr_{0.80}\cdot M_{0.650}$ 〔$HCO^{3}_{70.2}/(Ca_{59.9}\cdot Mg_{33.0})$〕$T_{16.2}$	7.0～8.1	306	井823.33	1000(B)
32	太原市万柏林区 天龙啤酒厂TP2井	112°37′11″	37°52′20″	Q_1	砂砾石	Sr(0.73～0.98)水	$Sr_{0.86}\cdot M_{0.530}$ 〔$(HCO^{3}_{66.8}\cdot SO^{4}_{26.8})/Ca_{67.4}$〕$T_{14.0}$	7.3～7.5	283	井177.9	700(B)
33	太原市杏花岭区东山 煤矿四采区2号孔	112°29′53″	37°52′40″	$O_2 f$	石灰岩	Sr(1.175)水	$Sr_{0.8}\cdot 6M_{0.720}$ 〔$HCO^{3}_{50.9}\cdot SO^{4}_{41.1}/Ca_{57.7}\cdot Mg_{32.8}$〕$T_{14.0}$	7.4	448	煤矿斜井	900(C)
34	太原市 万柏林区瓦流	112°31′17″	37°49′28″	$T_1 l$	砂岩	Sr(1.12)水	$Sr_{1.12}\cdot M_{0.720}$ 〔$HCO^{3}_{40.8}\cdot SO^{4}_{36.3}/Ca_{63.9}$〕$T_{14.0}$	7.5	415	井402	1000
35	太原市 小店区北张	112°48′08″	37°49′03″	Qp_1	中砂	Sr(0.95～1.1)水	$Sr_{1.03}\cdot H_2SiO^{3}_{26.1}\cdot M_{0.760}$ 〔$(HCO^{3}_{40.8}\cdot SO^{4}_{36.3})/Ca_{63.9}$〕$T_{13.5}$	7.7	320	井200	1500(B)
36	太原市 小店区王家坟	112°55′07″	37°43′24″	$O_2 s$	石灰岩	Sr(2.66)水	$Sr_{2.66}\cdot M_{0.760}$ 〔$SO^{4}_{75.8}/(Ca_{66.0}\cdot Mg_{26.0})$〕$T_{25.0}$	8.0	835	井100	2000

续表

序号	矿泉水点地理位置	经度	纬度	含水层地层时代代号	含水层主要岩性	矿泉水达标项目含量及命名/（mg/L）	水化学类型库尔洛夫式	pH值	总硬度/（mg/L）	水点类型及孔深/m	可开采量及级别/（m^3/d）
37	清徐县 清源镇平泉	112°30′31″	37°36′52″	O_2f	石灰岩	Sr（3.3）水	$Sr_{3.36}\cdot M_{0.550}$〔（$HCO^3_{53.2}\cdot SO^4_{41.5}$）/（$Ca_{66.0}\cdot Mg_{29.0}$）〕$T_{25.0}$	7.4	425	井3.58	416
38	清徐县王答乡 赵家堡SK4井	113°35′44″	37°33′54″	Qp_1	砂岩	Sr（0.97）水	$Sr_{0.97}\cdot M_{1.040}$ 〔（$HCO^3_{40.6}\cdot Cl_{40.5}$）/$Na_{66.9}$〕$T_{19.0}$	8.1	245	井450.3	700（C）
39	阳泉市郊区 平坦镇官沟泉	113°28′43″	37°51′20″	$P_2^{1\sim3}$	砂岩	Sr（0.65～0.82）水	$Sr_{0.74}\cdot M_{0.430}$〔$HCO^3_{69.9}$/$Ca_{67.4}$〕$T_{16.0}$	7.4～8.2	217	泉	72
40	阳泉市郊区 河底镇山底村	112°28′51″	37°54′54″	$O_2s{+}x$	石灰岩	Sr（1.29）水	$Sr_{1.29}\cdot M_{0.520}$〔（$HCO^3_{62.0}\cdot SO^4_{31.0}$）/（$Ca_{64.6}\cdot Mg_{30.0}$）〕$T_{15.3}$	7.1～7.4	317 361	井616.06	794（B）
41	平定县 张庄镇药林寺	112°44′49″	37°41′10″	P_2	砂岩	Sr（0.44～0.56）· H_2SiO_3（56.4）水	$Sr_{0.50}\cdot H_2SiO^3_{56.4}\cdot M_{0.460}$ 〔（$HCO^3_{68.0}\cdot SO^4_{26.2}$）/$Ca_{72.9}$〕$T_{13.6}$	7.4～7.8	—	泉	70（C）
42	寿阳县 西洛镇西洛	113°35′40″	37°41′20″	T_2ey	长石砂岩	Sr（1.12～1.25）水	$Sr_{1.19}\cdot M_{0.460}$ 〔$HCO^3_{73.9}$/（$Ca_{37.0}\cdot Na_{32.9}\cdot Mg_{29.6}$）〕$T_{14.5}$	7.7	250	井97.05	100
43	寿阳县南燕竹镇任家庄SG-11号水井	113°17′51″	37°58′28″	O_2s	石灰岩	Sr（2.74）水	$Sr_{2.74}\cdot M_{0.520}$ 〔$HCO^3_{60.4}$/（$Ca_{66.3}\cdot Mg_{31.7}$）〕$T_{17.0}$	—	314	井1075	151
44	晋中市榆次区乌金山镇北后沟龙王山	112°47′44″	37°49′38″	P_1x	砂岩	Sr（2.21）水	$Sr_{2.21}\cdot M_{0.700}$ 〔（$SO^4_{60.4}\cdot HCO^3_{36.1}$）/$Na_{71.0}$〕$T_{18.0}$	7.8	126	井203	200（B）
45	晋中市榆次区 锦纶厂YJ-1井	112°53′41″	37°41′52″	T_1l	砂岩	Sr（0.66～0.70）	$Sr_{0.68}\cdot M_{0.410}$ 〔$HCO^3_{57.97}$/（$Na_{40.0}\cdot Mg_{33.1}$）〕$T_{25.0}$	7.5	243	井410	1920（B+C）
46	晋中市榆次区 东赵乡西窑YN1井	112°56′36″	37°37′02″	T_1l	长石砂岩	Sr（1.94）· H_2SiO_3（25.4）水	$Sr_{1.94}\cdot H_2SiO^3_{25.4}\cdot M_{0.330}$ 〔$HCO^3_{72.2}$/（$Na_{51.0}\cdot Ca_{28.7}$）〕$T_{24.0}$	7.3	148	井400.2	10000（B）
47	昔阳县大寨镇 南冶头园林寺	113°46′25″	37°24′54″	$P_2^{1\sim3}$	砂岩	Sr（0.50～0.58）水	$Sr_{0.29}\cdot M_{0.360}$ 〔（$HCO^3_{67.6}\cdot SO^4_{31.6}$）/$Ca_{59.9}$〕$T_{16.0}$	7.0～7.8	160	泉	27（B）
48	晋中市太谷区 侯城乡酎泉	112°35′15″	37°22′05″	T_2t	长石砂岩	Sr（0.71）水	$Sr_{0.714}\cdot M_{0.330}$ 〔$HCO^3_{66.9}$/（$Ca_{45.0}\cdot Na_{29.4}\cdot Mg_{25.4}$）〕$T_{10.0}$	7.4	158	840	53（B+C）
49	晋中市太谷区 明星镇龙泉	112°33′28″	37°02′19″	T_2t	长石砂岩	Sr（0.62）水	$Sr_{0.62}\cdot M_{0.330}$ 〔$HCO^3_{73.6}$/（$Ca_{37.7}\cdot Na_{32.9}\cdot Mg_{29.2}$）〕$T_{8.0}$	7.6	219	940	35（B+C）
50	晋中市太谷区侯城乡山西中药厂西山底	112°42′30″	37°19′48″	T_2t	长石砂岩	Sr（0.55）水	$Sr_{0.55}\cdot M_{0.440}$ 〔$HCO^3_{63.8}$/（$Ca_{47.5}\cdot Na_{30.5}$）〕$T_{14.5}$	7.6	206	井147	1000（B）
51	祁县西六支乡王村	112°18′07″	37°25′04″	T_2ey	砂岩	Sr（0.48～1.23）· H_2SiO_3（26.0～28.6）水	$Sr_{0.86}\cdot H_2SiO^3_{27.3}\cdot M_{0.640}$ 〔（$HCO^3_{43.3}\cdot Cl_{32.0}\cdot SO^4_{31.6}$）/$Na_{89.5}$〕$T_{29.0}$	7.8	95	井399	500（B）
52	祁县来远镇盘陀	112°29′10″	37°13′26″	T_1l	紫红色 砂岩	Sr（5.60）水	$Sr_{5.60}\cdot M_{0.390}$ 〔$HCO^3_{58.6}$/（$Na_{38.7}\cdot Mg_{30.8}\cdot Ca_{30.1}$）〕$T_{16.4}$	8.0	218	井195.18	1000
53	介休市 洪山镇洪山泉	112°02′15″	37°02′14″	O_2	石灰岩	Sr（1.44）水	$Sr_{1.44}\cdot M_{0.580}$〔（$SO^4_{49.2}\cdot HCO^3_{48.2}$）/（$Ca_{65.3}\cdot Mg_{31.4}$）〕$T_{13.4}$	7.5～7.6	390	泉	1860
54	榆社县 讲堂乡韩庄	113°08′58″	37°00′54″	T_1lh	砂岩	Sr（0.68～0.93）水	$Sr_{0.81}\cdot M_{0.400}$ 〔$HCO^3_{76.0}$/（$Ca_{59.5}\cdot Mg_{25.3}$）〕$T_{10.6}$	7.2	212	泉	40（B）

续表

序号	矿泉水点地理位置	经度	纬度	含水层地层时代代号	含水层主要岩性	矿泉水达标项目含量及命名/(mg/L)	水化学类型库尔洛夫式	pH值	总硬度/(mg/L)	水点类型及孔深/m	可开采量及级别/(m³/d)
55	左权县石匣乡苏家坡圣泉	113°17′57″	37°03′35″	P_2sh	砂岩	Sr(0.84)水	$Sr_{0.84}\cdot M_{0.340}[HCO^3{}_{84.0}/Ca_{68.1}]T_{10.6}$	7.2～7.8	181	泉	40(B)
56	灵石县南关镇全旺泉	111°49′54″	36°43′53″	P_2s^1	砂岩	Sr(0.63)水	$Sr_{0.63}\cdot M_{0.240}[(HCO^3{}_{63.5}\cdot SO^4{}_{29.3})/(Ca_{49.9}\cdot Na_{25.5})]T_{12.0}$	7.6～8.5	156	泉	60(B)
57	吕梁市离石区枣林	111°03′22″	37°33′35″	Ar	片麻岩	Sr(0.42)水	$Sr_{0.42}\cdot M_{0.450}[HCO^3{}_{75.6}/(Ca_{39.8}\cdot Mg_{29.6}\cdot Na_{29.4})]T_{9.3}$	7.7	202	泉	85
58	交城县天宁镇磁窑天龙泉	112°10′06″	37°35′49″	P_2s	砂岩	Sr(1.15)水	$Sr_{0.58}\cdot M_{0.870}[(HCO^3{}_{42.8}\cdot SO^4{}_{37.9})/(Ca_{46.4}\cdot Na_{37.8})]T_{12.0}$	7.6	317	泉	75(C)
59	柳林县孟门镇刘家圪塔S47泉	110°45′59″	37°32′14″	O_2	石灰岩	Sr(0.60～0.74)水	$Sr_{0.66}\cdot M_{0.490}[(HCO^3{}_{52.9}\cdot Cl_{25.9})/(Ca_{42.0}\cdot Na_{33.3})]T_{20.0}$	7.6	268	泉	1317(B)
60	柳林县柳林水泥厂	110°54′15″	37°19′55″	O_2	石灰岩	Sr(0.62～0.72)水	$Sr_{0.67}\cdot M_{0.490}[HCO^3{}_{77.0}/(Ca_{56.0}\cdot Mg_{36.0})]T_{18.0}$	7.3	268	泉	2000(C)
61	汾阳市杏花村镇杏花酒厂XK6井	111°56′36″	37°20′36″	O_2s	石灰岩	Sr(1.19)水	$Sr_{1.19}\cdot M_{0.570}[(HCO^3{}_{52.6}\cdot SO^4{}_{34.7})/(Ca_{47.4}\cdot Mg_{36.7})]T_{22.0}$	7.3～8.0	262	井842	2400(B)
62	孝义市梧桐镇宜兴玉泉山	111°47′06″	37°04′56″	N_2	砾岩及砂砾岩	Sr(0.77)水	$Sr_{0.77}\cdot M_{0.500}[HCO^3{}_{74.0}/(Ca_{57.0}\cdot Mg_{25.0})]T_{9.5}$	7.2	25.8	井12.5	400
63	孝义市新城区人民印刷厂	111°45′59″	37°08′30″	N_2	砾岩	Sr(1.31)水	$Sr_{1.31}\cdot M_{0.780}[(HCO^3{}_{37.2}\cdot Cl_{31.8}\cdot SO^4{}_{27.7})/(Na_{39.6}\cdot Ca_{35.9})]T_{15.0}$	7.3	388	井347.97	300(B)
64	孝义市下栅乡神农庄园	111°47′06″	37°03′35″	N_2	砾岩	Sr(0.92)水	$Sr_{0.92}\cdot M_{0.630}[HCO^3{}_{70.3}/(Ca_{45.4}\cdot Mg_{29.8})]T_{13.0}$	7.0	302	井59	300(C)
65	长治市潞城区辛安泉镇南流	113°24′54″	36°21′30″	O_2	石灰岩	Sr(0.52)水	$Sr_{0.52}\cdot M_{0.490}[HCO^3{}_{67.5}/(Ca_{66.0}\cdot Mg_{28.8})]T_{16.0}$	7.4	259	泉	350(C)
66	沁源县王陶乡松罗	112°12′20″	36°51′03″	P_2s	含砾砂岩	Sr(0.51)水	$Sr_{0.51}M_{0.350}[HCO^3{}_{82.5}/Na_{76.2}]T_{10.0}$	7.5～7.6	62	井169.3	12(B)
67	沁县册村镇漫水村七星泉	112°31′24″	36°41′12″	T_1l	红色砂岩	Sr(0.67)水	$Sr_{0.67}\cdot M_{0.230}[HCO^3{}_{92.0}/(Ca_{53.6}\cdot Mg_{29.0})]T_{14.2}$	7.3～7.7	195	1个泉6个自流井	井298.44 1500(C)
68	长子县丹朱镇自来水公司漳2号井	112°50′57″	36°07′10″	P_2s	砂岩	Sr(0.56)水	$Sr_{0.56}\cdot M_{0.500}[HCO^3{}_{74.8}/(Na_{61.7}\cdot Ca_{28.7})]T_{14.5}$	7.7	138	311.1	888(B+C)
69	壶关县桥上乡壶1号井	113°35′12″	35°55′39″	$\in_{2+3}$	白云岩及灰岩	Sr(0.61)水	$Sr_{0.61}\cdot M_{0.520}[HCO^3{}_{67.8}/(Ca_{65.3}\cdot Mg_{29.6})]T_{16.0}$	7.6	320	井750.5	900(B)
70	临汾市尧都区贾得乡东亢	111°32′31″	35°59′06″	O_2	石灰岩	Sr(1.28)·H_2SiO_3(33.28)水	$Sr_{1.28}\cdot H_2SiO^3{}_{33.28}\cdot M_{0.820}[(HCO^3{}_{49.9}\cdot SO^4{}_{37.3})/Ca_{73.2}]T_{23.5}$	6.9～7.9	175	井113.5	1500(C)
71	蒲县蒲城镇五龙山	111°16′59″	36°28′46″	P_2s	砂岩	Sr(0.69～1.03)水	$Sr_{0.86}\cdot M_{0.310}[HCO^3{}_{79.3}/(Na_{35.4}\cdot Ca_{32.3}\cdot Mg_{31.8})]T_{12.0}$	7.7	233	泉	90(B+C)
72	大宁县昕水镇牧岭	110°48′56″	36°33′30″	T_2ey	砂岩	Sr(0.72)水	$Sr_{0.726}\cdot M_{0.550}[HCO^3{}_{74.4}/(Na_{53}\cdot Mg_{25.1})]T_{13.5}$	7.1	178	泉	800(B+C)

续表

序号	矿泉水点地理位置	经度	纬度	含水层地层时代代号	含水层主要岩性	矿泉水达标项目含量及命名/(mg/L)	水化学类型库尔洛夫式	pH值	总硬度/(mg/L)	水点类型及孔深/m	可开采量及级别/(m^3/d)
73	吉县文城乡人祖山	110°38′29″	36°17′01″	T_1l	砂岩	Sr(0.56～0.75)水	$Sr_{0.66}\cdot M_{0.530}$ 〔$HCO^3_{72.1}$/($Ca_{37.4}\cdot Na_{32.5}\cdot Mg_{27.0}$)〕$T_{14.5}$	7.6	226	井197.91	2000(B)
74	乡宁县关王庙乡后沟泉暖水泉	111°03′20″	35°55′31″	P_2s^3	砂岩	Sr(0.94)水	$Sr_{0.94}\cdot M_{0.530}$ 〔$HCO^3_{61.8}$/($Na_{53.1}\cdot Ca_{23.3}\cdot Mg_{23.3}$)〕$T_{11.0}$	8.5	224	泉	96
75	乡宁县昌宁镇温泉	110°49′59″	35°58′13″	P_2s^3	砂岩	Sr(0.76)水	$Sr_{0.76}\cdot M_{0.600}$ 〔$HCO^3_{72.5}$/($Na_{41.7}\cdot Mg_{29.3}\cdot Ca_{28.6}$)〕$T_{12.4}$	7.5	220	泉	8.3
76	乡宁县昌宁镇韩村泉	110°46′40″	35°56′25″	P_2s^3	含砾砂岩	Sr(0.60～0.80)水	$Sr_{0.70}\cdot M_{0.580}$〔$HCO^3_{60.6}\cdot SO^4_{25.0}$/ $Ca_{41.0}\cdot Na_{32.8}\cdot Mg_{25.8}$〕$T_{11.0}$	7.3	251	泉	294
77	霍州市辛置镇桃沟	111°43′11″	36°29′33″	P_2s	砂岩	Sr(0.57～0.60)水	$Sr_{0.59}\cdot M_{0.330}$ 〔$HCO^3_{83.7}$/($Ca_{50.0}\cdot Mg_{29.9}$)〕$T_{14.0}$	7.8～7.9	243	井168.05	317(B)
78	洪洞县广胜寺镇广胜寺泉	111°48′47″	36°18′21″	O_2	石灰岩	Sr(0.60～0.76)水	$Sr_{0.68}\cdot M_{0.410}$〔($HCO^3_{52.8}\cdot SO^4_{43.7}$)/ ($Ca_{63.2}\cdot Mg_{29.9}$)〕$T_{14.0}$	7.4～7.8	343	泉	5000
79	襄汾县西贾乡德西毛	111°19′04″	35°46′34″	O_2	石灰岩	Li(1.99～2.42)· H_2SiO_3(29.0～33.35)水	$Li_{2.21}\cdot H_2SiO^3_{31.17}\cdot M_{0.820}$ 〔($Cl_{43.0}\cdot SO^4_{41.3}$)/$Ca_{62.1}$〕$T_{37.0}$	7.6	511	井250	1200(B+C)
80	襄汾县赵康镇北赵	111°15′16″	35°46′34″	O_2	石灰岩	Sr(2.20～3.36)· H_2SiO_3(25.6～31.2)水	$Sr_{2.78}\cdot H_2SiO^3_{28.4}\cdot M_{1.051}$ 〔($Cl_{43.6}\cdot SO^4_{37.1}$)/($Na_{46.4}\cdot Ca_{36.6}$)〕$T_{28.0}$	7.7	457	井188.53	1200(B+C)
81	曲沃县里村镇石滩	111°30′34″	35°48′21″	Qp_1	砂砾石	Sr(1.0～1.2)· H_2SiO_3(35.84～37.13)水	$Sr_{1.18}\cdot H_2SiO^3_{36.49}\cdot M_{0.600}$ 〔$HCO^3_{73.0}$/($Na_{62.0}\cdot Mg_{26.0}$)〕$T_{22.0}$	8.0～8.8	183	井172.0	500(B+C)
82	曲沃县高显镇高显	111°29′37″	35°41′12″	O_2s	石灰岩	Sr(2.38)· H_2SiO_3(35.0)水	$Sr_{2.38}\cdot H_2SiO^3_{35.0}\cdot M_{0.880}$ 〔$SO^4_{58.5}$/($Na_{39.8}\cdot Ca_{39.5}$)〕$\cdot T_{38.0}$	7.6	521	井800	500
83	曲沃县高显镇安居	111°28′22″	35°42′05″	O_2s	石灰岩	H_2SiO_3(30.0)水	$H_2SiO^3_{30.0}\cdot M_{0.880}$〔$SO^4_{44.1}$/$Na_{84.8}$〕$T_{48.0}$	7.9	330	自流井1900	900(B)
84	曲沃县史村镇西海	111°37′05″	35°40′18″	O_2s	石灰岩、闪长岩	Sr(1.12)· H_2SiO_3(33.0)水	$Sr_{1.12}\cdot H_2SiO^3_{33.0}\cdot M_{0.880}$ 〔($Cl_{43.6}\cdot SO^4_{37.1}$)/($Na_{42.0}\cdot Ca_{34.5}$)〕$T_{28.0}$	7.7	364	自流井129.22	3661(B+C)
85	曲沃县史村镇西海	111°35′46″	35°42′15″	O_2s	石灰岩	Sr(1.44)· H_2SiO_3(26.3)水	$Sr_{1.44}\cdot H_2SiO^3_{26.3}\cdot M_{0.880}$〔($HCO^3_{44.1}\cdot$ $SO^4_{43.3}$)/($Na_{53.68}\cdot Mg_{35.8}$)〕$T_{28.0}$	8.4	291	自流井129.22	3661(B+C)
86	稷山县稷峰镇南阳	110°56′11″	35°35′22″	Qp_2	粗中细砂	Sr(0.45)·Zn(0.93)水	$Sr_{0.45}\cdot Zn_{0.93}\cdot M_{0.880}$ 〔($HCO^3_{46.7}\cdot SO^4_{36.7}$)/$Na_{77.2}$〕$T_{22.0}$	7.3～8.4	125	井171.50	1000(B+C)
87	新绛县三泉镇九原山	111°10′55″	35°41′12″	$\in_3$	石灰岩、白云岩	Sr(2.12)水	$Sr_{2.12}\cdot M_{880}$〔($SO^4_{46.2}\cdot HCO^3_{30.2}$)/ ($Ca_{40.6}\cdot Na_{32.7}\cdot Mg_{25.5}$)〕$T_{26.0}$	8.1	2260	井	100(B)
88	新绛县万安镇西马	111°07′50″	35°34′25″	Ar	变质岩	Sr(0.94)水	$Sr_{2.12}\cdot M_{5.590}$ 〔($SO^4_{65.4}\cdot Cl_{33.3}$)/$Na_{65.4}$〕$T_{47.5}$	8.1	940	井352.01	100(B)
89	晋城市城区厦属JW井	112°58′46″	35°26′55″	O_2s	石灰岩	Sr(4.20～4.98)水	$Sr_{4.59}\cdot M_{0.780}$〔($SO^4_{67.9}\cdot HCO^3_{28.3}$)/ ($Ca_{62.8}\cdot Mg_{34.0}$)〕$T_{18.0}$	7.8	646	井531.0	1400
90	晋城市城区北石店镇七里店啤酒厂JP井	112°52′22″	35°32′14″	O_2s	石灰岩	Sr(1.08)水	$Sr_{1.08}\cdot M_{0.590}$〔($HCO^3_{65.4}\cdot SO^4_{26.}$)/ ($Ca_{61.6}\cdot Mg_{33.7}$)〕$T_{18.0}$	7.9	356	井444.5	1000(C)

续表

序号	矿泉水点地理位置	经度	纬度	含水层地层时代代号	含水层主要岩性	矿泉水达标项目含量及命名/(mg/L)	水化学类型库尔洛夫式	pH值	总硬度/(mg/L)	水点类型及孔深/m	可开采量及级别/(m^3/d)
91	泽州县金村镇郭壁G4井	112°57′16″	35°28′39″	O_2	石灰岩	Sr(1.36)水	$Sr_{1.36}\cdot M_{680}[(SO^{4}_{52.3}\cdot HCO^{3}_{41.3})/(Ca_{71.4}\cdot Mg_{23.5})]T_{15.0}$	7.1	553	井383.3	700(C)
92	陵川县古郊乡锡崖沟	113°31′55″	35°39′24″	$\in_1$	鲕状灰岩	Sr(0.49～0.72)水	$Sr_{0.61}\cdot M_{0.340}[HCO^{3}_{78.9}/(Ca_{62.6}\cdot Mg_{25.0})]T_{8.5}$	7.6～8.1	216	泉	12(B)
93	阳城县北留镇郭峪	112°33′49″	35°28′39″	O_2	石灰岩	Sr(0.75)水	$Sr_{0.75}\cdot M_{0.810}[(HCO^{3}_{54.6}\cdot SO^{4}_{33.4})/(Ca_{46.6}\cdot Ng_{32.8})]T_{12.5}$	7.5	383	井402.85	333
94	运城市盐湖区解州武圣庙	110°51′16″	34°54′38″	Qp_{1+2}	砂砾石	Sr(0.39～0.50)水	$Sr_{0.45}\cdot M_{0.517}[HCO^{3}_{77.1}/(Ca_{40.1}\cdot Ng_{35.4})]T_{16.8}$	7.6	237	井200	400(B)
95	运城市盐湖区东郭镇上月老龙泉	111°07′38″	35°01′47″	Ar_2	涑水杂岩	Sr(0.55)水	$Sr_{0.55}\cdot M_{0.470}[HCO^{3}_{76.9}/Mg_{35.0}\cdot Na_{32.7}\cdot Ca_{30.9}]T_{15.0}$	7.2	204	泉	40
96	稷山县翟店镇仁和	111°53′27″	35°27′46″	Qp_1	砂砾石	Sr(2.00～2.28)·H_2SiO_3(25.0～39.0)水	$Sr_{2.14}\cdot H_2SiO^{3}_{32.0}\cdot M_{0.500}[(Cl_{40.5}\cdot SO^{4}_{31.44}\cdot HCO^{3}_{28.1})/(Na_{40.5}\cdot Ca_{33.6})]T_{14.0}$	7.5	320	井	1100(B+C)
97	闻喜县桐城镇新仪张	111°13′05″	35°24′11″	N_2	砂岩	Sr(1.15)·Zn(0.93)水	$Sr_{1.15}\cdot Zn_{0.93}\cdot M_{0.740}[HCO^{3}_{62.4}/Na_{76.9}]T_{37.0}$	8.0	450	井200	500
98	闻喜县桐城镇自来水厂	111°13′05″	35°21′30″	N_2	细砂含砾石	Sr(0.78)·Zn(0.40)水	$Sr_{0.78}\cdot Zn_{0.40}\cdot M_{0.760}[(Cl_{39.0}\cdot HCO^{3}_{33.4}\cdot SO^{4}_{27.4})/Na_{75.3}]T_{26.0}$	8.1	255	井200	500
99	闻喜县候村乡焦山龙王泉	111°21′16″	35°25′04″	$\in_{2+3}$	鲕状灰岩	Sr(0.44～0.56)·Zn(0.48～1.3)水	$Sr_{0.50}\cdot Zn_{0.89}\cdot M_{0.740}[(HCO^{3}_{76.9}/Ca_{35.1}\cdot Mg_{34.2}\cdot Na_{30.0})]T_{16.0}$	7.9	208	泉	2280(C)
100	万荣县西村乡西村	110°53′27″	35°25′58″	$\in$+O	泥灰岩	H_2SiO_3(36.00)·Sr(0.64～0.68)水	$H_2SiO^{3}_{36.00}\cdot Sr_{0.66}\cdot M_{0.460}[HCO^{3}_{76.7}/(Na_{46.2}\cdot Ca_{33.9})]T_{19.4}$	7.4	161	井199.2	523(B)
101	临猗县猗氏镇宾馆	111°45′49″	35°07′14″	O_2s	石灰岩	Sr(8.8)水	$Sr_{8.8}\cdot M_{4.100}[Cl_{71.5}/Na_{75.3}]T_{61.0}$	6.8	750	井1148	500
102	平陆县张店镇四州山	111°12′44″	34°59′58″	Pt	大理岩	Sr(0.63～0.68)水	$Sr_{0.66}\cdot M_{0.420}[HCO^{3}_{85.9}/(Mg_{68.0}\cdot Ca_{29.7})]T_{15.3}$	7.8	206	—	792
103	平陆县常乐镇晋庙	111°01′34″	34°46′34″	$\in_2$	鲕状灰岩	Sr(0.59～0.65)水	$Sr_{0.62}\cdot M_{0.420}[HCO^{3}_{72.0}/(Ca_{57.0}\cdot Mg_{37.5})]T_{15.0}$	7.7	268	泉	778(B)
104	平陆县圣人涧镇太宽泉	111°13′35″	34°51′09″	Qp_1	砂砾石	Sr(0.63～0.69)水	$Sr_{0.67}\cdot M_{0.470}[HCO^{3}_{78.4}/(Mg_{38.3}\cdot Na_{34.5}\cdot Ca_{26.4})]T_{18.0}$	7.84	199	泉	7390
105	平陆县圣人涧镇马跑泉	111°33′25″	34°54′19″	Qp_1	砂砾石	Sr(0.63～0.65)	$Sr_{0.64}\cdot M_{0.570}[HCO^{3}_{80.3}/(Mg_{41.4}\cdot Na_{33.6})]T_{22.0}$	7.8	262	泉	1200
106	平陆县常乐镇南电灌站	111°02′11″	34°45′40″	Q	细砂	Sr(1.33～1.54)水	$Sr_{1.44}\cdot M_{0.910}[(SO^{4}_{43.2}\cdot HCO^{3}_{39.2})/(Na_{52.2}\cdot Mg_{27.9})]T_{20.0}$	7.5	289	井131	600
107	芮城县古魏镇大禹渡大禹神泉	110°40′22″	34°51′03″	Qp_1	粉细砂岩	Sr(0.70)水	$Sr_{0.70}\cdot M_{0.630}[HCO^{3}_{83.1}/(Na_{53.4}\cdot Mg_{31.6})]T_{16.0}$	7.4～7.7	181	泉	50(B)

注：为了节约版面及美观，对水化学库尔洛夫式进行了调整，其中表中方括号前面字母及下标数字表示天然矿泉水命名界线指标（mg/L），M—表示TDS（g/L），方括号中内容表示水化学类型，T—表示水温（℃），如：$Sr_{0.70}\cdot M_{0.630}[HCO^{3}_{83.1}/(Na_{53.4}\cdot Mg_{31.6})]T_{16.0}$表示命名为锶矿泉水，锶含量0.70mg/L，TDS为0.630g/L，水化学类型为HCO_3–Na·Mg，离子代号下标数字为毫克当量百分数（%），水温为16.℃；B级可开采量表示勘探阶段提交探明的允许开采量；C级可开采量表示详查阶段提交控制的允许开采量；“—”表示无资料。

1.山西省盂县寺平安地区热矿水勘查

山西省地质矿产局第一水文地质工程地质队于1986年5—9月中旬开展了项目野外工作，并于1986年11月提交了《山西省盂县寺平安地区热矿水勘查报告》(赵敬孚等，1986)，报告主编：赵敬孚、王贵喜等。提交成果包括文字报告1份，附图14张，附表4本。该报告论述了热矿水区域自然条件，圈定了3个热矿水的分布范围，系统全面地分析了热矿水形成的地质构造背景及其赋存、运移规律、水化学特征，提出了热矿水的成因及形成机制，对热矿水资源及医疗矿泉水水质进行了评价，探讨了热矿水的开发利用前景。该报告得出以下八点结论：①寺平安热矿泉出露于太古宇龙华河群灯花组底部榆林坪顶部的吕梁期伟晶岩脉之中，热矿水分布总面积为$0.27km^2$；②热矿水分布区内构造控水作用极为明显，南北向压性逆断层为阻水构造，而北北东向、北北西向及近东西向三组断裂带则为主要的导水构造；③该热矿泉群属于隆起断裂型热矿泉水，大气降水为热矿水的主要补给源，热矿水循环深度1800m左右，其年龄超过50年，属全排型热矿水泉群；④该区热矿水水质为$Cl \cdot SO_4$-Na型水，水温在44～53°C，TDS为770～890mg/L，pH值7.72～8.16，氟含量5.61～7.32mg/L，H_2SiO_3含量65.0～78.0mg/L，偏硼酸含量1.6～3.0mg/L；⑤该区热矿水属中等放射性水，含氡量780.7～1291.3349Bq/L，伟晶岩脉中放射性元素含量偏高和构造破碎带岩石射气系数增大乃是氡水形成的基本条件；⑥采用单位降深法、开采模数法计算得寺平安地区验证的（A_2级）热矿水可开采资源量$2174m^3/d$，验证的及探明的（A_2+B级）热矿水可开采资源量3300～$4500m^3/d$；崔家庄地区控制的（C_1级）热矿水可开采资源量$1800m^3/d$。验证的（A_2级）开采资源量保证程度较高，可作为开发利用的依据；⑦按照《理疗热矿水水质标准评价》(GB/T 11615—2010)，寺平安热矿泉属于氡水·氟水·硅水·温水·淡水复合型理疗热矿水，适于浸浴，其医疗价值甚高，为我国北方优质的理疗热矿水；⑧该区热矿水资源十分宝贵，在合理开发利用的条件下，能满足4000～5000张床位温泉疗养用水量，可以建成氡水疗养基地。

2.山西省新绛县西马医疗天然矿泉水评价

山西省地质矿产局第二水文地质工程地质队1989年11月提交了《山西省新绛县西马医疗天然矿泉水评价报告》，该报告的主要内容在典型矿泉水一节中有详细的介绍，为了避免重复，在此不予赘述。根据《理疗热矿水水质标准评价》(GB/T 11615—2010)，西马理疗热矿水命名为温水·氟水。

3.山西省地下热水调查

1994年12月山西省地矿局环境地质总站提交的《山西省地下热水调查》(贺秀全等，1994)，对全省医疗矿泉水情况进行了分析、概括及总结。该成果认为，当时全省24处地热田，有11处达到了命名矿水浓度，单一型矿水8处，复合型热矿水3处。具体情况是：天镇马圈庠、阳高孤山庙为硅水；定襄汤头、忻州顿村为氡水；忻州奇村、襄汾汾阳岭、曲沃海头、高显为淡温泉；临县林家坪硫化氢水·硫酸盐水·氯化物水；夏县南山底为硅水·氯化物水；盂县寺平安为氡水·硅水。

4.山西省地热资源现状调查评价与区划

全面系统的对全省理疗热矿水进行评价的成果是2015年6月由山西省地质调查院提交的《山西省地热资源现状调查评价与区划》，该成果的宝贵性在于，所有100组水样的采集人、采集时间及测试单位均是统一的，测试数据是第一手资料，可靠性及相互间可比性很强。

5.李世忠等人评价成果

李世忠等（1994）在《山西省热矿水资源的发布特征及其利用》一文中对山西医疗矿泉水资源分布特征、类型及其用途进行了深入的分析与研究，提出在山西省寻找、开发和利用热矿水的方向，并提出保护和管理建议。该文认为山西的热矿水中符合当时医疗矿泉水水质标准的共26处。即①含硫化氢·砷复合型医疗矿泉水1处；②含氡医疗矿泉水3处；③硫酸纳型医疗矿泉水8处；④硫酸钙型矿泉水3处；⑤氧化钠型医疗矿泉水9处；⑥重碳酸钠医疗矿泉水4处。但该论文中没有进一步给出26处医疗矿泉水的详细地点及水质参数。

6.各项地热资源勘查报告评价

在许多已经提交的地热资源勘查报告中对理疗热矿水水质进行了评价。由于这些成果的水质资料是由不同的单位、在不同的时间采样，由不同的测试单位完成的，数据的可比性较差。

7.霍万户等人评价成果

另外，霍万户、张瑞霞编写的学术论文认为，原平大营热矿水硫化氢（H_2S）浓度180.6mg/L，当时在我国高浓度硫化氢矿泉仅此1处；盂县寺平安热矿水氡（Rn）含量780.7～1291.3Bq/L，当时在我国是仅次于辽宁汤河温泉氡矿泉（霍万户等，1991）。

（三）理疗热矿水评价

地热流体通常含有某些特有的矿物质成分，可作为理疗热矿水开发利用，其评价依据《地热资源地质勘查规范》（GB 11615—2010）中附录E“理疗热矿水水质标准”进行。

根据山西省地质调查院2015年对100组热矿水样对CO_2、氟、溴、碘、锶、铁、锂、钡、偏硼酸、偏硅酸、氡、矿化度和温度分析结果，指标达到医疗价值浓度以上数量统计情况见表7-2-2；达到有理疗价值的水样点统计情况见表7-2-3。

表 7-2-2　山西省理疗热矿水评价统计表

序号	成分	总水样数/个	有医疗价值浓度		矿水浓度		命名浓度	
			水样数/个	比例/%	水样数/个	比例/%	水样数/个	比例/%
1	CO_2	100	—	—	—	—	—	—
2	氟	100	96	96	56	56	56	56
3	溴	100	—	—	—	—	—	—
4	碘	100	—	—	—	—	—	—
5	锶	100	5	5	5	5	5	5
6	铁	100	3	3	3	3	3	3
7	锂	100	4	—	4	4	—	—
8	钡	100	—	—	—	—	—	—
9	偏硼酸	100	78	78	24	24	1	1
10	偏硅酸	100	82	82	82	82	25	25
11	氡	100	5	5	4	4	1	1
12	温水	100	73	73	—	—	—	—
13	淡水	100	39	39	—	—	—	—

注："—"表示无此项数据。

表 7-2-3　山西省各地热类型区热矿水中有理疗价值水样统计表

地热类型		水样总数	达界线指标水样数量/个										
			铁	氟	偏硅酸	CO_2	溴	碘	锶	锂	钡	偏硼酸	氡
隆起山地型	Ⅷ	1	—	1	1	—	—	—	—	—	—	1	—
	Ⅸ	2	—	2	2	—	—	—	—	—	—	2	1
	Ⅵ、Ⅶ	0	—	—	—	—	—	—	—	—	—	—	—
沉积盆地型（Ⅰ～Ⅴ）		97	3	93	79	—	—	—	5	4	—	75	4
待查区		0	—	—	—	—	—	—	—	—	—	—	—
合计		100	3	96	82	—	—	—	5	4	—	78	5

注："—"表示无此项数据。

根据这些统计数据分析，可以得到以下几点认识：

1）隆起山地型地热资源中，理疗成分和含量均少于沉积盆地型地热资源。其中，汾渭盆地低温地热田热矿水中理疗成分含量较高，除了溴、碘、钡以外，各成分均可以达到理疗热矿水命名浓度。

2）山西省96%以上的热矿水富含氟，82%以上的热矿水富含偏硅酸，78%以上的热矿水富含偏硼酸；汾渭盆地区热矿水理疗成分较丰富，93%以上热矿水富含氟，79%以上的热矿水富含偏硅酸，75%以上的热矿水富含偏硼酸，汾渭盆地低温地热田各理疗成分均有发现，以氟、偏硅酸、偏硼酸最为丰富，锶、铁、锂、氡次之。氟、偏硼酸、偏硅酸这三种理疗成分在山西省境内的热矿水中含量丰富，几乎均有理疗价值，氟理疗成分几乎50%达到了命名浓度。

3）铁、锶、锂这三种理疗成分目前仅在沉积盆地型地热资源分布区发现。

4）氡成分浓度具有理疗价值的热矿水则主要分布在盂县寺平安地热田和汾渭盆地区的局部地区；盂县寺平安热田除氡含量达到命名浓度外，其他理疗成分含量很少达到命名热矿水浓度。

由表7-2-4可知，汾渭盆地中54.6%的水样氟浓度和22.6%的偏硅酸浓度达到命名标准，3组水样铁含量达到命名浓度、5组水样锶含量达到命名浓度；隆起山地区的寺平安地热田2组水样中氟、偏硅酸均达到命名浓度，1组水样中氡含量达到命名浓度。

表 7-2-4　山西省各地热类型区热矿水中命名水样统计表

地热类型		水样总数/个	达界线指标水样数量/个										
			铁	氟	偏硅酸	二氧化碳	溴	碘	锶	锂	钡	偏硼酸	氡
隆起山地型	Ⅷ	1	—	1	1	—	—	—	—	—	—	—	—
	Ⅸ	2	—	2	2	—	—	—	—	—	—	—	1
	Ⅵ、Ⅶ	0	—	—	—	—	—	—	—	—	—	—	—
沉积盆地型（Ⅰ~Ⅴ）		97	3	53	22	—	—	—	—	—	—	1	—
待查区		0	—	—	—	—	—	—	—	—	—	—	—
合计		100	3	56	25	—	—	—	—	—	—	1	1

注："—"表示无此项数据。

综合前人水质分析资料，经对山西23处地热田统计分析，6处水温低于34℃，18处水温>34℃，水质达到热矿水命名指标的有14处，单一型热矿水8处，复合型热矿水6处。忻州奇村为温水·氟水·硫化氢水·硅水·氡水·淡水等6项复合型理疗热矿水；盂县寺平安为温水·氟水·淡水·硅水·氡水等5项复合型理疗热矿水；临县林家坪为氟水·硫化氢水·锶水等3项复合型理疗热矿水；曲沃高显头为温水·氟水·淡水等3项复合型理疗热矿水；天镇马圈庠、曲沃海头为温水·淡水等2项复合型理疗热矿水；浑源汤头、原平大营、定襄汤头、夏县南山底为温水·氟水等2项复合型理疗热矿水；忻州顿村为氟水·氡水等2项复合型理疗热矿水；太原神堂沟为氟水·锶水等2项复合型理疗热矿水；阳高孤山庙为硅水单一型理疗热矿水；襄汾汾阳岭为温水单一型理疗热矿水；稷山仁和、新绛西马、新绛北池、临猗城关为温水单一型理疗热矿水；临猗吴王为氟水单一型理疗热矿水。

（四）热矿水疗养医学研究

山西热矿水疗养医学研究工作始于1981年，最早从事这方面工作的是忻州奇村工人疗养院的霍万户主任医师（霍万户，1991）。20世纪80年代初，有人认为温泉尤其是氡泉有致癌、致畸（畸形）作用，为了证明奇村温泉可供疗养使用，特别是孕妇使用，霍万户等人用孵鸡法观察了1000只，证明该热矿水无致畸作用，后又对工疗院职工12例孕妇进行观察亦证明无致畸作用。后来霍万户等人又对奇村温泉疗养地的环境、气象、地下热水化学成分及浓度动态进行了研究，其成果体现在学术论文中，目前见到有关理疗热矿水医学研究发表的学术论文有六篇。

忻州奇村工人疗养院从1981年以来一直对进该院疗养的人员进行了医疗效果的统计分析；山西煤矿工人夏县温泉疗养院方向东等人亦从20世纪80年代中后期开始对该院收住的疗养者进行温泉疗养适应症及疗效的分析、统计研究。

1993年，山西省总工会主办的《山西疗养医学》杂志创刊发行，每年两期。这标志着山西在温泉疗养医学研究方面迈出了可喜的一步，为交流学术成果，提高疗养水平提供了宝贵的科技园地；1991年由霍万户等主编、山西科学教育出版社出版的《温泉疗养指导》专著，系统地介绍了山西主要的温泉疗养地的概况，并具体而详细地介绍了17类疾病如何科学疗养。20世纪90年代，在奇村工人疗养院又新成立了理疗医院，在利用热矿水浴疗的同时还辅之以理疗、药物疗、手术疗和心理疗等综合性治疗手段，其效果更加明显。

总体来看，山西在温泉疗养医学方面的研究仅持续十多年的时间，研究面还比较窄、时间比较短，包括涉及的疗养地和临床观察项目，参与的医务人员也较少，有待进一步加强。特别像忻州顿村温泉度假村这样大规模的疗养地在开发初期就应当注意理疗效果的研究，不但要研究有利的一面，而且要注意其副作用，以便及时采取措施扬长避短，使热矿水更好地为社会大众健康服务。

（五）热矿水的理疗作用

20世纪90年代，山西利用热矿水进行浴疗在全国处于中上等水平，条件较好，规模较大，不但配备了先进的理疗设备，而且具有高水平大夫。各方面条件较好的疗养院有忻州奇村和夏县南山底。

山西忻州（奇村）工人温泉疗养院是全省规模较大、建院最早、设备与理疗技术最好的职工疗养院，该院设有水疗、电疗、磁疗、蜡疗、体疗、针灸、气功、按摩和化验、放射、心电图、血流图等诊疗设施。该院较早开始对温泉浴疗效果的分析研究。

根据夏县南山底和忻州奇村温泉疗养院统计：热矿水普遍对皮肤病疗效较好，南山底疗养院皮肤病治愈率达78%，有效率达98%；忻州奇村温泉疗养院对皮肤病的治愈率均达到50%以上，有效率99%。两个疗养院采用浴疗、理疗、药物疗结合的手段，从1978—1993年，夏县疗养院共治疗皮肤病患者9000人次，平均每年600人，治愈率78%，治疗骨质增生、关节炎、腰腿痛患者18000人次，平均每年1200人次，治愈率78%，有效率98%，治疗脑血管后遗症，慢性内科疾病约9000人次，每年600人以上，治愈率70%，有效率97%，该疗养院对康复的患者有针对性地进行回访，康复效果令人满意，一般情况下治愈后不再复发。

忻州奇村疗养院建设比较多，较大有的工人疗养院、干部疗养院、机车厂疗养院等，其他疗养院以浴疗为主，也无疗效记录，只有工人疗养院是集浴疗、理疗、药物治疗为一体的疗养院。据工人疗养院1991—1993年统计，三年共接待各类患者3137人次，治愈1020人，总治愈率33%。

二、天然矿泉水开发史

（一）饮用天然矿泉水开发利用

山西省天然矿泉水产业不但起步较晚，而且发展速度也很缓慢。1986年12月，以榆次西窑矿泉水评审鉴定会为标志，饮用天然矿泉水开始走进山西人的视野，此后，榆次诞生了矿泉水厂，先是利用西窑矿泉水作基液生产饮料，后来生产瓶装、桶装矿泉水。由此，矿泉水开发利用逐步走向全省。根据山西省矿泉水产业发展轨迹，大致经历了从一哄而上到理性回归的过程，大体可以划分为两个阶段，现分述如下：

1.1987—2009年开发利用情况

根据2010年调查统计资料，山西省鉴定过的109个矿泉水水源地可采资源量$11.7\times10^4m^3/d$。1995年前后，山西饮用天然矿泉水开发利用曾经风靡一时，出现过一个高峰期。全省范围内开发过矿泉水的水源地有40个，矿泉水企业44家，当时有13家申请办理了采矿许可证，有的矿泉水企业办理了取水许可证，缴纳水资源费。后来，由于申办采矿许可证程序复杂、难度大、周期长、成本高，加之矿泉水生产的利润非常小，形不成规模就没有效益，由于种种原因大多数倒闭了。

由于矿泉水企业申办手续复杂，周期长且准备各种前置资料费用高，加之生产过程中企业缴纳的税费过高，2010年调查核实，因采矿许可证问题仍以“矿泉水”名义开发的企业仅运城解州武圣矿泉水饮料厂、榆次西窑矿泉水厂。其余均以桶装纯净水开发利用为主。矿泉水生产厂家均为小型民营企业，实际全省矿泉水年产量约$10\times10^4m^3/a$（合$274m^3/d$）。全省矿泉水生产企业规模多为小型，且产品多是桶装水，产品多局限于当地销售，市场占有率低，矿泉水企业布局分散、产量低，没有知名品牌产品，经济效益一般。

以“山泉水”“天然纯净水”等名义开发的企业有14家、开发为工农业用水的有14家、基本作为当地供水水源的有47家；基本弃用的泉、井点有53家。总体来看，山西矿泉水资源开发利用不充分，矿泉水企业规模小、经济效益差，与其他省份相比，差距较大。

2.2010年以来开发利用情况

受市场调节，2010年以来山西省矿泉水产业出现了较大的调整。一些企业由于申请不到矿泉水采矿许可证，只能以泉水、山泉水、纯净水等名义进行生产，打擦边球。目前省内规模比较大的矿泉水生产企业仅3家，其中就有2家在沁县，其中取得矿泉水采矿许可证的仅1家。

沁县境内水资源极其丰富，分布有漳河等8条主要河流，呈“井”字形分布，有大小支流126条，累计长度633km，地表水年径流量为$1.316\times10^8m^3$，有湖泊湿地62处，面积3.5万亩，源头泉水270多处，形成河流上升泉76处，地下水总动储量约$2\times10^8m^3$。其中日流量超万吨的皇后泉、元王泉通过水质鉴定，均为含锶的碳酸钙镁型优质天然矿泉水，可与阿尔卑斯山矿泉水相媲美。境内有国家级水利风景区——北方水城水利风景区，总面积为$18km^2$，景区内总库容$2623\times10^4m^3$。沁县独特的水文地质条件，使其成为山西省矿泉水资源大县，这在山西这样一个水资源十分短缺的省份是难能可贵的。这些得天独厚的水资源优势奠定了大力发展天然矿泉水产业的坚实基础，沁县有望成为矿泉水产业经济强县。

（1）山西沁园春矿泉水有限公司

山西沁园春矿泉水有限公司2015年4月3日成立，2018年取得省国土资源厅颁发的采矿许可证，公司获得矿泉水采矿权，矿区面积为$4.9865km^2$，可开采资源量$28\times10^4m^3/a$，成为全省唯一取得矿泉水采矿权的企业，填补了山西省矿泉水生产企业采矿权的空白。

该公司位于山西省沁县册村镇漫水村，是华北地区最大的矿泉水生产基地。水源地位于册村镇的七星泉区域，矿泉水产出于400m以下的三叠系砂岩含水层，是国际公认盛产好水的北纬37°间的世界黄金水源带，水温常年16.5℃左右，水质清澈透明，是低钠、含锶重碳酸钙镁型饮用天然矿泉水，含有19种有益人体元素，其中锶含量＞0.5mg/L，在全国范围都属于稀有珍贵矿产资源。

沁园春矿泉水项目启动以来，被省政府确定为全省重点工程和省产业扶贫百企千村重点项目。项目备案总投资4.95亿元，注册资本5000万元。规划占地面积500亩，目前，项目已建成投产，首期年产能可达30×10^4t，产值可达10亿元，实现利税2亿元。沁园春公司投资采用了德国克朗斯矿泉水生产线，同时整合收购了两条国产高速生产线，可生产七个品类产品，年产能达到30×10^4t。面临激烈的行业竞争，沁园春矿泉水公司坚持以山西本土市场为中心，逐步开拓省外市场的发展战略。目前公司先后开发了天津、河北、河南等500km半径的周边市场，总计网点数达到13600多个，国内经销商发展到168户。到2017年底，太原市场网点覆盖率达到35%，长治市场网点覆盖率达到77.3%。

（2）山西唯思可达天然饮业有限公司

山西唯思可达天然饮业有限公司始创于1988年，公司地址在山西沁县县城沁州南路413号，公司现有员工613名，资产总额48000万元，其中固定资产36000万元，流动资产12000万元，占地面积1128亩，建筑面积$23000m^2$。水源地属于天然出露泉水，矿泉水含水层为三叠系砂岩，是低钠、含锶重碳酸钙镁型饮用天然矿泉水，含有多种有益人体元素。主要产品为“唯思可达”酸枣果汁、枸杞汁饮料、“皇后泉”天然矿泉水，公司现有易拉罐、玻璃瓶、PET塑料瓶、屋顶纸盒包装饮料生产线、PET矿泉水、五加仑矿泉水生产线共八条，生产能力为年产10×10^4t酸枣果汁、枸杞汁饮料，20×10^4t天然饮用矿泉水。

（3）山西芦芽山矿泉水有限责任公司

山西芦芽山矿泉水有限责任公司成立于1994年，该公司注册地及矿泉水水源地均位于山西省宁武县凤凰镇，占地面积18.7亩，水源地位于风景秀丽的国家级森林公园管涔山脚下，公司注册资本2551万元，2009年建厂用于生产及辅助设施建设、机器设备及运输车辆的购置等固定资产类投入3800多万元，公司设计年生产能力为1200t矿泉水，现有5t/h纯净水生产设备一套，灌装生产线两套（瓶装、桶装）及相应的包装设备。水质是低钠、含锶重碳酸钙镁型饮用天然矿泉水。2011年产品上市，根据近几年购销两旺的市场形势，公司逐步开发了“汾源天池”品牌系列产品，包括高端瓶装330mL、1.25L、泡茶专用4L；低端瓶装350ml、480ml，泡茶专用4L，桶装11L、18.9L系列产品，2014年实现销售418.39万元，其中桶装水销售11.8万桶，瓶装水销售8.4万件，泡茶水销售8.9万件，年销售金额人民币300万～500万元。

山西省理疗热矿水多用于疗养院的洗浴和少量的饮疗，至今尚未见到瓶装理疗矿泉水在市场上销售。从事矿泉水产业的企业，应抓住机会开发山西瓶装理疗热矿水产品。

综上所述，山西省矿泉水产业的总体状况虽然尚不乐观，但潜力与机遇并存。现有饮用水市场竞争激烈，不仅仅与同类型饮用水竞争，更是纯净水、天然水、矿物质水、矿泉水品牌的竞争。市场饱和，抢占市场份额较困难。随着市场经济大环境的改善，以及人们生活水平的日益提高，保健意识的迅速增长和对优质饮用水的追求，为山西省矿泉水产业发展提供了十分广阔的空间。

（二）理疗矿泉水开发利用

理疗矿泉水因其独特的医疗药用价值，在消费者日常饮用或洗浴过程中达到保健治疗作用，符合现代人群注重保健养生的心理。在经济日益发展，人们普遍重视环境，讲究生活质量的条件下，要求温泉入户、体验温泉洗浴、娱乐理疗养生的欲望增强，开发商为适应市场需要，加大了以利用温泉（热矿水）为目标的温泉别墅、温泉旅游度假、温泉理疗洗浴等项目的开发投入，既推动了适应市场需要的地热资源勘查工作，又促进更大范围内开发利用深部的热矿水资源。理疗热矿水的生理作用概括起来可分为：温度的刺激作用、机械的刺激作用及化学成分的刺激作用。

根据2014年调查资料，山西省共有地热开采井162眼（表7–2–5），其中用于理疗热矿水开采的地热井73眼，主要以游泳、疗养、洗浴形式开发。

表 7-2-5　山西省理疗热矿水地热井开发利用调查统计表（2014 年）

序号	地级市行政分区	县（市、区）	地热井/眼		备注
			已开发利用	用于理疗热矿水	
1	大同市	天镇县	16	5	开采井主要在谷前堡镇马圈庠村附近
		阳高县	3	2	开采井在罗文皂镇孤山庙一带
		浑源县	1	1	开采井在汤头温泉疗养院东50m
2	朔州市	朔城区	2	—	
3	忻州市	原平市	6	6	开采井在大营度假村
		定襄县	4	3	
		忻府区	18	14	主要在奇村、顿村疗养院及酒店
4	太原市	杏花岭区	2	1	
		万柏林区	8	8	主要在河西高档住宅小区
		小店区	1	1	
		清徐县	1	—	
5	晋中市	榆次区	2	—	开采井在长凝镇会举村养老院
		祁县	3	—	
		平遥县	2	1	
		灵石县	1	—	
		榆社县	0	—	
6	临汾市	洪洞县	1	1	
		古县	1	—	开采井在石必乡三合村天上人间温泉渡假村
		尧都区	6	1	

续表

序号	地级市行政分区	县（市、区）	地热井/眼		备注
			已开发利用	用于理疗热矿水	
6	临汾市	襄汾县	19	—	
		翼城县	2	1	
		曲沃县	8	1	开采井在太子滩温泉度假村
		侯马市	3	2	开采井在渡假村及住宅小区
7	运城市	新绛县	16	3	
		稷山县	8	1	
		河津市	5	5	开采井在酒店、住宅小区
		万荣县	1	—	开采井在裴庄乡小石村西滩温泉渡假村
		闻喜县	2	—	
		夏县	7	6	开采井主要在酒店及度假村
		临猗县	5	1	镇盛世绿苑16号楼前
		盐湖区	5	5	开采井主要在住宅小区中国死海景区
		永济市	1	1	
8	阳泉市	盂县	2	2	开采井在梁家寨乡大崔家庄村
合计			162	73	

注：“—”表示无此数据。

山西热矿水含有许多对人体有益的微量元素和化学成分，在进行浴疗时，温度、压浮力和水中的化学成分共同对人体产生作用，从而达到治疗、康复、保健的目的，具有重要的医疗价值。目前，在忻州市忻府区的奇村、顿村、浑源县的汤头、盂县寺坪安、王只、太原市万柏林区的神堂沟、夏县南山底、稷山县七级、临猗县城关、运城市盐湖区等地兴建了几十处温泉疗养院、度假村，总床位数超过5000张，其中仅忻州奇村就建设了8处温泉疗养院，床位总数1500张。有的疗养院建有大型热矿水室内游泳池，估计全省疗养院及度假村一年接待住院疗养人数50多万人。

第三节 天然矿泉水水文地质条件及区域资源量

一、天然矿泉水水文地质条件

山西矿泉水一般的水文地质条件在第二章第二节中已有详细的介绍，下面仅将具有矿泉水特色水文地质特征论述如下。

（一）深循环长距离径流是矿泉水重要水文地质特征

饮用天然矿泉水与一般地下水的区别在于前者必须含有一定量的矿物盐和微量元素，并且有稳定的化学成分，流量、温度等动态特征。这就决定了饮用天然矿泉水必须来自地下深循环的地下水，因为只有经过深部循环水才能与岩石长时间发生水文地球化学作用，使水中含有一定量的矿物盐和微量元素等特殊成分。而这一地下水的深循环必须在一定的水文地质条件下才能形成。因此在饮用天然矿泉水的形成中，水文地质条件起着重要的作用。

许多水文地质工作者利用饮用天然矿泉水中特殊成分的形成条件，计算出地下水的循环深度。郑克棪计算结果认为H_2SiO_3含量达到界线指标（25mg/L）时，循环深度为1670m，若H_2SiO_3含量达到50mg/L时循环深度达到2603m。经初步计算山西省天然矿泉水循环深度一般在600～2500m之间。

天然矿泉水与一般地下水径流特征的区别在于径流距离不同。一般地下水在降水入渗以后，经过较短距离的径流途径就排出地表或被人工开采，而天然矿泉水的径流途径要经过较长时间和较长距离的渗透途径，如侯马盆地边山岩溶泉水渗透途径约3～5km，而盆地内的海头九原山矿泉水渗透途径在20～30km之上，渗透时间也都>40年。

（二）大气降水是矿泉水的主要补给来源

目前有包括饮用天然矿泉水在内的矿水成因类型有三种说法：以大气降水补给为起源的溶滤-渗入水，其成分由水与岩石作用形成；沉积物在堆积成岩过程中埋藏于比较封闭的地质构造中的沉积-埋藏水；来自地下深部，由岩浆或岩石直接离析出的内生水。

国内大量生产实践和研究表明，多数天然矿泉水的补给来源主要为大气降水的直接或间接入渗。根据收集δD、$\delta^{18}O$及^3H样分析结果看，山西省矿泉水大都是大气降水入渗形成的。

山西省大部分地区处于温带（中温带、暖温带），雨量比较充沛，一般年降水量大多在400mm以上，这给天然矿泉水入渗补给创造了基本条件。第四系松散层分布区，局部有砂及砂砾石层分布，有利于大气降水入渗；基岩分布区岩石节理裂隙发育，降水沿这些节理裂隙进入地下含水层，成为矿泉水的天然补给来源。

山西省在矿泉水勘查工作中，为了揭示矿泉水的补给来源，大多数水点先后采样进行了δD、$\delta^{18}O$、^3H测试，本书收集到矿泉水同位素测试资料共38个，见表7-3-1。

表 7-3-1 山西省饮用天然矿泉水同位素测试成果统计表

编号	含水层地层代号	位置	测试时间（年-月-日）	测试成果			
				δD/‰	$\delta^{18}O$/‰	^3H	
						井水/TU	雨水/TU
1	Ar	天镇马圈痒	1990-06-20	-85.5	-9.78	6.73±4～14.59±3.34	50±5
2	Q+Pt	阳高孤山庙	1992-09-20	-84.9	-10.20	53.07±4.42	—
3	Pt	忻州奇村	1992	-76.2	-10.92	2.0±0.9	—
4	Pt	忻州顿村	—	-77.9	-10.71	<1.0	—
5	Q+Pt	五台山盘若泉	1992-03-17	-70.8	-9.58	62.07±2.98	80.04±4.27
			1992-08-14	—	—	80.04±4.27	—
6	Pt	五台蒋坊白沙泉	—	-75.6	-10.26	24.4	—
7	$\in_2$	五台李家庄	—	—	—	60.86	—
8	Ar	浑源汤头	1987-08	-83.1	-10.95	1.2±0.8	—
9	Ar	原平大营	1988	-86.2	-11.59	<1.0	—
10	Pt	原平姑姑山	—	-	-	11.9	—
11	H_2	定襄无畏庄	1987	-	-	31.76	—
12	Ar	定襄上汤头	1989-04	-84.6	-10.9	2.3TU	—
13	Qp_1	代县电机厂	—	-	-	19.35±3.06	—
14	O_2	太原枣沟	—	-68.5	-10.15	11.12±3.42	—
15	Qp_{2+1}	太原北张	1988-12	-83.59	-11.08	11.19	—
16	O_2	太原赵庄	—	—	—	7.42±3.65	—
17	T_1l	榆次西窑	1986-12-01	-68.7	-10.21	21.44	—
18	P_1x	榆次北后峪龙王山	1992-10-30	-63.8	-9.01	35.22	—
19	T_1l	榆次绵纶厂	—	—	—	19.97	—
20	O_2	静乐黑汉沟	—	-76.9	-9.91	22.7	—
21	N_2	孝义人民印刷厂	—	-72.2	-11.10	5.69±3.28	—
				-68.3	-10.45	2.74	
22	O_2	柳林闫家圪塔S47泉	—	-72.2	-10.13	—	—
				-67.2	-9.82		
23	N_2	榆社北泉	—	—	—	<0.5	—
24	T_1l	太谷龙泉	—	-70.7	-9.75	15.15±2.44,	—

续表

编号	含水层地层代号	位置	测试时间（年–月–日）	测试成果			
				δD/‰	δ^{18}O/‰	^{3}H	
						井水/TU	雨水/TU
25	T_1l	太谷酎泉	—	-71.7	-9.81	14.10 ± 3.16,	—
26	P_2s	长子自来水公司水井	—	—	漳2号	20.97 ± 3.94	—
					龙1号	38.88 ± 4.41	
27	Qp_1	武乡S30井	—	—	—	8.75	—
28	P_2s	蒲县五龙泉	—	—	—	7.8 ± 4.4	—
29	Qp_2	洪洞广胜寺	—	-73.1	-10.64	7.4 ± 4.19	—
30	T_2er	祁县西六支王村	1988-04-26	-87.6	-13.32	25.56	—
31	T_1l	沁县漫水	—	—	—	16.31 ± 1.4	—
32	O_2	曲沃西海	1990-09	-82	-12	＜4.2	—
33	O_2	侯马安居工程	—	-81.4	-11.84	＜4	—
34	$\in_3$	新绛九原山	1993-04-25	-71.2	-9.92	＜1.0	—
35	O_2	曲沃太子滩	—	-75.0	-10.43	1.3 ± 0.8	—
36	Qp_1	夏县南山底	1993-10-6	-70.4	1.93	3.3 ± 0.9	—
37	O_2	临猗城关	1994-06-22	-76.9	-10.05	2.00 ± 3.60	—
38	$\in_1$	稷山佛峪口	—	—	—	47.33 ± 3.87	—
平均			—	-75.85	-10.51	—	—

注："—"表示无此数据；本表中部分水点按照《食品安全国家标准饮用天然矿泉水》(GB 8537—2018）评价已经不是矿泉水。

根据这些资料绘制的山西省饮用天然矿泉水δD—δ^{18}O关系图中可以看出，山西省饮用天然矿泉水的δD和δ^{18}O值均为负值，其中δD在-63.8～-87.6之间，平均-75.85左右，δ^{18}O值一般在-9.01～-13.32之间，平均-10.51。其规律为：山西省冷饮用天然矿泉水和温度较高的饮用天然矿泉水的δD、δ^{18}O关系点均落在太原大气降水线附近，说明不论冷和温度较高的矿泉水的补给来源均为大气降水；山西省部分温度较高的矿泉水的δD、δ^{18}O点，落在太原大气降水线的下方，有不太明显的δ^{18}O偏移现象，说明均为低温热水系统；山西省矿泉水氢氧同位素组成受到了高程效应和浅、深层地下水的混合作用的影响。

据同位素观测值，太原大气降水同位素组成不低于50TU，而地表水（指雨季）氚值为60～70TU。根据国际原子能机构观测网和我国同位素观测结果，自1963年以来，大气降水（初始）^{3}H含量定为70TU，以此计算矿泉水形成年龄。

经验估算法确定地下水年龄是以1952年为界线来划分的。国际原子能委员会（IAEA1972）同位素水文小组的建议如下：

1）＜3TU：从补给区到采样点大约是20年。

2）3～20TU：含量有少量热核试验产生的^{3}H，地下水可能是1954—1961年间补给的。

3）＞20TU：地下水是近期形成的。

由于搜集到的山西全省38处矿泉水水质同位素测试成果中仅2处有大气降水^{3}H值，因此，无法逐一估算天然矿泉水形成时间。

（三）天然矿泉水类型特征

山西省矿泉水按成因类型分为沉降带型的饮用天然矿泉水和隆起带型饮用天然矿泉水。按用途分为饮用和理疗两类。107处饮用天然矿泉水按水质命名分为锶矿泉水、偏硅酸矿泉水、锶·偏硅酸矿泉水、锶·锌矿泉水、偏硅酸·锶·锌矿泉水、锶·锂矿泉水、偏硅酸·锂矿泉水、锶·锌·锂矿泉水等共8种。

（四）天然矿泉水的水动力特征及排泄途径

饮用天然矿泉水的水动力特征具有一般地下水动力特征的共性：它们都是由大气降水（直接或间

接）入渗补给，然后通过一定的径流途径，最后排泄的水循环过程。所以它们都表现有一定的水头，水头梯度，渗透速度和流量，在地层中的运动均具承压，稳定和非稳定，层流和紊流，均匀和非均匀流动之分，都符合以达西定律为基本的运动规律。

主要有泉水排泄，径流排泄和人工开采，泉或泉群的溢出是山西饮用矿泉水的主要排泄方式，除了以泉水排泄，还有以越流方式向相邻含水层进行排泄。

（五）天然矿泉水动态特征

根据本次收集到的资料，所有饮用天然矿泉水在勘查中均进行了不少于一个水文年的水位、水温、水量和水质动态观测，从观测结果看，水位随季度有小幅度变动，一般不超过2～3m；水量、水温比较稳定；常量元素水质变化幅度<20%；达标元素变化幅度不超过10%。

例如，阳曲县驻地部队系舟山矿泉水井系统动态观测工作始于1992年7月1日，止于1993年9月30日，历时15个月。观测项目有：静水位、动水位（降深）、流量和水温。观测频率每月两次（每月15、30日）。观测期内矿泉水井水位呈缓慢下降趋势。最低水位期出现于每年7月，最高水位期出现于9月。期内最大水位变幅1.88m。1993年7月与1992年7月最低水位相比，水位下降1.3m。如与1991年12月成井时比较，仍反映出连续下降趋势。分析其原因，主要与1991年、1992年出现连续干旱，降水量偏少有关。水位动态曲线反映出春季融雪补给作用比较微弱，雨季（7—9月）降水入渗是矿泉水主要补给期。矿泉水水温稳定为12℃，反映出远源补给的基本特点。矿泉水井配备流量50m^3/h潜水泵，日抽水16个小时，日抽水量800m^3。抽水稳定降深在30.30～29.95m，小于成井时抽水降深。停抽后1小时内水位完全恢复，说明矿泉水井的补给充沛。

另据山西省地质工程勘察院2010年对全省95个矿泉水点（水井59口、泉水36眼）调查，已经干枯的泉水有6眼。表7-2-1所列108处矿泉水点目前有多少泉水干枯的，尚无调查统计资料。

（六）饮用天然矿泉水的蓄水构造

山西饮用天然矿泉水的蓄水构造和一般地下水类似，可大致分为以下七种，下面分别进行论述。

1.复合型蓄水构造

该构造分布于山西中部的汾河地堑新裂陷，大致由天镇—阳高盆地，大同盆地、忻州盆地、太原盆地、临汾盆地和运城盆地所组成。这些盆地内沉积了巨厚的新生界松散层（厚数百米到千米），大多数由黏性土夹砂层所组成，相对于东西山两侧的寒武—奥陶系地层，二叠系、三叠系碎屑岩及前震旦系变质岩为相对隔水层，而盆地与东西山区分界地区多由深大断裂所组成，岩石破碎裂隙发育，多形成带状含水层，与东西山区的背斜构造，向斜构造和单斜蓄水构造往往组成复合型蓄水构造，为矿泉水的蓄存提供了物质基岩。这些深大断裂往往成为东西山两侧山区岩溶水和碎屑岩裂隙水的排泄区，并出露大型岩溶泉和裂隙泉水，而这些岩溶水和裂隙水多为矿泉水（陈德坤，1988）。如洪山泉矿泉水蓄水构造，是由边山大断裂和岩溶水单斜所组合成复合型蓄水构造，太原东山枣沟矿泉水蓄水构造是由深大断裂和背斜所组成的复合型蓄水构造。

2.单斜型蓄水构造

该构造由二叠系、三叠系砂页岩互层及石炭、奥陶系地层等隔水层与含水层间互成层形成的单斜构造下部，由于下游相对隔水层的阻水作用，往往形成单斜蓄水构造。柳林泉矿泉水蓄水构造为下游石炭系、二叠系相对阻水的砂页岩与上游的奥陶系含水层所形成的单斜蓄水构造。

3.盆地内火成岩侵入体与含水层联合组成的蓄水构造

侯马盆地基底多由寒武—奥陶系岩溶含水层所组成，在一些较大断裂处往往有火成岩侵入体，多组成相对隔水层，从而形成火成岩侵入体与岩溶含水层往往形成矿泉水联合蓄水构造。曲沃海头泉矿泉水蓄水构造便是由火成岩侵入体与奥陶系岩溶向斜含水层组成的联合蓄水构造。

4.盆地内基岩凸起型蓄水构造

山西中部断陷盆地内因断裂构造发育，往往形成一些基岩隆起、地垒构造。特别是一些基岩隆起，构造节理裂隙发育，往往构成含水层而隆起的四周多由新生界黏性土夹砂层所组成，多构成相对隔水层，这些盆地内由基岩隆起构成的矿泉水蓄水构造，多分布于侯马盆地。

5.断裂破碎带型蓄水构造

一些较大断裂，往往经过多次构造变动，断裂面及其两侧影响带节理裂隙发育，为矿泉水的蓄存提供了有利先决条件，当补给条件较好时，往往形成带状蓄水构造。

6.向斜型蓄水构造

由二叠系、三叠系砂页岩，间互成层的地层所构成的向斜构造，由于砂岩裂隙发育多构成含水层，下部页岩相对隔水多构成隔水层，在向斜轴部补给条件好，多形成向斜型蓄水构造。

7.背斜型蓄水构造

由二叠系、三叠系砂页岩，间互成层的地层所构成的背斜构造，由于背斜轴部往往分布有纵张断裂和裂隙，往往形成含水层，中和带以下挤压带及背斜两侧岩层节理裂隙不太发育，多构成相对隔水层，往往在背斜轴部形成背斜型矿泉水蓄水构造。

二、天然矿泉水资源量

矿泉水资源评价，一般计算允许开采量。允许开采量，是指在开采期内，第一保持水的理化特征符合饮用天然矿泉水的各项指标，第二保持水量不减少，水位不超过设计要求，不影响已有水源地的开采，不发生危害性工程地质现象等各种条件下，单位时间内能获得的最大水量。

根据调查资料，有资源量计算结果的129处矿泉水资料，计算得可开采总资源量为145584m^3/d。其中探明的（B级）可开采资源为76245m^3/d，占可开采总资源量的52.37%；控制的（C级）可开采资源为7699m^3/d，占可开采总资源量的5.28%；推断的（D级）可开采资源61640m^3/d，占可开采总资源量的42.34%。

其中包括新生界松散岩类孔隙水类型矿泉水31个，占总数的24.03%，可开采资源量为29065m^3/d，占可开采总资源量的19.96%；寒武系（∈）、奥陶系（O）碳酸盐岩类岩溶水类型矿泉水44个，占总数的34.11%，可开采资源量为85672m^3/d，占可开采总资源量的58.85%；二叠系（P）、三叠系（T）碎屑岩裂隙水类型矿泉水29个，占总数的22.48%，可开采资源量为29065m^3/d，占可开采总资源量的19.96%；变质岩及火成岩裂隙水类型矿泉水24个，占总数的17.83%，可开采资源量为10320m^3/d，占可开采总资源量的7.09%；新近系玄武岩裂隙水类型矿泉水1个，占总数的0.78%，可开采资源量为300m^3/d，占可开采总资源量的0.21%。全省各市饮用天然矿泉水各级别可开采资源见表7–3–2。

表 7-3-2　山西省饮用天然矿泉水可开采资源级别分市统计表

序号	行政分区	探明的（B级）		控制的（C级）		推断的（D级）		小计	
		水源地数/个	资源量/（m^3/d）	水源地数/个	资源量/（m^3/d）	水源地数/个	资源量/（m^3/d）	水源地数/个	资源量/（m^3/d）
1	太原市	8	30756	2	1300	2	3000	13	35056
2	大同市	2	700	1	350	4	2916	7	3966
3	朔州市	4	7200	0	0	1	1000	5	8200
4	忻州市	6	5278	0	0	13	17004	19	22282
5	阳泉市	2	2024	2	142	0	0	4	2166
6	晋中市	9	13640	0	0	8	5566	17	19206
7	吕梁市	2	497	3	512	6	6402	11	7411
8	长治市	5	2435	2	1850	2	900	9	5185
9	晋城市	2	406	2	1700	3	1748	7	3854
10	临汾市	9	7608	1	1500	5	8900	15	18008
11	运城市	5	5701	1	345	16	14204	22	20250
合计		54	76245	14	7699	60	61640	129	145584

需要说明的是，各个矿泉水点的动态是随着地下水环境总体情况而发生变化的。有许多水点的动态变化非常快、也非常大。特别是煤矿开采、工程建设对地下水的疏干、含水层的破坏，导致许多泉水干涸，水井报废。

第四节　典型天然矿泉水水源地

山西省有储量计算结果的129处饮用天然矿泉水，按水质命名分为九种。现将本书搜集到的6处资料比较齐全的典型饮用天然矿泉水及1处典型理疗热矿水情况介绍如下。

需要说明的是，这7处典型天然矿泉水勘查资料均形成于1989年以前，评价标准依据的是《食品安全国家标准饮用天然矿泉水》(GB 8537—2018)。另外，各水源地水质测试成果篇幅较大，为了节约版面仅列出了部分水质评价结果，如有需求读者可自行比对。

一、太原市森林公园Tc－S_2自流井Sr饮用天然矿泉水

（一）总体概况

太原市森林公园Tc-S_2自流井位于太原市尖草坪区古城街道办赵村西南（韩颖等，1994）。太原市森林公园区处于汾河东岸冲积平原区，地面海拔750～800m，地势北高南低，地表为第四系松散层所覆盖。在大地构造单元上，太原市地处山西台背斜中段，东邻太行山断裂隆起带，西接吕梁山断裂隆起带东缘，中部为太原断裂凹陷。东西边山的深大断裂带和市区纵横交错的隐伏断裂，都极有利于矿泉水的形成。该井地处三给地垒构造带上，日自流量超过1000m^3。经饮用天然矿泉水的勘查评价，认定为锶、低钠、HCO_3-Ca·Mg型优质饮用天然矿泉水。

（二）水文地质条件

太原森林公园Tc-S_2井属西山兰村泉岩溶水系统，为中埋藏覆盖型岩溶水区。主要含水层为奥陶系中统上马家沟组和峰峰组，总厚度96.99m。石灰岩溶孔、裂隙发育。据1984年放水试验资料，承压水头高出地面26.40m，单井涌水量＞5000m^3/d。

另据有关资料，微量元素锶含量最高值在灰岩中为420×10^{-6}mg/kg，尤以峰峰组锶较为富集。太原地区峰峰组锶含量值达0.03%以上，为锶矿泉水的形成提供了必要的物质来源。

Tc-S_2井岩溶水主要接受西北部裸露基岩山区大气降水的入渗补给。受构造控制，沿构造线方向由北向南运移，汇集于三给地垒以北的断裂凹陷中。岩溶水在远距离、深循环过程中，由于温度、压力的增高，促进了含锶介质的溶解。奥陶系中统石灰岩的溶孔、裂隙发育，渗流条件良好，为水—岩相互作用提供了有利的空间，加快了水在岩石孔隙中的循环速度。根据氢同位素氚值测试结果（7.42～＜0.5T U），可判定岩溶水年龄在30年以上。这使地下水有充足的时间发生水—岩交替作用，从而使溶解的锶离子大量的进入地下水中，形成锶矿泉水。详见图7-4-1。

由上述过程不难看出，岩溶区锶矿泉水形成的水文地球化学环境具有如下特征：

1.地层岩性特征

区域具有锶元素相对富集的奥陶系中统灰岩含水岩组。

2.构造特征

断裂构造发育，具备地下水汇集的蓄水构造。

3.补径排条件

主要接受大气降水补给，经过远距离、长时间（具有足够长的地下水年龄）深循环的径流过程，以泉的形式或人工开采排泄。

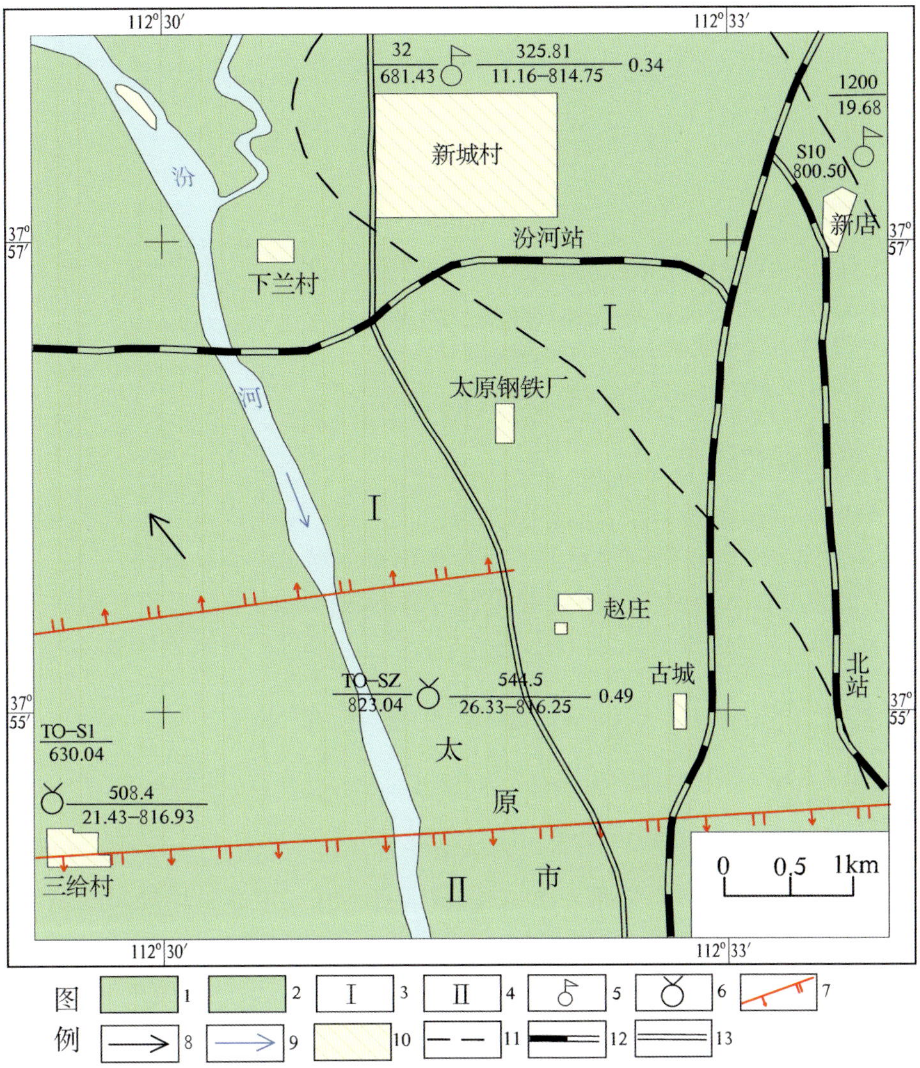

图7-4-1　山西省太原市森林公园（赵庄地区）水文地质略图

（据韩颖，《太原市森林公园Tc-S_2锶—偏硅酸自流井饮用天然矿泉水水质特征》，1994年12月）

1—单井涌水量1000～1500m^3/d；2—单井涌水量＜1000m^3/d；3—岩溶水（中埋藏型）；4—岩溶水（深埋藏型）；5—长期观测孔；6—自流井；左侧：孔号/孔深（m）；右侧：单井涌水量（m^3/d）/水位埋深–水位标高（m）–TDS；7—断层；8—岩溶水流向；9—河流流向；10—村庄；11—富水性分区界线；12—铁路；13—公路

（三）水质特征

1.感官指标

Tc–S_2井水无色、无味、无臭，清澈透明，口感纯正，水温16.2℃，物理性状良好。

2.TDS

pH值7.0～8.1，总硬度299.9～306.2mg/L，TDS为493.5～503.7mg/L，水化学类型为HCO_3–Ca·Mg型，属中性、低TDS水。符合国内外市场对中性低TDS HCO_3–Ca·Mg型水质的需求。

3.微量元素

微量元素锶（Sr）含量在0.80～0.86mg/L间，远远超出《食品安全国家标准饮用天然矿泉水》(GB 8537—2018）的界限值。同时还含有铜、锌、锂、钼、锰、铁硒、碘、溴、钡、硼、偏硅酸等多种有益于人体健康的微量组分。它们适当的含量不仅能弥补人体摄取微量元素的不足，还能改善人体的生理功能。

4.钠离子含量

钠离子含量9.7～12.0mg/L，属于低钠水。低钠型矿泉水在世界范围内倍受消费者欢迎。

5.限量指标

与国家生活饮用水卫生标准、饮用天然矿泉水标准对照，各种离子含量均无超标组分。同时污染物、微生物及放射性含量，均符合标准。

6.矿泉水命名

通过对Tc-S_2井所有项目的分析检测，根据《食品安全国家标准饮用天然矿泉水》(GB 8537—2018)定名为$Sr\cdot HCO_3$-$Ca\cdot Mg$型饮用天然矿泉水。其库尔洛夫表达式为：

$$\frac{HCO^{3}{}_{70.2}}{Ca_{59.9}\ Mg_{33.0}}\ T_{16.2}\ M_{0.49}$$

（四）开发利用的有利条件

该矿泉水质地优良，含有多种有益于人体健康的微量元素；而且由于含水层埋藏较深不容易受到污染；补给充足，自流量丰富，能够保质保量的满足市场消费需求，具有良好的开发利用前景。

因Tc-S_2井位于太原市森林公园内，不仅有优先占领省城市场的条件，而且依靠省城便利的交通及开放城市的条件，既可以就近销售，也可以销往全国各地，有占领矿泉水市场的巨大潜力。

二、定襄县七郎山Sr、H_2SiO_3饮用天然矿泉水

（一）自然地理概况

定襄县七郎山矿泉水井位于县城北15km的宏道镇无畏庄村七郎山山脚下，区内有铁路和主要干线公路可通往县城、忻州市和五台县，交通方便（杨国礼，1994）。定襄县地处忻州盆地的东北部，北靠基岩边山，南邻系舟山，地势北西高而南东低。区内属半干旱大陆性气候，年平均气温8.7℃，多年平均降水量495.2mm，最大年平均降水量641.1mm，最小年平均降水量164.9mm，降水多集中在6～8月。多年平均蒸发量1663.2mm，为降水量的三倍左右。主要河流有滹沱河及其支流牧马河，经县城附近向东北方向流去。据水文站观测资料，滹沱河最大流量为1000m^3/s，最小时河水断流。

（二）水文地质条件

该含水岩组为滹沱群东冶亚群瑶池组。下部为中厚层灰白、灰黄色泥质白云质灰岩夹灰黄色板岩；中部为厚层白云岩夹石英岩，含有硅质条带；上部为深灰色结晶白云岩夹长石条带。岩石性脆、致密、坚硬、单层厚度大。地表岩层节理、裂隙发育，并含裂隙水。

该含水岩组出露厚度达1713m，岩层倾向东南，倾角50°，局部产状较陡，构成区域性的单斜构造，为七郎山饮用天然矿泉水提供了有利的补给条件。定襄县北部的广大山区都是七郎山饮用天然矿泉水水源地的补给区，除地表岩石裂隙发育，有利于大气降水入渗补给和径流，地下水的运移以顺层流动为主，垂直交替循环次之，向南偏东方向流动。无畏庄（七郎山）则处于其南端的排泄区（图7-4-2），DW孔终孔时，静止水位埋深13.70m，孔口水温20℃。

（三）水质评价

根据1987年取样分析结果，矿泉水无色、无味、无臭、透明，pH值7.4～7.6，水温20℃，属中性低温水。据分析资料，水质特征符合《食品安全国家标准饮用天然矿泉水》(GB 8537—2018) Sr、H_2SiO_3界限指标，并含有Li、I、Br、Zn等多种人体健康必需的微量元素和组分，水的物理性质、感官要求、限量指标、界限指标、微生物指标和污染物指标，均符合标准规定的指标。定襄七郎山DW孔饮用矿泉水确认和标志性指标为：Sr：1.72mg/L，H_2SiO_3：26.0mg/L。

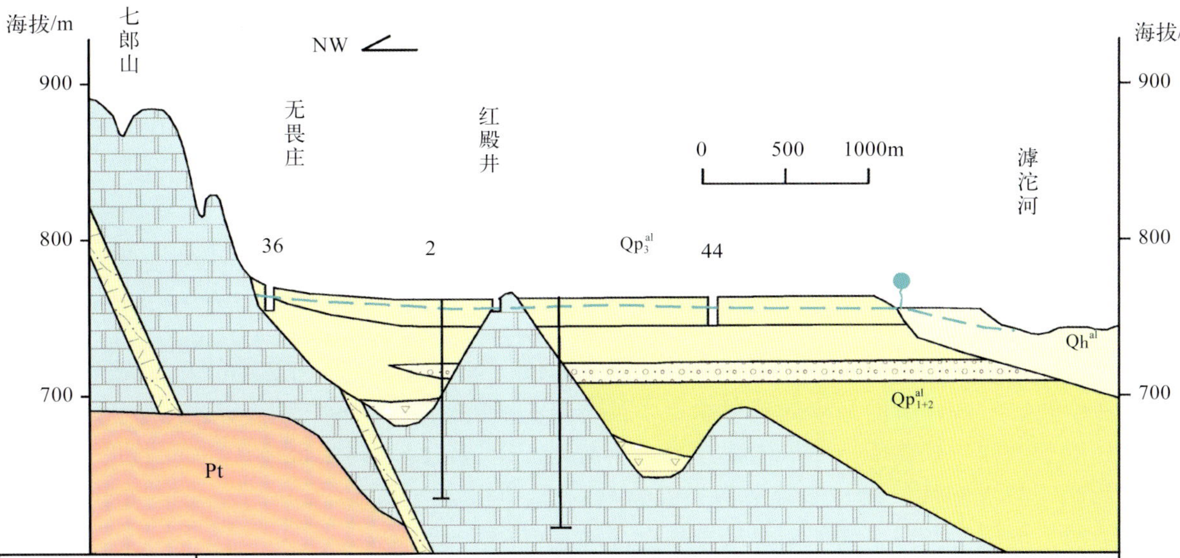

孔深/m	139.88	7.09	155.65	17.0
水位埋深/m	4.11	4.09	3.65	2.50
水位下降/m	1.56	2.20	6.16	6.50
出水量/（L/s）	11.2	170.0	1.06	0.56
TDS/（g/L）	0.72			

图7-4-2 山西省定襄县无畏庄附近水文地质剖面图

（据山西省地质局水文地质队，山西省定襄县广济渠地区农田供水地下水开采条件说明书，1966年）

1—黏性土；2—砂；3—角砾岩；4—白云质石灰岩；5—千枚岩；6—滹沱群地层；

7—泉水；8—地下水水位；9—投影钻孔及试段；10—水井

通过对DW孔水质所有项目的分析检测，定名为Sr·H_2SiO_3·HCO_3·Cl·SO_4–Na型饮用天然矿泉水。其库尔洛夫表达式为：

$$\frac{HCO^{3}{}_{49.4}\ Cl_{27.6}\ SO^{4}{}_{22.0}}{Na_{84.7}}\ T_{20.0}\ M_{0.84}$$

（四）矿泉水资源量

该DW孔于115.48m揭露出滹沱群瑶池组基岩风化层直至129.37m终孔。水温20℃，静止水位埋深14.70m。据抽水试验资料，水位降深0.55m，出水量1200m^3/d，而且水位降深小，稳定快，说明该含水层透水性好，补给充足，水资源丰富，可以满足开发利用。

根据地下水同位素氚的测试结果为31.76（TU），推测该孔地下水的年龄为10～20年。说明地下水具有远源补给，深部循环的特征。从枯水期到丰水期地下水动态观测资料表明，该孔地下水水位变幅不大，静水位埋深14.6～14.9m，丰水期农田灌溉用水量较小，水位略有回升，水温基本稳定在20～21℃之间。

定襄七郎山矿泉水是两项达标的Sr、H_2SiO_3饮用天然矿泉水，是远源补给深部循环的岩溶裂隙水。地下水动态稳定，资源丰富，水质优良，有十分优越的资源开发前景。

（五）矿泉水成因

定襄七郎山饮用天然矿泉水确认的标志性组分是Sr、H_2SiO_3。根据资料，滹沱群瑶池组碳酸盐岩中Sr的含量为155×10^{-6}，该区各类岩石中Sr的平均值为148×10^{-6}。由于地下水远源补给水交替作用较强，在区域构造控制下，地下水顺层运移，在特定的地球物理和地球化学环境中含水介质在水的长期溶解下，地下水携带着Sr等微量元素组分在七郎山一带富集。SiO_2的平均含量为3.74%，可溶SiO_2含量偏高。这与岩石中大量存在硅质胶结物被水解作用有关，而Sr的富集是在硅质胶结物的水解过程中，取代了水中钙质成分所致。以上两种成分在水中迁移性较强，说明含水层渗透性能好，水交替作用活跃，有利于饮用天然矿泉水的形成。

三、天镇县马圈庠T_{67}井Li、Sr、H_2SiO_3饮用天然矿泉水

（一）地理地质环境与矿泉水的形成

天镇县谷前堡镇马圈庠村T_{67}井是山西省首次发现的Li、Sr、H_2SiO_3三项达标的复合型优质饮用天然矿泉水，在山西已发现评价的数十处矿泉水点中独占鳌头（韩凤财，1994）。

天镇县位于山西省东北端，北靠内蒙古，东邻河北。京包铁路、同张公路从井旁通过，交通极为方便。区内属半干旱大陆性气候，多年平均气温6.4℃，年平均降水量412.8mm，蒸发量1084.3mm。区内无工业污染源，周围为良田，南邻南洋河，生态环境良好。

矿泉水井（T_{67}）处于天镇县北山南麓、马圈庠地热田边部，在近东西向挽近构造带上，受云门山大断裂及次一级配套断裂控制。基底属太古宇集宁群，由各类片麻岩、麻粒岩及辉绿岩等侵入体组成。水井深80m。含水层为第四系冲洪积层的中细砂，厚23m。静水位埋深4m，降深12m，单井涌水量1154m^3/d，水温18.5℃。地下水由北部山区基岩裂隙水，经山前断裂带深部循环，又沿次级断裂及深部基岩裂隙水上涌补给。在特定的地球化学环境和地球物理场中，深循环水温度增高，压力增大，促进了介质溶解速度。加热的地下水携带岩石中的微量元素，顺马圈庠基底隆起中的断裂向上运移扩散，赋存于第四纪砂砾石层中。深部高温、高氟含多种微量元素的地下水与上层冷水混合，水温降低了，氟含量也减少了，而Sr、Li、H_2SiO_3等有益组分却得到了叠加和富集，从而形成了复合型优质饮用天然矿泉水。

（二）水质特征

经测试，T_{67}井水质有以下特征。

1.感官指标

物理性质与感官性状良好，pH值7.6～8.3，总硬度130.10～139.11mg/L，TDS为510.00mg/L，无色，无味，透明，无肉眼可见物，口感甜绵纯正。

2.常量元素或组分

常见化学组分含量适中，K^+为4.1～5.3mg/L、Na^+为7.8～8.3mg/L、Ca^{2+}为25.2～31.6mg/L、Mg^{2+}为14.3～16.6mg/L、Cl^-为33.0～41.0mg/L、SO_4^{2-}为55.1～66.8mg/L、HCO_3^-为215.8～235.9mg/L，水化学类型为HCO_3–Na型。

3.微量元素

微量元素Li为0.25～0.34mg/L、Sr为0.56～0.66mg/L、H_2SiO_3为31.3～44.3mg/L，3项达到《食品安全国家标准饮用天然矿泉水》（GB 8537—2018）要求。并含有适量的Zn、Se、Br、I、Fe、Mo、Mn、Ni、Co、V、Cu等多种对人体有益的微量元素。

4.限量指标

F含量1.20～1.264mg/L；有害物质，细菌、毒物、污染物、放射性物质均符合《食品安全国家标准饮用天然矿泉水》（GB 8537—2018）要求。

5.氢同位素

地下水氢同位素测定，氚值为（6.73±4）TU～（14.59±3.34）TU，其年龄＞30a，属远源补给、深部循环、水量充沛（1154m^3/d）、动态稳定的优质饮用天然矿泉水。

6.水质评价

T_{67}井水质好，是低TDS，Sr、Li、H_2SiO_3等三项达标的复合型珍贵饮用天然矿泉水，定名为

$Sr\cdot Li\cdot H_2SiO_3\cdot HCO_3$–Na型饮用天然矿泉水。其库尔洛夫表达式为：

$$\frac{HCO^3{}_{55.2}}{Na_{82.0}}\ T_{18.5}\ M_{0.51}$$

四、榆次龙王泉Zn、Sr饮用天然矿泉水

（一）自然地理条件

龙王泉饮用天然矿泉水位于晋中市榆次区北15km的乌金山镇北后沟村，因紧靠龙王山故而得名“龙王泉”（周永昌，1994）。

矿泉水包括北Q泉和距该泉300m处的1眼机井（J_1），机井地理坐标为东经112°47′44″，北纬37°49′38″。

矿泉水区地貌上处于砂页岩中低山和黄土台塬分界地带。矿泉水点以北砂页岩裸露，地面标高1100～1400m，以南黄土台塬标高850～1100m，地面坡度10°～12°，倾向太原盆地，即榆次方向倾斜区内冲沟发育，并有长年性溪流，最枯流量0.5～2.0L/s，属汾河水系，流域内居民点稀少，森林覆盖，生态环境良好。年平均气温9.7℃，降水量503mm。

（二）水文地质条件

矿泉水位于河口—东算峪断裂（F_1）带上，该断裂长约17km。在矿泉出露地带转折呈南北向，向北延至碳酸盐地层中。断裂断距150m左右，属控制太原盆地格局的新华夏构造体系的一部分。

在F_1断裂以南，主要为松散层出露，形成相对的隔水层。它使F_1断裂以北基岩裂隙水沿F_1断裂破碎带由东北向西南方向运动，地下水运移至矿泉水区，含水层受冲沟切割，地下水以泉的形式出露。

龙王泉自古以来流量保持不变，经多次测量均为6.0m^3/d。在该泉西南300m的J_1井，井深300m。该井内水位降深30m时，稳定出水量可达450m^3/d。龙王泉Zn、Sr，J_1井Sr达到矿泉水标准。经分析，矿泉水中的Zn、Sr与补给区含水岩层中矿物成分有关。据调查，补给区碳酸盐岩石在构造发育地段有Pb、Zn矿化现象，碎屑岩中Sr含量较高。地下水沿断裂带向矿泉水区运动，运移过程中与上述岩石进行水解作用，从而得到与原岩相同的矿化元素和离子，在矿泉区特定的构造部位形成矿泉水。

（三）水质特征

按照《食品安全国家标准饮用天然矿泉水》（GB 8537—2018），对l两个矿泉水点分析结果评价如下。

1.感官指标

无色、透明、不含可见物、清凉可口，龙王泉水温17°，pH值7.5，J_1井水温18℃，pH值7.8，二者均为中性冷矿泉水。

2.常量元素或组分

（1）龙王泉

K^+为1.40mg/L、Na^+为72.5mg/L、Ca^{2+}为35.0mg/L、Mg^{2+}为9.4mg/L、$NH_4{}^+$为0.09mg/L、总Fe为0.040mg/L、$HCO_3{}^-$为269.0mg/L、$CO_3{}^{2-}$为0.0mg/L、$C1^-$为9.2mg/L、$SO_4{}^{2-}$为64.0mg/L、F^-为0.62mg/L、$NO_3{}^-$为3.6mg/L、水化学类型属HCO_3–$Na\cdot Ca$型。

（2）J_1井

K^+为1.24mg/L、Na^+为237.0mg/L、Ca^{2+}为66.0mg/L、Mg^{2+}为11.0mg/L、$NH_4{}^+$为0.14mg/L、总Fe为0.0mg/L、$HCO_3{}^-$为240.0mg/L、$CO_3{}^{2-}$为0.0mg/L、$C1^-$为12.0mg/L、$SO_4{}^{2-}$为316.0mg/L、F^-为0.38mg/L、$NO_3{}^-$为1.6mg/L、水化学类型属$SO_4\cdot HCO_3$–Na型。

3.界限指标

（1）龙王泉

Li为0.07mg/L、Sr为0.61mg/L、Zn为0.269mg/L、Br为0.00mg/L、H_2SiO_3为9.9mg/L、Se为0.0004mg/L、

游离CO_2为4.2mg/L、总TDS为346.4mg/L、其中Zn和Sr两项达到标准规定的界限指标，属含Zn和Sr的HCO_3-Na·Ca型饮用天然矿泉水。

（2）J_1井

Li为0.010mg/L、Sr为0.766mg/L、Zn为0.0086mg/L、I为0.0mg/L、H_2SiO_3为13.0mg/L、Se为0.0001mg/L、游离CO_2为1.0mg/L、总TDS为765.22mg/L、其中Sr达到矿泉水标准规定的界限指标，属Sr·SO_4·HCO-Na型饮用天然矿泉水。

4.限量指标

（1）龙王泉

Cu为0.0022mg/L、Ba为0.000mg/L、Cd为0.0000mg/L、Cr为0.010mg／L、Pb为0.000mg/L、Hg为0.0000mg/L、Ag为0.00mg/L、B为0.004mg/L、Se为0.0004mg/L、As为0.0010mg/L、F为0.62mg/L、耗氧量为2.6mg/L、NO_3为3.5mg/L、Ra为10.9×10^{-3}Bq/L。以上元素或组分均未超出标准规定的限量指标。

（2）J_1井

Li为0.010mg/L、Sr为0.766mg/L、I为0.000mg/L、Zn为0.0086mg/L、Cu为0.0018mg/L、Ba为0.000mg/L、Cd为0.0000mg/L、Cr为0.004mg/L、Pb为0.000mg/L、Hg为0.0000mg/L、Ag为0.00mg/L、B为0.004mg/L、Se为0.0001mg/L、As为0.0000mg/L、F为0.38mg/L、耗氧量为2.7mg/L、NO_3为1.6mg/L、Ra为12.0×10^{-3}Bq/L。以上元素或组分亦均未超出标准规定的限量指标。

5.污染物指标

（1）龙王泉

酚类化合物为0.0017mg/L、CN为0.0042mg/L、NO_2为0.0027mg/L、总β为0.06Bq/L。上述元素或组分均未超出标准规定的指标。

（2）J_1井

酚类化合物为0.0014mg/L、CN为0.0048mg/L、NO_2为0.002mg/L、总β为0.05Bq/L。上述元素或组分均未超出标准规定。

6.微生物指标

龙王泉：细菌总数＜10个/mL，大肠菌群＜3个/L。

J_1井：细菌总数＜10个/mL，大肠菌群＜3/L。

7.矿泉水水化学类型库尔洛夫表达式

龙王泉：

$$\frac{\mathrm{HCO^{3}}_{72.3}}{\mathrm{Na}_{55.2}\ \mathrm{Ca}_{30.6}}\ T_{17.0}\ M_{0.35}$$

J_1井：

$$\frac{\mathrm{SO^{4}}_{60.4}\ \mathrm{HCO^{3}}_{36.1}}{\mathrm{Na}_{71.0}}\ T_{18.0}\ M_{0.76}$$

（四）矿泉水资源

龙王泉自流量稳定，为6.0m^3/d；J_1井降深30m时，水量为450m^3/d。经动态观测，水位埋深20m左右，变化很小，取200m^3/d做为矿泉水的开采资源量是有保证的。

五、武乡县南沟泉Li、Sr饮用天然矿泉水

（一）自然地理环境

南沟泉位于武乡县西部30km的涌泉乡南沟村。地貌上位于太岳山与沁水盆地交接部位，地势西北部高，海拔在1100～1500m间；南东部低，海拔在1100～1200m间。西北部山区基岩裸露，无工业污

染，自然环境良好。区内属半干旱大陆性气候，多年平均降水量541.5mm，蒸发量1598.7mm，平均气温9.1℃。

（二）水文地质条件

泉区西部及北部主要出露三叠系二马营组（T_2er）砂页岩。受太岳山的隆起作用，地层大体向东倾斜，即向沁水向斜轴部倾斜，倾角10°～15°，分南—二郎堂一带北东东向张性断裂发育，断裂带岩石破碎，对大气降水的入渗和地下水的循环提供了良好的条件，大气降水是泉水地下水的主要补给源，基岩山区接受大气降水后，沿岩石构造和风化裂隙以及层间界面由西向东运移，深部因遇隔水性能良好的和尚沟组泥岩阻隔，而从西北部汇来的地下水至故城山间小盆地遇第四系松散层相对阻水，地下水便以泉的形式出露地表。与南沟泉同类的泉有北良候泉、暖水头泉和泉之头泉等。而南沟泉域面积约300km，泉水多年平均流量4.0L/s（335.6m^3/d）。泉口标高1060m。说明泉水由径流条件较好的断裂破碎带水汇集而成，属于开放型裂隙含水系统。放射性氚同位素分析结果为（38.1±2.89）TU，地下水形成年龄>10年。

（三）水质特征及评价

1989年取样分析，取得了较全面的化验资料，根据《食品安全国家标准饮用天然矿泉水》（GB 8537—2018），对其评价如下。

1.感官指标

色度<5°；混浊度<1°；无味、无臭、不含可见物，清凉可口，水温9.5℃，pH值7.3，属中性冷泉水。

2.常量元素或组分

K^+为0.5mg/L、Na^+为14.5mg/L、Ca^{2+}为65.1mg/L、Mg^{2+}为12.2mg/L、NH_4^+为<0.1m/gL、总Fe为<0.1mg/L、HCO_3^-为271.5mg/L、CO_3^{2-}为0.0mg/L、$C1^-$为7.1mg/L、SO_4^{2-}为12.0mg/L、F^-为0.2mg/L、NO_3^-为<0.3mg/L、NO_2^-为<0.0013mg/L、游离CO_2为5.5mg/L、耗氧量为1.2mg/L、水化学类型属HCO_3–Ca型。

3.界限指标

Li为0.423mg/L、Sr为0.450mg/L、Zn为0.0362mg/L、Br为0.12mg/L、I为0.0017mg/L、H_2SiO_3为19.5mg/L、Se为<0.00025mg/L、游离CO_2为5.5mg/L、总TDS为247.4mg/L。其中Li和Sr两项达到标准规定的界限指标，属Li、Sr的HCO_3–Ca型饮用天然矿泉水。

4.限量指标

Cu为0.0624mg/L、Ba为<0.0186mg/L、Cd为0.00013mg/L、Cr为<0.00004mg/L、Pb为<0.00054mg/L、Hg为<0.0002mg/L、Ag为<0.00014mg/L、B为0.0625mg/L、Se为<0.00025mg/L、As为<0.00001mg/L、F为0.2mg/L、耗氧量为1.2mg/L、NO_3为<0.02mg/L。以上元素或组分亦均未超出标准规定的限量指标。

5.污染物指标

酚类化合物<0.002mg/L、CN为<0.002mg/L、NO_2为<0.0013mg/L。上述元素或组分均未超出标准规定的指标。

6.微生物指标

细菌总数<100个/mL，大肠菌群<3个/L。

7.矿泉水水化学类型库尔洛夫表达式

$$\frac{\mathrm{HCO^3}_{90.6}}{\mathrm{Ca}_{66.5}}\ T_{9.5}\ M_{0.25}$$

（四）矿泉水资源

经动态监测，取335.6m^3/d作为矿泉水的开采资源量是有保证的。

六、稷山县南阳Zn、Sr、H_2SiO_3饮用天然矿泉水

（一）概况

稷山南阳饮用天然矿泉水产自一口171m深的水井，该水井位于稷山县稷峰镇南阳村（魏文革，1994）。是在晋南进行区域性矿泉水普查时发现的，是一处富含Sr、H_2SiO_3、Zn等多种有益微量元素的饮用天然矿泉水。由于水质良好、环境优美、地理位置优越，立即得到当地政府和村民的高度重视。经过各方面的全力协作，在原有资料的基础上，对该矿泉水的形成条件进行了深入的调查，并多次对其水理性质、微生物、水化学等进行了取样监测，取得了可靠的第一手资料。于1988年通过由地质矿产部、卫生部、轻工业部组成的评审鉴定委员会的审查批准。确认该矿泉水属于Zn·Sr·H_2SiO_3·HCO_3·SO_4–Na型水，且含有其他对人体有益的微量元素，属优质矿泉水，具有较高的开发利用价值。

（二）水文地质条件

矿泉水产地北部山区较广泛的裸露着变质岩和碳酸盐岩，是该矿泉水补给区。调查表明，变质岩裂隙水，因裂隙多被充填，故泉水流量多<1.0L/s，而且泉的数量不多。寒武系、奥陶系的岩溶裂隙水，因所处的位置较高，在沟谷地区水位埋深在l80～200m，大泉流量<100L/s，水化学类型属于HCO_3–Ca型，TDS小于1.0g/L。广泛分布于山前倾斜平原和冲积、湖积平原的松散堆积物，赋存着较丰富的孔隙水。按其富水性，依照统一降深涌水量，从山前到汾河河谷，大致可分为两个不同的富水区：在山前，单井涌水量多>1000m^3/d，地下水水位埋深40～70m；冲积、湖积平原区，涌水量多<1000m^3/d，水位埋深多在10～50m。水质类型为HCO_3–Ca·Mg和HCO_3–Na型。矿泉水产地水文地质条件见图7–4–3。

（三）南阳矿泉水的形成

南阳矿泉水井位于汾河北岸边Ⅱ级阶地后缘与Ⅲ级阶地的交接部位，地势北高南低。该矿泉水井揭露深度170m，揭露地层为全新统、上更新统和中更新统。该矿泉水主要赋存在中更新统下部的中细砂及少量粗砂中。该含水组顶板埋深130.62m，底板埋深165m。水位埋深37.3m，当降深为9.58m时，涌水量856m^3/a。

南阳矿泉水，由于处在构造活动的地带，不同方向上断裂不但发育，而且又复合于该地段，给其形成奠定了有利条件。吕梁山前大断裂，落差较大，切穿了中地壳高温热导层，该断裂至今仍在活动。断裂破碎带为山区地下径流补给盆地中地下水和进行深部热循环提供了良好的通道。东西向发育的隐伏断裂和北东向发育的断裂，交会于南阳村附近。在内应力的作用下，断裂复合部位基底微弱隆起，岩层破碎，沟通了新生界地下水与深部热矿水的联系，使热矿水沿着破碎带上升至地表近处，与浅部的地下水混合，从而形成开发利用中的天然矿泉水。

南阳矿泉水的补给大体由两部分组成：①山区地下径流补给到松散层中的地下水；②山区地下径流沿断裂带向深部运动，经深部热循环与热矿水混合，而后以断裂带为通道上升至地表近处补给矿泉水。这些水在各自的径流过程中，经历了复杂的地球物理、地球化学过程，使得地下水中含有一定数量的常量元素和微量元素，各类含水地质体以及深部热水都是矿泉水中化学物质的来源。

（四）水质评价

南阳矿泉水在丰、枯水期间，共进行了4次取样，测试项目达54项。结果表明，水中锌、锶、偏硅酸等项，确认达到了《食品安全国家标准饮用天然矿泉水》（GB 8537—2018）标准，其他各项指标均符合标准规定。

1.感官指标

该矿泉水无味、无臭、不含肉眼可见物，水温22℃，pH值7.3～8.4。

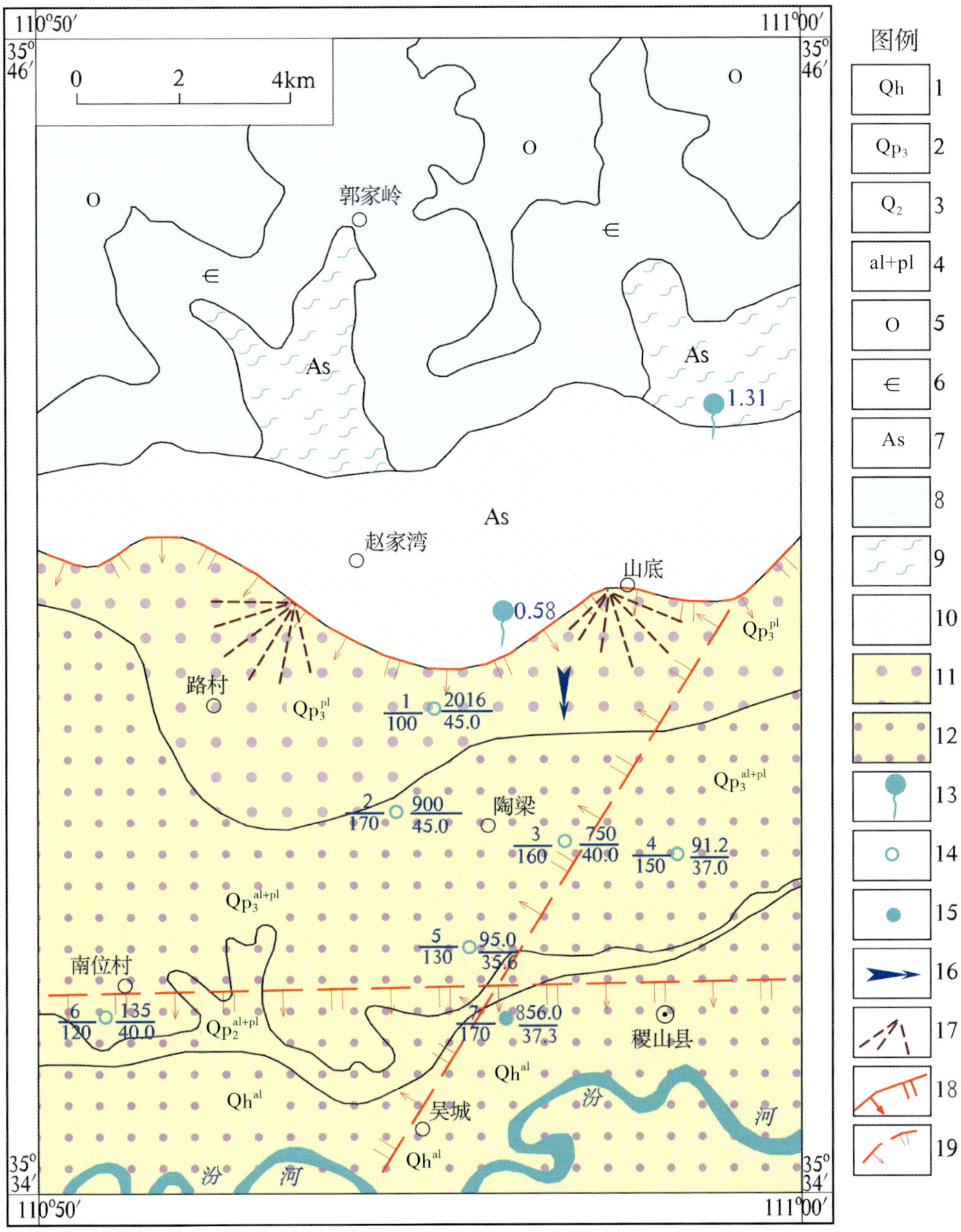

图7-4-3　山西省稷山南阳地区水文地质略图

（据魏文革，《稷山南阳锌–锶–偏硅酸优质饮用天然矿泉水》，1994年12月）

1—第四系全新统；2—第四系上更新统；3—第四系中更新统；4—冲洪积层；5—奥陶系；6—寒武系；7—涑水杂岩；8—碳酸盐岩类裂隙岩溶水，泉水流量＜100L/s，径流模数1～2L/（s·km²）；9—变质岩类基岩裂隙水，泉水流量＞1L/s，径流模数＞1L/（s·km²）；10—变质岩类基岩裂隙水，泉水流量＜1L/s，径流模数1L/（s·km²）；11—松散岩类孔隙水，统一降深单井涌水量＞1000m³/d；12—松散岩类孔隙水，单井涌水量1000m³/d；13—下降泉；14—机井，左分子为井号，分母为井深；右分子为涌水量（m³/d），分母为水位埋深（m）；15—矿泉井（同14）；16—地下水流向；17—洪积扇；18—正断层；19—隐伏正断层

2.常量元素或组分

K^+为0.9～0.8mg/L、Na^+为166.52～277.78mg/L、Ca^{2+}为18.00～20.04mg/L、Mg^{2+}为18.23～28.69mg/L、NH_4^+为0.0～0.08mg/L、总Fe为＜0.1mg/L、HCO_3^-为289.8～463.73mg/L、CO_3^{2-}为0mg/L、$C1^-$为81.54～88.63mg/L、SO_4^{2-}为112.9～286.8mg/L、溶解氧为0.49～2.5mg/L、TDS为729.0～1200.0mg/L、水化学类型属$HCO_3 \cdot SO_4$–Na型。

3.界限指标

Zn为0.40～0.93mg/L、Sr为0.2～0.45mg/L、H_2SiO_3为20.5～25.6mg/L、Li为0.01～0.016mg/L、I为＜0.05mg/L、F^-为0.6mg/L、Se为＜0.00025mg/L。其中Zn、Sr两项达到标准规定的界限指标，属Zn·HCO_3·SO_4-Na型饮用天然矿泉水。

4.限量指标

Cu为＜0.08mg/L、Ba为0.0mg/L、Cd为＜0.005mg/L、Cr为＜0.03mg/L、Pb为＜0.01mg/L、Hg为0.003～0.0005mg/L、As为＜0.003mg/L、B为0.8～4.00mg/L、Se为0.0mg/L、As为＜0.003mg/L、F为0.6mg/L、耗氧量为2.5mg/L、NO_3为0.0～17.5mg/L。以上元素或组分亦均未超出标准规定的限量指标。

5.污染物指标

酚类化合物为0.0mg/L、CN为0.0mg/L、NO_2为0.0mg/L。上述元素或组分均未超出标准规定的指标。

6.微生物指标

细菌总数3个/mL，大肠菌群未检出。

7.矿泉水水化学类型库尔洛夫表达式：

$$\frac{HCO^{3}{}_{46.7}\ SO^{4}{}_{36.7}}{Na_{77.2}}\ T_{22}\ M_{1.2}$$

（五）矿泉水资源

取800m^3/d作为矿泉水的开采资源量是有保证的。

七、新绛县西马理疗热矿水

（一）自然地理概况

理疗热矿水井位于新绛县城西南7km处万安镇西马村，在地貌上处于汾河下游南侧的Ⅱ级阶地上（贾笃民，1989）。其北隔汾河与吕梁山相望，南倚峨嵋岭隆起，东接侯马，西连稷山，北部有侯西铁路和侯韩公路通过，交通便利。地理坐标：东经111°07′50″，北纬35°34′25″。

该区属半干旱大陆性气候，多年平均降水量484mm，平均蒸发量1050mm，降雨多集中在7～9月这三个月，平均气温14.5℃，最高气温在七月，最低气温在一月份。区内有汾河、浍河经过，汾河最大流量2400m^3/s，浍河为汾河的支流，一般流量＜100m^3/s，为季节性河流。

（二）区域地质条件

西马理疗热矿水位于临汾断陷盆地西南部，峨嵋岭隆起北缘之下。受祁吕贺构造体系和新华夏构造体系的共同影响，在该地段发育着北北东向和近东西向两组断裂。该两组断裂在西马地区相互复合，在断陷盆地内形成了西马凸起，为热矿水的形成提供了有利的构造条件。现将本区域地层、构造、地貌特征分述如下。

1.地层

（1）太古宇涑水群（Ar）

涑水群出露于北部吕梁山南端，岩性为一套混合岩化黑云角闪斜长片麻岩等变质岩系。总厚度＞4000m。

（2）寒武系（∈）

寒武系出露于吕梁山南部（本次工作区未包含）。盆地内仅在九原山东侧因断裂构造的控制有零星分布，呈角度不整合覆盖于涑水群之上。中上部岩性以灰岩为主，下部以白云岩为主，厚400～500m。在西马及周围地区，基底大部分为隐伏地层。

（3）奥陶系（O）

奥陶系出露于吕梁山南部和九原山区，与下伏寒武系呈整合接触。中上部岩性为质纯石灰岩，下部为白云岩，厚400～500m。在西马及周围地区，基底部分有隐伏地层。因构造影响，厚度变化较大。

（4）新近系上新统（N_2）

该地层未出露。据钻孔资料，广泛分布于深部。基底上升区一般为冲洪积相，下降区为冲湖积相。下部岩性为砂质黏土夹砂卵砾石层，多呈半胶结状，上部为黏土夹砂砾石层，总厚度400～700m。

（5）第四系

1）下更新统（Qp_1）：地表无出露，广泛分布于深部，岩性为冲湖积亚黏土、黏土夹中细砂，厚150～180m。

2）中更新统（Qp_2）：呈带状出露于汾河Ⅲ级阶地前缘和峨嵋台地边缘。岩性为亚黏土、细砂，据钻孔资料，该地层分布广泛，厚度80～150m。

3）上更新统（Qp_3）：大面积分布在冲湖积平原区及峨嵋台地，成因为冲湖积和风积，岩性为亚砂土夹砂砾石、亚黏土等，厚10～25m。

4）全新统（Qh）：分布在汾河Ⅰ、Ⅱ级阶地上。为冲积亚砂土夹砂石层，厚约十余米。

2.构造

本区受祁吕贺山字型构造体系和新华夏构造体系的影响。构造复杂，断裂发育，现将对本区热矿水形成有控制作用的断裂叙述如下：

（1）吕梁山前断裂带（F_1）

该断裂是临汾断陷盆地西侧山前大断裂，规模巨大，由倒转褶皱逆掩断层和正断层组成，断裂带宽度800～1000m，断面倾角40°～50°，断距千余米。断裂走向北部呈北北东向，向南呈弧形弯曲，逐渐转为北西西向，山区径流通过此断层补给山前地下水。

（2）峨嵋台地北缘断裂（F_2）

该断裂西起万荣县西北的黄河岸边，向东延伸至侯马市西南的东阳呈一带，走向北东东，长60km有余，由2～3条正断层组成。倾角50°～60°，断距200～600m，是峨嵋台地与汾河河谷的边界线。

（3）沿汾河河谷近东西向隐伏断裂（F_3、F_4）

该组断裂西起稷山，东到侯马，走向近东西，长38km，均为正断层，属临汾断陷盆地中的次一级断裂，据有关资料，断距在300m以上，它深切基底，沟通了深部热源与新生界的联系，对热矿水的形成具有控制作用。

（4）九原山—阳王北北东向断裂（F_5、F_6）

该组断裂北起九原山东西两侧，南到峨嵋台地北缘，走向北北东，长30余千米，为正断层，断距300～900m，该组断裂与F_3、F_4断裂在西马地区复合，形成了西马凸起，似盆地中的小地垒，为深部热液的上涌提供了有利的构造条件，是西马地区对流型地热异常形成的主导因素。

3.地貌

（1）吕梁山区

吕梁山区位于新绛县西北部。山区地势陡峻，沟谷纵横，绵延起伏，层峦叠嶂。主峰一般标高在1800m以上，相对高差500～1200m，为中高山地形。

（2）九原山区

九原山区位于新绛县北部。山坡平缓，局部黄土覆盖，呈浑圆状。绝对高程589m，相对高差几十米，为低山丘陵地形。

（3）山前倾斜平原区

该平原区位于吕梁山前，汾河以北。地势北高南低，向汾河河谷缓倾。坡降2°～4°，顶部洪积扇发育，并形成扇间洼地。因此在近山一带，地形呈现起伏不平。

（4）峨嵋台源

该台源位于本区南部，源面平坦，地面高程670～730m，边缘有冲沟，呈黄土丘陵景观。

（5）冲湖积平原区

该平原区指发育在汾河两侧的河谷阶地地区：Ⅰ、Ⅱ级阶地一般宽800～1300m。河谷中除Ⅰ、Ⅱ级阶前缘形成低矮陡坡外，一般地势比较平坦，Ⅲ级阶地之间有比较明显的陡坎。高差12～20m，Ⅲ级阶地在汾河两侧形成残留的不连续的黄土平台，它与Ⅳ级阶地为本区域发育的主要地貌形态，阶面平坦，局部起伏，在阶地后缘与山前倾斜平原交接处形成比较明显的交接洼地。

（三）水文地质条件

根据含水介质的不同特征、赋存条件、水力特点，将区内地下水划分为如下3个含水岩组。

1.变质岩类裂隙水

该裂隙水赋存于吕梁山南端的变质岩中，基岩裂隙较发育并有泉水出露，泉流量＜1.0L/s，水质类型为HCO_3–Ca·Mg型，TDS＜1.0g/L。

2.碳酸盐岩类岩溶水

该岩溶水赋存于吕梁山、九原山区的寒武系、奥陶系石灰岩、白云岩中。根据区域水文地质条件分析，该岩溶裂隙水受来自东部塔儿山及西北部吕梁山的大气降水及深循环补给。富水性强，地下水径流模数2.0～4.0L/（s·km^2）。在九原山西侧，有古堆泉溢出（2000年已经断流），出露标高450m，流量500L/s左右，水温23℃，为SO_4·HCO_3–Ca·Na型水。据物探资料分析，本区基底大部分有本含水岩组隐伏。埋深在700m以上，并且和北部九原山裸露石灰岩同属一含水系统，据此判断，其承压水头可达443～450m。但其上部分布有较稳定的新近系上新统和第四系下更新统黏性土而成为它的隔水顶板，只有在有利的构造条件下可上涌补给松散岩类孔隙水。

3.松散岩类孔隙水

该孔隙水广泛分布于山前倾斜平原，冲湖积平原和峨嵋台地，富水性一般较好。根据松散岩类孔隙水赋存条件，水理性质和水力特征等方面的差异性，将其分为两大类（潜水、承压水）六个亚类（河谷潜水、高阶地潜水、倾斜平原潜水、河谷及阶地承压水、倾斜平原承压水、峨嵋台地微承压水）。

松散岩类孔隙水的富水性在水平方向上具有一定的分带性，倾斜平原自上游向下游富水性由强到弱；冲湖积平原区沿河谷向两侧富水性由强到弱，水位埋深及含水层顶板埋深有随地势的高低由深到浅的变化规律；沿地下水流向，TDS则由低到高，在汾河河谷地段TDS＞1.0g/L，其余地区较小。

（四）热矿水的赋存特征及形成条件

西马热矿水井位于汾河南侧Ⅱ级阶段地上，成井深度352.01m，热储埋深190.45m。热储含水层厚度13.25m，水位埋深18.93m。水温47℃（勘探孔深585.58m时，井口测温57℃），抽水试验出水量在18.25m^3/h，降深51.40m，该热矿泉水赋存在第四系下更新统的粉、中细砂中，属于一套河湖相堆积物，渗透性能较差，富水性中等。

西马地区的地质条件独特，断裂构造发育，为热矿水的形成提供了先决条件，沿汾河南北两岸延伸的一组近东西向大断裂（F_3、F_4）与九原山—阳王北北东向大断裂（F_5、F_6）在西马地区复合，形成地应力集中，使基底隆起破碎，沟通了地壳深部热源与新生界的联系，是热矿水形成的主导因素。据物探资料，此处地温随深度的增加而很快增高，地温梯度由5℃/100m→9.75℃/100m→12.85℃/100m，为强热流高梯度地段。根据区域水文地质条件和构造分析，地下热水的补给来自南、北两侧深部松散岩类孔隙地下水的径流补给外，还有基底深部热水通过断裂破碎带的上涌补给。而地下热矿水化学成分的形成由以下三个因素决定：①矿泉水井所处位置是深部松散层地下水的径流汇集区。这些地下水在长距离的径流过程中，溶滤了较多的化学成分，在此处富集使TDS增高，成分增多；②西马热矿水在构造上处于基底上升的西马凸起部位，地下深处的热水不断通过断裂破碎带上涌；不仅使地下水温增高，而且还掺合了深部基岩化学成分，使得水质更加高矿化；③热矿水赋存在下更新统中，岩性为一套河湖相的沉积物，由于古气候古地理的影响而富含盐类，以上3种因素的共同作用和影响，为西马热矿水的形成提供了丰富的物质来源。

（五）理疗热矿水评价

自西马热矿水发现以来，分别于1986年8月、1987年10月、1989年7月、1989年10月共4次取样，每次均进行了40多个项目的检测化验，证明其含有理疗（浴疗）热矿水所需的多种成分，结合患者病例调查肯定了它的医用价值。

1.评价标准

采用的评价标准是《地热资源地质勘查规范》（GB/T 11615—2010）附录E《理疗热矿水水质标准》。

2.水质分析

四次水样的采取、保存和送检均按有关规程执行。测试成果准确可靠，能够作为评价的依据。

3.理疗热矿水的认定

（1）一般物理化学特征

西马热矿水呈浑浊色，具咸味。水温47.0℃，富含硫酸根、氯、钠等离子，属SO_4·Cl–Na型水，TDS为8.740g/L，总硬度126.6德国度，为高矿化硬水，pH值7.4～8.1，为碱性水。

（2）理疗热矿水的认定

从水质检测成果中可见，锂、锶、氟、溴、碘、偏硼酸、偏硅酸等微量成分都有较高的含量。特别是水温、氟离子已达到《理疗热矿水水质标准》规定，西马理疗热矿水命名为温水·氟水。主要组分及离子含量详见表7-4-1。

表 7-4-1　新绛县西马理疗热矿水特征离子含量统计表

序号	离子及成分名称	命名热矿水浓度标准/（mg/L）	含量/（mg/L）	序号	离子及成分名称	命名热矿水浓度标准/（mg/L）	含量/（mg/L）
1	硫酸根离子	—	4371.0	6	氟离子	2	7.9
2	氯离子	—	1524.5	7	偏硼酸	50	14.83
3	钠离子	—	1966.1	8	偏硅酸	50	22.4
4	钙离子	—	554.7	9	TDS	—	8740.5
5	镁离子	—	385.0	10	水温/℃	≥34	47.0

注：①“—”表示无此标准。

②《山西省新绛县西马医疗天然矿泉水评价报告》，山西省地质矿产局第二水文地质工程地质队贾笃民等，1989年11月。

另外，在几年的浴疗实践中，也充分证明了此热矿水对皮肤病、关节炎、风湿症等疾病有很好的疗效。陆续有运城、临汾等地的一些患者慕名而来，大多满意而归。襄汾县有一职工长期患皮肤病，到西安等地治疗花去3000余元未能见效，后去西马洗浴20余天，康复出院。

（六）理疗热矿水水量评价

该区当时只有西马矿泉水一眼深井进行开采，因而对区域矿水资源作出评价尚存困难。根据西马矿泉水井的抽水试验资料，仅对此井的天然补给量和预计降深开采量进行计算对比。

1.单井天然补给

根据前文论述知，西马热矿泉水主要来自南、北两侧深层地下水的侧向径流补给和深部热矿水通过断裂破碎带向上涌补给，前者可以求得，而后者无法求得，而且这部分补给量还是相当可观的。

深层侧向补给量的计算，用断面法求得南北两侧的侧向补给量之和即为侧向补给总量：

$$Q_{测总} = Q_{南侧}+Q_{北侧} = 59.5+70.73 = 130.23（m^3/d） = 47535.06（m^3/a）$$

2.单井设计降深开采量

$$Q_{开} = Q_{单} \times t = s \cdot g \cdot t = 0.355 \times 60 \times 24 \times 90 = 46015.56（m^3/a）$$

3.评价对比

从计算可以看出，年开采天数按90天计，预计降深为60m时全年开采量为46015.56m^3，已经接近单井的年天然补给量为47535.06m^3，如果加上从基底深部通过断裂破碎带上涌的部分补给量（无法求的），还是有一定保证程度的。从长远考虑建议在今后的开采过程中，日开采量控制在130m^3。最大降深以60m为宜。

（七）理疗热矿水的动态及利用

1986年7月成井时，静止水位埋深14m，抽水试验降深50.04m和58.74m。涌水量分别为26.75m^3/h和30.12m^3/h，经过三年的开采后，水位埋深18.90m。当抽水试验降深51.40m时，涌水量为18.25m^3/h与开采初期相比略有减少，但水温、水质等动态要素稳定。

西马理疗热矿水因含水层较薄和补给滞缓的影响，富水性较差。但经三年开采，矿泉井的水位埋深基本上稳定在15～19m之间，年变幅4m左右（可能受丰、枯水期区域水位影响）。如果要大量开采利用，估计水位要下降一些。作为一种宝贵的自然资源，在开采过程中应持慎重态度，不宜过量开采造成水位下降，日开采量以130m^3为宜。最大降深不宜超过60m。在保证资源合理开采的情况下，还可做综合利用。

（八）结论

西马理疗热矿水，经临床实践，证明对皮肤病、风湿性关节炎等疾病具有十分明显的疗效，通过水质检测，确认其水中含有多种适合人体浴疗的化学成分，根据《理疗热矿水水质标准》评价，命名为温水·氟水。

第五节　天然矿泉水资源潜力分析与合理利用

一、天然矿泉水资源潜力分析

随着人民生活水平的提高和消费观念的转变，人们不断追求健康、安全、卫生的生活方式，绿色、天然、健康已逐步成为现代人生活消费的主题（陈德坤，1994）。群众的饮水观念也在发生变化，洁净、天然矿泉水正逐步成为人们健康饮品的首选，尤其在城镇区，桶装、瓶装矿泉水已经成为普通家庭消费常态，矿泉水市场前景广阔。

前已述及，山西107个天然矿泉水产地，目前全省仅有山西沁园春矿泉水有限公司、山西唯思可达天然饮业有限公司及山西芦芽山矿泉水有限公司3家企业在生产天然矿泉水，天然矿泉水利用量约$90\times10^4m^3/a$，占全省矿泉水可开采资源量的3.2%，利用率很低，资源潜力巨大。

山西天然矿泉水水源有许多位于自然环境优美地区，属林区和水源涵养区，矿泉水资源丰富，水质优良，开发基础条件好，交通便利。沁县是山西天然矿泉水产业发展的理想之地。

二、天然矿泉水资源的保护

健全法规体系，严格执法力度。完善健全矿泉水资源保护地方法律体系，完善和优化矿泉水管理政策措施，为矿泉水产业发展提供法律支持，保障矿泉水产业快速健康发展。建立以政府组织领导、各相关部门协同配合的联合执法机制，既要严厉打击非法、破坏性开采矿泉水资源行为，又要营造合法经营、便利投资开发矿泉水资源环境和法治环境。

加强矿泉水集中开采区环境保护。在矿泉水资源集中开采区建立开发保护区，在原有保护与管理机制上进一步强化管控，合理划定保护范围，制定保护措施，科学确定开发规模。

加强资源集中区域环境治理。加强对资源集中区域内各类企业的监督和管理，做到达标排放、总量控制及清洁生产。所有矿泉水企业必须严格达到绿色矿山企业标准。

三、天然矿泉水的合理利用

1.加强资源勘查力度，强化规划引领

在已有调查基础上，制定矿泉水勘查开发专项规划，规范资源勘查评价，特别是大型和稀有类型矿泉水水源地的勘查，必须同时编制产业发展规划，做到科学规划，合理布局，有序发展。

2.做好招商引资，加强品牌培育

充分发挥山西省矿泉水资源优势，吸引社会力量多元化投资矿泉水产业。通过政府引导和市场化运作等手段，积极培育本土矿泉水品牌。

3.规范市场行为，加大宣传力度

开展专项整治活动，规范市场秩序；加大普及矿泉水知识的力度，形成矿泉水消费良好市场氛围。

4.培育骨干企业，建设产业基地

集中优势资源，加强引导和政策扶持，进一步培育骨干企业；加大力度建设沁县矿泉水产业基地，打造研发、生产、销售、包装物流、生态旅游和科普宣传六位一体产业格局，集中支持产业基地配套产业率先发展。

5.发挥资源优势，建设沁县矿泉水基地

山西省人民政府晋政办发〔2022〕107号文发布的《山西省矿产资源总体规划（2021—2025年）》中，关于矿泉水的内容仅一句话："合理有序开发、利用和保护好天然矿泉水资源"。沁县人民政府以沁政发〔2021〕12号文发布了《沁县国民经济和社会发展第十四个五年规划和2035年远景目标纲要》，其中对矿泉水产业发展提出了明确规划，这也是山西省、市、县三级规划中唯一一个对矿泉水产业发展进行的详细规划。该规划指出："整合打造矿泉水品牌。依托王后泉、漳源泉等优质丰富的矿泉水资源，以沁园春矿泉水有限公司为引领，将各矿泉水（饮用水）企业进行优势整合、统筹生产，健全和完善销售配送团队，以'生产＋营销＋战略合作'的经营模式，将品牌推向全国市场。鼓励企业开展宣传推介、争创名牌产品、嫁接先进运营模式，以品牌建设推动市场开拓，不断提升我县矿泉水品牌力，打造山西水中'汾酒'，把我县打造成国内知名优质水制品开发基地，塑造我县高质量转型发展的'金字招牌'延伸水制品产业链。抓住东西部产业承接转移、中原经济区崛起、资源型经济转型和促进黄河流域经济高质量发展等机遇，围绕矿泉水产业链，完善创新链，配置要素链，最大限度挖掘水产业发展潜力。加大招商引资力度，积极和国内知名水制品企业、饮料企业、医用水生产企业开展合作，延长产业链条。重点抓好沁园春矿泉水公司的高端水制品、功能性饮料、三明生物公司酸性电位消毒水等水制品开发，实现水制品产业产品系列化、多元化和高端化"。

第八章　原生劣质地下水

原生劣质地下水，是指经过漫长的地质历史时期，天然形成的氟、砷、碘等离子含量以及TDS超过或低于相关水质标准的地下水。

据不完全统计，全球有超过2亿人饮用高氟地下水（王焰新等，2023），中国约有8000万人；全球有70多个国家和地区发现高砷地下水，威胁着约1.5亿人的饮水安全，我国有近2000万人生活在高砷地下水分布区；全球有20亿左右的人口生活在水碘异常地区，我国受高碘地下水影响的人口约4000万。

地下水在自然循环过程中与岩土介质发生水—岩相互作用，经长期演化而形成。这种原生形成的劣质地下水主要有高氟水、高砷水、高碘水、高TDS水和其他有害离子超标的地下水，以及由于某些重要的微量元素缺乏而形成的劣质地下水。天然成因的劣质地下水容易导致地方病的发生。高矿化度（TDS）水和高氟水往往是伴生的，有时还与高砷水伴生，会加重劣质饮用地下水后果的严重性。

这里的高矿化度水是指TDS＞1.0g/L的地下水，高氟水是指氟含量＞1.2mg/L的地下水，高砷水是指砷含量＞0.05mg/L的地下水，碘缺乏水是指碘含量＜0.01mg/L的地下水。

2023年4月1日起实施的《生活饮用水卫生标准》（GB 5749—2022代替GB 5749—2006）规定与原生劣质地下水水质对比详见表8-0-1。

表 8-0-1　原生劣质地下水与饮用水标准指标对比表

序号	原生劣质水名称	原生劣质地下水指标/（mg/L）	GB 5749—2022指标/（mg/L）	序号	原生劣质水名称	原生劣质地下水指标/（mg/L）	GB 5749—2022指标/（mg/L）
1	高氟水	＞1.2	≤1.0	3	碘缺乏水	＜0.01	—
2	高砷水	＞0.05	≤0.01	4	高矿化水	＞1000	≤1000

第一节　以往研究程度

对山西省原生劣质地下水的研究主要包括：2000年以前主要是山西省地质勘查局所属各地质队，通过环境水文地质编图、地下水水样采集测试，分析地下水中氟、砷、碘等分布情况及地方病发育特征；2000年以后，中国地质大学（武汉）王焰新团队开展了大同盆地高砷地下水的系统研究，取得了巨大的成就；山西省卫生防疫部门在持续开展地方病调查的同时，对地方病区的饮用水水质进行了分析测试。

一、省地质勘查局研究成果

目前见到的最早的区域性关于原生劣质地下水研究成果是山西省地质局213地质队1975年提交的《蒲县、大宁县、吉县大骨节病、克山病水土病因调查报告》；全省性的原生劣质地下水研究成果是山西省第一水文地质工程地质队1983年12月提交的《山西省地方病与水土关系分析图及说明书（1：100万）》。

1983年3月，山西省第二水文地质工程地质队孟改群等提交了《山西省吉县地方病环境水文地质图编测报告》。吉县位于山西省西南部，面积在1777km^2。吉县是大骨节病、克山病、甲状腺肿病、克汀病、氟病等多种地方病患区，全县患有地方病的自然村达168个，患病人数10208人。大骨节重病区主要分布在清水河中上游及浙水河流域的5个乡镇，氟病主要分布在黄河东岸5个乡镇。该项目调查水点

130个，取样点106处，采样水源类型130个，采水分析样366个，光谱分析样118个。认为病区水文地质特征与地方病的分布、发病率密切相关。大骨节病、克山病是水中钡、锶含量高所致，甲状腺肿、克汀病主要是体内缺碘，地氟病是水中含氟高。防病措施为：改变病区水型、药物防治和打井、引水。

1983年10月，山西省第二水文地质工程地质队提交了《山西省运城盆地潜水含氟量中毒分布图说明书》。该项目研究认为，运城盆地面积在4947km^2，是氟骨病的重点发病地区。通过大量收集资料和深入调查，得知盆地内的含水岩组是氟离子含量最高的一个岩组，潜水埋藏越浅，水中的含氟量就越高。当人们长期饮用含氟量＞1.0mg/L的水时，氟就会在人体内积蓄，使人产生氟中毒。

1987年6月，山西省地矿局第三水文地质工程地质队郑兆丰等提交了《山西省高氟水分布及形成问题研究报告》。该项研究成果认为，山西省是我国具有地带性特征的氟病区之一。全省氟骨症患者445711人，分布在7个地市、约38个县区；氟斑牙患者1706600余人，分布在10个地市的61个县区。地方性氟中毒症是省内突出的环境问题之一，饮水型氟中毒是山西省地方性氟病的主要成因。高氟地下水集中分布在中部的断陷盆地区，面积约2.5×10^4km^2，占全省面积的16%。氟中毒的发病率与饮用水的氟含量成正比关系。在太行山中、南段山区也发现有烟煤型氟中毒患者。浓缩蒸发和垂向渗滤热交替富集是山西省高氟地下水的主要成因，地下水氟元素含量与同载的钙、钠等常量组分及其含量有显著相关关系。地方性氟中毒防治的关键，在于降低饮用水源中的氟含量。

1994年，山西省卫生防疫站通过调查（裴捍华等，2005），在山西省山阴、应县地区首次发现了饮水型地方性砷中毒病区，病区分布范围较广，危害严重。为了查明病区水文地质条件，为病区改水提供科学依据，1997年在地质矿产部统一部署下，开展了大同盆地砷中毒病区环境水文地质勘查及防砷改水勘探。在此勘查成果的基础上，裴捍华等2005年在《水文地质工程地质》第4期发表《大同盆地地下水中砷的富集规律及成因探讨》论文，对砷的富集规律进行研究分析，并结合地质环境特征对其成因进行了探讨。

2013年6月出版，周永昌等主编的《山西地下水资源与开发利用研究》专著，对山西饮水型氟中毒病、碘缺乏病、大骨节病、砷中毒病等地方病进行了较为全面的研究，研究内容包括饮水型地方病的分布特征与危害、病区的环境地质特征、饮水型地方病成因及分布规律、改水途径探讨等。

2017年2月，韩颖、张宏民、张永峰、张欣等在《中国地质调查》发表的论文——《大同盆地地下水高砷、氟、碘分布规律与成因分析及质量区划》是系统研究大同盆地原生劣质地下水的重要成果。为了对大同盆地地下水中砷、氟、碘等的分布和成因进行分析，开展地下水质量区划，依托地下水污染调查取得的最新系列测试数据，结合以往水文地质和水文地球化学研究成果，编制了大同盆地浅层和中深层地下水砷含量、氟含量、碘含量等水化学特征分布图，以直观反映大同盆地地下水高砷、高氟、高碘区的空间分布规律；通过分析pH值、硫酸根含量、硝酸根含量、铁含量、锰含量与砷的关系，探讨高砷水的形成原因；根据pH值、钙离子、重碳酸根离子与氟的关系，分析氟超标原因；指出高碘区与高氟区分布的相似性和成因的相似性。研究结果表明，盆地周边高砷、高氟岩层是地下水砷、氟的原生来源，特定的河湖相沉积环境则为砷、碘的富集提供了原生地质条件；北部地区氟增高与地下水水位下降致使黏性土中的氟离子进入含水层有关，中部地区高氟与土壤盐渍化有关；中部富含淤泥质黏土的湖相地层是碘富集的原生地质因素，冲积洼地地下水径流条件滞缓是碘富集的水动力因素；干旱气候条件下强烈的蒸发浓缩作用亦是高氟、高碘地下水形成的重要因素。依据砷、氟、碘、硝酸盐、亚硝酸盐、总含盐量（TDS）、总硬度、氨氮等单组分含量分布，利用GIS空间分析功能，进行了大同盆地浅层和中深层地下水质量区划，为当地地下水开发利用提供了地学依据。

二、省卫生防疫部门研究成果

1999年，山西省卫生防疫站在全省地方性砷中毒流行病学调查的基础上（张青喜等，2000），开展了全省地方性砷中毒病情普查，普查重点是大同盆地及晋中盆地。该成果发表于《中国地方病学杂志》2000年第6期《山西省地方性砷中毒调查报告》论文。调查发现饮水高砷区覆盖省域7个县区，20

个乡镇的147个村庄，超标饮水井805个，最高饮水砷含量达4.43mg/L，超过国家饮水标准的400多倍（表8-1-1）；查出病人5604例，其中轻度病人4220例、中度病人913例、重度病人471例，查出癌症病人358例患病最小年龄7岁，最大年龄80岁以上。确定病区村庄78个，其中轻病区16个，中病区21个，重病区11个（表8-1-2）。结论：饮水砷高是引起该病发生的主要原因，水砷高又属于天然形成，因此，该病区类型应属于饮水型地方性砷中毒。

表 8-1-1　山西省部分地区饮水砷含量统计表

序号	行政分区	调查井数/个	饮水砷含量/（mg/L）				超标井数/个	超标率/%
			≤0.05	>0.05	≥0.21	>0.50		
1	山阴县	2063	1348	370	223	122	715	34.64
2	应县	74	55	11	7	—	19	32.97
3	朔城区	76	63	10	3	—	13	17.11
4	天镇县	28	15	10	3	—	13	46.43
5	汾阳市	64	25	39	—	—	39	60.94
6	孝义市	27	20	4	—	—	4	14.82
7	平遥县	32	30	2	—	—	2	6.25
8	合计	3364	1559	447	236	122	805	33.77

表 8-1-2　山西省砷中毒病情普查结果统计表

序号	行政分区	乡镇/个	村庄/个	总人数/人	调查人数/人	调查率/%	患病人数/人	患病率/%
1	山阴县	4	42	26392	24137	91.46	4723	19.57
2	应县	4	18	16982	16440	96.81	146	0.89
3	朔城区	2	3	2850	1655	58.00	218	13.17
4	汾阳市	3	9	15680	2720	17.50	463	13.35
5	孝义市	2	4	4715	4250	90.14	114	2.68
6	平遥县	1	2	2800	2055	73.39	40	1.95
7	合计	16	78	69419	51257	73.84	5604	10.93

大同、太原两大盆地总面积在13636km^2。饮水砷含量>0.50mg/L以上的地区大多集中在山阴县境内。全省高砷区覆盖总人口约55万人以上，约10万多人口饮用高砷水。井深在5～200m之间，其中手压井占的比例较大为86.73%，机井为10.01%。全省共有805个饮水井超标。

大同盆地高砷区以带状分布，从朔城区至应县段呈连续分布在黄水河两岸，最宽分布在山阴县境内，宽约有20km；怀仁至天镇段呈断续分布。全长约90km，宽度约15km，面积达1300km^2；晋中盆地高砷区呈块状分布，北起文水县的刘胡兰镇至南端孝义市的大孝堡约40km，宽度约20km. 面积达800km^2。饮水砷含量>0.50mg/L以上的大多集中在山阴县境内，高砷区覆盖总人口约55万人以上，有10万多人口饮用高砷水。

三、王焰新院士团队研究成果

自20世纪90年代后期至今，王焰新教授研究团队在大同盆地针对高砷地下水开展了大量相关研究，包括水文地质及地球化学研究，主要用于了解及明确该区域内地下水中砷的迁移转化规律。同国际高砷地下水有关研究结论相对比发现，含水沉积物中原生富砷的铁氧化物及氢氧化物为该区域地下水系统中砷的主要物源与载体。近期研究表明，在高砷地下水系统中，与砷相关的微生物新陈代谢过程对砷的迁移和富集也具有非常重要的作用。综合上述研究结果，此项研究的目的主要包括以下五个方面。

1）明确富砷含水层中沉积物地球化学组成特征。

2）详细刻画富砷沉积物中铁氧化物/氢氧化物矿物特征。

3）明确高砷地下水形成的主控因素及释放过程。

4）运用生物标志物研究讨论微生物在砷迁移释放过程中所起的作用。

5）通过微宇宙实验探讨微生物作用过程对沉积物在砷与铁释放的影响。

《山西大同盆地地质成因高砷地下水系统地球化学研究》（谢先军等，2014）专著是这些研究成果的集中体现。

王焰新教授领导的团队几十年来持续研究大同盆地等原生高砷地下水，该团队提出了高砷地下水赋存的基本模式和成因新理论，发展了基于As–S–Fe体系的水—岩相互作用机理，揭示了高砷地下水区域分布规律，建立了高砷地下水分布区地下优质淡水的靶区圈定方法与高效开发及保护技术体系，研发了人工调控含水层物化条件使地下水中的砷以晶体态或非晶体态矿物形式被原位“固定”于含水介质中的原位水质改良新技术，研制了菱铁矿、沸石、纳米矿物材料除砷等一系列基于天然岩矿材料的取水井反滤层或渗透性反应墙滤料配方。

《原生高砷地下水》专著是王焰新院士团队近20年高砷地下水研究成果的系统总结和理论升华。全书以地球系统科学理论为指导，按照“原生劣质地下水形成与分布机理”“高砷地下水修复技术研发与示范”“高砷地下水研究方法”等3篇共20章布局，119余万字。该书布局宏大、结构合理、内容全面、数据翔实、语言简练、图文并茂，是系统总结我国高砷地下水研成果和最新进展的一部力作。

第二节　原生劣质地下水分布情况

一、高氟地下水分布区

山西高氟地下水主要分布于新生代断陷盆地区，地形标高400～1000m，微地貌形态处于冲积平原、冲洪积平原交接洼地、冲湖积平原地形低洼带。黄河沿岸处于Ⅱ级或Ⅲ级阶地低洼地带。运城盆地、大同盆地最为严重。

（一）运城盆地

据统计，运城盆地潜水氟含量超标面积达3562km^2，占整个盆地浅层水面积的77%（高旭波，2005）。大量研究表明地下水中氟的分布具有水文地球化学分带现象。氟的这种水平径向分带规律，反映出内陆盆地区域以蒸发浓缩为主的氟地球化学成因类型。通过研究地下水中氟的分布状况可以更深入地认识影响氟在地下水中的运移与富集的条件和过程，图8–2–1。

1.地下水中氟的水平方向分布特征

由剥蚀构造山区→山前区→平原区→低洼地，水中氟含量大体是由0.5→1.0mg/L→3.0mg/L→12.0mg/L，呈现出由低→高的变化规律。这是因为地下水由山区→山前区→平原区，最后以地表水方式出露过程中，沿途不断溶解、溶滤含氟矿物，使氟不断进入地下水中，同时受蒸发浓缩作用。在山前区包气带变厚，地下水除获得由山区地下水径流携带来的一部分氟，还接受包气带中的氟，使水中含氟量上升；在向平原区运移的过程中，包气带厚度不断加大，地下水径流条件变差，蒸发浓缩作用显著，含氟量逐步升高。

1）剥蚀构造山区氟含量一般均较低，但在某些花岗岩等富含氟的基岩区裂隙水中氟含量较高。如闻喜县保安村山泉水，氟含量为2.26mg/L；夏县南山底温泉游泳馆温泉水中氟含量达3.44mg/L。研究表明，丰水期地下水氟含虽高于枯水期。这是因为在丰水期充沛的雨水加强了花岗岩中含氟矿物的溶解、溶滤作用使氟大量转移进入水体，而且此时是一年中蒸发作用最强的时候。

2）山前区可分几种情况：靠近花岗岩体附近的洼地中，山前基岩风化含氟矿物多，水中氟含量较高；径流条件良好的山前倾斜平原，水中氟的迁移顺畅，氟含量不高，地下水中氟含量变化范围为0.35～1.30mg/L。

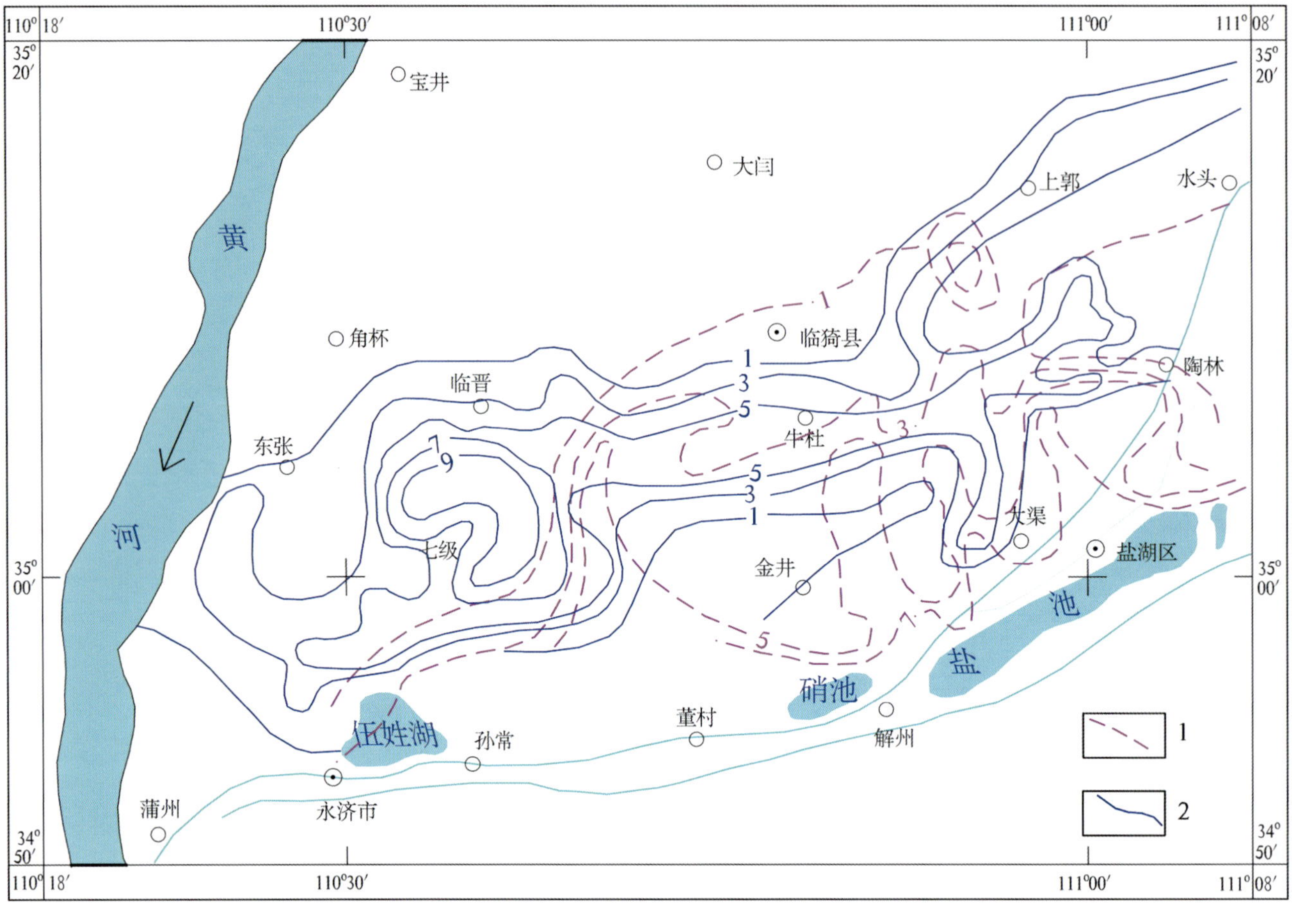

图8-2-1　山西省运城盆地地下水氟离子含量等值线图

（据山西省第二水文地质工程地质队，《山西省运城盆地氟含量中毒分布图说明书》，1983年10月）

1—浅层地下水氟离子含量等值线（Qp_3+Qh）；2—深层地下水氟离子含量等值线（Qp_2），氟离子含量单位为mg/L

3）峨嵋台地地下水中氟含量，以孤山—大嶷山—小嶷山为界大致分为两个区域：左边区域为0.45～0.99mg/L；右边区域为1.20～2.78mg/L。其差别主要缘于两侧的富水性差异及补给水源差异。东区系富水区，含水层单位涌水量为4.93～15.12m^3/（h·m）；西区为弱富水区，单位涌水量0.89～2.82m^3/（h·m）；其中汉薛乡以西地区及东埝底等可得到孤山基岩裂隙水侧向补给。另据现场考察，该处含水层间夹有一层有机质矿物，这也可能是导致地下水水质差异的原因。

4）栲栳桓低台垣属封闭、半封闭洼地。地下水中氟含量较高，且由洼地边缘向中间，呈现水中氟含量逐渐增高趋势。地下水氟含量为0.97～11.15mg/L。在永济县西文学村地下水氟含量最小为0.97mg/L。

5）冲湖积平原地下水中氟含量一般为0.35～4.69mg/L。其中湖沼洼地中氟含量以盐湖北为高，变化范围为0.77～4.69mg/L，地下水高氟区域主要分布于盐湖以北；垅岗地、灌水渠道附近等地势较高部位，氟含量低，为0.55～1.04mg/L，如鸣条岗。

2.地下水氟的垂直方向分布规律

从整个盆地区来看，黄土垅岗、黄河阶地、峨嵋台塬内地下水氟的垂直分带不明显。而山前、冲湖积平原、湖积洼地的地下水氟表现出从上往下水中氟含量逐渐减少的现象。如西陈村采取三个对照样，深度分别为90m、190m、200m，氟含量分别为1.97mg/L、1.15mg/L、0.98mg/L。

（二）大同盆地

大同盆地浅层孔隙水中的氟含量普遍较高，高值区主要分布于盆地中部和北部，最高达3.91mg/L。盆地南部和周边山前地下水中的氟含量稍低，最小值为0.16mg/L。整个盆地平均含量为1.085mg/L（超过

《地下水质量标准》（GB/T 14848—2022）规定的Ⅲ类水1.0mg/L），其分布范围详见图8-2-2。

盆地中深层孔隙地下水中的氟平均含量较浅层低，高值区分布与浅层地下水相似，最高值为4.45mg/L，平均含量为0.85mg/L，最低值为0.2mg/L。整体来看，高氟区主要分布于山阴县、怀仁市和大同市云州区，与当地居民地氟病分布范围基本一致，详见图8-2-2、图8-2-3。

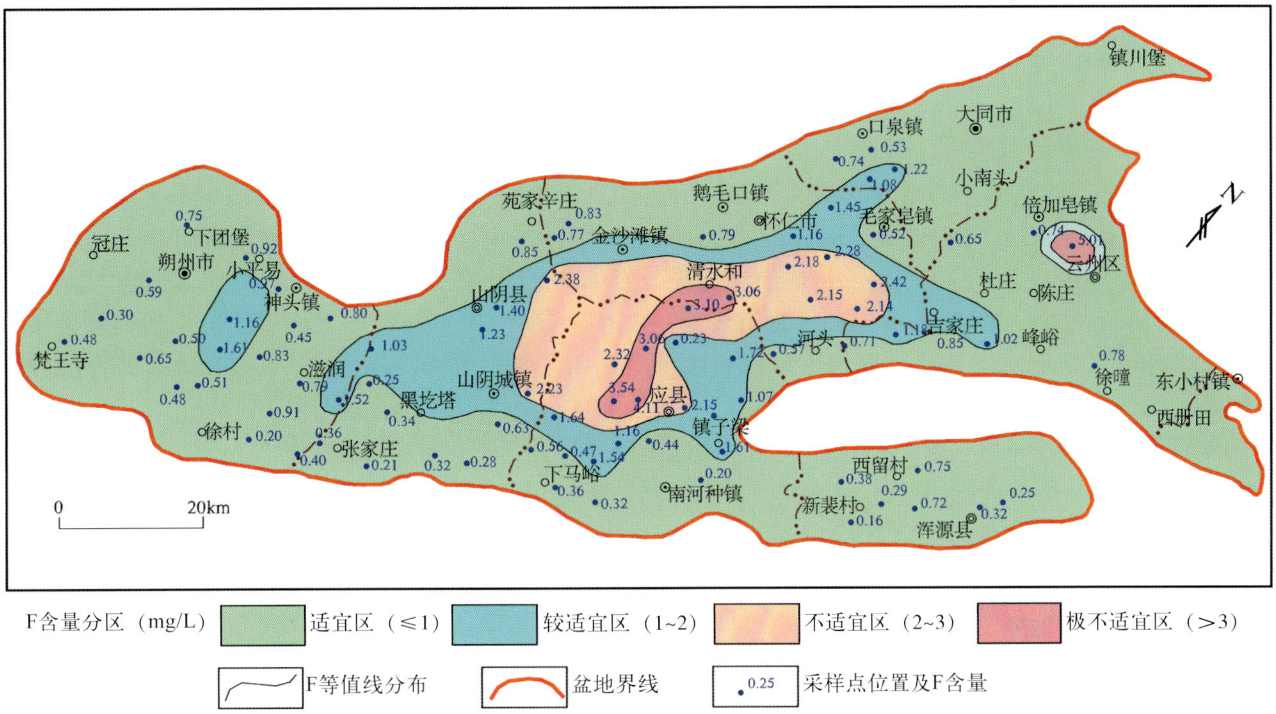

图8-2-2　山西省大同盆地浅层地下水高氟水分布图

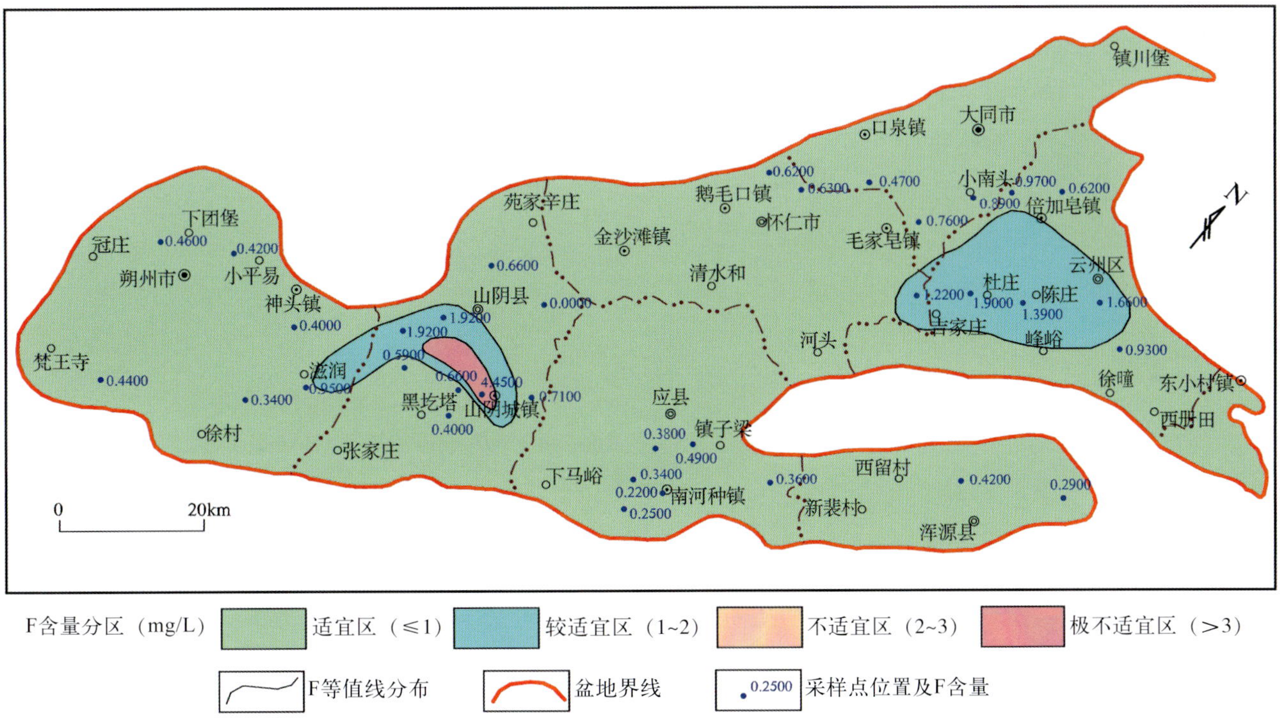

图8-2-3　山西省大同盆地中深层地下水高氟水分布图

二、高砷地下水分布区

在山西省，高砷地下水主要分布于大同和太原两大盆地（王焰新，2022）。在大同盆地高砷区以带状分布，带宽约15km，长约90km，面积达1350km^2。高砷水主要埋深为20～50m不等，部分地区埋深达100m以上。从朔州市朔城区至应县段呈连续分布，怀仁市至天镇县段呈断续分布，主要集中于桑干河和黄水河的右岸。地下水砷质量浓度最高达0.002～1.300mg/L。

大同盆地是世界范围内十分典型的内陆盆地型原生高砷地下水分布区（图8-2-4、图8-2-5）。该地区大面积分布的高砷地下水使得数万当地居民表现出慢性砷中毒症状。过去十余年中，针对该区域砷中毒等区域性疾病开展了大量与砷有关的水文地球化学行为特征研究。大同盆地富砷地下水，尤其是山阴县最早于19世纪90年代发现并报道了饮水型砷中毒事件。该病的流行发生在20世纪80年代中期居民把饮用水源从10m以内的大口井转变为20～40m的压把井之后的5～10年。目前，已发现地下水中砷的最高质量浓度达1.820mg/L，特别是桑干河南岸的山阴城、黑疙瘩、后所、马营庄、薛圐圙等乡镇，地下水中砷的平均质量浓度高达0.300mg/L，远高于国家饮用水砷质量浓度标准0.01mg/L。有关该区域地方病调查结果表明，约16.49%地下水中砷质量浓度超过0.050mg/L，26.37%砷中毒人群尿液中的砷质量浓度超过国家标准。地下水中砷质量浓度随深度有逐渐升高的趋势。在地方病普查中，216人发现患有明显砷中毒症状，18个村庄地下水中砷质量浓度超标，有16482名村民生活于高砷环境中。

大同盆地高砷地下水主要存在于全新世冲积平原及湖相沉积含水层中，大体以条带状分布于大同盆地中南部，沿朔州—山阴—应县一带分布，覆盖范围长约90km、宽约15km，盆地其他地区偶见高砷地下水点状分布。地下水砷浓度表现出高度的空间变异性，在水平方向上，砷浓度沿地下水水流路径逐渐升高。从山前倾斜平原到盆地中部冲洪积平原，水砷质量浓度递增，主要分布在大同盆地的桑干河与黄水河的河间洼地及山前倾斜平原与洪积—冲湖积平原的交接洼地。砷质量浓度变化大，高度不均匀。盆地范围内地下水中砷质量浓度可低至0.001mg/L以下，最高可达1.820mg/L，即使在数百米的距离内，也会呈现数量级的差别，高砷水井多以星点状分布，不同砷浓度的水井交替存在。在垂向上，高砷地下水

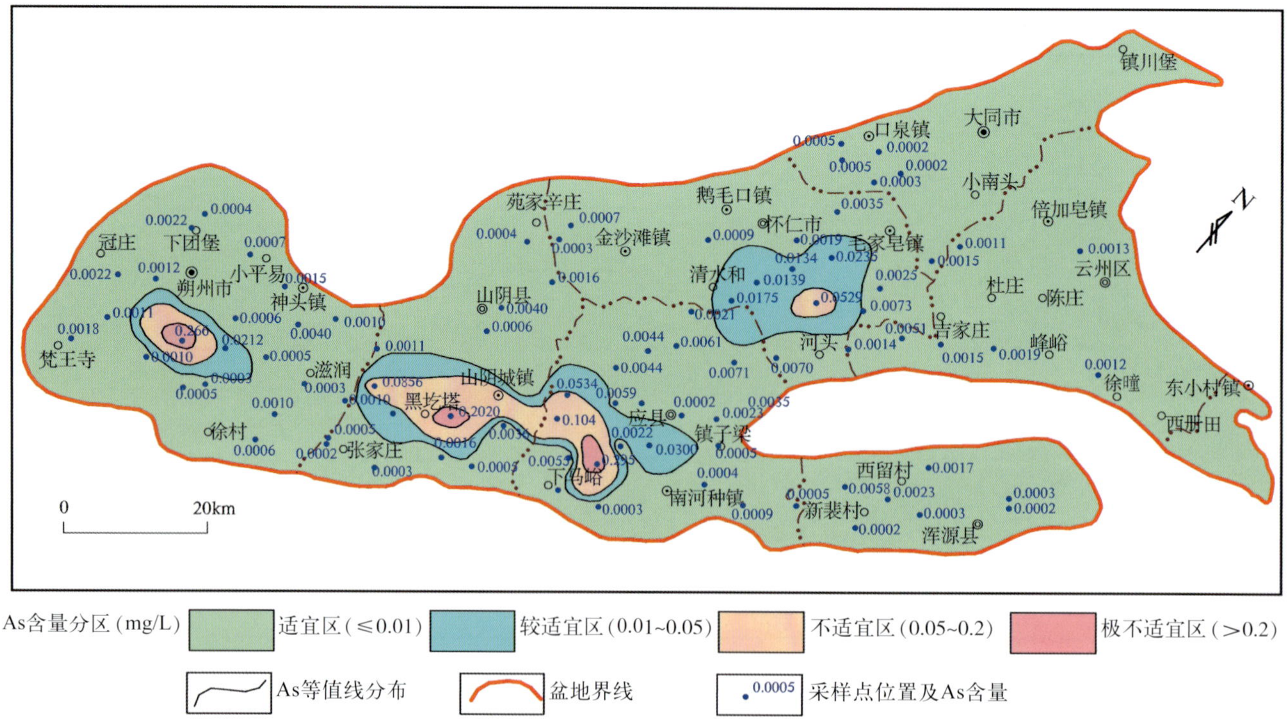

图8-2-4　山西省大同盆地浅层地下水高砷水分布图

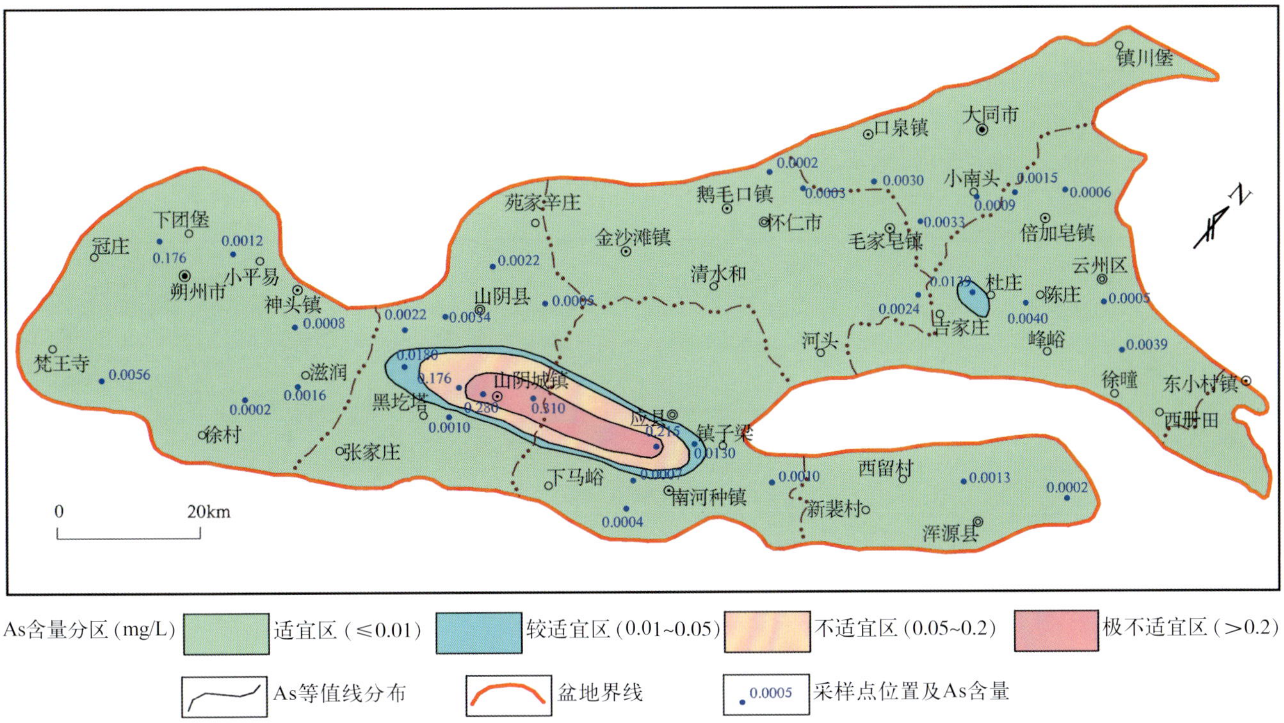

图8-2-5　山西省大同盆地中深层地下水高砷水分布图

多集中于浅层含水层，在15~150m深度范围内，均有高砷地下水的存在，但多集中在15~50m深度范围内。极高砷质量浓度水常出现在20~40m的浅层含水层中，少数分布在100~150m深的地下水中也含有相当高的砷质量浓度，深度<100m的地下水中砷质量浓度普遍高于深度>100m的地下水中砷的质量浓度。高砷地下水呈碱性和强还原性，在高砷地下水频发的盆地中央地带，地下水多呈碱性，地下水pH值绝大多数在7.5以上，平均值>8，部分水样的pH值甚至达9以上。高砷地下水表现为强还原性，E_h值最低可达约-300mV。

大同盆地高砷地下水的形成是多过程耦合作用的结果。大同盆地高砷地下水为地质成因（王焰新等，2010），砷的原生物源很可能是藏于石炭纪—二叠纪煤系中的固相砷，随着盆地演化过程，风化、搬运和沉积等作用导致砷在浅层含水层中逐渐聚集。在沉积过程中，砷主要通过共沉淀或吸附作用与铁氧化物/氢氧化物结合，进入含水层。砷的迁移受到吸附和解吸过程的控制，氧化还原反应是砷迁移转化的主导过程，其中铁氧化物/氢氧化物还原溶解主导，铁氧化物/氢氧化物和硫酸盐还原并存。有机质的微生物降解是氧化还原反应和砷释放过程的主要驱动力，灌溉水的入渗和径流冲洗也是控制地下水系统中砷释放的重要过程。

大同盆地浅层孔隙水中砷含量的平均值约为0.0138mg/L，最大值为0.295mg/L；>0.2mg/L的地区位于盆地中部和西南部，分别为应县的赤堡—冯庄一带、山阴的后黄台—黑疙瘩一带和朔城区的一半村到三甲村附近；0.05~0.2mg/L的地区分布于怀仁西安堡—新桥一带、应县、山阴；>0.2mg/L位于山阴城镇（现为古城镇）东北—西南地带、朔城区新安庄和东关井地带（图8-2-4）。

盆地中深层孔隙水中砷的均值为0.041mg/L，最大值为0.31mg/L；>0.2mg/L的区位于盆地中南部地表水系交汇处，分布于应县席家堡向西南方向至山阴城镇（现为古城镇）一带；0.05~0.2mg/L区分布于>0.2mg/L区的外围应县的龙泉村至山阴的白坊村一带（图8-2-5）。

太原盆地高砷区分布在磁窑河和文峪河流域两岸，呈块状分布，长约40km，宽约20km，面积达800km^2。地下水砷质量浓度最高达0.5mg/L。另外，高砷地下水在运城盆地也有分布。

三、碘异常地下水分布区

大同盆地浅层孔隙水中碘含量的均值为0.0706mg/L，最大值为2.3mg/L；>0.5mg/L的区位于盆地的中部，分布于怀仁市亲和乡（清水河）草地村以南至应县的大黄巍乡以北一带；极大值位于应县西部的金城镇寇寨村一带（图8-2-6），呈哑铃状分布。

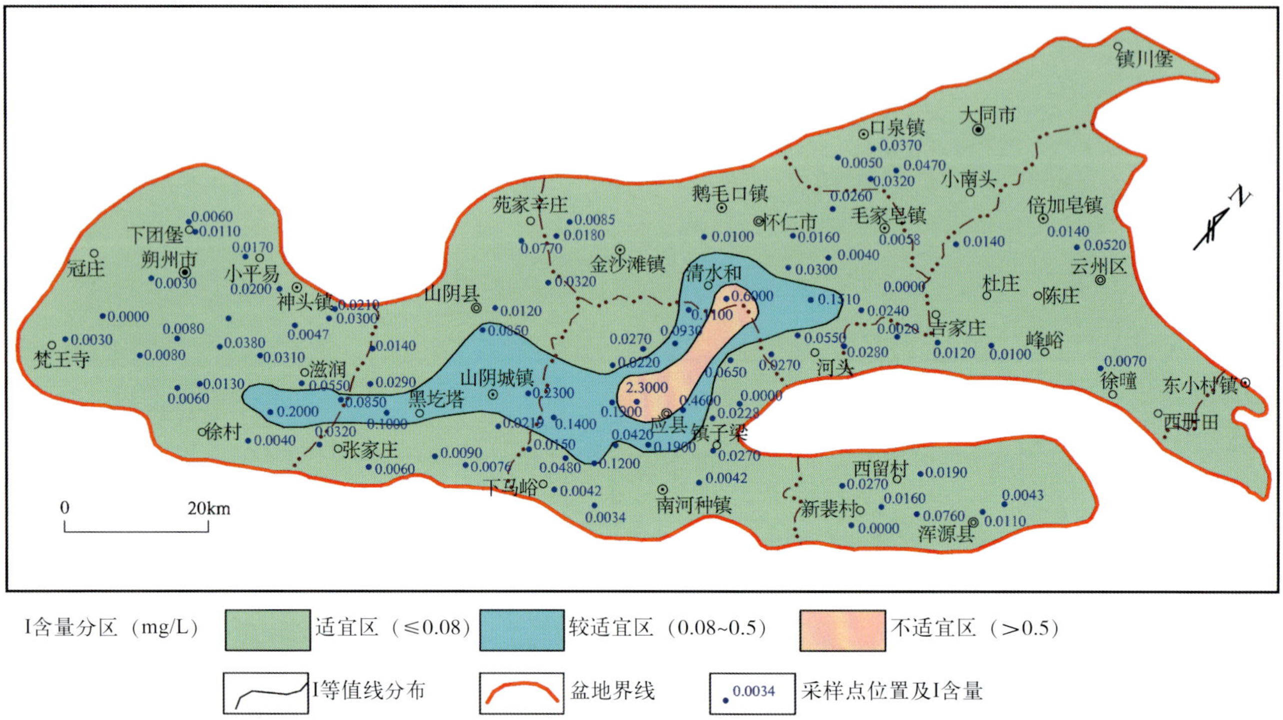

图8-2-6　山西省大同盆地浅层地下水碘含量分布图

大同盆地中深层孔隙水中碘的均值为0.024mg/L，最大值为0.15mg/L。中深层孔隙水中碘值明显低于浅层孔隙水中的碘值。

四、原生劣质地下水特点及成因

（一）原生劣质地下水特点

根据中国地质大学（武汉）王焰新院士团队多年来的研究成果，原生劣质地下水主要有如下四个特点：

1.区域性

与点源污染所致“污染羽”不同，它是岩石（或沉积物）矿物中的有害组分通过水—岩相互作用和水循环作用，在特定地质单元内迁移转化形成的区域性自然现象。

2.复杂性

受地质、水文地质、气候等多因素影响，有害组分的来源和迁移富集过程难以识别，时空分布呈现高度变异性。

3.伴生性

在分布格局上常出现多种劣质地下水及其与优质地下淡水间的相互伴生。

4.居民贫困性

原生劣质地下水分布范围常与居民的缺水、贫困、地方病等问题伴生。

（二）原生劣质地下水

中国地质大学（武汉）王焰新院士团队基于近20年对中国地质成因高砷、高氟、高碘地下水的跨学科研究和系统总结对比国内外原生劣质地下水赋存规律和分布区水文地质条件，按照有害组分的物源和主导性水文地球化学过程特征，提出了原生劣质地下水赋存的四种基本模式：

1.淋滤-汇聚型

有害组分主要为迁移性较强的元素，物源区多位于地下水系统的补给区。有害组分在淋滤作用下从岩石矿物中淋溶浸出，并在地下水系统的排泄区汇聚富集。如华北平原局部和大同盆地的基岩山区的高氟地下水。

2.埋藏-溶解型

有害组分的物源就是含水介质。富含有害组分的沉积物随侵蚀搬运过程，堆积形成含水介质，在有利的环境条件和水文地球化学过程（如还原性溶解作用）影响下，有害组分从含水介质尤其是细粒沉积物中溶解释放，并在地下水中富集。如河套平原和大同盆地的高砷地下水、高碘地下水。

3.压密-释放型

有害组分的物源区为区域性地表水体的静水沉积物，常为湖沼相淤泥。有害组分通过地表径流和片流将汇水区内的有害组分汇聚于沉积物内，在沉积物埋藏、压实固结排水过程中，有害组分被释放进入相邻含水层，并在有利地段富集。如华北平原的高碘、高氟地下水。

4.蒸发-浓缩型

有害组分的物源区为浅层地下水系统，由于气候干旱，地下水埋深浅，蒸发强烈，有害组分在地下水中相对富集，如运城盆地、大同盆地的高氟地下水和西北、华北地区的高TDS地下水。

第三节　地方病分布概况

山西省主要有七种因饮水引起的地方病，即克山病、克汀病、大骨节病、甲状腺肿、地氟病、碘缺乏病、地砷病。其中地氟病是20世纪70年代才发现的，在全省分布甚为广泛，病人最多，病区范国最广，是对病区群众危害最为严重的一种地方病。

山西省是我国地方病多发高发的省份之一（山西省地图集编纂委员会编制，2012年），截至2009年调查发现，山西省地方病涉及11个市103个县（市、区），病区人口达230余万。必须指出，多年来由于当地政府的预防和救治，总病人数大大降低。各类地方病分布情况如下。

1.地氟病

地氟病包括氟斑牙病和氟骨病两种病。山西省饮水型氟斑牙病分布在9个市的66个县（市、区）（图8-3-1），有氟斑牙病人1933253人，氟骨症病人114978人。煤烟污染型氟中毒病分布在5个市的20个县（市、区）（图8-3-2），有氟斑牙病人689776人、氟骨症病人2106人。煤烟污染型中毒病分布在5个市20个（市、区），有氟斑牙病人88.2万人、氟骨症病人8620人。

地氟病是因长期通过不同途径摄入过量氟化物，导致氟在体内蓄积而引起的以骨骼、牙齿改变为主的全身性慢性中毒性疾病。地方性氟中毒所致的牙齿改变称氟斑牙，主要破坏牙釉质的正常结构，使牙齿失去正常光泽，牙质变脆，易于磨损、脱落。地方性氟中毒所致的骨骼改变称氟骨症，轻则引起疼痛、麻木、肢体变形，重度氟骨症病人的情况令人惨不忍睹。

煤烟污染型氟中毒主要是农村炉灶不合理，排烟不畅，导致煤烟长期熏陶储存在家里的粮食，致使粮食氟含量超标，人食用后摄入过量氟化物引起氟中毒。

2000年以来近10年，山西省在地砷病、地氟病区积极实施和推广集中连片改水，共投资近2亿元，兴建降氟除砷集中连片改水工程150处，受益人口近150万人。在实施改水工程的基础上，对氟骨症患者和地砷病患者积极进行治疗，共治疗氟骨症患者48000余人，治疗地砷病患者5000余名，大大缓解了

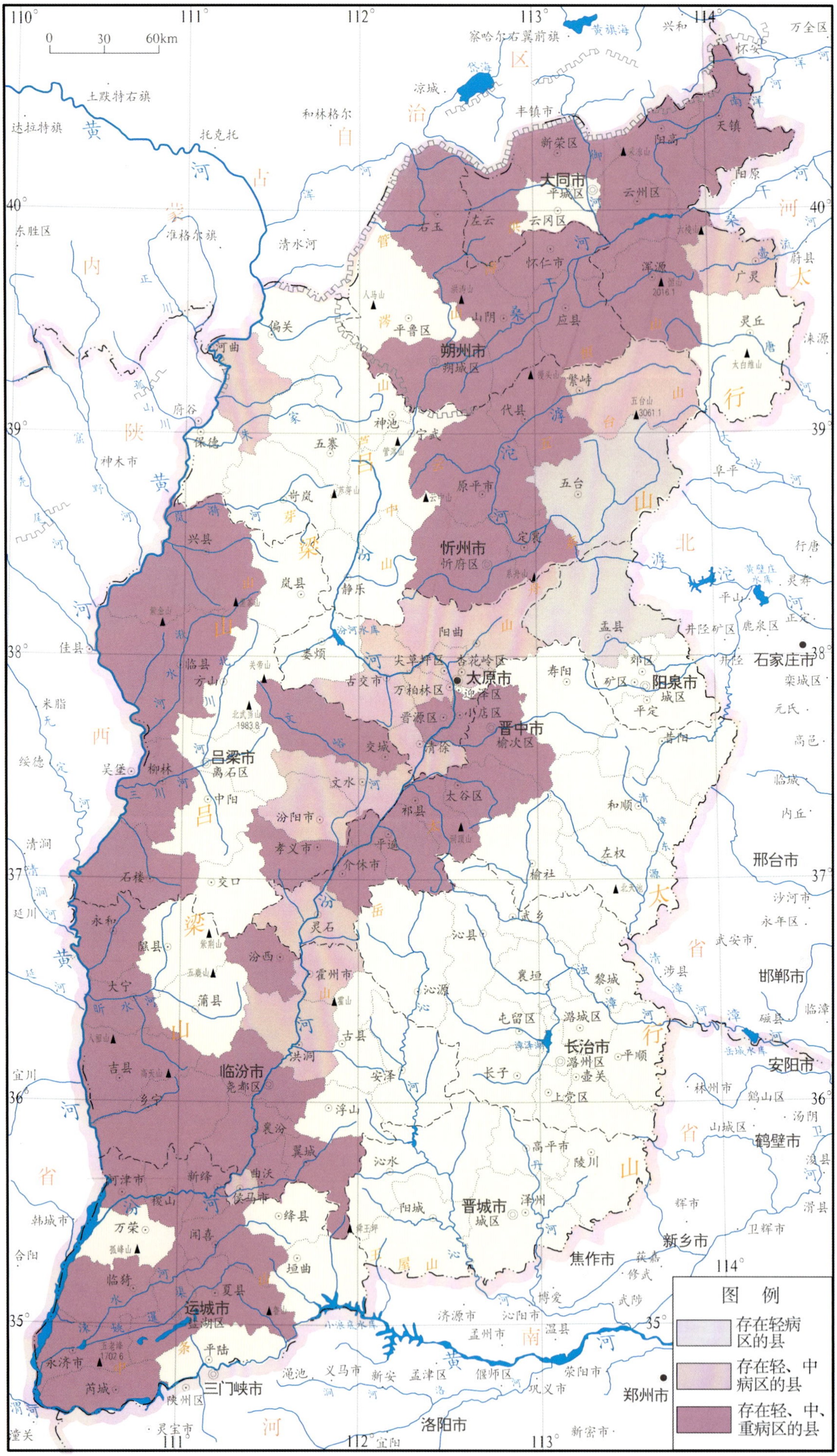

图8-3-1　山西省饮水型地氟病区分布图

（据山西省地图集编纂委员会，《山西省农业地图集》，2012年11月）

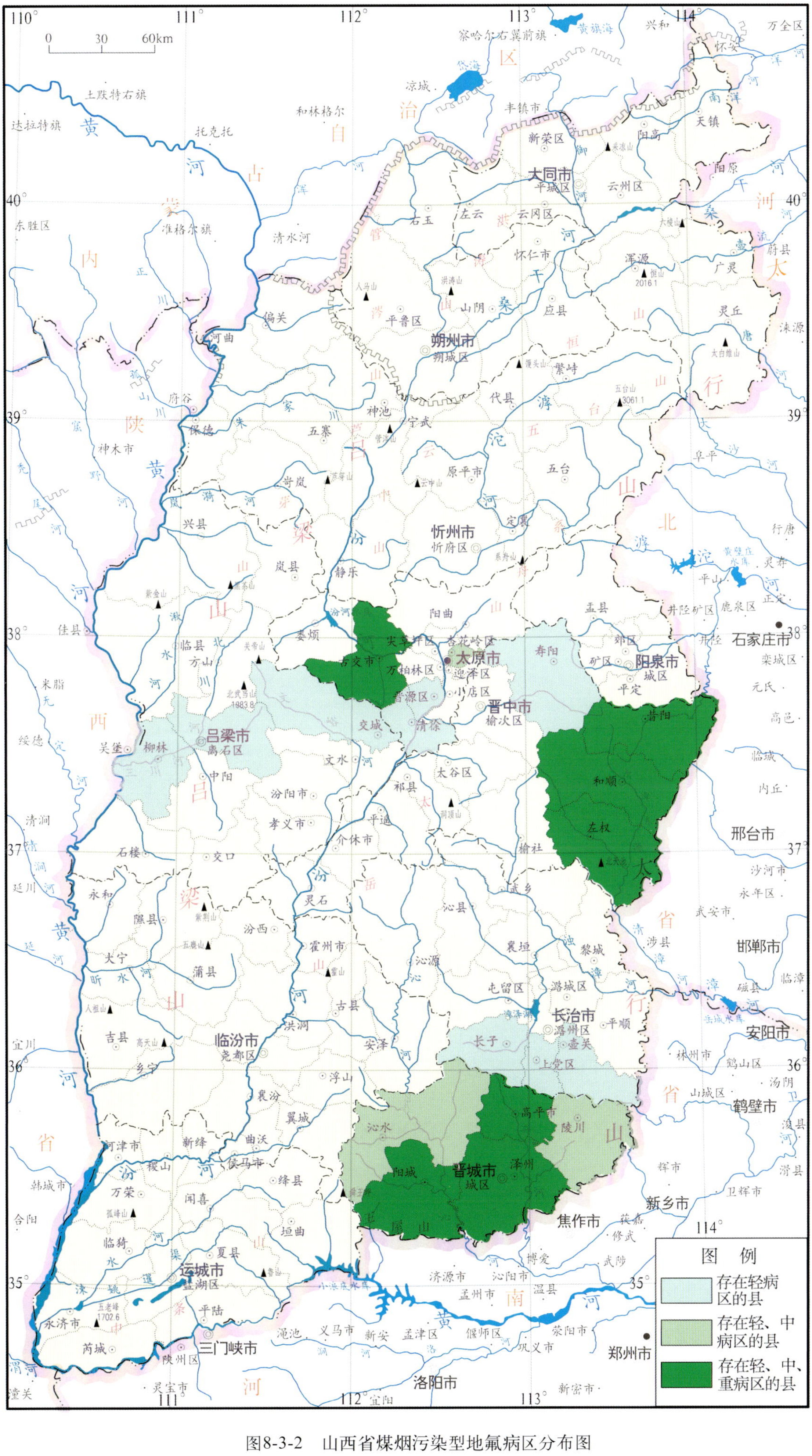

图8-3-2 山西省煤烟污染型地氟病区分布图

（据山西省地图集编纂委员会，《山西省近现代史地图集》，2012年1月）

患者的病痛，提高了患者的劳动能力。煤烟污染型氟中毒的防治措施，主要是采取以改炉改灶措施为主的综合防治措施。全省共有618518户居民能正常使用改良炉灶，正常使用率达85.52%。

2.地砷病

山西自然环境条件复杂，是我国地方性疾病多发的省份之一。1994年以来。在省境北部大同盆地又发现了饮水型地方性砷中毒疾病，使得山西省成为国内第三个发现饮水型砷中毒的省份。其病区分布之广泛，危害之严重、实属国内少见。

山西省的饮水型高砷地区分布在7个市、15县（市、区）、33个乡镇、151个村。其中确认病市区县10个，分别为大同市天镇县，朔州市应县、山阴县、朔城区，吕梁市文水县、汾阳市、孝义市，晋中市祁县、平遥县、介休市，详见图8-3-3。

山西地砷病区分布于山西省北部大同盆地的黄水河、桑干河、南洋河流域地一带，涉及面积约1400km^2。行政区涉及山阴、应县、朔城、天镇、阳高5个县（区）20个乡镇，125个自然村庄，病区总人口约8.9万人。在对山阴县的大营、双寨、西盐池3个典型病村进行病情调查中，随机调查人数共979人，查出典型地砷病人共294例，可疑病例103例，3个村患病率分别为48.61%、29.49%和10.67%（表8-3-1）。根据高砷地下水威胁病区的相近饮水砷含量及不同病区患病率测算，大同盆地全区患病人数约9870人、平均患病人数是病区总人口的11.1%。

表 8-3-1　山阴县地砷病区病情调查结果统计表

序号	村庄	饮水砷含量/（mg/L）	受检人数/人	地砷病例数/人	可疑病例/人	患病率/%	备注
1	大营	0.07 ~ 4.43	323	157	18	48.61	重病区
2	双寨	0.07 ~ 0.56	356	105	34	29.49	中病区
3	西盐池	0.07 ~ 0.20	300	32	51	10.67	轻病区

调查的患病人数中，患者年龄最小的仅7岁，最大的80岁，其中25 ~ 55岁年龄段的发病率最高，占总发病人数的63.9%，且男性发病率略高于女性。患者病状主要表现为皮肤病损、手足掌部过渡角化、增厚、龟裂、结疤、胸前背后皮肤色素沉着、脱色具斑点状等，神经远端，四肢感觉减退、运动体力疲乏，受疾病折磨许多人丧失劳动能力，生活在极度贫困之中，甚至病变为癌症死亡（照片8-4-2）。

砷中毒严重的村庄主要集中分布在黄水河中游的山阴县黑圪塔乡、山阴城镇和应县大黄巍乡一带，病区村庄饮水砷含量最高的达4.43mg/L，超标88倍，是我国已发现砷中毒病区内蒙古河套地区最高砷含量1.86mg/L的2.4倍，新疆奎屯地区0.82mg/L的5.4倍，由此可见，山阴县砷中毒危害程度之重。

3.地方性甲状腺肿、地方性克汀病（碘缺乏病）

碘缺乏病是指由于自然环境缺碘造成的机体碘营养不良，表现为一组有关联的病症或危害的总称。包括缺碘所致的地方性甲状腺肿、地方性克汀病、单纯性聋哑，胎儿流产、早产、死产及先天性畸形等，是一种严重影响人口素质，导致人群智力水平低下的疾病。妇女和儿童是缺碘的主要受害者。由于它分布广泛，受害人口众多，已由一个单一的疾病问题上升为严重的公共卫生问题。全省11个市的117个县（市、区）都存在缺碘地区。人体碘的来源有80% ~ 90%来自食物，10% ~ 20%来自饮水，5%左右来自空气。食物中的碘化物在消化道内几乎完全被吸收，但胃肠内容物中有钙、氟、镁存在时有碍碘的吸收，蛋白质的热量不足时胃肠内的碘吸收不良。同人体缺碘一样，高碘也损害健康。长期摄入过量的碘除造成高碘甲状腺肿流行外，还可能引起碘性甲亢、碘性甲减、甲状腺炎、甲状腺癌及其他自身免疫性甲状腺疾病的发病率增高；胎儿、新生儿高碘甲状腺肿可因巨大甲肿而压迫气管造成窒息死亡。山西省有10个县（市、区）存在高碘地区，详见图8-3-4。

碘缺乏病虽然危害严重，但能通过全民食用碘盐这一简单、安全、有效和经济的补碘措施来预防，有效减少或消除碘缺乏病。全民食用碘盐，是一项巨大的社会工程，需要社会各界的组织和协调，并且要广泛地宣传缺碘造成的危害和有效防治碘缺乏病的知识及措施。

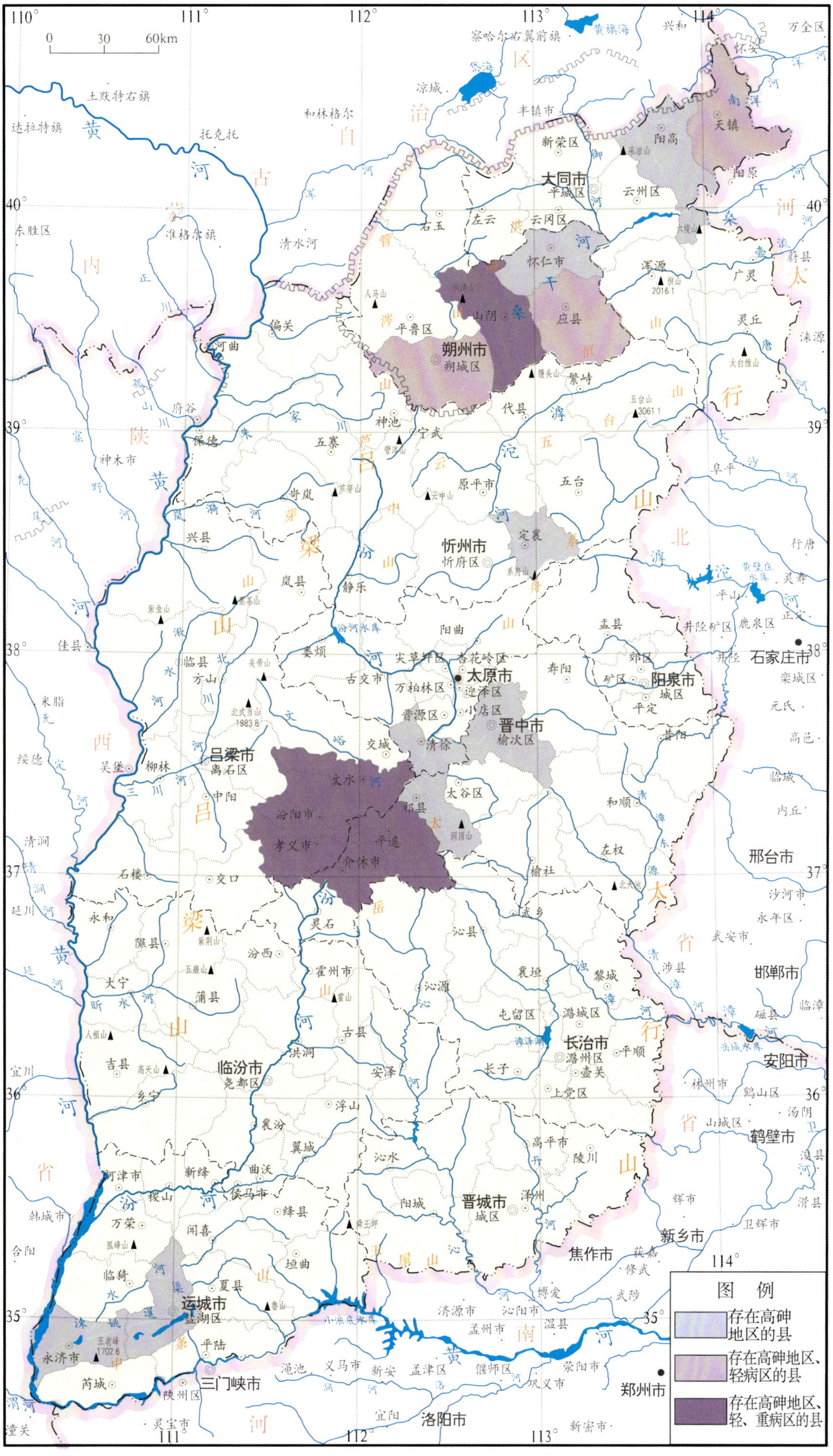

图8-3-3　山西省地砷病区分布图

（据山西省地图集编纂委员会，《山西省农业地图集》，2012年11月）

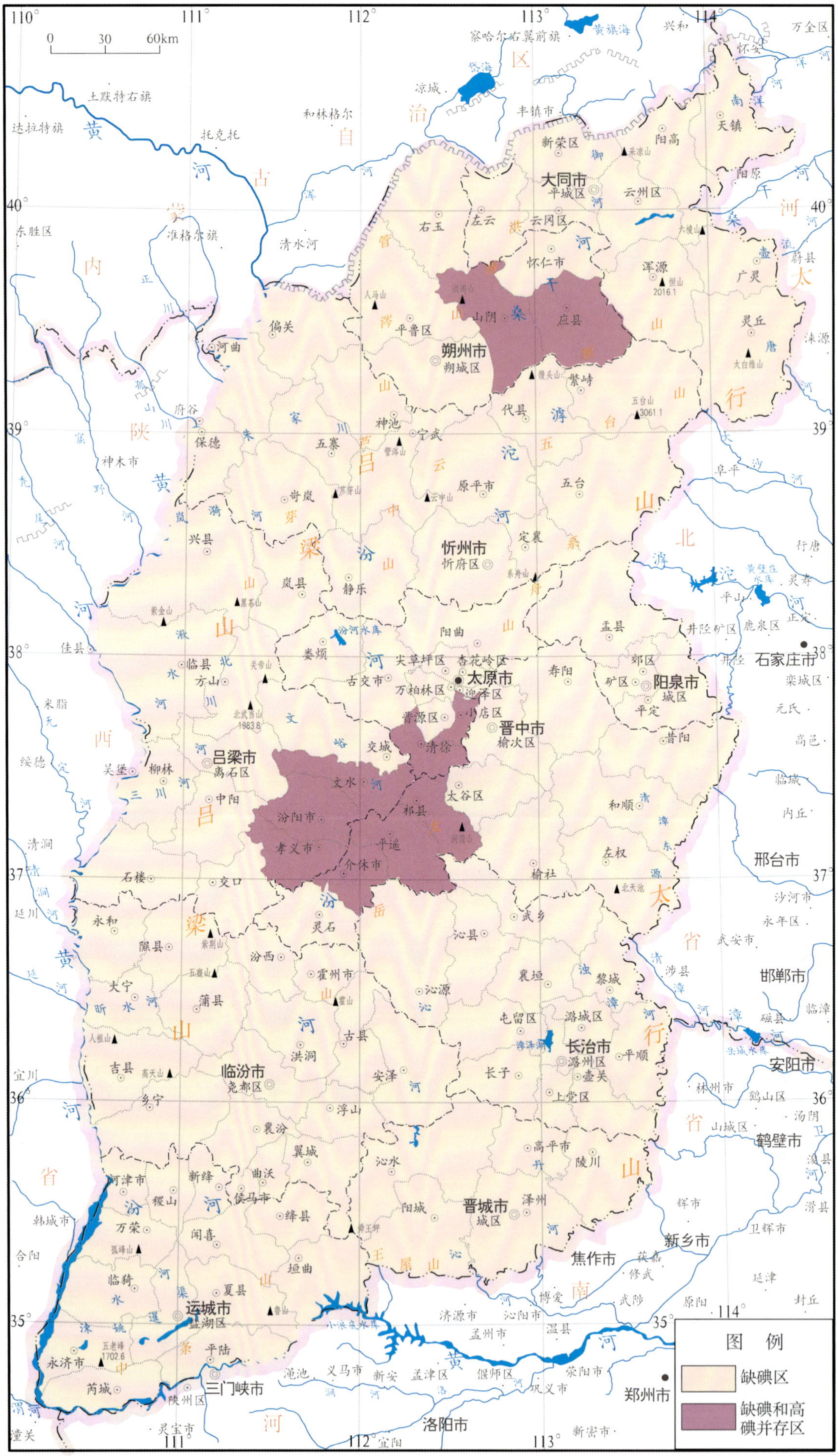

图8-3-4 山西省碘缺乏及高碘病区分布图

（据山西省地图集编纂委员会，《山西省灾害地图集》，2007年1月）

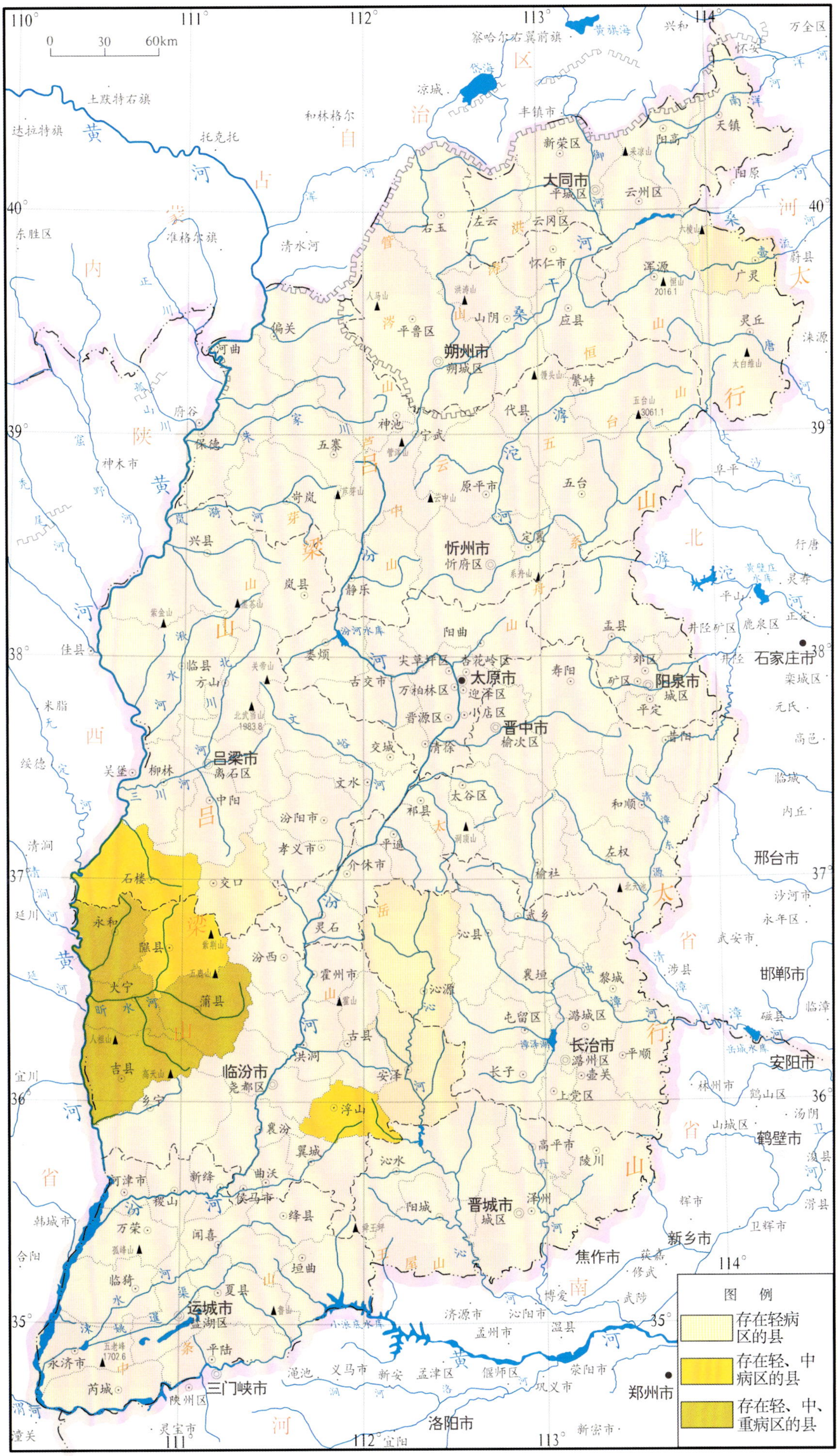

图8-3-5 山西省克山病区分布图

(据山西省地图集编纂委员会,《山西省近现代史地图集》, 2012年1月)

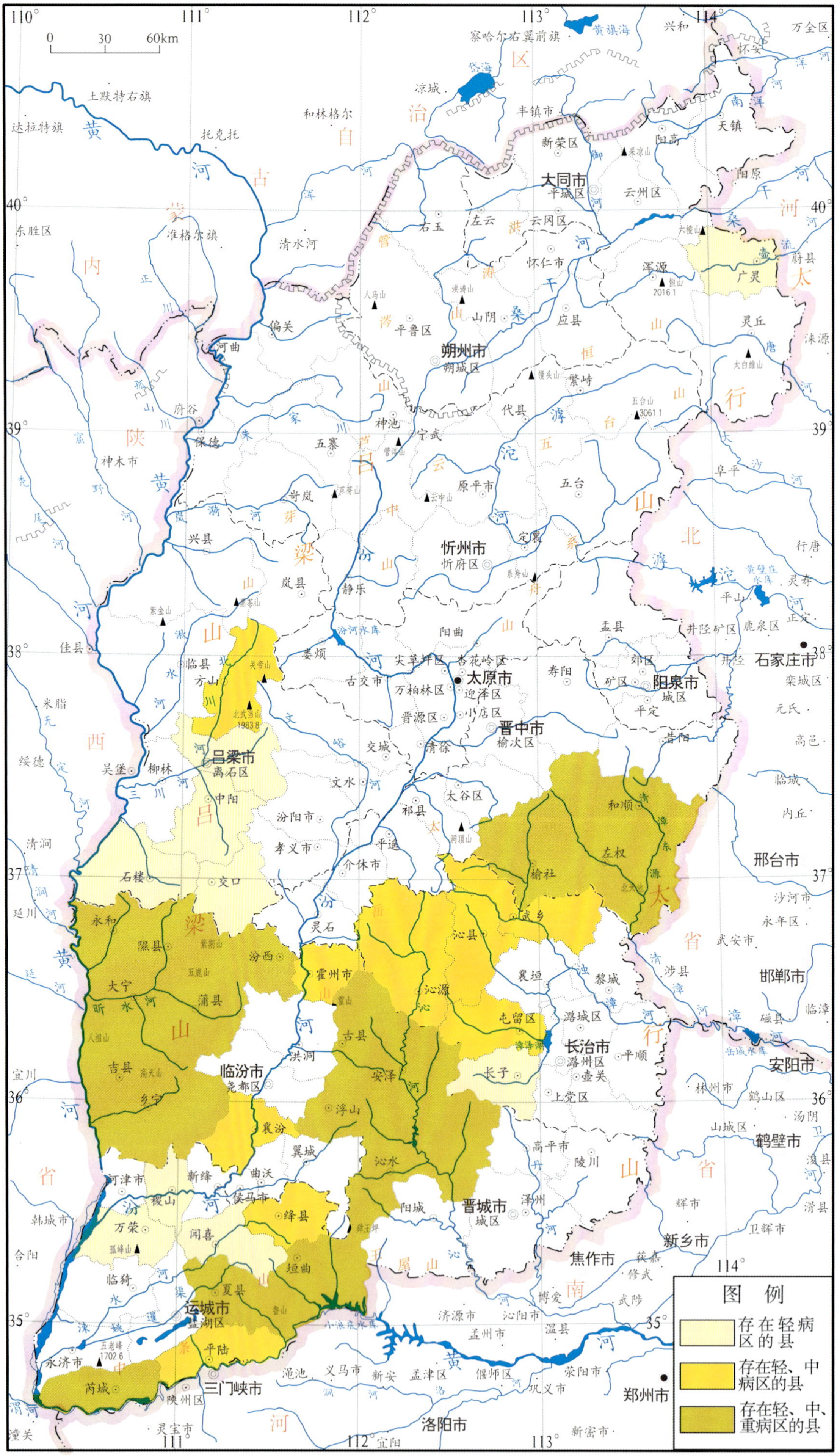

图8-3-6　山西省大骨节病区分布图

（据山西省地图集编纂委员会，《山西省近现代史地图集》，2012年1月）

4.克山病

山西省11个地级市的117个县（市、区）都存在碘缺乏地区。山西省高碘区分布在10个县（市、区）的420个村。在大同盆地的山阴、应县，太原盆地的清徐、榆次、祁县、平遥、介休、文水、汾阳、孝义是缺碘和高碘并存，详见图8–3–5。

克山病主要分布在太岳山、吕梁山一带的临汾、吕梁、大同、长治4个市11个县的20个乡镇，重病区位于大宁、吉县、隰县、永济、安泽、沁源、浮山等地，最严重的是大宁县东南堡、榆村、太古和吉县明珠、屯里、窑渠、曹井，克山病病例统计有248例患者，详见图8–3–5。

克山病病因至今还不完全清楚，尚无特异的预防方法，但广大医务人员经过几十年的防治实践，总结出了以补硒和“三防四改”（即防寒、防湿、防烟，改善营养、改善环境、改良饮水、改善居住条件）为主的综合性预防措施，对控制新发病例和减轻病情均起到了较好的效果。山西省的克山病病情除在个别地区有所波动外，总体上也连续多年处于国家控制标准之内。

5.大骨节病

大骨节病病区分布涉及山西省内35个县（市、区）的128个乡镇，有病人14145人（图8–3–6），主要分布在吕梁山和中条山一带。重病区位于安泽、浮山、古县、吉县、隰县、沁源、沁水、沁县、屯留、大宁等地。最严重的是临汾市，有11个县出现患病者。最严重是安泽县，县辖11个乡镇100多个村，村村发病，发病率也较高，平均为15.37%，安泽县府城乡大黄村患病率高达40.5%。大骨节病和克山病患者从婴儿到80岁老人均有发病的，尤以7～15岁儿童发病率最高。

普遍采取“四改一补”的综合防治措施。“四改一补”的内容是：改良水质、以改良为主的改善饮食措施、改善卫生面貌、改进居住条件，补硒。从监测情况看，山西省的大骨节病区，儿童右手X射线拍片，阳性率＜10%，已连续多年达到国家控制标准。

第四节　地方病危害

一、大骨节病的危害

大骨节病是一种对人类危害极为严重，发病区域很广，病因又不完全明确的地方性骨关节病。病人早期感觉关节疼痛，活动不灵，手指末节下垂或手指轻度弯曲，四肢肌肉轻度萎缩；轻度病人指、肘、踝、膝各关节增粗，弯曲变形，四肢肌肉萎缩和关节运动障碍明显；中、重度病人身材矮小，躯干及四肢长骨发育不全，呈短肢畸形，肌肉萎缩非常明显，四肢无力，劳动能力丧失，成为终身残疾。

二、克山病的危害

克山病是一种病因不明的地方性心肌病。主要侵犯人体心脏肌肉，使心肌出现严重的变性坏死，造成心律失常、心脏扩大，病人自觉心慌气短、疲乏无力，有的常年卧床不起，丧失劳动能力。急性克山病病人可发生心力衰竭或心源性休克，很快死亡。克山病的暴发流行，使得许多村庄人烟断绝，田园荒芜，对病区居民健康和病区经济发展造成极大威胁。

三、地方性甲状腺肿（碘缺乏病）及其危害

碘是人体甲状腺素合成的必需微量元素，肌体碘的代谢与甲状腺的机能密切相关。缺碘会导致人本兰化功能紊乱和生理功能异常，表现为甲状腺体肿大，生长发育停滞，体力和智商水平下降、中枢神经发育不全等。胎儿缺碘则会导致聋、哑、傻、矬、呆、终身残废，即克汀病患者。

碘缺乏病涉及山西省91个县（区），几乎遍布全省，患者以地方性甲状腺肿大为患病人数占绝大多数，主要分布在恒山、云台山、管涔山、系舟山、吕梁山、太行山、太岳山、中条山地区。重病区位于

五台、沁县、沁源、武乡、灵丘、浑源、浑源、岢岚、岚县、交城、陵川等地。

甲状腺肿最为严重的是五台、沁县、沁源三县，其地方甲状腺肿患病人数占到全省总患病数的6%。如沁县南泉乡患病率达40%，沁源县王和乡患病率达35.8%。克汀病患病人数最多的是宁武、沁源两县，患病率分别为0.32%、0.36%。

此外在孝义、介休、应县等地有高碘发病区，饮水中碘含量0.68～2.0mmg/L，超标几倍到几十倍。

四、地氟病及其危害

氟元素是人体生命所必需的微量元素之一，它不仅是人体骨齿的重要组分，而且参与人体内分泌腺活和酶的代谢、神经传导等。人体中氟的过量与不足均会导致疾病。氟不足产生龋齿病，氟在人体卧骼中过剩，轻则导致氟斑牙，重则导致氟骨症。临床表现为腰腿、大关节疼痛、弯腰驼背、四肢畸形、肌肉萎缩、关节强直、瘫痪等。“抬头不能低头难，左顾右盼连身转”“两头靠一头，常年不见日头”是对脊柱强直者的真实写照，氟骨症患者丧失劳动力（照片8–4–1）。

地氟病是人们长期饮用氟元素含量超过1.0mg/L（国标）的地下水而产生的疾病。地氟病主要分布于山西省境中部的断陷盆地及黄河沿岸，重病区位于临猗、永济、盐湖区、山阴、夏县、襄汾、稷山、原平、文水等地，最为严重的地区是运城地区，氟斑牙患者占到全省患病总人数的20%，氟骨症患者占到全省总数的78%。如临猗县9个乡镇300个村庄，患病人数达22万人之多，氟骨症患者9546人，病情十分严重。氟中毒患者以成年人占绝大多数，女性较男性发病率稍高。

五、地砷病及其危害

地方性砷中毒是因饮水中天然含砷，居民长期饮用含砷超标的水，而引起的慢性中毒。主要表现有：皮肤色素沉着和脱色；手掌、脚掌部位对称性的皮肤过度角化；以神经系统为主的全身各系统的影响导致反复发生的全身性损害；严重的癌变，并导致死亡（照片8–4–2）。

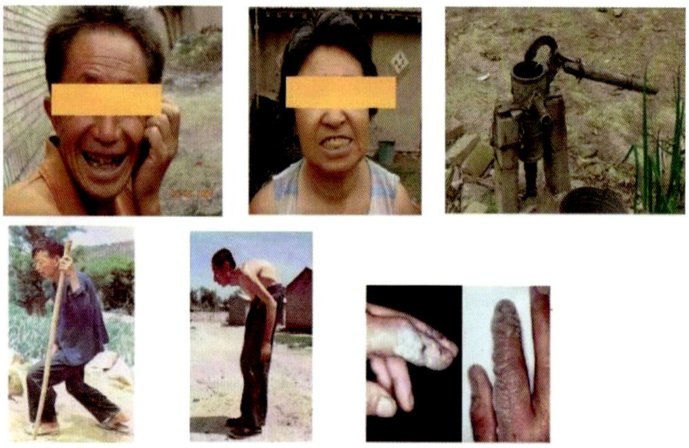

照片8-4-1　饮水性氟中毒患者
（据王焰新,《地下水与流域生态修复》, 2023年5月）

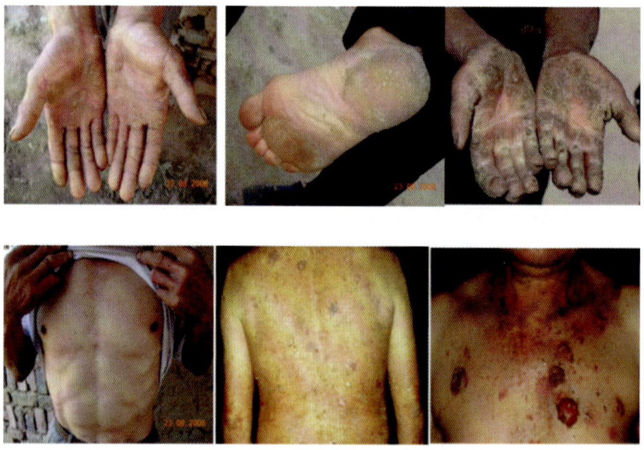

照片8-4-2　饮水性砷中毒患者
（据王焰新,《地下水与流域生态修复》, 2023年5月）

第五节　地方病分布区环境地质特征

地方病具明显的地方性，它是在特定的环境水文地质条件下形成的，受地形地貌、地层岩性、构造、土壤、植被、气候、水文等诸自然因素和水文地质因素的综合制约。地方病病区群众将其俗称为“水土病”，一言点破了地方病与当地水土的密切关系。

一、地氟病分布区环境地质特征

（一）地球化学特征

山西地氟病除太行山中、南段有煤烟型氟中毒外，广大病区主要为饮水型氟中毒，且氟病区又主要集中在省境中部的断陷盆地区，山间小盆地及黄河沿岸呈散状星点分布。高氟地下水氟含量与氟中毒发病率、病情严重程度呈正相关关系。

氟的原子序数为9，原子量为19，离子半径为1.33Å，氟的电负性为4，氟接受电子的能力最强，因此氟常形成氟化物广泛存在于岩石矿物中。氟的化合物又有很高的溶解度，因此，氟能在水中广泛迁移。

自然界主要含氟岩石矿物有萤石、氟镁石、氟铝石、冰晶石、氟磷灰石、磷灰石、电气石、云母等。据山西省第三地质工程勘察院127组样品测试结果表明：山西省不同岩石的氟含量具有变质岩类>沉积岩类，沉积岩类>岩浆岩类的特征（表8-5-1）。变质岩中以含角闪石、黑云母、金云母矿物含氟量最高。斜长角闪岩为2540mg/kg，黑云斜长片麻岩为1150mg/kg。沉积岩中以含白云石化灰岩含氟量最高为1160mg/kg，粉土质粉砂岩次之为950mg/kg，含粉砂水云母黏土岩为840mg/kg。岩浆岩类以石英闪长玢岩含氟量最高为610mg/kg，伟晶岩为380mg/kg，玄武岩为100～290mg/kg，花岗岩为50～290mg/kg。含氟矿物含氟量萤石为146200～389700mg/kg，磷灰石为8900～17200mg/kg，云母为10340mg/kg，煤矸石含氟量为532mg/kg，石英石为50mg/kg。

表 8-5-1　山西省不同类型岩石含氟含量统计表

序号	岩类		样品数/个	算术平均值/（mg/kg）	标准差/（mg/kg）	含量范围/（mg/kg）
1	变质岩		40	433	457.20	60～2540
2	岩浆岩		17	201	155.09	10～610
3	沉积岩	砂砾岩	38	315	231.00	40～950
		黏土岩	12	348	224.29	80～840
		碳酸盐岩	20	371	585.00	20～1160
4	全部岩石		127	349	373.37	10～2540

山西省范围内0～3m地表包气带土体490个样品测试结果表明：土体氟含量最大值为766mg/kg，最小值为405mg/kg，平均值为560.7mg/kg。水溶氟含量最大值为19.88mg/kg，最小值为1.17mg/kg，平均值为4.6mg/kg。其含氟量平均值高于全国耕植土总氟平均值之379mg/kg，更高于世界自然土壤总氟含量200mg/kg之值。各地区可溶氟盐含量见表8-5-2。从表中可看出：包气带氟含量平均值具运城盆地>大同盆地>长治盆地>太原盆地>忻定盆地>临汾盆地之规律；水溶氟含量平均值具大同盆地>太原盆地>忻定盆地>长治盆地>临汾盆地>运城盆地之特征；在包气带土样品中，黏性土占总数的84%，砂性土占16%，含氟平均含量具有粉质黏土>粉质亚黏土>亚黏土>粉质亚砂土>亚砂土和水溶氟平均含量具黏土>亚砂土>亚黏土之规律。粉质黏土含氟量平均值为700.88mg/kg、亚黏土为577.77mg/kg、亚砂土为502.35mg/kg。黏土水溶氟平均值为5.95mg/kg，亚黏土为4.44mg/kg，亚砂土为4.45mg/kg，详见表8-5-2。

通过在8市采取491个样品分析可知，包气带土的（$K^{+}+Na^{+}$）/（$Ca^{2+}+Mg^{2+}$）与（$HCO_3^{-}+CO_3^{2-}$）/（$SO_4^{2+}+Cl^{-}$）比值地球化学特征反映出：大同、运城、忻州等地为典型的碱性、弱碱性包气带地球化学环境，详见表8-5-3。

在包气带土样品中，黏性土占总数的84%，砂性土占16%，氟平均含量具有：粉质黏土>粉质亚黏土>亚黏土>粉质亚砂土>亚砂土；水溶氟平均含量具黏土>亚砂土>亚黏土之规律。粉质黏土含氟量平均值为700.88mg/kg，亚黏土为577.77mg/kg，亚砂土为502.35mg/kg，黏土水溶氟平均值为5.95mg/kg，亚黏土为包气带土的（$K^{+}+Na^{+}$）/（$Ca^{2+}+Mg^{2+}$）与（$HCO_3^{-}+CO_3^{2-}$）/（$SO_4^{2-}+Cl^{-}$）比值地球化学特征（表8-5-3）反映出大同、运城、忻州等地为典型的碱性、弱碱性包气带地球化学环境。

表 8-5-2 山西省各盆地包气带土体可溶氟盐含量表 单位：（mg/kg）

含量		地区						
		大同盆地	忻州盆地	太原盆地	临汾盆地	运城盆地	长治盆地	吕梁地区
氟含量	含氟范围	507 ~ 766 507 ~ 766	405 ~ 716 405 ~ 716	510 ~ 656 498 ~ 656	472 ~ 680 473 ~ 680	509 ~ 763 535 ~ 763	503.75 ~ 660 535 ~ 160	474 ~ 607
	平均值	604.48 607.33	551.86 552.11	578 572.14	546.76 549.65	595.48 622.86	566.05 588.40	532.80
水溶氟	含氟范围	1.9 ~ 13.25 3.17 ~ 13.25	1.67 ~ 19.88 1.67 ~ 19.88	3.48 ~ 8.5 3.48 ~ 10.33	2.2 ~ 7.6 2.58 ~ 7.6	1.66 ~ 6.7 2.1 ~ 6.3	2.94 ~ 5.76 3.26 ~ 5.76	1.17 ~ 10.33
	平均值	6.22 6.70	4.14 5.31	5.19 5.59	4.40 4.22	3.66 3.74	4.62 4.90	3.98

表 8-5-3 山西省各盆地包气带土体地球化学特征分析表

序号	采样行政区	样品数量/块	$(K^++Na^+)/(Ca^{2+}+Mg^{2+})$			$(HCO_3^-+CO_3^{2-})/(SO_4^{2-}+Cl^-)$			可溶盐水化学类型
			<1（个）	>1（个）	最大值	<1（个）	>1（个）	最大值	
1	大同市	93	61	32	20	20	73	61	HCO_3–Ca·Mg·Na
2	忻州市	63	62	1	—	10	53	26	HCO_3–Ca·Mg
3	太原市	22	18	4	3	8	14	9	HCO_3·SO_4–Ca·Mg·Na
4	晋中市	34	28	6	3.5	17	17	6	HCO_3·SO_4–Ca·Mg·Na
5	吕梁市	41	31	10	4.8	17	24	13	HCO_3·SO_4–Ca·Mg·Na
6	长治市	42	42	0	—	7	35	22.66	HCO_3–Ca·Mg
7	临汾市	82	70	12	3.4	15	67	40	HCO_3·SO_4–Ca·Mg·Na
8	运城市	114	93	21	15.3	28	86	38	HCO_3·SO_4–Ca·Mg·Na
合计		491	405	86	20	122	369	61	

（二）环境水文地质特征

山西中部五大断陷盆地为封闭、半封闭盆地，是新生代以来，由于新构造运动表现为以断裂为主，基岩山区相对上升，盆地区下沉，形成的一系列多字型盆地。从南到北依次为运城盆地、临汾盆地、太原盆地、忻州盆地、大同盆地。这些盆地内堆积了巨厚的冲积、洪积和湖积松散层沉积物。据石油普查钻探及地震物探资料：运城盆地最大堆积厚度达6000m，临汾盆地为1800m，太原盆地为3800m，忻定盆地为1000m，大同盆地为2000m。长治盆地堆积厚度最小，仅300m。盆地中心地带堆积的松散层岩性以黏土、亚内土、粉土、粉砂为主，岩性颗粒细小。局部地带沉积薄层细粒–中粗粒砂层，并由盆地中心地带向盆地边缘粗粒砂层增多、增厚。由于土颗粒细小，地下潜水位埋藏深度小，地下水径流滞缓，浅层潜水在强烈的蒸发作用下，随毛细管水分升降运移，使水体中盐分浓缩，TDS及氟离子含量增高。富氟地下水水化学类型多为HCO_3–Na型或SO_4·Cl–Na型，TDS为1000 ~ 3000mg/L，潜水氟含量最高达22mg/L（临猗县上庄村）。

据统计，运城盆地潜水氟含量超标面积达3156km^2，占整个盆地浅层水面积的76.6%（高旭波，2005）。运城盆地为典型的封闭性内陆盆地，中、上更新世盆地西部棒栳塬逐渐隆起，又发生盐湖断裂，控制了盆地地下水径流排泄方向，使得原本由涑水河上游向下游运动的地下水体，在榜栳塬一带受阻形成了闭流积盐盆地，致使在塬东地带地下水盐分及氟离子含量聚集。盆地区主要含水层有三层，其中浅层和中深层地下水氟离子含量高。浅层水含水层为全新统、上更新统细粉砂，底板埋深<50m，一般为25 ~ 30m，高氟水中心位于现代盐池的北部（图8–2–1）。盐湖区的郭村、冯村、安邑、东张、张耿、车盘、金井，临猗县的临晋、七级、牛庄、王见，永济市的青渠屯、榜栳镇、下高市一带浅层水含氟量一般在3 ~ 15mg/L，周边区含氟量为1 ~ 3mg/L。中深层含水层主要为中更新统粉砂、粉细砂，底板埋深80 ~ 120m，具承压性，高氟水中心位于榜栳塬东部。临猗县的东莱庄、山东庄、东张、七级、樊桥屯、牛水土、成家庄、董泉家庄，永济市的青渠屯、榜栳镇、略芝，盐湖区的王范、陶村、上郭、泓

芝驿、冯村、北相、西辛庄、西张耿一带，中深层水含氟量1.1～5.8mg/L。临猗县南部及西部，深层水含水层埋深120～180m，含氟量一般<1.0mg/L。

临汾、太原、忻州、大同盆地为典型的半封闭盆地。高氟水体除忻州盆地垂向上为浅层、中深层两层外，其余盆地均只有浅层一层。临汾盆地浅层含水层为全新统、上更新统砂层、粉砂层，埋深<50m。高氟水主要分布于襄汾南贾以南，翼城南唐西冲积平原低洼带及九原山山前平原低洼带，浅层水含氟量一般为1.1～1.8mg/L。局部地段较高，如襄汾县南史威村，浅层地下水含氟量达9.0mg/L。晋中盆地浅层含水层埋深<60m，高氟水主要分布于小店以南，汾河两岸冲积平原低洼带及冲积、洪积平原交接洼地带，浅层水含氟量一般为1.2～1.6mg/L。局部地段浅层潜水含氟量较高，如小店区西温庄潜水含氟量为7.0mg/L。高氟水分布特点是：地表盐渍化泛滥地带，潜水含氟量往往也高。大同盆地浅层含水层埋深一般为20～30m，高氟水以山阴县合盛堡—元营—应县大黄巍一带为中心向外扩张，分布于广大冲积、冲湖积平原低洼带及山前倾斜平原洼地带，浅层潜水氟含量1.2～10.4mg/L。如地方性氟中毒病重病村的山阴县大虫堡潜水含氟量为9.2mg/L，应县石店村含氟量为10.4mg/L。地表盐渍化十分严重，地表水、地下水径流排泄不畅，水质具浓厚的苦、涩、咸味。忻州盆地地下水呈闭流状的氟盐聚集地。含氟量高的变质岩、岩浆岩、碳酸盐岩及含氟矿物四周环抱，盆地内也有岩浆岩体出露。浅层高氟水分布于原平市子干以南，忻府区东楼以北，定襄县宏道之西的冲积平原低洼带，水氟含量一般为1.1～1.8mg/L。局部地段受岩体裂隙水补给，加之当地地下水径流不畅，含氟量较高。如莲花山下的原平市停旨头，浅层水含氟量1.8～5.0mg/L，定襄县羊坊村潜水含氟量10.4mg/L，中深层孔隙水受地下热水热温场作用，加速了对含氟矿物的分解，水中含氟量达2.6～8.5mg/L。高氟水区分布于忻州市忻府区的奇村、顿村，定襄县的白村，原平市的大营地热田区域。忻州盆地孔隙水与运城盆地孔隙水含氟量在垂向分布上的不同之处是运城盆地浅层水比中深层水含氟量高，而忻州盆地恰恰相反。

黄河沿岸低洼带及山间小盆地孔隙潜水含氟量为1.1～2.6mg/L。

此外，省内地下热水分布区，往往也是高氟水区。地下热水不论热储层为变质岩、岩浆岩、碎屑岩、碳酸盐岩，还是松散岩类，水中含氟量均高，一般为1.2～15.0mg/L。如浑源县王庄堡汤头温泉热储层为燕山期火成岩，水温63℃，F^-含量15.0mg/L。原平市大营热水井，热储层为第四系中更新统砂层，水温42℃，F^-含量为8.5mg/L。襄汾县汾阳岭地热井，热储层为奥陶系灰岩，水温35℃，F^-含量为1.5mg/L。

二、地砷病区环境地质特征

（一）地球化学环境特征

砷的原子序数为33，离子半径为0.69Å（3+）和0.47Å（5+），有4种价态形式，克拉克值为1.8mg/kg。自然界砷化物分有机和无机砷等多种形态，含砷矿有硫化砷、氧化砷和多金属砷化物三大类，主要含砷矿化物有雄黄、雌黄、毒砂等。

大同盆地病区外围盆地边缘，南部和北部由太古宇、元古宇变质岩、岩浆岩组成，主要岩石为一套黑云斜长、角闪斜长片麻岩、变粒岩、磁铁石英岩、花岗岩等;西部、西南部主要出露古生界碳酸盐岩，黄水河上游分布石炭、二叠系煤系地层；西北部为中生界大同煤盆，变质岩呈条带沿盆地边部裸露；盆地内在云州区西坪、应县黄花梁一带，分布新生界玄武岩。盆地周边山地除煤之外，主要分布矿床及矿点有铝土矿、磁铁矿、磷灰石、黄铁矿、黄铜矿、锰铁矿等。据化探测试及有关文献资料：磷灰岩含砷量为0.4～188mg/kg，泥页岩为0.3～490mg/kg，砂岩为0.6～120mg/kg，煤为12.5～34.4mg/kg，玄武岩为0.06～113mg/kg，铁矿石为13.1～24.6mg/kg，硫铜矿为43.6mg/kg，硫锌矿为32.0mg/kg，各类变质岩的平均含砷量为0～60.0mg/kg。土壤中砷平均含量为9.1mg/kg，包气带土体可溶盐砷含量为0.04～0.1mg/kg。

（二）环境水文地质特征

大同盆地是新生代形成的断陷盆地。新生代以来盆地大幅度下沉，在其内沉积了巨厚的松散层堆积物。据石油普查地震资料分析，新生代地层最大厚度达2000m，其中第四纪沉积厚度最大为500多米。盆地内地势低平，碟状、条带状洼地微地貌发育，冲湖积平原、河间地块、洪积扇前缘冲洪积交接洼地地下水径流滞缓，松散岩层盐分含量高。潜水咸水分布较广，地表盐分浓缩聚集盐碱化严重，恰恰在这些洼地地带也是高砷地下水的分布地带。

盆地区为第四系松散岩类孔隙水自流盆地。冲湖积平原区孔隙地下水主要来自大气降水、河流渗漏、边山侧向渗补及库水灌溉入渗补给，靠人工开采和蒸发排泄。地下水运移总趋势与地表水流向一致，由盆地四周向盆地中部桑干河汇集，由河流上游向下游径流。垂向上由深部向浅部运动。病区含水层颗粒细小，主要为上更新统、中更新统及下更新统粉细砂层，按地下水埋藏条件及水力性质可分为孔隙潜水、浅层孔隙承压水及中、深层孔隙承压水。

孔隙潜水：含水层埋深0～20m，含水层为Qp_3+Qh冲积粉细砂层，水位埋深1～3m。水化学类型以$HCO_3\cdot SO_4$型、$HCO_3\cdot Cl$型为主，TDS为1～5mg/L，具苦、咸、涩味，地下水氟含量最大可达10.4mg/L，地下水砷含量一般<0.1mg/L。该含水岩组在20世纪80年代以前为当地居民的主要供水层。

浅层孔隙承压水：含水层埋深20～50m，含水层为Qp_{2+3}河湖相粉砂、细砂，水位埋深1～2m或自流。水质以HCO_3型为主，TDS<1mg/L，地下水氟含量<1.0mg/L，地下水砷含量普遍在0.1～0.94mg/L，最高达4.43mg/L，具腐殖质泥嗅味。该含水岩组为现阶段居民的主要采水层。

中深层孔隙承压水：含水层埋深>50m，含水层主要为Qp_1，湖相薄层沉积粉细-中细砂层，具承压性，一般可自流。水化学类型以HCO_3型为主，TDS<1mg/L。由于当地机井多为混采型井，地下水砷含量高低不一，一般为0.08～0.17mg/L，最高为0.36mg/L。该含水岩组具淤泥质、腐殖质味，并有沼气溢出，总的来讲比浅层水砷含量低，但井孔分布较少。

（三）地下水水化学特征

浅层孔隙承压水是病区主要采水层，砷含量一般为0.1～0.94mg/L，局部地段1.0～4.43mg/L。此外，调查中发现病区饮水中水化学具以下特点。

1）亚硝酸盐含量高。部分样品测试表明：水中亚硝酸盐氮含量0.008～0.52mg/L，最大值超标26倍，加剧了砷中毒的发病程度，导致癌变。

2）中深层水中具甲烷气体。溢气可燃，反映出水中有机质含量高，污染严重特征。

3）pH值7.5～8.8，属典型弱碱性水。

4）重病村饮水中3价态砷含量>5价态砷。

（四）古地理沉积环境特征

大同盆地中、下更新世为一湖盆，其内沉积了厚层灰绿色湖积物。中更新世后期，盆地边缘开始介入水流形成湖滨相沉积物。上更新世盆地总体抬高，湖水逐渐退出，至上更新世后期随着湖水的大量外泄，桑干河、黄水河等河流形成，盆地内除局部低洼带存在分割后的残留浅湖泊外，大部分地区相继被冲积、洪积物所覆盖。全新世以来冲积物全部覆盖，成为现代所见地层沉积环境形态特征。

从大同盆地朔城区峙峪、阳高县许家窑上更新统地层标准剖面化石分析，黄水河两侧中、上更新世湖水较浅，利于水生植物及鱼虾类动物生存。边山区母岩中淋溶迁移的砷元素汇集盆地后，一部分被动植物所吸取，另一部分沉积于淤泥中。而盆地中灰褐色、深褐色、蓝绿色富含$Fe_2O_3\cdot nH_2O$的土层对砷具有特别的吸附力，经过漫长的地质历史时期，泥沙中形成了有机质含量高的高砷层位，成为现今黄水河流域等砷中毒病发区弱还原沉积环境下高砷分布带。

三、地方性甲状腺肿（碘缺乏病）分布区环境地质特征

碘缺乏地方性甲状腺肿、克汀病发病区主要分布于山区，与饮水中碘含量与甲状腺肿患病率多呈负相关关系。

（一）地球化学特征

碘的原子序数为53，原子量为126.905，离子半径为2.2Å，电负性为2.58。碘是固体却易升华，是非金属却有金属光泽，微溶于水，易溶于有机溶剂。它的克拉克值极小，为0.5mg/kg，在自然界岩石、矿物、土壤、水体大气和生物中均广泛存在。自然界含碘的矿物不多，主要有碘钙石、碘铜矿、碘银矿、黄碘银矿、碘铬钙石、碘银汞矿、氯碘汞矿等。大量的碘富集于地下卤水和油田水中。

土壤中碘的平均含量为5×10^{-4}%。不同类型的土壤其含碘量也不同，砂土、黄土的碘平均含量为1×10^{-5}%～1×10^{-4}%；腐殖土、盐碱土的碘平均含量为2×10^{-3}%～3.5×10^{-3}%。腐殖土虽然含碘较高，但碘多与有机化合物结合或存在于植物残骸中，不易被生物所吸收，从而使土壤成为缺碘的土壤。省境太岳山、吕梁山、太行山区灰褐土、褐土、褐土性土分布区多为缺碘区，生活在那里的人们不同程度地流行着地方性甲状腺肿病。

（二）环境水文地质特征

碘缺乏病区地势较高，相对湿度、降水量较大，易于碘迁移流失。大气降水是地下水的唯一补给源，降水入渗后，经短途径流，就近排泄，不易从岩石土壤中溶滤集聚足够的碘，而使水中碘含量偏低。据对吕梁山中段关帝山一带变质岩风化裂隙水水质测试：水中碘含量为0.0016mg/L，仅为饮用水国标（0.01mg/L）的13%，水化学类型为HCO_3–Ca型，TDS一般<200mg/L，pH值微呈酸性，反映出弱还原水文地球化学环境特征。太岳山碎屑岩分布区的沁源县白狐窑村，饮水碘含量为0.0013～0.0016mg/L，上述两地区均为地方性甲状腺肿重病区，人口患病率在50%以上。

四、大骨节病、克山病分布区环境地质特征

大骨节病区一般为地势较高的剥蚀堆积山间盆地区或黄土高原残塬沟壑区，地形标高800～1400m。在黄土覆盖的低山丘陵区，水土流失严重，侵蚀作用强烈，地形破碎，沟壑纵横，沟底基岩出露。地下水主要为碎屑岩类裂隙水和黄土层孔隙水。受构造裂隙及地形切割作用，沟谷中往往出露泉水，泉流量一般为0.01～0.6L/s，较大的1.0～2.5L/s。黄土层孔隙水多为上层滞水，富水性极为贫乏。大气降水是这一带的唯一补给来源，大气降水后，一部分沿风化裂隙入渗地下，另一部分变为地表径流，并将山高坡陡裸露区的岩屑、植物残体各种有机质、无机质携带至山间谷地及地势低洼带，受地形构造作用，地表水泄流不畅，形成积水。由于谷底有渗泉出露、土壤湿润，植被茂盛，枯枝败叶遍地覆盖，水中腐殖质污染严重，腐殖酸含量高。在这种特定的环境条件下，饮用沟谷中的渗泉水、沟中积水或富含腐殖质的窖水、渗井水等，往往易发大骨节疾病，且患病率高。大宁、吉县、蒲县、隰县、安泽、浮山、古县、沁源、沁水一带山区，渗泉水是当地的主要饮水源，水源及其周围共同特点是：环境卫生极差，灌木杂草丛生，水流不畅，有的甚至人畜共享，这些地带的重病村患病率多在30%以上。如吉县郭家垛、洛义沟村患病率高达60%。

吉县一带病区饮水水化学类型以HCO_3–Na·Ca·Mg型为主，pH值为7.1～8.7，TDS为0.150～0.680mg/L，属弱碱性低矿化水，SO_4^{2-}含量为4.8～144.1mg/L。安泽县、古县一带病区饮水水化学类型以HCO_3–Ca为主，TDS在270mg/L左右，水中SO_4^{2-}含量普遍比非病区低，有的含量仅7.0mg/L。广灵县木厂重病区，饮用的池塘水腐殖酸高达9.89mg/L，反映了大骨节病区水化学特征。

克山病区在分布上以及气候、土壤、水文地球化学特征等方面与大骨节病区有着许多相同相似之处，往往在一些地区这两种病相伴出现。有关资料分析表明：克山病与天然水中硒含量、腐殖酸含量有关。

克山病病区土壤中水溶硒平均含量仅为非病区的61.5%。种植物玉米的病区硒含量为0.005mg/kg，非病区为0.036mg/kg，病区明显偏低于非病区。病区饮水中硒含量<0.001mg/L，非病区一般>0.001mg/L。另外，病区腐殖酸平均含量为0.18mg/L，非病区为0.06mg/L，腐殖酸含量病区非病区差别明显。据相关分析，腐殖酸含量大小与克山病病情程度呈正相关关系。

第九章　气体矿产

气体矿产包括二氧化碳气（CO_2）、氦气（He）、氡气（Rn）、硫化氢气（H_2S）等四种，由于这些气体矿产在山西属于稀缺矿产资源，没有形成矿产地规模，2019年以前没有进行过专项地质勘查及评价，仅在部分地热资源勘查评价报告及天然气资源勘查成果中有一些零星的测试数据。以2020年10月山西省自然资源厅启动的山西省氦气资源调查项目为标志，山西省氦气资源勘查走上了快车道。

第一节　以往研究程度

将近年来山西开展的氦气（He）资源勘查工作介绍如下。

1. 山西省运城—临汾盆地地热井氦气资源前期调查项目

受中国地调局西安地调中心渭河盆地氦气调查研究成果的启发，2019年3月，山西省第三地质工程勘察院在运城—临汾一带对26口地热井进行了氦气前期调查工作，从其中的9口地热井中采取样品15个，有12个样品氦气含量达到0.3%的工业品位，这些测试数据的取得为后续氦气资源勘查项目的开展提供了依据树立了信心。

2. 山西省运城—临汾盆地地热井氦气资源调查项目

2019年5月山西省第三地质工程勘察院向省地勘局申报政府购买服务项目。该项目工作时间从2019年8月—2019年12月，项目工作经费21.74万元，共调查地热井40口（含取样井15口），取氦气样30件，并提交《山西省运城—临汾盆地地热井氦气资源调查报告》，该报告由山西省地质勘查局于2020年9月以“晋地矿发〔2020〕35号”文验收通过。这是山西省内第一份氦气资源调查报告，填补了山西省气体矿产资源地质勘查成果的空白。此次30件氦气样品测试结果中达到工业指标0.3%的样品数为22个（11口取样井），氦气含量为0.36%～3.54%，平均1.16%。由该次调查结果可知，运城、临汾地区普遍存在氦气资源。

3. 山西省氦气资源调查项目

山西省氦气资源调查项目是山西省自然资源厅2022年度新立地质勘查项目，山西省第三地质工程勘察院有限公司中标实施，勘查经费592.00万元，工作区为山西省全境，设计主要实物工作量包括：地热水井、煤层气井、天然气井调查点240个；采集样品480件；样品测试480组。主要任务是在全省开展氦气资源调查工作，整体评价山西省氦气资源赋存现状。在充分搜集已有资料的基础上，通过对山西省境内地热井、煤层气井、天然气井进行调查及取样，开展氦气资源远景潜力评价，综合分析研究山西省氦气成因类型、赋存状态、形成条件、富集规律及资源潜力与勘探前景，为氦气资源进一步勘查提供靶区。

从分析结果来看，地热井中氦气含量为0%～18.86%，在太原盆地、忻州盆地、运城盆地含量普遍较高。特别是太原盆地有6口地热井氦气含量＞10%，属世界罕见。煤层气井中氦气含量为0%～0.54%，其中＞0.1%有17口煤层气井，大多分布于太原盆地、临汾盆地。

4. 山西省晋中市小五台一带地热资源勘查项目

该项目为山西省自然资源厅2020年度省级地质勘查项目，山西省第三地质工程勘察院有限公司中标实施。2021年7月在原项目设计的基础上增加了氦气资源调查的内容，该项目地热井终孔深度2510.03m，层位为寒武系中统徐庄组。该钻孔含可采煤层十层，其中有七层气测录井时氢氦异常显示，本溪组亦有异常显示，有待进一步分析研究。另外奥陶系和寒武系混合抽水过程中，伴生气氦气品位达4.22%～4.53%。

5. 山西转型综改示范区中部产业整合区城市地质调查项目

该项目是山西省国土资源厅2019年度省级地质勘查项目，由山西省地质调查院有限公司实施。2021年1月在原项目设计的基础上增加了氦气资源调查的内容，分别在CWZ—1孔和周边田庄村1号地热井对气体进行了采样，测试成果见表9–1–1。

表 9-1-1　太原市小店区田庄村地热井氦气测试分析结果一览表

序号	取样点名称	成井时间	井深/m	水温/℃	水位埋深/m	取样时间	氦气含量/%		
1	小店区田庄社区1号井	2021年1月	2300	59	80	2021年1月15日	0.02	0.00	0.02
2	小店区田庄CWZ—1孔	2021年3月	2203	64	86	2021年3月18日	0.06	0.31	0.14

氦气的工业品位为0.3%(《矿产资源工业要求参考手册》编委会,《矿产资源工业要求参考手册》,2021)，该次工作的采集的气体中氦气含量为0.02%～0.14%，未达到工业品位标准。CWZ—1地热井终孔深度2203m，层位为寒武系上统崮山组。据钻孔编录结果，钻孔含可采煤层9层，由于未进行气测录井氢氦异常显示分析，该区氦气含量有待进一步分析研究。特别是该孔地层划分没有本溪组也需要进一步深入研究。

6. 山西晋中盆地氦气调查评价项目

山西晋中盆地氦气调查评价项目是山西省自然资源厅2022年度新立地质勘查项目，勘查经费3490.00万元，勘查区面积为862.76km^2，主要实物工作量包括：对周边15口地热井进行抽水取样；对4口地热井进行气水比测试；对2口地热井氦气定期取样72次；岩石放射性测试15个、氦气样品672个、气体同位素测试25个、岩心煤层气成分分析10个、水样59个；施工参数井1口，钻探进尺4000m，钻探取心段200m，进行综合录井、物探测井、抽水试验、射孔、试井（10层）等；氦气分离、提浓、提纯设备加工制作1台套；1孔氦气分离、提浓、提纯科学实验，经费200万元。该项目正在实施过程中。

7. 鄂尔多斯盆地东缘石楼西区块含氦天然气研究

太原理工大学矿业工程学院刘超等人基于鄂尔多斯盆地东缘石西区块25口井81个天然气样分析资料，发现氦气体积分数为0.02%～0.23%，平均值为0.089%，具备潜在利用价值。石西区块内天然气氦稳定同位素组成（$^3He/^4He$）为$0.02\times10^{-6}\sim0.05\times10^{-6}$，R/Ra（（$^3He/^4He$）样品/（$^3He/^4He$）大气）值为0.01～0.08，属于典型的壳源氦。石西区块位于离石鼻状构造带，区块东部柳林尖家沟发育燕山期金伯利岩带（距今180～100Ma），该岩带之北百余千米发育与其同源的燕山期紫金山碱性岩体（距今158.0～130.4Ma）。航磁异常图显示，石西区块位于北东向展布的正磁异常带边缘。这些地质背景条件表明，石西区块内氦气的来源可能与尖家沟—紫金山岩体深部放射性元素衰变生气有关，该区东部离石断裂带可能提供了氦气运移的主要通道，区内多套储盖层组合为氦气提供了良好的保存条件。石西区块含氦天然气的发现及关于其地质成因的认识，表明鄂尔多斯盆地在适宜的地质条件下可能形成富氦天然气，为该盆地富氦天然气资源进一步勘查提供了新的依据。

8. “山西式”氦气成藏模式的提出

受渭河盆地氦气调查研究成果的启发，山西省第三地质工程勘察院在西安地质调查中心指导下，开展山西省氦气资源调查取得良好成果，晋中盆地的“晋热1号井”(位于榆次万酒店豪）20件井口气体样品氦气含量高达8.50%～18.86%，平均为13.40%，氦气含量之高为世界少有。

2022年5月，李济远、李玉宏、胡少华、周俊林、陈高潮、张尚清等人根据上述成果撰写的论文《“山西式”氦气成藏模式及其意义》在《西安科技大学学报》2022年第3期发表。首次提出了“山西式”氦气成藏模式的概念，这对于山西乃至全国氦气资源勘查具有里程碑的意义。

《渭河盆地氦气成藏条件及资源前景》是我国氦气综合性研究的第一本专著，该书2018年1月由地质出版社出版发行。2022年，作者对该专著进行修订后再次出版发行，并增补了7个附录。附录2《“山西式”氦气成藏模式及其意义》，由李济远、李玉宏、胡少华等撰写发表的同名论文修订而成。

根据李济远等人的研究成果，目前认为氦源岩主要与酸性岩（花岗岩）相关，在岩体不发育的晋中盆地发现了高体积分数氦气示。为认识晋中盆地氦气富集模式，通过文献调研和综合分析认为，石炭系本溪组铝土岩系铀、钍含量高，生氦能力强，是优质氦源岩，铝土岩系之上的晚古生代煤系地层是良好的烃源岩，可为氦气富集提供载体气。铝土岩系及下伏奥陶系碳酸盐岩风化带裂隙发育，是天然气良好储集层，铝土岩系之上的煤系地层是封盖层。晋中盆地周缘断裂发育，形成多级断阶构造，向盆地内断块逐级下降，使盆内烃源岩生成的天然气沿断裂向上运移到断块的铝土岩系及下伏碳酸盐岩风化带裂隙中聚集，形成载体气藏，盆缘铝土岩储层生成的氦气及盆内氦源岩生成的氦气沿断裂向上运移，持续进入前述载体气藏，不断积累形成富氦天然气藏。本溪组铝土岩系是“山西式铁矿”和铝土矿的赋存层位，也是“山西式氦气”的重要氦源岩和储集层系。“山西式”铝土岩系氦源岩的发现及氦气成藏模式，拓展了氦气勘探新领域，在中国华北乃至全世界的铝土岩系发育区具有重要推广意义。

“山西式”氦气成藏模式的提出无疑是一个大胆的理论重新，但是有待大量的工程实践去验证、完善，指导山西氦气资源勘查取得突破。

第二节　氦气矿产资源开发利用情况

2022年以来，山西省大力推进非常规天然气提氦制氢项目的建设，目前已有下列两个项目进入实质性建设阶段，其中兴县天然气液化提氦制氢项目已在2023年11月投产。这标志着山西在氦气矿产资源开发利用方面迈出了实质性的步伐，这不但可以提升山西省经济增长质量，而且可以改变我国氦气利用主要依赖进口的局面，而且在天然气综合开发利用方面具有示范效应，对满足航天航空、航海及核电生产等国防军工工业发展对氦气的需求意义重大。

一、兴县天然气液化提氦制氢项目

本项目由西安捷海清洁能源有限公司在兴县经开区注册成立的项目公司——山西泽丰达新能源有限公司承载建设。项目位于吕梁市兴县经济技术开发区瓦塘镇工业园区内。项目总投资20.8亿元，占地约428亩，分两期建设。一期投资11.8亿元，占地215.45亩，主要建设一套年产24×10^4t的LNG天然气液化装置、一座$3\times10^4m^3$的LNG双金属全容罐、一套年产$19.8\times10^4m^3$的提氦装置。项目预计2023年8月投产运营。二期投资9亿元，占地213亩，主要建设一套年产5.6×10^4t制氢生产装置，同时回收副产品17.8×10^4t炭黑。预计2024年11月建成投产。项目全部建成投产达效后，年总产值可达46.7亿元，实现利税4.6亿元，安排就业人员300余人。项目的落地实施，可为吕梁市应急储气调峰提供保障。通过采用高科技数字化技术，在兴县打造一座国际领先的现代化科技型企业，成为沿黄板块和兴县经济技术开发区的新业态、新亮点、新名片，为吕梁市建设非常规天然气产业集群，打造山西氢都做出积极贡献。

该项目依托兴县丰富的煤层气资源，采用常压储存的LNG储存工艺，采用膜分离+吸附法联合的提氦工艺，主要产品是约-162℃、15kPaG的液化天然气和常温、20MPaG的氦气，天然气液化提氦制氢项目是兴县加快推进产业结构优化升级、延伸产业链条、实现绿色低碳发展而引进的重点项目。该项目2023年3月23日开工建设，目前一期建设年产24×10^4t的LNG天然气液化装置、$4\times10^4m^3$的LNG双金属全容罐、年产$19.8\times10^4m^3$的提氦装置已经全部安装完毕，11月份进入投产试运行，详见照片9-2-1。

二、永和天然气液化提氦制氢项目

山西丰百能源有限公司永和天然气液化提氦制氢项目，采用天然气热催化分解法（TCD）制氢和国产氦循环制冷工艺，产品主要用于核磁共振、航天航空、汽车制造等高端领域，项目总投资22.3亿元，占地317亩，分两期建设。一期投资12.3亿元，建成年产48.2×10^4t的LNG液化天然气及配套基础设施和提氦装置，一座$4 \times 10^4 m^3$双金属全容罐，铺设直供管道65.5km，建设工期10月。二期投资10亿元，建设年产$5.6 \times 10^4 t$的制氢装置和年产$17.5 \times 10^4 t$的炭黑装置。整个项目建成后与丰百并联，可日处理原料天然气$300 \times 10^4 m^3$，年生产LNG液化天然气$72 \times 10^4 t$，液氢$5.6 \times 10^4 t$以及副产品氦气和炭黑，实现销售收入45亿元，上交利税4.8亿元，安排就业300余人。该项目2023年6月26日开工建设（照片9-2-2），目前正在建设过程中。

照片9-2-1　兴县天然气液化提氦制氢项目工地

照片9-2-2　永和天然气液化提氦制氢项目开工仪式

第三节　各类气体性质与用途

一、二氧化碳气

1.CO_2气性质

在一般的地下水水质测试成果中，将CO_2分为游离CO_2和侵蚀性CO_2。游离CO_2是指溶于水中的CO_2。水体中的CO_2来自有机物的分解剂接触空气时的吸收等过程。侵蚀性CO_2超过平衡量并能与碳酸钙起反应的游离CO_2。当水和溶解碳酸钙形成重碳酸钙时，水中必有相应量的游离CO_2与之保持平衡。当游离CO_2等于或小于平衡量时，碳酸钙就不再溶解。但当游离CO_2大于平衡量时，反应向右进行。这些大于平衡量的多余的CO_2，除一部分留作与新产生的重碳酸钙保持平衡外，大部分参加反应形成重碳酸钙。

（1）CO_2的物理性质

无色、无臭、无味的气体。化学式CO_2，地球大气层重要组分之一。密度$1.977 g/cm^3$，CO_2能溶于水。CO_2气体容易液化，液态CO_2可以储存在高压钢瓶内。当液态CO_2蒸发时，会吸收大量的热，使温度迅速降低，这样又会使一部分CO_2气体冷凝成雪花状固体，这种固体可从周围吸收热量，直接变成气体（升华），因此把它叫作干冰。大气中CO_2的含量为0.03%；海洋中为0.014%。

（2）CO_2的来源及化学性质

CO_2主要来源于：①有机体腐烂过程；②人和动物呼出CO_2；③煤、石油、天然气等的燃烧。CO_2的化学性质不活泼，只在高温下能与镁等金属反应（生成氧化镁和碳），也与红热的炭发生反应（生成CO）；CO_2气体溶于水生成碳酸（使紫色石蕊变成红色），是一种二元弱酸（不稳定，遇热或强酸容易分解成CO_2和水）。最常用的检验CO_2气体的方法是让它通入澄清的石灰水，即有白色沉淀（碳酸钙）产生。

2.CO_2气主要用途

高纯CO_2主要用于电子工业，医学研究及临床诊断、CO_2激光器、检测仪器的校正气及配制其他特种混台气，在聚乙烯聚合反应中则用作调节剂。

固态CO_2广泛用于冷藏奶制品、肉类、冷冻食品和其他转运中易腐败的食品，在许多工业加工中作为冷冻剂，例如，粉碎热敏材料、橡胶磨光、金属冷处理、机械零件的收缩装配、真空冷阱等。

气态CO_2用于碳化软饮料、水处理工艺的pH控制、化学加工、食品保存、化学和食品加工过程的惰性保护、焊接气体、植物生长刺激剂，在铸造中用于硬化模和芯子及用于气动器件，还应用于杀菌气的稀释剂（即用氧化乙烯和CO_2的混合气作为杀菌、杀虫剂、熏蒸剂，广泛应用于医疗器具、包装材料、衣类、毛皮被褥等的杀菌、骨粉消毒、仓库、工厂、文物书籍的熏蒸）。

液体CO_2用作致冷剂，飞机、导弹和电子部件的低温试验，提高油井采收率，橡胶磨光以及控制化学反应，也可用作灭火剂。

3.CO_2对自然环境方面的危害

（1）天然的温室效应

大气中的CO_2等温室气体在强烈吸收地面长波辐射后能向地面辐射出波长更长的长波辐射，对地面起到了保温作用。

（2）增强的温室效应

自工业革命以来，由于人类活动排放了大量的CO_2等温室气体，使得大气中温室气体的浓度急剧升高，结果造成温室效应日益增强。

据统计，工业化以前全球年均大气CO_2浓度为278×10^{-6}，而2012年全球年均大气CO_2浓度为393.1×10^{-6}，到2014年4月，北半球大气中月均CO_2浓度首次超过400×10^{-6}。

（3）全球气候变暖

大气温室效应的不断加剧导致全球气候变暖，产生一系列现在科学不可预测的全球性气候问题。国际气候变化经济学报告中显示，如果人类一直维持现在的生活方式，到2100年，全球平均气温将有50%的可能会上升4℃。

如果全球气温上升4℃，地球南北极的冰川就会融化，海平面因此将上升，全世界40多个岛屿国家和世界人口最集中的沿海大城市都将面临淹没的危险，全球数千万人的生活将会面临危机，甚至产生全球性的生态平衡紊乱，最终导致全球发生大规模的人口迁移和冲突。

二、氦气

氦气是国防军工和高科技产业发展不可或缺的稀有战略性资源。我国氦气资源匮乏。

氦气资源主要分布在美国、卡塔尔、阿尔及利亚和俄罗斯等国，2017年调查报告显示我国的氦气资源量为$1.1\times10^{9}m^{3}$，仅占全世界的2.12%，我国氦气的对外依存度达98%以上，极大地影响到了国防及高技术产业安全。近年来我国氦气需求快速增长，2020年我国氦气消费量约为$2240\times10^{4}m^{3}$，按照2019年上半年中国进口氦气均价约为63.6元/m^2来计算，年进口氦气费用约为14.2464亿元，自产仅为$14.5\times10^{4}m^{3}$，自给率不足1%，其余主要从卡塔尔、美国、澳大利亚进口，资源安全形势十分严峻，存在被“卡脖子”的风险。

氦气在自然界中主要作为非烃伴生气聚集于烃类气藏。国内天然气中氦气体积分数相对较低，平均为0.2%。根据《天然气藏分类》（GB/T 26979—2011），天然气组合氦含量达到0.1%以上的称为含氦气藏，天然气中氦含量的工业品位为0.3%。近几年，我国在东部的松辽、苏北、渤海湾等盆地、中西部地区的四川、塔里木等气藏中陆续发现富氦天然气。四川威远气田天然气中氦气体积分数为0.120%～0.342%，平均0.2%，是我国唯一一个实现工业开采利用的富氦气田。鄂尔多斯盆地不同气田不同层位天然气中氦体积分数为0%～0.091%，整体为贫氦气田。该盆地东缘临兴区块上古生界砂岩气氦气体积分数在0.01%左右或更少。最近几年发现，鄂尔多斯盆地东缘石楼西区块天然气样品中氦气体积分数较高，为山西氦气资源的进一步勘查提供了重要方向。

1.氦气性质

氦气是一种无色、无味、不能燃烧也不助燃的稀有惰性气体，临界温度最低，是最难液化的气体，极不活泼，由铀、钍等放射性元素在地质历史中衰变集聚而成。在标准状态下，氦（He）是熔点和沸点最低的已知元素。熔点（2555kPa）为-272.1℃，沸点（1atm❶）为-268.94℃，液体密度（4.20K，

❶1atm＝101325Pa。

1atm）为125.2kg/m^3，气体密度（273.15K，1atm）为0.1785kg/m^3，液、气密度比为701；相对密度为0.138，气液容积比（15℃，100kPa）为748；氦的临界压力为0.277MPa，临界温度为-267.9℃(5.2K)，临界密度为69.3kg/m^3。在正常压力下，随温度的降低，氦是唯一不能固化的元素，具有表面张力很小、导热性很强、黏度极低等特殊性质。进行低压放电时显深黄色。氦气化学性能稳定，一般不生成化合物，在低压放电管中受激发可形成He^{2+}、HeH等离子及分子等。在特定条件下和某些金属可形成化合物。

2.氦气主要用途

氦，因其化学惰性和沸点极低的独特性，成为低温等领域的无价之宝，用途广泛。被广泛用于军工、管道检漏、金属制造、高精度焊接、制冷、医疗、半导体、科研、石化、超导实验、光电子产品生产以及航天工业、核工业、深海潜水等领域（图9-3-1）。第二次世界大战以后，尤其20世纪50年代以来，氦气的应用价值日益重要，成为发展空间技术和原子能等军事工业不可缺少的战略性稀有气体资源，关系国家安全和高新技术产业发展。1995年以来今，美国、欧洲、亚洲及非洲对氦气的需求渐增，其中，亚洲是需求增长最快的地区。我国近年氦市场需求增长率高达10%以上，由2009年的12.9%至2015年增达21.4%。2007年以来，全球氦气都出现了供不应求的现象。

（1）低温冷源

利用液氦的-268.9℃的低沸点，液氦可以用于超低温冷却。而超低温冷却技术在超导技术等领域有较广泛的应用。超导材料需要在低温（100K左右）中才能表现出超导特性，大多数情况下只有液氦能比较简便地实现这样的极低温。超导技术在交通行业的磁悬浮列车，医疗领域的核磁共振成像设备都有较大的应用。

（2）气球充气

由于氦气密度远小于空气（空气的密度为1.29kg/m^3，氦气的密度为0.1786kg/m^3），而且化学性质极不活泼，较氢气安全（氢气可以在空气中燃烧，可能会引起爆炸），氦气常用于飞船或广告气球中的充入气体。

（3）检验分析

仪器分析中常用的核磁共振分析仪的超导磁体需要利用液氦降温，气相色谱分析中氦气常作为载气，利用氦气渗透性好、不可燃的特点，氦气还应用于真空检漏，如氦质谱检漏仪等。

（4）保护气

利用氦气不活泼的化学性质，氦气常用于镁、锆、铝、钛等金属焊接的保护气。

（5）其他方面

氦气可用作高真空装置、原子核反应堆在火箭、宇宙飞船上用作输送液氢、液氧等液体推进剂的加压气体。氦目前还用于戒毒和供宇航员消除疲劳。

三、氡气

1.氡气性质

氡是一种放射性惰性气体核素，是镭的第一代衰变产物。在自然界中氡有4个同位素，但重要的只有3个$^{218}_{86}Rn$、$^{222}_{86}Rn$、$^{220}_{86}Rn$。氡又具有很强的迁移活动性，广泛分布于土壤、岩石和水中。一般情况下，如果未加特别说明，一般是指$^{222}_{86}Rn$。

氡是无色、无味气体；熔点-71℃，沸点-61.8℃；水溶解度4.933g/kg水，也易溶于有机溶剂，如煤油、二硫化碳等中；氡很容易吸附于橡胶、活性炭、硅胶和其他吸附剂上。氡较容易压缩成无色发磷光的液体，固体氡有天蓝色的钻石光泽。

在标准温度和压力下，氡是一种单原子气体，密度为9.73kg/m^3，约为海平面地球大气密度（1.217kg/m^3）的八倍。氡是密度最高的稀有气体，也是室温下密度最高的气体之一。虽然在标准温度和压力下无色，但它在冷却至冰点202K以下后会因放射性发光，随温度降低而从黄色渐变为橘红色。在凝结之后，氡同样会因放射性发光。氡作为稀有气体，化学活性很低。

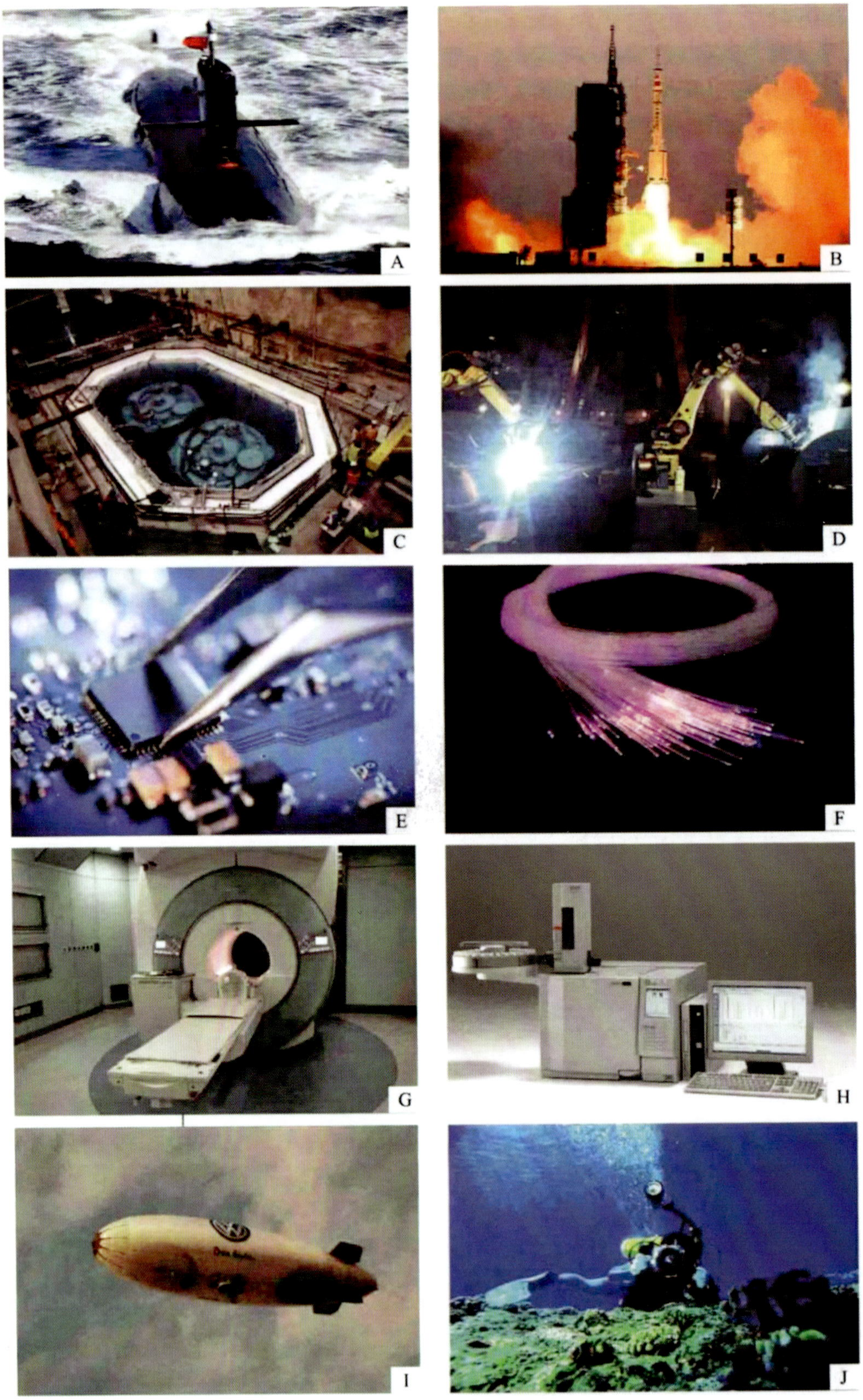

图9-3-1　氦气的主要应用场景示意图

（据李玉宏等，《汾渭盆地氦气成藏条件及资源前景》，2022年7月）

A—核潜艇气冷核反应堆与深潜呼吸气；B—火箭及航天飞机燃料加压剂；C—核电站气冷核反应堆；D—航空合金弧焊保护气；E—半导体硅晶片制造保护气；F—光纤制造保护气；G—核磁共振成像仪超导冷却剂；H—气相色谱仪载体气；I—飞艇举升气；J—潜水呼吸混合气

2.氡气主要用途

由于氡具有放射性，衰变后成为放射性钋和α粒子，因此可供医疗用。用于癌症的放射治疗：用充满氡气的金针插进生病的组织，可杀死癌细胞；利用钴-60和粒子加速器对疾病进行辐射治疗。它通常从辐射源泵并密封于小玻璃瓶中，然后植入患者体内肿瘤部位。人们称这种氡粒子为“种子”。

四、硫化氢气

1.硫化氢的性质

硫化氢分子式H_2S，分子量34.08，蒸汽相对密度为1.19，熔点-83.7℃，沸点-60.7℃，自燃点260℃，爆炸极限（V%）4.3～46.0。硫化氢是具有臭鸡蛋味的无色气体，溶于水、乙醇、汽油、煤油、原油。溶于水后生成轻硫酸，化学性质不稳定。燃烧分解物为氧化硫。易聚集在低洼处。人的嗅觉阈为0.012～0.03mg/m^3，远低于引起危害的最低浓度。起初臭味的增强与浓度的升高成正比，但是当浓度超过10mg/m^{3}左右之后，浓度继续升高而臭味反而减弱。在高浓度时因很快引起嗅觉疲劳而不能察觉硫化氢的存在，故不能依靠其臭味强烈与否来判断有无危险浓度出现。侵入人体的途径：吸入、经皮肤吸收。

2.硫化氢的主要用途

其用途主要用于合成荧光粉，电放光、光导体、光电曝光计等的制造。有机合成还原剂；用于金属精制、农药、医药、催化剂再生；通用试剂；制取各种硫化物；用于制造无机硫化物，还用于化学分析如鉴定金属离子。

第四节　气体矿产资源概况

本书编写过程中共搜集到21处地热田热矿水的各类气体测试资料22组，其中硫化氢气5组、游离二氧化碳15组、氡气13组、氦气4组处。仅临县林家坪有4种气体测试资料；盂县大崔庄村有3种气体测试资料；天镇马圈庠、忻州奇村、祁县王村、新绛西马、夏县南山底、山西综改区CWZ—1井有2种气体测试资料；其余地热田仅有1种气体测试资料，详见表9-4-1。

表 9-4-1　山西省部分地热田气体含量统计表

序号	取样地点	孔（井）深度/m	孔（井）口水温/℃	硫化氢/（mg/L）	游离二氧化碳/（mg/L）	侵蚀性二氧化碳/（mg/L）	氡/（Bq/L）	氦/%
1	天镇县县马圈庠	500	104	未检出	18.99～20.29	—	309	未检出
2	阳高县孤山庙	178	104	—	—	—	2.819～3.122	—
3	浑源县汤头	63	61	—	—	—	0.37	—
4	原平王董里村	539.4	55.8	180.6	—	—	—	—
5	定襄县上汤头	150	53.8	—	8.8	—	74.79	—
6	忻州奇村工疗	188	51	2.86～3.86	—	—	222～444	—
7	忻州顿村	300	42.3	—	—	—	133.7	—
8	盂县大崔庄村	120	53.7	—	12.38	—	780.7～1457.8	0.8
9	临县林家坪	645	36	39.3	15.4	—	1291	1.00
10	祁县王村	2905.56	28	—	6.6	—	3.86	—
11	尧都区西芦村	2236.0	50	1.17	11.6	—	18.8	—
12	曲沃县海头	—	38	—	11.0	0.0	—	—
13	曲沃县高显	—	40.5	—	7.5～16.9	—	—	—
14	稷山县仁和	—	38	—	5.5-～11.0	0.0	—	—
15	新绛县九原山	—	26	—	7.72～12.63	—	—	—

续表

序号	取样地点	孔（井）深度/m	孔（井）口水温/℃	硫化氢/（mg/L）	游离二氧化碳/（mg/L）	侵蚀性二氧化碳/（mg/L）	氡/（Bq/L）	氦/%
16	新绛县西马	352	47	0.24	3.3 ~ 13.2	0	9.21 ~ 12.34	—
17	新绛县北池	—	45	—	5.33	—	—	—
18	闻喜县店头	—	29	—	35.93	—	—	—
19	夏县南山底	123	43	—	8.8	—	13.32	—
20	盐湖区姚孟街办	3002	68	—	—	—	2.05	—
21	山西综改区田庄社区1号井	2300	59	—	—	—	—	0.00 ~ 0.02
22	山西综改区CWZ—1	2203	64.0	—	3.70	—	—	0.06 ~ 0.31

注：氡气浓度单位为Bq/m^3或Bq/L，1埃曼（eman）= 3700Bq/m^3 = 307Bq/L；表中“—”表示无数据。

一、二氧化碳气概况

本书搜集到15组热矿水中游离CO_2测试资料，含量介于3.3 ~ 35.93mg/L，含量普遍比较低，闻喜店头35.93mg/L为最高，仅天镇马圈庠、临县林家坪、盂县大崔庄村、尧都区西芦村、曲沃县海头>10mg/L，其余均在10mg/L以下，其含量距有理疗价值浓度（250mg/L）相差甚远。

二、氡气概况

本书搜集到13组热矿水中氡气测试资料，盂县寺坪安氡气含量高达1457.8Bq/L，不但达到了命名矿水浓度（129.5Bq/L），而且在华北地区热矿水中也是比较高的；临县林家坪含量1291Bq/L、忻州奇村含量222 ~ 444Bq/L、天镇马圈庠含量309Bq/L、忻州顿村含量133.7Bq/L，均超过了命名矿水浓度；定襄汤头含量74.79Bq/L达到了矿水浓度（47.14Bq/L）；其余含量比较低，介于0.37 ~ 13.32Bq/L之间。

三、硫化氢气概况

本书搜集到5组热矿水中硫化氢气测试资料，3组达到了命名矿水浓度（2mg/L），原平大营含量最高为180.6mg/L，其次为临县林家坪含量39.3mg/L，忻州奇村为2.86 ~ 3.86mg/L。其余两组含量<2mg/L。

四、氦气概况

山西省关于氦气资源的资料比较少，从目前发现的整体情况看，主要包括热矿水及天然气中含氦气。

1.热矿水中氦气

本书搜集到4组热矿水中氦气测试资料，临县林家坪1.00%，盂县大崔庄村0.8%，山西综改区0.00% ~ 0.31%。由于资料太少，难以分析分布规律。根据经验，只有体积分数超过0.05% ~ 0.01%的气田，才具有工业价值。初步分析，这三处地热田热水中氦气含量较高，具有进一步勘查的潜力，特别是山西综改区深层地热井很多，具备进一步勘查评价的极佳条件。

根据山西省第三地质工程勘察院2019年12月提交的《山西省运城—临汾盆地地热井氦气资源调查报告》，共在地热井采取样品31个，运城市盐湖区东郭镇上月村西氦气含量最低为0.007%，芮城县印象风陵渡景区最高为3.54%，其中>0.3%工业品位的23个，占74%，<0.3%工业品位的8个，占26%。

2.天然气中氦气

天然气组分测试结果表明鄂尔多斯盆地东缘中部石楼西区块天然气中氦气体积分数为0.02% ~ 0.23%，平均0.089%，部分气样潜在工业开采利用价值。天然气氦稳定同位素组成$^3He/^4He$为0.02×10^{-6} ~ 0.05×10^{-6}，R/Ra值为0.01 ~ 0.02，属于典型的壳源氦，详见表9-5-5。

晋中盆地、运城—临汾盆地氦气资源将在后面进行详细介绍。

第五节　氦气矿产资源

目前，山西省氦气资源勘查成果主要包括:《山西晋中盆地氦气调查评价》《山西省氦气资源调查》《山西省运城—临汾盆地地热井氦气资源调查报告》《鄂尔多斯盆地东缘中部石楼西区块含氦天然气研究》等，现分述如下。

一、晋中盆地氦气资源

世界氦气资源的源岩主要与花岗岩类及其变质岩相关。受渭河盆地氦气调查研究成果的启发，山西省第三地质工程勘察院正在开展的“山西省氦气资源调查”项目取得良好成果，特别是2021年3～5月，采自晋中盆地的“晋热1号”（位于晋中市榆次区万豪酒店）等4口地热井井口气样品，经中国科学院西北生态环境资源研究院等多个测试单位分析，氦气含量（体积分数，下同）高达8.50%～18.86%，氦气含量之高为世界范围内少有。晋中盆地R/Ra值在0.02左右，为典型的壳源氦。显示山西省晋中盆地具有良好氦气资源前景，有望成为我国新型优质氦气资源重要矿产地。

根据《山西省氦气资源调查》项目阶段性成果及《渭河盆地氦气成藏条件及资源前景》（李玉宏，2022），现将晋中盆地氦气资源情况论述如下。

（一）晋中盆地构造特征

晋中盆地属汾渭地堑，发育于晋中—灵石向斜之上，周缘次级高角度正断层发育，盆地西侧大范围出露晚古生代—三叠纪地层，东侧大范围出露三叠纪地层，并有小范围侏罗纪地层分布，在太谷区东可见新近纪不整合于三叠纪地层之上。晋中盆地周缘分别以何庄断裂、山畛断裂、柴村断裂、清徐—交城断裂、三泉断裂、榆次断裂、洪山—范村断裂为界，内部以司马断裂、太谷—平遥—介休断裂划分为太原断阶、清徐坳陷、孝义断阶和阳邑—北贾断阶，盆地北西侧深、东南侧浅（图9-5-1）。富氦天然气发现地位于阳邑—北贾断阶北部，榆次断裂和北田断裂交会处。

（二）晋中盆地石炭系—二叠系烃源岩

晋中盆地属古生代华北克拉通、三叠纪大鄂尔多斯盆地的一部分，从区域构造演化特征来看，晋中盆地前新生代基底普遍发育上古生界煤系地层，主要证据如下。

1）盆地东西两侧大面积分布上古生界—三叠系地层，发育晚石炭世至中三叠世海相-海陆交互相-陆相沉积，并且地层沉积连续，上新统不整合于中生界之上。

2）盆地内部钻孔新生界之下钻遇三叠系，未穿。

3）上古生界—三叠系华北地区是一个统一的盆地，晋中盆地是新生代才开始形成的断陷盆地，叠合于前期盆地之上。

4）盆地周缘地层与盆地内钻井剖面对比（图9-5-2），盆地基底前新生代最高层位为三叠系延长组。

本溪组烃源岩主要为暗色泥岩、煤层和灰岩，厚度0.6～30.2m。泥岩TOC含量（质量分数，下同）0.33%～5.40%，煤层TOC含量44.4%，灰岩TOC含量0.44%；Ro为1.11%～1.84%；干酪根类型Ⅲ型，有机质热演化程度高。太原组烃源岩主要为暗色泥岩、煤层和灰岩，厚度16.54～83.8m。碳质泥岩TOC含量8.96%～44.8%，泥岩TOC含量0.52%～7.80%，煤层TOC含量41.8%～57.3%，灰岩TOC含量0.51%～0.56%；Ro为1.02%～2.58%；干酪根类型以Ⅲ型为主，有机质热演化程度高。山西组烃源岩类型主要为暗色泥岩、（含）碳质泥岩，厚度4.6～85.2m。泥岩TOC含量0.59%～8.44%，煤层TOC含量54.3%～62.2%，（含）碳质泥岩TOC含量10.60%～25.70%；干酪根类型为Ⅲ型，热演化程度高。

晋中盆地石炭系—二叠系发育良好的煤系烃源岩，有机碳丰度高，干酪根类型为Ⅲ型，有机质热演化程度高，具有良好生气能力。

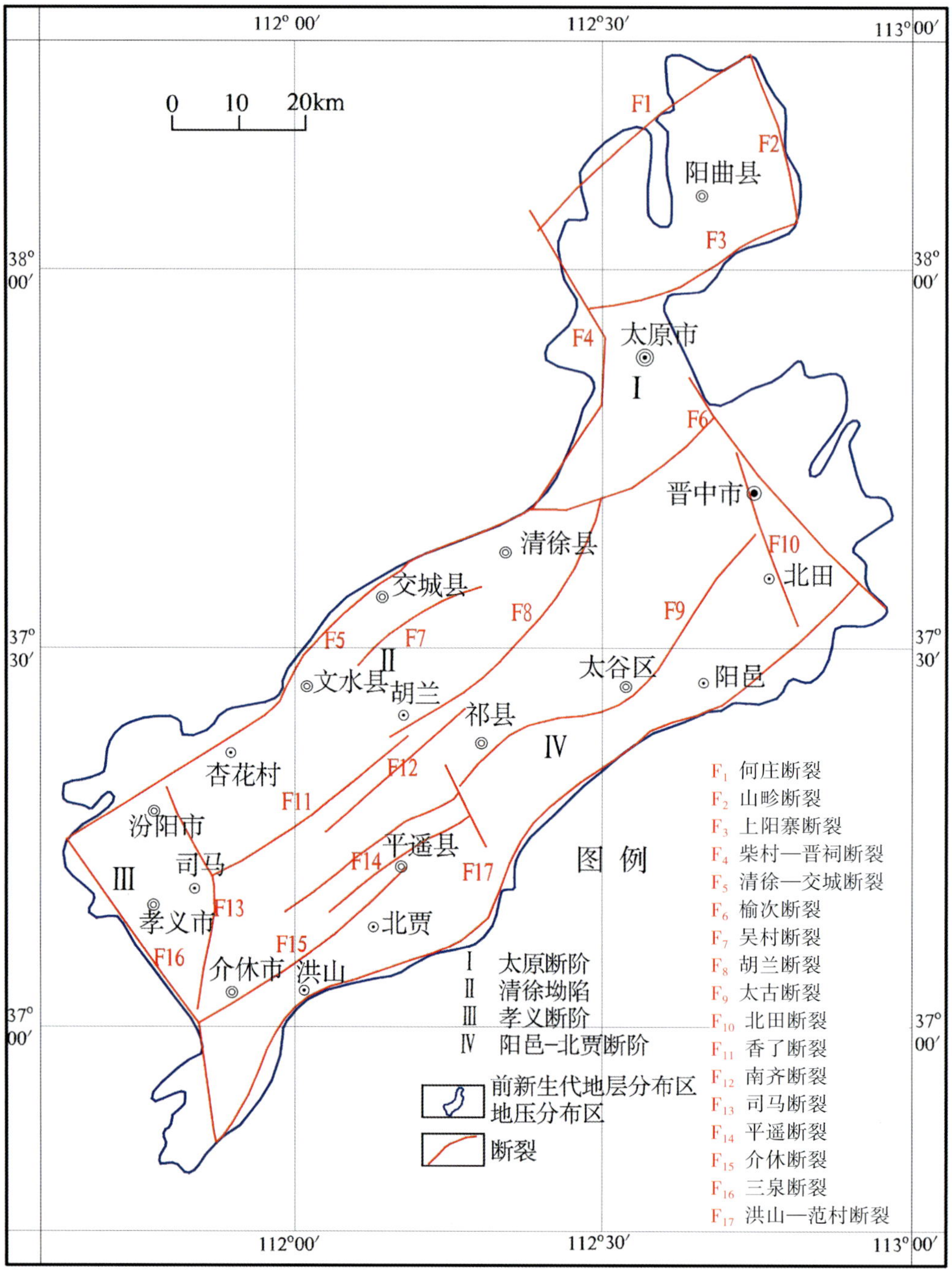

图9-5-1 山西省晋中盆地构造单元划分图
（据李玉宏等,《“山西式”氦气成藏模式及其意义》，2022年7月）

（三）氦源岩

目前工业利用的氦气资源主要为铀钍元素的放射性衰变形成的壳源氦。放射性衰变生成过程不同于烃类气，烃源岩在温度压力的演化作用下达到生油气门限后进入生油气高峰大量生成油气，从能集中产气。烃源岩在热成熟的条件下能生成足够的烃类气体，不仅使岩石的孔隙和表面饱和，甚至其产生的压力能超过产气层的静水压力，使地层水中烃类气体饱和从而以游离态聚集成藏。在各类岩石中，烃源岩U，Th含量最高，是生氦效率最高的岩类（图9-5-3）。但其生烃能力太强，根据计算，生烃潜量为2mgHC/g岩石的有机质页岩成熟后产生的甲烷气体是其10亿年产生氦气的3000倍，烃源岩生成的氦气被大大稀释，无法富集，而形成富氦天然气需要有富U，Th而贫有机质的岩类作为氦源岩，以避免氦气

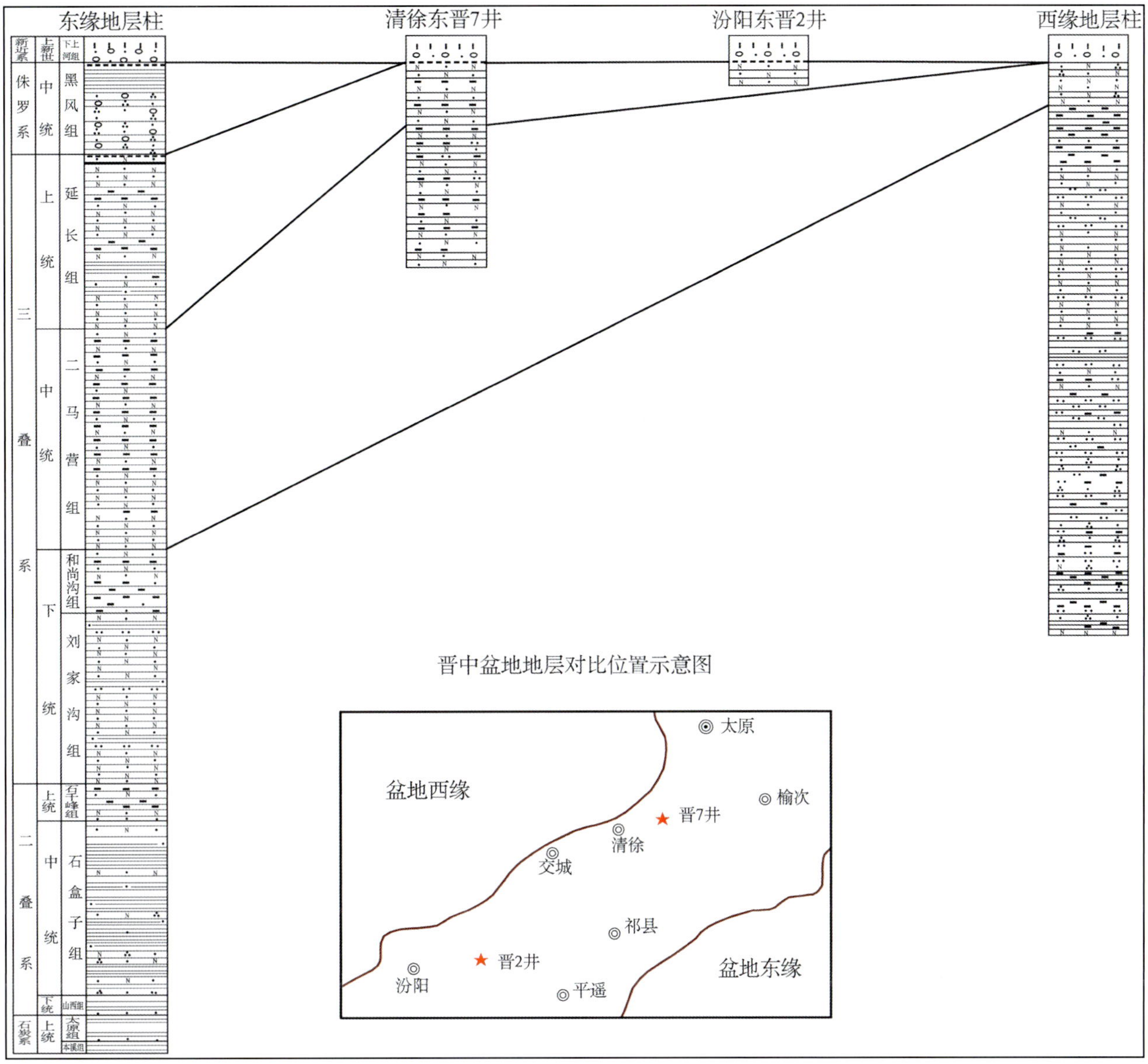

图9-5-2　山西省晋中盆地及周缘地层对比图

（据李玉宏等,《“山西式”氦气成藏模式及其意义》，2022年7月）

被过度稀释。目前花岗岩等酸性岩是较为公认的氦源岩，与花岗岩类相关的变质基底也是氦的贡献者之一。

晋中盆地磁场总体呈负异常（图9-5-4），反映盆地、火成岩不发育，变质基底埋藏深，花岗岩类等传统氦源岩不足。然而，研究区赋存着如此高丰度富氦天然气，必然存在其他类型优质氦源岩。

前人研究表明，华北地区本溪组（C_2b）底部广泛发育黄褐色铁质结核透镜体及灰白色铝土质黏土岩，即铁铝岩段，其上为深灰色砂质泥岩、泥岩夹煤线，与下伏奥陶纪碳酸盐岩地层呈平行不整合接触。本溪组铝土岩系沉积厚度主要受古地貌控制，低洼处沉积较厚，区内本溪组“山西式”铁矿、铝土矿和硬质黏土岩发育，构成了分布广泛的铝土岩系。

本溪组铝土岩系在测井曲线上表现为高自然伽马，显示放射性元素含量高（图9-5-5）。晋中盆地孝义铝土矿区数据表明，本溪组铁铝岩段高自然伽马主要与U，Th元素相关。根据河南偃龙地区ZK4704钻孔、陕西铜川野外露头及山西晋中盆地钻孔样品分析数据（表9-5-1），河南偃龙ZK4704钻孔样品U，Th含量分别为18.09×10^{-6}和53.27×10^{-6}，陕西铜川野外露头样品U，Th含量分别为14.6×10^{-6}和

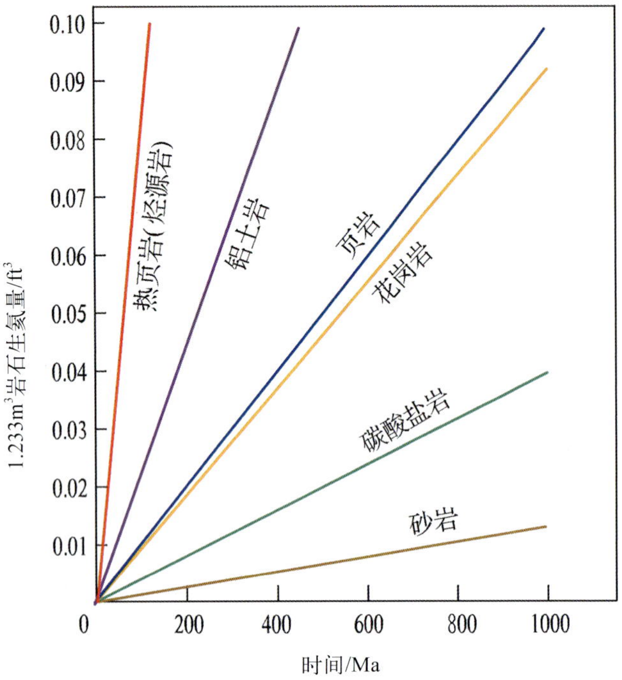

图9-5-3　不同岩石生氦速率
（据李玉宏等，《“山西式”氦气成藏模式及其意义》，2022年7月）

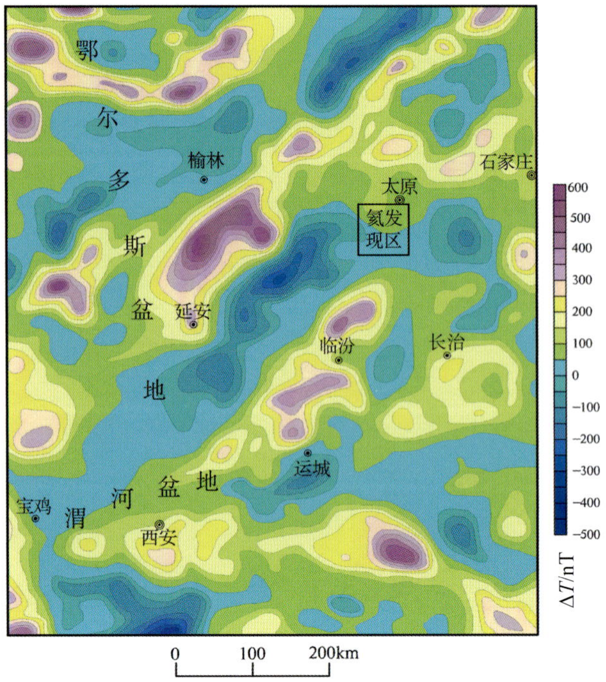

图9-5-4　晋中盆地及邻区航磁异常图（向上延拓10km）
（据李玉宏等，《“山西式”氦气成藏模式及其意义》，2022年7月）

34.2×10^{-6}，晋中盆地钻孔样品U，Th含量分别为32.9×10^{-6}和58.4×10^{-6}。露头样品因风化U、Th有流失，本溪组铝土岩系U，Th含量取井下样品平均值25×10^{-6}和56×10^{-6}，明显好于花岗岩（表9–5–2），生氦速率仅次于烃源岩（图9–5–3）。而地壳中氦气的生成主要是来自U、Th的放射性衰变，衰变产量不仅与元素丰度有关，还与时间有关。由于本溪组时代较渭河盆地花岗岩中生界和鄂尔多斯盆地三叠系油页岩更老，生氦量更大。河南偃龙铝土岩累计生氦2.43L/m³，晋中盆地铝土岩累计生氦3.69L/m³，生氦能力均好于U、Th含量分别为5.3×10^{-6}和19×10^{-6}的渭河盆地花岗岩及U、Th含量分别为35.5×10^{-6}和13.6×10^{-6}的鄂尔多斯盆地延长组长7油页岩（表9–5–3）。可见，铝土岩系是优质氦源岩，其分布较广，厚度数米至数十米，一般十余米，是该区重要的氦源岩，其地质特征及对区内氦气富集的作用，与鄂尔多斯盆地长7烃源岩对其中生界油气的作用类似。而铝土岩中的铝土矿层更是高度富集U和Th，孝义地区中铝土矿样品的U、Th丰度分别为58.28×10^{-6}和66.76×10^{-6}，生氦强度更高。良好的铝土矿成矿条件也有助于氦气保存，良好的盆地封闭性有利于溶液在酸性条件下对黏土矿物的改造，从而促进铝土矿的富集；铝土矿中的氦源元素富集将提升生氦强度，良好的封闭条件使生成的氦能够留存在地层中。

表9-5-1　本溪组铝土岩系铀、钍元素含量统计表　　单位：10^{-6}

元素	样品序号										平均	样品来源
	1	2	3	4	5	6	7	8	9	10		
Th	23.77	21.35	63.33	30.57	102.4	97.59	40.37	62..87	36.93		53.24	河南偃龙钻孔
U	6.97	8.44	20.34	14.48	35.43	28.69	10.97	16.77	20.71		18.09	
Th	30.6	51.2	43.6	19.7	12.8	61.3	45.4	11.7	42.8	23.1	34.2	陕西铜川露头
U	8.85	15.0	7.50	25.0	20.6	16.2	10.4	21.6	16.7	4.54	14.6	
Th	58.0	66.7	57.6	66.5	41.6	56.8	61.8				58.4	山西晋中盆地钻孔
U	26.7	27.8	49.1	26.7	16.9	22.9	60.1				32.9	

注：李玉宏等，《“山西式”氦气成藏模式及其意义》，2022年7月。

表 9-5-2 同类型岩石铀、钍元素含量统计表

单位：10^{-6}

序号	岩石类型	U	Th	序号	岩石类型	U	Th
1	花岗岩	3	13	4	灰岩	2.2	1.7
2	页岩	3.7	12	5	热页岩	50	12
3	砂岩	0.45	1.7	6	铝土岩	25	56

注：李玉宏等,《“山西式”氦气成藏模式及其意义》，2022年7月。

表 9-5-3 不同氦源岩生氦能力数据

氦源岩	渭河盆地中生代花岗岩	鄂尔多斯盆地长7油页岩	本溪组铝土岩	
			河南	晋中盆地
年龄/Ma	150	230	310	
生氦强度/（$10^{-3}m^3/m^3$）	0.47	2.22	2.43	3.69

注：李玉宏等,《“山西式”氦气成藏模式及其意义》，2022年7月。

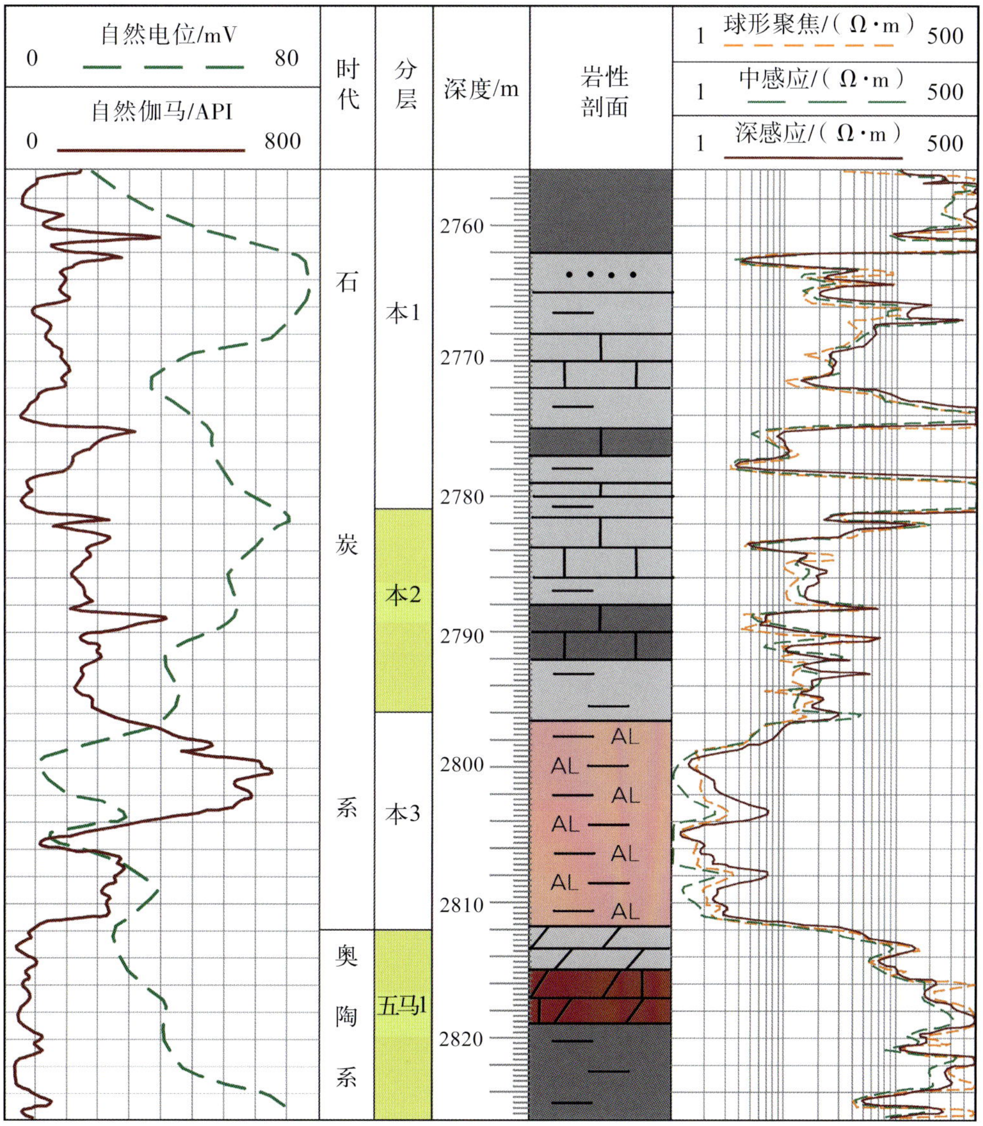

图9-5-5 本溪组铝土岩系测井曲线图
（据李玉宏等,《“山西式”氦气成藏模式及其意义》，2022年7月）

（四）成藏模式

气体在水中的溶解度受温度、压力、气体体积分数和气体种类的影响。在这4个参数中，压力和气体体积分数决定气体的分压，对气体的溶解度具有决定性地影响。孔隙水中He浓度高、与水相互作用的气体体积小、与水相互作用的孔隙压力低时，有利于气体中He浓度升高（Brown，2010）。研究表明，由于壳源氦气的“弱源气”性质，氦气难以独立成藏，有效氦源岩、高效运移通道（断裂、不整合）、载体气藏是氦气成藏的基本条件。弱源氦气主要以地下水中溶解态，通过高效运移通道，疏导至载体气藏，在气藏气水界面因分压降低，脱溶充注，一旦氦被吸入气体中，它就会与其他气体一起向圈闭中迁移，积累形成富氦天然气藏。

鄂尔多斯盆地天然气勘探中，铝土岩系一直被当作风化壳气藏的区域盖层。前人曾认为，大牛地气田本溪组铝土质泥岩微裂缝和溶孔发育，具有较好的孔隙网络，可成为潜在储层。2020年鄂尔多斯盆地南缘宁古3井铝岩系天然气勘探的突破，铝土岩系成为鄂尔多斯盆地天然气勘探新领域。

晋中地区在古生代与现鄂尔多斯盆地所在地区同属华北克拉通，二者地质背景及地层发育与特征相近。区内石炭系本溪组铝土岩系之上的煤系地层是良好的烃源岩，有机碳丰度高，为Ⅲ型干酪根类型，有机质热演化程度高，具有良好生气能力，可为氦气富集提供载体气。铝土岩系及其下伏碳酸盐岩风化带裂隙发育，是天然气良好储层，铝土岩系及其之上的煤系地层是其封盖层。铝土岩系的强非均质性使其在孔缝发育时成为储层，而缺乏孔缝时又可以做盖层。

新生代以来，晋中盆地周缘断裂发育，形成多级断阶构造，向盆地内断块逐级下降，使盆内烃源岩生成的天然气沿断裂向上运移到断块的铝土岩系及其下伏碳酸盐岩风化带裂隙中聚集，形成载体气藏；盆缘铝土岩系储层生成的氦气可直接进入气藏，盆内铝土岩系氦源岩生成的氦气与地下流体一起沿断裂向上运移，在气水界面持续脱溶进入载体气藏，不断积累形成富氦天然气藏；同时基底等其他地层中生成的氦气亦可通过断裂与地下流体一起疏导至气藏附近，脱气进入气藏成为铝土岩系氦气的补充气源（图9-5-6），形成更高丰度的富氦天然气。位于晋中盆地阳邑—北贾断阶北部、榆次断裂和北田断裂交会处的“晋热1号”等富氦天然气的发现，初步验证了上述成藏模式。与“山西式”铁矿、铝土矿密切相关的上述成藏模式可称之为“山西式”氦气成藏模式，以有别于与花岗岩类相关的氦气成藏模式。石

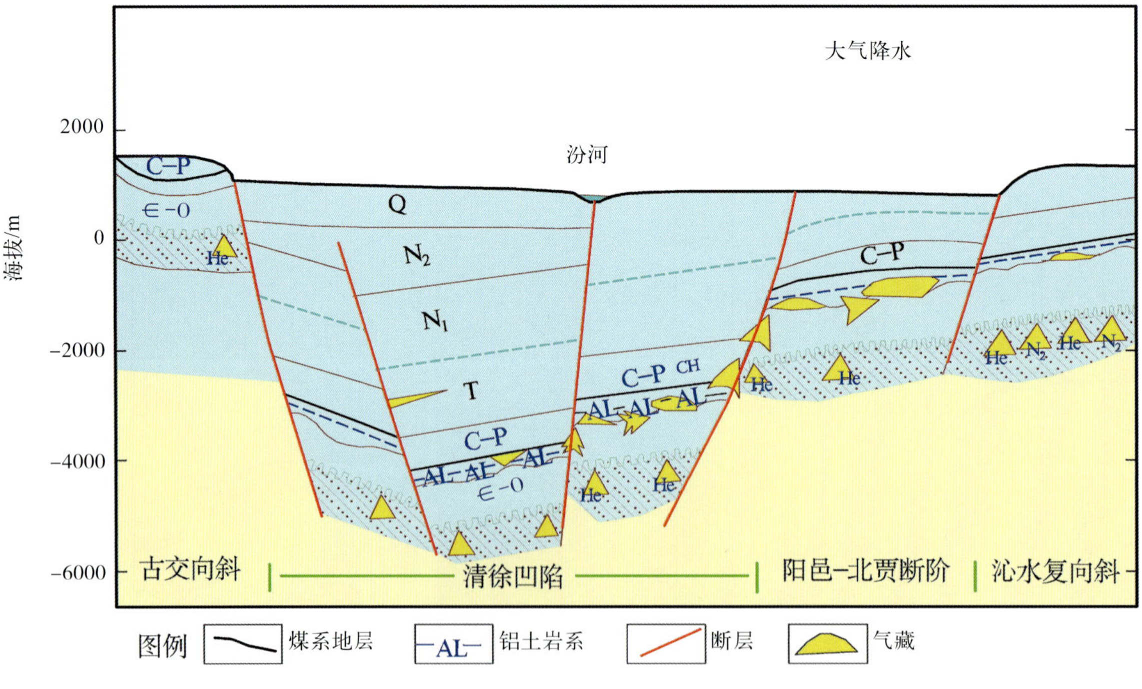

图9-5-6　山西省晋中盆地富氦天然气成藏模式示意图
（据李玉宏等，《“山西式”氦气成藏模式及其意义》，2022年7月）

炭—二叠系煤系地层作为烃类载体气气源、本溪组铝土岩系是优质氦源岩和储集层系、断阶构造形成上下地层“错位”是“山西式”氦气成藏的三个要素。

古喀斯特型铝土矿是中国铝土矿的主要矿床类型，产于碳酸盐岩侵蚀面上的一水硬铝石型铝土矿成藏模式约占全国总储量的75%，广泛分布于山西、河南等华北广大地区。铝土岩系上覆煤系地层组合在鄂尔多斯盆地及周缘油气区广泛发育，良好的煤成气气藏与铝土岩氦气资源有效组合，为形成富氦天然气藏创造了得天独厚的条件。可见，以晋中盆地为代表的“山西式”氦气成藏模式值得深入研究和借鉴。

（五）结论

1）晋中盆地石炭—二叠系煤系地层广泛发育，可为烃类载体气提供气源；本溪组铝土岩系是“山西式”氦气的重要优质氦源岩和储集层系，断阶构造可使石炭—二叠系煤系地层构造位置低于本溪组铝土岩系，有利于烃类气沿断裂进入构造高部位本溪组铝土岩中形成载体气藏。

2）“山西式”铝土岩系优质氦源岩的发现及其氦气成藏模式的建立，创新了氦源岩主要为与酸性岩（花岗岩）相关的地质体为主的认识，增加了品质更好、分布广泛的新型氦源岩，拓展了氦气勘探新领域。

3）古喀斯特风化壳沉积型铝土岩系在我国分布广泛，其中铝土岩系及其上覆煤系地层组合，与断阶构造配合形成的“山西式”富氦天然气成藏模式，在华北地区与世界其他区域具有重要借鉴意义。

二、运城—临汾盆地地热井氦气资源

该项目是山西省地质勘查局2019年度政府购买服务项目，工作经费21.74万元，工作周期2019年8月1日—2019年12月31日，共调查地热井40口（含取样井15口），取氦气样30件，样品试样30件。《山西省运城—临汾盆地地热井氦气资源调查报告》由山西省第三地质工程勘察院2019年12月提交，2020年9月27日山西省地质勘查局下发晋地矿发〔2020〕35号《关于印发<山西省运城—临汾盆地地热井氦气资源调查项目验收意见书>的通知》。

该项目提交成果包括：文字报告一份；《山西省运城—临汾盆地地热井氦气资源调查成果图》（1：50万）、《山西省运城—临汾盆地地热井氦气资源调查芮城远景调查区地形地质图》（1：5万）、《山西省运城—临汾盆地地热井氦气资源调查芮城远景调查区A—A′地质剖面图》（1：2.5万）；《地热井调查统计表》《氦气取样登记表》《氦、氖、氢测试结果表》《氦气样品顶空轻烃测试表》《氦气样品天然气组成检测结果表》《达到氦气工业指标登记表》等，以及项目管理相关附件。

该项目30件氦气样品测试结果中达到工业指标（0.3%）的样品数为22个（11口取样井），氦气含量为0.36%~3.54%，平均1.16%。大多分布于运城市一带。

项目采取样品中气体成分主要为氮气，占79.4%~98.9%，其余气体除氦气外还含有少量甲烷、二氧化碳、氢气等。当氦气含量达到一定值时（1%），样品中甲烷含量与氦气基本成正相关关系，详见表9-5-4。

该次调查结果显示氦气含量整体上由北向南逐步增大，在芮城一带达到最大值。本次认为芮城地区氦气资源品位较高，且具有一定的规模，地质条件对成矿较为有利，将芮城地区确定为远景调查区。为下一步申请氦气资源调查项目奠定了技术基础，并指明了研究方向。详见图9-5-7。

必须指出的是，该成果虽然对运城—临汾地区水溶氦气分布情况进行了调查，但是为什么含量最高点位于芮城？水溶氦气与地热井深度、温度有什么关联？氦气的来源在什么地层？资源储量如何？这些基本问题均需要进行深入的研究，上升到理论高度，否则就难以指导后续工作的开展。

氦气作为一种新型稀有战略资源，基础理论研究很薄弱，针对氦气资源的地质调查评价方法比较少，地质勘查规范是空白，根据同行工作经验与体会，结合笔者认识，提出如下问题和建议，以期共同推进山西氦气资源调查评价工作快速发展。

（1）充分认识氦气成藏的独特性，加强理论创新和技术进步

氦气成藏富集的气源条件、成因类型、赋存状态、储集和盖层要求、圈闭与保存条件等因素的研究

表 9-5-4　山西运城－临汾地区地热井氦气测试结果表

序号	编号	取样点地址	1954北京坐标系 X	1954北京坐标系 Y	1954北京坐标系 Z	井深/m	井口水温/℃	样品编号	氦气含量/%	取样时间/(年-月-日)
1	DC01	稷山县仁和村	3926884.55	19489127.42	536.70	336	40	稷山1#	0.61	2019-3-31
2	DC03	万荣县西滩湿地度假村	3929662.72	19460706.51	363.30	2000	45	万荣1#	0.40	2019-3-30
								万荣2#	0.42	2019-3-30
3	DC04	芮城大酒店地下游泳馆	3840938.13	19471635.53	513.50	3100	73	芮城1#	2.79	2019-3-29
								芮城2#	2.22	2019-3-29
4	DC05	芮城印象风陵渡景区	3837032.50	19437157.11	405.20	1900	71	芮城3#	1.62	2019-3-30—2019-11-25
								芮城4#	1.09	
								芮城5#	3.54	
								芮城6#	2.75	
5	DC06	河津市永兴西路8号嘉年华温泉酒店	3937971.43	19472497.31	367.60	1753	53	河津1#	0.65	2019-3-31—2019-11-21
								河津2#	0.75	
								河津3#	0.87	
								河津4#	1.11	
6	DC07	河津市东都温泉小区	3938381.42	19472355.08	385.50	1547	54	河津5#	1.68	2019-11-21
7	DC08	闻喜县公园壹号小区	3913209.51	19520315.89	467.50	1800	50	闻喜1#	0.92	2019-3-27
								闻喜2#	0.69	
8	DC11	夏县山西煤矿工人温泉疗养院	3887258.12	19521446.11	454.30	200	50	夏县1#	1.14	2019-3-28
9	DC13	运城市盐湖区东郭镇上月村西	3877924.88	19513775.19	384.30	1100	45	运城3#	0.007	2019-3-29
10	DC14	运城市盐湖区七彩盐湖	3874273.88	19502080.59	317.60	2120	58	运城1#	0.27	2019-3-29— 2019-11-26
								运城2#	0.27	
								运城7#	0.25	
								运城8#	0.23	
11	DC19	运城市滨河一号小区	3880368.90	19504530.56	360.80	3000	59	运城4#	0.36	2019-11-26
								运城5#	0.41	
12	DC20	运城市棉花研究所（运城工农路）	3878805.95	19498097.94	363.90	320	88	运城6#	0.27	2019-11-26
13	DC27	曲沃县绿野农业发展有限公司温泉管理站	3949542.44	19542710.33	434.80	1600	40	曲沃1#	0.11	2019-11-28
								曲沃2#	0.11	
14	DC31	临猗县西郊	3888846.87	19476982.70	406.00	487	42	临猗1#	0.69	2019-11-22
15	DC36	翼城县温泉游泳馆	3957539.74	19561709.32	599.60	800	35	翼城1#	0.41	2019-11-29
								翼城2#	0.38	

注：山西省第三地质工程勘察院薛风宏等，《山西省临汾—运城盆地地热井氦气资源调查报告》，2019年12月。

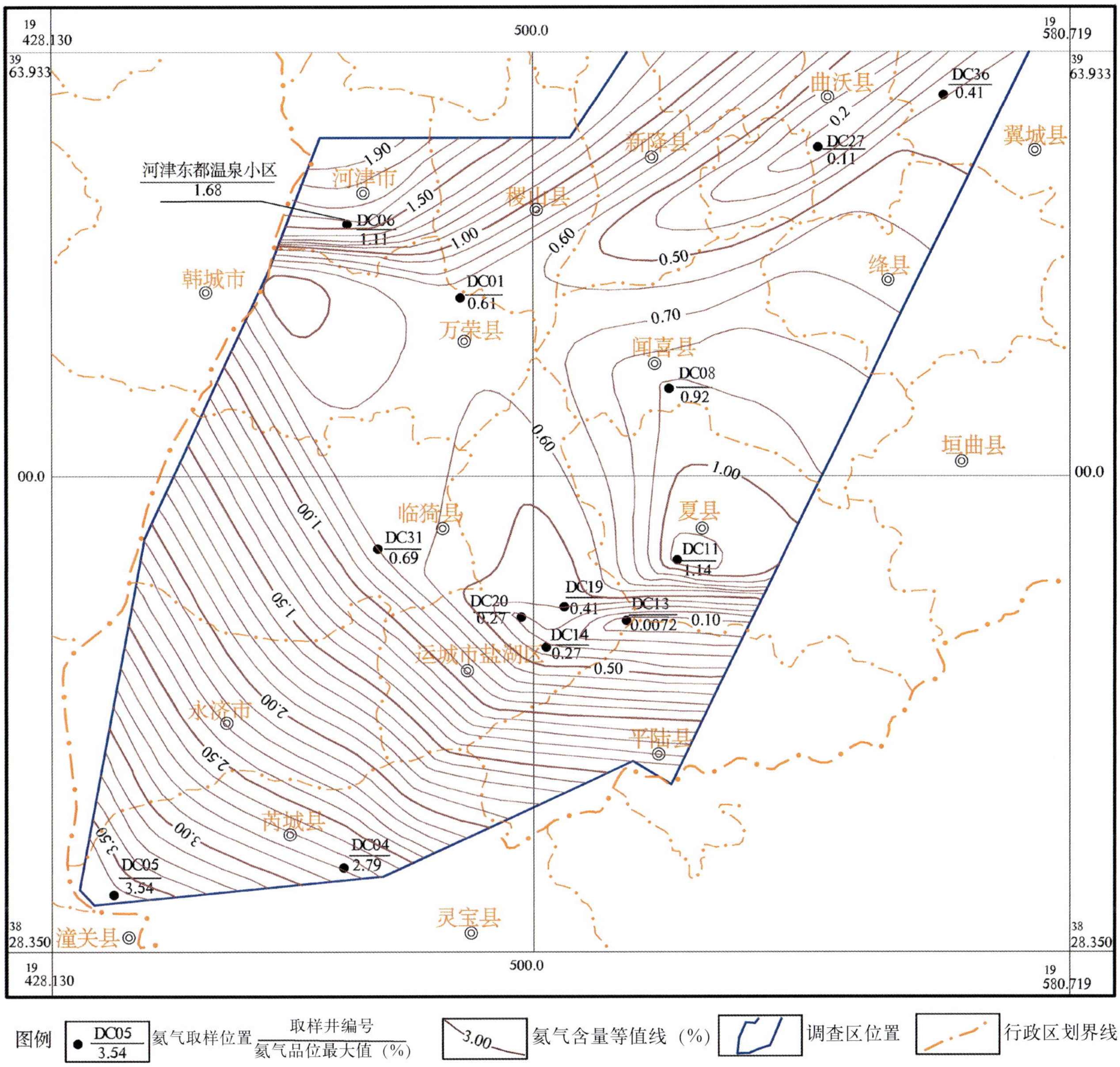

图9-5-7　山西省运城—临汾地区水溶氦气含量等值线图

（据山西省第三地质工程勘察院薛风宏等，《山西省临汾—运城盆地地热井氦气资源调查报告》，2019年12月）

都很薄弱，应不断深化壳源氦气弱源成藏理论研究，总结找矿模式，指导山西氦气资源调查。针对氦气资源的地球物理探测方法、有效的测井系列、钻探（录井）、气层测试工艺等勘查技术手段急需探索、完善。

（2）开展地震和钻探等专项调查是获得盆地氦气资源突破的必要手段

山西临汾—运城盆地现有氦气资源调查工作是依托地热井完成的，受地热井井身结构（花管完井，目的层不固井）限制，无法对深部可能含气层进行验证和产能测试。虽然发现渭河盆地氦气相对含量高，但无法证明氦气产能（氦气绝对产量），也无法评价其工业价值。急需通过氦气钻探，发现或验证目标层段的含气性。盆地现有地震资料不能满足井位部署要求，应在远景区开展网度地震勘探，寻找有利圈闭，为钻探提供目标。

（3）建立勘查推进机制，促进氦气资源调查突破

根据渭河盆地勘查经验，山西断陷盆地具有氦气富集的地质背景和良好的找矿线索。需建立“产、

学、研、管、用”的密切协作机制，坚持“一热（地热）一气（氦气）”综合调查，兼顾地壳稳定性评价与监测，加大工作力度，实现氦气资源新类型调查突破，引领商业勘探跟进。

（4）专业队伍和装备建设是氦气资源调查突破的基础

氦气作为一种新型稀有资源，国内外缺乏专业调查队伍和专家团队。由于氦气是现代分析仪器的最主要载气，能够开展氦及同位素分析测试的单位少，及时有效的氦气相关分析测试难以保障，急需建立国家级氦气分析实验室。

三、鄂尔多斯盆地东缘中部石楼西区块含氦天然气

（一）地质背景

离石断裂带是鄂尔多斯盆地东缘边界断裂。石楼西区块位于盆地东缘晋西挠褶带中段（图9-5-8a）。区内构造简单，总体为一走向北南、倾向西的单斜，倾角5°～9°，局部被断层切割，发育次级低幅度褶曲。区内共揭露5条断层，包括3条逆断层和两条正断层（图9-5-8b）。DF_1逆断层最深切割层位至奥陶系风化面，断距18m，倾向西，倾角30°。F_1逆断层南北向贯穿整个区块，切割较浅，只影响到三叠系下统刘家沟组至二叠系下统下石盒子组8段底之间地层，断距50m，倾角20°～40°。F_3逆断层与F_2逆断层距离较近，切割刘家沟组底部，倾向西，倾角30°，落差40m，延伸长度约1100m。F_2正断层位于区内北东部，切割刘家沟组底至上石盒子组顶部，倾向西，断距45m，倾角70°。DF_2正断层位于区内西北边界，距离DF_1断层100m左右，切割下石盒子组8段底至奥陶系马家沟组3段底，断距20m，倾向南，倾角78°。

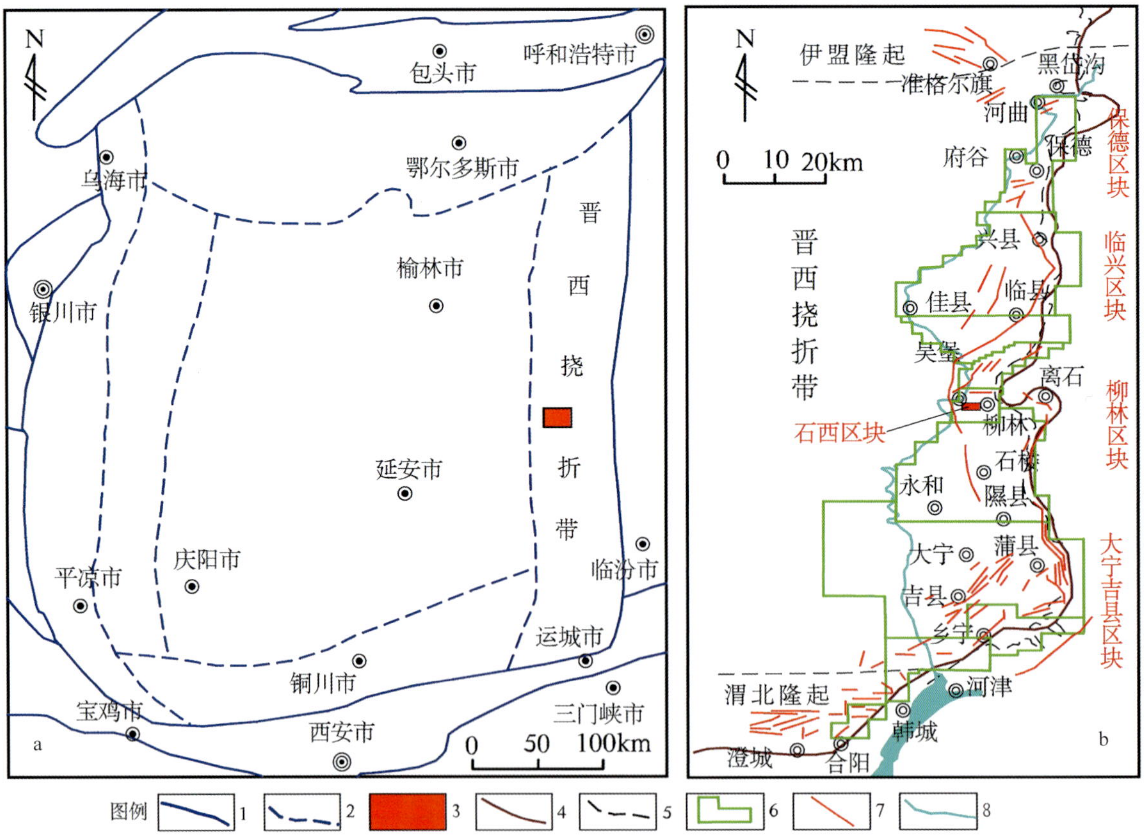

图9-5-8　山西省石楼西区块构造位置图

（据刘超等，《鄂尔多斯盆地东缘石西区块含氦天然气的发现及成因初探》，2021年4月）

1—鄂尔多斯盆地边界；2—煤层露头线；3—研究区；4—鄂尔多斯盆地东缘地边界；5—地质构造；6—煤层气区块边界；7—断层；8—黄河

石楼西区块晚古生代以来的地层包括石炭系、二叠系、三叠系及新生界，其中本溪组、山西组和太原组是区内含煤地层（图9-5-9）。本溪组与奥陶系呈区域不整合接触，主要发育海陆交互相的泥岩、砂岩夹薄煤层。太原组与本溪组连续沉积，形成于海陆交互环境，厚度在120～130m，主要由泥岩、粉砂岩、泥质灰岩及煤层组成，为区内主要含煤地层。山西组地层厚度稳定，为100～140m，岩性主要包括中—细粒砂岩、粉砂岩、砂质泥岩、灰黑色-黑色泥岩及煤层。石盒子组和石千峰组为典型的陆相河流沉积，发育浅灰绿色砂岩夹红棕色、灰绿色泥岩、粉砂岩。新生界沉积较厚，下部主要为一套以红色为主的碎屑沉积岩，上部为灰黄、浅黄色粉砂质黏土。

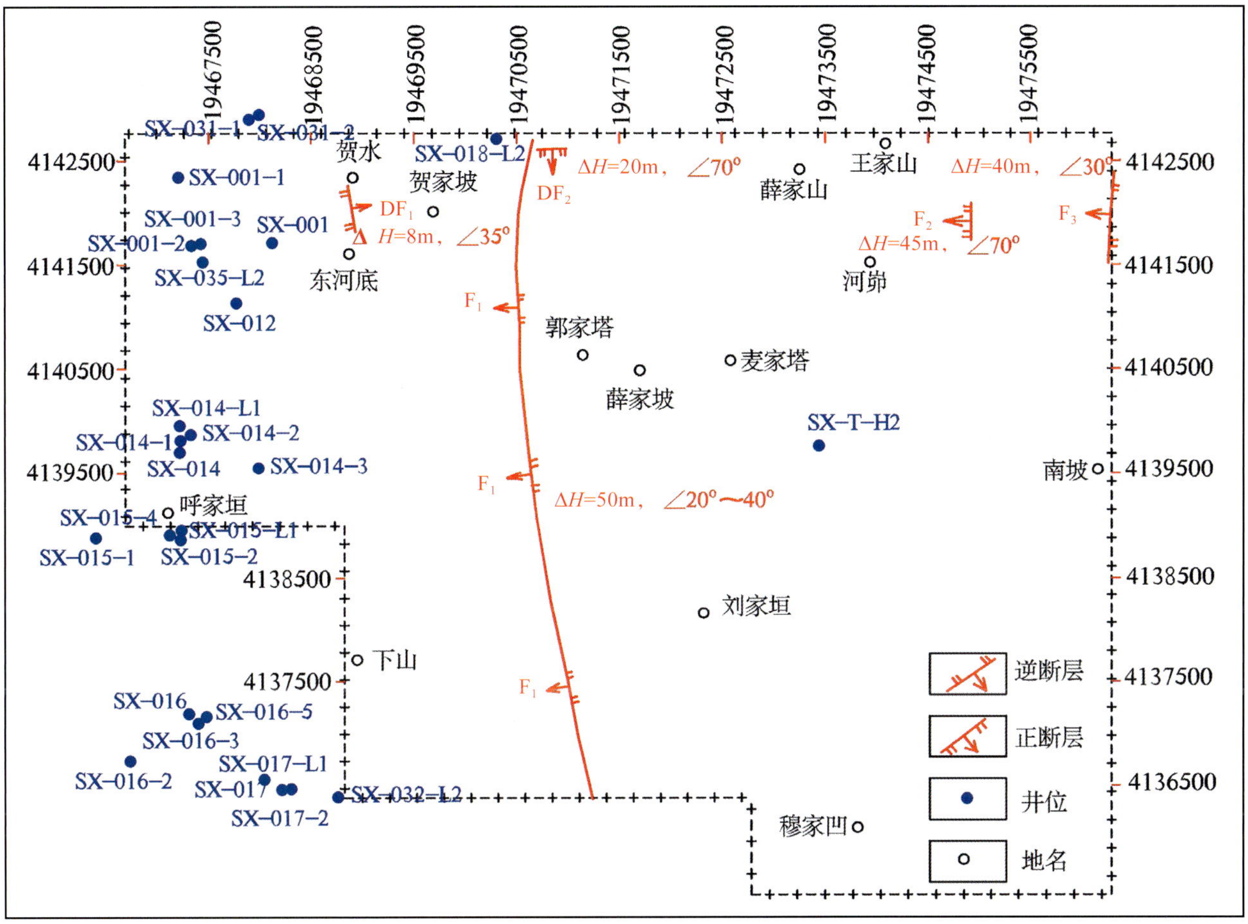

图9-5-9　山西省石楼西区块构造纲要及取样井位分布图

（据刘超等，《鄂尔多斯盆地东缘石西区块含氦天然气的发现及成因初探》，2021年4月）

（二）样品及测试结果

1.气样采集

石楼西区块在区内西部埋深较大，以致密砂岩气为主;东部埋深相对较浅，以煤层气为主。根据测井及试井数据，区内含气砂岩层主要分布在石盒子组的盒8段、山西组的山2段和太原组，煤层气井抽采层位为8号和4号煤层（图9-5-10）。

共采集了区块内25口井气样（煤层气井2口，其余为致密砂岩气井），每口井每次采集2个样品为平行样，每月采集1次，采集3次，共采集81个气样，分析测试得到气样的化学组成见表9-5-5。气体化学组分测试分别由山西省地质矿产研究院、中国科学院西北生态环境资源研究院油气资源研究中心完成，

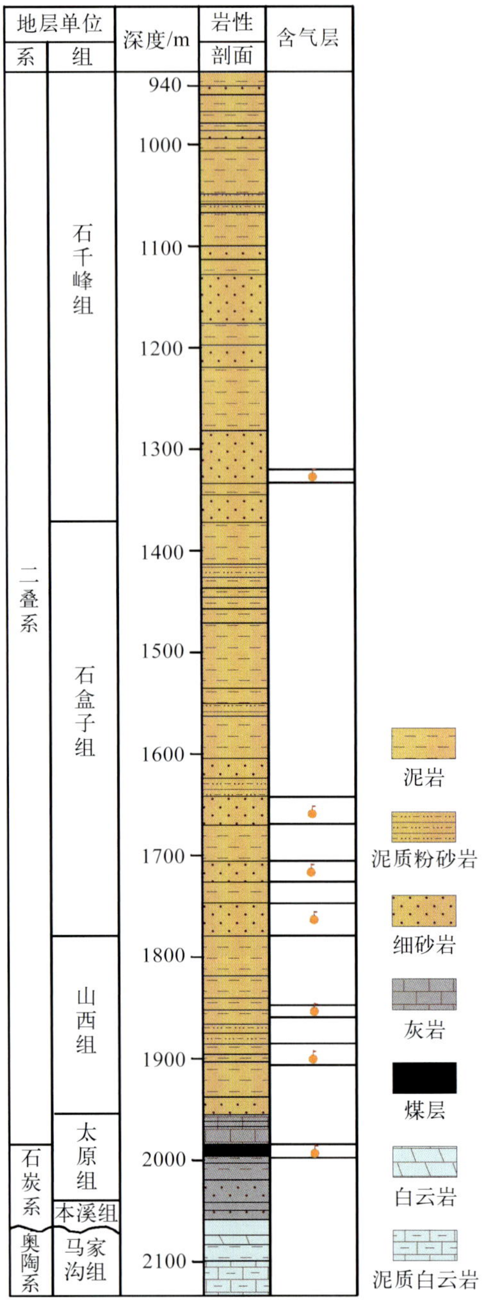

图9-5-10　山西省石楼西区块地层柱状及含气层分布
（据刘超等，《鄂尔多斯盆地东缘石西区块含氦天然气的发现及成因初探》，2021年4月）

氦同位素分析由西北生态环境资源研究院油气资源研究中心完成。其中，山西省地质矿产研究院采用Agilent 7890B气相色谱仪进行天然气组分分析，油气资源研究中心采用Nobleless SFT 型稀有气体质谱仪完成氦含量和同位素测试，测试条件、方法及精度符合有关规范要求。

2.气样中氦体积分数

测试成果发现，石楼西区块煤层气和致密砂岩气样品中均有氦气显示，氦气体积分数分布0.01%～0.23%，多为0.05%～0.15%，为含氦天然气（图9-5-11，表9-5-5）。其中，SX-17，SX-17，SX-T-06-H1两口井氦气体积分数超过0.20%，达到0.23%，产气层位分别为石盒子组、山西组砂岩和太原组8号煤层。

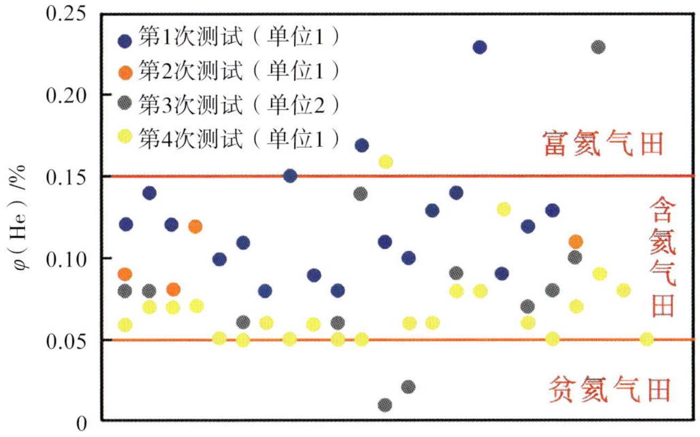

图9-5-11　山西省石楼西区块样品中氦体积分数
（据刘超等，《鄂尔多斯盆地东缘石西区块含氦天然气的发现及成因初探》，2021年4月）

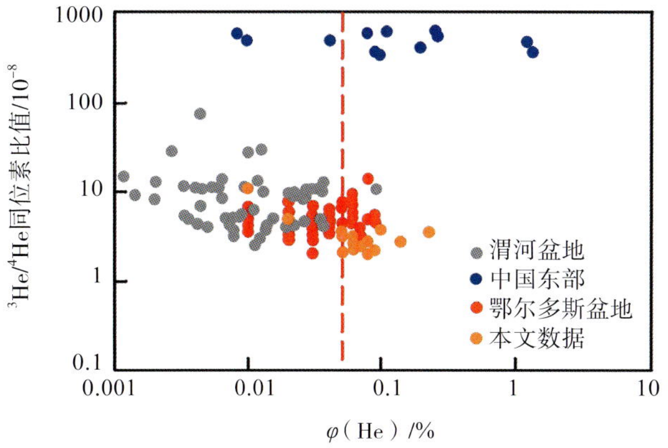

图9-5-12　氦体积分数-氦同位素关系对比
（据刘超等，《鄂尔多斯盆地东缘石西区块含氦天然气的发现及成因初探》，2021年4月）

表 9-5-5　石楼西区块天然气中氦气体积分数及同位素特征统计表

序号	取样井号	样品层位	样品数量/件	体积分数/%				*R*/*Ra*	($^3He/^4He$) /10^{-8}
				N_2	CO_2	He	H_2		
1	SX—1	盒8	5	0.12 ~ 1.23 0.62	0 ~ 0.14 0.05	0.06 ~ 0.12 0.09	0.03 ~ 0.10 0.05	0.01	2.01
2	SX—1-1	盒8	4	0.17 ~ 0.61 0.33	0.13 ~ 0.21 0.18	0.07 ~ 0.14 0.09	0 ~ 0.14 0.05	0.02	2.71
3	SX—1-2	盒8	4	0.04 ~ 0.69 0.70	0 ~ 0.21 0.09	0.07 ~ 0.12 0.08	0 ~ 0.11 0.03	0.02	3.41
4	SX—1-3	盒8	4	0.50 ~ 1.38 0.46	0 ~ 0.22 0.04	0.05 ~ 0.12 0.10	0 ~ 0.07 0.06	—	—
5	SX—14	盒7、盒8、山2	4	0.21 ~ 0.88 0.51	0.54 ~ 1.22 0.82	0.05 ~ 0.12 0.07	0.04 ~ 0.06 0.05	0.02	3.18
6	SX—14-1	盒8、山2、太原组	3	0.08 ~ 1.64 0.86	0.18 ~ 0.40 0.30	0.06 ~ 0.11 0.07	0	0.02	3.02
7	SX—14-2	山2	4	0.71 ~ 2.01 1.01	0.40 ~ 0.82 0.61	0.05 ~ 0.08 0.07	0	0.02	2.64
8	SX—14-3	千4、盒6	4	5.23 ~ 10.14 7.11	0 ~ 0.40 0.20	0.12 ~ 0.16 0.15	0.22 ~ 0.40 0.23	—	—
9	SX—15-1	山西组、太原组	4	0.12 ~ 0.59 0.43	0.75 ~ 1.13 0.97	0.06 ~ 0.09 0.07	0.04 ~ 0.08 0.06	0.02	2.24
10	SX—15-2	盒8、太原组	4	0.07 ~ 0.28 0.15	0.44 ~ 0.86 0.64	0.05 ~ 0.08 0.06	0	0.08	2.81
11	SX—15-4	盒4、盒7、山西组	4	1.52 ~ 2.37 1.96	0.06 ~ 0.24 0.10	0.14 ~ 0.17 0.16	0	0.08	10.90
12	SX—15-L1	山西组、太原组	1	0.17	0.16	0.05	0	0.02	2.66
13	SX—16	盒7、山2	4	0.83 ~ 2.08 1.32	0.23 ~ 0.31 0.26	0.08 ~ 0.11 0.08	0	0.04	5.01
14	SX—16-2	盒6、盒8	4	0.39 ~ 0.71 0.42	0.25 ~ 0.45 0.35	0.02 ~ 0.10 0.06	0	0.02	2.14
15	SX—16-3	盒7、盒8	4	0.97 ~ 3.88 1.97	0.05 ~ 0.28 0.11	0.05 ~ 0.13 0.09	0.08	0.02	2.14
16	SX—16-5	盒8	4	0.41 ~ 2.05 1.11	0 ~ 0.16 0.05	0.08 ~ 0.14 0.10	0	—	—
17	SX—17	石盒子组、山西组	4	2.53 ~ 19.46 11.00	0	0.13 ~ 0.23 0.18	0	—	—
18	SX—17-2	盒8、山2、太原组	1	0.95	0.78	0.09	0.16	—	—
19	SX—17-L1	石盒子组、山西组	1	0.30	0.20	0.06	0	0.02	2.41
20	SX—17-SL1	石盒子组、山西组	1	0.08	0.61	0.05	0.04	0.02	2.49

续表

序号	取样井号	样品层位	样品数量/件	体积分数/%				*R*/*Ra*	($^3He/^4He$)/10^{-8}
				N_2	CO_2	He	H_2		
21	SX—T-012	盒6、盒8	5	0.25 ~ 2.05 / 1.02	0	0.07 ~ 0.12 / 0.09	0	0.03	3.74
22	SX—032-L2	盒8	1	1.16	0	0.13	0	0.03	3.55
23	SX—35-L2	盒8	1	0.35	0	0.08	0	—	57.10
24	SX—018-L2	4号	5	0.77 ~ 1.13 / 0.91	0 ~ 0.85 / 0.29	0.05 ~ 0.11 / 0.09	0	—	—
25	SX—T-06H1	8号	1	0.06	1.29	0.23	0	—	—

注：①He—体积分数为测试的平均值；*R*—为样品中$^3He/^4He$值；*Ra*—为大气中$^3He/^4He$值；“—”为未测数据；数据格式为：$\frac{(最大值\text{-}最小值)}{平均值}$。

②刘超等,《鄂尔多斯盆地东缘石西区块含氦天然气的发现及成因初探》，2021年4月。

（三）氦气成因与来源探讨

1.氦气成因

自然界中氦有三种来源：一般认为，壳源氦气$^3He/^4He$同位素比值0.02×10^{-6}，幔源氦为1.1×0.08，平均0.025（表9-5-5）。这一分布范围，与DAI等总结的鄂尔多斯盆地94个气样（$^3He/^4He$值0.03×10^{-6} ~ 0.12×10^{-6}，R/Ra为0.022 ~ 0.085）及李玉宏等测得的渭河盆地天然气样（$^3He/^4He$值0.021×10^{-6} ~ 0.761×10^{-6}）氦同位素组成一致，与我国东部典型的天然气氦同位素组成存在显著差异（图9-5-12）。陶明信等得到苏北地区南部万金塔构造区域上氦气的同位素值为6.3×10^{-6} ~ 7.2×10^{-6}，其中幔源氦体积分数为60% ~ 70%；渤海湾盆地内氦气$^3He/^4He$比值最高为52.4×10^{-8}，*R*/*Ra*值为0.01 ~ 6.45，其幔源氦体积分数超过80%；三水盆地二氧化碳气藏伴生氦气的同位素比值为1.6×10^{-6} ~ 6.39×10^{-6}，*R*/*Ra*值为1.143 ~ 4.56，幔源氦体积分数可达56%。相较于幔源氦气，壳源氦气的$^3He/^4He$同位素和*R*/*Ra*值均偏低，四川盆地威远气田中氦气$^3He/^4He$同位素值在1.8×10^{-8} ~ 3.03×10^{-8}，*R*/*Ra*值为0.001 ~ 0.02；渭河盆地天然气样中氦气$^3He/^4He$同位素值为0.021×10^{-6} ~ 0.76×10^{-6}，*R*/*Ra*值为0.03 ~ 0.56；与之对比，石楼西区块内的氦均属于典型的壳源成因气，没有来自幔源的氦。

壳源氦气主要来自地壳中放射性元素U和Th的衰变。氦气生成以后运移，与地层中石油、天然气、热水等混合，形成含氦-富氦气田。含氦天然气田分为壳源同源型、壳源异源型和壳幔复合型。

由此分析，石楼西区块天然气中氦气的来源与其他层系岩石中放射性元素衰变生成的氦气有关，可能属于壳源异源型。

2.氦气来源

我国壳源氦气大多位于中西部地区，东部郯庐断裂带两侧的氦气以幔源成因为主，壳源成因为辅。壳源氦气生成通常与基底的古老变质岩、混合岩、花岗岩等有关。氦气生成后，与天然气一起通过运移通道发生运移，在有利圈闭条件下聚集成藏。即壳源含氦天然气藏的形成与富放射性元素的岩体分布、断裂及圈闭条件有关。

航磁异常图显示，在山西中北部北纬38°带附近存在一个局部正磁异常带，兴县附近的异常高值区与出露的紫金山岩体相对应（图9-5-13）。

石楼西区块位于兴县异常区南缘，异常值在100 ~ 150nT，推测该区域的磁力异常高可能是由于在其深部存在燕山期的隐伏岩浆岩体或磁性基底。

石楼西区块东北部柳林尖家沟发育燕山期金伯利岩带（距今180 ~ 100Ma），该岩带之北百余千米发育燕山期紫金山碱性岩体（图9-5-14）。紫金山岩体由二长岩、霓辉正长岩、暗霞正长岩和霓霞钛辉岩呈环带组成复式岩体（距今158.0 ~ 130.4Ma），与尖家沟金伯利岩同源，构成二长岩-碱性岩-金伯利岩组合的金伯利岩建造。

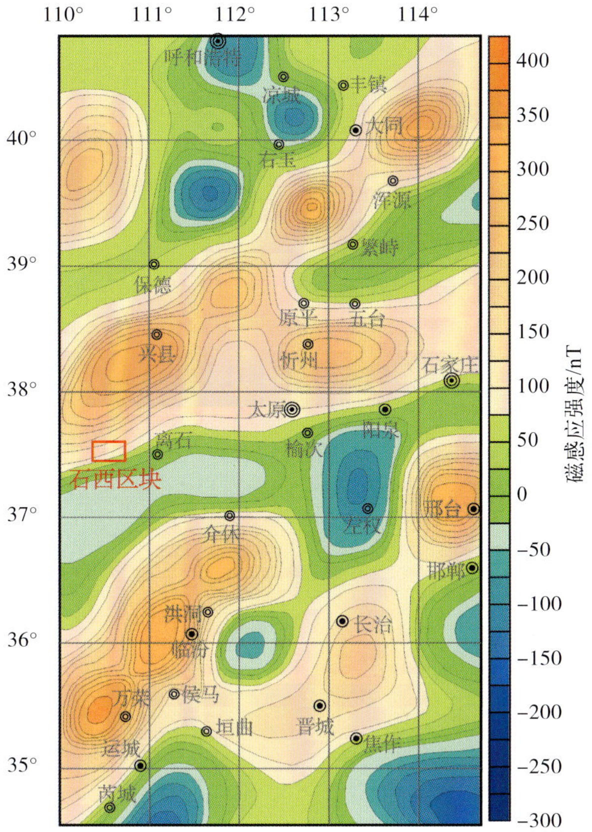

图9-5-13　山西省及其邻区航磁异常

（据刘超等，《鄂尔多斯盆地东缘石西区块含氦天然气的发现及成因初探》，2021年4月）

1—超壳深断裂；2—壳内深断裂；3—地幔次级隆起轴；4—地幔次级坳陷轴；5—磁性基底层隆起轴；6—磁性基底层坳陷轴；7—燕山早期中碱性岩群；8—燕山早期碱性岩；9—燕山早期金伯利岩；10—研究区范围

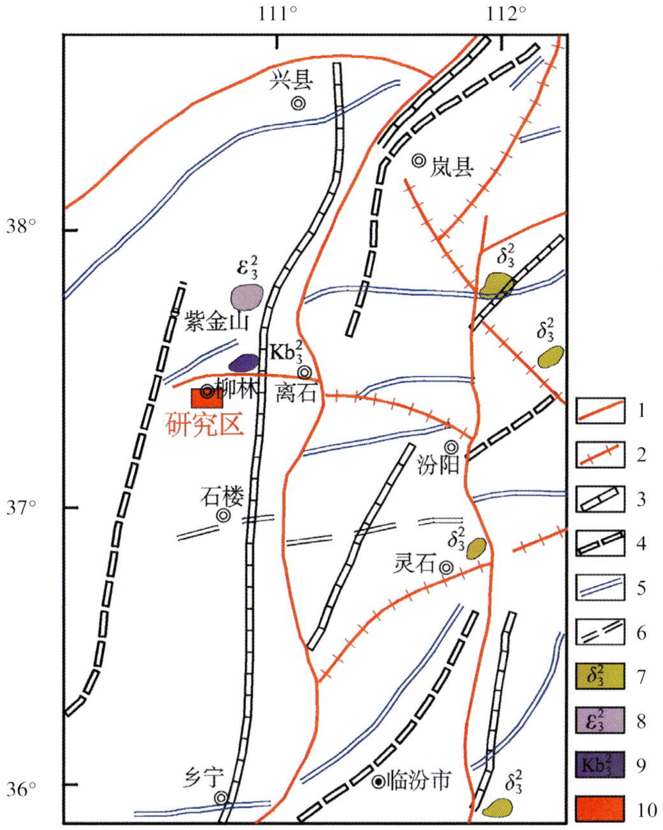

图9-5-14　山西省石楼西区块及周边地区深部构造

（据刘超等，《鄂尔多斯盆地东缘石西区块含氦天然气的发现及成因初探》，2021年4月）

1—超壳深断裂；2—壳内深断裂；3—地幔次级隆起轴；4—地幔次级坳陷轴；5—磁性基底层隆起轴；6—磁性基底层坳陷轴；7—燕山早期中碱性岩群；8—燕山早期碱性岩；9—燕山早期金伯利岩；10—研究区范围

中国陆壳中U，Th元素的平均丰度分别为$0.83\times10^{-6}\sim1.76\times10^{-6}$和$3.16\times10^{-6}\sim6.69\times10^{-6}$，紫金山岩体U丰度在$0.36\times10^{-6}\sim2.36\times10^{-6}$，Th丰度为$0.89\times10^{-6}\sim9.73\times10^{-6}$，可以看出，紫金山岩体中的U、Th丰度较高，部分高于地壳丰度，表明岩体中的U、Th元素可以为放射性衰变产生氦气提供来源。因此，石楼西区块氦气可能来自深部燕山期岩浆岩体的放射性元素衰变。

3.氦气聚集与保存条件

断裂是氦气富集的重要原因，在地应力活跃地区的地质体会释放出氦气，并造成局部范围的聚集。在研究区西部吴堡地区，可能存在断距较大的断裂构造（图9-5-14）。深部构造图显示，石楼西区块东西两侧存在地幔次级隆起轴和地幔次级坳陷轴，北东部发育一套以离石为节点的三联结构超壳/壳内深断裂系（图9-5-8）。石楼西区块深部存在的富含放射性元素的岩浆岩体不断衰变生成氦气，氦气沿断裂带产生的裂隙不断运移，这些断裂构成氦气运移的通道。区域范围内地层向西倾斜，地下水自东部露头区补给而向西顺地层流动，推测离石断裂带是深部氦气向上运移的主要通道，氦随地下水运移，在地下水滞留区富集。除岩体和构造外，保存条件对氦气富集也至关重要。石楼西区块含气层发育在上古生界，中生代三叠系下统刘家沟组和和尚沟组、三叠系中统纸坊组、三叠系统中—上统延长组为区内气藏的主要盖层。

石楼西区块含氦气藏形成可能是多套盖层累加封盖的结果，阻止了气体上移扩散，形成有效气藏。

第六节　气体矿产勘查取得主要认识与存在的问题

山西省人民政府晋政办发〔2022〕107号文发布的《山西省矿产资源总体规划（2021—2025年）》中，把氦气列为战略性矿产和重点勘查矿种进行安排部署，划定了氦气重点勘查区一个——“山西晋中盆地氦气调查评价区”，另外将“山西省运城市芮城一带水溶氦气资源评价”等列入勘查规划，预计在今后的地质勘查项目中山西省会进一步加大对氦气矿产资源的经济投入及政策支持力度。

一、取得主要认识

由前述晋中盆地、临汾—运城盆地及鄂尔多斯盆地东缘石楼西区块氦气资源勘查成果及综合分析，可以得到以下几点认识：

1）山西省非常规天然气资源丰富，从非常规天然气提氦是目前工业用氦的重要来源，利用非常规天然气提氦制氢具有广阔的市场前景，不但可以大力促进山西经济转型跨越发展，而且可以改变我国氦气基本依赖进口的格局，事关国家能源安全，意义重大。

2）天然气组分测试结果表明，鄂尔多斯盆地东缘中部石楼西区块天然气中氦气体积分数为0.02%～0.23%，平均0.089%，部分气样潜在工业开采利用价值。天然气氦稳定同位素组成$^{3}He/^{4}He$为$0.02\times10^{-6}\sim0.05\times10^{-6}$，$R/Ra$值为0.01～0.02，属于典型的壳源氦。

3）石西区块东部柳林尖家沟发育燕山期金伯利岩带，该岩带之北百余千米发育与其同源的燕山期紫金山碱性岩体。物探资料显示石楼西区块基底存在与花岗岩有关的磁性体，表明石楼西区块内的壳源氦气主要来源于尖家沟—紫金山岩体深部放射性元素衰变。区块东部离石断裂带可能提供了氦气运移的主要通道，多套储盖层组合为氦气的保存提供了良好条件。

4）鄂尔多斯盆地在适宜的地质条件下可以形成富氦天然气，其富集成藏条件的研究将丰富和发展氦气成藏理论。

5）鄂尔多斯盆地东缘中部石楼西区块面积1524km^2，根据2011年12月由中国石油大港油田石油工程研究院完成的《鄂尔多斯晋西挠褶带石楼西区块南部基本探明储量报告》评估证实，石楼西区块南部728km^{2}天然气基本探明储量$947.5\times10^{8}m^{3}$、技术可采储量$473.8\times10^{8}m^{3}$，煤层气基本探明储量$1120\times10^{8}m^{3}$。按照国际标准油气评估结果认为，石楼西区块天然气地质储量超过$1540\times10^{8}m^{3}$。该区块天然气资源储量大，氦气含量比较高，资源潜力巨大，开发前景好。

6）建议选取鄂尔多斯盆地东缘中部石楼西区块气田作为氦气资源开发利用的先导试验区，加快论证建设山西氦气战略储备基地的可行性；同时加强主要含气盆地天然气中氦气成藏规律、资源潜力评价以及氦气等伴生资源的综合利用研究，指导山西氦气资源勘探开发和综合利用。

7）2022年山西省第三地质工程勘察院在晋中发现高纯度氦气线索，取得氦气勘查重大阶段性成果。目前地热井中发现广泛的富氦伴生气，指示了盆内天然气资源赋存的良好信息。山西省氦气资源勘查前景广阔，“山西式”氦气成藏模式的提出具有里程碑的意义，是大胆的理论重新，但需要通过大量工程实践进行验证，探索指导氦气资源勘查的有效途径。

二、存在的问题

1）我国氦气产业政策不完善，产业发展严重滞后。长期受我国为贫氦国家认识的影响，对国内氦气资源勘探开发认识不足。氦气虽然作为独立矿种，但一直缺乏相应矿权配置，缺乏专门的氦气资源勘探开发企业，严重影响了我国氦气工业发展。我国氦的生产和消费水平远远不能满足科学技术和经济建设发展的需求，氦气工业远远滞后于高技术产业发展。

2）山西氦气矿产资源的勘查评价工作已经远远落后于经济社会发展的需要，必须采取非常规措施立即改变这种被动的局面，否则将严重制约氦气资源产业的发展。特别是煤层气中不同程度含有氦气资源，在其大规模开发利用的条件下，不对氦气资源提纯利用是巨大的浪费。

3）地热井伴生气未能有效利用，存在资源浪费现象。已有地热井伴生气虽然广泛具有较高的氦气相对含量，但由于种种原因，资料不系统，特别是气水比资料缺乏，无法确定氦气绝对产量难以评价其利用经济性，需开展地热井（孔）氦气资源专项调查。对部分氦气产量较高的地热井（有气层气供应）可通过小型分离装置进行分离、提浓、提纯技术试验，探索现有地热井条件下伴生气资源的有效利用。同时，因为氦气的稀有性，以伴生资源形式产出，氦气提取、提浓、提纯工艺需探索完善，形成多种资源综合开发利用技术，以提高综合经济效益。

4）氦气成藏理论与勘探技术急需创新和完善。氦气作为一种新型稀有战略资源，基础理论研究相当薄弱，有关成藏富集的气源条件、成因类型、赋存状态、储集和盖层要求、圈闭与保存条件等因素的研究都很薄弱；针对氦气资源的勘查技术手段急需创新和完善。

5）氦气矿产资源勘查评价规范目前是空白，急需政府主管部门编制有关标准或规范，统一认识，统一工作方法，以便使氦气矿产资源勘查评价走上规范化的轨道。

第十章　水气矿产资源分布与演化规律

第一节　水气矿产资源分布规律

一、地下水富集规律

（一）松散岩类孔隙水富集规律

山西各大盆地含水岩组的分布特征及富水性有很多相似之处，这是由于盆地外围的地貌、构造、岩性等条件的相似性所决定的。每个盆地含浅层潜水与中深层承压水，构成典型的承压-自流水盆地，是山西省两大重要含水岩组之一。其富水性各盆地间及盆地内部差异性甚大，以太原盆地最富，长治盆地最贫。盆地内，一般以边缘冲洪积扇、洪积倾斜平原及中心部位的各大河谷地带与古河道带富水性较好。地下水水位自盆地边缘至中心逐渐变浅，水质亦由好变差。

含水岩组的富水程度受岩性、地貌和补给条件所控制。边山黄土丘陵富水程度最弱，含水岩层多为砂卵石透镜体及中更新统钙质结核层；洪积扇群（包括埋没古洪积扇）富水程度多为强或中等，含水岩层为下、中、上更新统砂砾石层；黄土台地富水程度一般为弱，含水地层一般为中、下更新统及上新统砂砾石层；冲洪积扇倾斜平原富水程度多为强或中等，含水地层多为中、上更新统及全新统砂砾石层；冲积平原岩相较稳定，富水程度多为中等，含水岩层以第四系下、中、上更新统为主。运城盆地因上部水质不佳，主要含水地层为下更新统；长治盆地主要含水地层为第四系中、上更新统和全新统，含水岩层多为红色土夹砂砾石层。

盆地开采深度内含水层埋深和厚度复杂多变，不同地段差别较大。黄土丘陵区含水层埋深多>50m，含水层厚度2～5m；洪积扇倾斜平原含水层埋深一般为3～70m，含水层厚度0～60m；冲积平原含水层埋深1～3m，含水层厚2～87m。

1.山间盆地

山间盆地在山西分布较为普遍，如岚县盆地、盂县盆地、五台盆地等均属此类。主要含水层为中、上更新统砂卵石或下更新统砂层，富水程度不一，弱、中、强均有，含水层埋深10～370m，含水层厚2～87m。

2.山间谷地

山间谷地包括朱家川河、县川河等唐县期宽谷和山区广泛分布的板桥期侵蚀谷。前者底部往往有较厚的上新统红色黏土，主要含水层为中、上更新统砂砾石，埋深30～180m，含水层厚3～80m；后者主要含水层为上更新统及全新统砂卵石层，埋深一般<50m，富水程度多为中等，含水层厚5～20m。

3.黄土高原

黄土高原分布于山西西部黄河以东吕梁山以西的黄土垣、梁、峁地带。主要含水地层为上新统及中更新统砂卵石层及钙质结核层。由于地形切割严重，地下水赋存条件不佳，富水程度多为极弱。上新统在河谷的有利部位，富水程度可达中等；上更新统在山西普遍分布，含水极弱，大部分因分布地势较高或以帽状分布，为透水而基本不含水地层。

（二）碎屑岩类裂隙水富集规律

该含水岩系出露广泛，分布面积$5.52 \times 10^4 km^2$，约占全省总面积的35.3%。主要由不同粒径不同厚度的粗、中、细、粉砂岩、页岩及泥质岩组成。含裂隙、孔隙潜水及承压自流水。富水程度取决于各种成因的裂隙性质、发育程度和裂隙交叉、切割等因素的影响，同时也受构造与岩性的控制。在水平分布上为弱富水。但在地貌、构造及补给条件有利部位，富水性可达中等。该含水岩层主要具以下三个特点。

1）在垂直方向上，如处在大致相同的构造部位，岩性的控制作用尤为明显。

2）碎屑岩分布地区河流基流量占总径流量的35%～45%。

3）碎屑岩区裂隙孔隙水具多层性和层间水力联系弱的特点。

（三）岩溶地下水富集规律

岩溶含水岩系具富水程度强且极不均一的特点，总的来看，太行山区富水性较强，晋西北富水性则较弱；排泄区富水性强，补给径流区富水性较弱。就富水程度而言，大部分为弱。仅在强径流和排泄区为中或强，很多径流区也为弱。该含水岩系地下水赋存规律严格受构造，地貌及岩性条件的控制，这是导致富水性不均的主要因素。

在裸露岩溶地区，地下水多属潜水；覆盖或埋藏型地区，储水构造为单斜和向斜层时具承压岩溶水。

补给径流区一般呈潜水或微承压水，排泄区为承压水。但由于岩溶发育的不均一性和多层性原因，各层有不同程度的水力联系，地下水水位既统一又不统一。一般在补给区或补给径流区，水力联系较差，水位不统一，各含水层自新到老，呈现高—低—高的现象，即奥陶系岩溶水上层水位高，下层低。因寒武系馒头组页岩隔水层抬高，水位往往较高，并且构成一个个独立的含水岩系。

一般奥陶系岩溶水具区域统一水位，若岩溶化程度很强的话，寒武、奥陶岩溶水也具有统一水位。

碳酸盐岩类分布区，以出露稳定型岩溶大泉为特征。含水层富水性的强弱，是岩溶发育程度的集中表现。它反映了含水层富水性垂直方向上的变化，以中奥陶系石灰岩最强，中寒武系鲕状灰岩次之。在平面分布上，受构造与地貌的控制，富水性强的地段一般呈条带状，且具有各向异性的特点。如太原兰村水源地最大出水点涌水量达$532.8m^3/(h \cdot m)$，而不远的另一井出水量则为$50.4m^3/(h \cdot m)$，两者相差十倍。又如保德铁匠铺水源地，S1孔终孔自流量为$84.6m^3/(h \cdot m)$，而相距30m的BS2孔，自流量仅为$24.1m^3/(h \cdot m)$，两者相差3.5倍。裂隙岩溶发育的不均匀性，导致地下水运动的不均匀性。

多年研究结果表明，山西岩溶地下水富集区主要是岩溶水强径流带（裴捍华等，2003）。通过对山西境内岩溶水强径流带的分析研究，不但可以揭示山西岩溶水强径流带的一些分布规律及特征，而且对我国北方地区岩溶水的研究有一定的参考意义。

岩溶水强径流带是指岩溶区以溶蚀裂隙为主，并与溶洞、溶孔相互交织形成的岩溶水集中径流带或富水带。岩溶水强径流带是岩溶水的主要特征之一，是研究岩溶水径流途径的一个重要组成部分。岩溶水强径流带是溶隙网络状的强岩溶带，发育于浅部地下水积极交替带，各向异性明显，地下水面呈槽谷型；强径流带上含水丰富、动态稳定，单井出水量大，成井率高，是建立岩溶水水源地的理想场所。根据成因特征，将山西岩溶水强径流带分为五种类型：接触带型、河谷型、构造带型、向斜谷地型和复合型。

山西岩溶是中国北方岩溶的重要组成部分。区内碳酸盐岩分布广泛，地层沉积稳定，岩溶发育，形成数十个相对封闭、相对独立的岩溶水系统，它们从补给区、径流区到排泄区大多有较大的补给、径流面积。受构造、地表河流等因素的影响，在各大岩溶水系统内常常发育有多个岩溶水强径流带。

纵观全区，岩溶水强径流带在各个岩溶水系统内均有分布，分布规模主要与岩溶含水系统的大小、河流的规模及构造有关，一般岩溶水含水系统越大，径流带规模越大，反之越小。岩溶水强径流带主要发育在裸露型岩溶与埋藏型岩溶的接触带、裸露灰岩区的河谷地带或断裂带部位，以及部分隐伏型灰岩或浅埋藏型灰岩的构造部位，类型以接触带型、河谷型及构造带型为主。通过对山西各岩溶水系统的分析研究，以及在大量水文地质勘查资料及野外调查的基础上，分析发现山西部分岩溶水强径流带具如下八个方面共同的水文地质特点：

1）强径流带自身即是溶隙网络状的强岩溶带。

2）强径流带的影响因素众多。

3）强径流带各向异性明显。

4）强径流带地下水面呈槽谷型。

5）强径流带含水丰富且均匀，是岩溶富水带。

6）强径流带地下水动态稳定。

7）强径流带地下水以岩溶泉群形式排泄。

8）由于岩溶水强径流带是层状或似层状溶隙网络状带，宏观上遵循线性渗流规律。

二、地热资源分布规律

山西是一个山地型高原，全省地貌由西向东分别为西部黄河东岸黄土高原、中西部吕梁褶皱断块隆起山地、东北部五台褶皱断块隆起山地、西南部中条山褶皱断块隆起山地、中部大同—忻州—太原—临汾—运城断陷盆地及东部太行褶皱断块隆起山地。山西储热岩层主要有：前寒武系由浅到深变质岩系，局部含大理岩及硅质石灰岩；古生界石灰岩系，中—上古生界为陆相及海陆交互相沉积，为山西主要含煤岩层；中生界陆相碎屑岩系；新生界多种成因及岩相的松散岩类沉积物；各构造期岩浆岩及变质岩系。

山西地处阴山东西构造带以南，秦岭东西构造带以北，为黄河东部和石家庄—安阳南北向构造带之间较活动的“山西陆台”。汾渭地堑为喜马拉雅期山西陆台形成的新裂陷，主要包括大同桑干河新裂陷、忻州滹沱河新裂陷、太原汾河新裂陷、临汾和运城新裂陷，这五大新裂陷盆地是山西省主要控热构造发育带，也是山西省地热田的主要分布区。山西活动断裂大部发育于桑干—滹沱—汾河陆槽，而断裂带及隐伏活动断裂带主要分布于盆地周边或盆地内部陷隆带两侧，各地热构造单元的地热地质条件均受这些活动断裂控制。

区内主要控热断裂包括：大同盆地受西北部洪涛山山前断裂及东南部恒山山前断裂控制；忻州盆地受北部五台山边山大断裂、西部云中山山前断裂和南部系舟山山前断裂控制；太原盆地受西边山断裂带、东边山断裂带及其内部亲贤地垒和汾河断裂控制；临汾盆地受西部吕梁山边山大断裂、东部太岳山—翔山（翼城东）山前大断裂、南部峨嵋台地北侧—紫金山山前断裂带控制；运城盆地受南部中条山山前深大断裂带、北部峨嵋台地南侧—紫金山山前断裂带控制。晋东台凹控制着沁水煤盆地热异常区；吕梁山鄂尔多斯断裂控制着鄂尔多斯盆地东缘地热异常区；恒山、燕山断块控制着浑源汤头地热异常区；太行山穹状隆起控制着盂县寺平安地热异常区。

山西省北自天镇—阳高盆地，南至运城盆地，西起鄂尔多斯盆地东缘，东到太行山区均有地热资源分布。但主要分布于中部断陷盆地区，相对于两侧山区属热水分布相对集中地带，地热资源占全省的90%以上。概括起来，山西地热资源具有四多四少的特点，即南部地热点多，北部地热点少；盆地平原区地热点多，山区地热点少；温水和温热水露头多，热水露头少；人工揭露地热点多，天然露头地热点少。

山西地热田多分布于大地热流值较高的中部断陷盆地区，盆地区地热田数量、密度远大于东西两侧山区；而盆地区尤以临汾、运城、忻州盆地地热表现集中，说明地热田分布与大地热流值的分布密切相关。在中部盆地区，居里等温面埋深一般为18～20km，大地热流值普遍高于71MW/m^2，地热表现活跃，其中临汾、忻州两大盆地大地热流值普遍＞79.5MW/m^2，为全省大地热流值的最高区域；而盆地两侧山区，居里等温面埋深增大，一般在28km以上，大地热流值一般＜54.5MW/m^2，低于全球平均大地热流值61.5MW/m，地热表现不明显。

沉积盆地型各类热储地热田盖层地温梯度值在水平方向上分布不均匀，孔隙型松散岩类和岩溶型碳酸盐岩类层状热储，南部地温梯度值高于中北部。碎屑岩类裂隙型层状热储层，中部地温梯度值高于南部；隆起山地型各类热储地热田，盖层地温梯度值分布亦不均匀，岩溶型碳酸盐岩类层状热储地温梯度值相对较低，裂隙型层状热储层地温梯度值相对岩溶型较高，裂隙型层状带状复合热储层地温梯度值最高，整体裂隙型热储层地温梯度值高于层状热储层。而在垂直方向上，孔隙型层状热储层（松散岩类）、裂隙型层状热储层（碎屑岩类）及裂隙型层状热储层（变质岩类）地热田由盖层到热储层的地温梯度一般呈递减趋势。岩溶型层状热储层（碳酸盐岩类）地热田由盖层到热储层的地温梯度一般呈递减趋势，在冷水干扰较大条件下，地热田由盖层到热储层的地温梯度呈递减趋势。

山西属于中低温传导-对流型地热资源，受地质构造、岩性、地层控制，可划分为隆起山地对流型热储和沉积盆地传导型热储两大类，区域划分为汾渭地堑沉积盆地型地热异常区和太行、吕梁山隆起山地型地热异常区。热储类型有沿断裂分布的带状热储层，沿断块隆起分布层状热储和沿变质岩基底隆起分布的层状热储。

山西省断陷盆地地热田，天镇—阳高盆地热储层主要为太古宇片麻岩及新近系松散岩类地层（N_2+Ar）；忻州盆地热储层主要为太古宇片麻岩（Ar）；太原盆地热储层主要为奥陶系中统峰峰组及上马家沟组碳酸盐岩为主（$O_2 f+s$）；临汾盆地热储层主要为新近系松散岩类地层（N）；运城盆地热储层主要为新近系及古近系松散岩类地层（N+E）。

三、浅层地热能资源分布规律

大量研究成果表明：浅层地热能分级控制特征明显，大地热流和年均气温控制浅层地热能大地成因。基岩埋深、地温梯度、活动断裂和地下水条件，控制浅层地热能区域分布规律。浅层地热能可采能力，则主要受浅层地温场、地下水条件、岩土体物质成分和结构、孔隙度、含水率和回填材料制约。常温层底板埋深温度等值线可以表征区域分布规律，基底埋深控制总体分布特征，后期活动断裂是影响和控制的关键因素，水文地质条件对浅层地热能迁移赋存规律影响较大。

（一）常温层底板埋深温度等值线可以表征浅层地热能区域分布规律

科学表述浅层地热能区域分布特征始终是个难题。由于常温层温度及深度是浅层地温场和浅层地热能资源的重要指标，实践表明，通过绘制常温层底板深度上的常温层温度等值线，运用常温层温度和深度两个参数，来研究浅层地热能区域分布特征与基岩埋深、地温梯度、活动断裂、水文地质条件的关系，进而研究浅层地热能区域分布特征。

（二）基岩顶界及其地温场特征是控制浅层地热能空间分布的基础条件

1.基底形态控制浅层地热能总体分布规律

基底起伏与常温层温度的横向变化呈正相关关系，表现为凹陷带低地温，凸起带高地温；基岩埋深与常温层顶板埋深呈正相关关系，基岩埋深越大的地区、地下水对地温的干扰越强，常温层顶板埋深越大，太原盆地就是这种情况。

2.基岩顶界地温场控制着浅层地温场的空间展布

3.地温梯度是控制浅层地热能可开采资源量的重要条件

除此之外，地温梯度还有两项重要特征：地温梯度等值线形态明显受活动断裂控制；地温梯度控制浅层地热能可开采资源量。

4.活动断裂是影响和控制浅层地热能的关键因素

从地源热传递角度来看，活动断裂改变了基岩裂隙，从而使得地球深部流体及热量向地表传递的通道发生改变。因此，也影响着浅层地热能的分布特征。活动断裂影响常温层顶板埋深；活动断裂是影响和控制浅层地热能可开采资源量的关键因素。

（三）地下水条件对浅层地热能迁移赋存规律影响较大

常温状态下，水具有较高的热容性和流动性，因此是热量传递的良好载体。

大气降水渗透、上游补给、构造活动以及人工开采地下水等，成为地下水流动的驱动力，可以促进热量的传递速率。在平面上，可以对地下温度场起到很好的温度展平作用；在纵深上，通过裂隙或导水通道中的对流，可以把热量带到地表或更远的排泄区，从而影响地下岩土体的温度变化。

地下水可以影响常温层顶板埋深。水动力条件较好的区域常温层顶板埋深较大，这主要是由于含水层与地表水、大气降水等联系紧密，易受外部环境的影响所致。

四、天然矿泉水分布规律

天然矿泉水的分布受活动性断裂构造和新生代断陷盆地控制，一般见于盆地边山和平原，主要分布在新生界的松散层内，其次为中生界、古生界的碎屑岩和碳酸盐岩地层各岩类中。山西矿泉水的达标元素和组分主要是锶，其次是偏硅酸。地热异常区的饮用天然矿泉水资源也很丰富，但一些热水中含氟超过国家标准。

山西饮用天然矿泉水的分布与区域地质构造的关系密切，特别是受活动性断裂构造和新生代断陷盆地的控制比较明显。大同、忻州、太原、临汾和运城这五大盆地的边缘基本上都是由活动断裂组成的。而上述五大盆地中隐伏的断块隆起区（潜山区），也是各盆地内部活动断裂的产物。粗略统计，山西70%的饮用天然矿泉水都分布在这些活动断裂带附近和盆地隐伏断块隆起区。

全省饮用天然矿泉水的分布与前长城系变质岩类、古生界碳酸盐岩类、中生界的碎屑岩类、新生界的松散岩类以及岩浆岩（玄武岩）五大岩类有关。除变质岩、岩浆岩（玄武岩）外，碳酸盐岩类、碎屑岩类和松散岩类分布区饮用天然矿泉水点的出露相对比较多。各类岩石饮用天然矿泉水的达标微量元素及组分主要是Sr，其次是H_2SiO_3。其他元素和组分达标的，主要分布在碳酸盐岩类、松散岩类和变质岩类地层中。

山西饮用天然矿泉水的分布除与地质构造和地层岩性等有关外，也与地形地貌有一定的关系。通过对矿泉水出露地貌类型的统计发现，矿泉水分布比较多的是盆地区的边山丘陵和平原。山地地貌区比较少见且分散。

1987年山西省地质矿产局曾在省内的39处地热异常区进行过饮用天然矿泉水的水质普查，每个热异常区采一个水样进行水质分析。结果发现，全部热异常区的锶元素都达到国标要求，而且含量比较高，有的点可达到4.9mg/L。大多数水中微量元素和组分达标的都在两项（Sr、H_2SiO_3）以上，有的甚至多达六项。热异常区饮用矿泉水微量元素及组分达标在四项以上的，除Sr、Zn、H_2SiO_3以外，还含有Li、I、Br、TDS等几项。目前开发地热异常区饮用天然矿泉水资源的最大问题是，相当一部分的水中氟含量超过国标（1.5mg/L），有的热水氟含量高达7.2mg/L。

五、氦气矿产资源分布规律

山西氦气资源勘查工作刚刚起步，目前的资料还难于支撑规律性的研究。国内专家学者研究成果为揭示我国天然气藏中氦气形成条件与富集规律，寻找和发现富氦资源，基于各盆地氦气含量及同位素数据统计和综合研究认为，我国氦气有如下形成规律：①提出氦气“生-运-聚”系统，相对于天然气藏中的其他气体组分，首先具有特殊性，主要表现在氦气分子结构简单、化学性质稳定，经历的组分分异和同位素分馏效应相对简单或较弱；氦源U和Th元素物理衰变及其释氦机理复杂、极低生氦速率和低浓度、高渗透和扩散性、聚集依附于载体气；同时又具有统一性，主要表现在氦气运聚成藏与分布同样遵循传统“含油气系统”和“成藏系统”的共性规律；②指出我国各类常规-非常规天然气田中氦气广泛弥散分布，资源品位总体较低（多数体积分数为0.10%左右或0.10%以下的贫氦资源），但低中有高，非均质性强，存在富氦资源；同时我国氦气来源和分布具有明显的分区分块差异性，东部地区天然气中混入不同含量的幔源氦，甚至高达60%以上，载体气存在有机-无机复合等多种成因，中、西部地区氦气以壳源成因为主，西部构造岩浆活动区存在少量幔源氦的混入；③提出氦气资源评价和选区方向，需要立足于盆地基底或盖层中富含放射性U和Th元素的较古老沉积岩（泥页岩、铝土岩等）、岩浆岩（花岗岩等）、变质岩（片麻岩等）等不同类型氦源辐射的有利载体气区，即近距古老优质氦源、深大断裂或构造岩浆活动、载体气规模发育及良好的保存条件，是氦气有利富集区。

李玉宏等提出的“山西式”氦气成藏模式仅在个别点上得到初步验证，这无疑是一个大胆的理论创新，有待大量的工程实践案例加以验证和完善。

第二节　水气矿产资源演化规律

20世纪90年代末期，我国开始重视大陆尺度水循环演化与区域地下水资源演化研究。1994年中国科学院和中国工程院院士张宗祜先生首先在国内提出开展“大陆水圈水循环演化研究”的科学建议，1995年得到原地质矿产部的大力支持，以部前沿重点基础项目的形式，下达了“大陆水循环演化”预研究项目——“区域地下水演化过程及其与相邻层圈相互作用研究”。在首席科学家张宗祜院士领导下，该项目历时四年时间，针对全新世以来华北平原区域地下水资源形成、演化过程及其与气候、地质和水文环境变化、人类活动之间相互作用机制等重大基础问题，以区域尺度水循环演变自然规律为理论指导，通过大量野外调查和室内外实验研究，初步查明了华北平原区域地下水演化过程、现状和近百年来人类活动对区域地下水形成、变化的影响，在区域地下水与相邻层圈的通量演化规律方面取得新认识，发现人类活动明显地影响区域地下水水文地球化学演变的进程，并在建立区域地下水循环演化动力模型方面取得重要进展。1996年中国科学院地学部将“大陆水圈循环演化研究”列入“21世纪发展纲要”中，从战略角度确立了“大陆水循环演化”在我国地学研究中的地位。在1999年国家重点基础研究发展规划项目申报中，出现多项以水循环为指导思想的申报项目，“大陆水循环演化”研究思想得到了水科学界的广泛重视。在2000年国土资源部国土资源大调查的水工环基础研究中，有关地下水形成的水循环演化研究已成为主基调。

改革开放以来，随着经济社会的高速发展、人口的增长、城镇化步伐加快、人民生活水平的提高及要求生态环境的改善，对水的需求不断增加，气候因素的变化和人类活动对水资源的影响，山西省水资源情势及其开发利用条件发生了新的变化。特别是20世纪80年代以来，我国华北地区进入了一个较长的枯水期，气温升高，降水量趋于减少，加之全省范围内大规模人类活动的影响，使得水文下垫面条件发生了很大改变，导致地表水量和水资源总量均有明显减少。同时，水资源质量状况以及水资源开发利用状况都产生了相当程度的改变，致使水资源分布和利用结构亦发生了很大变化。

一、资源量演化规律

（一）地下水资源量演化规律

综合分析山西地下水资源量演化情况，可以得出以下四条规律性的认识：

1）降水减少导致地下水资源补给量持续下降。

2）采煤导致地下水资源存储空间缩小、资源量大幅度减少。

3）多种原因导致岩溶水资源量大幅减少。

4）松散岩类孔隙水资源总量减少、流场改变。

（二）地热水资源量演化规律

由于大气降水在逐步减少，地下水补给量在减少，同样，地热水也在减少。但是，山西地热水资源量的减少，主要是由于长期的过量开采，导致凉水入侵，热储范围缩小。有的甚至完全失去开发利用价值。这方面的情况在忻州奇村、顿村及运城市盐湖区问题比较突出。

（三）矿泉水资源量演化规律

山西矿泉水资源量总体来看也在不断减少，这是由于多方面的原因形成的。一方面由于山西各含水岩组水资源量在减少，因此，矿泉水资源量也在不断减少，这是不难理解的；另一方面，由于人类工程活动使地下水水质普遍变差，原来认定的饮用天然矿泉水已经不符合现行标准，这也导致矿泉水资源总量减少。

二、资源质量演化规律

（一）地下水资源质量演化规律

山西省地下水不论是松散岩类孔隙水还是基岩裂隙水，均处于向水质严重恶化的方向发展，这主要是由于人为因素不合理开采和污染的原因。

1.松散岩类孔隙水质量演化规律

将山西六大盆地地下水动态类型分浅、中深层归纳为气象径流、开采气象型、开采水文型、开采径流型和开采下降型、径流开采型、气象径流型。经对盆地区浅、中、深层水位变化进行对比。盆地区浅层孔隙水多年动态相对稳定，中深层孔隙水呈现明显下降趋势。对盆地流场变化进行对比得知，六大盆地主要漏斗位置、范围、下降速率等变化情况各有差异。

通过对盆地水化学场时空演化分析，从盆地孔隙地下水的环境演化，到水化学特征，再到地下水化学类型的分带和提示意义进行综合判断，发现盆地孔隙水的水化学类型分带与其水动力条件相吻合，盆地孔隙水的补给区地下水水位落差大，地下水流动迅速，其水化学类型也以低TDS的HCO_3型、$HCO_3\cdot SO_4$型为主；径流区地势平缓，地下水水位相差不大，地下水流动相对滞缓，水化学类型以TDS较高的$HCO_3\cdot SO_4\cdot Cl$型为主；排泄区地下水基本上处于滞流状态，其水化学类型也转为高TDS的$HCO_3\cdot Cl$型与$SO_4\cdot Cl$型。各盆地总体表现为由山前倾斜平原到冲湖积平原，水质逐渐变差。通过对比近30年地下水开采情况，发现盆地地下水资源的开发利用加速了地下水的循环交替，盆地中部水位下降，蒸发盐化作用减弱，微咸水区显著减少。

2.岩溶地下水质量演化规律

近30年来岩溶地下水质普遍下降，TDS增高、硬度增大成为普遍现象，一些地方岩溶地下水中出现有害元素或组分。

山西省岩溶地下水系统多数为水煤共存系统，而且具有“煤在楼上，水在楼下”的结构特点，煤矿开采、发电等活动形成的工业废气、废水、废渣不同程度地参与了岩溶地下水的循环过程，使得岩溶地下水水质出现恶化趋势。水质趋势性恶化的主要原因是采煤活动，特别是近年来部分煤矿关闭后的劣质“老窑水”出流通过河道渗漏污染。并且随着煤矿开采深度的加大，矿坑突水的频率加大，利用含有大量污染成分的固体物质进行封堵，快速地污染岩溶水。如2017年6月22日，介休市鑫峪沟煤矿发生了9号煤层底板突水，总突水量600m^3/h。2017年10月—2018年4月间向奥陶系含水层注浆，欲将奥陶系含水层改造成隔水层，仅半年时间向奥陶系含水层内注黏土、煤粉灰、水泥、干料等107294m^3。

大量的采空区地面塌陷、地面裂缝、废弃井筒、通天式（通达地表）岩溶陷落柱、导水断层、封闭质量差的钻孔均是岩溶地下水污染的直接或间接通道。

近年来，山西煤下铝开采（煤铝共采）已经成为社会共识，但必须根据铝土矿赋存的矿区水文地质条件区别对待，在铝土矿岩溶水带压区是不宜开采或必须经过周密论证方可施行。对于峰峰组地层含水且带压、有导水构造的情况，采取强排水以及治理的措施是不可取的。为了开采铝土矿，设强排水系统疏干岩溶水或通过工程措施形成隔水层底板的说法，在山西省乃至全国未见有成功的先例，这样做，不但难以改变铝土矿底板的水文地质条件，而且会污染岩溶水，即便能够形成铝土矿隔水层底板，但经济上合理吗？笔者认为，铝土矿开采和岩溶水保护具有同等重要的地位，两者不能厚此薄彼，“矿产资源要在保护中开发，开发中保护”这个我们喊了多年的口号必须落实在实际工作中。

此外，20世纪80年代污染比较严重的氧化物，经过整治后，近年来氧化物污染状况有所好转，虽然在部分泉水中仍有检出，但均未出现超标现象。十几年来，山西省岩溶地下水水质总的发展趋势是与冶炼、铸造有关的重金属污染状况有所改善，但与采煤、居民生活有关的有机污染和更能代表泉域整体环境的TDS、硬度等污染状况加重。山西省岩溶泉水的水质总体趋势仍向变劣方向发展。

山西省岩溶大泉泉域都是巨型水资源系统，岩溶地下水从补给到排泄完成一个循环周期需要数年甚至更长时间，地下调节库容都在数亿到数十亿立方米，如包括静库容则可达到百亿立方米，水化学组分在含水层中运移，除了水力作用下的对流迁移外，还存在着化学浓度梯度驱动下的扩散过程，因此一些污染组分含量的增加似乎是微不足道，但它的污染是代表一种全方位的整体污染，是数亿至数十亿立方米地下水与地下水库的污染。所以说，山西省岩溶地下水污染发展趋势与污染状况是相当严峻的。

（二）地热水资源质量演化规律

地热作为绿色环保能源，其开发利用价值越来越高。山西省地热资源较丰富，大力发展地热能产业，促进地热资源合理利用，对促进全省能源结构调整，经济转型跨越发展，减轻能源供应压力，尤其是减少CO_2排放和保护环境具有十分重要的意义。

地热水资源质量演化方向主要取决于人类对其规划、勘查、开发利用及管理与保护方式、力度等综合因素。山西地热资源的开发，从最初的利用地热水天然露头温泉洗浴开始，到打井几十米取水、几百米取水、几千米取水综合利用，经历了漫长的过程，目前打井深度最大已经超过4000m，2023年以前虽然编制过地热资源勘查及开发利用规划，但未发布实施，因此，对地热资源开发利用缺乏有效的管理措施，基本处于无序的开采状态，因此，造成了许多地热田水位下降、热田范围萎缩、水温降低、水质变差的局面。总之，目前山西省地热水资源质量一般向着变差的趋势演化。

2023年山西省自然资源厅出台了《山西省地热尾水回灌技术要求（试行）》《山西省地热地质环境监测技术要求（试行）》，山西省地热资源开发利用进入了快速发展时间，该规范必须严格执行，地热尾水回灌必须水质达标，否则会严重污染宝贵的地热水资源。

（三）矿泉水资源质量演化规律

根据2010年对山西省已经完成勘查评价的95处天然矿泉水点实地调查结果（包括水井59眼，泉水36处），保持完好的83处，占总数的87.4%，12处已经干枯，占总数的12.6%。到现在为止，又十多年过去了，而且是经济社会飞速发展的时期。估计因城镇建设、交通建设、煤矿开采、地下水污染以及其他自然或人为因素受到破坏的矿泉水点不会是少数。总体来看，山西省从20世纪80年代开展天然矿泉水评价工作以来，矿泉水质量在向水质恶化、水量减少的方向演化。同时，我们也必须看到党的十八大以来，党和政府生态环境建设的指导思想发生了重大变化，开展实施了系统的生态环境建设政策及工程，绿水青山在不断地增加，同样天然矿泉水质量演化也走上了良性循环的道路。

主要参考文献及资料

柴继光. 1991. 运城盐池研究[M]. 太原：山西人民出版社.

常建忠. 2021. 山西省岩溶大泉地下水超采治理保护措施与经验[J]. 中国水利，(07)：043–045.

常毅军，崔君鸣，桂学智. 2007. 山西煤炭资源及其开发战略评价[M]. 北京：煤炭工业出版社.

陈德坤. 1988. 山西省的地下热水[J]. 山西地质，(2)：121–129.

陈德坤. 1994. 山西饮用天然矿泉水的分布特征[J]. 华北地质矿产杂志，(4)：351–355.

陈梦熊. 2003. 中国水文地质工程地质事业的发展与成就：从事地质工作60年的回顾与思考[M]. 北京：地震出版社.

崔铁牛. 1994. 晋泉之韵[M]. 太原：山西古籍出版社.

范堆相.2005.山西省水资源评价[M].北京：中国水利水电出版社.

范建民，郭建平. 2013. 山西省忻州市各煤田（矿）水文地质条件及煤矿水害防治[M]. 太原：山西出版传媒集团・三晋出版社.

郭崇光，李振拴，赵莹，等. 2006. 水文地球物理测井方法与应用[M]. 北京：煤炭工业出版社.

郭慕萍，等. 2015. 山西气候[M]. 北京：气象出版社.

国土资源部地质环境司，中国地质调查局. 2003. 地下水耕耘者[M]. 北京：地质出版社.

韩凤财. 1994. 塞北雪（锂–锶–偏硅酸）珍贵天然矿泉水[J]. 华北地质矿产杂志，(04)：365–368.

韩行瑞，鲁荣安，李庆松. 1993. 岩溶水系统—山西岩溶大泉研究[M]. 北京：地质出版社.

韩颖，曹金亮，李中琴. 1994. 太原市森林公园Tc—S_2自流井饮用天然矿泉水水质特征[J]. 华北地质矿产杂志，(04)：385–388.

韩颖，阎世龙，马汉田，等. 2008. 山西六大盆地地下水资源及其环境问题调查评价[M]. 北京：地质出版社.

何亚东，贾小丰，张自宾，等. 2023. 阳高–天镇地区高温地热系统形成机制及资源开发前景研究[J]. 水文地质工程地质，50(4): 39–49.

贺秀全. 1988. 运城盆地高氟地下水形成特征探讨[J]. 山西地质，(2)：189–195.

霍万户，史桂霞. 1991. 温泉疗养指导[M]. 太原：山西科学教育出版社.

霍万户，张瑞霞. 1992. 山西省和内蒙古自治区的医疗矿泉[J]. 中国疗养医学，(02)：13–16.

贾福海. 1993. 中国玄武岩地下水[M]. 北京：地质出版社.

孔宪祯，等. 1996. 山西晚古生代含煤地层和古生物群[M]. 太原：山西科学技术出版社.

《矿产资源工业要求参考手册》编委会. 2021. 矿产资源工业要求参考手册[M]. 北京：地质出版社.

李波. 2015. 峰峰组隔水关键层对下组煤带压开采的影响研究[J]. 煤炭科学技术，(10)：67–71.

李济远，李玉宏，胡少华，等. 2022."山西式"氦气成藏模式及其意义[J]. 西安科技大学学报，(03)：529–536.

李军，等. 2008. 山西省农村饮用水水质卫生状况调查[J]. 环境与健康，(02)：130–131.

李淼. 2018. 山西省奥陶系峰峰组富水性影响因素研究[J]. 中国煤炭地质，(10)：55–60.

李世忠，王宏义. 1994. 山西省热矿水资源的分布特征及其利用[J]. 国土与自然资源研究，(04)：35–39.

李屹峰，雷勇，闫冰华，等. 2019. 山西地质公园. 武汉：中国地质大学出版社.

李屹峰，雷勇，张炜，等. 2017. 山西省重要地质遗迹. 武汉：中国地质大学出版社.

李玉宏，等. 2022. 渭河盆地氦气成藏条件及资源前景（修订版）[M]. 北京：地质出版社.

李振拴，宋志刚，罗斌，等. 2023. 煤矿水害隐患咨询及事故案例剖析[M]. 北京：应急管理出版社.

梁永平，张发旺，申豪勇，等. 2019. 山西太原晋祠–兰村泉水复流的岩溶水文地质条件新认识[J]. 水文地质工程地质，

46(01)：11–18+34.
刘超，孙蓓蕾，曾凡桂，等. 2021. 鄂尔多斯盆地东缘石西区块含氦天然气的发现及成因初探[J]. 煤炭学报，(4)：1280–1286.
刘刚，李述靖，曹文玉，等. 地球上的环形山——析城山岩溶洼地成因分析[J]. 国土资源遥感，91(4)：129–131.
刘芮. 2020. 山西省地热能开发利用浅析[J]. 科学技术创新，(15)：10–11.
刘晓东. 2017. 忻州市岩溶大泉与地热水资源开发利用与保护[M]. 郑州：黄河水利出版社.
陆远昭，等. 2002. 山西煤田水文地质与环境地质研究[M]. 太原：山西科学技术出版社.
陆远昭，赵志怀，陆家河，等. 2012. 山西煤水资源合理开发与保护研究[M]. 北京：煤炭工业出版社.
马汉田，乔清海，翟一帜，等. 2018. 山西浅层地温能开发利用前景分析[J]. 山西煤炭，(01)：58–65.
牛清清. 2015. 长治盆地地下水开发利用分析及对策[J]. 山西水土保持科技，(02)：27–29.
牛仁亮. 2003. 山西省煤炭开采对水资源的破坏影响及评价[M]. 北京：中国科学技术出版社.
裴捍华，梁树雄，宁联元. 2005. 大同盆地地下水中砷的富集规律及成因探讨[J]. 水文地质工程地质. (4)：65–69.
裴捍华，杨亲民，郭振中，等. 2003. 山西岩溶水强径流带的成因类型及其水文地质特征[J]. 中国岩溶，(03)：55–60.
钱学溥，陈善成. 2019. 矿坑涌水量计算[M]. 北京：地质出版社
钱学溥. 1975. 怎样找地下水[M]. 北京：地质出版社.
钱学溥. 1990. 中国蓄水构造类型[M]. 北京：科学出版社.
任志刚，李青，芦燕妮. 2020. 2018年山西省农村生活饮用水卫生学调查[J]. 环境与健康，(08)：729–7319.
山西地质博物馆. 2023. 三晋大地之水韵华章[M]. 太原：山西出版传媒集团・三晋出版社.
山西科学技术出版社. 韩颖，张宏民，张永峰，等. 2017. 大同盆地地下水高砷、氟、碘分布规律与成因分析及质量区划[J]. 中国地质调查，(01)：57–68.
山西旅游地质编委会. 2007. 山西旅游地质[M]. 北京：地质出版社.
山西省地方志编纂委员会.1993. 山西通志・第四卷：地质矿产志[M]. 北京：中华书局.
山西省地方志研究院. 2020. 山西省志・环境保护志[M]. 北京：中华书局.
山西省地方志研究院. 2022. 山西省志・水利志[M]. 北京：中华书局.
山西省地图集编纂委员会.1994.山西省能源地图集[M]. 北京：科学出版社.
山西省地图集编纂委员会.2000.山西省历史地图集[M]. 北京：中国地图出版社.
山西省地图集编纂委员会.2007.山西省环境保护地图集[M]. 济南：山东省地图出版社.
山西省地图集编纂委员会.2007.山西省灾害地图集[M]. 济南：山东省地图出版社.
山西省地图集编纂委员会. 2012. 汾河流域地图集[M]. 西安：地图出版社.
山西省地图集编纂委员会.2012.山西省近现代史地图集[M]. 西安：西安地图出版社.
山西省地图集编纂委员会.2012.山西省农业地图集[M]. 西安：西安地图出版社.
山西省地图集编纂委员会.2014.山西省能源地图集[M]. 西安：西安地图出版社.
山西省第一次全国水利普查领导小组办公室. 2015. 山西省第一次全国水利普查成果报告（上、下册）[M]. 北京：中国水利水电出版社.
山西省国土资源厅. 2003. 山西地质遗迹[M]. 北京：地质出版社.
山西省国土资源厅. 2010. 山西省水文地质工程地质环境地质工作发展史[M]. 太原：山西科学技术出版社.
山西省计划委员会，山西省测绘局，山西省地图集编辑部. 1990. 山西省国土资源地图集[M]. 北京：测绘出版社.
山西省史志研究院.1999. 山西通志・第十卷：水利志[M]. 北京：中华书局.
山西省水利厅. 2011. 山西省岩溶大泉变迁与保护[M]. 太原：山西经济出版社.
山西省水利厅，中国地质科学院岩溶地质研究所，山西省水资源管理委员会. 2008. 山西省岩溶泉域水资源保护[M]. 北京：中国水利水电出版社.

山西省水利厅，中国地质科学院岩溶地质研究所，山西省水资源管理委员会. 2009. 山西省特大干旱年应急水源规划[M]. 北京：中国水利水电出版社.

山西省水利厅. 2011. 山西省清泉水流量调查成果[M]. 郑州：黄河水利出版社.

山西省水利厅. 2011. 山西省岩溶大泉变迁与保护[M]. 太原：山西出版集团・山西经济出版社.

田廷山，李明朗，白冶. 2006. 中国地热资源及开发利用[M]. 北京：中国环境科学出版社.

唐春雷，梁永平，晋华，等. 2022. 山底河流域煤矿酸性矿井水野外监测[J]. 中国岩溶，(03)：522–530.

汪民. 2010. 中国地热大事记（1950—2010）[M]. 北京：地质出版社.

汪民. 2010. 中国地热大事记[M]. 北京：地质出版社.

汪民. 2010. 中国地热能：成就与展望——李四光倡导中国地热能开发利用40周年纪念大会暨中国地热发展研讨会论文集[M]. 北京：地质出版社.

王贵玲，张薇，梁继运，等. 2017. 中国地热资源潜力评价[J]. 地球学报，38(04)：449–459.

王贵玲，等. 2018. 中国地热志・华北、东北、西北卷[M]. 北京：科学出版社.

王划. 2022. 山西省黄河流域地下水水源地开发利用及现状分析[J]. 华北自然资源，(01)：023–026.

王润福. 2014. 走进山西地质博物馆[M]. 北京：地质出版社.

王润福. 2015. 一方水土[M]. 北京：地质出版社.

王西文. 1989. 用航磁异常寻找地热田—以山西地热田为例[J]. 山西地质，(4)：89–94.

王学军，张庆辉，傅雪海. 2015. 山西省煤层气储层物性特征及资源评价[M]. 北京：煤炭工业出版社.

王焰新，等. 2022. 原生高砷地下水[M]. 北京：科学出版社.

卫万顺，李宁波，冉伟彦，等. 2010. 中国浅层地温能资源[M]. 北京：地质出版社.

卫万顺，李宁波，郑桂森，等. 2020. 中国浅层地热能成因机理及其控制条件研究[J]. 城市地质，(1)：1–8.

卫万顺，郑桂森，冉伟彦，等. 2010. 浅层地温能资源评价[M]. 北京：中国大地出版社.

魏文革. 1994. 稷山南阳锌–锶–偏硅酸优质饮用天然矿泉水[J]. 华北地质矿产杂志，(04)：481–486.

文冬光，张二勇，王贵玲，等. 2023. 干热岩勘查开发进展及展望[J]. 水文地质工程地质，50(4)：1–13.

吴玉琪. 2007. 太原盆地地下热水分布特征[J]. 山西能源与节能，(01)：41–42.

武鹏林，韩彩霞，杜咏梅. 2009. 饮用水水源地环境保护规划理论与实践[M]. 北京：中国水利水电出版社.

谢鸿喜. 1990.《水经注》山西资料辑释[M]. 太原：山西人民出版社.

谢文苹，等. 2020. 青海共和盆地干热岩勘查进展及开发技术探讨[J]. 石油钻探技术，48(03)：77–84.

谢先军，苏春利，段萌语. 2014. 山西大同盆地地质成因高砷地下水系统地球化学研究[M]. 武汉：中国地质大学出版社.

邢集善，等. 1989. 试从地球物理资料论山西地堑系的构造特征[J]. 山西地质，(4)：78–83.

徐永新，张志祥，张永波，等. 2017. 山西岩溶泉研究进展与前瞻[J]. 太原理工大学学报，48(3)：413–426.

杨国礼. 1994. 定襄七郎山锶–偏硅酸天然矿泉水水质特征[J]. 华北地质矿产杂志，(04)：375–379.

张青喜，赵怀亮. 2000. 山西省地方性砷中毒调查报告[J]. 中国地方病学杂志，(06)：439–441.

中国地质大学（武汉），山西省水资源管理委员会. 1993. 山西省地下热水及饮用天然矿泉水[M]. 北京：地质出版社.

中国地质调查局. 2006. 西部严重缺水地区人畜饮用地下水勘查示范工程[M]. 北京：中国大地出版社.

中国地质调查局. 2012. 水文地质手册（第二版）[M]. 北京：地质出版社.

中国地质调查局. 2023. 中国地热资源[M]. 北京：地质出版社.

中国地质学会21世纪中国地质研究分会，中国地质图书馆. 2016. 中国地质工作发展历程及主要经验 [M]. 北京：地质出版社.

中国地质学会岩溶地质专业委员会. 1982. 中国北方岩溶和岩溶水[M]. 北京：地质出版社.

周永昌，郭晓峰，赵晓平，等. 2013. 山西地下水资源与开发利用研究[M]. 太原：山西出版传媒集团・山西科学技术出版社.

周永昌，齐永生. 1994. 榆次龙王山锌–锶优质天然矿泉水[J]. 华北地质矿产杂志，(04)：416–420.

周永昌. 1994. 武乡南沟锂-锶优质饮用天然矿泉水[J]. 华北地质矿产杂志，(04)：441-444.

李振拴. 2009年6月. 山西省煤矿水害事故形成原因及防池措施（《2009年全国煤矿水害防治工作座谈暨技术研讨会论文集》）.

山西煤田水文地质229队，李振栓，等. 1991年12月. 山西省晋城市五龙沟、望川、成庄水源地勘探报告[R].

山西省地矿局第二水文地质工程地质队. 1988年12月. 山西省南部地热资源普查报告[R].

山西省地球物理化学勘查院，张宏民，等. 2021年4月. 山西省运城市城区地热资源调查评价报告[R].

山西省地球物理化学勘查院，张宏民，徐世桐，李致君，等. 2021年4月. 山西省运城市城区地热资源调查评价报告[R].

山西省地图集编纂委员会. 1984年10月. 山西省自然地图集.

山西省地质调查院，马汉田，等. 2015年6月. 山西省地热资源现状调查评价与区划报告[R].

山西省地质调查院，王权，等. 2021年12月. 山西省地质调查“十四五”规划.

山西省地质调查院，张海永，等. 2015年12月. 山西省主要城市浅层地温能开发区1：5万水文地质调查报告[R].

山西省地质调查院，张海永，马汉田，等.2014年4月.山西省六大盆地重点地区浅层地温能调查评价报告[R].

山西省地质调查院，张宏民，等. 2016年3月. 山西省六大盆地地下水污染调查评价报告[R].

山西省地质调查院有限公司，张宏民，黄虎城，等. 2022年9月. 山西转型综改示范区中部产业整合区城市地质调查报告[R].

山西省地质工程勘察院，李双庆，等. 2004年11月. 朔州市平鲁区平番城水源地水文地质初步勘查报告[R].

山西省地质工程勘察院，苗春燕，等. 2017年10月.《山西省地下水资源图》说明书.

山西省地质工程勘察院，周兴平，等. 2006年10月. 山西省地热矿泉水资源调查报告[R].

山西省地质环境监测中心，陈元明，等. 2019年11月. 山西省地面沉降现状与防治研究成果报告[R].

山西省地质环境监测中心，贺秀全，等. 2010年12月. 山西省地面沉降地裂缝调查报告[R].

山西省地质局水文队革命委员会，肖菁英，等. 1978年12月. 山西省太原市兰村供水水文地质补充勘察报告[R].

山西省地质勘查局. 2008年4月. 地质丰碑—山西省地质勘查局五十周年局庆成果集 山西省地质勘查局大事记 地质风采—山西省地质勘查局五十周年局庆图片集 地质情怀—山西省地质勘查局五十周年局庆征文集（上、下册）.

山西省地质勘查局二一七地质队，杨景洲，等. 2021年11月. 大同盆地地下水动态监测报告（2021年度）[R].

山西省地质勘查局二一四地质队，姚文兵，等. 2009年12月. 运城市城区地热水水文地质普查报告[R].

山西省地质矿产局第二水文地质工程地质队，贾笃民. 1989年11月. 山西省新绛县西马医疗天然矿泉水评价报告[R].

山西省地质矿产局第三水文地质工程地质队，郑兆丰，等. 1986年12月. 山西省榆次市西窑饮料矿泉水评价报告[R].

山西省地质矿产局第三水文地质工程地质队，周永昌，等. 1990年6月. 山西省榆次市西窑水源地水文地质勘探报告[R].

山西省地质矿产局第三水文地质工程地质队，周永昌，等. 1997年12月. 山西省榆次北山岩溶水水源地勘探报告[R].

山西省地质矿产局第一水文地质工程地质队，曾德钦，等. 1984年4月. 山西省太原市西张地区供水水文地质勘探报告[R].

山西省地质矿产局第一水文地质工程地质队，陈先庚，等. 1987年6月. 山西省河曲电厂龙口水源地水文地质勘探报告[R].

山西省地质矿产局第一水文地质工程地质队，郭新喜，等. 1987年12月. 山西省河曲县旧县地区供水水文地质详查报告[R].

山西省地质矿产局第一水文地质工程地质队，贾维钊，等. 1986年10月. 山西省保德电厂供水铁匠铺水源地水文地质详勘报告[R].

山西省地质矿产局第一水文地质工程地质队，李双庆，等. 1992年8月. 山西杏花村汾酒厂石门沟岩溶水水源地供水水文地质勘探报告[R].

山西省地质矿产局第一水文地质工程地质队，袁学敏，等. 1991年8月. 山西省太原东山枣沟水源地岩溶水供水水文地质勘探报告[R].

山西省地质矿产局环境地质总站，贺秀全，等. 1994年12月. 山西省地下热水调查[R].

山西省第二水文地质工程地质队，廉辉民，等. 1996年4月.山西省万荣县汾河口山西铝厂水源地勘探报告[R].

山西省第二水文地质工程地质队. 1988年8月. 山西省河津县禹门口水源地供水水文地质勘探报告[R].

山西省第三地质工程勘察院，薛奋宏，等. 2019年12月. 山西省运城—临汾盆地地热井氡气资源调查报告[R].

山西省第三地质工程勘察院. 2006年12月. 山西省晋城市新水源地(郭壁段)岩溶水供水水文地质勘探报告[R].

山西省第三水文地质工程工程队. 1990年12月. 山西省原平县滹沱河畔南阳—桃园段供水水文地质详查报告[R].

山西省第一水文地质工程地质队，郭振中，等. 1994年3月. 山西水泥厂潞城县侯家庄岩溶水水源地供水水文地质勘探报告[R].

山西省第一水文地质工程地质队，刘洋明，等. 1990年9月. 山西省兴县东部乔家沟岩溶水水源勘察报告[R].

山西省第一水文地质工程地质队，任高京，韦梅华，王斌，等. 2021年5月. 山西省阳高县—天镇县—带干热岩地热资源预可行性勘查报告[R].

山西省第一水文地质工程地质队. 2018年9月. 山西省第一水文地质工程地质队队史（1958—2018年）.

山西省煤炭地质局志编纂委员会. 2014. 山西省煤炭地质局志（煤炭地质勘查工程技术卷、管理卷・组织卷、附卷・地质勘查成果表）.

山西省煤炭资源管理委员会，山西煤田地质勘探公司. 1986年3月. 山西省煤炭资源图集.

山西省煤田地质229队，李振拴，等. 1991年12月. 山西省晋城市五龙沟、望川、成庄水源地勘探报告[R].

山西省生态环境厅. 2011—2022年. 山西省生态环境状况公报.

山西省水利水电勘测设计研究院. 2008年10月. 五十年历程（1958—2008年）.

山西省水利厅. 2011—2022年. 山西省水资源公报.

山西省水利厅. 2013年7月. 山西省地下水超采区评价报告[R].

山西省阳泉市水资源管理委员会，山西省地质矿产局第一水文地质工程地质队，赵敬孚，王贵喜，等. 1986年11月. 山西省盂县寺平安地区热矿水勘查报告[R].

山西省自然资源厅. 2023年5月. 山西省地热资源勘查开发规划（2021—2025年）.

中国地质科学院岩溶地质研究所，梁永平，等. 2019年5月. 汾河流域晋中南大型岩溶泉域1：5万水文地质调查报告[R].

后　记

水是生命之源，是经济社会发展的命脉。缺水是山西的至痛，兴水是三晋的夙愿。加强水资源保护研究，提高水资源开发利用水平，是在水资源越来越紧缺的情况下全社会面临的一项紧迫任务。著作《山西水气矿产资源》就是为了全面总结和概括山西水文地质勘查与研究工作成果，挖掘历史及现实资料，发现存在的问题，为今后工作提供借鉴。这是一项具有历史意义的工作，作者深感责任重大，任务艰巨，使命光荣。

水文地质工作应当如何承前启后走向新时代，是一个重大命题，山西水文地质工作者，尤其是长期奔波投身于第一线的老一代水文地质工作者面临的一个具有深远意义的重大课题。为此，急需客观、全面、系统、科学地对水文地质工作已经走过的不平凡历程，认真地从正反两方面予以回顾、总结、反思与展望，力求总结经验和吸取教训。并在现代科学指导下，对其专业范畴的诸多方面，尽可能多地总结一些规律性的认识，以求对未来山西水文地质工作的发展战略提供借鉴。这是本书作者的愿望。

本着对历史负责的态度，本书中所有数据与信息均进行了认真的核对，绝大多数资料是经过与原出处比对的，有时为了求证一个数据就要查阅多个报告询问几个人，这无疑带来了很大的工作量，但笔者始终认为这样做是值得的，唯有如此，才能避免以讹传讹误导人，确保这些资料经得起历史的检验。笔者实际上是这样做的，客观效果如何，有待专著面世后读者的评判。

在资料的引用方面，本着求新、求准、求全的思路来取舍，资料引用截至2023年12月31日。

中华人民共和国成立70多年来，特别是改革开放40多年来，省内外的水文地质工作者开展了大量地水文地质勘查、研究工作，不但为全省经济社会发展提供了地下水资源保障，而且形成了海量的水文地质勘查报告、科研成果、专业著作及学术论文，特别是在岩溶大泉研究方面，山西不仅在华北，而且在全国具有研究条件的典型性、开发利用的普遍性、研究成果的先进性、学术观点的权威性。如何将这些成果或资料全面、准确、客观地体现本书中，是笔者一直深入思考的问题和努力奋斗的目标，力求把最新的成果收纳进来，尽量全面客观地反映山西水气矿产资源情况。

本书整理、收入了众多山西水文地质勘查及研究成果，以及有关专著、学术论文的精华内容和学术观点。由于本书编写内容涉及专业面广、时间跨度大、资料海量，加之笔者水平所限等种种原因，资料搜集又非常困难，虽然通过不同渠道多方努力，仍有许多重要成果或资料没有搜集到，深表惋惜。如全省县城以上城市集中供水地下水水源地约240处，大型、特大型水源地亦比较多，但本书仅搜集到150处地下水水源地的基础资料，仅占总量的63%，少部分搜集到勘查成果；岩溶大泉水源地的水文地质资料很多，但是要作为典型水源地介绍，没有勘查成果、专家评审意见及管理部门的批复文件显然是不合适的。因此，在典型地下水水源地案例中未达到大型、特大型全覆盖，这是本书的遗憾；又如全省火力发电厂目前仍有许多以地下水作为主要水源，本书搜集到的资料却很少，这不得不说是又一大遗憾。即使搜集到的资料也是精度、数据参差不齐，表达方式各异，有的甚至是同一内容、同一时间提供的参数，数值大小相差悬殊，给资料的引用整合带来了极大的困难，对于这种情况只能尽量列出详细数据与具体出处，供读者自行考证与甄别使用；由于引用成果及资料时间跨度长达70余年，不同时段成果依据的标准、规程规范亦不同，有的甚至有很大的差别，比如《饮用天然矿泉水》标准共有四个版本，因此，提请读者在本书阅读和使用中应加以注意。

考虑到《山西水文地质大事记》《水文地质专业主要标准规范一览表》两个附录与本书其他十章内容没有逻辑关系，作为章节编排不合适，作为史志性著作没有这些内容又觉得非常缺憾，经再三斟酌作为附录编排。相比较而言，《水文地质专业主要标准规范一览表》编写比较容易，均为政府部门公开发布的文件，而《山西水文地质大事记》的遴选则非常困难，没有标准与规范，全靠作者自己理解与把控，内容的多少、代表性则完全取决于作者资料的占有程度和总结概括能力，主观因素影响程度非常大。本书共选出大事记367条，是否合理及全面，有待读者的评判。

编写这样一部跨越不同时代，囊括水气矿产专业全部内容的专著，在山西尚属首次，亦为笔者一次有益的尝试。本书汇集了山西省内外各地质勘查部门与有关单位水文地质工作70多年的主要成果。各章节风格力求基本相同，但某些学术观点不强求一致，本着基本尊重原始成果的见解，在力所能及的范围内进行了规范与统一。本书虽出自笔者之手，但它是省内外水文地质工作者长期奋斗、辛勤劳动的成果与结晶。正当我国社会主义建设进入新时代、山西经济进入转型跨越发展之际，谨将本书奉献给广大读者，笔者感到非常欣慰。不敢说本书有什么重要的学术价值，但聊以自慰的是基本搜集了中华人民共和国成立70多年来全省水文工作的绝大多数成果，内容非常丰富，信息量很大，这不仅为山西今后进一步开展这方面工作提供了借鉴，亦具较高的史料价值。

经过五年的辛勤努力，六次大的系统性修改，本书终于脱稿了，笔者有一种如释重负的感觉。本书共10章48节及2个附录，包括插图103幅（包括全省域1：300万比例尺插图31幅，其中14幅图为原创）、表格162张、彩照44帧，实际查阅的报告及成果在162份以上、学术论文60余篇、专著47部，列出的主要参考文献百余条，主要参考资料五十余条。

在本书编写过程中，深切地感受到山西水文地质事业发展的突飞猛进。天镇地热资源勘查取得重大突破，有望成为山西能源革命和转型跨越发展的新高地；原平大营地热勘探孔突破4000m大关；山西综改示范区地热能梯级利用，太阳能光伏、太阳能光热、相变热储等新能源技术多能互补，综合利用，为山西绿色低碳发展展示了广阔的情景；晋中盆地氦气资源勘查取得重大发现。伟大的时代造就伟大的事业，水文地质工作者必须勇立潮头，担当作为。

在本书编写过程中，笔者不仅搜集、查阅、整理了海量的水气矿产地质资料，而且以不同方式联系了许多水文地质专家，从中发现和挖掘了大量历史资料，发现了许多可歌可泣的动人找水故事，笔者每时每刻都被这些人和事感动着。我国水文地质学界泰斗钱学溥先生，是山西省水文地质队的创始人，坚守山西26年，在五台地区找水定井无数，成功率极高，被人誉为找水“钱龙王”，早在1967年就发现了天桥泉，并首次提出了“泉域”学说，为岩溶大泉的研究奠定了理论基础，创造性地开展了山西岩溶大泉研究工作，确立了“中国蓄水构造类型”理论，在他的带领下把一个水文地质工作基本空白的省份，打造成全国岩溶大泉研究的示范区。年逾90岁高龄，仍然坚持写个人博客，时刻关注着山西水文地质事业的兴衰冷暖；煤田水文地质专家陆远昭，1955年发现了辛安泉，1983年8月23日奉命进中南海向时任国务院副总理李鹏汇报太原水源地勘探工作，曾多次受到中央领导接见。95岁高龄仍然坚持著书立说，决心把自己宝贵的水文地质经验留给后人；“太行山找水人常海明”，是一位自学成才的找水土专家。电影《老井》主角孙旺泉的艺术原型就是根据他找水和打井事迹摄制的。40多年来，他在太行山区徒步行程4万多千米，为山西、河北、河南3省24个县市、1300多个村庄定井1500多眼，成功率达90％，解决了200多万人、6万头大牲畜、39个企业的用水困难；“找水英雄张国旗”，出生在极度缺水的陵川县农村，吃水贵如油，自幼家境贫寒，9岁丧母，14岁丧父，饱受生活的磨难，深深感受到了缺水之苦，从小立下找水志，在极度困难的条件下，刻苦读书学习，以优异的成绩考取了中国地质大学（武汉）水文地质专业，毕业后不忘初心，牢记使命，毅然回到家乡陵川县，为了打井年仅33岁以身殉职，母校给他在校园树立了一座雕像，以张国旗为原型拍摄的故事片《红山雨》电影在全国上映，感动国人。与此同时，母校追授张国旗为“优秀毕业生”，2018年该校环境学院组建“张国旗班”及其党支部，旨在培养学生争做新时代水文地质铁军。2022年7月，张国旗的儿子张云飞考取了父亲的母校——中国地质大学（武汉）水文地质专业研究生，张云飞决心继承父亲遗志，子承父业，把父亲未尽的水文地质事业传承下去；晋东南地区流传着“陵川无川，高平不平，壶关没水”的民谣，水文地质专家李天智硬就是不信这个邪，坚守号称“干壶”的壶关县找水一干就是16年，凭借自己扎实的专业功底和丰富的实践经验，创造性地提出了斜井取水的理念，成功建成修善斜井，彻底解决了壶关县城及附近25个村庄共5万多人的吃水困难；水文地质专家周永昌，退休不歇业，把自己几十年积累的丰厚水文地质资料与经验编写成科普图书面向社会大众传播，自费驱车几千千米，走访、联系省内外杰出水文地质工作者几十人，不但挖掘他们找水的动人故事，并且抢救了一大批即将消失的珍贵水文地质资料，整理出版多部水文地质专著，强烈的事业心责任感感动地勘人，被业内人士誉为“三晋地下水耕耘者”；煤田水文地质专家李振拴，不顾友人的劝阻，顶着压力上书贺天才副省长，直陈山西煤田水文地质工作中的弊端，并提出了中肯的建议，体现了水文地质专家的情怀与良心；还有水文地质专家王贵喜、李连生、刘永贵……他们每个人都有讲不完的与找水有关的动人故事。所有这些人和事均是促使笔者力求把本书打造成精品的力量源泉。

在本书编写过程中，得到了原省地质勘查局下属三个水文地质工程地质队的大力支持与帮助，并且提供了大量宝贵地第一手资料；山西地质博物馆为查阅水文地质资料提供了方便；山西省地质勘查局水工环地质处裴捍华处长提供了宝贵的资料，水文地质处原处长汤帮义高工、吴玉琪高工二位老专家不但提供了自己积累的宝贵资料，而且不辞辛苦认真审阅书稿提出了大量中肯且具体的修改意见，有许多内容亲自动手修改，其认真负责的精神令人十分钦佩；原省煤炭地质局总工程师宋儒正高提供了宝贵的煤田水文地质勘查资料；山西省第三水文地质工程地质队原总工程师周永昌教授、山西省地质灾害防治设计研究院院长徐永胜正高对本书的编写给予了极大的关注与支持，并且毫不吝啬地把自己多年来积累的大量水文地质勘查原始资料提供给笔者；山西省地质环境监测和生态修复中心王平波、吴军营正高、陈元明高工；山西地质博物馆王学文高工；山西省地质工程勘察院王胜利正高；山西省地质调查院总工程师王权正高、郭国海正高、张宏民正高、张海永正高、黄虎城高工；山西省第二地质工程勘察院总工程师刘永贵正高；山西省第三地质工程勘察院总工程师赵小平正高；山西省水文水资源勘测局梁述杰正高；山西省勘察研究院有限公司梁敬正高；山西省水利水电勘测设计研究院田晓青正高；山西省煤炭地质局处长张永东正高；山西省煤炭地质水文勘查研究院郭崇光高工；山西省气候中心郭慕萍教授及北京市水文地质工程地质大队郭高轩高工提供了许多宝贵的资料；中国地质科学院岩溶地质研究所梁永平研究员应约提供有关岩溶泉域煤田分布面积的专项统计数据。另外，还有许多同仁和朋友提供了参考资料或其他形式的帮助，由于人员众多，不在此一一列举。对所有关心、支持、帮助过本书编写工作的单位和朋友一并表示衷心的感谢，致以崇高的敬意！

在本书编辑出版过程中，山西省矿业联合会秘书长张建德高工开展了大量卓有成效的组织协调工作。在此，致以崇高的敬意；本书所有插图全部由温志勇高级工程师完成矢量化工作，每张图都是经过反复斟酌修改，不仅工作量巨大而且非常琐碎，其精益求精的认真态度和不辞辛苦的工作精神令人钦佩，充分体现了其精湛的制图水平和良好的专业技术修养。

本书全部插图均为彩色，省域图地理信息全部为现行行政区划，为了提高图面阅读的定量化价值，设置了图幅经纬度、线条比例尺内容。

在本书终稿之际，欣闻中国技术监督情报协会地热产业工作委员会联合《中国地热》杂志编辑部、“地热+”策划推出“2023年中国地热大事记”160条，其中有关于山西入选就有10条，充分肯定了山西省水文地质工作者近年来在地热资源勘查工作中所取得的重大突破和在全国的重大影响力，这对全省水文地质工作者是一个巨大的鼓舞，形势喜人，这预示着山西省水气矿产地质事业又一个春天的到来！

由于笔者专业技术水平有限，书中难免存在缺点及谬误，真挚希望读者赐教指正。

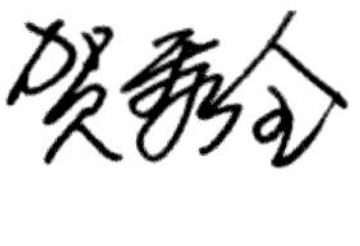

附录一

山西水文地质大事记

水文地质勘查工作70余载，全省广大水文地质工作者，以山林为伍，同日月相伴，与风雨同行，坚持和发扬了“以献身地质事业为荣、以艰苦奋斗为荣、以找矿立功为荣”的三光荣精神，冒酷暑，战严寒，披星戴月，披荆斩棘，用智慧和汗水，执着地耕耘在山西$15.6\times10^4km^2$大地上，其精神可歌可泣，其业绩彪炳史册。

“水文地质大事记”是山西省水文地质勘查工作70余载所经历的主要历史过程的缩影和精华。山西省水文地质事业的发展史是一部记录水文地质工作70年峥嵘岁月的艰苦创业史；是一部展示山西水文地质工作者找水成就的丰硕业绩史；是一部描写山西水文地质工作者热爱地质事业的无私奉献史；也是一部刻画山西水文地质工作者丹心献三晋的心灵记忆史。

编著“水文地质大事记”，力争做到如实编写史实，真实反映原貌，以年代为序列，直录史实，以文简述，力求资料性、科学性、生动性的完美结合，相得益彰，形成一个以资料的真实性，数据的准确性和表述的简略性为特色的历史文献典籍。

中华人民共和国成立70多年来，山西省内外各级领导及有关部门，对水文地质工作极为重视，在省领导的协调下，较早地成立了山西省水资源管理委员会及其办事机构——水资源管理委员会办公室（简称“水资委”），制定了一系列水资源管理及岩溶泉域保护方面的法规，期间发生了许多有影响力的大事、要事、喜事，有些事件的发生具有划时代的意义，实现了一系列水文地质勘查领域突破性进展，取得了许多标志性成果，荣获大量地政府奖项及荣誉，出版专著47部，发表了大量学术论文，开创了山西省水文地质勘查工作的新局面。为了全面系统地回顾和总结山西省水文地质勘查工作的发展历程，凸显这项工作的重要性和艰巨性，以便借鉴经验，记取教训，有助于处理当前工作中的现实问题，有利于深化改革，开拓未来，使水文地质工作更好地服务于山西经济转型跨越发展，因此本书编写这部分内容。

山西水文地质大事记，以时间先后顺序为经，以事件主次为纬，本次共遴选出1951—2023年73年间水文地质方面的大事记共计367条，其中包括地方法规、规范大事记17条、管理大事记56条、勘查大事记44条、项目成果获奖大事记167条、学术研究活动大事记19条、著作大事记47条、其他大事记17条；从时间段分析，1990—1999年大事记最为集中，详见附表1-1。

附表 1-1　山西省水文地质大事记分类统计表

序号	时间段/年	水资源管理法规、规范大事记		水文地质大事记						其他大事记/条	小计
		法规/条	规范/条	管理/条	勘查/条	获奖成果/条	学术活动		著作/条		
							水文地质/条	地热/条			
1	1951—1959	—	—	1	2	—	—	—	—	1	4
2	1960—1969	—	—	1	2	—	—	—	—	—	3
3	1970—1979	—	—	7	6	6	—	—	1	—	20
4	1980—1989	2	—	17	5	49	7	1	—	1	82
5	1990—1999	3	—	9	2	86	1	1	7	—	109
6	2000—2009	—	—	11	10	15	—	—	20	2	58
7	2010—2023	10	2	10	17	11	2	7	19	13	91
合计		15	2	56	44	167	10	9	47	17	367

一、水资源管理地方性法规、规范大事记

经统计，山西省最早的地方法规发布于1982年，1982—2023年42年间山西省共发布水资源管理地方性法规、规范17部，其中山西省法规5部，占总数的29.4%；山西省规范2部，占总数的11.8%；市级地方性法规10部，占总数的58.8%。关于岩溶大泉保护的省、市地方性法规多达10部，占总数的58.8%，全省19处岩溶大泉，有13处出台了泉域水资源保护市级地方性法规，这在全国32个省（自治区、直辖市）中也是十分罕见的，充分体现了山西省对水资源管理工作的重视程度和水资源管理的地方特色，两个地热资源管理方面技术规范的出台，虽然是填补了山西省在地方性规范建设方面的空白，但同时也凸显了这是山西省的短板。

（一）山西省地方法规

1.《山西省水资源管理条例》发布实施

1982年10月29日召开的山西省第5届人大常委会第17次会议批准《山西省水资源管理条例》的决议。1982年11月12日，山西省人民政府以晋政发〔1982〕145号文发布《山西省水资源管理条例》的通知并实施；根据1994年9月29日山西省第8届人大常委会第11次会议通过的《关于修改第19条第一款的决定》修正；2007年12月20日山西省第10届人大常委会第34次会议修订；根据2022年5月27日山西省第13届人大常委会第35次会议关于修改部分地方性法规的决定修正。《山西省水资源管理条例》是山西省人民政府颁发的第一个水经济方面的法规，在全国32个省市中，也是首例颁发的地方性水法规，山西省由此开启了依法管水的新局面。

2.山西省人民政府批转《山西省地下水资源管理暂行办法》

1982年12月21日，山西省人民政府以晋政发〔1982〕159号文批准山西省水资源管理委员会制定的《山西省地下水资源管理暂行办法》地方法规实施。山西省人民政府同期发布《关于严格控制打深井的通知》，规定在地下水超采地区和重要泉域补给区严禁打深井。

3.《山西省泉域水资源保护条例》发布实施

1997年9月28日，山西省第8届人大常委会第30次会议审议通过《山西省泉域水资源保护条例》，自1998年1月1日起施行；2010年11月26日，山西省第11届人大常委会第20次会议通过修改《山西省泉域水资源保护条例》的决定；2022年9月28日，山西省第13届人大常委会第37次会议审议修订，自2022年12月1日起实施。在山西省晋祠、兰村、娘子关、辛安、神头、郭庄、古堆、柳林、延河、三姑、坪上、马圈、天桥、洪山、龙子祠、霍泉、水神堂、城头会和雷鸣寺泉域范围内从事开发、利用、保护和管理泉域水资源的活动，均适用本条例。该条例的发布实施对依法加强泉域水资源保护和管理，有效促进泉域水资源合理开发利用发挥了重要作用。

4.《山西省节约用水条例》发布实施

2012年11月29日，山西省第11届人大常委会第32次会议通过《山西省节约用水条例》，2013年3月1日起施行。

5.《山西省汾河保护条例》

2022年1月23日，山西省第13届人大常委会第6次会议通过《山西省汾河保护条例》，自2022年3月1日起施行。1989年7月19日山西省第7届人大常委会第10次会议通过，1997年7月30日山西省第8届人大常委会第29次会议修正，2004年11月27日山西省第10届人大常委会第14次会议修订，2018年9月30日山西省第13届人大常委会第5次会议修正的《山西省汾河流域水污染防治条例》；2007年12月20日山西省第10届人大常委会第34次会议通过的《山西省汾河中上游流域水资源管理和水环境保护条例》；2017年1月11日山西省第12届人大常委会第34次会议通过的《山西省汾河流域生态修复与保护条例》三个条例同时废止。

（二）山西省地方规范

1.《山西省地热尾水回灌技术要求（试行）》印发

2023年2月24日，山西省自然资源厅晋自然资函〔2023〕159号文印发《山西省地热尾水回灌技术要求（试行）》，这是山西省首批地热能产业方面的技术规范之一，这标志着山西省在推动地热能产业绿色健康发展方面迈出了实质性一步。该规范规定了地热尾水回灌可行性论证与地质设计、回灌井钻井技术设计与施工、储层优化与增产增灌技术、地面回灌系统设计与安装、回灌试验、回灌工艺、回灌监测与评价、系统维护与保养、成果验收与资料提交等内容的技术要求。

2.《山西省地热地质环境监测技术要求（试行）》印发

2023年2月24日，山西省自然资源厅晋自然资函〔2023〕159号文印发《山西省地热地质环境监测技术要求（试行）》，规定了地热动态监测站点布设、监测数据平台建设、监测系统运行维护、监测资料汇集整编与建档、地热动态研究与变化趋势分析预测、年度成果报告编制等项工作的基本要求。

（三）各市地方法规

1.《太原市晋祠泉域保护条例》发布实施

1990年12月21日，太原市第8届人大常委会第28次会议审议通过《太原市晋祠泉域保护条例》，1991年2月2日，山西省第7届人大常委会第20次会议批准；2003年10月30日太原市第11届人大常委会第13次会议修订，2004年1月10日山西省第10届人大常委会第8次会议批准；2013年6月26日，太原市第13届人大常委会第14次会议修订，2013年8月1日山西省第12届人大常委会第4次会议批准，自2013年9月1日起实施。这是山西省出台的第一部岩溶泉域保护市级地方法规，具有里程碑意义。

2.《太原市兰村泉域水资源保护条例》发布实施

1995年4月28日，太原市第9届人大常委会第25次会议审议通过《太原市兰村泉域水资源保护条例》，1995年7月20日山西省第8届人大常委会第16次会议批准；2003年和2013年进行了两次修订，2013年8月1日山西省第12届人大常委会第4次会议批准修订后的《太原市兰村泉域水资源保护条例》，自2013年9月1日起实施。

3.《吕梁市柳林泉域水资源保护条例》发布实施

2016年12月27日，吕梁市第3届人大常委会第9次会议审议通过《吕梁市柳林泉域水资源保护条例》；2017年1月11日山西省第7届人大常委会第20次会议批准，自2017年3月1日起施行。

4.《长治市辛安泉饮用水源地保护条例》发布实施

2017年12月28日，长治市第14届人大常委会第7次会议审议通过《长治市辛安泉饮用水源地保护条例》，2018年3月30日山西省第13届人大常委会第2次会议批准，自2018年7月10日起施行。

5.《朔州市神头泉域水资源保护条例》发布实施

2021年12月31日，朔州市第6届人大常委会第57次会议审议通过《朔州市神头泉域水资源保护条例》，2022年1月15日山西省第13届人大常委会第33次会议批准，自2022年5月1日起施行。

6.《大同市泉域水资源保护条例》发布实施

2021年12月27日，大同市第15届人大常委会第44次会议通过《大同市泉域水资源保护条例》，2022年1月15日山西省第13届人大常委会第33次会议批准，自2022年5月1日起施行。大同市行政区域内水神堂、城头会、神头等泉域水资源的开发、利用、保护和管理活动，适用该条例。

7.《晋城市延河泉域和三姑泉域水资源保护条例》发布实施

2022年10月26日，晋城市第8届人大常委会第7次会议审议通过《晋城市延河泉域和三姑泉域水资源保护条例》，2022年12月9日经山西省第13届人大常委会第38次会议批准，自2023年5月1日起施行。

8.《忻州市地热水资源保护条例》发布实施

2022年12月29日，忻州市第5届人大常委会第8次会议通过《忻州市地热水资源保护条例》，2023年4月1日经山西省第14届人大常委会第2次会议批准，自2023年5月1日起施行。这是山西省第一部地热水资源方面的市级地方性法规，具有里程碑意义。

9.《运城市古堆泉水资源保护条例》发布实施

2023年1月6日，运城市第5届人大常委会第7次会议通过了《运城市古堆泉水资源保护条例》，2023年4月1日山西省第14届人大常委会第2次会议批准，自2023年5月1日起施行。

10.《临汾市岩溶泉域水资源保护条例》发布实施

2023年2月7日临汾市第5届人大常委会第7次会议通过《临汾市岩溶泉域水资源保护条例》，2023年5月26日山西省第14届人大常委会第3次会议批准，自2023年7月1日起施行。临汾市行政区域内郭庄泉、霍泉、龙子祠泉、古堆泉等岩溶泉域保护范围内从事开发、利用、保护和管理岩溶泉域水资源的活动，适用该条例。

二、水文地质管理大事记

本书共遴选出1958—2022年65年间山西省水文地质工作管理方面大事记56条，其中20世纪50年代、60年代、70年代、80年代、90年代分别为1条、1条、7条、16条、9条；20世纪10年代12条，2010年以后10条。20世纪90年代是政府部门对水文地质工作最为重视的时期，因此，发生的大事多，取得的成果多，获奖项目亦多。按照专业分类，关于岩溶大泉及岩溶水12条，集中体现了山西省对岩溶水的重视程度；关于矿泉水6条，且集中在1992—2004年，标志着天然矿泉水勘查与开发在山西仅是昙花一现。现分述如下。

1.山西省地质局水文地质工程地质大队成立

1958年6月，山西省地质局开始筹建水文地质工程地质大队，队址在并州路地质局机关办公楼。1960年初，该队与山西省地质局直属的化建原料地质队合并，组建成立了山西省地质局水文地质工程地质队，队部设在太原晋祠西镇村。1979年5月15日更名为山西省第一水文地质队，队址搬迁到太原市和平南路沙沟至今；1981年10月12日更名为山西省地质局第一水文地质工程地质队；1990年7月4日注册成立山西省地质工程勘察院；2002年11月29日该队与省地勘局直属的探矿机械厂合并重组，成立了新的山西省地质工程勘察院；2005年9月16日更名为山西省第一水文地质工程地质队；2021年12月22日转企改制更名为山西省地质工程勘察院有限公司，成为山西地质集团有限公司二级子公司，属国有独资的公益类科技型企业。

2.山西省地质厅在太原召开水文地质工作专业会议

1962年1月，为了加强水文地质工作，支援农村打井抗旱，山西省地质厅首次在太原召开水文地质工作专业会议，安排和部署全厅年度水文地质工作。从此开始了大规模的支农抗旱找水工作。

3.山西省建委地质局水文地质工作会议在太原召开

1973年10月16—22日，山西省建委地质局水文地质工作会议在太原召开。会议传达了周恩来总理对水文地质工作的指示，传达了青岛全国水文地质工作会议精神，认真学习了中共“十大”文件，总结交流了全省水文地质工作经验和教训。

4.山西省煤勘四队成立

为加强煤田水文地质勘查队伍，解决矿区供水紧张的矛盾，经有关部门批准，1973年9月山西成立了专业煤田水文地质勘查单位“山西省煤炭化工局地质勘探第四队（水源）”，编制为正处级建制事业单位，隶属于山西省煤炭化工局。该队的成立使全省煤田水源勘探得到很大改善和加强。1980年1月更名为“山西省二二九煤田地质勘探队”；1986年4月变更为“山西煤田地质勘探二二九队”；1989年4月变更为“山西煤田水文地质二二九队”；2005年10月更名为“山西省煤炭地质水文勘查研究院”；2021年12月22日按照山西省地勘单位改革部署，整体转企成立“山西省煤炭地质水文勘查研究院有限公司”。

5.山西省地质局第二水文地质队成立

1976年2月1日，经省计委晋计基〔75〕1158号文批准，省地质局成立第二水文地质队，负责运城、临汾、晋东南等三个地区的缺水山区和农田供水水文地质普查和勘探工作。“山西省地质局第二水文地质队”印章同时启用，队部暂驻晋城市华北研究所，后搬迁到闻喜县礼元镇，1986年搬迁到侯马市；1998年更名为山西省第二地质工程勘察院；2021年12月22日转企改制更名为山西省第二地质工程勘察院有限公司，成为山西地质集团有限公司二级子公司。

6.山西省水文地质队昔阳地质组被评为全国地质部门先进集体

1977年，山西省地质厅水文地质工程地质队昔阳地质组被评为全国地质部门“工业学大庆”先进集体。

7.钱学溥荣获全国先进科技工作者称号

1978年4月19日省计委在省地质局举行科技成就授奖仪式大会。出席全国科学大会的代表钱学溥介绍了全国科学大会的盛况。省计委副主任陈德贵为在全国科学大会获奖的省地质局、区调队、水文地质队、212地质队、213地质队、214地质队和215地质队等七个先进单位和先进科技工作者钱学溥举行了授奖仪式。鉴于钱学溥先生在地下水勘查工作中的突出成绩，1978年当选第五届山西省人大代表，1983年当选第六届全国人大代表，1993年启享受政府特殊津贴，2021年6月21日，全国总工会追认钱学溥为全国劳动模范。

8.山西省地质局军渡引黄地质勘察会战指挥部成立

1978年8月，省计委以晋计办字〔78〕第545号文件，批准成立山西省地质局军渡引黄地质勘察会战指挥部，办公地址设在汾阳县三泉镇；1981年11月更名为山西省地质局第三水文地质工程地质队，办公地址迁至晋中市榆次区鸣李村；1991年10月更名为“山西省第三地质工程勘察院”；1995年，省地矿局下文决定撤销探矿科学研究队，并入三勘院；2000年，先后由山西省地勘局下属的215地质队、216地质队、第三水文地质工程地质队、区域地质调查队等四家地勘单位经过两次合并重组而成新的山西省第三地质工程勘察院，院址仍设在晋中市榆次区鸣李村；2021年12月22日，按照山西省地勘单位改革部署，整体转企成立山西省第三地质工程勘察院有限公司。

9.晋祠水源座谈会在太原召开

1979年5月30日，山西省科委、太原市科委联合召开保护晋祠水源座谈会。会议分析探讨晋祠水量变化情况、解决方法和措施，以及其他需要解决的问题。会议建议成立晋祠水源保护管理领导组及晋祠泉水研究会。

10.山西省地质局水文地质工程地质工作会议在太原召开

1981年9月12～17日，山西省地质局在太原召开水文地质工程地质工作会议。会议围绕山西省建设能源基地和工农业发展的需要，讨论议定了全局水文地质工程地质工作未来5年计划和10年设想。

11.山西省水资源管理委员会成立

1982年2月11日，根据中共山西省委和山西省人民政府决定，成立山西省水资源管理委员会，办公室设在省水利厅，罗贵波省长任主任委员，副省长赵力之、贾冲之、省农委副主任刘锡田，省水利厅副厅长许四复任副主任委员。包括省地质局第一水文地质队总工程师钱学溥等11人被任命为委员。1982年5月20日，山西省水资源管理委员会及山西省水资源管理委员会办公室公章开始启用。

12.山西省水文地质队阳泉地质组被授予“山西省先进单位”光荣称号

1982年2月16～23日，省委、省政府在太原召开先进集体和劳动模范表彰会议，省地质局第一水文地质队阳泉地质组被授予“山西省先进单位”光荣称号。

13.神头泉泉域管理站成立

1982年6月20日，山西省水资源管理委员会以晋水资〔1982〕第5号文通知雁北行政公署，成立神头泉泉域管理站。这是山西省第一个岩溶大泉专门管理机构。

14.山西省人民政府发布“关于严格控制打深井的通告”

1982年12月1日，山西省人民政府以晋政发〔1982〕150号文发布“关于严格控制打深井的通告”。这是山西省首次以省政府的名义发文对打深井进行严格管理。

15.山西省水资源管理委员会发出“关于加强太原市地下水资源管理的通知”

1983年3月19日，山西省水资源管理委员会向太原市水资源管理委员会发出“关于加强太原市地下水资源管理的通知”。通知根据《山西省水资源管理条例》《山西省地下水资源管理暂行办法》等有关法规，要求太原市水资源管理委员会加强对水资源的管理与保护，以确保省城工农业生产以及人民生活的正常供水。

16.山西省水资源管理委员会发出“关于加强兰村水源统一管理的通知”

1983年7月12日，山西省水资源管理委员会发出“关于加强兰村水源统一管理的通知”。通知指出，“鉴于兰村为太原市城市供水主要水源地，在兰村水源系统内已建有自来水公司兰村水厂、太原钢铁公司供水工程（汾河一坝灌区）、太原兰村造纸厂提水工程、上兰电灌站、马头水公社横岭人畜吃水工程等，近年来由于地下水过量开采，造成地下水水位连续下降，产水量不断衰减。太原钢铁公司、山西省汾河灌溉管理局对‘兰化工程’提出了不同看法，为此，省水资委通知太原市水资委加强兰村水源的统一管理，以保护原用水单位的合法利益”。

17.山西能源基地规划阶段地下水评价报告审查会在北京召开

1983年8月，地质矿产部水文地质工程地质司在北京召开了《山西及太行山东侧地区能源基地规划阶段地下水评价报告》审查会。

18.山西省水资源管理委员会召开第一次全体委员会

1983年10月19日，山西省水资源管理委员会召开第一次全体委员会。会议全面总结了省水资委成立一年多以来的工作，提出了下一阶段主要工作安排。

19.山西省水资源管理委员会转发非法打井处理的通报

1984年1月17日，山西省水资源管理委员会转发“运城市水资源管理领导组关于张彦存机组非法打井处理的通报”。要求各地（市）水资源管理委员会认真贯彻《山西省水资源管理条例》，严格勘探打井的审批制度。该通报提到，对违法的机组查封了井架，并对机组人员进行了经济处罚。

20.山西省水资源管理委员会批复勘查太原东山岩溶水项目

1984年2月17日，山西省水资源管理委员会批复山西省地质矿产局勘查太原东山岩溶水项目。同意省地质矿产局安排的太原东山岩溶水勘查项目中15眼勘探孔任务。

21.“全省岩溶大泉勘查观测工作会议”在太原召开

1984年9月24～25日，山西省水资源管理委员会在太原召开了各地、市及有关单位参加的“全省岩溶大泉勘查观测工作会议”。

22.山西省地质矿产局环境地质总站成立

山西省地质矿产局环境地质总站是根据原地质矿产部地劳〔1985〕201号《关于成立山西省地矿局环境地质总站》的批复，于1987年正式成立的，为全额拨款事业单位。主要承担山西六大盆地地下水动态监测工作。根据晋编字〔2000〕125号文，该单位于2000年12月划归省国土资源厅管理，更名为“山西省地质环境监测中心”；根据中共山西省委机构编制委员会文件2020年8月21日晋编字〔2020〕39号《关于印发省自然资源厅所属事业单位改革的实施意见的通知》，整合山西省地质环境监测中心、山西省土地整理中心等二个单位和相关职责，组建山西省地质环境监测和生态修复中心。

23.山西省水资源管理委员会发出通知

1988年1月4日，山西省水资源管理委员会发出通知，要求各地（市）、县水资委贯彻执行省人民政府晋政发〔1987〕105号文件精神，即有关地下水、地热、矿泉水资源勘探审批事宜的有关规定。

24.柳宗惠被评为全国地矿系统优秀队长

1988年，山西省地质矿产局第一水文地质队队长柳宗惠被评为全国地矿系统优秀队长。

25.张玉田等六人给郭裕怀、吴达才副省长提出“保护晋祠泉水刻不容缓”的建议

1988年10月24日，山西省人大常委会的张玉田、许四复、肖聪慈、王四一、李希孟、孙洪飞等六位同志给郭裕怀、吴达才副省长提出“保护晋祠泉水刻不容缓”的建议。

26.兰村泉域水资源保护办公室成立

1989年，为科学保护兰村泉水资源，太原市兰村泉域水资源保护办公室成立，负责兰村泉域的水资源保护和管理工作。

27.山西能源研究会地热专业委员会成立

1990年1月15日，山西省能源研究会地热专业委员会成立大会在太原召开。出席会议的代表有省地矿局、水利、煤炭、地震、农科、电力、冶金地勘、城乡建设、遥感、气象、高等院校等20余个单位的代表40余人。

28.山西省水资源管理委员会给省政府上报“关于保护晋祠泉的紧急报告”

1990年4月20日，山西省水资源管理委员会给省政府上报“关于保护晋祠泉的紧急报告”。报告晋祠泉1990年1月径流量明显低于前一年同期，用水高峰期有断流的危险。

29.山西省水资源管理委员会划定晋祠泉域保护区范围

1991年1月10日，山西省水资源管理委员会划定晋祠泉域保护区范围，并委托太原市水利局设立专门管理机构，负责晋祠泉域保护范围内水资源的统一保护和管理工作。晋祠泉域东边界：沿柳林河与狮子河的分水岭向南至王封村，折向三给村，沿汾河至汾河二坝；南边界：从汾河二坝经清徐县西高白村沿古交市与交城县的行政分界线至郭家梁村；西边界：沿娄烦县、古交市、静乐县的交界处往南经牛头山、罗家曲村、白家滩村、康庄村到郭家梁村；北边界：古交市与静乐县的行政分界线。

30.山西省水资源管理委员会向省政府报告白家庄矿降压开采问题的处理意见

1991年4月8日，山西省水资源管理委员会向省政府报告西山矿务局白家庄矿2号井降压开采对晋祠泉影响问题的处理意见。

31.山西省水资源管理委员发出上报岩溶大泉动态资料的通知

1991年7月20日，山西省水资源管理委员会办公室通知各地（市）水资办及娘子关、神头、晋祠、兰村、辛安、郭庄、柳林泉域管理站、保护办公室，对全省20个岩溶大泉1984年以来的水质、水量动态情况进行汇总分析，总结开发利用现状及所完成的工作量，对管理保护工作中存在的主要问题提出意见及建议报省水资办。

32.山西省水资源管理委员会发出兰村水源保护区的通知

1991年8月28日，山西省水资源管理委员会通知太原市水利局兰村水源保护区的划定范围，及委托太原市水利局设立专门管理机构，负责兰村水源保护区内地下水资源的统一管理和保护。

33.山西省地质矿产局第一水文地质队荣获“地质找矿功勋单位”荣誉称号

1992年9月，地质矿产部授予山西省地质矿产局第一水文地质队“地质找矿功勋单位”荣誉称号。这是山西省众多的专业水文地质勘查单位首个地质找矿功勋单位。该队1958—2018年60年间共完成水文地质钻探工作量约60×10^4m；成功施工水井400多眼，总出水量$55.1084 \times 10^4 m^3/d$；完成省内地下水勘查和评价面积$8 \times 10^4 km^2$有余；探明特大型和大中型水源地20余处，小型水源地40余处；完成74个县的农田供水勘查任务；承担国家、省、部重点科研项目23项，共提交水文地质勘查成果631份，占全省水文地质勘查成果总数的43.0%；有42个项目成果获得省部级49个奖项，占全省水文地质项目成果获奖总数的29.3%。

34.“山西省饮用天然矿泉水技术评审组”成立

1992年12月2日，“山西省饮用天然矿泉水技术评审组”成立，统一负责全省境内饮用天然矿泉水评价报告的审查和鉴定工作。“技术评审组”由省地质矿产局、省水资源管理委员、省卫生防疫站、省食品工业研究所及地质矿产部山西省中心实验室等政府职能部门与事业单位有关管理人员、专家组成。

35.“山西省饮用天然矿泉水技术评审组”首次发布评审公告

1994年10月1日，山西省饮用天然矿泉水技术评审组首次发布评审公告，对1987—1994年经国家级和省级鉴定的53份饮用天然矿泉水评价报告予以公布。根据《中华人民共和国矿产资源法》和国家有关技术标准，供开发利用的矿泉水评价报告需经省级以上技术评审机构（或矿产储量委员会）审查批准后，方可作为开发依据。

36.山西省国土资源厅发布矿泉水水源地统一年检的通知

2002年4月28日，山西省国土资源厅以晋国土资办发〔2002〕27号，向各地（市）国土资源局，各矿泉水厂下发了《关于对矿泉水水源进行统一年检的通知》，要求对经过或省级鉴定且已开发利用的饮用天然矿泉水水源进行年检。

37.山西省国土资源厅发布矿泉水注册登记的通知

2003年10月8日，山西省国土资源厅以晋国土资发〔2003〕178号向各市（地）国土资源局下发了《关于开展矿泉水注册登记工作的通知》，要求已经评审鉴定的矿泉水水源均应进行注册登记。

38.国土资源部向山西省国土资源厅下发《关于矿泉水地热水管理的函》

2004年5月25日，国土资源部以国土资厅函〔2004〕214号向山西省国土资源厅下发了《关于对山西省矿泉水地热水资源管理有关问题的复函》。该复函明确：矿泉水属水气矿产、地热（水）属能源矿产；国土资源行政管理部门管理矿泉水、地热（水）。

39.山西省国土资源厅下发《关于加强天然矿泉水资源管理的通知》

2004年7月22日，山西省国土资源厅以晋国土资发〔2004〕120号向各市（地）国土资源局下发了《关于加强天然矿泉水资源管理的通知》，要求凡开采矿泉水资源的，必须办理采矿许可证、矿泉水注册登记证，同时依法缴纳矿产资源补偿费和采矿权使用费。

40.山西省国土资源厅下发《关于调整天然矿泉水鉴定委员会等成员的通知》

2004年12月2日，山西省国土资源厅以晋国土资发〔2004〕247号向各市国土资源局、厅机关各处室（部门）、厅属各单位和开发区土地分局下发了《关于调整山西省天然矿泉水鉴定委员会等成员的通知》，对原天然矿泉水鉴定委员会部分成员进行了调整。

41.山西省国土资源厅下发《关于加强地热、矿泉水管理工作的通知》

2005年6月27日，山西省国土资源厅以晋国土资发〔2005〕201号向各市国土资源局下发了《关于加强地热、矿泉水管理工作的通知》，要求对全省地热、矿泉水的开发活动进行一次全面的执法检查，主要检查地热、矿泉水采矿证办理及矿产资源补偿费缴纳情况、矿泉水水源年检情况。

42.山西省煤炭水文勘查研究院荣获“全国地质勘查行业功勋单位”称号

2005年山西省煤炭水文勘查研究院荣获“中国煤炭工业勘查功勋单位”称号；2007年10月，山西省煤炭水文勘查研究院被国土资源部授予“全国地质勘查行业功勋单位”称号。该单位1973年9月成立以来共完成水工环类地质勘查项目116项，其中有多项成果荣获省部级奖励，为山西煤田水文地质事业做出了突出贡献。

43.山西省郭庄泉域管理处成立

依据《山西省泉域水资源保护条例》的规定，1998年山西省委托临汾市组建了山西省郭庄泉域管理处。2007年郭庄泉泉域管理处同相关院校合作完成了《郭庄泉泉域区环境治理规划可研报告》，同年5月，临汾市政府为了遏制郭庄泉泉域区被侵占的趋势，下发了“关于郭庄泉泉域保护有关问题的函”，对郭庄泉泉源的保护起到了积极的作用。

44.山西省调整水资源费征收范围及标准

经山西省人民政府同意，山西省物价局、财政厅、水利厅于2007年8月14日联合以晋价商字〔2007〕266号文印发了《关于调整水资源费征收范围及标准的通知》，自2007年9月1日起执行新的水资源费征收范围及标准。

45.山西省再次提高水资源费征收标准

在2007年提高水资源征收范围及标准的基础上，山西省再一次提高水资源费征收标准。省物价局、省财政厅和省水利厅以晋价商字〔2008〕406号联合下发“关于促进节约用水调整山西省水资源费征收标准的通知”，自2009年1月1日起执行。

46.山西省地质勘查局隆重举行建局五十周年系列庆祝活动

山西省地质勘查局成立于1958年4月25日，2008年迎来50华诞。为了弘扬地质工作光荣传统，该局在职工中开展了为期一年的局庆系列活动，主要包括："纪念建局五十周年"征文活动、"老照片"征集活动、"重要地质成果发现"和"大事记"汇集工作，经过编辑整理，汇集征文200余篇形成《地质情怀（上、下册）》（附照片1-1）；汇集老照片1000余张形成《地质风采》；汇集重要地质成果形成《地质丰碑》；山西省地质勘查局及各地质队简史，大事、重要的事，形成《山西省地质勘查局大事记（1956—2008年）》。三部汇编及一部大事记从不同侧面、不同角度总结和概括了山西地质工作者50年丰硕成就、奋斗历程和精神风貌。

2008年4月8日，山西省地质勘查局50周年庆祝大会在太原隆重举行（附照片1-2），国土资源部时任领导及老领导，山西省委、省政府领导及兄弟省市地勘局领导及院士、地质院校领导参加会议。

附照片1-1　山西省地质勘查局五十周年文集

附照片1-2　山西省地质勘查局五十周年庆祝大会

47.山西省将关井压采和置换地下水纳入县市政府考核目标

2015年1月，山西省水利厅将省考核办下达的全省压采地下水$1.5\times10^{8}m^{3}$计划，逐级分解到各有关单位和市县。在引黄工程原水直供区和兴水战略、大水网工程覆盖区采取了原水直供、水源置换、关井压采、泉域及重点水源地的地下水保护措施。全年关井520眼，压采地下水$6500\times10^{4}m^{3}$，加上水源置换、节水和中水利用等措施，共关井压采和置换地下水$1.55\times10^{8}m^{3}$。

48.山西省政府提出新时期地下水管理的办法和目标要求

2015年12月，省政府办公厅印发《关于加强地下水管理与保护工作的通知》（晋政办发〔2015〕123号），重新核定了地下水超采区和严重超采区，划定了禁采区和限采区范围，提出了地下水水量、水位双控制等新时期地下水管理的办法和目标要求。

49.山西省第一水文地质工程地质队队史印刷发行

2018年9月，由队史编纂委员会编制的《山西省第一水文地质工程地质队队史（1958—2018年）》（山西省第一水文地质工程地质队，2018）印刷发行。该队史忠实记录了第一水文地质队建队60年来的辉煌历程和现状，记录了第一水文队60年峥嵘岁月的艰苦创业史；展示了第一水文队60年风雨兼程找水成就。内容包括：60年工作综述、机构历史沿革、重要地质成果、党建工作、大事记、探矿厂简史及附录等。

50.山西退出岩溶泉域重点保护区矿业权

2018年底，山西已经退出自然保护区和岩溶大泉泉域重点保护区内的所有矿业权，彻底解决了全省矿业权和重点保护区重叠问题。全年共处置自然保护区和岩溶大泉泉域重点保护区内矿业权310宗，退出矿业权面积在1138km^2。

51.山西省地质勘查局、煤炭地质局组建新地勘局

2021年4月13日，山西省地质勘查局召开干部大会（附照片1–3），宣布新组建局党组班子和主要负责同志任职决定。副省长贺天才出席会议并作讲话（附照片1–4），省政府副秘书长高建军主持会议，省委组织部部务委员刘鹏宣读任免文件，局党组书记彭东晓、党组副书记王学军分别作表态发言。山西省地质勘查局为省政府直属正厅级事业单位，由原省煤炭地质局（1954年成立）、省地质勘查局（1958年4月25日成立）合并组建而成，归口省自然资源厅管理。形成“一局一集团”地质工作新格局，省地质勘查局承担专业支撑服务、行业技术指导、管理地质集团三类八项职能；2021年10月12日，由局出资并监管的“山西地质集团有限公司”成立，为“公益类科技型企业”，注册资金30亿元，资产总额78亿元，下设26个二级子公司分布于全省7个地市，承担全省公益性地质工作任务，开展商业性地质等市场业务；2021年12月22日上午，山西地质集团有限公司20家二级子公司在各单位驻地分别挂牌成立。原来的水文地质工程地质队、水文勘查院整体转企成立有限公司，水文地质勘查事业开启了企业体制下的历史新征程。从此山西省地质勘查局开启了一局一集团运行机制。

附照片1-3　山西省地质勘查局干部大会

附照片1-4　山西省副省长贺天才出席会议并作讲话

52.《山西省地下水超采综合治理行动方案》发布实施

为全力推进山西省地下水超采区治理工作，结合山西省地下水超采现状、引黄水工程及地表水工程供水布局等情况，2022年1月7日，省政府办公厅以晋政办发〔2022〕3号发布《山西省地下水超采综合治理行动方案》，明确提出了治理的总体目标和分期目标，其中提出，到2025年，累计压缩地下水开采量$2.9\times10^8m^3$，将全省地下水开采量控制在$27\times10^8m^3$以内，基本实现全省地下水采补平衡。

53.山西地热资源勘查开发科技有限公司挂牌成立

2022年4月2日，隶属于山西省地质勘查局的山西地热资源勘查开发科技有限公司举行成立揭牌仪式（附照片1–5、附照片1–6）。这标志着山西地热资源勘查开发进入了全新阶段，该公司将聚焦地热勘查开发主业，全面推动提质增效，全力贯彻新发展理念，支撑服务山西经济高质量发展。

54.山西省发改委发布《关于全面推广地热能在公共建筑应用的通知》

山西省发改委2022年5月31日以晋发改能源发〔2022〕165号发布了《关于全面推广地热能在公共建筑应用的通知》。这将大力推进山西省公共建筑采用地热能供暖制冷应用，尤其是政府投资新立项的公共建筑将全部采用“地热能+”方式供暖制冷；将统筹规划地热能开发利用和城市规划，按照同步规划、同步设计、同步建设、同步投运原则推进地热能应用；将以试点带动公共建筑地热能应用高质量发展，即在地热资源富集区选择大型公共建筑创建试点项目，从而带动山西省地热能产业规模化、高质量发展。

附照片1-5　山西地热资源勘查开发科技有限公司挂牌成立

55.山西省人民政府办公厅印发《关于全面推动地热能产业高质量发展的指导意见》

2022年8月5日，山西省人民政府办公厅印发《关于全面推动地热能产业高质量发展的指导意见》。意见指出，山西省地热资源丰富，要结合全省地热资源赋存状况和经济社会发展需求，编制地热能勘查开发和产业发展规划，坚持因地制宜、清洁高效、节水环保，推动地热资源勘查和项目建设，推广地热能先进适用技术，积极拓展地热能应用场景和市场模式，不断提升地热能利用规模和效益。要完善配套政策举措，规范地热能开发利用管理，抓好试点示范工作，营造推动地热能产业高质量发展的政策环境。

56.山西省自然资源厅印发《地热能分级分类利用指南（试行）》

为大力推动山西省地热能开发利用，根据国家发展改革委、自然资源部等八部委《关于促进地热能开发利用的若干意见》（国能发新能规〔2021〕43号）和《山西省人民政府办公厅关于全面推动地热能产业高质量发展的指导意见》（晋政办发〔2022〕68号），结合山西省实际，山西省自然资源厅会同有关厅局编制了《山西省地热能分级分类利用指南（试行）》，并于2022年8月24日以山西省自然资源厅晋自然资函〔2022〕750号发布。

三、水文地质勘查大事记

本书共遴选出1951—2023年73年间大事记44条，基本体现了山西省建国以来水文地质领域发生的有影响力的事件，主要的大事和喜事，包括水文地质重要成果提交、水文地质勘查能力提升、水资源评价等。

按照年度阶段统计，20世纪50年代、60年代、70年代、80年代、90年代分别为2条、2条、6条、5条、2条。20世纪后50年仅17条，占总数的38.6%；21世纪10年代12条，2010年以后15条。21世纪以来21年27条，占总数的61.4%。关于地热方面的23条大事记主要发生在2008年以后，这也基本体现了政府部门对地热资源勘查及开发利用重视的时间节点。

1.山西省水文地质工作起步

1951年，山西省地质局开展太原西张水源地勘探及1∶20万区域水文地质工作工作，标志着山西省水文地质工作起步。

2.山西省地质局水文地质工作发生重大变化

1959年，根据省政府要求，省地质局水文地质工作转向为农业服务的轨道。开展了六大盆地农田供水及缺水山区找水、抗旱打井工作，进行群众性打井同专业队伍相结合的农田灌溉水文地质工作，建设了数10万个不同类型的开采井。由于数量过多，无计划开采，地下水资源遭到破坏，出现区域性降落漏斗和水质恶化，由于管理不善，大批水井很快报废。

3.不合理打井导致百余亩良田盐渍化、沼泽化

1960年，省地质厅水文队、省水利厅水利勘察总队在临汾东亢地区0.5km^2范围内打井112口。由于成井工艺把关不严，止水不力，加之井距过密，致使大部分水井断流，深层水大量补给浅层水，导致水位抬高，百余亩良田盐渍化、沼泽化。地质厅委托214地质队进行处理，封闭了11口井，占总流量70%，总工作量8000余米。

4.太原市西张至北固碾水源勘探范围及技术要求会议在省计委召开

1964年3月11日，太原市西张至北固碾水源勘探范围及技术要求会议在省计委召开，省计委李进军副主任主持会议。太原市副市长任善征、省地质局局长申梦华、省建设厅处长刘从周等12人出席了会议。会上申梦华局长介绍了地质局对该水源地的勘探计划。

5.山西省革委建委研究决定兰村水源地补充勘查的全面技术工作单位

1974年10月19日，省革委建委研究决定，省地质局水文地质队负责太原市重点水源兰村水源地补充勘查的全面技术工作，查清兰村水源及其补给区的水文地质条件，并按现行供水水文地质勘查规范开展工作和提交勘查技术报告。

6.山西省地质局第一水文队打出多口大出水量水井

1975年省地质局第一水文队在昔阳东部缺水的石灰岩区打出日出水量1000m^3以上水井，其中，在西固壁打出日出水量5000m^3深井；在太原清徐西部山前断裂带打出日出水量5000m^3自流井；在太原上兰村灰岩断裂带打出日出水量10000m^3水井；在祁县来远砂页岩区找到储水构造，打出日出水量1500m^3自流井。

7.《山西省娘子关泉城岩溶水资源评价及其开发利用》项目会战领导组成立

1977年1月，山西省成立《山西省娘子关泉城岩溶水资源评价及其开发利用》国家重点科研项目会战领导组。组长郭星来、副组长庄国绅。主要参加会战的单位为省地质局、省水利厅和地质部水文工程地质研究所。

8.清徐县西边山一带发现大型隐伏自流水储水构造

1978年，山西省地质局第一水文队在太原盆地水文地质普查工作中，在清徐县西边山一带发现了一个大型隐伏自流水储水构造。

9.山西省第一次地下水资源评价工作完成

根据国家农委、科委1979年国发363号文的安排与部署，要求进行全国水资源调查和评价工作，山西省第一水文地质工程地质队承担了山西省地下水资源评价工作，于1987年提交了成果。这次全省地下水资源评价工作，由于基础工作扎实，水文系列连续且比较长，大多数关键水文地质参数均为实测，搜集资料较为全面，采用多种计算方法相互补充印证，因此，该成果关于地下水资源量计算结果受到省内同行的普遍认可。

10.山西地质局第一水文地质队《昔阳县农田供水水文地质详查》项目获嘉奖

昔阳县为一个太行山区缺水县，1973年5月山西地质局第一水文地质队在该县开展水文地质勘查工作，完成钻探工程近4000m，求得地下水资源量$2.3 \times 10^8 m^3/a$。依据昔阳县的水文地质条件，划分出几个规划水源地，提出县城水源地适宜群井集中开采，其他适宜分散开采的方案。规划了不同区域不同含水层的供水水井施工方案（基岩管井5眼、石炭系3眼、寒武奥陶系4眼、变质岩3眼、第四系松散层及基岩风化带26眼，南界都、天圣庙、河下基岩断裂带处规划机械斜井3处等）。昔阳地质组应用地质力学理论在缺水山区，贫水区，不宜成井区找到丰富地下水，1980年被地质矿产部作为在地质找矿中做出重大贡献的先进集体予以嘉奖。

11.山西省水资源第一次评价会议在太原召开

1982年7月20日，山西省人民政府和水利电力部在太原晋祠宾馆联合召开了山西省水资源第一次评价会议。参加会议的有国务院有关部门及科学研究单位、兄弟省、市及有关大专院校等省内外100多名专家、教授、学者。水利电力部部长钱正英，山西省省长罗贵波，时任水利部副部长冯寅，时任电力部

副部长苏哲文，山西省副省长赵力之、贾冲之，水电部规划设计院总工程师崔宗培，水电科学研究院副院长谢家泽等参加会议，与会代表共152人。会议组成以罗贵波、钱正英为组长，苏哲文、冯寅、赵力之、贾冲之、崔宗培、谢家泽、王京、刘锡田为副组长和20余名成员的会议领导组，以及以谢家泽为组长，崔宗培、刘锡田为副组长和10名专家教授组成的技术组。

12.侯马市驿桥发现新水源地

1983年12月8日，山西省地质矿产局第二水文地质队在侯马市驿桥发现新水源地，可开采地下水资源量$1.6\times10^4m^3/d$。

13.山西省地矿局承担的太原市兰村水源改造工程桩基凿井会战胜利完工

1986年5月20日，由省地矿局承担的太原市兰村水源改造工程桩基凿井会战胜利完工。这次会战共抽调8个地质队18台钻机，于3月22日开工，历时58天，总进尺2900余米，共钻凿桩基孔188眼，为缓解太原市工农业供水紧张的矛盾，做出了突出贡献。

兰村水源改造工程开工典礼见附照片1–6，兰村水源改造会战指挥部人员合影见附照片1–7。

附照片1-6　兰村水源改造工程开工典礼
（据山西省地质勘查局，《山西省地质勘查局五十周年局庆图片集》，2008年4月）

附照片1-7　兰村水源改造会战指挥部人员合影
（据山西省地质勘查局，《山西省地质勘查局五十周年局庆图片集》，2008年4月）

14.榆次西窑发现大型优质矿泉水

1987年1月，省地质矿产局第三水文地质队在榆次西窑水源地勘查中发现大型优质矿泉水，受到省地矿局、榆次市政府领导高度重视，当即决定联合组织召开西窑矿泉水评审鉴定会。评审会于1986年1月6～7日在榆次市召开，会议邀请了13位省内外专家，其中9位是国内矿泉水行业的权威专家。这次评审会非常成功，省内主要媒体均进行了报道，影响比较大，对山西省矿泉水勘查评价工作起到了积极的推动作用。

15.山西省地质矿产局第三水地质文队打成一眼全省最深的基岩水井

1989年11月10日省地矿局第三水文队采用牙轮钻进工艺在汾阳市上堡村为山西杏花村汾酒厂打成一眼全省最深的基岩水井，井深842.02m，出水量$3000m^3/d$以上，水温21℃°，水质良好，从而打破了第一水文队创造的841m的记录。山西电视台现场录像，梁凤恕副局长前往祝贺。

16.1994年4月30日晋祠泉水完全断流

晋祠有三泉，即善利、圣母、难老三泉。以难老泉为代表的晋祠泉是晋祠及其周边地区工农业、人文历史、旅游风景等的基础性支撑因素和重要资源。20世纪50年代，晋祠泉流量$1.915m^3/s$，年际变化$0.21m^3/s$。1972年5月晋祠三泉中善利、圣母两泉干涸断流（山西省史志研究院，1999）；至20世纪80年代以来泉流量逐渐减小，1994年4月30日晋祠泉水完全断流。到2004年地下水水位已降到泉口以下21.08m。晋祠泉断流向山西人敲响了生态环境保护的警钟。

17.山西省委、省政府召集有关部门负责人专题研究难老泉断流问题

1994年5月22日，山西省委、省政府召集有关部门负责人就晋祠风景旅游区难老泉断流和管理问题进行实地考察，并进行专题研究。

18.山西省第二次地下水资源评价工作完成

2001年4月，《山西省地下水资源评价》项目由中国地质环境监测院以中地环发〔2001〕54号文下达，由山西省地质环境监测中心承担完成，这是第二次全省性的地下水资源专项评价工作，于2002年提交成果，利用水文系列1965—1999年。

19.《山西省煤炭开采对水资源的破坏影响及评价》项目完成

为了准确评价煤炭开采对水资源的破坏影响及其对山西区域经济社会发展的制约，省发展计划委员会组织省内外煤田地质、水文地质、水利、卫星遥感、能源经济等方面的专家，以《山西省煤炭开采对水资源的破坏影响及评价》为课题进行了深入广泛的调查研究和典型分析，就煤炭开采对水资源的破坏影响进行了全面的评价，并于2002年提交了研究成果。

20.山西省第二次水资源评价工作完成

山西省水资委组织的全省第二次水资源评价于2001年6月正式启动，此后3年，在项目领导组和省水利厅的领导下，有省水文水资源勘测局、省水资源研究所、省水利建设开发中心、省水科所、省水利勘测设计研究院、河海大学、中国地质大学、中国林业大学、太原理工大学、山西省煤田地质229队、各市（地）水资源管理委员会办公室、各水文水资源勘测分局共30多个单位、200多位工程技术人员参加了评价工作，于2004年提交了《山西省第二次水资源评价总报告》及评价阶段全部7项子课题、9项专题研究课题报告。

21.太原市开展关井压采行动

山西省和太原市政府高度重视泉水断流的问题，于2002年启动了晋祠泉水景观修复工程，利用水泵提水恢复泉口出流。之后太原市开展了关井压采行动，关闭了一批自备井，用引黄水置换地下水。太原市人大常委会重新修订了《晋祠泉域水资源保护条例》，水利部门制定了晋祠泉保护与修复方案。令人欣慰的是，经过各级政府主管部门和当地政府的不懈努力，晋祠泉域内的清徐县平泉村，难老泉在1994年断流后于2011年底水位开始上升。

22.全省地下水超采区生态治理保护工程启动

2003年4月，全省地下水超采区生态治理保护工程启动，其中太原、运城、介休被列为试点城市。该工程通过禁采、限采、节水、优化配置等综合措施，保护和修复超采区生态环境。

23.《山西六大盆地地下水资源及其环境问题调查评价》项目启动

2003年，中国地质调查局给山西省地质调查院下达了项目任务书，经过四年的紧张工作，于2006年提交了《山西六大盆地地下水资源及其环境问题调查评价报告》。该成果系统论述了山西六大盆地水文地质条件，对水资源量与水质进行了评价，建立了地下水数值模型，论述了开发利用历史与现状，提出了合理开发利用方案。是山西省内研究六大盆地地下水资源方面的代表性成果。

24.《山西省岩溶泉域水资源重点保护区划分与保护措施研究》成果提交

按照山西省政府要求，山西省水利厅组织了中国地质科学院岩溶地质研究所作为技术负责单位，有省、市水资源管理部门、省管六个泉域管理处和山西省煤田地质229队共同参加的项目组，历时三年，于2006年提交了《山西省岩溶泉域水资源重点保护区划分与保护措施研究》报告，研究成果提供给政府有关部门，作为山西省加强岩溶泉域保护工作的重要依据。

25.大同市出台《大同市水神堂泉域保护及泉口治理方案》

2007年，广灵县政府专题研究水神堂泉的管理与保护，在理顺管理体制、水资源费征收、节约用水等方面做出重要决定。2013年大同市出台《大同市水神堂泉域保护及泉口治理方案》，进一步明确水神堂泉的保护目标和保护措施。

26.娘子关泉水源地保护工程进入实施阶段

2008年4月，娘子关泉水源地保护工程进入实施阶段，在此后5年内，国家投资2.6亿元对娘子关泉水源地进行全面保护。总体保护工程分为泉口周围及旅游景区水环境整治、垃圾处理、污染源控制、河道生态修复、新农村建设、水土流失治理等项目。

27.山西省地热勘探孔深度突破3200m

2008年，山西省运城市盐湖区水岸华庭小区施工的地热勘探孔深度3205.6m，突破当时山西地热井深度记录。热储层为新近系（N_1+N_2），厚度830m，盖层为第四系，取水段顶板埋深2350m，水位埋深31.5m，水位标高368.5m，井口水温63℃，单井涌水量65m^3/h。地热水主要由于小区供暖以及洗浴。

28.平遥地热勘探孔深度突破3400m

2010年，山西省地质工程勘察院完成的平遥县西城地热井，井深3400.6m，成为当时地热井施工深度全省之最。

29.山西省第一水文地质工程地质队荣获“抗旱打井先进集体”称号

2010年，省地质勘查局抽调精兵强将，赴云南参加国土资源部的抗旱找水项目。该队与中国地质调查局水文地质环境地质研究所合作完成抗旱水井8眼，总进尺1566.59m，成井率100%，平均出水量达到569.7m^3/d。解决了当地居民的日常用水需求，解决了云南省泸西、弥勒2县的7个乡镇、8个行政村的饮水问题，社会效益显著。2010年6月，被国土资源部授予国土资源系统西南抗旱打井工作先进集体荣誉称号；2011年4月，被国土资源部授予北方4省抗旱找水打井先进集体荣誉称号；2011年被山西省委、省政府授予北方四省抗旱找水打井先进集体称号。

30.山西省第二地质工程勘察院荣获“抗旱打井先进集体”称号

山西省第二地质工程勘察院2010年参加由国土资源部部署的山西抗旱打井活动，承担了离石区西蜀巴街道留子局、翼城县隆化镇牢寨村、乡宁县西坡镇赵家圪垛三地岩溶深井找水打井任务，成功为革命老区及偏远山区打成三眼水井，解决了当地群众的吃水问题，2011年4月，荣获国土资源部授予的“抗旱找水打井工作先进单位”称号。

31.《长治市辛安泉水源地生态环境恢复保护实施方案》发布实施

继1994年长治市成立辛安泉域管理处、2005年编制完成了《“一泉三源”总体保护规划纲要》，在浊漳河南源、西源和沁河源头设立了保护标志，2011年10月11日〔2011〕96号发布了《长治市人民政府办公厅关于印发长治市辛安泉水源地生态环境恢复保护实施方案》的通知，并成立了工作领导小组。

32.山西省政府常务会议通过《晋祠泉复流工程实施方案》

2014年年初，省政府启动了晋祠泉复流工程。4月27—28日，邀请水利部原副部长索丽生、中国工程院院士王浩、中国科学院院士薛禹群等8位国内知名水利专家组成审查组，对山西省《晋祠泉复流工程实施方案》(简称《实施方案》)进行了评审。审查组认为,《实施方案》目标任务明确，分析方法基本合理，工程措施适当，方案合理可行，应尽快组织实施。5月16日，省政府召开第43次常务会议通过了该《实施方案》，明确了晋祠泉复流“保护优先、自然恢复、综合治理”的修复原则及有关措施。通过各方努力，至2014年12月底，晋祠难老泉地下水水位高程795.21m、距泉口7.38m，比2013年底的地下水水位高程793.56m上升了1.65m。

33.山西省启动实施晋祠泉等岩溶大泉泉水复流和泉域综合整治工作

2014年10月，省水利厅编制完成了《山西省水生态系统修复与保护试点中期自评估报告》，对试点中期目标完成情况进行了自评。在汾河等五大河流及汾河水库等主要水库湿地开展污染治理、生态基流调控、河道整治及湿地修复工作，启动实施晋祠、古堆等岩溶泉水复流工作和娘子关、神头、广胜寺、龙子祠等岩溶泉域综合整治和泉源生态修复工程，全省流域和泉域水生态环境得到了明显改善。

34.山西省启动第三次水资源评价工作

2016年山西省启动了山西省第三次水资源评价工作，编制完成了《山西省第三次水资源评价水质普查工作方案》《山西省第三次水资源评价工作大纲》《山西省第三次水资源评价细则》，完成了全省水质化验检测和地下水质量评价初步成果。

35.中国科学院院士王焰新教授考察山西干热岩前期地质工作

2016年8月，中国科学院院士、中国地质大学（武汉）校长王焰新教授率领相关专家到山西省地质工程勘察院考察山西省干热岩资源勘查选区及潜力评价前期工作。8月8日下午召开座谈会，听取了山西省干热岩分布基本概况及发展现状汇报。王院士等对省地勘院负责的干热岩项目进行了深入的了解，并进行了积极探讨。8月9～12日，王焰新院士等一行到大同盆地进行了为期四天的干热岩野外现场踏勘，在广泛考察该区域地质特点后，于8月13日上午召开了研讨会，重点围绕山西省发展干热岩新型能源潜力展开深入探讨，结合已有资料及现场考察成果，经过分析论证，认为山西省干热岩发展潜力大。王院士表示，干热岩地热资源将主要用于发电，在节能减排方面起到不可替代作用。此次考察，为山西省干热岩地热资源勘查选区项目发挥了引领作用。

36.晋祠泉复流工作成效显著

山西省通过黄河水水源置换、加大汾河水库及河道渗漏补给、关闭岩溶水井、设置泉域煤矿禁采限区采等综合措施，截至2016年底，晋祠难老泉地下水水位埋深4.38m，比年初的6.34m上升了1.96m，晋祠泉复流工作效果显著。

37.中国地质科学院岩溶地质研究所重新确定晋祠、兰村泉域边界

2017年11月24—25日，中国地质科学院岩溶地质研究所承担的“汾河流域晋中南大型岩溶泉域1：5万水文地质调查”项目阶段性成果研讨会在太原召开，会议就项目已取得的阶段性成果和山西省提出的汾河流域生态修复对项目的需求进行了充分交流。项目承担单位介绍了阶段性研究成果：重新确定晋祠、兰村泉域边界7处，晋祠泉域面积由2030km^{2}修正为2713km^2，兰村泉域面积由2500km^{2}修正为2614km^2；在对晋祠泉水复流的各种措施效果进行定量评价后，提出近期优化方案为：抬高汾河二库蓄水水位至905.70m，可增加渗漏量近$5\times10^4m^3/d$；关闭岩溶地下水强径流带内的白家庄煤矿降压排水井，减排$0.8\times10^4m^3/d$；处置晋祠泉口下游14处自流井及清徐县东于煤矿排水，使排泄量从$2.1\times10^4m^3/d$减少到$1.0\times10^4m^3/d$。利用项目建立的地下水渗流数值模型预测，采取上述措施后，晋祠泉有望在未来2～3年恢复出流。

38.山西省连续四年加大地热资源地质勘查资金投入力度

2017年以来山西省持续加大地热资源地质勘查力度，2017年、2018年、2019年、2020年矿业权价款地热资源勘查项目控制性经费分别为3775万元、5465万元、6661万元、3197万元，占当年价款地质勘查项目总投资比例分别为7.44%、14.13%、21.41%、25.56%，地热勘查项目逐年递增，地热勘查项目投资额及占比逐年加大，充分体现了地热资源勘查有力支撑省委省政府提出的经济转型跨越发展战略目标。

39.山西地热资源勘查取得重大突破

2019年8月1日，山西省第一个干热岩勘探孔GR1号钻孔在天镇县谷前堡镇水桶寺村开钻。2020年3月30日，GR1号勘探孔钻进至1585.3m处，探获高温地热资源，孔内测温最高167.94℃；钻进至1624.01m处，探获高温高压地热流体，测得井口温度高达160.2℃，井口压力1.12MPa，最大流量231.15m^3/h，预计单井年可利用热能量11.45×10^8MJ，折合标准煤3.9×10^4t/a。经测定，地热流体中富含多种矿物质及微量元素，其中偏硼酸和锂达到医疗价值浓度。天镇县水桶寺村发现的是我国中东部温度最高、自流量最大、埋深最浅的干热岩资源，这标志着山西干热岩勘查取得了重大突破。

40.山西省地质工程勘察院圆满完成2019年深度贫困县扶贫打井任务

2019年12月6日，“山西省地质勘查局2019年深度贫困县扶贫打井项目”偏关县窑头乡阳坡泉村供水井工程移交仪式隆重举行（附照片1–8），这标志着山西省地质工程勘察院负责实施的2019年深度贫困县扶贫打井项目”打井任务圆满完成，使当地老百姓吃上了放心水。该项目是山西省地质勘查局聚焦深度贫困地区“两不愁三保障”安全饮水突出问题，实施的“公益无偿打井助力全省脱贫攻坚”行动，开展全省深度贫困县找水打井工作。该项目共计完成偏关县窑头乡阳坡泉村供水井1眼，井深420m；宁武

附照片1-8　偏关县窑头乡阳坡泉村供水井工程移交仪式

县化北屯乡崔家沟村供水井1眼，井深97m。2眼井出水量均达到设计要求，水质良好。

41.山西高温地热资源开发利用科研示范基地揭牌暨试验电站启动仪式举行

2020年3月30日，山西省第一水文地质工程地质队建成我国中东部地区第一座高温地热科研示范试验电站。2021年1月25日，省人民政府在天镇县举行“山西高温地热资源开发利用科研示范基地揭牌暨试验电站”启动仪式（附照片1–9），这是山西省推进能源革命的一件大事，更是经济转型发展蹚新路的生动实践。省委常委、大同市委书记张吉福，副省长贺天才，中科院院士王焰新，省地勘局党委书记、局长彭东晓出席仪式并共同为科研示范基地揭牌。科研基地的建立，试验电站的启动，是山西省能源革命具有变革性、牵引性的重大举措，标志着山西省在地热资源勘查利用方面迈出了重要步伐。

附照片1-9　山西高温地热资源开发利用科研示范基地揭牌暨试验电站启动仪式

42.山西地热勘查孔深度突破4000m

山西省第三地质工程勘察院在原平市大营实施的地热勘查项目2号勘探孔，设计深度3060m，2018年9月8日开钻，2021年1月15日终孔，终孔深度4017m，出水量为169.92m^3/h，创全省地热孔深最高纪录。该孔为目前省内变质岩地层中口径最大、深度最大、出水量最大的地热孔。

43.投资2.4亿元的“大同盆地重点地区深部高温地热资源详查”项目启动

“阳高县—天镇县一带干热岩地热资源预可行性勘查”项目2019年取得重大突破，为进一步摸清大同盆地深部高温地热资源情况及开发利用潜力，建立高温地热资源勘查技术完整体系，有效服务山西转型升级，2021年省自然资源厅联合省财政厅立项和实施了“大同盆地重点地区深部高温地热资源详查”项目，勘查区面积在1733km^2，勘查范围包括天镇县、阳高县部分地区，勘查矿种为地热资源，勘查单位是山西省第一水文地质工程地质队、中国地质大学（武汉）联合体，项目控制性经费24022万元，包括地质勘查21044万元，专题研究2980万元，勘查工作期限3年。这是山西省有史以来投资最大的地热资源勘查项目，具有里程碑的意义。

44.中国北方首个高温地热发电项目——山西大同天镇县高温地热资源科研示范试验电站发电

山西省大同市天镇县高温地热资源科研示范试验电站一期工程占地约50亩，地热发电试验井井深1624m，出水温度160℃，装机容量580kW，于2021年1月20日试发电成功。天镇地热电站共设置两台发电机组，1号试验机组装机容量300kW，采用有机工质换热+螺杆膨胀发电；2号试验机组装机容量280kW，采用有机工质换热+透平膨胀发电。该试验电站的试发电成功，标志着中国北方地区高温地热发电迈出重要步伐。

四、水文地质项目成果获奖大事记

本书未搜集到1949—1977年间国务院各部委及山西省水文地质项目成果评奖信息，最早见到的山西省科委成果奖项是1978年、地质矿产部则是1979年。

经统计，1978—2023年间，省内外各有关地质勘查单位、科研院校共有156个水文地质成果获省部级以上奖167项（附表1-2），有11个项目同时获得2个奖项。其中包括：国家科技进步二等奖2项，占总数1.2%；省部级一等奖11项，占总数6.5%；省部级二等奖80项，占总数47.9%；省部级三等奖57项，占总数34.1%；省部级四等奖17项，占总数10.2%。这些奖项包括国土资源部地质勘查奖、找矿奖、科技成果奖和山西省科技进步奖146项，占总数的87.4%，其他部委奖10项，仅占6.0%。从获奖项目类型分析，地下水水源地勘查及针对岩溶水的研究获奖项目均为24项，并列首位，占总数14.4%；地下水资源评价成果类获奖项目14个，占总数8.4%；岩溶大泉研究类成果获奖项目9个，占总数5.4%；地热资源类获奖项目4个，占总数2.4%；项目获奖单位以省地质勘查局下属三个水文地质工程地质队、省地质调查院及环境地质总站为主，共获奖65项，占总数的38.9%；山西省第一水文地质工程地质队1958—2018年间就有42个项目成果获得49个奖项（其中一等奖3项、二等奖12项、三等奖34项），占全省水气矿产项目成果获奖总数的29.3%，充分体现了这支水文地质勘查队伍的雄厚实力与使命担当。另外，该队累计获全国先进集体5次、省部级先进集体30次；山西省水文水资源勘测局获奖17项，占总数的10.2%；太原理工大学获奖6项，占总数的3.6%；山西省勘察设计研究院有限公司获奖5项，占总数的3.0%；中国能源建设集团山西省电力勘测设计院有限公司（原山西省电力勘测设计院）获奖3项，占总数的1.8%；从获奖项目单位行业分布分析，主要以省水利厅及省地质勘查局为主，两者获奖项目占总数的85.3%，其中省水利厅所属各单位获奖71项，占总数的42.5%，省地质勘查局所属各单位获奖71项，占总数的42.5%，其他行业或单位获奖25项，仅占总数的15.0%，详见附表1-2。

从时间段分析，1978—1989年共获53个奖项，占总数的31.7%；1990—1999年共获88个奖项，占总数的52.7%；2000—2009年共获15个奖项，占总数的9.0%；2010—2023年共获11个奖项，占总数的6.6%。由此可以看出，20世纪90年代是水文地质项目获奖最集中、最旺盛的时期，这也从一个侧面体现这一时段政府对水文地质工作比较重视，中央和地方财政投资均比较大，开展的水文地质项目比较多，项目成果比较多。

从项目获奖单位来看，全部为政府管理部门、事业单位及国企，民营企业及个体从业人员基本没有；获奖项目投资主体全部为政府，市场项目成果占比比较低。改革开放已经40多年了，项目成果报奖、获奖项目评选政策基本停留在计划经济时代，严重影响或制约了科技的进步，同时也严重创伤了这部分科研工作者的积极性。我们必须注意到，科技人员评职称其获奖成果是重要的指标，如果与成果获奖基本无缘，也就意味着职称晋升难度很大，不改变这种状况，负面影响是非常大的，希望政府及有关主管部门充分注意到这种情况，并采取积极有效的政策措施加以解决。

附表 1-2　山西省水文地质项目获奖成果统计表

序号	获奖项目名称	项目获奖单位	奖项名称及等级	获奖时间
1	宋貼井灌区地下水可采量初步评价	山西省水资源科学研究所	山西省科委应用四等奖	1978年
2	地下水补给的统计模式	岚县水利局	山西省科委应用四等奖	1978年
3	地下水动态观测资料分析	山西省水科所 宋貼井灌区	山西省科委应用四等奖	1978年
4	山西省1：50万水文地质图	山西省第一水文地质工程地质队	山西省科学技术三等奖	1979年
			地质矿产部科技成果二等奖	1979年4月13日
5	山西省1：100万地下水径流模数图和剖面图	山西省第一水文地质工程地质队	地质矿产部科技成果四等奖	1979年4月13日
6	代县不对称地堑基底构造沉积岩相及水文地质条件	山西省水利厅等	山西省科委应用四等奖	1982年
7	1：20万侯马幅水文地质普查报告	山西省第二水文地质工程地质队	地质矿产部地质找矿四等奖	1986年10月28日
8	山西省娘子关泉域岩溶水资源评价及其合理开发利用研究	山西省第一水文地质工程地质队	山西省科学技术二等奖	1984年5月
			地质矿产部科技二等奖	1985年11月
9	山西省地下水资源调查评价	山西省水文总站	山西省科委应用一等奖	1985年
10	山西省太原西山地区岩溶水资源评价研究	山西省第一水文地质工程地质队	山西省科技进步二等奖	1986年
			地质矿产部科技三等奖	1992年8月5日
11	石灰岩山区岩溶裂隙地下水	山西省地质矿产局第一、第二水文地质工程地质队	地质矿产部地质勘查四等奖	1986年10月28日
12	石灰岩山区综合找水技术	山西省水文总站	国家科技进步二等奖	1986年
13	山西省1：50万水文地质远景区划	山西省第一水文地质工程地质队	地质矿产部科技三等奖	1986年10月28日
14	山西省太谷县农田供水水文地质详查	山西省第一水文地质工程地质队	地质矿产部勘查三等奖	1986年10月28日
15	山西省祁县农田供水水文地质详查	山西省第一水文地质工程地质队	地质矿产部科技三等奖	1986年10月28日
16	1：20万太原幅区域水文地质普查	山西省第一水文地质工程地质队	地质矿产部科技三等奖	1986年10月28日
17	超声成像测井及其在地下水勘探中的应用	山西省第一水文地质工程地质队	地质矿产部科技三等奖	1986年10月28日
18	山西省太谷县边山断裂带基岩裂隙水水源地水文地质勘探	山西省第一水文地质工程地质队	地质矿产部地质勘查四等奖	1986年10月28日
19	山西省太原市地下水动态观测	山西省第一水文地质工程地质队	地质矿产部地质勘查四等奖	1986年10月28日
20	石灰岩山区岩溶裂隙地下水源地水文地质勘探	山西省第一水文地质工程地质队	地质矿产部地质勘查四等奖	1986年10月28日
21	水资源系统分析及其数学模型——大同能源基地	山西省水资源管理委员会	山西省应用科学二等奖	1986年
22	王曲电厂供水水文地质勘察	山西省电力勘测设计院	全国优秀勘测工程银质奖	1986年
23	大同二电厂供水水文地质勘察	山西省勘察设计研究院	城乡建设环境保护部国家级铜奖	1986年
24	山西缺水的严峻现实及近期远期对策	山西省水资源研究所	山西省软科学二等奖	1987年
25	山西省晋东南经济区水资源评价及其供需平衡	山西省水资源研究所等	山西省科委理论二等奖	1987年
26	山西省水资源利用	山西省水文总站	山西省科委软科学一等奖	1987年
27	山西省能源基地城市用水的节水研究	山西省水资源研究所	山西省科委软科学二等奖	1987年

续表

序号	获奖项目名称	项目获奖单位	奖项名称及等级	获奖时间
28	娘子关及阳泉近郊地区岩溶水资源评价报告	阳泉市水资委等	山西省科委软科学二等奖	1987年
29	r射线找水在干旱半干旱地区的应用	雁北行署水利局	山西省科委应用三等奖	1987年
30	阳泉市水资源评价、供需分析与对策研究报告	阳泉市水资源管理委员会	山西省科委软科学二等奖	1988年
31	1：20万阳泉幅区域水文地质普查	山西省第一水文地质工程地质队	地质矿产部地质勘查二等奖	1988年8月16日
32	高压自流水井止水工艺的研究	山西省第一水文地质工程地质队	地质矿产部科技三等奖	1988年8月16日
33	山西省平朔能源基地供水方案研究	山西省第一水文地质工程地质队	地质矿产部地质勘查二等奖	1988年8月16日
34	山西省阳泉市地下水资源评价	山西省第一水文地质工程地质队	水利部科技二等奖	1988年10月
35	临汾盆地地下水资源评价	山西省第二水文地质工程地质队	地质矿产部科技四等奖	1988年8月16日
36	山西省水文地质工程地质研究程度图	山西省第一水文地质工程地质队	地质矿产部科技四等奖	1988年8月16日
37	缓解华北及邻近地区水资源紧缺综合对策	山西省第一水文地质工程地质队	山西省科技进步二等奖	1988年8月
38	计算机在地下水观测资料整编刊印中的应用	山西省水文总站	山西省科委应用二等奖	1988年8月
39	山西省水资源管理科学的研究	山西省水资源研究所	山西省科委软科学二等奖	1989年
40	山西省水资源开发与利用模型	山西省水资源管理委员会办公室等	山西省科委软科学二等奖	1989年
41	风动潜孔锤钻进工艺在基岩中深水井的应用研究	山西省第一水文地质工程地质队	地质矿产部科技三等奖	1989年10月4日
42	山西能源基地地下水供水分析研究	山西省第一水文地质工程地质队	国家科技进步二等奖	1989年10月4日
43	大同盆地地下水资源评价及开发利用研究	山西省勘察设计研究院	地质矿产部科技一等奖	1989年10月4日
			山西省科技进步三等奖	1989年
44	忻州地区水资源评价供需分析与对策研究报告	忻州地区水资源管理委员会	山西省科委软科学二等奖	1989年
45	山西能源基地水资源供需趋势和解决措施	山西省水文总站	山西省科委软科学一等	1989年
46	太原西山水资源保护研究	太原市水利科学研究所	山西省科委软科学二等奖	1989年
47	山西能源基地地下水资源评价	山西省水文总站	山西省科委应用二等奖	1989年
48	山西省汾河流域水资源保护	山西省环境保护局、山西省水利厅	山西省科委应用二等奖	1989年
49	山西省榆次市西窑饮料矿泉水评价	山西省地质矿产局第三水文地质工程地质队	地质矿产部地质找矿三等奖	1989年10月4日
50	山西郭庄岩溶泉形成条件及随机模型研究	中国地质大学（北京）、山西省勘察设计研究院	山西省科技进步三等奖	1990年
51	山西省保德电厂供水铁匠铺水源地详勘	山西省第一水文地质工程地质队	地质矿产部地质找矿二等奖	1989年10月4日
			地质矿产部地质勘查三等奖	1990年7月28日
52	山西省1：50万环境水文地质图及说明书	山西省地质矿产局环境地质总站	地质矿产部科技三等奖	1990年7月28日
53	太原市东山岩溶水资源评价与太原市供水方案研究	山西省第一水文地质工程地质队	地质矿产部地质找矿三等奖	1990年7月28日
54	山西省太原市北张天然饮用矿泉水资源评价	山西省第一水文地质工程地质队	地质矿产部地质找矿三等奖	1990年7月27日
55	山西省河曲旧县地区供水水文地质详查	山西省第一水文地质工程地质队	地质矿产部勘查三等奖	1990年7月27日

续表

序号	获奖项目名称	项目获奖单位	奖项名称及等级	获奖时间
56	中国北方岩溶地下水资源及大水矿区岩溶水的预测、利用与管理的研究	山西省第一水文地质工程地质队	地质矿产部地质勘查三等奖	1990年7月27日
57	山西省河曲电厂龙口水源地勘探	山西第一水文地质工程地质队	地质矿产部地质找矿二等奖	1990年7月28日
			地质矿产部地质勘查三等奖	1990年7月28日
58	山西省南部矿泉水普查报告	山西省地质矿产局第二水文地质工程地质队	地质矿产部地质勘查三等奖	1990年7月28日
59	山西省临汾市东亢饮用天然矿泉水	山西省地质矿产局第二水文地质工程地质队	地质矿产部地质找矿四等奖	1990年7月28日
60	山西省稷山县南阳饮用天然矿泉水	山西省地质矿产局第二水文地质工程地质队	地质矿产部地质找矿三等奖	1990年7月28日
61	山西能源基地地下水资源供需趋势和解决措施	山西省水文总站	山西省科委软科学一等奖	1990年
62	山西省水资源开发与利用模型	山西省水资源管理委员会办公室等	山西省科委软科学二等奖	1990年
63	忻州地区水资源评价供需分析与对策研究报告	忻州地区水资源管理委员会办公室等	山西省科委软科学二等奖	1990年
64	山西能源基地地下水资源评价	山西省水文总站	山西省科委应用二等奖	1990年
65	山西能源基地“三水”转化关系试验研究	山西省水文总站	山西省科委应用二等奖	1990年
66	古交市水资源开发利用与保护研究	山西省水资源研究所	山西省科委软科学二等奖	1990年
67	定襄县上汤头地热水资源调查报告	定襄县水资源管理委员会办公室	山西省科委软科学二等奖	1990年
68	大同市水资源开发利用现状分析报告	大同市水资源管理委员会办公室	山西省科委应用三等奖	1990年
69	山西省河津禹门口水源地水文地质勘探	山西省第二水文地质工程地质队	地质矿产部勘查三等奖	1991年7月29日
70	山西省兴县东部乔家沟岩溶水水源地勘察	山西省第一水文地质工程地质队	地质矿产部找矿三等奖	1991年7月29日
71	山西省能源基地水资源供需趋势和解决措施	山西省水文总站	山西省科委软科学二等奖	1991年
72	山西能源基地采煤对水环境影响的初步研究	山西省水资源研究所等	山西省科委软科学二等奖	1991年
73	朔州煤电基地水资源总体开发方案及战略对策	山西省水资源研究所	山西省科委软科学二等奖	1991年
74	介休县岩溶水系统及孔隙水系统研究	介休县水资源管理委员会办公室	山西省科委软科学二等奖	1991年
75	五台县水资源利用现状分析报告	五台县水资源管理委员会办公室	山西省科委软科学二等奖	1991年
76	侯马、曲沃水资源利用现状分析	侯马市水资办、曲沃县水资办	山西省科委软科学二等奖	1991年
77	晋中1：20万综合水文地质图及编图报告	山西省水资源技术服务部	山西省科委软科学二等奖	1991年
78	代县水资源评价及开发利用与保护	代县水利局	山西省科委应用三等奖	1991年
79	山西岩溶大泉研究	中国地质科学院岩溶地质研究所、山西省水资办	地质矿产部科技三等奖	1991年7月29日
80	山西省高氟水分布及形成问题研究	山西省第三水文地质工程地质队	地质矿产部科技三等奖	1991年7月29日
81	山西省晋城市五龙沟、望川、成庄水源地勘探	山西煤田水文地质二二九队	全国矿产储量委员会优秀二等奖	1991年12月
82	山西省盂县寺平安地区热矿水勘查	山西省第一水文地质工程地质队、阳泉市水资源管理委员会	山西省科技进步二等奖	1991年
83	山西省太原东山太原枣沟水源地岩溶水供水水文地质勘探	山西省第一水文地质工程地质队	地质矿产部找矿二等奖	1991年7月29日

续表

序号	获奖项目名称	项目获奖单位	奖项名称及等级	获奖时间
84	山西省太原盆地地下水资源评价及开发利用	山西省第一水文地质工程地质队	地质矿产部科技四等奖	1992年8月5日
85	山西省太原市地下水资源管理模型研究	山西省第一水文地质工程地质队	地质矿产部科技三等奖	1992年8月5日
86	中国北方岩溶地下水资源及大水矿区岩溶水的预测、利用及管理研究子项目——山西省晋北、晋西南地区研究	山西省第一水文地质工程地质队	地质矿产部地质勘查三等奖	1992年8月5日
87	山西省河保偏煤电基地水资源总体开发方案、利用预测及发展趋势研究	山西省第一水文地质工程地质队	地质矿产部科技三等奖	1992年8月5日
88	山西省太原东西山岩溶水补排关系及岩溶水开发利用可行性研究	山西省第一水文地质工程地质队	地质矿产部科技四等奖	1992年8月5日
89	高氯水中NO分析方法选择与应用	山西省第一水文地质工程地质队	优秀QC小组成果三等奖	1992年
90	山西杏花洪积扇水资源供需保护研究	山西省水资源管理委员会办公室	山西省科委应用二等奖	1992年
91	山西能源基地采煤对水环境影响的初步研究	山西省水资源研究所等	山西省科委软科学二等奖	1992年
92	太原市水资源评价供需分析及发展对策	太原市水利局、山西省水文总站	山西省科委理论二等奖	1992年
93	神头泉域历史水文资料汇编与补排关系的研究	朔州市水资源管理委员会	山西省科委软科学二等奖	1992年
94	大同市水资源数据库与管理系统	大同市水资源管理委员会办公室	山西省科委应用三等奖	1992年
95	山西省太原盆地地下水管理模型研究	山西省第一水文地质工程地质队	地质矿产部科技三等奖	1993年6月21日
96	山西省地下水资源评价	山西省第一水文地质工程地质队	地质矿产部地质勘查四等奖	1993年6月21日
97	山西省太原市西峪煤矿二水平矿床水文地质勘探	山西省第一水文地质工程地质队	地质矿产部地质找矿二等奖	1993年6月21日
			全国矿产储量委员会优秀二等奖	1993年6月21日
98	山西省杏花村汾酒厂石门沟岩溶水水源地供水水文地质勘探	山西省第一水文地质工程地质队	地质矿产部地质找矿三等奖	1993年6月21日
99	山西省大同盆地土壤改良勘察	山西省第一水文地质工程地质队	地质矿产部勘查四等奖	1993年6月21日
100	山西省河津县禹门口（清涧湾）水源地供水水文地质勘探报告	山西省地质矿产局第二水文地质工程地质队	地质矿产部地质找矿二等奖	1993年6月21日
101	山西省原平县滹沱河畔南阳—桃园段水文地质详查报告	山西省地质矿产局第三水文地质工程地质队	地质矿产部勘查三等奖	1993年6月21日
102	太原市水资源评价供需分析及发展对策	山西省水文总站等	山西省科委理论二等奖	1993年
103	太原经济中心解决水资源紧缺战略对策	山西省水文总站	山西省科委理论二等奖	1993年
104	忻州地区水资源开发利用现状分析报告	忻州地区水文站等	山西省科委软科学三等奖	1996年
105	山西省海河流域地下水水质评价与分析研究	山西省水文总站	山西省科委软科学二等奖	1993年
106	兰村水源保护区保源补水系统研究	太原市水土保持研究所	山西省科委软科学三等奖	1995年
107	太原市水资源开发利用研究	太原市水资源管理委员会办公室	山西省科委软科学三等奖	1995年
108	山西省朔州市供水水源规划报告	朔州市水资源管理委员会办公室	山西省科委软科学三等奖	1995年
109	忻州地区水资源开发利用现状报告	忻州地区水资源管理委员会办公室	山西省科委软科学三等奖	1995年
110	临汾地区水资源开发利用现状报告	临汾地区水资源管理委员会办公室	山西省科委软科学三等奖	1995年

续表

序号	获奖项目名称	项目获奖单位	奖项名称及等级	获奖时间
111	能源基地水资源供需现状、发展趋势与战略研究	山西省水资源管理委员会	山西省科委软科学二等奖	1996年
112	柳林泉水资源调查评价及管理保护研究	吕梁地区水利局	山西省科委软科学二等奖	1996年
113	山西省煤矿开采对水环境影响研究	山西省水资源管理委员会办公室	山西省科委软科学二等奖	1996年
114	地质工程制图的微机处理	山西省地质矿产局第二水文地质工程地质队	地质矿产部工程勘察施工单位优秀质量管理小组成果二等奖	1996年11月11日
115	山西省娘子关泉域水资源管理体系研究	山西省水资源研究所	山西省科委软科学二等奖	1997年
116	太原市水资源保护规划研究报告	太原市水源勘测队	山西省科委软科学三等奖	1997年
117	山西省忻州市顿村热矿水资源的形成与开发潜能研究	忻州地区水资办	山西省科委软科学三等奖	1997年
118	山西省大同市城市供水水资源规划	山西省水资源研究所	山西省科委软科学三等奖	1997年
119	娘子关泉及桃河沿岸地下水污染预测与防治对策研究	平定县水资办	山西省科委软科学三等奖	1997年
120	山西辛安泉岩溶水系统及水资源研究	长治市水资源管理委员会	山西省科委软科学三等奖	1997年
121	山西水泥厂潞城侯家庄岩溶水水源地供水水文地质勘探	山西省电力勘测设计院	国土资源部找矿二等奖	1997年12月
			中国国电公司全国优秀电力工程勘测一等奖	1997年
122	山西河曲电厂水源地勘测工程	山西省第一水文地质工程地质队	地质矿产部地质找矿二等奖	1998年12月
			地质矿产部地质勘查三等奖	
123	山西省太原市神堂沟地热田勘查	山西省地质工程勘察院	山西省科技成果二等奖	1998年
124	大同市地下水资源开发利用规划研究	大同市水资源管理委员会	山西省科委软科学二等奖	1998年
125	山西省太原市地下水开发利用研究	太原市水利局	山西省科委软科学三等奖	1998年
126	山西省地下热水调查	山西省地质矿产局环境地质总站	地质矿产部地质勘查三等奖	1998年2月11日
127	山西省榆次市西窑水源地水文地质勘察报告	山西省第三水文地质工程地质队	国土资源部优秀工程勘察二等奖	1999年1月
128	冻融条件下土壤入渗规律的试验研究	太原理工大学	山西省科技进步三等奖	1999年12月
129	山西省引黄供水区水资源衰减分析	山西省水文水资源勘测局等	山西省科技进步二等奖	1999年12月
130	晋中地区地下水资源合理开发与调控研究	课题组	山西省科委转化推广三等奖	1999年12月
131	山西省永济市工业供水工程蒲州水源地地下水开采模式研究	太原理工大学	山西省科技进步三等奖	1999年12月
132	山西省榆次市北山岩溶水水源地勘探	山西省第三地质工程勘察院	山西省城乡建设优秀工程勘察三等奖	1999年11月
133	山西省晋城市巴公镇（晋城化肥厂）水源地勘察	山西省勘察设计研究院有限公司	全国优秀工程勘察设计评选委员会国家银奖	2000年
134	山西省忻州市供水工程豆罗水源地优化开采技术研究	太原理工大学	山西省科技进步二等奖	2001年4月
135	山西柳林电厂柳林泉水源地数学模型及咸水入侵预测	山西省电力勘测设计院	中国国电公司国电科技进步三等奖	2001年
136	第四系松散含水层资源评价的化学动力学法及理论方法研究	山西煤田水文地质二二九队	山西省科技进步二等奖	2001年4月
137	咸水区淡水资源勘察研究与应用	山西省水文水资源勘测局等	山西省科技进步二等奖	2003年1月15日

续表

序号	获奖项目名称	项目获奖单位	奖项名称及等级	获奖时间
138	山西省万荣县汾河口山西铝厂水源地勘探	山西省第二水文地质工程地质队	建设部优秀工程勘察设计三等奖	2004年4月26日
139	山西煤炭开采对水资源的破坏影响及评价	山西省发展计划委员会、山西煤田水文地质229队、山西省遥感中心、中国矿业大学（北京校区）、山西省发展计划委员会经济研究所	山西省科技进步二等奖	2004年1月15日
140	万家寨水库—汾河上游干流水资源质量评价与治理保护研究	山西省水文水资源勘测局等	山西省科技进步二等奖	2004年1月15日
141	大同塔山井田试验区奥陶纪灰岩岩溶水突水性预测研究	大同煤矿集团有限责任公司、中国煤田地质总局水文物测队	山西省科技进步三等奖	2005年
142	西部严重缺水地区人畜饮用地下水勘查示范工程	山西省地质调查院	国土资源部科学技术奖一等奖	2006年11月
143	石灰岩山区找水综合技术推广	山西省水文水资源勘测局	山西省科技进步三等奖	2007年4月11日
144	山西铝厂清涧湾水源地改建勘探	山西省第二地质工程勘察院	地质矿产部地质找矿一等奖	2007年10月
			全国地质勘查行业优秀地质找矿项目一等奖	2007年10月
145	山西赵城新能源热电有限公司洪洞王开水源地供水水文地质勘探	山西省第一水文地质工程地质队	全国优秀工程勘察设计行业水文地质类三等奖	2008年12月
146	鄂尔多斯盆地东缘岩溶地下水勘查	山西省地质调查院	国土资源部国土资源科学技术奖一等奖	2009年2月
147	山西岩溶泉域水资源保护研究	山西省水资源研究所、中国地质科学院岩溶地质研究所	国土资源科学二等奖	2012年1月
148	山西省水生态系统保护与修复关键技术研究及示范	山西省水资源研究所、中国水利水电科学研究院	山西省科技进步一等奖	2012年5月3日
149	黄河中下游主要环境地质问题调查评价	山西省地质调查院	中国地质调查局地质调查成果奖二等奖	2013年2月
150	山西六大盆地地下水资源及其环境问题调查评价	山西省地质调查院	中国地质调查局地质调查成果奖二等奖	2013年2月
151	矿井突水灾害系统的研究——基于多含水层水力联系的奥灰突水监测预报成套技术	山西省煤炭地质水文勘查研究院、山西潞安集团余吾煤业有限责任公司、太原理工大学	山西省科技进步二等奖	2013年8月
152	万家寨引黄入晋工程南干线水源区水质保护综合技术研究	太原理工大学、山西省引黄入晋工程领导组办公室	山西省科技进步二等奖	2013年8月
			山西省科技进步二等奖	2013年8月
153	阳泉矿区复杂水文地质条件下煤层带（水）压安全开采防治水技术研究	阳泉煤业（集团）股份有限公司、中国矿业大学	山西省科技进步二等奖	2014年7月30日
154	山西省万家寨引黄工程南干线供水区水资源动态优化配置研究	山西省引黄入晋工程领导组办公室、太原理工大学	山西省科技进步二等奖	2016年
155	干热岩地热资源开采技术原理研究	太原理工大学、中国矿业大学、中北大学	山西省科技进步二等奖	2017年11月
156	山西岩溶大泉水文地质调查新技术及水资源开发与保护	山西省水利发展中心、中国地质大学（武汉）、山西省地质调查院	山西省科技进步二等奖	2022年2月

注：在归类统计中，金奖按一等奖统计，银奖按二等奖统计，铜奖按三等奖统计；全国性行业协会奖项级别划归省部级。

五、水文地质学术研究活动大事记

本书共遴选出1980—2023年44年间，水文地质重要学术研究活动大事记19条，其中一般水文地质学术活动大事记10条，地热学术活动大事记9条。

（一）水文地质学术研究活动

本书共遴选出水文地质学术活动10次，详述如下。

1.“全国水文地质工程物探学术会议”在忻州召开

1980年4月，中国地球物理学会和中国地质学会专家在山西考察水文地工作后，在忻州召开了全国水文地质工程物探学术会议，会议取得了可喜成果。会议总结了全国水文地质工程物探工作经验，极大推动了山西水文地质工程地质的深入全面开展。

2.“全国地下水资源概念和评价方法学术会议”在太原召开

1980年7月，由中国建筑学会工程勘察学术委员会主办的“全国地下水资源概念和评价方法学术讨论会”，于1980年9月20—24日在太原市召开。工程勘察学术委员会主任委员何祥出席了会议，副主任委员常士骠致开幕词和闭幕词。会议历时五天。参加会议的有来自全国各地各部门的生产、科研和高等院校等方面的代表114名。

3.中国北方岩溶和岩溶水学术讨论会在太原召开

1981年5月9—15日，中国地质学会岩溶地质专业委员会和山西省地质学会在太原召开了“中国北方岩溶和岩溶水学术讨论会”，参会人员共计200余人，会议收到论文72篇。专门举行这样盛大的岩溶和岩溶水学术讨论会，在当时国内还是第一次。会议高度评价阳泉小河斜井取水工程、壶关修善斜井取水工程，认为在北方地区斜井开发中奥陶统石灰岩深水位地下水是一个可取的经验。1982年8月，中国地质学会岩溶地质专业委员会编著的《中国北方岩溶和岩溶水》一书由地质出版社出版。该书是“中国北方岩溶和岩溶水学术讨论会”论文集，入选会议论文共25篇，山西省地质局第一水文地质队技术人员编写的5篇论文入选论文集，充分体现了该单位在山西岩溶大泉研究方面的实力与成就。

4.山西省地质学会等单位召开岩溶大泉学术讨论会

1984年5月10日，省地质学会、省水利学会、省水资源管理委员会等单位联合发文召开“山西省岩溶大泉水资源评价合理利用与保护学术讨论会”。该会议有力推动了山西省岩溶大泉的深入研究。

5.“全国地下水资源调查评价黄河域（片）成果汇审会议”在太原召开

1984年7月10日，黄河水利委员会在太原召开“全国地下水资源调查评价黄河域（片）成果汇审会议”。

6.山西省地矿局第一水文地质队两项科研成果通过专家鉴定

1987年9月11日，省地矿局召开评审鉴定会，通过了山西省地矿局第一水文地质队完成的《高压自流井止水工艺的研究》《水文地质钻探空气钻进工艺科研试验报告》等两项科研成果专家鉴定。

7.“山西岩溶大泉研讨会”在桂林召开

“山西岩溶大泉研讨会”于1987年12月6—10日在桂林中国地质科学院院岩溶地质研究所举行。

会议由岩溶地质研究所主持，参加会议的除了岩溶所北方岩溶研究组的同志及山西省水资源开发研究所的有关同志外，还特邀了山西省水资源委员会副主任、水利专家许四复，副总工程师鲁荣安，以及岩溶研究所岩溶专家袁道先、朱学稳及于浩然等。会议由岩溶所高级工程师韩行瑞系统介绍了受山西省水资源委员会委托而完成的《山西岩溶大泉研究》成果，袁道先研究员对国外岩溶及岩溶水开发利用及环境保护问题作了专题报告，与会同志对研究报告中提出的重要问题进行了广泛深入的讨论。

8.山西省地矿局第一水文地质工程地质队两项成果获国家专利

1990年9月，山西省地矿局第一水文地质工程地质队研发的“高压自流井止水工艺及器具”和“电缆线联接密封装置”两项成果获国家专利，赵培仁和王平是专利的发明者。

9.山西省煤炭地质水文勘查研究院张晓亮论文入选高影响力优秀论文

2020年12月30日,《煤田地质与勘探》期刊公布了“2015—2019年度高影响力优秀论文”评选结果。该期刊通过统计分析2015—2019年度该刊公开发表的950余篇论文的相关数据，综合考虑引用率、下载量等因素，共评选出150篇高影响力优秀论文，张晓亮发表的《熵权耦合层次分析赋权在煤层底板突水评价中的应用》成功入选高影响力优秀论文。该刊高影响力优秀论文每5年评选一次，指在科学方面作出重要贡献，有较大突破，给论文作者的一种鼓励和嘉奖。

10.王焰新院士作客省地勘局“地质大讲堂”作讲座

王焰新院士在地质大讲堂（附照片1–10）做“地下水与流域生态修复”学术报告。

2023年5月22日，中国科学院院士、中国地质大学（武汉）校长王焰新在太原省地勘局第28期“地质大讲堂”上作题为“地下水与流域生态修复”讲座（附照片1–11），全方位客观分析了我国水安全现状，由浅入深、循序渐进地诠释了地下水与地表水相互作用、地下水的动态与均衡，并针对全国地下水水质分布特点和水质情况，通过国内外实践案例对地下水与流域生态修复的模式与技术路径进行探讨，就保障水安全从多角度提出了建议与对策。

附照片1-10　地质大讲堂会场

附照片1-11　王焰新院士作讲座

（二）地热学术研究活动

随着地热资源不断地勘查和开发利用，山西对外学术交流和科研合作、友好交往也逐步多了起来。主要有以下10次代表性的学术活动：

1.新西兰地热专家访问山西

1987年，应地质矿产部邀请新西兰大学地热学院院长、著名地热专家霍克斯坦（Hochstein）教授，在地质矿产部地热专家郑克棪及省地质矿产局有关人员陪同下，于11月13—19日在忻州奇村、盂县寺坪安、夏县南山底、新绛北池、西马等地进行地热资源现场考察，并在太原理工大学做了题为“山西省地热水资源评价”的学术报告。此后，山西省地质矿产局曾派专业技术人员出国对地热资源勘查与评价进行考察学习。

2.“山西省首届地热能综合开发利用学术讨论会”在夏县召开

1991年10月23—26日，山西省能源研究会、山西省农村能源专业委员会和省地质矿产局水文地质处联合在夏县温泉疗养院召开了“山西省首届地热能综合开发利用学术讨论会”，共有全省各地30多个单位、56名领导、专家学者参加了会议。会上有21名从事地热工作的专家进行了大会发言，会议总结交流了近几年山西省在地热资源勘查和开发利用、科研和管理方面的经验。

3.“中国—波兰深层地热能应用山西项目技术研讨会”在太原召开

2012年7月13日，由山西省发改委、山西省可再生能源协会、山西双良可再生能源集团公司联合举行的"'中国—波兰'深层地热能应用山西项目技术研讨会"在太原召开，会议邀请世界地热能研究专家——波兰国家工程院院士柏和丹教授和他的团队、省内外地热能开发利用专家对山西深层地热能应用进行了深入的研讨，这次会议的成功举办奠定了山西双良公司在地热能领域大规模开发利用的基础。

4.地热开发百人论坛第三届论坛走进山西大同

2021年4月27日，由中国技术监督情报协会地热产业工作委员会、北京中航环宇新能源研究院共同主办的"地热开发百人论坛第三届论坛——天加热能，地热开发助力2060碳中和论坛"在山西大同召开。山西大同全力争当能源革命"尖兵"极深入推进清洁能源产业发展，开启了从"煤都向新能源之都"战略转型，地热资源的开发利用为大同发展注入了新动能。会议期间，与会人员实地参观考察了山西大同天镇县高温地热能科研示范试验电站

5.中国能源研究会地热专业委员会2023年学术年会在大同举行

2023年7月26—27日，中国能源研究会地热专业委员会2023年学术年会暨地热技术发展学术论坛在山西大同隆重举行，大会为期两天，吸引了来自地热能领域的两院院士、权威专家、政府有关部门领导，以及行业协会组织、地热企业、科研院所、高等院校、节能投资及服务企业和媒体记者等400余人出席了现场大会，有关媒体以云直播的方式同步网络视频直播。

论坛以"践行地热使命，构建能源新体系"为主题，大会着重对国际地热发展新形势、新技术以及各国地热产业发展模式进行介绍，对国内地热资源开发利用发展现状与趋势、地热能产业战略规划与布局、地热行业现行政策及遇到的瓶颈进行探讨，对地热勘探理论和技术、地热能开发技术，以及不同类型地区地热勘查开发理论技术等议题进行交流。此外，与会嘉宾还针对地热能区域能源与多能互补技术、地热能在温泉旅游、康养、种养殖领域的应用，山西地区地热利用产业发展思路及重点方向等方面进行研讨。

会议期间，中国科学院院士汪集暘、赵阳升、王焰新、中国工程院院士武强等两院院士做特邀报告，分享最新研究成果，典型案例和成功经验。大会还邀请了国际地热协会理事Bjarni Palsson对国际地热发展形势进行介绍。

中国地质调查局浅层地温能研究与推广中心主任李宁波、山西省地勘院总工程师张昌生、中国地质调查局水文地质环境地质调查中心副主任张二勇、北京市地质工程勘察院地热中心主任马静晨、中国建筑科学研究院高工李骥、西藏当雄县羊易地热电站有限公司总工程师陈晓林等专家领导做主旨报告，围绕地热资源成因机理；地热资源勘查、评价技术；水热聚集机理；浅层地热能资源开发利用；干热岩勘查、开发及储层建造；高温高压水岩作用及岩石力学机理；地热开发新技术、新方法；油田地热勘探开发利用等议题展开深入交流探讨。

与会嘉宾表示，山西省处于传统能源大省向新型综合能源大省转型的关键阶段。大力推动地热能开发利用，是顺应绿色潮流、抢占发展先机、保障能源安全、实现"双碳"目标的重要举措。此次中国能源研究会地热专业委员会学术年会暨地热技术发展学术论坛的适时召开，对促进山西省乃至全国地热产业高质量发展具有重要的意义。

论坛由中国能源研究会地热专业委员会、大同市人民政府、山西地质集团有限公司共同主办。会议期间，与会人员实地考察了山西省天镇地热试验电站，共同总结地热发电经验，同时还考察了大同火山群国家地质公园。

6."地热资源勘查与开发利用"山西省重点实验室学术年会召开

2022年7月30日，第三届五台地学研讨会暨"地热资源勘查与开发利用"山西省重点实验室学术年会在太原召开。与会的24位国内外院士专家学者围绕"地热资源勘查与开发利用"主题，深入研讨地热能产业发展课题，助力碳达峰、碳中和山西行动。五台山是国际上开展前寒武纪地质研究的经典和热点地区。五台地学研讨会，是省地勘局和中国地质大学（武汉）认真贯彻省委、省政府关于深化"省校合作"决策部署，依托山西地学智库和五台山独特地学资源优势，联合打造的具有全国影响力的高端学术交流平台。2020年以来，分别以"前寒武纪地质与矿产资源""地质工作与全方位高质量发展"为主题，

连续成功举办两届，受到社会各界的高度关注和积极评价。本次研讨会采取线上+线下相结合的方式进行，来自中科院的朱日祥、杨树峰、王焰新三位院士和澳大利亚科廷大学、德国克劳斯塔尔工业大学两位外籍教授等地热领域国内外专家学者，围绕地热能产业高质量发展，以做学术报告和分享交流先进理念、应用场景及市场模式等方式，为山西省进一步加快地热资源开发利用规模化、产业化建言献策。

7.绿色未来——地热能产业发展分论坛”在大同市成功举办

2022年9月2日，绿色未来——地热能产业发展分论坛”在大同市成功举办。地热分论坛是太原能源低碳发展论坛首次举办，由山西省自然资源厅、大同市人民政府、国家地热能中心、山西省地质勘查局主办，中国石化集团新星石油有限责任公司、山西地质集团、山西双良再生能源产业集团有限公司承办。论坛以“绿色未来——地热能产业发展，‘双碳’背景下地热能发展新趋势、新理念、新成果”为主题，邀请中国科学院院士汪集旸、王焰新、朱日祥，中国工程院院士郭旭升；国家地热中心指导委员会主任、中国石化股份公司高级副总裁刘宏斌，中国科学院地质与地球物理研究所研究员薛国强，中国地质调查局浅层地温能研究与推广中心主任、研究员李宁波，中科院广州能源所热流体与先进能源系统实验室主任、研究员蒋方明，国家地热中心指导委员会副主任兼秘书长、中国石化新星公司执行董事、党委书记、教授级高工党力强等多位著名专家、学者，以及山西双良再生能源产业集团有限公司总裁李宝山，中石化绿源地热能开发有限公司董事长、教授级高工李红岩、省地质勘查局正高韩颖等专家和知名企业负责人，通过现场或视频方式发表主题演讲，就地热能利用研究、开发前景和产业技术等进行交流探讨，分享新成果、传递新理念，共话地热能产业高质量发展。

主题演讲结束后，与会人员前往山西双良集团大同绿色地热+供热项目点和天镇县山西高温地热资源开发利用科研示范基地进行实地参观。

论坛期间，还举办了地热能产业展览，来自全国地热能行业主机生产、系统集成、配套服务三大类二十强企业在会场外精致布展，通过声、光、电等形式，立体展示了地热行业新技术、新材料、新业态。

山西省自然资源厅、山西省地质勘查局相关处室负责人，各市规划和自然资源局局长；省直有关单位负责人；大同市政府有关组成部门负责人、相关县区负责人；省内有关高校专家；中石化、中石油、中海油等中央企业在晋单位和晋能集团、焦煤集团等省属大型能源企业负责人；山西地质集团、山西双良集团、山西任兴公司等企业代表；中央驻晋、省级、大同市主流新闻媒体共约150余人参加论坛活动。论坛采用线上线下形式同步进行。新华网，山西省自然资源厅、山西省地质勘查局政务新媒体和大同市广播电视台进行了网络视频直播，即时浏览人数逾3.5万人次。

8.世界地热大会代表考察天镇高温地热资源开发利用科研示范基地

以“清洁地热、绿色地球”为主题的第七届世界地热大会2023年9月15—17日在北京举办，这是中国首次承办此项国际盛会，来自54个国家的1400余名代表出席会议，收到了来自70个国家和地区的794篇论文，本届大会会期三天，举办88场平行论坛，同步举办地热能开发技术与装备展览，参展企业数量、展览面积以及展示品类均创历届地热大会之最。山西地热科研基地作为此次地热大会的科学考察点之一，吸引了地热领域各国专家学者的高度关注。9月22日，来自冰岛、德国、瑞士、印度尼西亚等8个国家的27名专家学者、企业代表等，来到山西大同天镇县山西高温地热资源开发利用科研示范基地考察（附照片1-12）。科考团一行实地考察了基地发电机组、换热站、温室大棚等，与基地负责人及相工作人员进行了深入交流，详细了解了地热资源开发利用情况，并对目前地热开发取得的成就给予了高度肯定，为下一步地热产业发展提供了可供参考的建设性建议。世界地热大会代表观看GR1孔放喷见附照片1-13。

9.山西（运城）地热能利用推介活动在运城举行

2023年11月30日，黄河流域生态保护和高质量发展山西（运城）地热能利用推介活动在山西运城举行（附照片1-12、附照片1-13），大会以“地热能高质量开发助推能源转型升级”为主题，聚焦“双碳”目标下地热能技术优势及发展前景，共话地热产业发展新趋势，共探地热能高效利用新路径，共谋地热项目新合作。

附照片1-12　世界地热大会考察地热基地代表合影

附照片1-13　世界地热大会代表观看GR1孔放喷

该活动由中国技术监督情报协会地热产业工作委员会、运城市发展和改革委员会、盐湖区人民政府共同主办，山西新源谷能源科技有限公司、中国能源建设集团山西省电力勘测设计院有限公司联合承办。省发展和改革委员会、省能源局、运城市直相关部门负责人出席大会，地热领域院士、知名专家学者，国内各地热协会、新能源协会、地热能与地源热泵全产业链企业、科研设计院所、高等院校、节能投资及碳中和产业服务企业相关负责人以及媒体记者等近300人参加了本次活动，并进行了网络视频直播。

活动围绕落实山西省深化能源革命综合改革试点任务，加快推动地热能利用先行试点建设；解读国家及山西省地热能开发利用政策，推动地热产业高质量发展；交流研讨地热能领域先进技术和成功案例；展示运城市地热能开发利用成果与经验分享；推介运城市地热能资源和地热能开发项目等议题进行深入探讨与交流。

中国工程院院士多吉，国务院原参事、国家能源专家咨询委员会副主任徐锭明，中国技术监督情报协会地热产业工作委员会专家委员会名誉主任郑克棪，中信建筑设计研究总院总工程师陈焰华，山西新源谷能源科技有限公司董事长于群发、总经理于会峰，山西省电力勘测设计院有限公司供热技术中心主任杜洪岩、副总经理黄运波，自然资源部浅层地热能重点实验室主任李宁波，国家能源局能源行业地热能专业标准化技术委员会主任赵丰年，华北水利水电大学教授姚亚明，山西省地球物理化学勘查院有限公司正高翟自峰，运城市供热公司董事长杜伟师，山西双良再生能源产业集团有限公司经理王亮亮，中石化绿源地热能开发有限公司首席专家卢星辰，山西省国土资源学校校长郭玉辉等15人做了学术报告和典型发言。会议还进行了运城市七个地热能开发项目合作签约仪式，会议代表参观了山西新源谷能源科技有限公司（附照片1–15）。

附照片1-14　运城地热能利用推介活动会场

附照片1-15　会议代表参观考察新源谷公司

六、水文地质专著大事记

专著是对某一学科或领域或某一专题进行较为集中、系统、全方位、深入论述的著作。专著通常是对特定问题有独到见解，且大多“自成体系”的个人著作或多人合著的学术著作。专著的篇幅一般较长，内容涉及的问题较专深，更具专业性、系统性、全方面性、深入性。

为了全面总结和概括几十年来水文地质工作者在山西这块热土辛勤耕耘的学术成就，笔者通过各种渠道共搜集到省内外作者1975—2023年间公开出版的水文地质著作47部（包括期刊专辑1部）。其中研究岩溶大泉及岩溶水的著作9部；研究矿泉水的著作2部；研究地热的著作3部；研究其他内容的著作33部；署名单位名称编著出版的著作7部；署名个人姓名出版的著作40部，其中仅2部著作为个人独著，其余38部为多人合著。从编著者所属行业分类，山西煤炭地质系统11部，占总数的23.4%，这充分体现了该系统水文地质专业技术人员比较注重学术研究的良好专业修养和高水平的业务能力；太原理工大学10部，占总数的21.3%；山西水利系统7部，占总数的14.9%；山西地质勘查系统5部，占总数的10.6%；中国地质大学（武汉）4部，占总数的8.5%；山西自然资源系统3部，占总数的6.4%；中国地质科学院岩溶地质研究所2部，占总数的4.3%；其他单位4部，总数的8.5%。从时间段分析，1999年以前8部，占总数的17.0%，2000年以后39部，占总数的83.0%，其中2000—2019年共有35部专著出版，是专著成果出版最为集中的时期，详见附表1–3。

附表 1-3　山西省水文地质著作分系统统计表

序号	时间段/年	分类统计著作数量/部								
		山西水利系统	山西地质勘查系统	岩溶地质研究所	太原理工大学	中国地质大学（武汉）	山西煤炭地质系统	自然资源系统	其他	小计
1	1970—1979	0	1	0	0	0	0	0	0	1
2	1980—1989	0	0	0	0	0	0	0	0	0
3	1990—1999	1	1	2	1	1	1	0	0	7
4	2000—2009	2	2	0	6	1	5	0	3	19
5	2010—2019	4	1	0	2	2	5	2	1	17
6	2020—2023	0	1	0	1	0	0	1	0	3
合计		7	6	2	10	4	11	3	4	47

注：2021年4月13日以后的山西地质勘查系统指原山西省地质勘查局与原山西省煤炭地质局新组建的山西省地质勘查局。

经综合分析研究，这些专著较为全面地反映了省内外水文地质工作者在山西辛勤耕耘的学术成就，以下4部专著具有典型性和代表性。周永昌等主编的《山西地下水资源与开发利用研究》一书，不但内容全面，涉及山西水文地质领域的方方面面，而且篇幅巨大，可谓是鸿篇巨著，在众多专著中首屈一指；范堆相主编的《山西省水资源评价》一书是公认的水资源评价权威性著作，不但对山西地表水资源及地下水资源进行了全面的评价，而且对开发利用现状、存在的问题展开了深入论述；由山西省水利厅等单位主编的《山西省岩溶泉域水资源保护》一书集中体现了山西省岩溶大泉研究的现势成果，不但具有很高的学术价值，而且是政府部门开展岩溶大泉保护与管理的重要依据；韩颖等的著作《山西六大盆地地下水资源及其环境问题调查评价》一书是对山西六大盆地松散岩类孔隙水研究的权威性著作，包括对各盆地水文地质条件论述、松散岩类孔隙水资源评价及开发潜力的分析都比较全面和深入。

经统计，我国水文地质学界泰斗钱学溥先生以第一作者出版著作3部，其中两部为独著；个人专著最多的作者是山西省煤矿防治水专家李振拴先生，共有7部专著出版，其中有3部署名为第一作者；太原理工大学张永波教授以第一作者出版著作3部。

现将47部水文地质著作主要内容按照出版时间顺序简述如下。

1.《怎样找地下水》

1975年4月，我国著名水文地质学家钱学溥独著的《怎样找地下水》一书由地质出版社出版。该书为地下水科普性读物，系统介绍了地下水基本知识，控制地下水的主要因素，寻找地下水的一般方法，引用大量实例介绍山区如何寻找不同类型的地下水，以及地下水的合理开发利用问题，实用性很强，是当时不可多得的水文地质读物。该书系钱学溥先生应地质出版社邀请编写，该书共20万字，190幅插图，总结了寻找地下水的八大要素，表述了26种地下水蓄水构造类型和寻找的方法。该书创纪录地印刷发行了32300册，法国水文地质专家称赞该书可以作为寻找地下水的规范。1978年3月，全国科学大会期间，该书参加了优秀科技图书展览。该书是钱学溥先生1970—1972年在山西省五台县为缺水山区24个乡292个村庄的群众找水的成功经验的科学系统总结，钱先生在五台山区寻找地下水，定井的成功率是87%。1987年全国科学大会授予钱先生《基岩山区找水》项目奖。

2.《岩溶地下水系统的研究——以太原地区为例》

1990年10月，赵永贵、蔡祖煌主编的《岩溶地下水系统的研究——以太原地区为例》著作由科学出版社出版。该书是在广泛深入研究太原地区岩溶地下水后撰写的专著，资料丰富，数据确凿，方法综合。该书运用了新的数值方法，发挥了有限元和边界元各自的长处，弥补了耦合法的不足；用水力学、水化学、水同位素等不同物理量特征来研究流场特征；将定量水文地质学方法运用于研究含水介质性质，确定地下水运动，分析水化学、水同位素和水温场分布及评价地下水资源，使之定量化。这不仅有一定的理论意义，而且对合理评价水资源有着现实的指导意义。

3.《山西水资源大事记》

1993年4月，山西省水资源管理委员会办公室编写的《山西水资源大事记》一书由山西科学技术出版社出版发行。该书以历史资料为依据，采用编年体，按时间顺序，简明扼要地记述了1982—1991年十年间山西省水资源工作的大事、要事558条，为全面系统地了解和回顾此时间段山西省水资源管理工作的发展历程提供了史料。

4.《山西省地下热水及饮用天然矿泉水研究》

1993年5月，中国地质大学（武汉）、山西省水资源管理委员会著，李世忠、许绍倬、鲁荣安、李春燕、周宏编写的《山西省地下热水及饮用天然矿泉水研究》一书由地质出版社出版。该书系山西省水资源管理委员会1988年委托山西省水资办和中国地质大学（武汉）进行全省地下热水及饮用天然矿泉水研究之成果，该书详细论述了山西省地下热水及饮用天然矿泉水形成的自然地理、地质及水文地质等背景条件；分析了山西省地下热水及饮用天然矿泉水的成因及分布规律，并对其开发利用等问题进行了探讨；对大区域地下热水和饮用天然矿泉水的形成机制进行了有益、深入地探索。

5.《岩溶水系统——山西岩溶大泉研究》

由韩行瑞、鲁荣安、李庆松等著，1993年12月地质出版社出版的《岩溶水系统——山西岩溶大泉研究》一书，是作者多年对山西岩溶及岩溶水资源研究的总结，书中以系统理论和环境科学为指导，以山西岩溶大泉为例，全面研究了岩溶水系统的形成、水动力、水动态及水化学特征、水资源评价方法及开发保护问题。此外对山西19个岩溶大泉的特征分别进行了论述。该书是关于山西岩溶水系统研究的一部综合性、权威性首部论著，无论在理论上和实践方面都有着普遍的指导意义。

6.《丹河岩溶水系统——中国北方岩溶水系统典型研究》

由韩行瑞、时坚、孙有严、单福元等著，广西师范大学出版社1994年8月出版的《丹河岩溶水系统——中国北方岩溶水系统典型研究》一书，以系统理论和环境科学为指导，以山西丹河岩溶水系统为例，深入探讨了利用地质结构分析、水化学及同位素分析、水动力分析相结合的方法，获得多重信息，相互印证，剖析丹河岩溶水系统的结构与运动特征，建立较为逼真的概念模型和数学评价模型，对岩溶水资源进行评价；并在此基础上，建立多种环境约束条件下的优化开发管理模型。

7.《山西饮用天然矿泉水专辑》

1994年12月，由《华北地质矿产杂志》编辑部编辑，山西科学技术出版社出版了《山西饮用天然矿泉水专辑》。该专辑汇聚了1994年以前山西矿泉水勘查及评价取得的主要成果，包括22个矿泉水勘查评价报告内容精华以及全省矿泉水分布规律、开发利用现状的研究论文、矿泉水评审公告等。

8.《地下水污染评价及其优化控制》

张永波、张庆保、谢文智、李粉婵编著的《地下水污染评价及其优化控制》一书，1998年9月由地震出版社出版。该书较系统地介绍了地下水污染防治技术中常用数学方法及相应的计算及程序，基本上反映了该研究领域的最新研究成果。该书为地下水污染防治的普及、预报及优化控制，地下水环境保护的规划提供了实用的数学方法，同时也为地下水环境管理、环境标准的制定，排污收费办法以及环境法规制定提供了定量依据。

9.《基坑降水工程》

张永波、孙新忠编著的《基坑降水工程》一书，2000年2月由地震出版社出版。该书全面系统地介绍了当时国内常用的基坑降水方法及其设计计算理论和施工技术。

10.《太原市地下水合理利用与调控》

2000年8月，薛凤海、武桂梅、李砚阁、束龙仓等著的《太原市地下水合理利用与调控》一书由黄河水利出版社出版。该书系《山西省万家寨引黄工程太原供水区地下水合理利用与调控规划》项目的研究成果，经过引黄工程太原供水生产实践总结、检验、修改后编撰而成，分析了太原市地下水开发利用现状，提出了合理利用与调控的方案，并对地下水资源管理方面存在的问题提出了对策。

11.《中国北方喀斯特水源地勘探方法研究——延河泉域喀斯特水系统资源评价》

由李振拴等著、煤炭工业出版社2000年10月出版的《中国北方喀斯特水源地勘探方法研究——延河泉域喀斯特水系统资源评价》著作，系统介绍了延河泉域岩溶水系统的水文地质条件、勘探工程布置，以及勘探、评价方法。

12.《工程渗流力学及其应用》

苑莲菊、李振拴、武胜忠、杨展、赵志怀编著的《工程渗流力学及其应用》一书，2001年7月由中国建材工业出版社出版，本书共分十章，主要阐述渗流问题的解析解。第一章阐述渗流的基本概念、其本定律以及基本方程；第二章介绍天然渗流问题；第三章论述了在集水建筑物中渗流的基本理论和基本公式；第四章、第五章介绍工程渗流问题数值计算方法和物理模拟实验方法；第六章~第九章分别研究水利工程、建筑工程、采矿工程以及农业工程中所出现的渗流问题及其防治或处理方法；第十章介绍了与渗流有关的环境问题。

13.《水质分析方法与技术》

时红、张永波编著的《水质分析方法与技术》一书，由地震出版社2001年8月出版。该书介绍了水质分析的意义；水样的采集、保存及预处理；标准液的制备及浓度表示方法。在测定方法上介绍了化学分析法和仪器分析法的基本概念、基本理论及仪器的使用方法。

14.《山西煤田水文地质与环境地质研究》

陆远昭等著的《山西煤田水文地质与环境地质研究》一书，2002年5月由山西科学技术出版社出版。该书首先研究了山西煤炭资源及其开发利用现状，提出了地质精查有效供给储量，已远远落后于煤炭开采发展所需要的重要结论；其次，对煤田水文地质条件进行了系统的研究，重点研究了山西各大矿区供水和岩溶地下水系统的划分、控水条件，太行山、吕梁山、太原盆地等地区深层地下岩溶水赋存特征等，为综合开发利用岩溶水，解决山西省煤矿水资源短缺问题，提供了科学的依据；再次，对山西环境地质进行了深入的研究与评价，提出了环境意识滞后对人类造成的危害。通过对平朔露天煤矿等六大煤田和矿区开采对水环境的影响研究，提出了环境地质方面一些新的理论和论断，这在山西煤田地质研究史上尚属首次。

15.《水分在季节性非饱和冻融土壤中的运动》

2002年9月，郑秀清、樊贵盛、邢述彦编著的《水分在季节性非饱和冻融土壤中的运动》一书，由地质出版社出版。该书是作者多年从事非饱和冻融土壤水分入渗和迁移研究成果的总结，以大量的国内外试验资料为基础，系统分析了土壤的季节性冻结和融化规律，论述了冻融土壤水分入渗的基本特性机理及影响因素，建立了冻土入渗参数预报模型；结合山西省汾河灌区冬、春灌溉实际，研究了雪层及冻融土壤介质中水、热、盐的耦合迁移特点及运动规律，建立具有物理基础的冻融土壤系统水、热、盐耦合迁移数值模型，为季节性冻融土分布区土壤墒情的预测提供了一种快速、简便、经济、可行的方法；应用冬灌地面水流运动的数值模拟模型，探讨了冬灌地面水流特性及效果，提出提高冬灌溉水效果的技术措施。

16.《山西省煤炭开采对水资源破坏影响及评价》

该专著由牛仁亮主笔；副主笔：孔繁珠、赵敏崎、李振拴、韩兆双、雷仲敏、武强；写作人员包括马利军等33人。

2003年1月，《山西省煤炭开采对水资源破坏影响及评价》一书由中国科学技术出版社出版，该书从水文地质破坏调查、遥感分析、典型案例研究及经济分析等五个方面，研究了煤炭开采对水资源破坏的影响。研究课题对山西经济社会的可持续发展有重要的现实意义和深远的战略意义。该专著对山西省煤炭开采所造成的水资源破坏影响范围、影响程度进行了预测；对水资源破坏所造成的生态危害、经济损失及其对可持续发展的影响进行了评价；该成果对合理开采煤炭资源、保护水环境具有重大实用价值。本课题取得以下几方面成绩：首次计算出山西省煤炭开采对水资源破坏的静储量和动储量数值，砂岩、灰岩给水度，并测算出采煤对地下水的破坏模数。对煤炭开采对水资源破坏的影响，从经济和生态两个方面进行了定性与定量评价；采用遥感手段，系统地对山西省不同时段煤矿开采的变化、各煤田内地表水体及植被分布的密度情况进行了解译；创造性地建立了东山煤矿岩溶水数学模型和太原东山煤矿排供结合及水害控制管理模型，利用校正后的模型分析了煤矿突水对水源地的影响。

17.《地下水环境保护与污染控制》

2003年8月，张永波、时红、王玉和编著的《地下水环境保护与污染控制》一书，由中国环境科学出版社出版。该书系统地介绍了地下水的基本知识，地下水污染系统特征及地下水污染计算的常用数学方法等关于地下水环境保护、评价、预测及开展污染控制的措施。

18.《浅层孔隙地下水系统环境演化及污染敏感性研究——以山西大同盆地为例》

2004年1月，王焰新、郭华明、阎世龙、王润福、李义连著的《浅层孔隙地下水系统环境演化及污染敏感性研究——以山西大同盆地为例》一书由科学出版社出版，该书通过对大同盆地地下水环境演化与污染敏感性研究，分析了该盆地环境演化的基本格局，并对水化学进行了分区，探讨了地下水水化学过程，识别了地下水砷氟异常的环境因素和富集机理，讨论了人类活动对大同盆地地下水的影响，提出了NILPI污染敏感性模型，并对地下水污染敏感性进行了评价。全书提出了一套新的观点、理论与方法，为水文地质学科开辟了新的领域，为地下水环境保护提供了科学依据。

19.《高温岩体地热开发导论》

2004年6月，科学出版社出版了赵阳升《高温岩体地热开发导论》专著。该书是一部系统论述高温岩体地热开发理论与技术的著作。全书共分七章，第一章、第二章介绍了资源与能源的现状，全世界高温岩体地热资源、开发原理及技术的国际进展，论述了中国典型的高温岩体地热资源地区的资源、地质及开发方面的分析与预测评价，如藏南、腾冲、琼北等地；第三章系统介绍了与高温岩体地热开发有关的岩体在高温高压下的物理力学特性与热破裂特性；第四章、第五章详细介绍了高温岩体地热开发的系统设计、深钻施工、人工储留层建造、开采监测等开发技术和开发成本的经济评价；第六章详细介绍了高温岩体地热资源与开采理论，包括块裂介质岩体固流热耦合数学模型、数值解法，地热资源数值预测方法，高温岩体地热开采中温度场、应力场、裂缝、渗流场的变化的数值实验结果，高温岩体地热开采的出力与寿命等内容；第七章提出了西藏羊八井地区、云南腾冲地区、海南琼北地区的高温岩体地热开发的一些设想方案。《高温岩体地热开发导论》内容丰富，资料翔实，汇集了当时大量最新研究成果。

20.《山西省水资源评价》

2005年7月，范堆相主编的《山西省水资源评价》一书由中国水利水电出版社出版。该书根据山西省第一次水资源评价及水资源总体规划的成果编写。全书共分十二章，主要阐述了山西省地表水资源、地下水资源和水资源数量、质量及其时空分布变化规律；深入调查分析了山西省水资源开发利用现状及具体存在问题，初步分析了水资源可利用量与开发利用潜力，并对影响水资源开发利用与保护的一些重点问题进行了专题研究，评价成果为水资源的可持续利用提供了科学依据。该书是山西水资源评价领域权威性成果，受到业内人士的高度评价和广泛引用。

21.《中国地下水资源（山西卷）》

2005年12月，张宗祜、李烈荣主编的《中国地下水资源（山西卷）》一书由地质出版社出版。该书为《中国地下水资源评价》的组成部分之一，是在山西省地质环境监测中心2001年提交的《山西省地下水资源评价》成果基础上编著而成，全面反映了“新一轮全国地下水资源评价”项目山西省成果。

22.《水文地球物理测井方法与应用》

2006年6月，郭崇光、李振拴、赵莹、杨展编著的《水文地球物理测井方法与应用》一书由煤炭工业出版社出版（郭崇光等，2006）。该书论述了电法测井、放射性测井、声波测井、井内技术测量、井液电阻测井、流量测井、温度测井，以及测井仪器设备和水文测井资料的综合应用。重点介绍了专门水文测井方法和综合测井方法的应用。

23.《内陆新生代断陷盆地区地面沉降机理及模拟——以太原盆地为例》

2006年8月，阎世龙、王焰新、马腾、王润福、马瑞等的著作《内陆新生代断陷盆地区地面沉降机理及模拟——以太原盆地为例》由中国地质大学出版社出版。该书以监测—成因分析—机理分析—模拟—预测与控制为研究主线，通过对太原市地面沉降监测数据的分析，揭示了地面沉降的时空变化规律和引发地面沉降的主导因素，分析了地面沉降机理及地质环境对沉降分布的影响，建立了地面沉降数值模型，模拟了不同地层深度地面沉降的分布情况，进而提出有效控制地面沉降的措施和方案。

24.《山西地下水环境特征与保护研究》

2008年12月，陆家河编著的《山西地下水环境特征与保护研究》一书，由中国环境科学出版社出版。该专著在综合分析山西煤田水文地质条件的基础上，重点论述了煤层分布区的岩溶地下水水文地质特征，并提出了相应的保护对策。

25.《山西省岩溶泉域水资源保护》

2008年1月，中国水利水电出版社出版了由省水利厅、中国地质科学院岩溶地质研究所、省水资源管理委员会编著的《山西省岩溶泉域水资源保护》一书，该书根据山西省水利部门与中国地质科学院岩溶地质研究所合作开展的岩溶泉域水资源保护研究项目成果编写。岩溶区的地下水和岩溶泉水是我国众多城市和工农业的重要供水水源。面对近30年来普遍出现的泉水流量衰减、水质污染和无序开采等问题，该书以山西省19处岩溶大泉为研究对象，开展了岩溶泉域水资源系统及水环境特征分析评估、泉水流量与水质变化趋势分析、影响泉水流量和水质的主要因素分析，在此基础上应用新的理论、观点和方法，提出了科学、合理、可行的保护措施。

26.《山西六大盆地地下水资源及其环境问题调查评价》

2008年11月，地质出版社出版了由韩颖等著的《山西六大盆地地下水资源及其环境问题调查评价》一书。该著作内容丰富，资料翔实，依靠大量的第一手实测数据，对大同、忻州、太原、临汾、运城、长治盆地地下水系统的空间结构、水文地质条件进行了深入研究，查明了盆地地下水系统与地表水、周边裂隙–岩溶水关系，对盆地孔隙水资源量、地下水质量、地下水潜力进行了评价。

27.《地下水化学动力学与生态环境划分》

2009年3月，曹玉清、胡宽瑢、李振拴的著作《地下水化学动力学与生态环境划分》由科学出版社出版。该书突破传统的水文地质研究尺度，以水文地质蓄水构造（单元）实体为对象，建立了耦合地质、水文地质、水文地球化学、生态环境条件综合模型的理论和表达形式，全书以逼近“实体”为目标，建立一套研究水文地质、水文地球化学、生态环境的新理论方法体系，为水文地质学科开辟一个新领域，实践证明具有很强的实用性。

28.《饮用水水源地环境保护规划理论与实践》

2009年6月，武鹏林、韩彩霞、杜咏梅的著作《饮用水水源地环境保护规划理论与实践》一书由中国水利水电出版社出版。该书是作者根据对现代水资源环境保护和规划的有关理论研究与技术方法的探讨，结合当时参加水源地环境保护规划工作的实践经验，以吕梁市各县级以上城市为例，对水源地环境保护规划作出的技术总结。全书包括饮用水源地基础情况调查、环境质量状况评价、保护区污染负荷控制、保护区核定与补充划分、环境保护工程规划、保护区污染防治管理措施等内容。

29.《盆—山地下水系统演化及其水资源环境效应：以太原盆地为例》

2010年4月，郭清海、马腾、王焰新、马瑞等的著作《盆—山地下水系统演化及其水资源环境效应：以太原盆地为例》由科学出版社出版。该书论述了山西太原盆地及其边山地区范围内地下水系统的水文地质特征和演化规律，重点开展了盆地中深层孔隙水的地球化学演化模拟，探索了边山岩溶大泉的流量变化规律及其驱动机制，并从盆—山地下水系统水循环特征分析入手，着重从岩溶热水形成与资源评价、边山地区采煤排水与盆地地下水水位下降关系两个方面探讨了盆—山地下水系统水循环的资源—环境效应。在此基础上，对研究区内各类地下水环境问题，如区域地下水水位下降、岩溶泉流量衰减、地面沉降、地下水污染等进行了系统分析，并指出了这些环境问题的成因。

30.《山西省水文地质工程地质环境地质工作发展史》

2010年5月，山西省国土资源厅编著的《山西省水文地质工程地质环境地质工作发展史》一书由山西科学技术出版社出版。该书首次系统地总结了山西省1949—2005年水工环地质工作发展阶段、机构沿革、行政管理、主要成果，总结了经验教训，提出了山西省水文地质工程地质环境地质工作今后发展的建议，介绍了36项典型性水工环地质勘查项目成果。

31.《蔚汾河流域综合规划研究》

2010年7月，武鹏林、刘子峰、张贵庆的著作《蔚汾河流域综合规划研究》，由中国水利水电出版社出版。该书以黄河流域重点支流——蔚汾河流域为载体，探讨了流域规划的原则、思路和方法。在全面分析流域治理、开发、保护和管理现状及存在问题的基础上，从防洪安全、供水安全和水土保持生态安全等方面提出流域经济社会发展对水资源的需求，并制定出流域防洪、水资源利用和保护、节水、灌溉、河流生态、水土保持等规划目标，明确了流域治理、开发和保护的功能定位及其目标和任务。

32.《太原西山岩溶地下水系统及白家庄矿带压开采对晋泉的影响》

陆家河编著的《太原西山岩溶地下水系统及白家庄矿带压开采对晋泉的影响》一书，2010年由山西科学技术出版社出版。该专著在深入研究太原西山煤田白家庄矿岩溶水水文地质特征的基础上，利用大量的实测水文地质参数，比较全面地分析了煤矿矿坑突水对晋祠岩溶大泉的影响。

33.《辛安泉域地表水—地下水相互作用的水文地球化学研究》

2011年8月，武鹏林、靳建红、孙等平、杨锁林的著作《辛安泉域地表水—地下水相互作用的水文地球化学研究》一书，由中国水利水电出版社出版。该书在分析整个辛安泉区域的地表水、地下水系统及对水环境进行评价的基础上，在三维空间内开展含水层结构分析，并以三维立体图与三维剖面图的形式来展现区域孔隙水系统的结构特征；对辛安泉岩溶泉流量进行动态分析，采用时间序列分析方法对泉流量的变化过程及控制因素进行分析；从地质与地下水水位特征入手，分析孔隙水—岩溶水的补排关系；利用微量元素差异判别孔隙水—岩溶水、地表水—地下水的来源、渗漏特征及其相互关系和水化学演化趋势；利用水化学同位素特征进一步论证地表水—地下水的相互作用；在分析煤炭开采对地下水的破坏机理、开采塌陷的形成机制的基础上，对采煤排水的时空变化规律及造成的环境影响进行研究。

34.《山西省岩溶大泉变迁与保护》

2011年11月，山西省水利厅编著的《山西省岩溶大泉变迁与保护》一书由山西经济出版社出版。该书整理了山西省晋祠泉、兰村泉、娘子关泉、辛安泉、神头泉、郭庄泉、古堆泉、柳林泉、延河泉、三姑泉、坪上泉、马圈泉、天桥泉、洪山泉、龙子祠泉、霍泉、水神堂泉、城头会泉、雷鸣寺泉等19个岩溶大泉的有关资料，围绕其历史文化、形成原因、开发现状、存在问题和对策建议五个方面撰写，并遴选了大量的泉水彩色照片，旨在保护珍贵的泉水资源，唤起全社会共同参与到这项功在当代、利在千秋的伟大事业中。

35.《山西省清泉水流量调查成果》

2011年11月，山西省水利厅组编写的《山西省清泉水流量调查成果》一书由黄河水利出版社出版。该书共搜集整理了山西省历次清泉水流量成果8324断面次，遍及全省117个县3949个村庄，2000余条河沟。这是山西省首次将清泉水流量调查资料进行系统分析、汇总和整编，并予以出版。为方便使用，成果分市按流域水系编排，每市均附有清泉水流量调查断面分布图。

36.《山西煤水资源合理开发与保护研究》

2012年12月，陆远昭、赵志怀、陆家河、张云、王一涛编著的《山西煤水资源合理开发与保护研究》一书由煤炭工业出版社出版（陆远昭等，2012）。该书根据地洼学说、地质力学、断块导论和板块构造理论，结合山西煤炭地质勘探研究、煤矿生产长期以来实践经验，对山西煤田水文地质条件、煤系地层主要标志层特征、沉积环境特征，煤炭含硫量成因，煤层气的发现勘探和开发现状，煤水资源的合理开发利用，地质构造控水，陷落柱成因，带压开采环境地质灾害程度分类等提出了一些新的认识。

37.《山西地下水资源与开发利用研究》

2013年6月，周永昌、郭晓峰、赵小平、徐永胜主编的《山西地下水资源与开发利用研究》一书由山西科学技术出版社出版。该书编写委员会19位成员基本涵盖了山西省水文地质界老、中、青三代水文地质人员的精华，全书共12篇105章144.3万字，100多幅插图及大量统计表，真可谓鸿篇巨著，编写人员多达82人，凝聚了山西省第三地质工程勘察院水文地质人员的集体智慧。该书的出版在山西省水文地质研究史上是一个重要里程碑，意义重大，影响深远。这将在山西水文地质研究史上留下浓墨重彩的一笔。该书内容主要包括山西省地下水形成的地质环境条件论述；松散岩类孔隙水、碎屑岩类裂隙水与碎屑岩夹碳酸盐岩岩溶裂隙水、碳酸盐岩岩溶裂隙水、变质岩及岩浆岩裂隙孔隙水的综合论述分析；对山西地热田进行了介绍，评价了地热资源；对山西36处典型天然矿泉水进行了介绍；对饮水型地方病成因及分布特征进行了研究；对地下水的污染现状进行了评价，探讨了其成因；对山西省地下水资源进行了评价；列举了5处地下水水源地勘查与开发案例；讨论与研究了地下水资源评价与保护若干重大问题。

38.《山西省水生态系统保护与修复研究》

由刘家宏、王浩、秦大庸、尹婧等著《山西省水生态系统保护与修复研究》一书，由科学出版社2013年11月出版。该书针对山西省严重、复杂的水生态环境退化情势，面向区域资源型经济转型战略的实践急需，立足自主创新，在基础理论层面，建立了同等考虑“自然—社会”二元因子的水生态系统分区理论、系统揭示了植被覆盖与水循环相互作用机理、原创性提出了水生态系统修复的价值评价理论与方法；关键技术层面，集成创新了针对河流廊道、湿地、岩溶泉域、采煤区、水土流失区等不同类型区的五项水生态保护与修复关键技术，解决了我国北方严重缺水地区典型水生态系统的修复模式、调控阈值、维持途径等技术难题；示范工程层面，以山西省水生态系统突出问题为导向，开展了汾河清水复流工程、娘子关泉域保护、太原盆地地下水超采治理、古交矿井水和煤矸石综合利用、重点河流与泉口水污染治理等六方面技术示范。

39.《山西省忻州市各煤田（矿）水文地质条件及煤矿水害防治》

由范建民、郭建平主编的《山西省忻州市各煤田（矿）水文地质条件及煤矿水害防治》一书，由三晋出版社2013年11月出版。该书是山西省第一部专门研究忻州市煤矿水文地质条件的专著，全书近90万字、280多幅专业图件，图文并茂，将忻州市域82座（其中正在办理手续1座建设矿）生产、建设矿井所坐落的泉域范围进行确定，并较全面系统地介绍了忻州市所辖宁武煤田、河东煤用、五台煤产地水文地质特征；重点对宁武煤田43座、河东煤田16座、五台煤产地2座共61座煤矿划分了水文地质类型，尤其对现采煤层的水源补给、充水条件、奥灰水位高程、带压开采等要素进行分析研究，同时对临近矿水文地质情况和本井田制定水的探放措施等都做了较为详细的阐述。该书对忻州市煤炭资源开发和水害的防治具有较高的实用性和指导性。

40.《煤矿水情监测预警保障系统的研究》

2014年8月，李振栓、尹尚先、马积福、刘德民、连会青的著作《煤矿水情监测预警保障系统的研究》由山西人民出版社出版。该书是国家科技攻关课题“矿井突水灾害预警系统的研究”科研成果，以李振栓，尹尚先为带头人的科研小组在对煤矿水灾发生的地质构造，采矿，水文地质条件等综合研究的基础上，总结煤矿突水的内在机理，围绕煤矿突水的主控因素，建立了矿井水灾预警指标体系和信息预警系统，为防范和控制煤矿突水灾害提供了技术支撑。

41.《水资源分析参数实验概论》

2014年11月，孙明、薛明霞编著的《水资源分析参数实验概论》一书由山西人民出版社出版。该专著以太谷均衡实验站为依托，累计搜集国内外气象要素、土壤湿度、地下水动态、土壤水分运移、作物需水耗水、四水转化参数、农业灌溉、平原水文等原始观测实验数据620余万组，并进行了综合整编及分析研究。对水资源分析参数及实验方法进行了详细的论述，并尽可能对不同实验方法对实验结果的影响进行了论述。重点论述了作为水资源补给源的大气降水的衡量指标、测定方法及时空分布特征；分析了水资源分析参数的概念、影响参数值大小的因素、不同实验方法，并对已有的实验成果和经验数值进行了列表整理。

42.《山西大同盆地地质成因高砷地下水系统地球化学研究》

2014年12月，谢先军、苏春利、段萌语的著作《山西大同盆地地质成因高砷地下水系统地球化学研究》由中国地质大学出版社出版。以往国内关于“高砷地下水形成机理”的研究多偏重于高砷地下水的时空分布特征、形成的宏观环境和水文地球化学过程分析，且主要注重于无机水化学成分与砷的作用。该书通过对富砷沉积含水层的地球化学特征，高砷地下水系统中水化学组分、同位素、有机物以及微生物在砷的地球化学循环中的作用过程研究，力图进一步丰富高砷地下水成因机制理论研究，进而为原生高砷地下水修复提供理论支撑。

43.《一方水土》

2015年9月，王润福主编的《一方水土》一书由地质出版社出版。该书从水的来源到生命与水，从水的循环到生活与水，通俗地讲述了水的基础知识及其与人类生活的关系。通过对山西水文地质知识的漫谈式讲解，阐述了水资源的形成、分布及其寻找常识；论述了山西地表水及人文地理、地下水资源分布及主要的矿泉水与热矿水，分析了山西水资源的长处与短板及其形成的主客观原因；描述了山西古代与水有关的传说以及山西水土养成的山西人性格特点。

44.《忻州市岩溶大泉与地热水资源开发利用与保护》

2017年9月，刘晓东编著的《忻州市岩溶大泉与地热水资源开发利用与保护》一书由黄河水利出版社出版。该书以山西省忻州市岩溶大泉和地热水为研究对象，主要内容分为两篇：上篇介绍了忻州市四大岩溶大泉之天桥泉、坪上泉、马圈泉、雷鸣寺泉概况，地质与水文地质条件，岩溶水水资源开发利用，泉域存在的问题、保护措施及泉域管理体制；下篇介绍了忻州市大营、奇村、顿村、汤头等地热系统水文地质条件、地热水开发利用、水化学类型、水动态变化特征、存在的问题及保护措施。

45.《采煤对山西地下水资源及地质环境影响研究》

2021年4月，赵喜萍、张志祥，郭凯的著作《采煤对山西地下水资源及地质环境影响研究》由中国水利水电出版社出版，该书以山西煤矿区地下水资源及地质环境为研究对象，运用水文地质学、工程地质学、环境地质学、水文学、采煤学、开采沉陷学、矿山地质灾害学等多学科的前沿理论，采用现场调查、理论分析、相似材料模拟实验及数值模拟等方法，研究了采煤对山西地下水资源及地质环境影响。研究成果为山西煤矿区地下水资源可持续开发利用、保护以及矿山地质环境保护与治理恢复提供了重要理论依据。

46.《三晋大地之水韵华章》

山西地质博物馆编著的系列科普图书之《三晋大地之水韵华章》（山西地质博物馆，2023），2023年4月由山西出版传媒集团·三晋出版社出版，该书介绍“生命起源于水”“人类生活离不开水”“水是怎样形成的”“水循环”等水的基础知识，然后对山西境内水资源进行概括性论述。读者在阅读该书时，会随着文字、照片遍历三晋大地典型水的风光与文化，同时也能够通过翔实的数据感受到山西水资源紧缺、生态环境恶化等问题，从而启发人们如何从生活点滴做起，保护地球家园。

47.《煤矿水害隐患咨询及施工案例剖析》

该书由李振拴、宋志刚、罗斌、王甲斐编著，2023年8月由应急管理出版社出版。该书详细介绍了2010年山西焦煤王家岭煤矿“3·28”特别重大透水事故抢险过程，重点介绍垂直救援方案的制定及被誉为“通风通道、信息通道、生命通道”的2号钻孔在救援中起的重要作用；分析点评了涉及煤矿地表水、老空水、顶板水、底板水等方面的32个水害隐患咨询案例和25个水害事故案例，全面总结了第一作者李振拴40余年来对煤矿水文地质条件独到见解及防治水工作的宝贵经验，并回顾了个人成长历程以及事业成就。该书介绍的每个案例都具有的典型性和代表性，对煤矿矿区水文地质人员和矿井防治水人员具有很好的启迪借鉴作用。

七、其他大事记

本书共遴选出1954—2023年间，水文地质其他类型大事记17条，详述如下：

1.山西省委书记陶鲁笳亲切接见陆远昭等水文地质技术人员

1954年，山西煤田地质局以陆远昭为首的水文地质人员发现辛安泉优质岩溶水，为长治市区、潞安矿区找到了可靠的优质水源，解决了长治市水源问题，为改变长治和潞安矿区缺水面貌做出了重要贡献，因而受到时任省委书记陶鲁笳的亲切接见和表扬。为了解决地质勘探职工生活困难，陶鲁笳还指示粮食部门，给全省的南方职工每人每月专供8斤大米，广大职工受到很大鼓舞。

2.国务院副总理李鹏听取陆远昭关于太原水源地勘探情况的汇报

1983年，煤田地质229队在太原三给村地垒地区的1号孔打出深层岩溶水自流井，水位高出地表23m，涌水量6239m^3/d，当时《光明日报》《山西日报》《中国煤炭报》以“科技攻关传喜讯，太原打出自流井”等题目分别进行了报道，引起省领导和中央有关部门的重视。为此，时任国务院副总理李鹏指示煤炭部，速派最熟悉现场情况有经验的人来中央汇报。经煤炭部与中国煤田地质总局研究决定，派山西省煤田地质勘探公司总工程师陆远昭和中国煤田地质总局总工程师王琮前往汇报。1983年8月23日在中南海，由陆远昭向李鹏副总理详细汇报了太原水源地勘探情况，李鹏副总理还详细询问了晋东南和山西省水资源情况，历时3小时。

3.山西省地质工程勘察院召开“太原市西边山地热资源勘探项目成果”新闻发布会

2003—2004年，山西省地质工程勘察院实施了“太原市西边山地热资源勘探项目”，该项目是在国土资源部立项的风险勘查项目，在万柏林区义井西街（原山西省地质工程勘察院西院）成功施工一个地热孔（附照片1-16），孔深1339.21m，孔口水温度54.5℃，于2004年提交了《太原市西边山热矿水勘察报告》，2004年3月5日，山西省地质工程勘察院在太原召开勘查成果新闻发布会（附照片1-17），这是该院有史以来首次新闻发布会，省国土资源厅、省地质勘查局主要领导出席会议并讲话，山西日报、山西晚报、国土资源报、中国矿业报、山西电视台、太原电视台等十余家省内外新闻媒体记者参加，引起了社会及山西省、太原市及万柏林区领导的广泛关注。

4.山西省委书记胡富国为山西省煤炭地质水文勘查研究院题词

山西省煤炭地质水文勘查研究院成立于1973年9月，是以水工环地质勘查为主的专业性水文地质勘查科研单位，国有独资公益类科技型企业。2008年，时任山西省委书记胡富国为祝贺山西省煤炭地质水文勘查研究院建院35周年欣然题词：“煤炭地质尖兵，能源勘查功臣”。

5.长治市举行辛安泉纪念标志揭幕仪式

2018年6月13日，长治市人民政府和山西省煤炭地质局共同在辛安泉饮用水源地隆重举行辛安泉纪念标志揭幕仪式（附照片1-18，附照片1-19）。为加强水源地保护，保障人民饮用水安全，《长治市辛安

附照片1-16　万柏林区义井西街地热井施工现场
（据山西省地质勘查局，《山西省地质勘查局五十周年局庆图片集》，2008年4月）

附照片1-17　地热井勘查新闻发布会
（据山西省地质勘查局，《山西省地质勘查局五十周年局庆图片集》，2008年4月）

附照片1-18　辛安泉饮用水源地纪念标志

附照片1-19　辛安泉铭

泉饮用水水源地保护条例》于2017年12月28日经长治市第14届人大常委会第7次会议通过，并于2018年3月30日经山西省第13届人大常委会第2次会议通过，于2018年7月1日起正式实施。

6.山西省煤炭地质水文勘查研究院“院士专家工作站”揭牌

2018年8月15日上午，山西省地勘行业首个矿山水文地质高层次研究平台——山西省煤炭地质水文勘查研究院“院士专家工作站”揭牌仪式暨学术报告会在该院隆重举行（附照片1-20，附照片1-21）。中国工程院院士、中国矿业大学（北京）教授武强携专家进站，山西省煤炭地质水文勘查研究院将依托“院士专家工作站”这个高层次科技创新平台，推进关键性技术和共性技术攻关，特别是在煤矿防治水、矿井水综合利用和中深层地热能的勘查开发利用方面力争取得新的突破。

7.煤矿防治水专家李振拴上书贺天才副省长

2019年6月，山西省煤炭地质局原副总工程师李振拴，上书山西省人民政府副省长贺天才，一针见血地指出了山西省煤矿防治水分区管理工作中存在的一些问题，提出了解决的建议，并进一步对煤矿底板岩溶水突水治理的方法提出了自己的观点，对目前存在的某些煤矿利用粉煤灰等污染物封堵奥陶系含水层的错误做法进行了严肃地批评，强调了保护奥陶系岩溶水对山西的特殊意义。此信在社会上引起了强烈反响，体现了一个水文地质工作者的责任与担当。

8.山西地热探测与开发院士工作站揭牌成立

2019年9月29日，由中国科学院朱日祥院士与山西省第一水文地质工程地质队合作共建的地热探测与开发山西省院士工作站揭牌成立（附照片1-22），副省长贺天才为朱日祥院士颁发证书（附照片1-23）。地热探测与开发山西省院士工作站旨在围绕地热资源调查勘查重要关键技术开展联合攻关，目

附照片1-20　院士工作站揭牌暨学术报告会

附照片1-21　王学军为院士武强颁发聘书

附照片1-22　院士工作站揭牌

附照片1-23　贺天才为朱日祥院士颁发证书

标是查明全省干热岩储层及热储层地热流体分布特征，完善深部地热探测技术与资源潜力评价体系，争取实现干热岩地热资源勘查在山西取得重大突破。

9.钱学溥先生向山西地质博物馆捐赠珍贵资料

2021年11月，我国著名水文地质学家钱学溥先生向山西地质博物馆捐赠一批珍贵资料，包括山西工作期间的野外记录本（附照片1–24）8本、个人专著（附照片1–25）3部及影像资料6份。这批资料具有重要价值：8本野外记录本文字工整、页面整洁、内容翔实、图文并茂，详细记录了钱学溥先生在五台山区开展水文地质勘查工作的原始信息；3部专著为钱学溥先生所著的《怎样寻找地下水》《中国蓄水构造类型》《矿坑涌水量计算》，对我国水文地质工作具有重要参考意义；6份影像资料包括1978年党和国家领导人接见全国科学大会代表合影、个人野外工作照等，十分珍贵。这批珍贵资料详细展示了老一辈地质工作者的工作笔记、工作环境和取得的重要成果，充分展现了地质人“三光荣”精神，体现了党和国家对科学工作者的关心与支持，具有重要的历史意义和展示价值。

10.煤矿防治水专家李振拴向山西地质博物馆捐赠资料

2021年6月，山西煤矿防治水专家李振拴向山西地质博物馆捐赠一批珍贵资料，包括技术笔记20册、个人专著6部、王家岭煤矿透水事故救援资料1套。

11.山西省委书记林武在太原、大同调研地热资源

2022年3月，省委书记林武先后深入太原市和大同市有关县区，就地热能开发利用进行调研。省委书记林武来到位于天镇县的高温地热资源项目试验电站，详细了解装机容量、发电方式、机组运行情况，强调要突出科研示范试验定位，运用好“小功率、多机组”等有效方式，加强地热水质与发电工艺

附照片1-24 钱学溥先生野外记录本

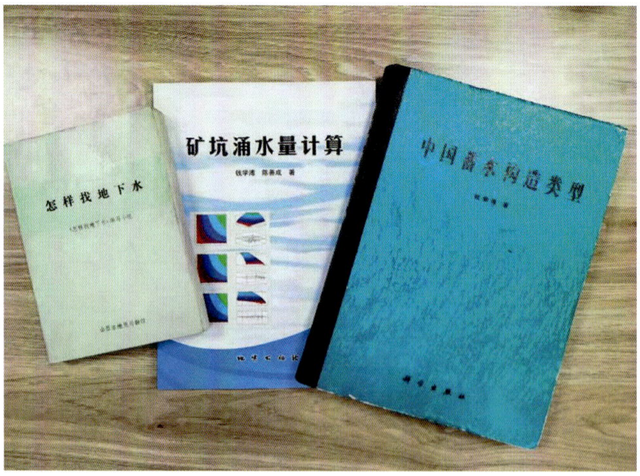

附照片1-25 钱学溥先生著作

的适应性研究，为大规模开发利用高温地热资源探索路径。林武来到阳高地热温泉区，察看104℃温泉井和晋能控股集团地热示范项目；林武来到位于太原理工大学虎峪校区的深层裂缝型热储地热钻探项目，实地考察项目推进情况，并听取全省地热资源分布、勘查和开发等情况汇报，亲切慰问项目负责人中科院院士、太原理工大学赵阳升教授；山西双良集团运用“地热能+”形式，多能互补，在山西综改示范区供暖720余万平方米。林武先后来到能源转换站调度中心、能源岛展示中心，听取企业核心技术、业务布局等情况介绍，肯定企业在地热能开发利用上取得的成效，鼓励企业发挥技术、资金、管理和规模等优势，加强地热与其他可再生能源的互补综合利用，进一步提升能源使用效率。太原国投大厦采用中深层地热能无干扰技术，实现了全楼宇的绿色供暖。林武走进机房，详细了解项目运行运营情况后指出，要坚持精益管理，提升安全水平，确保项目可持续发展。

12.2022年山西省成功入选首个地质文化村

2022年10月24日，在中国地质学会组织的第二批地质文化村（镇）评选中，山西省自然资源厅推荐、山西省煤炭地质148勘查院有限公司作为技术支持单位选送的壶关县“大河青龙峡地质文化村”成功入选挂牌筹建地质文化村，这是山西省首个地质文化村。

13.山西七条地热新闻入选“2022年中国地热大事记”

2022年12月27日，《中国地热》杂志编辑部联合地热加APP、中国技术监督情报协会地热产业工作委员会策划推出“2022年中国地热大事记”共计158条，其中山西入选7条，占总数的4.4%，分别是：山西省委书记林武调研地热开发利用；山西全面推广地热能在公共建筑应用；大同市副市长翟永清到水环所调研地热梯级综合利用；“地热资源勘查与开发利用”山西省重点实验室学术年会召开；山西发布推动地热能产业高质量发展指导意见；山西省发布两份地热能重要《通知》；山西省自然资源厅开展商业开发地热井专项调查等。

14.2023年山西省成功入选两个地质文化村

2023年9月19日，在中国地质学会组织的第三批地质文化村（镇）评选中，由山西省地质学会推荐，中国地质调查局哈尔滨自然资源综合调查中心作为技术支持单位选送的大同市云州区“余家寨火山地质文化村”成功入选三星级地质文化村，建设模式为“地质+生态旅游”，成为山西省首个三星级地质文化村；山西省自然资源厅推荐，山西省煤炭地质148勘查院有限公司及山西省煤炭地质144勘查院有限公司作为技术支持单位选送的隰县峪里村成功入选挂牌筹建黄土地质文化村。

15.金湘军在太原、晋中调研地热资源开发利用工作

2023年9月26日，山西省委副书记、省长金湘军深入太原、晋中两市调研地热资源开发利用工作，副省长杨勤荣参加调研。

附照片1-26　双良公司22种新能源技术

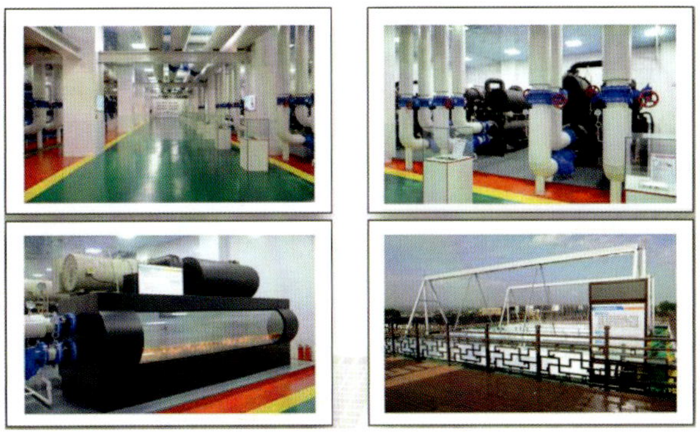

附照片1-27　双良公司典型能源岛实景

26日下午，金湘军来到山西双良科创城，听取全省地热资源勘查及开发利用工作汇报，详细了解地热资源分布、主要开发利用方式、地热项目建设等情况，察看地热资源勘查程度和远景分布图示。在山西双良再生能源产业集团，金湘军察看企业绿色能源岛取热井群、热能转换站、5G大数据智慧供热平台，听取应用场景和项目介绍（附照片1–26、附照片1–27），深入了解地热能梯级利用、中深层无水取热、联合能源供热等技术，仔细询问地热供暖项目运行成本及比较优势，勉励企业发挥自身优势，创新关键技术，拓展利用模式和应用范围，打造更多地热开发利用样板项目，促进地热能与其他可再生能源一体化发展。在晋中市榆次区，金湘军实地察看晋中盆地地热资源勘查利用情况，要求加大调查评价力度，摸清地热资源家底，为有序推进产业化利用夯实基础，支撑山西省地热能高质量发展。

16.山西霍泉灌溉工程入选世界灌溉工程遗产

2023年11月4日，在印度维萨卡帕特南召开的国际灌排委员会第74届执行理事会上，2023年（第十批）世界灌溉工程遗产名录公布，中国山西霍泉灌溉工程申报成功，同时申报成功的还有安徽七门堰调蓄灌溉系统、江苏洪泽古灌区、湖北崇阳县白霓古堰等三个工程。至此，中国的世界灌溉工程遗产已达34项。

霍泉形成于距今约250万年前的喜马拉雅造山运动，泉水出流量大（附照片1–28），水质优良，具有开发利用的优良条件。至迟到唐贞观年间（627—649年），文献记载中出现了最早的引霍泉灌溉工程——北干渠和南干渠。霍泉灌溉的区域涉及赵城和洪洞两个县域，北干渠灌溉赵城，南干渠灌溉洪洞，自唐代以来两县就因为争水问题不断发生纠纷。在政府的干预下，通过分水石、木制分水格、闸门及阻水堰等工具将泉水按7：3的比例分到北干渠和南干渠。但由于分水设施不够坚固，用水户可以轻易通过挖深渠道、移动分水石等来获得更多的引水量，时有纠纷发生，这一状况也持续了近千年。直到1725年，政府铸造一个十洞的铁栅（附照片1–29），将铁栅置于水平的渠底，再辅以分水石堤进行分水，这一分水设施一直沿用至今，分水条文也刻碑立于旁侧。霍泉灌溉工程在长期的开发利用实践中，建立了以地亩为基础、以水户为单元、各渠相对独立的水利自治管理制度，以及以用水公平为核心的较为稳定的渠册和夫簿制度，被称为“金科玉律”，并创造性地提出了基层管理中相对公平的原始的水权制度，被誉为“霍例”，沿袭使用1000余年，在古代灌溉工程管理中独树一帜，不仅是研究中国古代水利管理乃至地方治理的瑰宝，而且对周边区域产生了广泛影响，至今仍具有重要现实意义。

17.2023年山西地热大事多

2023年12月25日，中国技术监督情报协会地热产业工作委员会联合《中国地热》杂志编辑部、地热+策划推出“2023年中国地热大事记”160条，其中有关于山西地热大事入选10条，占总数的6.3%，分别是：山西“十四五”地热供暖面积增加50%以上；山西绘就地热能产业发展新蓝图；山西首个“近零能耗建筑”项目通过国家认证；山西忻州出台地热水资源保护条例；山西大同加快推进地热资源勘查开发利用；山西攻关研发深部地热资源高效规模化开发；山西省自然资源厅发布地热开发项目新政策；

附照片1-28　霍泉泉眼

附照片1-29　霍泉分水亭及分水铁栅

山西政府投资新立项公共建筑全部采用“地热能+”；山西（运城）地热能利用推介活动成功召开；山西地热资源勘查与开发利用中试基地“落户”垣曲。

附录二

水文地质专业主要标准规范一览表

序号	标准名称	标准编号	发布日期	实施日期	标准类别	颁发部门
1	岩溶地质术语	GB/T 12329—90	1990-04-19	1991-05-01	国家标准	国家技术监督局
2	水文地质术语	GB/T 14157—93	1993-02-11	1993-10-31	国家标准	国家技术监督局
3	区域水文地质工程地质环境地质综合勘查规范（1∶5万）	GB/T 14158—93	1993-02-12	1993-11-01	国家标准	国家技术监督局
4	地下水资源管理模型工作要求	GB/T 14497—93	1993-06-19	1994-03-01	国家标准	国家技术监督局
5	综合水文地质图图例及色标	GB/T 14538—93	1993-07-31	1994-03-01	国家标准	国家技术监督局
6	供水水文地质勘察规范	GB/T 50027—2001	2001-07-04	2001-10-01		国家质量监督检验检疫总局、建设部
7	城市居民生活用水量标准	GB/T 50331—2002	2008-09-26	2009-03-01	国家标准	建设部、国家质量监督检验检疫总局
8	地热资源地质勘查规范	GB/T 11615—2010 代替GB/T 11615—1989	2010-11-10	2011-02-01	国家标准	国家质量监督检验检疫总局、国家标准化管理委员会
9	有色金属矿山水文地质勘探规范	GB 51060—2014	2014-12-02	2015-08-01	国家标准	住房和城乡建设部建部、国家质量监督检验检疫总局
10	天然矿泉水资源地质勘查规范	GB/T 13727—2016 代替GB/T 13727—1992	2016-08-29	2017-03-01	国家标准	国家质量监督检验检疫总局、国家标准化管理委员会
11	温泉服务 基本术语	GB/T 33533—2017	2017-02-28	2017-09-01	国家标准	国家质量监督检验检疫局、国家标准化管理委员会
12	地下水质量标准	GB/T 14848—2017 代替GB/T 14848—1993	2017-10-14	2018-05-01	国家标准	国家质量监督检验检疫局、国家标准化管理委员会
13	地下水超采区评价导则	GB/T 34968—2017	2017-11-01	2018-05-01	国家标准	国家质量监督检验检疫局、国家标准化管理委员会
14	食品安全国家标准 饮用天然矿泉水	GB 8537—2018	2018-06-21	2019-06-21	国家标准	国家卫生健康委员会、国家市场监督管理总局
15	工业锅炉水质	GB/T 1576—2008 代替GB 1576—2001	2008-09-26	2009-03-01	国家标准	国家质量监督检验检疫总局、国家标准化管理委员会
16	浅层地热能利用通用技术要求	GB/T 38678—2020	2020-03-31	2020-10-01	国家标准	国家市场监督管理总局、国家标准化管理委员会
17	农田灌溉水质标准	GB 5084—2021 代替GB 5084—2005、GB 22573—2008、GB 22574—2008	2021-04-30	2021-07-01	国家标准	国家市场监督管理总局、国家标准化管理委员会
18	地下水资源储量分类分级	GB/T 15218—2021 代替GB/T 15218—1994	2021-03-09	2021-07-01	国家标准	国家市场监督管理总局、国家标准化管理委员会
19	矿区水文地质工程地质勘查规范	GB/T 12719—2021 代替GB/T 12719—1991	2021-05-21	2021-12-01	国家标准	国家市场监督管理总局、国家标准化管理委员会
20	煤矿专门水文地质勘查规范	GB/T 40130—2021	2021-05-21	2021-12-01	国家标准	国家市场监督管理总局、国家标准化管理委员会
21	生活饮用水卫生标准	GB 5749—2022 代替GB 5749—2006	2022-03-15	2023-04-01	国家标准	国家市场监督管理总局、国家标准化管理委员会
22	温泉服务 温泉水质要求	GB/T 41837—2022	2022-10-12	2023-05-01	国家标准	国家市场监督管理总局、国家标准化管理委员会
23	矿区地下水含水层破坏危害程度评价规范	GB/T 42362—2023	2023-03-17	2023-07-01	国家标准	国家市场监督管理总局、国家标准化管理委员会
24	岩溶洞穴学基本术语	GB/T 43217—2023	2023-09-07	2024-01-01	国家标准	国家市场监督管理总局、国家标准化管理委员会

续表

序号	标准名称	标准编号	发布日期	实施日期	标准类别	颁发部门
25	岩溶关键带监测技术要求	GB/T 43216—2023	2023-09-07	2024-01-01	国家标准	国家市场监督管理总局、国家标准化管理委员会
26	水文地质术语	GB/T 14157—2023 代替GB/T 14157—1993	2023-11-27	2024-03-01	国家标准	国家市场监督管理总局、国家标准化管理委员会
27	地下水监测工程技术标准	GB/T 51040—2023	2023-09-25	2024-05-01	国家标准	住房和城乡建设部、国家市场监督管理总局
28	浅层地热能勘查评价规范	DZ/T 0225—2009	2009-07-29	2009-07-31	地质矿产行业标准	国土资源部
29	矿山地质环境保护与恢复治理方案编制规范	DZ/T 0223—2011	2011-07-06	2011-08-30	地质矿产行业标准	国土资源部
30	地热钻探技术规程	DZ/T 0260—2014	2014-09-22	2014-12-01	地质矿产行业标准	国土资源部
31	水文水井地质钻探规程	DZ/T 0148—2014 代替DZ/T 0148—1994	2014-09-22	2014-12-01	地质矿产行业标准	国土资源部
32	地面核磁共振法找水技术规程	DZ/T 0263—2014	2014-09-21	2014-11-30	地质矿产行业标准	国土资源部
33	地下水监测井建设规范	DZ/T 0270—2014	2014-11-05	2015-01-01	地质矿产行业标准	国土资源部
34	区域地下水位监测网设计规范	DZ/T 0271—2014	2014-12-05	2015-01-01	地质矿产行业标准	国土资源部
35	矿山帷幕注浆规范	DZ/T 0285—2015	2015-06-10	2015-09-30	地质矿产行业标准	国土资源部
36	地面沉降调查与监测规范	DZ/T 0283—2015	2015-06-11	2015-10-01	地质矿产行业标准	国土资源部
37	水文地质调查规范（1：5万）	DZ/T 0282—2015	2015-06-11	2015-10-01	地质矿产行业标准	国土资源部
38	区域地下水污染调查评价规范	DZ/T 0288—2015	2015-09-05	2015-11-30	地质矿产行业标准	国土资源部
39	矿山地质环境监测技术规程	DZ/T 0287—2015	2015-09-05	2015-11-30	地质矿产行业标准	国土资源部
40	地下水水质标准	DZ/T 0290—2015	2015-10-26	2016-01-01	地质矿产行业标准	国土资源部
41	地质遗迹调查规范	DZ/T 0303—2017	2017-03-06	2017-05-01	地质矿产行业标准	国土资源部
42	地下水监测网运行维护规范	DZ/T 0307—2017	2017-09-06	2017-10-31	地质矿产行业标准	国土资源部
43	城市地质调查规范	DZ/T 0306—2017	2017-09-07	2017-11-01	地质矿产行业标准	国土资源部
44	区域地下水质监测网设计规范	DZ/T 0308—2017	2017-09-25	2017-11-01	地质矿产行业标准	国土资源部
45	地质环境监测标志	DZ/T 0309—2017	2017-12-24	2018-03-01	地质矿产行业标准	国土资源部
46	地下水巢式监测井建设规程	DZ/T 0310—2017	2017-12-25	2018-03-01	地质矿产行业标准	国土资源部
47	水文地质调查图件编制规范第1部分：水文地质图（1：5万）	DZ/T 0329—2019	2019-12-20	2020-02-01	地质矿产行业标准	自然资源部
48	砂岩热储地热尾水回灌技术规程	DZ/T 0330—2019	2019-12-20	2020-02-01	地质矿产行业标准	自然资源部
49	矿坑涌水量预测计算规程	DZ/T 0342—2020	2020-04-30	2020-04-30	地质矿产行业标准	自然资源部
50	地面沉降测量规范	DZ/T 0154—2020 代替DZ/T 0154—95	2020-06-16	2020-10-01	地质矿产行业标准	自然资源部
51	地热资源评价方法及估算规程	DZ/T 0331—2020	2020-04-13	2020-05-01	地质矿产行业标准	自然资源部
52	地下水质分析方法第2部分：水样的采集和保存	DZ/T 0064.2—2021 代替DZ/T 0064.2—1993	2021-02-22	2021-07-01	地质矿产行业标准	自然资源部
53	矿区地下水监测规范	DZ/T 0388—2021	2021-12-07	2022-03-01	地质矿产行业标准	自然资源部
54	浅层地下水连续多通道管监测井建设规程	DZ/T 0411—2022	2022-08-24	2022-12-01	地质矿产行业标准	自然资源部
55	地下水采样技术规程	DZ/T 0420—2022	2022-10-31	2023-02-01	地质矿产行业标准	自然资源部
56	浅层地下水集束式监测井建设规程	DZ/T 0436—2023	2023-04-19	2023-08-01	地质矿产行业标准	自然资源部
57	地下水监测网运行维护规范	DZ/T 0307—2023 代替DZ/T 0307—2017	2023-04-19	2023-08-01	地质矿产行业标准	自然资源部
58	地下水资源调查评价规范	DZ/T 0469—2024	2024-07-02	2024-09-01	地质矿产行业标准	自然资源部
59	地下水统测技术要求	DZ/T 0470—2024	2024-07-02	2024-09-01	地质矿产行业标准	自然资源部
60	岩溶塌陷调查规范（1：5万）	DZ/T 0447—2023	2023-10-31	2024-01-01	地质矿产行业标准	自然资源部

续表

序号	标准名称	标准编号	发布日期	实施日期	标准类别	颁发部门
61	煤矿床水文地质、工程地质及环境地质勘查评价标准	MT/T 1091—2008	2009-12-11	2010-07-01	煤炭行业标准	国家安全生产监督管理局
62	地下水资源勘察规范	SL 454—2010	2010-03-01	2010-06-01	水利行业标准	水利部
63	城市供水水质标准	CJ/T 206—2005	2005-02-05	2005-06-01	城镇建设行业标准	建设部
64	饮用水水源地保护区划分技术规范	HJ 338—2018 代替HJ 338—2007	2018-03-01	2018-07-01	环境保护行业标准	环境保护部
65	集中式饮用水水源地环境保护状况评估技术规范	HJ 774—2015	2015-12-04	2016-0301	环境保护行业标准	环境保护部
66	区域环境地质调查总则	DD 2004—02	2003-12-31	2003-12-31	地质调查局标准	中国地质调查局
67	1：25万区域水文地质调查技术要求	DD 2004—01	2004-01-01	2004-01-01	地质调查局标准	中国地质调查局
68	地面沉降监测技术要求	DD 2006—02	2006-06-30	2006-06-30	地质调查局标准	中国地质调查局
69	地下水污染地质调查评价规范	DD 2008—01	2008-10-01	2008-10-01	地质调查局标准	中国地质调查局
70	区域地下水调查评价数据库标准	DD 2010—03	2010-11-01	2010-11-01	地质调查局标准	中国地质调查局
71	地下水动态调查评价规范	DD 2014—04	2014-07-01	2014-07-01	地质调查局标准	中国地质调查局
72	矿山地质环境调查评价规范	DD 2014—05	2014-06-30	2014-06-30	地质调查局标准	中国地质调查局
73	地面沉降干涉雷达数据处理技术	DD 2014—11	2014-06-30	2014-06-30	地质调查局标准	中国地质调查局
74	污染场地土壤和地下水调查与风险评价技术要求	DD 2014—06	2014-07-01	2014-07-01	地质调查局标准	中国地质调查局
75	地下水污染调查评价样品分析质量控制技术要求	DD 2014—15	2014-07-01	2014-07-01	地质调查局标准	中国地质调查局
76	平原（盆地）地下水调查评价技术要求	DD 2015—03	2015-03-01	2015-03-01	地质调查局标准	中国地质调查局
77	城市地质调查数据库结构规范	DD 2015—04	2015-11-30	2015-11-30	地质调查局标准	中国地质调查局
78	活动断层与区域地壳稳定性调查评价规范（1：5万、1：25万）	DD 2015—02	2015-11-30	2015-11-30	地质调查局标准	中国地质调查局
79	水文地质调查数据库建设规范（1：5万）	DD 2019—05	2018-12-31	2018-12-31	地质调查局标准	中国地质调查局
80	环境地质调查技术要求（1：5万）	DD 2019—07	2018-12-31	2018-12-31	地质调查局标准	中国地质调查局
81	生态地质调查技术要求（1：5万）	DD 2019—09	2018-12-31	2018-12-31	地质调查局标准	中国地质调查局
82	水文地质调查技术要求（1：5万）	DD 2019—03	2019-03-01	2019-03-01	地质调查局标准	中国地质调查局
83	地质文化资源调查评价技术要求	DD 2023—03	2023-01-01	2023-01-01	地质调查局	中国地质调查局
84	干热岩测井规范	DD 2023—05	2023-01-31	2023-01-31	地质调查局标准	中国地质调查局
85	含水层地球物理探测技术要求（试行）	DD 2023—07	2023-08-28	2023-08-28	地质调查局标准	中国地质调查局
86	浅层地源热泵系统工程技术规范	DB14/T 2385—2021	2021-12-28	2022-03-28	山西省地方标准	山西省市场监督管理局
87	中深层地热供热工程技术规范	DB14/T 2386—2021	2021-12-28	2022-03-28	山西省地方标准	山西省市场监督管理局
88	地下水监测系统运行维护规范	DB14/T 2826—2023	2023-10-08	2024-01-08	山西省地方标准	山西省市场监督管理局
89	山西省地热尾水回灌技术要求（试行）	—	2023-02-24	2023-02-24	山西省自然资源行业标准	山西省自然资源厅
90	山西省地热地质环境监测技术要求（试行）	—	2023-02-24	2023-02-24	山西省自然资源行业标准	山西省自然资源厅

续表

序号	标准名称	标准编号	发布日期	实施日期	标准类别	颁发部门
91	地热能术语	NB/T 10097—2018	2018-10-29	2019-03-01	能源行业标准	国家能源局
92	地热能直接利用项目可行性研究报告编制要求	NB/T 10098—2018	2018-10-29	2019-03-01	能源行业标准	国家能源局
93	浅层地热能监测系统技术规范	NB/T 10278—2019	2019-11-04	2020-05-01	能源行业标准	国家能源局
94	地热田勘查评价规范	NB/T 10697—2021	2021-11-16	2022-05-16	能源行业标准	国家能源局
95	地热储层评价方法	NB/T 10263—2019	2019-11-04	2020-05-01	能源行业标准	国家能源局
96	地热资源储量分级评价方法	NB/T 10700—2021	2021-11-16	2022-05-16	能源行业标准	国家能源局
97	浅层地热能开发工程勘查评价规范	NB/T 10265—2019	2019-11-04	2020-05-01	能源行业标准	国家能源局
98	地热井钻井工程设计规范	NB/T 10266—2019	2019-11-04	2020-05-01	能源行业标准	国家能源局
99	地热井钻井地质设计规范	NB/T 10267—2019	2019-11-04	2020-05-01	能源行业标准	国家能源局
100	地热井口装置技术要求	NB/T 10272—2019	2019-11-04	2020-05-01	能源行业标准	国家能源局
101	浅层地热能地下换热工程验收规范	NB/T 10276—2019	2019-11-04	2020-05-01	能源行业标准	国家能源局
102	地热井产能评价技术规程	NB/T 10698—2021	2021-11-16	2022-05-16	能源行业标准	国家能源局
103	地热流体样品的采集与保存规范	NB/T 10716—2021	2021-11-16	2022-05-16	能源行业标准	国家能源局
104	地热井井身结构设计方法	NB/T 10696—2021	2021-11-16	2022-05-16	能源行业标准	国家能源局
105	地热完井技术规范	NB/T 10707—2021	2021-11-16	2022-05-16	能源行业标准	国家能源局
106	水热型地热井钻井井控技术规程	NB/T 10708—2021	2021-11-16	2022-05-16	能源行业标准	国家能源局
107	地热井钻完井工程验收规范	NB/T 10709—2021	2021-11-16	2022-05-16	能源行业标准	国家能源局
108	地热井钻前工程和设备安装技术规范	NB/T 10704—2021	2021-11-16	2022-05-16	能源行业标准	国家能源局
109	基于可持续开发利用的地热能评价方法	NB/T 11149—2023	2023-02-06	2023-08-06	能源行业标准	国家能源局
110	地热流体化学和同位素分析测试规范	NB/T 11157—2023	2023-02-06	2023-08-06	能源行业标准	国家能源局
111	地热钻井液技术规范	NB/T 11151—2023	2023-02-06	2023-08-06	能源行业标准	国家能源局
112	地热废弃井及长停井处置规范	NB/T 11155—2023	2023-02-06	2023-08-06	能源行业标准	国家能源局

注：本表仅统计了与山西省水文地质专业工作内容有关的标准、规范112项，其中包括国家标准27项、地质矿产行业行业标准33项、其他部门行业标准5项、地质调查局标准20项、能源行业标准22项及山西省地方标准5项；统计资料截止时间为2023年12月31日；表中列出的标准及规范均为现行有效。